JN301169

イルカ
小型鯨類の保全生物学
Conservation Biology of
Small Cetaceans around Japan

粕谷俊雄

東京大学出版会

Conservation Biology of
Small Cetaceans around Japan
Toshio KASUYA
University of Tokyo Press, 2011
ISBN978-4-13-066160-7

UNIVERSITY OF TOKYO PRESS
7-3-1 Hongo, Bunkyo-ku, Tokyo 113-8654

1 根室海峡でツチクジラの捕獲作業中の小型捕鯨船　第七勝丸．2007 年 8 月．© 天野雅男．

2 岩手県久慈沖で操業するイシイルカ突きん棒漁船．1988 年 9 月．© 宮下富夫．

3 和歌山県太地町の畑尻の入江にハナゴンドウを追い込んだところ．追い込み船では発音器をたたいている．1991 年 1 月．© 粕谷俊雄．

4

5

6

7

8

4 前日に湾内に追い込んだ約300頭のスジイルカを，小分けにして取り揚げ用の網に追い入れ，
5 その網をせばめて，
6 手鉤で引き寄せて喉を切り，尾柄にロープをつけ，
7 クレーンで陸揚し，
8 腹を裂いて内臓を抜いた死体を計量して出荷する．陸揚げ後に止めを刺して内臓を抜く場合もある．生物調査は7と8の間で行う．静岡県川奈漁港．1977年11月．© 粕谷俊雄．

9 イシイルカ（上：イシイルカ型，下：リクゼンイルカ型）．両者の分布境界域では両型が一緒に泳ぐこともある．オホーツク海中部．1990年8月．© 宮下富夫．
10 リクゼンイルカ型イシイルカの群れ．岩手県大槌沖．2005年4月．© 天野雅男．

11

12

13

11 スナメリの群れ．複数の小群あるいは単独個体が一時的に集まったものと思われる．このような大群はまれで，繁殖のためか摂餌のためか，その意義や形成の仕組みは不明．出産期の後なのに母子連れがいないのはなぜか．鹿島灘．2005年8月．© 南川真吾．

12 スジイルカの群れ．約300頭からなる群れの一部を撮影．西部北太平洋．2005年9月．© 宮下富夫．

13 コビレゴンドウの群れ．いつも一緒に生活している18頭の群れ（ポッド）の一部．体色の特徴は日本のマゴンドウ型である．米国西岸ニュージャージー州沖合．2006年9月．© Brenda K.Rone（NOAA Fisheries / Northeast Fisheries Science Center）．

14 ミナミハンドウイルカの群れ．小笠原諸島父島沿岸海域．1996年7月．© 篠原正典．

15 カマイルカの群れ．成熟した雄では背鰭の前縁が丸く湾曲する．噴火湾地球岬沖．2008年7月．© 吉田孝哉．

16 ツチクジラの群れ．羅臼の北の観音岩の近く．1994年9月．© 朝日新聞社（池田孝昭）.

まえがき

　本書は日本周辺に生活する小型鯨類の生活史，利用，管理などを私の視点でまとめたものである．いまの国際捕鯨委員会（IWC）は，1946年に調印された国際捕鯨取締条約にもとづいて活動する組織であり，初めに関心を寄せたのは大型ひげ鯨類と，歯鯨類ではマッコウクジラの保全であった．しかし，これら大型鯨類資源の減少にともない他鯨種の捕獲が増加しつつあることを懸念し，「小型鯨類の生物学と漁業のレビュー」の会合を1974年にモントリオールで開催した．この会議ではミンククジラやコセミクジラも検討対象となったが，いま小型鯨類と呼ばれるのは，いわゆるイルカ類にカワイルカ類・アカボウクジラ類・コマッコウ類を加えた歯鯨類である．現在，小型鯨類をIWCに管轄させることには，加盟国の合意がない．そのためIWCの科学委員会はイルカ類の捕獲制限などを提案できないでいる．

　私は，1960年の夏以来四十数年間，小型鯨類に重点を置いて，その生活史研究をしつつ，資源管理にもかかわってきた．それは，いまの用語でいえば小型鯨類の保全生物学である．保全生物学は純粋な生物学ではありえない．対象となる生物の生活を理解するとともに，それを取り巻く人間活動の過去を知り，将来を予測しつつ，破滅を避けるための妥協点を探らなければならない．人間，とくに経済活動の側を満足させる解決策は，生物側には破滅を意味するかもしれない．また，生物側に望ましい解決は，人間側には受け入れがたいかもしれない．われわれの価値観は社会により，時代によって変化するから，いまの視点だけでなく，長期的な視点での対応が求められる．そこには科学者自身の価値観や歴史観が入り込むことも避けられない．それゆえにこそ，多くの利害関係者が保全について意見を交換する場合には，科学的な基礎情報を共有することが重要となる．

　日本近海には三十余種の小型鯨類が生息している．本書は，そのなかから漁業や沿岸開発など経済活動の影響を強く受けてきた7種を例として，日本の小型鯨類の保全生物学の現状と，これからの方向について，専門的なレベルの知識を提供することを目的としている．いま鯨類の管理を手がけようとしている者にも，これから鯨類の生態研究を始めようとする者にも，その活動方針や研究手法などについて，なにかの手がかりを提供できれば幸いである．このような意図のもとに，本書を序章，第Ⅰ部，第Ⅱ部，終章で構成した．その概要と目的はつぎのとおりである．

　序章　鯨・いるか・人　鯨類に関しては，その生物学，保全，漁業利用など多様な視点で多くの研究が進められているが，本書で対応している分野は限定されたものである．本書であつかっている数種の歯鯨類が，鯨目のどこに位置づけられるか，現在の鯨類が抱えているいくつもの問題のなかで，本書はどのテーマをあつかっているのかを説明する．

　第Ⅰ部　漁業史　日本は世界一のイルカ漁業国である．ここでは日本人と小型鯨類とのかかわりの歴史と現状をあつかっている．過去を知らずには現在を正しく理解することはできないし，未来への備えもおぼつかない．日本周辺の小型鯨類の現状は，それぞれの種の特性のう

えに，これまでの日本人の行動が重なってもたらされた結果である．漁獲の歴史を知ることは，小型鯨類を漁業資源として管理するためにも，彼らのいまの生物学的特性を理解するためにも大切である．

　小型鯨類を捕獲する日本の漁業は，明治以来大きな変動を経験したが，その操業は永く野放しにされてきた．スジイルカ，イシイルカ，ツチクジラなどを捕獲する日本の漁業活動は，1970年代から諸外国の関心を呼び，政府の無策に対して国際的な批判が高まってきた．これを受けて，日本政府は1980年代末から漁業規制を改めつつ今日にいたっている．私は，1982年からIWCの科学委員会に参加し，1983年から1997年までは水産庁遠洋水産研究所で鯨類の資源研究を担当し，行政の動きについても一部を知る機会があったので，その過程を記録として残すことも務めの1つと考えている．日本の小型鯨類の捕獲はいわゆる「捕鯨業」の陰にあって，しかも，その動きに強く影響されてきた．そこで，本書では捕鯨業における重要な動きについても可能な範囲でふれている．

　遺憾ながら，漁業の歴史や漁業規制の歴史に関する分野は私の専門ではない．保全のための必要に迫られつつ，自分なりに理解を試みたものである．そこには誤解や遺漏があるかもしれないので，批判的にお読みいただきたい．なお，捕鯨史に関しては，関連の読みものを巻末に紹介したので，参考にしていただきたい．

　第II部　生物学　　ここでは，小型鯨類が多様な生活様式をもっていることと，管理にはそれぞれ異なる配慮が必要であることを紹介する．その例として，日本近海に産する小型鯨類6種を選んで，生物学的特性や研究手法を解説した．

　スナメリとイシイルカは育児期間が1年を超えず，繁殖間隔も1-2年と短く，その社会構造も比較的単純であるらしい．これに対して，コビレゴンドウは，出産の間隔も数年と長く，母親は娘とおそらくは息子とも終生一緒に生活するとされている．これは育児期間の延長の究極の形であり，そこでは群れごとに固有の経験や行動様式が保存されていること，つまり文化をもっている可能性が指摘されている．歯鯨類にはこのような母系社会を発達させた種がいくつかある．これら両極端の中間に位置するのがスジイルカとハンドウイルカである．彼らの社会では，普通は2-4年の育児期間が過ぎると，子どもたちは親から離れる．これらの種のなかでも，外洋性の個体群については，群れの離合集散の仕組みがほとんどわかっていない．ツチクジラについては，雄が雌よりも30年も長く生きるという，不思議な生活史が知られており，上にあげた5種とはまったく別の方向に社会構造を進化させた可能性が指摘されている．ツチクジラを含めたこれら6種は生活史の研究が比較的進んでいる部類に属するので，第II部は歯鯨類の生活史の多様性を理解しつつ，今後の研究の方向性を探るのにも役立つと期待する．

　本書で7番目に取り上げたカマイルカでは，雄の背鰭に顕著な2次性徴が現れる．これは個体識別による生態研究に役立つと予想されるが，公表の機会を失したので，あえて1章を設けた．本種の生活史はどちらかといえばスジイルカのそれに近いと思われるが，詳細は不明である．以上で述べた7種のうち，スナメリを除く6種は日本の漁業の対象となっている．

　終章　鯨類の保全と生物学　　これは私の研究生活の総まとめである．その内容は第I部あるいは第II部と重複するところが少なくない．ここでは，私のこれまでの研究活動で解明できずに残された課題や，研究結果を解釈するために提案した仮説などを紹介して，これからの研究者の参考に供した．さらに，鯨類の個体群を管理する際に留意すべき生物学的な側面を示すとともに，われわれがこれまでに犯してきたいくつかの失敗を含めて，鯨類の管理において忘

れてはならない人間サイドの問題についても私見を述べた．これらは 2007 年秋にケープタウンで開かれた海産哺乳類学会における講演に若干の加筆をしたものである．

　本書は，その構成・内容からみて，これを通読してくださる読者が多くあることは期待していない．それぞれの章が，それなりに独立した内容になっているので，どこからでも自由に，関心のあるところを選んで，拾い読みをしてくだされば よい．随所に記述の重複を残したのもそのためである．

2009 年 4 月 28 日
粕谷俊雄

目次

まえがき　i

序章　鯨・いるか・人 ……………………………………………………………………… 1

　0.1　鯨類の生物学　1
　　　0.1.1　鯨類の起源と昔鯨類　1
　　　0.1.2　ひげ鯨類　2
　　　0.1.3　歯鯨類　3
　0.2　鯨類を対象とする漁業　5
　　　0.2.1　古式捕鯨　5
　　　0.2.2　ノルウェー式捕鯨　6
　　　0.2.3　日本の調査捕鯨　8
　　　0.2.4　日本のイルカ漁業　9
　0.3　鯨類への脅威はほかにもある　10
　　　0.3.1　意図的な捕獲　10
　　　0.3.2　漁業による鯨類の事故死　10
　　　0.3.3　船舶被害　11
　　　0.3.4　化学汚染　11
　　　0.3.5　ホエールウォッチング　11
　　　0.3.6　水中騒音　12
　　　0.3.7　漁業との競合　12
　　　0.3.8　気候変動　12

　序章　引用文献　13

I　漁業史

第1章　イルカ漁業の歴史 …………………………………………………………………17
　1.1　漁業史を知ることの意義　17
　1.2　イルカとクジラ——保全生物学的特徴　18
　1.3　漁業地と漁具・漁法の概要　23
　1.4　日本で捕獲されるイルカ類とその統計　37

第2章　イルカ突きん棒漁業 ………………………………………………………………45
　2.1　有史以前の突きん棒漁　45
　2.2　イルカ突きん棒漁業（1）——太平洋戦争以前　48

2.3　イルカ突きん棒漁業（2）――太平洋戦争以後　54

　2.4　イシイルカ突きん棒漁業の展開　57

　2.5　イシイルカ突きん棒漁業の統計　65

　2.6　銚子の突きん棒漁業　78

　2.7　太地の突きん棒漁業　79

　2.8　名護の石弓漁業　81

第3章　イルカ追い込み漁業 ………………………………………………………………… 85

　3.1　能登半島沿岸　86

　3.2　京都府伊根　89

　3.3　長崎県対馬　89

　3.4　長崎県壱岐　93

　3.5　長崎県五島　100

　3.6　北九州および山口県沿岸　101

　3.7　三陸地方　102

　3.8　静岡県伊豆地方　104
　　3.8.1　漁業形態の変遷　104
　　3.8.2　捕獲された鯨種　109
　　3.8.3　捕獲規模と鯨種組成　114

　3.9　和歌山県太地　118
　　3.9.1　イルカ漁の歴史　118
　　3.9.2　イルカの捕獲統計　124
　　3.9.3　漁期　126
　　3.9.4　イルカ類の価格変動　126

　3.10　沖縄県名護　128

　3.11　愛媛県三浦西　131

第4章　小型捕鯨業 ………………………………………………………………………… 133

　4.1　起源　133

　4.2　操業形態　135

第5章　鯨類漁業の規制 …………………………………………………………………… 139

　5.1　漁業法　139

　5.2　鯨漁取締規則　141

　5.3　母船式漁業取締規則　142

　5.4　汽船捕鯨業取締規則　142

　5.5　小型捕鯨業取締規則　143

　5.6　指定遠洋漁業取締規則　143

　5.7　敗戦後の捕鯨規制の修正と国際関係　144

5.8　現在の鯨類漁業の規制　145

　　5.9　鯨類管理に関係する諸法令　147
　　　　5.9.1　水産資源保護法　147
　　　　5.9.2　絶滅の恐れのある野生動植物の種の保存に関する法律　148
　　　　5.9.3　文化財保護法　148

第6章　イルカ漁業の規制　149

　　6.1　歴史的背景　149

　　6.2　水産庁によるイルカ漁規制　150

　　6.3　沿岸漁業による鯨類の混獲・座礁への対応　154

　　6.4　残された問題　156

　　6.5　イルカ類の捕獲制限　157

第7章　商業捕鯨停止への道　163

　　7.1　小型捕鯨業　164
　　　　7.1.1　規制の歴史　164
　　　　7.1.2　商業捕鯨停止と小型捕鯨業　165

　　7.2　大型捕鯨業　168
　　　　7.2.1　第2次世界大戦以前　168
　　　　7.2.2　第2次世界大戦以後　170

　　7.3　母船式捕鯨業　172
　　　　7.3.1　草創から拡大を経て縮小へ　172
　　　　7.3.2　乱獲進行の背景　173

　　7.4　商業捕鯨撤収　173
　　　　7.4.1　日本共同捕鯨株式会社の設立　173
　　　　7.4.2　日本捕鯨協会鯨類研究所の縮小　174
　　　　7.4.3　日本鯨類研究所設立と調査捕鯨　174

　　第I部　引用文献　177

II　生物学

第8章　スナメリ　185

　　8.1　特徴　185

　　8.2　学名と基産地　186

　　8.3　分布　187
　　　　8.3.1　世界における分布　187
　　　　8.3.2　地理的変異と分類学　189
　　　　8.3.3　日本産スナメリの分布　193
　　　　8.3.4　日本産スナメリの地域個体群　194

　　8.4　分布の季節変化と生息数　197
　　　　8.4.1　季節移動　197
　　　　8.4.2　生息数推定の諸問題　201
　　　　8.4.3　日本のスナメリの生息数　203

8.4.4　瀬戸内海のスナメリの動向　209
8.4.5　瀬戸内海のスナメリ減少の背景　215
8.4.6　スナメリの保護　223

8.5　生活史　226
8.5.1　出産の季節　226
8.5.2　成長　228
8.5.3　繁殖周期　236

8.6　社会構造　237
8.6.1　群れとは　237
8.6.2　群れサイズ　238

第8章　引用文献　241

第9章　イシイルカ　247

9.1　特徴　247

9.2　分類学的位置　247

9.3　個体群の識別　250
9.3.1　体色型　251
9.3.2　頭骨の形態と体長差　261
9.3.3　イシイルカ型の繁殖海域　262
9.3.4　環境汚染物質の蓄積　265
9.3.5　寄生虫　266
9.3.6　DNAとアイソザイム　267
9.3.7　個体群識別──要約と今後の課題　271

9.4　生活史　272
9.4.1　年齢査定　272
9.4.2　体長組成とすみわけ　276
9.4.3　出生体長と出産期　278
9.4.4　交尾期と妊娠期間　280
9.4.5　繁殖期の地理的なちがい　281
9.4.6　繁殖周期　283
9.4.7　雌の性成熟　284
9.4.8　雄の性成熟　286
9.4.9　年齢組成と寿命　290
9.4.10　体長と成長曲線　292

9.5　食性　293
9.5.1　摂餌量　293
9.5.2　餌料生物　295

9.6　社会　299
9.6.1　群れサイズ　299
9.6.2　社会構造　300

9.7　生息数とその動向　302
9.7.1　日本周辺　302
9.7.2　外洋域　305

第9章　引用文献　307

第 10 章　スジイルカ ……………………………………………………………………………… 313

10.1　特徴　313
10.2　分布と表面水温　314
10.3　地理的分布　316
10.4　西部北太平洋における個体群　317
10.4.1　個体群の考え方　317
10.4.2　地理的分布と個体群　317
10.4.3　骨学的根拠　319
10.4.4　成長のちがい　319
10.4.5　遺伝情報　320
10.4.6　残留性環境汚染物質の蓄積　321
10.4.7　胎児の体長組成と来遊時期　322
10.4.8　真の個体群構造は　324

10.5　生活史　327
10.5.1　年齢査定　327
10.5.2　出生体長　329
10.5.3　体長組成　330
10.5.4　平均成長曲線　330
10.5.5　雄の性成熟　332
10.5.6　雌の性成熟　338
10.5.7　雌の性成熟年齢の経年変化　340
10.5.8　繁殖の季節性――胎児の成長　342
10.5.9　繁殖の季節性――雄の性状態　343
10.5.10　雌の繁殖周期と年間妊娠率　344
10.5.11　雌の繁殖周期の加齢にともなう変化　346
10.5.12　雌の繁殖周期の経年変化　346
10.5.13　年齢組成と性比　347
10.5.14　群れと社会構造　348
10.5.15　食性　353
10.5.16　漁業と個体群の動向　354

第 10 章　引用文献　357

第 11 章　ハンドウイルカ ………………………………………………………………………… 363

11.1　ハンドウイルカ属の分類　363
11.2　日本近海産ハンドウイルカ類の特徴　365
11.3　日本におけるハンドウイルカ類の分布　367
11.4　ハンドウイルカの生活史　370
11.4.1　年齢査定　370
11.4.2　妊娠期間・胎児の成長・繁殖期　370
11.4.3　性比　373
11.4.4　年齢組成　373
11.4.5　体長組成　375
11.4.6　成長曲線　376
11.4.7　雄の性成熟　378
11.4.8　雌の性成熟と繁殖周期　386

x　目次

　　11.5　太平洋標本と壱岐標本の比較　392
　　　　11.5.1　生活史特性値の比較　392
　　　　11.5.2　その背景になにがあるか　394

　第11章　引用文献　398

第12章　コビレゴンドウ　401

　12.1　特徴　401
　　　　12.1.1　ヒレナガゴンドウとのちがい　401
　　　　12.1.2　コビレゴンドウの特徴　402

　12.2　分布　404

　12.3　タッパナガとマゴンドウ　406
　　　　12.3.1　日本の鯨学の黎明期　406
　　　　12.3.2　混乱とその整理　408
　　　　12.3.3　さらなる理解　409
　　　　12.3.4　初めてタッパナガをみる　410
　　　　12.3.5　タッパナガとマゴンドウの識別　412
　　　　12.3.6　体の大きさの適応的意義　415
　　　　12.3.7　タッパナガとマゴンドウの分類学　420

　12.4　生活史　428
　　　　12.4.1　死体をとおして生活をみる　428
　　　　12.4.2　年齢査定　429
　　　　12.4.3　成長　436
　　　　12.4.4　雌の繁殖活動　452

　12.5　群れ構造　477
　　　　12.5.1　混群　477
　　　　12.5.2　群れの大きさ　478
　　　　12.5.3　群れのなかの雄　481
　　　　12.5.4　父親はだれか　486
　　　　12.5.5　群れのなかの血縁関係　487
　　　　12.5.6　群れ構造のまとめ　489
　　　　12.5.7　老齢期の雌　489

　12.6　人間活動との関係　494
　　　　12.6.1　漁獲の歴史と捕獲統計　494
　　　　12.6.2　資源量とその動向　497
　　　　12.6.3　資源管理の問題点　498

　第12章　引用文献　505

第13章　ツチクジラ　511

　13.1　特徴　511

　13.2　分布　513
　　　　13.2.1　分布の概要　513
　　　　13.2.2　地理的分布と個体群　513
　　　　13.2.3　房総-道東海域のツチクジラ　519

　13.3　食性　526
　　　　13.3.1　胃内容物解析　526

13.3.2　摂餌と潜水　530

13.4　生活史　531
　　13.4.1　歯の構造と年齢査定　531
　　13.4.2　性成熟　534
　　13.4.3　胎児の成長と妊娠期間　536
　　13.4.4　体長と年齢　538
　　13.4.5　肉体的成熟　539
　　13.4.6　雌の繁殖周期　540

13.5　社会構造　541
　　13.5.1　歯の萌出と性成熟　541
　　13.5.2　群れ構造　543
　　13.5.3　漁獲物の性比　544
　　13.5.4　雄が長寿であることの意義　546

13.6　生息数　549

13.7　捕獲の歴史　550
　　13.7.1　操業形態　550
　　13.7.2　漁獲量と統計の解釈　557
　　13.7.3　統計操作と資源管理　562

第13章　引用文献　563

第14章　カマイルカ　567

14.1　特徴　567

14.2　分布と個体群　567

14.3　成長と背鰭の形態　568
　　14.3.1　材料と方法　568
　　14.3.2　体長組成　569
　　14.3.3　年齢と体長の関係　570
　　14.3.4　性成熟　571
　　14.3.5　背鰭の形態　572
　　14.3.6　考察　573

第14章　引用文献　574

終章　鯨類の保全と生物学　575

15.1　私が育った社会　575

15.2　産業と保全の狭間に立つ科学者　577

15.3　私がみた鯨たちの悲劇　579
　　15.3.1　日本沿岸のスジイルカ　579
　　15.3.2　西部北太平洋のマッコウクジラ　582

15.4　残された謎　586
　　15.4.1　なにが繁殖期を決めるのか　586
　　15.4.2　繁殖能力を失った高齢雌の役割　588
　　15.4.3　鯨類の社交的性行為　588
　　15.4.4　ツチクジラの雄が長寿なわけ　591

15.5　鯨類の保全についての私見　593

15.5.1　鯨類についてなにをまもるのか　593
　　　15.5.2　どのような要素を保存するのか　593
　　　15.5.3　鯨類になぜ文化が大切か　593
　　　15.5.4　どのような鯨類が文化をもつか　593
　　　15.5.5　われわれの責任　594

　終章　引用文献　595

あとがき　599

参考資料1　イルカ漁業に関して水産庁各部局から出された通達　603

参考資料2　捕鯨の歴史に関する書籍　617

参考資料3　日本近海から記録された鯨類のリスト　620

事項索引　623

鯨種・分類名索引　632

地名索引　635

序章　鯨・いるか・人

　鯨類は，いわゆる「くじら」と「いるか」からなる水生哺乳類の一群で，動物分類学では鯨目にまとめられている．彼らの生活に人類が大きくかかわり始めたのは1,000年ほど前である．その間に彼らの状況は大きく変化した．かつて南極海に25万頭いたとされるシロナガスクジラは1965年には1,000頭ほどに減少して保護が始まったが，いまも2,000頭ほどにとどまっている（IWC 2009）．生息環境の破壊によりヨウスコウカワイルカが絶滅したのは今世紀初めのことである（Turvey 2008）．いま，鯨類を漁業資源とみて永続的な利用を目指す人たちがいる一方，われわれの快適な生活のための1つの要素とみて，より安全な管理を図ろうとする人たちもいる．いずれの立場に立つとしても，その目的を達成するためには，いまわれわれが鯨類に関してもっている知識は十分ではない．

　本書は日本近海産のいわゆる小型鯨類（後述）のなかの代表的な7種について，それらの生活史研究と，個体群の管理を試みるなかで発生した，あるいは発生しつつある諸問題をあつかっている．すなわち日本近海産小型鯨類の保全生物学が本書の主要な目的である．これらの種には，かつて日本で大量に漁獲されたスジイルカ，いまも大量の漁獲が続いているイシイルカ，コビレゴンドウおよびツチクジラ，あるいは漁業による利用はないものの生活圏が人間活動の影響を受けていて個体数の動向が懸念されるスナメリなどが含まれている．また，そこには生物学的にきわめて興味ある生態を有する種も含まれている．これらの種は私が長い間，研究対象としてきた種であり，そこで得られた知見は鯨類の生物学研究の立場からも，鯨類保全の立場からも世界的に関心をもたれている．

　本章では，いまわれわれが直面している鯨類の生物学研究や保全の課題のなかに占める本書の位置を明らかにしたい．

0.1　鯨類の生物学

0.1.1　鯨類の起源と昔鯨類

　新生代は，いまから約6,500万年前に始まり現在にいたる地質学上の一時期である．この時代には哺乳類が多様な発展をみせたので，哺乳類の時代とも呼ばれている．新生代の初めのころ，いまから約5,500万年前の始新世前期に，すでに隆起を始めていたヒマラヤ山脈の南のふもとで，温暖な淡水の水辺に入って活動していたパキセタス（*Pakicetus* 属）と呼ばれる一群の動物がいた．ヤギくらいの大きさの動物であった．これがいままでに知られている最古の鯨類である．いまの鯨類と異なり四足を備え，水中にも入ったが，水辺を走り回ることもしていたらしい．その後，彼らはしだいに後肢を失い，前肢は胸鰭に変化し，尾の先端には水平に伸びた尾鰭をそなえるにいたった．これらの動物は鯨目のなかの1つのグループ，昔鯨亜目に一括されている．彼らの歯は顎の部位により形が異なり（異歯性），乳歯と永久歯が生え換わる仕組みを維持していた（一換歯性，二生歯性ともいう）．歯数も哺乳類の原型に近く，切歯3・犬歯1・小臼歯4・大臼歯2-3で，上下左右にそれぞれ10本ないし11本であった（Uhen

2009).

昔鯨類は世界中の海洋に分布を広げて繁栄したが，いまから 3,500 万年前の始新世末までにほぼ姿を消した．その衰退と入れ替わりに姿を現したのが，いまわれわれが目にする鯨類の 2 つのグループ，ひげ鯨亜目と歯鯨亜目である．これらが昔鯨類から派生したことは確かとされているが，そのなかのどの種から派生したのかも，両亜目の発達の初期における関係なども明らかではない．化石の情報から昔鯨類の祖先は偶蹄類に近いとされている．また，DNA を現生哺乳類の間で比べてみても，現生鯨類は偶蹄類との類似性が強く，なかでもカバに近いとされている (Thewissen 1998).

昔鯨類は本書の対象となっていない．

0.1.2 ひげ鯨類

ひげ鯨類の最古の種は始新世から漸新世に移るころ，いまからおよそ 3,500 万年前の地層から知られている．初期のひげ鯨類は異歯性の歯をもっていた．歯列の後方の歯は歯冠がいくつにも分岐しており，これを用いて海中の小動物を濾過して捕食していたと考えられている (Uhen 2009). 彼らは餌を濾過する仕組みとしては歯よりも有能な鯨ひげ（ひげ板ともいう）を上顎に発達させた．それにつれて歯を失ったと考えられている．そのプロセスは歯と歯の間に角質の隆起を形成する現生のイシイルカに似ていたかもしれない (Miller 1929). 現生のひげ鯨類でも胎児の一時期には上下左右の顎それぞれに，基本数（前述）を超える数十個の歯胚が形成され，ひげ板が生ずるころまでには，吸収されて消滅する (Kükenthal 1893; シュライパー 1984). 現生のひげ鯨類には 4 科 6 属 14 種が知られているが，いまでもニタリクジラの仲間の分類には問題が残っているので，それが確定すれば 1,2 種ほど増える可能性がある．大阪湾に迷入したホッキョククジラの例を除き，日本近海からは 3 科 4 属 9 ないし 10 種のひげ鯨類が知られている（巻末参考資料 3; Ohdachi et al. 2009). ひげ鯨類には種数が少ないことの裏返しとして，地理的に広範囲に分布する種が多い．そこには体長 6-7 m のコセミクジラから，最大では 30 m に達することもあるシロナガスクジラまでを含んでいる．

ひげ鯨類は鯨ひげを発達させて小型の海洋動物を効率的に捕食する能力を獲得した．そのような餌動物は，食物連鎖の段階が比較的低次にあるので現存量が大きく，安定的に大量に入手することができる．このことがひげ鯨類の体の大型化を許した外的要因であったと思われる．また，摂餌環境が季節的に変化し，半年におよぶ飢餓期に出産することに対応するため栄養貯蔵の能力への淘汰圧が働き，栄養貯蔵に有利な体の大型化が進行したとみることができる (Kasuya 1995). ひげ鯨類では雄に比べて雌がわずかに大きいのが普通である．ひげ鯨類は長寿であり，最高寿命はミンククジラの数十年からホッキョククジラの百数十年までである．現生のひげ鯨類はすべて海生種である．かつて淡水種が生存したとも考えがたい．

ひげ鯨類の生物学は，研究材料や研究の場を捕鯨業に依存した時代が長かった．19 世紀には捕鯨業で殺されたセミクジラ類やコククジラを材料にして，おもに形態学的な記述に比重を置いた古典的な研究がなされた．20 世紀に入るとノルウェー式捕鯨がナガスクジラ類を大量に捕獲したため，それを用いて成長や繁殖に関する研究が進められた．しかし，1980 年代後半に商業捕鯨が停止された結果（後述），捕鯨業に依存する研究の多くが停止し，これにかわって，写真を用いて個体を識別して連続的な情報を得たり，あるいは生検標本を採取して個体・性別・性状態などを判別したりして，生活史を追究することがさかんになってきた．長寿なひげ鯨類のことであるから，彼らの生活史の全貌が明らかになるには時間を要することを覚悟しなければならない．このような非捕殺的な研究が得意とする鯨種はザトウクジラ，ホッキョククジラ，セミクジラ，コククジラなどの沿岸に接近する鯨種であり，かつての捕鯨業の影響で個体数が減少している種である．ナガスクジラ類には外洋性の種が多いし，ミンククジラなどは個体数も多いので，このような手法を用

いるには困難がともなう.

歯鯨類に比べて，ひげ鯨類は仲間どうしで協力して生活する仕組みが未発達であるかのような印象を与える．しかし，彼らが鳴音を繁殖や日常生活に利用していることは明らかであるし（Frankel 2009），彼らの鳴音のあるものは数百 km の遠方にも伝わることが知られている．人間の観察能力を超えるほどに離れた場所にいる相手の存在を彼らが認識している可能性は否定できない．また，彼らがいかにして餌のありかを探知するのか，そのときに仲間どうしでどのような協力をするのかなど，社会行動に関する研究は未知の分野である．いまのわれわれにはひげ鯨類の社会行動を研究するための有効な手段がきわめて乏しいのが実情である．

本書はひげ鯨類の生物学についてはまったくふれていない．

0.1.3 歯鯨類

歯鯨類は口中に歯をそなえていて鯨ひげをもたない．形態的にも生態的にもきわめて多様な種を含んでおり，9 科 35 属 72 種が認められている．迷入例と判断されるイッカクとシロイルカを除くと，日本近海には 5 科 22 属 30 種の歯鯨類が生息する（巻末参考資料 3; Ohdachi et al. 2009）．多くの歯鯨類は海生種であるが，過去に淡水に再適応して，いまではそこだけに生き残っている種（インドカワイルカ，アマゾンカワイルカ，ヨウスコウカワイルカ）や，いま淡水への再適応の過程が進行中の種（スナメリ，カワゴンドウ，アマゾンコビトイルカ）などもある．前者のグループでは海産の祖先型はすでに絶滅しているが，後者では海洋域にも近似種あるいは同種の別個体群が生息している（粕谷 1997）．

現生の歯鯨類では歯は生え換わらず（一生歯性，不換歯性ともいう），萌出の位置による形態のちがいはなく（同歯性），すべて単根である．しかし，初期の歯鯨類のなかには異歯性の歯をもつ種も知られている．歯鯨類の歯の数と形態は，摂餌や社会行動に関係して，さまざまに変化してきた．イッカクでは雄の上顎左側の 1 本だけが萌出する（隠れている歯も数えれば雌雄とも上顎に 1 対の牙状の歯がある）．アカボウクジラ科の種には，上顎には歯がなく，下顎に 1 対だけ歯をもつ種が多い．また，マッコウクジラでは機能歯は下顎に限られている．これらの種では歯が萌出するのは性成熟のころであるので，歯は雄どうしの闘争など社会行動には役立つとしても，摂餌には不可欠ではないとみられる．マイルカ科の種では，下顎にのみ 2-3 対の歯をもつハナゴンドウのような種から，上下左右にそれぞれ数十本の歯をもつマイルカ属やスジイルカ属の種まで多様であり，それぞれが摂餌に貢献していると思われる．カワイルカの仲間（3 科 4 属 4 種）も歯の数が多い．

歯鯨類の体の大きさは，ひげ鯨類に比べれば小型種が多いことと，最大種と最小種の隔たりが大きいのが特徴である．小型種としては体長 1.5 m に満たないインド洋のスナメリ（ネズミイルカ科）やアマゾンコビトイルカ（マイルカ科）があり，大型種にはマッコウクジラのように 18 m（雄）に達する種がある．アカボウクジラ科の 5 属 21 種はその中間に位置し，4-11 m の大きさである．マイルカ科の 17 属 36 種の体長は種間変異が大きく，小はアマゾンコビトイルカから大はシャチの 9 m（雄）まである．

歯鯨類では雄の体が雌よりも大きいのが普通であり，若干の種では雄の体長が雌の 1.5 倍程度に達するほど性的二型が発達した種もある（マッコウクジラ，シャチ，ゴンドウクジラ属）．しかし，ツチクジラ（第 13 章）やラプラタカワイルカ（Kasuya and Brownell 1979）のような若干の種では雌の体長が雄よりも大きい．これらの種では歯鯨類の雄に特徴的な春機発動期の成長加速が認められず，雄の成長パターンが雌型になっているとされている（粕谷 2002）．歯鯨類の寿命について研究が進んでいる種は少ないが，そのなかにはネズミイルカやスナメリ（ネズミイルカ科）のように 20 年前後と比較的短命な種から，ツチクジラ（雄）やマッコウクジラのように 70-80 年の長寿の種まで知られている．

歯鯨類の分布は，汎世界的な分布をする種も，

海盆ごとに分布が限られる種もある．また，浅海や極地などの特徴的な環境に適応したローカルな種も少なくない．これらほとんどの海洋性の歯鯨類がさまざまな程度にイカ類に依存して生活していることは注目に値する．イカ類は海洋中に普遍的に分布し，安定的に入手可能なエネルギー源である．大型化した歯鯨類の種は概して外洋性で，イカ食に依存する傾向が強い．この傾向は分類群をまたいで認められる．このような種では大深度への潜水能力を獲得して，イカ類という豊富で安定した栄養供給原を確保したことで，体軀の大型化が可能となったものと思われる．ただし，体軀の大型化の進んだ歯鯨類には性的二型の進んだ種（例：マッコウクジラ）と，そうでない種（例：ツチクジラ）があることからみて，歯鯨類の大型化は性淘汰だけでは説明しきれないところがある．

　歯鯨類は餌とする動物を1つずつ捕まえて食べる方式をいまでも守っている．この点はどちらかといえば非能率で，原始的な特徴である．しかし，彼らはそれを補う手段として，音響探測（エコーロケーション）の能力を発達させて，摂餌に利用したことは画期的であった（この機能に関しては本書では一切ふれていない; Au 2009）．また，その音響利用の能力を仲間との交信に用いることによって，仲間どうしで協力する社会構造をも発達させてきた．彼らの優れた認知能力（Würsig 2009）は社会性の発達にともなって発達したものと思われる（終章）．すなわち，音響利用から社会性が，社会性から認知能力が順に誘発されたらしい．しかも，それが複数の系列で独立に発達した可能性があるので，かりに音響利用の発達レベルが同じ種であっても，認知能力や社会構造が似ているとは限らない．

　歯鯨類の社会構造の研究も漁業に依存した研究として開始された．漁業で捕獲されたイルカの群れを調査したり，特別に許可を得てマッコウクジラの群れの全員を捕獲したりしてその組成を解析した．このようにして得られた断片的な情報をつなぎ合わせて，群れや社会の仕組みを推定するのである．このようにして，日本ではイシイルカ，スジイルカ，マダライルカ，ハンドウイルカ，コビレゴンドウ，ツチクジラなどが，フェロー諸島ではヒレナガゴンドウが，南アフリカではマッコウクジラが研究された．その主要部分は本書でも紹介されている．このようにして得られた群れの情報には時間的な連続性がないことが大きな欠点である．もしも，群れのメンバーを識別して，個体ごとの行動を年月をかけて観察するならば，そのような欠点を免れることができる．このような個体識別の手法を用いた研究がハンドウイルカ，ミナミハンドウイルカ，シャチ，マッコウクジラ，ザトウクジラ，セミクジラなどいくつかの種で精力的に進められている．これら2つの手法で，これまでに繁殖や社会構造に関して相互に比較が可能な程度の情報が得られているのは，ほぼ4種の歯鯨類と2種のひげ鯨類に限られるようである（Mann *et al.* 2000）．研究が相当の成果を上げるまでには時間がかかるので，経済的にも体力的にも研究者には過酷な研究環境となりがちである．なお，日本のようにイルカ漁業が行われているところでは，この手法は採用できない．

　歯鯨類は種類が多く，その形態的特徴からみても，彼らが多様な放散を遂げたことは明らかである．また，これまでにある程度の研究が進んでいるのは10種前後の歯鯨類に限られるが，その生活史や社会構造や知的能力を比べてみると，彼らが比較的原始的な種から特殊化した種まで多様性に富んでいることが理解される．それは霊長類に似ており，鯨類を「海の霊長類」とみなすことも可能である．

　本書は，上のような視点から日本近海産の7種の歯鯨類（ネズミイルカ科2種，マイルカ科4種，アカボウクジラ科1種）について，生活史や社会構造をできるだけくわしく紹介し（第8-14章），それを比較検討することを試みた．これらのデータの多くは私自身で得たものであり，同一の手法で解析されているという点でも意味があると考える．

0.2 鯨類を対象とする漁業

0.2.1 古式捕鯨

商業目的で鯨を捕獲する活動はヨーロッパのバスク地方で始まったとされている．12世紀ごろのことであり，対象種はセミクジラであった（Francis 1990; Ellis 2009）．ヨーロッパ沿岸の鯨が減少すると，彼らはしだいに沖合に進出し，16世紀中ごろにはニューファンドランド地方でセミクジラやホッキョククジラを捕獲した．1607年にスピッツベルゲンのホッキョククジラ資源が発見されると，すぐさま英国やオランダの捕鯨船がそこに出漁したが，そこで雇われたのはバスク地方の捕鯨技術者であった．さらに彼らはホッキョククジラを求めてグリーンランド西方のデービス海峡，バフィン湾，ハドソン湾へと進出して，資源の枯渇により20世紀初頭に終末を迎えた．これらの捕鯨は消費地に近いヨーロッパ沿岸で操業した時代には肉も生産したが，操業が遠方に拡大するにつれて鯨油と鯨ひげのみを対象とするようになった．採油は現地の海岸で行うこともしたが，沖合操業の場合には脂皮を薄切りにして樽に詰めて持ち帰り，母港で採油することもあった．寒冷な漁場にあってこそ可能な方法である．

北米大陸の東岸では17世紀の中ごろに移民たちが鯨を捕獲することを始めた（Starbuck 1964）．捕獲されたのは沿岸にたくさんいたひげ鯨類である．おそらくザトウクジラやセミクジラであったと思われる．彼らの1隻が風で沖合に流されてマッコウクジラに遭遇し，それを捕獲して戻ったのが1712年のことであったとされている．沿岸のひげ鯨類が少なくなっていたことと，ろうそく原料としてマッコウ油の需要があったため，この漁業は急速な発展をみせ，英国やオランダなどの諸国も参入した．これがアメリカ式捕鯨あるいは南海捕鯨と呼ばれる捕鯨である．舷側でマッコウクジラの脂皮をはぎ，帆船の甲板に設置した竈に大鍋をかけて，細割した脂皮を煎って鯨油を採取した．燃料には採油粕（煎皮）を使用した．鯨油は樽詰めにして船倉に保管しつつ，マッコウクジラを追って数年間の長期航海をする漁業であった．1つの好漁場がみつかると彼らはそこに殺到し，近いところから順に資源をつぶしつつ，しだいに遠方の漁場に進出した．資源のためには好ましくない操業形態である．1789年には南太平洋に入り，1819年にはハワイに入港した．日本近海に最初に出現したのは1820年か1821年であったとされる．1821年には多数の捕鯨船がそこに殺到した（Starbuck 1964）．「ジャパン・グラウンド」と呼ばれたこの豊かなマッコウクジラ漁場は，アメリカ式捕鯨が北大西洋から南大西洋に展開した後，さらに東西方向に進んで行き着いた最後の漁場であった．彼らは1840年代までに日本海，オホーツク海，アラスカ湾，ベーリング海へと順次展開した．そして1848年には北極海に入り，そこに残っていた最後のホッキョククジラ資源を絶滅近くにまで捕獲し，20世紀初頭には資源の枯渇により操業を終えた（Tower 1907; 朴 1994）．

彼らが日本近海やオホーツク海で行った捕鯨活動により日本沿岸の古式捕鯨の衰亡が早まったとされている．アメリカ式捕鯨の末期には，灯火用としては石炭ガスなどが，潤滑油としては魚油，綿実油，菜種油などが使われ始めたうえに，1859年にはペンシルバニア油田が開発されて動物油が値下がりして，マッコウクジラ操業に打撃を与えたらしい．その半面，婦人のファッションの影響で鯨ひげの価格が上昇して，セミクジラとホッキョククジラへの捕獲圧が高まったといわれている（Francis 1990）．アメリカ式捕鯨によりジャパン・グラウンドのマッコウクジラ資源がどの程度の被害を受けたかは依然として解明されていない．

日本人が国の内外で行った捕鯨活動については Kasuya（2009）に概観がある．日本における商業捕鯨のもっとも古い記録は，1570年ごろの三河湾にさかのぼるとされているが，実際にはそれ以前から行われていたのではないかという見方もある．これはイルカやカジキを捕獲するような綱のついた銛で鯨を突く漁法で，突き取り捕鯨と呼ばれる．この技術は，東は千葉

県勝山に伝わってツチクジラの突き取り漁となり，明治期まで続いた．西は志摩半島，紀伊半島，土佐，北九州，長門方面に伝わって，セミクジラ，ザトウクジラ，コククジラなどを対象に操業された．さらに1675-1677年ごろには太地で突き取り捕鯨を土台にして，網取り捕鯨が開始された．これは鯨の進路に網を入れて絡ませて，鯨の動きを抑えてから銛で突く手法である．これによって動きの速いナガスクジラ類も捕獲できるようになった．この漁法は多数の人員を要するものであった．土佐の津呂捕鯨の場合には464名を使役し（おそらく冬の漁期中のことであろう），捕獲があったときにはさらに臨時に増員したという（山田1902）．このような非能率に加えて，操業が岸近くに限られたのが網取り捕鯨の弱点であった．この捕鯨法も西日本各地の捕鯨地に伝わり，明治末年まで行われた（第1章）．

本書の第Ⅰ部ではイルカ漁業との関係において古式捕鯨について多少ふれているほか，巻末に紹介した捕鯨関係の参考図書のリストには日本の古式捕鯨に関する文献も含まれている．

0.2.2 ノルウェー式捕鯨

古式捕鯨がおもに捕獲した鯨は動きが遅くて突きやすく，死体が浮くので確保しやすい鯨種に限られていた．19世紀後半までには，このような鯨種はほとんど捕りつくされた．ほとんど手つかずで多く残っていたナガスクジラ類は，動きが速いうえに死体が沈むので，無動力のボートから手投げ銛を投げて綱をつける当時の漁法では，補助的に小口径の砲を用いることはあったが，捕ることは至難であった．

ナガスクジラ類を捕獲する新しい技術は1868年にノルウェー人Svend Foynによって発明された．これがノルウェー式捕鯨であり，近代捕鯨とも呼ばれている．この捕鯨は汽船に搭載した大砲から綱のついた銛を発射するものである．銛が鯨体に命中すると，銛の先頭部分が爆発して鯨を死亡させ，さらに蝶番で銛についている爪が鯨体内で開いて銛抜けを防ぐのである．「砲から発射する爆発銛」と「汽船」という2つの既存の技術を結びつけたところに発明の価値があった．この捕鯨はまたたく間に世界各地に伝わり，北太平洋では1889年にロシア人が，南極海では1904年にノルウェー人が，それぞれ操業を開始した．

日本でもさまざまな試行が先行した後，1899年に仙崎に設立された日本遠洋漁業株式会社がこれを軌道に乗せた．その操業は朝鮮半島沿岸で始まり，北九州・紀州を経て，三陸方面に展開した後，戦前は台湾，朝鮮，千島などでも操業した．日本の母船式捕鯨は南極海（南氷洋ともいう）に1934年末，北太平洋に1940年夏に初出漁した．戦後は国内操業のほかに，台湾（1957-1959），沖縄（1958-1965），ブラジル（1959-1984），カナダ（1962-1972），チリ（1964-1968），サウス・ジョージア（1963/64-1965/66），ペルー（1967-1985），フィリピン（1983-1984）などでも操業した（多藤1985; Kasuya 2009）．

鯨資源の乱獲の様子を南極海の母船式捕鯨を例にして統計からたどってみる．捕獲のピークは1937/38年漁期で，この年には31船団が出漁してシロナガスクジラ換算（Blue Whale Unit; BWU）で28,871 BWU（シロナガスクジラ14,826頭，ナガスクジラ26,457頭，ザトウクジラ2,039頭，イワシクジラ6頭）の捕獲をあげ，この後，総捕獲頭数は漸減傾向をたどった．BWUは産油量を基準にした換算方式で，シロナガスクジラ1頭，ナガスクジラ2頭，ザトウクジラ2.5頭，イワシクジラ6頭を1BWUに換算するものである．ミンククジラの換算率が定められていないのは，当時は漁獲対象とは考えられなかったためである．つぎに，鯨種別に捕獲のピーク年をみると，シロナガスクジラの捕獲のピークは1932/33年漁期で18,642頭の捕獲があった（1965/66年漁期から捕獲禁止）．ナガスクジラのピークは5年遅れて1937/38年漁期の26,457頭であった（1977/78年漁期から禁止）．ザトウクジラは沿岸でも捕獲されて早くから乱獲が進んでいたために，さまざまな規制が設けられたので捕獲頭数が生息数の動向を示すとは限らないが，母船

式による捕獲のピークは，ナガスクジラよりも21年遅れて1958/59年漁期の2,394頭であった（1962/63年漁期から禁止）．イワシクジラのピークは1964/65年漁期で19,874頭（1979/80年漁期から禁止），ミンククジラ（近年，南極海産の種は別種クロミンククジラとされているが，本書では旧称を用いている）は1977/78年漁期で3,950頭であり，1985/86年漁期から商業捕鯨停止の決定により捕獲が禁止された．このように，南極海捕鯨では操業対象が大型種から小型種へと移っていったのである．同様の傾向は北太平洋でも認められる（Kasuya 2007）．

南極海に出漁する船団が増えるにつれて，1920年代末から鯨油が生産過剰となった．それを受けて，ノルウェーと英国は捕鯨業者間の協定を結び，1931年からの5年間は一部の船団を休漁させて生産調整をしたことがある．このような状況のもと，無謀な捕鯨操業により，かつて古式捕鯨がセミクジラ，ホッキョククジラ，コククジラ，マッコウクジラなどで経験した乱獲の歴史が，今度はナガスクジラ類で繰り返されるのではないかと危惧された．国際連盟は1924年からこの問題を取り上げ，そのリーダーシップのもとに1931年9月にスイスのジュネーブで捕鯨協定がつくられ（ゼネバ条約とも呼ばれる），スイスを含む26カ国が署名した（発効は1936年1月）．続いて1937年6月にはロンドンで国際捕鯨協定に署名し（発効は1938年5月），1938年6月のロンドン会議では1937年協定の修正を行った（発効1938年12月）．これらの協定は体長制限，子連れ雌の捕獲禁止，鯨体の有効利用を定め，セミクジラ類（ホッキョククジラ，セミクジラ，コセミクジラ）とコククジラ（本種は1937年協定から）を捕獲禁止としたが，これら戦前の協定には日本は参加しなかった（大村ら1942；大村・粕谷2000）．1939年9月にはヨーロッパで第2次世界大戦が始まり，1939/40年漁期には28船団が出漁したが，1940/41年漁期には11船団に減り（両年とも日本は6船団），その翌年からは出漁が絶えた（Brandt 1948）．

戦後の第1回南極海出漁は1945/46年漁期であった（日本の戦後初出漁は1946/47年漁期であり，2船団でなされた）．それより前に，ヨーロッパの戦火が下火になった1944年1月には，緊迫した食用油不足から捕鯨再開が近いとみて，ロンドンで連合国側の7カ国による捕鯨会議が開かれた．そこでは戦後初年度の捕獲枠を16,000 BWUとすることが合意された．1945年11月にもロンドンで捕鯨会議が開かれ，1945/46年漁期に関して捕獲枠の維持と操業期間の若干の変更が合意された．1946年11月から米国のワシントン特別区で戦後2回目の捕鯨会議が開かれて従来の規制の原則に沿った条約案が検討され，12月に15カ国が署名した（Brandt 1948）．これが現在の国際捕鯨取締条約である．1946年の会議でも16,000 BWUの捕獲枠が合意され，それが1952/53年漁期まで維持されたことが，ひげ鯨資源の悪化の大きな原因となった．この条約の発効は1948年11月で，日本の加盟は1951年4月であった．2009年3月現在，84カ国がこれに加盟している．

この条約の主体は条約本文とその付表であり，前者は前文と条文11条からなる．その基本は加盟国に均等の捕鯨の権利を認めつつ，①人類の共有物である鯨の資源を，②漁業資源として，③科学的手法により適正レベルに維持する目標に向けて，④余力のある資源のみから捕獲する，と定めている．条約付表は捕獲枠など捕鯨規制に関する具体的な細目を定めたもので，その変更は加盟国政府が指名したコミッショナーで構成される国際捕鯨委員会（International Whaling Commission; IWC）の4分の3の多数決でなされる（それ以外の決定は単純多数決）．IWCの決定に不満な政府は，それに対して90日以内に異議申し立てをすれば，拘束を免れるという定めがあった（さらに詳細規定もある）．コミッショナーは年に1回会議を開いて，翌漁期の規制を決定する．

この条約の本文や付表では，鯨を捕獲する漁業が捕鯨業であるとの認識が行間から読み取れるが，鯨（whale）とはなにかの定義がどこにも見当たらない．動物学でいう鯨目のすべての

表 0.1 IWC の管轄下で行われている原住民生存捕鯨の捕獲枠（2008-2012年）．捕獲枠は1年ごとに定める場合と5年分をまとめて設定する場合があり，後者では1年ごとの最大頭数も別に定めてある．国際捕鯨取締条約付表による．

操業地域（国）	ホッキョククジラ	コククジラ東資源[1]	ザトウクジラ	ナガスクジラ	ミンククジラ
アラスカ（米）	280頭/5年[2]				
チュコト（露）	上に含む	620頭/5年[3]			
ワシントン州（米）		上に含む			
グリーンランド（諾）	2頭/5年			19頭/年	212頭/年
セントビンセント・グレナディン			20頭/5年		

1) アジア側で越冬する西資源は130頭前後で危機的な状況にあり，捕獲はされていない．
2) 若干数が2国間の協議でロシアのチュコト族に配分される．
3) 若干数が2国間の協議でワシントン州のマカー族に配分される．

種を含むのか，それとも民俗学的な意味での「いるか」に対する「くじら」を指しているのか明確ではない．このあいまいさが条約の管轄権に関する加盟国の意見の不一致の原因となっている．当時の締約国は鯨目のなかの小型種の管理については念頭になく，急造の条約のため不備が残ったものと思われる．いまのIWCでは，マッコウクジラ以外の歯鯨類を小型鯨類に一括して，捕獲規制以外の科学的側面について検討をしている．なお，日本の最近の行政用語の「小型鯨類」では，マッコウクジラのほかにトックリクジラ属2種も除かれている（参考資料1）．そこにはIWCの管轄権がおよばないと日本が主張してきた鯨種だけを「小型鯨類」に含めるという意図がみえてくる．

IWCは1982年にすべての商業捕鯨について，南極海では1985/86年漁期から，その他では1986年漁期から，捕獲をゼロにする決定をした．このような状況のもとで，いま行われている捕鯨にはつぎのようなものがある．

第1は国際捕鯨取締条約に加盟していない国による捕鯨である．カナダのイヌイットはホッキョククジラを，インドネシアのレンバタ島の住民はマッコウクジラをいずれも小規模に捕獲している．その実質はつぎに述べる原住民生存捕鯨に類するものである（表0.1）．第2の原住民生存捕鯨はグリーンランドやアラスカのイヌイット，北東シベリアのチュコト族，ワシントン州のマカー族などに，地元消費のための比較的小規模の捕鯨が条約によって認められてい

る．第3は異議申し立てによる捕鯨である．条約加盟国はIWCの決定に対して，一定期間内に異議を申し立てれば，その拘束を免れることができる．ノルウェーは商業捕鯨停止の決定に異議を申し立てて，数百頭のミンククジラの捕獲を続けている．第4は留保による捕鯨である．アイスランドは商業捕鯨停止の決定を不服としてIWCを脱退したが，再加盟に際してその決定に留保をつけることを条件とした．狡猾ともいえるこの戦術については議論があったが，けっきょくは留保つきの加盟が認められ，2010年には59頭のミンククジラと142頭のナガスクジラを捕獲している．第5がつぎに述べる科学調査目的の捕鯨であり，現在日本がこれを行っている．このほかに，いわゆる小型鯨類にはIWCの管轄権がないとの判断から，日本政府は小型捕鯨業者がツチクジラや数種類のイルカ類を捕獲することを認めている．小型捕鯨業については第4-7章，ツチクジラについては第13章，コビレゴンドウについては第12章で記述している．

0.2.3 日本の調査捕鯨

1946年に調印された国際捕鯨取締条約の第8条は，条約のほかの条項の規定にかかわらず加盟国政府は国民に対して科学研究のための鯨の捕獲を許可できること，それによって捕獲された鯨は可能な限り有効に利用すべきことを定めている．日本政府は1982年のIWCによる商業捕鯨停止の決定に対して1度は異議申し立て

を行ったが，諸外国の圧力を受け，1986年に始まり1987年3月までに終わる漁期（操業形態ごとに異なる漁期が設定されていた）をもって商業捕鯨を終了する旨の異議撤回予告を1986年7月にIWCに送達した（第7章）．これより先1985年4月に，当時日本の水産庁次長でIWCコミッショナーでもあった島一雄氏の指示により，当時の遠洋水産研究所の池田郁夫所長が議長となり，調査捕鯨計画の立案作業が始められた．その結果，南極海のミンククジラについて年齢依存の自然死亡率を推定することを目的とする調査捕鯨計画が策定され，商業捕鯨と入れ替わりに1987/88年漁期から開始された．現在進行中の調査捕鯨は2005年秋から始められた2次計画であり，鯨を中心とする海洋生態系の解明を主目的としている．北太平洋と南極海を合わせて7種合計1,415頭の捕獲を上限とし，その実施期間は無期限としている．その発足の経緯と現状は本書でもふれている（第7章）．商業捕鯨の停止の後，アイスランドも一時，調査捕鯨を行った．

日本の調査捕鯨に対する批判の主たるものは，①条約第8条はこのような大量・長期の捕獲を想定していない（条約の解釈の視点），②日本の計画は産業的・経済的な意図を秘めた法網くぐりである（調査の真の意図への疑問），③調査の必要性あるいは目的達成可能性に対する疑問（科学的視点），④大型野生動物の大量捕獲への批判（実験動物のあつかいなど研究者倫理の視点），⑤鯨は殺したくない（動物の命の評価），などがある．IWCの科学委員会でなされているのは③の科学的視点からの議論に限られている．⑤の背景には，条約締結から60年が経過して鯨を漁業資源とする見方が少数派になったことがある．これらの議論に関する私の見解は粕谷（2003，2005，2008）やKasuya（2007）にあり，石井（2011）にはさらにくわしい批判が書かれている．

0.2.4　日本のイルカ漁業

日本のイルカ漁業の盛衰については，本書の第Ⅰ部においてくわしくふれている．そこでは「イルカ」という用語の解説や関係する捕鯨関係の情報についても述べている．江戸時代まではイルカ漁業は地方的な需要を満たす小規模な漁業であったらしいが，明治以降には幾度か注目を浴びる時期があった．その第1は明治初期に政府が殖産振興を図ったときである．イルカ類についても当時の漁業の現状を調査して，その振興の可能性が検討されたらしい．しかし，イルカ漁業は生産量からみても生産額からみても捕鯨業に太刀打ちできるはずがなく，明治末年になってノルウェー式捕鯨が軌道に乗るにつれて注目されなくなり，再び地方的な漁業の地位に戻っていった．イルカ漁業の第2の興隆はシナ事変から敗戦まもなくまでの時期である．このときにはまず軍需資材である皮革の供給源としてイルカ類やマッコウクジラが注目され生産が奨励された．また，太平洋戦争中には船も男手も徴用で少なくなったことや，敵機や敵潜水艦の来襲などで沖合には出られないので，伊豆半島の漁民は沿岸でできるイルカ漁に力を入れたといわれる．また，戦中・戦後は食糧不足でイルカ肉の需要が高まり山陰，三陸，伊豆半島地方などで捕獲が急増した．しかし，これも一時期のもので1960年代に向けて再び縮小していった．第3のピークは1980年代から1990年代にかけての時期である．これは資源減少により縮小を続けてきた商業捕鯨が1988年3月に廃業にいたる前後である．鯨肉の供給不足への対応としてイルカ肉が鯨肉に転用された結果，イルカの価格が上昇し，捕獲が急増したのである．現在では調査捕鯨から供給される鯨肉の量が増加したため，イルカ肉の価格は低迷している．これらについては本書の第Ⅰ部に述べてある．

このように，日本のイルカ漁業は経済規模も捕鯨業に比べて小さく，その陰に隠れた産業であったため，長い間，行政の関心をひかなかった．日本のイルカ類の資源状況を懸念するIWC諸国の圧力によって，政府がイルカ漁業の管理に乗り出したのは1980年代のことである．かつて年間1万-2万頭の捕獲を記録した伊豆半島沿岸のスジイルカ漁業は，このときに

はすでに壊滅していた．いまでは日本沿岸でスジイルカをみることさえ少なくなっている．このような失敗は繰り返したくないものである．

いま，日本ではネズミイルカ科1種とマイルカ科7種の8種合わせて1万頭以上が捕獲され，水族館に送られる一部の個体を除けば，大部分が食用に供されている．このほかに，ツチクジラはIWCの管轄外であるとして，政府は小型捕鯨業者に数十頭の捕獲を許している．これら9種の漁獲対象の歯鯨類のうち，本書では6種について保全生物学的な知見を提供している．

0.3 鯨類への脅威はほかにもある

捕鯨業や日本のイルカ漁業が鯨類の生存に対して脅威を与えた事例については前項でふれた．そのほかにもさまざまな人間活動によって，あるいは人間活動の結果出される副産物による海洋汚染によって，鯨類の生存は少なくない影響を受けている．この問題については，Marsh et al. (2003) や Reeves et al. (2003) にレビューがある．本書はこの問題に関して随所で言及することはあっても，項を立てて記述することはしていないので，以下で簡単に紹介しておく．

0.3.1 意図的な捕獲

北極圏の諸地方ではシロイルカやイッカクが原住民の食用に捕獲されている．スリランカではイルカを銛で突いて捕獲したり，流し網にかかったイルカ類を食用に販売することが行われている．アフリカや南米の沿岸諸国でもイルカを突いてカニ籠や延縄の餌に用いたり食用にしている（Read 2008; IWC 2011）．

これら諸国では捕獲統計も不完全であり，イルカの生息数調査もないので即断はできないが，沿岸の地方的な個体群に対する脅威となりうるので楽観を許さない．なお，かりにこれら情報が得られたとしても，現在の漁業計測技術のレベルや一般漁業者の行動からみて関係する鯨類の個体群を安全に管理することは至難である．とりわけアマゾン河やガンジス・ブラマプトラ河水系において淡水性のイルカが捕獲されて，

漁業の餌として利用されていることは保全上の大きな問題である．これを停止することは緊急の課題である．

0.3.2 漁業による鯨類の事故死

日本ではミンククジラが沿岸の定置網にかかって死亡することが昔から知られていた．かつてはその肉を販売することは禁止されており，年間の報告頭数は多い年でも10-20頭にすぎなかった．しかし，2001年7月に販売が許可されたとたんに120-130頭に増加して現在にいたっている．規則が変更されたことにより水面下で流通していたものが浮上したのである．韓国沿岸でもこれに劣らない数の混獲が報告されており，両国の混獲を合わせると相当の数になり，日本海系のミンククジラ資源への影響が危惧されている．

沿岸性の鯨類はどれも定置網に罹網する危険があり，日本ではアジア系のコククジラ，セミクジラ，ザトウクジラなど回復途上にある鯨種の罹網例が報告されている．これらの事故死の防止は急務である．そのために操業を規制することは困難であるが，事故防止のための漁具改良や緊急救出態勢の整備，救出作業にともなう漁具被害を補償する保険制度の充実などが望まれる．これは海を利用する者の利用者責任である．

かつて，公海においてサケ・マス，イカ，マグロなどを捕るための大規模な刺し網漁業（gillnet fisheries，海底に固定しない場合には流し網ともいう）が行われ，鯨類，アザラシ類，海鳥，ウミガメ類などがかかって死亡する事故が問題となった．当時は，漁業者が投棄したり，流失したりした網にこれら動物がかかって死亡する被害も問題となっていた．このような事故死を防ぐための防止策が模索されたが，効果的な方法が開発できず，1989年12月に国連総会で公海の大規模刺し網操業の停止が決議され，日本でも1992年末をもって操業が禁止されるにいたった．

しかし，小規模の流し網や底刺し網の操業は，いまも沿岸や淡水域で行われ，そこにすむ小型

鯨類にとっては大きな脅威となっている．スナメリ，ミナミハンドウイルカ，カワゴンドウ，カワイルカ類などがその危険にさらされている．瀬戸内海での底刺し網（建て網）ではスナメリの事故死が頻発している．水産庁が漁業者からの報告を集計して作成する混獲統計は明らかに過少であり，混獲防止対策はおろか信頼できる混獲統計を収集するための努力すらなされていない．韓国の科学者は200頭を超えるスナメリが韓国沿岸の刺し網で混獲されていることを2009年のIWC科学委員会に報告して，出席者を驚かせた（IWC 2010）．北大西洋の東西沿岸では底刺し網にネズミイルカが混獲されているが，漁具に発音器をつけさせることで，相当の混獲防止効果を上げているといわれる．混獲問題についてはPerrin *et al.*（1994）に多くの情報が集められている．

0.3.3 船舶被害

マイルカ科やネズミイルカ科の種のなかには船舶の舳先に寄ってくる種も少なくないが，逆に船舶が鯨類に衝突して負傷させたり死亡させたりする例も知られている．死後に漂着した鯨類の死因として，船舶との接触が疑われる事例が少なくない．沿岸性のコククジラやセミクジラには，船舶との衝突やプロペラとの接触で怪我をして，治癒した傷痕をもっている個体も少なくない．鯨類との衝突は船舶の側からは気づきにくいものである．知らないうちに鯨類を傷つけているのである．船型の改良や機関の大型化により航行速度は速くなっているし，船舶数はこれからも増えるであろうから，船舶による鯨類の事故は増加すると思わざるをえない．このような事故死の数を推定する試みがIWCの科学委員会で開始されている．

米国の東海岸ではセミクジラが大型船舶と衝突する事故を防ぐために，民間団体が付近を航行する船にセミクジラ情報を流したり，コーストガードが特定海域での船舶の航行規制を設けたりしている．音響探測によって鯨の存在を探知して衝突を事前に回避するとか，音響によって鯨を駆逐したりする研究も行われてきたが，効果的な技術は開発されていない．なお，これら音響機器は鯨の生息環境を劣化させる副作用をもつ恐れがあることを忘れてはならない．

0.3.4 化学汚染

人類は工業活動，農業生産，都市生活を通じて多様な廃棄物を環境中に排出してきた．それらは最終的には海洋中に入り，食物連鎖を通じて鯨類の体内に蓄積される．それらの多くは海水中で分解しにくいうえに，鯨類自身の分解能力も劣る場合が多い．

水銀のような重金属は，産業革命以来の石炭使用により多量に環境中に排出されてきた．それが鯨類に与えている影響は確認されていないが，動物実験では成長や行動に悪影響を与えるとされている．多くの歯鯨類の肉の総水銀濃度は食品の基準値（0.4 ppm）を超えており，人への影響も懸念されている．有機塩素系の殺虫剤，除草剤，PCB，ダイオキシンなどは，動物実験では免疫機能や繁殖機能を阻害することが知られており，食物から鯨類に移行して高濃度で蓄積している．チッソやリンは都市排水から沿岸海域に排出され赤潮発生の原因となる．赤潮毒で毒化した魚を食べてザトウクジラやハンドウイルカが中毒死して漂着した例も知られている．

化学汚染と瀬戸内海のスナメリの保全との関係については本書でも言及している（第8章）．

0.3.5 ホエールウォッチング

世界各地で捕鯨に代わってホエールウォッチングが行われている．鯨類に優しい鯨の利用であるといわれることもある．しかし，ホエールウォッチング船の接近によって鯨類の遊泳方向や潜水間隔などの行動が変化することが知られており，完全に無害であると信ずることはできない．

多くの操業地では，鯨類の群れへのウォッチング船の接近方法，接近距離などに規制を設け，イルカ類への給餌は禁止しているところが多い．日本では法律によらずに業者の自主規制でこれらを行っているが，業者の組織に入っていない

観光船による規制を無視した行動が問題となることがある．

0.3.6 水中騒音

鯨類は音響を用いて仲間との交信や音響探測を行っている（前述）．一方，海中の人工騒音の音源には航行船舶，砕氷船，建設工事，地質探査に使うエアーガン，海洋調査機器，軍事ソナーなどがあり，鯨類への影響が懸念されている（Tyack 2008）．

歯鯨類に頻発する集団座礁に関しては，その仕組みは明らかではないが，原因の1つとして軍事ソナーが疑われている．ソナーによって通常の潜水行動が阻害されて，潜水病を発症して死亡にいたる可能性がある．とくにアカボウクジラ類がその被害を受けやすいといわれている．

船舶騒音のおもな周波数域は 20-200 Hz であり，これがひげ鯨類の鳴音範囲に重なることも懸念材料である．増加する水中騒音によって，ひげ鯨類は遠方の仲間との交信が妨げられていると信じられている．また，水中発破のような強力な音響によって聴覚器官の損傷が発生する恐れもある．それほど強力でない場合には，一時的に鯨を特定の海域から排除する効果があることが観察されている．

0.3.7 漁業との競合

漁業の操業にともなって鯨類が死亡する事故についてはすでに述べた．逆に鯨類が釣り針にかかった魚を盗むとか，魚群を追い散らして操業を妨害することも知られている．食べものを安易に入手する方法を鯨類が学習したところに原因があるので，威嚇などの効き目も一時的であり，効果的な防御手段は開発がむずかしいと予測される．かつて長崎県壱岐周辺で発生したこのような事例については本書でもふれている（第3章）．

さらに根源的な問題は，海洋生産の配分をめぐる鯨類と漁業との競合である．漁業者は鯨がいなければ自分たちが捕れる魚が増加するはずだと考えて，鯨を邪魔者あつかいにする事態が発生するし，それが政治的に利用されることが

ある．壱岐ではこのような主張を漁業者が行った事例があるし，日本の捕鯨業者の宣伝にもそれをみることがある．しかし，このような考えは現段階では仮説の状態にあると知るべきである．IWCの科学委員会ではこれらの仮説を証明するための生態系モデルはまだ構築されていないし，それに入力するためのデータもわれわれはもっていないとしている．

0.3.8 気候変動

最後の氷河期はいまから約1万年前に終わった．その後，いまから数千年前には現在よりも温暖な気候が出現した．当時は夏には北極海の氷が消えて北大西洋と北太平洋の鯨類に交流の機会が発生したらしいし，熱帯性のマイルカ科の鯨類がアフリカの南端をまたいで南大西洋とインド洋を行き来もしたらしい（第12章）．いま，われわれが目にする鯨類はこのような気候変動の試練を経てきた種であるから，多くの鯨類はいま話題の人為要因による温暖化にも耐えて，少なくとも種としての絶滅は免れるかもしれない．だが，縄文海進と呼ばれるこの気候変化が数千年をかけて進行したのに対して，これから予測される温暖化は 100-200 年のスピードで進行するというちがいがある．長寿な鯨種からみれば 2-3 世代の事件となる．また，過去の人類の経済活動によって種内の個体群の数やその生息数が大きな変化をこうむっている．このような状況のもとで鯨類が気候変動にどう対応できるかわからない．なかでも，河川や沿岸域に生活するカワイルカ類，カワゴンドウ，スナメリなどの種は，気候変動にともなう河川流量の減少，水利工事，沿岸開発などの影響を受けやすい．すでにヨウスコウカワイルカは今世紀初頭に絶滅したが，その背景には人類による生息環境の破壊があると信じられている．

また，温暖化により海洋の循環構造が変わり，海洋生産力が大きく変化することが予測される．これは鯨類の分布や生息数に大きな影響を与えるであろうし，人類の食糧供給の面でも大きな問題となるにちがいない．このように急速に変化しつつある環境のなかで，われわれは鯨類を

含めた海洋の生態系をどのようにあつかうか，漁業資源管理の面でも野生生物の保全の観点からも大きな問題である．

序章　引用文献

石井敦（編）2011. 解体新書「捕鯨論争」. 新評論, 東京. 322 pp.

大村秀雄（著）・粕谷俊雄（編）2000. 南氷洋捕鯨航海記——1937/38 年揺籃期捕鯨の記録. 鳥海書房, 東京. 203 pp.

大村秀雄・松浦義男・宮崎一老 1942. 鯨——その科学と捕鯨の実際. 水産社, 東京. 319 pp.

粕谷俊雄（編著）1997. カワイルカの話——その過去・現在・未来. 鳥海書房, 東京. 214 pp.

粕谷俊雄 2002. 歯鯨類の生活史. pp. 80-127. In：宮崎信之・粕谷俊雄（編）. 海の哺乳類——その過去・現在・未来. サイエンティスト社, 東京. 311 pp. 1990 年初版の増補版.

粕谷俊雄 2003. 鯨の海・人の海. pp. 61-72. In：日本環境年鑑. 創土社, 東京. 339 pp.

粕谷俊雄 2005. 捕鯨問題を考える. エコソフィア 16：56-62.

粕谷俊雄 2008. 捕鯨問題を考える——一生物学者の 46 年の体験から. ヒトと動物の関係学会誌 20：38-41.

シュライパー, E. J. 1984. 鯨［原書第 2 版］. 東京大学出版会, 東京. 403 pp. 細川宏・神谷敏郎訳.

多藤省徳 1985. 捕鯨の歴史と資料. 水産社, 東京. 202 pp.

朴九秉 1994. アメリカ捕鯨船の日本海来漁と竹島発見——航海日誌に見る日本海捕鯨. 歴史と民俗 11：101-138.

山田桐実 1902. 津呂捕鯨誌. 津呂捕鯨株式会社, 高知市. 142 丁.

Au, W. W. L. 2009. Echolocation. pp. 348-357. In：W. F. Perrin, B. Würsig and J. G. M. Thewissen (eds). *Encyclopedia of Marine Mammals*, 2nd Edition. Academic Press, Amsterdam. 1316 pp.

Brandt, K. 1948. *Whaling and Whale Oil During and After World War II*. Food Res. Inst., Stanford University Press, Stanford. 47 pp.

Ellis, F. 2009. Whaling, aboriginal. pp. 1227-1235. In：W. F. Perrin, B. Würsig and J.G.M. Thewissen (eds). *Encyclopedia of Marine Mammals*. 2nd Edition. Academic Press, Amsterdam. 1316 pp.

Francis, D. 1990. *A History of World Whaling*. Viking, Markham. 288 pp.

Frankel, A. S. 2009. Sound production. pp. 1056-1071. In：W. F. Perrin, B. Würsig and J. G. M. Thewissen (eds). *Encyclopedia of Marine Mammals*, 2nd Edition. Academic Press, Amsterdam. 1316 pp.

IWC (International Whaling Commission) 2009. Report of the Sub-committee on Other Southern Hemisphere Whale Stocks. *J. Cetacean Res. and Manage*. 11 (Suppl.)：220-247.

IWC 2010. Progress Reports. *J. of Cetacean Res. and Manage*. 11 (Suppl. 2)：352-398.

IWC 2011. Report of the Scientific Committee. *J. Cetacean Res. and Manage*. 12 (Suppl.); 1-75.

Kasuya, T. 1995. Overview of cetacean life histories：an essay in their evolution. pp. 481-497. In：A. S. Blix, L. Walloe and O. Ultang (eds). *Whales, Seals and Man*. Elsevier Science, Amsterdam. 720 pp.

Kasuya, T. 2007. Japanese whaling and other cetacean fisheries. *Environmental Sci. and Pollution Res*. 14 (1)：39-48.

Kasuya, T. 2009. Japanese whaling. pp. 643-649. In：W. F. Perrin, B. Würsig and J. G. M. Thewissen (eds). *Encyclopedia of Marine Mammals*, 2nd Edition. Academic Press, Amsterdam. 1316 pp.

Kasuya, T. and Brownell, R. L. Jr. 1979. Age determination, reproduction, and growth of the Franciscana dolphin, *Pontoporia blainvillei*. Sci. Rep. Whales Res. Inst. (Tokyo) 31：45-67.

Kükenthal, W. 1893. Die Bezahnung. pp. 385-448 and pl. XXV. In：W. Kükenthal. *Vergleichend-Anatomische und Entwickelungsgeschichtliche Untersuchungen an Walthieren*. Verlag von Guster Fischer. Jena. 448 pp.

Mann, J., Connor, R. C., Tyack, P. L. and Whitehead, H. (eds) 2000. *Cetacean Societies, Field Studies of Dolphins and Whales*. The University of Chicago Press, Chicago. 433 pp.

Marsh, H., Arnold, P., Freeman, M., Haynes, D., Laist, D., Read, A., Reynolds, J. and Kasuya, T. 2003. Strategies for conserving marine mammals. pp. 1-19. In：N. Gale, M. Hindell and R. Kirkwood (eds). *Marine Mammals：Fisheries, Tourism and Management Issues*. CSIRO Publishing, Collingwood. 446 pp.

Miller, G. S. 1929. The gums of the porpoise *Phocoenoides dalli* (True). *Proc. U. S. National Mus*. 74 (26)：1-4 and pls. 1-4.

Ohdachi, S. D., Ishibashi, Y., Iwasa, M. A. and Saitoh, T. (eds) 2009. *The Wild Mammals of Japan*. Shoukadoh, Tokyo. 543 pp.

Perrin, W. F., Donovan, G. P. and Barlow, J. (eds) 1994. *Gillnet and Cetaceans, Incorporating the Proceedings of the Symposium and Workshop on the Mortality of Cetaceans in Passive Fishing Nets and Traps. Rep. int. Whal. Commn*. Special Issue 15. 629 pp.

Read, A. 2008. The looming crisis：interactions between marine mammals and fisheries. *J. Mammalogy* 89 (3)：541-543.

Reeves, R. R., Smith, B. D., Crespo, E. A. and Notabartolo di Sciara, G. 2003. *Dolphins, Whales and Porpoises：2002-2010 Conservation Action Plan for the World Cetaceans*. IUCN, Gland, Switzerland; Cambridge, UK. 139 pp.

Starbuck, A. 1964 (reprint of 1878 ed). *History of American Whale Fishery from its Earliest Inception to the Year 1876*. Sentry Press, New York. vol. 1：407 pp., vol. 2：779 pp.

Thewissen, J. G. M. (ed) 1998. *The Emergence of Whales：Evolutionary Patterns in the Origin of Cetacea*. Plenum Press, New York. 477 pp.

Tower, W. S. 1907. *A History of the American Whale Fishery*. The John C. Winston, Philadelphia. 145 pp.

Turvey, S. 2008. *Witness to Extinction, How We Failed to Save the Yangtze River Dolphin*. Oxford University Press, New York. 233 pp.

Tyack, P. 2008. Implications for marine mammals of large-scale changes in the marine acoustic environment. *J. Mammalogy* 89 (3): 549–558.

Uhen, M. D. 2009. Evolution of dental morphology. pp. 302–307. *In*: W. F. Perrin, B. Würsig and J. G. M. Thewissen (eds). *Encyclopedia of Marine Mammals*, 2nd Edition. Academic Press, Amsterdam. 1316 pp.

Würsig, B. 2009. Intelligence and cognition. pp. 616–623. *In*: W. F. Perrin, B. Würsig and J. G. M. Thewissen (eds). *Encyclopedia of Marine Mammals*, 2nd Edition. Academic Press, Amsterdam. 1316 pp.

I
漁業史

第1章　イルカ漁業の歴史

1.1　漁業史を知ることの意義

　人類は野生生物の生活に大きな影響を与えてきた．意識して行った場合もあるが，気づかないうちに加害者になってしまって，後から気づいた例もある．このような事例は今後も発生するにちがいない．野生生物がどのような過程を経て現在にいたったかを理解し，今後の動向を予測し，不必要あるいは好ましくない破壊を避けるための対策を考える．これが保全生物学の仕事である．

　野生生物と人類との交渉の歴史を理解することは大切である．野生生物の研究を始めようとする研究者にも，自分の研究で得られた結果を解釈するときにも，またれだれかが完成させた研究の成果を自然保護に利用しようとするときにも，交渉の歴史を理解することは大切である．森林伐採，農地開発，灌漑工事など，陸上や淡水で起こる出来事の影響は理解しやすいが，海にすむ鯨類がこうむる被害についてはわれわれの理解が遅れがちである．鯨類に関しては基礎情報を集めるのがむずかしく，生息数を推定することさえ容易ではない．人類はこれまでに多くの物質を環境中に放出してきた．なかでも水銀のような重金属やPCBやダイオキシンのような難分解性の有毒有機化合物が食物を通して鯨類の体内に蓄積しており，健康被害が懸念されている．これは，多くの食糧を海産物に依存するわれわれ自身の健康にも影響することであり，人類のこれまでの生き方が問題とされている．また，最近では軍事活動や資源探査にともなって発生する水中騒音が，一部の鯨類の命を脅かしているらしいと指摘され，それを支持する証拠も集まりつつある．船舶と衝突する事故も鯨種によっては懸念材料となっているし，ホエールウォッチングで船や飛行機が接近するのも鯨にとっては迷惑らしい．このように鯨類の生活環境を保全する問題についても，国際捕鯨委員会（IWC）の下部組織である科学委員会では検討している（IWC 2008a）．

　漁業によって鯨類を捕獲して利用することは，鯨類と人間とのかかわりのなかでももっとも直接的な例である．そのときに鯨類では，魚類とちがって，水揚げはトン数ではなく頭数で語られることが多い．これはその影響を評価するうえで大きな利点である．ただし，公的な規制の下で行われた漁業活動については比較的情報が入手しやすいが，規制の対象とならず放任された漁業について情報を集めるのは意外にむずかしい．イルカ漁業にはそのような歴史が長い．多くの漁業活動は必ずしも鯨類を目的に操業しているわけではないが，ときには網などの漁具に絡まって鯨類が死ぬことがある．漁業者にとっては余計な獲物として無視されるかもしれないが，鯨類の側からみれば無視できない量の被害が発生している例もあり，鯨類の混獲問題としてしばしば懸念されている（Anon. 1994）．

　漁業には非公然の側面があることを忘れてはならない．公的な規制を逃れて密かに行われた経済活動について知ろうとすると，大きな困難に直面する．かつて，日本の沿岸捕鯨では広く密漁が行われていたことは周知の事実である（例：粕谷 1999; 近藤 2001; Kondo and Kasuya 2002）．密漁された頭数を推定して真の漁獲統

計を再構築しようとしても，そのための漁業情報を集めることは，いまの日本ではほとんど絶望的である．水産庁はこのような不正をみてみぬふりをしていたという背景もあり，元漁業者や監督官庁など多くの関係者は依然として密漁の事実さえ認めようとしないし，周囲の人々の反発を恐れて口を閉ざす元関係者も少なくない．このような状況のもとでは，われわれが過去の失敗から学ぶこともできない．漁獲の歴史を逆にたどってかつての鯨の生息頭数を推定することも，漁獲に対する鯨の個体群の反応を理解することもむずかしい．

　鯨を捕獲する営み，いわゆる捕鯨の歴史に関しては，これまでに多くの書籍が出版されている（代表的な書籍を巻末に紹介する）．しかし，イルカ漁の歴史については適当な書籍をみつけることは容易ではない．その背景には，イルカ漁は経済的に規模が小さいため，捕鯨史ほどには人々の関心を呼ばなかったこともある．また，日本ではその規制が1980年代に始まったばかりで，それ以前には実質的な規制の対象にならなかったことも関係している．生物学的にみると小型歯鯨類，あるいはイルカ類と呼ばれる種は，大型鯨類に比べて行動範囲が狭い傾向がある．それゆえに，1つの大洋のなかの同じ種でも，相互に交流のない隔離された個体群が各地に形成されている．成長や繁殖などの彼らの生活史の特徴は大型鯨類と大きなちがいがないのに，個体群の分布が狭いということは，自然保護の観点からみれば，小型歯鯨類では気づかれないうちに個体群が消滅する危険性が大きい．いいかえれば大型鯨類に比べて人類の影響を受けやすい要素をもっているということができる．イルカ漁業の歴史がけっして軽視できない理由の1つである．

1.2　イルカとクジラ
###　　——保全生物学的特徴

　イルカとクジラの区別をしばしば質問されるが，すっきりと答えるのはむずかしい．日本語で生物の種名を表示するにはカタカナを用いる習慣がある．ナガスクジラやニホンザル（種名）がこれである．一方でわれわれはたんに「サル」あるいは「猿」といって霊長類を包括的に指す習慣もある．同じことが鯨類の分野にもある．「海豚」とそれに対比して使われる場合の「鯨」がそれであり，習慣的にカタカナ表記も行われている．また，分類学的に鯨目に属する種でも，種名の末尾に「…イルカ」とか「…クジラ」がつくものもあるが，つかない種もある．諸外国の言葉にも同様の例があり，その区分は言語や社会によって異なっている．動物学というよりも民俗学上の問題であり，ときには商業主義が絡むこともある．一般にはハナゴンドウとかマツバイルカと呼ばれているマイルカ科の種に対して，あるときに江ノ島水族館は「ハナゴンドウクジラ」という新しい名称を使ったことがある．これは鯨を飼育して観客の目をひきたかったが，それができなかったための苦肉の策であったと当時の飼育担当者から聞いたことがある．

　現生の鯨目はひげ鯨亜目と歯鯨亜目とからなる（序章）．ひげ鯨亜目には14種ほどが知られていて，概して体が大きい．これに対して歯鯨亜目は，マッコウクジラのような大型種からスナメリのような小型種までを含み，70種あまりで構成される大きなグループである．それぞれはいくつもの科に分けられているが，イルカ科という分類群はないことを理解しておく必要がある．

　歯鯨亜目のなかにはマッコウクジラ科，マイルカ科，ネズミイルカ科，イッカク科など9つの科がある．マイルカ科にはスジイルカ，ハナゴンドウ，シャチなどの典型的なイルカが含まれるが，そこにはシャチのようにkiller whaleと呼ばれる種も，マイルカのようにcommon dolphinと呼ばれる種も含まれている．ネズミイルカ科にはイシイルカやスナメリが含まれている．スナメリは瀬戸内海西部ではゼゴンドウと呼ばれている．「…ゴンドウ」は頭部が丸い種につけられた名前らしい．英国ではネズミイルカ科の種は…porpoiseと呼んで，マイルカ科の種（…dolphinと呼ばれるが，…whaleと呼

ばれる種もある）と区別するが，米国ではどちらも porpoise ですませる傾向がある．イッカク科にはシロイルカとイッカクの2種が含まれている．これら2種は，英語ではそれぞれ white whale（あるいは beluga），narwhal と呼ばれている．つまり，言語によって「クジラ」と「イルカ」の使い分けに不一致がある．

ネズミイルカ科，マイルカ科，イッカク科の3科を合わせてマイルカ上科という歯鯨亜目のなかの大きなグループを構成している．歯鯨亜目には，このほかにカワイルカ上科というグループもある．これはマイルカ上科とは縁が遠いグループである．氷河期に氷に覆われることのなかった，南米や東南アジアなどの大河や沿岸域に生き残った小型歯鯨類で，アマゾンカワイルカ，インドカワイルカ（ガンジスカワイルカとインダスカワイルカの総称），ヨウスコウカワイルカ（今世紀初めに絶滅した），ラプラタカワイルカの4種がいる．

本書では鯨類の生物学的な特徴を重視し，かつ日本古来の習慣をも考慮して，マイルカ上科に属する種を一括して，イルカあるいはイルカ類と表記することにする．その表記法は慣例にしたがって「海豚」「いるか」あるいは「イルカ」でもさしつかえないとする．この定義にしたがうとカワイルカの仲間が除外されてしまう．そこでカワイルカの仲間は別に「カワイルカ類」と呼ぶことにする．これによって混乱が減るし，動物分類学との整合もよい．

ここで鯨類の分類を説明したのは，鯨目のなかのさまざまな種を「クジラ」と「イルカ」に2分することは，科学的な分類学とは無関係であることを知ってほしいからである．クジラとイルカの区別を強いて求めるとすれば，それは民族の記憶のなかに求めるしかない．一方は体が大きくて雄大であり，他方は小さくて活発な動きをする．われわれの祖先はそのようにして鯨と海豚を認識してきたのではないだろうか．それは海とのかかわりを通じて培ってきた日本人の共通認識である．しかし，その認識が時代とともに変化していくのも自然である．体長が何m以上を「クジラ」とするというように画一的に決めようとしても，その根拠を見出すのはむずかしい．昔の書物も基準を与えてはくれない．シャチについて，その印象を重視して鯨という者もいるだろうが，骨格の形を重視してマイルカの仲間だという人もいるにちがいない（これは分類学的には正しい）．コマッコウ科の2種をみよう．大きいほうのコマッコウという種でも3.5m，オガワコマッコウはさらに1mほど小さい．動物学的にはコマッコウ科はマッコウクジラ科に近いと考えられている．彼らの体は小さいが，潜水時間が長くめったにわれわれに姿をみせないし，海面での動きは鯨のようにさえ感じられる．これをクジラと呼ぶべきなのか，イルカとみるべきなのか判断に迷うが，上の基準にしたがえば，イルカ類には入らないことになる．

哺乳類は体が大きい種では成長が遅く，寿命が長く，増加率も低いという一般的な傾向が知られている（シュミットニールセン 1995）．これが鯨目にもあてはまるのではないかとみて，体の大きさから生活史のパラメータを推定しようとする試みがなされたことがある．1960年代までは，イルカ類はいわゆる大型鯨類よりも早熟で，増加率も高いのではあるまいかというような予測がなされていた．歯を使っての年齢査定が進行する前のことである．しかし，イルカ類の歯に現れる年輪を読んでみると，彼らの成熟は予想外に遅く，寿命も長いことがわかってきた．イルカ類の再生産率はいわゆるクジラ類に比べて必ずしも高くはないかもしれないという可能性に研究者は意外な感じを抱いたのである．いまでは，鯨類について体の大きさと寿命や死亡率などの生物学的特性値とに相関を求めて，法則性を見出すことは無理であるというのが一般的な理解となっている．スジイルカ属とかナガスクジラ属というように対象をしぼれば，それぞれのグループのなかでは種間になんらかの関係が得られるかもしれない．かりに，そのような関係が成立したとしても，その関係は歯鯨類とかひげ鯨類のような大きな分類群をまとめてみた関係とはけっして同じにはならないだろうと信じられている．その背景には，い

まの体の大きさをもたらした要因にはつぎに述べるようにさまざまなものがあり，それらは分類群によって異なるという理解があるためである．

漁業管理に関係する生物学的な特徴をいわゆるイルカ類とクジラ類で比較してみよう．歯鯨亜目については粕谷（1990）に，またひげ鯨亜目については加藤（1990）に収録されているデータから，生物学的な特徴を引き出して比較する．話を簡単にするために雌だけをあつかうことにする．ネズミイルカやスナメリなどを含むネズミイルカ科の種は体が小さく，成体の平均的な体長は2m前後かそれ以下であり，性成熟年齢も3-6歳と早熟で，出産間隔は1-2年と短い傾向がある．寿命はせいぜい20年前後にすぎない．つぎにマイルカ科のスジイルカ（2.3m）とコビレゴンドウ（4-5m）を比べると，性成熟年齢は8-9歳で2種の間に大きなちがいはない．しかし，彼らの平均出産間隔はそれぞれ2-3年と7-8年で，両種の間には著しいちがいがある．さらにマッコウクジラの体長は11-12mでコビレゴンドウの2倍以上であるが，平均出産間隔は7年でコビレゴンドウのそれとほとんど同じである．なお，この出産間隔は性成熟雌全体の平均値であり，更年期を過ぎて繁殖をやめた老齢雌も計算に含まれていることを，念のために述べておく．コビレゴンドウでは成熟雌の4頭に1頭がそのような老齢雌であるし，マッコウクジラにもかなりの老齢期の雌がいる（Best et al. 1984の年齢組成の解釈）．コビレゴンドウもマッコウクジラも雌の寿命は60年ないし70年である．これに対して，マッコウクジラよりも体が大きいザトウクジラ（ナガスクジラ科）の出産間隔は1-4年の範囲にあり平均は2-3年で，スジイルカやハンドウイルカなど一般的なマイルカ科の種とあまりちがわない．ナガスクジラやシロナガスクジラなどのナガスクジラ類も，体は大きいが生活史の特徴はザトウクジラとあまりちがわない．これらの事例は，体の大きさから生物学的特性値を推しはかることには無理があることを示している．

ひげ鯨類の多くは長距離の回遊を行い，繁殖は半年にもおよぶ絶食期間中に行う．そこでは体が大きいことは栄養貯蔵の面で有利なので，雌が大きくなる方向に淘汰が働いたと考えられている．体の大きさを支配する遺伝子は常染色体にもあるから，雄も雌に引きずられて体が大きくなった．その大型化を支えた陰の力はプランクトンを主体とする食性であったにちがいない．低次の生産レベルを利用することによって，大量でしかも経年的に安定した食糧供給が得られる（供給量に季節的な変動が発生するのはやむをえない）．一方，歯鯨類に大型化をもたらした原動力はひげ鯨類とは異なるらしい．その1つが性淘汰である．マッコウクジラでは繁殖に際して，雌の群れに接近する機会をめぐって雄どうしで争いが起きる．その結果，雄が大きくなる方向に淘汰が働いたと信じられている．雄が大きくなれば雌の体もある程度は大きくなる．このような雄の戦略が成立するためには，雌どうしが集まって群れることが前提になる．血縁雌の協同生活に雄が便乗したのであろう．彼らの大型化を支えた陰の力は，この場合はイカ食であったと思う．イカは海のなかのいたるところにいて，大量に入手しやすい餌である．シャチやオキゴンドウのような例外もあるが，体が大きい歯鯨類は概してイカ食に依存することが傾向としてみられる（マッコウクジラ，アカボウクジラ科，ゴンドウクジラ属，ハナゴンドウなど）．なお，体が大きいほど繁殖や生残において有利であるという状況はひげ鯨類に限られるわけではないので，歯鯨類にもそれにあてはまる例があっても不思議ではない．2次性徴が発達していないツチクジラが大型化したことは，これで説明できるかもしれない．これとは逆に，生産力が限られているとか，生産力が不安定な環境においては，生活に必要なエネルギーが少なくてすむ小型個体が有利な場合があるらしい（島型）．河川産のイルカが海洋産の類縁種に比べて小型なのはそのためと思われる．

鯨類の生活史や再生産に関与している要素には，回遊，食性，社会構造，繁殖生態のような，形態以外の要素が大きく影響しているらしい（粕谷1991; Kasuya 1995a）．ひげ鯨類の多くは，

一見したところ単独で生活しているようにみえる．彼らは0.5-1年で子離れをして，頻繁に出産する．このように出産間隔が短い特徴は，体の小さいイシイルカやネズミイルカとちがわない．これに対して，歯鯨類の多くは，さまざまな程度に群れで生活する方向への進化がみられる．その背後には音響による仲間どうしの交信能力や，仲間を認識する認知能力の発達がある．親子などの血縁者が共同生活をする傾向は雌において著しい．それが，とくに発達して母系社会を形成しているのがコビレゴンドウ，ヒレナガゴンドウ，シャチ，マッコウクジラなどである．母系社会では幾世代もの血縁の雌が協力しつつ生活し，少なく産んでていねいに育てる方向に進化した．それにともなって出産間隔が長くなり，子育てとか文化の担い手として老齢雌が貢献できる環境ができた．この方向への進化は体の大きさには影響しないが，寿命や授乳期間，そして出産間隔などには大きな影響を与える．体の大きさと生活史の特徴が相関しない背景には，このような事情も考えられる．なお，雄の行動には母系社会を形成する種でもさまざまなちがいがあることが知られている（第12章）．

つぎにイルカ類を漁業資源として管理するときの問題点をみておこう．鯨類を漁業資源として管理する場合に，対象となる個体群の増加率がどれくらいであるかが問題となる．概念的には，増加率は出産率と死亡率との差として求められるから，それに生息数を乗じれば持続生産量が得られると期待される（後でふれる社会構造の問題は無視しておく）．ところが，鯨類の年間増加率は数%ときわめて低いので，その推定は容易ではない．1桁の精度で増加率を算出するためには，基礎になる上記3要素にはそれ以上の精度が求められる．それはいまの技術では不可能に近い．さらに，イルカ類は大型鯨類よりも移動性が少ないため，しばしばローカルな個体群が形成されていることは前に述べたところであるが，それが容易に識別できるとは限らない．

水産資源は，未利用状態のときは出産と死亡がつりあっていて個体数は増えも減りもしないが（増加率はゼロである），捕獲により個体数が減少し生息密度が低下すると，個体あたりの餌の配分が多くなる．個体にとっては生活環境が改善されたことになるので，出産率の上昇と死亡率の低下が起こり，結果として個体数は回復（増加）に向かうはずである．その増加率は密度低下の程度（資源レベル；未利用時の生息密度に対する比率）に関係している．個体密度がゼロ近くにまで低下したときに，増加率はその種が発揮できる最大値を示すと期待されている．このときの増加率を内的自然増加率という．水産学ではこれを最大持続生産率（R_{max}）と呼ぶこともある．その時どきの資源量の変化に応じて，そのときの増加率がわかれば，持続生産量は両者の積として求められる．その数だけを捕獲していれば，資源は増えも減りもしないはずである．資源の減少につれて増加率は上昇を続けるが，それにかける母数（資源量）が小さくなるので，両者の積（持続生産量）はある時点で最大となり，それよりも資源量が低下すると持続生産量も低下し始める．その最大値が最大持続生産量である．IWCではそのときの資源レベル（最大持続生産量産出レベル）は，資源が未利用状態の60%にまで減少したときであると仮定してきた．

この方式を実際に使う場合には，資源レベルが低下するにつれて増加率がどのような曲線を描いて上昇していくのか，また内的自然増加率がいくらになるのかを種類ごとに知らなければならない．しかし，それがまったくわかっていないことが鯨類資源の管理の泣きどころであった．また，鯨類の個体群におよぼす人間の影響は直接の漁獲だけではないかもしれない．鯨類と漁業が魚をめぐってなんらかの影響をおよぼしあっている場合もあるだろうし，2種以上の鯨類が餌をめぐって競合している場合があるかもしれない．そうなると上に述べた単純な理論では資源を管理できない．これらの複雑な問題を回避して妥協点を探ったのがIWCの改定管理方式である．これは，過去の捕獲頭数と数年おきに調査をして得た資源量の動向とから，安

全な捕獲量を決めようとするものである．安全であるかわりに捕獲量は少なく算出される傾向があり，商業捕鯨の再開を目指す国々の不満材料の1つとなっている．現在，この方式はひげ鯨類用には開発がすすんでいるが，実際に使用するにはいたっていない．その背景には，鯨を漁業資源として利用することを好まない国々が増えたことがあると私は考えている．

鯨類資源の管理に関しては北原（1996）や桜本ら（1991）が参考になる．前者は改定管理方式と鯨類の資源管理についてわかりやすく説明しており，後者には鯨類の生物学と資源管理についてやや専門的な記述がある．この改定管理方式と同じようなもので，イルカなどの歯鯨類に使える方式がつくれないだろうか．その作業はIWCではまだ開始されていない．それは歯鯨類の社会構造や繁殖の仕組みが複雑であり，未解明の点も多いため，開発は困難であるとして後回しにされているのである．

イルカ類の内的自然増加率が種によって異なることは確かであるし，個体群によっても異なるかもしれない．その信頼できる推定値はまだない．しかし，そのおおよそが推定できれば，上の理論を使って資源管理に利用できるかもしれない．すなわち，漁獲量を内的自然増加率の50％以下に抑えれば，資源を著しく減少させてしまう危険は少ないという考え方である．資源量も増加率も，その推定値はつねにある信頼幅をもつものである．その点は漁獲量の推定値においても同様である．漁業者から入手する漁獲量統計はたいてい特定方向への偏りをもつものである．これらの値について下限値でもよいから知ることができれば，安全な資源管理に役に立つ．そのような発想から，内的自然増加率の50％を漁獲率の上限としつつ，さらに資源量や漁獲量の精度にも配慮した安全係数をかけて漁獲の限度を決めようとする考えが米国で用いられている．これがPotential Biological Removal（PBR）の手法である（Wade 1998）．そこではかなり任意に定めた係数を使っており，内的自然増加率を4％と仮定しているが，それがどれほど信用できるかも定かではないという不安がある．しかし，シミュレーションの結果をみる限り，安全係数の定め方しだいでは資源が安全に管理できるとされている．この方式で許される漁獲の上限は資源量の1％程度である．この方式は入力する安全係数をある程度任意に選べるところに危険性がある．もしも，資源管理に携わる者が，漁獲量を特定の方向に操作することを意図するならば，素人にはわからないようにしつつ，入力パラメータを操作することも不可能ではない．そのような危険を避けるためには，PBRの適用にあたって外部の専門家の批判的なチェックを経る必要がある．PBRの概念とその適用例については，第12章で少しくわしくふれてある．

一般的に歯鯨類には共同生活を営む方向での進化が認められるが，その極限の1つとして永続的な母系社会がある．そのような社会では環境情報や固有の行動様式が学習によって個体間に伝えられ，世代をまたいで保持されていると考えるのが自然である（終章）．これが動物行動学でいう文化である．チンパンジーやゴリラなど一部の霊長類の社会には文化があることが常識になっている．鯨類も同様にちがいない．群れのなかの経験を積んだ高齢雌は，育児の補助やメンバー相互の結びつきの核として貢献するほかに，文化を維持し次世代に伝える者としての役割を担っているものと思われる．陸上に生活する霊長類は，果樹のある場所と果物のなる季節を覚えておけば，探す努力をほとんどせずに安定的に食糧の調達ができる．これに比べると，海中にいる鯨類においては，一般的には餌のいる場所はつねに動いているので，その場所を探りあてるむずかしさには格段のちがいがある．餌をみつけるだけでも，より高度の経験や情報が求められるし，仲間どうしの協力が重要となるゆえんでもある．年寄りがもっている経験や知的情報は，不安定な環境のなかでの有力な生活情報であるにちがいない．また，種のなかに多様な文化集団を保持するならば，種としての環境利用能力や適応能力が向上する．現在の鯨類の資源管理においては，遺伝的な多様性を保存することの重要性は認識されているが，

文化的な多様性を保存することの大切さはほとんど認識されていない現状には問題がある．イルカ類の文化の多様性を温存するという視点からは，イルカ追い込み漁のように群れを一網打尽にする漁法は破壊性が大であるといえる．

1.3 漁業地と漁具・漁法の概要

日本でイルカ漁業に関して都道府県別の総量統計が集められたのは1957年からである（Ohsumi 1972）．この作業はいまも農林水産省統計調査部によって続けられている．これとは別に，漁業種別・鯨種別の統計の収集が1972年から海洋漁業部遠洋課捕鯨班によって開始されて，いまも続いている（後述）．このような統計収集の作業が始まる以前の操業については，明治時代の記録がわずかに得られるのみである．江戸時代の操業の規模や捕獲統計ほとんど残されていない．

明治政府は明治20年（1887）ごろから県に命じて各地の漁業の現状を報告させた．捕鯨業やイルカ漁業もその対象となった．この作業の背景には水産振興と漁業法制定のための基礎情報収集の意図があったものと思われる．その成果の1つが1890-1893年に農商務省により出版された『水産調査予察報告』である．これは明治21-24年（1888-1891）に全国規模で，統一した手法で漁業の現況調査を行ったものである．ただし，北海道は含まれていないため，当時に羽幌で行われていた捕鯨は記録されていない．この『水産調査予察報告』の鯨類に関する部分は，竹内賢士氏が出版してきた雑誌『捕鯨船』の30号（竹内1999）に収録されている．その記述は捕鯨業に比重を置いていて，イルカ漁の記述は従であるが，いまそのなかからイルカ漁に注目して操業記録を表1.1に抜き出してみた．漁法の分類は原記により，捕鯨業も参考までに付記する．

台網捕鯨は鯨敷網ともいい，鯨の通り道に底網をそなえた塵取りのような網を仕掛けておいて，鯨が入るのを待つ漁法であり，北九州や能登地方で行われた（立平1992; 北村1995; 鳥巣

表1.1 明治20年代初期（1888-1891）にイルカ漁あるいは捕鯨が操業された記録のある地方（農商務省1890-1893）．そのなかで農商務省水産局（1900）が依然として操業中の捕鯨地としてリストした地名には下線を施し，後者にのみあり前者にない新規捕鯨地をカッコ書きとした．イルカ漁業については，このような変遷はこれら文書では明らかにできない．用字と行政区画は当時による．

府　県	網取り捕鯨	台網捕鯨	イルカ追い込み・立て切り網	イルカ突きん棒
岩手県			山田浦，赤崎	
宮城県	（金華山沖）			
東京都	（大島）			房総外海[1)]
神奈川県			真鶴	
静岡県			稲取	
			駿河湾一円（例：田子）	
和歌山県	太地，古座，三輪崎		東南区の内海	東西
高知県	窪津，伊布利，津呂，三津，（浮津）			
沖縄県			名護	
長崎県	<u>有川</u>，黄島，<u>生月</u>，壱岐，（平戸），（岬戸），（植松）		有川湾	
佐賀県	小川島			
山口県	<u>川尻</u>，<u>黄波戸</u>，後畑，瀬戸崎，<u>通浦</u>		三隅湾内大日比	
京都府	<u>伊根亀島村</u>		伊根平田村	
石川県		能美郡日末，石川郡<u>美川</u>，羽咋郡風無，宇出津	羽咋郡風無[2)]，小木，真脇，宇出津	
山形県			西田川郡鼠ヶ関	
秋田県			由利郡小砂川	

1) マグロ延縄漁業者による捕獲，2) 定置網混獲．

表 1.2 明治26-30年（1893-1897）の網取り捕鯨によって捕獲された鯨種組成．鯨種名は原文のまま（本文参照）．農商務省水産局（1900）による．

県	せみ	ながす	ざとう	こくしら	いわしくしら
長崎	0	180	41	5	10
佐賀	0	54	20	5	0
山口	0	100	34	8	0
高知	2	35	47	27	44
合計	2	369	142	45	54
年平均	0.4	73.8	28.4	9.0	10.8

1999）．鯨類は後進ができないので，これでも捕獲できる．イルカの突きん棒漁は手投げ銛でイルカを突いて捕る漁法である．突きん棒漁の規模を拡大したのが突き取り捕鯨である．1頭の鯨に大勢で手投げ銛を投げて綱をつけて弱らせて捕る漁法である．日本の初期の捕鯨はみなこのような手法であった（房州のツチクジラ漁では明治時代までこの漁法が使われた）．これに網を併用したのが網取り捕鯨である．これは捕鯨場に鯨がやってくるのを待って垣根のような網を下し，鯨を追い立てて網に絡ませて動きを抑えつつ，銛を打って捕獲する漁法である．明治20年代になると，網取り捕鯨が欧米式の捕鯨具を補助的に使用する例もあったが，明治20年代初めの水産調査の当時にはノルウェー式捕鯨の操業はまだ始まっていなかった．

イルカの追い込み漁は，イルカの群れが岸近くにやってきたときに，入江や網のなかに追い込んで，入口を閉ざして捕獲するもので，立て切り網とか建切網とも呼ばれた．秋田県由利郡の追い込み漁の操業は3-4月の漁期に見張り場を設けてイルカの探索に努めるとあり，かなり積極的に操業したらしい．山形県鼠ヶ関の操業はたまたまイルカの来遊をみたときに捕獲するものであった．両地とも後でふれる大日本水産会（1890）の報告には記述されていないし，後に述べる当時のイルカの漁獲種組成や鯨油類の生産統計にもこれらの土地の操業は記述がない（表1.7，表1.8）．おそらく散発的な小規模な操業であったためではないだろうか．

和歌山県沿岸のイルカ漁では追い込み漁と突きん棒漁が行われていたが（表1.1），捕鯨業者が副業として突きん棒で捕獲するとあり（農商務省1890-1893），イルカが湾内に入ったときに行う追い込み漁とは操業主体が必ずしも同じではないように理解されるのは興味深い．

明治30年前後は古式捕鯨が不振におちいるなかで，ノルウェー式捕鯨の試みが始まった捕鯨業の激動の時代だった．日本の企業で初めてノルウェー式捕鯨で鯨を捕獲したのは長崎の遠洋捕鯨株式会社で，明治31年（1898）4月のことであった．対馬近海でナガスクジラを3頭捕獲したが，事業としては不成功に終わった．それを軌道に乗せたのが明治32年（1899）7月に仙崎に設立された日本遠洋漁業株式会社である（明石1910）．表1.1に示すように，農商務省（1890-1893）では操業しているように表示されている和歌山県下の三輪崎と古座浦の捕鯨地が，農商務省水産局（1900）では過去の捕鯨地としてリストされているのも，また新たに金華山方面で操業が行われている（この場合はアメリカ式捕鯨の試験操業であろう）のもこのような激動を示すものである．古式捕鯨の最末期の明治26-30年（1893-1897）の5漁期の県別・年別捕獲統計が，パリの博覧会で日本の漁業を紹介するためにつくられた文書（農商務省水産局1900）にあるので，参考までにこれを集計して表1.2に示しておく．鯨種名は原記載のまま表示した．

表1.2のもとになったのは農商務省水産局（1900）の統計表であるが，同じ種名でもいまとは異なる種を指していたり，それが地域によって異なる例がある．ナガスクジラとシロナガスクジラに関しては，服部（1887-1888）が紀州の「のそ」と北九州の「しろながす」，紀州の「ながす」と九州方面の「にたり」とはそれ

表 1.3 日本海・北九州方面と太平洋沿岸における網取り捕鯨時代のひげ鯨類の呼称を現在の呼称と対比しつつ，その捕獲頭数組成の地理的なちがいと，時間的な変化をみる．

現在の呼称	シロナガス クジラ	ナガス クジラ	ニタリ クジラ	コク クジラ	ザトウ クジラ	セミ クジラ	合計 頭数
旧称，川尻[1]	白長曽	長曽	鰮	克	座頭	背美	
旧称，土佐[2]	長簀鯨	能曽	鰮鯨	小鯨	座頭鯨	背美鯨	
川尻，1698-1840[1]	0	2.3%	0	12.3%	65.0%	20.4%	1,070
川尻，1845-1901[1]	1.8%	36.9%	0	8.7%	44.8%	7.8%	504
日本海，1911-1920[3]	0.3%	65.9%	0.7%	29.7%	3.4%	0.0%	2,627
津呂，1849-1865[2]	1.4%	0	9.5%	27.4%	56.6%	5.1%	369
津呂，1874-1890[2]	8.4%	3.2%	14.4%	28.8%	37.9%	7.3%	285
津呂，1891-1896[2]	18.2%	5.1%	31.3%	17.2%	26.2%	2.0%	99
太平洋，1911-1919[4]	52.2%	8.1%	32.0%	0	7.2%	0.5%	643

1) 多田 (1978) による．2) 山田 (1902) による．3) 笠原 (1950) による日本海・北九州方面における捕獲統計 (1911, 1914-1920年の8漁期のみ得られている)．4) 笠原 (1950) による宮崎−銚子間における捕獲統計 (1911, 1914, 1919年3漁期のみ得られている)．

ぞれ同種であると述べている．1960年代の北洋捕鯨ではナガスクジラを「のそ」と呼ぶ砲手がいた．粕谷・山田 (1995) は，網取り捕鯨の時代には「ながすくじら」と「しろながすくじら」の使い方が山口県・北九州方面でもまちまちであり，紀州・土佐方面ではさらに別の呼称が使われていたことを示している．すなわち，いまのナガスクジラは「のそ」(山口県の瀬戸崎と通浦，土佐，紀州)，「ながそ」(山口県の黄波戸と川尻)，「白長須」(北九州の生月) と呼ばれ，シロナガスクジラは「ながす」あるいは「ながそ」(山口県の瀬戸崎，土佐，紀州)，「しろながそ」(山口県の黄波戸と川尻)，「にたりながす」(北九州の生月) あるいは「はいいろながす」(山口県の黄波戸) などと呼ばれていた．シロナガスクジラとナガスクジラに関して旧名称が使用されたもっとも時代の下がる例は山田 (1902) であり，現在の名称が使われたもっとも古い例は明石 (1910) である．明治32年 (1899) に日本遠洋漁業株式会社が仙崎 (瀬戸崎) に設立された．これが日本の捕鯨産業をリードするにつれて，黄波戸と川尻の呼称に全国が統一されたらしい (粕谷・山田 1995)．1911年以後の操業については鯨種別・海域別の捕鯨統計が整備されており，そこでは現在の和名が用いられている (笠原 1950)．

そこで，網取り捕鯨時代の日本海方面と紀州・四国方面の漁獲物組成をノルウェー式捕鯨が確立してからのそれとを対比して，表1.2に使われている鯨種名の検証を試みたのが表1.3である．日本海側の網取り捕鯨の代表例として山口県の川尻を，太平洋側のそれとして高知県津呂を取り上げた．どちらの操業でも，時代の下がるにつれてセミクジラとザトウクジラの比率が低下している．これは捕獲しやすい鯨種の資源が減少したことの表れである．それにつれて，日本海側ではナガスクジラの捕獲が増加し，太平洋側ではシロナガスクジラの捕獲が増加し，その変化の傾向はノルウェー式捕鯨に引き継がれている．両海域間にみられるこの鯨種のちがいは，分布する鯨種組成のちがいを示すものである．ノルウェー式捕鯨が開始されてまもない20世紀初期には，日本海にはナガスクジラが，土佐・紀州沖にはシロナガスクジラの来遊が多かったのである．この事実と先に述べたひげ鯨類の地方名のちがいの2つを念頭に置いて表1.2をみると，そこで「ながす」と表示されていても，高知県で捕獲された鯨と北九州・山口県方面で捕獲された鯨とでは種が異なると理解される．おそらく，前者はシロナガスクジラであり，後者はナガスクジラを指しているものと考えるべきである．

種名に関する上の解釈は，古い鯨図や外部形態の記述にもとづいたものであり，そこでは奥・柁 (1899) の『第2回水産博覧会審査報告』にある鯨ひげの記述が見落とされている．

この記述は各地の捕鯨業者が出品した鯨ひげの特徴を審査員が記述したもので，同一人の視点による記録として興味深い．そのなかにはつぎのように鯨種が特定できる例がある．すなわち，①「長州鯨」と記されていてシロナガスクジラを指すと判断されるのは，高知県津呂捕鯨株式会社，同県浮津捕鯨会社，および佐賀県東松浦郡湊村個人市川氏出品のひげ板である．これらは，「大型で，厚く，純黒」とあることからシロナガスクジラと判断される．②「長州鯨」と記されていてナガスクジラを指すと判断されるのは，佐賀県個人古田氏出品の「白色にして青縞」があるひげ板であり，同県個人清水氏出品の「これに類しやや小型」とあるひげ板もナガスクジラの可能性がある．また，山口県川尻捕鯨組出品の「長州鯨」のひげ板は「中型，厚さ薄く，真黒で，別に小型白ひげ板3枚を伴う」とあるので，これらもおそらくナガスクジラを指すと推定される．③「能曾鯨」がナガスクジラを指すと判断される例は，高知県津呂捕鯨株式会社と同県浮津捕鯨会社出品のひげ板で，「中型で黒白の縞が美しい」とある．これらの事例は，シロナガスクジラとナガスクジラの古名に関する粕谷・山田（1995）の結論を支持するものである．同書には，上の諸例のほかに，④記述のあいまいな例が4例ある．すなわち，佐賀県小川島捕鯨社出品の「長州鯨」のひげ板は「中型で厚さやや薄く黒色」とあり，同じく佐賀県個人市川氏出品の「長州鯨」ひげ板は「小川島捕鯨出品の品に次ぐ」とあり，長崎県五島捕鯨株式会社出品のひげ板（種名なし）は「真黒なるも質薄し」とあり，石川県個人室谷氏出品の「長州鯨」ひげ板は「小鯨より得たものの如く下端より白暈あり」とある．これら4例はその記述だけから鯨種を判断するのは危険である．

「いわしくじら」なる名称が指し示す鯨種も時代とともに変化している．「いわしくじら」あるいは「いはしくじら」の名称は19世紀以前の西日本の網取り捕鯨の漁獲物に現れる．神田（1731）の『日東魚譜』，大槻（1795）の『鯨史考』，また小山田（1832）の『勇魚捕絵詞』などの鯨書は，これは「かつをくじら」と同一であるとしているが，山瀬（1760）の『鯨誌』は別種としており，文献によって見解が一定しない（粕谷・山田 1995）．注目すべきは，網取り捕鯨の行われた西日本各地には今日のイワシクジラ（Balaenoptera borealis Lesson, 1828）が分布しないことである．網取り捕鯨の時代にはこれらの古名称はいわゆる「ニタリクジラ類」，ないしは最近知られたツノシマクジラを指していたものと思われる．この点は本書の表1.2も同様である．ところが，1905年ごろからノルウェー式捕鯨が三陸・北海道方面に展開すると，そこに分布するB. borealisに対しても同じ名称が用いられてしまった．当時は両種は混同されていたのである．そして，1950年代になって両者が区別されたときに，B. borealisに新しい名称を与えることもできたのであるが，「イワシクジラ」の名称をB. borealisに乗っ取らせてしまったのである．

明治末年以来，ニタリクジラとイワシクジラは捕鯨統計上は区別されずにきた．この点は表1.2も表1.3も同じである．第2次世界大戦後の1946年に小笠原近海で母船式捕鯨が始まると，そこで多獲された鯨は，初めは「イワシクジラ」としてあつかわれてきたが，まもなく北海道・三陸方面や南極海などで捕獲されてきたB. borealis（いまのイワシクジラ）とは異なることがわかった．そこで当時の国内統計では経過的に「南方型イワシクジラ」として区別された後（1955-1960年漁期），ニタリクジラの和名を与えられて現在にいたっている．両種が国際捕鯨統計で区別されたのは1968年漁期であるが，IWCでは包括的資源評価にともなってさかのぼって仕分けを行った．その学名については南アフリカ沿岸の捕鯨で捕獲されていた鯨に与えられたB. brydei Olsen, 1913と，ビルマのラングーン付近に漂着した個体を模式標本とするB. edeni Andersen, 1879とが考えられた（後者の命名論文は1878年と刊行年が印刷されているが，1979年出版との訂正が付属している）．しかし，当時，両者は同種であるという意見が有力であり，先に命名されたB. edeni

が小笠原のニタリクジラにも用いられて，いまでもそのようにあつかわれることが多い．

問題はこれで解決したわけではない．いま，ニタリクジラ類とされている種のなかにはやや小型の沿岸型と大型の沖合型があることが，日本でも南アフリカでも知られてきたのである．Yamada and Ishikawa（2009）は沿岸型が *B. edeni* に，沖合型が *B. brydei* に対応するとみなして，日本沿岸に分布する型に対しては古い鯨種名のカツオクジラという和名を提案している．しかし，その学名の対応が正しいか否か，また両者のちがいははたして別種とするに値するものかどうかについては，科学的データにもとづいてこれから結論されるべき問題である．*B. edeni* の模式標本はカルカッタの博物館に保存されているので DNA や形態の検討が可能であるが，*B. brydei* の模式標本は残されておらず，ニタリクジラ類の分類学上の問題を解決するうえでの障害となっている．

明治から昭和にかけてのイルカ漁業の変遷と捕鯨業の発展とを対比するために，竹内賢士氏の収集資料から，古式捕鯨操業当時（1891年）とノルウェー式捕鯨が確立した後の1924年の統計を抜き出して表 1.4 にまとめてみた．この表には参考のためにさらに 33 年後の 1957 年に捕鯨業以外の漁業で捕獲された，いわゆる「いるか」と「鯨」の合計頭数を県別に示しておいた．「いるか」と「鯨」の区分は明確ではない．しかし，①「鯨」とあるのは全国で 85 頭にすぎないこと，②その過半が茨城県（40頭）と千葉県（18頭）で捕獲されていること，からみて，「鯨」のなかには定置網で混獲されたミンククジラなどが含まれるとしても，大部分は大型イルカ類であろうとみられる．

捕鯨業の動向はイルカ漁業に大きな影響を与えるので，参考までに日本のノルウェー式捕鯨による鯨類の捕獲頭数を表 1.5 に，各種漁業による大型鯨類の混獲数を表 1.6 に示しておく．

明治 20 年代初めのイルカ漁業の操業地にはいまとはちがった面がみられる．まず，岩手・宮城方面のイルカ漁は追い込み漁で行われていて（表 1.1），突きん棒操業の形跡は 1924 年の記録にも現れていない（表 1.4）．動力船が普及していなかったこの時代には，まだ本格的なイルカ突きん棒漁業が始まっていなかったことを示している．和歌山県のイルカ漁業は 1891 年から 1924 年までの間に，一時的にせよ，古式捕鯨の衰退にともなって減衰したらしい．これは『水産調査予察報告』（前述）で，イルカ漁が捕鯨業者の副業であると書かれていることと符合する．当時の太地では追い込み漁は機会待ちの操業で不安定であった（第 3 章）．当時，イルカ漁業がさかんだったのは，静岡県，石川県，長崎県方面であった．これらはいずれも追い込み漁をしていたところである．

日本で商業捕鯨が始まったのは元亀年間（1570-1572 年）で，場所は三河湾であるとする『鯨記』の抜粋が橋浦（1969）に収録されている．また師崎では 1620 年ごろの捕鯨の記録が数多く残されている（南知多町誌編さん委員会 1991）．その手法は突取り捕鯨であった．この捕鯨技術が東は房州に，西は伊勢・紀伊・土佐・北九州・長門などの各地に伝わった．

網取り捕鯨の開始の時期と場所については諸説がある．橋浦（1969）は，紀州太地で延宝 3 年（1675）に藁網を用いて始められ，翌 4 年にはこれを苧（カラムシ，チョマ）網に代えて好成績を得たと記しているが，その根拠はつまびらかではない．これに対して，水野（1885）は太地角右衛門頼治が丹後国では藁網を用いてまれに鯨を捕獲するという話を耳にして延宝 3 年に藁網を用いた試みを開始し，延宝 5 年に苧網に代えてこれに成功し，網取り捕鯨を軌道に乗せたと述べている．明治期のものと思われる校本『太地浦捕鯨沿革誌』（橋浦 1969 に採録）には，太地ではセミクジラやコククジラの来遊が減少したため，ザトウクジラの捕獲を容易にするために延宝 5 年（1677）に網取り捕鯨を開始したとある．この太地の網取り捕鯨の技術は隣の古座にもまもなく伝わり，土佐には天和 3 年（1683）に伝わった（橋浦 1969）．北九州方面では，早くも延宝 5 年には壱岐の勝本に（木島 1944），延宝 6 年には五島の有川に（中園 2009），いずれも太地からこの技術が導入され

表 1.4 イルカ漁業による生産の県別比重の経年変化．1891，1924 両年については参考までに鯨漁の生産も付記した．該当捕獲のない年度は表示を省略した．頭数表示は重量の外数である．金額と重量の端数は切り捨てた．1957 年は捕鯨業（大型捕鯨，小型捕鯨，母船式捕鯨）以外の漁業による捕獲頭数（ゴンドウクジラ類とイルカ類の合計）である．捕鯨手法は 1891 年には古式捕鯨（網取り捕鯨，突き取り捕鯨，台網捕鯨など）のみ，1924 年にはノルウェー式捕鯨のみの操業である．1891 年（明治 24）は農商務省（1894），1924 年（大正 13）は農林大臣官房統計課（1926），1957 年は Ohsumi (1972) による．捕鯨業による捕獲頭数は表 1.5 に示す．

都道府県		海 豚 トン・頭	円	鯨 トン・頭	円
北海道	1891	0	27	63	4,081
	1924	2	40	4,602	673,132
	1957	306 頭			
青 森	1924	—	—	45	13,117
	1957	4 頭			
岩 手	1891	38	540	—	—
	1924	6	26,653	1,097	163,643
	1957	4,021 頭			
宮 城	1891	3	290	1	85
	1924			967	289,485
	1957	3,365 頭			
福 島	1957	239 頭			
茨 城	1891	7	190	—	—
	1924	0	4,440		
	1957	148 頭			
千 葉	1891	2	60	86	4,952
	1957	1,729 頭			
東 京	1924			660	105,785
	1957	5 頭			
神奈川	1891	7	442	—	—
	1924	0	150	—	—
	1957	15 頭			
静 岡	1891	78	4,402	10	252
	1957	5,012 頭			
三 重	1891	271 頭	622	6 頭	3,000
	1924	0	93	0	1,676
和歌山	1891	15	1,335	33	1,895
	1924	0	458	37	5,806
高 知	1891	1	40	408	28,381
	1924	0	2,410	1	28,420
	1957	25 頭			
愛 媛	1891	7	169		
宮 崎	1924	—	—	0	99,500
	1957	11 頭			
鹿児島	1891	3	78	99	6,001
	1924			0	2,000
	1957	6 頭			
秋 田	1957	3 頭			
新 潟	1957	87 頭			
富 山	1891	9	350	35	1,687
	1924	0	2,150	0	5,700
	1957	33 頭			
石 川	1891	1,700 頭	2,949	28t, 4 頭	3,470
	1924	0	1,930	6	14,252
	1957	100 頭			

（つづく）

表 1.4（つづき）

都道府県		海豚		鯨	
		トン・頭	円	トン・頭	円
福 井	1891	0	7		
	1957	68 頭			
京 都	1891	—	—	6	357
	1957	1 頭			
兵 庫	1891	2	103		
	1957	65 頭			
鳥 取	1891	0	8	—	—
島 根	1891	0	4		
	1957	28 頭			
山 口	1891	—	—	792	62,947
	1924	—	—	768	226,053
	1957	7 頭			
大 分	1891	0	1	—	—
長 崎	1891	246	3,525	1,728	110,368
	1924	4	1,108	53	230,986
	1957	13 頭			
佐 賀	1891	8	155	749	32,917
	1924	—	—	26	124,424
大 阪	1891			101	350
香 川	1957	7 頭			
岡 山	1957	7 頭			
沖 縄	1924	0	1,487		
合 計	1891	434	15,300	4,144	260,385
		+1,971 頭		+10 頭	
	1924	16	40,919	8,268	1,983,882
	1957	15,2298 頭			

ている．その伝播の経緯は不明であるが，山口県の瀬戸崎では延宝5年に，通浦では延宝年中に網取り捕鯨が始まっている（吉留2009）．当時，新しい捕鯨技術の伝播はきわめて速やかであったことがわかる．なお，網取り捕鯨創始の地についても異説があり，佐賀県の大村（橋浦1969），通浦および見島（吉留2009）にも，独自に網取り捕鯨を始めたという言い伝えがある．網取り捕鯨は既知の技術の応用であるから，なにかのヒントがあれば始められよう．

このようにして成立した日本の古式捕鯨は，明治期（1868-1911年）になると，資源の枯渇が原因で捕獲の減少が著しく，各地の捕鯨事業は衰亡の極に達した（前田・寺岡1958）．そこで，それまでの方法では捕獲がむずかしかったナガスクジラ類を捕獲して経営を立てなおすことが試みられ，明治20年（1887年）ごろから新手法の模索が始まった．定置網類似の大敷網捕鯨とか，外国から導入したボム・ランス銃を使う銃殺捕鯨などが試みられたし，帆船を親船として，そこからボートを降ろして鯨を追尾するアメリカ式捕鯨も試みられた（鳥巣1999）．外国から導入したこれらの技術は，当時の世界レベルからみると非能率な旧式技術であったので，不成功に終わったのは当然のことであった．商業捕鯨を再生させるという所期の目的を達成するには，汽船に搭載した大砲から綱のついた捕鯨銃を発射するノルウェー式捕鯨の導入を待たなければならなかった．

表1.4に示した1891年の統計では，捕獲されたイルカの種類の記述がなく漁法も表示されていないし，各県が共通の基準で「鯨」と「海豚」を区別したかも定かではないという問題がある．しかし，当時のイルカ類の捕獲は重量で捕鯨業の約10%，金額で約6%にすぎなかったことが理解される．同じ資料からおもな捕鯨地をあげると長崎県（42%），山口県（19%），佐賀県（18%），高知県（9%），大阪府（2%）で

表 1.5 日本の捕鯨業による捕獲頭数の変遷．1987 年に始まったいわゆる調査捕鯨では，許可枠上限に変更の Handa (1958)，前田・寺岡 (1958)，水産庁海洋漁業部遠洋課 (1988)，IWC 提出文書などに現れた公表統計

漁期	南氷洋母船式捕鯨 (1934–)						北太平洋捕鯨
	ミンククジラ	イワシクジラ	ナガスクジラ	シロナガスクジラ	ザトウクジラ	マッコウクジラ	ミンククジラ
1910							
1915							
1920							
1925							
1930							
1935			174	456	9		
1940		6	3,661	3,225	2,399	657	
1945							
1950			2,052	271	9	409	259
1955		7	4,524	383	240	1,308	427
1960		1,773	8,912	1,144	211	1,552	253
1965		11,310	910			482	334
1970	4	4,137	1,607			1,334	330
1975	3,017	1,316	118			592	370
1980	3,120						379
1985	1,941						327
1987	273[300]						304
1988	241[330]						
1989	330						
1990	327						
1991	288						
1992	330						
1993	330						
1994	330						21[100]
1995	440[440]						100
1996	440						77
1997	438						100
1998	389						100
1999	439						100
2000	440						40
2001	440						100
2002	440						150[150]
2003	440						150
2004	440						159[210]
2005	853[935]		10[10]				220[220]
2006	505		3				195
2007	551		[50]		[50]		157
2008	679		1				169

注）漁期は表示年の 4 月から翌年の 3 月までで区切ったが，小笠原母船式捕鯨 (1946-1951 年出漁) は表示年の 2-3 月ごろから 5-6 月ごろまでの操業を含む．調査捕鯨はほぼ許可枠を捕獲してきたが，2007 年に始まる漁期には政治的配慮でザトウクジラの捕獲が中止され，捕獲実績も船火事と操業妨害により捕獲枠を下回った．＊印は鯨種を誤認したことによる偶発的な捕獲である．南氷洋母船式 (1934-) には南半球低緯度海域で往復途上に捕獲したマッコウクジラを含み，サウスジョージア島捕鯨 (1963/64-1965/66) など外国基地使用の操業を除く．北太平洋捕鯨は小笠原母船式捕鯨 (1946-1951 年) と北洋母船式捕鯨 (1940-1941 年，1952-1979 年操業) に加え，沿岸の基地を使用する大型捕鯨 (1988 年

ある．これら 5 県で全国の捕鯨業生産の 91% を占めていた．大阪以外は網取り捕鯨の行われた土地であるが，大阪府で鯨生産があった理由は私にはわからない．捕鯨産品の単価は全国平均でトンあたり 62 円であるのに対して，大阪府では 3.4 円とそれよりも低価格である．おそらくほかの捕鯨地から特定の部位だけを運んできて加工したのではないだろうか．大阪方面ではイルカの筋を綿打ち弓の弦に使っていたという記録があるが（後述; 大日本水産会 1890），

あった場合には，初年度にのみそれを示した（かぎカッコ）．笠原（1950），多藤（1985），Nishiwaki and による．

北太平洋捕鯨								
イワシクジラ	ニタリクジラ	ナガスクジラ	シロナガスクジラ	ザトウクジラ	マッコウクジラ	ツチクジラ	コビレゴンドウ	シャチ
156		217	97	29	57	—	—	—
723		817	57	105	252	—	—	—
393		438	35	83	245	—	—	—
492		410	30	158	479	—	—	—
411		400	56	62	753	—	—	—
392		273	21	78	1,005	35	—	—
432		544	49	141	1,488	25	—	—
74		169	10	11	266	—	—	—
539		141	7	5	1,305	197	715	—
509	(91)	1,714	100	126	2,590	258	61	18
991	(406)	1,524	71	2	3,908	147	168	77
1,864	(8)	1,477	49	43	4,260	172	288	169
3,792	(73)	595			6,184	118	152	12
484	804	129			4,110	46	53	3
	307				1,192	31	1	2
	317				400	40	62	
	317				200	40		
						57	128	
						54	58	9
						54	18	3
						54	59	
						54	81	
						54	91	
						54	55	
						54	100	
						54	100	
						54	77	
	*1					54	84	
						62	104	
	43[50]				5[10]	62	106	
*1	50				8	62	87	
39[50]	50				5	62	83	
50	50				10	62	69	
100[100]	50				3	62	42	
100	50				5	66	46	
100	50				6	63	17	
100	50				3	67	16	
100	50				2	64	20	

3月終了），工船式小型捕鯨（1973-1975年）と小型捕鯨（現在も操業）を含み，1945年までの植民地操業を算入している．初期のニタリクジラの捕獲はイワシクジラに含まれる（カッコ内はイワシクジラに算入されているニタリクジラの頭数：24-27頁）．1910年はほかにコククジラ6頭と種不明436頭を捕獲，1915年はほかにコククジラ139頭とセミクジラ7頭を捕獲，1920年はほかにコククジラ75頭とセミクジラ10頭を捕獲，1925年はほかにコククジラ10頭とセミクジラ9頭を捕獲，1930年はほかにコククジラ30頭とセミクジラ5頭を捕獲，1935年はほかにセミクジラ2頭を捕獲，1940，1941両年は日本の1船団がベーリング海方面に出漁し，1940年にはほかにコククジラ58頭とセミクジラ1頭をも捕獲した．

おそらく同様の目的で鯨の棒筋とかマッコウクジラの千筋などを加工していたのかもしれない．ちなみに，同年（1891）の鯨の捕獲頭数は長崎県で52頭，福岡県で3頭という記録がある（鳥巣1999）．鯨種はナガスクジラが主体で35頭，ザトウクジラ（9頭），コククジラ（4頭），イワシクジラ（ニタリクジラであろうか）（2頭）などが含まれていた．なお，鳥巣（1999）には1884-1896年の長崎県下における鯨種別捕獲統計が記録されている．

表 1.6 日本の沿岸漁業による大型鯨類の混獲の経年変化．2011年6月現在の水産庁統計による．ただしコククジラについてはKato et al.（2008）をも参照した．カッコ内は漂着（外数）．2001年からミンククジラの混獲が急増したのは，同年7月から販売が許された結果，それまでは隠れて処理されていた混獲が報告されるようになったためである．

年	ミンククジラ	ザトウクジラ	コククジラ	ニタリクジラ	セミクジラ	ナガスクジラ	マッコウクジラ	不明種	合計
1991	5	1(1)					(1)		6(2)
1992	8(2)						(1)	2	10(3)
1993	14(3)						(1)	17(1)	31(5)
1994	16						(4)	6	22(4)
1995	20(1)	(1)					1	(1)	22(2)
1996	27(11)	2	1[1]				1(3)		30(14)
1997	27(9)	1	(1)		(1)	1	(5)		29(16)
1998	24(3)	1(1)				(1)	(1)	(1)	25(7)
1999	19(10)	1(1)							20(11)
2000	29(4)	1		(1)			(5)		30(10)
2001	80(10)	(1)		(1)		1	(3)	1(3)	82(18)
2002	109(7)	3(1)		(1)	(1)	(2)	(22)		112(34)
2003	125(12)	3		1	1		(12)		130(24)
2004	117(8)	5(1)		2[2](1)		(2)	(4)		124(16)
2005	130(9)	3(2)	3	(1)[2]	(1)	(2)	(9)		128(24)
2006	150(10)	4(3)		(2)		(2)	1(4)	1[3]	156(21)
2007	157(5)	1(1)	1(1)	(2)		1	(8)		160(17)
2008	133(7)	3(1)				1(1)	(1)		138(10)

1) 1996年のコククジラは水産庁統計では漂着となっているが，新聞報道の写真によれば，多数の手投げ銛を打たれ，体のなかほどで切断された前半身が漂着したものであるから，密漁とみるべきである（北海道の寿都海岸）．
2) 2004年の混獲1頭と2005年の漂着1頭はツノシマクジラとされている（山口県）．
3) 2006年の種不明とあるのはイワシクジラとして報告された（京都府）．

　1891年当時の捕鯨は，ノルウェー式捕鯨への移行直前で，古来の網捕り捕鯨がかろうじて存続していた時期にあたる．このような時期には，衰退する大型鯨の捕獲の代替物としてイルカの捕獲が一時的に増加していた可能性がある．この後，33年が経過した1924年には，表1.4にみるように，イルカ類の水揚げは全国で16トンと，1891年の4%弱に低下した．この20世紀初頭のイルカ漁業の低落には捕鯨業の隆盛が影響していると思われる．これに似た事例は1980年代の末にもあった．すなわち，沿岸捕鯨の会社がイルカ漁業者にイルカの捕獲を奨励し，捕獲されたイルカを購入して加工品に利用したためイルカ類の捕獲が急増した例がこれである（第2章）．20世紀の日本のイルカ漁業はつねに捕鯨業の盛衰の影響を受けつつ存続してきたらしい．鯨肉を供給する力は，捕鯨業はイルカ漁業よりもはるかに大きいので，イルカ肉に特別の嗜好をもっている地方でない限り，イルカ肉は鯨肉に駆逐されてしまう．1911年から1924年にかけて，日本のノルウェー式捕鯨は沿岸で年間1,000頭前後のひげ鯨類と300頭前後のマッコウクジラを捕獲した（表1.5）．1924年の鯨油以外の捕鯨生産は6,052トン，102万円を記録していた（農林大臣官房統計課1926）．その捕獲の主体はナガスクジラとイワシクジラ（ニタリクジラを含む）で，若干のシロナガスクジラ，セミクジラ，コククジラを含んでいた．なお，南極海に日本が初めて出漁したのは1934/35年漁期であるし，鯨肉の持ち帰りが許されたのは1937/38年漁期からなのでここには関係しない（粕谷2000）．その後1957年になると，イルカ類の水揚げが再び増加している．かりに1頭あたり50-100kgと仮定すると総重量は75-150トンで，明治時代の数倍の漁獲である．その背景には戦中・戦後の食糧危機に際してイルカ肉の需要が増加したことの名残と，全国的な流通システムが発達したことがあげられる．このようなわけで，イルカ漁業の盛衰を理解するには捕鯨業の動向を無視することができない．参考までに表1.5と表1.6に日本における捕鯨業その他による鯨類の捕獲の動

向の概要を示した.

　1891年当時のイルカ漁業の操業地を漁獲の多いところから順に上げてみよう（表1.4）.水揚げ重量の得られない県があるので金額で比較すると，静岡県（28%），長崎県（23%），石川県（19%），和歌山県（8%）であり，これら4県の水揚げで全国のイルカ水揚高の約80%を占めている．いずれもイルカの追い込み漁業があった土地である（第3章）．突きん棒漁法の軽便性と普遍性からみて，突きん棒でイルカを捕獲することがなかったとは断定できないが，無動力船でイルカを突くことは困難をともなうし，おそらくイルカの単価が低いことも障害となって，イルカ突きん棒は主要な漁法とはなっていなかったものと思われる．この点は江戸時代においても同様であったにちがいない.

　これらのイルカ漁獲物の用途はなにであったのか．能登各地ではイルカの群れが岸近くにきたときに共同して湾内に追い込んで捕獲していたもので，柳楢（1887）はその漁獲物の利用法に言及している．彼によれば，能登地方で捕獲されたイルカの多くは肥料として利用された．ただし，入道海豚（オキゴンドウのこと；粕谷・山田1995）のみは肉・皮・尾・鰭を塩蔵にして食用として各地に販売したとある．また，イルカの筋を綿打ちの弓の弦として国内向けに出荷したほか，一部の筋は塩蔵して清国に輸出したとも述べている．一方，相模で捕獲されたイルカの場合，生肉は東京へ，干し肉は信州，相州，甲州に出荷された．伊豆の田子では捕れたイルカは県下で肉を販売したほか，油をとって販売したともある．当時のイルカの価格は，能登の「真海豚」は1頭が3円，「入道海豚」はその4倍（12円）であったという（以上いずれも柳楢1887）．服部（1887-1888）もこれを引用している．一方，竹中（1890a）は明治20年の能登における平均価格について，真海豚は1円90銭，入道海豚は8円であったとして，価格については柳楢（1887）とほぼ同様の値を示しているほか，用途としては食用（一部塩蔵），採油，肥料（内臓・骨），綿打ちの弓の弦などをあげており，おおむね柳楢（1887）の記述と一致するが，肉を肥料にしているとも，筋を清国に輸出しているとも述べていない（筋輸出の将来性には言及している）．日本では筋は弦に用いて食用にはしないが，乾燥したものが清国へ高価に輸出された（石田1917）．これは鯨の棒筋（尾椎に沿って前後に走る太い腱）を乾燥したもので，中国では乾しあわびと同じように調理したそうである．しかし，イルカの腱は細いので，はたして食用として利用されたかどうか疑問である.

　この記事の数年後に，大日本水産会は当時の著名なイルカ漁業地に漁業の現状を問い合わせ，寄せられた回答を会報に掲載した（大日本水産会1890）．問い合わせの対象となったのは，追い込み漁業地として知られていたところである．組織によってイルカの見張りを立てて積極的に操業するところと，偶然の発見に待つところとがあったらしいが，その区別は回答では示されていない．そこに収録された漁獲統計は全体では明治3-22年（1870-1889）を含んでいるが，多くの漁業地では明治20-22年あるいは19-20年のみをカバーしており，その前後の年については操業しなかったのか，捕獲がなかったのか，それとも統計が未整備なのかの区別が明らかではない．イルカの接近を発見すると部落で共同して追い込む漁業であったから，そのチャンスがない年には，統計にはなんの記録も残されなかったのかもしれない．この調査は前にふれた『水産調査予察報告』（1890-1893年発行）と同じ時期のものである．一連の調査の成果が，普及啓蒙の目的でさまざまな媒体を用いて公表されたものと思われる．対象漁業地と記録されている統計年次（カッコ内に明治年号で表示）はつぎのとおりである.

石川県：宇出津町（20-22年），小木村（22年），高倉村真脇（20-22年）

静岡県：宇久須村安良里（15-22年），田子（19-22年），伊東村（19-20年），稲取村（18-21年），小室村川奈（21-22年），西浦村（20-21年），内浦村（20-21年），戸田村

表 1.7 明治 20 年（1887）ごろのイルカ追い込み漁業の概要．統計年，対象種，漁期，年平均捕獲頭数（大日本水産会 1890）．種名は原文のまま．

海豚種	石川県 3 村（明治 20-22 年）漁期：3-7 月	岩手県 2 村（同 20-21 年）漁期：10-4 月	静岡県 8 村（同 20-21 年）3-10，9-3，あるいは周年
鎌海豚	—	—	90
真海豚	181	374	3,153
入道海豚	202	—	97
鼠海豚	—	53	—

（21 年）

三陸地方：陸前赤崎村（3-18 年），陸中釜石町（21-22 年），陸中舟越村（20-21 年）

　これらの調査報告には年別・鯨種別の捕獲頭数があげられているので，これから共通年次を抜き出して，明治 20-22 年ごろの年平均の鯨種別捕獲頭数を算出して表 1.7 に示しておく．イルカの種名については後で検討するので，この表には原報告に記載されたままの種名を示す．

　この調査によれば，石川県においてはイルカの販路は肉を塩蔵して新潟・酒田方面に販売するほか，筋は乾燥して大阪玉造地方に販売したとある．当時の綿織物工業地で綿打ちの弓のつるとして消費されたものであろう．ここには中国へのイルカ筋の輸出は記録されていない．皮や頭部からは油を採取したという．臓腑は肥料として生のまま，または乾燥させて能登地方あるいは隣接する富山県方面に販売した．これに対して伊豆方面では，漁獲物は生肉で静岡県と神奈川県，ときには東京に出荷したとある．悪天候などで出荷できないときに限りタレにした．筋の製造あるいは採油は伊豆では行わなかった．岩手県方面では最上地方・秋田地方・会津地方に生肉を売る（以上は赤崎村），あるいは秋田・山形方面に塩蔵肉を売り，塩釜へは生肉を送った（以上は釜石）とある．なお，釜石では鼠海豚からは油を採取し，骨や内臓は近隣の農家に肥料として出荷するとか，投棄して処理したとある．生肉で販売するか，塩蔵肉を出荷するかの選択は各地の食習慣よりも，消費地への距離や漁期が関係したものと思われる．消費地が遠いとか，夏に漁獲されれば塩蔵にせざるを

えない．いずれにせよ，肥料にすることを主目的にイルカを捕獲することはなかったものと理解される．

　当時のイルカ漁業地では，イルカから油を採取していたところもあったことは前述した．明治 20 年ごろの日本における鯨油・イルカ油の生産と販路を農商務省農務局（1892）でみると，その産地と販路は表 1.8 のようになっている．

　これら鯨油の産地のうち，長崎，山口，和歌山，佐賀の各県には古くからの網取り捕鯨の操業地があり，京都府与謝郡の伊根浦（伊根は日出，亀島，平田よりなる）では湾内に入った鯨やイルカを捕獲していた（服部 1887-1888；吉原 1976）．千葉県ではツチクジラの突き取り漁業が行われていた（吉原 1982）．能登方面ではイルカ漁のほかに台網捕鯨が行われていたし（斉藤 1981），加賀では 1878 年に突き取り捕鯨も試みられている（服部 1887-1888）．当時のこれら捕鯨によって全国で生産された鯨油の総量は 60 キロリットル程度で，その大部分は国内消費に回され，輸出された量は多くみても生産量の 50％ 程度であったことが推定される．国内消費は依然として灯火と除蝗ではあったものと思われる．イルカ油の生産はさらに少なく，用途は鯨油と同様に国内向けと輸出とがあったらしい．鯨油が重要な輸出商品となるのは，ノルウェー式捕鯨が導入されて生産量が増加してからのことであろう．

　前述の農商務省（1890-1893）による『水産調査予察報告』は，イルカ類を捕獲する漁業に関して日本で行われた最初の広域調査である．これに続くものとしては，水産庁調査研究部（1968, 1969）がある．この水産庁の調査は，北九州方面でブリ一本釣り漁業者がイルカによる

表 1.8　明治 17 年（1884）の鯨油とイルカ油の産地，用途，販路など（農商務省農務局 1892）．

都道府県	鯨油（石）	イルカ油（石）	産　　地	用途・販路
京　都	9		与謝郡小田宿野村	自家灯用，除蝗
神奈川	38.4		横浜	欧米に輸出
長　崎	39		有川・魚目・生月	肥後，佐賀，八代
千　葉	54		加知山	東京，相州，浦賀
石　川[1]		188	能登国珠洲・鳳至郡	珠洲，佐渡，直江津
	20		能登国鳳至郡	横浜港
山　口	67.5		大津郡	赤間関，その他各地
和歌山	49		太地村	大阪
		6	太地村	東牟婁郡
		12（ゴンドウ）	三輪崎	大阪・伊勢
佐　賀	57.6		東松浦郡小川島	郡内
鹿児島	8		川辺郡	肥後，肥前
合　計	342.5（61.8 kl）	118（21.3 kl）		

1）　鳳至郡にトド油 14 石の記述あり．アシカ油か．

操業被害を訴えて対策を求めたことへの対応の 1 つとして，イルカによる漁業被害の実態やイルカの漁獲の現状について，水産庁の研究班が漁業者を対象にアンケート調査を行った結果である．九州各地のイルカ漁の状況を知るうえで価値がある．そこでは 1967 年 11 月から翌年 3 月までに漁協に質問を発して回答を得た．1969 年版は回答の遅れた福岡県下の 10 漁協を追加して 261 漁協から得た回答をまとめた最終版であるが，水産庁の両年次の報告書の結論には重要なちがいはない．

水産庁調査研究部（1969）の調査対象は山口県から反時計回りに，東シナ海を経て鹿児島県にいたる九州島内の 263 漁協で，瀬戸内海と豊後水道に面する地域を除外している．アンケートに対してイルカの捕獲経験があると答えた漁協は 57 漁協であった．これは組合員がイルカを捕獲して，水揚げした記録が残されている漁協ということであり，必ずしも漁協の共同事業としてイルカ捕りを行ったわけではない．このうち 1966 年 11 月から翌年 10 月までの 1 年間に捕獲歴のあるのは 22 組合で，捕獲頭数は 239 頭であった．イルカの種組成は明らかではない．当時は漁業者間でイルカの呼称が統一されておらず，どの種に対してどのような呼称が用いられるかも不明な点が多かった．

漁協によっては 1966 年の暦年計を報告したものもあるが，年間捕獲のレベルをみるのが目的であるから，多少の期間のずれは無視して，イルカを捕獲した漁具・漁法を抜き出してみる．漁具に関する情報がない福岡県を除く 236 頭のなかで，突きん棒 141 頭，定置網 52 頭，フカ延縄 17 頭，流し刺し網（カジキ網）14 頭，建て網 7 頭，追い込み 2 頭，一本釣り 2 頭であった．これは九州地方の特性を反映しているものである．同じアンケートを別の地域で行えば漁法ごとの捕獲の比重は異なったはずである．たとえば三陸方面では突きん棒によるイルカの捕獲が突出したにちがいない．

九州方面では突きん棒によるイルカの捕獲が全体の約 60% を占めていた．ここには，漁業者が自家消費に回して，市場に出さなかったイルカは計上されていないと思われる．もしも自家消費を含めれば，突きん棒による捕獲はもう少し増えるかもしれない．

定置網は待ちの漁法である．たまたま入網した生物で商品価値があれば水揚げして販売する．漁獲対象物と混獲物との区別は漁業者の目的意識の問題であり，客観的なものではない．

流し刺し網は，網のすそに軽い錘をつけて流して，海面から 10 m 付近までの表層に網を漂わせて魚やイカを絡ませる漁法である．夜間に魚が浮上するのに合わせて，夕方に網を設置して翌朝揚げるものや，昼間に操業してトビウオを捕るものがある．オホーツク海やベーリング海でサケ・マスを対象にする流し網はサケ・マ

ス流し網と呼ばれるし，似た構造の網でアカイカを対象にすればイカ流し網と呼ばれる．1980年代にはイシイルカの肉の値段がイカの値段よりも高いことがあったが，そのときには漁業者は混獲されたイルカ類の肉を冷凍して持ち帰っていた．カジキマグロを対象にするものは目合が大きいので大目流し網と呼ばれ，各種イルカやウミガメ，海鳥などが混獲されることで知られていた（谷津ら 1994）．これが国際的な問題となり，混獲回避の技術の開発も試みられたが，効果的な方法がみつからないとして，1989年12月の国連総会では外洋での大規模流し網の操業の停止を求める決議が採択された．日本は1992年末をもってこれを受け入れて，公海における大規模流し網の操業を停止して現在にいたっている．

建て網は『水産ハンドブック』（末広 1962）では定置網の総称とされているが，このアンケートでは別に定置網の項があるので，たぶん底刺し網を指すものと思われる．瀬戸内海の祝島では底刺し網を建て網と呼んでおり，同漁協の山戸貞夫氏（当時）によれば九州方面でも同様の意味に使われているとのことであった．底刺し網はやや小さめの浮きをつけて網を沈め，海底に長い塀のように設置し，海底近くを移動する魚を絡ませて捕獲する．夕方に設置して翌朝揚げるのが普通である．日本ではこの漁法で瀬戸内海のスナメリが混獲されていることがよく知られている（Kasuya et al. 2002）．また，外国でも北海のネズミイルカがこれで混獲されて問題となっている．底刺し網にピンガーと呼ばれる発音機をつけることで，混獲を減らすことができるといわれているが，逆にイルカにとっては有害ではないかという懸念もある（例：Teilmann et al. 2006）．

フカ延縄や一本釣りでもイルカが捕獲される．かつて，マグロ延縄漁業にかかったマグロがオキゴンドウに盗まれる「シャチ食い」という漁業被害が問題になった．このときも，オキゴンドウは延縄からマグロを盗むときに，釣り針を避けてマグロだけを食べるといわれたが，ときには誤って道糸に絡まって溺死することがあっ た．このようにイルカは誤って釣り糸に絡まって捕獲されるのが普通であり，釣り針を飲んで釣られることはまれであると考えられてきた．しかし，アルゼンチンではタスマニアクチバシクジラ（*Tasmacetus shepherdii*）の漂着死体の胃と大小腸から4個の延縄の釣り針がみつかり，それが死因であると判定されたという文書が2008年の国際捕鯨委員会の科学委員会に提出された（IWC 2009b）．大きな底延縄の針であったと記憶している．米国ではオキゴンドウがマグロ類の延縄に絡まったり，その釣り針にかかって問題となっている（Marine Mammal Commission 2010）．これからは鯨類が釣り針を誤って飲み込む可能性についても注目する必要がある．

巻き網でイルカが混獲されることがあるのは周知の事実である（Ohsumi 1972）．また，東部熱帯太平洋ではいわゆる「イルカ巻き」と称して，イルカと一緒にキハダマグロを巻く漁法があり，これによってイルカが混獲されることが問題とされてきた．水産庁調査研究部（1969）のアンケートには，巻き網によるイルカの混獲が報告されていないのはなぜであろうか．アンケート対象の漁協には巻き網を操業する業者がいなかったのか，イルカの水揚げがなかっただけなのかは明らかでない．イルカは単価が安いので，巻き網船では手間やスペースを節約するために，混獲したイルカを洋上で投棄していたのかもしれない．

トロール漁業や地引網でもイルカやアザラシが捕獲されることがある．罹網のプロセスは明らかではないが，日本ではスナメリがトロール網や地引網にかかった例がある．

なお，水産庁調査研究部（1968, 1969）のアンケート調査ではイルカ追い込み漁の記録もあるが，1回の追い込みで捕獲したイルカがわずか2頭だけとは理解しにくい．追い込み漁法は人海戦術で村人を総動員して行い，漁獲物は参加者で分配し，余剰があれば市場に出す漁業である．この例では漁協の市場を通じて販売された数量だけを報告したと解釈すれば理解できる．

1.4 日本で捕獲されるイルカ類とその統計

日本で捕獲されるイルカ類の鯨種別統計の収集が本格的に始まったのは 1972 年である．水産庁海洋漁業部遠洋課捕鯨班が中心となって，地方自治体から漁業種別・鯨種別の捕獲統計の提出を受け，これを集計して全国統計を作成した．県の水産担当者は傘下の漁業協同組合にイルカの漁獲統計を提出させ，それを水産庁に報告したのである．初期には各漁業地で標準和名と異なる種名を用いていたために混乱があったが，しだいに名称が整理されてきた．1972 年から 1987 年までをカバーする「いるか等小型鯨類の捕獲及び混獲実態調査について」と題する謄写印刷の統計表が捕鯨班によりほぼ毎年つくられてきた．そこには経営体数や売り上げも記載されている．これに続く 1986 年以降については類似の統計が水産庁振興部沿岸課によって集計された．1986 年と 1987 年については，類似の内容の統計が 2 つあって，数値に若干のちがいがある．強いていえば後から提出された沿岸課統計のほうが真実に近いとみるべきであろう．統計は集め方によって不一致が発生するのは当然である．その隔たりがどの程度になるかを知りうるという点で，このような 2 つの統計が残されたことは有益である．近年では鯨類関係の業務が捕鯨班に統合され，イルカ類の統計収集の仕事が再び捕鯨班に戻って現在にいたっている．これらの統計は暦年で集計され，月別には集計されていない．この統計はさらに遠洋水産研究所の捕鯨担当セクションで要約されて，1979 年分からは国際捕鯨委員会（IWC）の科学委員会に加盟国の Progress Report の一項目として提出されてきた．

IWC では各国の Progress Report の全文をその年次報告(Report of the International Whaling Commission）に掲載してきたので，それをみれば日本の鯨類の捕獲統計が入手できた．しかし，IWC の出版物のスタイル変更にともない，1998 年統計からは Journal of Cetacean Research and Management（1999 年創刊）の Supplement のなかに極端に簡略化して記録することとなり，日本関係では漁業種別・鯨種別合計だけが掲載され，都道府県別になっていないので地域ごとのイルカ漁業の動向を知るには不便なものとなった．これを補うためには，IWC の事務局に依頼して，日本の Progress Report を入手する方法があり，1999 年統計まではそれが可能であった．しかし，2000 年統計（つまり 2001 年 IWC 会議）からは，日本政府は小型鯨類は IWC の管轄外であるとして，イルカ類の漁獲や混獲の統計を Progress Report に含めることを停止し，かわりに水産庁捕鯨班・国際資源班などのホームページに「日本の小型鯨類調査・研究についての進捗報告」として公表している．IWC では捕鯨班のこのホームページを引用して，先に述べた簡略統計表に算入している．この提供方法が印刷物でないことによるトラブルが懸念される．様式の変更についてはすでに述べたが，内容の柔軟性も危険をはらんでいる．このホームページに提供される統計には公表日付もバージョン情報もないので，なにかの理由で内容が訂正されても，それを利用者が認識することはむずかしい．本書では，これらの遠洋課統計，沿岸課統計，IWC に提出した Progress Report，水産庁捕鯨班・国際資源班などのホームページなど一連の統計を，水産庁統計と略称することにする．

表 1.9 には，水産庁統計にもとづいて集計した日本国内の小型鯨類の捕獲統計を示してある．これは追い込み漁業，突きん棒漁業，駆除，200 海里内漁業による混獲，小型捕鯨の合計であるが，漂着個体の集計は 1988 年からなされており，それ以前については集計されていない．この表では，水産庁統計の全国合計値を私の解釈を加えずに集計したので，漁業種別統計とは若干異なる場合がある．原則として種名ももとのままとして，生物学的にみて明らかに不合理なものも，そのまま表示しておいた．この統計によれば，13 種以上の小型鯨類が日本の漁業で捕獲されてきたなかで，大量に捕獲されたのはイシイルカ，マイルカ，スジイルカ，マダライルカ，ハンドウイルカ，コビレゴンドウなど

表 1.9 日本の沿岸漁業によるイルカ類など小型鯨類の捕獲総数（水産庁統計）．追い込み漁業，突きん棒漁ていない．1972 年より 1979 年上段までは IWC 未報告値，1979 年下段より 1999 年までは IWC への報告統計，値を私の解釈を加えずに集計したので，漁業種別統計とは若干異なる場合がある．スナメリについては漂着が

鯨　　種[32]	イシイルカ イシイルカ型	イシイルカ リクゼンイルカ型	スジイルカ	マダライルカ	ハンドウイルカ属	ハナゴンドウ	コビレゴンドウ マゴンドウ	コビレゴンドウ タッパナガ
1972	5,198		55		15	1	307	4
1973	5,003		51		121		424	10
1974	5,105		209		169	11	226	6
1975	4,977		848	1,298	36	2	516	1
1976	9,899		382	1	135	55	436	
1977	7,689		1,192	1,287	986	6	478	
1978	8,052		747	4,184	1,104	199	420	
1979	5,766		912	427	687	508	101	
	6,878		2,212	427	666	935	104	
1980	6,767		16,344	1,460	3,493	3	691	
1981	9,962		4,803	169	328	17	569	3
1982	12,994		2,039	3,799	834	6	311	87
1983	12,952		2,249	2,945	751	200	378	125
1984	10,217		3,741	743	464		512	160
1985	10,885		3,230	484	849		668	62
1986	10,534		2,981	693	230	2	347	28
1987	13,406		2,173		1,812	3	393	
1986	16,515		2,770	891	238		347	29
1987	25,600		389	1,815	1,810	6	386	
1988	40,422		2,294	1,879	828	130	482	98
1989	15,954	13,095	1,226	189	408	20	202	50
1990	9,363	12,448	749	11	1,364	116	157	10
1991	11,177	6,457	1,022	153	438	410	312	43
1992	3,400	8,009	1,122	637	173	121	312	48
1993 捕獲枠	9,000	8,700	725	950	1,100	1,300	450	50
	(9,000)	(8,420)	(700)	(925)	(1,075)	(570)	(450)	(50)
1993	5,735	8,588	544	565	215	505	293	44
1994	8,097	7,854	548	449	362	312	170	26
1995	7,002	5,394	619	105	975	412	190	50
1996	8,040	8,062	303	67	314	377	434	50
1997	8,534	10,007	602	23	352	242	297	50
1998	5,305	6,082	451	460	266	445	194	35
1999	6,535	8,441	597	38	749	489	336	60
2000	7,513	8,658	300	39	1,426	506	254	50
2001	8,430	8,220	484	10	259	478	344	47
2002	7,614	8,335	642	419	801	388	134	47
2003	8,308	7,412	450	132	181	379	118	42
2004	4,614	9,175	637	2	653	512	163	13
2005	6,880	7,784	457	13	363	394	154	22
2006	4,212	7,802	515	405	375	345	264	7
2007	4,070	7,287	470	16	405	519	338	
2008	2,594	4,632	600	329	391	339	181	

1972-1988 年：イシイルカ統計は体色型の区別がないので，便宜的に全部をイシイルカ型の欄に記入した．

1979 年：このほかに母船式サケ・マス流し網がイシイルカ 685 頭とネズミイルカ 3 頭，同基地式がイシイルカ 127 頭の混獲を報告している．

1980 年：岩手県の突きん棒漁業がスナメリ 153 頭とネズミイルカ 30 頭の捕獲を報告したのは鯨種記載の誤りと思われるが，ここではそのまま掲載する．このほかに母船式のサケ・マス流し網がイシイルカ 1,000 頭とネズミイルカ 4 頭，同基地式がイシイルカ 139 頭の混獲を報告している．

1982 年：IWC への報告書には岩手県の突きん棒の項にマイルカの名称はみえるが頭数が未記入なので，捕獲なしとみなした．

1986-1987 年：遠洋課が 1987 年まで集計し，その後沿岸課が 1988 年統計（1989 年 IWC 報告分）からこれを引き継ぎ，さらに 1986，1987 両年の修正統計を 1990 年 IWC に報告した．そのちがいを示すために両者を示したが，同一年度が 2 つある場合には上の行が遠洋課統計，下が沿岸課統計．

1987 年：遠洋課統計はこのほかに各種流し網により少なくともカマイルカ 188 頭，セミイルカ 261 頭，イシイルカ 819 頭など合計 1,668 頭が混獲されたとしている．

1.4 日本で捕獲されるイルカ類とその統計

業，駆除，200 海里内漁業による混獲，小型捕鯨業の合計．ただし，混獲のうち生きて放流されたものは算入し
2000 年以降は水産庁捕鯨班などのホームページによる．漂着個体の集計は 1988 年以後．水産庁統計の全国合計
きわめて顕著であり，混獲に由来する可能性が大きいので参考までにカッコ内に外数で示す．

オキ ゴンドウ	ツチ クジラ	スナメリ （漂着）	カマ イルカ	マイルカ属	シャチ	ネズミ イルカ	その他・不明 種
25	86		17	8,552	4	5	1,257
12	32			9,032	10		107
10	33		22	8,799	2	417	1,705
4	46		2	8,423	3	313	135
1	13	10	102	6,451	1	108	502
44	44	1	83	5,252	1	60	22
637	37	2	82	2,611		72	9
340	28	3	350	1,474	5	1,151	183
339	28	1	424	89	5		190
377	31	153	73	124	2	36	9
8	39	14	245	76	5	46	67
1	60		172	184	5	123	428
290	37	8	1,627	94	2	20	488
60	40		2,765	6		36	31
127	40		40	331	7	66	110
3	40		22	2	8	66	15
2	40		17	10	3	29	669
4	40	1		28	10		7
33	40	3		33	3		15
72	57	15		168	7	6	15
32	54	4		117	9	10	204
156	54	9(2)	39	235	3	5	283
54	54	4	19	30			266
97	54	1(1)	136	283			78
50 (50)	54						
21	54	7(12)	2	5			9
	54	5(12)	6	7			2
49	54	7(20)	2	4			
40	54	3(24)	21	6			
43	54	1(16)			1		
48	54	7(54)		1			
5	62	1(92)	11				
8	62	20(92)	1				2
37	62	9(76)	6			1	2
7	63	8(86)	9			5	1
21	62	9(114)	9				1
7	62	7(81)	12	1		1	1
1	66	5(109)	14			3	3
35	63	10(114)	8	1		1	1
4	67	14(117)	20			7	
5	64	20(157)	26	2		11	5

1988 年：このほかに日本のイカ流し網と大目流し網漁業が遠洋で混獲したイシイルカ（1,663 頭），スジイルカ（116 頭），セ
　　ミイルカ（68 頭）など鯨類 2,999 頭を水揚げしている．
1989 年：このほかに日本の遠洋サケ・マス流し網は混獲イシイルカ 331 頭を洋上投棄し，大目流し網は混獲の一部（イシイ
　　ルカ 150 頭，スジイルカ 241 頭など合計 707 頭）を持ち帰り水揚げした．
1990 年：このほかに日本の遠洋イカ流し網漁業によりイシイルカ（3,093 頭），マイルカ（562 頭），セミイルカ（7,909 頭），
　　カマイルカ（4,447 頭）など合計 16,635 頭の混獲があったと推定されている．
1991 年：イシイルカ型は型不明 6,637 頭を含む．このほかに日本の遠洋イカ流し網とサケ・マス流し網でイシイルカ（3,338
　　頭），セミイルカ（9,320 頭），カマイルカ（3,784 頭），マイルカ（1,036 頭）など合計 18,142 頭の混獲があったと推定
　　されている．
1993 年：この年に初めて鯨種別・漁業種別の捕獲枠を全国的に設定し IWC に報告．ツチクジラを除き 2004 年まで変更がな
　　かった．カッコ内は漁業者に配分した頭数で，公表の全国枠よりも小さい場合がある（第 6 章参照）．2007 年以降の捕
　　獲枠は表 6.3．

10種たらずである．

　そのなかでずば抜けて多いのがイシイルカとリクゼンイルカである．かつて両者は別種とされたこともあるが，いまでは動物学的には同一種で，2つの体色型としてあつかわれている．2つの型は体側の白斑の大小で区別される．体側の白斑が肛門付近から前に伸びて背鰭の下あたりでとまっているのがイシイルカ型であり，白斑がもっと大きくて胸鰭の付け根付近にまで伸びているのがリクゼンイルカ型である．最近では同じイシイルカ型でも，日本海で越冬する個体の白斑は太平洋の個体のそれに比べてわずかに小さいことがわかっている（Amano and Hayano 2007）．それはともかくとして，イシイルカが大量に水揚げされる魚市場で私が生物調査をしたときの経験では，イシイルカ型とリクゼンイルカ型の2つを正確に区別して頭数を記録することはあわただしい現場ではけっして容易なことではない．初期の統計では，信頼できる区別ができていないのは当然である．いまでもどれだけ信用できるかの確認は得られていない．くわしくはイシイルカの生物学（第9章）で述べるが，科学者が魚市場で記録した型組成と，初期の水産庁統計に記録された組成とは明らかに異なっていた．そのようなわけで，たとえ原統計では体色型に分けてあっても，初期の統計は信頼性に乏しいのでイシイルカ型の欄に一括してある．

　「マイルカ」と称されるイルカの捕獲量が1979年まではきわめて多い．その産地と漁法をみると大部分は岩手県方面の突きん棒漁業と，静岡県の追い込み漁業である．これは鯨種の記載に問題があるためである．岩手県方面にそのように大量のマイルカが来遊することはこれまでの目視調査によっても確認されていないし，突きん棒操業がおもに行われる冬季に暖海性のマイルカが出現するのは不自然であり，イシイルカの誤りと思われる．静岡県の追い込み漁業では1970年代まではスジイルカが大量に捕獲されたあと漸減し，かわって和歌山県でのスジイルカ捕獲がひととき増加したことが科学者による漁獲物の現地調査でわかっている．このような動向はこの表の統計でみる限り認められない．これも鯨種名の誤りが原因であるらしい．伊豆ではスジイルカをマイルカと呼んだことは常識であった．水産庁遠洋水産研究所の鯨類資源研究室は鯨種名の統一のために努力し，1979年度までにはこの問題もほぼ解決され，1979年度からはイルカ類の漁獲統計がIWCに報告されることになった．

　漂着個体の統計は漁獲物の統計に比べて不完全である．鯨やイルカに対する人々の関心が高まれば報告率が向上するので，漂着そのものが増えなくても，統計ではあたかも漂着数の増加のように表現されることになる．そこで興味をひかれるのは，最近のスナメリの漂着例が他鯨種に比して異常に多いことである．スナメリは沿岸ないしは内湾に生活する種であるから，沿岸漁師が混獲死体を洋上で捨てて，それが海岸に漂着して記録される確率が外洋種よりも高いはずである．また，市民の関心が高まった結果，記録率が向上したことにも原因があるらしい．参考までに表1.9ではスナメリの漂着個体をカッコ内に外数で示しておいた（他種の漂着はこの表に含まれていない）．

　漁業統計には過大な信頼を置くべきではないと私は信じている．漁業統計は不注意な誤りやデータ収集上の困難にともなうさまざまな誤差を内蔵している．そのうえ，漁業者の思惑によって過小にも過大にも操作されうるものである．捕獲が急増したために規制が強化される気配があるとか，殺戮に対する社会の批判が高まると漁業者は捕獲を少なめに報告する誘惑に駆られる．私はそのような事例をみてきた．また，いったん捕獲枠が設定されれば，枠の上限に近い数字に収めたくなるのも漁業者の心理であり，捕獲の過小申告や過大申告のどちらが起こっても不思議はない（第12章，第16章）．このような統計の操作に対して，行政がみてみぬふりをすることもある．

　それでは近年のイルカ漁業の動向を都道府県別，漁業種別に集計してみよう．約10年間隔で変化をざっと眺めてみる（表1.10）．これも水産庁統計からの集計である．

表 1.10 都道府県別・漁業種別のいわゆる小型鯨類（マッコウクジラ以外の歯鯨類）とミンククジラの捕獲頭数をおおよそ10年間隔で示す．日本沿岸における操業を対象とするが，資料がある場合には沖合における混獲情報も含めた．ツチクジラとミンククジラは内数（南極海を除く）．調査捕鯨を含まない．合計には所属都道府県不明の数値が算入されている．水産庁統計による．

[1972 年]

都道府県	小型捕鯨	突きん棒	追い込み	定置網	巻き網	刺し網	その他	合計	内ツチ	内ミンク
北海道	237							237		231
岩手		5,122						5,122		
宮城	110						30	140		110
福島						143		143		
茨城		29						29		
千葉	93	1,169[1]					5	1,267	86	5
静岡			7,703					7,703		
三重						20		20		
和歌山	100	896[2]						996		
沖縄			170					170		
石川				14				14		1
京都				12				12		
山口		17						17		
長崎			8					8		
合計	540	7,233	7,881	26	0	163	35	15,878	86	347

1) 大目流し網（浮き刺し網の一種）と区別できず．
2) 突きん棒から追い込み漁への移行期で，100頭前後のコビレゴンドウが追い込みで捕獲されたほかは，大部分が突きん棒で捕獲され，小型捕鯨船の捕獲も含まれている．

[1980 年]

都道府県	小型捕鯨	突きん棒	追い込み	定置網	巻き網	刺し網	その他	合計	内ツチ	内ミンク
北海道	229			16		20		265	8	221
青森				1				1		
岩手		6,966		14				6,980		
宮城	158	16				40	37	251		158
茨城		11			4	99		114		2
千葉	24							24	23	
静岡			6,660					6,660		
和歌山	2		11,981					11,983		
高知				20				20		
沖縄			107					107		
新潟						1		1		
石川				11				11		
福井				5				5		
京都				7				7		
山口				1				1		1
長崎		15	3,471[1]	31				3,517		
合計	413	7,115	22,112	106	4	160[2]	31	29,947	31	382

1) 内2,120頭は勝本における駆除である．
2) ほかに北洋のサケ・マス流し網による混獲が1,143頭と推定されている．

(つづく)

表 1.10（つづき）
[1990 年]

都道府県	小型捕鯨	突きん棒	追い込み	定置網	刺し網	その他	合計	内ツチ	内ミンク
北海道	2	1,747		5			1,754	2	
青森		10		2			12		2
岩手		19,888		24			19,912		12
宮城	38	314		1			353	25	1
千葉	34	67					101	27	
静岡				1			1		1
三重		13					13		
和歌山	15	50	2,542				2,607		
高知				1			1		
大分		1					1		
宮崎				30			30		
沖縄		79					79		
新潟				1			1		1
石川				2			2		1
京都				13			13		
島根				1			1		1
福岡				2			2		
長崎	2			4		131[2]	137		1
合計	91	22,169	2,542	87	0[1]	131	25,020	54	20

1) これ以外に北太平洋での日本のイカ流し網は合計 16,635 頭のイシイルカ，カマイルカ，セミイルカを混獲したと推定．
2) イルカ駆除 3 種 131 頭．

[2000 年]

都道府県	小型捕鯨	突きん棒	追い込み	定置網	刺し網	その他	合計	内ツチ	内ミンク
北海道	10	1,272		2			1,284	10	
青森						1	1		1
岩手		14,695					14,695		
宮城	76	204					280	26	
千葉	33			2[1]			35[1]	26	2[1]
愛知						3	3		
和歌山	69	275	2,077	4			2,425		4
高知				3			3		3
沖縄		105					105		
新潟				1			1		1
富山				7			7		6
石川				11			11		11
山口						5	5		
福岡						9	9		
佐賀						1	1		
長崎				2			2		2
熊本						1	1		
合計	188	16,551	2,077	32[1]	0	20	18,868[1]	62	30[1]

1) ザトウクジラ 1 頭を含む．

（つづく）

表 1.10（つづき）
[2008 年]

都道府県	小型捕鯨	突きん棒	追い込み	定置網	刺し網	その他	合　計	内ツチ	内ミンク
北海道	13	533		14	5		565	13	8
青　森				11			11		10
岩　手		6,513		12[1]			6,525[1]		12[1]
宮　城	25	180		7			212	25	6
千　葉	26			1			27	26	1
静　岡				2			2		1
愛　知					3	1	4		
三　重				8[1]			8[1]		8[1]
和歌山	20	280	1,497	5[2]			1,802[2]		5[2]
高　知				9			9		8
大　分				1		1[1]	1		
宮　崎				1			2		1
鹿児島				5			5		5
沖　縄		68		3			71		
秋　田				1			1		1
新　潟				7			7		7
富　山				9			9		9
石　川				25			26		24
福　井				3			3		3
京　都				7			7		6
島　根				1			1		1
山　口				4	7		11		3
福　岡					2		2		
佐　賀					1		1		
長　崎				20			20		17
熊　本				2[1]	2		4		
合　計	84	7,574	1,497	160[3]	20	1	9,336[3]	64	138[3]

1) ザトウクジラ1頭を含む．
2) ナガスクジラ1頭含む．
3) ザトウクジラ2頭とナガスクジラ1頭含む．

　表1.10は戦後日本のイルカ漁業の動向や，おもな操業地を示すものである．戦後の日本沿岸では行政用語でいう「大型捕鯨業」と「小型捕鯨業」も操業していた．前者は大型の捕鯨船を使ってマッコウクジラと大型ひげ鯨類を捕獲し，沿岸の捕鯨基地で解体する漁業である．これには母船式捕鯨は含まれない．後者は50トン未満の小さい捕鯨船を使ってマッコウクジラ以外の歯鯨類とひげ鯨類ではミンククジラのみの捕獲が許された漁業であり，これも指定された沿岸基地で漁獲物を解体処理することになっていた．このほかに，日本の捕鯨産業は，南極海と北太平洋で母船式捕鯨を操業していた．鯨類漁業の全体像を知るための参考として，これら日本の捕鯨業による捕獲頭数を表1.5に示してある．なお，母船式捕鯨の場合には監督官が乗船しているため，捕獲頭数は比較的正確と思われるが，沿岸捕鯨の場合には実際の捕獲頭数は公表値の2-3倍に達することもあったことが知られている（渡瀬 1995; 粕谷 1999; Kasuya 1999; Kasuya and Brownell 1999; 近藤 2001; Kondo and Kasuya 2002）．これは監督官の意欲がないとか，出張旅費の不足により監督官不在の操業がなされたという事情によるものである．日本の商業捕鯨は1970年代に急速に縮小し，1980年代の末にほぼ完全に停止した．商業捕鯨最後の操業は南極海捕鯨では1986/87年漁期，沿岸捕鯨は1987年に始まり1988年3月に終わった漁期である．なお，北太平洋の母船式捕鯨は1979年漁期が最後の操業であった．いまでは小型捕鯨船はIWC管轄外とされるツチクジラと若干のイルカ類を捕獲しているし，

日本鯨類研究所は共同船舶株式会社と小型捕鯨業者にひげ鯨類やマッコウクジラを調査目的で捕獲させてきたが，最近その機構に若干の変更があった（168頁参照）．

1970年代から1980年代にかけての捕鯨業の縮小により鯨肉の供給が減少した結果，イルカ類の肉の価格が高騰し，イルカ類の捕獲が一時的に急増したことがあった．小型捕鯨業はおもな漁獲対象であったミンククジラの捕獲を1988年漁期から禁止され，ツチクジラと大型イルカ類に対象を移した．そのおもな操業地は和歌山県以北である．このころには突きん棒漁業の捕獲頭数も著しい増加をみせた．操業地は東北諸県，和歌山県，沖縄県が主であり，なかでも東北諸県と和歌山県で捕獲が増加した．今後の動向が注目される．静岡県の追い込み漁はスジイルカを多く捕獲してきたが，商業捕鯨停止という情勢の変化に反応して漁獲を増加させることはなかった．すでにそのときには沿岸のスジイルカ資源の減少が著しく，捕獲を増やしたくても増やせなかったのである．長崎県には追い込み漁業が古くからあり，1970-1980年代には同じ漁法で駆除名目の捕獲が大量になされたが，まもなく沈静化して今日にいたっている．1979年に新たに発足した和歌山県太地の追い込み漁も，一時は大きな漁獲を記録したが，近年は低落している．追い込み漁は永続しがたい面があるらしい．

なお，定置網，刺し網，巻き網などによる混獲は正確な数値を入手するのが困難である．投棄されて水揚げされない場合には報告されないことが多く，記録に残りにくい．かつてミンククジラの混獲は年間数頭から十数頭しか報告されておらず，統計の正確さに疑問が提出されていたが（Tobayama et al. 1992），2001年7月に規則が変わり販売が許されるようになったとたんに，年間100頭以上に増加した（表1.6）．それ以前の混獲鯨の販売が禁止されていた時期には，多くの混獲が闇に流れて統計に現れなかったものである．このような変化はIWCに提出された日本のProgress Reportから知ることができる．

いま，日本でイルカ類を積極的に捕獲しているおもな漁業は，突きん棒漁業と追い込み漁業である．次章ではこれらについて述べる．

第2章　イルカ突きん棒漁業

2.1　有史以前の突きん棒漁

突きん棒漁法は小型船から離頭銛を投げて海産動物を捕獲する漁法である．それを商業的に行うと突きん棒漁業と呼ばれる．「つきんぼう」の「ぼう」は房州方面で多用される接尾語ではないかという説もある（田村 1996）．「暴れん坊」もその一例である．離頭銛は銛先が柄の先に着脱できるタイプの銛であり，回転式離頭銛，燕型銛頭，雌型銛頭などとも呼ばれる（山浦 1996）．専門家はこれをいくつもの型に分類しているが（渡辺 1984），銛先の着脱の仕方に2つの方式がある．1つは銛先の根元がソケット状（ほぞ穴）になっており，ここに銛柄の先についた金属部分（かりにこれを「先金（さきがね）」と呼んでおこう）の先端がはめられるものである．もう1つは，逆にほぞ穴が柄の先にあり，そこに銛先の中子（なかご）が差し込まれる形式である．いま，日本の漁業者が使用しているのはみな前者のタイプである（図 2.1）．銛先には銛綱が結ばれ，銛綱はいったん銛柄と結ばれた後，さらに長い先のほうで浮きか船に結ばれている．銛先が獲物の体に刺さり，先金によって体内に押し込まれると，銛先は「返し」の働きで体内で90度回転して抜けなくなり，イルカの死体は確保される．柄は銛綱の途中に結ばれていて，イルカと一緒に回収される．

日本では離頭銛は前期縄文時代に出現し，縄文時代には北海道から東北地方を経て，相模湾までの遺跡に出現する．なお，私は報告書はみていないが，愛知県篠島の神明社貝塚からも鹿角製の離頭銛が2個出土したといわれる（南知多町誌編さん会 1997）．朝日新聞（1997年4月22日）に掲載された写真や展示品でみると，ソケットのある離頭銛である．このほかに朝鮮半島から北九州方面にいたる遺跡からも，同じ形式ではあるが，東日本のそれとは特徴を異にする離頭銛が出土している．これらのことから，日本への回転式離頭銛の伝播の経路は北海道経由と朝鮮半島経由の2つが考えられる（安楽 1985; 山浦 1996）．縄文時代に続く北海道のオホーツク文化（8-12世紀）にも同様の離頭銛が出現した．アイヌはこれを「キテ」とか「ハナレ」と呼び（名取 1945），日本の漁業者はこれを「チョキ」とも呼んでいる．ミンククジラ，イルカ，アザラシ，カジキやマンボウなど，ある程度の大きさで，海面に浮上するさまざまな動物の漁獲に使われてきた．

噴火湾でかつて行われていたというアイヌの捕鯨では，銛先にトリカブトの毒を塗り，1頭のミンククジラにつぎつぎと多数の銛を投じた（名取 1945）．回転式離頭銛を使う捕鯨は北海道から千島・シベリア沿岸を経てアラスカや北米西岸にいたる地域の原住民に知られている（粕谷 1981）．Heizer（1943）は北海道から千島・アリューシャンを経てアラスカ半島にいたる地方の住民はトリカブト毒を塗った槍を用い，離頭銛は使わないとしているが，北海道のアイヌが離頭銛にトリカブトの毒を併用していたことは名取（1945）の記述から明らかである．

わが国で多量のイルカや鯨の骨を出土する縄文時代の遺跡としては釧路市東釧路貝塚，虻田町入江貝塚，館山市鉈切神社洞穴，横須賀市吉井貝塚，横浜市称名寺貝塚，同・青が台貝塚，

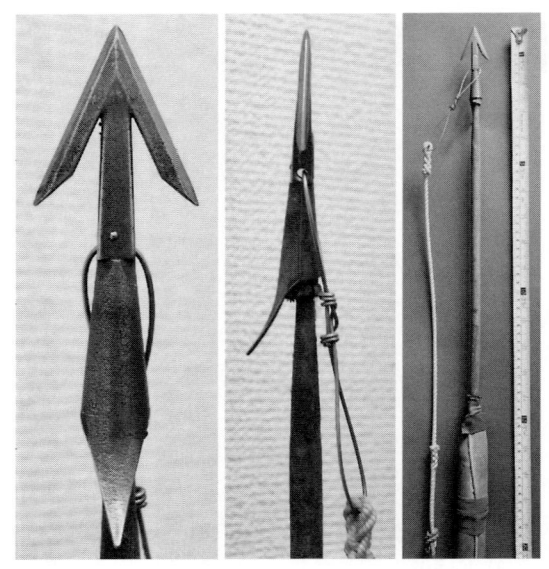

図2.1 いまの日本のイルカ突きん棒漁業者が使用する突きん棒漁具の構造. 左: 銛先の正面, 左右の爪の先端間は 32 mm, ステンレス・スチールの鋳造品. 中: 銛先(さきがね)の側面, 爪と返しの位置関係と先金への銛先の装着状態を示す. 銛先の先端から返しの先端までの直線距離は 102 mm. 右: 銛先と先金と柄との関係を示す. 銛先のほぞに軟鉄製の先金の先端がはまり, 先金の基部につくられた大きなほぞには木の柄がはまる. 先金の全長は約 58 cm. 銛先に結ばれた銛綱は 1-2 カ所で柄に結ばれ, その先には浮きがつけられる. 万一, 先金が外れた場合の沈下・流失を避けるために先金と木の柄は別途ひもで結ばれている. 電撃用の導線をつける場合には銛綱が結ばれているステンレス針金に固定する. これは 1982 年の第 12 宝洋丸の調査航海で使用した漁具であり, 当時は三陸方面では一般に使用されていた. 右端の黒マーク間は 5 寸, 約 15 cm.

伊東市井戸川貝塚, 能都町真脇遺跡, 氷見市朝日貝塚などがある. これよりも新しいオホーツク文化の遺跡では礼文島香深井 A 遺跡と利尻島の亦稚貝塚が知られている. これらの遺跡からは回転式離頭銛も出土しているし, 出土する動物遺骸には群集性がなく追い込みに適しないイシイルカのような種も含まれているので, 銛突きによる捕獲が行われたことは疑いない. 銛突きによるイルカの捕獲分布は東日本に偏っている (粕谷ら 1985). なお, 真脇遺跡からは離頭銛が出土せず, 笹の葉状の形をした石槍の穂先と考えられる石器が多数出土し, 一部はそれがイルカの骨に刺さっていたということから, イルカ漁に使用されたとされている (平口 1986b). 返しのない石槍はイルカから抜けやすく, イルカの沈下, 流失の恐れがあるので, 刺殺には有効であっても確保には不適当と思われる. 真脇周辺は江戸時代以後もイルカ漁が行われており, イルカの追い込みに適した土地であったらしい. 湾内にたまたま入ってきたイルカの群れを浜に追い上げるとか, 網を入れるなどして, 退路を断った後で石槍を使って刺殺したと考えるのが合理的である. これについては追い込み漁業の項で述べる.

銛突きで捕獲された出土鯨類の種査定はまだ十分には進んでいない. いま, 粕谷ら (1985) の記述から種の同定された鯨類を拾い出してみるとつぎのようになる. ①東釧路貝塚では大量のネズミイルカ, ②入江貝塚ではカマイルカ多数とオキゴンドウが 1 例, ③里浜宮下貝塚 (宮城県鳴瀬町) では若干のスナメリとネズミイルカ, ④鉈切神社遺跡からは大量のマイルカに加えてハンドウイルカとゴンドウクジラ類が若干, ⑤称名寺遺跡からはカマイルカ, マイルカ, ハンドウイルカ, 伊東市井戸川遺跡ではマイルカの頭骨 4 個がイノシシとシカの頭骨のそばに置かれていた (栗野・永浜 1985).

オホーツク文化は, オホーツク海とその周辺の流氷の接岸する海岸域で, 縄文文化の後の 8-12 世紀に栄えた文化である (大場・大井 1973). その遺跡は, わが国では西は礼文島から東は根室半島までに分布している. そこでは鯨類の遺物とともに銛先などの文化遺物も出土しているので, 漂着した鯨類の死体を拾っただけではなくて, 海獣漁が生業の 1 つとして行われたと考えられている. オンコロマナイ貝塚は縄文晩期からオホーツク文化を経てアイヌ文化期までを含む文化遺物の例である (金子 1973). ここからはフジツボ, ウニ, 貝類に加えて, 魚類 (16 種), 鳥類 (21 種), 哺乳類 (24 種) の遺物が出土している. 哺乳類のなかにはシャチ, ハンドウイルカ, カマイルカ, イシイルカが各 1 頭ずつ見出されている. これだけではイルカを対象とする漁業があったことの根拠にはならないが, 捕獲の情景を描いた遺物がそれを証明している (後述).

礼文島の香深井遺跡もオホーツク文化期の遺跡である．ここからは回転式離頭銛と鯨類の遺物が出土している．鯨類としてはカマイルカ（11頭），ネズミイルカ（4頭），イシイルカ（5頭），ゴンドウクジラ属（25頭），オキゴンドウ（5頭），マッコウクジラ（2頭），アカボウクジラ科（1頭），ザトウクジラ（6頭），ミンククジラ（1頭），セミクジラ（2頭），合計10種を含んでいる（Kasuya 1975; 粕谷 1981）．これらの鯨種の多くは香深井遺跡の下層から表層近くまでの広い時代範囲をカバーしており，ゴンドウクジラ属やカマイルカもほとんどすべての層序から出土している．そのなかには漂着個体が含まれている可能性は残るが，漁獲が行われていたことも明らかである．

大型鯨類は移動力が大きいので，動力のない小船で湾内に追い込むことは容易ではない．また，イシイルカやネズミイルカは大きな群れをつくらずに単独か2-3頭で生活しており，動きも予測しにくいので入江に追い込むのはむずかしい．また，多数の船を使って少数のイルカを追い込んでも割に合わない．そこで，このような種は忍耐強く機会を待って，突いて捕るほうが適していたのかもしれない．ネズミイルカは沿岸性が強く大陸棚上に生息するので，縄文人も遭遇の機会は多かったと思われる．エスキモー（イヌイット）は回転式離頭銛でアザラシやシロイルカを捕獲したし，カナダの研究者は小船の上から散弾銃を発射して研究用のネズミイルカを捕獲したことがある．これらの種に比べれば，カマイルカ，マイルカ，ハンドウイルカは沿岸にも近寄る群集性のイルカであり，追い込み漁の対象としては好ましい．

八幡（1943）は根室の弁天島貝塚から発見された鳥骨製の針入れ24本を図示している．これはオホーツク文化の遺跡である．そのうちの2本には鯨が描かれている（図2.2）．1つは小船が鯨に引かれて右方に走っている情景で，名取（1945）が記録した噴火湾アイヌの捕鯨を思わせるものである．小船の舳先に銛手と思われる1人が立って長い棒を構えている．その後方の6名は船に座して櫂を使っているようにみえ

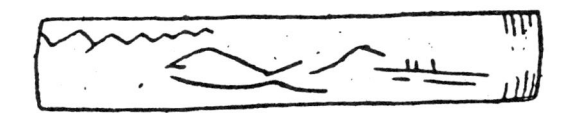

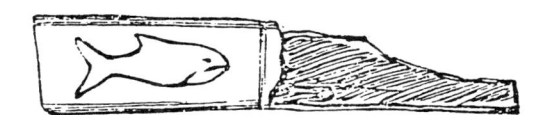

図 2.2 オホーツク文化期の針入れに描かれた鯨類の図．上の2つは根室の弁天島貝塚出土（八幡 1943），下の2つはカラフトのアニワ湾出土（坪井 1908）．下から2つめの標本は坪井（1909）や八幡（1943）にも描かれているが，そこでは向かって左の鯨に胸鰭らしい線が書き加えてある．

る．銛手の足元，舳先の近くからは2本の綱が前方に伸びて潮を吹いている鯨の背中につながれている．銛が刺さったところであろう．鯨の体は細長く，大きさは船とほぼ同大である．口と尾鰭はあるが，背鰭も胸鰭も描かれていない．あえて鯨種をあてはめればミンククジラかコククジラであろうか．弁天島から出たもう1本の針入れにも，これほど写実的ではないが捕鯨の情景がみてとれる．この場合も尾鰭はあるが，背鰭も胸鰭も描かれていない．

上に述べた針入れの図には浮きの使用は描かれていないが，浮きの使用を描いた針入れは坪井（1908, 1909）が報告している．彼の標本は樺太南部のアニワ湾岸のオホーツク文化期の貝塚から得た21本の鳥骨製の針入れの一部である．そのなかには表面に線刻を施したものが多数みられる．不思議なことに絵の多くは中央を境にして対称に描かれたものが多く，1本には

捕鯨の状況が描かれている．これも左右対称に2つ描かれている．水面近くに7-8名の人が乗った船があり，舳先あたりから綱が伸びて下方に描かれたひげ鯨と思しきものにつながっている．舳先からはもう1本の綱が伸びて，浮きと思われるものにつながっている．鯨と船はどちらも針入れの中央側を向いて，船は鯨よりやや小さく，浮きは鯨体の4分の1程度である．大きな口と尾鰭と胸鰭はあるが，背鰭は描かれていない．坪井（1909）は2つの絵の1つはコククジラで，もう1つはザトウクジラとみているが，私にはどちらもコククジラのようにみえる．明治ごろまでは北海道沿岸にコククジラが来遊していた．当時，鯨の来遊が多かったのは天塩，北見，渡島方面で，沿岸にはコククジラが多かったといわれる（北水協会1977）．佐藤（1900-1902）は羽幌の網取り捕鯨の操業で1889年に26頭，1890年に27頭のコククジラが捕獲されたことを記録している．漁期は4月から6月までであった．

坪井（1908）は前述の遺跡から出土した針入れでイシイルカが描かれているものを報告している（図2.2）．頭は中央を向いているが，右半分は破損しているので，そこに対照的にイルカがいたかどうかはわからない．このほかに浮きのようなものが描かれた針入れが6本図示されているが，解釈は困難である．これらはどれもオホーツク文化期の遺物であり，この時代に鯨類を銛で突く漁業が行われたことを物語っている．

2.2 イルカ突きん棒漁業（1）
——太平洋戦争以前

江戸時代以前のイルカ突きん棒漁業に関する記録は少ない．明治時代になると産業育成に政府が力を入れたためもあり，鯨やイルカの捕獲や利用に関する印刷物が目についてくる．水野（1883）は当時のイルカ漁業について，沿岸では網を用い沖合ではヤスを用いて捕る，伊豆の近海ではヤスを用いること多しと書いている．伊豆近海でヤスを用いることが多いという記述は，江戸時代から続いたという追い込み漁業と矛盾している．私は伊豆におけるイルカ漁の主要な漁法が突き捕りであったとみることには疑問を感じている．服部（1887）はイルカ漁業地として能登，肥前，陸中，安房，伊豆，紀伊，磐城，陸前，北海道をあげ，漁法として早打網，三百網，留網など網を用いることが多獲に適しているが，銛を用いることもあると述べるにとどまり，突きん棒漁法についてはくわしい説明をしていない．江戸時代から明治初期にかけての日本のイルカ漁のおもな漁法は追い込みのような網を使う方法であったらしい．突きん棒漁法でイルカを捕獲することがあっても，それは漁業者の自家消費や地元消費の域を出ず，経済的に大きな意味をもたなかったものと思われる．

突きん棒漁法はある程度の熟練を必要とするが，高価な漁具を要しない汎用性のある漁法なので，いつの時代にも行われていたと考えるのが自然である．しかし，それによるイルカの捕獲が長い間，注目されなかったのは，漁獲量が少なかったためであろう．動力船の船首にできる船首波にひきつけられて波乗りをするイルカをねらえば，突きん棒でたやすく捕獲できるが，手漕ぎの船でイルカを突くのは容易ではない．突きん棒によるイルカ漁業の勃興の背景には，動力漁船の導入があるとみる（Kasuya 1978）．

日本の草創期の捕鯨業においても，回転式離頭銛が使われていたことを示す記録がある．わが国で大型鯨を対象とする漁業の古い記録は，16世紀末の三河湾の師崎にさかのぼることはすでに述べたが，渋沢（1982）や南知多町誌編さん委員会（1991）にも関連する記述がある．内藤（1770-）の『張州雑誌』によれば，その操業では，まず早銛を投げ，その後で殿中銛（デンチユウモリ）を投げたとある．早銛は鯨と船をつなぐためのものであり，軽くできていた．その構造は図でみる限り回転式離頭銛である．これに対して殿中銛は頭部に左右非対称の返しをもち，長い鉄部が木の柄に固定された銛である．鯨体に刺さった後，鉄部が曲がって抜けにくくなるように，柔らかい生鉄でつくられていた．重さが大きいので破壊力は大きかったが，到達距離は短かっ

たものと思われる．このほかに 18 世紀後半の稿本とされる『鯨記』が橋浦（1969）に転載されているので，それをみると，そこには「チョキリ」と称して回転式離頭銛とおぼしきものが図示されている．しかし，その後の鯨書には離頭銛を使った形跡が示されていない．19 世紀前半の北九州生月島の捕鯨（小山田 1832）はもとより，紀州太地の捕鯨（橋浦 1969）の記録にも早銛の名称は使われているが，その形式は上の殿中銛であって離頭銛ではない．中園（2009）も同様の指摘をしている．突き取り捕鯨に網を併用するいわゆる網取り捕鯨の創始は 1775-1977 年のころとされる（第 1 章）．これは，まず網を下ろし，そこに鯨を追い立てて網に絡め，動きを鈍くしてから銛を投げる方法である．この技術改善の結果，遠方から銛を投げる必要がなくなり，離頭銛は使われなくなったのかもしれない．日本の突き取り捕鯨は突きん棒漁業から発展したものであろうから，その初期の操業に回転式離頭銛が使われた記録がみえるのは当然のことである．

松浦（1942）は，突きん棒漁は明治初年には房州勝山でカジキを対象として行われていたが，動力船の導入で和歌山県，大分県方面にも広がったとしている．後に三重県の岩佐秀二郎氏が千葉県から技術者を雇って，この漁法でイルカの専門漁を始めた．その後，大正 12 年（1923）ごろ宮城県気仙郡の小山喜代美氏らが猟銃を併用して突きん棒でイルカ漁を始めてから急速に普及したとある．しかし，1942 年の当時，イルカのみを目的とした突きん棒船はほとんどなく，多くはオットセイ，アザラシ，マグロ，カジキなどの漁と同時に操業していた（松浦 1942）．

一方，『大槌町漁業史』（大槌町漁業史編纂委員会 1983）によれば，イルカ突きん棒漁業の発展に大きく寄与したのは岩手県の大槌周辺の漁民であった．それによると，大正 10 年（1921）前後には千葉県方面の突きん棒漁船が岩手県沿岸にさかんに来漁して，イルカ，メカジキ，マカジキなどを捕獲した．その技術が大槌漁民に伝わったものであるという．しかし，同書の別の箇所にはつぎのような記述があるのをみると，千葉漁民の来漁とイルカ突きん棒の試みはもう少しさかのぼる可能性がある．すなわち，吉里吉里部落の漁民が千葉県から指導者を招いて，大正 6 年（1917）ごろにはすでにイルカの突きん棒漁を始めていたこと，箱崎浦でも同様の試みがあったという記述である．いずれにしても，イルカの突きん棒漁は 1920 年代の初期には三陸方面の漁業者によって商業的に行われていたとみてまちがいないようである．

大正末期から昭和初期（昭和元年は 1926 年）に使われた突きん棒の漁具は，太さ 2.4-3.0 cm，長さ 3.6-4.5 m のケヤキなどの丸棒の先に回転式離頭銛をつけたものであった．これに鉄砲を併用して捕獲能率を飛躍的に向上させたのが，大槌町赤浜に生まれた小豆島栄作で，昭和 7-8 年（1932-1933）のことであった（大槌町漁業史）．この記述は別の記録に「イルカの突きん棒漁業に散弾銃を併用することは約 20 年前（1924 年ごろ）に岩手県の小豆島栄作氏によって創始された」とあるのとほぼ符合する（平島・大野 1944）．突きん棒船の船首に，銛手が立つための嘴状の張り出しを設けて，船足も十数ノットになったのもこのころのことであるという（大槌町漁業史）．その結果，昭和 7-8 年（1932-1933）ごろにはイルカ漁の効率が飛躍的に向上し，出漁範囲は南は房総半島から北は千島・樺太におよんだとされる．同じ記録には，1933 年には赤浜 128 戸中 90 戸が突きん棒漁に従事していたとある．なお，散弾銃を併用することによって 1 日あたりの水揚げが増加することは事実であるとしても，銃撃されても銛で確保できずに流失してしまう個体が非常に多かった可能性があり，留意する必要がある（後述）．

漁船がエンジンをもてば，速度が向上するだけでも格段に操業能率が改善される．しかも，高速船の舳先には船首波ができて，多くのイルカ類はこれにひきつけられるので，イルカを突く機会も格段に増加し，捕獲能率が向上する．三陸・北海道方面に多いイシイルカも例外ではない．上記の『大槌町漁業史』には，大正 2 年

（1913）に大槌では14隻の漁船がエンジンを積んでいたとし，その前年には県の水産試験場が機関士養成講座を開いたとある．このことからみて，岩手県方面の漁船にエンジンが普及したのは大正時代（1912-1925）の初期と思われる．Kasuya（1978）は日本全国の漁業統計をもとに，動力を備えた漁船が普及し始めたのは1920年代であろうとし，イシイルカの突きん棒漁業が本格化したのはそれ以後のことであろうと考えたが，少なくとも岩手県においてはその時期はもう少しさかのぼることになる．太平洋戦争直後には，赤浜では26隻の突きん棒船が従事していた（大槌町漁業史）．

大日本水産会は日本の漁業の発展に努めた団体で，明治15年（1882）から会誌を発行して漁業の啓蒙と新技術普及のための活動を行っている．そこには鯨類の利用方法や捕獲技術が頻繁に紹介されている．竹内賢士氏はそのなかから鯨類関係の記事を丹念に収集し雑誌『捕鯨船』に収録してきた．それをみると，明治39年（1906）まではイルカ漁業と捕鯨業に関する記事が頻出するが，それ以後にはイルカ漁業の記事は消えて，鯨類に関する記事としては捕鯨関係に限られるようになる．これは当時の水産業界におけるイルカ漁業に対する姿勢の変化を反映するものと思われる．明治31年（1898）には遠洋捕鯨株式会社による初のノルウェー式捕鯨の試みがあり，同32年には日本遠洋漁業株式会社が設立され，曲折を経て，まもなく操業が軌道に乗るにいたった．さらに捕鯨会社の乱立による過当競争が問題となり，同42年（1909）にようやく捕鯨12社が東洋捕鯨株式会社に合同して，一応の秩序が整えられた（明石1910）．このような状況のもとで，イルカ漁業への関心が薄れたものと思われる．イルカ漁業が正面から捕鯨業に対抗することは効率的に不可能である．おそらくイルカ漁は地方的な漁業に戻り，その捕獲は低レベルにとどまったものと思われる．

イルカ資源が再び注目されたのは，日中戦争から太平洋戦争にかけてのころである．日本は1932年の満州国建国と翌年の国際連盟脱退に続き，1937年7月には盧溝橋事件を起こして日中戦争へと突入した．これを支那事変と呼んで戦争という言葉を避けたのは，軍需資材の対日禁輸を避けるためであったといわれる．それほど軍需資材の供給確保は困難な課題だったのである．しかし，1941年12月には日米開戦となり，軍需資材の輸入が途絶した．これより先，1937年5月に政府は［物資］統制局を設置し，1938年7月には皮革使用制限規則を公布し，すべての皮革の民需への使用を原則禁止して製品を配給制とした．これは増大した軍需への供給を確保するためであり，鮫革や鯨革もこの規制の対象とされた（神山1943）．このような皮革需給の変化を受けて，捕鯨各社は1938年に共立水産工業株式会社を設立して，鯨革の製造を開始した．さらに政府は，それまで個々に鯨革（海豚革を含む）および鮫革の製造に着手していた6社を日本水産皮革製造業水産組合のもとに統合し（1939年1月），さらにほかの13社もメンバーに加えた（同年6月）．戦前の北太平洋母船式捕鯨は1941年の夏で終わり，南極海出漁は1940/41年漁期が最後となったので，残る捕鯨事業は沿岸のみとなった．このようにして大型鯨類からの皮革原料の供給源が細ったことに加えて，日本沿岸では敵潜水艦の出没や，敵艦載機の来襲により，沖合での捕鯨操業がしだいにむずかしくなっていった．このため皮革原料の供給源として沿岸で操業できるイルカ漁業への依存が高まったものと思われる．

日本政府は国内捕鯨業や畜産業への圧迫を恐れて，1934/35年漁期の初出漁以来1936/37年漁期までは，日本の南氷洋母船式捕鯨が鯨肉を持ち帰ることを禁止していた．また，生産された鯨油はおもに外貨獲得のために輸出された（粕谷2000）．このように当時の日本国内では，鯨肉の供給は過剰気味であったとみるべきであり，少なくとも1937年ごろまではイルカ漁業拡大への動機があったとは思われない．ところが，1937/38年南氷洋漁期には鯨肉の持ち帰りが初めて制限つきで許され，2年後の1939/40年漁期からはそれが無制限で認められることとなった．鯨肉を軍隊の食糧とすることが考えら

れたのである．イルカ漁業とて例外ではなく，前述のような皮革原料としてだけでなく，食糧としてもしだいに注目されてきたのではないだろうか．三重県では1938年にイルカの沖取り禁止が解除になったという記事がある（吉田 1939）．おそらく日本各地でこのころにイルカ漁業の振興が図られたにちがいない．

吉田（1939）は「海豚沖捕（突捕）漁業の新興」と題して，太平洋漁業株式会社が気仙沼港を根拠地として，自社の調査母船天神丸（200トン），調査船2隻（ともに70トン前後），地元傭船2隻（カジキ突きん棒船，各15-19トン）をもって，1938年10月にイルカ捕獲事業を創始したこと，同年11月15日までに436頭の水揚げを得たことを報じている．この事業に関連する記事は松浦（1942）にも現れる（後述）．太平洋漁業株式会社がイルカ漁を始めた目的は皮革原料取得であり，皮は塩蔵して出荷された．肉は塩干物や缶詰にしたが，評判はよくなかったらしい．機材は外房方面の突きん棒漁具を使用したということである．

吉田（1939）はさらにこの事業が始まる直前の1935-1937年のイルカの水揚げを記録している．それによると気仙沼での水揚げは1935年18,566貫，36年26,340貫，37年16,196貫で，年平均20,367貫であった．これを彼の示す平均重量15貫（56 kg）で除すと，年平均水揚げは約1,400頭となる．この気仙沼への水揚げはマグロ延縄漁場への往復航海で突き取られたものであり，イルカ専漁ではなかった（吉田 1939）．このほかに1937年1-3月に宮古，釜石，大船渡の3港を合わせて合計7,916貫（換算530頭）程度の水揚げがあったと記録されている．これは地元の突きん棒漁業者による水揚げであろう．気仙沼と合わせれば約2,000頭となる．イルカ肉の需要は食用のほかに，ヨシキリザメ延縄の餌としても冷凍で売られていたとある．三陸ではこれら4港以外にもイルカの水揚があったとしても，太平洋漁業株式会社の操業が始まる前に三陸沖で捕獲されたイルカの数は，戦中・戦後のブームに比べて少なく，おそらく3,000頭程度で，多くみても4,000頭までであ

表 2.1 太平洋漁業株式会社のイルカ操業による捕獲実績（1938年11月2日-1939年12月7日）．松浦（1942）による．

対象種		捕獲頭数
鯨類	マイルカ	2,503
	スジイルカ	290
	リクゼンイルカ	1,163
	カマイルカ	32
	セミイルカ	98
	ハンドウイルカ	29
	スナメリ	2
	ゴンドウクジラ類	67
	合　計	4,184
その他	カジキ類	280
	マグロ類	30
	サメ類	127

ったように思われる．

このような当時の社会情勢に応えるべく，松浦（1942）は「海豚の話」と題する長文の記事を雑誌『海洋漁業』に投稿した．彼は水産庁の捕鯨担当部局の職員で新しい水産情報に接することができる立場にあり，鯨類の生物学にも通じていた．この記事で彼は日本近海のイルカ類の種類とその特徴や当時の海豚漁業の紹介から，海豚漁業の動向に関する観察まで述べている．当時の千葉県ではいまの小型捕鯨業に相当する漁業は知事許可漁業であり，一定の海面で行う追い込み漁業が漁業法でいう免許漁業であるほかは，イルカ類の捕獲には規制がなかったこと，肉や皮革原料の高騰により1941年のイルカ類の全国捕獲はゴンドウなどの大型種が1,000頭，その他の小型種が45,000頭で，販売額は250万円にのぼったこと，静岡県では稀有の豊漁で本年（1942）の春だけで数万頭の捕獲があったと述べている（後述）．これは1988年ごろ，商業捕鯨の終末期にみられたイルカ捕獲の急増期の漁獲量に匹敵するものである．

さらに，松浦（1942）は1938年11月2日から39年12月7日まで，12カ月強の期間にわたって前述の太平洋漁業株式会社がイルカ類を目的とし天神丸ほか数隻による船団操業を行ったこと，この本邦初の（本格的イルカ漁業の）企画は採算がとれずに中止されたことを紹介している．このときにはまだ，1941年の戦時の

表 2.2 1941 年の猟銃を併用するイルカ突きん棒漁船. 松浦 (1942) による.

道 県	経営者数 専業	経営者数 兼業	漁船数	計画中(人)	備 考
北海道	0	8	8	2	兼業はマグロ・カジキを主目的
岩手県	40	6	48	2	
宮城県	14	不詳	16	不詳	
千葉県	0	10	12	不詳	銚子方面を根拠とする業者のみを示す
茨城県	0	3	3	0	
高知県	0	0	0	3	
合 計	54	(27)	87	(7)	

イルカブームは始まっていなかったようである. 使用した船は延べ9隻で, 猟銃（散弾銃）を併用する突きん棒船（10-19 トン）が 4 隻, 小型捕鯨砲を搭載してゴンドウなどを捕獲する小型捕鯨船（70-71 トン）が 2 隻, 運搬船（40-200 トン）が 3 隻であったが, 全船が通して操業したのではなく, 常時稼働数は運搬船 1 隻と捕獲船 1-5 隻であった. おもな操業海域は太地, 気仙沼, 網走で, 南は室戸岬沖から北はエトロフ島までであった. 鯨種別捕獲資料の少ない当時の操業のなかで, 科学者が記録した統計として貴重なので, 表 2.1 にこれを示す. 鯨種名は原記載に準じた.

マイルカと記された種が過半数を占めているのは意外である. 種名の正確さは確認できない. ほぼ 12 カ月の操業なので, 捕獲総数を月平均にすると 350 頭ほどの捕獲になり, 専業船団としては少ないという印象を受ける. 漁獲物は生肉, 生皮, タレ（塩乾肉）, コロ（加熱採油後の脂皮, 食用）などにして販売され, 総売上は 55,855 円であった.

松浦 (1942) は当時のイルカ突きん棒漁業の経営規模を記録している. 彼は突きん棒だけを用いる操業と, 猟銃に突きん棒を併用する操業とを区別している. 前者は後者に比べて兼業の傾向が強いとしている. 前者, すなわち突きん棒だけを使用する漁船は 1941 年に全国で 267 隻あり, すべて個人営業で, 多くは 5-6 トンの小型発動機船であった. このうち, 246 隻は兵庫県の船で, 残りは三重県（7 隻）, 和歌山県（6 隻）, 鳥取県（4 隻）, 静岡県（3 隻）, 神奈川県（1 隻）で, 著しい偏りがみられるが, このころ兵庫県ではイルカ突きん棒漁業が勃興したという松井・内橋 (1943) や野口 (1943) の記述と符合している. 猟銃を併用した突きん棒操業の規模は表 2.2 のようになる.

1941 年の岩手県の猟銃併用突きん棒漁船のうちデータのある 24 隻によるイルカ類の捕獲を松浦 (1942) によって眺めよう. 1941 年 12 月から翌年 5 月までの半年間を銚子から宮古にかけて操業した大槌町吉里吉里の漁船 21 隻の捕獲の最高は 700 頭で, 平均は 338 頭であった（1 隻 1 月平均は 56 頭）. これから 21 隻の合計捕獲数を逆算すると 7,098 頭となる. このほかに 3 隻が銚子から宮古沖を経てオホーツク海にいたる広域で 12 月から翌年 8 月までの約 9 カ月の操業を行い, 最高 1,500 頭, 平均 1,160 頭の捕獲をあげた（1 隻 1 月あたりの平均は 128 頭）. 3 隻の合計捕獲は 3,460 頭となる. 2 つのグループを合わせた 24 隻の岩手県船による合計捕獲は 10,558 頭, 479,700 円であった. オホーツク海方面にまで出漁した船は月平均で 2 倍強の水揚げを得ている. オホーツク海における操業には漁期の延長以上のメリットがあったことがわかる. その背景には, 南部オホーツク海操業は夏に行われるので, 海況がよくて操業しやすかったことがあるのは事実であるが, ここには日本海系のイシイルカが来遊するので（第 9 章）, 捕獲の歴史の長い三陸に比べてイルカの密度が濃かった可能性も考えられる.

地元だけで操業した岩手県船 21 隻による捕獲 7,098 頭を, 上に示した千葉県から三陸を経て北海道にいたる諸県の 1941 年の突きん棒船の総数 87 隻（岩手県船を含む; 表 2.2）に引き

伸ばすと，その捕獲頭数は 29,406 頭となる．これはやや控えめの推計である．かりに，オホーツク海操業をした3隻を加えた24隻の捕獲 10,558 頭をもとに引き伸ばすと，捕獲頭数は 38,292 頭となる．これは過大推定である．これら2つの値の中央値は 34,000 頭となる．これが 1941 年の千葉県からオホーツク海方面におけるイルカ類の捕獲頭数に近いものと思われる．その主体はイシイルカであったことが漁場と漁期から推定される．これに伊豆半島沿岸の追い込み漁業による捕獲1万頭弱を加えると，1941 年のイルカ類の総捕獲頭数は松浦（1942）のいう 45,000 頭に近い値となる（後述）．伊豆半島では 1942 年に追い込み漁で 20,100 余頭のピークを記録したが，その前後の年には1万頭を割っている．1943 年以降は戦況の悪化か資材の不足で操業が低下したものと思われる（第3章）．

平島・大野（1944）は 1937 年に太平洋漁業株式会社が金洋丸ほか4隻の岩手県船を傭船してイルカ操業を行い，北海道の太平洋岸からオホーツク海・知床半島周辺に好漁場を発見したこと，それがきっかけになって岩手県船団が網走港を根拠地にして毎年イシイルカ漁を行っていると述べている．この操業は吉田（1939）が創業年としている 1938 年の前年にあたる．そのためであろうか，船名や隻数には不一致がある．なお，松浦（1942）は 1938 年の同社の操業について述べているが，同社がいつ創業したかは明らかにしていない．さて，平島・大野（1944）によれば，岩手県船による 1943 年の網走沖操業は6月中旬から9月下旬まで20トン級の80馬力の漁船を用いて行われた．捕獲したイルカは網走に水揚げして，処理工場に運び解体した．肉の価格は 97 銭/kg，1頭あたり 57 円で，皮は1円 31 銭/kg，1頭あたり 32 円であった．皮と肉を合わせると1頭あたり 90 円に近い．この1漁期中の出漁日数は 62 日，延べ出漁船数は 351 隻，捕獲頭数は〇千〇〇頭とある（戦時情勢への配慮からか頭数は伏せられている）．最高の捕獲を記録したのは8月 22 日で，1隻平均 26.4 頭の捕獲があったと述べ

ている．1日1隻あたりの捕獲頭数は，Wilke *et al.*（1953）が報告している戦後の岩手県沖の操業に比べて10分の1にすぎない．

平島・大野（1944）が記録している 1943 年の毎月の出漁日数と延べ出漁隻数から月ごとの平均操業船数を計算すると，6月 4.0 隻，7月 4.2 隻，8月 7.6 隻，9月 5.9 隻となる．この計算では総就業船数は過小に推定される可能性があるが，盛漁期の8月でも操業船数は 10 隻足らずであったらしい．1941 年の3隻（松浦 1942）から若干増加してはいるが，近年のイシイルカ突きん棒漁業の規模に比べると，小規模であったことがわかる．網走沖操業での1漁期の捕獲頭数の上限を知るために，1日1隻あたりの最高捕獲記録（26.4 頭）に延べ出漁隻数（351 隻）を乗じると 9,200 頭となる．しかし，実際の水揚げはその半数，すなわち 5,000 頭前後であったとみるべきであろう．なお，この操業はまず銃で殺してから銛を投げて死体を確保する方式であるから，Wilke *et al.*（1953）の述べているように死体の3分の1は沈下して失われたとすれば（後述），殺されて資源から除去された個体の数は年間 7,000-8,000 頭にのぼったことになる．

イルカ突きん棒漁業の拡大は，山陰方面にも記録されている（松井・内橋 1943）．それによれば，兵庫県水産試験場は 1940 年にイルカの利用方法の開発に成功し，それからイルカの突き取り漁業が始まった．皮は油を抽出して潤滑油と代用ガソリンを製造した後で，なめし革をつくったということである．しかし，代用ガソリンがどのようなものであったか，ほんとうにそれが使われたのか私には確認できない．『捕鯨便覧』の第三編（日本捕鯨業水産組合 1943）には当時の鯨産品の用途の詳細がリストされていて，食用油，燃料油，潤滑油，グリセリン製造（ダイナマイト原料）などの記述があるが，代用ガソリンの記述はみられない．イルカの肉は食用にされ，骨などは肥料になった（野口 1943）．なお，野口（1943）は兵庫県で当時に捕獲されたイルカをイシイルカとマイルカであると書いているが，同報告に掲載された

写真をみれば，マイルカというのは誤りでカマイルカとするのが正しい．1頭あたりの価格は1940年8-9円，1941年35円，1942年には70-80円に高騰した（松井・内橋1943）．価格上昇には戦時インフレの影響があったかもしれないが，需要の増加もあったにちがいない．それにともなって捕獲頭数も急増している．野口（1946）は城崎漁港に水揚げされたイルカの種別統計を記録している．それによると，種不明を含む総数は1941年211頭，42年785頭，43年1,622頭，44年636頭である．1944年には漁獲が減少したのは戦局の悪化にともなって，操業が困難になったためと思われる．これらの捕獲の内訳はイシイルカ2,731頭に対してカマイルカは267頭（合計2,998頭）で91%がイシイルカであった．漁期は3-6月で，初めはイシイルカが主体をなし，5月中旬からカマイルカに移行した（野口1946）．

このころのイルカ漁業の規模や捕獲頭数などの統計資料は公表されたものが少ない．軍事機密として発表が禁止されたのかもしれないが，執筆者の自主規制と思われる記述も散見される．松浦（1943）はイルカ肉の需要や皮革原料としての需要に刺激されて，1941年度のイルカ類の全国捕獲（小型捕鯨業を含む）は，ゴンドウなどの大型イルカが1,000頭，小型イルカが45,000頭へと急増したこと，小型イルカのうち数万頭は静岡県の捕獲であったとしている．同じ数字は野口（1946）にもみられる．さらに野口（1946）は，1942年には静岡県のみで約28,000頭の捕獲を記録し，その主体は安良里村（2万頭），田子村（4,000頭），戸田村（4,000頭）であったと述べている．これら静岡県下の捕獲は追い込み漁業によるものである．松浦（1943）も野口（1946）も，等しく乱獲による資源減少を憂慮している．

鯨皮を皮革に製造するには緻密な外層を残して脂肪の多い内層を除去する必要があるし，残りの層から皮下脂肪を除去するのにも手間がかかった．なめしの工程については土井（1902）および石田（1917）が述べている．倉上（1925）はイルカの皮革の用途として靴材をあげている．これらは，戦時体制のもとで鯨類皮革を実用化しようとする試みが本格化する前の記録であり，多分に産業育成のための好意的な記述がなされているのではないかと思われる．実際にはマッコウクジラの皮のほうがひげ鯨類よりも優れており，なかでもマッコウクジラの頭部の皮（脳皮）は靴底に適していたそうであるが，イルカの皮も皮革原料として使われたとされている（大村ら1942; 松浦1943）．前田・寺岡（1958）は「マッコウ鯨の頭皮は良質で，靴底，［機械の］ベルトや［衣服の］バンドなどの厚皮の原料として昭和13年（1938）以降大量利用された．……生産費の関係でマッコウ鯨の頭皮以外は未だ余り利用されていない」と述べている．イルカの皮は下等な皮革原料となったという戦後の記録もある（Wilke et al. 1953）．イルカ革はよい評価を受けなかったものと思われる．なお，イルカ皮革のなかでもシロイルカの革は耐久性・耐水性に優れ，鞄や靴に好んで使われた歴史があるが（Goode 1884），これを普通のイルカ類の皮革と混同してはならない．マッコウクジラのペニスの皮やヒゲクジラの胎児の畝の皮をなめしてつくった財布は，1980年代中ごろまで鮎川の土産物屋で売られていたのをみている．このような興味本位の用途を除いては，戦後には鯨皮はほとんど使用されなくなったらしい．

2.3　イルカ突きん棒漁業（2）
　　　　──太平洋戦争以後

1945年8月に太平洋戦争が終結した後，日本は極度のインフレと飢餓に直面し，食糧不足解決のため水産物の増産が図られた．そこには捕鯨業も含まれていたし，イルカ漁業も例外ではなかった．当時，イルカ追い込み漁業は特定の海面を占有する漁業として，漁業法にいう免許漁業として規制がされていたが，突きん棒漁業は自由漁業であったため，イルカ突きん棒漁業はいたるところで行われたらしい（松浦1943; Wilke et al. 1953）．

このころのイルカ突きん棒漁業について

は，Wilke et al.（1953）が参考になる．野口（1946）にも若干の記載があるが，戦前の記録を含む歴史的な記述と現状との区別があいまいである．前者はオットセイ調査のために内外の研究者が一緒に乗船して得た記録として貴重である．それによれば，当時のイルカ突きん棒漁場は本州北部の太平洋沿岸と北海道のオホーツク海と太平洋沿岸であった．漁期は銚子沖で3月に始まり，3月中旬には岩手県細浦沖に達し，6月まで岩手県沖で操業される．6月から夏にかけて北海道沖に漁場が移る．秋になると小規模ながら福島・茨城沖で操業が再開される．漁場は沖合30海里までで，10-15海里以内がおもな漁場であった．内田（1954）はこれに加えて，イシイルカの好漁は2月に宮古沖で始まり，千葉県沿岸まで南下するということと，カマイルカ，セミイルカ，マイルカの3種の漁期は，イシイルカの漁場とは多少異なると述べている．北太平洋の沖合では，これら前2種の分布はスジイルカのような熱帯性イルカと寒冷性のイシイルカとの間にあることが知られているので（Miyashita 1993），日本沿岸では漁場がイシイルカの漁場よりもやや南に偏ると考えるのが自然である．マイルカも同様であろう．この操業パターンは，当時は北海道の日本海側での操業がなかった点を除けば，いまのイシイルカ漁業の操業パターンに似ている．今日では北海道の西側の日本海で初夏にイシイルカ漁が行われている．

Wilke et al.（1953）によれば，戦後のイルカ肉の需要は天井知らずで，イルカ漁業に従事する船は年々増加し，隻数はわからないが，1949年には戦前のレベルに回復したという関係者の見方を紹介している．しかも，1隻あたりの捕獲頭数（後述）は戦前以上であったから，当時の各種漁業によるイルカ類の捕獲は，松浦（1943）が報告している1941年度の追い込み漁業を含む全国のイルカ捕獲頭数46,000頭（前述）を超えたものと思われる．イルカ肉を含む水産物は戦後しばらくは配給制のもとに置かれ，公定価格は1頭2,000-3,000円であった．しかし，闇値は公定価格の2.5倍もしたので，漁獲物の大部分は闇市場に流れたということである．このような状況下では，漁獲統計に正しい数字を期待するのが無理である．松浦（1943）が報告している頭数は戦時中の統制下で闇ルートに流れた捕獲を参入していないものと思われるが，戦中は警察力も強力であり社会的な緊張も高かったので，闇ルートの横行は戦後ほどには激しくなかったとみられる．1949年にはイルカ肉はほかの水産物と一緒に統制からはずされたため価格が急落したとあるが（Wilke et al. 1953），価格が下がったのも統制からはずされたのも，どちらも需給関係に余裕が生じたことの結果にちがいない．

Wilke et al.（1953）によれば，あるイルカ捕獲会社が1949年5-6月に小名浜に水揚げしたイルカは，セミイルカ465頭，カマイルカ697頭，リクゼンイルカ1頭，合計1,163頭であった．私が1966年に宮城県の鮎川でセミイルカを標本用に購入したが，それはセミイルカの肉は不味なので市場では買い手がつかずに売れ残っていた品であった．不味とされるイルカの種類も，終戦直後にはさかんに捕獲されていたのである．1949年ごろのイルカの用途は，脂皮はおもに油脂原料とされ，一部が下等な皮革原料になり，メロンと下顎からは良質な機械油が採取され，肉・心臓・肝臓・腎臓は食用に，その他の内臓と骨は肥料となったが，北日本ではイルカの内臓は入港前に洋上で投棄されたという（Wilke et al. 1953）．1970年代に私が岩手県でイシイルカ漁業を調査したときには，皮革原料としての需要は完全に消滅していた．内臓は洋上で投棄されたが，脂皮は食用として肉とともに販売されていた．骨の利用については解体現場にいないのでわからないが，おそらく水産廃棄物として肥料などに処理されていたものと思われる．

Wilke et al.（1953）は第2次世界大戦直後の散弾銃を使用する突きん棒船の操業をくわしく記録している．それによれば，1日に200頭を捕獲した船があったということであるが，銃で撃たれたイルカの3分の1は沈下し，捕獲にいたらなかったという．つまり，射殺されたのは

300頭であり，そのうちの200頭だけが水揚げされたのである．水揚げ頭数の1.5倍のイルカが殺されるという非常に乱暴な操業だった．突きん棒漁船は船首の形に特徴があり，銛手を配置するための張り出しを設けている．大きさは20-30トンで，焼玉エンジンを載せて速力は7-10ノットを出した．乗り組みの数は10-12名であったという．しかし，7-10トンの船に2-3名が乗り組んだ突きん棒船もあったことを松浦(1943)や野口(1946)が記録している．イルカ専業船と副業船とのちがいではないだろうか．散弾銃は各船2-3丁，突きん棒は20-30本用意したという．

同じ種類のイルカでも突きん棒船の舳先に寄ってきて船首に遊ぶ個体とそうでない個体がいる（Kasuya 1978）．船首波に乗るのは若い未成熟の個体が多い．イルカが船首波に乗れば銛で突くのが容易であり，銃を使う必要がない．しかし，成体のイルカは船首波に乗ることが少ないし，子連れの母イルカや哺乳中の個体は追いかけても逃げるので，追いつくのがむずかしい（Kasuya and Jones 1984）．船首に近づきたがらないイルカは動きを追いつつ銃でねらいをつけて，浮上した瞬間に鹿撃ち用の散弾で射撃して，死体が沈下する前に突きん棒を投げて確保したのである（Wilke et al. 1953）．

当時の三陸沖には，銃を使用する漁業がほかにもあった．オットセイの海上猟獲である．これは海上でオットセイを銃撃して捕獲するもので，雌雄の区別なく捕獲するという資源管理上の問題があった．日本は1911年の日・米・英（カナダ）・露の4カ国間のオットセイ保護条約を破棄し，1940年から海上捕獲を許してきた．これも戦争準備の一環であった．戦後は連合軍総司令部（GHQ）の指示で海上捕獲が禁止され，講和（1952年4月発効）後も操業許可は出されていなかったが，実際にはイルカを捕るという名目で所持した銃を使って，オットセイの密漁が横行していた．しかし，1957年2月に新たなオットセイ保護条約（第5章5.7節）が調印（10月発効）されたのにともない，政府はイルカを捕るという口実でオットセイが密猟されることを警戒して，1959年9月から漁業者に補償を与えてイルカ漁に銃を使うことをやめさせた（Ohsumi 1972）．イルカ銃猟禁止の海域は北緯36度以北，期間は2月20日から6月20日までである．この期間と漁場のなかでは突きん棒に猟銃を併用することが禁じられた（第5章）．

内田（1954）は当時のイルカ突きん棒の漁具についてくわしく記録している．当時の三陸沖では銃と突きん棒が使われた．銃は散弾銃で2-3丁用意した．10番ないし12番口径を使用したが，8番口径が増えつつあったという．銃身は32-50インチで，長いものが好まれた．散弾は20粒では威力が足らないので，大粒のものを使うようになった．突きん棒は柄，先鉄(さきがね)（又鉄ともいう），銛先，綱，浮きよりなる．柄は径30-36 mmの樫材の丸棒で長さ3.6-4.2 m，先端に先金をつけて，各船30本以上を用意する．イルカ突きには2又ないし1本物の先鉄を使う（3又のものはカジキ突き用）．銛は回転式離頭銛．綱の長さは鯨種と水深で異なる．イシイルカ用には20尋（網走）ないし50尋（三陸），三陸のマイルカ，カマイルカには100尋を用意する．突きん棒船の舳先に張り出した突き台の先端に銃手が位置し，イルカが浮き上がった瞬間，潜水姿勢に移る前に銃で撃つ．その後ろに位置する銛手はこれに銛を打ち，綱をつける．

私が調査をしていた1970-1980年代には突きん棒の柄にラワン材を使うものが多かった．その長さは船の大きさ，すなわち海面から銛手までの高さに左右される．手を伸ばせば銛先が海面に接するほどの長さとする．突きん棒の柄は先鉄のもとにあるソケットに差し込まれる．長さ50 cmほどの先鉄の先端が回転式離頭銛のソケットに挿入される．離頭銛は先端からハの字状に後方に2本の爪が伸びる．2本の爪の間の股からは後方に軸が伸びる．軸の後端は1本の返しがある．返しは2本の爪がなす面と直交する面に反っている．軸の後部はソケットとなっていて，ここに突きん棒の先鉄を挿入して固定する．このときソケットには柔らかい桐の小

片をはさんで固定を助ける．軸部分の中央には，2本の爪がなす面と平行に穴が貫通している．ここからワイヤーケーブルを通して，ほかの端でマニラ麻か綿のロープに結ばれる（いまでは合成繊維のロープが使われる）．ロープは途中で突きん棒の木の部分に縛りつけられて流失を防ぐ（図2.1）．銛がイルカに命中すれば，ロープの先端に木の樽を結びつけて放流して，つぎのイルカの捕獲に向かう．そのときには努めて風上方向にイルカを追っていき，一群の捕獲が終わってから，風下方向に走りつつ獲物を回収するのがよいと，1980年代に漁業者から聞いたことがある．当時の三陸・北海道方面のイシイルカ突きん棒漁業では，銛を打ち込んでから50ボルト程度の電撃でイルカを殺し，その後ただちに浮きをつけて放流し，つぎのイルカの追跡を始めるのが普通であった．ただし，この漁法では電気による筋肉のれん縮により組織が断裂し，肉質が低下することがある．

2.4 イシイルカ突きん棒漁業の展開

私は，1960-1970年代には漁業地に出かけて市場に水揚げされるイルカを調べたり，漁船に便乗してイルカ漁業やイルカの生態を調査したりしていた．当時，沿岸で操業する小型漁船はみな突きん棒のセットを何本か積んでいた．それが漁船のたしなみでもあったらしい．マンボウやイルカが現れれば捕獲して副食としたのである．イルカの内臓だけをゆでて食用にし，ほかの部分は投棄することもあった．私も網走沖でイシイルカの調査中に内臓をゆでたものをご馳走になったことがある．1970年代の東京大学海洋研究所の研究船淡青丸でもイルカを突いて食べることがあったし，水産庁が傭船した鯨類調査船でも同様であった．たとえば，1982年の夏に第12宝洋丸を傭船してイシイルカの捕獲調査のためにアリューシャン列島南方に1カ月ほど出かけたことがある．この航海では，朝食はいつも若布の味噌汁と漬物と決まっていたし，昼と夜の食事も似たようなものだった．研究者は単調な食事に変化をつけるために研究用に捕獲したイシイルカを毎日刺身で食べていた．このようにして，日本全国のいたるところで突きん棒によるイルカの捕獲が行われていたのである．こうした自家消費的なものは魚市場を通して販売されるわけでもなく，統計に計上されることもなかった．

この種の自家消費的なイルカ突きを別にすれば，漁業として突きん棒を行う地域は，第2次世界大戦の混乱が収まると比較的限られた土地に残るのみとなった．各地におけるいまの突きん棒漁業の概要をみるために，イルカ類の漁業種別・都道府県別捕獲頭数を数年間隔で表1.10に，またイルカ突きん棒漁業の経営体数の変化を表2.3と表2.4に示す．

いま商業目的に行われているイルカ突きん棒漁業の規模は，三陸・北海道沿岸のイシイルカを対象とするものが最大で，これに続くのが和歌山県の太地周辺，沖縄県の名護，千葉県の銚子である．本節ではイシイルカ漁業の現状について説明する．最後の3つについては後に節を改めて説明する．

終戦直後には多種類のイルカが大量に突きん棒で捕獲されていたことはすでに述べた．しかし，1970年代になるとこのような状況は変化していた．1976-1981年の6年間のイルカ漁業の水揚げの解析によれば（Miyazaki 1983），当時の突きん棒と追い込み漁業の水揚げ頭数はほぼ同じで大きな差がないが，捕獲されるイルカの種組成は漁法により大きなちがいがあった．突きん棒漁業は98%をイシイルカで得ているのに対して，追い込み漁業ではスジイルカが97%を占め，イシイルカの捕獲はゼロであった．イシイルカの95%以上は三陸方面で水揚げされ，これに茨城，北海道が続いていた．1970年代に私が岩手・宮城両県のイルカ漁業地で調査をしたころも状況は同じで．操業は岩手県船が主体で，12-4月ごろの冬の閑漁期に地先で日帰り操業をする漁業として行われ，対象はイシイルカだけだった（Kasuya 1982）．イルカ突きの漁船は3-4名が乗り組んで，凍てつく冬の夜明け前に出港し，寒風のなかでイルカを求

表 2.3 イルカ突きん棒漁業の経営体数と隻数の地理的分布と経年変化．両者が異なる場合には隻数をカッコ内に示す．1986, 1987 年は遠洋課から沿岸課への統計業務移管の過程で，わずかに異なる 2 セットの統計ができた（下段が沿岸課統計）．水産庁統計による．

都道府県	北海道	青森	岩手	宮城	福島	茨城	千葉	静岡	三重	和歌山	大分	愛媛	長崎	沖縄
1972	0	0	145	0	0	6	11(26)	0	0	0	0	0	0	0
1973	0	0	145	0	1	6	11(26)	0	0	0	0	0	0	0
1974	0	0	145	0	1	6	11(26)	0	0	0	0	0	0	0
1975	0	0	145	0	1	6	11(26)	0	0	0	0	0	0	0
1976	0	0	156	0	1	6	2	0	0	0	0	0	0	0
1977	0	0	123	+	0	3	2	0	0	0	0	0	4	0
1978	0	0	143	18(25)	0	9	0	0	0	0	0	0	1	7
1979	0	0	110	101	0	0	0	0	1	0	0	0	0	87
1980	0	0	92(93)	9	0	1	0	0	0	0	0	0	+	40
1981	0	0	88	13	0	1(5)	0	0	0	0	0	0	0	10
1982	0	0	124	17	0	11	9	0	0	0	0	0	4	6
1983	0	0	130	15	0	11	12	0	0	0	0	0	0	6
1984	2(1)	0	146	15	0	3	0	0	0	0	0	0	0	4
1985	0	0	159	26	0	6	0	0	0	0	0	0	0	4
1986	15	0	168	20	0	0	0	0	0	0	0	0	0	5
	20	3	207	43	0	0	0	0	0	0	28	3	0	0
1987	1	0	208	21+	0	0	0	0	0	0	0	0	0	4
	24	6	287	39	0	0	0	0	0	0	25	3	0	0
1988	61	8	333	39	0	0	2	0	0	0	37	23	3	1	6
1989	60	12	360	40	0	0	29	0	0	0	37	19	3	0	6
1990	29	12	263	31	0	0	16	0	6	0	15	1	0	0	4
1994														6
1996	42	11	219	8			14			116				6
1999/00	17	10	222	7			14			100				
2000/01	17	8	223	7			16			100				6
2007/08	16	8	196	7			11			100				6
2008/09	16	8	196	7			11			100				6
2009/10	16	8	196	7			11			100				6

1971-1973 年：このころより和歌山県太地では追い込み漁が軌道に乗り，イルカ突きん棒漁業は一時廃絶した．1979 年：沖縄の操業船数の急増の理由は不明，追い込み船の混入か．1981 年：沖縄では名護 8 隻，恩納村 2 隻，これには石弓漁業船が含まれるが，この統計では普通の突きん棒と区別されていない．1984 年：これ以外に福井県高浜町 2 隻にてツチクジラを追い込み捕獲．

表 2.4 1990 年の各県の突きん棒漁船の他県のイシイルカ漁場での操業許可取得状況の概要．単一船が 2-3 海区で許可を得ていることもあり，表 2.3 とは不一致がある．沿岸課資料による．

船籍県	北海道海区	岩手海区	青森東部海区	青森西部海区	宮城海区	延べ隻数
北海道	49	9	4	0	2	64
青森県	0	0	12	0	0	12
岩手県	58	303	63	11	36	471
宮城県	5	21	9	0	39	74
千葉県	0	0	1	1	0	2
愛媛県	0	2	0	0	0	2
大分県	0	19	0	0	0	19
延べ隻数	112	354	89	12	77	644

2.4 イシイルカ突きん棒漁業の展開   59

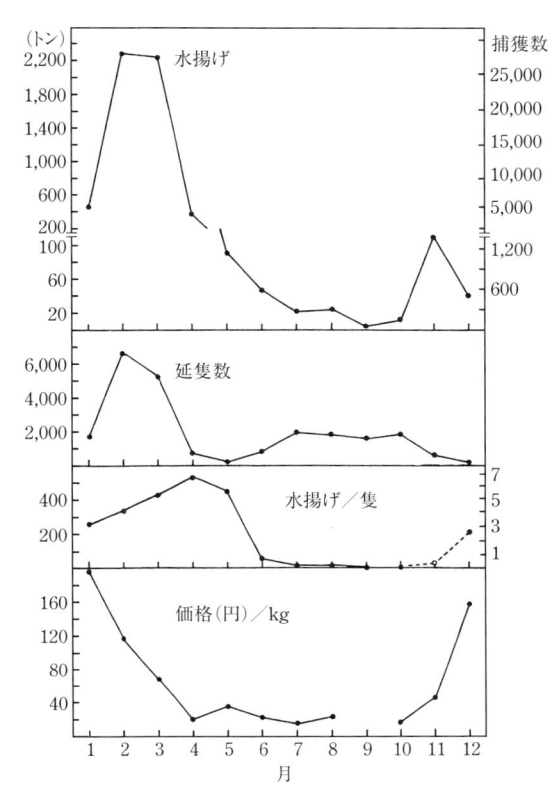

図 2.3 三陸沿岸におけるイシイルカ突きん棒漁業の季節性．上より順に，総水揚げ量，延べ水揚げ船数および1回あたりの水揚げ量（kg）（統計は1962-1973漁期）．左目盛の体重は死体から内臓を抜いて計量した重量，右目盛は体重から換算した頭数（80.8 kg/頭）．最下段の浜値の統計は1973年．（Kasuya 1982）

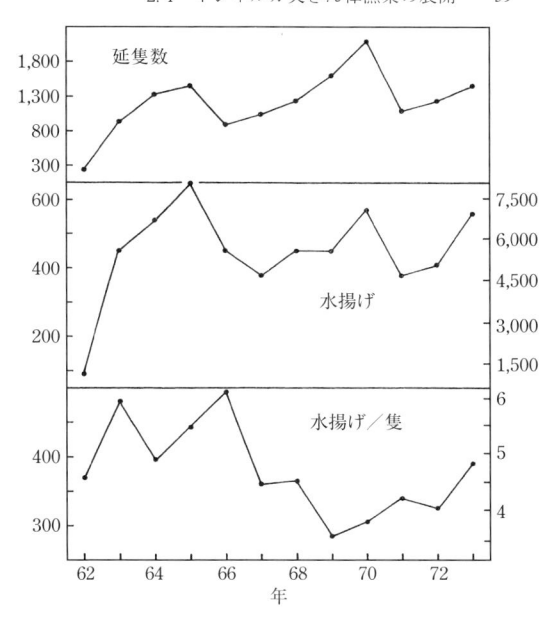

図 2.4 三陸沿岸におけるイシイルカ突きん棒漁業の経年変動．上から順に，水揚げ船延べ隻数，総水揚げ量，1回あたりの水揚げ量．盛漁期の1-4月についてみたもので，隻数や総水揚げ量も年間値ではないことに注意．単位は図2.3に同じ．（Kasuya 1982）

めて1日中海上を走り回り，日没ごろに漁獲物をもって帰港していた．1973年の魚価（円/kg）は4-11月の温暖期には安くて60円以下であったが，12月（160円）から上昇を始め1月に200円の最高を記録し，3月には70円に低下していた．4月になると1日あたりの捕獲は増加するが魚価が低下するので，操業船の数は少なくなる．また，6月以降は魚価の高いカジキが来遊するので，突きん棒船はそちらに対象を移す．その結果，1962-1973年漁期のイルカ水揚げ量のピークは2-3月にあり，その後しだいに減少しつつ9月の最低を記録していた（図2.3）．

そこで，盛漁期にあたる1-4月のデータを用いて約10年間の操業の経年変化を眺めてみる（図2.4）．この4カ月にイルカを水揚げした船の延べ隻数を操業船数の指標とすると，その数には年変動があるが，全体としては微増の傾向がうかがえる．なお，1962年は隻数も水揚げも不思議に思われるくらい少ないが，その原因はわからない．操業船数が小さいピークをみせた1965，1970，1973の各年には水揚げもピークを示している．多くの船が出漁すれば総水揚げも多くなるのは自然である．しかし，漁場に来遊するイルカの数にも限りがあるので，操業船数が増えれば1隻あたりの水揚げは少なくなっても不思議はない．実際にはどうなっているのだろうか．それをみるためには操業船1日・1隻あたりの捕獲頭数（CPUE）をみるのが望ましいが，適当なデータがないので，水揚げ1回あたりの水揚げ量で代用したのが図2.4の最下段である．1964年ごろと1969年ごろのCPUEの谷は操業船数の山にほぼ一致しているが，1973年ごろのCPUEの小さい山は隻数の変化と対応していない．ここで使ったCPUE（ほんとうはその代用値）のデータにはいくつか問題がある．まず，漁がなくて空船で

戻った漁船は，魚市場に記録が残らないので，この計算では無視されている．また，漁船のなかには夕方遅くまでがんばって操業しても，漁が悪くて少ししか捕れなかった場合には，漁獲物を船に積んだままにしておいて，翌日の操業で捕獲した分も合わせて，2日間の漁獲物をまとめて水揚げする場合がある．どちらも操業隻数を小さくし，1日あたりの捕獲頭数を過大に表示する原因となる．つまり，図に示した不漁年の傾向は，ほんとうはもっと著しかったかもしれない．先に予測したように，操業隻数とCPUEの間には負の相関があるとみてさしつかえないように思う．

だが，ここではCPUEの細かい変動を詮索するよりも，長期的な大まかな傾向を読み取ることが大切であろう．すなわち，1967年以降に操業船数は比較的高いレベルを維持したか，むしろ増加の傾向を示したにもかかわらず，総捕獲頭数は現状維持，ないしは若干の低下傾向を示したこと，そしてCPUEはさらに顕著な低下をみせた事実に注目すべきである．総漁獲量がほぼ維持された背景には，操業努力量の増加があったことを示している．単価の上昇による収益増を別とすれば，1960-1970年代にはイシイルカ漁業者にとっては操業がしだいに厳しくなってきたとみることができる．漁業を支えてきた常磐・三陸沖合で越冬するイシイルカ（リクゼンイルカ型）の資源がしだいに減少するとこのような現象が現れるものであるが，それを検証するための資源量や資源変動に関するデータがないのが現状である（後述）．

イシイルカの浜値の経年変動については印刷公表されたデータがない．三陸の漁場では1頭あたりの平均重量（内臓抜き）は80.8 kgであったから（Kasuya 1982），当時の平均魚価をかりに100円/kgとすると（図2.3），4-5頭を捕獲する平均的な操業では1日あたりの水揚げは3-4万円となる．これから燃料や漁具の代金も引かなければならないので，乗り組み員1人あたりの純水揚げは数千円である．1頭も捕れずに手ぶらで帰る船は，魚市場に記録されていないので，この計算からは除外されている．も

しも，そういうケースを含めて平均すれば，1日1人あたりの平均収入はもっと下がるはずである．さらに，冬には季節風が強くて出漁できない日が半分近くあるので，収入は不安定である．1970年代には働く場所さえあればイルカ突きをやめて，町の工場でパートタイマーとして働いたほうがよいという状況にあったのである．釜石の隣の大槌町のイルカ突きん棒漁師からは，そのような嘆きを聞いている．魚価のわずかな上下が漁業者の出漁や操業意欲に影響した可能性がある．

私はかつて三陸沿岸の漁協を回って，イルカの水揚げ記録を筆写して歩いた（Kasuya 1978, 1982）．これを使って集計した1963-1975年のイルカ水揚げ量は，年間416-763トンで，内臓抜きの平均体重80.8 kgで換算すると，年間捕獲は5,150頭（1967年）から9,440頭（1964年）の間を変動していた．年変動は少なくなかったが，13年間の年平均は7,180頭であった．地元の仲買人の話では，かつてはイシイルカの漁獲物は秋田・山形方面の山間部に送られたという．購入した家庭ではそれを雪の下に蓄えて，冬季の備蓄食糧にして用いたとのことである．それがいつまで続いたか明らかでないが，私が調査のために現地に行った1970年代初めには，すでにそのような販路は消滅していた．大槌に事務所を置いた1人の仲買人が各地の漁協に水揚げされた漁獲物を買い集めては，沼津などの静岡県内の魚市場にトラックで発送していた．大槌などの地元の魚屋には，プロペラで損傷した傷物のイルカが，ときおり買い取られて並ぶだけだった．沼津などの市場では，イシイルカを落札した業者がそれを解体して，供給が減っていた伊豆半島沿岸のスジイルカのかわりに県内に出荷していたのである．

静岡県に住む私の友人は，ある年の冬に沼津市の魚市場にイシイルカの頭骨をもらいに行ったことがあった．ところが，どのイシイルカも下顎骨が1カ所切り取られていて標本としては好ましくないものだったという．私が大槌か山田あたりで水揚げを調査し，年齢査定用の歯を抜いた個体に運悪く出会ったのである．当時，

伊豆半島のスジイルカ追い込み漁は衰退に向かっており，静岡県内のイルカ肉の需要を満たせなくなっていた．

　Kasuya（1982）は伊豆半島のスジイルカの漁獲が多い年には，イシイルカの水揚げが少ないことを指摘し，なんらかの共通な海洋条件が両種の回遊に影響しているのではないかと推論したことがある．しかし，いま考えてみれば伊豆のスジイルカが不漁の年には，イルカの値が上がるので，三陸の漁師ががんばって操業したために，イシイルカの漁獲量が増えたと解釈するほうが合理的なように思われる．

　三陸のイシイルカ突きん棒漁業に，またも操業の拡大と捕獲増加の兆しが現れたのは1980年代であった．このころの操業の変化を粕谷・宮下（1989）の記述をもとに紹介しよう．まず，1980年ごろから岩手県船のなかには，冬に茨城県沖に1週間程度の長期出漁をする船が現れたのである．当時の説明では，高騰した燃料油を節約するために日帰り操業をやめて沖泊まりをするようになり，それにともなって操業範囲が茨城沖にまで拡大できたといわれていた．それを否定する根拠はないが，加えてイルカ肉の需要が増加したとか，同業船との競合を避けて新しい漁場を開拓するという意図があった可能性も否定できない．イルカ漁を周年通して操業する船が現れたのはこのころのことであり，このような解釈を支持するものである．周年操業船は夏に道南・道東方面に出漁して，漁獲物を氷蔵して岩手県内に持ち帰っていた．また，夏に秋田沖で操業する突きん棒船が視認されたのもこのころのことである（河村章人氏私信）．1985年ごろには夏のオホーツク海操業が岩手県船によって再開され，1988年には岩手県船のほかに8隻程度の北海道船も加わって，60隻前後がオホーツク海で操業していた．専業船が出現して漁期と漁場が拡大したのである．

　このような操業の変化は，漁獲対象資源の拡大にもつながった．日本近海には2つのイシイルカ個体群があることが知られている．第2次世界大戦をはさむイルカ漁業拡大期は別として，戦後しばらくの間，おもに突きん棒漁業の対象となっていたのは青森県から銚子沖にかけての太平洋沿岸で越冬し，夏にオホーツク海中部で繁殖するリクゼンイルカ型個体群であった．1980年ごろからは，日本海で越冬してオホーツク海南部から道東周辺で夏を過ごすイシイルカ型の個体群が，再び漁獲対象に加わったのである（Miyashita and Kasuya 1988）．冬の航海の長期化は燃料油の経済のためという説明でもある程度は理解できるが，操業が夏にまで延びたことに対しては，需要が増えて夏の漁価が上がったためとみざるをえない．これは加工用の需要が増えたことが直接の原因である．当時，沿岸捕鯨会社のなかには捕獲が減った鯨の埋め合わせに，イルカを買い入れようとする動きがあり，北海道あたりの漁業者に突きん棒操業を勧誘して歩いた会社もあったと聞いている．

　このように1980年代に始まったイルカ突き専業の岩手船の周年操業パターンは，2-4月に三陸沖で操業し，4月に北上を始め，5-6月には青森県・北海道沿岸の日本海で，7-9月にはオホーツク海で操業した後，秋には釧路沖で操業しつつ三陸沖の漁場に戻るのが一般的であった．冷凍装置を載せて仲間の船と共同操業をする船や，イルカを船上解体して斜里などの陸上倉庫に一時保管することも行われた．これらの漁獲物は大槌などの市場に陸送するほかに，日東捕鯨や日本捕鯨などの沿岸の大型捕鯨会社に直接発送する仕組みもあった．鮎川の日本捕鯨の事業所の責任者の話では，1980年代には毎年冬に数百頭のイシイルカを購入して解体していたということである．

　イシイルカは，従来からイルカ肉を食用とする習慣がある静岡県と和歌山県ではそのまま消費されるが，それ以外の地では肉は味付け加工をほどこし，鰭はオバケ（尾羽雪）に，皮は「刻み鯨ベーコン」として使用された．つまり「鯨製品」として全国的に流通していたのである．イルカ肉を鯨肉として販売することは業者の信用にもかかわるので公然とは行わないらしいが，マーケットサンプルのDNA判定でも確認されている（Cipriano and Palumbi 1999）．2002年現在でもそのような業者がいることが

新聞に報道されている．なお，漁業者から直接加工業者に販売される場合には，漁獲統計に計上されないという問題が発生する．それは，水産庁統計の収集は都道府県を通じて漁業協同組合ないしは関連魚市場の水揚げ記録を集計してなされるためである．

　Environmental Investigation Agency (EIA) という環境保護団体が1990年代にイシイルカの流通における大企業の関与を調査した記録がある（EIA 1990）．これは私自身の知識に照らしても矛盾がなく，信頼できる調査と思われる．歴史資料として貴重な記録なので，つぎにこれを紹介する．この調査より前の1988年3月末日をもって，それまで漸減を続けてきた日本の沿岸大型捕鯨は完全に停止していた．EIA（1990）によれば，1990年春の調査時にはイルカ肉の流通に携わった業者は4グループに大別されたという．第1のグループは購入して地元で販売する地元の業者で，彼らは品名表示を偽る必要がないのでイルカ肉として販売する．地元のスーパーマーケットもこれに属する．第2のグループは地元の解体業者である．これについてEIAは3社を確認している．それらは大槌市場から購入する気仙沼のホサカ商店，山田町にあってそこの市場から購入しているリクチュウ水産，釜石市場から購入している釜石市のサンリクコクサイ水産である（これら3社のカタカナ書きの名称はローマ字から変換したものである）．第3の範疇は地元の魚加工業者である．彼らはイルカ肉を加工して鯨の南蛮漬けとして出荷する．このような加工業者が三陸沿岸に10社知られていた．第4は沿岸で大型捕鯨業を営んでいた会社で，少なくともニューニッポ（旧・日本捕鯨）とデルマール（旧・日東捕鯨）の2社は突きん棒船から直接イルカを購入して，イルカ肉を鯨肉として加工業者に卸していた．突きん棒船からの購入価格は内臓を抜いた頭つきのイシイルカは200円/kg，すなわち1頭平均16,000円であった（1990年4月，釜石）．肉の歩留まりは45%である．なお，食品加工会社の京食は千葉と名古屋の工場では南蛮漬けを，また山形工場では魚肉と混ぜたソフト鯨と鯨ベーコンを生産していたということである．

　EIA（1999）は1999年初めにも類似の調査をしている．それによると水揚げのごく一部は地元の魚屋に流れる．なかには1頭を共同で購入して分割するものもある．残りの大部分は水揚げ地の大手加工業者が購入する．これら大手業者は地元の魚市場でイシイルカを落札すると，自家の工場で頭を落とし，骨を除くなどの粗解剖をする．この作業は水揚げ地である大槌や釜石の近くでなされるが，競り落とされたイルカがそのまま地域外に搬出されることもある．その行き先は確認できず，不明であるとしている．粗解剖された肉は地元のスーパーマーケットや，東京や静岡にある2次加工の工場に送られる．大槌と釜石でイルカを購入している大手加工業者にはコクサイ水産，大槌イチレイ，カマキ商事，コバヤシ商事が確認された（これら4社のカタカナの名称はローマ字からの変換である）．2次加工場ではイルカ肉は塩蔵品，缶詰，味噌漬けなどになり，鯨肉として販売される．コクサイ水産は1次加工業者の1社で，毎日30頭ほどのイルカを購入しているのが確認されている．

　2つの報告と対比してみると若干のちがいが認められる．地元仲買業者のなかには継続して事業をしているコクサイ水産のような業者もあるが，交代したものもある．最終製品の品揃えも1990年報告のほうが詳細である．また，以前に名前の出ていた旧捕鯨会社系のニューニッポやデルマール，それと大洋系の食品会社の京食の名前が消えている．9年の間の変化なのか，聞き取り調査のちがいに起因するものか明らかではない．ただし，私が1970年代に調査をしていたときに，三陸一帯のイシイルカをほとんど全部を買い付けて，静岡県方面に出荷していた大槌の水産加工業者があったが，この業者（菊大水産）は1980年代に営業をやめている．業者の交代があったのも事実である．

　なお，「三陸沖産」の「イシイルカ」を下関市の丸幸商事がタレに加え，「クジラ・塩赤肉」として山口県内で販売しているのを2011

年3月に私が確認している（カギカッコ内はラベル表示による）．同社は調査捕鯨の産品も扱っており，いまもイルカ肉が全国規模で流通していることが理解される．

1980年代にイルカ突きん棒漁業が拡大したが，その背景には捕鯨業からの鯨肉供給が減少したためにイルカ肉が高騰したことがある．捕鯨会社がイルカの購入やイルカ捕獲推進のために漁業者に接触していたという当時の情報は上の調査からも容易に理解できる．参考までに日本の捕鯨業のこのころの公式捕獲統計を表1.5に示してある．日本ではひげ鯨類やマッコウクジラなど，政府がIWCに管轄権があると認めている大型鯨種の商業捕獲を，1987年3月（南極海）あるいは1988年3月（北太平洋）をもって停止した．南極海における調査捕鯨は1987年秋から始まり，1994年には北太平洋にも拡大して現在にいたっている．表1.5に示したのは公式統計であり，その正確さは漁業種によってさまざまである．商業捕鯨時代に日本沿岸の基地を使って操業した2つの捕鯨業，すなわち行政用語でいう「大型捕鯨」と「小型捕鯨」による実際の捕獲頭数は公式値より多いのが普通だった（渡瀬1995; 粕谷1999; Kasuya 1999; Kasuya and Brownell 1999, 2001; 近藤2001; Kondo and Kasuya 2002）．ニタリクジラでは約2倍を，マッコウクジラでも2-3倍を捕っていた時代が長く続いた．ただし，毎月の調整（過小報告）をやりすぎたあげく漁期末に捕獲枠が余ってしまい，つじつまを合わせるために漁期末には過大報告をすることもあったらしい．また，小型捕鯨船はマッコウクジラの捕獲が許されていなかったが，これを密かに捕獲していたことも周知の事実である（上記文献参照）．年度によってはミンククジラの捕獲を過小に報告した可能性もあり，別途の証拠がない限り捕鯨統計の過信は危険である．このようなわけで，捕鯨業からの鯨肉供給は統計に現れたよりも急激に減少した可能性がある．

このような原料不足に対処するため，沿岸捕鯨業者がイルカ漁業に手を伸ばしたということは前に述べた．三陸方面におけるイシイルカの浜値の高騰については古木（1989）も述べている．それによれば「……この1, 2年商業捕獲が全面禁止されたクジラの代用品として，イルカ肉が急速に脚光を浴び……イルカ肉の浜値はキロ当たり200円を超える．この値段は1昨年の倍近くで，時には300-400円の値をつけることも珍しくない」とある．300-400円/kgの浜値であれば1頭あたりの値段は3万円前後となる．これを受けて，片手間の操業からイルカ専業に転換する船も出てきたため，岩手県では1989年2月からイルカ漁を知事許可制として，350隻の岩手船が許可を取ったと書かれている（古木1989）．これは，1989年に水産庁がすべてのイルカ突きん棒漁業を知事許可漁業（岩手県）ないしは海区漁業調整委員会の承認制（北海道）として，そこで認められたものにのみ操業を許すことにしたことを指している（Kishiro and Kasuya 1993）．なお，その後の省令改正により，2002年4月までにすべての都道府県でイルカ突きん棒漁業が知事許可漁業となった（後述）．

1980年代の操業パターンについてはすでに述べたので，その後の1990年代の突きん棒漁業の季節的特性について眺めてみよう．日本鯨類研究所は水産庁の委託を受けて，イシイルカ突きん棒漁業について乗船調査と大槌での市場調査とを1989-1992年の4年間行った．その成果が日本鯨類研究所（1990, 1991, 1992, 1993）によって報告されている．この調査は大槌市場の記録を解析したものであり，大槌以外に水揚げされた漁獲物については調査されていない．しかし，かりに1989年の統計でみると，全国のイシイルカ捕獲に対する大槌魚市場のあつかい量は過半を占めていたので，大槌魚市場の統計を用いてイシイルカの市場流通の概要を把握することが可能である（表2.5）．

日本鯨類研究所の科学者が大槌で水揚げ漁船から聞き取り調査をしたり，科学者自身が漁船に乗船したりして入手したデータにもとづいて，当時の操業海域が記録されている．それによると，捕獲海域は①常磐から三陸（12-4月），②道東，③北海道の日本海側（5-6月），④オホ

表 2.5 大槌魚市場に水揚げされたイシイルカの操業海域と体色型別の推定頭数[1].

操業海域	体色型	1989年度	1990年度	1991年	1992年
オホーツク海	イシイルカ型			6,249-7,382	1,158-1,311
	リクゼンイルカ型			12-14	3-3
日本海	イシイルカ型			2,577-2,612	1,491-1,498
	リクゼンイルカ型[2]			64-64	32-32
三陸沖	イシイルカ型			255-255	266-266
	リクゼンイルカ型			2,672-2,673	3,260-3,260
その他	イシイルカ型			76-85	51-52
	リクゼンイルカ型			343-343	462-462
合計	イシイルカ型			9,157-10,334	2,966-3,127
	リクゼンイルカ型			3,091-3,094	3,757-3,757
	合計	15,211	13,394[3]	12,248-13,428	6,723-6,884
	対全国値[4]	52.3%	76.0%	85.5-93.8%	59.0-60.4%

1) 正肉重量を頭数に換算する際に53.4kg/頭と44.9kg/頭を用いたことにより幅が生じた．操業海域はそれまでの季節別操業海域頻度と操業規制にもとづいて推定されている．日本鯨類研究所1990；同1991；同1992；同1993によるが，数値に若干の不一致がある．
2) 季節別の操業海域統計をもとに海域不明の水揚げを配分しているので，これをもって日本海にリクゼンイルカ型が分布するとみることはできない．
3) 53.4kg/頭として正肉重量を頭数に換算した．
4) 全国値として表2.7および表2.9の沿岸課による暦年統計を使用している．これに対して，本表の1989，1990年度は会計年度で集計しているという不一致がある．

ーツク海南部（8-10月），があげられている．しかし，これは科学者が大槌に滞在していたときに水揚げされた漁獲物の捕獲海域であるから，滞在期間を拡大すれば操業時期も多少は幅が広がる可能性があるし，別の操業海域が出現しないとも限らない．

いま，この調査結果から当時のイシイルカ漁業の姿を眺めてみよう．統計数値は調査初年度の1989年4月-1990年3月（1989年度）を主体として，参考のために最終調査年の1992年1-12月の値が得られる場合には，それをカッコ内に示しておく．大槌市場に水揚げをした隻数（延べ隻数ではなく実隻数）をみると，その総数は136隻で岩手県船124隻，北海道船9隻，宮城県船3隻であり，岩手県船が大部分であった．水揚げ頻度を延べ隻数でみると総数は1,428隻（1992年：870隻），ピークは6月の247隻で，2月がこれに続き202隻であり（1992年：ピークは2月の231隻で，つぎは3月の201隻），8-9月はゼロであった（1992年：7-10月は0-6隻）．これは夏に禁漁期が設けられたゆえであるという．

内臓を抜いただけの解体していない状態（丸のままと称する）での水揚げ量は，1989年度には年間12,013頭（1992年：5,949頭）であった．その種類組成は11,895頭（99%）がイシイルカで，残りの118頭（1%）がそれ以外の種であった（1992年：98.6%がイシイルカ，残りの81頭がその他の種）．水揚げのピークは5月の2,440頭または6月の3,023頭にあり，8-9月はゼロであった．この5-6月の水揚げはおもに北海道沿岸での操業による漁獲であるらしい．従来地先で操業していた12-3月の水揚げは2,992頭で，丸のまま水揚げされた年間総数の24.9%にすぎなかった．イシイルカ以外の種でもっとも多いのがカマイルカで99頭（1992年：62頭），つぎにハンドウイルカの13頭（1992年：1頭）で，セミイルカ（1992年：18頭）とマイルカは10頭未満であった．津軽海峡で河村ら（1983）が行った周年調査によれば，そこにはイシイルカのほかにカマイルカ，マイルカ，スジイルカの発見が多かった．出現の盛期はどの種も5-6月にあった．これらは船首波に乗るので，突きん棒漁業の対象となりやすい．生息域はイシイルカよりも南に偏るので，時期も異なるはずである．

一方，解体されて大槌魚市場に水揚げ（陸送を含む）されたイルカ肉（正肉，心臓，内臓，鰭など）は，1989年度には182.2トン（1992年：45.7トン）で，10月の151.8トンと6月の29.7トンで99.6%を占めていた（1992年：9月に32.6トン，10月が9.7トン）．オホーツク海のイシイルカの1頭あたりの平均産肉量53.4 kgで換算すると，3,412頭（1992年：856頭）に相当する．これと上に述べた丸のままの頭数を加えると，15,307頭（1992年：6,724頭）となる．なお，オホーツク海のイシイルカの1頭あたりの平均正肉量には44.9 kgという別の推定値もこの一連の研究で得られているが，どちらが妥当であるかは示されていない．

大槌魚市場における丸のままのイシイルカの平均単価は1990年には1月に最高の316円/kgを記録し（1992年：12月に最高550円），最低は6月の129円/kg（1992年：8月に200円）であった．正肉の値段は1990年には8月に最高の341円/kgを記録し（1992年：10月が最高で642円/kg），6月に最低の205円/kgを記録した（1992年：8月が最低で520円/kg）．イシイルカの価格には季節変動が大きいが，経年的な上昇は明らかである．

日本鯨類研究所はこれらの調査結果を用いて，大槌に水揚げされたイシイルカの体色別の頭数を表2.5のように推定している．

1992年の大槌市場における水揚量の低下には，北海道沿岸が主漁場であるイシイルカ型の減少が大きく貢献していることがわかる．ただし，これらの数値には日本鯨類研究所の調査員が自ら視認した個体も含まれているが，多くは市場の伝票を集計して得た数字である．これにどの程度の信頼が置けるかを別の視点から検討する必要がある．日本のイシイルカ漁業には1993年に漁獲枠が設定されるまでは，種類も頭数も制限がなかったのであるが，水産庁による行政指導が行われるなかで，漁業者の思惑が絡んで統計操作が行われていた形跡が見出されている．それについてはつぎに述べる．

上に示した頭数は大槌魚市場に水揚げされたイシイルカの推定頭数であり，日本全国の捕獲を示すものではない．そこでは北海道方面から運ばれてきた正肉の重量を頭数に変換する作業が行われている．その際に1頭あたりの生産量を53.4 kgとするか44.9 kgとするかで上の推定捕獲頭数に幅が生じた．1990年度まではオホーツク方面のイシイルカ1頭あたりの正肉生産量を53.4 kgとしているが，1991年からは44.9 kgという数字も併用した．前者は1989年8月にオホーツク海で操業した2隻の漁船に科学者が乗船して得た数値である．このとき109頭のイシイルカが捕獲され，すべて船上解体され，肉と鰭は隣接港の冷凍庫に保管された．そのときに記録された正肉重量を頭数で除して，53.4 kgという値が得られた．もう1つは，大槌市場に1991年6月に水揚げされた際の伝票に記載されていた頭数と正肉重量の関係から得たもので，これが44.9 kgの値である．操業海域は北海道の日本海沿岸ということであるが，その操業には科学者は乗船していない．

2.5 イシイルカ突きん棒漁業の統計

少なくとも1970年以後については，突きん棒で捕獲されるイルカ類はほとんどすべてイシイルカであったし，イシイルカを捕獲する漁業は突きん棒漁業に限られていた．このような状態がいつまで続くかはわからないが，これまでは東北・北海道方面のイルカ突きん棒漁業とイシイルカ漁業はほとんど同義に用いられてきた．イシイルカが乱獲で減少するとか，イルカ肉の需要が増大するとかの情勢の変化があれば，カマイルカやセミイルカなどの捕獲を希望する漁業者が出てくると思われる．ただし，水産庁が2007/08年漁期に新たにカマイルカをイルカ漁業の対象に加えたことの背景には，水族館向けの生体の需要に応えるという要素があったとみられる．

このような予測はさておき，これまでの突きん棒漁業がどのような道を歩んできたかを，漁獲統計から眺めてみよう．捕鯨業以外の沿岸漁業で捕獲された海産哺乳類の統計が印刷公表さ

れたのは1957年からで，農林省統計調査部がそれを行った．この統計は時代によって様式が変更されつつ，いまも続いている．この統計の欠点はイルカが種類別に集計されていないことである（水産庁が別途1972年からイルカの種別統計を集めていることは第1章で述べた）．この農林省統計は海産哺乳類をアザラシ類，クジラ類，イルカ類の3カテゴリーに分け，追い込み漁業，突きん棒漁業，アザラシ（銃撃）漁業，それと混獲による捕獲を都道府県別に集計している（これには捕鯨業は含まれていない）．イルカ類を混獲する漁業種として調査対象となったのは巻き網，定置網，トロール，延縄，刺し網である．ただし，混獲統計の精度を過信するのは危険である．その好例にミンククジラの混獲統計がある．1980年代には，定置網漁業で混獲されるミンククジラの数は多い年でも年間10-20頭にすぎず，大幅に過小報告されているらしいとの指摘があった（Tobayama *et al.* 1992）．その後，2001年7月に規則が変更されて混獲された鯨の販売が許されると，混獲報告が100頭以上に急増したのである（表1.6）．それまでは，漁協の記録では混獲鯨類が「その他」に分類されるのはましなほうで，ときには「サメ類」と誤った分類に算入されていた例もあるらしい．

Ohsumi（1972）がこの農林省統計を分析しているので，それを利用して14年間（1957-1970年）のイルカ類の年平均捕獲頭数を多い県から順にあげるとつぎのようになる（図2.5）．カッコ内は捕獲頭数である．すなわち，静岡県（9,251），岩手県（6,040），宮城県（2,411），千葉県（1,322），和歌山県（489），北海道（341），福島県（334），長崎県（244），茨城県（241），青森県（103）であった．残りの府県でのイルカの水揚げは年間100頭以下であった．

これらの道県のなかで，岩手，宮城，千葉，北海道，福島，茨城，青森の7道県は当時は追い込み漁業を行った形跡がないので，その捕獲の多くは突きん棒漁法によるものと思われる．残る3県（静岡県，和歌山県，長崎県）では突

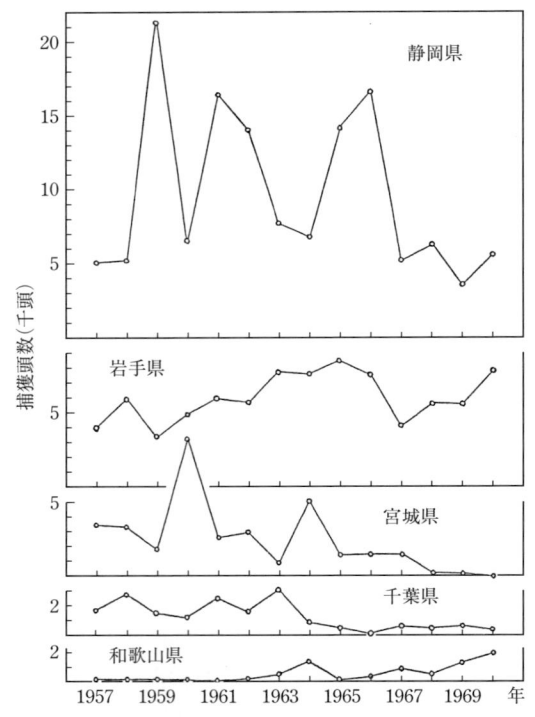

図2.5 農林省統計にみる主要イルカ漁業地と水揚げ量の経年変化（1957-1970）．追い込み漁法，突きん棒漁法，混獲を含む．（Ohsumi 1972）．

きん棒操業がなかったとは断定できないが，イルカ追い込み漁をしていたことが明らかである．なかでも伊豆半島では，イルカ探索船を出して積極的な操業をしていた．和歌山県と長崎県では当時は積極的な探索をすることがなく，好適なイルカの群れがみつかると協力して追い込むというものであった．和歌山県の太地にも機会をみてはイルカの追い込みを行う慣習的組織は古くからあったが，いまのように積極的な操業をする追い込み組は1969年に初漁をし，その後1971年からはコビレゴンドウ操業を定常的に行い，1973年にはスジイルカにも対象を広げたものである（後述）．

Ohsumi（1972）はさらに捕獲量を漁業種別に比較している．それによると1957-1962年の6年間の捕鯨業以外の漁業による海産哺乳類（鯨，イルカ，アザラシ）の総水揚げ量12,335トンのうち，追い込み（イルカ類）と銃撃（アザラシ類）が57.7%（7,126トン）を占め，これにつぐのが突きん棒漁業の27.2%（3,361ト

ン），2艘巻き網の6.0%（742トン）であった．これだけで90%となる．イルカ追い込みとアザラシが合算されていて実態を不明瞭なものとしているのが残念であるが，ほぼ同じ期間（1957-1970年）に捕獲されたイルカ類の総数299,575頭に対して，アザラシ類の捕獲は8,901頭と3%たらずであり，アザラシ類の量は無視しても大きな誤りはないと思われる．なお，海産哺乳類の総水揚げの約15%は，突きん棒でも追い込みでもない，ほかの漁業によってなされたことになっている．しかし，底延縄操業の許可をもっている船が，たまたま突きん棒でイルカを捕獲して魚市場に水揚げすると，それは底延縄漁業に集計されるという仕組みを三陸の魚市場でみたことがある．漁法と漁業種の区分が混乱している場合があることを記憶すべきである．とくに，突きん棒漁は道具さえあればほかの漁業の操業の合間にだれでもやれる漁法であるから，突きん棒漁法によって捕獲されたイルカの一部がほかの漁業種に分類されている可能性がある．当時は，イルカの漁獲に規制がなかったのである．また，この農林省統計では，操業場所ではなくて漁船の登録港が水揚げ場所とみなされる（属人統計）．Ohsumi（1972）によると，1962年には日本の突きん棒漁船は3,973隻を数えたという．この大部分はカジキなどをおもに捕獲したものと思われる．

つぎにOhsumi（1972）を使って，これら主要2漁法（追い込み漁と突きん棒漁）の地域分布をみよう．期間は上と同じ1957-1962年である．この6年間に捕鯨業以外の漁業種による海産哺乳類の水揚げは12,335トンであった（前述）．そのなかで追い込み漁（名目的にはアザラシの銃撃を含む）はイルカ類を7,126トンともっとも多く捕獲していたが，その主要海域は千葉県から静岡県を経て三重県にいたる海域であり（5,714トン，80.1%），これに西九州海域（1,230トン，17.3%）が続いていた（これら海域にはアザラシは生息しない）．西九州分はおもに長崎県の水揚げである．一方，突きん棒漁による捕獲（3,361トン）のうち，最大を占めたのが青森県から茨城県にいたる北日本の太平洋岸（2,417トン，91.9%）である．これに千葉県-三重県（777トン，23.1%），北海道（95トン，2.8%），山陰（43トン，1.3%）が続いていた．

このように，Ohsumi（1972）の統計解析から1950-1970年代の突きん棒によるイルカ漁業地の主体は岩手・宮城の両県であることがわかる．両県の漁獲量の経年変化をみると，1950年代には両県はほぼ同じレベルの漁獲をあげていたが，宮城県はしだいにシェアーを減らし，1968年からは1,000頭を割り，その後はほとんど無視できる程度となった（表2.6，図2.5）．これに対して，岩手県の水揚げは年間5,000頭前後から出発して漸増を続け，1965年には8,500頭に達している．1967年を中心とする捕獲の谷については後でふれる．

Ohsumi（1972）に続く年度，すなわち1963-1975年漁期の岩手県と宮城県のイルカ突きん棒漁業の統計を解析したのがKasuya（1982）である．この研究は1976年にノルウェーのベルゲンでFAOが主催した海産哺乳類の保護と管理に関する会議に提出したもので，漁業の動向の分析に加えて，主要対象鯨種であるイシイルカの分布と系統群に関する予備的な考察も含んでいたが，会議報告として論文が発行されるまでに6年もの期間を要したため，時機を失したものとなってしまった．Kasuya（1982）は漁獲統計を集めるために三陸方面のおもなイルカ水揚げ港を訪問して，そこの魚市場で水揚げ記録を筆写して集計して解析するという方法をとった．また，水揚げ地に6漁期滞在してイルカの種類を確認した．その結果，秋から春にかけての盛漁期に水揚げされるイルカは98.8%がイシイルカであることを確かめて，当時の漁獲物に関する限りすべてがイシイルカであるとみなしても大きな問題はないと判断している．Kasuya（1982）の年別の漁獲統計を表2.6に収録した．

Kasuya（1982）によれば，三陸沿岸の突きん棒漁船1日1隻あたりのイルカ類の水揚げは1962-1968年には4.5-6.5頭であったのが，それに続く1969-1973年には3.5-5.0頭に低下し

表 2.6 東北方面のイルカ突きん棒漁業地におけるイルカ水揚げ頭数統計の比較．鯨種が特定できない場合も，地理的な特性からみてイシイルカが主体と考えられる．

年	Ohsumi (1972)[1] 北海道	青森	岩手	宮城	合計	Kasuya (1982)[2] 岩手+宮城	水産庁沿岸課[3] 岩手	水産庁遠洋課[4] 岩手
1957	303	4	4,020	3,365	7,692			
1958	440	0	5,891	3,720	10,051			
1959	375	0	3,398	1,905	5,678			
1960	505	2	4,918	9,292	14,717			
1961	1,841	4	5,064	2,491	9,400			
1962	184	1	5,695	3,022	8,902			
1963	194	0	7,766	862	8,822	9,040 (5,540)		
1964	114	441	7,600	5,094	13,249	9,440 (6,630)		
1965	416	2	8,465	1,328	10,211	9,180 (8,040)	4,204 (49)	
1966	258	644	7,576	1,440	9,918	7,980 (5,590)	4,315 (90)	
1967	61	0	4,105	1,400	5,566	5,150 (4,710)	4,276 (51)	
1968	56	259	5,619	121	6,055	6,020 (5,540)	4,094 (77)	
1969	22	0	5,632	112	5,766	7,020 (5,550)	4,384 (90)	
1970	15	84	7,813	51	7,963	8,060 (7,150)	4,269 (89)	
1971						5,210 (4,640)	4,039 (93)	
1972						5,190 (5,020)		5,119 (145)
1973						7,230 (6,930)		4,866 (145)
1974						6,470 (5,630)		4,967 (145)
1975						7,350 (6,920)		4,859 (145)

1) 農林水産省統計調査部の公表統計の収録である．
2) 県内の魚市場において「イルカ類」の水揚げ重量を集計し，自身の観察で得た内臓抜き平均体重 80.8 kg で換算．カッコ内は 1-4 月の捕獲（内数）．
3) 水産庁沿岸課が岩手，静岡，長崎の3県に提出を求めて入手した統計であるが，信頼性は確認していない（1981 年 12 月 15 日付）．これは部分調査であり，カッコ内はその対象となった経営体数で，ほぼ隻数とみてよい．イシイルカとリクゼンイルカの合計．
4) 水産庁遠洋課が各県より集めた統計．突きん棒でイシイルカを捕獲していたのは岩手県のみとなっていた（表 1.9，表 1.10，表 2.3 参照）．また，岩手県におけるイシイルカ以外の捕獲はこの4年間で9頭にすぎなかった．カッコ内は経営体数．

ていた（図 2.4）．この変化が資源減少によるのか，それ以外の原因があったのか確証はないが，前者とする解釈も可能である（後述）．年間水揚げ頭数は，1963-1975 年の全期間でみると 5,100-9,400 頭の間で変動しており，漁獲量のおおよそのレベルは Ohsumi (1972) の結果とほぼ一致しているし，1967 年を中心とする漁獲量の谷はどちらの統計にも共通して認められる．さらに年別にみると，1966 年以前は 8,000 頭以上の好漁であったのに対して，それ以後は 1970 年を除き 5,200-7,400 頭にあり，どちらかといえば不漁であった．不漁の谷は 1967 年（5,150 頭）と 1971-1972 年（5,190-5,210 頭）にあった．この傾向と伊豆のイルカ漁の漁況との対比がなされたが，海況の周期的変動によるのか，魚価の変動による操業努力のちがいによるのか，はっきりした結論は得られていない．しかし，いまの私の印象としては後者の可能性が大きいと感じている（前述）．

その後，1972 年から水産庁海洋漁業部遠洋

課捕鯨班が地方自治体の漁業担当部局を通じて漁協の統計の提出を受け，都道府県別・漁法別・鯨種別のイルカ類の捕獲統計をまとめてきた．これがいわゆる水産庁統計である（第1章）．Miyazaki（1983）は，この水産庁統計の1976-1981年分に加えて，自身で集めた山田魚市場の記録や，伊豆半島や和歌山県太地の追い込み漁業に関する既発表の情報をも用いて，当時の日本のイルカ漁業を概観している．この研究は著者自身の研究体験で得た知識を基礎にしているのが長所である．それによると，この6年間に突きん棒で捕獲されたイルカ類は約51,700頭で，追い込みによる捕獲58,200頭にほぼ等しいことがわかる．突きん棒で捕獲された種は98%がイシイルカで，これに200頭台のスジイルカ，ハンドウイルカ，カマイルカ，さらに100頭台のコビレゴンドウが続いていた．このように多数のコビレゴンドウが突きん棒で捕獲されたことは奇異な印象を受けるが，習慣的に突きん棒漁業に分類されている沖縄の石弓漁業が当時すでに始まっていたことと，水産庁が漁法が似ているとして小型捕鯨業（北海道，宮城，千葉，和歌山各県）がときおり捕獲するイルカ類の捕獲を突きん棒に含めていたことに原因がある．当時の小型捕鯨業はミンククジラをおもな対象種として操業していたが，和歌山県太地のようにイルカ肉の需要のある場所ではイルカやコビレゴンドウを捕獲することがあった．また，1987, 88両年には突きん棒でイシイルカ操業をする小型捕鯨船も出現した（表2.7脚注）．Miyazaki（1983）の解析によれば，イシイルカの総漁獲51,200頭（1976-1981年）の95.5%は三陸の船による漁獲であり，茨城・福島は3%，北海道は1.5%であった．突きん棒漁業はおもにイシイルカを捕獲し，その漁場も三陸沿岸にあったものと理解される．当時のイルカ突きん棒漁業に従事した船の数は表2.3と表2.4に示した．

　このように既存の統計を解析して得られる大ざっぱな結論はつぎのように要約される．すなわち，第2次世界大戦後の混乱期を過ぎた後，1960年代から1970年代までの約20年間は，

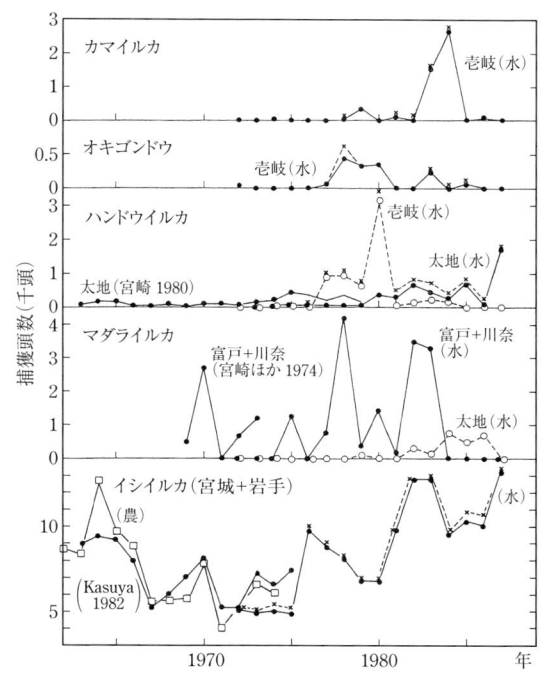

図 **2.6** 各種イルカ類の捕獲頭数の経年変化．農林省統計（農），水産庁遠洋課統計（水），その他は研究者の収集になる統計を比較した．精度やカバーの程度は時代や集計者によって異なるが，1960年以降は比較的一致がよいことがわかる（本文参照）．（粕谷・宮下 1989．

　わが国のイルカ突きん棒漁業は主として三陸・北海道方面でイシイルカを捕獲しており，その年間捕獲量は5,000頭ないし10,000頭の間を変動していたことである．ところで，そこにはなんらかの傾向的な変化がないものだろうか．この点について，それまでに公表された研究資料や統計を用いてイシイルカの漁獲量の動向を観察したのが粕谷・宮下（1989）であった（図2.6）．それによれば，イシイルカの水揚げは1963年から1970年代後半にかけて不明瞭ながら緩やかに減少した後，増加に転じ，その増加傾向が少なくとも1987年ごろまで続いたという解釈がなされた．さらにこの期間にも2つの谷が認められた．それは1979-1980年と1984-1986年の谷である．これら2つの谷の時期は操業形態に変化が現れた時期に一致し（前述），つぎのように解釈される．すなわち，三陸沖で越冬するリクゼンイルカ型イシイルカの資源が

表 2.7 イシイルカ突きん棒漁業地[1]におけるイシイルカの捕獲頭数(船籍地に集計される属人統計),普通字体は突きん棒漁業によるイシイルカの水揚げ頭数[2],斜字体はその道県における他漁業種[3]による水揚げ.ただし,カッコ内は種不明あるいはイシイルカ以外の捕獲頭数(外数).D はイシイルカ型イシイルカ,T はリクゼンイルカ型イシイルカ,表示のないものは型不明のイシイルカ.遠洋課が統計収集を始めた 1972 年から,漁業種ごとに鯨種別捕獲枠が設定された 1993 年の前年(1992 年)までを示す.水産庁統計によるが,IWC 提出統計や漁協提出の原票など,その遡及の程度は年によって異なる.

道県	北海道	青森	岩手	宮城	福島	茨城	突きん棒漁業合計 イシイルカ	その他
1972			5,119(3)			0(29)	5,119	32
				0(30)	*81(62)*			
1973			4,866(4)		0(2)	0(10)	4,866	16
				47(31)	*90(37)*	*0(3)*		
1974			4,967(2)		80(25)	0(153)	5,047	180
				54(36)	*0(11)*	*0(36)*		
1975			4,859(0)		0(1)	0(38)	4,859	39
				25(17)	*90(27)*	*0(53)*		
1976			9,780(500)		83(7)	0(1)	9,863	508
				36(24)	*0(127)*	*0(37)*		
1977			8,625(337)	100(30)		0(14)	8,725	381
			(21)	*361(161)*	*72(111)*	*0(22)*		
1978			8,098(111)	128(127)		0(38)	8,226	276
		15(0)	*0*	*200(54)*	*0(54)*			
1979			6,795(0)	77(50)			6,872	50
	2(0)		*4(7)*	*0(41)*		*0(13)*		
1980			6,855(111)	16(0)		0(11)	6,871	122
	0(35)	*0(1)*	*0(14)*	*49(28)*		*0(103)*		
1981			9,764(129)	39(0)		0(45)	9,803	174
	73(111)	*0(3)*	*24(0)*	*62(0)*		*0(56)*		
1982			12,791(137)	27(0)		0(114)	12,818	251
	86(146)			*9(43)*		*15(29)*		
1983	0		12,775(20)	3(31)		0(46)	12,778	97
	93(4)			*8(16)*	*0(13)*	*0(44)*		
1984	0(45)		10,131(46)	15(231)		0(41)	10,146	363
	194(61)			*0(28)*		*5(10)*		
1985	0		10,375(2)	0(387)	0(224)	0(35)	10,375	482
	238(67)	*3(0)*	*0(55)*			*3(19)*		
1986[4]	0(30)		10,082(11)	452(0)			10,534	41
	189(177)			*0(2,000)*		*1(16)*		
1987[5]	0(8)		13,198(135)	208(667)			13,406	810
	363(216)	*316(221)*	*0(8)*	*0(305)*		*6(0)*		

道県[6]	北海道	青森	岩手	宮城	愛媛	大分	突きん棒漁業合計 イシイルカ	その他
1986	330(27)	14(0)	15,068(0)	593(0)	15(0)	487(0)	16,498[7]	28
	507(696)		*30(0)*	*0(839)*				
1987	408(33)	12(0)	24,168(0)	586(0)	10(0)	553(0)	25,733[7]	33
	545(322)		*50(118)*	*0(517)*				
1988[8]	3,906(153)	12(0)	35,011(0)	857(0)	38(0)	533(0)	40,357[7]	153
	409(445)	*0(9)*	*25(440)*					
1989[9]	D3,068	D12	D12,485	D388			D15,953	386
	T466		T12,482	T23	T26	T98	T13,095	
	(33)[12]		*(120)[12]*	*(233)[12]*				
1990[10]	D1,463	D10	D7,629	D258			D9,360	157
	T284		T12,154	T4			T12,442	
	(105)		*(52)*		*(1)*			
	D195(207)		*D88(121)*	*(D39)*				

(つづく)

表 2.7 (つづき)

道県	北海道	青森	岩手	宮城	愛媛	大分	突きん棒漁業合計 イシイルカ	その他
1991[11]	D1,220 T39	D8	D3,259 T6,406 D/T6,506 (54) 0(1)	D184 T9 (5) 0(2)		D0 T3	D4,671 T6,457 D/T6,506	59
	0(1)							
1992	D1,024 T65 (105)	D8	D2,360 T7,942 (55)	D2 T2			D3,394 T8,009	160

1) 本統計のカバーする期間においては日本海側では秋田県から長崎県まで，混獲を除けばイルカ漁業の実績はない．なお，長崎県にはイシイルカは分布しない．
2) 操業季節やイルカの特性から種記録が明らかに不自然である場合には，独断でイシイルカと判定したケースがある．たとえば岩手県田老港では 1977 年に冬 (12-3 月) の突きん棒操業で捕獲された 1,340 頭全個体をマイルカと記している．また，大槌では 1979 年 1-3 月の突きん棒操業で捕獲された 1,077 頭全部をネズミイルカとしている．これらはその年度に特有の現象でもあり，ほかの年と同様にイシイルカを指すとみなした．同様の例はこれ以外にもある．水産庁統計ではイシイルカ型とリクゼンイルカ型を区別している場合があるが，それらは限られた一部であり，信頼性がとくに疑われるので合算した．これに関しては脚注 9) を参照されたい．1987，1988 両年には一部の小型捕鯨船が突きん棒操業を行い，イシイルカなどを捕獲した．これは小型捕鯨船の統計には算入されていないので，ここでは突きん棒漁業の統計に算入した．それらは北海道 (1987 年：イシイルカ型 10 頭，1988 年：イシイルカ型 266 頭) と宮城県 (1987 年：不明種 140 頭，1988 年：イシイルカ型 227 頭) である．
3) 漁業種と漁法は明確に区別できない場合がある．かりに大目流し漁船が往復航路に突きん棒でイルカを捕獲しても，統計では大目流しに算入される例を現地の市場の記録で経験している．
4) 流し網による混獲が多く報告されているが，必ずしも地先での操業とは限らない．また，これら以外の県の流し網船も混獲を報告している．くわしくは IWC の報告書の日本の Progress Report を参照されたい．
5) ここまでは遠洋課の集計による．1986，1987，1988 年ごろのイシイルカ統計の矛盾をめぐる問題については表 2.9 を参照されたい．
6) ここからは沿岸課の集計による．定置網により混獲された小型鯨類は種別に表示されていないため，本表の様式に合わない年がある．突きん棒でイシイルカを捕獲する道県の組成が変わったので，欄を変更した．
7) 突きん棒によるイシイルカの全国合計と各県合計との間のわずかな不一致は，原統計に起因するもので理由は不明．
8) 1988 年にはこのほかにサケ・マス流し網が 1,134 頭，イカ流し網と大目流し網が合計 1,864 頭の混獲イルカを持ち帰っている．内訳はイシイルカ 1,663 頭，セミイルカ 268 頭，スジイルカ 116 頭，その他である．
9) 1989 年統計より IWC からの勧告に応えて水産庁は体色型別に統計を集める努力を始めた．信頼性の確認はなされていないが，一応そのまま記録しておく．D：イシイルカ型，T：リクゼンイルカ型，D/T：型不明（解体後，大槌などの市場に陸送された場合など体色型は不明であるが，頭数は重さから推定された）．
10) 1990 年にはこのほかに 200 海里外での混獲がサケ・マス流し網で 1 頭，イカ流し網で 16,635 頭と標本船データから推定されている．内訳はイシイルカ 3,094 頭，セミイルカ 7,909 頭，カマイルカ 4,447 頭，マイルカ 562 頭，その他である．
11) 1991 年にはこのほかに 200 海里外での混獲がサケ・マス流し網で 135 頭，イカ流し網で 18,007 頭と推定されている．内訳はイシイルカ 3,342 頭，セミイルカ 9,320 頭，カマイルカ 3,784 頭，マイルカ 1,035 頭，その他である．
12) 原表では D と T が分別不能なのか，種不明なのか判断できない．なお，この年の宮城のその他種のうち 90 頭はマイルカとされている．

減少して捕獲が低下をみせると，漁業者は航海の延長や北海道などへの漁場拡大によって，漁獲量の維持あるいは向上を達してきたらしい（粕谷・宮下 1989）．前者は 1980 年代に始まった冬季に茨城県方面に 1 週間程度の出漁を始めたことを指している．これによって操業の効率化と操業海面を広げて漁船間の競合を低減させるといった効果があったものと思われる．また，1980 年代なかばに始まった北海道方面への出漁によって，それまであまり捕獲されていなかった日本海で越冬する個体群（イシイルカ型）の利用が進むことになった．このように本漁業は漁獲対象資源を拡大することによって，1 万頭前後の漁獲を維持してきたと思われる．太平洋側のイシイルカ個体群（リクゼンイルカ型）だけでは 1960 年代から 1970 年代にかけての漁獲（年間 5,000-10,000 頭）を支えることができなかった可能性があるし，ひいてはいま漁業者に与えられているリクゼンイルカ型の捕獲枠 8,700 頭が過大である恐れもある．

粕谷・宮下（1989）は当時の突きん棒漁業によるイシイルカの漁獲統計が過小報告されているという疑問を提出して，統計再検討のきっかけをつくった点で重要である．この研究は1989年4月に発行された『採集と飼育』というアマチュア向けの科学雑誌に発表された．専門誌を避けて一般誌に出した理由の1つは迅速性である．投稿から印刷まで1年近くかかる専門誌では，急を要する資源管理に対応できない．もう1つは隠密性である．水産研究所の研究者は水産庁の命令を受けてIWCの科学委員会に出席し，提出された論文にもとづいて，資源管理について検討する．その際に日本政府派遣の科学者が提出する論文は，事前に担当行政部局の同意をとる必要があった（IWCの招待専門家にはそのような義務はない）．行政の欠陥を突くとか漁業者の当面の利益を損なう論文は時間をかけて慎重に解析することを求められたり（結果的には提出が翌年回しになる），日本のIWC代表委員（コミッショナー）の最終判断で提出を見送るよう求められることがあった．そこで，早めに一般誌に発表して，それを必要に応じて科学委員会で引用しようと考えたのである．

粕谷・宮下（1989）が当時のイシイルカの漁獲統計に疑問をもったきっかけの1つは三陸における聞き取り情報である．それによれば1隻の普通の突きん棒船が操業した場合の水揚げは，1カ月のフル操業では冬の三陸で80-110頭（月に20日出漁し，1日平均4-5頭を捕れば可能となる．困難だが達成不可能ではないと思われる），夏の北海道沖では240-360頭とのことであった．この情報をくれた漁船は2-9月の足かけ8カ月（ただし，このうち4, 6, 8月中の60日間は休業）で合計1,158頭を捕獲したということである．周年操業すれば1,200頭の捕獲は確実であろう．大型エンジンを積んで20ノット以上出せる高速船の場合には，年間2,000頭の捕獲があるという情報もあった．2番目の根拠は操業船数の情報である．私は1988年8月に北海道を旅行して，オホーツク沿岸の諸漁港で少なくとも21隻の突きん棒船がイルカ漁をしているのを自分の目で確認した．そのほかに霧多布でも9隻が確認された（そのうち北海道船は8隻）．聞き取り調査でも1988年夏の操業船は40隻（1988年7-8月網走情報）とも64隻（1989年1月紋別情報）ともいわれた．夏に北海道沖にやってきているこれらの船は周年操業船であろうから，直接視認した30隻の捕獲だけでも，漁獲の合計は3万頭を超えると思われる．このほかに岩手県内には冬季のみの季節操業船があるはずである．1988年に限って操業が急増したという状況は考えにくく，水産庁遠洋課捕鯨班が報告した1987年の捕獲頭数約13,000頭はあまりに少なすぎる．われわれはこの疑問を水産庁の担当部署に説明するとともに，日本語の報告にまとめて粕谷・宮下（1989）に公表したわけである．これに対応して水産庁統計が改善されることが期待された．水産庁内でどのような対応が図られたかは聞いていない．

これとほぼ時を同じくして，水産庁沿岸課はイルカの捕獲統計の集計を独自に開始して，その成果として1988年1-12月の統計を1989年5月のIWCに報告した．すなわち，この沿岸課統計と粕谷・宮下（1989）とが同時にIWCで話題とされたのである．水産庁沿岸課の1988年イシイルカ統計は約4万頭で，粕谷・宮下（1989）が独自に推定した「3万頭以上」に近かった．IWCの科学委員会においては，なぜこのように捕獲が急増したのか．はたして従来の統計は信頼できるのかという疑問が出された．これに対して，沿岸課は翌1990年IWCにおいて，過去の統計には過小報告があったとして，捕鯨班が集計して報告した1986年と1987年の数値を訂正した（表2.7および表2.9）．なお，沿岸課が集計した1989年以降のイルカ類水揚げ統計では，イシイルカのなかの2つの体色型「イシイルカ型」と「リクゼンイルカ型」とが区別されている．その集計方法がどれほど信頼できるかと疑問が残るものの，統計の改善に向けた努力という点では評価される．

IWCの科学委員会は1989年の会合においてつぎのように結論した．①1988年の漁獲は資

表 2.8 イシイルカ突きん棒漁業捕獲統計（船籍地に集計される属人統計で，集計は歴年による）．漁業種ごとに鯨種別捕獲枠が設定された 1993 年以降を示す．捕獲枠は 1995 年までは暦年で設定されたが，1996 年に始まる漁期からは年をまたぐ操業に対しては連続する 1 操業期ごとに捕獲枠が与えられた．D はイシイルカ型イシイルカ，T はリクゼンイルカ型イシイルカ．捕獲枠の設定（1993）と変遷（2007/08 以降）については第 6 章参照．当該漁業による若干の枠外種の捕獲と他業種によるイシイルカの混獲を除く．水産庁統計による．

道・県	北海道		青森		岩手		宮城		全国		
体色型	D	T	D	T	D	T	D	T	D	T	合計
捕獲枠	1,500	100	20		7,200	8,300	280	20	9,000	8,420	17,420[1] 17,700[2]
1993	1,083	49	15		4,624	8,536	9	2	5,731	8,587	14,318
1994	1,423	53	14		6,627	7,801	29	0	8,093	7,854	15,947
1995	1,234	54	0		5,713	5,340	55	0	7,002	5,394	12,396
1996	1,222	50	0		6,705	8,010	111	2	8,038	8,062	16,100
1997	999	31	2		7,433	9,976	99	0	8,533	10,007	18,540
1998	994	69	0		4,116	6,013	193	0	5,303	6,082	11,385
1999	670	57	0		5,632	8,371	77	0	6,379	8,428	14,807
2000	1,203	69	0		6,106	8,589	204	0	7,513	8,658	16,171
2001	1,413	100	0		6,960	8,120	57	0	8,430	8,220	16,650
2002	1,328	89	0		6,057	8,243	229	3	7,614	8,335	15,949
2003	1,655	84	0		6,427	7,325	226	3	8,308	7,412	15,720
2004	647	66	0		3,796	9,106	171	0	4,614	9,175	13,789
2005	1,240	51	0		5,394	7,733	246	0	6,880	7,784	14,664
2006	719	44	0		3,312	7,758	181	0	4,212	7,802	12,014
07/08 枠	1,451	98	18		6,969	8,054	269	16	8,707	8,168	16,875
2007	841	44	0		2,975	7,243	254	0	4,070	7,287	11,357
2008	467	66	0		1,947	4,566	180	0	2,594	4,632	7,226

1) 岩崎（水産庁遠洋課ホームページ）．
2) 遠洋水産研究所の小型鯨類に関する進捗報告（Kato 1998，その他）によれば捕獲枠の全国合計はリクゼンイルカ型 8,700 頭，イシイルカ型 9,000 頭，合計 17,700 頭であり，県別の枠の合計（17,420）よりも大きい．これは水産庁手持ち枠とも呼ぶべき余裕が設けられていたためらしい．これら 4 道県以外ではイシイルカの突きん棒漁業は行われていない．

源に対して明らかに過大であること，②漁獲を 1986 年以前のレベル（それ自体が過大かもしれないが）に速やかに下げるべきであること．さらに翌 1990 年会議では，統計について新旧どちらを信じてよいのか，捕獲が急増したのは真実であるかなどの点について説明を求めて，日本に再調査を要望した．それを受けて，私は岩手県職員の同行を得て県下の魚市場に出向き，資料の提出を受け，それを解析して結果を翌 1991 年の IWC に報告した（Kasuya 1992）．

その結論は，統計は意図的に過小報告された傾向があるが，一部では過大報告もされていたというもので，つぎの 7 項目に要約される．

① 遠洋課と沿岸課のどちらの統計も，魚市場を経ずに，加工業者に直接に販売された漁獲物を計上していない．捕獲を少なく見積もる要因となる．

② 漁業者が所属漁協以外に水揚げしたものの多くは所属漁協に報告されず，統計に計上されていない可能性がある．捕獲を少なく見積もる要因となる．

③ 沿岸課統計は申告ではなく，魚市場の原票から集計しているので，遠洋課統計よりは操作の可能性が少ない．

④ 北海道から陸送された肉を 80 kg/頭で換算しているのは，捕獲頭数を少なく見積もる要因となる．この換算値は三陸沿岸で漁業者が水揚げする状態，すなわち内臓を抜いて頭や鰭をつけた状態の平均体重であり，肉の換算としては 53.4 kg/頭のほうが妥当である．

⑤ 県と漁協は協力しつつ 1987 年には過小申告をし，1988 年には過大申告をした．前者は規制強化回避のためであり，後者は翌 1989 年に導入が見込まれた規制に備え

表 2.9 突きん棒漁業によるイシイルカの全国捕獲量統計（頭数）の間の不一致.

集計者	1985	1986	1987	1988	1989	1990	1991
遠洋課捕鯨班[1]	10,378	10,534	13,406				
沿岸課[1]		16,515	25,600	40,367	29,048	17,634	14,318
Kasuya (1992)[2]			37,200	45,600			

1) 道県からの報告の集計値.
2) 岩手県下漁協の記録をもとに沿岸課集計値を補正した推定値.

ての実績づくりのためであるらしい.

⑥ 夏に北海道から大槌に陸送された漁獲物の販売記録の閲覧を希望したが, みることができなかった. 口実を設けて閲覧を拒んだものと理解している. これは重大な未解明要素である.

⑦ 上の④と⑤のみ補正すると, 1987年のほんとうの捕獲頭数は政府報告値の49%増で37,200頭, 1988年は13%増で45,600頭の推定値が得られた（表2.9）. しかし, 上の①, ②, ⑥を考慮すれば, 捕獲量はさらに増加する可能性がある.

現在のイルカの漁獲統計は依然として上にあげた①と②の問題をクリアーしていないことを記憶する必要がある. 規制があるところにはごまかしが横行するのが多くの水産統計に共通する問題点である. しかも, 県が漁協と協力して, 漁業者の当座の利益を図るために捕獲頭数をごまかしたことは, 国民を欺く行為であり許しがたい. かつて, 日本の沿岸捕鯨では大幅な捕獲頭数のごまかしがあった. これは水産庁が主導したものではなく, 見て見ぬふりをする, あるいは漁業者からの内部告発があったのを握りつぶすという, やや受動的な協力行為であったと解釈されるが（粕谷1999; Kasuya 1999）, このような不正は水産資源という公共財の管理のためには排除されなければならない.

イシイルカ突きん棒漁業の規制について概要を述べておこう. 水産庁は1989年1-3月にイルカ突きん棒漁業を知事許可漁業（岩手県）あるいは海区漁業調整委員会承認制（北海道, 青森, 宮城）として, 従来の実績のある船にのみ操業を許し, 漁期と指定水揚げ港を定めた（その後, 省令改正により2002年4月までにすべての道県において知事許可漁業に移行した由である; 水産総合研究センター広報「平成19年度国際漁業資源の現況」による）. 最大のイルカ突きん棒漁業の操業県である岩手県では約300経営体が許可を得た. また, いわゆる行政指導により, 岩手県に対して1989年の水揚げを前年（約35,000頭）の30%減（24,500頭）とすること, 1990年はさらに15%減（20,800頭）を求めていた. ところが, 1989年7月13日には, 岩手県に対して1991年までに捕獲を1万頭まで削減するための具体案の作成を求めるという追加削減を要求し, 北海道と宮城にも同様の要請を行った（水産庁資料）.

このことは, 後に日本のIWCコミッショナーとなった森本稔氏が1990年のIWC科学委員会小型鯨類分科会でつぎのように述べていることによっても裏づけられる（IWC 1991）. 「……捕獲が1987年の25,600頭から1988年には40,367頭に増加した. これに対処するため政府は1989年初めに突きん棒漁業に規制を導入し29,048頭に捕獲を縮小した. これは1988年の28%減である. 本捕獲レベルは依然として過大であるので, 以前の平均レベル（約1万頭）まで徐々に引き下げるべく対策を講じ, 1990年には1989年の15%減とする」. 水産庁は1991年と1992年の両年の操業に対してイシイルカ型とリクゼンイルカ型の区別なしで年17,600頭の捕獲枠を定め, 翌1993年からはイシイルカ型9,000頭, リクゼンイルカ型8,700頭と型別の捕獲枠を設定した. 両型の合計は17,700頭であるが, 私の手元に資料のある限りでは, 1996年から2006年までに各県に配分された捕獲枠の合計は, イシイルカ型とリクゼンイルカ型が, それぞれ9,000頭および8,420頭で, 両型の合計は17,420頭であった. その

差280頭は水産庁の保留分であったらしい.

2007/08年漁期には北海道（16隻）・青森（8隻）・岩手（196隻）・宮城（7隻）の4県227隻の漁業者に対して，イシイルカ型8,707頭（9,000），リクゼンイルカ型8,168頭（8,420），カマイルカ154頭（0）の捕獲枠が与えられている．合計は17,029頭（17,420）である（カッコ内は前年度までの枠）．イシイルカの捕獲枠は1993年以来13年間は変化がなかったが，最近は緩やかに削減する方向にあるらしい．

2007年にはカマイルカに対象が拡大した．日本沿岸のカマイルカは西部北太平洋の沖合個体群とは異なる個体群に属することが知られているが，日本沿岸の北九州・日本海，北日本の太平洋沿岸，オホーツク海の各海域の間では異なる個体群が分布するという証拠は得られていない（Hayano et al. 2004）．しかし，同一個体群であることの証明は，別個体群であることの証明に比べて困難がともなうものであるから，カマイルカの資源管理においては海域別に捕獲枠を設定することが望まれる．

捕獲枠の設定の技術的な面については規制の項でふれるが，ここではその施行について問題点を指摘したい．捕獲枠を決めて，道県に配分するのは水産庁の仕事である．水産庁振興部長あるいは水産庁資源管理部長がそれを県の水産主務部長および海区漁業調整委員会長に通知する．県では受けた配分を県内の漁業種に配分する．漁獲統計を集めるのも県や道の仕事である．追い込み漁業の場合は県内に操業体が1つしかないので配分は容易であるが，突きん棒漁業では漁業者が多いので簡単ではない．2007/08年のイシイルカ突きん棒操業船数は227隻であるから（表2.3），それに同年の2種3系群の合計枠17,029頭（上述）を配分すると，1隻平均74頭となる．突きん棒船が1カ月間フルに操業した場合の捕獲は，冬の三陸沖で80-110頭で，夏のオホーツク海では高性能船が多いこともあり200-300頭だったという情報がある（前述）．道県の捕獲枠を漁業者に均等に配分すると，1月で枠を消化してしまうので非現実的である．

そこで操業の動向をみながら停止命令を出して，一斉に操業をやめることになる．昔の南氷洋捕鯨のいわゆるオリンピック方式に似ている．1993年11月付の岩手県漁政課の文書がある．これは水産庁の担当官への説明用に県漁政課内の合意を得た文書である．それによれば，1991年には漁政課が捕獲の動向をみつつ操業停止を指導して成功したこと，これからも同様に処置する意向であると記している．県といえども漁獲統計のソースは漁協などの漁業者組織であるから，捕獲枠管理の実質は漁業者が握っているともいえる．一方，EIA（1999）によれば，操業停止の号令を出すのは，岩手県ではイルカ突きん棒組合という漁業者の自主組織であるとされている．北海道では海区漁業調整委員会という公的組織がこれを行うことになっていたが（いまでは道が行っている），これは形式の問題にすぎないように思われる．両県とも，実態は漁協から提出された漁獲統計にもとづいて県や道が案をつくり，それを調整委員会ないしはイルカ突きん棒組合に諮るものであろう．どちらにしても捕獲枠管理の鍵は漁業者が握ることになる．岩手県の各魚市場では，1960年代にはすでに水揚げ伝票をもとに統計を作成して県に提出していたが，その場合には県の職員がどこまで突っ込んだ確認を行うかが鍵になる．手間を省いて漁協に集計させた数値をコピーするだけですませることも可能である．そのようにして集計された統計に問題があったことはすでに述べた．

捕獲枠も操業船数も少ない宮城県についてみると，さらに深刻な現象がみえてくる．宮城県の操業隻数は最大時でも40隻，最近では7隻であり（表2.3），その大部分は青森から宮城沿岸での操業であり，イシイルカ型が多く分布する北海道沖での許可を得ている船は少ないはずである（表2.4）．その操業時期は11月から4月であるから，地元で操業することは明らかである（表6.4）．このような少ない捕獲枠では北海道沿岸に出漁するわけにもいかない．これまで彼らは300頭ほどの捕獲枠を得て，年間60-230頭のイシイルカを捕獲してきた．ちな

表 2.10 日本の漁業による小型鯨類の捕獲・死亡事故頭数の 1988 年と 2004 年の比較（水産庁統計による）．1988 年には 3 月末日をもって大型捕鯨が停止し，小型鯨類の捕獲はピークを記録した．「生け捕り」は水族館に搬入された定置網や追い込み漁業の漁獲物であるが，1988 年については漁業種に分別できないので外数で示し，2004 年についてはこれら漁業の内数としてカッコ内に示した．

鯨種	突きん棒	追い込み	小型捕鯨	生け捕り	サケ・マス刺し網	定置網	その他漁業	漂着など	合　計
ネズミイルカ									
1988	6	0	0	0	0	0	71	0	77
2004	0	0	0	0	0	1	0	1	2
イシイルカ型									
1988[1]	40,367	0	0	0	1,134	54	530	0	42,085
2004[1]	4,614	0	0	0	0	0	0	1	4,615
リクゼン型									
1988	+	0	0	0	0	0	0	0	+
2004	9,175	0	0	0	0	0	0	0	9,175
スナメリ									
1988	0	0	0	0	0	14	1	0	15
2004	0	0	0	0	0	1[2]	6	81	88
マイルカ									
1988	153	0	0	0	0	7	12	0	172
2004	0	0	0	0	0	1	0	1	2
カマイルカ									
1988	0	0	0	0	0	0	0	0	0
2004	0	0	0	(12)	0	12[2]	0	2	14
スジイルカ									
1988	104	2,123	0	0	0	17	166	0	2,410
2004	83	554	0	0	0	0	0	4	641
マダライルカ									
1988	38	1,837	0	4	0	0	0	0	1,879
2004	2	0	0	0	0	0	0	18	20
ハンドウイルカ									
1988	32	729	0	51	0	2	14	0	828
2004	53	594[3]	0	(115)	0	6[4]	0	3	656
セミイルカ									
1988	0	0	0	0	0	0	268	0	268
2004	0	0	0	0	0	0	0	0	0
ハナゴンドウ									
1988	0	109	0	15	0	6	0	0	130
2004	60	444[5]	7	(7)	0	1	0	4	516
タッパナガ型[6]									
1988	0	0	98	0	0	0	1	0	99
2004	0	0	13	0	0	0	0	0	13
マゴンドウ型[6]									
1988	116	327	30	0	0	9	13	0	495
2004	72	62	29	0	0	0	0	4	167
オキゴンドウ									
1988	6	42	0	22	0	2	0	0	72
2004	3	0	0	(4)	0	4[2]	0	1	8
シャチ									
1988	0	0	7	0	0	0	0	0	7
2004	0	0	0	0	0	0	0	0	0

（つづく）

表 2.10 (つづき)

鯨種	突きん棒	追い込み	小型捕鯨	生け捕り	サケ・マス刺し網	定置網	その他漁業	漂着など	合計
ツチクジラ									
1988	0	0	57	0	0	0	0	0	57
2004	0	0	62	0	0	2	0	4	68
その他・不明鯨種									
1988	1	0	0	2	0	8	988	0	999
2004	0	0	0	0	0	1	0	27	28

1) イシイルカは体色によりイシイルカ型とリクゼンイルカ型に区別され，地理的にすみわけている．1988年統計では両者の区別がないので前者に一括した．
2) 全個体を生体販売．
3) このうち110頭を生体販売．
4) このうち5頭を生体販売．
5) このうち7頭を生体販売．
6) 日本近海のコビレゴンドウはタッパナガとマゴンドウの2つの地方型に分けられる．前者は銚子以北に，後者は以南におもに生息する．

みに2007/08年の枠は295頭（そのうち269頭がイシイルカ型）である．1隻あたりに換算すると20-30頭の枠で，10-30頭の実績をあげてきたことになる．しかも捕獲の大部分をイシイルカ型で消化している．冬に地先で操業するなら，そこの海ではリクゼンイルカ型が約95%を占め，イシイルカ型は5%前後しか混在していない（Kasuya 1978）．統計の体色記録が正しいとすれば，漁業者はわずかに混在するイシイルカ型を選別捕獲するというむずかしい操業を強いられていることになる（最近，水産庁は漁業者の体色型認識に誤りがあったことを認めた．倉沢七生私信2011）．

上に述べたのは，イルカ突きん棒漁業の統計の公然部分の疑問点である．このほか詳細はわからないが，イルカ漁業には非公然部分ともいうべき操業があることがささやかれてきた．定置網にかかって死んだとして，1989年に岩手・青森方面から石巻市に持ち込まれたミンククジラ5-6頭のうちの2-3頭の体内から突きん棒の銛が出てきたと報道された（日本経済新聞1990年6月10日）．また，1990年代に鮎川の小型捕鯨船が捕獲したコビレゴンドウ（この場合はタッパナガ個体群）の体内から突きん棒の銛先が出てきたと捕鯨業者が語っていたし，1996年5月16日には北海道西岸の寿都に突きん棒の銛先がたくさん刺さったコククジラの前半身が漂着した例がある（Brownell and Kasuya 1999）．切除された後半身は発見されなかった．このコククジラに関しては，水産庁はこの銛先はステンレス製で，日本の漁業者が使う型と異なるというコメント以外には詳細を公表していないが，私が写真をみた限りでは，日本の突きん棒漁業者が使用する銛とはちがいが認められなかった．電気銛には腐食しにくいステンレス製の銛が好んで使われるのである．電気銛を使って，複数の突きん棒船が協力すれば，ミンククジラやコククジラの捕獲は可能である．捕獲枠が設定されていない鯨種を捕獲するという，非公然操業の統計を入手することはいまのところ不可能である．

参考までに漁業種別の小型鯨類の捕獲統計を1988年と2004年を対比して表2.10に示す．刺し網漁業などで混獲されたイルカは多くが洋上で投棄され，この統計には計上されていない．1988年は商業捕鯨が3月で停止され，イルカ類の漁獲が極大を示した年である．その後16年を経て，対象鯨種にも変化が認められる．突きん棒によるイシイルカの狂乱的な漁獲は沈静したが，漁獲統計の正確さについてはまだ疑問が残る．スジイルカとマダライルカの捕獲の減少はそれ以前からの流れであり，これは資源が依然として減少を続けていることを示しているように思われる．同様にして，コビレゴンドウ

の1地方型マゴンドウは突きん棒漁業，追い込み漁業，小型捕鯨業と3業種で捕獲されてきたが，漁獲の減少が著しい．ハナゴンドウとハンドウイルカの漁獲が増加をみせた．今後の動向が注目される．

2.6 銚子の突きん棒漁業

千葉県の銚子でも小規模な突きん棒漁業が行われてきた．そこでは年平均1,500頭程度のスジイルカの水揚げがあったと推測されている（粕谷1976）．1993年からは年間80頭のスジイルカの捕獲枠を得ているが，ほとんど操業されていないようである．表2.11に1972年以来の捕獲の推移を水産庁資料によって示す．銚子外川と西岬の両漁協がイルカ突きん棒漁を行い銚子港に水揚げしていた．銚子港には突きん棒による漁獲のほかに大目流し網で混獲されたイルカも水揚げされており，1976年までは両者が区別されていない．

表2.11 千葉県銚子におけるイルカ類の水揚げ，水産庁統計による[1]．鯨種ごとの値で斜字体で示したのは突きん棒以外の漁業による捕獲．

年[7]	スジイルカ	マイルカ	マダライルカ	カマイルカ	ゴンドウ	その他・不明種	合計	経営体（隻数）突きん棒	大目流し網
1972	1					1,168	1,169	11(26)	6(12)
1973					217	89	306	11(26)	9(12)
1974	117				*18*	1,544	1,679	11(26)	9(12)
1975	756				*5*	90	851	11(26)	9(12)
1976	295	13	17		1	16	342[2]	9(―)	6(―)
1977		31				1	32[3]	2(2)	
1978				15			15[4]		
1981					8	0; *63*	71		7(7)
1982						29; *66*	93	(9)	(6)
1983						63; *64*	127	(12)	(5)
1984						0; *22*	22	0	6
1986	*82*				3	1	86	0	6(6)
1987[5]	*73*				2		75	0	(5)
1986[6]	10						10	―	―
1987	20					*1*	21	―	―
1988	38					*1*	39	―	―
1989	48					*1*	49	―	―
1990	67						67	―	―
1991	14						14	―	―
1992						6	6	―	―
1993 枠	80								
1993	6						6	―	―
1994	7						7	―	―
1995	6				*1*		7	―	―
1996						*2*	2	―	―
2002				*1*		*1*	2	―	―
2003						*1*	1	―	―
2004						*1*	1	―	―
07/08 枠	72								

1) 1976年までは突きん棒と大目流し網の水揚げが区別されていない．1993年よりスジイルカ80頭の捕獲枠が配分されている．
2) 県下の定置網による混獲マイルカ11，スナメリ5を含む．
3) 県下の定置網による混獲マイルカ1，不明種1を含む．
4) 巻き網による鴨川港水揚げ．
5) ここまでは遠洋課集計．なお，1986, 1987年のスジイルカの捕獲は「その他漁業」となっているが，突きん棒漁業によるものと思われる．
6) ここからは沿岸課集計．
7) 1979, 1980, 1985, 1997-1999, 2000, 2001, 2005-2008年は捕獲なし．

2008/09 年漁期には，千葉県では 11 隻（11 隻）の突きん棒船がスジイルカ 64 頭（72）の捕獲枠を得ている．カッコ内は前年度の捕獲枠である．若干の削減が行われている．

表 2.11 には参考までに操業規模の指標としてイルカを水揚げした船の数を示した．これは実数であって，水揚げ船の延べ数ではない．1977 年以降は突きん棒も大目流し網も隻数の割に水揚げ頭数が少ないのは，イルカ類の水揚げが副業的なものに変化したことをうかがわせる．

2.7　太地の突きん棒漁業

和歌山県の太地には古くからイルカを食べる習慣があり，1960 年代には土地の漁船や小型捕鯨船がときおりイルカを突いてきて市場に揚げていた．かつては，小型捕鯨業で捕獲されるシャチやコビレゴンドウなどの大型イルカ類を除けば，太地に水揚げされたイルカ類の大部分は個々の漁業者が漁の行き帰りに突きん棒で捕獲したものであった．1960 年代以降の太地のイルカ漁には 3 つの節目が認められる．第 1 は 1969 年に探索船を使う積極的なコビレゴンドウの追い込み漁に成功したこと，1970 年のスジイルカ突きん棒漁の急拡大，1973 年のスジイルカ追い込み漁の開始である．漁協に保存されていた 1963-1979 年の 17 年間の漁獲統計を Miyazaki（1980）が解析している．また，その後の漁獲統計は Kishiro and Kasuya（1993）で知ることができる．そこで，Miyazaki（1980）のデータで，1964-1969 年と 1970-1979 年とでイルカ類の水揚げを比べてみる．水揚げの多い種から順に，年平均と年変動の範囲を示すとつぎのようになる．初めの数字が 1964-1969 年で，後の数字が 1970-1979 年である．スジイルカ 578 頭（331-819）；1,152 頭（562-2,397），コビレゴンドウ 96 頭（52-134）；215 頭（91-479），ハナゴンドウ 54 頭（33-83）；15 頭（0-62），ハンドウイルカ 34 頭（14-66）；39 頭（3-103）となる．

もっとも多く捕られたのがスジイルカで，つぎがコビレゴンドウである．両種とも 1970 年以降の水揚げはそれ以前に比べて倍増している．ハナゴンドウの水揚げはむしろ低下した．ハンドウイルカの水揚げにはこの期間には著しい変化が認められない．スジイルカの漁獲急増は，イルカ突きん棒組合という，後のイルカ追い込み組の前身が 1970 年に突きん棒漁法で捕獲を始めたことによるものである．彼らは 1973 年にはイルカの追い込み漁法に転換し，コビレゴンドウの捕獲が増えるという結果になった．このようにして能率的な追い込み漁法が定着したため，太地では突きん棒漁法でイルカ漁を行うものがほとんどいなくなった（Kishiro and Kasuya 1993）．Miyazaki（1980）によれば，上の 17 年間（1963-1979）に太地で水揚げされたほかの小型鯨類としてシャチ 53 頭，アカボウクジラ 40 頭が記録されている．これらはおもに小型捕鯨船が捕鯨砲を用いて捕獲した，すなわち小型捕鯨業の漁獲物であると推定される．1980 年代に入ると追い込み漁によってスジイルカ，コビレゴンドウ，ハンドウイルカの水揚げが急増する（第 3 章）．

小型捕鯨船は 50 トン未満の小型船に口径 50 mm 以下の砲を搭載して，ミンククジラとマッコウクジラ以外の歯鯨類を捕獲する許可を得ていた漁業である．1947 年 12 月から大臣許可漁業となったが（Ohsumi 1975），捕獲頭数の規制は長い間，行われなかった．なお，小型捕鯨業に捕獲枠が初めて設定されたのはミンククジラ 1977 年（多藤 1985），ツチクジラ 1984 年（粕谷 1995b），タッパナガ 1986 年（Kasuya and Tai 1993; 粕谷 1995a）であり，ほかのイルカ類については自由操業の時代が長く続いたのである．太地には勝丸という小型捕鯨船がコビレゴンドウなどを対象に操業していたが，1980 年漁期から 1987 年漁期まで，操業をよそに移した．これは，追い込み漁業によるコビレゴンドウやスジイルカの大量捕獲に対抗できなかったためである（粕谷 1976; Kishiro and Kasuya 1993）．

シワハイルカとマダライルカの捕獲量は大きかったとは思われないが，太地の突きん棒漁船

がこれら鯨種を捕獲していたことは疑いない．太地沖における洋上調査では，これら2種の分布が確認されているし，また，1970年代には港近くの漁業者の骨置き場にそれらの骨格が見出されたこともある．しかし，水揚げ統計にはこれらの種の記録がないことからみて，Miyazaki（1980）の統計では，これら2種はスジイルカあるいはハンドウイルカに含まれているものと思われる．

太地の漁業者が「ハウカス」と呼ぶ種がある．これはマダライルカかシワハイルカを指すものとされてきたが，詳細がわからない．当時の地元では両種を区別していなかったのかもしれないが，それならばどの種に算入されたかが問題となる．ちなみに，ハウカスの語源は「ハーフ」と「絣」の2語の組み合わせで，意味は「カスリ模様のある混血イルカ」であると，小型捕鯨船勝丸（初代）の船長・砲手であった清水勝彦氏にうかがったことがある．粕谷・山田（1995）は，その特徴は「体に斑点がなく，腹部が多少灰色で，口唇が白く，ハンドウイルカ（地元でクロと呼ばれた）に比べて吻が長い」という地元業者の説明や松井進氏の判断をもとに，ハウカスはシワハイルカを指すものと解釈した（第11章）．水産庁統計がイルカ類の名称を一本化した1970年代に，漁業者と研究者が現物を前にして確認しておくべきだったと悔やまれる．

前にも述べたが，イルカ突きん棒漁業の存在が知られているすべての都道府県において，その操業は1989年から海区漁業調整委員会の承認漁業，ないしは知事許可漁業に移行し，捕獲頭数や操業体数をコントロールする道が開けた．イルカ漁業の野放し操業に対する諸外国の批判に応えようとする，水産庁沿岸課の努力によるものである．また，その背景には商業捕鯨廃止にともなうイルカ肉需要の急増により，イルカ漁業が爆発的に拡大しかねないという危惧もあった．太地では，1989年から15隻の船が海区漁業調整委員会の突きん棒操業の承認を得て，漁期も2月1日から8月31日までと定められた．しかし，イルカ突きん棒漁業の有利さが理解されると，勝浦や三輪崎など太地以外の近隣漁業者もイルカ突きに参入して，1991年には操業船が147隻を数えて大きな問題となった．先に許可を得た15隻以外は密漁船となるが，その15隻がどのようにして決まったかは定かではないが，1970年ごろのイルカ突きん棒組合と呼ばれた漁協内のグループの隻数に一致するので，そのあたりに起源があったのかとも思われる．この問題に絡んで代議士が動いて政治問題となり，結果的には147隻全船が海区漁業調整委員会の承認と捕獲枠を得てしまった（Kishiro and Kasuya 1993）．彼ら突きん棒漁業者が得た捕獲枠は，1991年にはコビレゴンドウを含むイルカ類300頭（シャチを含まず）であったが，翌1992年にはコビレゴンドウの捕獲を禁止し，イルカ類を400頭に増枠した．シャチの捕獲は禁じられていた．この捕獲枠が各漁業者に配分されて操業が行われた．1991年漁期の捕獲成績はハナゴンドウ253頭，ハンドウイルカ57頭，マダライルカ45頭，スジイルカ10頭，シワハイルカ4頭，コビレゴンドウ3頭，不明84頭，合計456頭であった（Kishiro and Kasuya 1993）．1993年には鯨種別の捕獲枠が設定された．その捕獲枠はスジイルカ100頭，マダライルカ70頭，ハンドウイルカ100頭，ハナゴンドウ250頭，合計520頭である．コビレゴンドウが含まれておらず，ハナゴンドウが比較的多いところが注目される．コビレゴンドウは以前から操業していた太地の追い込み漁業の重要鯨種であった．その一部を後発の突きん棒漁業に割愛することには太地の追い込み組が同意せず，このような結果になったものと推測される．

操業実績のないイルカ突きん棒漁船は承認を取り消される場合があるため，年次とともに隻数は減少する．和歌山県下の承認隻数は1994年116隻（後述のように104隻との記録もある），1996年116隻，2000/01-2007/08年に100隻へと減少している．別の沿岸課資料によれば，1994年の承認船は10漁協104隻で，1漁協あたりの隻数は勝浦32隻，太地28隻のような規模の大きい漁協から，2隻（新宮）とか

表 2.12 和歌山県突きん棒漁業によるイルカの捕獲頭数.1993年に捕獲枠が設定されてからを示す.1992年以前の捕獲統計は第3章を,捕獲枠の設定と変遷については第6章を参照.水産庁統計による.

鯨　種	スジイルカ	マダライルカ	ハンドウイルカ	ハナゴンドウ	カマイルカ
1993年捕獲枠	100	70	100	250	0
1993	88	50	40	232	
1994	98	49	40	141	
1995	83	32	64	185	
1996	92	67	98	279	
1997	57	23	57	148	
1998	73	63	95	265	
1999	76	38	68	227	
2000	65	12	79	119	
2001	66	10	44	107	
2002	77	18	38	154	
2003	68	30	52	168	
2004	83	2	43	60	
2005	60	13	66	46	
2006	36	5	75	105	
07/08枠	100	70	95	246	36
2007	86	16	97	185	0
2008	65	0	93	122	0

1隻(下田原,田辺)の漁協までさまざまであった.各漁協に対して,隻数に応じて鯨種ごとに捕獲枠を機械的に配分すれば,スジイルカのような枠の多い種でも1隻あたり1頭程度に,少ない種では0.5頭ほどになる.捕獲枠の範囲で操業することを求められる各漁協の苦労は別として,このような少ない枠では専業で操業することは不可能である.ほかの漁業の操業の合間に捕獲するしかなく,末端レベルでは捕獲統計のごまかしも起こりやすい.和歌山県下の突きん棒漁業による捕獲頭数は表2.12に示した.

2007/08年漁期には和歌山県の突きん棒船100隻が,カマイルカ36頭(0),スジイルカ100頭(100),マダライルカ70頭(70),ハンドウイルカ95頭(100),ハナゴンドウ246頭(250),合計547頭(520)の捕獲枠を得ている.カッコ内は前年までの枠である.カマイルカが新たに漁獲対象に加わった.

1988年3月をもって,日本は大型鯨類の商業捕獲を停止したが,これがハナゴンドウの捕獲にも影響するという奇妙な現象がみられた.以前には太地の漁業者はハナゴンドウを好んで捕獲することはなかった.たとえ捕獲しても内臓だけを食べて,肉はまずいので捨てることが多いと,小型捕鯨船の砲手であった清水勝彦氏から聞いたことがある.ところが,商業捕鯨の中止からまもなく1990年ごろからハナゴンドウの肉が売れ始め,太地では1頭あたり20万円くらいの値がつくこともあった.その理由はハナゴンドウの肉色がミンククジラに似ていることが原因だという.ただし,2001年ごろから調査捕鯨の副産物として持ち帰る鯨肉が売れ残り,在庫量が増加し始め,価格も下落気味であるといわれているので(佐久間2006),これからハナゴンドウの漁獲量がどのように変化するか注目される.

2.8 名護の石弓漁業

沖縄の名護ではイルカが岸近くにいるのをみつけると,村人が総出でこれを湾内に追い込んで捕獲して分配していた.伝統的な機会待ちの(日和見ともいう)イルカ追い込み漁であったが,これがしだいに衰微して1970年代にはほぼ廃絶した(第3章).それにかわって1975年に名護で始まったのが,いわゆる「いしゆみ(石弓)漁業」あるいは「クロスボウ漁業」といわれる漁法である.漁業規制上は突きん棒漁業に分類されているが,漁法は突きん棒漁法とは異質である.

その漁具の構造は沖縄県水産試験場（1986）にくわしい．使用する漁船は3-5トン，2-3人乗りで，揚鯨用のウインチはもたない．船首に自在砲架を設置し，その上にT字型の枠を載せる．T字の横棒を前方に置き左右方向に配置すると，縦棒は船首-船尾方向に向き，捕鯨銛の滑走台となると同時にハンドルともなる．T字の横棒の左右端にゴムひもを固定し，ゴムひもの中央に捕鯨銛を装着する．捕鯨銛はギアを回して手動で引き寄せて，ゴムが収縮する力で銛を発射する仕組みである．鯨までの距離20mほどで射撃する．銛は直径16 mm，長さ2.7 mの鉄パイプでできており，先端に離頭銛を装着する．発射の仕掛けが昔に兵器として使われた石弓（cross bow）や投石器（カタパルト）に共通するのでこの呼び名がある．アーチェリーと同じだと書いたものもあるが，それは誤りである．アーチェリーでは石弓を使わない．最初にこれを製作したのは，捕鯨砲製造で知られたミロク製作所であると聞いている．砲から銛を撃ち出して鯨を捕る漁業は，法の規定により捕鯨業に分類される（第5章）．これは厳しい規制があって新規操業はむずかしい．砲のかわりに石弓を用いれば規制を逃れることができると考えたものであるらしい．日本政府はIWCによる商業捕鯨停止の決定を1987年から1988年にかけて順次受け入れる方針を決めて，それを1986年7月にIWCに通告したが（第7章），そのときに帆船捕鯨を始めようと考えた日本人の記事が新聞に報道されたこともある．法網くぐりの発想という点では似ている．

石弓漁業が軌道に乗ったのをみて，鮎川の業者のなかにはこれをタッパナガの捕獲に導入することを考えて，準備を始めるものが現れた．1980年代中ごろのことである．鮎川沖では1982年からタッパナガの捕獲が再開され，小型捕鯨業者は漁獲量の拡大を切望していたが，われわれはこの資源はそのような大量漁獲に耐えるものではないと行政に説いていた．終戦後の操業で経験したような資源の壊滅を繰り返したくなかったのである（Kasuya and Tai 1993）．そこで規制されていない新しい漁法を使って，自由に操業することを考えついた捕鯨業者がいたのである．われわれはこの動きをたいへん警戒したが，水産庁の圧力で彼らは計画を断念した．

名護の石弓漁業は1975年に6-7隻の船で始まったが（沖縄県水産試験場 1986; Kishiro and Kasuya 1993），水産庁は1989年2月1日にイルカ類の突きん棒漁業を知事許可あるいは海区漁業調整委員会承認制とする方針を立てた．これを受けて名護の石弓漁業も突きん棒漁業として委員会承認を得た．このときに6隻が許可を取得した（Kishiro and Kasuya 1993）．平成6年（1994）度の船の構成は2.5トン（35馬力）から8.5トン（120馬力）までの6隻であった．名護の石弓漁業には，1991年に自主規制としてイルカ類100頭の捕獲枠が設定された（Kishiro and Kasuya 1993）．1993年からは水産庁により鯨種別の捕獲枠が設けられ，コビレゴンドウ（マゴンドウ型）100頭のほかに，オキゴンドウ10頭とハンドウイルカ10頭の捕獲枠が与えられた（粕谷1997）．2007/08年漁期には6隻が捕獲枠を得て操業しており，その年の捕獲枠はハンドウイルカ9頭（10），マゴンドウ92頭（100），オキゴンドウ20頭（10），合計121頭（120）であった．なお，カッコ内の数字は前年度までの枠である．この漁業においても，頭数割当による捕獲規制の実効性が疑わしい点は大きな問題である．漁獲物の多くは監視のない洋上で解体され，捕獲頭数や鯨種は漁業者の申告や重量からの推定に頼るしかない．これは他県の突きん棒漁業にも共通する問題である．

鯨種別の捕獲枠が設けられた1993年以後の漁獲統計を表2.13に示す．また，それ以前の漁獲統計は名護の追い込み漁法の項でふれる．これは当時の水産庁統計が厳密には両漁法を区別していないためである．1980年代初期までは，操業隻数が上に述べた石弓漁船数の数倍もあったりする．おそらく石弓ではない普通の突きん棒船が操業して，それが算入されたものと思われる．また，1979年のように140頭のカズハゴンドウが捕獲された年もある．この場合

表 2.13 沖縄県名護の石弓漁業によるイルカの捕獲．1993年に捕獲枠が設定されてからを示す．1992年以前の捕獲統計は第3章を，捕獲枠の設定と変遷については第6章を参照．水産庁統計による．

鯨種	マゴンドウ[1]	オキゴンドウ	ハンドウイルカ	ハナゴンドウ	その他・不明種	合 計
93年枠	100	10	10			120
1993	89	2	9			100
1994	81		10			91
1995	90	9	10	14		123
1996	84	10	4			98
1997	66	3	8		1[2]	78
1998	61	8	7			76
1999	79	5	8			92
2000	89	8	8			105
2001	92	8	8			108
2002	38		3			41
2003	36	4	7			47
2004	72	3	10			85
2005	90	1	10			101
2006	56	5	12			73
07/08枠	92	20	9			121
2007	79	4	4			87
2008	62	5	1			68

1) コビレゴンドウの地方型でほぼ銚子以南に分布する．
2) シャチ．

は，追い込み漁による捕獲やそれに従事した船の隻数が算入されている可能性がある．

石弓漁業の漁期は2-6月で，5-6日間操業してコビレゴンドウとハンドウイルカをおもに捕獲し，漁獲物は船上で解体して氷蔵し，満船になると帰港する．かつては漁獲物を港の岸壁近くでボイルして名護市内向けに販売していた（Kishiro and Kasuya 1993）．1991年の価格は1,000円/kgであった．商業捕鯨の停止で1988年ごろに鯨肉供給が不足したときには，コビレゴンドウの肉が大阪や下関方面に送られたこともあったらしい（粕谷1997）．そのころには沖合で積み替えて本州方面に移送することも行われていたということである．鯨肉の供給が減少するのにともない，一時的には沖縄のイルカ肉が全国的な流通ルートに乗ったのである．

1991年2月に私が名護港を訪れたときには，石弓漁船の岸壁のそばにドラム缶を半切にしたボイル用の釜がいくつか転がっていたが，使用している形跡はみられなかった．漁期初めのせいだったのか，販売・流通方法がこの時点では変化していたのか定かではない．最近の流通について，遠藤（2008）は，コビレゴンドウとオキゴンドウの肉は名護漁協を通じて，福岡中央卸売市場に出荷され，その他の肉はおもに地元で消費されていると記している．福岡への出荷は約15年前（1993年ごろ）に始まったということである．

第3章　イルカ追い込み漁業

　この漁法はイルカの群れを湾内や網囲いのなかに追い込み，退路を断ち捕獲する漁法である．追い込みの作業をどの程度積極的にするかは，商業性の発達によってさまざまである．イルカが湾内に入ったときや湾口近くに現れたときに住民が協力して追い込みを始めるものから，季節になると漁船を沿岸に配置して待ち受ける，あるいは海岸の高台に見張りを置く段階，さらに高速の探索船を用意して遠方まで探索の対象にするものまであった．捕獲の最終段階における取り上げ方もさまざまであった．1980年代の太地では銛を投げて綱をつけて引き寄せてからとどめを刺したが，いまではゴンドウの場合には網で浜に寄せてから延髄にナイフを入れて速やかに殺す方法が使われていると聞く．昔の川奈では網で背の立つところまでイルカを寄せてから，男が水に入って抱き寄せて岸辺に上げたが，1960年代には長い柄のついた手鉤にかけて浜に引き上げていた．それが1970年代になると網をしぼってイルカをまとめてから，手鉤で船に引き寄せて喉笛を切り，あるいは生きたままのイルカを，尾柄に綱をつけブドウの房のようにまとめてクレーンで陸に吊り上げる方式に変わった（Kasuya and Miyazaki 1982; 粕谷・宮下 1989）．

　漁獲対象となるのは群集性の種である．イルカは単価が安いので，多数の船を動員して少数を捕獲したのではつまらない．偶然にイルカの群れを発見した場合に住民が船を出して浜に追い上げたり，湾内に誘導したりしたのが追い込み漁業の始まりであろう．昔は日本各地でこのような操業が行われた記録がある（後述）．外国ではフェロー諸島でいまでも行われており（Joensen 1976; Bloch 2007），16世紀以来の捕獲統計が残されている（Zachariassen 1993）．ニューファンドランドやオークニー諸島やシェットランドなどでも行われていた（例：Tudor et al. 1883; Madsen 1992）．入口が深くて奥が広い入江はイルカの群れが入りやすい．伊豆の安良里や三陸の山田湾などがこの例である．

　イルカが座礁しやすい海岸があるともいわれる．そこには地磁気が関係するという説もある．鯨類は地磁気を航海の補助手段として使用しており，その強度の等しいところをたどって移動する傾向があるので，地磁気の等強度線が海岸と交差している場所ではイルカが誤って座礁するケースが多いという（Kirschvink 1990; Klinowska 1990）．鯨類の座礁の原因は1つであるとは限らないが，その原因を説明するためのさまざまな仮説のなかで，この地磁気説は科学者の間でもある程度の支持を得ている．そのような場所が集落の近くにあれば，偶発的な追い込みの機会も多いだろうし，ひいては追い込み漁業が発生する可能性も高いにちがいない．群集性のイルカでは群れのメンバーの一部が座礁すると，ほかの仲間もそのそばを離れない傾向がある．仲間が離れずに一緒に行動するこのような習性を利用すれば，追い込み漁がやりやすい．日本で古くからイルカ追い込み漁が行われている土地の地磁気の特性を調べてみる価値はある．

3.1 能登半島沿岸

イルカの遺物が大量に出る遺跡としては，縄文時代前期（6000年前）から晩期（2000年前）にいたる石川県真脇が有名である．平口（1986a）が，ここから出土した遺骸のなかから頸椎を抜き出して種を同定したところ，カマイルカとマイルカが合計143頭で大部分を占め，つぎに多いのがハンドウイルカの12頭で，コビレゴンドウとハナゴンドウも各1頭ずつ見出された．このほかにオキゴンドウと同定された下顎骨が1本出土していた．頭骨や下顎骨で同定しても，もっとも多いのはカマイルカとマイルカで，少数のハンドウイルカが混入していて，頸椎にもとづく組成と大差がなかった（平口 1993）．このように群集性のイルカの遺骸が多く出土することは，追い込み漁が行われたことを示唆しており，しかも複数種の存在はその作業が反復して行われたことを示している．それが偶然発生した集団座礁に便乗したものか，それともなんらかの原因でイルカが湾内にきたのを好機としてそれを追い上げたのか，さらに進んで湾外から追い込みを始めたのかは動物遺骸だけでは判断できない．

真脇の遺跡からは突きん棒漁業に使われる離頭銛が出土しない．かわりに槍先型の石器が多数出土している．平口（1990）はイルカを突くのに使用したものとみている．かりにそうだとしても，この石槍には返しがなくて抜けやすいので獲物に綱をつけるためには使えない．むしろ殺す目的で使われたものとみるべきであろう．イルカの死体は沈下するのが普通である．外海でイルカを捕獲するには離頭銛で綱をつける作業が不可欠に近い．イルカが退路を断たれたか，逃げる意思をなくした状態になってから，比較的浅いところで石槍で突き殺したにちがいない．このようなイルカ取り上げの作業は明治期の真脇のイルカ漁と同じである（農商務省水産局 1911）．すなわち，①岸近くにイルカの群れを追い寄せる，②目の粗い網で群れを囲って確保する，③人が水に入ってイルカを抱えて浜に頭を向ける（イルカは前進しかできないので自然に岸に泳ぎつく），④槍で突き殺す，という手順である．深いところでイルカを突くと死体が沈むので回収に手間どるし，槍が抜ければ死体の確保すらむずかしい．それに比べて生きたイルカを抱きながら岸に向かって泳がせるのは容易である．この情景は『漁業誌』（長崎県 1896）の図にも描かれている．

日本海・北九州方面のイルカ類の昔の呼び名については，古い記録とスケッチなどから推定されている．木崎（1773）はその校本に北九州方面で捕獲されるイルカ類のスケッチと外部形態を記述している．粕谷・山田（1995）はこれにもとづいて考察し，木崎（1773）のいう「にうどふ」はオキゴンドウ，「はんどふ」はハンドウイルカ，「はせ」はマイルカ属の一種ハセイルカであるらしいが，「ねずみ」と「しらたご」は同定できないとしている．1970年代には北九州や壱岐方面の漁業者は長い吻をもつ複数のイルカ種を「ねずみいるか」と一括していたので，「ねずみいるか」の判定にはいまでも警戒する必要がある（粕谷・山田 1995）．

長崎県（1896）は『漁業誌』において，県下で捕獲されるイルカとして「にゅうどう鰻（世俗ほうずいるか）」と「はせいるか（世俗まゐるか）」をあげ，前者は巨頭（ゴト）鯨に似て長さ2-3丈（6-9 m）で里芋の小芋のような歯があると記している．これはオキゴンドウを指すものと思われる．後者については前種と混泳するという点は疑問を感じるが，大きさが5-6尺（1.5-1.8 m）ないし7-8尺（2.1-2.4 m）という点ではいまのハセイルカあるいはマイルカと矛盾しない．ハンドウイルカはオキゴンドウとしばしば混泳するが，その体長は3 mを超すので該当しない．

農商務省水産局（1911）は，有川の魚目西村湾では元禄年間（1688-1703）から「真海豚方言ハセイルカと入道海豚方言バウズイルカの2種」を捕獲し，能登沿岸では真脇その他の村々で「真海豚，入道海豚，鎌海豚（シスミ海豚）を捕獲する」と述べている．これらの名称と現在の名称と対比したのが表3.1である．日本海・北九州方面にはコビレゴンドウはまれにし

表 3.1　古文献中の日本海・東シナ海方面漁業者のイルカ類の呼称と現在の一般的な呼称との対比．粕谷・山田（1995）による．

古文献中の地方名	操業地	出　典	現在の呼称
はせ	肥前	木崎（1773）	ハセイルカ
真海豚（一名ハセイルカ）	魚目・有川	農商務省水産局（1911）	ハセイルカ
真海豚	能登	農商務省水産局（1911）	ハセイルカ
にうどふ	肥前	木崎（1773）	オキゴンドウ
入道海豚	能登	農商務省水産局（1911）	オキゴンドウ
入道海豚（一名バウズイルカ）	魚目・有川	農商務省水産局（1911）	オキゴンドウ
はんどふ	肥前	木崎（1773）	ハンドウイルカ
鎌海豚（一名シスミ海豚）	能登	農商務省水産局（1911）	カマイルカ
ねずみ	肥前	木崎（1773）	不明
しらたご	肥前	木崎（1773）	不明

か出現せず，かわりにオキゴンドウが多くみられる（Kasuya 1975; 田村ら 1986; Kasuya et al. 1988）．このためであろうか，1970 年代の九州方面の水族館ではたんに「ゴンドウ」といえばオキゴンドウを指していた．漁業者の記録などでも同様の事例が統計表などに認められる．

対馬方面のハセイルカ（Delphinus capensis）は三陸方面のマイルカ（D. delphis）に比べて吻が長く，歯の数が多いことが知られている．かつては，これらは同一種（D. delphis）であり，前者はその 1 地方型と考えられたこともあった．しかし，いまではマイルカ属を 3 種 D. delphis, D. capensis, および D. tropicalis の 3 種に分ける（Rice 1998），あるいは 2 種として D. tropicalis を D. capensis の亜種とする考えが一般的である（Jefferson and Waerebeek 2002）．前の 2 つは汎世界的に分布するが，最後の D. tropicalis はインド洋から南シナ海にのみ分布する．日本近海では中部日本から東シナ海にかけて分布するのがハセイルカ（D. capensis）で，本州中部から北海道方面の太平洋岸に分布するのがマイルカ（D. delphis）とされている．

農商務省水産局（1911）には，能登沿岸でイルカ漁をするのは東海岸に位置する高倉村真脇を第 1 とし，小木村，宇出津町，中居村その他がこれに続くとある．中居は七尾湾の北岸の奥深くに位置しているが，それ以外の操業地は直接富山湾に面している．漁期は 3 月下旬から 7 月下旬で，盛期は 5-6 月である．捕獲されたのは真海豚［ハセイルカ］，入道海豚［オキゴンドウ］，鎌海豚（シスミイルカ）［カマイルカ］である（カギカッコ内の種名は私の解釈）．この時期には対馬暖流がしだいに勢力を増して沿岸沿いに北に向かうので，それに乗って来遊する暖海性のイルカ類を捕獲したものであるらしい．おそらく縄文時代以来，この地方では同様の漁法が行われていたものと思われる．真脇の縄文遺跡の遺物と農商務省水産局（1911）に記述されている種組成を比べるとカマイルカとハセイルカが多い点は似ているが，縄文遺跡にはオキゴンドウの出土が少ないという相違がある．このちがいにどのような意味があるかはいまのところ判断できない．これまでの真脇遺跡の発掘が狭い範囲に限られており，遺物の種組成が漁獲物の組成をどれだけ代表しているか判断できないためでもある．

高倉村真脇（あるいは真脇村）の操業については，古くは天保 9 年（1838）に書かれた『能登国採魚図絵』（北村 1995）があり，明治に入ってからは『第 2 回水産博覧会審査報告』（金田・丹羽 1899）や『水産捕採誌』（農商務省水産局 1911）に記述がある．これらの記述の内容は似ていて，たがいに矛盾するところはほとんどない．そのなかでは農商務省水産局（1911）がややくわしい．それによると，漁期がくると高台に 1-2 カ所の魚見を立てて，望遠鏡でイルカの群れの発見に努める．オキゴンドウは数頭から十数頭の小さい群れが多いので，岸からは発見が困難である．そこで 6-7 人乗りの魚見船 3-4 隻（北村 1995）あるいは 3 人乗りの遂廻船 20 隻（農商務省水産局 1911）を出

表 3.2 能登地方におけるイルカ類の漁獲統計．対象は宇出津町，小木村，高倉村字真脇の3経営体．竹中（1890b）による．

年	場所	真海豚	入道海豚	合　計
明治20年（1887）	宇出津	26	71	97
	真　脇	0	75	75
	合　計	26	146	172
明治21年（1888）	宇出津	0	53	53
	真　脇	286	110	396
	合　計	286	163	449
明治22年（1889）	宇出津	0	79	79
	小　木[1]		121	121
	真　脇	231	97	328
	合　計	231	297	528
明治20-22年	合　計	543	606	1,149

1) 原資料に鯨種記載なく，価格より入道海豚と推定（竹中1890b）．

して探索させる．村から4-5里（16-20 km）以内にイルカをみつけると（金田・丹羽1899），探索船から魚見，そこから村民へと合図をする．合図を受けた村民は早打網を積んだ2-3人乗りの小船を漕ぎ出す．これを早船という．その数は19世紀前半の6-7隻（北村1995），同末期の40-50隻（金田・丹羽1899）あるいは70隻から百数十隻（農商務省水産局1911）とさまざまな数字が現れるが，そこには時代とともに隻数の増加が認められる．江戸末期から明治時代の末にかけて操業規模が拡大したことを示すものであろう．早船はすでに沖に出ている探索船と協力しつつ，群れの沖側に網を入れ，舷側や水面をたたきつつ湾内に追い入れる．すでに湾口に向かいつつある群れは追い込みが容易であるが，別の方向に向かっている群れを湾に入れるのは努力が要るという．

イルカの群れが湾内に入ると留網で湾口を閉ざして退路をふさぐ．その後，寄せ網で岸近くまでイルカを寄せる．人の背の立つところまでイルカを寄せたら，今度は漁師が水に入りイルカを抱き寄せて波打ち際に抱いてきて，そこで刺し殺すのである．イルカは鉤を使うと暴れるが，裸の男に抱かれるとおとなしくなり，あたかも女郎のようだとある．裸の男に抱かれておとなしく殺されるイルカの行動を女郎にたとえる話は伊豆の川奈のイルカ漁業者からも聞いた．なお，金田・丹羽（1899）はオキゴンドウの場合には寄せ網を使わないで1頭ずつ順次浜に引き上げるが，マイルカのような小型種の場合に，手間を省くために30-40頭ずつ寄せ網で浜に寄せて処理するとある．

高倉村のイルカ追い込み漁は1890年までは好漁であったが，その後，不漁となり，1896年以降は漁がないと金田・丹羽（1899）は述べている．しかし，山田（1995）は昭和の初めまで続いたといい，私は1969年に現地の高齢者から，第2次世界大戦後しばらくは操業があったが，その後，浜に防潮堤ができてから追い込みができなくなったと聞いている（Kishiro and Kasuya 1993）．ここの追い込み漁が廃絶した原因がなにであるかは別として，戦後にも操業があったことは確からしい．

捕獲統計は明治年間のものがわずかに残されている．これは石川県勧業課の資料を竹中（1890b）が記録したものである（表3.2）．真脇では漁獲物を解体せずに宇出津あるいは小木などに丸のまま販売したが，そのときの平均価格は真海豚が1円40銭から1円80銭，入道海豚が5円50銭から7円70銭であった．1頭あたりの量目は真海豚で16貫目（60 kg）内外，入道海豚で60貫目（225 kg）内外とある．宇出津では捕獲したイルカを解体して，肉は塩蔵にして新潟・酒田地方に出荷し，頭や脂皮からは煮取り法で採油し，筋は唐弓の弦として裂割・水さらし・乾燥の後，大阪玉造地方に出荷し，骨・臓物は生あるいは砂干しして鳳至郡内浦および越中方面に販売したとある．おそらく

真脇から購入したイルカも同様に処理したものであろう．宇出津での売値は真海豚が2円ないし2円60銭，入道海豚が5円30銭から9円30銭と，真脇の価格よりも若干高めなのはそのためであろう．

3.2 京都府伊根

舞鶴湾の入口の北西のコーナーに位置する京都府伊根村は日出，亀島，平田よりなり，鯨やイルカが湾内に入るのを待って網で湾口を閉ざし，銛で突いて捕獲した歴史がある．鯨の捕獲は亀島の独占で，鯨永代帳として1655年から1913年までの捕獲記録が残っており，吉原（1976）がそれを整理した．この原記録に近いものが『伊根町誌下巻』（伊根町誌編纂委員会1985）に収録されている．しかし，その編集過程に不詳の部分があること，なかでも鯨種名がどこまで原記載に忠実であるか明示されていないため，資料としての価値を損じている．

伊根湾に入った鯨類のうち，イルカ類の捕獲は小字平田が担当した．『京都府漁業誌』（京都府水産講習所1909）には，主要な漁具の写真とその簡単なリストとともに，操業の様子が紹介されている．それによれば，漁期は3-4月で，伊根湾にイルカの群れが入っているのをみると，ただちに漁船を漕ぎ出して群れを囲み，舷をたたいて脅し，伊根湾内の平田の小湾に追い込んで鯨網で湾口を閉ざして捕獲した．1732年から1901年までの捕獲記録が残されているという（和久田1989）．鯨種組成や経年変動を知るうえできわめて貴重な資料であるが，研究者による解析はまだ行われていない．

3.3 長崎県対馬

対馬の各地では古くからイルカ漁が行われていた．大山・芝原（1987）は，操業が絶えて忘れられようとしていた対馬のイルカ漁の歴史を記録している．それによると対馬においてイルカ漁の存在を示す記録は1404年までさかのぼるという．捕獲されたイルカは課税対象であるから，怠りなく操業に努めるようにという浅茅湾内の大山浦の責任者に宛てられた文書がこれである．また，1641年の宗家の記録には，北部西海岸の伊奈郷にイルカ奉行が置かれ，イルカ漁から運上を取り立てていたことを示す記録がある．また，湾内に入り込んでくるイルカを捕獲するのに便利であるとして，ある集落が内浅茅湾の大山浦に移村した例さえ17世紀にはある．農地の少ない対馬の経済にとってイルカ漁が重要な産業となっていたことをうかがわせるものであるとともに，村民が共同してイルカを入江に追い込んで捕獲したことを示すものでもある．対馬のイルカ漁で網を使用したことが確認できるのは1846年が最初であるが，五島の例からみて（後述），実際には，もっと早い時期までさかのぼるものと思われる．イルカを入江に追い込んだ後で，出口を遮断するための網がなくてはイルカ追い込み漁はほとんど実行不可能であるし，網の使用はだれでも思いつく手法である．

イルカ追い込み漁を行う際には近隣の村々の協力体勢が必要である．その仕組みを関係集落の取り決めとして成文化したものが対馬には残されている．そのなかで古いものは大正末期から明治後半にまでさかのぼり，5組のイルカの追い込み組織が確認できる．そこには追い込み組の名称は記されてはいないが，東シナ海に開口する浅茅湾のなかに3組と，日本海側に開口する大漁浦と三浦湾に各1組である．このほかにも伊奈湾（前述），仁田湾，舟志湾などでもイルカ追い込みが行われていたという言い伝えを記録している．これらを合わせると8組となる．それぞれの追い込み組は隣接する3-7村で組織されており，全部では20村が参加していたという（大山・芝原1987）．

水産庁調査研究部（1968）は北九州方面のイルカ漁の情報を集めている．これは当時問題となっていたイルカの食害に対処するための情報を収集することを目的としており，調査対象は近年の操業であり，歴史資料の記録を目的とした大山・芝原（1987）とは性格が異なる．そのアンケート調査によると，とくに期間は限定し

表3.3 長崎県下におけるイルカ漁業の分布と漁法の比重を示す．県下のイルカ漁業はおもに追い込み漁であり，突きん棒は従である．なお，本表の合計欄にはこれら2漁法以外の漁法（定置網など）による若干の捕獲も含めてある．田村ら（1986）による．

年	追い込み 対馬	壱岐	五島	その他	突きん棒 対馬	壱岐	五島	その他	長崎県合計
1965						2	7		29
1966			380			1	12		500
1967							62		90
1968						9	14	1	96
1969						2			5
1970	762					2			764
1971			22			5			27
1972		8							8
1973			84						84
1974			455						455
1975	26		315						341
1976		55	108						163
1977		943	530		5				1,481
1978	167	1,398	27		2				1,634
1979	56	1,646	29						1,815
1980		2,120	1,351				15		3,517
1981		142							170
1982		163					8		177
1983		1,880	251	83					2,224
1984		2,924							2,931
1985		198	72						274
合計	1,011	11,477	3,624	83	7	21	118	1	16,785

ていないが，近年に対馬でイルカ追い込みの経験をもつ漁協名として8漁協をあげている．その内訳は，浅茅湾に面するところでは美津島町の尾崎漁協と美津島西海漁協，豊玉村の唐崎漁協の3漁協，日本海に面するところでは豊玉村の豊玉村東漁協・日の出漁協と美津島町の鴨居瀬漁協の3漁協，東シナ海に面するところでは上県町の佐須奈と伊奈の2漁協があげられている．このうち伊奈のみは1950年に20-30頭の追い込みをしたという具体的な事例をともなっている．

大山・芝原（1987）によると，伝統的なイルカ追い込みはつぎのように行われた．その作業は群れ発見の知らせで始まる．湾内に入り込んできたイルカの群れを偶然に発見した者は，すぐに仕事を放り出してそれを村民に知らせる．第1発見者は報奨金がもらえた．知らせを聞いた村民はカズラを船に積んで，総出で追い込みに参加した．カズラというのは長さ1mほどの木の短冊を2mほどの間隔で縄に取り付け

たもので，縄の一端に錘をつけて海中に垂直にたらして獲物を威嚇する．これはイルカだけでなく，古くは日本各地で行われた魚の追い込み漁にも用いられた道具である．カズラのほかに舷側をたたいて音を出してイルカを威嚇することもあったという．イルカの群れが適当なところまでくると，大引網を入れて湾口を閉ざして逃げられないようにする．これを張り切りという．

張り切りがすむと，選ばれた1-2名の女性の羽刺（はざし）が盛装して船からイルカを突く初銛の儀式をする．その後で全員が船や浜から銛を投げてイルカを浜に引き寄せたり，あるいは網を入れて数頭をまとめて引き寄せてから殺したという．宮本（2001）は同様の儀式がイルカのほかにマグロの追い込み漁でも行われたと記している．ここで奇異に感じるのは，盛装した女性が銛で突いて殺すことが重要な儀礼的要素であったことと，実際の水揚げ作業でも銛で突き殺すことが行われていたことである．これは能登半島の

表 3.4 長崎県下におけるイルカ類の鯨種別捕獲統計[1]．表 3.3 の長崎県合計を鯨種別にみたもの．田村ら (1986) より集計．

年	ハンドウイルカ	オキゴンドウ	ハナゴンドウ	カマイルカ	マダライルカ	スジイルカ	マイルカ類	俗称ネズミイルカ	その他	合計
1965		2						7	20	29
1966	460							15	25	500
1967	13							62	15	90
1968	17	5	1	8	12		52	1		96
1969	2			1		1		1		5
1970	1	1					762			764
1971		5						22		27
1972		2	1					5		8
1973	84									84
1974	38							417		455
1975	28							313		341
1976			55					108		163
1977	908	35	6		530			2		1,481
1978	25	424	199		954			3	29	1,634
1979	333	340	499		596			44	3	1,815
1980	3,035	371	3					103	5	3,517
1981	18		23	108				10	11	170
1982	163		2		8			3	1	177
1983	273	241	151	1,559						2,224
1984	176			2,754				1		2,931
1985	114	84			72			4		274

1) 原著に「ネズミイルカ」とあるのは標準和名ネズミイルカではなく，それ以外の複数種を含むと判断されるので「俗称ネズミイルカ」とした．「その他」は原著ではスナメリ (1965-1967 年) あるいはマゴンドウ (1978-1982 年) と記録されている．原著の 1968-1979 年にアラリイルカとあるのはマダライルカとみなした．

高倉村の作業とも異なる点である．対馬におけるイルカ漁業の初期の形態を反映しているのか，あるいは対馬でかつて行われていた網取り捕鯨の形が移入されたものであろう．私には後者の可能性が大きいように思われる．それは羽刺という捕鯨用語の使用や，大山・芝原 (1987) に示された銛の形がイルカ突きん棒漁業のそれではなく，網捕り捕鯨で使われる早銛の形をしていることからの想像である (第 2 章)．

このイルカ漁業の経済効果を示すデータを大山・芝原 (1987) から引用しておこう．明治 34 年 (1901) の追い込みのときにはイルカを 918 本あまり捕獲し，1 本平均 2 円 95 銭で売られ (死魚は 2.5 円)，総収入 2,764 円に対して要した諸経費は 1,063 円で，残余金 1,701 円を規定によって村民に配分したという．また，昭和 23 年の数百頭の大漁をしたときには，その収益金で 3 集落百数十戸の全戸に電灯を引く経費をまかなったということである．

対馬で最後にイルカの追い込み漁が行われたのがいつか．これについては大山・芝原 (1987) には記述がないが，近年の漁業種別のイルカ捕獲記録が水産庁や長崎県によって収集されているので，それから推し量ることができる．1 つは水産庁調査研究部 (1969) の調査である．それをみると，1944 年から 1966 年までの 23 年間に対馬で行われたイルカの追い込み漁としては，1950 年に北部の伊奈でなされた記録があるだけなので，このころに対馬における追い込み漁はほぼ終息したものと思われる．しかし，その後でなされた田村ら (1986) の調査では，その後の情勢変化による追い込みの再開らしきものがみてとれる．

すなわち，田村ら (1986) は長崎県下における 1965 年から 1985 年までの捕獲記録を収集している．これは長崎県下で漁業者がイルカによる漁業被害を再び訴えて県や国に対策を求めたため，その対策の一部として漁獲統計を集めたのである．この調査でも前述の 1950 年 (伊奈; 鯨種不明 20-30 頭) の事例の後，しばらく追い

表 3.5 長崎県下におけるイルカ追い込み漁操業．突きん棒・定置網などによるイルカ類の捕獲事例は生死を問わず斜字体で示した（外数）．本表の期間内で捕獲のない年は表示していない．水産庁統計による．

鯨　種	オキゴンドウ	ハナゴンドウ	ハンドウイルカ	マダライルカ	カマイルカ	その他・不明種[1]	追い込み操業地・漁協名など
1972	2	1				5 ネズミ	勝本
1973			84				魚目
1974			38			417 ネズミ	有川・魚目
1975			28			313 ネズミ	有川・佐須原・美津島
1976		55				108 ネズミ	魚目・勝本
1977	35		908	530			勝本・三井楽
		6				*2 ネズミ*	
1978	424 + 27[2]	167	949		25		勝本・美津島東海・三井楽・
	2[2]	*32*	*5*			*3 ネズミ*	豊玉町日の出
1979	339 + 3[2]	465	565		333	*26 ネズミ*	浅海・勝本・豊崎・福江・三井楽・
	1	*34*	*31*			*18 ネズミ*	峯町東部
1980	351		3,035			85 ネズミ	有川・魚目・勝本・北魚目第一・
	20 + 5[2]	*3*				*18 ネズミ*	三井楽
1981		16	18		108		勝本
	11[2]	*7*				*10 ネズミ*	
1982			163				勝本
	1[2]	*2*		*8*		*3 ネズミ*	
1983	241	151	263		1,559		有川・生月・浦桑・新魚目・館浦・
			10				勝本
1984			170		2,668		勝本
1985	84		114			72 マイルカ科	勝本・三井楽
						4 イシイルカ	
1986			55		4		操業地記載なし
		2					
1987[3]						*4 ネズミ*	
1986[4]						*6*	
1987						*25*	
1988						*19(6 ネズミ)*	
1989						*6*	
1990	45	22					勝本
	2[5]						
1991			*2*			*6 マイルカ*	
						2 ハナゴン	
1993	18		32				勝本
						4 スナメリ	
1995			49			*2 スナメリ*	勝本
1996						*3 スナメリ*	
1998						*3 スナメリ*	
1999						*1 スナメリ*	
2002						*1 スナメリ*	
2004						*2 スナメリ*	
2005			*1*			*1 スナメリ*	
2006						*2 スナメリ*	
2007						*2 スナメリ*	
2008						*3 スナメリ*	

1) 長崎県方面にはネズミイルカは分布せず，複数のマイルカ類をネズミイルカと俗称する（粕谷・山田 1995）．本欄のネズミはその俗称である．また種名を示していないのは種不明イルカ類である．
2) 報告にはマゴンドウとあるが，当地方にはまれであり，オキゴンドウの可能性があるとみる．1978 年の 27 頭に関しては 1979 年ごろ三井楽漁協に電話して確認を試みたが，いずれとも判断できなかった．
3) ここまでは遠洋課で集計．
4) ここから沿岸課集計．
5) 小型捕鯨船による．

込みが行われていなかったことは前に述べたのと同じであるが，その後 1970 年（マイルカ 762 頭），1975 年（ハンドウイルカ 26 頭），1978 年（167 頭），1979 年（56 頭）と，4 年間に合計 1,011 頭の捕獲が記録されている．最後の 2 年間については長崎県下の五島や壱岐における大量の追い込み事例と混ざっていて，統計表からは種を特定することができない．有害動物駆除のためのイルカ捕獲に対する公的な助成として 1966 年からは県費が支出され，1976 年からは国費もこれに投入された．1970 年以降の追い込みはこのような政治的背景のもとで一時的に復活した操業と思われる．

　田村ら（1986）に記録された対馬における 1970 年以降のイルカ追い込み漁は，このような政治・経済的状況のもとに行われたものであり，イルカ肉の需要に誘発されたものではなかったのであるが，当時はイルカ肉に対する需要が対馬にはまだ残っていたことも事実である．それは，1977 年ごろには駆除目的で壱岐で捕獲されたイルカの一部が対馬に消費用に送られていることから推定される．上にあげたのは追い込み漁法による捕獲の例であるが，長崎県下では，これ以外に突きん棒漁法や定置網でもイルカが捕獲されている．それらを含めた統計については，第 2 次世界大戦以後について上記 2 つの文献および Kasuya（1985b）にみることができる．表 3.3 と表 3.4 には田村ら（1986）から集計したイルカ捕獲の記録を，また表 3.5 には水産庁統計から収録した長崎県下のイルカ漁業の統計を示した．これらでみると，対馬において最後のイルカ追い込み漁が行われたのは 1979 年のことである．

　1982 年にイルカ追い込み漁業が知事許可漁業になったときに対馬には操業許可を取得したものはなく，島内でのイルカ追い込み漁業の終息がこれで確定した．

3.4　長崎県壱岐

　水産庁調査研究部（1968, 1969）はアンケート調査で得た情報として，長崎県下の対馬や五島や壱岐には，イルカの群れが湾口に近づいたときに共同でこれを追い込んで捕獲するイルカ組合があったと記している．これは 2-3 の漁協が共同したうえに，近郷の農村部落をも含む特別な組織であり，捕獲から漁獲物の配分までを行ったといわれる．この仕組みは前に引用した大山・芝原（1987）が記録した対馬の操業と似ている．水産庁調査研究部（1968）は壱岐島内におけるこのような追い込み組として郷ノ浦（郷ノ浦町），石田村（石田村），壱岐東部（石田村）の 3 漁協をあげているが，水産庁調査研究部（1969）では，壱岐東部漁協では八幡浦近郷の農漁業部落が組合をつくり共同して追い込みを行うと，やや具体的に述べている．この調査の時点でも，イルカ追い込みのための組織として，漁業協同組合の組織とは多少異なる旧来の仕組みが残っていたと理解される．

　水産庁調査研究部（1968, 1969）は実際に壱岐でイルカ追い込みが行われた例として，郷ノ浦町漁協による度良小崎での 3 例（1944 年，45 年，56 年）と壱岐東部漁協による八幡浦での 2 例（1962 年，63 年）の計 5 例をあげている．その合計捕獲頭数は 1,229 頭で，種別は最後の 3 例についてのみ記録され，そこにはハナゴンドウ，オキゴンドウ，ハンドウイルカが含まれていた．これが壱岐の伝統的なイルカ追い込み組による操業である．その組織は 1960 年代前半までは活動していたが，その後はしだいに消滅に向かったらしい．その根拠の 1 つは壱岐におけるイルカ肉の需要の消滅である．壱岐の勝本漁協が 1976 年にイルカの駆除を目的として追い込みに初めて成功し，翌年から大量のイルカの捕獲が始まったときに直面した問題は捕殺したイルカの死体の処理であった．壱岐島内にはイルカを食する習慣がないとして，漁獲物の一部は対馬に送られていた．もう 1 つの根拠は追い込み技術の問題である．1976 年のイルカ追い込みに際して，勝本漁協は壱岐の追い込み組の援助を求めずに，和歌山県太地の追い込み組の指導を受けたのである．この事実は壱岐のイルカ追い込み組がすでに消滅していたか，あるいは彼らの追い込み技術は 20 km も沖合

の七里が曽根からイルカを誘導するのには適していなかったことを示すものである．

壱岐のブリ一本釣り漁業においては1910年ごろにはすでに，イルカによる操業妨害が認識されていたといわれる（Kasuya 1985b）．1960-1970年代の一本釣り漁業者の操業日誌をみると，七里が曽根の漁場にイルカが出現すると，彼は別の漁場に移るか帰港を余儀なくされていたことがわかる．それでもブリ資源が多ければ漁業は成立したであろうが，ブリの資源が悪化すればイルカ被害がめだってくるのは当然である．ブリ漁業に対するイルカ被害対策は勝本町漁協が中心となって推進してきた．その経過を下に要約する．詳細は水産庁調査研究部（1968，1969），Kasuya（1985b），田村ら（1986）を参照されたい．

（1）戦後のある時期から勝本町漁協の補助で漁民は手投げ銛やもやい銃を使ってイルカの駆除を試みたが成果がなかった．
（2）1964年，長崎県に対策を要望し，翌年からは壱岐島内の全漁協の統一要求とした．
（3）1965年，伊豆のイルカ漁業で追い込みに使われる発音器を導入して漁場からの駆逐を試みたが，反復使用するうちにイルカが慣れて効果がなくなった．1966年より県は駆除のために助成金を支出した．
（4）1967年，県は水産庁の助成を要望し，水産庁は調査班を発足させた．水産庁調査研究部（1968，1969）の報告書が出た．
（5）1968年，散弾銃による威嚇は不成功に終わった．1970年に小型捕鯨船を導入してイルカ捕獲を開始し，6年間に20頭を捕獲したが，期待された効果はなかった．
（6）1976年，大目流し網でイルカ捕獲を試みたが不成功．同年太地の漁業者の協力を得てハナゴンドウの追い込みに2回成功した．続いて大量駆除が始まり国際的批判が高まった．水産庁が駆除のために助成金の支出を始めた．

（7）1979-1981年，粕谷らの私的グループが捕殺個体の生物調査を行った．報告書として粕谷・宮崎（1981）とKasuya（1985b）が出た．
（8）1978年，科学技術庁は漁場においてイルカの存在を探知し，それを駆逐する技術の開発のための研究班を発足．これは翌1979年に水産庁に引き継がれた．報告書として東海大学海洋研究所（1981）が出た．
（9）1981-1982年，前項の組織は生息数，系統群判別，許容駆除量推定などの研究に転換．これを機に1979年から1981年までの3年間続いた粕谷らの研究班は活動を終えた．報告書として田村ら（1986）が出た．

小規模な磯物漁を別にすると，壱岐漁民の操業対象は時代とともに変化した（吉田1979）．網取り捕鯨は1710年ごろに始まり，18-19世紀を通じて重要な漁業であったが，明治初年の1880年代末に漁獲の低迷により終末を迎えた．その後，各種のイワシ網漁が行われたが，盛期は大正時代にあり，1942年ごろにはマイワシの消滅により終わりを迎えた．その後は明治時代からあったイカとブリの釣り漁が主要な漁業となった．

勝本町の漁業についてみると，1956年にはブリの水揚高がイカとその加工品であるスルメの合計売上高の7倍ほどを占めていたが，ブリの比率はしだいに低下し，1971年には比率が逆転した（ブリ1億6800万円に対してイカとスルメの合計は4億5400万円）．この変化の背景にはブリの漁獲量の低下があった．1910年ごろに対馬との中間点にある七里が曽根で勝本漁民によりブリ漁場が発見され，ブリ一本釣り操業が始まった．大戦前の操業は飼い付け漁であった．これは七里が曽根の漁場にイワシの撒き餌をして人工的な索餌場をこしらえ，ブリを周辺からおびき寄せてから釣り上げる漁法である．ブリが集まるまでの漁期前の数カ月には大きな投資を必要としたが，漁場を独占できることと，周囲からブリを集められるというメリッ

トがあった（吉田 1979）．この漁業は 1930 年代に最盛期を迎えた後，餌のイワシの不足とブリが集まらなくなったことの 2 つの理由で 1940 年に終末を迎えた．その後は七里が曽根の漁場はほかの漁民にも開放されたが，実質的には壱岐漁民がおもに利用していた．イルカ問題が騒がれた 1970 年代まで，壱岐勝本の漁民の用いるブリ漁法は一本釣りに限られていた．漁具は 1 本の道糸に枝糸で数十本の釣り針をつけた簡単なものである．小型漁船に 1-2 名の釣り手が乗り，各人が 1 本の道糸を操ってブリを釣るのである．釣りどきは魚群が水面近くに浮上するときであるが，それは 1 日に 1-2 回しかなく，長くても 2 時間ほどで終わるので，その機会を逃がすと大きな損失となる．

勝本町漁民はブリ漁業に巻き網や定置網のような効率的漁法は乱獲の恐れありとして，これを導入せず，古来の一本釣り漁法のみを採用してきた．その一本釣り操業がイルカにより被害を受けるとして，漁業者は県や政府に対策を求めてきたのである．彼らが訴えた被害の内容はつぎのようなものであった．①釣り針にかかった魚体をイルカに盗まれる，②イルカが漁場に出現すると魚が逃避し操業ができない，③イルカの食糧として海中の魚が消費され漁業者への配分が減少する，などである．また，時間の経過につれてブリ一本釣り漁業の対策に限定せず，各種漁業とイルカとの競合の解決へと要求を広げていく傾向が認められた（上記の③項）．しかし，①と②については確認されているが（田村 1986），③については海洋生態系のなかにおけるイルカのポジションにかかわることで，これを実証することはむずかしい．さらに Kasuya（1985b）は，漁場にイルカが現れた日数の経年変化を解析したところ，1973 年の 25% から 1979 年の 79% へと年率 21% で増加した後，1981 年の 40% へと急速に低下したことを見出した．このような変化はイルカの個体数の増加や減少，つまり出生や死亡では説明しにくい．そこでなんらかの原因でイルカがブリ漁場に集中したことが，イルカ被害の急増の原因であろうという推測がなされた（Kasuya 1985b）．

もしも周辺海域のイルカの餌の存在量のレベルが一律に減少したならば，以前から良好な餌場で比較的多くの餌が残されているところに，イルカが集中する事態が起こるであろう．このほかに，ハマチ養殖用の種苗（モジャコ）採取や効率的な巻き網漁業の発展によりブリ資源が減少した可能性も否定できない．そのような場合には，ブリ資源減少の影響は効率の低い一本釣り漁業にまず現れることになり，ひいてはイルカの操業妨害がめだつことになるという推測ができる（Kasuya 1985b）．

勝本町漁協のブリ一本釣り漁業の変化をみるとつぎのようになる．すなわち従事漁船の隻数は 413 隻（1964 年）から 485 隻（1977 年）へと 13 年間に 17% の増加をみせ，平均トン数は 2.68 トン（1964 年，無動力船を除く）から 3.72 トン（1977 年，すべて動力船）に増加するなかで，ブリの水揚げは 1965-1970 年の 2,500 トン前後から急減して，1971 年以後には 500 トン前後に減少した．漁業の収益の評価には魚価の変化も考慮する必要があるが，それを無視しても勝本のブリ一本釣り漁民の経済の悪化は明らかであろう．この間に，壱岐島内での一本釣り以外の漁法による水揚げは 200-300 トン（1965-1967 年）から 600-800 トン（1973-1977 年）へと倍増している．勝本漁民は乱獲の恐れありとして効率的な漁法を拒否して一本釣りに固執してきたが，島内のほかの 4 漁協はこれを積極的に採用した結果，ブリ漁業における勝本町漁協の比重が低下したのである（Kasuya 1985b）．壱岐のイルカ騒動を理解するには，ブリ漁業が置かれたこのような状況も考慮することが必要である．

水産庁の研究班は，このような基礎的な問題を解明する方向に進むことなく，当面の対策に力を向けた．それは，イルカの生活史研究と生息数推定をもとにした許容駆除頭数の算定，捕獲によるイルカの間引き，爆竹などによる漁場からの駆逐方法の開発などである．その成果は田村ら（1986）に公表されている．田村ら（1986）には 1965 年から 1985 年までの長崎県下での年別・鯨種別捕獲頭数（漁法区分なし）

と，同期間内の年別・地域別・漁法別捕獲頭数（鯨種区分なし）が掲載されている（表3.3，表3.4）．

このような研究が行われている間に，勝本町漁協を中心とする漁民は県と国の助成金を得てイルカの駆除に努力を傾けた．1976年には和歌山県太地の追い込み漁業者の指導を得て，初めてイルカ追い込みに成功し，これより1985年にいたるまでに勝本町漁協は1万頭以上のイルカを追い込み漁法を使って駆除した．これはイルカ肉の需要を満たすための操業ではなく，有害動物駆除のためになされたものであり，伝統的な地元住民によるイルカ追い込み組の活動とは組織も動機も別のものである．壱岐勝本町の漁民が駆除したイルカ類の鯨種別頭数を表3.6に示した．そのうち Kasuya（1985b）の統計は当時の漁協の発表を基礎としつつ，現場で科学者が数えた記録も考慮したものである．同じ統計は粕谷・宮崎（1981）にも収録されている．ほかに勝本町漁協の統計（原田・塚本1980）と水産庁統計がある．『勝本町漁業史』（熊本1980）には1976-1980年の勝本町漁協による鯨種別追い込み頭数の統計が記録されている（原田・橋本1980）．おそらくこれが漁協としての統一見解と思われるので，これも表3.6に比較のために示した．まず科学者の数値と当時の漁協発表を比較すると若干の食い違いがみられた．たとえば1979年2月8日の追い込み群を調査した科学者は死体の計数にもとづいてハナゴンドウを27頭と記録したが，当時の漁協の発表では17頭であった．同じく9日のカマイルカは科学者の247頭に対して当時の漁協発表は283頭であった．また，同月12日に追い込まれた群れの組成は，科学者はハナゴンドウ10頭とハンドウイルカ73頭としているが，漁協データではそれぞれ83頭と10頭とほぼ逆転していた．科学者の調査個体が漁協の数値より多い場合もあった（Kasuya 1985b）．当時は捕獲にともない補助金が支出されたため，県としても捕獲頭数に関心があり，担当者が現場で確認することになっていた．このため，捕獲頭数はかなり正確であるという印象を受けたが，逆に公金の支出が絡んでいたため，頭数に関する数字には硬直的な面があるとの印象も記憶している．統計というものは1つの指標ではあるが，そこに絶対的に正確なことを期待すると大きな誤りにいたることがある．科学者の数えたものにも誤りがあるかもしれない．

駆除を目的として勝本で追い込まれたイルカの種組成をみよう．Kasuya（1985b）あるいは粕谷・宮崎（1981）に収録されている7年間の漁協統計を用いると，捕殺されたイルカ類の総数は6,091頭で，その組成はハンドウイルカ4,147頭（68%），オキゴンドウ953頭（16%），ハナゴンドウ525頭（8.6%），カマイルカ466頭（7.7%）であった．これは科学者による計数値ともおおむね一致しており，当時の捕獲組成を示しているとみてよい．イルカ発見時には全漁船（300-500隻）を総動員して追い込みを行うのが常であった．それでもカマイルカは漁船や囲い網の下を潜って逃げるため，初めは捕獲がうまくいかない例があった．湾内に追い込んで網で囲ってから確かめてみると，その頭数は追い込みの作業を始めたときにみた数に比べて大幅に少ないということが起こったと聞いている．しかし，1980年代になるとカマイルカの大群を追い込む事例もめずらしくなかった（表3.6）．追い込みに習熟してきたことを示すものである．

なお，ここで特記したいのはコビレゴンドウ捕獲の報告である．上記の『勝本町漁業史』（熊本1980）によれば1978年4月21日と23日の両日にコビレゴンドウ2群（各50頭と16頭）の捕獲があったことになっている．これまでの一連のイルカ駆除事業で捕獲されたイルカ類のなかに，科学者はコビレゴンドウを確認していない．また，過去に水産庁が主催したイルカ被害対策のための研究活動において，研究者がつくった種同定マニュアルにもとづいて県職員が漁獲個体を同定したり，あるいは送られてきた写真によって科学者が種を同定したりして長崎県周辺のイルカ類の動物相を調べたことがある．そこでもコビレゴンドウは確認されていない．過去に九州沿岸でコビレゴンドウの標本

表 3.6　長崎県壱岐郡勝本町漁業協同組合によるイルカ類駆除頭数.本表の数字は県下のイルカ捕獲統計と重複する.カッコ内は追い込み回数で,混群の場合にはいずれの種にも回数を算入している.追い込み後に逃亡した個体は追い込み頭数に算入していない.Kasuya（1985b）,原田・塚本（1980）および水産庁統計を年別・鯨種別にまとめた.

年	鯨　種	Kasuya（1985b）頭　数	Kasuya（1985b）混群情報	原田・塚本（1980）	水産庁統計[1]
1972	オキゴンドウ				2
	ハナゴンドウ				1
	俗称ネズミイルカ				5
1976	ハナゴンドウ	55(2)		55(2)	55
1977	ハンドウイルカ	899(4)	ハンドウとオキゴ	899(4)	908
	オキゴンドウ	35(2)	ンの混群2回	35(2)	35
		計4回			
1978	ハンドウイルカ	958(5)	ハンドウとオキゴ	949(4)	949
	オキゴンドウ	349(4)	ンの混群3回	358(3)	424
	カマイルカ	25(1)		25(1)	25
	コビレゴンドウ	0		66(2)	0
		計6回			
1979	ハナゴンドウ[3]	388(6)	ハンドウとオキゴ	454(7)	454
	ハンドウイルカ	604(4)	ンの混群2回,ハ	541(4)	541
	オキゴンドウ	318(3)	ナゴンとハンドウ	318(3)	318
	カマイルカ	297(2)	の混群1回	333(2)	333
		合計12回			
1980	ハンドウイルカ	1,574(5)	ハンドウとオキゴ	1,855(5)	1,855
	オキゴンドウ	245(3)	ンの混群3回	265(3)	265
		合計5回			
1981	ハナゴンドウ	16(1)			16
	ハンドウイルカ	18(1)			18
	カマイルカ	108(2)			108
		合計4回			
1982	ハンドウイルカ	157(4)	ハンドウとオキゴ		163
	オキゴンドウ	6(1)	ンの混群1回		0
		合計4回			
1983	ハンドウイルカ				263
	オキゴンドウ				241
	カマイルカ				1,376
1984	ハンドウイルカ				170
	カマイルカ				2,668
1985	ハンドウイルカ				114
	オキゴンドウ				84
1986[2]	ハンドウイルカ				55
	カマイルカ				4
1990	ハンドウイルカ				64
	オキゴンドウ				45
	ハナゴンドウ				22
1993	ハンドウイルカ				32
	オキゴンドウ				18
1995	ハンドウイルカ				49

1) 表の掲載期間内で表示していない年は操業なしを意味する.
2) この長崎県下の追い込みは操業地の表示がないが,従事漁船350隻とあるので,勝本における追い込みと推定した.
3) 1979年3月7日の本種の追い込みに関しては50頭ずつ2回（原田・塚本1980）と100頭1回（Kasuya 1985b）の不一致がある.

が入手された例や，日本海で視認された例があるのも事実ではあるが（Kasuya 1975），この海域にはコビレゴンドウはまれで，地元民がたんに「ゴンドウ」と呼ぶのはほとんどすべてオキゴンドウを指すと判断されてきた．確証はないが，この66頭のコビレゴンドウはオキゴンドウの記録誤りではないかと思われる．水産庁統計の数字でみると，問題の66頭はオキゴンドウに算入されているように解釈される．同様の判断によるものであろう．

勝本町漁協のイルカ類捕獲活動や公的機関からの駆除のための資金援助は，すべてのイルカ類を対象として行われた．イルカの食性は種によって異なるが，それを無視してイルカであればなんでも駆除し，それに対して補助金が出たのである．捕獲されたイルカの胃内容物をみると，ハナゴンドウはイカだけを捕食しており，ほかの3種のイルカ類はイカと魚を食べていた．そのなかでブリが確認されたのはオキゴンドウとカマイルカのみであった（Kasuya 1985b）．生態系の解析を通してイルカと漁業とのかかわりを知るのであれば，イルカ種ごとに餌料生物の種類やサイズ，その季節や海域による変化などを知ることが重要である．残念ながら，そのような基礎資料の収集は壱岐のイルカ騒動では十分にはなされなかった．

勝本町漁協にとってはイルカ駆除事業を進めるにあたっての最大の難問は，捕獲したイルカ類の死体の処理にあった．イルカはひとまず近くの辰の島にある海水浴場の入江に追い込み，そこで殺してから必要に応じて処理に回した．イルカ肉を食する習慣のある対馬や五島に一部が送られたが，すべての捕獲物を消費することは無理だった．島内に穴を掘って埋めたが，すぐに場所がなくなった．水族館の需要も限られていた．海中投棄もしたが，海洋汚染防止法に違反するとして問題になり，1979年からは停止された．その後，肥料工場が運賃負担で引き受けることになり，問題が解決した．1979年には丸のままをトラック輸送したが，1980年からはシュレッダー（細断機）が導入され，勝本漁港でイルカの死体を細断処理してから肥料工場に送った．私の調査活動に参加された学生諸君は漁協のシュレッダー作業の手伝いをしながら，苦労して生物調査や標本採取に努めてくれた．感謝している．この調査も1981年に水産庁の調査チームの発足にともない中止された．

イルカ追い込み漁業は1982年に知事許可漁業となったが，壱岐では許可を取得していない．勝本町漁協はその後も有害水産動物駆除の許可を随時申請しつつ，1995年まで低レベルの捕獲を続けていた．これは日本がIWCに提出しているProgress Reportに，長崎県下でイルカの駆除頭数が記載されていることから知ることができる．捕獲したイルカは水族館用に販売したり，壱岐島内のイルカ飼育施設に入れて観光客にみせたりしていた．ちなみに長崎県下の1990年の駆除枠は104頭であった．

当時の鯨肉事情を知るための参考に，私が1990年2月13日に長崎県宇久島の平に出張して，翌14日に漁協で聞いた話を紹介しよう．この年の1月末か2月初めに勝本町で1群のイルカが追い込まれた．そのうちのオキゴンドウ4頭は生体でどこかの水族館が購入し（1頭23万円），残りのオキゴンドウ27頭とハンドウイルカ16頭は外房捕鯨株式会社が購入した（オキゴンドウ20万円/頭，ハンドウイルカ1万円/頭）．会社はこれらの死体を平に搬送し，そこで解体して肉を下関に出荷した．解体・出荷は私がくる数日前のことだったらしい．追い込んでから壱岐で1週間ほど蓄養されたので，痩せていて肉質が悪かったということであるが，オキゴンドウ1頭から平均130 kgの肉が取れ，下関では上肉3,200円/kg，普通肉1,600円/kgで売れた．上肉と普通肉の比率はわからないので，かりに1：2だとするとオキゴンドウ1頭が277,000円となるから，1頭あたり7-8万円の差益が出たことになる．ハンドウイルカは買値が1頭1万円だったそうであるが，売値は聞かなかった．なお，オキゴンドウの肉は私も1979年ごろに勝本町で焼肉にして食べたが，うまかった記憶がある．

当時，外房捕鯨は鯨解体などに従事する事業員を宇久島の平に宿泊させ，解体場を近くの無

人の小島に設置して，コビレゴンドウを求めて操業していた．私かアルバイトの調査員が漁期中はここに滞在して漁獲物の調査と操業の監視にあたっていたのである．この事業は不漁のために 2-3 年で打ち切りになったと思うが，そのときの暇つぶしに勝本からイルカを購入したものらしい．商業捕鯨が停止し，鯨肉供給が細ったときの出来事であった．なお，外房捕鯨の事業場設置計画を耳にしたときに，私はこの海にはコビレゴンドウが少ないので，計画を思いとどまるように忠告したが，同社からは「コビレゴンドウが皆無というわけではないでしょう」と逆に質問されて，反論をあきらめた．結果的にはゼロに近い操業成績だったらしい．この海域にコビレゴンドウがまれであることは，壱岐のイルカ騒動以来確認されていたのに，なぜあえて出漁したのか私にはいまでも理解できない．

この壱岐のイルカ騒動がきっかけになって調査研究も行われ，われわれは 4 種のイルカについて，その生活史，分布，生息頭数などの漁業生物学的な側面を知ることができた．それらの主要部分は田村ら（1986）の報告書にまとめられている．そのほかに，私の関係する分野ではイルカ騒動の経緯の記録（Kasuya 1985b），ハンドウイルカの生活史（粕谷ら 1997; 第 11 章），カマイルカの成長（第 14 章）があり，オキゴンドウの生活史についてはオーストラリアと南アフリカの研究者と共同でまとめつつある．

一連の壱岐のイルカ騒動を通して日本社会が実感した衝撃的な事実があった．それは日本人の自然観が世界の多くの文明国の自然観，なかでも西欧諸国のそれとずれているという事実である．壱岐でイルカ追い込みに初めて成功してから 3 年目，1978 年 2 月にはハンドウイルカとオキゴンドウを合わせて 1,000 頭あまりを捕獲して，イルカ駆除の成功に壱岐の漁民は歓声を上げていた．そのときに，それに対する批判が世界中から上がり，11 カ国以上の在外公館に抗議電報が殺到したという（原田・塚本 1980; 田村ら 1986）．政府はこれに応じてイルカ対策を駆除から駆逐に転換することとし，イルカ類を漁場から追い払うための技術の開発を目的とした研究班を大急ぎで立ち上げた．しかし，一方ではイルカを殺す場面を大衆の目にさらさないように努めつつ，駆除への財政的補助は続けていた．実態を隠して見かけをとりつくろう政策だったといえよう．そして 1980 年 2 月には米国人デクスター・ケイトが夜間に辰の島に渡り，網を切ってイルカを逃がすという事件が発生した．このような世界の批判や急進的な活動に対して法律論を展開しても問題の解決にはならない．また，科学的な証拠にもとづいてイルカ駆除の妥当性を説明しても，またそれが可能だったとしても，相手を納得させられるとは限らない．まして，殺戮の現場を隠しながら密かに駆除を続けるならば，それは相手の不信を増幅させて，その後の対話をむずかしくすることになる．大切なのは問題の背後にある野生生物に対する認識のちがい，あるいは鯨類に対する認識のちがいを理解することであると私は考えている．

壱岐の漁師は，自分らの操業の邪魔をするから，自分らの漁業にとって害になるからイルカを駆除すると主張していたが，ここに認識のずれがあった．そのような主張は世界的に受け入れられなくなりつつある．主要な視点は 2 つある．1 つは，動物に対する見方である．それは社会が異なればちがうし，同じ社会でも人によって異なるとしても，世界的にみればイルカやクジラに対して親しみをもつ人が増えているのが事実である．親しみをもつ動物に対しては，大切にあつかいたいという思いが強くなる．2 番目は自然物の所有者はだれかという認識のちがいである．地球上の自然は人類の共有物であるという考え方が普通になってきた．これが自然保護の根底にある思想である．地理的な条件やこれまでの慣習もあり，壱岐の海を長崎県の漁業者が利用することを認めてはいるが，それは長崎県漁業者の私有物としてではないし，日本人の所有物として認められたわけでもない．漁業者は海の使い方について白紙委任をもらっているのでもない．海にいる漁業資源も，それを食っているイルカについても同様である．このような考えを日本人も理解する必要がある．

そうなればイルカの駆除をする前に，その必要性と妥当性を世界に説明することに努力を傾注せざるをえなくなる．また，なんらかの理由で駆除を実行した後には，駆除の影響や効果を評価し，その後の経過を観察するという後始末も当事者の義務であることが理解されよう．さらに，近ごろでは野生生物自体にわれわれと地球を共有する仲間として生きる権利を認めようとする考えも支持を得つつある．

いま，辰の島のイルカ殺戮の浜にはイルカ慰霊碑が建てられている．慰霊碑の建立自体は悪いことではないが，私にはむだな作業にみえる．まして，それによって過去の償いがすんだとするのは見当ちがいである．それは社会の共有財に対してなした破壊を自分の心のなかの問題として終結させることであり，社会に対して責任をとったことにはならない．捕鯨業者が鯨の慰霊祭を行うのも同じである．

3.5　長崎県五島

五島列島の中通島の北西の隅に北向きに開口する有川湾がある．この湾をはさんで東西の岸に向き合って位置するのが有川と魚目（うおのめ）である．その北30 kmには前述の宇久島がある．どちらもイルカ漁や捕鯨の歴史で知られている．

渋沢（1982）は有川村におけるイルカ漁に関する古い記録を紹介している．それによると「ゆるかあみ」の語を記した永和3年（1377）の文書が残っており，元禄4年（1691）の文書には「入鹿漁」があった記事とともに「入鹿追込」の言葉も出てくるということである．これらは14世紀には五島でイルカ類の追い込み漁が行われたことを示すものである．

『水産捕採誌』（農商務省水産局1911）には有川と魚目のイルカ網に関する記述がある．それによると，ここのイルカ漁の歴史は元禄年間（1688-1703）以前にさかのぼり，対象種は真海豚（別名ハセイルカ）と入道海豚（別名バウズイルカ）であった．前者はハセイルカ，後者はオキゴンドウと考えられている（粕谷・山田1995）．この操業ではイルカの見張り小屋を設けるとか，専門の探索船を出すということはしなかった．この点は能登半島の操業とはちがい，対馬の操業に似ている．それだけ商業的要素が少ないということであろう．イルカ以外の魚の漁をしているときに偶然にイルカを発見すると，その者は衣服かコモを竿に掲げてほかの船に連絡する．順次このようにして連絡を広げる．発見者や連絡者は，その順序・貢献に応じて配分がもらえた．また，その配分量はそれまでの操業を停止したことによる損失を補って余ったという．信号をみた者はただちに急行し，数十ないし百隻もの船がイルカ群を三方から囲んで，音を立てて脅しつつ湾内に誘導する．イルカが湾内に入れば湾口を目の粗い網で閉ざし，その内側に細かい目の網を重ねて逃亡を妨げる．いずれもわら縄の網である．その後，麻縄の網を使ってイルカを浜に寄せて殺し，漁獲物は沿岸の部落ごとに戸数に応じて配分した．

このような操業は戦後も続いていた．長崎大学水産学部の水江一弘教授（当時）らはその漁獲物を用いて1960年代に多くの研究の成果を発表している．その種類はハンドウイルカ，オキゴンドウ，ハナゴンドウ，マダライルカである（Ohsumi 1972）．壱岐で最初のイルカ騒動が起こると，水産庁は調査グループを発足させ，調査結果を報告書にして出版した（水産庁調査研究部1968, 1969）．そこにはイルカ漁の記録の収集も含まれていて，五島列島でイルカ追い込み漁獲が行われた場所として，上に述べた有川と魚目のほかに，三井楽と富江をあげている．そこに記録されたイルカ種の多くは水江教授らがそれまでに確認した種と共通するが，例外はカマイルカとマダライルカである．カマイルカは新たに確認された種であり，マダライルカは水江教授らによって存在が確認されているが，水産庁調査研究部（1968, 1969）は確認していない．後者は「ねずみいるか」と称された1群の種に含まれている可能性がある．五島の追い込み漁のおもな漁獲物はハンドウイルカ，ハナゴンドウ，オキゴンドウの3種であり，マダライルカは回数は少ないものの捕獲された記録がある．表3.7にみるように，そこには1,200頭

3.6 北九州および山口県沿岸　101

表 3.7 長崎県下におけるイルカ追い込みの頭数と追い込み年月を示す.「ゴンドウ」とある記録は種不明に含めたが（*印），おそらくオキゴンドウを指すと思われる．ほかの記録にも種の確認が不十分なものがある．水産庁調査研究部（1969）より集計．

鯨　種	有川・魚目	三井楽	富江	壱岐	対馬	阿翁・飛島
ハンドウイルカ	398(1960.07)	658(1955.01)		70(1963.12)[2]		300(1960.02)
	300(1960.12)	530(1958.10)				
		400(1958.12)				
		200(1959.07)				
		97(1960.08)				
		108(1966.07)				
		272(1966.08)				
オキゴンドウ	200(1960.12)	400(1958.12)		20(1962.12)[2]		300(1960.02)
ハナゴンドウ	20(1959.09)	30(1959.07)		39(1956.11)		
	20(1960.09)	380(1960.10)[1]				
		142(1961.01)				
		23(1963.10)				
カマイルカ	1200(1964/65)					
種不明	*39(1954.10)	27(1959.10)	10(1964.08)	300(1944)	25(1950.06)	2,000-3,000(1916)
	*83(1962.11)	76(1959.11)		800(1945)	?(1963.10)	10(1950)

1) ハンドウイルカとハナゴンドウ（混合比不明）．
2) ハンドウイルカとオキゴンドウ（混合比不明）．

のカマイルカを追い込んだ例もある．カマイルカに関しては壱岐では数百隻の船を動員しても，慣れないうちは群れの大部分が逃げてしまい，数十頭しか捕獲できなかった例もあった．そのような追い込みの困難さを聞いている者には，にわかにはこの記録を信じがたい気もする．しかし，伊豆半島沿岸や山田湾での追い込み事例（後述）や壱岐の勝本の事例（表 3.6）にみるように，漁具や追い込み方法によっては成功裏に捕獲される例があることを記憶する必要がある．

五島の追い込み漁業者は 1982 年に知事許可を取得しなかったので，この段階で追い込み漁業としては消滅した．実際にはその後もしばらくは捕獲が行われたが，これは有害動物駆除としてなされたものと思われる．

3.6　北九州および山口県沿岸

木崎盛標（1773）の『江猪漁事』[イルカ漁のこと] は佐賀県唐津のイルカ追い込み漁を記述している（Hawley 1958-1960 による）．沖にイルカの群れをみつけると勢子船を出して自分たちの浦々に追い込み，湾口を 2 重，3 重の網で閉ざしてから磯近くに寄せて取り上げると述べている．北九州沿岸の各地では，チャンスをみつけてはイルカの群れを捕獲する，日和見的な追い込み漁業が行われていたことがわかる．捕獲されたイルカとして 5 種をあげている．にうどふ，はんどふ，はせ，ねずみ，しらたごである．前 3 種は追い込みやすいが，後の 2 種は動きが速いので追い込みにくいとある．図をみると，そこにはオキゴンドウとハンドウイルカと判定される 2 種が同時に追い込まれている．おそらく，それぞれ「にうどふ」と「はんどふ」にあたるものと思われる．これら 2 種は壱岐でも同時に追い込まれることが多かった．「はせ」がハセイルカに想定されることはすでに述べた（粕谷・山田 1995）．「ねずみ」と「しらたご」は，いまのどのような種に相当するものか明らかではない．

水産庁調査研究部（1969）は山口県から西九州を経て鹿児島県にいたる各地の 261 漁協を対象に，過去のイルカ捕獲の事例の有無を尋ねた．回答事例がカバーしている期間は 1916 年から 1966 年までである．すでに述べた五島，壱岐，対馬を除くと，イルカ追い込みの記録があると回答したのは長崎県の 3 漁協で，その所在は生月島生月（1950 年に種不明 10 頭），鷹島村阿翁浦（1916 年にマイルカかカマイルカを

102   第3章　イルカ追い込み漁業

表3.8　北九州沿岸および山口県におけるイルカ追い込み漁，1972-2004年．長崎県を除く．水産庁統計による．

年	鯨　種	捕獲頭数	捕獲地	備　考
1972	カマイルカ	17	仙崎	下関水族館搬入
1974	カマイルカ	22	仙崎	同　上

2,000-3,000頭），松浦市今福町飛島［1960年2月にオキゴンドウとハンドウイルカ各300頭（混群であろう）］であった（表3.7）．堤ら（1961）は北九州方面のイルカの食性の研究のために，各地からイルカの標本を入手しているが，その入手先として先に述べた飛島の追い込み例が入っており，これら2つの種名が正しいことが確認できる．このほかに，1960年2月に山口県仙崎市青海島で捕獲されて水族館に搬入されて死亡したオキゴンドウとハンドウイルカ各5頭が堤ら（1961）に使われている．これは水族館が，かつてのイルカ漁業地に依頼して，展示用のイルカを捕獲させたものと思われる．なお，この青海島の記録は水産庁の調査記録からは漏れている．

山口県小野田や香川県観音寺の北の大浜の例にみるように，19世紀には瀬戸内海側でも古式捕鯨が行われた記録があるが（進藤1968; Omura 1974），北九州沿岸から山口県にいたる日本海側の土地は古くから捕鯨がさかんであった．そこではイルカ漁も行われていたが，そこのイルカ漁の衰退は島嶼部に比べて早かったものと思われる．水産庁統計によれば，1972年以降は表3.8にあげた2例しか追い込み漁の記録がない．いずれも水族館の依頼で操業したものらしい．同統計には1984年に福井県高浜町で追い込みによりツチクジラ2頭を捕獲した記録がみえるが，漂着しかけたものを追い上げるというような特殊な事例でない限り，技術的には不可能な作業に思われる．

1982年にイルカ追い込み漁業が知事許可漁業とされた際には，北九州あるいは山口県沿岸では操業許可を取得したものはない．

3.7　三陸地方

いま，三陸沿岸ではイシイルカの突きん棒捕獲がさかんであるが，岩手県でイルカ類の追い込み漁が行われていた時代があった．明治時代に政府が行った水産情勢調査（竹中1890b; 農商務省1890-1893）には，宮城・岩手両県のイルカ漁業地がリストされていることはすでに述べた．宮城県赤崎村，岩手県釜石町，同舟越（いまの船越）村，同山田浦（大浦）がそれである．『山田町史』（川端1986）は岩手県下に残る古文書をもとにイルカ追い込み漁の歴史をまとめている．そこには上のリストよりもやや多くの関連地名があげられているが，そのなかからイルカ追い込みの操業記録を拾い出すと，大浦，赤崎，舟越，釜石があげられ，明治政府の調査結果とほとんど同じである（表3.9）．おそらく川端（1986）はかつて県から明治政府へ出された回答文書の下書きか控えを基礎資料として用いているものと推定される．

大浦は巾着のように奥が広がった山田湾の南岸に位置する集落であり，「大浦」と「山田浦」は同じ操業地を指している．赤崎は奥深い大船渡湾の最奥部に位置した集落である．釜石と舟越もそれぞれ釜石湾と船越湾の奥に位置している．表3.9の操業年は調査時からみて過去数年間の操業状況の報告であるから，実際の操業期間は上限・下限ともにこれよりも広いものと思われる．いずれにしても，その時期はイシイルカの突きん棒漁業が興隆する前のことである．

川端（1986）によれば大浦のイルカ操業は，釜石の南にある唐丹村からは技術を，大槌町からは資本を導入して，地元の出資者五十数名の参加を得て享保12年（1727）に始められたものである．その経営の仕組みは時代とともに変

表 3.9 岩手県方面におけるかつてのイルカ追い込み漁業地. 地名は当時のまま.

県	事業地	記録された期間	出　典
宮　城	赤崎村	明治 3-18 年（1870-1885）	農商務省（1890-1893），竹中（1890b）
	同　上	同　上	川端（1986）
岩　手	釜石町	明治 21-22 年（1888-1889）	竹中（1890b）
	同　上	明治 21 年（1888）	川端（1986）
	舟越村	明治 20-21 年（1887-1888）	竹中（1890b）
	同　上	明治 20-22 年（1887-1889）	川端（1986）
	山田浦		農商務省（1890-1893）
	大　浦	享保 13 年-大正 2 年（1728-1913）	川端（1986）

化したらしい. 最後の操業は大正時代とされている. 操業は山田湾内にイルカの出現を認めることで始まる. 大浦部落の全員が網を積み, あるいは石を積んで船を漕ぎ出し, 湾内に入ってきたイルカを大浦方面に追い込み, 大浦の入江の前の小島に網を張って退路を断ち陸に揚げた. 明治になってからは学校も休みになったというから, 地域の共同事業として行われたもので, その性格は長崎県か沖縄方面のかつてのイルカ漁と似たものであったらしい. 漁獲物から運上を払った後は, 規定により出資者, 操業協力者, 各戸割り, 神社仏閣, 小学校補助などに配分された. 大金を大ざっぱに分配する経営を小馬鹿にして「大浦の銭勘定」と表現するという. また, 大浦ではイルカの大群を追い込んでから大急ぎで網を調えたことがあるので, 泥縄式を表現するのにこの大浦での出来事を引き合いに出すこともあるという. これら 2 つの話は 1970 年代に船越湾の北岸に位置する田の浜にイシイルカの調査のために滞在しているときに聞いたものである. そこには豊かな経営を小馬鹿にする周囲のねたみがあると私は感じた. 裏を返せば, イルカ漁の繁栄を物語るものであろう.

川端（1986）に収録されている大浦のイルカ漁に関する文書には, 鰌（いるか）, 鼠鰌（ねずみいるか）, 真鰌（まいるか）の 3 つの呼称が記録されている. また, 同書に収録されている赤崎村・釜石町・舟越村の明治 3-22 年（1870-1889）の記録には真海豚, 鼠海豚, 鎌海豚, 入道海豚, 後藤海豚の 5 種名が登場し（捕獲頭数の記録は最初の 2 種のみ）, 要旨につぎのような記述がある. 「鎌海豚と真海豚は混ざって捕獲され, 前者は雄で魚尾の屈曲するもの, 後者は雌魚で尾の直なるものを指すが, 漁獲の際は区別しないので統計にも区別しない」. おそらくカマイルカの成熟した雄では, 背鰭が著しく湾曲して先端が垂れ下がることを指しているものと思われる（雌や子どもの背鰭は普通のイルカ型に近い; 第 14 章）. この記述が事実ならば, 2 つの名称はどれもカマイルカを指すことになる. また, 同じ文書の舟越村の項には「真海豚は 1 頭 17 貫（64 kg）, 鼠海豚は 14 貫（53 kg）, 後藤海豚は前 2 種に比べて美味」とある. さらに, これらは季節にかかわらず捕獲されるともある. 後藤海豚の体重は記述されていないが, 美味ということと名前の類似性からコビレゴンドウの可能性がある. 体重からみると, 鼠海豚はいまのネズミイルカらしいが, 断定しがたい. また, 後藤海豚と入道海豚の区別は定かではない. 今日イシイルカを示す地方名として三陸地方で広く使われている「カミヨ」ないしは「カメヨ」という名称は, これら古文書には登場しない.

川端（1986）が集めたイルカ漁に関する古文書から捕獲頭数を拾い出すと表 3.10 のようになる.

川端（1986）は赤崎, 釜石, 舟越の操業について漁期, 加工, 販路なども示している. 赤崎は漁期が夏 5-6 月, 秋 9-10 月, 冬 12-1 月で漁の盛期は明らかではないとし, 釜石は 5 月から 12 月で盛期は 7-8 月, 舟越の漁期は 10 月から 2 月までとしている. これらの操業は偶発的にイルカが湾内に入ったときに行うものであるため, 漁がまったくない年もあり, 季節的な傾向

表 3.10 岩手県におけるイルカ追い込み漁による捕獲の記録[1]. 川端（1986）より集計.

年・月	場 所	海 豚	鼠海豚	真 鯆	1頭あたり単価
1857.3	大浦		2,200	3,590	鼠1両に8頭，真1両に7頭
1870.3	大浦			111	14貫文（1貫は1文銭千枚）
1870.	赤崎			54	2円31銭/頭[2]
1871.	赤崎			198	67銭/頭[2]
1874.	赤崎			200	70銭/頭[2]
1882.2	大浦	2,385			1円72銭余
1885.	赤崎			50	15銭/頭[2]
1888.	釜石			300	4円18銭（肉，油，その他）
1887.	舟越[3]		70	200	真 鯆：肉63.75 kg/頭，3円50銭/頭
1888.	舟越[3]		60	180	鼠海豚：肉52.5 kg/頭，2円
1889.	舟越[3]		30	68	20銭/頭，油1斗/頭，1円/頭

1) 種名は原表記のまま.
2) 肉の生産量は37.5 kg/頭と記されている.
3) 生産量・価格は3カ年に共通.

を把握するのはむずかしい．一般的には秋冬には生肉で販売し，春夏には塩蔵して販売した．価格は冬には1本2-3円と高値であるが，夏には15-50銭になったのは保存の困難さゆえであろう．販路は山形県最上地方，秋田県，福島県会津地方のほか，宮城県石巻に海上輸送で生肉を出荷することもあったと書かれている．

1頭あたりの肉の平均生産量は概算らしいが，真海豚が37.5 kg（赤崎），63.8 kg（舟越），67.5 kg（釜石），鼠海豚が52.5 kg（舟越）とあり，今日の突きん棒漁業ではイシイルカ1頭の生産が約50 kg（第2章）であるのと大きなちがいはない．油は真海豚で1.2リットル（釜石），鼠海豚で18リットル（舟越）とれたという．油は舟越では皮と頭部から採取するとあり，釜石では白肉（脂皮のこと）は肉につけて売るので，油は頭，骨，腸からとるという．同じ真海豚でも土地により生産量に2倍近い差があるのは，脂皮を肉につけるか否かのちがいが影響しているのかもしれない．これらの生産量からイルカの種を特定することはむずかしい．

『山田町史』（川端1986）に記録されている当時の文書に現れるイルカの種名は，上にあげたものだけである．それとは別に，川端（1986）は当時に捕獲対象になったイルカとして「マイルカ」「カメヨ（＝リクゼンイルカ）」「ネズミイルカ」「セミイルカ（＝サオイルカ）」「後藤イルカ」をあげ，初めの3種が多く捕獲されたこと，「マイルカ」はスジイルカとカマイルカを含むと書いている．これは川端自身の判断と思われるが，その判断の根拠は示されていない．今日のイルカの知識からすれば，イシイルカが追い込み漁の主要な対象種になったとは信じがたい．イシイルカは比較的外洋性の種であるから，湾内に入り込むことは少ないであろうし，大きな群れをつくらないので追い込み漁で採算が合うとも思えない．なお，大正2年（1913）7月1日に2,000-3,000頭が捕獲されたときの写真が大浦に保存されており，私自身もそれがカマイルカであり，他種の混入は認められないことを確認している．川端（1986）もこの写真についてふれている．

これら漁業は，明治になると漁業法の網代漁業として免許を受けて操業したものと思われる．最後まで操業が続いた大浦も大正年代に操業をやめたということであるが，その最後の操業がいつであったかは明らかでない（川端1986）．

3.8 静岡県伊豆地方

3.8.1 漁業形態の変遷

鯨類遺物の出土する有史以前の遺跡は北海道から南西諸島まで広がっている．なかでも東京湾から相模湾にかけてはそのような遺跡が多く，ゴンドウクジラ類とされる骨も出土している

表 3.11 伊豆半島沿岸におけるイルカ漁経営体の変遷. +印で示したものは共同経営とされるが詳細は不明.

年 代	東伊豆（河津以北）	南伊豆	西伊豆（松崎以北）	合計	出 典
1619			重須+長浜	?	渋沢（1982）
江戸時代	湯川+松原,稲取（1827）			?	伊東誌（未見）, 静岡県教育委員会（1987）
1890年代	稲取, 川奈	入間, 妻良, 子浦	田子, 安良里, 土肥, 戸田, 西浦村（足保+久料, 江梨, 木負, 久連, 古宇, 立保, 平沢）[2], 重寺, 重須+長浜	18	川島（1894）
特定せず[4]	下河津, 稲取, 富戸, 川奈, 網代	石部	田子, 安良里, 土肥, 戸田		静岡県教育委員会（1986, 1987）
1900年代	稲取, 小室（川奈）, 伊東		田子, 宇久須, 戸田, 西浦, 内浦	8	農商務省水産局（1911）
1940-50年代[3]	稲取, 富戸, 川奈,		田子, 安良里, 戸田, 土肥	7	静岡県教育委員会（1986, 1987）, 中村（1988）
1960年代	富戸, 川奈		安良里	3	著者資料
1970年代[1]	富戸, 川奈		安良里	2-3	著者資料
1984-	富戸			1	著者資料

1) 安良里は1961年で本格的な操業を終え、1973年まで散発的な捕獲があり、川奈と富戸は1967年秋より1983年まで共同操業.
2) 西浦村はこれら8つの字を含み、いずれもイルカ漁をなすとある.
3) 大戦中に戸田，稲取，土肥（田子も？）はイルカ漁を復活し，安良里は積極的な探索を開始した．稲取は明治期にイルカ漁を停止し，大戦中に復活したものである．戸田には「第二種漁業いるか漁業」の知事免許証（1942年10月27日より1947年12月31日まで）が残る．
4) 始業時期は稲取は文政10年（1827；イルカ供養碑建立）以前，川奈は明治21年（1888）12月（Kasuya 1985a にも関連記述あり），富戸は明治30年（1897）ごろである（静岡県教育委員会 1987）.

（安楽 1985; 粕谷ら 1985; 河口・西中 1985）．また，縄文晩期の伊東市井戸川遺跡では，部分的な発掘ではあるが，マイルカの頭骨が4個出ている（栗野・永浜 1985）.

伊豆半島沿岸におけるイルカ追い込み漁の記録は元和5年（1619）にまでさかのぼるとされている（渋沢 1982）．これは駿河湾奥部にある内浦の長浜と重須の両部落が共同で経営するイルカ網漁の配分を定めた文書である．ほかの部落でも同様の漁業が行われたものと思われる．川島（1894）の『静岡県水産誌』は明治20年代の水産業の記録で，より網羅的な調査がなされている（表 3.11）．共同経営とされる足保と久料，重須と長浜を1つに数えると，当時は伊豆半島沿岸では18の組織がイルカ追い込み漁をしていたことがわかる．これより少し遅れる『水産捕採誌』（農商務省水産局 1911）では，8カ村が従事していたとある．川島（1894）が網羅的な記述であるのに対して，農商務省水産局（1911）は例示的なものであるから，この差が経営体数の変化を示すと断定することはできない．明治中期に新たにイルカ漁業に参加したといわれる川奈や富戸のような例もあることからみて，経営体数は流動的であったと理解したほうがよい（表 3.11 の脚注参照）．このほかに，神奈川県平塚新宿では地引網でイルカ漁をしていた記録がある（農商務省水産局 1911）ほか，眞鶴でも地形の便を得てイルカ漁が行われた（農商務省 1890-1893）．平塚は海岸が遠浅で地形が追い込みに適しないため，地引網を用いたとされている．寛永15年（1638）に書かれたといわれる『毛吹草』には，相模の国の江ノ島の名物としてイルカが載っているそうである（Hawley 1958-1960）．平塚あたりで捕れたイルカが干物になって江ノ島方面まで送られたものかもしれない．

大正から昭和前期にかけての経営体数の動向は明らかではない．しかし，静岡県教育委員会（1986, 1987）による戦中・戦後のイルカ漁業の調査結果からみると，明治以後イルカ追い込み漁の経営体数は減少の傾向にあったことがうかがえる．すなわち，稲取は明治30年代に操

業を停止しており，大戦中に操業を再開するにあたって安良里での操業を視察に行ったということである．戸田もしばらくは操業を休んでいたが大戦中に再開したとされている．田子については記述があいまいで，完全に中断があったかどうかは断定できないが，これも戸田と同様の経過を経て大戦中に操業を再開したもののようである．土肥でも同様にして，昭和16, 17年ごろにイルカ漁を再開したといわれる（中村 1988）．

安良里はそれまではイルカの探索を積極的に行うことはなく，たまたまイルカを発見したときに追い込みをする程度であったが，太平洋戦争になってからイルカの群れを求めて探索船を出すようになった．大戦中には働き手も大型漁船も軍に徴用され，村には女性と高齢者と小船しかなく操業が制約された．また，戦争中のことなので海には敵潜水艦が出没し，空には敵機が来襲するので沖合操業や夜間に灯をともす操業は危険だった．そこでイルカ漁に力を入れたということである．終戦後もしばらくは食糧不足がはなはだしかったので，イルカ漁は空前の活気を呈した．安良里では1949年12月に3,500頭以上の捕獲があり，これを処理するのに2週間以上を要したという．市場での売り上げは2,500万円以上になったが，それを100円札で持ち帰ったところ，漁協の勘定部屋が札でいっぱいになったそうである（静岡県教育委員会1986）．これから計算すると1頭あたりの値段は7,000円ほどになる．これが闇値であれば，ありえない話ではない．Wilke *et al.* (1953) は，1948年の三陸ではイルカ1頭の公定価格が2,000–3,000円で，闇値はその2.5倍であったと述べている．闇に売られたイルカは漁獲統計に計上されることはなく，ほんとうの捕獲統計も闇にほうむられたにちがいない．

戦後の好景気にわいた伊豆のイルカ漁業も，まもなく縮小の道をたどった．私が1960年に鯨類研究所（当時）の西脇昌治・大隅清治両氏の手伝いで川奈のイルカ漁の調査に行ったときには，すでに稲取は操業をやめて，伊豆半島沿岸でイルカの追い込み漁をしているのは安良里，富戸，川奈の3経営体となっていた．西海岸の安良里は1961年漁期を最後に本格的な操業をやめた．たまたまイルカの群れがみつかれば追い込むという，第2次世界大戦の前の操業形態に戻ったのである．その後，低レベルの捕獲があったが，1973年のハンドウイルカ37頭の捕獲を最後にイルカ漁業から完全に撤退した．この年にイルカ漁を担っていた大網の組織は，株を漁協に売るという形で解散したのである（静岡県教育委員会1986）．その背景にはイルカ価格の低落や来遊量の減少のほかに，大型漁船の建造による遠洋漁業の興隆があったといわれる（静岡県教育委員会1986）．

伊豆東海岸の富戸と川奈は距離が近く，同じ相模湾で操業した関係でたがいに仲が悪く，明治36年（1903）には洋上乱闘を起こしたこともある．このような紛争は戦後にもあったらしい（静岡県教育委員会1987）．相手が捕る前に自分らで捕るという発想で，2つのイルカ組が競ってイルカを追い込んだため，市場が飽和し価格が暴落した．1966年ごろのことであったが，私の記憶では1頭が300円を割るくらいまで下がり，富戸の港外に浮いているイルカをだれも拾おうとしない状態になっていた．これを契機にして，静岡県水産試験場の仲介で1967年2月に共同事業の協定が成立した（静岡県教育委員会1987）．また，水産庁沿岸課が行政の参考のために収集したものと思われる統計資料（1981年12月15日付）にも共同操業は1967年に開始されたと付記されている（表3.14の脚注参照）．これらの記録からは，富戸と川奈の漁協の共同操業は1967年の秋に始まった漁期に開始されたと判断される．Kasuya (1985a) は共同操業の開始を1968年秋とし，Kishiro and Kasuya（1993）もそれを引用しているが，それは誤りかもしれない．両漁協は探索船を2隻ずつ運航し，漁獲物は交互にそれぞれの湾に追い込むことになったのである．これが1983年漁期まで続き，1984年秋からは川奈がイルカ漁をやめた．これより前，1978年ごろから川奈のイルカ事業は赤字になっていたという（静岡県教育委員会1987）．1970年代の後

図 3.1 明治 20 年代（1887-1896）の伊豆半島沿岸におけるイルカ追い込み漁の操業地（川島 1894 より描く）．重寺（1）は淡島にも出漁した．重須（2）は長浜と，久料（6）は足保との共同操業である．獅子浜（A）には塩蔵イルカの出荷記録があるが，イルカ漁の記録はなく，加工地であったかもしれない．図中のイルカ操業地のなかで，1960 年代に操業していたのは，安良里（9），富戸（16），川奈（17）の 3 カ所のみである．

半には三陸方面からイシイルカがさかんに移入されていたことをみれば，需要の減少を伊豆のイルカ漁業の低落の原因とすることはできない（Kasuya 1985a; Kishiro and Kasuya 1993）．しかし，もしも三陸から大量のイルカの移入がなかったならば，伊豆のイルカ漁業の採算は多少は改善されていたかもしれない．2008 年の時点では，伊豆半島沿岸ではひとり富戸のみがイルカ追い込み漁を続けているが，2005 年以来捕獲はない（表 3.16）．本漁業の推移についてはスジイルカの項でもふれる．

川島（1894）によれば，伊豆半島のイルカ追い込み漁に用いる網の構造は時代により，あるいは地域により異なったことがわかる．東海岸北部の伊豆山から富戸にいたる村々では根據網(ねこさいあみ)と呼ばれる定置網が使われたが，その他の地域ではこの漁法は行われていなかった．伊豆半島沿岸で広く使われたのは建切網（立て切り網）で，大網とも呼ばれた．これはマグロやイルカが沿岸に接近するのを待って，入江などに追い込んで網で仕切る漁法であり，普通の意味での追い込み漁である．

川島（1894）は伊豆半島西海岸の田子のイルカ漁は県下一の規模であるとして，その操業を詳細に記述している．農商務省水産局（1911）にも同様の記述があるが，やや簡略化されている．田子は山に囲まれた巾着のような深い入江の奥にある．イルカ漁に使われる大網は 1 村の

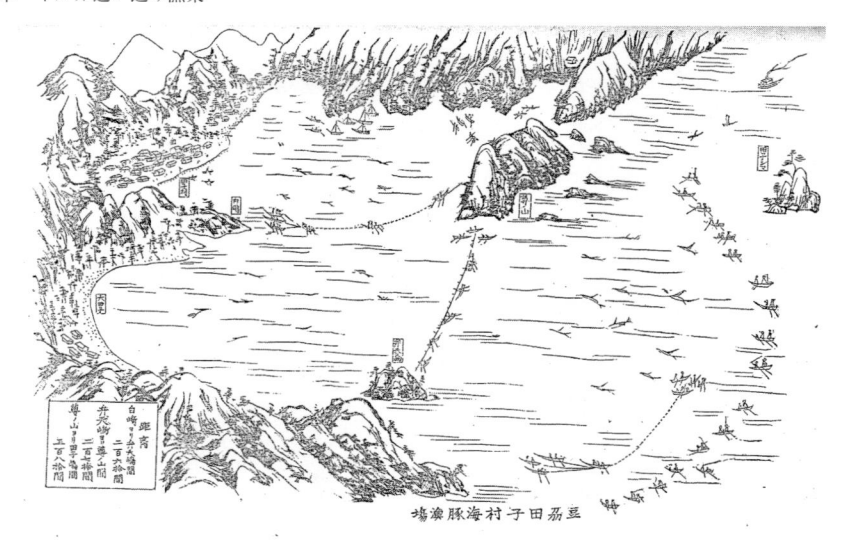

図 3.2 静岡県田子における明治 20 年代のイルカ追い込み漁の情景.（川島 1894）

共有物で，イルカ追い込み漁は村の共同事業であった．イルカ探索のために積極的に船を出したという記述はない．なにかの操業のときに沖合でイルカの群れを発見すると仲間の船や陸の者に合図をする．知らせを受けると各船が港外に出動し，船端をたたいたり，帆を沈めたり，碇を投げたりして群れを数里先から湾口に追い寄せる．イルカが湾内に入れば網で湾口を閉ざし，順次この網を引き寄せてイルカの群れを狭める．小群ならばそのまま取り上げ作業に入る．大群の場合には，さらに網を入れて群れを分割してから取り上げにかかる．ただし，カマイルカの場合には群れが湾外にあるときから群れの後ろに網を入れて逃亡を防ぎ，群れが湾内に入ると湾口を閉ざす網の内側にも網を置き，2 重に防御を固める．さらにそこに船を配置し，縄を垂らして，湾口を閉ざす網に近寄るイルカを威嚇し，カマイルカが網を飛び越えて逃亡するのを防いだ．その後で，外側の網はそのままにして，内側の網を狭めつつ他種イルカの取り上げ作業と同様の手順を進めた．

田子におけるカマイルカ操業の特徴は網を 1 枚余計に使うことと，逃亡を防ぐために警戒を厳重にしてイルカを網から遠ざけることであったらしい．カマイルカが網の浮きを飛び越えて逃亡することを警戒しているが，現実に起こるものかどうか本種の行動にくわしい方に確かめたいものである．田子では山見を置かなかったように思えるが，それは沿岸で操業する僚船が多いので，その必要を感じなかったためであろうか．

駿河湾奥部の内浦湾沿岸の建切網では，山の上に魚見人を置き，イルカや魚の来遊をみつけるとその指揮にしたがってつぎつぎと網を入れ，魚群を追いつめて捕獲したとされている．また，内浦湾南岸の大瀬崎から長居崎にいたる各地では，明治になってからは，陸から沖合に数百 m の袖網をあらかじめ張り出しておいて魚群の誘導を図ることが普及したが，これが近隣の村との紛争の種になったということである．内浦湾のなかでも獅子浜よりも北では，イルカの来遊はあったが漁業はなかった（川島 1894）．これらの操業は『静岡県水産誌』（川島 1894）の第 2 巻の第 8 図（重寺・淡島），同じく 24 丁表の図（田子），（第 1 回）『水産博覧会第一区第二類出品審査報告』（山本 1884）の 108 頁（重寺）などに描かれている．

沖合にイルカ探索船を出すことが始まったのはいつのことであるか．これは経営体によって異なるらしい．安良里では第 2 次世界大戦初期までは積極的な探索はしていなかったが（上述），川奈では探索船の導入がこれよりも早か

った．動力船が導入される前の櫓船の時代から毎朝2-3隻の当番船が探索に出たといわれる．動力船の導入後も当番制の探索が続いたといわれるが，隻数は定かでない．その後，1962年には高速の探索専門船を建造し，続いてこれを3隻に増やした．速度は当初13ノットだったが，1983年の3代目大網丸では40ノットになっていた（静岡県教育委員会1987）．Kasuya and Miyazaki（1982）は川奈漁協の須田組合長の話として，櫓や帆で操業していた時代には沖合数海里以内で操業したが，1920年代の動力船の導入にともない漁場が相模湾口の伊豆大島近海（港より37 km）まで拡大したということを記している．また，1962年の高速探索船の導入により探索範囲が伊豆大島を越えて，三宅島近海にまで拡大したということである．宮崎信之氏はこの探索船に乗船して，スジイルカの調査をしてきた．時代とともに操業海域が拡大し，探索努力量も増加したことは確かである．川奈に続いて富戸も同様の高速船を導入して，両村の間で捕獲競争が熾烈となったが，1967年2月に共同操業の協定が成立して，長年の紛争が終わったとされている（前述）．

川奈がイルカ追い込み漁を始めたのは明治21年（1888）のことであり，稲取から技術を導入したと信じられている（静岡県教育委員会1987）．それを記録する記念碑が1889年に川奈に建てられて，いまも残っている（Kasuya 1985a）．そして1983年漁期を最後に川奈はイルカ事業を実質終了し，1984年2月の総会に「廃止」が提案されたのを「休業」に修正のうえ可決して，約100年のイルカ追い込み漁の歴史を閉じた（静岡県教育委員会1987）．

一方，富戸は明治30年（1897）ごろからイルカ操業を開始し，操業をめぐって洋上で川奈との間で乱闘事件を起こした後，しばらくイルカ操業を中断したが，昭和5-6年（1930-1931）ごろに再開したのである．富戸は，川奈との共同操業（1967-1983）を経て，1984年秋に始まった漁期からは単独操業となり，探索船の数も2隻（1984-1986）ないし1隻（1987-）になった（Kishiro and Kasuya 1993）．

伊豆半島のイルカ漁の歴史については小島（2009）にも要約がある．

3.8.2 捕獲された鯨種

川島（1894）は伊豆半島沿岸で捕獲され，あるいは近海に分布する鯨類として海豚（つばめいるか，真海豚，鎌海豚，入道海豚，鼠海豚，しゃち），抹香鯨，槌鯨，鰯鯨をあげている．イルカ類の名称としては5種である．このほかに，各地の漁獲物として彼はさまざまな呼称も記録している．おそらく各漁業地から報告されたものをそのまま書いたものと思われる．これらをまとめて表3.12に収録した．

このほかに鯆種類別漁獲調（自昭和25年1月・至32年4月）という安良里漁業協同組合の統計表が私のところにある．そこには追い込みごとの種類・頭数・合計貫数（総販売重量と思われる）が記録されている．大隅清治氏の原本を昔にコピーしたものである．その由来はよくわからないが，おそらく水産庁あたりの求めに応じて，漁協が集計して提出したものと思われる．その数値は粕谷（1976）に収録してある．これもイルカ類の地方名としても興味ある資料である．また，竹中（1890b）は1882-1889年の8年間に安良里で捕獲されたイルカの種別の漁獲頭数や重量・価格などを記録している．そこで使われた種名も表3.12にまとめてある．かつての日本の漁村では，そこにもっとも普通なイルカを「マイルカ」を呼ぶ習慣があり，脳解剖学者の小川鼎三氏はイルカ類の脳の研究を行うにあたりその状況に困惑したことがきっかけとなって，イルカ類の分類学的研究を始めたと書いている（小川1950）．かつての伊豆半島での呼称がいまのイルカ類の名称のどれにあたるのか検討してみよう．

まず，シャチとカマイルカについては，そのまま現在の和名と同じとみられる．前者は全国共通であり，後者も特徴的な背鰭の模様と形に由来するので問題はないと考える．さらに鎌海豚は体重が7-8貫から34-35貫（28-129 kg）で，自ら湾内に入り込むことがあるという川島（1894）の記述も，この判断と矛盾するもので

表 3.12 伊豆半島のイルカ追い込み漁業地において使われたイルカ類の呼称.

旧呼称	出 典	使用地方	現在の名称
しゃち	川島（1894）	伊豆	シャチ
鎌海豚	川島（1894），竹中（1890b）	伊豆，伊豆網代	カマイルカ
真海豚	川島（1894），竹中（1890b）	伊豆	スジイルカ
まゆるか	川島（1894）	伊豆稲取	スジイルカ
真 鯆	安良里漁協資料	安良里	スジイルカ
ハス長	安良里漁協資料	安良里	ハンドウイルカ
大 鯆	安良里漁協資料	安良里	コビレゴンドウ
入道海豚 （ごんぞう海豚， ほうづ海豚とも）	川島（1894）	伊 豆	コビレゴンドウ
入道海豚	竹中（1890b）	安良里	コビレゴンドウ
松葉海豚	川島（1894）	土肥に捕獲例	ハナゴンドウ
つばめいるか	川島（1894）	伊豆網代	不　明

はない．

　つぎに入道海豚（川島 1894; 竹中 1890b）と大鯆（安良里漁協資料）について考えよう．安良里漁協では 1950 年から 1957 年までの 6 年 4 カ月の間に 18 回 1,891 頭の大鯆を追い込んでいる．1 回の追い込みの頭数は 16-226 頭の範囲にあり，平均 105 頭と群れは比較的小さい．1 頭あたりの平均重量は 421 kg で，リストされている 3 種のなかでは最大である．一方，竹中（1890b）が示した安良里の記録では 1882 年に入道海豚の捕獲があり，頭数は 760 頭で 1 頭あたりの肉重量は 128 貫目（480 kg）であった．これが何回の追い込みによるのかはわからない．2 つのソースで重量値がほぼ一致することと，それが能登の入道海豚（オキゴンドウ；前述）の量目の 2 倍もあることが注目される．同じ「入道海豚」でも能登と伊豆では別の種を指している可能性がある．伊豆近海のコビレゴンドウ（マゴンドウ型）では体重（W kg）と体長（L cm）との関係は $\log W = 2.8873 \log L + \log(2.377 \times 10^{-5})$ で示される（Kasuya and Matsui 1984）．これから計算すると雄のモード 4.75 m で 1,270 kg，最大体長の 5 m で 1,470 kg となる．

　数少ないオキゴンドウの体重記録をみると，475 cm の雌で 773 kg（Odell and McClune 1999）である．体重で判断する限り，伊豆半島沿岸で大鯆とか入道海豚と呼ばれた種は，オキゴンドウとみるよりはコビレゴンドウとみるほうがよいように思える．川島（1894）が入道海豚と記したイルカの体重は 40-50 貫（170 kg）から 350-360 貫（1,330 kg）で，これもコビレゴンドウの体重範囲として不自然ではない．

　さらに，Miyashita（1993）らのデータからオキゴンドウは今日の伊豆沖には少ないことも確かである．この研究は 1983-1991 年の 9 年間に得られた 6-9 月の目視調査データをもとに，追い込み漁業で捕獲されるイルカ類 6 種の生息数を推定したものである．6 種はいずれも暖海性の種である．調査海域は北緯 20-50 度，東経 127-180 度の範囲の東シナ海と北太平洋であり，これら 6 種が記録されたのはそのなかの北緯 23-42 度の範囲に限られていた．調査時点では伊豆半島のスジイルカ漁はすでに壊滅状態にあったので，沿岸水域のスジイルカ生息数は沖合に比べて著しく少なかったのは当然である．一方，オキゴンドウは太平洋沿岸であまり捕獲されていなかったにもかかわらず，好んで捕獲されてきたマゴンドウに比べて生息数が少ない．この点では，日本海・東シナ海ではコビレゴンドウをみることがまれで，オキゴンドウが普通に分布するのとは逆である．太平洋海域でマゴンドウに対するオキゴンドウのおおよその生息数比をみると，沿岸域は 7：1，沖合域は 5：2，南方海域は 3：1 で，日本の太平洋沿岸域ではオキゴンドウが少なく，コビレゴンドウが多いといえる（表 3.13）．

　東シナ海から日本海で入道海豚と呼ばれた種

表 3.13 西部北太平洋における暖海性イルカ類の発見頭数と推定生息数. カッコ内は 95% 信頼限界.

種	推定生息頭数[1]			発見頭数[1]
	沿岸域	沖合域	南部海域	全調査域
スジイルカ	19,631	497,725	52,682	18,610
	(5,727-67,288)	(351,416-704,949)	(10,940-253,700)	
マダライルカ	15,900	294,321	127,843	13,519
	(7,459-33,892)	(202,705-427,344)	(64,959-251,604)	
ハンドウイルカ	36,791	100,281	31,720	6,562
	(22,699-59,630)	(52,537-191,412)	(7,665- 13,261)	
ハナゴンドウ	31,012	45,233	7,044	4,043
	(20,600-46,686)	(26,894- 76,077)	(1,802- 27,542)	
マゴンドウ	14,012	20,884	18,712	2,172
	(8,996-21,824)	(11,081- 39,361)	(8,448- 41,445)	
タッパナガ	4,239 (CV=0.61)[2]			
タッパナガ	5,344[3]			
オキゴンドウ	2,029	8,569	6,070	511
	(907- 4,541)	(4,497- 16,327)	(2,308- 15,965)	

1) タッパナガ以外は Miyashita (1993) の Tables 9-15 より集計. 沿岸域は北緯 30-42 度, 東経 145 度以西; 沖合は北緯 30-42 度, 東経 145-180 度; 南部海域は北緯 23-30 度, 東経 127-180 度.
2) このタッパナガの値は 1982-1988 年データによる日本の研究者の推定値 (IWC 1992 より引用). タッパナガは沿岸性であり対象海域は Miyashita (1993) の沿岸域とほぼ同じである.
3) 同じくタッパナガの推定値で 1984-1985 年データ使用 (IWC 1992 より引用). その後の資源動向と資源量推定については, 第 12 章本文末尾の [追記] を参照.

はオキゴンドウであるが (前述), 伊豆半島沿岸で入道海豚あるいは大イルカと呼ばれた種はコビレゴンドウであると考える根拠は上に述べたとおりである. その分布からみて, コビレゴンドウの地方型の1つであるマゴンドウがこれにあたると思われる. 別の型であるタッパナガは銚子以南にはほとんど分布しない. 1967 年 6 月に安良里で1群のコビレゴンドウ (マゴンドウ型) が追い込まれたので, 私は仲間と調査に行って数日間そこに滞在したことがある. そのとき土地の人から昔のイルカ漁のことを聞いた. そのときに港にいたのと同じ種類のイルカが戦後まもないころに大量に追い込まれて解体処理に何日もかかったこと, その間にイルカたちはひもじくなったとみえて, 湾内に沈んでいた藻草履を飲み込んでいたことなどの話である. 藻草履を飲み込んだ理由については別としても, この話は前述の安良里漁協の統計と矛盾しないし, 種類の判断を支持するものである.

つぎに川島 (1894) のいう「鼠海豚」と, 戦後の安良里漁協資料で「ハス長」と記されている種について考えよう.「ハス長」は上記期間に安良里で 6 回 300 頭が追い込まれている. 1回あたりの頭数は 50 頭で群れは小さい. 1頭平均の重量は 184.9 kg で, スジイルカよりもはるかに大きい. また, かつて安良里漁協に電話で問い合わせたところ, 水族館で芸をするイルカだともいわれた. このことから,「ハス長」はハンドウイルカを指すものと判断される. 川島 (1894) の「鼠海豚」は大きさが 25-50 貫目 (94-188 kg) であり, これもいまのスジイルカやマイルカよりも大きいので, ハンドウイルカを指すものと判断される. ときどき入道海豚と同遊することがあると書かれているのも, この判断と矛盾しない. 日本近海の太平洋でコビレゴンドウがほかのイルカと混群をつくるときに, もっとも多い相手はハンドウイルカであり, つぎがカマイルカである (Kasuya and Marsh 1984).

伊豆半島沿岸で「マイルカ」あるいは「マユルカ」と呼ばれた種はスジイルカであるとされている (粕谷・山田 1995). しかし, 歴史的につねに同じ種を指していたかという点に関しては確証がない. 川島 (1894) は本種は大きな群れをつくり, 体重が 12-25 貫 (45-94 kg) であると述べている. 大群の記述は問題ないが, 同じく西伊豆の田子方面の項で述べているカマイルカの体重 7-8 貫から 34-35 貫 (28-129 kg)

表 3.14 伊豆半島沿岸におけるイルカ水揚げ統計．第 2 次世界大戦前から 1972 年に水産庁による組織的な統計収集が始まるまでを対象とするが，比較のために 1972 年以降の水産庁統計も一部年度につき付記した．研究者らが漁業協同組合を訪れて収集したものが主体であり，カバー率は年により異なるため，経年傾向を知る材料としては厳密な意味では不適当である．カッコ内はマダライルカ頭数（1957-1973 年）あるいはスジイルカ以外の捕獲数（1974 年以降の川奈と富戸で，いずれも外数）．

年	富戸[1] 全種	川奈[2] 全種	富戸+川奈[3] スジイルカ（マダライルカ）	安良里[4] コビレゴンドウ	ハンドウイルカ	スジイルカ（マダライルカ）	合計
1934							196
1936							1,027
1941							2,429
1942		1,460					20,131[5]
1943		0					7,761
1944		1,081					6,579
1945		2,846					4,473
1946		2,710					5,470
1947		0					395
1948		5,311					581
1949		1,511					11,930
1950		1,516		224	1	13,171	13,396
				224	*1*	*13,671*	*13,896*
1951		2,235		425	0	11,207	11,632
				425	*0*	*10,962*	*11,387*
1952	—	2,405		650	25	5,700	6,375
	120			*650*	*25*	*5,627*	*6,302*
1953	—	2,947		349	71	1,143	1,563
	31			*232*	*188*	*1,081*	*1,501*
1954	—			31	0	298	329
	0			*31*	*0*	*298*	*329*
1955	—			86	15	2,459	2,560
	117			*86*	*15*	*2,552*	*2,653*
1956	—		2,755	126	188	5,752	6,066
	484			*126*	*188*	*5,748*	*6,062*
1957	—			—	—	2,751(257)	—
	421			*866*	*293*	*2,726*	*3,897*[6]
1958	—		2,114	—	—	1,567	
	1,060			*365*	*48*	*1,504*	*1,940*[7]
1959	—		15,649	—	—	6,304(83)	
	2,848			*138*	*60*	*4,214*	*4,412*
1960	—		14,351	—	—	67	
	3,172			*0*	*0*	*248*	*248*
1961	—		9,794	—	—	775	—
	8,606			*0*	*0*	*775*	*907*[8]
1962	—		8,554				
	4,132						*0*
1963	—		8,509				
	4,599						*0*
1964	—		6,428				
	3,795						*0*
1965	—		9,696				
	8,757			*20*	*0*	*0*	*47*[9]
1966	—		8,371				0
	7,154						
1967	—		3,664				0
	1,250						
1968	—		9,160			90	0

（つづく）

表 3.14（つづき）

年	富戸[1] 全種	川奈[2] 全種	富戸+川奈[3] スジイルカ（マダライルカ）	安良里[4] コビレゴンドウ	ハンドウイルカ	スジイルカ（マダライルカ）	合計
1969	*3,382* —		3,130(435)				
1970	*1,775* —		5,307(2,697)			41	
1971	*2,867*		3,315(0)				
1972	*3,131* 3,824[11]	3,824[11]	7,235(662)				55[10]
1973	3,997	3,997	6,799(1,162)		37		37
1974		8,000(120)	11,715				0
1975		5,310(1,298)	5,996				0
1976		5,204(90)	5,175				0
1977	1,675(562)	1,823(520)	4,020				0
1978	1,668(1,691)	425(2,643)	2,028				0
1979	1,300(25)	0(332)	1,300				0
1980	3,821(310)	1,399(1,130)	5,278				0
1981	73(189)	0(169)	73				0

1) 富戸：1952-1971年は水産庁沿岸課調（1981年12月15日付）による（斜字体），そこには「1967年以降川奈と共同経営」と付記がある．1972年以降は水産庁遠洋課調べ．
2) 川奈：1942-1953年は粕谷（1976；原著には月別統計あり），1972年以降は水産庁遠洋課調べ．
3) 川奈+富戸：Miyazaki *et al.*（1974）とMiyazaki（1983）によるスジイルカ捕獲数（原著には月別統計あり）．なお，1955年ごろ富戸が操業していたことは川奈と操業協定を結んだことでわかるが（静岡県教育委員会 1987），この統計には1942-1956年の富戸の記録が欠落し，川奈のみが算入されている．
4) 安良里：上段の普通字体の数値は1934-1936年は中村（1988），1942-1956年は粕谷（1976；原著には月別統計あり），1957-1970年はMiyazaki *et al.*（1974）とMiyazaki（1983）によるスジイルカ捕獲数，1972-1981年は水産庁統計（表9と同一資料）；下段の斜字体の数値の1950-1965年は水産庁沿岸課調（1981年12月15日付の表）．
5) 野口（1946）は1942年の捕獲は安良里村2万頭，田子村4,000頭，戸田村4,000頭で，静岡県合計は約28,000頭としている．
6) ハナゴンドウ12頭を含む．
7) ハナゴンドウ23頭を含む．
8) ハナゴンドウ132頭を含む．
9) シワハイルカ27頭を含む．
10) シワハイルカ．
11) この年には共同操業の捕獲を折半記録したらしい．これ以降の「富戸」と「川奈」の2欄についてはスジイルカ頭数を示し，それ以外の捕獲をカッコ内に示す（外数），詳細は表3.16参照．

と比べると，「マイルカ」のほうがわずかに小さいところに疑問が残る．当時の「マイルカ」とはスジイルカではなくて，いまのマイルカであったかもしれないと疑わせる材料である．これについては将来に新たな資料が現れるのを待つことにする．

　私が伊豆半島沿岸のイルカ追い込み漁業の調査に初めて参加したのは1960年の秋であるが，当時の土地の漁師はスジイルカを「マイルカ」と呼んでいた．少なくとも，1960年代には伊豆の漁業者はスジイルカをそのように呼ぶのが普通であった．その後，1980年代になると，標準和名スジイルカを用いることが多くなったようである．その背景には，水産庁による統計収集の作業があったものと思われる．

　戦後の川奈や富戸のイルカ追い込み組では，カマイルカの追い込みは不可能であると信じられていた．しかし，川島（1894）は伊豆のイルカ追い込み漁業を紹介するなかで，土肥における鎌海豚捕獲（明治23年に30頭）の例を述べるとともに，田子においては海豚猟網のほかに鎌海豚網なる網があることを記録している．また，『水産捕採誌』（農商務省水産局 1911）は，田子では鋭敏・強猛なカマイルカを捕獲すると

きにはわら網に代えて部分的に麻網を使用すると述べている．さらに，三陸の山田湾の大浦でも湾内に入ってきたカマイルカを大漁した記録写真がある（前述）．湾内や岸近くにきたイルカの群れを網で囲んで捕獲する建切網を含めて，広義の追い込み漁でカマイルカを捕獲することは漁具・漁法を改善することで可能であったことがわかる．この知識はある段階で伊豆のイルカ漁業者から失われたものと思われる．

3.8.3 捕獲規模と鯨種組成

川島（1894）は当時の伊豆半島沿岸における最大のイルカ水揚げ地であった田子の漁獲統計を記録している．期間は 1877-1891 年である．同じ数字は中村（1988）にも採録されている．この 15 漁期に捕獲があったのは 13 漁期で，2 漁期は捕獲がなかった．当時の伊豆半島沿岸の操業は遠方から群れを追い込むことはせず，群れが近くで発見されたときに追い込むという消極的な操業であったので，漁の変動が激しかったものと思われる．上の 15 漁期の捕獲の合計は 8,707 頭で，年平均 580 頭である．内訳は 460 頭が「ごんぞう」すなわちコビレゴンドウであり，残りは海豚とのみ記録されている．そのなかにはスジイルカが多かったかもしれないが，単一種であると断定することはできない．田子の操業は県下随一であると川島（1894）は述べているが，あえて田子の年平均を伊豆半島の 18 経営体に引き伸ばしても年平均 1 万頭にすぎない．この 18 経営体のなかには妻良や子浦のように建切網は衰微したとされる場所も算入されているので，当時の伊豆半島沿岸ではイルカ類の年平均捕獲は 1 万頭に達しなかったことは明らかである．1882 年の 1 頭あたりの平均価格は「ごんぞう」（＝コビレゴンドウ）が 9 円 21 銭，イルカが 2 円 86 銭であった（川島 1894）．

松浦（1942, 1943）はイルカ肉や皮革原皮の需要に刺激されて，1941 年度のイルカ類の全国捕獲（小型捕鯨業を含む）は，ゴンドウなどの大型イルカが 1,000 頭，小型イルカが 45,000 頭へと急増したこと，小型イルカのうち数万頭は静岡県の捕獲であったとしている．同じ数字は野口（1946）にもみられる．さらに野口（1946）は，1942 年には静岡県のみで約 28,000 頭のイルカを捕獲し，その主体は安良里村（2 万頭），田子村（4,000 頭），戸田村（4,000 頭）であったと述べている．静岡県下のこれら捕獲は追い込み漁業によるものである．この安良里の数字は表 3.14 とほぼ一致するが，田子と戸田の統計は表 3.14 には収録されていない．表 3.14 が当時の捕獲統計としては不完全なものであること示している．松浦（1943）も野口（1946）も，等しく乱獲による資源減少を憂慮している．

中村（1988）は安良里における昭和 9-24 年（1934-1949）の年別の水揚げ統計を示している（表 3.14）．安良里にある碑文からの採録で，鯨種の記載はなく，月別の情報もない．この統計には昭和 10，12-16 年の 6 漁期の記録がない．これだけでは漁獲がなかったのか統計が失われたのかは断定できないが，漁業者は漁獲がないときには単純にスキップするだけで，漁獲ゼロとあえて記録しないことが普通だったように思う．前に述べた 1950-1957 年の安良里漁協のイルカ統計でも，漁獲のなかった月はそのように処理されている．安良里については，中村（1988）の統計とは別に，私の手元に 1942-1957 年の統計がある．両者が重複する年次については数値が一致する．このうちの 1942-1949 年の分は大隅清治氏が集計して保存していたものであり，月別頭数のみで鯨種記載がない．それに続く 1950-1957 年の足かけ 8 年 7 漁期については追い込みごとの記載である．これも大隅氏がかつて保存していた資料であり（前述），内訳はコビレゴンドウ（大鯒）が 17 回 1,891 頭，ハンドウイルカ（ハス長）が 6 回 300 頭，スジイルカ（真鯒）が 33 回 40,093 頭捕獲されている．これは鯨種別・月別捕獲統計として粕谷（1976）に印刷されているが，これらは戦前から戦中を経て戦後にいたるイルカ漁業の激動期の貴重な統計であるので，表 3.14 に収録した．1934 年と 1936 年は合わせても 1,200 頭ほどの捕獲で，その後の操業に比べて

表 3.15　1963-1968 年に富戸と川奈で水揚げされたイルカ類の種組成．鳥羽山（1969）より集計．

鯨　　種	スジイルカ	マダラ イルカ	マイルカ	ハンドウ イルカ	コビレ ゴンドウ	ユメ ゴンドウ	合　　計
追い込み回数	143	8	4	8	1	1	165 回
同．％	86.7	4.9	2.4	4.8	0.6	0.6	100%
追い込み頭数	62,655	1,202	697	201	28	14	64,797 頭
同．％	96.7	1.8	1.0	0.3	0.0	0.2	100%

少ない．このことからみて，安良里で積極的にイルカ操業を始めたのは昭和16-17年（1941-1942）ごろであり，それ以前には好機を待って追い込むという消極的な操業であったと理解される．1942年には漁獲量が20,131頭に急増した後漸減し，1945-1946年には5,000頭前後となっている．

日本は1937年7月に盧溝橋事件を起こして日中戦争を開始し，1941年12月の日米開戦を経て，1945年8月の敗戦にいたった．1937/38年漁期に初めて南氷洋からの鯨肉の持ち帰りが限定的に許可されたのも，この戦争準備のためであった（大村・粕谷2000）．イルカ漁獲の急増の背景にはこのような一連の戦時体制への対応があったと思われる（第2章）．その後，敗戦前に漁獲が減少した背景には戦況悪化や男子の徴用による労働力不足が影響していたらしい．静岡県教育委員会（1986）は当時の伊豆半島沿岸におけるイルカ漁業の操業事情を記録している．すなわち，1941年に大戦に突入の後，安良里では船員や漁船が徴用され，村に残るのはカツオ船が1隻のみとなったため沿岸でのイルカ追い込みに転換したこと，1945年の田子では徴用から免れた数隻の10トン未満の小型船と老人と女・子どもだけが村に残ったので，敵襲を避けつつ沿岸で釣りやイルカ狩りをしていたとある（前述）．

しかしながら，もう1つ理解できない変動が統計に認められる．敗戦をはさむ4年間（1943-1946年）には安良里だけでも4,500-7,700頭の捕獲をしていたが，それに続く2年間（1947-1948年）には数百頭という極小の水揚げを記録し，敗戦4年目の1949年からは13,000頭を超える極端な増加をみせていることである．食糧需要は依然として緊迫するなか，流通システムは回復に向かっていたであろうこの時期としては，このような急激な漁獲変動は不自然に思われる．三陸のイルカ漁業では，最初は闇マーケットに流れる漁獲物が多かったが，1949年に水産物の統制がはずされた後，闇流通が終わったとされている（第2章）．同様のことが伊豆でもあったにちがいない．安良里1村だけで年間数千頭のイルカが闇に流れた結果，公式の漁獲統計に記録が残らなかったものと私は推定している．ほかの漁村でも類似のケースがあったのではないだろうか．

1960年代になると，伊豆半島沿岸のイルカ追い込み漁の漁獲物を科学者が確認する状況が生まれる．鳥羽山（1969）は当時，伊東市内の水族館に勤務してイルカの飼育を担当していたという状況を生かして，イルカの食性研究をするかたわら，伊豆半島東海岸におけるイルカ追い込み漁の漁獲物組成を1963-1968年の6漁期にわたって観察した．当時は伊豆半島の相模湾側では川奈と富戸が，駿河湾側では安良里が操業していた．1963，64年のデータは不完全ではあるが，この6年間に彼は6鯨種165回の追い込みを観察し，その96.7%がスジイルカであり，残りはマダライルカなど5種で占められていたことを確認した（表3.15）．なお，彼は相模湾側においては，1963年に初めてマイルカとマダライルカ（アラリイルカ）が捕獲されたと記している．なお，駿河湾側においては，マダライルカの最初の捕獲は1959年に安良里でなされたとされている（Nishiwaki *et al*. 1965）．これら2種がそれ以前に伊豆半島沿岸の追い込み漁業で捕獲されたことがなかったとは断定できないとしても，当時の漁業者の記憶に残っている限りでは，それはなかったということができる．

さらに，鳥羽山（1969）はハンドウイルカの捕獲は食用目的ではなく水族館の需要に応じて捕獲したものであること，またコビレゴンドウについても漁業者は本来の漁獲対象とはみていなかったので，これらの種は発見しても必ずしも追い込むとは限らなかったとして，漁獲量組成から生息頭数組成を判断することは正しくないと述べている．これら2種は不味であるという伊豆の漁業者の認識は，私も聞いたことがある．この時代の伊豆半島東岸の人たちは，コビレゴンドウのタレ（塩干物）は油が多いとして，またハンドウイルカの肉は硬いので，いずれも不味であるとして嫌っていた．太地ではハンドウイルカを不味とする点は同じであるが，コビレゴンドウの肉は刺身もタレも美味としている．この点は私も同感である．ただし，色が黒いので外観から受ける印象はよくないかもしれない．

上に述べた各種資料のうち，粕谷（1976）と鳥羽山（1969）のデータには当時の月別の統計がある．駿河湾側についてみると，1942-1957年の安良里では1年のどの月にも水揚げがあったが，2月と8-11月には漁が少なかった．漁がもっとも多かったのは3-7月で，これについで12-1月にも多かった．すなわち，不明瞭ではあるが，真冬と春-初夏の2つのピークが認められる．一方，相模湾側の川奈では1942-1953年の水揚げをみると，漁は9月と11-4月に限られ，そのなかでも大部分は12月に集中していた（粕谷1976）．これよりも少し時代が遅れる1963-1968年の漁を川奈と富戸の統計でみると（鳥羽山1969），操業は10月中旬から1月下旬に限られ，ピークは11月にあった．つまり，相模湾側では秋から冬にかけて漁期があることがわかる．この漁期のちがいは多くの研究者が指摘しているところである（Ohsumi 1972; Miyazaki and Nishiwaki 1978）．

さらに，1950年代までと1960年代とで比較すると，時代が下るにつれて漁期が狭くなる傾向がある．漁業者はイルカ需要がさかんで価格が高い季節に好んで操業するとか，イルカの来遊の多い時期に操業を集中させるとかして効率を上げるよう努めるものである．経営に競争相

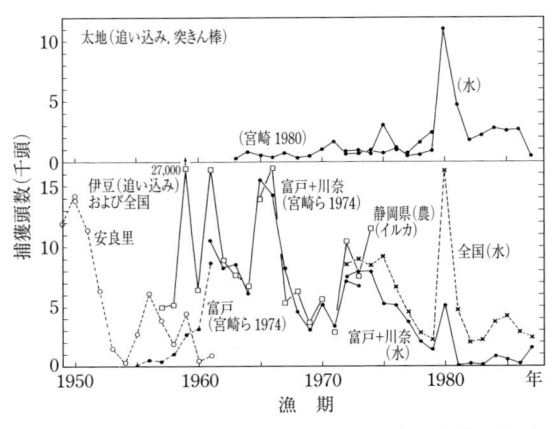

図 3.3 スジイルカの捕獲頭数の推移．農：農林省統計にみる静岡県の数値，水：水産庁統計（全国値と，富戸＋川奈，あるいは太地）．そのほか研究者による集計値も合わせて示した．図中の宮崎（1980）と宮崎ら（1974）は，それぞれ Miyazaki (1980) と Miyazaki et al. (1974) を指す．（粕谷・宮下 1989）

手がない場合ほど，その傾向が顕著に現れるものである．また，イルカの資源量が減少すれば来遊の時期が狭くなる可能性もあるし，対象鯨種が変われば漁期も変わらざるをえない．漁期にはさまざまな自然あるいは社会的要因が影響していると考えるべきである．スジイルカの漁期については別の項でも検討する（第10章）．

伊豆半島におけるイルカ類の水揚げ統計は，1942-1991年の分については Kishiro and Kasuya (1993) が既存の諸研究から積み上げて整理したものがある．また，その後の各年統計は水産庁から国際捕鯨委員会に報告されたり，そのホームページに掲載されたりしている．これらの統計のうちで，伊豆半島沿岸のイルカ漁業地全体をカバーしていると思われるものを表3.16に収録しておく．これらはイルカ追い込み漁を行っている各漁協の統計数値を暦年でまとめたものであり，静岡県下の追い込み漁の統計としてはもっとも信頼できるものである．なお，Ohsumi (1972) は農林省が集計して印刷公表している県別水産統計を収録している．比較のためにこれも併記したが，良好な一致をみせる年もあるが，きわめて差が大きい年も散見される．食いちがいの一部は統計の時間区分のとり方に暦年と会計年度とがあるためかもしれない

表 3.16 静岡県下のイルカ追い込み漁業の水揚げ統計. 1958-1971 年は表 3.14 より抽出した Miyazaki et al (1974) による富戸と川奈のスジイルカとマダライルカ捕獲と沿岸課 (1981.12.5 付) の安良里の鯨種別統計である. 1972-1978 年は, Kishiro and Kasuya (1993) を斜字体で, 水産庁統計を普通字体で対比した. 1979 年以降は水産庁統計. 1958-1971 年については [富戸+川奈] で水揚げされたイルカのうち, スジイルカとマダライルカ以外の種は算入されていない. *印は筆者の立会記録で確認されたものを追加したものである. 1993 年以後については捕獲のない年は省略した.

年	コビレゴンドウ	オキゴンドウ	ハンドウイルカ	スジイルカ	マダライルカ	その他	合計	県下総漁獲量[1]
1958	365	—	48	3,618	—	23	4,051	5,321
1959	138	—	60	19,863	—	—	20,061	21,342
1960	—	—	—	14,599	—	—	14,599	6,497
1961	—	—	—	10,569	—	123	10,701	16,407
1962	—	—	—	8,554	—	—	8,554	8,968
1963	—	—	—	8,509	—	—	8,509	7,690
1964	—	—	—	6,428	—	—	6,428	6,838
1965	33*	—	—	9,696	—	27	9,756	14,105
1966	—	—	—	8,371	—	—	8,371	16,668
1967	30*	—	—	3,664	—	—	3,694	5,250
1968	—	—	—	9,250	—	—	9,250	6,303
1969	—	—	—	3,130	435	—	3,565	3,601
1970	—	—	—	5,348	2,697	—	8,045	5,601
1971	—	—	—	3,315	0	—	3,315	
1972	*0*	*0*	*0*	*7,235*	*662*	*55[2]*	*7,952*	
	0	0	0	7,648	0	55	7,703	
1973	*0*	*0*	*37*	*6,799*	*1,162*	*0*	*7,998*	
	0	0	37	7,994	0	0	8,031	
1974	*0*	*0*	*120*	*11,715*	*0*	*0*	*11,835*	
	0	0	120	8,000	0	0	8,120	
1975	*0*	*0*	*0*	*5,996*	*1,298*	*0*	*7,294*	
	0	0	0	15,302	1,298	0	6,600	
1976	*0*	*0*	*90*	*5,175*	*0*	*0*	*5,265*	
	0	0	90	5,204	0	0	5,294	
1977	*73**	*0*	*0*	*4,020*	*757*	*0*	*4,777*	
	0	0	0	3,823	757	0	4,580	
1978	*80**	*123*	*27*	*2,028*	*4,184*	*0*	*6,442*	
	0	123	27	2,093	4,184	0	6,427	
1979	0	0	0	1,300	357	0	1,657	
1980	0	0	0	5,220	1,440	0	6,660	
1981	20	0	0	73	169	0	262	
1982	0	0	0	246	3,498	0	3,744	
1983	0	0	0	40	2,789	0	2,829	
1984	0	0	0	925	0	2[3]	927	
1985	0	43	101	578	0	46[4]	768	
1986	0	0	0	198[5]	0	0	198	
1987	0	0	0	1,815[5]	0	0	1,815	
1988	0	0	143	356	191	0	690	
1989	0	0	66	102	0	0	168	
1991	0	0	0	32	0	0	32	
1992	0	0	0	0	0	280[5]	0	
93 年捕獲枠[6]	[0]	[0]	[75]	[70]	[455]	[0]	[0]	
1993	0	0	0	0	95	0	95	
1994	0	0	35	0	0	0	35	
1996	0	5	43	0	0		48	
1999	0	0	71	0	0	0	71	
2004[7]	0	0	24	0	0	0	24	

1) 農林省統計を Ohsumi (1972) から転載.
2) Kishiro and Kasuya (1993) では種不明, 遠洋課統計ではシワハイルカ.
3) カマイルカ.
4) マイルカ.
5) 沿岸統計ではマダライルカとあるが, 遠洋課あての県文書にはスジイルカとある.
6) 捕獲枠設定の経緯およびその後の捕獲枠の変更については第 6 章を参照されたい.
7) この後, 2005 年より 2008 年までは捕獲なし.

が，それでは説明しきれない年度もある．たとえば1965，66両年などはそのような説明困難な例である．いずれが真実の値なのかはわからない．

そのような統計の技術的な問題はさておき，スジイルカの水揚げの減少にともないマダライルカの漁獲が増加するという，興味ある傾向が認められる．この漁業に鯨種別捕獲枠が設定されたのは1993年のことであり，それはスジイルカ70頭，マダライルカ455頭，ハンドウイルカ75頭であった（後述）．ところが，鯨種交代の兆しがみえたのはそれ以前の1970年代から1980年にかけての時期である．これは統計の信頼性が向上したかたわら，捕獲枠はまだ設定されていなかった時期にあたり，このときに鯨種の変化があったという事実は注目に値する．マダライルカは体が小さいので生産量が少ないことと，皮（脂皮）が硬く消費者に嫌われるという漁業対象としては不利な条件があったにもかかわらず，マダライルカの漁獲量が漸増して，1980年代初めにはスジイルカを超えたということは，スジイルカ資源の低下を示すものと解釈される．

伊豆半島沿岸におけるかつてのイルカ漁業の動向は図3.3で概観することができる．農林省統計（図で「農」と表示）は静岡県下の全イルカ類の合計水揚げ頭数である．水産庁集計による統計（「水」と表示）は1972年以降をカバーしており，スジイルカ水揚げの全国合計と，当時伊豆半島で追い込み漁を操業していた2漁協（富戸と川奈）の合計との2とおりの数値が表示してある．これ以前の伊豆半島におけるスジイルカ水揚げは，1961年から1973年までの分をMiyazaki et al. (1974)から得て図示してある．これらの統計の数値に一致しない部分が多いのはやむをえないことである．むしろその変動の傾向が一致することに注目すべきであろう．1961年以前については伊豆の鯨種別統計はきわめて不完全であるが，農林省（「農」と表示）の静岡県下のイルカ水揚げ統計をみれば，捕獲頭数には年変動があるものの，大量の漁獲が行われていたことが理解される．この図によって，スジイルカに関しては伊豆半島が主要な漁獲地であったことと，その漁獲が漸減してきたことが理解されよう．図3.3には太地における水揚げも示してある．

鯨種別の捕獲枠は1993年に初めて設定され，そのまま2006年まで維持された後，近年は，年々わずかな変更をみている．2008年秋に始まる漁期には，静岡県のイルカ追い込み漁業（富戸）はカマイルカ36頭（36），スジイルカ56頭（63），ハンドウイルカ67頭（71），マダライルカ365頭（409），オキゴンドウ10頭（10），合計534頭（589）の捕獲枠の配分を水産庁から得ている（表6.3，表6.4）．カッコ内は前年までの捕獲枠である．総数は減少したが，カマイルカとオキゴンドウが新たに漁獲対象に入った．これは水族館用の販売を意図したものであろうか．就業船数は50隻とされている．

3.9 和歌山県太地

3.9.1 イルカ漁の歴史

橋浦（1969）は日本の古式捕鯨に関する主要な文献を収録しており，その方面に関心のある者には便利な書籍である．これによれば，わが国で組織的に行われた捕鯨でもっとも古い記録は三河湾における元亀年間（1570-1573）の突き捕り捕鯨にさかのぼるといわれるが，それ以前にも鯨肉が流通した記録があることからみて，すでに捕鯨が行われていた可能性は否定できないとしている．この捕鯨の技術は，東は三浦半島や房総半島に，また西は志摩半島，紀州，土佐，北九州方面に伝わった．太地もその突き捕り技術を導入した土地の1つで，それは慶長11年（1606）のことであった．さらに，1675-1677年ごろには太地で網取り捕鯨が創始され明治13年（1880）まで続いた．この網取り技術もまた西日本方面に伝わった（第1章）．太地の鯨組の人たちは仕事の合間にゴンドウ（コビレゴンドウ）を突いて，それを肴にして親方の庭先で酒を飲むのが楽しみだったといわれている（橋浦1969）．浜中（1979）は『太地町

史』において，江戸時代末期に網取り捕鯨が資源減少により衰微していく段階で，ゴンドウ漁は鯨方の副業として始まったものであろうと述べている．明治時代には銛によるイルカの捕獲が古式捕鯨業者の副業として行われたことは農商務省（1890-1893）にも記述がある（第2章）．

橋浦（1969）は太地における「夜ゴンド」という漁の話を1958年に収録している．これは月明かりのない闇夜を選び，テント船（天渡，てんとう）と称する小型の艪船で沖に出かけてゴンドウを捕る操業である．浜中（1979）はテント船の語源は不明であるが，江戸末期から明治中期にかけて全国に普及した漁船の型を指すらしいとしている．『静岡県水産誌』の第2巻（川島1894）は「天当船」という名称のもとに全長 10.5 m，最大幅 1.9 m ほどの木造船を掲載している．さて，「夜ゴンド」は闇夜にイルカの鰭の先端などで夜光虫が光るのを手がかりに，テント船で追尾してコビレゴンドウを手投げ銛で突き捕る漁であった．最初の1頭をつかまえると仲間のゴンドウが寄ってくるので，一晩で3-4本も捕れることがあったということである．網取り捕鯨の鯨方の時代に行われたとも書いているが，別のところでは古式捕鯨の終息（明治13年）以後にも行われたかのように述べた箇所もある．夜ゴンドウ漁は個人操業の漁であるから，鯨組の存在には必ずしも制約されなかったのであろう．

このようなテント船に小型の捕鯨砲を搭載してゴンドウクジラを捕る試みが，太地では1900年に始まった．それが成功をみたのは，前田兼蔵が明治36年（1903）に3連発捕鯨銃を実用化したときのことである（浜中1979）．翌年にはさらに5連式に改良された．これは，3発ないし5発の銛がつぎつぎと発射されるのではない．3本ないし5本の銛が同時に発射されるもので，銛に接続された先綱は1本の幹縄に接続されている．これらの銛は50間ほど前方で1点に収束するように砲身が配置されていると，太地の小型捕鯨船の船長をしておられた磯根嵩氏から聞いたことがある．おそらく，散弾銃のように命中確率を高める効果を主体とし，殺傷力を強めることを第2とし，銛の合計重量が大きくなることで銛綱を引いて飛ぶ力が増すという第3の効果をもねらったものではないだろうか．

手漕ぎの捕鯨船は，大正2年（1913）にはエンジンを備え（この段階でもテント船と呼ばれていた），いまの小型捕鯨船へと変化していった．浜中（1979）によれば，1912年には11隻の手漕ぎのテント船が操業して120頭のゴンドウを捕獲したが，翌年（1913）にはエンジンが導入されて381頭を捕獲したということである．なお，1913-1931年の期間で統計の残っている11漁期のコビレゴンドウの総捕獲頭数は5,320頭で，年間の捕獲頭数は144-708頭であった（浜中1979）．ちなみに，この漁法は明治末年ごろに伊豆に伝えられて，稲取で昭和30年（1955）ごろまでゴンドウを捕獲したということである（中村1988）．これらの記録にある「ゴンドウ」はおもにコビレゴンドウを指すと理解される．

太地地方ではコビレゴンドウに対する嗜好がことのほか強かったようである．それを背景としてゴンドウクジラの巻き網漁も試みられたことがある（浜中1979）．これは1933年のことで，テント船を探鯨船として使用し一応の成功をみたが，採算がとれず1935年5月で操業を中止したという．この巻き網操業ではマッコウクジラとイワシクジラ（おそらくニタリクジラ）も捕獲されたとあり，これら大型鯨を生け捕りにする技術として興味深い．

太地地方では，コビレゴンドウへの伝統的な需要を背景に，追い込みによる漁獲も古くから行われていた．その起源は慣行で行われていた「寄せ物漁」にあるらしい．これはムロアジ，カツオ，マグロ，ゴンドウクジラなどが湾内にくると，村人が共有の漁具を用いてこれを捕獲し，収益を村の経費にあてる慣行であった．明治39年（1906）に地元から政府に提出したその説明書が残されている（浜中1979）．この「寄せ物漁」を漁業権として保証したのがごんどう建切網という共同漁業権である．太地町役場の職員をしていた松井進氏の話によれば，こ

の漁業権のもとに，ゴンドウが湾内に入ってくると出口を遮断して共同で捕獲し，収益を村の経費にあてる慣行があった．その例は昭和30年代（1955-1965）までみられ，作業には村役場の職員も参加したということである．昭和26年度（1951）の太地町の歳入出決算書に29万余円のゴンドウ売り上げが記録されていることからもそれが裏づけられる．太地の第2種共同漁業「ごんどう建切網漁業」は1983年9月1日-1993年8月31日の10年間の知事免許が出ているが，それに続く1993年9月以降には記録がない．太地では1971年からは恒常的なイルカ追い込み操業が始まり（後述），建切網操業の実態がなくなったため，その更新がなされなかったものと理解される．太地（1937）は当時ゴンドウの追い込みがしばしば行われたと記しているし，橋浦（1969）も昭和に入ってからもたびたびゴンドウの追い込みがあったとしている．また，堀（1994）の写真集には，大正/昭和ごろ（1920年代後半），昭和10年（1935）ごろ，昭和30年（1955）ごろとされるコビレゴンドウの追い込み漁の写真が掲載されている．

いま，太地ではイルカの追い込み漁が恒常的に行われ，コビレゴンドウのほかにオキゴンドウ，ハナゴンドウ，ハンドウイルカ，スジイルカ，マダライルカも捕獲されている（粕谷1997）．これは獲物が近くにやってくるのを待つ消極的な従来の追い込み漁業ではない．1969年の夏に太地の小型捕鯨船勝丸（初代）の船長兼砲手であった清水勝彦氏を中心に，数人の漁業者がコビレゴンドウを沖合から追い込むことを初めて試みた．これは，その年の4月に完成した太地の「鯨の博物館」に展示するコビレゴンドウを入手するためであった．これが契機となって，1971年から本橋俊行氏らがコビレゴンドウの追い込み漁を始めた．これは数年前から活動していたイルカ突きん棒組合が母体となったため，初めは突きん棒組合と称していた．3-14トンの高速漁船を使ってイルカを探索し，共同して太地内の畑尻の入江に追い込む漁法である．追い込みに際しては伊豆から導入した技術と道具を使用した．その道具は長さ2mほ

どのスチールパイプの先端に直径30 cmほどの浅い円錐を取り付けたもので，これを水中に入れて他端をハンマーでたたいて音を発してイルカを威嚇する．パイプのなかには油を満たしてあると聞いているが，確かめてはいない．1971年からはコビレゴンドウの追い込みが恒常的に行われ，1973年からはスジイルカをも追い込むようになった．イルカ探索船は早朝に港を出て，太地から15-20海里の範囲を探索し，イルカがみつかれば港に待機していた僚船も加勢に出動して追い込むのである（Kishiro and Kasuya 1993）．

この操業の利益が大きいのをみて，1979年には別の追い込み組が発足した．2つの組は競争で捕獲を始めたため捕獲が増加し，それまで捕らなかったハナゴンドウやハンドウイルカも捕獲するようになった．このため乱獲が憂慮されたが，1982年に追い込み漁業が全国で知事許可制となり，2つの組は合併を条件として操業の許可を得た．このような経緯を経て経営体は1つになったが，操業隻数は減らなかった．組のメンバーが1隻ずつ船を出し合うという原則を崩すことは，利益の配分方式の変更につながるためむずかしかったのであろう．追い込み操業は1983年までは15隻での操業が続き，1984年からは1隻が廃業したため14隻に減った．また，当初は半数が隔日の交代で探索に出たが，1990/91年漁期からは13-14隻の全船がイルカの探索に出るようになった．この結果，探索努力量は実質的に増加したことになる（Kishiro and Kasuya 1993）．

現地ではコビレゴンドウの肉は干物や刺身として好まれ，肝・腎・肺・小腸などの内臓もゆでて「茹で物」として残らず食用にされる．成熟した雄には霜降りの尾の身がよく発達しているので，刺身としてとくに好まれた．追い込み漁業でコビレゴンドウが大量に捕獲されるようになると，四国や中国地方のスーパーマーケットにも丸のまま出荷され，客寄せの手段として現地で解体実演をみせつつ肉を販売することも行われていた．その後，1988年に商業捕鯨が停止して鯨肉の供給が減少すると，イルカの肉

が鯨肉まがいの商品として全国的に流通し始めた．コビレゴンドウの肉は色が黒いが，味がよいため好まれて，地元の太地にはあまり流通しなくなったこともある．しかし，近年の調査捕鯨の拡大により，このような流通環境にもなんらかの変化が起こるものと予測される．

太地では古くから小型捕鯨船，突きん棒漁，追い込み漁によるイルカ類の捕獲が続いていた．最近の操業の変遷を以下にまとめておく．ただし，「ごんどう建切網漁」は1955年ごろで操業が終わったらしいので除外する．

　1969年　コビレゴンドウの沖合からの追い込みに成功．

　1970年　スジイルカの突きん棒漁がさかんとなる．イルカ突きん棒組合と称す．

　1971年　イルカ突きん棒業者8名が8隻の漁船でコビレゴンドウの追い込み組を組織．

　1973年　追い込み対象をスジイルカに拡大，順次他種も捕獲．

　1979年　2つめのイルカ追い込み組が7隻の漁船で組織される．このころより小型捕鯨船の県内操業がやむ（太地水揚げは1979年コビレゴンドウ3頭，1980年シャチ2頭のみ）．

　1982年　イルカ追い込み漁が知事許可漁業となり，2つの追い込み組が合同（操業船は15隻を維持），漁期が10月1日より翌年の4月30日までとされる．漁業者の自主規制としてコビレゴンドウ500頭，その他のイルカ類（種の特定なし）5,000頭の捕獲限度とする．

　1984/85年　本漁期より追い込み操業船14隻に減る（知事許可船減船は1986年；Kishiro and Kasuya 1993）．

　1986年　上の自主規制限度が許可条件となる（捕獲枠の設定）．

　1989年　イルカ突きん棒漁船15隻に対して漁期を2月1日より8月31日と決め（海区漁業調整委員会承認，後に知事許可となる），自主規制枠をイルカ類100頭とする．小型捕鯨船の太地操業が復活（捕獲枠はコビレゴンドウ50頭）．

　1991年　イルカ追い込み漁の捕獲枠をイルカ類2,900頭（うちコビレゴンドウは500頭以内）に減じ，ほかに水族館飼育用のシャチ5頭とする．イルカ突きん棒漁の操業が太地近傍を含めて147隻に拡大．その捕獲枠はイルカ類300頭（シャチを除く）となる．

　1992年　イルカ追い込み漁の捕獲枠をイルカ類2,500頭（うちスジイルカは1,000頭，コビレゴンドウは300頭まで）に減枠，県下のイルカ突きん棒漁の枠をイルカ類400頭（コビレゴンドウは禁止）に増枠．太地で操業する小型捕鯨船が2隻に増加（イルカ類の捕獲枠は合わせてコビレゴンドウ50頭，ハナゴンドウ30頭）．

　1993年　水産庁が全国のイルカ漁業に漁業種別・鯨種別捕獲枠を設定．これを受けて和歌山県農林水産部長は平成5年（1993）4月30日付で太地漁業組合長宛に「イルカ漁業における捕獲枠の設定について」という文書を出し，そこでつぎのように述べている．「貴組合のイルカ追込網漁業については，捕獲頭数，操業期間等の制限のもとにその操業を許可しているが，今般水産庁から下記により適正捕獲頭数が示されたので，各鯨種毎にこれを超えることのないよう十分配慮の上操業願います．記　スジイルカ450頭，バンドウイルカ940頭，アラリイルカ420頭，ハナゴンドウ350頭，マゴンドウ300頭，オキゴンドウ40頭」．

1993年の許可鯨種6種の合計は2,500頭である．その後，この捕獲枠は1994年に2,380頭に変更された後，1996年からは暦年枠から漁期ごとの枠への変更を経て，2006/07年まで維持されてきた．2007/08年漁期には新たにカマイルカが漁獲対象に加えられ，以後，変更が続いている（表6.3，表6.4）．2008/09漁期の枠はカマイルカ134頭（134），スジイルカ450頭（450），ハンドウイルカ795頭（842），マダライルカ400頭（400），ハナゴンドウ290頭（295），マゴンドウ254頭（277），オキゴンド

ウ70頭（70），合計2,393頭（2,468）である．カッコ内は前年漁期の枠である．鯨類追込網漁業許可証の1例として，平成7年（1995）の許可証を下に採録しておく．その頭数・漁期は1983年9月14日付の最初の許可証以来同文である．

[1頁]

第1号

鯨類追込網漁業許可証
　　　　　住所　和歌山県東牟婁郡太地町大字太地3167番地の7
　　　　　氏名　太地漁業協同組合

1　漁業種類
　　　鯨類追込網漁業
2　操業区域
　　　樫野崎正南の線以東の和歌山県沖合海域．
　　　ただし，追込む場所は所属漁業協同組合の共同漁業権漁場内に限る．
　　　なお，他の共同漁業権漁場であっても，当該漁業権者の同意を得た場合はこの限りでない．
3　操業期間
　　　イルカ類　　　　自10月1日　　至　2月末日
　　　ゴンドウ鯨類　　自10月1日　　至　4月30日
　　　シャチ　　　　　自　1月1日　　至12月31日
4　船舶
　　　（1）　船名　　　　　　　　　　裏面記載
　　　（2）　漁船登録番号　　　　　　裏面記載
　　　（3）　漁船総トン数　　　　　　裏面記載
　　　（4）　推進機関の種類及び馬力数　裏面記載
5　許可の有効期間
　　　平成7年10月1日から平成10年9月30日まで
6　制限または条件　　裏面記載

平成7年9月29日
　　　　和歌山県知事　　仮谷志良　　　（公印）

[2頁]

4　船舶

船名	漁船登録番号	総トン数	馬力数
第5房丸	WK3-12680	4.99	ジーゼル　90
基丸	WK3-13468	4.98	ジーゼル　90
昌高丸	WK3-12027	4.07	ジーゼル　90
第3大雄丸	WK3-14285	4.99	ジーゼル　90
紀秀丸	WK3-13407	4.98	ジーゼル　90
第3周丸	WK3-13441	4.99	ジーゼル　90
幸丸	WK2-3155	14.02	ジーゼル　120
永幸丸	WK2-2731	8.95	ジーゼル　110
光伸丸	WK3-17847	4.0	ジーゼル　90
隆丸	WK2-3421	5.80	ジーゼル　70

佳丸	WK2-3260	9.96	ジーゼル	120
磯丸	WK3-16370	4.94	ジーゼル	80
漁友丸	WK2-3807	7.9	ジーゼル	130
清丸	WK3-15750	4.74	ジーゼル	90

6　制限又は条件
　（1）　1漁期の捕獲頭数は次の範囲とする．ただし，この範囲内において，別に頭数を示した場合は，その範囲内とする．
　　　　イルカ類及びシャチ　　　5,000頭
　　　　ゴンドウ鯨類　　　　　　　500頭
　（2）　2m以下の鯨類については放流すること．
　（3）　免許を受けた漁業の妨害をしてはならない．
　（4）　漁期終了後，5月30日までに別に定める漁獲成績報告書を知事に提出すること．
　（5）　漁業調整等のため，必要があるときは，更に制限又は条件を付することがある．

　上の文書の第6の（1）の記述に合わせて，捕獲枠に関する通達が別途なされている．その1つを下に収録しておく．

水　第77号
平成5年4月30日

太地漁業協同組合長殿

和歌山県農林水産部長

イルカ漁業における捕獲枠の設定について

　貴組合のイルカ追込網漁業については，捕獲頭数，操業期間等の制限のもとにその操業を許可しているが，今般水産庁から下記により適正捕獲頭数が示されたので，各鯨種毎にこれを超えることのないよう十分配慮の上操業願います．

記

　　　　スジイルカ　　　　　　450頭
　　　　バンドウイルカ　　　　940頭
　　　　アラリイルカ　　　　　420頭
　　　　ハナゴンドウ　　　　　350頭
　　　　マゴンドウ　　　　　　300頭
　　　　オキゴンドウ　　　　　 40頭

　さらに，許可証の第6の（4）に対応して，下のような文書がつくられている．県に提出されたものと思われる．水産庁の適正捕獲頭数の提示を背景とする県からの指示に対して，この文書では漁業者の自主規制として扱っている．

平成5年追い込み漁業における鯨類捕獲頭数（1月〜12月）
　　　　　　　　　　自主規制枠　　　　捕獲頭数
スジイルカ　　　　　　450　　　　　　　450

バンドウイルカ	940	134
アラリイルカ	420	420
ハナゴンドウ	350	243
オキゴンドウ	40	0
コビレゴンドウ	300	157
合　計	2,500	1,404

平成5年より全鯨種ごとに自主規制枠を設定

3.9.2　イルカの捕獲統計

1972年から水産庁が都道府県を通じて全国のイルカ類の鯨種別漁獲統計を集めてきた．この統計については突きん棒漁業の項でくわしく述べた．それ以前の統計については研究者が漁協や魚市場を回って集めたものに頼ることになる．太地については宮崎信之氏の労作がある（Miyazaki *et al.* 1974; Miyazaki 1980, 1983）．これを基礎にして水産庁統計も加えてまとめたのが Kishiro and Kasuya（1993）の統計である．これが一般に利用できる最善の統計となってきた．宮崎氏は太地での水揚げ頭数を鯨種別の臓腑の販売数から集計した．これは太地では内臓をゆでて食用にする習慣があり，本数で入札されるために可能な方法であったが，スジイルカとマダライルカのような類似種を区別できないという問題が認識されている．また，小型捕鯨や突きん棒漁業などの漁業種の区別もなされていない．1987年までの太地におけるイルカ水揚げの動向については，スジイルカは図3.3に，マゴンドウについては図3.4に，その他の若干の種については図2.6に示してある．

その後，私は1995年ごろに木白俊哉氏と共同して太地のイルカ漁業と対象資源の動向を解析しようと考えて，太地漁協より1963-1994年の水揚げ統計の提供を受けて作業をする機会があった．この計画は私の転勤のため集計を整理した段階で頓挫していまにいたっているので，この機会にまとめておきたい．この統計の1980-1983年の一部においては毎日のイルカの種別の販売が本数ではなく，肉の重量で記録してある場合が散見された．この場合には，まず本数と両方が記録されているケースから算出し

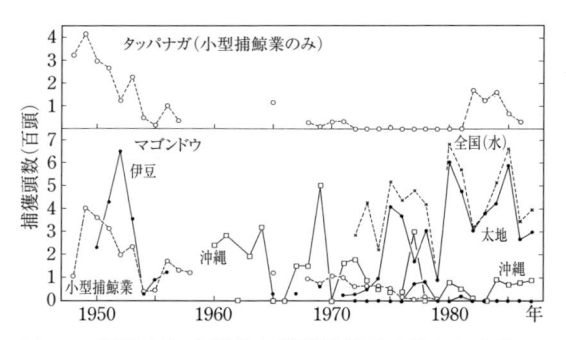

図3.4　1993年に全国的な捕獲規制が実施される前のコビレゴンドウ（タッパナガとマゴンドウ）の水揚げ頭数の推移．太地については1965年以降が表示してあるが，1971年までは欠測年がある．小型捕鯨業による捕獲頭数は全国値である．沖縄の統計には追い込みと石弓漁業が含まれている．水産庁統計とKasuya and Marsh（1984）による．（粕谷・宮下 1989）

た1頭あたりの平均肉量をもとに頭数に換算し，本数の記録に加えた．このようにして得た計算頭数は月ごとの臓腑の数に一致するはずであるが，必ずしも一致しない場合があった．その場合には多いほうの値を採用した．これによって多少の過大推定となる可能性があるが，とりあえず無視した．用いた1頭あたりの肉量と標本頭数はマダライルカ 36 kg（$n=27$），スジイルカ 39 kg（$n=41$），ハンドウイルカ 85 kg（$n=153$），ハナゴンドウ 65 kg（$n=11$），オキゴンドウ 175 kg（$n=78$），コビレゴンドウ（マゴンドウ型）106 kg（$n=205$）である．歩どまりが低いのは正肉のみを計量しているためと思われる．シワハイルカはデータがなく，スジイルカで代用した．なお，カマイルカとマダライルカは1980年から，オキゴンドウは1982年から，シワハイルカは1984年から捕獲が記録されているが，それ以前には記録に現れない．おそらくこれらの種は捕獲が少ないために，1979年

表3.17 太地漁協におけるイルカ類水揚げ記録より推計した漁獲統計(本文参照).小型捕鯨業,突きん棒漁業,追い込み漁業の3業種による水揚げが主体であり,若干の定置網による混獲も含まれると推定される.1988年以降については原表には小型捕鯨船による水揚げが算入されていないので,統一性を維持するためにそれを水産庁資料から加算し,その数値をカッコ内に内数として示した.1980年代初めまではシワハイルカとマダライルカはスジイルカに算入されている可能性がある.

年	スジイルカ	ハンドウイルカ	ハナゴンドウ	コビレゴンドウ	シャチ	オキゴンドウ	シワハイルカ	マダライルカ	カマイルカ
1963	331	29	59	98	6	—	—	—	—
1964	934	50	73	146	15	—	—	—	—
1965	642	23	58	134	6	—	—	—	—
1966	422	14	36	52	1	—	—	—	—
1967	819	28	83	68	1	—	—	—	—
1968	400	66	37	96	4	—	—	—	—
1969	503	31	33	77	4	—	—	—	—
1970	992	34	21	116	2	—	—	—	—
1971	1,717	63	26	110	3	—	—	—	—
1972	700	65	62	91	2	—	—	—	—
1973	727	55	20	155	1	—	—	—	—
1974	967	24	15	193		—	—	—	—
1975	759	103	7	479	1	—	—	—	—
1976	1,053	18		369	1	—	—	—	—
1977	562	18		192		—	—	—	—
1978	1,644	3		322		—	—	—	—
1979	2,397	6		121	6	—	—	—	—
1980	12,835	412		841	2		100	10	1
1981	5,742	926		820			6		6
1982	1,757	740	4	342	2	1	48	229	
1983	2,179	539	36	110	2	37		156	
1984	2,812	229		424		55	63	677	3
1985	2,859	819		589	8		60	484	2
1986	2,720	98		264	10			693	
1987	358	1,670	2	294	3				11
1988	1,767	586	109	347(20)	2(2)	42		1,646	
1989	1,000	233	10(5)	76(5)	1(1)		80	120	
1990	796	1,274	88(6)	83(8)		70(1)	80(2)	6(3)	
1991	985	404	395(92)	254(10)		45(3)	32	180	1
1992	973	167	114(30)	228(32)		91		636	
1993	507	147	281(30)	200(43)				432	
1994	496	281	176(20)	78(18)				408	

までは他の種に混入したか,一括して「その他」として扱われたものと思われる.かつて太地では「ハウカス」と呼ばれるイルカが捕獲されており,これの帰属についても議論されてきたところである(前述).なお,この統計には1988年以降については太地沖で操業した小型捕鯨船による水揚げが計上されていなかった.おそらく,別のあつかいになっていたものと思われる.これについては別途水産庁資料より集計したものを加算して,太地でのイルカ類水揚げの総量を把握することにした.このようにして得られた統計が表3.17である.

統計の整合性をみるために,これをMiyazaki (1980) に記載された17年間 (1963-1979) の統計値と比べると両者は非常によく一致する.コビレゴンドウ,ハナゴンドウ,ハンドウイルカ,シャチでは各年の合計が完全に一致したし,スジイルカの場合には1969年に4頭増えただけであった.しかしながら,水産庁が1972年から集計して国際捕鯨委員会に報告してきた数値(表3.18)とは大幅な不一致が認められた.なかでも,1979-1983年のスジイルカとコビレゴンドウでは,水産庁統計のほうが200-2,000頭少ない例がある.単純な集計ミ

表3.18 和歌山県下におけるイルカ類の水揚げ頭数. 水産庁が鯨種別統計を作成開始した1972年より, 鯨種別・漁業種別の捕獲枠が設定される前年の1992年までを示す. 1987年までは太地のみ, 1988年以後は太地以外の県内水揚げ地をも含む. 関係漁業種は, 追: 追い込み漁業, 突: 突きん棒漁業, 小: 小型捕鯨業（カッコ内に外数で示す）. 水産庁統計および小型捕鯨協会事業報告による.

年	スジイルカ	マダライルカ	ハンドウイルカ	ハナゴンドウ	コビレゴンドウ	オキゴンドウ	シャチ	シワハイルカ	その他・不明	漁業種
1972	850(12)		15		30(85)	(1)			(2+1*)	追突(小)
1973	981(4)				52(68)				(6+2*)	同
1974	763		11	11	94(56)	(2)			(6+1*)	同
1975	3,097(2)		7(1)	(1)	410(52)	(1)	(1)		(5)	同
1976	1,183(3)		1(1)		370(10)	(1)	(1)			同
1977	490		18		170(7)		(1)			追(小)
1978	613		48		309(11)					同
1979	893	70	50	9	87(3)		5			同
1980	11,017		345		605		(2)		14[1)	同
1981	4,710		297	4	476		5		7[1)	追
1982	1,758	293	668	4	305	1	4			同
1983	2,179	156	462	49	378	32	2			同
1984	2,812	740	229		424	55			3	同
1985	2,639	484	715		589		7	60	2	同
1986	2,720	693	98		264		8			同
1987	358		1,670	2	294		3		11[1)	同
1988	1,767	1,646	586	109	327(22)	42	(2)			追(小)
1989	1,000	120	264	11	71(5)		(1)		80(5)	同
1990	682	9	1,286	82(6)	75(8)	69(8)		161	228[2)	追突(小)
1991	971	153	388(1)	301(92)	244(10)	42(3)		4	244[3)	同
1992	1,045	636	154	88(30)	200(29)	81				追突

* アカボウクジラ（ただし, オオギハクジラ属の種である可能性を排除できない). 小型捕鯨船は太地においてツチクジラの捕獲を記録しているが, 本種の分布からみて疑わしいので表示していない (1975年8頭, 1976年1頭, 1977年8頭, 1978年7頭).
1) カマイルカ.
2) 228頭の内訳はマイルカ148頭, カズハゴンドウ80頭.
3) 244頭の内訳はサラワクイルカ100頭, カマイルカ1頭, コマッコウ類1頭, カズハゴンドウ60頭, 不明82頭.

スというには大きすぎる不一致である. おそらく, 水産庁への統計提出に際して, なんらかの政治的配慮が働いたか, 税金対策などの経済的配慮から捕獲を少なく報告したケースがあったものと思われる.

3.9.3 漁期

上述の太地漁協の協力で私たちが入手した太地漁協のイルカ水揚げ統計は月別に得られているので, これを使って主要鯨種5種について漁期をみよう. イルカ追い込み漁に漁期の規制がなかった1981年までの前期と, 漁期規制ができた後（後期と称す）とに分けて漁獲の月別分布をみると表3.21のようになる. 漁期規制のなかった前期では, 水揚げの上位4カ月が10-1月にあり, この4カ月の水揚げが全体の81.0％を占めていた. これに対して, 規制が導入された後でも上位4カ月の月に相違がなく, その間の水揚げは85.3％へと, わずか4ポイントの増加をみせたにすぎない. 漁期の設定自体が操業の利便に合わせてなされたことを示すものである. 1970-1980年代における私の観察では, 初夏になってカツオの引き縄漁が始まると, 漁業者はイルカ漁を切り上げるのが通例だった.

3.9.4 イルカ類の価格変動

参考までに太地の魚市場におけるイルカ1本あたりの平均価格を表3.20に示す. これはKishiro and Kasuya (1993)の表を簡略にしたものである. 漁獲量と魚価には負の相関があるのが通例である. しかし, 1980年代以降は漁獲量には低下の傾向は認められないが, 価格は

表 3.19 1993 年以降の和歌山県太地のイルカ追い込み漁業の捕獲頭数．イルカ類の種別・漁業種別捕獲枠は 1993 年に全国的に設定され，和歌山県下では太地のみが追い込み漁業を許された．突きん棒漁業については第 2 章を参照されたい．水産庁統計による．カッコ内は小型捕鯨船による太地水揚げ（外数）．

年	スジイルカ	マダライルカ	ハンドウイルカ	ハナゴンドウ	コビレゴンドウ	オキゴンドウ	カマイルカ
93 年枠	450	400	890	300	300	40	
1993	450	420	134	243(30)	157(43)	0	
1994	440	400	261	151(20)	60(18)	0	
1995	450	73	852	186(20)	49(46)	40	
1996	211	0	143	73(20)	300(46)	25	
1997	545	0	287	60(20)	204(22)	40	
1998	376	397	164	160(20)	84(46)	40	
1999	520	0	596	250(12)	211(31)	0	
2000	235	27	1,339	367	109(49)	0	
2001	418	0	195	350(17)	212(36)	29	
2002	565	400	760	221(12)	55(35)	7	
2003	382	102	121	191(19)	55(27)	17	
2004	554	0	570	444(7)	62(29)	0	
2005	397		285	340(8)	40(24)		
2006	479	400	285	232(7)	198(10)	30	
07/08 枠	450	400	842	295	277	70	134
2007	384		300	312(20)	243(16)		
2008	575	329	297	216(0)	99(20)	0	21
08/09 枠	450	400	795	290	254	70	134

表 3.20 太地魚市場におけるイルカ類 1 頭あたりの平均価格（浜値），単位 1,000 円．Kishiro and Kasuya (1993) による．

年	コビレゴンドウ	オキゴンドウ	ハナゴンドウ	ハンドウイルカ	スジイルカ	マダライルカ	小型全種の平均[1]	消費者物価指数
1972	89						12(732)	100
1973	31						17(460)	112
1974	56						15(895)	138
1975	64						12(960)	154
1976	80						13(1,230)	168
1977	82						18(368)	182
1978	158						25(464)	190
1979	30						13(1,206)	197
1980	83						8(10,359)	212
1981	99						11(5,018)	222
1982	101						18(2,682)	228
1983	90						21(2,878)	233
1984	161						17(3,859)	238
1985	146			26	14	15	16(3,838)	243
1986	191			31	18	16	19(3,511)	244
1987	318		59	47	28		43(2,030)	244
1988	522	286	131	70	35	12	36(4,150)	246
1989	477		136	70	25	23	33(1,358)	252
1990	979	486	153	89	56	29	91(2,227)	260
1991	826	1,197	233	104	39	26	91(1,490)	—

1) コビレゴンドウとシャチを除く全イルカ類．カッコ内は算出対象の頭数．

表 3.21 太地におけるイルカ類水揚げの季節分布.

[1963-1981 年：漁期の規制がなかった年度]

月	スジイルカ	マダライルカ	ハンドウイルカ	ハナゴンドウ	コビレゴンドウ	合計 頭数	%
1月	4,116		51	10	630	4,807	11.7
2月	1,609		409	24	710	2,752	6.7
3月	758		307	141	159	1,365	3.3
4月	151		183	128	304	766	1.9
5月	333		220	60	479	1,092	2.7
6月	508		121	36	455	1,120	2.7
7月	146		21	28	240	435	1.1
8月	7		6	8	127	148	0.4
9月	4		10		83	97	0.2
10月	5,047		127	14	376	5,564	13.5
11月	7,434		253	56	369	8,112	19.7
12月	14,033		260	25	545	14,863	36.1
合計	34,146		1,968	530	4,477	41,121	100

[1982-1994 年：漁期の規制が行われた年度]

月	スジイルカ	マダライルカ	ハンドウイルカ	ハナゴンドウ	コビレゴンドウ	合計 頭数	%
1月	4,066	487	745	90	351	5,739	15.8
2月	1,157	619	892	131	325	3,124	8.6
3月	202		97	65	198	562	1.6
4月	20	8	222	92	98	440	1.2
5月	3	23	74	72	19	191	0.5
6月	696	52	30	163		941	2.6
7月	7	1	3	3	3	17	0.0
8月	1	11	8	20		40	0.4
9月							0
10月	6,059	2,907	1,249	48	791	11,054	30.5
11月	1,811	617	2,987	171	854	6,440	17.8
12月	5,187	939	879	177	517	7,699	21.2
合計	19,209	5,664	7,186	1,032	3,156	36,247	100

急上昇を示している．1990年代の価格は1970年代の6倍以上であり，上昇幅は消費者物価の上昇を超えていた．その背景には1988年3月を最後に商業捕鯨が停止され，鯨肉の供給が低下したことがある．なお，コビレゴンドウにおいては，雄は体が大きいうえに，脂肪がのった尾の身が多くとれるため値が高い．3.5 mを超える成熟雌が200万-300万円のときに4.5 m以上の完全に成長しきった雄は500万円近くで売れたこともあった．しかし，20-30頭の群れを追い込んでも，そのなかの成熟雄の数は1-3頭が普通で，残りは成熟雌か未成熟の雌雄である．そこで，いくつかの群れが近くにいた場合には，追い込み業者は大きな雄がたくさんいる群れを追い込むよう努力する傾向があった (Kasuya and Marsh 1984).

3.10 沖縄県名護

沖縄県ではイルカをピトゥと呼ぶ．また，追い込み漁そのものをピトゥと呼ぶこともある．ピトゥの追い込み漁では名護が有名である．この漁業は古くは県下各地で行われたとの見方もあるが（名護博物館 1994），その実態は明らかではない．「寄り物」といい，獲物が浜に近づくのを待って追い込む漁業である．かつての太地も含めて，日本各地で行われていた操業形態である．名護ではこれが共同漁業として重要な

表 3.22 沖縄県名護における 1960 年以後のイルカの捕獲. 捕獲のない年は表示しない. 普通字体は内田 (1985) による追い込み漁による捕獲 (1960-1982 年), 斜字体は水産庁統計 (1972 年以降). 後者が大きい値を示す場合があるのは, 石弓漁法や突きん棒漁などの捕獲を含むためと思われる. カッコ内に水産庁統計が記す漁法と従事隻数を示したが, これにも両漁法が合算されている場合がある模様 (1979, 1980 年). 1993 年に突きん棒漁業に捕獲枠が設定されてからの統計は第 2 章を参照.

年（漁法・隻数）	マゴンドウ	オキゴンドウ	ハンドウイルカ	マイルカ	その他	合 計
1960	243[1]		<77			243
1961	281					281
1963	189					189
1964	318					318
1967	150					150
1968	150					150
1969	500					500
1971	165[2]	<19	<45			165
1972	170					170
（追込 59 隻）	*170*					*170*
1973	87[1]		<87			87
（追込 59 隻）	*87*					*87*
1974	53					53
（追込 59 隻）	*53*					*53*
1975	49					49
（追込 59 隻）	*49*					*49*
1976	0			0	23[3]	23
（追込 59 隻）	*36*			*23*		*59*
1977	298			0		298
（追込 79 隻）	*301*			*37*		*338*
1978[4]		0		0		0
（突棒 7 隻）		*90*		*25*		*115*
1979				0	140[5]	140
（突棒 87 隻）				*49*	*140*[6]	*189*
1980	91	0		0		91
（突棒 40 隻）	*80*	*5*		*22*		*107*
1981[6]	0	0		0		0
（名護突棒 8 隻）	*50*	*7*		*25*		*82*
（恩納村突棒 2 隻）			*2*			*2*
1982	9			0		9
（突棒 6 隻）	*5*			*82*		*87*
1983 （突棒 6 隻）	*131*	*17*	*16*			*164*
1984 （突棒 4 隻）	*88*	*5*	*63*		*3*[6]	*159*
1985 （突棒 4 隻）	*70*		*31*			*101*
1986 （突棒 5 隻）	*82*	*2*	*77*			*161*
1987[8] （突棒 4 隻）	*92*	*2*	*18*		*2*[7]	*114*
1986[9]	*82*		*77*		*2*	*161*
1987	*92*				*22*	*114*
1988	*116*				*17*	*133*
1989	*93*	*25*			*26*	*144*
1990	*74*	*3*			*2*	*79*
1991	*52*	*9*	*16*		*3*	*80*
1992	*79*		*1*			*80*

1) ハンドウイルカを含む.
2) ハンドウイルカとオキゴンドウを含む.
3) シワハイルカ. 水産庁統計ではマイルカと記録.
4) この年より水産庁統計では漁法表示が突きん棒となる. 地名は特記なき場合は名護を指す.
5) カズハゴンドウ.
6) 水産庁統計によれば突きん棒が名護 8 隻・恩納村 2 隻とあるが, 前者が石弓漁法で後者は普通の突きん棒による散発的な捕獲であろう.
6) マダライルカ.
7) ハナゴンドウとシワハイルカ各 1 頭.
8) ここまで遠洋課統計. 1986, 1987 両年については両統計の間で実質的な不一致はない.
9) これより沿岸課統計. 1993 年以降については突きん棒漁業の項.

表 3.23 イルカ追い込み漁業の経営体数（カッコ内は従業隻数）．水産庁海洋漁業部遠洋課捕鯨班「いるか等小型鯨類の捕獲及び混獲実態調査について」，その他の統計による．

都道府県	静　岡	和歌山	長　崎	山　口	沖　縄	
1972	3(41)	1(7)	1(400)	1(12)	1(59)	川奈・富戸各3隻共同操業（1967-），安良里35隻；壱岐勝本；仙崎大日比；名護．
1973	3(41)	1(7)	1(?)	0	1(59)	対馬魚目．
1974	2(6)	1(7)	2(?)	1	1(59)	五島有川・対馬魚目．
1975	2(6)	1(7)	3(?)	0	1(59)	長崎県佐須原，美津島，有川．
1976	2(6)	1(7)	2(400+)	0	1(59)	1972年と同様に勝本漁協400隻使用．魚目も操業．
1977	2(6)	1(7)	2(684)	0	1(79)	勝本漁協全組合員640名660隻をもってイルカ駆除開始．ほかに三井楽24隻．
1978	2(5)	1(8)	4(1293)	0	0	名護では突きん棒7隻操業．伊豆では川奈3隻，富戸2隻．長崎県では三井楽13隻，勝本660隻，美津島571隻，横浦49隻．
1979	2(6)	2(13)	6(728)	0	0	長崎は福江1隻，三井楽20隻，勝本660隻，峰町3隻，美津島26隻，上対馬18隻．名護の突きん棒87隻とあるのは追い込み操業か．
1980	2(5)	2(14)	5(660+)	0	0	勝本660隻使用のほかに，三井楽，魚目，有川も操業．名護は突きん棒40隻と記す．
1981	2(5)	2(14)	1(350)	0	0	勝本350隻使用．名護突きん棒8隻，恩納村突きん棒2隻．
1982	2(32)	1(15)	1(300)	0	0	原票では経営体数富1 川奈2とあるも各1の誤りとみる．その隻数は各15，17とあるも真偽不明．長崎県は勝本のみ操業．
1983	2(17)	1(15)	6(594)	0	0	静岡県では富戸15隻，川奈2隻使用．
1984	1(2)	1(14)	1(700)	0	0	長崎県では勝本のみ操業．伊豆では富戸．
1985	1(1)	1(14)	2(1355)	0	0	静岡県では富戸のみ．勝本で1,350隻使用．三井楽5隻．
1986	1(1)	1(14)	1(350)	0	0	長崎県では勝本のみ．
1987	1(1)	1(14)	0	0	0	静岡県富戸は原票に1隻とあるも，別途情報により2隻と訂正．
沿 1988	1(1)	1(14)	勝本	0	0	勝本のイルカ追い込みは駆除に分類．
沿 1989	1	1(14)	0	0	0	
沿 1990	1	1(14)	0	0	0	富戸をリストするが，本年は操業がなかった模様．
沿 1996	(13)	1(14)				13隻使用は富戸と思われる．
99/2000	1(7)	1(14)	0	0	0	
00/01	1(7)	1(13)	0	0	0	
07/08	1(50)	1(17)	0	0	0	静岡と和歌山の隻数増加は算入基準の変更とみる．
08/09	1(50)	1(17)	0	0	0	
09/10	1(50)	1(17)	0	0	0	

沿：沿岸課集計，ほかはすべて遠洋課集計．

位置を占めていて，豊漁を願う神事なども行われた（名護博物館 1994）．イルカの群れが名護湾の入口に現れると，人々は仕事を放り出して浜に飛び出して，思い思いに小船を出して協力して湾内に追い込む．学校の授業も中断された．追い込みには石を投げ込んだり，鉄筋をハンマーでたたいたり，シルシカと呼ばれる紐に木切れやアダンの葉を結びつけたものを水中に下ろしたりして威嚇した（宮崎 1982；名護博物館 1994）．このシルシカは対馬で追い込み漁に使われたカズラと同様のものと思われる．追い込みが終わると，役場から派遣された司令船が旗を振って合図をする．そして銛で突き殺して引き上げる作業が一斉に始まる．だれもが得物を握って浜に飛び出して捕獲に参加したという．漁獲物は作業に参加した人に均等に配分される．配分を食べきれない人は，それを生あるいは茹で物にして販売した．この名護湾の追い込み漁は1970年代に入ってからしだいに衰微したらしい．その理由として，1971年に漁港の整備が行われ，名護湾の遠浅の砂浜が消滅したため，追い込みがむずかしくなったとか，住民の意識の変化によって共同作業がやりにくくなったとか，イルカの接岸が減少したなどがあげられて

いる（内田 1985）．1982 年に追い込み漁業が知事許可を要する漁業になったとき名護はその許可を取得せず，法的にはこの段階で漁業が消滅したとの見方もあるが（158 頁参照），その後も散発的な追い込みがあった．新聞報道によれば 1982 年コビレゴンドウ 9 頭，1989 年にハンドウイルカ 20 頭が捕獲されている（Kishiro and Kasuya 1993）．このハンドウイルカの追い込みが最後の記録らしい．

　名護におけるイルカ漁の統計は，名護漁協の資料と水産庁がとりまとめたものとがある．前者は 1960 年までさかのぼる．私はこの漁業資料をみたことはないが，宮崎（1982）や内田（1985）がそれを整理して公表した．それはさらに Miyazaki（1983）や Kishiro and Kasuya（1993）に引用されている．後者，つまり水産庁がまとめた統計は，水産庁遠洋課捕鯨班が 1972 年から収集を始めたもので，各地の漁協から集めた報告を集計したものである．内田（1985）と水産庁の統計を比べると両者は 1975 年までは一致するが，1976 年以後には食いちがいが出てくる．その背景には内田（1985）の統計は「名護追い込み漁によるイルカ捕獲頭数」として，追い込み漁による捕獲に限定しているのに対して，水産庁統計には追い込み漁法以外による捕獲が含まれていることに原因があるらしい．名護におけるイルカ追い込み漁業にかかわる民俗や漁業の変遷に関する宮城（1987）の記録によると，追い込み漁の衰微による供給不足に対応して，石弓漁業が発生したのが 1975 年である．しかし，その捕獲が突きん棒漁業によるものとして分類されたのは 1978 年以降であった．水産庁統計では，1977 年までの捕獲はすべて追い込み漁による捕獲とみなされていたのである．行政上の分類では石弓漁法は突きん棒漁法に含まれているが，本書では石弓漁業として独立させている．

3.11　愛媛県三浦西

　豊後水道の東側に位置する宇和島市三浦西にもイルカの追い込み漁があったことを宮脇・細川（2008）が書いている．ここの捕獲技術は安永 4 年（1775）に大分県佐伯から伝えられたもので，天保 15 年（1844）から明治 4 年（1871）までの 28 年間に 13 回の追い込み漁がなされたことを示す記録が田中家文書に残っているそうである．イルカの種類や捕獲頭数はわからない．イルカの群れが湾内に入るのをみつけると，湾口に前張網と呼ばれる網を張って退路を断ち捕獲したものであり，太地などでかつて行われた建切網と同様のものであったと思われる．

　技術の伝播の経緯からみて，当時は豊後水道の大分県側でもこのような機会待ちのイルカ漁が行われていたものと推定される．探せば豊後水道のほかの地にもこのような操業の記録が発見されるのではないだろうか．

第4章　小型捕鯨業

4.1　起源

　小型捕鯨業は小型船舶に小口径の捕鯨砲を搭載してミンククジラ，ツチクジラ，各種イルカ類を捕獲する漁業であり，ミンク船とかゴンドウ船とも呼ばれ，和歌山県ではテント船とも呼ばれていた（前田・寺岡1958）．初め，千葉県を除き自由漁業であったが，昭和22年（1947）の汽船捕鯨業取締規則の改正によりミンク船も大臣許可漁業となった．これにともない，それ以前から規制対象となっていたマッコウクジラや大型ひげ鯨類を捕獲する漁業を「大型捕鯨業」とし，いわゆるミンク船には「小型捕鯨業」なる名称があてられた（第5章）．

　ミンク船の起源は明治末期にさかのぼる．アメリカ式帆船捕鯨で開発された捕鯨銃の一種にグリナー砲がある．これは口径30 mm前後の先込め砲で，手漕ぎのボートにつけた砲架に載せて捕鯨銃を発射するものである．当初は銛先には爆薬を仕掛けていなかった．この砲は19世紀末には日本に紹介され（松原1896），その改良も種々試みられている（金田・丹羽1899）．このグリナー砲（捕鯨中砲とも呼ばれた）を無動力の漁船に載せて千葉県沖でツチクジラを捕る試験が明治24年（1891）に関沢明清によって始められ（関沢1892a），翌年に捕獲に成功した（関沢1892b）．さらに明治41年（1908）には，東海漁業株式会社がノルウェーから輸入した口径37 mmのグリナー砲を汽船に搭載して，ツチクジラ捕鯨に成功した（第13章）．これがきっかけになって，千葉県ではツチクジラ漁業が興隆した．県は地元経済におけるツチクジラ漁の重要性を認識し，また業者の乱立による共倒れを警戒して，大正9年（1920）に本漁業を「機船若は端艇捕鯨業」として知事許可漁業に指定して，隻数を26隻に制限し，その後，隻数の削減に努めた（小牧1996）．当時の操業は数隻の手漕ぎの捕鯨船で鯨群を取り囲んで捕獲したもので，機船は捕鯨船や漁獲物の曳航に使われていたらしい（小牧1996）．その後，1942年ごろの時点では，15隻が千葉県の許可を得ていた（松浦1942）．

　和歌山県太地では，独特の捕鯨砲が案出されて長く使用されてきた．その始まりは太地出身の前田兼蔵氏が韓国で関沢明清氏に会い，彼のもっていた捕鯨銃を参考にして，明治36年（1903）に3本の銛を同時に発射する3連銃を発明したことであった．同年にこれを使ってゴンドウの捕獲に成功し，翌年には5連銃に改良した．これが前田式連発牛頭銃であり，太地のゴンドウ漁に貢献した（浜中1979）．その5連銃は1967年ごろまで太地のゴンドウ漁に使われていたが，その後は普通の単発砲を使うようになっている．なお，太地のテント船に初めて動力が導入されたのは大正2年（1913）のことである（浜中1979）．

　後に小型捕鯨船と呼ばれることになる，この捕鯨の形態は，明治末年の1910年前後に完成したのである．この漁業は1941年には22隻となり，三陸地方にも拡大し，1942年には31-33隻（計画中を含む）に増加し（松浦1942），1943年には佐賀県2隻，和歌山県15隻，三重県4隻，静岡県2隻，東京都9隻，宮城県10隻，岩手県4隻，合計46隻へと隻数も漁場も

表 4.1 第2次世界大戦前後の小型捕鯨業の展開．隻数と捕獲頭数．1941年は松浦（1942, 1943），1948年および1951年は前田・寺岡（1958）による．表4.2とは若干の不一致がある．

漁場[1]	年	隻数[2]	ミンク	ツチ	ゴンドウ	シャチ	その他	合計
北海道	1941	0	0	0	0	0	0	0
	1948		81	30	33	23	0	167
	1951	3	102	30	10	0	0	142
三陸	1941	6	22	0	397	15	約100	約535
	1948		81	0	208	3	0	392
	1951	17	128	101	274	0	0	503
千葉県	1941	11	0	24	2	0	5	31
	1948		1	46	2	0	0	49
	1951	15	0	108	0	0	0	108
和歌山県	1941	5	?	0	118	?	約50	約168
	1948		23	0	418	22	19	482
	1951	18	1	0	220	0	0	221
高知県	1941	0	0	0	0	0	0	0
	1948		1	0	64	0	21	86
	1951	6	0	0	84	0	0	84
九州	1941	0	0	0	0	0	0	0
	1948		98	0	0	0	0	98
	1951	10	22	0	13	0	0	35
日本海	1941	0	0	0	0	0	0	0
	1948		0	0	0	0	0	0
	1951	0	81	3	17	0	0	101
全国	1941	22	22	24	517	15	約156	約734
	1948		285	76	725	48	40	1,174
	1951	75	334	242	618	0	0	1,194

1) 前田・寺岡（1958）は1948-1951年の根拠地としてつぎの地名をあげている．北海道：厚岸，釧路，網走，紋別，江差，浦河；三陸：釜石，大沢，細浦，鮎川，女川；千葉県：白浜，千倉；和歌山県：太地；高知県：椎名，清水；九州：呼子，名護屋，打上，前原，香焼島，延岡，門川，南郷；日本海：宇出津，小木．
2) 1951年の隻数は1952年4月20日現在の値で代用した．そこには本表に示した外に東京で6隻が許可を得ている（全国値には算入ずみ）．

急拡大をみせた（日本捕鯨業水産組合 1943；表4.1）．このような生産増強策の進行は戦時体制の一環であり，イルカ漁業にも共通する現象であった（第2章；松浦 1942, 1943）．戦前の小型捕鯨船は隻数も少なく，千葉県以外では自由漁業であったが，戦後の急増をみて政府は，昭和22年（1947）12月5日に農林省令91号で，事業者は捕鯨船と根拠地について農林大臣の許可を要することとし，隻数のコントロールを始めることになる．操業船隻数の変遷については漁業の規制の項で後述する（第5章）．

これら小型捕鯨船は通常は日帰り操業であり，登録した自船の根拠地近くの海で操業するのが通例であった．しかし，千葉県水域を別とすれば，鯨を追ってよその海域に出かけることも技術的には可能であるし，第2次世界大戦後にはミンククジラが漁獲対象として重要になったこともあり，ミンククジラの回遊を追って，千葉県や三陸地方の小型捕鯨船がオホーツク海や日本海に出漁することもあった．その捕獲統計が属人統計である場合には，事業者の登録地ごとに集計されるので，実際の捕獲位置と統計に計上される都道府県名が異なるケースが発生する．

1941年度に小型捕鯨船22隻が捕獲したのは合計734頭で，1隻あたり26頭にすぎないが，三陸方面の6隻はゴンドウクジラ397頭，シャチ15頭，イルカ100頭，ミンククジラ22頭，合計534頭を捕獲し，隻数では27%の三陸船が頭数では72%を捕獲していた．三陸船の捕獲の主体はコビレゴンドウ（いまのタッパナガ型）にあった．ミンククジラの捕獲は意外に少なかったらしい（後述）．房総地方の小型捕鯨船11隻の捕獲は，おもなものはツチクジラ24頭（公式統計では23頭となっている；第13

章）のほかにゴンドウなどが7頭あった．イルカ類は不明であるが，1隻あたり2-3頭のツチクジラの捕獲で採算が合うのか不思議である．和歌山県の5隻の捕獲はゴンドウ118頭のほかイルカ類50頭であった（表4.1）．

第2次世界大戦中から戦後にかけて，小型捕鯨業は規模の拡大をみせたが，漁獲対象種にも大きな変化をみせた．最大の変化はミンククジラの比重の増加である．この変革期の操業に関する資料は限られているが，松浦（1942）は1941年の捕獲頭数と操業規模を海区別に記録しており，同じ情報は松浦（1943）にも収録されている．また，前田・寺岡（1958）は1948年から1951年までの4カ年について記録を残している．これらをもとに戦中・戦後の操業の変化の概要を知ることができる（表4.1，表4.2）．その後の操業については，Ohsumi（1975）が1948-1972年の小型捕鯨業の操業をまとめているので参考になる．

4.2 操業形態

表4.2にみるように1941年まではミンククジラの捕獲は少なく，年間20頭程度であったが（松浦1942），戦後は1948年の285頭から1950年代末の500頭前後へと急増した．そして，ミンククジラへの高い依存は1987年の商業捕鯨最後の操業まで続くことになる（表4.3）．戦前にはあまりミンククジラが捕獲されなかった．その理由としては，沿岸の大型捕鯨でイワシクジラやナガスクジラが豊富に捕獲されたことと，水揚げ地は概して辺地に散在しており，水揚げが不安定でもあるために，当時の未発達の流通機構では全国的な販売ルートに乗せることがむずかしかったのではないかと思われる．国内産業保護のために，南氷洋捕鯨からの鯨肉持ち帰りは，1937年までは原則として禁止されていたことからわかるように（大村・粕谷2000），当時の鯨肉の国内市場は捕鯨産業の規模に比べて小さかったのである．小型捕鯨業は大型捕鯨業や母船式捕鯨業の陰で苦労して生きていたことを小型捕鯨船主の主婦が述べて

いる（庄司1988）．

1948年から1972年までの小型捕鯨業の捕獲をみると，ミンククジラの主漁場は三陸沖と北海道沿岸にあり，それぞれが40-45％をあげ，その他の海域での捕獲は15％ほどであった（Ohsumi 1975）．これらの漁場は日本列島の東西にあり，季節の進行にともなって北に移動する傾向が認められた（Omura and Sakiura 1956）．日本海側の漁場は，北九州沿岸から能登半島を経てオホーツク海にいたる海域である．漁期は2-3月から10月までであったが，ピークは南で3-4月に始まり，しだいに北に移動して，北海道では6-7月に盛漁期があった．もう1つの太平洋側の漁場は三陸沿岸から道東を経てオホーツク海にいたる海域で，漁は1月から10月までであったが，ピークは三陸が5-6月，道東が7-8月にあった（Omura and Sakiura 1956）．

千葉県ではミンククジラはほとんど捕獲されない．それに代わって，ツチクジラが小型捕鯨業の重要種となっていた．その傾向はいまでも変わらない．1940年代初めまでは，ツチクジラが捕獲されたのは千葉県沿岸に限られていた（粕谷1995b）．千葉県を除くと，海区別にツチクジラの捕獲統計が得られるのは，1981年以前では1948-1952年と1965-1969年の期間に限られている（第13章）．網走沖では1948年にすでに24頭の捕獲があり，その後も捕獲が継続するので，ここではツチクジラ操業が比較的早く，おそらく1942-1947年，つまり戦中から戦後にかけてのある時点で始まったものと思われる．これ以外の海域で10頭を超える捕獲が記録されたのは，日本海では1949年ごろ，三陸では1950年ごろ，釧路沖では1951年ごろであった．すなわち，房総沿岸と網走近海を除けば，ツチクジラの本格操業が始まったのは終戦から数年を経た1950年前後とみることができる．戦後のツチクジラ漁業地は千葉県沖，三陸沖，釧路沖，富山湾，渡島半島沖，網走沖などである（Omura et al. 1955）．1948年から1972年までの統計では，千葉沖と三陸沖での捕獲はそれぞれ40-45％を占めており，その他の海域

136　第4章　小型捕鯨業

表4.2　第2次世界大戦後の商業捕鯨時代の小型捕鯨業による捕獲頭数（公式報告値）．1941年は日本捕鯨業水産組合（1943），1948-1960年はOhsumi（1975），1961-1987年は水産庁資料（遠洋漁業課 1975, 1976, 1977a, 1977b；遠洋課 1979, 1982, 1984, 1987, 1988）による．比較可能な年度（1961-1972）においては，これら資料の数値は一致する．

年	ミンククジラ	ツチクジラ	ゴンドウ	シャチ	その他[1]	合　計
1941	22	24	530[6]	9	3[4]	588
1948	285	76	725	48	41	1,175
1949	184	95	890	44	49	1,262
1950	259	197	715	24	18	1,213
1951	334	242	618	66	34	1,294
1952	485	322	335	58	39	1,239
1953	406	270	460	66	37	1,239
1954	365	230	75	100	33	803
1955	427	258	61	85	40	871
1956	532	297	297	38	46	1,210
1957	423	186	174	78	37	898
1958	512	229	197	73	178	1,189
1959	280	186	144	36	391	1,037
1960	253	147	168	48	178	794
1961	332	133	133	54	305	957
1962	238	145	80	47	377	880
1963	220	160	228	43	179	830
1964	301	189	217	99	434	1,240
1965	334	172	288	169	71	1,034
1966	365	171	199	137	220	1,092
1967	285	107	237	101	294	1,024
1968	239	117	166	22	274	818
1969	234	138	130	16	56	574
1970	320	113	152	12	29	626
1971	285	118	181	10	25	619
1972	341	86	91	3	17	538
1973	423(541)[2]	31(32)[2]	77	0	2	533
1974	291(372)[2]	32	62	2	1	388
1975	290(370)[2]	41(46)[2]	53	3	5	392
1976	360	13	11	1	3	388
1977[3]	248(541)	44	6	1	1	300
1978	400(400)	36	11	0	0	447
1979	P392; J15(400)	28	3	0	0	438
1980	P364(421)　J15(15)	31	1	2	0	413
1981	P359(421)　15(15)	39	0	0	0	413
1982	P309(421)　J15(15)	60	85[5]	0	0	469
1983	P279(421)　J11(15)	37(40)	125(175)	0	1	453
1984	P367(367)　J0(0)	38(40)	160(175)	0	0	565
1985	P320(320)　J7(10)	40(40)	62	0	0	429
1986	P311(320)	40(40)	29(50)	2	0	382
1987	P304(320)	40(40)	0	0	0	344

1) 主として小型のイルカ類と思われる．
2) カッコ内の値は工船式捕鯨船みわ丸の試験操業による捕獲を含む総数．
3) 1977年以降については，カッコ内に示す数値はIWCによる捕獲制限（ミンククジラ）ないしは政府と漁業者による自主規制枠（ミンククジラ以外）．ミンクについては1980-1984年漁期は5年間のブロック・クオータであり，1980年からは東シナ海・日本海資源（J）と西太平洋・オホーツク海資源（P）に分けて管理された．
4) この3頭はアカボウクジラ．
5) この値については表4.3の脚注7)を参照．
6) このうちの407頭は三陸の業者による捕獲で主体は「しほごとう」であり，41頭は紀州業者の捕獲で「ないさごとう」が主体であると記述されている．それぞれ，いまのタッパナガとマゴンドウを指している．このほかに同書は1939-1941年の3漁期に捕獲されたゴンドウ（三陸710頭，紀州293頭）と，1939-1942年の4漁期に捕獲されたミンク82頭を月別に表示している．それによると，当時のミンクの漁場はおもに三陸で漁期は1-7月（盛期は3-5月）であり，しほごとうは三陸で6-12月（盛期は8-10月）に，ないさごとうは紀州で周年（盛期は5-8月）捕獲されていた．

表 4.3 1988 年に商業捕鯨停止を受け入れた後の小型捕鯨業．参考までにそれ以前の数年分も合わせて示す．捕獲枠[1]に変更があった場合にはカッコ書きで示す．なお，ミンククジラの捕獲枠は IWC の決定によるが，それ以外の捕獲枠は政府と漁業者による自主規制枠である．水産庁統計および小型捕鯨協会事業報告による．

年	認可隻数	稼動隻数[2]	ミンククジラ	ツチクジラ[3]	タッパナガ[4]	マゴンドウ[5]	ハナゴンドウ[6]	その他	金額（百万円） 生産	損益
1982	8	8	(436)324	60	85[7]	7			843	62
1983	9	9	290	(40)37	(175)125			1	928	57
1984	9	9	(367)367	38	(175)160				1033	109
1985	9	9	(330)327	40	(無枠)62				1039	130
1986	9	9	(320)311	40	(50)28	1		2	1245	204
1987	9	9	304	40	0				1317	238
1988	9	6		(60)57	(100)98	30		7	447	−38
1989	9	4		54	(50)50	(50)8		14	464	71
1990	9	4		(54)54	10	8		19	489	37
1991	9	5		54	43	16	92	5	565	97
1992	9	5		54	48	33	(30)30		610	96
1993	9	5		54	44	47	30		660	109
1994	9	5		54	26	29	(20)20		620	79
1995	9	5		54	50	50	20		701	101
1996	9	5		54	50	50	20		725	115
1997	9	5		54	50	27	20		691	86
1998	9	5		54	35	49	20		711	56
1999	9	5		(62)62	60	44	12		790	62
2000	9	5		62	50	56	20		732	45
2001	9	5		62	47	40	17		628	−35
2002	9	5		62	47	36	12		503	−114
2003	9	5		62	42	27	19		448	−130
2004	9	5		62	13	29	7		417	−123
2005	9	5		(66)66	(36)22	24	8		402	−126
2006	9	5		63	7	(36)10	7		324	−171
2007	9	5		67	0	16	20		322	−154
2008	9	5		64	0	20	0	(20)0[8]	289	−151

1) 捕り残した捕獲枠が翌年に持ち越されることがある．その場合，捕獲枠の変更とみなしていないので，見かけ上は捕獲が枠を上回る年がある．
2) 和歌山県太地では 1979 年まで小型捕鯨船の勝丸が操業していたが，その後，和田浦に操業を移した．1983 年から新たに勢進丸が太地沖で小型捕鯨に参入し，まもなく勝丸も太地沖での操業を再開した．
3) ツチクジラ捕獲枠は 1983 年 40 頭，1988 年 60 頭（太平洋で増枠），1989 年 54 頭（1 隻減船にともなう減枠），1999 年 62 頭（日本海に 8 頭新設），2006 年 66 頭と変化した．捕獲枠の海区配分は初め網走 5 頭，和田浦 35 頭で始まり，網走 5 頭，和田浦 27 頭，鮎川 22 頭の時代を経て，2006 年時点では網走 4 頭（前年まで 2 頭），和田浦 26 頭，鮎川 26 頭，日本海（函館基地）10 頭（前年まで 8 頭）で，2010 年漁期現在変更なし．ただし，海区配分は柔軟で，操業の都合で年度ごとに変更されることもあった．
4) 鮎川沖で操業．
5) おもに太地沖で操業，和田浦沖でも少数が捕獲されることがある．1982 年の 7 頭は鮎川沖での捕獲（Kasuya and Tai 1993）．
6) 太地沖で操業．
7) 科学者は小型捕鯨協会より，この年の捕獲は 172 頭であったとの訂正報告を受けているが（Kasuya and Tai 1993），行政に対してはこの訂正はなされなかった．
8) オキゴンドウに 20 頭の枠が設定された．

（北海道沿岸と日本海）は 15% 程度にすぎなかった（Ohsumi 1975）．

ツチクジラの漁期は千葉から岩手県にいたる海域では初夏から秋までで，ピークは 7-8 月にあった．釧路沖では本種の捕獲は少ないが，ピークは 10-11 月にあった．オホーツク海のピークは 5-6 月と 9-10 月で，日本海側のそれは 7 月ごろにあった．ツチクジラ漁の季節性には 2 つの人為要因が影響している．1 つはミンククジラの存在である．ミンククジラはツチクジラに比べて捕獲しやすく，おそらく価格も高かったので，千葉県近海の漁場以外ではミンククジラ操業の合間の捕獲であったらしい．もう 1 つはマッコウクジラ密漁の影響である．小型捕鯨

船はマッコウクジラを密漁して，それをツチクジラとして報告したことが知られている（小牧 1996; 粕谷 1999; Kasuya 1999）．日本海やオホーツク海にはマッコウクジラがほとんど回遊しないので問題は少ないが，当時の太平洋岸には多くのマッコウクジラが回遊していた．最近の太平洋沿岸におけるツチクジラの資源量は約5,000頭（CV＝0.56）と推定されている（IWC 2001）．ところが，1948年から1972年までの25年間に，小型捕鯨業は4,400頭のツチクジラの捕獲を報告している．そのような大量の捕獲が可能なほど終戦直後のツチクジラ資源が大きかったのか，それとも統計に問題があるのかを検討してみる必要がある（粕谷1995b）．

小型捕鯨業の統計でゴンドウと記録されているのはゴンドウクジラ類の総称である．その内訳は，コビレゴンドウの2個体群（タッパナガとマゴンドウ）が主体であり，ほかにオキゴンドウやハナゴンドウが含まれている可能性があるが，数量的には大きなものではない（第3章）．和歌山県太地の小型捕鯨船は，20世紀初めの始業当時からコビレゴンドウ（マゴンドウ型の個体群）を主対象として操業してきた．このゴンドウ漁はあたかも千葉県下におけるツチクジラ漁と同じように，地元の食習慣に長年支えられて生きてきた．太地以外で小型捕鯨船がゴンドウを多獲したのは三陸沿岸のみである（Kasuya 1975）．これは，1949年から1952年までの小型捕鯨業の操業報告（鯨漁月報）から，ゴンドウの捕獲記録を抜き出して解析したものである．さらに長期間（1948-1972）のデータを使ったOhsumi（1975）の研究でも，ゴンドウの捕獲は和歌山県が50％あまり，三陸が35％ほどをあげており，2県を合わせると90％になる．前者がマゴンドウの捕獲であり，後者がタッパナガの捕獲であるとみて，ほとんど誤りはない．三陸のタッパナガ捕獲は1941年には400頭近くを記録しているが，この操業がいつまでさかのぼるのかは明らかでない．しかし，松浦（1942）は三陸地方で着業船数7隻に対して，計画中のもの4隻としている．その日付は，松浦（1943）で1942年7月現在と明記している．その前年（1941年）のゴンドウの捕獲は三陸397頭，紀州118頭であることからみて，小型捕鯨船が三陸方面でゴンドウの捕獲を始めたのは，1940年を大幅にさかのぼるものではないと思われる（表4.2の脚注6）参照）．

第2次世界大戦以後の小型捕鯨船の操業結果は表4.2と表4.3に示す．捕獲枠については小型捕鯨業の規制の項であつかう．

第 5 章　鯨類漁業の規制

5.1　漁業法

　漁業法は漁業政策の基本を定めるもので，漁業にとって憲法のようなものである．大臣が発する省令・告示あるいは操業の免許や許可，都道府県知事の水産行政などはすべてこれにもとづいて行われる．

　江戸時代の漁業管理は，主として徴税を目的としたものであって，漁業資源の保存を目的とする要素は少なかった．明治8年（1875）に明治政府は漁業秩序の混乱を収めるために，太政官布告第195号を発し，すべての海面は官有であり，漁業を営むためには，海面の借用願を提出し許可を受けるべきことを定めた．しかし，これではそれまでの漁業慣習との衝突が頻発し，混乱が収まらなかったので，明治9年（1876）には太政官達第74号で先の布告195号を廃し，旧来の慣習による漁業権を承認し，借用料は取らないこととし，かわりに府県税を課すこととした（片山1937; 松本1977）．これでわかるように，明治初期に制定された漁業関連法規も徴税の確保を目的としていることは明瞭で，その点では江戸時代と変わらなかった．

　漁業法の構想は漁民の権利と水産資源の保護を目的として，明治26年（1893）の帝国議会に議員から法案が提出されたのが始まりである．これがさまざまな修正を経て，明治34年（1901）にようやく議会を通過し公布され，翌35年7月1日に施行された（片山1937）．これが36条からなる旧漁業法で，わが国初の漁業に関する基本法である．この漁業法は水産動植物資源の繁殖保護や漁業取締に関して，地方長官は主務大臣の認可を得て必要な命令を発することができ，主務大臣は必要に応じてそれを命ずることができると定めている（漁業法第13条）．そこには漁業資源保護の思想がみられるという点で進歩である．これは明治43年（1910）の改正（改正漁業法）と昭和8年（1933）の改正を経て，第2次世界大戦までわが国の漁業制度の基本となった．

　明治34年（1901）公布の旧漁業法には捕鯨業を特定した字句は認められないが，「漁具を定置し，又は水面を区画して漁業を為す（第3条）」，あるいは「水面を専用して漁業をなす（第4条）」ものは，[地方]行政官庁の免許を要するとしている．当時行われていた「イルカ追い込み漁」や，鯨の通り道に敷き網のような網を仕掛ける「台網捕鯨」，あるいは鯨の進路に網を入れて行動の自由を奪いつつ銛で突き捕る「網取り捕鯨」とか「網代式捕鯨」などと呼ばれた漁業はこれによって規制された．当時は，外洋帆船からボートを降ろして鯨を追跡するアメリカ式捕鯨をジョン万次郎が1859-1863年に小笠原方面で試みて失敗した後であったし，アメリカ式捕鯨の道具である捕鯨銃（ボム・ランス）を導入した沿岸捕鯨（銃殺捕鯨と呼ばれた）も明治5-21年ごろに各地で試みられたが失敗に終わっている（山下2004）．汽船に搭載した捕鯨砲から綱のついた捕鯨銛を発射するノルウェー式捕鯨で初めて鯨が捕獲されたのは，明治31年（1898）のことであり，それが事業として確立したのは明治32年の日本遠洋漁業株式会社が仙崎に設立されてからのことであった（明石1910）．

明治43年（1910）の改正漁業法（1911年4月施行）では，上述の海面占有漁業に関する条文のほかに，「捕鯨業」の字句が初めて現れる．すなわち，「汽船トロール漁業，汽船捕鯨業は……主務大臣の許可」を必要とすると定めている（第35条）．さらに昭和8年（1933）3月の改正では，この第35条に母船式漁業が追加され，これも主務大臣の許可を要することとなった．これら漁業法の全文は明石（1910）あるいは片山（1937）にみることができる．

第2次世界大戦後，昭和24年（1949）12月15日に新しい漁業法（法律第267号）が公布され，翌年3月に施行された．これがいくつかの改正を経て現在にいたっているが，2006年末の時点では平成18年（2006）6月23日の改正（法律第93号）が最後のものである．

この漁業法でイルカ漁業や捕鯨業に関する部分を列記するとつぎのようなものがある．

（1）**漁業権** 特定の漁業を営む権利をいい，①定置漁業権，②区画漁業権，③共同漁業権，がある．①は定置網による漁業，②は海面を区切って行う各種養殖業，③は磯の藻・貝類漁，えり漁業，飼い付け漁業，寄り魚漁業，鳥付こぎ釣り漁業など多様な漁業が含まれる．イルカ追い込み漁も寄り魚漁業として管理されてきた．これらの漁業権の設定を受けようとする者は，都道府県知事に申請して免許を受けなければならない．多くは漁業協同組合が漁業権を所有して，各組合員がこれに参加（入漁）して操業する．

（2）**指定漁業** 船舶により行う漁業であって政令で定めるものを「指定漁業」という．指定漁業を営もうとする者は，農林水産大臣の許可を受けなければならない．政令では各種捕鯨業（母船式捕鯨業，大型捕鯨業，小型捕鯨業）がこの範疇に入れられた．

（3）**漁業調整委員会** ①海区漁業調整委員会，②連合海区漁業調整委員会，③広域海区漁業調整委員会，がある．知事は漁業の免許に関して①に諮問しなければならない．また①は漁業の制限または禁止，漁業者数の制限，漁場の制限その他必要な指示を関係者に対してなすことができる．知事は必要なときには当該委員会に対して指示を与えることができる．②は複数の都道府県海区にまたがる問題を処理するための機構で，関係する海区漁業調整委員会の委員から選出された委員で構成される．③には太平洋，日本海・西九州，瀬戸内海の3個の広域委員会があり，海区委員と学識経験者と漁業者の代表とで組織され，大臣の諮問に答える．海区漁業調整委員が都道府県の漁業者の選挙によって選ばれるという点には，民主的な漁業政策運営の意図が認められる．しかし，漁業資源や水圏環境の管理において漁業者以外の市民の発言権を軽視している点は時代遅れである．

（4）**水産政策審議会** 指定漁業の許可や条件変更に関して農林水産大臣に意見を述べ，あるいは大臣の諮問を受ける．

（5）**漁業調整** 農林水産大臣は水産政策審議会の意見を聞いたうえで，また都道府県知事は漁業調整委員会の意見を聞き，かつ農林水産大臣の認可を受けたうえで，つぎの事項に関して必要な農林水産省令または規則を定め，違反者に対する必要な罰則を定めることができる．

- 水産動植物の採捕または処理に関する制限または禁止．
- 水産動植物もしくはその製品の販売または所持に関する制限または禁止．
- 漁具または漁船に関する制限または禁止．
- 漁業者の数または資格に関する制限．

漁業法のこれらの規定にもとづいて，農林省は省令や告示を出して，漁業規制の具体的な細目を定めてきた．それに加えて，水産庁長官，水産振興部長，あるいは遠洋課長などは，時に応じて都道府県の水産担当部局に対して通達あるいは通知と呼ばれる指示を発してきた．これら通達は，省令などの補足説明としての機能もあったが，省令ではカバーしきれない事態に対する非公式の規制という側面が強かった．それら通達などが漁業協同組合に伝達されると，日

本では実質的に法的な効力をもったのである．そのわけは日本の漁業政策においては行政の権限が大きいので，通達を無視すると，後で不利な処遇を受ける恐れがあるためである．ここに日本の漁業政策を不透明で非民主的なものにする危険性が潜んでいる．以下ではイルカ漁業の管理の経過をたどることを目的としつつ，捕鯨業に関係する部分について可能な範囲で述べることにする．捕鯨業の規制に関する一般書には明石（1910），片山（1937），大村ら（1942），松本（1977, 1980），多藤（1985），近藤（2001）などがある．

5.2 鯨漁取締規則

政府は，明治43年（1910）の改正漁業法の公布の前，明治42年（1909）10月21日に鯨漁取締規則（農商務省令第41号）を公布し，11月1日に施行した．これは日本沿岸で「汽船又は帆船を使用して鯨漁を為さむとする者」は個々の捕鯨船ごとに農商務大臣の許可を要すること（第1条），また，根拠地についても同様と定めている（第3条）．さらに，正当な理由なくして2年間操業しないときには許可は失効すること（第8条），大臣は鯨種，時期，区域，または隻数を定めて，鯨漁を禁止あるいは制限することができるとした（第9条）．この9条の規定を受けて，明治42年（1909）10月21日の農商務省告示418号で，鯨漁汽船船数を30隻以内と定めた．この制限隻数は昭和9年（1934）6月27日の改正で25隻に変更され，1963年まで維持された．これらに符合して捕鯨会社の再編成が明治42年と昭和9年に行われた（明石1910; 松本1977）．政府は膨張した捕鯨規模の縮小に当時から苦労していたのである．なお，この規則には捕獲する鯨種に関しては言及がない．

この鯨漁取締規則は明治44年1月に改正されたが，本質的な変更はなかった．昭和9年7月と昭和11年6月にも改正を受けたということであるが，私はその原文をみていない．大村ら（1942）によれば，これら昭和の改正によって，本規則の適用対象がミンククジラ以外のひげ鯨類とマッコウクジラと定められた（第1条）．したがって，マッコウクジラ以外の歯鯨類（ツチクジラを含むアカボウクジラ類や各種イルカ類で，本書で小型鯨類と称している種）やミンククジラの捕獲は規制されなかった．また，「汽船捕鯨業」は「母船式鯨漁業を除くの外螺旋推進器を備えた船舶に依り銛砲を使用して為す鯨漁」（第1条の2）と定義され，大臣の許可を必要とされた．母船式鯨漁業を除外したのは，別に母船式漁業取締規則（昭和9年7月公布）があったためである．このほか，帆船捕鯨も大臣の許可が必要とされたが（第1条の3），操業の実態はすでになかった．

鯨漁取締規則のもとで，昭和13年（1938）6月8日に農林省告示200号によって，当時の国際捕鯨協定の趣旨を尊重して，汽船捕鯨業に対して捕獲規制が導入された．それは子連れ鯨の捕獲禁止（全種）と捕獲制限体長の設定であり，捕獲してよい下限の体長がシロナガスクジラ，ナガスクジラ，ザトウクジラ，イワシクジラ（当時はニタリクジラが認識されていなかった），マッコウクジラに設けられた．しかし，その体長はナガスクジラとシロナガスクジラではそれぞれ約1.5mないし2m，当時の国際協定に比べて，小さく設定されていた．また，当時国際的に保護されていたコククジラとセミクジラ類は，北太平洋で操業する日本の捕鯨船には敗戦まで捕獲が許されていた（表5.1）．

わが国の漁民が初めてノルウェー式捕鯨で鯨を捕獲したのは明治31年（1898）であり（前述），この新しい捕鯨技術が導入されてから約10年を経て法的に対応がとられたわけである．この間に捕鯨船数が爆発的に増加し，政府はその処理に追われたのである．鯨漁取締規則は昭和22年（1947）の汽船捕鯨業取締規則の公布まで，沿岸の基地を使って大型鯨類を捕獲する漁業，すなわち後の汽船捕鯨業取締規則で「大型捕鯨業」に分類されることになる操業を規制する法律として機能した．

5.3 母船式漁業取締規則

昭和8年（1933）の漁業法改正を受けて，農林省は昭和9年（1934）7月に母船式漁業取締規則（農林省令第19号）を制定し，従来のサケ・マス漁業に加えてカニと鯨を対象とする母船式漁業を規制した．これら漁業を営むものは母船ごとに農林大臣の許可を要するとした．続いて昭和13年（1938）6月8日には，国際捕鯨協定の趣旨を尊重して，母船式捕鯨業にも沿岸捕鯨業を規制する鯨漁取締規則の規定と似た規定が設けられた（大村ら1942）．そこでは母船式捕鯨業の制限体長は沿岸の捕鯨よりもやや大きく設定されていたが，重要種であるシロナガスクジラにおいては，国際規定よりも1.3mほど小さく設定されていた（粕谷2000）．日本の捕鯨業者が諸外国の企業に対して優位に立つようにとの政府の配慮であるらしい．また，北緯20度以北の太平洋以外では，コククジラとセミクジラの捕獲を禁止した．これにより南半球のセミクジラは保護されたことになるが，日本沿岸を含む北部北太平洋ではこれら鯨種の捕獲を許していたわけである（表5.1）．

戦後になって，農林省令52号（昭和21年9月）および農林省令112号（昭和23年12月）により，母船式漁業取締規則が改正された．後者でみると，その第4章で母船式鯨漁業を規制し，操業海域（第40, 41条），対象鯨種と体長制限（第41条）などが定められており，禁止鯨種と体長制限は国際捕鯨協定に沿ったものになっている．なお，これより先，昭和20年（1945）11月3日の連合軍総司令部の覚書で捕鯨に関する国際協約を厳守することが指示されている（後述）．

わが国における母船式捕鯨の開始は，当時の日本捕鯨株式会社がノルウェーの捕鯨母船アンタークティック号を購入して回航の途次，昭和9年（1934）12月に南極海で操業したのが最初である．漁業法の改正や母船式漁業取締規則に母船式捕鯨業に関する規定を設けた背景には，このような変わりつつある捕鯨情勢に，事前に対応しようとする姿勢がうかがわれる．

5.4 汽船捕鯨業取締規則

戦後の昭和22年（1947）12月5日に，政府は従来の鯨漁取締規則を廃止して，汽船捕鯨業取締規則を公布，即日に施行した（農林省令第91号）．これは2年後の昭和24年（1949）12月15日になされた漁業法の根本的な改正を先取りしたもので，きわめて重要な変更がいくつか認められる．

第1は帆船捕鯨に関する規定が消えたことである．これは捕鯨業の現実に合わせたものであるが，理論的には帆船捕鯨は自由に操業できるという事態が一時的に出現したことになる．1988年4月から日本政府は国際捕鯨委員会の商業捕鯨の停止を受け入れて，大型捕鯨の操業許可の発給を停止したが，そのときに帆船捕鯨をやるといい始めた人が出たというジョークのような話が新聞記事になった．その背景には，このような事情がある．このときは帆船捕鯨の計画は実現しなかったが，それより先に沖縄では，1970年代からゴム動力で銛を発してゴンドウなどを捕獲する，いわゆる石弓漁業が始まり，いまも行われている．これも同じ発想である．このような法の盲点の解消については，指定遠洋漁業取締規則の項で述べる．

第2は沿岸で基地を使用して行われる捕鯨を大型捕鯨業と小型捕鯨業に区別し，それらの定義を定めたことである．すなわち，「汽船捕鯨」を「螺旋推進器を備える船舶によりもりづつを使用して鯨を捕る漁業」と定義した．そのうち，ミンククジラを除くひげ鯨類とマッコウクジラを捕獲するものを「大型捕鯨業」とし，それ以外の鯨種（ミンククジラ，ツチクジラ，ゴンドウ，各種イルカ類）を捕獲する汽船捕鯨業を「小型捕鯨業」と定義し（第1条），後者は砲の口径が40 mm以下と規定している（第13条）．なお，砲の口径や捕鯨船の大きさの上限は，この後幾度か変更を経ている．これまで，千葉県以外では規制のなかったミンク船やテント船の操業が，小型捕鯨業という枠組みのなかで初めて規制されることになった．

第3にこれらが使用する捕鯨船と根拠地は，

表 5.1 国際条約による捕獲禁止鯨種と制限体長[1]を日本国内の規制と比較する．この体長に満たない鯨は捕獲禁止．

鯨　種	国際捕鯨協定（1938年）		1938年告示200号[4]		第2次世界大戦後の改定[6]	
	食糧・飼料[2]	その他	沿　岸	母　船	食糧・飼料	その他
コククジラ	禁止	禁止	可[5]	可[5]	禁　止	禁　止
セミクジラ類	禁止	禁止	可[5]	可/不可[5]	禁　止	禁　止
シロナガスクジラ	65 ft (19.8 m)	70 ft	18.18 m	19.81 m	19.8 m	21.3 m
ナガスクジラ	50 ft (15.2 m)	55 ft	15.15 m	16.76 m	15.2 m	16.8 m
ザトウクジラ	30 ft (9.1 m)	35 ft[3]	10.60 m	10.66 m	10.6 m	10.7 m
イワシクジラ			10.60 m	10.66 m	10.6 m	12.2 m
マッコウクジラ	30 ft (9.1 m)	35 ft	9.09 m	10.66 m	10.7 m	10.7 m

1) 国際捕鯨協定では体長はフィートで示されており，カッコ書きのメートル値は参考までに示したものである．
2) 基地式捕鯨で肉が食料か飼料に消費される場合に限る．
3) 南極海では資源減少のため1年に限り捕獲禁止．
4) 昭和13年6月8日．
5) 北緯20度以北の太平洋でのみ捕獲可．南極海では捕獲禁止．
6) 沿岸の大型捕鯨業に関しては汽船捕鯨業取締規則の15条の規定にもとづく昭和23年12月14日農林省告示263号．母船式漁業取締規則（昭和23年の省令112号）も同じ制限体長を設定．

農林大臣の許可を必要とするとしたことである．汽船捕鯨業取締規則は，捕獲してよい鯨種，時期，海域，隻数を定めることができるとしており（第15条），これを受けて農林省告示で，体長制限，捕獲禁止鯨，隻数の制限などの具体的な事項を規定している（表5.1）．母船式捕鯨業の規制は，別に母船式漁業取締規則でなされている（前述）．

5.5　小型捕鯨業取締規則

昭和22年（1947）12月5日の汽船捕鯨業取締規則は大型捕鯨業と小型捕鯨業の両方を対象としていたが，昭和24年（1949）に新漁業法のもとで前者が指定遠洋漁業の1つに分類されたのにともない，昭和25年（1950）3月14日に小型捕鯨に関する規定を小型捕鯨業取締規則として分離したものである（農林省令19号）．なお，このときは砲の口径を43mm以下と規定している．

5.6　指定遠洋漁業取締規則

昭和24年（1949）12月15日公布（同25年3月14日施行）の新漁業法（昭和24年法律第267号）の第52条は，船舶により行う漁業で政令で定めるものは農林水産大臣の許可を必要とするとしている（指定遠洋漁業）．この漁業法は昭和37年（1962）9月に改正されたが，捕鯨に関しては変更がなかった模様である（松本1980）．この漁業法の規定にもとづいて，政府は昭和25年（1950）3月14日に指定遠洋漁業取締規則を公布し（農林省令第17号），その第2章に大型捕鯨業に関する規定を設けた．その中身は汽船捕鯨業取締規則と実質的に同じである．体長制限，捕獲禁止鯨，隻数の制限などの規定を農林省告示で定めている．

1983年に日本の捕鯨関係者がフィリピンでニタリクジラを捕獲し，船上解体をしているらしい．すなわち国際捕鯨取締条約で当時は北太平洋で許可されていなかった母船式捕鯨をしている疑いがもたれた（船上解体をする船は捕鯨母船としてあつかわれる）．1984年に政府はこれをとめるために「指定漁業の許可及び取締り等に関する省令」（1963年省令第5号）を一部改正して，西部北太平洋においては，「日本人は大臣の許可なく日本船舶以外の船においてひげ鯨類又はマッコウクジラの捕獲及び処理に従事してはならない」と定めた．

平成2年（1990）2月22日には，農林水産省はさらに上の省令を一部改正して，4月1日より施行した（省令第2号）．それは「もり（もりづつにより発射するものを除く．）もしくは銃砲（もりづつを除く．）を使用してまたは

追込網漁法によってひげ鯨または，まっこう鯨を捕獲してはならない.」という条項を加えたものである．これまでは手投げ銛などでひげ鯨などを捕獲することが法的には禁じられていなかった．現実には太地のイルカ追い込み組でひげ鯨を捕獲したこともあったらしいが，農林水産省はその抜け道を閉ざすことを意図したものである．

5.7 敗戦後の捕鯨規制の修正と国際関係

戦前の日本の捕鯨は，当時の国際協定に比べて緩やかな規制のもとで操業していた．敗戦後には，南氷洋漁期，制限体長，禁止鯨種などの捕鯨規制を国際基準に合わせるための指示がつぎのようになされた．

1945年11月3日付で連合軍総司令部（GHQ）は，覚書SCAPIN233によって当時の国際協定を厳守することを日本政府に指示した．占領軍により，日本の捕鯨業はコククジラとセミクジラ類の捕獲を禁止されたことになる．当時の国際協定とはつぎの3つである．①1931年9月24日ジュネーブ条約，②1937年6月8日ロンドン協定と最終議定書，③1938年6月24日ロンドン調印の議定書および会議の最終決定書．この後，昭和21年（1946）9月30日の農林省告示126号は，鯨漁取締規則の第9条と告示200号に関する指示を述べているが，未見である．

1947年の農林省令91号（1947年12月5日付）は汽船捕鯨業に対してコククジラ，セミクジラ，およびホッキョククジラの捕獲を禁止し，新たな制限体長を定め，1938年の省令200号（前述）は廃止した．続いて，告示263号（1948年12月14日）で制限体長を小数点以下1桁に修正した（表5.1）．

1948年には，連合軍総司令部覚書（11月23日付）はそれまでの捕鯨に関する覚書を廃止し，1946年12月27日にワシントンDCで調印された国際協定，すなわち現行の国際捕鯨取締条約を厳守することを命じた．日本がこの国際条約に拘束されたのはこの時点であり，しばしば誤解されているが，1951年の条約加入のときではない．なお，この条約への加入通告は平和条約（1951年9月8日調印，1952年4月28日発効）の少し前の1951年4月4日付でなされている．

1959年2月12日には「いるか猟取締規則（農林省令4号）」が公布された．これはイルカ漁業を取り締まるわが国で最初の法令であり，北緯36度以北の太平洋で「もりづつ」以外の銃砲を使用してイルカを捕獲することを禁止したものである．銃漁の禁止期間は2月20日から6月20日までの4カ月で，オットセイの来遊時期に限られていた．銃筒から銛を発射してゴンドウクジラなどのイルカ類を捕獲する漁業は小型捕鯨業に分類されており，この省令の規制を受けなかった．

戦前の日本では，オットセイの捕獲は1884年（明治17）の太政官布告16号による特許制度や，1895年の臘虎膃肭獣猟免許規則で一定の制限のもとに捕獲を奨励する姿勢にあったが，1911年の日・米・英（カナダ）・露の4カ国のオットセイ保護条約で洋上捕獲が禁じられた（第2章）．これを受けて日本政府は，1912年施行のらっこおっとせい猟取締法によって，漁業者に補償金を支払って海上猟獲を停止させた．しかし，1940年に日本はこの条約を破棄し（その結果，規定により本条約は終了となった），大臣許可により海上捕獲を許してきた．これも戦争準備の一環であった．戦後はGHQの指示で捕獲が禁止され，講和後も操業許可は出されていなかったが，実際にはイルカを捕るという名目で，オットセイの銃猟が横行していたのである．

1957年2月に，戦前の条約（1911年7月7日）に代わり，新たに「北太平洋のおっとせいの保存に関する暫定条約」が日・米・ソ・加の4カ国で調印（10月発効）されたのにともない，調査目的以外での海上捕獲は禁止された．これを受けて，政府は1959年9月を目標に，漁業者に補償金を与えてイルカの銃猟もやめさせた．これが先に述べた1959年の「いるか猟取締規

則」である．イルカを捕るという口実のもとオットセイの密猟が行われることを政府は警戒したのである（Ohsumi 1972）．

5.8　現在の鯨類漁業の規制

平成13年（2001）4月20日の農林水産省令第92号により，指定漁業の許可および取締などに関する省令（昭和38年農林省令第5号）の一部が改正された（7月1日施行）．これはすべての鯨類の捕獲を規制対象としたという点で，明治以来の画期的な出来事であった．それまでは第90条7項が，「南緯60度以南の南極海においては，大臣が別に定めて告示する鯨を捕獲してはならない」とあったものを，「……（ひげ鯨等）以外の鯨であって農林水産大臣が別に定めて告示するものを捕獲してはならない」と改めた．ここでいう「ひげ鯨等」とは，全ひげ鯨類にマッコウクジラとトックリクジラ属2種を加えたものである（以下同様）．これは南極海におけるイルカ類の捕獲を規制することを念頭に置いたものである．また，第90条8項は，「大型捕鯨業者，小型捕鯨業者及び母船式捕鯨業者以外のものはひげ鯨等を捕獲してはならない」と定めて，法網をくぐるさまざまな捕鯨が発生することを禁じた．さらに，第90条9項では南緯60度以北（北太平洋も含まれる）で（マッコウクジラとトックリクジラ属2種を除く）歯鯨類を対象に操業できるのは小型捕鯨業と母船式捕鯨業に限るとし，ただし，これらの歯鯨類（マッコウクジラとトックリクジラ属を除く）で大臣が別に定めるものは，都道府県の規定により知事の許可を受けた漁業者はこれを捕獲できるとした．イルカ漁業を知事許可漁業とし，対象種は大臣が定めることにしたものである．これらの規定に違反してひげ鯨などや小型鯨類を捕獲したものは2年以下の懲役，50万円以下の罰金，もしくはその双方を科すこととなった（第106条1項第1号）．なお，小型鯨類を試験研究のために捕獲したり，有害動物として駆除する場合には，漁業法施行規則第1条により農林水産大臣の許可を要することとなった．

この農林水産省令第92号で改正された省令第5号は，第90条8項において「大型捕鯨業者，小型捕鯨業者，母船式捕鯨業者以外の者は，ひげ鯨等を捕獲してはならない．ただし，大型捕鯨業，小型捕鯨業，母船式捕鯨業以外の漁業であって農林水産大臣が別に定めて告示するものの操業中に混獲した場合は，この限りでない」とした．その場合の農林水産大臣への報告を義務づけ，また97条の2項においてDNA分析を義務づけている．その漁業とはなにか，それは同日の農林水産省告示第563号（平成13年4月20日）において大型定置網と小型定置網であるとし，それ以外の操業でひげ鯨などを捕獲すると処罰の対象とされた．これによって，それまでは通達（後述）によって原則として許されていなかった定置網による混獲鯨類の利用と流通が許可されたと理解される．

しかし，実態は必ずしもそれほど明瞭な形で展開したわけではない．改正された省令が施行された日に，水産庁長官の通知（13水管第1004号：平成13年7月1日）「指定漁業の許可及び取締り等に関する省令の一部を改正する省令の施行に伴う鯨類（いるか等小型鯨類を含む）の捕獲・混獲などの取扱いについて」が都道府県知事あてに出された．これは鯨類の捕獲・混獲などの取り扱いに関する新たな指示である．類似の目的でそれまでに出されていた振興部（沿岸課）関係の諸通達（後述）は，平成10年3月から14年（2002）3月の間に廃止された．廃止されたのは通達2-1039（平成2年6月28日付，混獲鯨類関係），通達10-2638（平成10年9月29日付，座礁ミンクのDNA試料採取），通達3-1022（平成3年3月28日付，小型鯨類の取り扱い）である．これらの一部については後で説明する（第6章）．なお，同一文書が「通達」と「通知」の両様に呼ばれる例もあり，そこには区別がないらしい．

上に述べた都道府県知事あての通知1004号（平成13年7月1日）は，ひげ鯨などの混獲鯨類を販売する際の細かい規定を定めている．この通達が意図するところは，定置網漁業で鯨類

を捕獲してさしつかえないとした省令92号の規定に制限を加えることであると理解される．その主要部分はつぎのように要約される．

（1） 本改定（省令92号）は定置網が意図的にひげ鯨などを捕獲するものではないことを認識し，漁具・漁獲物の被害があること，死体の処理に経費がかかることなどに配慮し，資源の有効利用の考えに立つものである．
（2） 混獲鯨類の積極利用を図るものではなく，混獲の状況や鯨類の状態からみて解放が適当であると思われるときには，本改定は従来からの解放努力のあり方に影響を与えるものではない．
（3） とくに資源的に希少な別記1の鯨類については，上の趣旨を尊重し，適切な運用が行われる必要がある（別記1としてセミクジラ，コククジラ，ザトウクジラ，東シナ海系ナガスクジラ，同ニタリクジラの5種があげられている）．
（4） 利用の有無にかかわらず農林水産大臣に混獲を報告すること（第90条第8項第2号）．
（5） 混獲鯨体を利用する場合，DNA登録の分析試料を研究機関に送付すること（第97条2の第2項），この場合には研究機関を通じて大臣に報告をしてもよい．研究機関としては日本鯨類研究所が適当である（座礁・混獲鯨類への対処法と題する捕鯨班のウエブサイトではDNA分析費用として10万円の支払いを定めている）．
（6） 上の手続きに違反して鯨を販売，所持，加工をしたものは6カ月以下の懲役もしくは30万円以下の罰金に処す（第107条第1号）．

上には要約を示したが，原文（巻末資料）をみても上の（1）と（2）は表現がきわめてあいまいであり，（3）も努力目標なのか義務なのか判断しにくい表現となっている．省令で捕獲が可とされたのに，長官通知で反対に捻じ曲げているようにみえる．省令と通達との間の矛盾を指摘されるのを避けるためか，理解しにくい表現となっている．省令やそれに基礎を置く告示によらずして漁業者を処罰することはむずかしい．かりに漁業者が定置網のなかに生きたミンククジラを発見して，それを殺したとしても，その行為を処罰できないことを通達者自身が承知していたにちがいない．公式統計では，2000年までは定置網によるミンククジラの混獲は多い年でも年間10-20頭ほどしか報告がなかったのに，2002年以後は100頭以上に急増した．その背景には従来密かに処分されていたものが，公然と処分されるようになった結果であるにちがいない（Kasuya 2007）．

また省令5号の第90条9項で認められているいわゆる小型鯨類の捕獲に関しては，平成13年農林水産省告示第564号で，捕獲できるイルカ類の種としてイシイルカ，スジイルカ，ハンドウイルカ，マダライルカ，ハナゴンドウ，コビレゴンドウ，オキゴンドウの7種と定めている．これらは1993年に捕獲枠が設定された種である．なお，2007年度の操業に向けて水産庁は新たにカマイルカを加えた8種に捕獲枠を設定して，2006年12月に都道府県に通知した．

上述の水産庁長官通知1004（2001年7月1日付）は混獲・座礁などした小型鯨類の取り扱いについても，おおよそつぎのような指示をしている．

（1） 原則として生きているものは海に戻すこと．
（2） 混獲死体は衛生に留意して消費するもさしつかえないが，座礁死体の食用利用は望ましくないので，焼却・埋設などをすること．
（3） これらについて都道府県を経由して水産庁資源管理部長に報告のこと．
（4） 混獲・座礁などの小型鯨類を学術研究に使用する者は水産庁資源管理部長に届け出ること．ただし，別記6の種は死んでいるものに限る（別記6としてシャチ，シロイルカ，アカボウクジラ，コブハクジラ，イチョウハクジラ，ハッブスオオギハクジラ，オオギハクジラ，ネズミイルカ，ハセイルカの9種があげられている）．

上の規定では座礁したひげ鯨類の処理について定められていない．そこで平成16年（2004）に省令77号で，前述の「指定漁業の許可及び取締り等に関する省令（昭和38年農林省令第5号）」の一部が改正された（10月12日制定，同日施行）．ひげ鯨などの捕獲等の禁止に関する第81条（平成13年改正の第90条8項に相当）において，「<u>大型捕鯨業者，小型捕鯨業者，母船式捕鯨業者</u>（下線は筆者）以外の者は，ひげ鯨等を捕獲してはならない．ただし，［下線で示した］以外の漁業であって農林水産大臣が別に定めて告示するものの操業中に混獲した場合並びに<u>座礁し，又は漂着したひげ鯨等であって農林水産大臣が別に定めて告示するものを捕獲した場合</u>（下線は筆者）は，この限りでない」とした．後の下線部分が追加されたのである．これに対応して，農林水産省告示1834号（平成16年）はそのひげ鯨などを定めている．それを要約すると，浅瀬などに座礁し，または漂着したひげ鯨などであり，つぎのいずれかの条件を備えたものである．

（1） すでに死亡しているもの，
（2） 人に危害を加える恐れのあるもの，
（3） 外傷などにより回復の見込みがないもの，あるいは，
（4） 座礁・漂着後48時間以上，その場所から（自力で）移動していないもの．

これにともなって，上の長官通知第1004号（平成13年）も同日付で改定され，座礁などにより捕獲されたひげ鯨なども混獲に準じた手続きを経て，販売を許されることとなった（巻末資料）．

その後，混獲ないし座礁したコククジラが生きている場合には放流するようにとの水産庁長官の通達が2006年4月に出ているそうである（Kato et al. 2008）．

5.9　鯨類管理に関係する諸法令

5.9.1　水産資源保護法

上述の法令や通達は，漁獲して利用することを認めながら鯨類資源の管理をしようとするものであるが，これとは若干異なる視点から定められたものに水産資源保護法がある．これは昭和26年（1961）12月17日に施行され，最近の例では平成18年3月31日に改正されている．この法律は捕獲禁止種，保護水面，禁止漁具，検疫，海面工事の制限などの権限や，孵化放流や回遊魚類の魚道の確保などの義務などを関係大臣や都道府県知事に与えて，第4条では大臣または知事は特定の水産動植物の採捕を禁ずることができると規定している．

これにもとづいて平成5年（1993）4月1日の農林水産省令第15号は，水産資源保護法施行規則（昭和27年［1952］省令44号）を改正し，シロナガスクジラ，ホッキョククジラ，スナメリを捕獲禁止とした．同時にジュゴンも同法で保護されることになった．これと同時に水産庁長官通達（1993年4月1日付，未見）によりスナメリ混獲の場合，生きていたら海に戻す，死んでいたら埋設あるいは焼却をすることが改めて指示された．混獲した者は都道府県を通じて農林水産省に報告すること，漂着物を研究用に使用する者は同様に許可申請をする必要がある．

この規定は混獲回避の努力を義務化するものでも，混獲を禁止するものではなく，あくまでも意図的な捕獲を禁ずるものである．当時にこれら3種のうちでスナメリについては水族館の展示用の需要が期待されたので，各地でスナメリの生け捕り作戦が始まるのを制限する効果はあったと思われる．しかし，これらを対象とする漁業はないし，ましてホッキョククジラは日本に分布していない種である．なぜ，これらが水産資源保護法にリストされたか明らかではない．

アジア側のコククジラは過去の捕鯨で減少したままで，2007年時点の1歳以上の推定個体

数は約130頭で存続が危惧されている。ところが，回遊の途中で日本の定置網で事故死しており，その影響がIWCの科学委員会で懸念されてきた（IWC 2008b）。日本政府はこれに応えて，2008年1月に水産資源保護法施行規則を改正し，コククジラの捕獲，所持，販売を禁止した（Kato et al. 2008）。いま，水産資源保護法で保護されている鯨類は4種である。

5.9.2 絶滅の恐れのある野生動植物の種の保存に関する法律

いわゆるワシントン条約の批准にともない整備された法律（1992年）で，特定の希少野生動植物種の個体の捕獲や取引を禁止している。ワシントン条約では絶滅の恐れのある種を付属書IとIIに分類している。付属書Iの種は絶滅の恐れが大きい種が含まれ，ひげ鯨類など多くの種がここにリストされ，学術研究用以外の輸出入が禁止されている。付属書IIにはその他の全鯨種がリストされており，これらの国際商取引は一定の制限のもとで許されている。しかし，各加盟国は特定の種を留保することができる。日本政府はスナメリ，コククジラ，シロナガスクジラ，ザトウクジラ，セミクジラ類の輸出入を禁止しているが，ミンククジラはじめ，多くの漁獲対象種を留保している。なお，輸出入には領海外からの持ち込みも輸入とみなされ，許可が必要である。

5.9.3 文化財保護法

文化財保護法により，特定の種あるいは生息環境が天然記念物の指定を受けている。鯨類ではスナメリが該当する。文部省は瀬戸内海の竹原沖の阿波島の南端から半径1.5 kmの範囲をスナメリクジラ回遊海面として昭和5年（1930）11月に天然記念物に指定し，そこでのスナメリの捕獲や威嚇を禁じた。その理由は①日本近海は本種の北限に位置する，②多数が来遊して壮観を呈する，および③スナメリ網代漁業という特有の漁業が成立していること，である（鏑木1932）。

スナメリ網代漁業とは，群泳するスナメリを目印にして釣り漁業を行う漁業である。スナメリの群れがイカナゴを捕食すると，その攻撃を避けるためにイカナゴは沈下するので，それを目がけてタイなど深いところにいる魚が浮上して，漁業者が釣りやすくなると信じられていた。地元の漁業者によれば，イカナゴがいなくなったため，1960年代末にこの漁業は消滅したということである（Kasuya and Kureha 1979）。この海域には，1970年代にはまだかなりのスナメリがみられたが，1990年代末にはほとんどみられなくなってしまった（Kasuya et al. 2002; 第8章）。スナメリの保護のためには，彼らの餌生物も含めて広範な生息環境を保存することが必要である。

第6章　イルカ漁業の規制

6.1 歴史的背景

　日本ではイルカ類を対象とする漁業規制は，捕鯨業の管理のなかにイルカ類を取り込む形で，2001年に一応の完成をみた（第5章）．ここにいたるまでには，さまざまな行政手段によってイルカ漁業の規制を試みつつ，20年近い年月が費やされている．なぜ，統一的な鯨類漁業の規制に一気に到達できなかったのか．1983年から約14年間にわたって捕鯨行政の周辺にいて，その行方を注目していた一研究者である私の印象では，省令改正に持ち込むために必要な省内の理解が得られなかったことと，多様なイルカ漁業者に規制を受け入れさせることがむずかしかったことが原因であるらしく思われる．言い方をかえれば，2001年の省令92号にいたるまでになされた，さまざまな姑息な規制手段は，行政担当者の努力と苦心の表現とみることもできる．以下では，現状に到達するまでにとられたさまざまなイルカ漁業規制の流れをざっと眺めてみる．

　維新以来混乱していたわが国の漁業秩序を整える目的で，初の漁業法が1901年（明治34）に施行された．この法律は漁業者のグループが地先水面を占有して，慣行により漁業を営むことを認めていた．明治維新以前からあった各地のイルカの追い込み漁業は，このような規定を基礎にして存続したものである．

　静岡県においても同様で，種々の水産動物を捕獲する「追い込み網漁業」が古くからあり，それが漁業権として形が残っていたらしい．私が伊豆のイルカ漁業の漁獲物の調査を始めたのは1960年の秋であったが，すでにそのときには魚類を対象に行う追い込み漁は県下にはなかった．県下の追い込み漁業としては，イルカ漁しか残っていなかったのである．Kishiro and Kasuya（1993）は，静岡県は1951年にすべての追い込み漁業を知事許可漁業としたと述べているが，旧漁業法以来，共同漁業権として免許の対象となっていたことも事実である（表3.11脚注）．県は1959年にこの規制をイルカ追い込み漁業を対象とするものに改めたほか（Kishiro and Kasuya 1993），操業海域や許可隻数をも定めた（水産庁海洋漁業部参事官1986）．この水産庁文書は，静岡県のイルカ追い込み漁業として川奈2隻，富戸2隻，安良里12隻が許可を受け，9月1日より3月31日までの漁期に操業していると述べている．漁場は静岡県海面とし，爪木崎正南の線をもって西海岸と東海岸の経営体の漁場を分けていた．許可条件には，捕獲頭数制限は従来の実績を上回らないこととしているが，これは要請であり強制ではない．Kishiro and Kasuya（1993）によれば，水産庁は県に対して捕獲頭数を下げるよう要請を行ってきたが，実効ある捕獲制限が実施されたのは1991年が最初である．この年に水産庁の勧告により，県はイルカ類の追い込み漁業の枠を730頭と定めた．

　和歌山県の太地では，陸近くにイルカがやってきたときに，それを住民が協力して湾内に追い込んで捕獲する漁業があり，1950年代まではときおり操業されていたといわれる（太地の追い込み漁業参照）．この漁業権は「ごんどう建切網」の名の共同漁業権として1993年8月

まで存続していたが，1993年9月1日以後は更新されず漁業権は消滅した．操業実体がない状態が20年以上も続いたためであろう．いま太地で行われているイルカ追い込み漁は1969年に試行され，1971年に新グループとして発足したものである．これは沖合数十kmまで探索に出てイルカを追い込むもので，古来の建切網とは異質である．県は1982年に太地の追い込み漁業を知事許可漁業とした（Kishiro and Kasuya 1993）．許可は5年ごとに更新した．和歌山県は知事許可漁業とするに際して，太地の2つのイルカ追い込み組が合併することを条件とし，それまで操業していた15隻に操業許可を与えた．定められた漁場は，串本町樫野崎正南の線より東の和歌山県海域である（122頁；水産庁海洋漁業部参事官1986）．漁期と捕獲頭数は自主規制で，漁期はイルカ類は10月1日-2月末日，コビレゴンドウは10月1日-4月末日，シャチは周年と定められ，捕獲枠はコビレゴンドウ500頭とその他イルカ5,000頭であった．この自主規制は1986年漁期から操業許可条件に組み込まれたが，5,000頭の数字はそのまま維持された．しかし，水産庁は行政指導により捕獲枠を縮小するよう圧力をかけたようである．コビレゴンドウを除く「その他イルカ」の目標枠は1989年3,500頭，1990年3,324頭，1991年3,100頭である（粕谷メモ1991年）．Kishiro and Kasuya（1993）によれば，1991年秋に始まる漁期には枠はさらに減少し，総捕獲頭数は2,900頭で，そのうちコビレゴンドウは500頭までとされた．シャチは水族館用に限り5頭まで認められていた．1992年開始の漁期には総捕獲枠は2,500頭に減少し（第3章），このなかでスジイルカは450頭，コビレゴンドウは300頭までが許された．

沖縄県名護のイルカ漁も太地の建切網のような共同操業であったと思われるが，近隣共同体の質的変化や港湾工事による浜の消滅などにより操業が途絶えたとされる（第3章）．しかし，1982年にはコビレゴンドウの追い込みが，1989年にはハンドウイルカの追い込みが行われたという新聞記事をKishiro and Kasuya（1993）が引用しており，これらが名護のイルカ追い込み操業としては最後のものらしい．

これ以外にも，日本各地にはイルカを追い込んで捕獲する沿岸漁業が古くからあったが，それがどのように管理されてきたのか私にはわからない．

6.2 水産庁によるイルカ漁規制

静岡県の伊豆半島沿岸では，イルカの追い込み漁は江戸時代から続く重要な漁業であった（第3章）．戦中から漁業が拡大し，戦後しばらくは年間10,000-15,000頭のスジイルカの捕獲が続いたが，1960年代から捕獲は漸減傾向をみせ，1980年代に入ると年間捕獲が1,000頭前後まで低下し，資源の減少は明らかであった（Kasuya 1985a）．このように減少したスジイルカを補うようにして，三陸方面で捕獲されたイシイルカが1970年代から静岡県方面に移出され，イシイルカ漁自体も北海道方面に進出を始め，漁獲を拡大するきざしをみせていた．

一方，国際捕鯨委員会も日本のイルカ漁に関心を寄せていた．国際捕鯨取締条約は各加盟国から任命される1名ずつのコミッショナーにより，International Whaling Commission（IWC）を組織し，それによって捕鯨や鯨類資源の管理を行う構造になっている．IWCの下にいくつかの委員会（Committee）がつくられ，IWCに対して助言を行う仕組みがある．科学委員会（Scientific Committee; SCと略称）もその1つである．1973年にはSCのなかに小型鯨類に関する分科会（Sub-Committee）ができ，最初の会合を1974年4月にモントリオールで開催した．1975年にはこれを常設分科会とすることが合意され，いまでも活動を続けている．小型鯨類分科会はその発足時から日本のイルカ漁に注目していた．三陸沿岸のイシイルカ突きん棒漁と伊豆のスジイルカ追い込み漁の動向については，1975年以来，幾度となく懸念が表明されてきたし，太地の追い込み漁や三陸の小型捕鯨によるコビレゴンドウの捕獲も注目された（Kasuya 2007）．これらの小型種にはIWC

の規制権限がおよばないとされているが，科学的な検討を行うことは認められている．

ちなみに，小型鯨類分科会設立の前年1972年には，商業捕鯨の一時停止（moratorium）がIWCに初めて提案された．それ以来，繰り返しIWCに提案されてきたが，1982年会議において4分の3の多数を得て可決され，南氷洋捕鯨は1985/86年漁期から，沿岸では1986年漁期から実施と決まった．日本はこれに対して異議申し立てをして商業捕鯨の継続を図ったが，国際的な圧力に屈して異議を撤回し，1987/88年南氷洋漁期と1988年4月に始まる沿岸漁期から商業捕鯨を停止することを決めた．これにより，日本の鯨類の商業捕獲としては各種イルカ類の漁獲と小型捕鯨船によるツチクジラ漁が残るのみとなった．ところが，日本は商業捕鯨撤退と入れちがいに1987/88年南氷洋漁期から調査捕鯨を始め，1994年からは北太平洋にもそれを拡大して，いまにいたっている．調査捕鯨については商業捕鯨の隠れ蓑であるとか，そこには科学的な意義が乏しいとか多くの批判があるが（粕谷 2003, 2005; Kasuya 2007），この問題は本章の対象外である．

このような国際情勢の進行もあり，日本政府はイルカ漁を地方的な漁業であるとして放置するわけにはいかなくなったものと思われる．すでに静岡県のイルカ追い込み漁業は知事許可漁業になってはいたが，水産庁は1982年には太地の追い込み漁業を知事許可漁業に移行させた．また沖縄についても同様の対応がなされたらしい（つぎに述べる1988年7月7日付水産庁内部資料による）．これらの規制はイルカ肉の高騰に刺激されて，イルカ追い込み漁業の経営体が乱立することを防ぐのを目的としたものである．それ自身にも意義は認めるものではあるが，捕獲頭数のコントロールが発足するまでに，さらに数年を空費したことは残念である．

水産庁にはイルカ漁業を放置するならば捕鯨問題の二の舞となるとの認識があり，当時の島一雄審議官の主導のもとにイルカ対策会議が関係部課長の構成で設置された（1988年2月）．そこで合意された現状認識が「我が国周辺水域における小型鯨類漁業などの在り方について，1988年7月7日，部内資料」としてまとめられた．その骨子になったのが振興課海老沢志朗氏（当時）の作になるといわれる「我が国周辺水域のいるか問題について（1988年3月3日）」であった．前者は当時の水産庁内で合意された現状認識と漁業規制に向けた考えを理解するのに有益である．その内容はつぎのように要約される．

（問題の所在）
　①　1972年の国連人間環境会議以来，大型・小型鯨類の保存と管理に対する国際的関心が高まった．その傾向は今後も継続する．
　②　追い込み漁業，突きん棒漁業は一部の県においては重要な漁業であり，鯨肉価格の高騰はイルカ肉にも波及している．
　③　その資源管理は200海里内漁業資源としての認識にとどまらず，北太平洋水域内のイルカ混獲問題をも念頭に置いてなすべきである．
（漁業の現状）
　④　追い込み漁業は静岡県では「いるか追込漁業」，和歌山県では「鯨類追込網漁業」として知事許可漁業となっている．なお，沖縄県も知事許可漁業としている．
　⑤　追い込み漁の捕獲はスジイルカ主体で一時3万頭を記録したが，近年は減少して突きん棒漁業に座を譲った．昭和62年（1987）の捕獲は和歌山県約2,300頭（うち小型鯨約300頭），静岡県約1,800頭，沖縄県は捕獲なし．
　⑥　突きん棒漁業は自由漁業で，1987年に15,000頭の捕獲を記録した．その98%は岩手漁民による捕獲で，同県では経営体数（1987年に208経営体）も漁獲頭数も増加傾向にあり（1987年は1985年の50%増），漁場も他県水域に拡大しつつある．リクゼンイルカ資源には減少のきざしがみられるともいわれる．
　⑦　小型捕鯨業は大臣許可のもとに9隻が操業している．1988年度からは商業捕鯨停

止が発効し，ツチクジラ（40頭）とゴンドウなどのイルカ類に依存せざるをえない．

⑧　漁業被害対策として年間約200頭が駆除されている．国際的な批判があり，国は駆除を最小限にとどめるよう指導している（なお，海老沢文書は壱岐の勝本では駆除がイルカ漁業に変質し，1987年には捕獲した197頭のオキゴンドウのうち30頭を水族館に販売し，残りを東京の加工業者に販売したと述べている）．

⑨　1987年のイルカ類の混獲頭数は流し網により1,500頭，定置網により50頭との報告がある．

　　筆者注：海老沢文書（1988年3月3日）はイルカを混獲する漁業としてサケ・マス流し網，イカ流し網，大目流し網，巻き網（大型・中型合わせて302隻許可），定置網（大型定置1,204，小型定置6,435経営体）をあげ，わが国周辺海域において問題になるのは日本海サケ・マス流し網（67隻許可），巻き網，定置網であるとしている．日本海は日米加の「北太平洋の公海漁業に関する国際条約」の対象海域であり，日本海系の各種鯨類個体群のほかにオットセイやすでに絶滅と思われるニホンアシカが生息していた問題海域である．しかし，日本海流し網は日米の海産哺乳類混獲対策では話題とならなかった．ここは米国の200海里水域外にあり，その資源は米国の関心外であったことと，日本としてはこの問題にふれたくなかったことが背景にあるらしい．

（対応策の現状）

⑩　資源管理は県ごとでは対応しきれず，国レベルの対応が必要である．しかし，国は資源の保存管理について確立した方針や政策をもっていない．

⑪　漁獲規制を導入するには資源量推定の精度向上と生態研究の進展が求められる．

このような認識のもとに，同文書（1988年7月7日）はさらにつぎのような対処方針を提案している．

（中期的対処方針）

①　イルカ資源の保存管理の制度的枠組みの構築，そのために，

②　イルカ種ごとのデータ収集と調査研究のための体制構築．

③　鯨種ごとの管理のための漁業規制の技術的検討（頭数管理，努力量規制など）．

④　そのための法制などの制度的対応と庁内の意思統一．

⑤　国際情報の収集．

⑥　国際世論の動向に配慮しつつ県ならびに漁業者との協議．

（当面の方針）

⑦　1988年度に岩手県の突きん棒漁業の規制を図る（海区漁業調整委員会承認必要漁業とし経営拡大と漁獲増加の抑制）．

⑧　ほかのイルカ漁業についても，上の⑥に留意しつつ指導の必要性を検討する．

（混獲・駆除）

⑨　北太平洋（沖合漁業）における混獲防止のなりゆきをみて，沿岸でもそれに準じた対策をとる．

　　筆者注：日米加の「北太平洋の公海漁業に関する国際条約」（1952年署名，1978年改定）のもとで，日本は米国の許可を得て米国200海里水域内でサケ・マス流し網操業を行ってきた．ところが，米国で1972年に制定された海産哺乳類保護法の対象海域が1977年から200海里水域に拡大された結果，日本のサケ・マス流し網漁船の米国水域での操業許可発給に際して，米政府はイシイルカやオットセイの混獲が許容量以内であることを証明する必要に迫られた．日本の漁業からみれば，それが証明できないと米国の操業許可が得られないことになる．そこで，日米はこの条約の枠組みのなかで海産哺乳類の洋上調査や混獲回避技術の開発を1978年から始めた．その後，大目流し網やイカ流し網による混獲も問題となり，関係する漁業の操業海域，対象鯨種，操業国も拡大されたが，有効な混獲防止策は開発できずにいた．また，イルカ類には複数の系統群があるらしいことが知られるにつれて，それぞれの系統群が混獲に耐えられることを証明するのも技術的に困難となっ

てきた．1987年には操業許可発給とその条件をめぐって，日本の業界，米国政府，自然保護団体が訴訟合戦を始めたため，1988年漁期以降は米国水域内での操業はできなくなり，さらに1989年1月には業界の敗訴が確定した（飯田ら1994）．その後，1989年12月の国連総会では公海の大規模流し網の操業停止が決議され，日本はこれを1992年末に受け入れて，公海におけるイカ流し網，大目流し網，サケ・マス流し網を停止した．北太平洋の流し網と混獲の諸問題にかかわる水産学的研究は北太平洋漁業委員会研究報告第53号（I-III）（1994年）が参考になる．1991年11月に東京で行われたシンポジウムの報告である．

⑩ 駆除は当面必要であるが，将来は再検討が必要である．
（庁内の体制）
⑪ これら方針の推進のために庁内に検討会を設置する．

この後，水産庁振興部沿岸課が中心となり，イルカ漁業規制のための検討を進めたらしい．その1つの成果が追い込み漁と突きん棒漁を対象に「いるか漁業取締り規則（仮称）案」の作成であった．これを1988年10月に遠洋課（捕鯨班，北洋班），沖合課，遠洋水産研究所（鯨類資源研究室），関係都道府県などに示してコメントを求め修正を試み（1989年1月），同1月25日にはその案をほぼ完成させた．関係者はこれを1989年に省令として施行することを想定していたようであるが，実行には移されなかった．省内での合意が得られなかったものと思われる．統一的な鯨類漁業の規制が完成するのは，前述の2001年4月20日の農林水産省令第92号においてである（第5章）．

水産庁振興部沿岸課がいるか漁業取締規則案をつくっていたのと同じころ，1988年の12月に岩手県下の新聞は，来年1月には岩手県はイルカ漁業を知事許可制に移行すると報道していた．政府はイルカ漁業規制に向けて別の手段をとることに決めていたもののようである．1989年1月25日に沿岸課はイルカ突きん棒漁業を知事許可（岩手県）ないし海区漁業調整委員会承認制（その他の道県）とし，多くの県で水揚港を指定し，合わせて漁期も定めた．7月1日現在での施行日，手続き方法と水揚げ指定港数はつぎのようになる．なお，隻数は1988年度の実績者（北海道）あるいは過去の実績者をもとに，1989年1月の段階で見込まれた数値を参考までに示すもので，実際の許可隻数とは異なる場合がある．

1月：青森（31日海区委承認，当面0隻）．
2月：岩手（1日知事許可，9港，360隻）．
3月：宮城（1日海区委承認，8港，60隻）；沖縄（1日海区委承認，5隻）；北海道（20日北海道連合海区委承認，9港，50隻）；東京（当面0隻，島部14日海区委承認，2港；小笠原25日海区委承認，1港）；静岡（18日海区委承認，3港，当面0隻）；千葉（28日海区委承認，1-2隻）；神奈川（31日海区委承認，2港，当面0隻）；大分（31日海区委承認，21隻）．
6月：和歌山（1日海区委承認，7港，50隻）．
10月：長崎（連合海区委承認1日）．
未了：愛媛（海区委承認，秋の見込み）．

これらの操業についてはそれぞれ漁期も設定され，捕獲頭数の報告が義務づけられた．岩手県船のトン数は4-19トンであった．この翌年の1990年漁期，つまり許可制が完全に実施された最初の年の許可（承認）隻数を所属道県と操業海域に分けて表2.4に示した．表の数字を縦に合計すると各海域ごとの操業隻数となるが，横に集計しても県別の操業隻数とはならない．それは同一の船が複数の海域の操業許可を得ているケースがあるためである．

水産庁はこのように突きん棒漁業の規制を始めたが，漁業はそれよりも速やかに展開していた．すなわち1989年6月にサンディエゴで開かれたIWC年次会議に提出された統計は関係者を驚かせた．日本の各種漁業によるイシイルカの捕獲頭数は1987年に13,406頭であったも

のが，翌1988年には41,555頭に急増したことが注目され，科学者もこのような捕獲は明らかに持続不可能であるとした．そして，イシイルカ型資源とリクゼンイルカ型資源に分けて統計を集めることと，少なくとも従来レベルまで捕獲を速やかに引き下げるよう勧告がなされた（第2章）．

　水産庁がこの批判に応えようとした努力は，1990年の「イルカ突棒漁業対策について」と題する沿岸課文書にみることができる．これは1990年IWC会議の後まもなく，国内関係者への説明用につくられたもので，1990年のIWC科学委員会での批判を引用し，また本漁業による1988年の捕獲は4万頭に達し，そのうちの35,000頭は岩手県で捕獲され，全国520経営体のうち同県は313経営体（1989年）を占めることに留意しつつ，つぎの趣旨を述べている．

　日本は従来は自由操業であったイルカ突きん棒漁業を1989年に知事または海区漁業調整委員会の許可制とし，着業経営体数の抑制，禁漁期間の設定，捕獲頭数の報告を義務化するなどの措置を講じた．さらに水産庁は関係道県につぎのような指導をしてきたところである．すなわち，1989年のイシイルカの漁獲を前年の30%減とし，1990年には隻数削減，漁期短縮などにより，さらに15%を削減する方針のもと，岩手県との間には1994年までに1万頭に削減するとの目標に合意を得ていた．しかし，今年（1990）のIWCの議論に鑑み，この削減目標を1991年に繰り上げる必要が生じたので，岩手県に対して捕獲を早急に1万頭まで減らすための具体策を立案するよう7月13日に要請する．北海道と宮城県に対しては岩手県の削減計画をみたうえで同様の指導を行う．これによって1992年IWCおよび第2回世界環境会議にそなえる，という内容である．この内容は1990年IWCに水産庁から派遣された森本氏が科学委員会で述べているところと整合する（第2章）．

　壱岐においては，駆除という名目で1989年までは無制限にイルカ捕獲が許されていたが，1990年からは駆除に上限が設けられた．1990年の枠は104頭（131頭捕獲），1991年の枠は96頭であった（1991年3月沿岸課資料）．

6.3　沿岸漁業による鯨類の混獲・座礁への対応

　鯨類の捕獲を目的として行う漁業活動に対しては，上に述べた対応によって，一応野放しという事態を終えることができたが，定置網などで混獲される鯨類は依然として処理が自由に任されていた．これらの漁業はイルカ漁業，捕鯨業，あるいは調査捕鯨が捕獲するのと同じ鯨種・系統群から捕獲しているうえに，コククジラ，セミクジラ，ザトウクジラのように資源状態が悪い鯨種も混獲していた．また，それに関する水産庁の統計はきわめて不完全なもので，実際には報告数の数倍の混獲がなされていると信じられていた（Tobayama *et al.* 1992; Kasuya 2007）．これを放置すると，一種の捕鯨業として成長する可能性も否定できなかった．かつて能登半島や北九州沿岸で行われた台網捕鯨は，規模は小さいが網を設置しておくという点では類似の漁業である．このような事態への水産庁の対応としていくつかの通達が発せられ，それに続いて省令の改正が行われた．

　水産庁がそのためにとった最初のアクションは，振興部沿岸課長と海洋漁業部遠洋課長の連名の通達である（通達2-1039）．これは1990年6月28日付で都道府県の水産主務部長あてに出され，タイトルは「定置網漁業により混獲された鯨の取扱いについて」とある．その要点は定置網漁業で混獲された鯨について，つぎの諸点について漁業者を指導するよう求めている．すなわち，①対象の鯨はひげ鯨亜目とマッコウクジラ科の全種である，②生きている鯨は海に戻すこと，死んでいる場合には密漁防止の観点から原則として埋設処理をすること，③死体を消費にあてる場合には衛生に留意し，鯨食習慣のある土地での地場消費に努めること，④第3項の処理を行った場合には漁協を通じて県の水産担当部局に報告させ，県は振興部沿岸課に報告すること，の4点である．この通達にはイル

カ類は除外されており，座礁鯨は対象となっていない．なお，当時の認識では，マッコウクジラ科にはマッコウクジラのほかにコマッコウとオガワコマッコウも含まれたが，後に同じタイトルの通達3-1022（後述）でコマッコウ属2種を除外するよう修正された．

この後，同じく1990年に振興部沿岸課長から水産主務部長にあてて，第2，第3の通達が出された．それは通達2-1050（1990年9月20日付）と通達2-1066（1990年11月30日付）であり，いずれも第1の通達（通達2-1039）の対象を拡大することを意図したものである．第2の通達（通達2-1050）は，「混獲された小型鯨類（いるか）の取扱いについて」とあるもので，「定置網漁業，地引網漁業等」での混獲を対象とし，①イッカク，スナメリ，シャチ（これら3種を「制限いるか」という）が混獲された場合について，②生きている場合は海に戻し，③死んでいる場合は埋設するよう漁業者を指導すること，④第3項の処理の場合は漁協から県に報告させ，県はそれを沿岸課あてに報告すること，としている．ここでは地場消費に言及せず，消費を認めていない．同じ年に2カ月ほど遅れて出された第3の通達（2-1066）は「小型鯨類（いるか）の取扱いについて」とあり，上の2つの通達で言及している種以外の歯鯨類が「混獲又は座礁等した」場合について，漁業者への指導を求めたものである．その内容は，①生きている場合には海に戻すこと，②死んでいるものは原則として埋設か焼却とすること，③死んでいる場合には鯨食習慣のある地域では地元で食用とするのはさしつかえないが，販売してはならないこと，③第2項の死体処理については漁協から県が報告を受け，県はそれを水産庁沿岸課に報告することとした．この第3の通達（通達2-1066）が対象とした鯨種は，マッコウクジラ科3種（通達2-1039で対応）と「制限いるか」3種（通達2-1050で対応）を除いた，全歯鯨類である．

これら3通達によって全鯨種の混獲がなんらかの規制対象になったことになる．なお，第1の通達は地元消費のための販売を禁じていなかったが，第3の通達（通達2-1066）はそれを禁止しており，第2の通達は食用すら認めていなかった．このため混獲されたミンククジラなどは地元消費のための販売は許されるが，混獲されたアカボウクジラ類などの販売は許されないというちぐはぐな指導になってしまった（地元消費自体は許されている）．なお，アカボウクジラ類の多くは，つぎの通達で消費も禁止されることになる．

これまでの煩雑な指導方針をすっきりさせるために出されたのが，1991年3月28日付の県水産部長あての第4の通達（通達3-1022）である．日付と通達番号が同じで内容の異なる2つのコピーがある．1つは沿岸課長と遠洋課長の連名で「定置網漁業により混獲された鯨の取扱いについて」と題するもので，内容は通達2-1039を改正するものである．要点は先に述べた対象鯨種からコマッコウ属2種を除外し，定置網で混獲されたひげ鯨類とマッコウクジラに限定するもので，あまり重要なものではない．もう1つは水産庁振興部長名の「小型鯨類（イルカ）の取扱いについて」と題し，同番号（通達3-1022）ではあるが，内容が異なる通達である．その前文では前通達2-1050と通達2-1066は追って廃止すると述べているので，この段階では通達2-1039とその改正通達3-1022を生かす前提で書いているわけである．この通達はまず「イルカ」をマッコウクジラを除く全歯鯨類と定義し，それを3分類して，それぞれについて小型捕鯨業による捕獲を除き，指示のように対応するよう関係漁業者を指導することを求めている．その内容はつぎのように要約される．

「小型鯨類（イルカ）の取扱いについて（1991年振興部長通達3-1022）」の要旨
（「イルカ」の3分類）
　①　アカボウクジラ，シャチ，タッパナガ，サラワクイルカ，ネズミイルカ，スナメリ，イッカク，その他の以下の2項に含まれない歯鯨類．
　②　ツチクジラ，オキゴンドウ，マゴンド

ウ，ハンドウイルカ，ハナゴンドウ，マダライルカ（アラリイルカ），スジイルカ，イシイルカ（リクゼンイルカを含む）．

③ カズハゴンドウ，マイルカ，セミイルカ，カマイルカ，シワハイルカ．
（捕獲または駆除について）

① 上の第1類の7種は捕獲ないし駆除を禁ずる．これらが捕獲ないし駆除の対象に含まれていることを発見した場合にはただちに沿岸課に連絡し，生きているものは海に戻し，死んでいるものは埋没[ママ]，焼却など適切に処理すること．学術研究用に捕獲する場合には，沿岸課と事前に協議のこと．

② 第2類の8種は別途指示する捕獲枠内において，漁業法にもとづく政省令・漁業調整規則などのもとでの捕獲が許される．

③ 第3類の5種は沿岸課と事前に打ち合わせて慎重を期すること．
（混獲または座礁などへの対処法）

① 生きている「イルカ」は種類にかかわらず海に戻すよう努める．

② 死んでいた場合には，第1類の種は焼却あるいは埋設などとし，漁協・都道府県を通じて水産庁沿岸課に報告．第2, 3類の種は，食習慣のある土地においては地元消費はさしつかえないが，販売は禁止．

上の第1類には，スナメリやネズミイルカのような沿岸性の要注意種が含まれている．この通達によって，追い込み漁業や突きん棒漁業がこれらを捕獲することが禁止された．②類の種は追い込み漁業や突きん棒漁業で捕獲されてきた種であり，1993年の捕獲枠設定の対象となった種でもある．小型捕鯨業で捕獲されていたツチクジラとタッパナガが，それぞれ①類と②類に分かれ，イルカ追い込み漁業でも捕獲されていたマゴンドウが②類に入っているのは理解しがたい．第3類の種は産業的な捕獲の実績が少ないうえに，生息数の推定ができていない種である．このグループは，当面は原則として捕獲対象に含めない方針であったらしい．

なお，混獲された個体に関しては，前の振興部沿岸課長通達（2-1066）で販売によらない地元消費が認められていたアカボウクジラ科の多くの種が，ツチクジラを除き第1類に含まれることになり，地元消費が認められなくなった．この段階でも，定置網に入ったミンククジラなどは漁協が都道府県を通じて水産庁に報告すれば，地元消費用に販売することが許されていた．しかし，実際には報告をせずに高価で売れる遠方の消費地に販売して，スキャンダルとして新聞に報道される例が1993年ごろに頻発した．

6.4 残された問題

通達によって混獲鯨類の管理をするというこのような手法は，2001年に農林水産省令第92号により，指定漁業の許可及び取締等に関する省令（昭和38年農林省令第5号）の一部が改正・施行されるまで11年間続いた（第5章）．水産庁振興部沿岸課長ないしは振興部長が都道府県の水産担当部局に対して通達を出して，漁業者を特定の方向に指導するよう求めるという行政手法は，法的根拠があいまいで違反を処罰しにくい．そこで水産庁が恣意的に懲罰や褒賞を与えることになる．結果的に漁業者と行政の間にルールによらない不明朗な関係が構築される恐れがある．このような欠点にもかかわらず，また1988-1989年には，水産庁内では改正省令案さえ検討されていたにもかかわらず，それ以上の進展をみなかった．その原因は，イルカ漁業あるいはイルカ類の資源管理に関して水産庁の関係部局が抱いた危機感が，庁内あるいは省内の共通認識にならなかったことが一因であろう．

2001年の省令92号（混獲に対応）および2004年の省令77号（座礁に対応）によって，すべての鯨種を対象として，また捕鯨業，イルカ漁業，混獲や座礁などを含む管理が統一的に行われることとはなったが，依然として混獲鯨類への対応においては省令と長官通達の間にしっくりしないところがあるのは否めない（第5章）．

定置網漁業は本質的に非選択的な漁業である．

罹網した海洋生物はすべて商品価値に応じて処理される．水産庁振興部沿岸課は，この定置網漁業の本質を鯨類に対して認めることを11年間も避けてきた．これは彼らがその裏にある問題，すなわち定置網漁業における漁獲規制のむずかしさを理解していたためかもしれない．すなわち，鯨類の資源管理は鯨種別あるいは個体群別になされていて，資源の減少程度や繁殖力などの生物学的特性に応じて捕獲頭数を調整する仕組みになっている．そのためには捕獲枠の設定や捕鯨船数の制限などが行われる．ところが，定置網は網の特性に応じて来遊個体の一定部分を捕獲するものであるから，このような調整が不可能に近い．特定の種だけが捕獲されないような網をつくることは困難である．そこで資源レベルの悪い種に合わせて漁期や網の数を制限せざるをえない．たとえば，国内の定置網では毎年ミンククジラやコククジラが混獲されているが，ミンククジラの配分をめぐって捕鯨業と調整が必要となるかもしれなかったし，アジア側のコククジラ資源の混獲は容認されえなかった．もしも，鯨類を定置網漁業の正当な対象物とみなすと，定置網規制という困難な義務が発生して，国際的な鯨類資源管理と衝突する恐れがある．そのようなトラブルを回避する1つの手段が，混獲鯨類を販売あるいは一般流通を禁止するということだったのかもしれない．

ところが，ミンククジラが定置網に入れば漁業者にとっては数百万円の売り上げが期待されるという現実があったので，混獲鯨類の多くが密かに流通していた．このことはTobayama et al.（1992）による特定の定置網の観察からも，流通鯨肉のDNA検査からも推定され，IWCの科学委員会でも日本の混獲統計の正確さは疑問視されていた（例：Baker et al. 2000; Dalebout et al. 2002）．新聞報道にも混獲鯨を水産庁の通達に反して販売した例が報道されていた．水産庁としてもそのような現実を否定することもできないし，自分が定めたルールを強制する力もないので，現状追認へと方針を転換したものと思われる．そこで出てきたのが，2001年の省令改正による「捕獲・流通を可とする」方針変換である．しかし，そのままでは保護鯨類の漁獲という新たな国際批判が起こるので，それを避けるために，同時に水産庁長官の通達を出して，「捕獲可」の部分否定ないし制限という奇妙なアクションがとられたものと思われる．

いまの日本の定置網は年間120頭を超えるミンククジラを混獲しているし，個体数が130頭ほどのアジア側のコククジラからもときおり1-2頭が混獲されて，自然保護上の重大な問題となっている．2008年から水産資源保護法によってコククジラの捕獲，所持，販売が禁止されたが，定置網にかかっていたら逃がしなさいというにすぎない．定置網によるコククジラの事故死を減らす方策としては不十分である（第5章）．定置網，流し網，底刺し網などによる各種鯨類の混獲をどう回避するかという問題については，日本ではなにも手がつけられていないのが現状である．瀬戸内海ではスナメリがこれら漁業で混獲されており，個体数減少の原因の1つであると考えられているが，混獲頭数の推計さえ行われていない（Kasuya et al. 2002；第8章）．日本の漁業は加害者であるとの立場に立って，これら問題に正面から取り組むことが求められている．

6.5　イルカ類の捕獲制限

水産庁は1989年に都道府県知事を通じて，突きん棒や追い込み漁業者はスナメリとイッカクを捕獲しないよう行政指導を行った（粕谷1994；第8章）．当時，これらの種を対象とする漁業は国内にはなかったので，予防措置，あるいは都道府県の管轄にあったイルカ漁業に水産庁が介入する既成事実つくりの作業であったと思われる．続いて1990年9月20日には水産庁振興部沿岸課長通達（通達2-1050）により，定置網で混獲されたイッカク，スナメリ，シャチは生きていれば放すこと，死んでいれば埋設するよう正式に指示した（前述）．

太地では1969年にイルカの追い込み組が8隻の船で発足し，1979年には第2組（7隻）が

表 6.1 イルカ漁業に初めて設定された捕獲枠（1990，1991年）．ただし，鯨種別の頭数設定は

漁業種		突きん棒漁業					
道県	北海道	岩手	青森	宮城	千葉	和歌山	愛媛
1990	1,287	19,000	10	500	68	100	24
1991	1,000	9,600	10	300	100	100	0

1) 長崎県は漁業被害対策としてのイルカ駆除である．2) 石弓漁業である．

加わった．これに対して，1982年に知事許可漁業に移行するのに際して，15隻の漁船が共同して操業することとされ，漁期（10月1日-4月末日）が定まり，漁業者の自主規制枠としてコビレゴンドウ500頭とその他のイルカ5,000頭（種類別なし）が定められた．1986年からは隻数が14隻に減り，1992年からは捕獲枠の自主規制が許可条件の一部に組み込まれた．捕獲枠は，1991年にはイルカの総枠2,900頭で，コビレゴンドウはそのうちの500頭以内となった．1992年には総枠が2,500頭で，そのうちコビレゴンドウは300頭，スジイルカは1,000頭以内と定められた（Kishiro and Kasuya 1993）．しかし，知事から太地の漁業協同組合に出された1992年4月1日付の操業許可証（有効期間：1992年10月1日-1995年9月30日）ではゴンドウクジラ類500頭，イルカ類およびシャチ5,000頭，2m以下の鯨類は放流することとし，さらに「漁業調整等のため必要がある時は，更に制限又は条件を付することがある」としている．このように許可条件にある捕獲枠は依然として5,000頭であるが，最後にある但し書によって，行政指導の余地を残したものと理解される．事実，私の当時の会議メモには，1989年3,500頭，90年3,224頭，91年3,100頭の枠を設けたという説明を沿岸課の担当者より受けた記録がある（粕谷メモ1991年）．上に示した1991年の太地のイルカ総枠には，Kishiro and Kasuya（1993）と粕谷メモとで不一致があるが，このころ，沿岸課は岩手県の突きん棒漁業に対して捕獲削減の努力を強く要求していたところであるから，細かい数字の詮索は別として，太地の追い込み漁業に対しても同じような方向で行政指導がなされつつあったと考えるのが自然であろう．

なお，太地の追い込み漁許可条件の一部に，「2m以下の鯨類は放流すること」とあるが，これは漁業者には完全に無視されていた．太地漁業組合長からその生物学的意義について問われたことがあるが，私は種類によっては追い込みのストレスでその後の生存に支障をきたすことがあるし，子どものイルカを親から離しても満足に生活できない可能性もあるとして，その意義を認めたことはない．追い込みから取り上げまでの数日間に子どものイルカが囲いのなかで死亡していくことをわれわれは知っていた．

伊豆ではイルカ追い込み漁業が知事許可に移行したのが1951年であることはすでに述べた．水産庁は1990年以前にイルカの捕獲頭数を下げるように指導を行ってきた可能性があるが，その詳細は明らかでない．伊豆のイルカ漁業に対して明瞭な形で捕獲規制が始まったのは1990年である．この年に，静岡県全体でイルカ類730頭という捕獲枠が設定された（翌年は657頭に減枠）．当時，追い込み漁業を操業していたのは富戸のみであるから，この枠はそこに与えられたことになる．

古くから伝統的なイルカ追い込み漁業が行われていた名護では，1982年に全国のイルカ追い込み漁業が知事許可漁業に移行した際に許可を取得せず，法的にはこの漁業権は消滅したと思われていたが（Kishiro and Kasuya 1993），前述の沿岸課部内資料（1988年7月7日付）によれば，静岡，和歌山両県と同様に知事許可漁業になっていたと理解される．

1990年には，水産庁の行政指導により全国のイルカ漁業に捕獲枠が設定された（表6.1）．これは総捕獲枠として決められたもので，鯨種別でないが，県によってはコビレゴンドウやスジイルカについて内数として上限が設定された場合がある．同様の枠は1991，1992両年にも踏襲されたらしいが，詳細は不明であるし，別

小型捕鯨業のみ（詳細は表4.3参照）．

| 突きん棒 ||| 追い込み漁業[1] |||| 小型捕鯨業 |
大分	沖縄[2]	合計	静岡	和歌山	長崎	合計	8経営体4隻
99	100	21,188	730	3,224	104	4,058	154
0	100	11,210	657	3,100	96	3,953	154

の資料（表6.2）とも一致しない部分がある．

　水産庁振興部長から都道府県の水産部長あてに出された「小型鯨類（イルカ）の取扱いについて」と題する1991年3月28日付の通達（通達3-1022）がある（6.3節参照）．ここで第1類に分類された種は保護鯨種ないしは捕鯨業対象鯨種ともいうべきもので，イルカ漁業の対象からはずされた．

　各道県は所轄の漁業者に許可を発給する際に，独自の条件を付しているケースもある．たとえば，岩手県ではひげ鯨類，マッコウクジラ，イッカク，シャチ，スナメリ，乳のみイルカや子連れイルカの捕獲を突きん棒漁業者に対して禁止し（1989年以来），千葉県は1991年漁期のイルカ突きん棒漁業の種類規制としてイシイルカ，スナメリ，シャチ，イッカク以外のイルカのみを許可し，和歌山県は2m以下の鯨類は放流することを許可条件としてきた（この和歌山県の条件は，少なくとも1992年まではさかのぼれる）．それまで太地の追い込み漁ではニタリクジラかナガスクジラかを追い込んで密かに処理したり，三陸でタッパナガの体内から突きん棒の銛先が出てきた例も知られているので，放置すれば捕獲対象を拡大する人たちが現れる可能性はあったが，そとづらをよくしたいとする道県の意図の現れで，実効の疑わしい措置のように思われる．イッカクは江戸時代に日本海で遭遇した記録があるだけである（大槻1795）．

　第2類（155頁参照）に分類された8種の小型鯨類のうち，ツチクジラを除く7種はイルカ漁業の対象と認められた種である．これらについては，1993年に個体群別の捕獲枠が算出され，道県，漁業種別に配分された（表6.2）．その計算の原則はつぎのようである．すなわち，遠洋水産研究所の研究者が算出した資源量推定値の中央値を基礎とし，それに資源増加率4%（イシイルカ），3%（スジイルカ，ハンドウイルカ，マダライルカ，ハナゴンドウ），あるいは2%（マゴンドウ，オキゴンドウ，ツチクジラ）を乗じ，さらに調整枠として50頭を加えたり，安全率として0.5あるいは0.75を乗じたりしたものである．

　捕獲枠算出に使われた資源量推定値の根拠は，イシイルカについてはMiyashita（1991）を，その他のイルカ類についてはMiyashita（1993b）を用いている．前者については当時の最新の目視調査による推定値である．問題があるとすれば，イシイルカが船から逃避するか寄ってくるかによって推定値が過小ないし過大になるという危惧が指摘されている．後者については，1982年から1991年までの長期間の調査データを合わせたものである点はやむをえないとしても，追い込み漁業の操業範囲は港から数十kmの範囲にあるのに，生息数推定の対象海域は沿岸からほぼ200海里（約360km）をカバーするきわめて広い範囲に設定されている点は，沿岸と沖合のイルカの交流が制約されている場合には問題となる．さらに重要なのは，各資源量推定値は誤差をもち，幅広い信頼限界をともなっていることである．真の資源量が中央値より多い確率も，少ない確率もともに50%である．安全に資源を管理するためには信頼幅を考慮して，中央値よりも小さい値を基礎にしなければならない（Kasuya 2007; 1.2節参照）．

　イルカ類の資源増加率は資源の減少にともなって向上するものであり，満杯に近い資源よりも大幅に減少した資源のほうが増加率は高いと信じられている（第1章）．これに関する細かい議論はおくとしても，現在の増加率がいくらかという問い関しても信頼できる答えはどこにもない．当時，水産庁からコメントを求められ

表 6.2 1993年漁期のイルカ類の鯨種別捕獲枠の算出．1993年沿岸課資料および粕谷（1997）による．斜字体は小型捕鯨業の対象個体群で遠洋課の管轄種であった．

鯨種・個体群	推定資源量	想定増加率	安全率	調整枠	1993年捕獲枠	1992年以前の捕獲枠（太字）あるいは捕獲実績（カッコ内）			
						1992年	1991年	1990年	1989年
イシイルカ型[1]	226,000	4%			9,000	(4,099)	(4,671)	(9,360)	(15,953)
リクゼンイルカ型	217,000	4%			8,700	(8,166)	(6,457)	(12,442)	(13,095)
型不明イシイルカ[1]							(6,506)		
両型合計					17,600	**17,600**	**17,600**		
						(12,265)	(17,634)	(21,802)	(29,048)
スジイルカ[2]	22,500	3%		+50	725	**1,000**	(1,017)	(749)	(1,225)
						(1,049)			
ハンドウイルカ	35,100	3%		+50	1,100	(171)	(409)	(1,298)	(377)
マダライルカ	30,100	3%		+50	950	(636)	(153)	(6)	(129)
ハナゴンドウ	42,000	3%		+50	1,300	(91)	(298)	(82)	(13)
マゴンドウ[3]	20,300	2%		+50	450	**400** (200)	(296)	(149)	(194)
オキゴンドウ	5,000	2%	0.5		50	(91)	(51)	(72)	(30)
シャチ								(3)	(9)
タッパナガ[3]	*5,000*	*2%*	*0.5*		*50*	*(46)*	*(43)*	*(10)*	*(50)*
ツチクジラ[4]	*3,900*	*2%*	*0.75*		*60*	*(54)*	*(54)*	*(54)*	*(54)*

1) 日本近海のイシイルカは2つの体色型を含み，日本海系のイシイルカ型個体群と三陸系のリクゼンイルカ型個体群がおもな漁獲対象であった．1993年枠はイシイルカ合計と2型の和は一致しない．
2) スジイルカの捕獲枠は1992年に1,000頭として始まった．
3) マゴンドウとタッパナガはコビレゴンドウの2つの個体群である．
4) ここでは，減船により54頭に減枠される前の枠60頭に対して，理由づけが図られている．

た遠洋水産研究所のわれわれ研究者は，とりあえず鯨種により1, 2, 3%の値を採用することを提案した．しかし，捕獲枠算出に使われた結果をみると，どの種類でも1ポイントずつ上乗せした値が用いられていた．その結果，算出された捕獲枠は科学者の想定よりも各100%，50%，33%ずつ上乗せされてしまうという大きな問題が発生した．

調整枠としての50頭の加算がスジイルカ，ハンドウイルカ，マダライルカ，ハナゴンドウ，マゴンドウに対してなされている．これは増加率や資源量を甘く見積もったのと同じ結果をもたらす．また，自らがこしらえたルールにしたがって算出した捕獲枠が，望ましい数字よりも少なかったため考え出された操作であるらしい．一方，オキゴンドウとツチクジラに対しては，それぞれ0.5と0.75の安全率を乗じている．これらの種は算出結果が従来の捕獲実績よりも大きくなったための操作であったらしい．このような操作がなぜ必要であったか．それは1992年までの捕獲実績を大きく変更しないという隠れた基本方針があったとみると理解しやすい（後述）．

このようにして算定された捕獲枠（表6.2）は，各地の漁業者に配分された（表6.3，表6.4）．水産庁がIWCの科学委員会などに報告している捕獲枠は前者によることが多いが，その値は道県・漁業種別に配分された数値の合計とは一致しない場合がある．その差は，水産庁の手持ち枠として調整用に用いられたものと思われる．なんらかの理由でどこかで枠の超過があった場合にも，対外的にはそのような事態をめだたなくする効果がある．この数字には幾度か細かい変更が加えられたが，この計算は2008年現在もイルカ漁業の捕獲枠の基礎として生きている．なお，2007/08年漁期からはカマイルカが漁獲対象に加わり，各種イルカ漁業に対して合計360頭のカマイルカ捕獲枠が与えられた．

ここで注目すべきは，イシイルカについては1991年から両個体群を区別せずに合計17,600頭の捕獲枠が設定されていたことである．1993年に向けて算出された捕獲枠もこれに合わせて17,600頭になっている．捕獲枠算出の基礎と

表 6.3 1993 年以後のイルカ漁業種別・鯨種別の捕獲枠配分（千葉県以南）．1994 年に和歌山県では追い込み漁業者と突きん棒漁業者間で配分変更があった．小型捕鯨業の捕獲枠は表 4.3 に示した．

県/漁法		千葉	静岡	和歌山		沖縄	合計	表 6.2
		突きん棒	追い込み	突きん棒	追い込み	石弓		
操業期間（2007/08 年漁期）[1]		11.1.-4.30.	9.1.-3.31.	1.1.-8.31.	9.1.-4.30.	2.1.-10.31.		
スジイルカ	1993-2006	80	70	100	450		700	725
	2007/08	72	63	100	450		685	
	2008/09	64	56	100	450		670	
	2009/10	56	49	100	450		655	
ハンドウイルカ	1993		75	50	940	10	1,075	1,100
	1994-2006		75	100	890	10	1,075	
	2007/08		71	95	842	9	1,017	
	2008/09		67	89	795	9	960	
	2009/10		63	84	748	8	903	
マダライルカ	1993		455	50	420		925	950
	1994-2006		455	70	400		925	
	2007/08		409	70	400		879	
	2008/09		365	70	400		835	
	2009/10		318	70	400		788	
ハナゴンドウ[2]	1993			200	350		550	1,300
	1994-2006			250	300		550	
	2007/08			246	295		541	
	2008/09			242	290		532	
	2009/10			238	286		524	
マゴンドウ[2]	1993-2006				300	100	400	450
	2007/08				277	92	369	
	2008/09				254	85	339	
	2009/10				230	77	307	
オキゴンドウ	1993-2006				40	10	50	50
	2007/08		10		70	20	100	
	2008/09		10		70	20	100	
	2009/10		10		70	20	100	
カマイルカ	2007/08		36	36	134		206[3]	
	2008/09		36	36	134		206[3]	
	2009/10		36	36	134		206[3]	
合計[2]	1993	80	600	400	2,500	120	3,700	4,575
	1994-2006	80	600	520	2,380	120	3,700	
	2007/08	72	589	547	2,468	121	3,797	
	2008/09	64	534	537	2,393	114	3,642	
	2009/10	56	476	528	2,318	105	3,483	

1) 1996 年の後半より捕獲枠配分のための漁期区分を 8 月 1 日から翌年の 7 月 31 日まで（イシイルカ），あるいは 10 月 1 日から翌年の 9 月 30 日まで（その他鯨種）としたのにともない，1996 年前半に捕獲枠調整が行われた．その後，2006 年に和歌山県についてはこの漁期区分を 9 月 1 日から翌年の 8 月末日までと変更した．なお，捕獲統計は暦年のまま維持された．漁業者はこの漁期区分のなかで実際の操業期間を設定することが許され，それは若干の変更を経ているが，ここには 2007 年に始まり 08 年に終わる漁期（2007/08 年漁期）の操業期間を示す．
2) これらの鯨種については，小型捕鯨業にも別途の捕獲枠が与えられている（表 4.3 参照）．マゴンドウはコビレゴンドウの南方個体群．
3) 岩手県の突きん棒漁業者に与えられた捕獲枠 154 頭を加えると，カマイルカの総捕獲枠は 360 頭となる．

して用いた本種の増加率が 4% でなければならなかった理由がここにある．スジイルカについても，イシイルカとのバランスのために増加率は 3% とせざるをえず，1992 年から設定された捕獲枠 1,000 頭に合わせるために，さらに調整枠 50 頭を加算せざるをえなかった．たまたま算出された捕獲枠が捕獲実績を下回るときには，安全係数をかけて捕獲枠を調整した．60 頭のツチクジラの枠は 1988 年に始まったものであり，それを後から説明をつけるために考え

表 6.4　1993 年以後のイルカ漁業種別・鯨種別の捕獲枠配分（三陸-北海道）．小型捕鯨業の捕獲枠は表 4.3 に示す．

道　県		北海道	青　森	岩　手	宮　城	合　計	表6.2
操業期間（2007/08 年漁期）[1]		5.1.- 6.15. 8.1.-10.31.	11.1.-4.30.	11.1.-4.30.	11.1.-4.30.		
イシイルカ型	1993-2006	1,500	20	7,200	280	9,000	9,000
	2007/08	1,451	18	6,969	269	8,707	
	2008/09	1,399	16	6,721	260	8,396	
	2009/10	1,348	14	6,472	250	8,084	
リクゼンイルカ型	1993-2006	100		8,300	20	8,420	8,700
	2007/08	98		8,054	16	8,168	
	2008/09	95		7,805	16	7,916	
	2009/10	92		7,557	15	7,664	
カマイルカ	2007/08			154		154[2]	
	2008/09			154		154[2]	
	2009/10			154		154[2]	
合　計	1993-2006	1,600	20	15,500	300	17,420	17,600
	2007/08	1,549	18	15,177	285	17,029	
	2008/09	1,494	16	14,680	276	16,466	
	2009/10	1,440	14	14,183	265	15,902	

1)　表6.3の脚注1）を参照．
2)　千葉県以南の漁業に与えられた捕獲枠206頭を加えると，カマイルカの総捕獲枠は360頭となる．

出されたものが 0.75 の安全係数であったとみられる（Kasuya 2007）．

　水産庁が 1993 年に漁業者に配分したイルカ類の捕獲枠の算出根拠は，一見科学的に計算されたかに装っているが，その計算の実際は前年までの捕獲を正当化するための操作にすぎないと私は判断している．日本の行政はなぜこのような作業をしたのか．それは行政が外部の批判者，とくに日本国内の批判者に対しては合理的な根拠があるようにみせることができ，漁業者には受け入れやすい捕獲枠であることの 2 点を満足させるためであったと私は考えている．かりに，IWC の科学委員会で日本の行政官がこの計算の正当性を主張したとしても，批判者を納得させることはできなかったにちがいない．

　捕獲枠は当初暦年で漁業者に与えられていたが，これでは操業上不便であるというので，1996 年の後半に始まる漁期からは，漁期ごとの配分となった．また，移行段階においては混乱を避けるために特別な移行措置もとられた．ただし，リクゼンイルカについては岩手県の要望を受けて，移行期間を長くして，1997 年後期から漁期制を完全実施した．現在では，イルカの漁期表示と漁獲枠の計算はある年の後半に始まり翌年の前半に終了する，つまり冬をまたいで足かけ 2 年にわたる表示になっている．しかし，統計は暦年表示になっているので，ある単年度統計に漁獲枠超過が現れたとしても，規制上は必ずしも問題があるとは限らない．

　わが国漁業による小型鯨類の捕獲統計と規制は，かつては遠洋水産研究所が IWC に提出したプログレス・レポートに掲載されていたが，2000 年からは水産庁遠洋課のサイト（例：http://www.fra.jfa.maff.go.jp/whale/document/2005progressreportJP.pdf）や水産庁漁場資源課国際資源班のサイト（http://www.jfa.maff.go.jp/kokushi_hp/toppage.htm）に発表されている．

第7章　商業捕鯨停止への道

　母船式捕鯨の操業は，北大西洋では1937年から禁止され，その他の海域でもミンククジラ以外の母船式捕鯨は1980年から禁止されていた．したがって，商業捕鯨停止が1982年のIWCで決定されたときには，日本の捕鯨業は3業種に限られていた．すなわち，南極海でミンククジラを捕獲する母船式捕鯨業，沿岸でニタリクジラとマッコウクジラを捕獲する大型捕鯨業，それと沿岸でミンククジラ，ツチクジラ，各種イルカ類を捕獲する小型捕鯨業である．

　日本沿岸のマッコウクジラ漁については，年ごとに操業が困難になり，漁場の遠隔化などと合わせて，資源状態の悪化が懸念されていたが，IWCの科学委員会では資源診断の結果について合意が得られなかった．そこで本資源に対してIWCが捕獲枠を設定しない限り，加盟国は北太平洋でマッコウクジラを捕獲してはならないという決定が1981年7月のIWCでなされた．日本政府はこれに対して同年11月9日に異議の申し立てを行い，そのような場合には独自の判断で捕獲をする方針を示していた．その後，1984年のIWCでは，翌1985年沿岸漁期のマッコウクジラの捕獲枠を決定することができず，1981年の異議申し立てが機能を発揮する事態になった．

　IWCにおける商業捕鯨停止の提案は，10年ほど前の1972年に始まり，毎年提案されたあげく，1982年IWCで初めて4分の3の多数を得て可決された．この決定では，南半球では1985/86年漁期から，北半球では1986年夏の沿岸捕鯨漁期（日本では1986/87年沿岸漁期と表記することもある）から商業捕鯨を停止することになっていた．日本政府はこの決定に対しても異議申し立てを行った．さらに，この決定が発効するより前の1984年6月のIWCにおいては，1984/85年漁期の南極海ミンククジラの総捕獲枠を4,224頭と決定した．これは前年漁期の37%減に相当する数量であるが，日本政府はこれに対しても異議申し立てを行っていた．

　当時，米国の200海里水域内では多くの日本漁船が米国政府の許可を得て操業していたが，IWCの規制を無視する国にはその許可を与えないという法律があった（ペリー修正法，パックウッド・マグナッソン修正法）．上に述べた異議申し立てを盾に，もしも日本政府がIWCの決定を無視して操業を行えば，米国政府はペリー修正法などを発動することになる．日本政府はその発動を避けるために妥協点を見出すべく米国政府と交渉を行い，その妥協の産物としてつぎのような手順で異議申し立ての撤回，ないしは異議申し立てを実質的に無効とする措置をとった．

　南極海ミンククジラの捕獲枠に関する異議申し立てについては，IWC決定を実質的に受け入れて，前年度捕獲の64%にあたる1,941頭の捕獲にとどめた（ソ連とブラジルも異議申し立てをしており，これら両国は前年と同じ捕獲を宣言した）．沿岸マッコウクジラに関する1981年の異議申し立てについては，その撤回を1988年4月1日をもって発効させる旨，1984年12月11日にIWC事務局に通報した（それまでの3漁期の操業は米国と合意済; IWC 1986）．また，商業捕鯨停止にかかわる異

議申し立てについても，政府はその撤回を1986年6月1日にIWCに通告した．ただし，それが発効するのは南氷洋母船式捕鯨では1987年5月1日，沿岸のミンククジラとニタリクジラの捕獲では1987年10月1日，沿岸のマッコウクジラでは1988年4月1日とした．発効時期は微妙に異なるが，いずれもその鯨種の漁期の最終日の翌日となっている（IWC 1988）．つまり，すべての大型鯨類の捕獲を1988年3月末日までには停止するとしたわけである（粕谷 2005; Kasuya 2007）．

7.1 小型捕鯨業

7.1.1 規制の歴史

小型の捕鯨船と小口径の捕鯨砲を用いてマッコウクジラ以外の歯鯨類あるいはミンククジラを捕獲する漁業は，ミンク船あるいはゴンドウ船と呼ばれ，また和歌山県ではテント船とも呼ばれていた．この漁業は他県では自由漁業であったが（大村ら 1942; 前田・寺岡 1958; Ohsumi 1975），千葉県のみは大正9年（1920）に県の漁業取締規則を改めて，本漁業を「機船若は端艇捕鯨業」の分類のもとに知事許可漁業として就業隻数を制限した（第5章）．

1941年12月に始まった太平洋戦争においては，日本の捕鯨母船はタンカーとして海軍に徴用され，1942年末までに6隻すべてが失われた．大型捕鯨船も67隻は沈没あるいは行方不明となって失われ，戦後に使用できたのは引揚げ修理した数を含めても26隻にすぎなかった．このような事態が進行するなかで政府は，ミンク船5隻ずつを戦時の統制会社3社に配属させて，計15隻のミンク船に大型鯨の捕獲を許した（前田・寺岡 1958）．これは1944年1月15日から1年限りの措置とされたが，この特例を1年限りで廃止したという記録を私はみていないし，またあの戦乱のなかで廃止にしなければならない理由があったとも思われない．おそらく1945年8月の敗戦まで，この特例が延長されたのではないだろうか．

戦前のミンク船の数は20隻程度であったが，戦後に経営体が急増の傾向をみせ，1947年には83隻に達したという（遠洋漁業課 1976）．ミンク船を規制する必要を感じた政府は昭和22年（1947）12月5日に，それまでの鯨漁取締規則を廃して汽船捕鯨業取締規則（農林省令第91号）を公布し，即日に施行した．この省令91号ではスクリューをそなえた船で小口径の砲を使用して，マッコウクジラ以外の歯鯨類あるいはミンククジラを捕獲する捕鯨業，すなわちそれまでミンク船とかテント船と呼ばれていたものを「小型捕鯨業」に分類して，農林大臣の許可を要する漁業とした．その後，昭和24年（1949）からは大型捕鯨業が指定遠洋漁業に分類されるのにともない，本漁業は小型捕鯨業取締規則で規制された．本規則には捕鯨船のトン数に関する規定はないが，通達などで別途規制したものである．砲の口径の制限は昭和23年（1948）3月1日より施行され，最初は40 mm以下に規制されたが，1952年からは50 mmまで許可された（Ohsumi 1975）．なお，ゴンドウ漁の船には口径20-25 mmの3ないし5連装，あるいは口径36 mmの2連装なども使用されたことがある．これは数本の銛を30 m前後の枝縄で1本の幹縄に連結して，同時に発射するものである．

1947年の大臣許可制移行にともない，各小型捕鯨船とそれが使用する根拠地（複数でも可）について大臣の許可を受けることになった．そのときに小型捕鯨船のサイズは30総トン以下と定められたが，1951年12月までは移行期の特例として大きな船も例外的に認められたといわれる（前田・寺岡 1958）．その後，既存の許可トン数を併合することで40トンまで許され（1963年），さらに居住性改善のため50トンまでの増トンが認められた（Ohsumi 1975）．隻数は許可制導入後も1948年の73隻から1950年には80隻へと若干の増加をみせた（Ohsumi 1975）．この後，1950年代から1960年代にかけて，政府は膨張した隻数を減らすために努力を傾けることになる．その方策はOhsumi（1975）によれば，小型捕鯨船のトン

数を集めて350トンの大型捕鯨船1隻を建造し，北洋母船式捕鯨のマッコウクジラ漁に参入させる（1960年），同様にして沿岸の大型捕鯨船の増トンにあてる（1961年），あるいは大型捕鯨船1隻を建造して小型捕鯨業者を大型捕鯨に参入させる（1968年），というものであった．まさに明治以来の大型捕鯨行政が歩んだ減船の苦労（後述）を小型捕鯨行政も繰り返すことになったのだが，小型捕鯨行政の前進のために，先行の大型捕鯨行政を後退させるという奇妙な作業が行われたのである．

小型捕鯨船の操業はIWCのひげ鯨漁の規定により，ミンククジラについては連続する6カ月以内と定められている．1952年には2月1日から7月31日までとなっていたが（前田・寺岡1958），1975年までのどこかの時点で4月1日から9月30日までとなった（遠洋漁業課1977a）．本漁業の対象鯨種には，ミンククジラを含めて体長制限は設けられていない．しかし，汽船捕鯨業取締規則第15条の，「農林大臣は必要に応じて告示により捕獲鯨種，操業時期，操業海域，船数をきめて操業の禁止または制限をすることがある」という規定にもとづいて出された，「汽船捕鯨業取締規則第15条規定による鯨漁禁止の件」（昭和13年農林省告示200号）の昭和23年告示263号による改正において，保護鯨種や制限体長を定めている．それには①コククジラとセミクジラ類（セミクジラとホッキョククジラ）の捕獲禁止，②鯨種と用途（食糧・飼料用とそれ以外）別の制限体長，③稚鯨あるいはそれを随伴する母鯨の捕獲を禁止，が含まれている．①はもともと小型捕鯨業には捕獲が許されていなかったし，②は大型捕鯨業対象鯨種に関するもので，小型捕鯨業には関係しない．③は鯨種を特定していないので，ツチクジラやイルカ類にも適用されたものと思われるが，漁業者がその点に留意している姿は，現場で目にしたことがない．

日本沿岸のミンククジラ捕獲に対しては，1977年漁期からIWCにより捕獲枠が設定された．1980年からの5年間はブロック・クオータで，5年間の総数限度と単年度の上限とが定められた．後者は年平均よりもやや多い数値となっていた．また，日本政府の自主的な規制として，ツチクジラについては1983年に40頭の枠が設定され，順次増枠されつつ現在にいたっている（後述）．コビレゴンドウのうちのタッパナガについては，6年間の操業空白の後，1982年秋に捕獲が再開された．1982年には捕獲枠がなく，漁業者は初め85頭と捕獲を報告してきたが，私がそれを疑問視すると，172頭と訂正してきた（表4.3）．後の数字もどこまで正しいかわからない．捕獲枠は1983，1984両年は各175頭に設定され，1986年から50頭に設定されて最近まで維持された．1985年には捕獲枠が設けられなかった．その前年（1984年）に鮎川の外房捕鯨（株）の事業所でタッパナガの捕獲を隠して，深夜に密かに解体しているのを私たち調査員が発見した．この経験から，科学者は捕獲枠でなく漁期規制で頭数をコントロールすることを強く希望したためである（Kasuya and Tai 1993）．

7.1.2 商業捕鯨停止と小型捕鯨業

日本は1988年4月に始まる沿岸漁期から国際捕鯨委員会の商業捕鯨停止の決定を受け入れることを，1986年に対外的に表明した（前述）．この決定により，小型捕鯨業界はミンククジラの捕獲ができなくなるので，その衝撃を和らげて，ミンククジラの暫定捕獲枠（後述）を得るまでの措置として，1987年のタッパナガ捕獲枠50頭を翌年に持ち越して，1988年に2年分の100頭を捕獲することにした．1988年8月の遠洋課の文書によると，業界はさらにつぎのような要望を水産庁に提出していた．

（1）ツチクジラの捕獲枠を現状の40頭から90頭に増枠する．

（2）タッパナガ（コビレゴンドウの北方個体群）は今年限りとした100頭枠を270頭に増枠して永続させ，10月5日-11月18日の現行漁期を9月1日から90日間とする．漁獲物の船上解体を認めること．

（3）マゴンドウには300頭の捕獲枠を認め

(現行規定なし)，船上解体を認めること．

日本のツチクジラ漁はIWCで強い批判を受けて，政府は自主規制により当時の捕獲レベルを維持すると表明して，1983年漁期から40頭の自主捕獲枠を設定してきたところであった（第13章）．政府は上の業界の要望を一部受け入れて，1988年には60頭に増枠した後，翌1989年には捕鯨船1隻の減船にともなう自動的な措置として，ツチクジラの捕獲枠を54頭に削減した．60頭への増枠について，政府は単年度の特例であるとIWCに対して説明している．その裏にはミンククジラの緊急暫定枠が得られるという期待があったらしい．しかし，結果的にはツチクジラの54頭の緊急暫定枠は恒久化してしまった．さらに，1999年漁期には新たに日本海操業の8頭が加わり，62頭に増枠され，2006年現在も続いている．使用根拠地は8頭が函館（日本海操業），2頭が網走，26頭が鮎川，26頭が和田浦である．

コビレゴンドウのうち，タッパナガは資源量が少ないため増枠は不可とされた．周年の操業をすれば，最初の数年間は200-300頭の捕獲は可能かもしれないが，じきに捕れなくなるだろうとして遠洋水産研究所の科学者は増枠に強く反対した．これは戦後のゴンドウ漁の経験からみての判断であった．結果的には2年分の合計捕獲枠100頭を単年度で捕らせるという，既定どおりの対応にとどまった．コビレゴンドウのもう1つの資源であるマゴンドウの捕獲については，太地の追い込み漁業との調整も必要である．そこで従来どおり捕獲枠を設定せずに操業させてみた．その結果をみるとタッパナガは98頭，マゴンドウは30頭が1988年漁期に捕獲された．捕獲能力からみて，その程度が限界だったらしい．マゴンドウについては，1989年から50頭の枠が小型捕鯨業者に与えられた．

船上解体は，行政はこれを認める方針で，秋の中央漁業調整審議会を経て省令を改正することを考えていたが，結果的にはそのようにはならなかった．その具体的な経緯は知るところではないが，遠洋水産研究所の科学者は船上解体には強く反対していた．船上解体は操業の見地からは合理的であるが，違法操業が発生しやすい．頭数や捕獲鯨種を確認するためには，各捕鯨船に監督官ないしは調査員を乗せる必要があるが，操業の全期間を通して必要な数の信頼できる調査員をそろえるのは至難と思われた．水産庁の捕鯨監督官が現場で業者に籠絡される例を私は数多くみてきた．

1987年には8経営体9隻の捕鯨船がミンククジラ320頭，ツチクジラ40頭，タッパナガ50頭（実質的には翌年に持ち越し）で稼動したが，1988年漁期には3隻が休漁し，グループ化により，残る6隻で操業した．ツチクジラ60頭の枠を第31純友丸（外房捕鯨（株）），第1安丸（下道吉一，太地漁協），第75幸栄丸（鳥羽養治郎，星洋漁業（株）），勝丸（磯根嵓），第2大勝丸（奥田喜代志，三好捕鯨（有））の5隻で捕獲し，タッパナガ100頭（2年分）の枠を第75幸栄丸以下の3隻と勢進丸（太地漁協）の4隻で捕獲するというものであった．このほかに規制のなかったマゴンドウを30頭捕獲して，漁期を終えた．その結果を業界全体の収支でみると，4億7,760万円の収入に対して5億1,610万円の支出を要し，3,800万円の赤字と報告されている（表4.3）．ちなみに，最後の商業捕鯨の1987年には，9隻で13億1,800万円の生産を上げ，業界全体では2億3,800万円の収益を得ていた．その後，業界としての収支は1989年から黒字に転じ，1996年には総計1億1,500万円と最高の黒字を記録したが，2001年からは再び赤字を記録し，事業報告が公表されている2006年まで，業界全体としての年間赤字額は増加傾向にある．2000年まではすべての小型捕鯨事業者が黒字を得ていたが，2002年からは全事業者赤字を報告している（表4.3）．小型捕鯨業界の操業形態については表7.1に示すように，8企業体が合計5隻の捕鯨船を運航しているが，従来の小型捕鯨操業だけでは経営を維持できない状態にあるとみられる．

小型捕鯨業者が2001年から2005年にいたるまで毎年赤字を計上している背景には，鯨肉の

表 7.1　近年の小型捕鯨業の操業（2007 年漁期）.

船　名	総トン数	経　営	操業協力	操業海域・時期・対象種	捕獲枠	調査捕鯨参加[1]
第 75 幸栄丸	46.24	鳥羽捕鯨（有）	星洋漁業	三　陸/6-8 月／ツチ・タッパナガ 三陸/10-12 月/タッパナガ	ツチ 14 頭 タッパナガ 18 頭	三陸 4-5 月 釧路 9-10 月
第 28 大勝丸	47.31	日本近海（有） 三好捕鯨（有）		三　陸/6-8 月／ツチ・タッパナガ[2] 網走/8-9 月/ツチ	ツチ 14 頭 タッパナガ 18 頭	三陸 4-5 月 釧路 9-10 月
第 7 勝丸	32.00	磯根嵓	下道吉一	太地/5-9 月/マゴンドウ・ハナゴンドウ 房　総/6-8 月／ツチ・マゴンドウ 網走/8 月/ツチ	ツチ 14 頭 マゴンドウ 14 頭 ハナゴンドウ 7 頭	三陸 4-5 月 釧路 9-10 月
第 31 純友丸	32.00	外房捕鯨（株）	第 21 純友丸	太地/5-9 月/マゴンドウ・ハナゴンドウ 房　総/6-8 月／ツチ・マゴンドウ	ツチ 14 頭 マゴンドウ 14 頭 ハナゴンドウ 6 頭	三陸 4-5 月 釧路 9-10 月
正和丸	15.20	太地漁協		太地/5-9 月/マゴンドウ・ハナゴンドウ 日本海/5-6 月/ツチ	ツチ 10 頭 マゴンドウ 8 頭 ハナゴンドウ 7 頭	
大勝丸	42.35	星洋漁業（株） 三好捕鯨（有） 日本近海（有）	休漁 休漁			
未　定						
第 1 安丸	44.55	下道吉一	休漁			
第 21 純友丸	22.00	外房捕鯨（株）	休漁			

1)　調査捕鯨参加：ミンククジラを前期（4-5 月）と後期（9-10 月）に各 60 頭を捕獲する．
2)　従来のタッパナガ漁は 9-11 月ごろに行われていたが，2007 年からこのように設定された．そこには調査捕鯨との調整があったものと思われる．

価格低下がある．統計の得られる 1998 年から 2005 年までの網走と函館の事業の収支をみよう．これら両事業所ではツチクジラだけを水揚げしていて，他鯨種の混入がないので生産額を比較しやすい．網走と函館を比べると，ツチクジラ 1 頭あたりの生産額は，前者では 1 年を除いて毎年 1-2 割高価である．しかし，水揚げ頭数比はほとんど変わらないので（2：8 ないし 4：10），経年変化をみるためには両方を単純に合算してもさしつかえないと考える．そうすると，1998 年には 1 頭あたり平均 1,060 万円であったツチクジラの売り上げが，年々着実に低下を続けて，最後の黒字年（2000 年）には 848 万円となり，赤字に転じた 2001 年には 803 万円となった．そして 2005 年には 457 万円まで下がっている．ツチクジラの価格は 7 年間に半値以下に下がったのである．

この背景には，鯨肉の需要の低下があるかもしれないが，調査捕鯨から供給されるひげ鯨肉の増加が大きく影響していたと考えるのが自然である．1987/88 年漁期に 300 頭で始まった調査捕鯨の捕獲枠は，2000 年には南北のミンククジラ 500±40 頭，ニタリクジラ 50 頭，マッコウクジラ 10 頭に拡大していた．かりに，ニタリクジラ 1 頭がミンククジラ 3 頭に匹敵するとみると，12 年間にひげ鯨肉の供給が倍増したことになる．いまでは日本の調査捕鯨はミンククジラ 1,070±85 頭，イワシクジラ 100 頭，ナガスクジラ・ザトウクジラ・ニタリクジラ各 50 頭，マッコウクジラ 10 頭に拡大している

（ただし，捕獲計画がいつも達成されているわけではない；表1.5参照）．小型捕鯨船の4隻は，2002年漁期には調査捕鯨事業に初めて傭船され，鮎川沖の沿岸域でミンククジラ50頭の捕獲に参加した．この調査は翌年から釧路沖にも拡大され，両沿岸域60頭ずつ，合計120頭となった．この沿岸域の調査捕鯨に参加して小型捕鯨船が得ている金額は明らかにされていないが，赤字操業を続けられるのは，そのような副収入があるためと思われる．一時は好況を楽しんだ小型捕鯨業界は，調査捕鯨に経営を圧迫されたあげく，その調査捕鯨事業に組み込まれ，調査捕鯨なしには存続できない状況に追い込まれているのである．

なお，2010年度からは，この沿岸域におけるミンククジラ捕獲調査の主体が日本鯨類研究所から小型捕鯨業者の手に移った．すなわち，全国の小型捕鯨業者7社によって同年に設立された一般社団法人地域捕鯨推進協会が，政府から2億6,500万円（2010年度）の補助金を得て，4隻の小型捕鯨船を使って120頭のミンククジラを科学目的に捕獲し，漁獲物の調査と研究総括を東京海洋大学・遠洋水産研究所・日本鯨類研究所に委託する形になった．

商業捕鯨の停止を受け入れた段階で，日本はミンククジラの捕獲をやめることに合意したと外国からは理解されていた．ところが，政府は日本の小型捕鯨には商業捕鯨ではない原住民生存捕鯨に似た要素があるとして，網走・鮎川・太地の地域内のみで流通させるという条件で，ミンククジラ50頭の特別枠を1988年IWCで要求した．原住民生存捕鯨に似た要素とはなにか．日本政府と捕鯨業界はこの問題に関心を寄せる文化人類学者にそれをまとめさせて，多数の報告をIWCに提出してきた．それらは内容的に重複の多い2冊の論文集にまとめられ (Institute of Cetacean Research 1996; Government of Japan 1997)，さらに小松 (2001) にも紹介されている．そこには初漁を近隣におすそ分けをするとか，神社に供えるという行為があげられている．この程度のことは商業捕鯨でも行われるという批判はあったが，それ自体は商業行為ではないことは理解されたようである．しかし，そのような地域住民のつきあいのために，50頭ものミンククジラが必要だとは理解されなかった．また，地域社会にとって栄養的に必要があるということについても理解が得られなかった．調査捕鯨の産物でも間に合うだろうという批判に対しては，政府は調査捕鯨で南極海から持ち帰った冷凍肉は地元の嗜好に合わないという答弁をしていた．

その後，同じ目的のためにさまざまに形を変えた要求が毎年IWCに提案されてきたが，2008年現在ではその要求は受け入れられていない．その背景には，地域経済が困っているのは捕鯨停止の影響ではなく，近代社会に共通する過疎化の影響であろうとか，地域社会への対応は商業捕鯨停止を受け入れた日本政府の責任であり，別途なすべきだとの批判があった．さらにむずかしい問題は，このようにして生産された鯨肉を地域内に限って流通させることが，技術的に可能かという疑問であった．道路検問でもしない限りコントロールできるはずがないし，そのための国内法の整備もむずかしい．さらに，日本は商業捕鯨停止の合意を守る意思があるのか，この特別枠は調査捕鯨に続く商業捕鯨再開への第2の抜け道になるのではないかという諸外国の疑念が，最大の障害となっていると思われる．

7.2 大型捕鯨業

7.2.1 第2次世界大戦以前

日本において，ノルウェー式捕鯨の手法を用いて近海で大型鯨を捕獲する，後の用語で「大型捕鯨業」と呼ばれる事業の試みは明治29年 (1896) に始まり，明治31年 (1898) 4月には，対馬近海で長崎の遠洋捕鯨株式会社がナガスクジラの捕獲に初めて成功したが，この捕鯨事業を軌道に乗せるには明治32年 (1899) に創立された日本遠洋漁業株式会社を待たなければならなかった (明石 1910)．その後，明治40年 (1907) には14社が乱立し，過当競争による供

給過剰で鯨肉が値下がりし，経営が悪化した．このため，業界は会社の合同を進めることとなった．明石（1910）によれば，1908年に日本近海で操業していた捕鯨船は合計12社30隻（帆船2隻を含む）で，明らかに過大であった．政府は明治42年（1909）の鯨漁取締規則の第9条の規定（第5章）にもとづいて，同年10月に「鯨漁汽船隻数制限の件」と題する農商務省告示第418号を出して，日本沿岸で操業する大型捕鯨船の数を30隻に制限した．

この隻数制限は，当時拡大しきった隻数を追認したもので，新たな拡大を止めるという効果があったにすぎない．この後，水産庁は鯨の資源量減少に追われつつ捕鯨船の隻数削減を進めるという苦しいレースを，商業捕鯨停止の1988年まで続けることになった．敗戦により台湾・朝鮮半島・千島列島などの沿岸漁場を失ったことも，隻数過剰を際立たせた．この後の大型捕鯨の許可隻数の変化はつぎのとおりである．1938年25隻，1963年22隻，1965年17隻，1967年15隻，1968年14隻，1970年12隻（この年の公示は14隻であったが，複数の小さい捕鯨船のトン数を合算して大型船を建造することがあったので，12隻に減船された），1974年11隻，1976年8隻，1977年7隻，1984年5隻で，これが1988年3月まで操業された．なお，許可隻数よりも実際の操業隻数が少ない場合もある（近藤2001）．

日本のノルウェー式捕鯨業は小型捕鯨業，大型捕鯨業，母船式捕鯨業に分けられる（第5章）．母船式捕鯨業は昭和9年（1934）の母船式漁業取締規則で規制されている．大型捕鯨業を規制する規則は，明治42年（1909）10月公布の鯨漁取締規則，昭和22年（1947）12月公布の汽船捕鯨業取締規則，昭和25年（1950）3月公布の指定遠洋漁業取締規則と変遷があった．なお，「大型捕鯨業」という呼称が現れるのは，汽船捕鯨業取締規則が最初である．大型捕鯨業の捕獲対象はミンククジラ以外のひげ鯨類とマッコウクジラであるが，資源状態や他漁業種との調整のために，捕獲対象鯨種にはさらに制限が加わることもある．これら2業種には漁具の制限がなく，数百トンの捕鯨船や口径75-90mmの捕鯨砲が広く用いられた．なお，大型捕鯨業は捕獲した鯨を沿岸の基地に曳いてきて解体するので，操業範囲は基地からおおよそ300海里（500-600km）以内に限られることになる．そのため，先に述べた小型捕鯨業と合わせて沿岸捕鯨業と呼ばれることもある．小型捕鯨業は原則としてマッコウクジラ以外の歯鯨類とミンククジラの捕獲を許された漁業で，船のトン数と砲の口径に上限があった．

鯨資源の管理に際しては，鯨種別・海域別の頭数を規制する直接的な手法と，操業海域・漁期・操業隻数などを定める間接的な方法とがある．戦前の捕鯨においては，まず隻数制限，続いて体長制限が導入された．戦前には南氷洋母船式捕鯨にはセミクジラ類の捕獲が禁止されていたが，北太平洋における日本の捕鯨には捕獲禁止鯨は設定されていなかった．当時はおもに漁業形態や操業規模を規制して，間接的に資源を管理する手法がとられ，捕獲頭数で規制するというもっとも実効性のある直接的な手法は採用されなかったのである．

捕鯨漁期については，戦前の国際捕鯨協定では，ひげ鯨類を捕獲する場合には陸上根拠地は連続して6カ月以上休業するように定められていた（ただし，マッコウクジラは4カ月以上の休漁で可）．さらに，相互に1,000マイル（1,690km）以内にある根拠地は同一の漁期を採用すべしという規定があった．戦前の日本はこの協定に参加していなかったので，漁期の制限が課せられたのは，昭和20年（1945）11月3日の連合軍総司令部覚書SCAPIN233によって，国際捕鯨協定を遵守すべしという指示があってからのことである．昭和21年（1946）12月に調印された国際捕鯨取締条約も同じ漁期の規定をもっており，沿岸漁期はその規定の範囲内で，政府の権限で随時定めることができた．南氷洋捕鯨については，戦後はIWCが漁期を決定した．

捕鯨の歴史が乱獲の歴史であること，鯨資源管理のためには国際条約が必要であることは，第2次世界大戦前から認識されていた．国際連

盟は1924年と1927年にこの問題を取り上げたが，意見の一致をみなかった．その後，これも国際連盟の主導のもとに，1931年にジュネーブで調印されたのが捕鯨取締に関する最初の国際条約で，ゼネバ条約とも呼ばれている．この条約の資源保護に直接関係する規制としてはセミクジラ類，子鯨，および子連れの母鯨の捕獲禁止があった．日本はソ連の不参加とセミクジラの捕獲禁止を理由に，この条約には加入しなかった（大村ら 1942）．この条約が発効したのは1936年1月であった．そのつぎの条約が，1937年6月にロンドンで調印され1938年5月に発効した国際捕鯨協定である．ここでは捕獲禁止鯨にコククジラが追加され，その他鯨種には捕獲禁止体長が定められた．日本はこの条約にも参加しなかった．この辺の経緯については，大村ら（1942）にくわしい．また，大村・粕谷（2000）にも若干異なる視点からの記述がある．これらの先行条約が，1946年の国際捕鯨取締条約の骨組みをなしている．

戦前の日本はこれら条約には加盟せず，昭和13年（1938）6月の鯨漁取締規則の改定では，体長制限と子連れ鯨の捕獲禁止が設けられたのみで，沿岸基地を使用して操業するいわゆる大型捕鯨業に対しては，禁止鯨種の規定は設けられなかった（大村ら 1942）．むしろ，日本が国際捕鯨協定に調印しなかったのは，コククジラとセミクジラの捕獲を続けたいというのがおもな理由の1つであり，その背景には産業側の意向があったらしい（大村・粕谷 2000）．セミクジラ類とコククジラの資源減少は，世界的に認識された事実であったが，日本の漁業にとってはまだ重要鯨種だったのである．そこで，昭和13年（1938）6月に改定された母船式漁業取締規則においても，北緯20度以北の北太平洋（一部北極海を含む）を除く海域（つまり南半球全域，熱帯太平洋，北大西洋，北極海の大部分）でのコククジラとセミクジラの捕獲を禁止するという規定が設けられたのである（大村ら 1942）．この規定の裏の意図は，北太平洋の大部分では母船式捕鯨業も（大型捕鯨業と同様に）コククジラやセミクジラを捕獲することを認めることにあった．

7.2.2 第2次世界大戦以後

捕鯨規制に関する戦前の条約については前項で述べたが，これらの先行条約と終戦直前の連合国間の協議での合意内容が1946年に調印された現行の国際捕鯨取締条約の骨組みをなしている（序章）．この条約は昭和21年（1946）12月にワシントンで調印された．条約は11条からなる条約本文，議定書（Protocol）と条約付表（Schedule）からなる．議定書は後でなされた条約の修正で，加盟国の署名と批准を経て発効する．この条約では，加盟国は1名ずつのコミッショナーを任命して国際捕鯨委員会（International Whaling Commission; IWC）を組織する．IWCの下には助言機関としていくつかの委員会（Committee）が置かれる．その1つが科学委員会（Scientific Committee）である．IWCは科学委員会の助言を参考にして，捕鯨規制に必要な諸決定を行う．条約付表は漁期，禁止鯨種，制限体長，捕獲枠などの捕鯨操業の具体的な細目を定めるもので，その修正にはIWCの4分の3の多数決を要するが，決議など付表以外の事項の決定は単純多数決が用いられる．この条約に日本が加入したのは講和条約発効の前の1951年4月21日であるが，GHQの指示でそれ以前から条約の規定を遵守させられていた（第5章）．

上に述べたように，捕獲禁止鯨種が初めて定まったのは1931年のジュネーブ条約であり，その後も大型鯨の資源は順次乱獲におちいり，捕獲禁止となっていった．その経過は表7.2に示すとおりである．

戦後の日本の食糧難を解決するための一助として，連合軍総司令部（GHQ）は終戦の年の昭和20年（1945）11月3日の覚書（SCAPIN 233）で，国際捕鯨協定を遵守することと，最大限に食糧に利用することを条件として沿岸捕鯨の再開を許可した（前田・寺岡 1958）．これにより，日本の沿岸捕鯨でコククジラとセミクジラ類（セミクジラとホッキョククジラ）の捕獲が禁止された．当時，GHQの覚書は日本国

表 7.2 資源減少を理由として国際条約により商業捕獲の禁止が発効した年.

鯨　種	南半球	北大西洋	北太平洋
コククジラ	—	—	1937（日本の受入れは 1945 年）
セミクジラ類[1]	1936	1936	1936（日本の受入れは 1945 年）
ザトウクジラ	1964	1954	1966
シロナガスクジラ	1964	1955	1966
ナガスクジラ	1976/77	1976[2]	1976
イワシクジラ	1978/79	1976	1976
マッコウクジラ	1981/82	1986	1980（東部），1988（西部）

1) ジュネーブ条約（1931 年調印）は 1936 年に批准され発効した.
2) 西ノルウェー・フェロー・ノバスコシア資源のみ対象.

の法律以上の力をもっていたが，国内法の手続きとしては，汽船捕鯨業取締規則の第 15 条の規定（大臣は告示により操業の禁止を定めることができる）にもとづいて，告示を出さなければならない．そこで政府は昭和 21 年 9 月 30 日に告示 126 号を出して，昭和 13 年の告示 200 号を廃止したらしいが，この告示の条文はみていない．さらに昭和 22 年（1947）の省令 91 号と 1948 年の告示 263 号によって，①コククジラとセミクジラ類（セミクジラとホッキョククジラ）の捕獲禁止，②鯨種と用途（食糧・飼料用とそれ以外）別の制限体長，③稚鯨あるいはそれを随伴する母鯨の捕獲の禁止，が定められた．

体長制限は鯨種ごとに行われる．わが国では昭和 13 年（1938）6 月 8 日の農林省告示第 200 号が始まりである．そこでは，稚鯨，乳呑鯨あるいはそれらをともなう母鯨を捕獲することと，一定体長に満たない鯨の捕獲が禁止された（表 5.1）．類似の規定が母船式捕鯨にも定められた（後述）．これらは国際捕鯨協定の趣旨を尊重して設けられたとされるが（大村ら 1942），当時の国際捕鯨協定で定められた体長よりは幾分小さく設定され，漁業者の操業の自由度を大きくしている．敗戦後，農林省は昭和 22 年（1947）12 月 5 日に省令 91 号で汽船捕鯨業取締規則を改めて，新しい制限体長を告示した．それには小数点以下 2 桁まで示されていたが，それを四捨五入して小数点 1 桁に丸めただけの変更が翌年の告示 263 号（23 年 12 月付同タイトル）でなされている（表 5.1）．これで日本の制限体長や捕獲禁止鯨種は時の国際捕鯨協定のそれに合致することになった（第 5 章）．な

お，国際協定では制限鯨長をフィート単位で測定し，もっとも近い整数に丸めることになっているが，日本国内ではメートル法で 10 cm 単位で測定している．したがって，かりに正確に測れば 8.995 m の鯨がいた場合には，それを 10 cm 単位で測定して 9.0 m と記録するのは正しいし，その鯨は 29.5 フィート（正確には 8.991 m）よりも大きいので，29 フィート（正確には 8.83 m）とせずに 30 フィート（正確には 9.14 m）と報告してもさしつかえない．

これら制限体長は年度あるいは漁業種によって幾度も変更を経ている．たとえば，北太平洋のマッコウクジラの制限体長は母船式 38 フィート，大型捕鯨 35 フィートの時代が長かったが，その後どちらも 30 フィートに下げられ，1980 年代になってから，3-6 月に限り 45 フィートの上限体長が加わったこともある．また，ナガスクジラは南極海では 57 フィート，北太平洋母船式は 55 フィート，日本沿岸では 50 フィートと差が設けられた．これは南北で鯨のサイズにちがいがあることと地元消費への対応である．北太平洋のニタリクジラとイワシクジラの制限体長は母船式 40 フィートで，沿岸 35 フィートとされたこともある．これは操業上の便利さと資源の有効利用のためであるらしい．マッコウクジラに上限体長を設けた背景には，雌の妊娠率が下がったのは過去の捕鯨で雄を捕りすぎたためとみて，繁殖期に雄を温存するという意図があったらしい．このような規定は IWC の科学者の戯れとしか私にはみえないし，日常的に下限体長をごまかしてきた漁業者が上限体長の規定を守ったとも思えない．

捕鯨規制における制限体長は，離乳体長より

は大きいが，性成熟体長よりは著しく小さく設定されていたので，繁殖の機会を広げるという機能はあまり期待できない．むしろ，少しでも大きくしてから捕獲して，同じ頭数でもなるべく多くの生産をあげるという機能があったように思う．捕鯨船では目測でクジラの体長を推定して発砲するので，安全をみて厳密に選鯨すれば，制限体長に近い大きさの個体はあまり捕れないであろうし，操業能率を優先して制限体長ぎりぎりまで捕獲すれば，結果的には体長違反の鯨が続出することになる．しかし，捕鯨統計をみると制限ぎりぎりの体長の鯨がきわめて多く報告されており，体長不足の鯨はきわめて少ない．このような体長組成は不自然である．鯨の体長をごまかして実際よりも大きく報告することが捕鯨業界で広く行われていたと解釈されている．また，体長を大きく報告するばかりでなく，捕獲頭数を大幅に少なく報告することも日本の沿岸捕鯨では日常的に行われていた（Kasuya 1999; 粕谷 1999; Kasuya and Brownell 1999; Kasuya and Brownell 2001; 近藤 2001; Kondo and Kasuya 2002）．

日本沿岸の大型捕鯨への制限頭数の導入は，1959 年に日本が自主規制としてマッコウクジラに頭数制限を設けたのが最初である．1971 年には日米加ソ 4 カ国による北太平洋の大型捕鯨と母船式捕鯨を含む規制に移行した．ひげ鯨類の頭数の自主規制は，ナガスクジラ，イワシクジラ，ニタリクジラへと拡大し，1969 年からは母船式操業も含めて日米加ソ 4 カ国による規制となり，1972 年からはこれら全鯨種が国際捕鯨委員会による規制となった（Kasuya 2009）．その後，商業捕鯨停止を受け入れるという日本政府の決定により，日本の大型捕鯨は 1988 年 3 月の操業をもって，1898 年以来 90 年の操業の歴史を閉じた．

7.3 母船式捕鯨業

7.3.1 草創から拡大を経て縮小へ

捕鯨管理のための国際協定については先にも述べた．母船式捕鯨でひげ鯨類の捕獲が許される海域としては南緯 40 度以南の海域と，北緯 20 度以北の北太平洋（西経 150 度以東では北緯 35 度以北）とベーリング海に面した北極海の一部に限定されていた．南氷洋漁期は 12 月 8 日から翌年 3 月 7 日までと規定された（マッコウクジラは漁場も漁期も無制限）．さらに，南氷洋母船式捕鯨に限り，鯨体の完全利用の規定に加えて，捕獲から解体終了までを 36 時間以内に行うとの規定ができていたが，戦前の日本はこの条約にも国内法の未整備を理由に加盟しなかった．

日本船団の南極海への出漁は 1934 年 12 月に 1 船団をもって始まり，戦争により 1941/42 年漁期から中止したが，1946/47 年漁期に再開された．その後，日本の船団数は増加して 1960/61-1964/65 年漁期には最大の 7 船団が出漁し（板橋 1987），合計 18,259 頭と最大の捕獲を記録した．その後，捕獲枠の減少にともなって船団数もしだいに縮小し，1968/69 年漁期からは各社 1 船団で合計 3 船団が出漁した．1971/72 年漁期からは大洋漁業のミンククジラ専門の 1 船団が加わり 4 船団となったのも一時のことで，1977/78 年漁期からは日本船団は 1 船団となり，2009 年現在も続いている．その背景には大型鯨がつぎつぎと捕獲禁止になり，1979/80 年漁期からはミンククジラしか捕れなくなったという事情がある（序章）．

北太平洋への日本の捕鯨母船の出漁は，南極海よりも遅れて 1940 年に，これも 1 船団をもって始まり，1941 年まで 2 漁期の操業でマッコウクジラとひげ鯨類 6 種の合計 1,252 頭を捕獲したが，その後の出漁は戦争で中断した（前田・寺岡 1958）．戦後は 1946 年から 6 漁期を小笠原近海で母船式捕鯨をした後，1952 年 4 月の講和条約発効を得て，同年夏にかわって北洋出漁を再開した．1962-1975 年には最大規模の 3 船団が出漁し，1968 年には 7,548 頭と最大の捕獲を記録した．この後，北太平洋母船式捕鯨は縮小に向かい，1976-1979 年漁期の 1 船団出漁を経て，1979 年の出漁が最後となった（Kasuya 2009）．なお，沿岸において操業する

大型捕鯨業との競合を避けるために，昭和9年(1934)の母船式漁業取締規則では，日本周辺に母船式捕鯨業の操業禁止区域を設けている．それは北緯20-52度30分，東経118-159度で囲まれた範囲である（大村ら1942）．

7.3.2 乱獲進行の背景

戦後には，昭和20年11月3日のGHQの覚書により国際捕鯨協定を遵守することが求められ，それを受けて規制が改正されたことは前述した．IWCは南氷洋捕鯨の漁期を幾度か変更しているし，禁漁区（Sanctuary）を設けて捕鯨を部分的に禁止したこともある．加盟各国がIWCの付表改正に異議を申し立てて，独自の操業をした例も少なくない．それが資源管理の効果の発現を遅らせたことは明白であるが，それはこの条約の弱点の現れであるし，また当時の国際社会の弱さの反映でもあった．ソ連は北太平洋と南半球の母船式捕鯨において，国家ぐるみの違法操業をしたことが明らかにされつつある（Yablokov 1995; Yablokov and Zemsky 2000）．日本の母船式捕鯨でも，毎日の捕獲割当頭数が船団司令室から各捕鯨船に指示されると，捕鯨船はそれよりも多めに捕獲して大きいものだけを残して，小さいものを沈めてしまうことがあったといわれる（渡瀬1995）．このような例は鯨が豊富なときには頻発したであろうが，資源が減ればそのような余裕はなくなるはずである．1961年から1965年ごろの日本の母船式捕鯨の操業に関する限り，原則的にはIWCの規制にほぼ準じて操業され，小さい鯨の体長を大きく報告したり，泌乳雌をそうでなく報告したりすることを除けば，ごまかしは限られていたという印象を私は自分の乗船経験で得ている．無法操業が横行したのは沿岸捕鯨であった．

1946年に締結された国際捕鯨取締条約は加盟国平等と公海自由を原則としており，国別に捕獲を割り当てることをしなかった．希望するいかなる加盟国も等しく捕鯨をする権利を有したのである．当然の帰結として，関係国がIWCの外で自主的に捕獲枠を取り決めるか，

いわゆる捕鯨オリンピック方式をとるしかなかった．後者は操業開始日を申し合わせて，各船団が一斉に操業し，各母船から毎週の捕獲頭数の報告を受けて，その年の制限頭数（当初はシロナガスクジラ換算16,000頭）に達する日を予測し，2週間前に操業停止日を予告するものであった．南氷洋母船式捕鯨では1958/59年漁期までオリンピック方式が続いた．その後は，多くの国が捕獲数を勝手に宣言した混乱期を経て，1962/63年漁期からは，IWCの場で総枠を決めた後，各国が場外で協議して捕獲枠を配分することが行われた．これらの経緯は板橋（1987）にくわしい．シロナガスクジラ換算は，捕鯨統計や捕獲枠決定の道具として1971/72年南氷洋漁期まで使われた（序章）．昔は鯨の資源学には鯨種別の捕獲枠を算出するだけの力がなかったのも事実であるが，シロナガスクジラ換算が鯨資源の管理方法としてはよくないことは，早くから認識されていたのである．それでも，捕鯨操業の側には便利な手法であったため，IWCはこれをとめることができず，大型種から乱獲が進むという失敗の原因となった．戦後の出漁船団数や捕獲頭数の統計は多藤（1985）にある．

7.4 商業捕鯨撤収

7.4.1 日本共同捕鯨株式会社の設立

1940年に開始された日本の北太平洋母船式捕鯨は，1962年漁期からは3船団が出漁していた．一方，南氷洋母船式捕鯨は北太平洋より早く1934/35年漁期に始まり，一時は7船団が出漁したが，1968/69年からは各社1船団で合計3船団となっていた．日本の南氷洋船団の1975/76年漁期の捕獲枠はナガスクジラ132頭，イワシクジラ1,331頭，ミンククジラ3,017頭となり，同じく北太平洋捕鯨（1975年沿岸含む）のそれはナガスクジラ134頭，イワシクジラ（ニタリクジラを含む）1,345頭，マッコウクジラ4,275頭で，3船団の維持がむずかしくなっていた．

このような状況のもとで，日本政府は母船式捕鯨の統合を業界に勧告した．これを受けて1976年2月に大洋漁業，日本水産，極洋，日東捕鯨，日本捕鯨，北洋捕鯨の各株式会社が出資者となり，日本共同捕鯨株式会社を設立した．資本金は30億円で，初代社長は藤田巖であった．所有する船舶は捕鯨母船3隻と捕鯨船20隻であった．日本共同捕鯨株式会社は1976/77年漁期に2船団，翌年から1986/87年漁期まで1船団を南極海に送り，北太平洋には1976-1979年の各漁期には1船団を派遣してきた．北太平洋ではIWCの決定により1980年以後の母船式捕鯨は禁止され，沿岸捕鯨のみとなった（日本共同捕鯨株式会社社史稿編集委員会2002）．

その後，1982年7月にIWCは3年の猶予期間を設けて商業捕鯨を停止する決定を行った．これを不満とする日本は，条約の規定にしたがい異議申し立てを行ったが，諸外国の圧力を受けて，1986年7月にその撤回をIWCに通告した．ただし，その発効は1987年5月1日（南極海），1987年10月1日（沿岸ひげ鯨），1988年4月1日（沿岸マッコウクジラ）となっていた（前述）．その結果，日本は1986/87年南氷洋漁期，1987/88年北太平洋漁期を最後に商業捕鯨を停止した．ただし，ツチクジラや各種イルカ類はIWCに管轄権がないので，先の商業捕鯨停止の決定の効果はおよばないとして，日本政府は捕獲を認めている．

7.4.2 日本捕鯨協会鯨類研究所の縮小

中部科学研究所は昭和16年に東京都月島（現在の中央区勝どき3丁目）に設立された．これは中部幾次郎，林兼商店，大洋捕鯨の寄付によるものといわれる．昭和17年にはこれが財団法人中部科学研究所として認可されたが，まもなく終戦を迎えた（徳山1992; 池田1997）．この中部科学研究所を基礎にして，大洋漁業が資金を出して，戦後の昭和22年（1947）に財団法人鯨類研究所が設立された．これが昭和34年（1959）には財団法人日本捕鯨協会（昭和23年設立）の下部機関として財団法人日本捕鯨協会鯨類研究所（The Whales Research Instituteと称し，WRIと略称されていた）となり，日本の捕鯨各社の拠出金で運営され，主として大型鯨類の資源研究を行ってきた．基金そのものはインフレーションで無意味なものとなっていたらしい．丸山勉初代所長の後，昭和27年（1952）以来，大村秀雄氏が長く所長を務めてきた．その後，鯨の資源減少にともなう捕鯨事業の縮小の影響で，捕鯨業界は鯨類研究所の維持を重荷と感じたらしい．そこで政府は主要業務を水産庁に移すことにし，1961年に3名の研究者が東海区水産研究所を経て，1967年に設立された遠洋水産研究所に移った．残りの3名は東京大学海洋研究所へ，1名が米国の水産研究所に移った．このときに鯨類研究所は廃止の危機にあったが，一部捕鯨業界の意向で，大村所長の下に若干の職員を置いて，鯨の生態と漁場学に関する研究を続けることになった．これが，その後の商業捕鯨の末期に意外な貢献をすることになる．

7.4.3 日本鯨類研究所設立と調査捕鯨

IWCによる商業捕鯨停止を日本政府が受け入れるのにともない，捕鯨産業をどう処理するかという議論が始まった．この種の議論は各所で行われたものと思われる．水産庁長官の私的諮問機関である捕鯨問題検討会は1984年7月31日に，南極海では調査捕鯨活動を行うという報告書を提出した．水産庁遠洋水産研究所に勤務していた当時の記憶では，IWCの決定は商業捕鯨の一時停止であり，資源状態を見直すことによって，遅くとも10年以内に商業捕鯨が再開されるであろうという期待が業界にあった．IWCの合意を素直に読めばそのように期待することも可能である．そこで，当分の間，国際捕鯨取締条約の第8条で認められた研究目的の捕鯨ということで，捕鯨組織と技術を温存しようという考えが行政や業界から出てきた．それがわれわれに示されたのは，先の捕鯨問題検討会の報告が出た翌年1985年4月12日に，当時の日本のIWCコミッショナーであった島一雄氏が遠洋水産研究所に来所して，捕鯨関係

の研究者と業界関係者と水産庁の捕鯨関係セクションの担当者を集めて開いた会議の席でのことである（Kasuya 2007 がこの会議が 1984 年にあったとしているのは誤りにつき訂正する）．その会議で，研究者は調査捕鯨計画の立案を求められた．それを受けて当時の遠洋水産研究所長であった池田郁夫氏が座長を務めて検討が始まった．その検討会の構成には水産庁捕鯨班員，遠洋水産研究所の鯨関係者（私を含む），大学・研究所などの研究者，日本共同捕鯨株式会社の職員が含まれていた．

　このようにして調査捕鯨の計画が具体化するにともない，共同捕鯨株式会社の社員の約半数は，捕鯨各社が出資して創立した共同船舶株式会社に移り，残りの社員は日本捕鯨協会鯨類研究所を基盤にして，新たに設立された研究所に移った．これが財団法人日本鯨類研究所（The Institute of Cetacean Research と称し，ICR と略称されている）であり，昭和 62 年（1987）11 月のことであった（池田 1997）．初代理事長には池田郁夫氏が就任した．日本鯨類研究所は日本政府から研究目的で鯨を捕獲する許可を受ける．共同船舶株式会社は日本鯨類研究所の委託に応じて，所有する母船と捕鯨船数隻をもって鯨の捕獲・処理を行い，持ち帰った鯨肉の販売も行う．鯨体の調査・研究は日本鯨類研究所が科学者を母船上に派遣して行うという方式である．日本鯨類研究所の運営経費は，おもに製品の売り上げでまかなわれ，一部は政府の補助金に依存する．2003/04 会計年度には約 660 頭（ミンククジラ 550 頭，ニタリクジラ・イワシクジラ各 50 頭，マッコウクジラ 10 頭）の捕獲を予定していたが，その年の予算では，9.4 億円が政府の補助金と委託費で，59 億円が漁獲物の売り上げでまかなわれる見込みであった（Kasuya 2007）．毎年の決算は報告されていないし，予算の公表も最近ではなされなくなったが，2010 年度の政府予算では約 7.9 億円の補助金が日本鯨類研究所に支出されている．

　調査捕鯨の目的は，商業捕鯨再開まで捕鯨技術と組織を温存することで，その手段として 1946 年の国際捕鯨取締条約で科学研究のための捕獲を認めた第 8 条の規定を使うということが当時の大方の認識であった．調査の内容としては，なるべく長期間続けられるプロジェクトであること，捕獲頭数は事業費をまかなえるほどに大きいことという条件が科学者に与えられ，南極海産ミンククジラの年齢依存の自然死亡率の推定という調査目的が立案された．初め数学者は 1,500 頭ほど必要だと主張していたが，多すぎるという行政の批判に対しては，調査手法の改善で半分までは減枠が可能であるとなった．しかし，最終的には政治判断で，300 頭の計画で 1987/88 年漁期から捕獲が始まった（Kasuya 2007）．当初は 16 年の期間を定めた計画であった．商業捕鯨が途中で再開されたら，調査捕鯨をどのように商業捕鯨に移行させるかということも話題にされたが，それもうやむやに終わり，結果的にはそのような事態にはいまもなっていない．調査を進めるにつれて，年齢別の自然死亡率の推定が困難なことがわかってきた．そこで全年齢範囲をならした平均自然死亡率の推定に目的を変更し，さらに 2005/06 年南氷洋漁期に始まった第 2 期調査からは，生態系解明を主目的とする計画に変更していまにいたっている．1994 年には，北太平洋でも調査捕鯨が始められた．どちらの計画もいまでは無期限の調査とされている．

　現在の日本の調査捕鯨に関しては，さまざまな批判や疑問が出されている．それを要約すれば，①目的とする研究の必要性，②研究目的が達成できる可能性，③多数の野生動物を研究のために殺すことが実験動物のあつかいに関する研究者倫理にもとるという批判，④社会・経済的な目的が隠されているのではないかという疑問，などに仕分けられる（Kasuya 2007）．私はこの調査計画の立案と実施に関する議論に，1993 年ごろまで水産庁遠洋水産研究所の科学者の 1 人として参加してきた．この調査捕鯨を科学目的の活動であろうとするならば，留意しておくべき問題点がいくつかあった．それを見逃した者の 1 人としていまさらながら反省している．第 1 は，この調査捕鯨をいつどのようにして終了させるかを決めておくべきだった．こ

のような事業は，始めるよりも終わらせるほうがむずかしいものである．時間の経過とともに事業に依存する周辺の組織が固まってくるので，やめたくともやめられなくなる．第2に，事業収益で研究組織を運営するという仕組みは避けるべきだった．いまの仕組みでは，組織運営のための経済的動機と研究活動との区別があいまいになる．研究者の心理的な苦痛を増すことになるし，研究の信頼性を損なう恐れもある．

この事業が最初に目的とした年齢依存の自然死亡率の推定は，調査が進行するにつれてそれが技術的に達成困難とわかってきた（前述）．このときが調査捕鯨計画を打ち切るよい機会だったと思うが，政治的・経済的な状況からみてそれは不可能だった．水産庁の機構の外から自由な立場でこの計画に協力していた何名かの科学者は，このころに調査捕鯨の企画グループから離脱している．2006年12月には南氷洋ミンククジラの調査捕鯨の成果を評価する会議が東京で開催され，この事業は初期の目的をほとんど果たすことができなかったと結論した（IWC 2008b）．水産庁はこれを見越したのか，2005年秋から南極海で生態系解明を目的として無期限の第2期調査を開始するという，きわめて挑戦的な対応に出た．このときに，これまでの失敗を認めて調査捕鯨を中止することができたし，日本鯨類研究所には，方向転換を模索する機会を与えることもできたであろうが，日本の捕鯨行政はその好機を逃したように思われる．

第 I 部　引用文献

明石喜一 1910. 本邦の諾威式捕鯨誌. 東洋捕鯨株式会社, 大阪. 280＋40 pp.

安楽勉 1985. 西海・五島列島をめぐる漁撈活動. 季刊考古学 11：39-42.

飯田健一郎・吉田雄三・山本欣司・三沢大八 1994. 独航船のあゆみ. 日本鮭鱒漁業共同組合, 東京. 316 pp.

池田郁夫 1997. はじめに. pp. 15-28. In：西梛子（編）. 財団法人日本鯨類研究所十年誌. 日本鯨類研究所, 東京. 503 pp.

石田鉄郎 1917. 水産製造論. 国光印刷, 東京. 392 pp.

板橋守邦 1987. 南氷洋捕鯨史. 中央公論社, 東京. 233 pp.

伊根町誌編纂委員会 1985. 伊根町誌 下巻, 伊根町. 988＋137 pp.

内田一三 1954. 海獣漁業, 水産講座漁業編 9 巻. 大日本水産会, 東京. 26 pp.

内田詮三 1985. 水族館等展示用小型歯鯨類調査報告書（II）. 海洋博記念公園管理財団, 沖縄. 36 pp.

遠藤愛子 2008. 変容する鯨類資源の利用と小規模沿岸捕鯨業——鯨肉フードシステムと多面的機能からの実証的分析. 広島大学大学院博士論文. 149 pp.

遠洋課（水産庁）1979. 捕鯨概要. 64 pp.

遠洋課（水産庁）1982. 捕鯨概要. 56 pp.

遠洋課（水産庁）1984. 捕鯨概要. 62 pp.

遠洋課（水産庁）1987. 捕鯨概要. 62 pp.

遠洋課（水産庁）1988. 捕鯨概要. 62 pp.

遠洋漁業課（水産庁）1975. 捕鯨概要. 46 pp.

遠洋漁業課（水産庁）1976. 捕鯨概要. 50 pp.

遠洋漁業課（水産庁）1977a. 捕鯨関係資料. 359 pp.

遠洋漁業課（水産庁）1977b. 捕鯨概要. 58 pp.

大槻玄沢 1795. 六物新誌.（恒和出版 1980 年復刻による）.

大槻清準 1795. 鯨史考（校本）. 1983 年恒和出版印行のテキストによる.

大槌町漁業史編纂委員会 1983. 大槌町漁業史. 大槌町漁業協同組合, 大槌. 1360 pp.

大場利夫・大井晴男（編）1973. オホーツク文化の研究 1, オンコロマナイ貝塚. 東京大学出版会, 東京. 291 pp.＋40 pls.

大村秀雄（著）・粕谷俊雄（編注）2000. 南氷洋捕鯨航海記. 鳥海書房, 東京. 204 pp.

大村秀雄・松浦義雄・宮崎一老 1942. 鯨——その科学と捕鯨の実際. 水産社, 東京. 319 pp.

大山甫・芝原忠次 1987. 対馬の村々の海豚捕り記. 美津島の自然と文化を守る会. 47 pp.

小川鼎三 1950. 鯨の話. 中央公論社, 東京. 260 pp.（1973 年に同社から復刻出版されている）.

沖縄県水産試験場 1986. 沖縄県の漁具・漁法. 沖縄県漁業振興基金, 那覇. 241 pp.

奥健蔵・柁川温（編）1899. 第二回水産博覧会審査報告 第 2 巻第 3 冊. 農商務省水産局, 東京. 325 pp.

小山町與清（跋）1832. 勇魚取絵詞. 畳屋蔵版. 上：20 丁, 下：20＋3 丁.

海洋第一課（水産庁）1973. 捕鯨関係資料. 247 pp.

笠原昊 1950. 日本近海の捕鯨業とその資源. 日本水産株式会社研究所報告（東京）4 号 103 pp＋付図 51 pp.

粕谷俊雄 1976. スジイルカの資源. 鯨研通信 295：19-23; 296：29-35.

粕谷俊雄 1981. 香深井 A 遺跡出土の鯨類遺物. pp. 675-783. In：大場利夫・大井晴男（編）. オホーツク文化の研究 3. 香深井遺跡（下）. 東京大学出版会, 東京. 727 pp.＋pls. 135-249.

粕谷俊雄 1990. 歯鯨類の生活史. pp. 80-127. In：宮崎信之・粕谷俊雄（編）. 海の哺乳類——その過去・現在・未来. サイエンティスト社, 東京. 311 pp.

粕谷俊雄 1991. 鯨類の生物学的特性値と再生産様式の特徴. pp. 67-86. In：桜本和美・加藤和弘・田中昌一（編）. 鯨類資源の研究と管理. 恒星社厚生閣, 東京. 273 pp.

粕谷俊雄 1994. スナメリ. pp. 626-634. In：日本の希少な野生水生生物に関する基礎資料（I）. 日本水産資源保護協会, 東京. 696 pp.

粕谷俊雄 1995a. コビレゴンドウ. pp. 542-551. In：小達繁（編）. 日本の希少な野生水生生物に関する基礎資料（II）. 日本水産資源保護協会, 東京. 751 pp.

粕谷俊雄 1995b. ツチクジラ. pp. 521-529. In：小達繁（編）. 日本の希少な野生水生生物に関する基礎資料（II）. 日本水産資源保護協会, 東京. 751 pp.

粕谷俊雄 1997. 日本の鯨類漁業の現状とその資源管理のあり方. 日本海セトロジー研究 7：37-49.

粕谷俊雄 1999. 日本沿岸のマッコウクジラ漁業でなされた統計操作について. IBI Rep.（国際海洋生物研究所, 鴨川市）9：75-92.

粕谷俊雄 2000. 南氷洋捕鯨航海記解説. pp. 155-203. 大村秀雄（著）・粕谷俊雄（編注）. 南氷洋捕鯨航海記. 鳥海書房, 東京. 204 pp.

粕谷俊雄 2003. 鯨の海・人の海. pp. 61-72. In：日本環境年鑑. 創土社, 東京. 340 pp.

粕谷俊雄 2005. 捕鯨問題を考える. エコソフィア 16：56-62.

粕谷俊雄・泉沢康晴・光明義文・石野康治・前田依子 1997. 日本近海産ハンドウイルカの生活史特性値. IBI Rep.（国際海洋生物研究所, 鴨川市）7：71-107.

粕谷俊雄・金子浩昌・西本豊弘 1985. 考古学と周辺科学 7, 動物学. 季刊考古学 11：91-95.

粕谷俊雄・宮下富夫 1989. 日本のイルカ漁業と資源管理の問題点. 採集と飼育 51（4）：154-160.

粕谷俊雄・宮崎信之 1981. 壱岐周辺のイルカとイルカ被害——3 年間の調査の中間報告. 鯨研通信 340：25-36.

粕谷俊雄・山田格 1995. 日本鯨類目録. 日本鯨類研究所, 東京. 90 pp.

片山房吉 1937. 大日本水産史. 農業と水産社, 東京. 1102＋9 pp.

加藤秀弘 1990. ヒゲクジラ類の生活史, 特に南半球産ミンククジラについて. pp. 128-150. In：宮崎信之・粕谷俊雄（編）. 海の哺乳類——その過去・現在・未来. サイエンティスト社, 東京. 311 pp.

金子浩昌 1973. オンコロマナイ貝塚における動物遺骸. pp. 187-246. In：大場利夫・大井晴男（編）. オホーツク文化の研究 1, オンコロマナイ貝塚. 東京大学出版会, 東京. 291 pp.＋40 pls.

金田帰逸・丹羽平太郎 1899. 第二回水産博覧会審査報告, 第 1 巻第 2 冊. 農商務省水産局, 東京. 219 pp.

鏑木外岐雄 1932. スナメリクヂラ廻游海面と漁業. pp. 72-75. In：文部省（編）. 天然記念物調査報告, 動物之部 第二輯. 文部省, 東京.

神山峻 1943. 水産皮革. 水産経済研究所, 東京. 356 pp.

川端弘行 1986. 鯆漁（イルカ漁）. pp. 636-664. In：山田町

史編纂委員会（編）．山田町史　上巻．山田町教育委員会，山田町．10＋1095 pp.

河口貞徳・西中川駿 1985．鹿児島県下の貝塚と獣骨．季刊考古学 11：43-47.

川島瀧蔵 1894．静岡県水産誌．静岡県漁業組合取締所，静岡市．巻 1：144 丁；巻 2：91 丁；巻 3：203 丁；巻 4：181 丁．

河村章人・中野秀樹・田中博之・佐藤理夫・藤瀬良弘・西田清徳 1983．青函連絡船による津軽海峡のイルカ類目視観察（結果）．鯨研通信 351・352：29-52.

神田玄泉 1731（序）．日東魚譜．巻 4（無鱗漁）．未刊．

木崎盛標 1773．江猪漁事［イルカ漁のこと］．Hawley（1958-1960）の採録による．

木島甚久 1944．日本漁業史論考．誠美書閣，東京．314 pp.

北原武（編）1996．クジラに学ぶ——水産資源を巡る国際情勢．成山堂書店，東京．233 pp.

北村毅実 1995．能登国採魚図絵．pp. 117-239．日本農書全集，第 58 巻．農山漁村文化協会，東京．406＋1-XIII pp.

京都府水産講習所 1909．京都府漁業誌，第 2 巻，与謝郡伊根村の部．京都府水産講習所，京都府．114 pp.

熊本平助 1980（編）．勝本町漁業史．勝本町漁業協同組合，勝本．576 pp.

倉上政幹 1925．水産動植物精義．杉山書店，東京．472＋23 pp.

栗野克巳・永浜真理子 1985．相模湾のイルカ猟．季刊考古学 11：31-34.

小島孝夫 2009．伊豆地方のイルカ漁．pp. 86-98．In：小島孝夫（編）．クジラと日本人の物語——沿岸捕鯨再考．東京書店，東京．255 pp.

小牧恭子（編）1996．鰤の主と和田の漁業．庄司博次，千葉県和田．308 pp.

小松正之 2001．くじら紛争の真実．地球社，東京．326 pp.

近藤勲 2001．日本沿岸捕鯨の興亡．三洋社，東京．449 pp.

斉藤晃吉 1981．能都町史，第 2 巻，漁業編．能都町役場，能都町．1040 pp.

佐久間淳子 2006．調査捕鯨の副産物（鯨肉）の売れ行きを調べました——供給量と価格，そして在庫量．イルカアンドクジラ・アクション・ネットワーク，東京．30 pp.

桜本和美・加藤秀弘・田中昌一（編）1991．鯨類資源の研究と管理．恒星社厚生閣，東京．273 pp.

佐藤隆 1900-1902．北海道捕鯨志．大日本水産会報 216：292-296；221：587-592；233：1318-1325.

静岡県教育委員会 1986．伊豆における漁撈習俗調査 I．静岡県文化財調査報告書 33．静岡県文化財保存協会，静岡．211 pp.

静岡県教育委員会 1987．伊豆における漁撈習俗調査 II．静岡県文化財調査報告書 39．静岡県文化財保存協会，静岡．193 pp.

渋沢敬三 1982（日本学士院編）．明治前日本漁業技術史．野間科学医学研究資料館，東京．701 pp.

シュミットニールセン，K．1995．スケーリング　動物設計論——動物の大きさは何で決まるか．コロナ社，東京．302 pp.

庄司操 1988．夏の鯨を待つ人々に．pp. 66-75．In：高橋順一（編）．女たちの捕鯨物語——捕鯨とともに生きた 11 人の女性．日本捕鯨協会，東京．131 pp.

進藤直作 1968．瀬戸内海の鯨の研究．神戸市医師協同組合，神戸市．135 pp.

水産庁 1976．日本沿岸における小型捕鯨について．水産庁，東京．22 pp.

水産庁海洋漁業部参事官 1986．小型鯨類関係資料（未定稿）．水産庁海洋漁業部，東京．46 pp.

水産庁振興部沿岸課 1981．我が国周辺海域における小型鯨類の採捕等に関する資料．水産庁振興部沿岸課，東京．27 pp.

水産庁調査研究部 1968．西日本漁業における小型ハクジラ類被害対策基礎調査報告書（昭和 42 年度）．水産庁調査研究部，東京．96 pp.

水産庁調査研究部 1969．西日本漁業における小型ハクジラ類被害対策基礎調査総合報告書（昭和 42・43 年度）．水産庁調査研究部，東京．108 pp.

末広恭雄 1962．水産ハンドブック．東洋経済新報社，東京．725 pp.

関沢明清 1892a．捕鯨銃の実験．大日本水産会報告 117：4-25.

関沢明清 1892b．大島及び房州海の捕鯨．大日本水産会報告 123：606-607.

太地五郎作 1937．太地浦捕鯨乃話．紀州人社，和歌山．139 pp.（1982 年に橋本忠徳により復刻，121 pp.）

大日本水産会 1890．海豚捕獲の統計及び利用上の調査．大日本水産会報告 98：240-251.

竹内賢士 1999．捕鯨船 30：2．（竹内賢士編集・発行の不定期雑誌）

竹中邦香 1890a．海豚捕獲方法等．大日本水産会報告 95：87-91.

竹中邦香 1890b．海豚捕獲の統計及び利用上の調査．大日本水産会報告 98：241-249.

多田穂波 1978．明治期山口県捕鯨史の研究．マツノ書店，徳山．256 pp.

立平進（編著）1992．五島列島漁業図解．長崎県漁業史研究会，長崎．96 pp. 本図解は明治 15 年（1882）に作成された．

多藤省徳 1985．捕鯨の歴史と資料．水産社，東京．202 pp.

田村勇 1996．海の文化史．雄山閣，東京．193 pp.

田村保・大隅清治・荒井修亮（編）1986．漁業公害（有害生物駆除）対策調査委託事業調査報告書（昭和 56-60 年度）．水産庁漁業公害（有害生物駆除）対策調査検討委員会．水産庁，東京．285 pp.

堤俊夫・上村順一・水江一弘 1961．九州西方海域産小型歯鯨の研究 V．小型歯鯨類の食性について．Bull. Fac. Fish. Nagasaki Univ. 11：19-28.

坪井正五郎 1908．カラフト石器時代遺跡発見の鳥骨管．東京人類学会雑誌 263：157-164.

坪井正五郎 1909．鯨捕りの有様を彫刻した石器時代の遺物．東洋学雑誌 26（330）：101-106.

土井茂樹 1902．普通水産製造考．萬山房，東京．373 pp.

東海大学海洋研究所 1981．昭和 54・55 年度漁業公害（有害生物等）対策事業調査報告書．東海大学海洋研究所，清水．157 pp.

徳山宣也 1992．大洋漁業・捕鯨事業の歴史．私家版 821＋4 pp.

鳥羽山照夫 1969．漁獲資料よりみた相模湾産スジイルカの群構成頭数とその変化．鯨研通信 217：109-119.

鳥巣京一 1999．西海捕鯨の史的研究．九州大学出版会，福岡．414 pp.＋XXVIII.

内藤東甫 1770-. 張州雑志 巻 13. 愛知県郷土資料刊行会 1975 年復刻による.

長崎県（編）1896. 漁業誌. 鶴野五郎, 長崎. 本文 169 pp. ＋図.

永沢六郎 1916. 日本産海豚類十一種の学名. 動物学雑誌（東京動物学会）28（327）：45-47.

中園成生 2009. 九州地方の捕鯨. pp.22-36. In：小島孝夫（編）. クジラと日本人の物語――沿岸捕鯨再考. 東京書店, 東京. 255 pp.

中村羊一郎 1988. イルカ漁をめぐって. pp.92-136. In：静岡県民俗芸能研究会（編）. 静岡県・海の民俗誌――黒潮文化論. 静岡新聞社, 静岡. 379 pp.

名護博物館 1994. ピトゥと名護人――沖縄県名護のイルカ漁. 名護博物館, 名護. 154 pp.

名取武光 1945. 噴火湾アイヌの捕鯨. 北方文化出版社, 札幌. 306 pp.

日本共同捕鯨株式会社社史稿編集委員会 2002. 日本共同捕鯨株式会社社史稿. 日本共同捕鯨株式会社社史稿編集委員会. 340 pp.

日本鯨類研究所 1990. 平成元年度日本周辺イルカ生物調査報告書. 日本鯨類研究所, 東京. 78 pp.

日本鯨類研究所 1991. 平成 2 年度日本周辺イルカ生物調査報告書. 日本鯨類研究所, 東京. 100 pp.

日本鯨類研究所 1992. 平成 3 年度日本周辺イルカ生物調査報告書. 日本鯨類研究所, 東京. 101 pp.

日本鯨類研究所 1993. 平成 4 年度日本周辺イルカ生物調査報告書. 日本鯨類研究所, 東京. 44 pp.

日本捕鯨業水産組合（編）1943（序）. 捕鯨便覧 第 3 編. 205 pp.

農商務省 1890-1893. 水産調査予察報告. 捕鯨船（竹内賢士私家版）30 号（1999）：1-41 に復刻された鯨類関係の記事による.

農商務省 1894. 水産事項特別調査. 上巻 574 pp. 下巻 731 pp. イルカ捕獲統計は上巻：260-263, 鯨油統計は上巻：302-304. 捕鯨船（竹内賢士私家版）30 号（1999）に復刻されたこれら 7 頁による.

農商務省水産局 1900. Histoire de L'industrie de la Peche Maritime et Fluviale（日本水産史）. 農商務省水産局, 東京. 153 pp.

農商務省水産局 1911. 水産捕採誌. 1 巻. 水産書院, 東京. 424 pp.

農商務省農務局 1892. 魚油蠟編. 有隣堂, 東京. 139 pp.＋5 図版.

農林大臣官房統計課 1926. 第一次農林省統計表. 捕鯨船（竹内賢士私家版）30 号に復刻による.

野口英三郎 1943. マイルカ及びイシイルカとその利用. 兵庫県中等教育博物学雑誌 8・9 号：17-22.

野口英三郎 1946. 海豚とその利用. pp.3-36. In：野口英三郎・中村了. 海豚の利用とサバ漁業. 霞ヶ関書房, 東京. 70 pp.

橋浦泰雄 1969. 熊野太地浦捕鯨史. 平凡社, 東京. 662 pp.

服部徹 1887. 海豚捕獲法. 大日本水産会報 66：39-41.

服部徹（編）1887-1888. 日本捕鯨彙考. 大日本水産会, 東京. 前編（1887）：109 pp. 後編（1888）：210 pp.

浜中栄吉 1979. 太地町史. 太地町役場, 太地. 952 pp.

原田賀一・塚本義男 1980. イルカと漁業. pp.411-436. In：熊本平助（編）. 勝本町漁業史. 勝本町漁業協同組合, 勝本. 576 pp.

平口哲夫 1986a. 動物遺体の概要. pp.346-365. In：山田芳和（編）. 石川県能都町真脇遺跡. 能登教育委員会真脇遺跡発掘調査団, 石川県能都町. 482 pp.

平口哲夫 1986b. イルカの捕獲から廃棄まで. pp.373-382. In：山田芳和（編）. 石川県能都町真脇遺跡. 能登町教育委員会真脇遺跡発掘調査団, 石川県能都町. 482 pp.

平口哲夫 1990. 縄文時代の「石槍」から見た旧石器時代の「槍先形尖頭器」――北陸の遺跡出土例を中心に. pp.51-66. In：伊東信雄先生追悼論文集刊行会（編・発行）. 伊東信雄先生追悼考古学古代史論攷, 仙台. 727 pp.

平口哲夫 1993. 個体別分析による縄文時代イルカ捕獲活動の研究. 平成 4 年度科学研究費補助金（一般研究 C）研究成果報告書. pp.1-52.

平島安雄・大野新一郎 1944. 網走地方の海豚漁業. 北水試月報 1（2）：82-90.

古木杜恵 1989. 国際世論の陰に困惑するいるか突棒漁業組合. 月刊 Weeks 8：154-159.

北水協会（編）1977. 北海道漁業誌稿. 国書刊行会, 東京. 874 pp. 1935 年初版.

堀端平 1994. ふるさと太地――明治・大正・昭和写真集. 史灯会, 太地. 62 pp.

前田敬治郎・寺岡義郎 1958. 捕鯨. いさな書房, 東京. 346 pp. 1952 初版.

松井佳一・内橋潔 1943. 但馬近海のイシイルカについて（予報）. 兵庫県中等教育博物学雑誌 8・9：35-39.

松浦義雄 1942. 海豚の話. 海洋漁業 71：53-109.

松浦義雄 1943. 海獣. 天然社, 東京. 298 pp.

松原新之助 1896. 捕鯨誌. 大日本水産会, 東京. 298＋10 pp.

松本巌 1977. 解説日本近代漁業年表 戦前編. 水産社, 東京. 97 pp.

松本巌 1980. 解説日本近代漁業年表 戦後編. 水産社, 東京. 119 pp.

水野正連 1883. 海豚捕獲及製法並に販路に係る質疑・応答. 大日本水産会報告 21：26-29.

水野正連（編）1885. 水産博覧会第 1 区第 1 類出品審査報告. 農商務省農務局, 東京. 246 pp.

南知多町誌編さん委員会 1991. 南知多町誌（本文編）. 南知多町. 954＋4 pp.

南知多町誌編さん委員会 1997. 南知多町誌（資料編 6）. 南知多町. 501 pp.

宮城盛雄 1987. 名護人の雑記帳. 自家出版. 292 pp.

宮崎信之 1982. ジュゴンとクジラ. pp.157-166. In：木崎甲子郎（編）. 琉球の自然史. 築地書館, 東京. 282 pp.

宮本常一 2001. 女の民俗誌（岩波現代文庫）. 岩波書店, 東京. 324 pp.

宮脇和人・細川隆雄 2008. 鯨塚からみえてくる日本人の心――豊後水道域の鯨の記憶をたどって. 農林統計出版, 東京. 281 pp.

谷津明彦・島田裕之・村田守 1994. 中部北太平洋における外洋表層性魚類, いか類, 海産哺乳類, 海鳥類及び海亀類の分布. 北太平洋漁業国際委員会研究報告 53（II）：91-123.

八幡一郎 1943. 骨製針入. 古代文化 14（8）：251-259.

山浦清 1996. 縄文時代の漁労活動. pp.103-148. In：大林太良（編）. 日本の古代 8, 海人の伝統. 中央公論社, 東京. 478 pp.

山下渉登 2004. 捕鯨 II. 法政大学出版局, 東京. 295＋5 pp.

山瀬春政 1760. 鯨誌. 大阪書林, 大阪. 8+27丁.
山田稠実 1902. 津呂捕鯨誌. 津呂捕鯨株式会社, 高知市. 142丁.
山田芳和 1995. 図説真脇遺跡. 能都町教育委員会, 能都町. 41 pp.
山本由方 1884. 水産博覧会審査報告――1区2類海漁装置部. 農商務省農務局, 東京. 134 pp.
柳楢悦 1887. 海豚諸件. 大日本水産会報告 63：18-23.
吉田秀一 1939. 海豚沖捕（突棒）漁業の新興. 水産研究史 34（1）：39-43.
吉田禎吾（編）1979. 漁村の社会人類学的研究――壱岐勝本浦の変容. 東京大学出版会, 東京. 251+4 pp.
吉留徹 2009. 中国地方の捕鯨. pp.53-69. In：小島孝夫（編）. クジラと日本人の物語――沿岸捕鯨再考. 東京書店, 東京. 255 pp.
吉原友吉 1976. 丹後国伊根浦の捕鯨. 東京水産大学論集 11：145-184.
吉原友吉 1982. 房南捕鯨, 付鯨の墓. 相沢文庫, 市川市. 227 pp.
和久田幹夫 1989. 舟屋むかしいま――丹後伊根浦の漁業小史. あまのはしだて出版, 京都府. 88 pp.
渡辺誠 1984. 縄文時代の漁業. 雄山閣, 東京. 248 pp.
渡瀬節雄 1995. 捕鯨秘話. pp.235-240.（編者不詳）今だから話そう――沈黙の時効（第1集）. 成星出版, 東京. 328 pp.
Amano, M. and Hayano, A. 2007. Intermingling of *dalli*-type Dall's porpoises into a wintering *truei*-type population off Japan：implications from color patterns. *Marine Mammal Sci.* 23（1）：1-14.
Anon. 1994. Report of the workshop on mortality of cetaceans in passive fishing nets and traps. *Rep. int. Whal. Commn.*（Special Issue 15, Gilnets and Cetaceans, Incorporating the Proceedings of the Symposium and Workshop on the Mortality of Cetaceans in Passive Fishing Nets and Traps）：6-71.
Baker, C. S., Lento, G. M., Cipriano, F., Dalebout, M. L. and Palumbi, S. R. 2000. Scientific whaling：source of illegal products for market? *Science* 290：1695.
Best, P. B., Canham, P. A. S. and Macleod, N. 1984. Patterns of reproduction in sperm whales, *Physeter macrocephalus*. *Rep. int. Whal. Commn.*（Special Issue 6, Reproduction in Whales, Dolphins and Porpoises）：51-79.
Bloch, D. 2007. *Pilot Whales and the Whale Drive in the Faroes*. H. N. Jacobsens Bakahandil, Torshavn. 64 pp.
Brownell, R. L. Jr. and Kasuya, T. 1999. Western gray whale captured off western Hokkaido, Japan. Paper SC/51/AS 25, presented to the IWC Scientific Committee in 1990（unpublished）. 7 pp.（Available from IWC Secretariat）.
Cipriano, F. and Palumbi, S. R. 1999. Rapid genotyping techniques for identification of species and stock identity in fresh, frozen, cooked and canned whale products. Paper IWC/SC/51/9, presented to the IWC Scientific Committee in 1999（unpublished）. 25 pp.（Available from IWC Secretariat）.
Delabout, M. L., Lento, G. M., Cipriano, F., Funahashi, N., and Baker, C. S. 2002. How many protected minke whales are sold in Japan and Korea? A census by microsatellite DNA profiling. *Animal Conservation* 5：143-152.
EIA（Environmental Investigation Agency）1990. *The Global War against Small Cetaceans*. EIA. 57 pp.
EIA 1999. *Japan's Senseless Slaughter：an Investigation into the Dall's Porpoise Hunt――the Largest Ceatacean Kill in the World*. EIA. 22 pp.
Goode, G. B. 1884. The whales and porpoises. pp.7-32. In：G. B. Goode（ed）. *The Fisheries and Fishery Industries of the United States, Section I. Natural History of Useful Aquatic Animals*. US Commission of Fish and Fisheries, Washington. 895 pp.
Government of Japan 1997. *Papers on Japanese Small-type Coastal Whaling Submitted by the Government of Japan to the International Whaling Commission, 1986-1996*. Government of Japan. i-iv+299 pp+4 unnumbered plates.
Hawley, F. 1958-1960. *Miscellanea Japonica, II. Whales and Whaling in Japan*. Published by the author. 354+X pp.
Hayano, A., Yoshioka, M., Tanaka, M. and Amano, M. 2004. Population differentiation in the Pacific white-sided dolphin *Lagenorhynchus obliquidens* infered from mitochondrial DNA and microsatellite analyses. *Zoological Sci.* 21：989-999.
Heizer, R. F. 1943. Aconite poison whaling in Asia and America, an Aleutian transfer to the New World. *Smithsonian Inst. Bull.* 133：419-468, plates 19-23.
Institute of Cetacean Research 1996. *Papers on Japanese Small-type Coastal Whaling Submitted by the Government of Japan to the International Whaling Commission, 1986-1995*. Institute of Cetacean Research, Tokyo. 295 pp.
IWC（International Whaling Commission）1981. Japan, progress report on cetacean research, June 1979-May 1980. *Rep. int. Whal. Commn.* 31：195-200.
IWC 1986. Chairman's Report of the Thirty-Seven Annual Meeting. *Rep. int. Whal. Commn.* 36：10-29.
IWC 1988. International Whaling Commission Report 1986-87. *Rep. int. Whal. Commn.* 38：1-2.
IWC 1991. Report of the Small Cetacean Subcommittee. *Rep. int. Whal. Commn.* 41：172-190.
IWC 1992. Report of the Sub-Committee on Small Cetaceans. *Rep. int. Whal. Commn.* 42：178-228.
IWC 1998. Japan, progress report on cetacean research, May 1996-April 1997. *Rep. int. Whal. Commn.* 48：329-337.
IWC 2001. Report of the Standing Subcommittee on Small Cetaceans. *J. Cetacean Res. Manage.* 3（suppl.）：263-282.
IWC 2008a. Report of the Standing Working Group on Environmental Concerns. *J. Cetacean Res. Manage.* 10（suppl.）：247-292.
IWC 2008b. Report of the intersessional workshop to review data and results from special permit research on minke whales in the Antarctic, Tokyo, 4-8 December 2006. *J. Cetacean Res. Manage.* 10（suppl.）：411-445.
IWC 2009a. Report of the Sub-Committee on Bowhead, Right and Gray Whales. *J. Cetacean Res. Manage.* 11

(suppl.): pp. 169-192.
IWC 2009b. Report of the Sub-Committee on Small Cetaceans. *J. Cetacean Res. Manage.* 11 (suppl.): 311-333.
Jefferson, T. A. and Waerebeek, K. V. 2002. The taxonomic status of the norminal dolphin species *Delphinus tropicalis* Van Bree, 1971. *Marine Mammal. Sci.* 18 (4): 787-818.
Joensen, J. P. 1976. Pilot whaling in the Faroe Islands. *Ethnologia Scandinavica* (Lund) 1976: 1-42.
Kasuya, T. 1975. Past occurrence of *Globicephala melaena* in the western North Pacific. *Sci. Rep. Whales Res. Inst.* (Tokyo) 27: 95-110.
Kasuya, T. 1978. The life history of Dall's porpoise with special reference to the stock off the Pacific coast of Japan. *Sci. Rep. Whales Res. Inst.* (Tokyo) 30: 1-63.
Kasuya, T. 1982. Preliminary report of the biology, catch and population of *Phocoenoides* in the western North Pacific. pp. 3-19. *In*: J. G. Clarke, J. Goodman and G. A. Soave (eds). *Mammals of the Sea*, Vol. 4, Small Cetaceans, Seals, Sirenians and Otters. FAO, Rome. 531 pp.
Kasuya, T. 1985a. Effect of exploitation on reproductive parameters of the spotted and striped dolphins off the Pacific coast of Japan. *Sci. Rep. Whales Res. Inst.* (Tokyo) 36: 107-138.
Kasuya, T. 1985b. Fishery-dolphin conflict in the Iki Island area of Japan. pp. 253-273. *In*: J. R. Beddington, R. J. H. Beverton and D. M. Lavigne (eds). *Marine Mammals and Fisheries*. George Allen and Unwinn, London. 354 pp.
Kasuya, T. 1992. Examination of Japanese statistics for the Dall's porpoise hand harpoon fishery. *Rep. int. Whal. Commn.* 42: 521-528.
Kasuya, T. 1995a. Overview of cetacean life histories: an essay in their evolution. pp. 481-497. *In*: A. S. Blix, L. Walloe and O. Ultang (eds). *Whales, Seals, Fish and Man*. Elsvier, Amsterdam. 720 pp.
Kasuya, 1995b. Dorsal fin of *Lagenorhynchus obliquidens*: an indication of male sexual maturity. 11 th Biennial Conference of Biology of Marine Mammals, 11-14 December 1995, Orlando, Calif.
Kasuya, T. 1999. Examination of reliability of catch statistics in the Japanese coastal sperm whale fishery. *J. Cetacean Res. Manage.* 1 (1): 109-122.
Kasuya, T. 2007. Japanese whaling and other cetacean fisheries. *Env. Sci. Pollut. Res.* 14 (1): 39-48.
Kasuya, T. 2009. Japanese whaling. pp. 643-649. *In*: W. F. Perrin, B. Würsig and J. G. M. Thewissen (eds). *Encyclopedia of Marine Mammals*. Academic Press, San Diego. 1316 pp.
Kasuya, T. and Brownell, R. L. Jr. 1999. Additional information on the reliability of Japanese coastal whaling statistics. Paper IWC/SC/51/O7, presented to the IWC Scientific Committee in 1999 (unpublished). 15 pp. (Available from IWC Secretariat).
Kasuya, T. and Brownell, R. L. Jr. 2001. Illegal Japanese coastal whaling and other manipulations on catch records. Paper IWC/SC/53/RMP 24, presented to the IWC Scientific Committee in 2001 (unpublished). 4 pp. (Available from IWC Secretariat).
Kasuya, T. and Jones, L. L. 1984. Behavior and segregation of the Dall's porpoise in the northwestern North Pacific Ocean. *Sci. Rep. Whales Res. Inst.* (Tokyo) 35: 107-128.
Kasuya, T. and Kureha, K. 1979. The population of finless porpoise in the Inland Sea of Japan. *Sci. Rep. Whales Res. Inst.* (Tokyo) 31: 1-44.
Kasuya, T. and Marsh, H. 1984. Life history and reproductive biology of short-finned-pilot whale, *Globicephala macrorhynchus*, off the Pacific coast of Japan. *Rep. int. Whal. Commn.* (Special Issue 6, Reproduction in Whales, Dolphins and Porpoises): 259-310.
Kasuya, T. and Matsui, S. 1984. Age determination and growth of the short-finned pilot whales off the Pacific coast of Japan. *Sci. Rep. Whales Res. Inst.* (Tokyo) 35: 57-91.
Kasuya, T., Miyashita, T. and Kasamatsu, F. 1988. Segregation of two forms of short-finned pilot whales off the Pacific coast of Japan. *Sci. Rep. Whales Res. Inst.* (Tokyo) 39: 77-90.
Kasuya, T. and Miyazaki, N. 1982. The stock of *Stenella coeruleoalba* off the Pacific coast of Japan. pp. 21-37. *In*: J. G. Clark, J. Goodman and G. A. Soave (eds). *Mammals of the Sea*, Vol. 4, Small Cetaceans, Seals, Sirenians and Otters. FAO, Rome. 531 pp.
Kasuya, T. and Tai, S. 1993. Life history of short-finned pilot whale stocks off Japan and a description of the fishery. *Rep. int. Whal. Commn.* (Special Issue 14, Biology of Northern Hemisphere Pilot Whales): 339-473.
Kasuya, T., Yamamoto, Y. and Iwatsuki, T. 2002. Abundance decline in the finless porpoise population in the Inland Sea of Japan. *Raffles Bull. Zool.* Supplement 10: 57-65.
Kato, H. 1998. Japan, progress report on cetacean research, May 1996 to April 1997. *Rep. int. Whal. Commn.* 48: 329-337.
Kato, H., Ishikawa, H., Miyashita, T. and Takaya, S. 2008. Status report of conservation and researches on the western gray whales in Japan May 2007-April 2008. Paper IWC/SC/60/O8. presented to the IWC Scientific Committee in 2008 (unpublished). 9 pp. (Available from IWC Secretariat).
Kirschvink, J. L. 1990. Geomagnetic sensitivity in cetaceans: an update with live stranding records in the United States. pp. 639-649. *In*: J. A. Thomas and R. A. Kastelein (eds). *Sensory Abilities of Cetaceans: Laboratory and Field Evidence*. Plenum Press, New York and London. 710 pp.
Kishiro, T. and Kasuya, T. 1993. Review of Japanese dolphin drive fisheries and their status. *Rep. int. Whal. Commn.* 43: 439-452.
Klinowska, M. 1990. Geomagnetic orientation in cetaceans: behavioural evidence. pp. 651-681. *In*: J. A. Thomas and R. A. Kastelein (eds). *Sensory Abilities of Cetaceans: Laboratory and Field Evidence*. Plenum Press, New York and London. 710 pp.
Kondo, I. and Kasuya, T. 2002. True catch statistics for a

Japanese coastal whaling company in 1965-1978. Paper IWC/SC/54/O13, presented to the IWC Scientific Committee in 2002 (unpublished). 23 pp. (Available from IWC Secretariat).

Madsen, H. 1992. *Grind, Faeroernes hvalfangst*. Skuvanes, Vadum. 188 pp.

Marine Mammal Commission 2010. *Annual Report to Congress 2009*. Marine Mammal Commn., Bethesta. 281 pp.

Miyashita, T. 1991. Stocks and abundance of Dall's porpoises in the Okhotsk Sea and adjacent waters. Paper IWC/SC/43/SM7, presented to the IWC Scientific Committee in 1991 (unpublished). 24 pp. (Available from IWC Secretariat).

Miyashita, T. 1993a. Distribution and abundance of some dolphins taken in the North Pacific driftnet fisheries. *Inter. North Pacific Fish. Commn. Bull.* 53 (III): 435-450.

Miyashita, T. 1993b. Abundance of dolphin stocks in the western North Pacific taken by the Japanese drive fishery. *Rep. int. Whal. Commn.* 43: 417-437.

Miyashita, T. and Kasuya, T. 1988. Distribution and abundance of Dall's porpoises off Japan. *Sci. Rep. Whales Res. Inst.* (Tokyo) 39: 121-150.

Miyazaki, N. 1980. Catch records of Cetaceans off the coast of the Kii Peninsula. *Mem. National Sci. Mus.* 13: 69-82.

Miyazaki, N. 1983. Catch statistics of small cetaceans taken in Japanese waters. *Rep. int. Whal. Commn.* 33: 621-631.

Miyazaki, N., Kasuya, T. and Nishiwaki, M. 1974. Distribution and migration of two species of *Stenella* in the Pacific coast of Japan. *Sci. Rep. Whal. Res. Inst.* (Tokyo) 26: 227-243.

Miyazaki, N. and Nishiwaki, M. 1978. School structure of the striped dolphin off the Pacific coast of Japan. *Sci. Rep. Whales Res. Inst.* (Tokyo) 30: 65-116.

Nishiwaki, M. and Handa, C. 1958. Killer whales caught in the coastal waters off Japan for recent 10 years. *Sci. Rep. Whales Res. Inst.* (Tokyo) 13: 85-96.

Nishiwaki, M., Nakajima, M. and Kamiya, T. 1965. A rare species of dolphin (*Stenall attenuata*) from Arari, Japan. *Sci. Rep. Whal. Res. Inst.* (Tokyo) 19: 53-64, Pls. I-VI.

Odell, D. K. and McClune, K. M. 1999. False killer whale *Pseudorca crassidens* (Owen, 1846). pp. 213-243. *In*: *Handbook of Marine Mammals, Vol. 6: The Second Book of Dolphins and the Porpoises*. Academic Press, San Diego. 486 pp.

Ohsumi, S. 1972. Catch of marine mammals, mainly of small cetaceans, by local fisheries along the coast of Japan. *Bull. Far Seas Fish. Res. Lab.* 7: 137-166.

Ohsumi, S. 1975. Review of Japanese small-type whaling. *J. Fish. Res. Bd. Canada*, 32 (7): 1111-1121.

Omura, H. 1974. Possible migration route of the gray whale on the coast of Japan. *Sci. Rep. Whales Res. Inst.* (Tokyo) 26: 1-14.

Omura, H., Fujino, K. and Kimura, S. 1955. Beaked whale *Berardius bairdii* of Japan, with notes on *Ziphius cavirostris*. *Sci. Rep. Whales Res. Inst.* (Tokyo) 10: 89-132.

Omura, H. and Sakiura, H. 1956. Studies on the little piked whale from the coast of Japan. *Sci. Rep. Whales Res. Inst.* (Tokyo) 11: 1-37.

Rice, D. W. 1998. *Marine Mammals of the World*. Soc. Mar. Mammal., Spec. Publ. 4. 231 pp.

Teilmann, J., Miller, L., Kirketerp, T., Hansen, K. and Brando, S. 2006. Reactions of captive harbor porpoises (*Phocoena phocoena*) to pinger-like sounds. *Marine Mammal Sci.* 22 (2): 240-260.

Tobayama, T., Yanagisawa, F. and Kasuya, T. 1992. Incidental take of minke whales in Japanese trap nets. *Rep. int. Whal. Commn.* 42: 433-436.

Tudor, J., Peach, B. J., Horne, J., Fortescue, W. I. and White, P. 1883. *The Orkneys and Shetland: Their Past and Present State*. Edward Stanford, London. 703 pp.

Yablokov, A. 1995. *Soviet Antarctic Whaling Data (1947-1972)*. Center for Russian Environmental Policy, Moscow. 320 pp.

Yablokov, A. V. and Zemsky, V. A. 2000. *Soviet Whaling Data (1949-1979)*. Center for Russian Environmental Policy. Marine Mammal Council, Moscow. 408 pp.

Yamada, T. K. and Ishikawa, H. 2009. *Balaenoptera brydei* Olsen, 1913 and *Balaenoptera edeni* Andersen, 1878. pp. 325-327. *In*: Ohdachi, S. D., Ishibashi, Y., Iwasa, M. A. and Saitoh, T. (eds). *The Wild Mammals of Japan*. Shoukadoh, Kyoto. i-xix + 543 pp., with 4 maps.

Wade, P. R. 1998. Calculating limits to the allowable human-caused mortality of cetaceans and pinnipeds. *Marine Mammal Sci.* 14 (1): 1-37.

Wilke, F., Taniwaki, T. and Kuroda, N. 1953. *Phocoenoides* and *Lagenorhynchus* in Japan, with notes on hunting. *J. Mammalogy* 34 (4): 488-497.

Zachariassen, P. 1993. Pilot whale catches in the Faroe Islands, 1709-1992. *Rep. int. Whal. Commn.* (Special Issue 14, Biology of Northern Hemisphere Pilot Whales): 69-88.

II
生物学

第8章　スナメリ

8.1　特徴

　いわゆる dolphin と porpoise を区別する社会では，マイルカ科（Delphinidae）の種を dolphin と呼び，ネズミイルカ科（Phocoenidae）の種を porpoise と呼んでいるが，日本にはそのような習慣がない．本書では両科を合わせて，さらにイッカク科（Monodontidae）も含めたマイルカ上科（Delphinoidea）の種をすべてイルカ類と呼ぶことにしている（第1章）．なお，英語で river dolphin と呼ばれるカワイルカ上科（Platanistoidea）の種は，本書ではカワイルカ類として区別している．

　世界の水生哺乳類学の研究者で組織されている Society for Marine Mammalogy の分類委員会は，スナメリ属（*Neophocaena*）を2種に分けて，南シナ海からインド洋方面に分布する個体を *N. phocoenoides* とし，揚子江から黄海・朝鮮半島沿岸を経て日本にまで分布する個体を *N. asiaeorientalis* とすることを提唱している．後で述べるように，前者が背中にある角質突起の範囲が幅広いタイプであり，後者はそれが狭いタイプであり，現在の知識レベルでは合理的な判断であると思われる．しかし，本書はこのような統一見解が示される前に構成されたこともあり，また後で述べるように，本属の分類に関しては，限られた情報をもとに先走った議論を展開するよりも，地理的な変異の状況がくわしく解明されてから議論をしても遅くはないし，混乱の回避にもつながるというのが私の主張でもあるので，以下ではこれらを1種 *N. phocoenoides* として扱い，必要な場合には産地や形態的特徴を併記することにした．

　スナメリ *Neophocaena phocaenoides*（G. Cuvier, 1829）は，日本近海に分布するネズミイルカ科3種の1つで，暖海種である．日本海側では富山湾以南に，太平洋側では仙台湾以南の沿岸・内湾域から知られており，通常は水深50 m を超えるところには分布しない．ネズミイルカも浅海を好み，水深が200 m 以浅の大陸棚域に生息する点ではスナメリに似ているが，地理的には東北地方（Taguchi *et al.* 2010）からオホーツク海・ベーリング海の沿岸部に生息しており，スナメリとは緯度帯の好みが対照的である（粕谷 1994）．イシイルカもネズミイルカ科の一員である．寒冷域の生活者である点ではネズミイルカに共通するが，これは外洋性という点でほかの2種とは異なる．

　日本近海に生息するネズミイルカ科3種のなかで，スナメリは小型で背鰭がないことと，頭骨の吻部が短く，かつ吻が先まで比較的幅広くて丸みを帯びていることで区別される．ほかの2種では頭骨の吻部の先端が尖っている（表8.1）．なお，本種の頭骨長と吻の幅との関係については図8.3を参照されたい．

　スナメリはアマゾン川のアマゾンコビトイルカ（Caballero *et al.* 2007）やシャム湾のハシナガイルカ（Perrin *et al.* 1989）と並んで最小の鯨類に属する．日本近海ではまれに体長200 cm に達する個体もみられるが，インド洋方面の個体はもっと小さく 150-160 cm である．スナメリの前頭部は丸く，額のように突き出しており，棒状に突き出した嘴状の部分がないので，コビレゴンドウを小さくしたようにみえる．

表 8.1 日本近海産ネズミイルカ科 3 種の頭骨の特徴.

種　類	スナメリ	ネズミイルカ	イシイルカ
頭骨長（cm）	22-25 cm	26-29 cm	31-33 cm
吻長（頭骨長の %）	35-40%	39-50%	42% 前後
吻の形	短く，幅広い	細長く，下方に湾曲	細長く，先が尖る
歯数（上下左右，各）	16-21 本	22-30 本	17-35 本
歯頸部の太さ	2 mm 以上	同左	1 mm 以下

口内には上下左右それぞれに 16-21 本の歯がある．歯冠部は左右から圧扁されたハート型，あるいは「しゃもじ」の形をしている．これはネズミイルカ科の特徴であるが，高齢個体では歯冠部が磨耗して失われていることが多い．背鰭はなく，かわってキール状の低い隆起がある．その形（高さと幅）には地理的な変異が知られている（後述）．全身灰黒色で，腹側はいくぶん淡色である．

スナメリにはきわめて多様な呼称が知られている．これは内湾を好み人目につきやすく，昔から親しまれてきたことの反映である．山下（1991）は，20 以上のスナメリの呼び名を古今の文献から集めている．それらは表 8.2 のように 5 系統に分類することができる．「坊主」の系統は頭が丸いことによるもの，「波」あるいは「滑」の系統は静かに泳ぐ姿から，「砂」系統は背面のキールにある小隆起に，「さめ」系統は鮫からきているのではないかと山下（1991）はみている．彼はゴンドウ系統については判断を控えているが，マイルカ科のハナゴンドウなどの「ゴンドウ」（巨頭，牛頭とも書く）と同語源で，頭がずんどうで丸いことに由来しているのではないかと私には想像される．

そして山下（1991）によれば，砂系統は関東にいまも残り，スサメなどの鮫系統は伊勢湾に，坊主系統は岡山地方に，ゴンドウ系統は広島地方に，波系統は瀬戸内海に残るとしている（表 8.2）．私がスナメリの分布調査のために 1970 年代末に瀬戸内海地方を旅行したときの印象ではナメ，あるいはナメノウオは瀬戸内海東部で，デゴンあるいはゼゴンドウは瀬戸内海西部で使われているという印象を得た（粕谷・山田 1995）．

8.2　学名と基産地

スナメリ *Delphinus phocaenoides* G. Cuvier 1829 は，1829 年に G. Cuvier（Regni animal 1：291．著者未見）によって初めて記載された後，いくつかの変遷を経てきた．現状にいたるあらすじはつぎのようである．すなわち，Gray（1846）は本種を *Delphinus* 属に置くのは不適当であるとして，新属 *Neomeris* を創設してここに移した．その後，Palmer（1899）は，この属名は当時腔腸動物と思われた別の種にすでに使われているとして，かわりに新属 *Neophocaena* を提案して，そこに入れたのである．このように所属する属名が変更された場合には，命名者の名前と命名年はカッコ内に置かれることになる．

しかし，本種の属名として，ほかに *Meomeris* や *Nomeris*（それぞれ Gray 1847 と Coues 1890 に現れた誤植による綴り）が出現したり，Palmer（1899）の後も *Neomeris* が復活した時代があって混乱してきた．その概要を Rice（1998）によって紹介すると，つぎのようになる．まず，Thomas（1922）と Allen（1923）は，Gray の *Neomeris* が無効である点では従来の見解と同じであったが，Gray（1847）の論文で誤植で印刷されている *Meomeris* に命名規約上は優先権があることを主張した．この結果，*Neophocaena* にかわって *Meomeris* が一時使われた時期があった．その直後に Thomas（1925）は，かつて優先権があると考えられた *Neomeris* は，じつは腔腸動物ではなく石灰藻であったことを見出した．このため Gray（1846）の *Neomeris* が有効であるとして復活させられ，36 年間も使われた．しかし，その後 Hershkovitz（1961）は *Neomeris* はゴカイ

表 8.2 日本におけるスナメリの地方名．個々の呼称と採集地は山下 (1991) によるが，大分類には一部筆者の私見を加えた．また旧仮名遣いはすべて現代仮名遣いに改めた．

大分類	地方名	採集地
和尚・坊主系統	オショウウオ	長門，周防，福山
	ボウズウオ	周防
	ボウズ	太地
	ボンサン	岡山
巨頭系統	セゴンドウ，ゼゴンドウ，デゴンドウ，デゴン	安芸，周防，広島
	デングイ	蒲刈
砂系統	スナメリ	常陸，江戸
	スナメリクジラ	奥州
	スナメリイルカ	西脇 (1965)
滑・波系統	ナミノウオ	筑前
	ナメ，ナメウオ	備前，備中，福山，和歌山
	ナメクジラ	荒川 (1974)
	ナメソ	岡山
	ナメノウオ，ナメリ	熊野，岡山
	ノーソ	岡山
鮫系統	スサメ，スザメ	伊勢，紀伊，太地

の一種にも 1844 年に使われていることに気づき，それをスナメリに使うことはできないとして，*Meomeris* を復活させた．しかし，同じ年に誤植による綴りは有効と認めないことに命名規約が改定されたため，*Meomeris* は無効となって *Neophocaena* が復活して今日にいたったのである．これらの経緯の詳細は Hershkovitz (1966) と Rice (1998) を参照されたい．

本種の記載に際して用いられた模式標本はアフリカの喜望峰の産であるとされているが，その産地については疑問とされてきた．これまでのところ，南アフリカ周辺に本種が生息するという証拠がなく (Rice 1977)，その標本はおそらくインドから将来されたものと考えられている (Allen 1923)．

日本産のスナメリはシーボルトが持ち帰った北九州産の標本にもとづいて，Fauna Japonica, Les Mammiferes Marins の 14-16 ページにおいて Temminck and Schlegel (1844) が *Delphinus melas* として記載したのが最初である．記載年は黒田 (1934) による．この書籍は分冊になって発行されたため，扉に記された発行年が必ずしも特定のページの発行を示さない．Hershkovitz (1966) は，日本のスナメリの命名は Temminck (1841) であるとしているが，指している論文は同じであり，著者名と発行年について見解が異なるのである．私にはどちらが正しいかを判断する能力はない．本書では，スナメリは 1 属 1 種としてあつかっている（本章末の［追記］参照）．

8.3 分布

8.3.1 世界における分布

世界的な分布については Kasuya (1999) と Amano (2003) が簡潔にまとめている．また Reeves *et al.* (1997) は本種の出現について国別の情報を紹介しているし，Parsons and Wang (1998) は東南アジアの本種の分布に関する情報をまとめている．以下では，主としてこれらにもとづいて説明する．スナメリは原則として熱帯アジアを中心に生息する沿岸性の海洋種である．沿岸のマングローブ林にも入り込み，ときには淡水にも侵入することがある．インダス河では河口から 60 km，ブラマプトラ河では 40 km，鴨緑江では 20 km まで遡上することが知られている．また，揚子江では河口から 1,670 km までの中・下流域に終生生活する淡水性の個体群が知られている．

本種の好む海洋環境について水深200 mまで，すなわち大陸棚の外縁まで出現するという記述をみたことがある．そこには出典は示されていなかったが，ありえないことではないように思う．しかし，本種が水深200 mまで日常的に生息していると考えるのは正しくない．

東シナ海に面した西九州の橘湾と有明海でスナメリ密度と水深の関係が記録されている（Shirakihara et al. 1994）．そのデータを眺めると，橘湾を調査したときの観察域の最大水深は70 mほどであるが，水深が50 mを超えるとスナメリの発見密度が低くなる傾向が認められた（ただしゼロにはならない）．有明海では調査の最大水深はおおよそ50 mで，スナメリはどの部分にも出現したが，そのなかでも浅い部分に発見密度が高い傾向が認められた．このことは彼らがもっとも好む水深は50 mよりも浅いところにあることを示すものである．

瀬戸内海もスナメリの生息環境として重要な場所であり，そこではスナメリの出現はほぼ水深40 m以浅に限られていた（Kasuya and Kureha 1979）．瀬戸内海は大部分が40 m以浅であり，平均水深が31 m，最大水深は速吸水道の近くにあって98 m前後である．もしもスナメリの分布が水深だけに影響されるのであれば，瀬戸内海では40 m以浅のところには一様に出現してもよさそうであるが，けっしてそのようなことはなかった．スナメリの発見密度が高いのは岸に近いところで，そこから沖合に向かって密度は急速に低下していた．1976-1978年の調査では距岸1海里（1,851 m）以内の平均発見密度が航走10海里あたり2.57頭であったのに対して，1-3海里では1.19頭，3海里以遠では0.24頭にすぎなかった（水深は考慮していない）．じつに10倍以上の密度差がある．おそらく分布密度は1海里以内でも均一ではないものと思われる（Kasuya and Kureha 1979）．

本種が距岸240 kmの沖合まで出現するという記述がある（Reeves et al. 1997）．これは1994年に日中の研究者が共同で中国大陸沿岸の鯨類を目視調査して得た結果が，IWCの科学委員会に報告され（Miyashita et al. 1995），それが引用されたものである．中国大陸の東方には浅い海が広がっている．揚子江の河口の東方，黄海と東シナ海の境界域付近では，中国大陸と朝鮮半島の中間点でも水深は50 m前後にすぎないので，大陸沿岸からこのあたりまでスナメリの分布が伸びているのである．ただし，この海域の最深部は大陸と朝鮮半島の中間点よりも東にあり，そこにはスナメリは分布していないことに注目したい．韓国の研究者は半島の西側海域で鯨類の目視調査を繰り返しており，高密度のスナメリの出現を記録して，それをIWCの科学委員会に報告している（例：An et al. 2009）．そこに示されたスナメリの分布図をみると，調査測線は韓国沿岸から東経123° 25′付近にまで均一に配置されているが，スナメリが出現するのはほぼ東経125° 30′の線より東側に限られている．その範囲は朝鮮半島本土から最大でも90 km付近までである．このあたりは，あたかも日本の瀬戸内海のように，多数の島が散在しているので，最寄りの島からの距離はもっと近いにちがいない．著者の1人 An 氏によれば，これらのスナメリ出現位置の水深は50 mを超えないということである．これからわかるように，韓国西岸のスナメリと中国大陸東方のスナメリとは，分布が直接には連続していないのである．ただし，どちら側のスナメリも分布が北に伸びているので，渤海沿岸では分布がつながっている可能性がある．

スナメリは水深が浅ければ沖合にも分布することがある．彼らの分布を支配している要因としては，岸からの距離とともに水深が強く影響しているのである．その裏にあって，スナメリの分布をもっと直接的に支配している海洋条件がなにかあるのではないかと考えられるが，これについてはよくわかっていない．スナメリは岬の先端近くや島と島の間の狭い水路に集まる傾向があるとか（Kasuya and Kureha 1979），砂ないし柔らかい底質を好むといわれている（Jefferson and Hung 2004）．このことは，彼らの分布が餌の分布と関係している可能性を示すものである．

本種の地理的分布は，西はペルシャ湾から，

パキスタン，インド，スリランカ，バングラデシュ，マレー半島，インドシナ半島，中国沿岸を経て朝鮮半島の南岸にまで続いている．このほか，スマトラ島の北岸とその北のバンカ・ビリトゥン両島，ジャワ島の北岸，カリマンタン島（東岸を除く），カリマンタンとシンガポールの間のタンベラン諸島にも生息する．かつてパラワン島に分布するという報告もあったが，これは誤報であり，分布しないとされている．ミャンマーからは存在が確認されていないが，これは研究が少ないことによるものと思われる．台湾では，台中から桃園にいたる台湾海峡の沿岸域や海峡の南にある澎湖諸島で，漁業による混獲が報告されている．この海域に漂着するスナメリの死体のなかには，台湾漁船が中国沿岸で操業して，そこで混獲したスナメリを入港前に投棄したものが混入している可能性は否定できないが，台湾の西岸に本種が生息することも事実である（王・楊 2007; Wang et al. 2008）．朝鮮半島沿岸では西海岸から南海岸にかけて多く分布するが，東海岸には分布しないことが韓国のこれまでの調査から知られている．その分布限界は蔚山付近にあるらしいことが，韓国の研究者がIWCに提出している調査記録から読み取れる（例：An et al. 2006; An and Kim 2007）．

　日本では西九州から北に分布する．太平洋岸の北限は仙台湾北部から牡鹿半島周辺まで，日本海側では北九州を経て富山湾西岸の姫まで出現の記録がある（Shirakihara et al. 1992b）．この研究では過去の日本全国におけるスナメリの出現記録を収集したうえで，青森県から沖縄県までの漁業協同組合に調査票を送り，スナメリの存否の情報を求めた．質問表による調査は短期間に広い範囲の情報を入手できるので，仮説を立てるとか調査計画を立案するための基礎情報を得るためには適している．しかし，ときには正しくない回答が混入する恐れもあるので，解釈には警戒が必要である．彼らの得た情報によれば，太平洋側の北限は宮城県牡鹿半島の北の女川付近であり，日本海側の北限は佐渡島の北岸であり，おおむねこれまでの記録と一致している（後述）．

　Shirakihara et al.（1992b）が行った質問調査の結果ではつぎの3点が注目される．すなわち，①北九州と島根県から新潟県にいたる日本海側には本種の存在を示す回答が少ないこと（関門海峡周辺は別とする），②太平洋側でも九州，四国，紀伊半島，静岡県などの太平洋に面したところも同様に少ないこと，③奄美大島以南と壱岐・対馬には出現報告がないこと，の3点である．このことと本種が浅海を好むことを合わせて考えると，日本国内のスナメリは韓国沿岸の個体群と分布が不連続であること，また国内でも急峻な沿岸の海底地形が移動の障害となって，分布に不連続が生じていることが推定される．国内の個体群の確認については後でふれる．

8.3.2　地理的変異と分類学

　今日では本種を3亜種に分けるのが普通である（Rice 1998）．すなわち，インド洋から南シナ海にかけて生息する *Neophocaena phocaenoides phocaenoides*，揚子江に生息する *N. p. asiaeorientalis*（Pilleri and Gihr, 1972），それと東シナ海から渤海・黄海を経て日本に生息する *N. p. sunameri* Pilleri and Gihr, 1975 がこれである．その背景と議論の概要を説明する．

　本種の生息は沿岸域に限られており，その分布は帯状と呼ぶよりも線状ともいうのがふさわしく，1次元的である．そのうえ，急峻な海底地形によって分布が断たれ，隣接地の個体との交流が妨げられているケースがあるらしい．このような生物は，2次元的な分布をする多くの海洋動物に比べて，遠隔の個体との遺伝的な交流が起こりにくいのではないだろうか．また，本種は熱帯起源の種であるらしいが，その生息環境はインド洋のような高温環境から，渤海から朝鮮半島西岸を経て瀬戸内海や仙台湾にみるような，冬季の水温低下がはなはだしい環境までを含む．彼らは地理的に著しく異なった環境のもとで，多様な淘汰圧にさらされてきたにちがいない．異なる淘汰圧と遺伝的隔離とがともなえば，各地に特徴を異にする個体群が出現す

る状況ができることになる.

本種の外部形態には体の大きさ,体色,背中のキールの形状などに地理的変異が知られている.インド洋の個体は頤から腹にかけて淡色の部分があり（Pilleri and Chen 1980），揚子江の個体は,幼時には口角に淡色の輪郭がある（Reeves et al. 1997）.また,香港の個体には唇や喉の部分に淡色域があり,その他の部分は灰色であるが,成長につれてしだいに黒くなるという（Parsons and Wang 1998）.日本産のスナメリは,これとは逆に新生児では全身ほとんど黒色であるが,4-6カ月のうちにしだいに淡色になり,成体では白っぽい灰色になることが知られている（Kasuya and Kureha 1979）.歯鯨類では成長にともなって体色が変化し,色が薄くなる種類はハナゴンドウ,シロイルカ,イッカク,マッコウクジラなどにも例がある.また,アマゾンカワイルカでは,濁りの少ない水に生活すると,体色の黒みが増すということである.スナメリの体色を亜種や地域個体群の指標に用いるためには,体色の個体変異の幅や成長にともなう体色変化の過程を,もう少しくわしく理解する必要があるように思う.

スナメリの体の大きさは熱帯産ではやや小さく,北方の個体は大きい傾向がある.Kasuya（1999）は,インド洋で記録された最大個体は雄150 cm,雌155 cmであるのに対して,冬に著しく海水温が低下し,一部では海面が凍結することで知られている黄海・渤海においてはそれぞれ201 cmと200 cmであることを示している.ほかの海域の個体の最大記録をこれと比べると,揚子江産（雄168 cm,雌151 cm），瀬戸内海産（雄192 cm,雌180 cm），西九州（雄175 cm,雌165 cm）などであり,これらは渤海・黄海産よりもいくぶん小さい可能性が認められる.この事実は,スナメリの体の大きさにベルグマンの法則があてはまることを示唆するものである.なお,上の体長比較では雄よりも雌が大きい例もあげてあるが,これは標本数が小さいことによる影響である.本種では雌よりも雄がいくぶん大きいことが知られている（Kasuya 1999）.

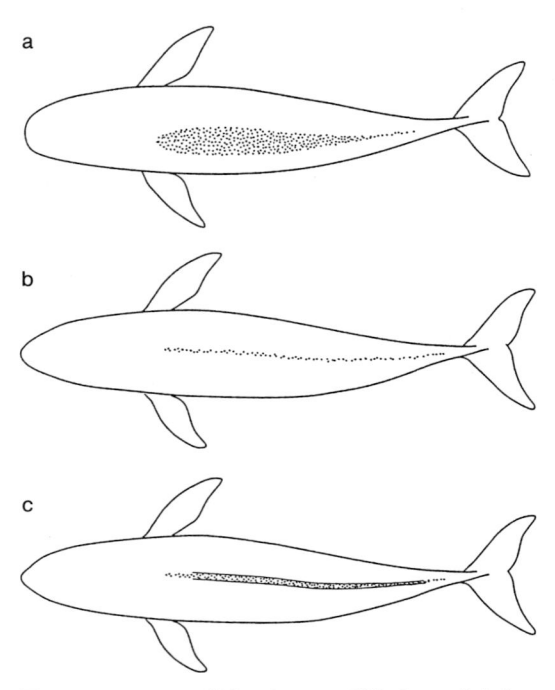

図 8.1 スナメリの背中のキールの形とそこに分布する角質小突起. a：インド洋-南シナ海産,b：揚子江産,c：東シナ海-日本産.（天野 2003）

スナメリには背鰭がなく,背中の前寄りの左右の肩甲骨を結んだ位置のあたりから尾柄にかけてキールが伸び,その頂には顆粒状の小突起が並んでいて,表面がざらついている.その機能については,皮膚の保護のため,子どもを乗せて運搬するのに役立つとか,触覚器官であるとか,個体間のボディーコンタクトに用いられるのではないかなど諸説があるが（Kasuya 1999），研究者の興味をひいてきたのはその形状の地理的変異である（図 8.1）.日本から黄海・東シナ海を経て台湾海峡の西側（大陸側）にいたる海域のスナメリでは,キールの頂には4-10列の角質の小突起が並んでいて,高さは2-3 cm,最大部分の幅は1-2 cmである.これはキールが狭いタイプに属する.揚子江産の淡水個体では,キールの幅はさらに狭く2-3 mmで,小突起も2-3列にすぎないといわれる（Howell 1927; 王 1999）.この揚子江産のタイプは,研究者によっては日本のスナメリと一緒にキールが狭い型にまとめられる場合もある.ところが,インド洋から東南アジア・南シナ海

沿岸を経て台湾海峡の東側（台湾西岸）にいたる海域のスナメリでは，この背中のキールにある顆粒状の小隆起の列が十数列から二十数列もあり，また幅が最大 12 cm もある（Pilleri and Chen 1980; 王 1999）．台湾海峡の東側における目視や混獲例はすべてキールが広い型であり，狭い型が生存するという確証はいまのところ得られていないらしい．John Wang（2008 年 1 月 18 日私信）によれば，台湾西岸にはキールが狭い個体の漂着が 1 例あるが，大陸側で操業した漁船が持ち帰って投棄したとか，海流で運ばれた可能性を否定できないとのことである．なお，台湾海峡の大陸側に位置する福建省の金門・馬祖島周辺では，広・狭の 2 つの型のどちらもみられるということである（Parsons and Wang 1998; Jefferson 2002; 王・楊 2007）．Jefferson（2002）によると，福建省内ではキールの幅が 0.4-0.6 cm の狭いタイプ 4 頭と，3.0-9.5 cm の広いタイプ 17 頭が同じ漁港で入手されたということである．ただし，これら両型が季節的に交代するのかどうかは明らかではない．キールの計測値の地理的変異については，Jefferson（2002）が詳細な情報を多くの文献から引用してリストしている．

なお，Jefferson（2002）はペルシャ湾から日本までの広範囲をカバーする標本を用いて，キールの形状と頭骨の大きさを比較した．キールが狭いタイプのなかでみると，日本産と黄海＋渤海産は頭骨長が大きく（おおよそ 21.5-25 cm），揚子江産（21-23 cm）は小さい傾向がある．またキールが広い型のなかではベトナム，香港，台湾，福建省などの南シナ海に産する個体は大型で（おおよそ 21-24.5 cm），マレーシア＋タイ，メコン，インド，パキスタンなどのインド洋方面に産する個体は小型である（19-21.5 cm）．彼は頭骨長と緯度との関係において，明瞭な傾向を見出すことができなかった．これは地理的に広い範囲の個体を 1 列に比較したために，環境温度以外の淘汰圧の要素が混入してきたためかもしれないと考える．試みに彼が提示しているデータのなかから，マレー半島東岸から福建省までの個体を選び出して比べる

と，南部（18-21 cm）と北部（21.5-25 cm）との間に連続的な変化が認められる（いずれもキールが広いタイプである）．

それまで 1 種とされてきたスナメリの分類に疑問を提出して，3 亜種に分類するきっかけをつくったのが Pilleri and Ghir（1972）の研究である．彼らはインド洋の標本と揚子江の標本を比較して，それぞれを別種 *Neomeris phocaenoides* と *N. asiaeorientalis* とした．彼らは古典的な手法で，おもに頭骨の各部位ごとの測定値の平均値をインド洋産と揚子江産（模式標本は揚子江産であるが，彼らの解析には黄海産の個体も含まれている）の間で比較して，いくつかの計測値に有意な地域差を見出した．この研究の後で，彼らは日本の個体も含めて同様の解析を行い，日本の個体を *N. sunameri* とした（Pilleri and Gihr 1975）．頭骨の計測値の平均値に有意差が現れるかどうかは，用いる標本の成長段階のちがいや標本数などに左右される．標本数が大きければ，計数値の範囲が広くなるので，測定値が重なることがあるが，平均値は精度が増して信頼幅が狭くなるので，わずかのちがいでも差は有意となる．また，その評価には主観が混入しやすいので，分類の基準に使うのはむずかしい．この後，彼らは *N. phocaenoides* と *N. asiaeorientalis* の外部形態を比較して，背中のキールのちがいを見出して報告した（Pilleri and Chen 1980）．これら一連の研究に対して，Amano *et al.*（1992）はインド洋＋南シナ海，揚子江，日本の 3 地域の頭骨計測値の多変量解析を行い，インド洋＋南シナ海の個体は後の 2 産地のいずれとも明確に区別できるが，後二者の間では一部の個体は判別できないとし，これらを 1 種のなかの 3 亜種としてあつかうことを提唱した．いまではこれが多くの研究者に受け入れられている．天野（2003）はスナメリの分布と分類について解説している．

上に紹介した分類学的研究は，頭骨あるいはほかの骨格を含めた骨学的特徴だけを取り出して比較したものである．背中のキールの形態も分類には有用かもしれないが，そこでは考慮されていない．これを改善することを試みたのが

Jefferson（2002）である．彼は本種のほぼ全生息域から集めた頭骨を計測して，それらをキールの広い型（*N. p. phocaene*）と狭い型（*N. p. asiaeorientalis* と *N. p. sunameri*）とに分けて多変量解析を行った．その結果，前者（キールの広い型）のなかでは，南シナ海の南部産と北部産が若干の重複はあるものの比較的よく分離したが，同じく広い型に属するインド洋産と南部南シナ海とは，ほとんど区別がつかなかった．同様に，後者（狭い型）でも日本，揚子江，黄海・渤海の各産地は，部分的にしか分離できなかった．

背中のキールの特徴を重視する研究者には，香港周辺では2つのキール型が同所的に出現することに注目して，これらは別種であろうと予測する者もある．その根拠は，両者が同じ場所に生活しても交雑しない，すなわち生殖的な隔離の仕組みが完成しているとみることにある．このような視点に立ってなされたのが，Wang *et al.*（2008）の研究である．彼らはキールの広い型だけが分布する海域からの標本として香港海域の18頭と，共存海域の標本として38頭を用いた．後者の内訳は，東山島からアモイにいたる福建省沿岸から15頭，馬祖島の17頭，および台湾の西海岸周辺の6頭であった．台湾西岸（台湾海峡東部）を共存海域とみなしている理由はわからない．私にはキールの広い型の生息域のように思われるが，新しい情報が得られているのだろうか．これら標本を用いて，外部形態（キールの幅），核DNA（マイクロサテライト）と核外DNA（ミトコンドリアDNA）とを使って解析した．

その結果，すべての標本はキールの幅で2群のいずれかに分類され，中間型は出現しなかった．マイクロサテライトDNAの特徴を確率論的に処理して，すべての個体をこれら2群のいずれかに正しく分別することができた．また，その69個の対立遺伝子のうちの40個（40%）はどちらか一方に出現し，両型の間での遺伝的な交流はきわめて低いものと結論された（Chen *et al.*［2010］もマイクロサテライトを用いて同様の結論に達している）．しかし，マイクロサテライトにせよ，ミトコンドリアDNAにせよ，過半数の対立遺伝子が2つのキール型に共通して出現することも事実である．これらの結果の解釈としてWang *et al.*（2008）は，2つの系統が共通の祖先から出発して隔離が成立したのが最後の氷期が終わってからのことで，18,000年以内の比較的最近のことであるとしている．ただし，そこでは2つの型を別種となすべきか否かについては言及していない．この段階では判断を避けているかに認められる．

なお，2つの型が同所的に分布しているかにみえる場合でも，そこには季節的なすみわけがあるとか，生理状態によってすみわけるなどの生態的な仕組みがあるならば，見かけほどには交雑の機会がないかもしれない．また，シャチやマッコウクジラのような社会性の強い種においては，行動パターンや文化的な障壁で交流が妨げられている場合も予測されるので，鯨類の2つの地方型が一部の海域で同所的に分布している場合には，その背後にある隔離機構を考察した後で，分類学的な意義を評価するという慎重さが求められる．日本のスナメリの例について後から述べるように，たとえ背中のキールでは区別できなくても，そこには多数の地理的な個体群が識別される場合もあり，個体群の間で繁殖期を異にする例も知られている．

揚子江産のスナメリにおいては，淡水産の個体で1つの個体群を構成していることは確からしい．しかし，彼らの生息域が沖合のどこまで広がっているのか，海産の個体との分布の境界がどこにあるのか，両者の分布域の重なり具合はどうなっているのか，などについてはなにもわかっていない．サンプルを任意に海と河，あるいは黄海と南海に分割するだけで，採集の季節や地点すら示さずに論文を書いている研究も少なくない（例：高・周 1995a, 1995b）．スナメリの分布域全体について，まずローカルな個体群の分離を確立し，それらの相互関係を明らかにしてから，さらに上位の亜種や種の分類単位の検討に進むべきであろう．

8.3.3 日本産スナメリの分布

日本国内のスナメリの分布については，Shirakihara et al.（1992b）に負うところが大きい．彼らはまず，それまでに報告された日本産スナメリの出現情報を整理した．このような情報は確実な存在の記録として信頼できるとしても，数が限られているので，分布の連続性や密度のちがいを示してはくれない．それを補うために，彼らは北海道を除く 2,053 の漁業協同組合に質問状を送り，組合員がスナメリをみたことがあるか否かを尋ねて，1,382 漁協から回答を得た．従来の記録では，日本のスナメリの北限は日本海側では能登半島の姫，太平洋側では仙台湾の北部にあり，アンケートはほぼこれを支持するものであったが，アンケートでは佐渡島の北岸や三陸の女川付近からも分布が報告されている．これらの新しい分布地は，従来の知見からみてけっして不可能なものではない．しかし，これを支持するかしないかをいまの段階で議論することは無益である．確認したければ研究者が調査をするしかない．アンケートの集計では，発見位置のかわりに漁協の所在地で代用しているので，多少の位置のずれは避けがたいし，動物はときには意外なところに出現することもある．アンケートには回答者の記憶ちがいがあるかもしれない．

Shirakihara et al.（1992b）は，スナメリの報告が多いのは遠浅で底質が岩礁以外のところであるとし，日本のスナメリの主要な生息地は，①大村湾，②有明海と橘湾，③瀬戸内海と紀伊水道（大阪湾を含む），④伊勢湾と三河湾，⑤仙台湾から東京湾にいたる海域，であると結論した．南西諸島には，通常は分布しないらしい．かつて，沖縄で捕獲されたホホジロザメの胃から，消化度の異なる 2 頭のスナメリが発見されたことがあり（Kasuya 1999），2004 年には沖縄県の海岸に 1 頭が漂着した例があるが（遠洋水産研究所 no date; 後述），生きたスナメリの存在を示す証拠は，沖縄県下からは得られていない．

日本国内におけるスナメリの地理的分布を検討してみよう．大村湾と橘湾を隔てる島原半島沿岸にはスナメリの出現が少なく，2 つの海域のスナメリの分布は不連続とみられている．関門海峡から日本海側へのスナメリの分布をみると，ここから西には博多湾まで連続しており，東には藍島を経て，山口県の下関市吉見あたりまで伸びている．このあたりが瀬戸内海個体群の西の限界と思われる（Shirakihara et al. 1992a; 中村・蛭田 2003; 中村ら 2003）．この範囲には，ほぼ周年スナメリが生息することが明らかになっている．関門海峡に水中マイクロフォンを設置して，スナメリが発する音響探測の鳴音を記録して，移動を探った調査がある（Akamatsu et al. 2008）．調査は 2005 年から 2006 年にかけて 2, 3, 11 月の延べ 57 日間にわたって行われた．記録された 37 頭のスナメリのうち，33 頭は 20 時から 4 時までの間に観察され，スナメリが海峡を通過するのは夜間が多いことがわかった．この時間帯は航行船舶の少ない時間帯にあたる．しかし，これが船舶に影響されたのか見かけの一致なのかは判断できない．潮の流れの方向と出現数とは相関が認められなかったが，遊泳方向の検出できた 16 頭のうち，14 頭は潮流の下流方向に移動していた．このことは，鳴門海峡で潮流の流入側に比べて流出口付近にスナメリが多いことから，スナメリは流向の変化に応じて海峡を行き来しているらしいという見方と符合する（8.4.1 参照）．

博多湾から西の北九州の佐賀県沿岸にはスナメリの出現が少なく，大村湾個体群と瀬戸内海個体群の分布は不連続であるとみられている．日本海では，山口県から富山湾まではアンケート調査では報告はまばらで，漂着の事例も少ない（Shirakihara et al. 1992b）．このことは関門海峡周辺を除けば，それよりも東の山陰沿岸には，スナメリはほとんど生息しないものとみることができる．まれにここに出現するスナメリは，おそらく瀬戸内海個体群に由来するものと想像されるが，それを示す証拠は得られていない．

太平洋沿岸におけるスナメリの分布をみると，瀬戸内海から大阪湾と鳴戸海峡を経て，紀伊水

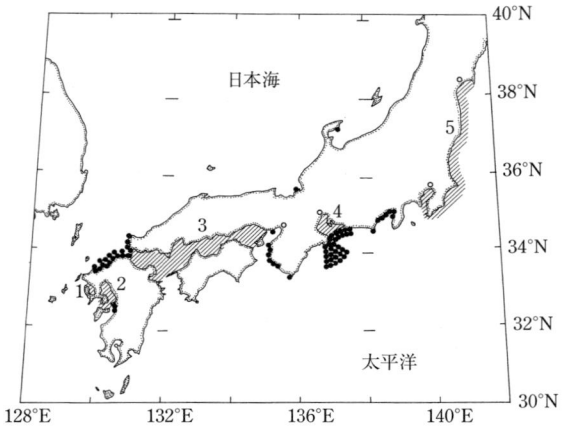

図 8.2 日本近海におけるスナメリの分布．斜線の範囲は目視調査による生息数推定のおおよその対象範囲（東京湾を除く）．黒丸はそれ以外の隣接海域における漂着記録であり，生息数調査海域の外にまで分布が広がっていることを示している．黒丸1つは，伊勢湾口と志摩半島沿岸では2頭を代表し（丸が多いので実際の漂着位置よりも沖合に広げてプロットしてある），その他では丸1つが1頭を示す．数字は図8.3，表8.3に共通．（Kasuya et al. 2002）

道の南部までスナメリの分布は連続的である（図8.2）．その外側の高知県沿岸から宮崎県を経て，鹿児島県沿岸にいたる太平洋側には，出現報告が少ない（Shirakihara et al. 1992b）．紀伊水道東側では，本種の記録は潮岬までに限られており，そこから東方の尾鷲にいたるまでの海岸からは，本種の記録がほとんどない（太地で1頭の記録がある；8.3.4参照）．このことは，瀬戸内海の個体と伊勢湾・三河湾の個体とは分布が不連続であることを示唆している．伊勢湾と三河湾は連続した内海で，スナメリの分布も連続している．彼らは外洋に面した志摩半島や渥美半島の太平洋沿岸にも進出していることが，漂着記録から明瞭である（図8.2）．

残された疑問の1つは，駿河湾のスナメリである．古くからここにはスナメリがいることが知られていた（黒田 1940）．ここのスナメリは，遠州灘の空白域によって伊勢湾の個体と隔てられているように私にはみえるが，その裏づけはない．もう1つの疑問は，東京湾のスナメリの広がりである．富津から北の東京湾には，数は少ないが周年にわたってスナメリが出現するが，

その南の相模湾に面する房総半島西側には，スナメリの出現は確認されていない．Amano et al. (2003) の航空機調査の結果をみても，金谷から南の安房西岸にはスナメリの発見がない（8.4.3参照）．鈴野ら (2010) は聞き取り調査をもとに，安房西岸では過去10年間にスナメリが減少したらしいこと，同南岸には分布が希薄であることを報告している．東京湾のスナメリは，房総半島の東側のスナメリとは分布が連続していない可能性を示すものである．さらに，外房沿岸から仙台湾にいたる長い海岸線においても，同様の疑問がある．すなわち，外房沿岸のスナメリと仙台湾一帯（ここにもスナメリは周年生息する）のスナメリの分布は，塩屋崎周辺で切れているらしいという指摘がなされている（Amano et al. 2003）．これらの観察は，東京湾，銚子を中心とする外房沿岸，仙台湾周辺の3個体群に分けられる可能性を示唆するものである．Yoshida et al. (2001) は，ミトコンドリアDNAの解析から，仙台湾の個体と九十九里－鹿島灘の個体にちがいがあるらしいと示唆している（後述）．東京湾から仙台湾にいたる海域のスナメリの系統群判別は今後の課題である．

8.3.4 日本産スナメリの地域個体群

前項では，日本国内のスナメリの分布の不連続性をもとに，地域個体群の存在の可能性を推論した．それを証明するためには，各地で個体の交流が制限されていることを示すか，その結果として，遺伝的あるいは形態的な特徴が異なることを示す必要がある．これまでに日本では，頭骨の形態に現れた地理的変異（Yoshida et al. 1995）とミトコンドリアDNAの変異型の出現頻度の地理的差異（Yoshida et al. 2001）が調べられた．これらの研究は，Yoshida (2002) によってまとめて紹介されている．

頭骨の形態的なちがいが発現する原因には，遺伝的なちがいによるものもあるだろうし，水温や栄養などの環境のちがいによるものもあるかもしれない．しかし，その原因はわからないのが普通である．厳密にいえば，同じ海域で年

代が隔たって餌の量などの生息環境に変化が起これば，遺伝的には変化がなくても，頭骨の形態にちがいが出ることがあるかもしれない．形態を比較する場合には，同じ時代の標本を比較することが望ましい．Yoshida et al. (1995) は，スナメリの頭骨の形態の地理的なちがいを検討した．使用した試料は146頭で，つぎの5群に分けて比較した．すなわち，①大村湾（8頭），②有明海・橘湾（74頭），③瀬戸内海・響灘（48頭），④伊勢湾・三河湾（11頭），⑤東京湾-仙台湾（5頭），である．標本の採集時期はとくに示されていない．解析の1つは，頭骨長に対する頭骨各部の測定値の相対成長を2つの産地間で比較するものである．5つの計測点で地理的な変異が認められた．もっとも顕著なちがいは頭骨吻部の幅と，眼窩頬骨突起間の幅で，いずれも頭骨の幅に関する計測であった．伊勢湾・三河湾の個体はこれらの値が小さい傾向があり，どの標本群とも有意なちがいが認められた．第2の方法は，成長がとまった個体のみを選び出して正準判別分析を行うもので，10カ所の測定値を解析した（図8.3）．その結果，④伊勢湾・三河湾の個体はほかの標本群と完全に分離し，②有明海・橘湾の個体は⑤東京湾-仙台湾の標本群と部分的に重なるだけで，①大村湾や③瀬戸内海の標本群とはきれいに分離した．もちろん②と⑤は地理的に完全に離れていることを考慮すれば，これら2つの標本群が異なる個体群に属することは明らかである．①大村湾と③瀬戸内海の2標本群は分離が不完全であったが，これらは地理的に隔たっている．また，⑤東京湾-仙台湾の標本は，①大村湾，②有明海・橘湾，③瀬戸内海・響灘のどれとも部分的に重なるが，地理的にもっとも近い④伊勢湾・三河湾の標本とは完全に離れている．

この研究によれば，④伊勢湾・三河湾，②有明海・橘湾，③瀬戸内海・響灘の3海域については，スナメリの頭骨に特徴があるので，計測値をもとに個々の頭骨の産地を判別することがほぼ可能である．④大村湾については，その産地を個体レベルで識別することは困難ではあるが，グループとしてみればほかの産地とわずか

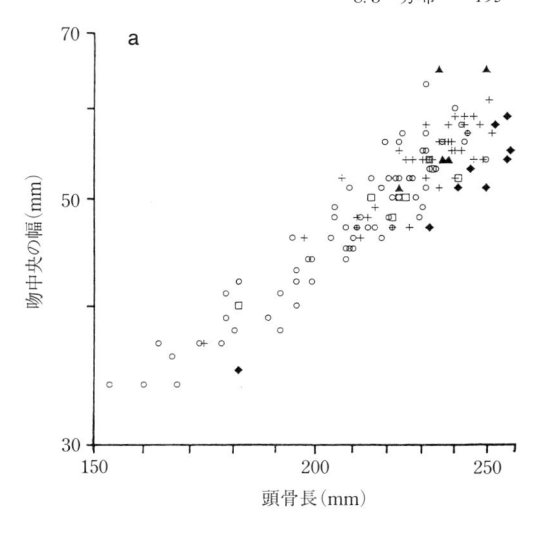

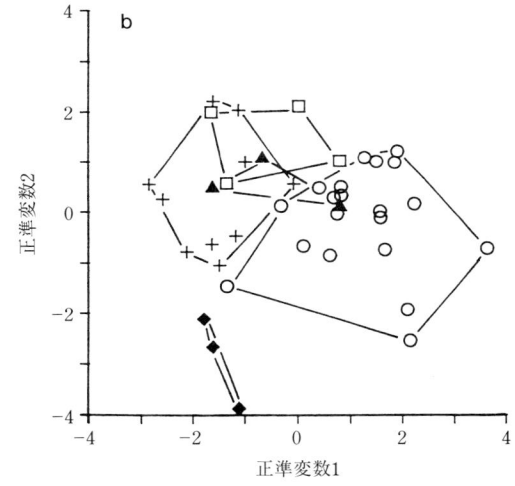

図8.3 日本産のスナメリの頭骨の形態．a：頭骨長と吻中央の幅の関係，b：頭骨の正準判別分析．①白四角：大村湾，②白丸：有明海・橘湾，③十字：瀬戸内海・響灘，④黒菱形：伊勢湾・三河湾，⑤黒三角：東京湾-仙台湾．（Yoshida 2002）

なちがいがある．地理的な分布の隔たりを参照すれば，上の頭骨の研究から，少なくとも5個の個体群の存在を認めることができる．東京湾から仙台湾にいたる海域を代表する標本は5頭しかないのでやむをえないともいえるが，この長大な海岸線からの標本をひとまとめにしたのは残念である．細分して解析することが許されれば，さらに興味ある発見がなされたかもしれない．

Yoshida et al. (2001) のミトコンドリアDNAの解析は，頭骨の形態から導かれた結論

表 8.3 日本産スナメリのミトコンドリア DNA の変異型の出現頻度とその地域差. (Yoshida et al. 2001)

変異型	a	b	c	d	e	f	g	h, i, j	出現型数	標本数
①大村湾	0	0	0	8	0	0	0	0	1	8
②橘湾・有明海	0	0	0	9	0	46	6	4	6	65
③瀬戸内海・響灘	0	0	0	27	3	0	0	0	2	30
④伊勢湾・三河湾	0	4	52	0	0	0	0	0	2	56
⑤東京湾-仙台湾	7	7	0	0	0	0	0	0	2	14

をさらに確実なものにする効果があった．彼らは日本の 174 頭のスナメリのミトコンドリア DNA のコントロール領域の 345 対の塩基配列を解析して，そこに 10 種の変異型（haplotype）を検出した．174 頭の標本を頭骨の場合と同様の 5 標本群に分けて，変異型の出現頻度の地理的なちがいを解析した（表 8.3）．ミトコンドリア DNA は核外遺伝子で卵子由来であるから，母系遺伝をする特徴がある．したがって，かりに雄が一時的に他所の海域に出かけて，そこの雌と子どもをつくったとしても，生まれてくる子どものミトコンドリア DNA には，父親が所属した個体群の特徴は現れない．ただし，そのような遠征中の雄が，その土地生まれの個体に紛れて一緒に解析されれば別である．この点については，Yoshida et al. (2001) は変異型の地理的分布に雌雄差が認められなかったと述べており，雄だけが繁殖のために遠征する可能性はいちおう否定されている．スナメリは，雌雄ともあまり地理的に分散しないものであるらしい．

雌雄をこみにした変異型の出現頻度のちがいは，ただ 1 つの例外を除き，地理的に有意であった．ちがいが有意とならなかったのは①大村湾と③瀬戸内海・響灘の比較であるが，これも標本数を増やせば有意となるかもしれない．Yoshida et al. (2001) は，距離的に 60 km しか離れていない大村湾と橘湾・有明海の間でさえ遺伝的な差があること，日本のスナメリは生息地の間で交流が少ないことに注目している．なお，彼らは和歌山県太地付近で得られたスナメリ（雌）は瀬戸内海型ではなく，伊勢湾・三河湾型の DNA をもっていたと述べている．志摩半島沿岸からこの程度の移動をすることはあるのかもしれない．なお，⑤東京湾-仙台湾の標本群を構成する 14 頭をみると，仙台湾から得られた標本はすべて a 型であったが，東京湾の 7 頭はすべてこれと異なる b 型であったと述べ，便宜的に 1 つの標本群としてまとめたこれら 14 頭が，複数の個体群を代表する可能性に言及している．仙台湾の個体と東京湾の個体は別個体群に属するとみるのは，動物地理学的には自然である．⑤東京湾-仙台湾標本群 14 頭のなかの 1 頭は茨城県立博物館の標本であるところをみると，仙台湾からの標本は 6 頭以下であるらしいが，場所と頭数が示されていないのが残念である．

2004 年に，沖縄の本部半島にスナメリが漂着したことは前に述べた．この痩せた個体 (129.6 cm, 19.2 kg) について，Yoshida et al. (2010) はミトコンドリア DNA を分析して，その遺伝子型が日本で検出された 10 型のいずれとも一致せず，中国沿岸に出現した 17 型の 1 つに一致することを見出した．その遺伝子型は台湾海峡から黄海にかけて分布するものであるという．このことから，この漂着個体は中国沿岸からの迷入であろうと結論されている．著者らはこの個体の背中のキールについては，それが狭い型に属するということ以外には多くを語っていない．しかし，その写真をみると，キールの左右に平行なくぼみが走り，左右方向の横断面はあたかも W 字をなすという特徴がみられる．これは朝鮮半島から黄海にかけて分布する個体にみられる特徴であり，日本のスナメリとは形態を異にする．

日本沿岸のスナメリがいくつかの個体群に分かれていて，その間には遺伝的な交流がほとんどないらしいと結論はされるが，地質学的な長

い年代にわたってそれが維持されてきたと考える必要はない．地球上には何回も寒い時期と暖かい時期が繰り返されてきた．最近の気候変動の例をあげると，いまから18,000年ないし2万年前に極寒を迎えたウルム氷期があり，その後，温暖化が進み，いまから5,000-6,000年前に暖かさのピークを迎えた．この温暖期は縄文海進と呼ばれ，海水面がいまよりも上昇していた時期である．その後，最近の5,000-6,000年間は気候がしだいに寒冷化し，海水面が低下してきた時期にあたる．最近さわがれている温室ガスの排出に起因する地球温暖化は，過去数千年の気候変動に逆行するものだが，時間スケールが比較にならないくらい短く，短期間に急速に進行しているのが特徴である．

温暖化が進んだ時期には南方から少数の個体が移住してきて，新たな地域個体群が形成されることもあったにちがいない．その場合には移住者の変異型が新しい個体群の特徴となるので，新天地の個体群では遺伝的変異が小さいはずである．寒冷化の時期には，変化する環境に徐々に適応して生きのびた個体群があったかもしれないが，適応できずに個体数の縮小ないしは消滅を余儀なくされた北方の地域個体群があったかもしれない．特定の変異型が生存に有利であるということはないであろう．ごくまれに起こる突然変異を別にすれば，最初に移住してきた創始者グループの遺伝的特徴から，その後に偶然に消滅して消えた型を差し引いたものが，いまのスナメリの地域個体群の特徴となる．

日本近海のスナメリが過去の気候変動に対応して，どのようなプロセスでいまのような分布を示すにいたったかは明らかでない．しかし，Yoshida *et al.* (2001) の結果には注目される点がある．それは遺伝的な変異の多さの問題である．まず①大村湾標本群は標本数が少ないので除外する．また⑤東京湾-仙台湾標本群は複数の個体群を含む可能性が大きいので，これもとりあえず除外しておく．残る3標本群でみると，西九州の②有明海・橘湾標本群の遺伝的多様性がもっとも高く，北東方面に向けてしだいに低下しているようにみえる．これは気候温暖化にともない，南西方面のスナメリが新天地を求めて，しだいに北東方面に飛び石状に分布を広げていった過程を反映しているのではないだろうか．⑤東京湾-仙台湾標本群には2つの型しか確認されていない．もしも，そこに2-3個の個体群が含まれるとするならば（前述），この傾向に矛盾するものではない．むしろ，東京湾から仙台湾にいたる海域に生活する各個体群には，それぞれに1つの変異型しか出現しないという，単純化の究極の状態にあるのかもしれない．また，紀伊半島の西と東とでは共通型が認められていないことに私は興味を感じている．ここをまたぐ交流が長い間，途絶してきたことを示すものかもしれないが，これについては専門家の検討を待ちたい．

8.4 分布の季節変化と生息数

8.4.1 季節移動

回遊，移動，分散という言葉は，英語の migration, shift, dispersal などという言葉と同様に，きわめてあいまいに使用されてきた．厳密な表現を求める研究者は，特定の目的地に向かう衝動が高まり，移動中は摂餌などが抑制される行動に限って回遊（migration）という言葉を使い，生息適地が季節とともに変化するにつれて分布を広げたり縮小したりするのは移動や shift と呼んで区別する場合がある．鯨類では，繁殖場と摂餌場を季節的に移動するザトウクジラやコククジラの行動は，厳密な意味での回遊にあてはまるかもしれない．ただし，コククジラでも回遊の途中で，オレゴン州の沿岸あたりで摂餌をする個体も観察されている．厳密なルールほど例外がともなうものである．移動や shift にあてはまるものに，日本の太平洋沿岸のスジイルカがある．彼らは黒潮前線付近とその南側に生活しているが，初夏になって表面海水温が上がってくるとしだいに北方に分布を広げて，盛夏には青森・岩手県境の沖合にまで分布する．秋には逆に伊豆半島から紀伊半島あたりまで分布の南限が下がる．そこには，厳密な

表 8.4 有明海と橘湾におけるスナメリ生息数の季節変化.
(Yoshida et al. 1997)

海域	月	発見数	生息数	CV	95% 信頼限界
有明海	1	42	1,762	0.34	914-3,396
	5	69	3,111	0.31	1,711-5,661
	6	27	1,214	0.51	474-3,110
	8	47	1,930	0.31	1,074-3,470
	合算	185	1,983	0.19	1,382-2,847
橘湾	2	91	2,416	0.49	972-6,006
	8	17	458	0.46	193-1,087
	11	14	398	0.53	150-1,051
	合算	122	1,110	0.29	642-1920
両海域	合算	122	3,093	0.16	2,278-4,201

意味で回遊と呼ぶのにふさわしい行動は認められない．このような移動は季節移動と呼ぶことにする．

スナメリの季節移動について最初に言及したのは，おそらく Pilleri and Gihr（1972）であろう．インダス河のデルタ地帯では冬の 10-4 月に密度が高く，その後，低下するとし，これはスナメリが春以降はエビを追って沖合に移動するためだろうと述べている．これとは逆に，王（1984）は，渤海・黄海・東シナ海方面のスナメリは 3-4 月あるいは 5 月ごろから沿岸に接近し，出現が増加するとしている．揚子江の淡水産個体群も，増水期と渇水期とで上流側の分布や下流の海側への分布の張り出しが変化するものと想像されるが，これらについては報告がない．

Shirakihara et al.（1994）は，有明海とその外側に接する橘湾で人車用のフェリーボートからスナメリの発見密度を 2 年半ほど追跡して，湾奥と湾口とを区別して季節変化を解析した．湾奥部のフェリーコースでは，密度が高いのは春から初夏（1-6 月）であり，分布が薄いのは夏から秋のころ（7-11 月）であった．航走距離あたりの発見頭数は，多いときには 100 km あたり 4 頭以上で，低いときには 2 頭以下とその差は 2 倍以上で，明瞭な季節変化がみられた．このような季節変化は，Kasuya and Kureha（1979）が瀬戸内海で観察したものと似ている．一方，有明海入口と橘湾では季節変化がこれとは逆の傾向を示し，発見密度は 1-5 月に低く，7-11 月に高かった．ただし，その季節差はわずかであり，しかもピーク時の発見密度は，航走 100 km あたり 1 頭程度と湾奥部に比べて低かった．もしも，これらのデータをそのまま受け取れば，外海に面した橘湾で夏を過ごした個体は冬になると湾内に移動するので，有明海の個体密度は冬から晩春にかけて高くなること，3-5 月になると逆に湾奥部の個体は外海に面した湾口部や橘湾方面に移動して，そこで夏を過ごすと推論することができる．外海に近い橘湾の発見密度が内海よりも低いのは，①外に出るのは一部個体である，②外海の広い海面に分散する，③外海では波が高いために発見しにくい，などさまざまな可能性が考えられる．

はたして上の推論が正しいのか．Yoshida et al.（1997）の結果は，上の推論とは一致しないように思われる（表 8.4）．彼らは 1993 年 5 月から 1994 年 5 月までの 13 カ月間に，航空機を用いて有明海と橘湾を中心とする海域でスナメリの分布調査を行った．カバーした月は 5-8 月，11-2 月の 8 カ月であった．橘湾での分布の沖側の限界はほぼ水深 50 m に一致し，その外側には発見がなかった．また，橘湾の西方の長崎半島西岸や有明海の南の八代海では，スナメリは出現しなかった．ところが，橘湾では 2, 5, 7, 8, 11 の各月にかなりの発見が記録されているのである．それ以外の月には橘湾の調査がなかったか，悪天候で有効な調査ができなかったのどちらかであるので，スナメリ不在の証拠にはならない．この目視データから算出された月別の生息数の推定値をみても，Shirakihara et al.（1994）のいう季節移動を裏づける証拠は見出

されない．月別の生息数推定値は信頼幅が大きいため，統計的に有意な差が出にくいという事情もあるが，橘湾では夏の8月に比べて冬の2月のほうが推定生息数が大きく，僅差で有意になるかもしれないほどのちがいであった．2月に出現が多いのは真実である可能性さえ考えられる．

このようなわけで，有明海と橘湾との間でスナメリが季節的に分布をシフトさせている可能性は残るとしても，それを支持する直接の証拠はいまのところ十分ではないとみるべきである．さらなる情報の収集が望まれる．

Shirakihara et al. (1994) は，同様の調査を大村湾でも行った．これは湾内で運行する人専用の高速フェリーで，乗組員に依頼して発見を記録させたものらしい．その結果，大村湾のスナメリは春には湾内全域に分散して発見され，その他の季節には湾央部には薄く沿岸部に濃い傾向を認めた．この後，Yoshida et al. (1998) は2，5，8，11月に大村湾で航空機による観察を行い，5月には湾内全域にスナメリが分散しているが，その他の季節には湾央部における密度は低下したと述べている．Shirakihara et al. (1994) は1年をどう区分して四季に分けたのか書いていないので，Yoshida et al. (1998) の結果と厳密な対比はできないが，2つの研究は分布のパターンの季節変化に関しては似た結果を得たとみてよいと思う．Yoshida et al. (1998) の推定によれば，大村湾のスナメリ生息数は5月343頭，8月203頭，11月104頭，2月92頭と夏から冬にかけて低下するかにみえるが，そのちがいは有意ではなかった．また，Shirakihara et al. (1994) は，大村湾口を扼する佐世保湾と，その外側の南は長崎半島東岸から九十九島を経て北松浦半島北岸にいたる沿岸の漁業者に聞き取り調査を行い，大村湾の外側のこれら海域にはまれな混獲記録があるのみで，スナメリの目視例はまったくないことを報告している．これらの事実もふまえて，Yoshida et al. (1998) は，大村湾のスナメリは湾外にはほとんど出ないものと結論している．有明海のスナメリと異なり，大村湾のスナメリは湾外に出

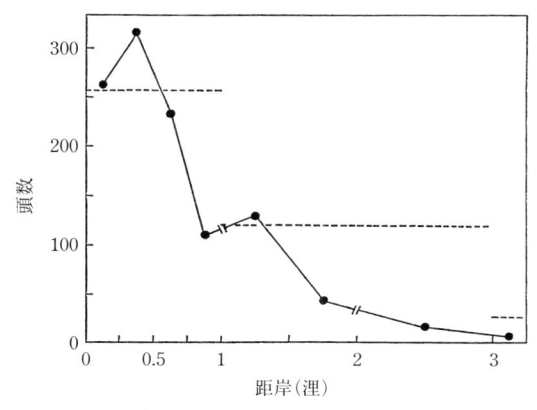

図 8.4 瀬戸内海におけるスナメリの分布と岸からの距離との関係．黒丸と実線はスナメリの発見頭数，点線はスナメリの発見密度で，海面を距岸1海里以内，1-3海里，3海里以上とに層化し，航海 1,000 海里あたりの発見頭数で示す．(Kasuya and Kureha 1979)

ることは少なく，餌の分布の季節変化に対応して，湾内で小さな移動をしているものと思われる．

瀬戸内海のスナメリの密度の季節変化については，Kasuya and Kureha (1979) の研究がある．彼らは瀬戸内海でフェリーボートを乗り継いで，1976年4月から1978年10月まで2年半を費やして，スナメリの分布を記録した．船は大部分が人車用のフェリーボートで，一部では低速の人専用のフェリーボートも使われたが，人専用の高速フェリーは使用を避けた．コースの総数は約31本（一部大阪湾を含む）であるが，これは数え方によって変化する．たとえば，1977年5月の調査行の場合は，乗船地から下船地までを一区間と数えると34区間の調査となり，そこでは28隻の船を使っていた．瀬戸内海全域を回るのに2週間程度を予定し，その期間内で，日程の許す限り同じ区間を反復して観察したので，観察の延べ距離は区間距離の数倍になった．

さて，生息数の項で具体的に述べるが，瀬戸内海のスナメリの分布は岸からの距離に大きく支配されているので（図8.4），解析にあたってはこの問題をつねに念頭に置かなければならない．また，Kasuya and Kureha (1979) は生息頭数の推定を行い，それを基礎にしてスナメ

リの季節移動を議論しているが，その生息数推定値は，Shirakihara et al. (2007) が推定した値に比べて著しく小さい．これは Kasuya and Kureha (1979) は船からの観察であることと，ほとんどが1名の観察者が得たデータであるのに対して，Shirakihara et al. (2007) の調査は視界の優れた航空機から常時2名の観察者が探索したため，発見能力に大きなちがいがあったことを反映しているものと思われる．Kasuya and Kureha (1979) の生息頭数推定値は信用できないが，相対的な密度指数として，分布パターンの地理的ないし季節的なちがいをみるためには利用できる．

Kasuya and Kureha (1979) の解析によって，瀬戸内海のスナメリの密度を岸からの距離との関係（図 8.4），あるいは東西方向でのちがいなどの観点から眺めてみよう（図 8.5）．スナメリの密度は瀬戸内海の東西端（西は周防灘＋伊予灘，東は播磨灘）で低く，瀬戸内海の中央部（柳井から小豆島まで）で高い傾向がみられた．これは岸から1海里 (1.852 km) 以内の層でも，1-3海里層でも同様であったし，季節にかかわらず安定して認められた現象である．これは当時のスナメリ分布の特徴であり，最近の分布とは明らかに異なるものである (Kasuya et al. 2002)．

スナメリの発見密度の季節変化を，密度がもっとも高い距岸1海里以内の層で，しかも瀬戸内海中央部で比較すると，それは11-2月の約1.0から3-4月の1.2に微増した後，5-9月には0.5程度へと低下した．春先に密度が高いらしいことがうかがわれる．Kasuya and Kureha (1979) は，さらに瀬戸内海の生息数の季節変化を解析したが（これも生息数自体よりもその変化の傾向に注目する），それによると生息数は2月から4月にかけて徐々に増加し，5月以後は低下しつつ，10月には最低を記録していた（図 8.6）．このような変化は距岸1海里以下のデータの影響が強く，距岸1-3海里ではフラットになって，季節変化は認められなかった．

Kasuya and Kureha (1979) の解析が示すものはなにか．それは瀬戸内海のスナメリの多く

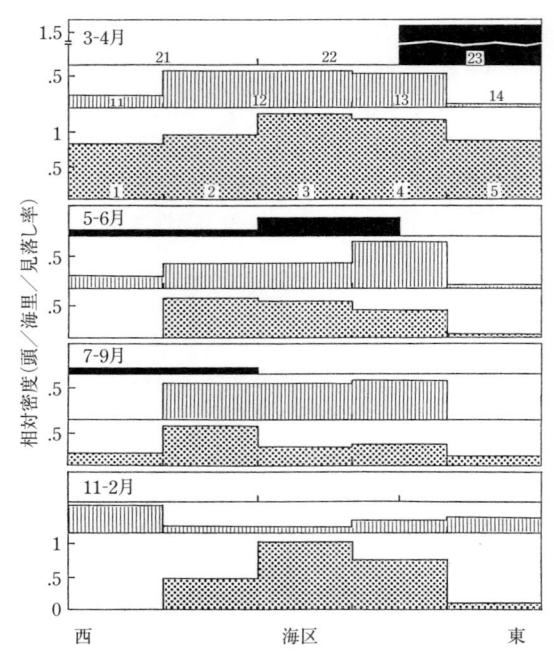

図 8.5 瀬戸内海のスナメリの密度の海域によるちがいをみる．海区1-5は距岸1海里以内で，西から順に1＝周防灘から別府湾まで，2＝伊予灘から安芸灘まで，3＝芸予諸島と西部燧灘，4＝東部燧灘から小豆島東端まで，5＝播磨灘．海区11-14は距岸1-3海里で，西から順に11＝海区1の沖合，12＝海区2と3の沖合（伊予灘から西部燧灘まで），13＝海区4の沖合（東部燧灘から小豆島東端まで），14＝海区5の沖合（播磨灘）．海区21-23は距岸3海里以上で，21＝周防灘と伊予灘，22＝燧灘，23＝播磨灘．ここに示したのは相対密度であって，実際の生息密度を示すものではない．(Kasuya and Kureha 1979)

は岸近く浅いところに生息しているが，初夏になると沖合あるいは外海に移動していく可能性である．これは Shirakihara et al. (1994) が有明海と橘湾で得た結果と似ている．Kasuya and Kureha (1979) は瀬戸内海から外海へのスナメリの季節的な出入りを確認するために，4つの出入口すなわち，鳴戸海峡，明石海峡，関門海峡，それと豊予海峡（速吸瀬戸）で観察を試みたが，出入りを確認する証拠を得ることができなかった．参考までにその概要を記録しよう．

関門海峡では5月に2日間18時間の陸上観察，豊予海峡では3月と4月にフェリーを使い合計7航海をしたが，いずれもスナメリの発見がなかった．明石海峡では横断フェリーを用い

8.4 分布の季節変化と生息数　201

った．

8.4.2　生息数推定の諸問題

　鯨類の生息数はさまざまな方法で推定されているが，たいていの推定値は実施された状況や調査の手法に由来する偏りを含んでいるものである．そのような問題を理解するために，生息数推定の問題点を手短に紹介しておく．全数調査（センサス）は個体を数えるもっとも直接的な方法であるが，適用できる状況は多くはない．分布が狭いとか特定の季節に狭い海域に集まる種でないと使えない．また，短期間に分布の全域を調査できない場合には，すでに数えた個体と新しい個体を区別する必要があるので，ザトウクジラやコククジラのように外部形態から識別できることが望ましい．ある季節に全員が沿岸の岸沿いを通過して回遊するアメリカ側のコククジラなどもセンサスの対象になりそうではあるが，悪天候の日や夜間に通過する個体や，人間の能力の限界ゆえに見落とす個体があるので，それを補正せざるをえない．このために頭数推定の作業が介在してくる．

　第2の方法は標識放流法とも呼ばれるもので，なんらかの特徴から個体群のなかの一部の個体を識別し，その数を知ったうえで（標識をつけるともいう），つぎにその個体群の一部を取り出して，標識個体と未標識個体の比を調べる．その比と総標識数とから総個体数を推定するものである．標識としては生まれつきの体色の特徴，自然についた外傷，人為的な目印，あるいはDNAの特徴など，いろいろな手法がある．標識をつけた個体とそれ以外の個体が均一に混合することが鍵になる．

　第3の方法が目視調査法である．これは標本抽出法の1つで，伊勢湾とか瀬戸内海というような特定の対象海域を定めて，そこから一部の標本海面を抜き出して観察し，そこの生息密度を推定して，それを対象海域全域に引き伸ばす方法である．標本海面は普通，調査船や飛行機のコースに沿った帯状の海面である．この方法は鯨類では広く用いられ，詳細な理論展開がなされている．入門者向けの平易な解説書として

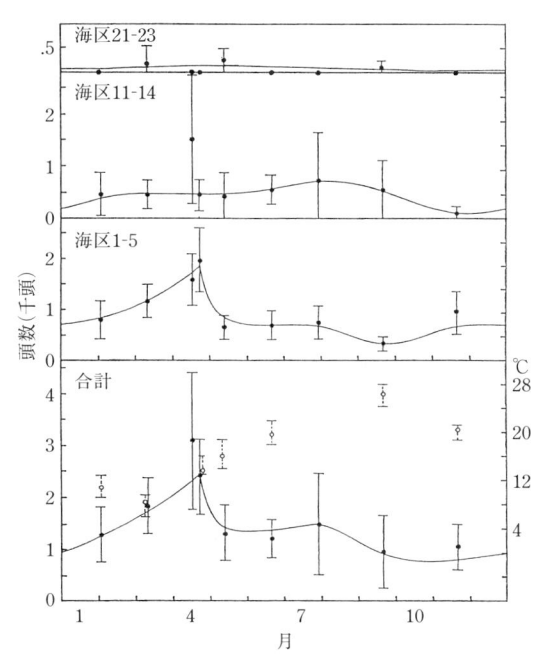

図8.6　瀬戸内海のスナメリの生息数の季節変化の傾向を距岸別にみる（技術的な問題から生息頭数自体には疑問がある）．海区区分の原則は図8.5と同じで，海区1-5は距岸1海里以内，海区11-14は距岸1-3海里，海区21-23は距岸3海里以上．縦線は推定値の90%信頼限界．調査時に得られた表面水温の平均（白丸）と範囲（点線）も同時に示す．（Kasuya and Kureha 1979）

て3月と4月に合計48航海，10月に14航海をしたが，3月に2群6頭の発見があったのみである．鳴門海峡では3月と4-5月に，海峡の南側（紀伊水道側）と北側（瀬戸内海側）でフェリーの上から観察を行った．合計139.2海里の横断航海で233頭のスナメリを観察した．きわめて高密度であることが印象的であったほか，スナメリは潮流の下流側の海峡出口付近に多い傾向があった．おそらく摂餌と関係しているのであろう．もしも，ある季節に海峡の特定の方向に泳ぐ個体が多ければ，瀬戸内海からのスナメリの出入りが証明できるはずであるが，このような方法でスナメリの出入りを証明することは無理であった．いまから思えば，1970年代末には，4海峡のなかでは鳴門海峡にはスナメリがずば抜けて多かったことを記録できたことが予想外の収穫であった．いまでは，鳴門海峡ではスナメリをみることさえまれになってしま

は宮下（2002）があり，それよりも高度な専門的な参考書としては，白木原ら（2002）がある．

目視調査によって鯨やイルカの生息数を推定するときに留意すべき問題の1つは，調査コースが予測されるイルカの移動に対して偏ってはならないことである．たとえば，北上回遊をしている時期にその方向に船を走らせるならば，鯨と船が一緒に旅をする結果になる．重複発見の可能性が出て，生息数を過大に誤ることになる．逆の方向に走れば少なめに出る．その影響は鯨の回遊速度と調査船の移動速度にかかわっており，これを補正することは困難である．回遊途中の時期をはずし，回遊の最終地点に到達した時期をねらって調査するのは，この困難を避けるためのよい方法である．

目視調査で注意すべき第2の点は，海のなかの鯨の分布はけっして均一ではないことである．高密度の海面が標本海面として選ばれれば，推定値は過大となる．標本海面をランダムに配置できれば問題はないが，むだな移動が増えるので非現実的である．それを避けるために，予測されるイルカの密度勾配になるべく平行になるように，かつ均一な調査線配置をするのが普通である．また，鯨の多そうなところと少なそうなところを別の区画に分けて，それぞれで生息数を推定してから，後で合算することも行われる．鯨の密度の高い区画に努力量を多く投入すれば，調査精度が上がるという利点がある．環境省の経費で行われた一連の調査も，このような方針で設計された（生物多様性センター2002）．この調査は飛行機を使ったから海岸線とは独立に調査コースを設定でき，多くの問題が回避できた．しかし，Kasuya and Kureha（1979）のように，島々を結ぶフェリーボートに便乗して調査をする場合には，船のコースが岸に平行（密度勾配に直交）になりがちであるし，岸近くに調査が集中するので，バイアスが発生する恐れがある．彼らはこの影響を低減するために，調査後に海域を岸からの距離によって層化して計算したが，それでも偏りを完全に排除することはできないとされている．

目視調査の第3の注意点は，船や飛行機から鯨を探しても，コースから一定幅のなかにいるイルカが全部みつかるわけではないことである．コースに近いところのイルカはよくみつかり，左右に遠く離れた（横距離が大きい場所の）イルカは見落としやすい．スナメリの場合は，コースから500 mも離れればほとんど発見がない．横距離と発見数との関係から，コースから離れたところの見落とし率を計算することが行われる．さらに$g(0)$の補正も必要となる．コース上にいる鯨の発見確率を習慣的に$g(0)$と呼んでいるが，じつは$g(0)$は100%ではない．スナメリに似たネズミイルカでは，$g(0)$が0.3程度という推定も出ている（Hammond et al. 1995）．これは1隻の船に同時に3名の調査員を配置したときの値であり，Kasuya and Kureha（1979）がしたように，1名で調査する場合にはもっと小さくなるはずである．$g(0)$推定のためのデータを集めるには，同じ船に2組の観察班を置き独立に観察させて，重複発見の比率から推定するなど複雑な作業になる．そこで，しばしば手間を省いて，$g(0)=1$と仮定してすませておくことが行われている（そのぶん生息数は過小推定となる）．

目視推定の際に問題とされる$g(0)$は，さまざまな要因で変化する．その要因には調査船の速度，海面からの目の高さ，調査員の人数や能力，天候，鯨の潜水時間やみやすさ，生息密度，群れの大きさなどがある．

飛行機を飛ばして調査するのと船で調査するのとでは，$g(0)$も，横距離と発見数の関係も当然ちがってくる．Kasuya and Kureha（1979）は瀬戸内海のスナメリについて横距離と発見数との関係を解析し，3-6月（平均風力0.6-1.2）に比べて，11-2月（平均風力1.2-1.7）には発見数の右下がりの勾配が急であることを示している．この調査はビューフォート風力階級3未満でのみ行ったが，それでも冬には風が強い日が多かったので，このような結果が出たのである．

船に対するイルカの反応も，目視調査による生息数推定に影響する．離乳して独立した若いイシイルカはしばしば船に寄ってきて，船首波

に乗って戯れる．このような行動は横距離発見分布において，手前側の発見を多くするので，生息数を過大に評価する原因となる．イシイルカでも，親子連れや大人のイルカは船を避ける傾向があるので（Kasuya and Jones 1984），観察者が気づく前に船から遠ざかっているかもしれない．この場合には遠方での発見が過大になるので，見落とし率は過小に評価され，生息数は過小推定となる．スナメリは，普段は船に寄ってきて船首波や船尾波に乗ることをしない．むしろ船を避けたり（Pilleri and Gihr 1973-1974），船首の下に潜ったりする（Zhou et al. 1979）．瀬戸内海のスナメリでも船首波に乗る例は知られておらず，①船が10-20mに接近すると，船首方向にいた個体が急潜水する例，②通過する船の船尾波がスナメリの上を横切るときに，その船尾波に数秒間乗ること，などが報告されている（Kasuya and Kureha 1979）．また，呉羽（1976）は，スナメリは通常は船が起こす波に乗ることはないが，幼獣はときに船尾波に乗ることを報告している．

8.4.3 日本のスナメリの生息数

日本のスナメリの生息数は，これまでに船や航空機を使って目視調査をして推定されてきた．それらは上にあげたさまざまな欠点や問題を含んでいるものである．なかでもKasuya and Kureha（1979）が瀬戸内海で行ったフェリー調査の成果は，それから20年後に行われた諸調査と比較すると，理解しがたい矛盾が現れてくる．すなわち，昔と同じ手法（フェリー使用）で得られた最近の発見密度（Kasuya et al. 2002）を昔の発見密度（Kasuya and Kureha 1979）と比べると，著しい発見密度の低下が認められ，生息数が近年低下したと考えざるをえない．ところが，航空機調査で推定した最近の生息数は，20年前にフェリー調査で推定された生息数よりも大きい値が得られているのである．すなわち，フェリー調査で得られた20年間の発見密度の低下をとるならば，20年前のフェリー調査か最近の航空機調査が出してきた，2つの生息数推定値のうち少なくとも一方がまちがっていると考えざるをえないのである．

私は，同じ手法で観察され，複雑な計算を含まない発見密度の経年比較のほうが信用できると考えている．目視理論も未発達だった1970年代の生息数推定値には問題があったと考えざるをえない．2つの生息数推定値は，基礎になった観察データの取得から生息頭数算出までのすべてのプロセスが異なっているので，直接には比較できない．なかでも，目視調査の第3の問題点として上にあげたコース上の見落とし率$g(0)$が，フェリー調査では航空機に比べて大きかったため，Kasuya and Kureha（1979）の調査は最近の航空機調査に比べて生息数を著しく少なく推定したものと思われる．前者では1名の調査員が船上で表面水温測定，船位確認，イルカの観察を行い，かつそれをノートに記録していたのである．2名の観察者と1名の記録係がいる航空機調査のほうが発見能力が高いことは疑いない．また，航空機は速度が速いという観察上の不利益はあるが，背鰭のないスナメリの観察においては，フェリーに比べて眼高が高いという航空機の利点がそれを補ってあまりあるのではないだろうか．船舶からの目視調査で得た生息数推定値と，航空機調査で得たそれとを比較する際には，十分な警戒が必要である．

日本でこれまでに行われたスナメリの航空機調査では，みな同じ手法で行われてきた．使用航空機は高翼の4人乗りセスナ機で，前の右席に操縦士，左席に記録係，後ろの左右席に各1名ずつの観察者が位置し，高度は500フィート（150m），速度は80-90ノット（148-167km/時；2,470-2,780m/分）である．最近の例では，環境省の予算で白木原国雄氏のグループが2000年の春から夏にかけて行った調査がある．これは，スナメリを環境保全の視点から総合的に調査したという点で，画期的な調査であった．その結果は環境省から出された報告書（生物多様性センター 2002）に報告されているが，最終的な研究報告は各担当者によって順次出版されつつある．同一の手法でなされた調査なので，地理的な差を比較するうえで好都合であるが，もしもなにかのバイアスが内包されている場合

には，どの推定値も一様に影響されるという危険性をも免れない．以下では，これまでの生息数調査について紹介する．ここで紹介する生息頭数推定値は，いずれも $g(0)=1$ と仮定しているので，真の生息数を過小推定している可能性がある．

（1） 大村湾

この海域の生息数調査は，航空機を用いて2回行われた．1つは Yoshida et al. (1998) が1993-1994年に，もう1つは前述の白木原国雄氏のグループが2000年に行った．これらの調査は使用航空機，速度，高度，調査員数，観察方法などは完全に同じであった．

Yoshida et al. (1998) の調査は，風力階級2ないしそれ以下のときを選んで4回行い，5月に343頭という最高の推定値を，2月に92頭の最低値を得たが，そのちがいは有意ではなかったとされている（前述）．4回の調査データを合わせて，かつ北側座席での発見33群53頭のみを使って187頭の推定生息数が得られた．南側座席のデータを使わなかった理由は，東西方向に12本の飛行コースを1海里 (1,851 m) 間隔で設定して往復したため，南側の調査員は，日光の海面反射に妨げられて発見が少なかったためである．

白木原・白木原 (2002) と Shirakihara et al. (2007) は同じ調査にもとづくもので，1つは行政報告，他方は学術論文である．彼らは26本の平行な東西方向の調査コースを設定し，これを1本おきの13本ずつの2セットに分けた．この2セットから，いずれか一方をランダムに採用する方針とした．結果的には，1回目の調査には奇数コースが，2回目には偶数コースが採用された．各回の飛行間隔は1海里で，重複はなかった．この調査の季節は4月で，前回の調査で最大の生息数推定が得られた5月に近い季節である．2セットのデータを合わせて38群54頭の発見があり，これから生息数は298頭と推定された．

2回の推定値には有意な差がなく，7年間の生息数の変化は検出できなかった．しかし，これは減少や増加がなかったことを証明しているものではない．現在，大村湾の個体群は200-300頭という少数であり，それだけでも自然保護の観点からは注意深い管理が必要である．大村湾の面積は 320 km^2 であるとされるので（白木原・白木原 2002），湾内の平均生息密度は0.58-0.90 頭/km^2 となる．

（2） 有明海・橘湾

有明海のスナメリの生息数を最初に推定したのは Shirakihara et al. (1994) で，フェリーコース3本と，漁船，練習船のデータを用い，周年のデータをまとめて解析した．観察者の数は1-2名で，船の型やフェリーのルートによって変化した．推定生息数は 2,700 頭，平均生息密度は 1.60 頭/km^2 となった．この推定には橘湾が含まれていない．有明海のスナメリ個体群の一部は橘湾沿岸に分布することが知られているし，両海域の間の分布比率が季節的に変化する可能性があることに留意する必要がある．

Yoshida et al. (1997) は，12カ月のうちの8カ月をカバーする調査を有明海と橘湾で行った（前述）．飛行コースは系統的に2海里（約3.70 km）間隔で平行に配置し，東西方向に飛行した．いずれの海域においても生息数の季節変化を示す証拠は得られなかったので，すべてのデータを合算して生息数を算出したところ，表8.5のようになった．白木原・白木原 (2002) は両海域の海面面積を 2,465 km^2 としているので，これを用いると，本個体群の生息密度は 1.25 頭/km^2 となる．生息数を推定するときには，調査対象となった海域の面積を用いるべきであり，生息密度を算出するときには，生息が確認された海域の面積を用いなければならない．後者は前者よりも小さい場合も出てくるかもしれないが，白木原・白木原 (2002) の場合は，調査海面面積と生息海域の範囲がほぼ一致しているので，生息数算出面積を借用しても大きなエラーは発生しない．

白木原・白木原 (2002) も Yoshida et al. (1997) とほぼ同様の方法で，この海域のスナメリの生息数を調査した．その結果，有効な観

表 8.5 日本沿岸のスナメリ推定生息数．目視調査によるもので，特記しない限り調査コース上の発見率 $g(0)$ を1と仮定している．調査年月は当該推定値に対応する季節であり，必ずしも一連の研究期間を示してはいない．

海 域	調査年・月	生息数	95% 信頼限界	使用機器	出 典
大村湾	1993.8-94.5	187	127-277	航空機	Yoshida et al. 1998
大村湾	2000.4	298	199-419	航空機	白木原・白木原 2002
有明海	1988.8-92.5	2,700	CV=0.2	各種船舶	Shirakihara et al. 1994
有明海・橘湾	1993.5-94.5	3,093	2,278-4,201	航空機	Yoshida et al. 1997
うち有明海		1,983	1,382-2,847		
橘湾		1,110	642-1,920		
有明海・橘湾	2000.3	3,807	2,767-5,237	航空機	白木原・白木原 2002
瀬戸内海[1]	1976-1978.4	4,900-6,000[2]		フェリー	Kasuya and Kureha 1979
瀬戸内海[1]	2000.4-5	7,572	5,411-10,596	航空機	Shirakihara et al. 2007
うち中・東部域		1,895	1,326-2,708		
周防灘		5,569	3,692-8,398		
別府湾		108	32-362		
伊勢・三河湾[3]	1991-1995.4-6	1,046	619-1,792	小型船	宮下ら 2003
うち伊勢湾		536	241-1,192		
三河湾		510	261-998		
伊勢・三河湾	2000.5	3,743	2,355-5,949	航空機	吉岡 2002
うち伊勢湾		3,038	1,766-5,225		
三河湾		705	344-1,445		
安房-仙台湾[4]	2000.5-7	3,387	1,778-6,452	航空機	Amano et al. 2003

1) 本推定には紀伊水道の大部分・大阪湾・響灘を除外しているが，これら海域にも本個体群が生息している．
2) 調査員は1名．$g(0)$ を0.5として補正しているが，それでも航空機調査（調査員3名）に比べて補正は不十分であろう．
3) 密度が最高を記録した4-6月の推定値．$g(0)=0.899$ としている．志摩半島と渥美半島の太平洋側の沿岸域に分布する個体は含まれていない．
4) 房総半島西岸の調査は東京湾入口に位置する湊より南側で行われ，東京湾は推定範囲に含まれていない．

察数150頭を得て，生息数を3,807頭と推定した（表8.5）．生息密度は1.54頭/km^{2}である．

有明海・橘湾のスナメリの個体数は，過去12年間に3回の調査がなされたが，それらの間には有意なちがいがなかった．このことは，個体数や生息密度が変化しなかったことを示しているわけでない．生息数が変化したかもしれないが，推定精度が不十分なため，調査では変動を明らかにすることができなかっただけのことである．

（3） 瀬戸内海

瀬戸内海のスナメリの生息数の推定を最初に試みたのは Kasuya and Kureha（1979）であった．1976年4月から1978年10月まで2年7カ月を費やして，ほぼ四季の調査をした．28隻34航海（乗船から下船までの区間数）の船速は8.5-18.5ノットの範囲にあり，平均は11.3ノット（単純平均）ないし12.3ノット（航走距離で比重づけ）で，調査はほとんどすべて1名の観察者で行われた．最大の生息数が得られた4月には2回の調査が行われたが，それぞれ約3,000頭（2,800-4,400）と2,450頭（1,700-2,800）の値が得られている．カッコ内はおおよその90%信頼限界である．Kasuya and Kureha（1979）は後者の値を採用し，それを別途推定した $g(0)=0.5$ で除して，生息数4,900頭と得ている．なぜ，小さい値を採用したのか理由は定かではないが，かりに大きいほうの値を採用すれば6,000頭となる（表8.5）．

Kasuya and Kureha（1979）の生息数推定はいまからみれば幼稚な手法であり，歴史的な分布パターンの記録としては意義があるとしても，推定された生息数自体には大きな意味はないように思われる．問題点のいくつかはすでに述べたが，つぎのような問題を含んでいる．①島伝

いのコースが多く，調査努力量の分布がスナメリの分布と独立でないこと（調査データを距岸で層化して対応を試みている），②多くの場合に船の前方視界が妨げられていたので，発見角度を90度と仮定して直達距離を横距離とみなしたため，横距離が実際よりも過大になり，生息数を過小に評価する原因の1つとなった（船のコースとスナメリの位置とのなす角度を α とし，スナメリへの直達距離を r とすると，正しい横距離は $r \sin \alpha$ で算出される），③$g(0)$ を0.5と推定して補正したが，その手法の幼稚さに加えて，1人調査であったため，その値自体が過大であったと思われる（生息数を過小推定する）．

Shirakihara et al.（2007）が行った瀬戸内海のスナメリ調査は，環境省のプロジェクトの一部として行われた．水深50m以深の海域にはスナメリの出現が期待されないので，水深の大きい速吸瀬戸から伊予灘にかけての海域を除いた残りの瀬戸内海全域と，鳴門海峡の東側の紀伊水道の一部を加えた海域を調査対象とした．飛行コースは南北の向きとして，経度4分（約3.3海里，6.1km）の等間隔に設定した．鳴門海峡の東側を加えた理由は，かつて鳴門海峡の東西域は連続してスナメリの密度が高かったことによるものであるが，結果的には播磨灘，とくにその中央部と南部海域にはスナメリの発見が少なく，鳴門海峡周辺では海峡東側に1群が発見されただけだった．この調査では，大阪湾と紀伊水道の大部分は除外されている．

彼らが得た瀬戸内海のスナメリ分布の特徴の1つは，山口県以西の周防灘域には発見が比較的多く，広島県以西の海域には分布が薄いことであった．これは Kasuya and Kureha（1979）がみた分布の状況とは異なっていたが，Kasuya et al.（2002）が1990年代末にフェリーボートを使って得た近年のスナメリ分布のパターンとは，きわめてよく似ていた．瀬戸内海では，過去20年間にスナメリの分布パターンが大きく変化したことを示すものである．この問題については，後でふれる．Shirakihara et al.（2007）は60本の調査線，合計2,2181km

を飛行して148群のスナメリを発見した．平均群れサイズは1.56頭であったから，発見頭数は231頭となる．これをもとに生息数を推定すると，調査海域13,949 km^2 に対して7,572頭（95%信頼限界；5,411-10,596）と算出された．そのうち，長島以西の瀬戸内海に相当する別府湾と周防灘の生息数は5,677頭で，全体の75%を占めていた．

1 km^2 あたりの生息密度は周防灘海域で1.31頭，その東方の中部・東部瀬戸内海で0.208頭，別府湾で0.506頭であった．周防灘海域におけるスナメリの密度が高い傾向があるのは，この海域には広い浅海域が残り，自然が比較的よく残されているためであるらしい．周防灘に比べて，瀬戸内海の東部や中部には島の密集域があるにもかかわらず，そこでの発見が少なかったことこそ注目すべきであろう．Kasuya and Kureha（1979）が20年前に調査したときには想像もできなかった分布パターンである．

（4）伊勢湾・三河湾

この海域では過去に2回の生息数調査が行われている．1つは鳥羽水族館が企画し，遠洋水産研究所の研究者がこれに協力して行ったもので，小型船を用いて1991-1995年の約3年半に12回の調査をした（宮下ら2003）．鋸の歯の形に海岸線に対してジグザグの調査コースを設定し，水面から3.5-6mの高さに2名の調査員を配置して探索した．船速は10-13ノット（時速18.5-24.1km）で，風力4以下のときに観察を行った．しかし，航走100kmあたりの発見頭数をみると風力0-2のときに8.0頭（合計252頭）であるが，風力3-4のときには2.3頭（合計23頭）に低下することを見出した．このため，彼らは後者の23頭とそれにともなう1,003kmの航走データを生息数の推定作業から除いた．これは適切な処置と思われる．

宮下ら（2003）は生息密度が最高になる4-6月の個体数を1,046頭（CV=0.28）と推定している（表8.5）．その際に $g(0)=0.899$ として計算している．これは水深4.5mの水槽のなかのスナメリの浮上間隔をもとに，調査航路上

表 8.6 伊勢湾と三河湾における 1km² あたりのスナメリの生息密度．カッコ内は変動係数（CV）．（宮下ら 2003）

月	1-3月	4-6月	7-9月	10-12月
伊勢湾	0.14頭（54%）	0.34頭（41%）	0.19頭（35%）	0.02頭（88%）
三河湾	0.24頭（67%）	0.99頭（34%）	0.61頭（53%）	0.60頭（25%）

の視野内にスナメリが浮上する確率を推定したものである．私は，この値は $g(0)$ の推定値としては過大であると考えている（生息数は過小になる）．その理由は，①餌を水面でもらう習慣がついている水族館のスナメリの潜水時間は，海中で餌を探している野外のスナメリの潜水時間より短いにちがいない，②実際の調査では，航路上の視界内に浮上するすべてのスナメリ個体が観察者によって認識されることはありえない（視野内に浮上しても見落とすことがある），の2点である．

宮下ら（2003）はスナメリの密度が伊勢湾よりも三河湾で高く，2倍以上の差があり，この傾向はどの季節にも共通すること，季節的にみると 10-3 月の冬に密度が低く，4-6 月にもっとも高くなることを認め，当海域のスナメリは湾外に出入りしていると推論している（表 8.6）．表に示すように，生息密度は変動係数がきわめて大きく，個々の値の差の大きさにどれだけの意味があるか疑問ではあるが，伊勢湾と三河湾の間の密度のちがいはどの季節にも共通した傾向があるし，季節的な密度変化の傾向は2つの海域で同じように認められるので，密度差があること自体はなんらかの生物学的あるいは環境学的な現象を反映しているものと思われる．伊勢湾外の志摩半島沿岸では，1999 年と 2000 年の 4-6 月に調査船から本種が目視されているし（粕谷未発表），志摩半島と渥美半島の南岸では多数の漂着報告があることからも，そこにスナメリが分布することは明らかである．

宮下ら（2003）の調査の後，環境省の資金で航空機を用いた調査が伊勢湾と三河湾で行われた（吉岡 2002）．この調査では，観測線の方向は伊勢湾では東西方向，三河湾では南北方向とされた．また，志摩半島と渥美半島の太平洋側にもスナメリが生息することが知られているので，それぞれ東西方向と南北方向に海岸線に直交する形で飛行コースを設定し，沖合の水深 100 m までを調査した．観察線の間隔は 2 ないし 3 海里（3.7-5.6 km）であった．結果的には，渥美半島と志摩半島の太平洋岸ではスナメリの発見がなかったので，そこに生息するスナメリは無視される結果になった．吉岡（2002）は生息頭数を伊勢湾 3,038 頭，三河湾 705 頭と推定し，1 km² あたりの生息密度を伊勢湾で 1.95 頭，三河湾が 1.38 頭とした．

この結果は宮下ら（2003）に比べて，生息密度も生息頭数も大きいのが特徴である．そのちがいは三河湾よりも伊勢湾で著しい．その原因は，吉岡（2002）も述べているように，船舶と航空機という調査手法のちがいに起因するところが大きいのではないだろうか．私が宮下ら（2003）の調査に同行したときの記憶では，調査船は遠浅の海では海岸に近づくことができなかったし，海苔ひびのある海面にも立ち入りができなかった．スナメリが好む岸寄り海面に無視できない量の未調査域があることも，船舶調査による推定が小さくなることの原因の1つであろう．その他，飛行機と船では $g(0)$ の値に大きなちがいがあるらしいことも原因していると思われる（前述）．

(5) 千葉県沿岸から仙台湾まで

東京湾には古くからスナメリの生息が知られていた．横須賀沖では漂着や目視の記録があり（中島 1963；石川 1994），2003 年の 6-7 月に富津沖，中の瀬，葛西沖，木更津沖などで帝京科学大学の学生が相当数を遊漁船から発見している（粕谷未発表）．Amano et al.（2003）も空港への帰途に，2群5頭のスナメリを富津沖で航空機から目視している．ただし，これら5頭は通常の探索時の発見ではないため，2次発見

として処理されて，生息数推定には使われなかった．現段階では，東京湾のスナメリの生息数は推定されていない．

Amano et al. (2003) の研究も，環境省の調査活動の一部として行われたものである（生物多様性センター 2002）．調査範囲は，浦賀水道の入口の湊付近（北緯 35 度 15 分付近）から房総半島の先端を経て仙台湾の北部（北緯 38 度 20 分付近）にいたる海域であった．東西方向の調査線を 11.1 km 間隔で，浦賀水道側に 3 本，太平洋側に 34 本を設定した．スナメリは水深 50 m の沖合まで分布すると予測されたが，少し余裕をみて，水深 60 m までを調査範囲とした．この関係で湊から西に伸びる測線は浦賀水道を横断しているが，その南側の 2 本は水道の東側で終わっている（図 8.7）．

この海域ではこれまで組織的なスナメリの分布調査がなかったので，得られた成果は貴重である．スナメリの出現範囲は，千葉県夷隅郡の太東崎付近（35 度 18 分付近）から福島県との境に近い茨城県五浦海岸付近（36 度 30 分付近）までと，福島県小浜付近（北緯 37 度 20 分付近）から仙台湾中央部の宮城県広浦付近までの 2 カ所に分かれていた．仙台湾北部の 2 本の測線では，スナメリの発見がなかった．太東岬の南に位置する小湊（35 度 07 分付近）からは本種の漂着記録があるし（石川 1994），同じく大原海岸（35 度 15 分付近）にもスナメリがいることが知られているので，本調査で発見がなかったことをもって不在の証拠とするのは早計であろう．しかし，安房郡の南部の東西岸と塩屋崎の北緯 37 度付近にスナメリ分布の空白域があるらしいことは，今後注目する必要があるように思う．Amano et al. (2003) も述べているように，これが個体群の境界域をなしている可能性がある．すなわち，東京湾個体群，外房海岸-鹿島灘個体群，福島県-仙台湾個体群の 3 個体群が，将来は確認されることになるかもしれない．

Amano et al. (2003) の調査では，スナメリが発見された場所の水深は 40 m 以浅であり，岸からの距離では 20 km 以内であった．図 8.8

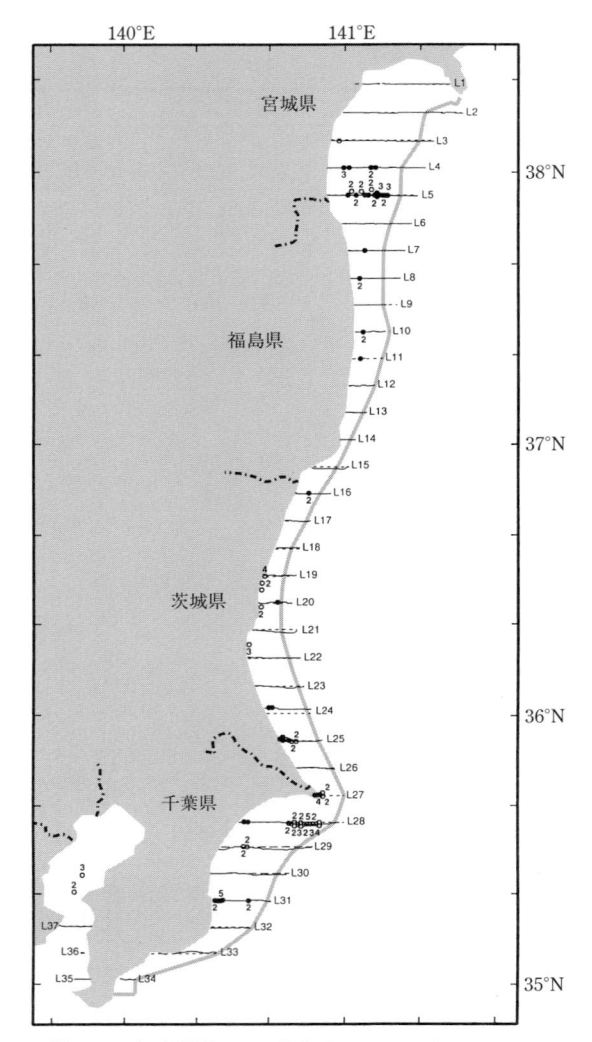

図 8.7 安房郡周辺から仙台湾にかけて発見されたスナメリの位置．航空機による目視調査の計画コース（点線）と実行コース（実線）およびスナメリ発見位置（黒丸は 1 次発見，白丸は 2 次発見，数字は群れサイズ）を示す．岸沿いに走る太い線は水深 50 m の等深線．（Amano et al. 2003）

はスナメリ発見位置における水深と距岸を示したものである．距岸 5 km 付近までは，発見位置が岸から離れるにつれてその場所の水深も増加する．しかし，それよりも沖合でスナメリが発見されても，そこの水深はほとんど増加しない．水深 35-40 m で発見された 1 群を除けば，すべての群れは水深 35 m 以下で発見されていた．距岸 5 km 以上の海域でスナメリの分布を制約する要因としては，水深の影響が大きいことを示すものである．いいかえれば，沖合にス

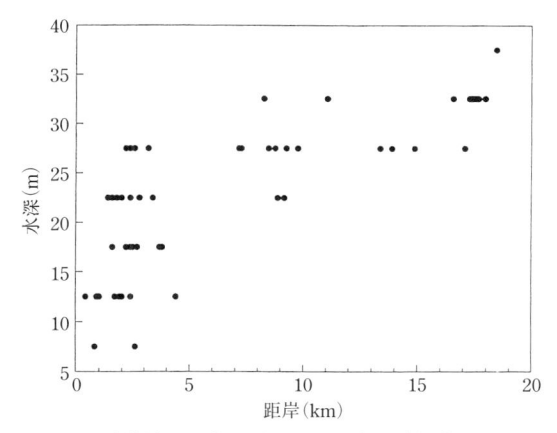

図 8.8 千葉県から宮城県にいたる太平洋沿岸におけるスナメリ発見位置の水深（縦軸：m）と岸からの距離（横軸：km）の関係．黒丸1つが1群を示す．(Amano *et al*. 2003)

ナメリが出現するのはそこが浅いからである（このことは前にも述べた）．Amano *et al*. (2003) は，水深50 m 以浅での調査努力量とそこで得られた51頭の1次発見から，スナメリの生息頭数を 3,387 頭と推定した．なぜ，範囲を水深40 m としなかったのかは明らかでないが，個体数推定に関する限り，水深50 m までの観察努力量を計算に含めても偏りは発生しない．調査線は岸に直交して等間隔に配置されているので，スナメリのいない深い場所を含めた場合には，平均発見密度は小さくなるかたわら，それを引き伸ばす推定対象海面は広くなるので，分散は大きくなる（つまり，信頼限界は広くなる）かもしれないが，生息数にはバイアスが発生しない．しかしながら，50 m 以浅の海面面積 6,750 km^2 を使って生息密度を 0.502 頭/km^2 と算出したことには疑問が残る．スナメリが分布しない水深 40-50 m の海面も生息密度の計算に算入すると，真の生息域における個体密度を過小評価することになる．

8.4.4 瀬戸内海のスナメリの動向

（1） 背景

私が瀬戸内海のスナメリの異変に気づいたのは，1997年9月25日のことであった．アジア航測株式会社が航空機によるスナメリ調査の可能性を探るというので，助言をかねてそのセスナ機に同乗した．社としては将来，行政関係が行うであろうスナメリ調査に備えての先行投資の意図があったかもしれない．スナメリをみつけて，目視調査に関する技術的なテストをする計画であった．そこで泉南あたりにある小型機の飛行場を離陸してから友が島水道に出て，かつてスナメリが多かった鳴門海峡‐小豆島周辺‐家島諸島を回ることにした．その結果，豊島の北で3頭をみたが，ほかには1頭の発見もなく3時間50分の飛行を終えた．昔は数え切れないほどスナメリがいた鳴門海峡では1頭もみないことに，私は自分の眼を疑った．また，家島では関西空港の埋め立て用の土砂採取で，部落の裏山が海面近くまで削られていたのにも驚いた．この会社はその年の10月にも独自に川之江付近まで探索したが，発見はなかったそうである．

瀬戸内海においては約22年を隔てて，ほぼ同様な手法でスナメリの分布調査が2回繰り返されたので，生息頭数という形ではなく生息密度の指標という形ではあるが，個体群の経年変化を知ることができる．第1回目の調査は1976年4月から1979年10月まで約2年半を費やした調査である．第2回目の調査は1999年3月から2000年4月までの約1年間をかけて行われた調査で，上に紹介したアジア航測の調査がきっかけになって行われたものである．第1次調査の結果は Kasuya and Kureha (1979) に，第2次調査の結果を第1次調査と比較検討した研究は Kasuya *et al*. (2002) に発表されており，後者の概要と若干の追加解析は粕谷 (2008, 2010) にも印刷されている．

1970年代に瀬戸内海は大きな環境問題に直面していた．頻発する油の流出事故，おもに都市排水の放流による富栄養化と赤潮の頻発，それによる養殖ハマチの死亡などの漁業被害，工場や農業廃水による化学汚染の進行などである．奇形魚の出現が報道され，新聞は汚染との関連を疑っていた．このような事態に対処するため，政府は1973年10月に瀬戸内海環境保全臨時措置法を成立させた（同年11月施行）．続いて，1978年6月にはこれを瀬戸内海環境保全特別

措置法と改め（翌年6月施行），排出規制をそれまでの濃度規制から総量規制に改めた．また，富栄養化の主要原因物質のうちのリンについては，排出削減対策を講じることとした．チッソの排出規制は困難なため，総量規制を避けて，下水処理の普及などで対処しようとしたものと理解している．瀬戸内海環境保全協会（1996）によって，大阪湾と紀伊水道を含む瀬戸内海における油類の流出事故件数の変化をみると，1970年には155件が確認されたのが，1973年には過去最大の874件を記録した．赤潮の発生件数も，1970年の79件から1976年に最大の326件へ増加している．ちなみに，これら環境指標のその後の動向をみると，上に述べた最大数を記録した後，漸減して，油類流出は1994年には100件程度に減少した．赤潮も1995年の87件を記録して，ほぼ横ばいになっている．

このような状況のもとで，瀬戸内海のスナメリはどうなるのか．残留性の環境汚染物質は，食物を通じてスナメリの体内に蓄積するはずである．かりに，彼らが赤潮や化学汚染による急性中毒で死亡することは免れたとしても，慢性毒性により出生率の低下とか死亡率の上昇がもたらされ，長期的には生息数が減少するのではないかと危惧された．将来起こるかもしれない瀬戸内海のスナメリ個体群の変化を把握するためには，その現状を調査し記録しておくことが大切であると考えた．そこで，東京大学海洋研究所にいた私と呉羽和男氏は，世界野生生物基金日本委員会から研究費補助を得て調査を行った．これが第1次調査である．

（2）調査の設計

第1次調査のときはスナメリがどの季節に多いのかもわからなかったので，四季をカバーするように調査を設計した．多くのフェリーボートに乗船して，なるべく多数の運行区間につき，時間と予算の許す限り多数回乗船して，スナメリの出現位置と頭数を記録した．その他に親子連れの記録や，フェリーから採水瓶を投入して海水温を測定し記録することも行った．使用したフェリーは人車両用のものが主であったが，高速船でない限り人専用のフェリーボートも使用した．ビューフォート風力階級3は海面に白波が立ち始める状態をいう．こうなるとスナメリが発見しにくくなるので，調査は風力階級3未満に限って行った．

第2次調査を設計するときには，前回の調査から，瀬戸内海にスナメリがもっとも多く発見されるのは4月ごろから初夏にかけてであることがわかっていたので，その時期に集中して行うこととした．第1次調査のデータからは同じ季節のデータだけを抜き出して，第2次調査の結果と比較することとした．第1次調査から22年が経ち，瀬戸内海の島々を結ぶ橋の数も増えたため，フェリーボートの運行区間には変化が起こっていたが，われわれの調査は前回と同じコースを選んで，同じ手法で観察することを優先した．そのほかに当時私が勤めていた三重大学の練習船勢水丸も，3航海延べ9日間にわたって使用した．勢水丸の調査航海は，鳴門海峡から調査を始めて速吸瀬戸付近で調査を終えるもので，全域を同一手法で概観するものであった．そのコース設定はフェリーコースと同じにした場合と，まったく異なる新たなコースを設定した場合があった．勢水丸の調査には三重大学生物資源学部の河村章人・白木原国雄両教授（当時），鳥羽水族館の古田正美氏をはじめ職員の方々，それに白木原美紀氏らの協力を得た．このほかに船員の方々もスナメリの発見に協力してくれたので，イルカ発見能力の点ではフェリー調査（第1次，第2次調査とも）を上回っていたが，スナメリ発見密度の解析においては第2次調査のフェリーデータに合算した．

このような22年を隔てたデータを比較して，もしもスナメリの発見が増えていた場合には，そのデータからはスナメリの増減についてなにも結論できない．なぜならば，第2次調査には調査組織に若干の質的な向上があったためである．しかし，結果的には2回目の調査のほうが初回調査に比べてスナメリの発見が少なかったので，その減少を結論できたわけである．第2次調査では，第1次調査と同様に高速船の使用は避けたが，第2次調査で使ったフェリーボー

トとの船速が，第1次調査のそれと同じであったかどうかの確認をしていないことが，気がかりな点である．もしも高速化していれば，発見率は低下する恐れがある．

これらの，第1次および第2次調査の原データは国立科学博物館動物研究部に寄託してある．われわれの調査結果を再検討するとか，将来に行われる第3次調査と対比するとか，その他の科学研究のために研究者にオープンにされている．

（3）スナメリ濃密域の縮小

まず，図8.9で昔と今のスナメリの出現場所の変化をみよう．以下では，調査コースは終点と起点の2つの番号をハイフンで結んだ記号で示すことにするが，鳴門海峡のように小さい海域の場合には，図中の1つの番号で代表することもある．第1次，第2次に共通する航路（実線）についてみると，1回目の調査ではスナメリが頻出して黒丸が連なっている海域がいくつかあるが，そのなかのいくつかでは，2回目の調査では発見がなくて，白丸がほとんど描かれていない．

柳井よりも東の航路でみると，鳴門海峡域（1），小豆島周辺（2-3, 2-4, 2-5, 2-6の各航路），広島・手島（7），佐柳島周辺（9-10），大三島から大崎・蒲刈を経て呉まで（11-17），および三津浜から中島町・柱島を経て柳井港にいたる海域（18-22）などは，第1次調査のときにはスナメリが多かった場所であるが，第2次調査ではほとんどスナメリがみられなくなっていた．第2次調査では呉（17）から南下して情島周辺（20, 21）を経て柳井（22）にいたる航路を三重大学の練習船勢水丸で航海した．理想的な海況のなか，多くの人たちが一生懸命スナメリを探して努力したのに発見はきわめて少なく，これが22年前と同じ海だとは自分の昔の記憶を疑いたくなった．

柳井より西の周防灘方面では，それよりも東の海域に比べて第2次調査でもスナメリの発見が比較的多く，中・東部瀬戸内海に比べて生息密度の低下が弱い，すなわち状態がやや良好であるように感じられた．これはShirakihara et al.（2007）が航空機調査から得たスナメリの分布傾向とも一致している．

なお，海鳥もたいへん少なくなっているように感じたが，第1次調査では海鳥の発見記録を残していなかったので，量的な比較はできなかった．

上の経年比較は，調査努力量の差を考慮しておらず，感覚に頼るという不確かさがある．そこで，つぎに個々のフェリー航路について1航海あたりのスナメリの平均発見頭数を比べてみることにする．表8.7で1と示した航路は，図8.9にみるように鳴戸海峡を横断する航路である．2-6は小豆島（2；この場合はくわしくは土庄である）と宇野（6）とを結ぶ航路である．この土庄－宇野航路は，1976-1978年の第1次調査では5回調査して各回0-27頭（平均8.20頭）の発見があったが，1999-2000年の第2次調査では8回調査して0-1頭（平均0.13頭）の発見を記録した．海のなかのスナメリの密度に過去22年間に変化がなかったのに，調査データにこれだけの差が偶然に発生する確率はどれほどかを計算すると，それは1.2%と計算された．そのようにまれにしか期待されない現象が現れたとするよりも，海のなかのスナメリの密度に変化が起こったと判断することにする．その判断が誤っている確立は1.2%である．

このようにして，確率5%未満の航路ではスナメリの減少があったとみなすことにした．表8.7の右欄に丸印をつけた航路がそれである．まず注目すべきは，22年間を隔てて比較できた18本の航路のうち，11本の航路でスナメリの分布密度に変化があったと判断されたことである．第2に注目されることは，18本の航路のどれをとっても，昔の発見数に比べて最近の数のほうが少なくなっており，増えているところは1つもないということである．統計的に有意とは断定できなかった航路でも，もっと反復調査の回数を増やせば有意なちがいとなった可能性が強い．有意とならなかったおもな理由は，データのばらつきが大きいのに調査量が少なかったためと思われる．第3に注目されるのは，

212 第8章 スナメリ

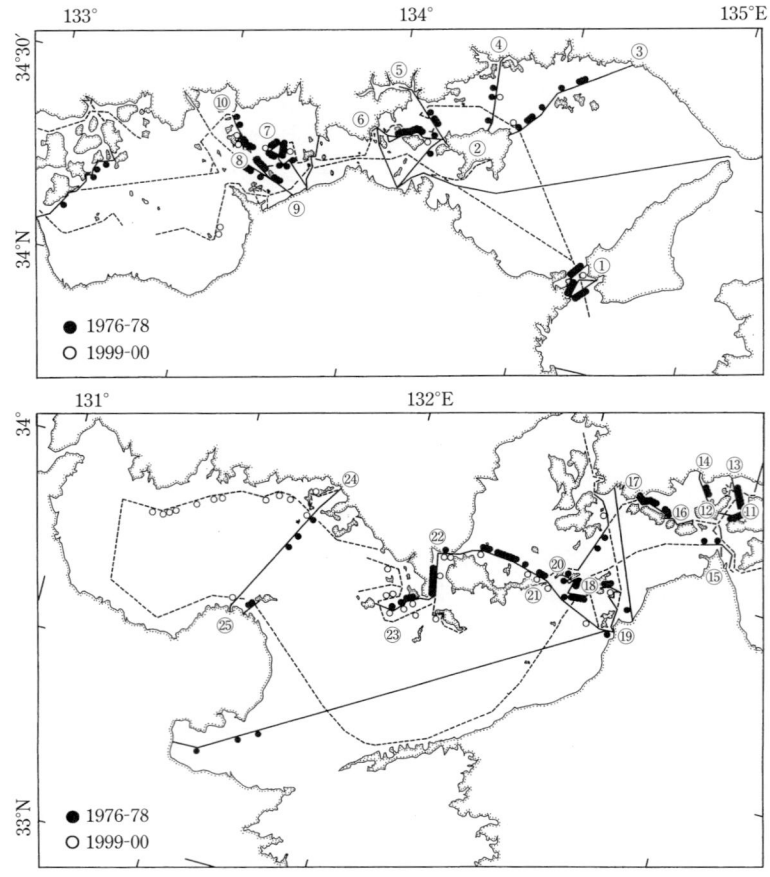

図 8.9 瀬戸内海で船から観察されたスナメリの発見位置の分布を第1次調査（黒丸）と第2次調査（白丸）とで比較．白丸は各1個がスナメリ1群を示す．黒丸については，相互に離れている場合には1個が1群を示すが，連接している場合には群数を示していない（過小表示となっている）．実線は第1次と第2次の両調査で調査できた航路，点線は第2次調査に限り調査した航路．この第1次調査のデータは1976-1978年の調査から3月2日-6月25日のデータを抽出した．第2次調査は1999-2000年の3月30日-7月1日の調査である．第1次調査に限られるコースは表示していない．（Kasuya *et al.* 2002）

密度低下の程度が少ないのは周防灘の2航路に限られているということである．そのうちの1本（22-23; 柳井-祝島）は88.5%に低下しており，その減少は有意と判断されたが，もう1本（24-25; 徳山-竹田津）は50%への減少で，変化は有意ではなかった．

（4） 密度変化と水深との関係

スナメリは，通常は水深50m以浅に生息するので，分布は2次的には岸からの距離にも影響される（前述）．黄海のように，水深50m以浅の海底が沖合にまで広がっているところでは，スナメリは大陸から遠く離れた黄海中央部（水深は50m前後）まで分布している（前述）．瀬戸内海のスナメリの分布を岸からの距離との関係でみた場合，それが今と昔でどう変化したかを解析してみた．瀬戸内海だけでの比較であるから，岸からの距離を水深の指標とみなしても大きな問題はない．その結果は表8.8に示すとおりである．ここではスナメリの分布密度の指標として，航走100kmあたりの発見頭数で示した．使用したデータは表8.7の18コース以外のコースも含めたが（第1次，第2次調査とも），調査の季節は上に述べたとおり，同一

表 8.7 瀬戸内海のフェリー航路におけるスナメリ平均発見頭数の 22 年間の変化（第 1 次調査は 1976-1978 年，第 2 次調査は 1999-2000 年，季節は図 8.9 と同じ）．丸印は平均発見頭数の変化が 5% 棄却率で有意となった航路を示す．フェリー航路は図 8.9 に示した発着地の番号に同じ．

航路	調査回次	航走回数	頭数/回	対 1 次比	確率[1]	有意性
1	1 次	33	7.27			
	2 次	6	0.33	4.5%	1.1%	○
2-3	1 次	11	1.27			
	2 次	6	0	0%	6.0%	
2-4	1 次	4	0.75			
	2 次	7	0.14	18.7%	18.5%	
2-5	1 次	4	4.00			
	2 次	9	0	0%	2.7%	○
2-6	1 次	5	8.20			
	2 次	8	0.13	1.6%	1.2%	○
7	1 次	9	7.00			
	2 次	10	0.70	10.0%	<1%	○
8-9	1 次	7	0.86			
	2 次	6	0	0%	8.2%	
8-10	1 次	6	13.0			
	2 次	6	0.83	6.4%	<1%	○
11-13	1 次	6	7.67			
	2 次	8	0	0%	<1%	○
11-12	1 次	7	4.57			
	2 次	2	0	0%	7.3%	
12-14	1 次	6	2.83			
	2 次	2	0	0%	8.8%	
12-15	1 次	8	2.25			
	2 次	10	0	0%	4.0%	○
16-17	1 次	5	7.20			
	2 次	7	0	0%	<1%	○
18-19	1 次	5	2.60			
	2 次	8	0.38	14.6%	37.1%	
18-20	1 次	5	10.8			
	2 次	7	0	0%	<1%	○
21-22	1 次	7	15.0			
	2 次	9	0.67	4.5%	<1%	○
22-23	1 次	7	7.29			
	2 次	11	6.45	88.5%	2.6%	○
24-25	1 次	4	1.50			
	2 次	4	0.75	50.0%	85.1%	

1) スナメリの密度に変化がないのに，調査結果にこれだけの差が生ずる確率．

にそろえてある．

まず第 1 次調査のデータをみる．中・東部瀬戸内海では，沿岸帯（<1 海里）では発見密度が 18.2 頭/100 km で，中間帯（1-3 海里）でその半分に近い 9.1 頭，その沖合では情報が少ないので確かなことはいえないが，密度は 2-3 頭となる．岸辺から遠ざかるにつれて，スナメリの発見密度は急速に低下した．柳井以西の瀬戸内海西部海域でも，沿岸帯での発見密度は 19.6 であり，中・東部海域に近い値であった．中間帯（1-3 海里）での発見密度は 16.5 で，この場合は中・東部海域に比べて沖合の密度が高めであった．これは沖合まで浅い海が広がっているという海底地形のちがいを反映しているものと思われる．3 海里以遠の沖合帯ではスナメリの発見密度はきわめて低く，中・東部海域の沖合帯におけるのと同様のレベルであった．このように，海底地形のちがいの影響を除いて考えれば，かつての瀬戸内海では，中・東部と西部海域とでスナメリの分布密度にはほとんど

表 8.8 瀬戸内海のスナメリの発見密度（航走 100 km あたり発見頭数）の経年変化を海区別，距岸別にみる．第 1 次調査は 1976-1978 年，第 2 次調査は 1999-2000 年．データの季節は図 8.9 と表 8.7 と同じ．カッコ内の数字は資料が少ないため信頼性の劣るもの．Kasuya et al.（2002）のデータによる．

距岸	調査回次	海面面積 (km²)	観察距離 (km)	発見頭数	発見密度 (対 1 次比)	生息数指数 (密度・面積)/100
中・東部瀬戸内海（おおよそ柳井以東）					
<1 海里	1 次	2,480	3,272	595	18.2	45.14
	2 次		2,504	15	0.6; 3%	1.49
1-3 海里	1 次	3,920	1,065	97	9.1	35.67
	2 次		887	16	1.8; 20%	7.06
>3 海里	1 次	1,327	117	3	(2.6)	(3.45)
	2 次		274	0	(0)	(0.00)
西部瀬戸内海（おおよそ柳井以西）					
<1 海里	1 次	2,329	670	131	19.6	45.65
	2 次		767	86	11.2; 57%	26.08
1-3 海里	1 次	1,142	400	66	16.5	18.84
	2 次		346	28	8.1; 49%	9.25
>3 海里	1 次	3,070	393	2	(0.5)	(1.54)
	2 次		159	1	(0.6)	(1.84)

ちがいがなかったということができる．

第 2 次調査の結果を上の第 1 次調査の結果と比べてみよう．中・東部海域では沿岸帯（<1 海里）でも，中間帯（1-3 海里）でも，沖合帯（>3 海里）でも発見密度の低下は明瞭である．第 1 次調査で得た発見密度に対する第 2 次調査の発見密度の比は，沿岸帯で 3%，中間帯で 20%，沖合帯で 0% である．どの層においても，過去 22 年間に著しくスナメリの生息密度が低下したことがわかる．第 2 次調査時の密度を沿岸帯と中間帯で比べると，中間帯での密度は沿岸帯のそれの 3 倍もあり，その差は統計的に有意である（カイ自乗検定，$p<1\%$）．このように，中・東部海域では沿岸帯から沖合帯にかけて，どこでもスナメリの生息密度が低下しただけでなく，中間帯に比べて沿岸帯での密度低下が著しく，密度勾配が逆転したことがわかる．おそらく中間帯よりも沿岸帯で生息環境の破壊が著しかったため，このような結果になったものと思われる．

つぎに西部海域について，第 1 次調査と第 2 次調査の結果を比べてみよう．沖合帯ではデータが少なくてちがいを検出できないが，沿岸帯と中間帯のどちらも第 2 次調査のほうが発見密度が低く，第 1 次調査に対する密度比は沿岸帯（<1 海里）で 57%，中間帯（1-3 海里）で 49% であり，中・東部海域に比べて密度低下の程度が少ないことがわかる．なお，沿岸帯でも中間帯でも，22 年間に起こった発見密度の低下は統計的に有意である（カイ自乗検定，$p<1\%$）．

（5） 生息数の減少

スナメリの減少は瀬戸内海の全域で起こったこと，その程度は中部・東部瀬戸内海で著しいことが明らかになった．それでは生息頭数でみた場合，第 1 次調査と第 2 次調査の約 22 年間にどれほど減少したのであろうか．これについて試算してみる．上に求めた発見密度は生息密度の指標としても使えることに着目し，これに海面面積を乗じて生息数の指標とする．得られた数値は桁数が大きすぎるので，100 で除した．この生息数指標の変化をもって，生息頭数の相対的な変化とみなすものであるが，誤差の推定もないラフな計算をあえてする．また，調査の後で海面を層化してデータを処理し，密度や個体数にかかわる計算を行うという好ましくない作業もあえて行った．

その結果は表 8.9 に示すとおりである．中・東部海域では，22 年間に生息数が約 10% に低下した．これに対して，周防灘を中心とする西部海域では約 62% への低下である．瀬戸内海

表 8.9 瀬戸内海のスナメリの発見密度（表 8.8）と海面面積をもとに，生息数指数（発見密度×面積/100）を算出し，22 年間の生息頭数の減少レベルを推定する．第 1 次調査は 1976-1978 年，第 2 次調査は 1999-2000 年．カッコ内は第 1 次調査時に対する第 2 次調査時の生息頭数の比（％）．

海 域	調査回次	<1 海里	1-3 海里	>3 海里	合 計
中・東部海域	1 次	45.14	35.67	3.45	84.26
	2 次	1.49 (3.3%)	7.06 (19.8%)	0.00 (0%)	8.55 (10.1%)
西部海域	1 次	46.65	18.84	1.54	67.03
	2 次	26.08 (55.9%)	9.25 (49.1)	1.84 (126%)	37.17 (61.6%)

全域での生息数指標の変化はどれほどであろうか．第 1 次調査時の生息数指標は，東西の両海域を合計すると 151.29 となる．これに対し，第 2 次調査では 45.72 に減少している．22 年間に 30.2% に低下したことになる．この間に定率で減少したと仮定すると，年減少率は約 5% である．

瀬戸内海全域の個体数に占める西部海域の比率は，第 1 次調査時には 44.3% であったものが，22 年後の第 2 次調査時には 81.3% に増加した．これは Shirakihara et al.（2007）が最近の航空機調査で得た同様の値である 75%（前述）とほぼ一致する．瀬戸内海のスナメリの生息数が過去 22 年間に中・東部海域で著しく低下し，それにともなって生息域の縮小が起こっていると判断される．

8.4.5 瀬戸内海のスナメリ減少の背景

過去 22 年間に，瀬戸内海のスナメリは著しく減少したことが示された．瀬戸内海のスナメリの減少傾向は，柳井以西の周防灘周辺では比較的少なく，以東の中・東部瀬戸内海では著しいこともわかった．減少は沿岸帯でも，その沖合でも発生しているが，中・東部海域では沿岸帯での減少率が中間帯よりも著しいことが示された．瀬戸内海全体では過去 22 年間に約 30% に低下したと推定したが，その数字については減少したという事実ほどには確信がない．それは減少率に信頼限界が推定できなかったことと，調査員の数や船速のちがいの影響評価がなされていないためである．

スナメリの自然死亡率の推定はできていないが，最高寿命は雌雄とも 20-25 歳で，コビレゴンドウの雌（62 歳）やマッコウクジラの雌（70 歳前後）に比べて短命である（Kasuya and Marsh 1984）．哺乳類の死亡率は概念的には U 字型を示し，幼児期と老齢期に死亡率が高いと考えるのが常識である．ここではそのような常識を無視して，定率の死亡率を仮定してみる．ある年に生まれたゼロ歳児の数は，毎年一定の割合で減少していくと仮定する．かりに，1% にまで減少したときの年齢を個体群の最高寿命とみなすことにする．このような仮定で計算すると，スナメリの最高寿命が 25 年の場合，平均年間死亡率は 16.8% となる．おそらくスナメリの平均自然死亡率は 10-20% の間にあり，概念的には 15% 前後であると考えてよいのではないだろうか．スナメリ個体群のなかで，これと同率で子どもが生まれれば，死亡と出産が釣り合って個体数の増減は起こらない．しかし，なんらかの原因で死亡率が 2.5 ポイント上昇し，出生率が同じだけ低下したとすると，その差は 5% となり，個体数は年率 5% で減少することになる．これに類する事態が，瀬戸内海のスナメリ個体群に起こったらしい．

それでは，このような変化がなぜ起こったのか．これについては種々の憶測がなされている．粕谷（1997, 2008, 2010）や Kasuya et al.（2002）は，その可能性として，①漁業による混獲死亡，②化学汚染による生理障害，③埋め立てや土砂採取による生息環境の破壊，④船舶との衝突死亡，をあげている．また，漁業との競合，赤潮，騒音，伝染病に関しては，現段階では証拠不十分としている．Shirakihara et al.（2007）は土砂採取の影響に注目している．これら諸要因のなかの 1 つだけが影響して，上に

（1） 漁業による混獲死亡

日本でどのような漁業がスナメリを混獲してきたかを示すデータとしては，Shirakihara et al.（1993）がある．これは研究用標本を入手することを目的にして，混獲しそうな漁業者ないし漁業協同組合に依頼して得た情報なので，混獲既知の漁業が強調される傾向が多少はあるかもしれない．彼女らが入手した114頭のスナメリ標本は，すべて西九州か西部瀬戸内海で得られたもので，そのうち84頭は漁業による混獲であった．84頭の内訳は底刺し網（58頭），浮刺し網（17頭），定置網（7頭），トロール（1頭）であり，ほかに投棄されて漂流している網に絡まって死亡した個体も1頭あった．伊勢湾では，サワラの巻き網でスナメリが混獲されることがある．鳥羽水族館では，そのような巻き網漁船をチャーターしてスナメリを捕獲したことがある（Kasuya et al. 1984）．また，1970，80年代にはボラ刺し網で生け捕りを試みたが，死亡が多かったということで，2004年11月には長さ500 mの2隻巻きのイワシ巻き網船を使って，伊勢湾で9頭のスナメリが水族館用に捕獲されている（古田ら2007）．スナメリの生息海域では刺し網，巻き網，トロールなどの漁業が広く行われている．上の例では，トロールによる混獲は少ないが，韓国の対馬海峡に面する沿岸では，年間300頭前後のスナメリが漁業で混獲され，その大部分がトロールないし底刺し網によると報告されている（IWC 2010; An et al. 2010）．日本でも，沿岸トロールによる混獲を警戒する必要がある．

瀬戸内海のスナメリがどのように移動し，混合しているかは明らかではないが，時間の経過とともに混合は個体群全体におよぶものと思われる．したがって，ある一部の海域において大量の混獲が発生し，そこで局地的な個体密度の低下が起こったとしても，よその海面からの流入によって，その影響はやや不明瞭になる場合があることが予測される．逆に，このようなスナメリの移動によって，隣接する別の海域の密度低下をも引き起こす可能性もありうることである．

参考までに，最近5年間の水域別の混獲と漂着について水産庁が集計したものを表8.10に示す．漂着記録がずば抜けて多いのが三重，愛知，山口の3県である．これは地元の水族館や大学などが中心になって組織をつくり，漂着記録を集めているためである．現在のところ，日本国内のスナメリの混獲や漂着の報告はきわめて不完全である．吉田（1994，Yoshida et al. 1997に引用）はその学位研究において，有明海・橘湾海域で年間37頭が漁業で混獲されていると推定しているが，水産庁が集計した混獲などの報告頭数は，大村湾を含めても5頭前後にすぎない．私は山口県において少数の底刺し網漁業者に接触して，混獲情報の収集を試みたことがあるが，1漁村の情報だけでも，上の表の基礎になった県下の混獲報告数を上回るとの感触を得た．いま，スナメリ保護のために正しい混獲情報を得ることが，きわめて重要である．現状を理解し，混獲防止の対策を実行し，その効果を知る．このどの段階においても，正しい混獲情報は不可欠である．漁業者が水産資源保護法の規定にしたがって，混獲をすべて県に報告しているとは考えられない．金にならない面倒は避けるのが人情である．おそらく混獲個体の多くは，報告されずに投棄されて，運がよければ海岸に漂着し，その一部が漂着個体として記録されているものと思われる．1枚の通達を出せば，知りたい統計が集まると思うのは安易すぎる．行政もそのことは知っているはずであるが，対応がなされていない．調査員を漁村に派遣してサンプル調査をし，それを全体に引き伸ばす推定方式が望ましい．混獲回避の漁具改良も，行政が真剣に考えるべき段階にある．それは海の利用者としての責任である．発音器を網に装着して，ネズミイルカの混獲防止に効果をあげている例がある（Northridge and Hofman 1999）．

表 8.10 2000-2004 年の 5 年間のスナメリの混獲，漂着，およびそれらの年平均頭数．カッコ内は年変動範囲．水産庁集計による．推定生息の詳細は表 8.5 参照．

海域	生息頭数	混獲	漂着	年平均
仙台湾-安房海域[1]	3,387	4 (0-2)	53 (2-20)	11.4
東京湾[2]	—	0	0	0
伊勢湾・三河湾[3]	3,743	17 (1-4)	251 (26-64)	53.6
瀬戸内海と周辺	7,572	25 (1-15)	112 (13-28)	27.4
大村湾	298	下に合算	下に合算	下に合算
有明海・橘湾	3,807	6 (0-3)	18 (0-5)	4.8
その他[4]	—	1 (0-1)	4 (0-2)	1.0

1) 千葉県全域での混獲・漂着を含む．
2) 東京・神奈川の事例は記録なし．
3) 静岡県の混獲 2000 年，2001 年各 1 頭を含む．
4) 鹿児島県下の混獲 1 頭（2002 年），石川県下の漂着 1 頭（2001 年），沖縄県下の漂着 1 頭（2004 年）．

　混獲や漂着個体の経年変動を評価するには，注意が必要である．鯨類に対する市民の関心が高まったり，地元の情報収集組織が整備されるなどの変化で記録は増加する．真の増減と見かけの変化を区別するのはむずかしい．Kasuya et al. (2002) は，瀬戸内海におけるスナメリの混獲と漂着頭数の経年変動を解析した．期間は 1970 年から 1999 年までの 29 年間で，情報源は日本鯨類研究所が集計した統計が主体である．1998 年には漂着が 6 頭で，それ以前の数年に比べてやや多いかの印象を受けるが，1999 年にはゼロなので，偶然の変化かもしれない．したがって，これらを一括して扱うと，1986 年から 1999 年までの 14 年間には混獲 2 頭，漂着 12 頭，合計 14 頭で，年に 0-6 頭の間を変動し，平均は 1 頭にすぎない．これに対して，それ以前の 16 年間（1970-1985 年）には混獲 37 頭，漂着 16 頭，不明 9 頭で，合計 62 頭，年平均は 3.9 頭（年変動の範囲は 1-6 頭）であった．1980 年代後半の混獲・漂着例の急減は，社会現象で説明するのは困難であるとして，Kasuya et al. (2002) は 1980 年代中ごろに生息数の急減があったのではないかと推測している．

（2）　漁業との競合

　日本のスナメリの餌料については，断片的な報告しか得られていない．アジ，イワシ，イカ（水江ら 1965）あるいはイカナゴ，イカ，甲殻類（片岡ら 1976）を食しているとある．Shirakihara et al. (2008) は九州西岸の 2 つの個体群について，主として漁業で混獲されたスナメリの死体を用いて胃内容物を解析した．標本数は，有明海・橘湾個体群からは 1 歳未満の幼児 20 頭を含む 78 頭，大村湾個体群では幼児 1 頭を含む 9 頭であった．有明海・橘湾のスナメリの餌料組成は豊かで，種レベルまで識別されたものとしては，3 種の頭足類（おもにマダコ科，コウイカ科，ヤリイカ科）と 26 種の魚類（おもにニシン科，カタクチイワシ科，ニベ科）と若干の甲殻類よりなっていた．これに対して，大村湾の餌料はハゼ科とトウゴロウイワシ科が主体で，6 種の魚類，2 種の頭足類，若干の甲殻類よりなっていた．著者らは，大村湾の餌料組成が単調なのは，標本数のちがいよりも，両海域の海洋動物相の多様性のちがいを反映していると判断した．大村湾では 1 歳未満の幼児の餌料に，ハゼ科魚類を含む小型の底魚類，テンジクダイ科魚類および頭足類が優占しているのに対して，成体はハゼ科魚類を食していないことから，離乳期の幼児は食性が異なるとしている．この差は真実であるかもしれないが，餌料は季節でも変化することもあるので，幼児と成体とで標本の季節をそろえて胃内容物を比較したいものである．著者らは，大村湾における出産期は 8 月から 3 月（ピークは 11-12 月）にあり，有明海・橘湾の出産期と異なるとしている．

　一方，香港では漂着した 31 頭のスナメリにおいては，胃内容物中には降順に魚類，イカ類，エビ類，タコ類が出現したということである

(Barros *et al.* 2002). 優占種は, 魚類では降順にテンジクダイ科, ニベ科, カタクチイワシ科およびヒイラギ科で, イカ類ではヤリイカ科が主であり, これらで餌の77%を占めていたという. これにもとづいて, 彼らは香港のスナメリの摂餌習性について, つぎのような結論を導いている. ①沿岸で摂餌している（餌はすべて沿岸性であった）, ②底生動物も捕食している（コウイカ, タコ, ニベ類）, ③水柱でも摂餌する（テンジクダイ, カタクチイワシ, タチウオ）. また, これら魚類はトロール漁業の重要種とも共通するものがあるとしている. なお, 水柱（water column）というのは全海洋環境から大気と海底を除いて, 海水面から海底までの海水部分を指す海洋学用語である.

おそらくスナメリは, 彼らが生活する浅い海で手に入るもので, 口に入るサイズの餌はなんでも捕食して生きているものと思われる. 温帯域の沿岸海洋環境は, 季節的に大幅に変化するのが特徴である. スナメリの餌となる動物相も例外ではない. スナメリは大きな季節移動をせずに特定の沿岸海域で周年生活するためには, 海水温が幅広く季節変化することに対して耐性を獲得し, さらに季節ごとに"入手しやすい餌"はなんでも食べて生きる道を選んだのである. 瀬戸内海の表面海水温は, 季節により6度台から28度台まで変動する（Kasuya and Kureha 1979）. 別のデータでは30度台の記録も知られているし（表10.1）, 仙台湾ではもっと低温になるにちがいない.

瀬戸内海の水産動物類の生産は, 1965年から1994年にかけて上昇と下降を経験している（瀬戸内海環境保全協会 1996）. 魚類についてみると, 1965年の約20万トン弱から1982年に35万トンに増加した後, 下降に転じ, 1994年にはもとのレベルに近い20万トン強に戻った. これにともなって, 魚類生物相も変化をみせている. すなわち, 多獲期にはカタクチイワシとイカナゴが増加し, 反対にタコとマアジ類が低下した. その前後の漁獲が低調な時期には, タコとマアジ類が多かった. これは, 富栄養化の進行とその改善にともなって, プランクトン食の魚類が増減したためである.

上にみたようなスナメリの食性のフレキシビリティーからみて, 餌の供給量や組成の変化がスナメリの生息数に影響したとするのは, 無理と思われる.

（3） 赤潮

赤潮は渦鞭毛藻類や特定の珪藻などの単細胞生物が大量に発生して, 海水が赤茶色を帯びるので名づけられた. これによって, 魚は鰓に機械的な障害を起こすこともあるし, 赤潮生物の死骸の分解にともない, 溶存酸素が欠乏して死滅することもある. 水生哺乳類にとって危険なのは, 赤潮生物が生産する毒物の影響である. サキシトキシンが蓄積したイガイを食べて, 人が中毒死をしたことがある. 毒化したサバを食べて, ザトウクジラが死亡した例もある. このほか, ブレビトキシンやドモイ酸などの赤潮毒でコククジラ, ハンドウイルカ, マナティ, アシカ, ラッコなどが中毒死を起こした例が知られているし, シガトキシンはハワイモンクアザラシに被害を与えている可能性が指摘されている（Van Dolah *et al.* 2003）. これらの赤潮毒による海産哺乳類の急性中毒は確認しやすいが, 慢性毒性については不明な点が多い.

瀬戸内海で確認された赤潮発生件数は, 1950年の4件から1960年の18件に漸増をみせ, それからほぼ直線的に増加して, 1976年のピーク299件を記録した後, 1980年188件, 1985年170件, 1990年108件と漸減傾向をみせてきた. その後は1994年まででみる限り, 90-100件前後で停滞している（瀬戸内海環境保全協会 1996）. 赤潮の発生件数がどこまで正確に把握できるか定かではないが, この数字は経年変動の指標としては参考になる. 発生海域も, ピーク時の1970-1975年にはほぼ瀬戸内海の全域にわたっていた. それがしだいに縮小し, 1995年時点では, おもな発生域は香川・岡山両県の東部から播磨灘を経て大阪湾にいたる瀬戸内海東部に限定されている. このような改善は, 栄養塩の流入規制の成果であると思われる. 同資料によると, これら赤潮によって, 養殖の

ハマチやマダイなどが被害を受け，1972-1995年の24年間の被害は33億尾に加えて尾数不明の5,600トンがあり，金額にして199億円にのぼったといわれる．その原因生物には，1991-1995年だけでもギムノディニウム属（15件），ヘテロシグマ（8件），ゴニアウレックス属（2件），ノクチルカ（3件）が含まれている．別の表によれば，1972-1988年にシャットネラ属（8件）の記録もある．Van Dolah et al. (2003) によれば，シャットネラ属にはブレビトキシンを生成する種が，ギムノディニウム属にはサキシトキシンを生成する種があるとされている．毒化した魚類を捕食した海鳥やスナメリの死亡例は，瀬戸内海では報告されていない．私の専門ではないが，養殖魚の死因がなににあるのか興味深い．

日本では東北地方の養殖ホタテガイが毒化する例は耳にするが，海産哺乳類が赤潮毒で被害を受けた例は，これまでに私には確認できていない．しかし，ほんとうにスナメリが被害を受けていないのか，急性毒で死亡しなくとも慢性毒で生存や繁殖に被害が出ていないのか，これらの問題に注目する必要がある．赤潮そのものが瀬戸内海のほぼ全域で発生していた1970年代と1980年代は別として，いまでは急性中毒の被害を受けるスナメリの出現は，比較的局地的であるかもしれない．しかし，スナメリは季節的に移動することもあるし，地理的に混合もすることも考えられるから，大量死の痕跡は個体群の年齢組成に長い年月にわたって残り，出産率や死亡率に影響することになる．また，慢性中毒の被害を受けた個体は，当該スナメリ個体群の分布範囲の全域にしだいに分散し，生息域の全域で，繁殖率や死亡率などの変化を通じて，個体群変動に影響すると思われる．

（4）化学汚染

瀬戸内海は閉鎖的な海域であるうえに，沿岸には工業地帯，農業地帯，あるいは都市が多くあり，汚染が進行しやすい条件を備えている．また，さかんな海面養殖業からも化学汚染物質や栄養塩が放出される．放出された汚染物質のなかで有機塩素系のPCBやDDT，あるいはその分解産物は，海水から植物プランクトンに取り込まれ，さらに動物プランクトン，魚類へと食物連鎖を通じて蓄積・濃縮される．食物連鎖の頂点にあるイルカ類は，長寿であるうえに，これら有機塩素化合物の分解能力が劣るといわれ，汚染物質を体内に蓄積しやすい特性をもっている．これら汚染物質は出産と授乳によって子どもに移行するので，雌は出産によって汚染レベルを下げることができる．逆に，子どもへの移行量は初産児で高い傾向がある（初産までの蓄積時間が数年におよぶため）．したがって，ある個体の体内における有機塩素化合物の濃度は，その個体の年齢・性別や母親の出産歴が関係するし，雌の場合には自身の出産歴も関係してくる．雄の場合には出産・授乳がないので，年齢とともに蓄積が進む状況が比較的単純である．そのため，特定の個体群の汚染レベルをみるためには，便法として雄だけを使うとか，雄の最高値だけを目安に使うことも行われる．

Kasuya et al. (2002) は，瀬戸内海のスナメリのPCB，DDT，有機スズの汚染が高濃度であることから，それらがスナメリの死亡率上昇や繁殖率低下をもたらした可能性を指摘している．参考までにこれらの情報を表8.11に示しておく．瀬戸内海のスナメリの汚染は，外洋性のイルカに比べてきわめて高濃度である．世界中でもっとも汚染されたイルカの1つとして知られるセントローレンス河のシロイルカでは，脂皮中のPCB類の最高濃度は雌で100 ppm，雄で250 ppm程度であるが（Martineau et al. 1994），瀬戸内海のスナメリの汚染はこれよりも高い値を示している．

DDTは殺虫剤として使われてきた．多くの国が使用を停止したが，まだ一部の地域では使用が続いている．PCBは1929年以来，100万-200万トンが生産され，その31%がすでに環境中に拡散し，65%は海中投棄・埋め立てで処分され，あるいは変圧器やコンデンサーのなかにあって，将来環境中に拡散するあるいは拡散を始めているとされている．このためであろうか，海洋中のPCB濃度はDDTとちがって

表 8.11 瀬戸内海のスナメリの残留性化学汚染物質の蓄積状況（最高値を示す）．

化合物	調査年	臓器	濃度	備考	出典
PCB 類	1968-1975, 85 年	脂 皮	320 ppm	1972 年製造停止 外洋スジイルカの 16 倍	O'Shea et al. 1980; Kannan et al. 1989
DDT 類	1970 年代	脂 皮	132 ppm	1971 年販売停止 外洋スジイルカの 4.4 倍	O'Shea et al. 1980
有機スズ	1985 年	肝 臓	10.2 ppm	外洋スナメリの数倍 使用規制あり	Tanabe et al. 1998
ダイオキシン	1998 年	脂 皮	240 pg/g	放出規制あり	環境省発表 1999

低下を示していない（Reijinders 1996）．ダイオキシンは化学工業の副産物で，焼却炉などでも発生する．これらの有機塩素化合物は，実験動物ではホルモンの作用や免疫機能を阻害し，胎児や乳児に対しては繁殖機能の正常な発達を妨げるといわれている．人類がつくりだした最強の毒物ともいわれるこの物質のヒト許容量は，日本では体重 50 kg として 1 日あたり 200 ピコグラムである．瀬戸内海のコノシロには 8-9 ピコグラム/g のダイオキシンが含まれており，30 g の鮨 1 つでわれわれの 1 日の許容量をオーバーしてしまう．瀬戸内海の魚の汚染はこれほど進んでいるのである．有機スズは 1960 年代から船底や生簀に水中生物が付着するのを妨げるために用いられてきたほか，プラスチック製品，床のワックス，あるいはクリーニング業界などで使われて環境中に広まった．その影響で，雌の巻貝にペニスが形成されて繁殖能力を失うという事態が起こったことが知られているし，哺乳類に対してはホルモンの働きや免疫機能を阻害する．発生初期に強く働くことは，有機塩素化合物と同様である（Colborn and Smolen 2003）．

人類はこのほかにも数多くの化学物質を地球圏内に放出し，悪影響が懸念されている．たとえば，セントローレンス河のシロイルカの個体群が捕獲をやめても回復せず，消化器系の癌の発生率が高いのは，多環芳香族化合物による汚染が原因ではないかと疑われている（Martineau et al. 2003）．残留性海洋汚染物質による害は長期間続き，影響する面積も大きいことは赤潮毒以上であるが，これらの物質がスナメリにどのような慢性的影響を与えるかを実験的に証明することは不可能に近いし，かりにほかの鯨類に例を求めても，困難さに差があるとは思えない．動物実験で有害とわかった場合には，鯨類にも有害であるとみなして対策を考えるのが安全であるし，科学的な対応である．対応の労を避けるための策として，厳しい有害性の立証を求めることは排除されなければならない．

（5） 埋め立てと土砂採取

スナメリは，普通は 50 m 以浅の海に生息する．瀬戸内海では，水深が 50 m を超えるのは伊予灘の西部から速吸瀬戸にいたる海域に限られており，そこにはスナメリはほとんど出現しない．一方，かつて瀬戸内海にスナメリが多かった 1970 年代に，岸からの距離とスナメリ発見率の関係を調べたところ，岸から 1 海里（1.85 km）以内では，10 海里あたり 2.6 頭の発見があったのに対して，中間域の 1-3 海里では 1.2 頭，3 海里以上の沖合では 0.3 頭程度であった（前述）．このことは，スナメリの生息環境としての価値は 50 m 以浅であっても均一ではなく，浅いところほど好まれることを示唆している．どのような環境要因がそれを決めているかは推測の域を出ないが，このような浅海域には藻場がしげり，そこは多くの水生生物の生育環境であり，スナメリにとっては格好の摂餌場所になっていたものと思われる．1970 年代後半から二十余年が経過した 2000 年ごろのスナメリの分布をみると，瀬戸内海では全体的にスナメリ密度が低下したが，瀬戸内海の中・東部での密度低下が激しく，それも岸寄りではなはだしい．その結果，瀬戸内海の中・東部では，岸寄りと中間域の密度が逆転したことが知られている（前述）．このような逆転は，瀬戸内海の西部ではまだ発生していない．

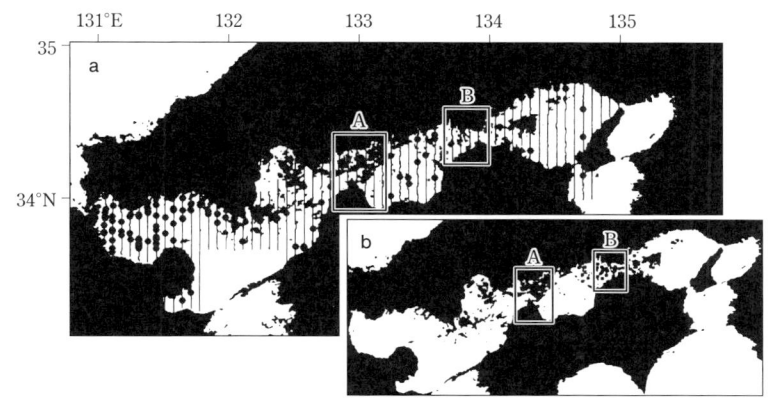

図 8.10　2000 年 5 月の航空機調査によるスナメリの発見と海砂利採取地点. a：飛行コース（南北の実線）とスナメリの発見位置（黒丸），b：過去の海砂利採取地点（黒丸）．(Shirakihara et al. 2007)

　過去 20-30 年間に起こった瀬戸内海の環境破壊のなかで，中・東部瀬戸内海では顕著であるが，西部瀬戸内海では進行が遅れているものがあるのではないか．おそらく，それは沿岸域に選択的に発生した現象でもあるにちがいない．これにあてはまると思われる 1 つが，海岸の埋め立てと土砂の採取である．建築用の海砂利採取は，効率と土質を考えれば浅い海で行うのが合理的である．土砂を採取すれば藻場や干潟が失われ，浅海の生態系が破壊される．水深が増すので破壊された生態系は容易には回復せず，そしてスナメリの好む生活環境が失われる．海底にくぼみができると，周囲の土砂はそこに移動するから，影響のおよぶ範囲は土砂採取地点にとどまらず，その周囲にも広がるはずである．埋め立ては陸地に接した浅海域で行われるのが普通だから，浅海の生態系を破壊するという面では，埋め立ても土砂採取と同じである．埋め立て材料を陸地から運んでくることもあるだろうが，その沖合側の海底から土砂をすくい上げて，埋め立て材料にすることも行われたにちがいない．そうなると，埋め立て地以上の広い範囲の海底が破壊される．このようなプロセスにより，瀬戸内海の中部と東部海域ではスナメリ収容力が著しく低下した，いいかえれば，たくさんのスナメリの生活を支える力がなくなってしまったのではないだろうか．

　有田（1999）によれば，瀬戸内海で採取される骨材として好ましい砂は花崗岩の風化したもので，瀬戸と呼ばれる狭い部分に分布しており，そこでは 1 カ所で大量の採取が可能であるという．過去 30 年間に瀬戸内海で大量に海砂を採取した県を降順にあげると香川，広島，岡山，愛媛の 4 県で，それぞれおおよそ 1 億-1.3 億 m^3 を採取している．これに続くのは山口県で，約 2.5 千万 m^3 である．松田（1999）によれば，広島県では昭和 30 年代後半（1960 年ごろ）から海砂利の採取が始まり，1999 年に全面的に禁止されるまで続き，その結果，採取地によっては 10-20 m あるいは 30-40 m の水深の増加がもたらされ，漁業面ではイカナゴの生息場が消滅し，県下では岩礁性魚類やイカナゴなどの砂泥性魚類，およびイカナゴ捕食魚の漁獲が減少したということである．

　Shirakihara et al.（2007）は，瀬戸内海で海砂利の採取がさかんに行われた場所は 2 つの海域に集中しているとしている（図 8.10）．その 1 つは白石島から備讃瀬戸を経て小豆島西岸にいたる海域（岡山県と香川県）で，もう 1 つは安芸津から大三島を経て三原にいたる海域（広島県と愛媛県）である．そこでは航空機調査によってもスナメリの発見がなかったことを示して，海砂利採取がスナメリの生息環境を破壊したとしている．いずれも群島域である．私が 1970 年代に調査をしたときには，これらのいずれの海域でも，島々の間の水路にはスナメリ

の発見が多かったことが印象に残っている．その外側の燧灘や播磨灘にはスナメリが少なかったが，これは深い海を好まないというスナメリの分布特性によるものであろう．当時，竹原とその南の生野島の間の狭い海では，土砂採取がさかんに行われていたが，近くの阿波島から大三島を経て今治にいたる島並みの航路には，まだスナメリが多かった．22年を経て，これらの海域を調査のため船で再訪してみると，そこからはスナメリがまったく消えていた（Kasuya et al. 2002）．竹原の隣の忠海町の地先の水深は，1961年には5-18 mであったのが，土砂採取の結果，1995年には35-48 mになったという（Shirakihara et al. 2007）．島々の間の水路はどこもが深くなり，航海には便利になったが，スナメリの生息環境としては破壊されてしまったのである．

瀬戸内海の埋め立ては1898年に始まり，1969年までに264 km^{2}が埋め立てられた．とくに工業用地の造成が，昭和30年代（1955年）から急速に進んだ．その後，瀬戸内海環境保全臨時措置法が1973年に施行されて，埋め立て制限が強化されたが，それでも1995年までに97.4 km^{2}の埋め立てが許可されている（瀬戸内海環境保全協会 1996）．明治以来，350 km^{2}を超える浅海域が埋め立てによって失われたのである．いま，瀬戸内海に残る自然海岸は38％であるといわれ，全国平均の57％よりも少ない．ただし，これら埋め立て面積あるいは自然海岸の比率がとくに中・東部で多いという現象は認められない．おそらく自然破壊が進んだ部分の比率を各県の地先海面あるいは海岸線の総量に対して比較しても，あまり意味がないのかもしれない．むしろ，スナメリに好適な環境がどれだけあって，そのうちの何割が失われたかをみる必要がある．また，残っている好適環境の面積が同じでも，それが断片的に残っているのと，ある程度まとまって残っているのとでは意味が異なる．瀬戸内海に残された藻場の面積をみると，周防灘が最大で40 km^{2}である．まとまってこれだけ残っている海域としては，瀬戸内海では最大であり，ここにはスナメリが多い．これに続くのは伊予灘の20 km^{2}と広島湾の23 km^{2}である．

海砂利採取や埋め立てによって生活環境が破壊されても，そこにすんでいたスナメリがただちに死ぬわけではない．彼らは隣接する別の環境に移動して，そこで生活をすることになる．その結果，移住先では一時的に生息密度が高まるかもしれない．しかし，移住地の収容力が増大したわけではないから，いずれはそこの密度はもとに戻ると考えるのが自然である．長期的にみると，少なくとも破壊された生息海域がもっていた収容力の分だけ，瀬戸内海のスナメリの数は減少することになる．

沿岸の底質破壊によるスナメリの生活場所の消滅は比較的狭い範囲のものであるかもしれないが，われわれはやや離れた鳴門海峡でスナメリの密度が著しく低下したことをみている．その説明として，環境汚染や漁業による混獲のような広域的な，別の環境破壊の影響を否定するものではない．しかし，特定の沿岸環境の破壊が地理的にどの範囲のスナメリの生活に影響するかを理解するためには，そこの生産力が地理的にどの範囲の餌料生産に影響を与えているかを理解する必要がある．また，個々のスナメリが季節的にどの範囲を移動し，どれほどの広さの生活圏を利用しているかをも理解しなければならない．われわれはそのような知識をもっていない．

（6）その他の要因

スナメリはフェリーボートの接近を知ると，左右に回避することはあまりない．むしろ，衝突の直前になって船首前方で潜水することが多い（Kasuya and Kureha 1979）．その結果，プロペラに巻き込まれて事故死するかもしれない．1970年代に愛媛県丸亀の北にある塩飽諸島の真鍋島や手島の漁業者に頼んでおくと，海上に漂流しているスナメリの死体を拾って砂浜にうずめておいてくれた．次回の調査旅行のときに掘り出して，骨格を集めたものである．その多くは船のプロペラで傷ついていた．残念ながら，生前の事故か死後の損傷かは判断できなかった．

日本の漁船に焼玉エンジンが普及し始めたのは1920年ごろである．そのころから船舶との衝突の可能性が徐々に増加したものと思われるが，1970年代以降についてみると，瀬戸内海の諸港に入港する貨物船のトン数は，1973年レベルに比べて，1994年には26％増加している．最近では高速客船の運航も増えているので，スナメリにとってはこれら船舶との衝突の危険が増加しているにちがいない（Kasuya et al. 2002）．また，これら船舶が発する騒音は，スナメリの摂餌環境になんらかの影響を与えている可能性がある．航行船舶による水中環境の悪化は1920年代から今日まで，スナメリの2世代か3世代間の期間に，急速に進行してきた環境変化である．スナメリがそれに対してどのように適応するか，その影響がどのように現れるかを評価することはまだなされていない．また，その影響が鯨類に十分に発現するには，まだ経過時間が十分ではないかもしれない（Tyack 2008）．

20世紀後半になってから，世界各地で鯨類の大量死が報告されている．そのおもな死因の1つが赤潮毒による中毒であり（前述），ほかの1つがインフルエンザウイルスやモルビリウイルスの感染である（Geraci 1999）．1987-1988年に北米東岸や中部北大西洋で数百頭のハンドウイルカの死体が発見された例や，1990-1992年に地中海で数千頭のスジイルカが死亡したのはモルビリウイルスの感染が主因であるとされており，背景には化学汚染物質の体内蓄積による免疫力の低下があるとの指摘もある．瀬戸内海は出口の狭い閉鎖海域であり，人間活動の活発な海域でもあるから，スナメリの大量死が発生した場合には，それに気づかれなかったはずはない．そのような事例は，これまでに瀬戸内海で発生していないとみてよさそうである．瀬戸内海を含めて，日本周辺海域ではイルカ類の大量死がこれまで発生しなかったのはなぜか，その理由を明らかにすることは興味ある課題である．また，明日の発生にそなえて，調査体制を整えておくことも大切である．

8.4.6　スナメリの保護

（1）　スナメリの産業利用

スナメリの食品としての評価には，地方によって差があるらしい．かつて1960年代には，毎年の秋から冬にかけて，スナメリが長崎県下の橘湾沿岸の小型定置網で混獲された．その大部分は殺して投棄されたが，一部は食用として魚市場に出荷されていた（水江ら1965）．水江氏らのスナメリの骨学的な研究は，これらを購入して研究材料としたものである．この事実は，西九州ではスナメリが食用とされたことを示すものである．混獲されたスナメリが食用に消費される例は，韓国沿岸からも知られている．また1970年代に，私が水江一弘氏にその後のスナメリ混獲の状況を尋ねたところ，これら定置網はいまでは操業していないので，混獲はなくなったとの回答をいただいた（Kasuya and Kureha 1979）．漁業規制が変わったとのことであった．その後に行われたShirakihara et al.（1993）の研究には，このルートから入手した標本が含まれていないのは，このような事情によるものであろう．

一方，宮城県の鮎川方面では，スナメリは食用としてまったく別の評価を得ている．鮎川地方ではスナメリを食べると，ヒマシ油と同様に下痢を起こすとされ，食べる人はいないらしい．鮎川町立鯨博物館の館長（当時）木村宣紀氏は，試みに海豚料理の要領でスナメリの肉と脂皮を一緒に煮て食べたところ，歩いて10分ほどの自宅に戻る余裕がないほどの激しい下痢を経験したと聞いた．つぎに，彼は肉を2回ゆでこぼしてから佃煮にして食べてみたが，このときには問題がなかったという．粕谷ら（1985）はイルカ類の出土している先史時代の遺跡22カ所のうち，スナメリが確認されているのは宮城県鳴瀬町宮戸島の里浜宮下貝塚のみであること，また本種が普通に分布している東京湾，三河湾，瀬戸内海地方の先史時代の遺跡からはその出土がないことに着目して，その原因としてスナメリの食用不適があるのではないかと推定している．

『鯨史考』(大槻清準1808校本)にも，スナメリは油が多く食用不適とある．また，中国沿岸でも同様の下痢症状が知られているということである(J. Y. Wang 私信 2007)．

ところが，長崎市で5名の学生の志願者がスナメリの肉と脂皮を料理して食べたところ，5名のうちの1名のみが軽い下痢を経験しただけであったということである(白木原美紀氏私信; Kasuya 1999)．産地によって症状が異なるのかもしれない．今後の解明を待ちたい．

鏑木(1932)は，瀬戸内海においてスナメリは害虫駆除用の油を採取するために捕獲されること，愛媛県盛口村民がスナメリの捕獲を目的として阿波島近海に出漁して，忠海の漁業者とトラブルを起こしたことが複数回あったことを記している．忠海の漁業者はスナメリ網代漁業を行っていたので，その捕獲に抵抗したのである．スナメリから油を採取することについては前述の『鯨史考』にも記述があるし，『除蝗録』(大蔵永常1826)にも各種鯨油と同様に，スナメリの油が稲の害虫駆除に用いられることを記しているので，かつてはスナメリが地方的に利用されることがあったものと考えられる．

第2次世界大戦のすぐ後の1947年1月20日の朝日新聞の切り抜きがある．それは高知発信の記事として，香川県小豆島の土庄町の人が，瀬戸内海の邪魔者であるスナメリを捕獲して肉をかまぼこ原料にする計画を立て，同町漁業会の後援を得て，口径19 mm，2連の小型捕鯨砲を高知の日本精機製作所に依頼したと報じている．当時は小型捕鯨業には規制がなく，自由に操業できた(第5章)．この企画がその後どうなったかはわからない．私なら，外洋に出てイルカ類やゴンドウ類を捕獲するほうを選ぶ．スナメリのような小さいイルカを追うよりも，そのほうが能率がよい．私が1970年代後半にスナメリ調査で瀬戸内海を回ったときにも，大戦後まもなくはスナメリが捕れると油をとったものだと聞いたし，数年前のことであるが，山口県の祝島で昔はスナメリの油を火傷や切傷の薬に使ったという話を聞き，ガラスの小瓶に入った臭いスナメリ油をみせていただいたことがある．

日本では，おそらく1960年代を過ぎると，スナメリを積極的に利用する習慣はなくなったものと考えられる．意図的な捕獲がされなくても，生息環境を破壊すれば，野生生物の生存は脅かされる．

(2) 天然記念物指定と漁業規制

広島県竹原の沖に，阿波島という長さ3 km弱の南北に長い小島がある．この南端の白鼻岩を中心として，半径1,500 mの海面がスナメリクジラ回遊海面として，1930年11月に天然記念物に指定された(鏑木1932)．それによれば，阿波島の南端から小久野島，松島，唐島で囲まれた海面に(その広がりは2 km×4 kmほどである)，毎年2月から5月にかけて数十ないし百余頭のスナメリが群集する．なかでも阿波島と唐島(阿波島の南1.5 kmにある岩礁)の間では，その情景は壮観である．ここでは，当時から数えて200年ほど前から，忠海町の漁民によってスナメリ網代漁業が行われてきた．スナメリが群集しているところに釣り糸を下ろして，タイ，スズキなどを釣るものであり，当時は20隻ほどが操業していた．スナメリと漁業との関係は，つぎのように解釈されている．すなわち，スナメリは表層に群れて泳ぐイカナゴなどの小魚を捕食する．すると，小魚はスナメリを避けて海中深くに沈下する．これを待ち受けてタイなどの捕食が活発になるので，そこをねらって漁師が糸を下ろす．彼ら漁民は阿波島の白鼻岩に祠を建ててスナメリを祭り，旧暦の1月16日に祭礼をしていた(以上は鏑木1932による)．なお，Kasuya and Kureha(1979)は忠海漁業協同組合の話として，この漁業は1960年代末に途絶したということを伝えている．それは，周辺海域にイカナゴがいなくなったためであるとされている．

この後，1989年から水産庁沿岸課は，イルカ突きん棒漁業者とイルカ追い込み漁業者に対して，スナメリ捕獲をしないよう行政指導を行ったとされている(平成3年1月沿岸課資料による)．当時，日本にはスナメリを対象とする

漁業はなかったのに，このような指示を行った意図は不明であるが，私には実質的な機能はなかったものと理解される．さらに，1990年9月20日付の水産庁振興部沿岸課長通達（2-1050）では，定置網などで小型鯨類が混獲された場合には，生きているものは逃がすこと，死んでいるものは埋設すること，これらの処理については漁協を通じて速やかに県の担当部局に報告し，担当部局はそれを水産庁沿岸課に報告するよう指示した．ここでいう小型鯨類には，スナメリも含まれる．

絶滅の恐れのある野生動植物の種の保存に関する法律（1992年）は，ワシントン条約に対応するためにつくられた国内法であるが，1993年3月29日の施行規則によってスナメリは1類に分類され，研究用以外には輸出入は禁止され，国内でも譲渡が制限されることとなった．

これに続いて，水産資源保護法による保護動物にスナメリを指定することが，1993年4月1日に農林水産省令第15号により行われた．ヒメウミガメ，オサガメ，シロナガスクジラ，ホッキョククジラ，ジュゴンと同時にリストされたもので，意図的な捕獲は禁止され，混獲した場合にはそれを報告をすることが義務となった（実質的には，従来の省令による制限と変わりはない）．

これまでにスナメリに対して政府がとった保護策は，たんに意図的な捕獲を禁じるというものであり，漁業による混獲を減らすという努力さえなされていなかったのである．このようなアクションは一片の紙切れですむし，予算も手間もかからないので，日本では好んで用いられるが，行政のいいわけとして役立つことがあるにすぎない．野生生物の保護策としてはもっとも消極的な対策であり，保護と呼ぶには値しない程度のものと私は考えている．事故死を減らし，生息環境を保全することこそ，スナメリの保護のために緊急になすべき保護策である．

（3）問題は瀬戸内海だけか

日本国内には少なくとも5個，おそらくそれ以上のスナメリ個体群があると考えられている．個体群が確認されている海域は，①大村湾，②橘湾・有明海，③瀬戸内海とその周辺，④伊勢湾・三河湾と湾口域であるが，このほかに⑤東京湾，⑥外房海岸－鹿島灘，⑦福島県－仙台湾にも独立した個体群があるらしいとされ，⑧駿河湾にも別個の個体群がある可能性は否定されてはいない（前述）．別個体群である可能性を捨て切れないのであれば，不連続にみえるスナメリ分布地には，それぞれに個体群があるとみなして管理するのが，自然保護上の安全策である．

これら日本のスナメリ個体群のいくつかは，瀬戸内海と同様に活発な人間活動に接する閉鎖海域に生息している．大村湾，有明海，伊勢・三河湾，東京湾などがこれである．これら海域では，漁業，埋め立て，海洋汚染，船舶航行など，スナメリにとって有害とされる人間活動の1つ以上が現在も進行中であったり，過去に活発に行われたりした経緯がある．また，それ以外の生息地でも，仙台湾のように活発な漁業活動と共存を強いられている個体群もある．瀬戸内海のスナメリはたまたま研究者に注目され，調査対象となったために生息数の低下が確認された．しかし，類似の悲劇はほかのスナメリ個体群でも発生しているが，気づかれずにいると考えるのが自然である．

東京湾の千葉県側で，その入口に近い富津沖などでは，スナメリがときおり発見されている．江戸時代から，東京湾のスナメリはいまのように少なかったと考えるのは合理的ではない．湾奥部では埋め立てによって自然海岸が消滅し，汚染の進行は全域におよび，船舶の航行が交錯するこの東京湾にも，少数のスナメリがかろうじて生き残っていたとみるべきだろう．いま彼らは消滅の危機にあるのかもしれない．わが国のスナメリ生息域のそれぞれについて現状調査を行い，その保全を考えることが急務である．スナメリが健康に生きられる海を残すことは，水産物の安全を保証することにもつながることを忘れてはならない．

8.5 生活史

8.5.1 出産の季節

　雄の生殖器系の季節変化については，西九州のスナメリについて興味ある観察がなされている（Shirakihara et al. 1993）．14頭の成熟雄のうち，9-1月に死んだ11頭は副睾丸に豊富な精子をもっていたが，6-7月の3頭ではそれほど豊富ではなかったということである．また，精細管には，いずれの個体にも精子があったと観察されている（精細管中の精子量については記述がない）．この研究はこれについて解釈を加えていないが，交尾期のしばらく前から精子形成が始まり，交尾期（受胎期）とその前後を含む期間には，副睾丸に精子が豊富に貯留していることは，発情雌との出会いに備える雄の繁殖戦略としては自然なことである．有明海・橘湾のスナメリ個体群では交尾期が秋にあるから（後述），この睾丸組織の状態はそれと整合する．6-7月には精子形成が始まっていたのは，まもなくやってくる繁殖期へのそなえであったと解釈できる．

　水江ら（1965）は，10月末に入手した1頭の雌が泌乳中であったことと，漁業者からの聞き取りで得た「9月初旬から臍の緒をつけた小型個体が出現し始め，それ以前には大型の胎児が出現する」との情報をもとに，西九州では出産期が8月下旬から9月上旬にあると考えた．私は瀬戸内海・太平洋方面のスナメリの繁殖期を解析した際に，それは考えがたいと書いて否定してしまった（Kasuya and Kureha 1979）．それは水江ら（1965）の推論が十分なデータにもとづいたものではなかったことと，推定される繁殖期が私たちが得た結論と合わないことの2点であった．軽率な対応ゆえに1つの発見の機会を逃したし，先行の研究には礼を失したと反省している．これについては後でふれることにして，まず太平洋側の情報からみよう．

　Kasuya and Kureha（1979）は，瀬戸内海のスナメリの出産期は4月から8月におよび，盛期は4-5月にあるとした．その一番の根拠は，

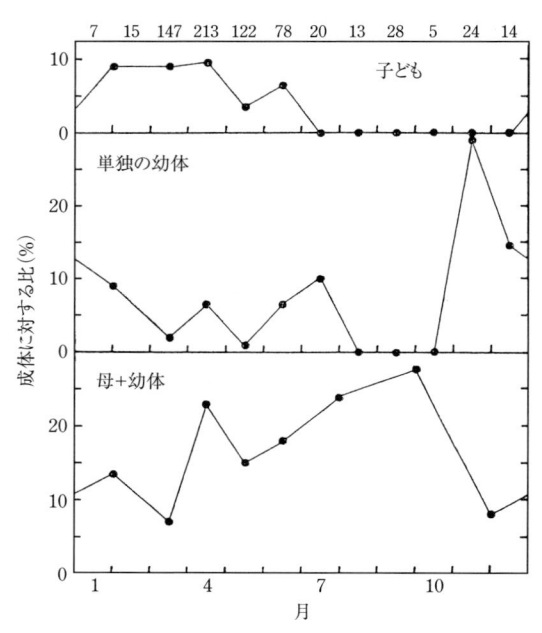

図 8.11　瀬戸内海におけるスナメリの母子連れ（下段），単独の幼体（中段），それより大きい子どもイルカ（上段）の出現率の季節変化．出現率は成体頭数（図の上縁の数字）に対する%．（Kasuya and Kureha 1979）

体長100 cm以下の小型個体の漂着などの記録が4月後半から6月後半に集中していることだった．これらの情報は瀬戸内海，伊勢湾・三河湾，清水，東京湾，仙台湾までの広範囲から13頭の記録を集めたものであり，そこには仙台湾の1個体（6月）も含まれていた．また，瀬戸内海での目視情報によれば，親子連れの出現比率が4月から8-9月に高くなることも根拠となった（図8.11）．なお，この時期には単独の大型個体の比率が低下することも指摘されたが，親子連れが増えればそのような現象をともなうのは当然であろう．

　岩月（2000）は，その後に蓄積されたスナメリの漂着と混獲の記録を用いて同様の解析をして，繁殖期の推定をしたが，東京湾を含めて上の結論を修正すべき根拠はみつからなかった．その解析では，体長62 cmから91.3 cmまでの個体を新生児とした．これは最小新生児と最大胎児の範囲を用いたもので，やや厳しい設定となっているため，ほかの研究に比べて繁殖期が狭く現れるかもしれない．それによれば，伊

表 8.12 スナメリの混獲・漂着記録とそのなかに出現した体長60-95cmの新生児. データは1929年11月16日より1999年5月31日まで. 岩月 (2000) より集計.

海 域	混獲・漂着の記録		新生児の出現記録		
	頭 数	出現月	頭 数	出現月	ピーク月と頭数
有明海・橘湾	7頭	6, 9-1月	2頭	10, 12月	
関門海峡（日本海側）	20頭	8-9, 11-6月	2頭	4-5月	
瀬戸内海	75頭	1-12月	11頭	4-7月	5月：4頭（6月に3頭）
大阪湾	4頭	2, 5, 7月	0		
紀伊水道	8頭	1, 3-4, 6, 10, 12月	0		
伊勢湾・三河湾	195頭	1-12月	42頭	4-8月	5月：22頭（6月に13頭）
同　湾口太平洋側	51頭	2-12月	14頭	4-6, 8月	4月：5頭（5月に4頭）
御前崎-沼津市	5頭	1, 5-6月	1頭	5月	
東京湾（観音崎以北）	4頭	5-6, 11月	2頭	5-6月	
千葉県（東京湾以外）	16頭	3-6, 9-11月	4頭	3, 5月	3月：3頭
茨城県	8頭	1, 5, 11月	2頭	5月	
宮城県（仙台湾）	3頭	3, 5, 9月	1頭	5月	

勢湾・三河湾と湾口部では新生児の出現は4-8月で，この期間内における漂着などの総数145頭中のうち56頭 (38%) を新生児が占めていた．新生児出現のピークは5月であった．瀬戸内海では新生児は4-6月に出現し，27頭中11頭 (37%) を占め，ピークは5-6月にあった．このほかに，静岡県，神奈川県から茨城県，仙台湾でも新生児の記録があった．参考までに岩月 (2000) が収集した混獲と漂着の記録のなかから日付と頭数があり，幼児の場合はさらに体長も測定された事例を表8.12に収録した．

Kasuya and Kureha (1979) が解釈に困った問題が1つあった．それは新生児の漂着記録から推定される出産盛期は4-5月と短いが，これは鳥羽水族館で観察された交尾のピークが4-5月にあることとも符合した（妊娠期間を約11カ月と仮定）．ところが，瀬戸内海の目視データでは，親子連れの比率が8-9月まで上昇を続けるという事実である．彼らは，瀬戸内海で遅れて出産した雌は外洋に面した海域に出ていくことをせず瀬戸内海にとどまるために，そのような傾向が現れるのだろうと解釈している．しかし，その後に集まった漂着新生児の記録でみる限り，そのような苦しい解釈をする必要はないように思われる．試みに表8.12のデータをみると，瀬戸内海，関門海峡，伊勢湾・三河湾と同湾口域の新生児の記録は合計68頭で，その月別組成は4月：10頭 (14.7%)，5月：31頭 (45.6%)，6月：21頭 (30.9%)，7月：2頭 (2.9%)，8月：4頭 (5.9%) である．出産は4月に始まり，ピークは5月にある．そして，5月末までにその年の出産の60%が行われるらしい．残り40%の出産は，6月から8月までだらだらと続くのである．これはKasuya and Kureha (1979) が瀬戸内海で観察した親子連れの出現の動向と矛盾しない．性状態や出産時期による回遊のちがいがあることを示す証拠は得られておらず，出産期に関する情報を解釈するためには，そのような季節移動を想定する必要はなくなっている．

Furuta et al. (1989) が伊勢湾内の51.5-90cmの新生児と胎児の記録21例を報告している．この記録は1966-1983年の期間をカバーしている．いま，このなかから体長75cm以上の17例（75.0cmと79.0cmの2頭の胎児を含む）を選んで，その月別組成をみると3月：2頭，4月：11頭，5月：3頭，6月：1頭となり，出産のピークが4月にあるかにみえる．伊勢湾では出産期がわずかに異なり，ピークが4月にある可能性も捨てられない．今後の研究の進展を待ちたい．

つぎに，出産期の地理的なちがいをみてみよう．出産のピークがおおよそ5月ごろにあるという点は，関門海峡周辺の日本海から，瀬戸内海，伊勢湾・三河湾，東京湾を経て，仙台湾にいたる海域に共通している．データが増えれば

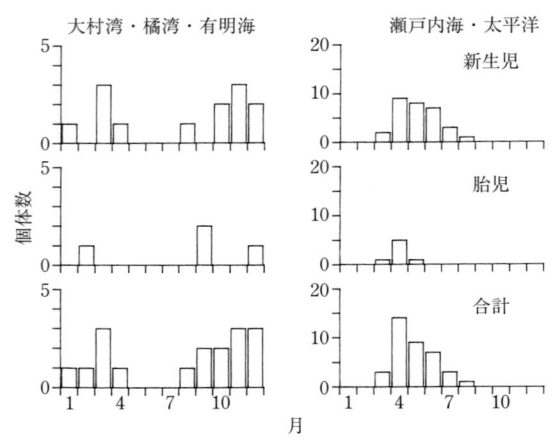

図 8.12 スナメリの推定出産期．上は体長 84 cm 以下の新生児から，下は胎児の体長から推定した出産月分布．(Shirakihara et al. 1993)

微妙な地域差が検出されるかもしれないが，これまでに得られたデータでみる限り，これら地域で繁殖期に明瞭なちがいがあるという証拠は見当たらない．この 5 月を中心とする出産のパターンと異なるのが，西九州の 2 つの個体群であるとされてきた．

Shirakihara et al. (1993) は，出産日の地理的なちがいを 2 つの手法で解析した（図 8.12）．1 つは体長 84 cm 以下の新生児の出現日にもとづく方法であり，ほかの 1 つは胎児の成長速度を 0.277 cm/日，平均出生体長を 78.6 cm として（後述），胎児の体長と日付から出生予定日を推定する方法である．その結果，両手法で得られた出生日分布は，同じ海域で比較する限り良好な一致をみせたが，西九州と瀬戸内海-太平洋の間では，出産時期に明瞭なちがいが見出された．すなわち瀬戸内海-太平洋地域では出産期が 3 月から 8 月にあり，ピークは 4 月で，上で求めた 5 月という結果とほとんど変わらなかった．これに対して，西九州におけるおもな出産期は 8-4 月にあり，そのピークは 11-12 月に認められた．瀬戸内海から太平洋沿岸にかけて出産が多い 5-7 月には，西九州では出産が少ないことが注目される．先に述べた水江ら (1965) の予測は正しかったのである．太平洋側の出産ピークとのずれは約半年である．なお，西九州では 3 月に小さいピークがある可能性も否定できない．これは 3 頭の新生児に由来するものであった．それが大村湾由来の個体か，有明海・橘湾系の個体かを知りたいところであったが，Shirakihara et al. (1993) は，この点を明らかにしていなかった．最近，Shirakihara et al. (2008) は有明海・橘湾のデータを再解析して，そこでは出産期が 8 月に始まり 3 月まで続くこと，おもなピークが 11-12 月にあり，不明瞭なピークが 3 月にあると結論している．一方，大村湾については，天野 (2010) が 1901-2008 年の期間の漂着記録をもとに，体長 90 cm 以下の新生児は 4-5 月にのみ出現することを見出し，大村湾のスナメリの出産期は瀬戸内海以東と同じであると結論した．出産のピークが秋にあるのは，有明海・橘湾の個体群に特有の現象だったのである．

哺乳類の出産期は，新生児の生残率が最善になるような淘汰が働いた結果であると考えられる (Kiltie 1984)．そこには哺乳期を経て固形食に移行するまでの母親の栄養条件や，幼児の摂餌環境も関係してくる．大村湾と有明海とはほとんど同じ緯度に位置し，海洋環境の季節変化には大きなちがいがあるとは考えられない．それにもかかわらず，繁殖期は約半年ずれている．瀬戸内海と仙台湾とでは緯度も異なり，海洋環境もちがうと思われるが，出産期には差が確認できていない．日本のスナメリの繁殖期を支配している要因，あるいは日本のスナメリの幼児の生存に影響する環境要因はなにか，興味ある問題である．

8.5.2 成長

（1）出生体長

スナメリの出生体長は新生児の体長から推定されてきた（表 8.13）．新生児の平均体長を平均出生体長とみなすと，それは 78.6 cm から 81.6 cm の範囲に得られている．日本のスナメリの個体群の間の出生体長のちがいは，これまでに検出されていない．

表 8.13 に引用した Furuta et al. (1989) の研究は，特定の水域から標本を得ていることと，1-1.5 cm の臍帯の残片が残っていることを基

表 8.13　新生児の体長と，それから推定された平均出生体長.

海　域	新生児体長範囲	標本数	平均体長	出　　典
瀬戸内-太平洋	68.8-97.6 cm	14	78.6 cm	Kasuya and Kureha (1979)
瀬戸内-伊勢湾	77.5-83.0 cm[1]	4	80.0 cm	Kasuya et al. (1986)
伊勢湾	76.5-85.0 cm	雄：6	80.1 cm	Furuta et al. (1989)
		雌：4	81.6 cm	
西九州	71.5-84.0 cm[2]	12	78.2 cm	Shirakihara et al. (1993)
全　国	62.0-91.3 cm			岩月 (2000)

1) 飼育下で生後 0 日 (77.5 cm)，4 日 (79.0 cm)，16 日 (81.5 cm)，28 日 (83.0 cm) に測定された 4 個体.
2) 新生児の判定基準については本文参照.

準として新生児を確認している点で意味がある．彼らが得た 6 頭の大型胎児の体長範囲は，51.5-79.0 cm であった．これらをもとに，彼らはスナメリの出生体長を 75-80 cm と推定している．Shirakihara et al. (1993) の研究は，大村湾と橘湾・有明海の標本を区別していないのが残念であるが，狭い海域から比較的大きな標本数を得ているので重要である．彼らの新生児の判断基準は古田ら (1977) の記述にもとづくもので，①上顎に感覚毛が残存する，②胎児皺が残っている，あるいは③臍帯の残片が残っている，であり，そのいずれかが認められれば新生児と判断している．これらの新生児の特徴がいつ消滅するかは今後解明すべき問題であり，②については生後 17 日でも消滅しなかったという記述もある（古田ら 1977）.

上の解析で，標本に生後の経過の長い個体を含めると，出生体長が過大推定となる．また，流産のデータが混入すると，過小推定となるかもしれない．このような問題を避けるには，出産が近い大型胎児の体長組成と新生児の体長組成とを対比するのがよい．もしもデータに偏りがなければ，出生個体と胎児の出現数が等しくなるときの体長が平均出生体長であり，両者が重なる体長範囲が出生体長の個体変異の範囲とみることができる．このような手法は，スナメリでは用いられていない．また，スナメリでは，解析に用いる標本の多くは死亡して漂着した個体である．周産期は母親・新生児とも死亡その他のトラブルが発生しやすい時期であるから，得られた標本になんらかの偏りが入っている可能性は否定できない．

（2）　胎児の成長と妊娠期間

受精卵が発育を始めてからの日数を横軸にとり，体重の立方根あるいは体長を縦軸にとると，多くの哺乳類において，両者の関係は 2 つの相に分けられるとされている．すなわち妊娠初期の緩やかな曲線的成長の時期と，それに続く速やかな直線的成長の時期である．直線的に成長するときの成長曲線（直線）を左に延長して，それが X 軸と交わるときを t_0 とすると，受精から t_0 までの時間は全妊娠期間 (X) の長さでほぼ定まっており，$X=50$-100 日の種では $t_0=0.3X$，$X=100$-400 日の種では $t_0=0.2X$，$X>400$ 日の種では $t_0=0.1X$ であるという概略の数字が与えられている (Hugget and Widdas 1951)．鯨類でもこの関係が成立するとされている (Lockyer 1984; Perrin and Reilly 1984)．スナメリでは，妊娠期間が 1 年弱であるとすれば，$t_0=0.15X$ が近似できる．もしも，漁業などでたくさんの雌が殺されて，胎児の記録が得られる場合には，胎児の体長の変化を季節を追って追跡することが可能となり，それから $X-t_0$ が求められる．妊娠期間 X は $(X-t_0)/(1-0.15)$ で推定される．なお，Laws (1959) は鯨類において体長を Y 軸に目盛る場合には，t_0 の値としては上にあげた数値の 9 割がよいとしている（スナメリの場合には $t_0=0.15\times 0.9$ となる）.

スナメリの場合には，胎児の成長を季節的に追跡する資料がないので，上に述べた方法は使

えない．そこで，種間関係から妊娠期間や胎児の成長を推定することが行われた．1つの方法は妊娠期間（Y：月）と平均出生体長（X：cm）との関係，

$$\log Y = 0.4586 \log X + 0.1659$$
Perrin et al. (1977)

を用いる方法である．Kasuya et al. (1986) はスナメリの平均出生体長を 80 ± 5 cm と仮定して，この式から妊娠期間を 10.9 カ月（範囲は 10.6-11.2 カ月）と推定した．

種間関係を用いたもう1つの例は，マイルカ科の胎児の直線的成長期における成長率（Y, cm/日）と平均出生体長（X, cm）との関係，

$$Y = 0.001462X + 0.1622$$
Kasuya (1977)

を用いるものである．平均出生体長を 80 cm として，Kasuya et al. (1986) は平均成長率を 0.279/日，すなわち 8.49 cm/月と推定した．これをもとに計算すると，妊娠期間は

$$(80/8.49)/(1-0.15 \times 0.9) = 10.9 \text{（月）}$$

と計算される．

上に求めたスナメリの妊娠期間の推定は，直接のデータは平均出生体長だけで，それ以外はほかの歯鯨類の種間関係に依存するという点で，信頼性に問題がある．しかし，複数の推定方法が約 11 カ月を示しており，この推定値は今日の鯨の生物学では常識的な値と判断されている．伊沢・片岡 (1965) によれば，伊勢湾で捕獲され，鳥羽水族館で飼育されたつがいのスナメリを 1963 年 9 月から 1965 年 3 月まで観察したところ，交尾期が 2 月に始まり，6 月まで続いたという．また，別の観察によれば，合計 13 頭の雌雄が雑居していた同水族館の水槽においては，交尾行動の盛期は 4-5 月にあり，1973 年から飼育されていた 1 頭の雌は，1976 年 4 月 17 日に出産している（古田ら 1977）．これらの観察は交尾期が春から初夏にあり，妊娠期間が 1 年前後であることを示すものであり，上の推定と矛盾するものではない．

鯨類の小型種においては，出生体長が 1 m 弱に，妊娠期間が 1 年弱に収斂している．この出生体長は，恒温動物が水中生活に適応するうえで生理的に許される最少サイズに近いものであり，1 年弱の妊娠期間は，1 年周期で変化する生活環境や栄養状態に対する適応であると考えられている（Kasuya 1995）．鯨類は大型化にともなって，2 つの道を選択したらしい．1 つは，1 年前後の妊娠期間を維持するために胎児の成長速度を著しく速めたひげ鯨類のグループであり，もう 1 つは，マッコウクジラやシャチのように胎児の成長速度を少ししか速めなかったために，妊娠期間が 1 年と 2 年の中間に位置してしまった種である．後者はその生活が年周期に制約されることの少ない種である（Kasuya 1995）．

（3） 授乳期間と離乳時期

鯨類の繁殖活動のサイクルは，妊娠-授乳-休止と進行するのが普通である．その授乳期間（泌乳期間）は，妊娠期間に比べて個体変異が大きい．子どもが死亡すれば，泌乳が止まるのが普通である（まれに養子を育てることもある）．この場合には，つぎの交尾期には発情が起こり，妊娠が早まるであろう．栄養状態がよく体力のある雌では，授乳中に発情して，つまり休止期を経ずに，妊娠が始まることもある．タッパナガ（コビレゴンドウの 1 系統群）では，この場合にはつぎの出産までには泌乳は止まり，2 回の出産にともなう泌乳が連続することはないらしい．逆に，なにかの原因で子どもが乳を長く飲み続けていると，つぎの発情も遅れるとされている．このような長期授乳は高齢雌で起こりやすいし，水族館で母子を長く一緒に置いても起こる．

古田ら (2007) は水族館で出産して摂餌開始まで生存した 4 例のスナメリについて，摂餌開始齢をそれぞれ 120, 132, 166, 223 日と報告している．平均は 160 日（5.3 カ月）である．1 日あたりの摂餌量は，摂餌開始以来，5-6 カ月にわたって増加がみられた．そのうちの 1 頭，120 日目（3.9 カ月）に摂餌を開始した個体について，哺乳頻度のサンプル観察がなされている．1 時間あたりの哺乳回数は出産直後は 25-30 回であったものが，1 カ月後には 10-15 回程

度まで急速に減少し，その後は緩やかに低下して，252日（8.3カ月）までは哺乳が観察された．その後観察が中断したが，357日目（11.7カ月）には8時間の観察中，哺乳は1度も観察されなかったということである．これらの知見を総合すれば，スナメリは生後4-7カ月で摂餌を始め，しばらくは固形食とミルクを併用するが，1年以内に離乳が完成するとみることができる．

Shirakihara et al.（2008）は有明海・橘湾個体群から得た幼児17頭の胃内容物について，固形食とミルクの有無を調べた．その結果，ミルクだけが見出された個体は99.5 cm以下に，固形食をとっていた個体は93.5 cm以上に認められた．これらのなかで，固形食とミルクの両方をとっていたのは3個体で，体長は99.5-107 cmの範囲にあり，固形食だけの個体は93.5-104 cmに出現した．この個体群では，体長93.5-99.5 cmで餌をとり始めて，107 cmまでミルクを併用する例があることを示している．なお，胃内容物の解釈においては，固形食に比べて，そこに混在する微量のミルクや頻度の少ない哺乳の痕跡は検出しにくいことに配慮する必要がある．Shirakihara et al.（2008）は，上の各段階の体長を成長式（後述; Shirakihara et al. 1993）にあてはめて，摂餌開始時の年齢を推定している．それによると，餌をとり始める年齢は3-4カ月から5-6カ月の範囲にあり，哺乳が確認された最高齢は9-10カ月となった．この結果は，上の古田ら（2007）の観察例と矛盾しない．

Kasuya and Kureha（1979）は瀬戸内海でフェリーボートからスナメリを観察し，子どもは春から初夏にかけて生まれ，その多くは年内の10-11月に親離れをするが，若干の個体は翌年の春ないし夏まで親と一緒にいると考えた．それは親子連れの出現割合が11-12月ごろに急に低下し，それまでの30%から10%前後になることと，それに合わせて単独の幼児サイズのイルカが急増するらしくみえることからの推論であった（図8.11）．また，観察の精度の問題はあるとしても，これに続いて1月にはやや大きな子どもイルカの増加が記録されている．

この瀬戸内海での観察は，水族館での観察や胃内容物の解析と比較的整合がよく，大きな矛盾はみられない．多くの雌は，出産の翌年の交尾期までには子離れを完了する，つまり2年に1回の妊娠が可能であると推定される．

（4） 成長曲線

水族館で出産したスナメリについて，古田ら（2007）は日齢（X）と体長（Y, cm）の関係に直線式をあてはめ，つぎの式を得た．

$$Y = 98.206 + 0.0976X, r = 0.9026$$

古田ら（2007）

このデータが何頭の個体を含んでいるかは明らかではないが，測点は0日から600日を超えるまでの範囲に19点あった．この式の勾配0.0976 cmは1日あたり平均成長量を示し，Y軸切片98.2 cmは出生体長を示すはずである．しかし，かりに式の適合がよい場合でも，外挿による出生体長の推定は精度が劣るのが通例である．この計算には懸念される問題が1つある．それは出生から2年近くの期間，はたしてスナメリは直線的成長をするのかという疑問である．事実，0-150日では11測点中6点が回帰直線の下側に位置し，上側には3点がある．これに対して，150-300日では6点すべてが回帰直線の上側に，450日以上の2点は直線の下にある．すなわち，上に凸の曲線に直線をあてはめたときの癖が現れている．その結果として，出生直後の成長が緩く算出された可能性が強い．Y軸の切片が98.2 cmで，別途推定した平均出生体長に比べて大きめなのもそのせいであろう．1年後の体長をこの式から求めると133.8 cmとなり，1年間の成長量は式から得られた出生体長98.2 cmの36%となり，やや小さい印象を受ける．しかし，前に述べた平均出生体長80 cmを使うと，1年間の成長量は出生体長の67%となり，妥当のように思われる．

マイルカ科5種についてKasuya and Matsui（1984）は，生後最初の1年間の体長増加は出生体長の55-64%であるとしている．すなわちハンドウイルカ（55%），マダライルカ（60%），

コビレゴンドウ（61.2%），マイルカ（61.3%），スジイルカ（64%）である．これがスナメリにもあてはまると仮定すると，平均出生体長を80 cmとして，満1年で124-131 cmに成長すると期待される．また，Perrin et al. (1976) は5種の歯鯨類のデータを用いて，胎児の平均成長率（X, cm/月）と，出生直後から妊娠期間に等しい時間における平均成長率（Y, cm/月）と，平均出生体長（Z, cm）の三者の間につぎの関係を見出した．

$$\log(X-Y) = -1.33 + 0.997 \log Z$$
Perrin et al. (1976)

スナメリでは$X=80/11$, $Z=80$であるから，$Y=3.58$となる．生後11カ月の体長は119 cmであるが，やや過大になるのを承知で12カ月に引き伸ばすと，123 cmとなる．

つぎに，これらの関係がスナメリにあてはまるか否かをみるとともに，年齢査定の基礎的問題である象牙質の成長層の形成率を検討しておこう．スナメリの初期成長については，Kasuya et al. (1986) が水族館で飼育された個体をもとに解析している．新生児4頭の体長は死亡時に測定されたもので，これをみると，出生から死亡までの日数の多い新生児ほど体長が大きい．生存日数が多ければそれだけ成長期間が長いので当然とも考えられるが，もう1つの可能性として，大きな体で生まれた新生児は長く生存したという可能性も否定できない．これらの問題を無視して4点から成長量を求めると，10日につき2 cmほど成長しているようにみえる．さらに，864日（2年4カ月余）生存した雄は体長が153.5 cmで，1,719日（4年8カ月余）生存した別の雄は159.5 cmであった．さらに，漁業で混獲された幼体8頭（体長100-132 cm）の年齢を，歯の象牙質成長層を数えて推定すると0.5-1.5年となった．これは年齢既知の生後約1年の3頭の体長120-130 cmとほぼ一致した．Kasuya et al. (1986) は，この結果をもとに，スナメリの象牙質成長層の形成率は年に1層であると結論している．その結論の正否はともかくとして，根拠となったデータは不十分である．

その後の成長については，Shirakihara et al. (1993) とKasuya (1999) の研究がある．いずれも歯を用いて年齢査定をして，成長曲線を描いたものである．若い個体については歯の象牙質の成長層を数えるが，10歳前後で象牙質の形成が止まるので，それより高齢の個体は，数えにくいセメント質の成長層を数えなければならない．Shirakihara et al. (1993) が用いた資料は西九州の2つの個体群を主体とし，少数の瀬戸内海の個体も含んでいる．しかし，瀬戸内海の個体と西九州の個体とでは成長に差は認められなかった．最高年齢は雌雄とも23歳であり，寿命にも性差が認められなかった．また，性成熟に達した個体の体長範囲は雄で127-174.5 cm，雌で135-161 cmであり，モードはどちらも150-159 cm群にあった．雄のほうが大きい傾向があるとしても，その差はわずかである．成長曲線の特徴は，初期の急成長は4-5年で鈍化し，雄では10年すぎに，雌ではおそらく10年前後で成長が止まると認められた．彼らはいくつかの成長曲線を試みた後，最終的には体長（Y, cm）と年齢（X, 年）の関係はつぎの式でもっともよく近似されるとしている（図8.13）．

雄　$Y = 165.5 - 157.2/(X+1.863)$
雌　$Y = 157.7 - 118.1/(X+1.624)$
Shirakihara et al. (1993)

なお，Kasuya (1999) は瀬戸内海・太平洋海域産の最大個体として雄192 cm，雌180 cmをあげている．これに比べて西九州産は雄175 cm，雌158 cmで，やや小さいようにみえるが，その判断は今後の資料の蓄積を待って行うべきであろう．

このようにして求めた平均成長曲線と成長式について留意すべき点を，いくつか例をあげて述べておこう．いま，ある町である年に生まれた子どもの身長を毎年測定して記録し，その作業を成長停止まで30年ほど続け，得られた年々の平均身長をグラフに描く．これがそれら児童の正しい平均成長曲線である．スナメリをはじめ多くの鯨類においてはそれができない．そこで，上に述べた成長式では，彼らの成長が

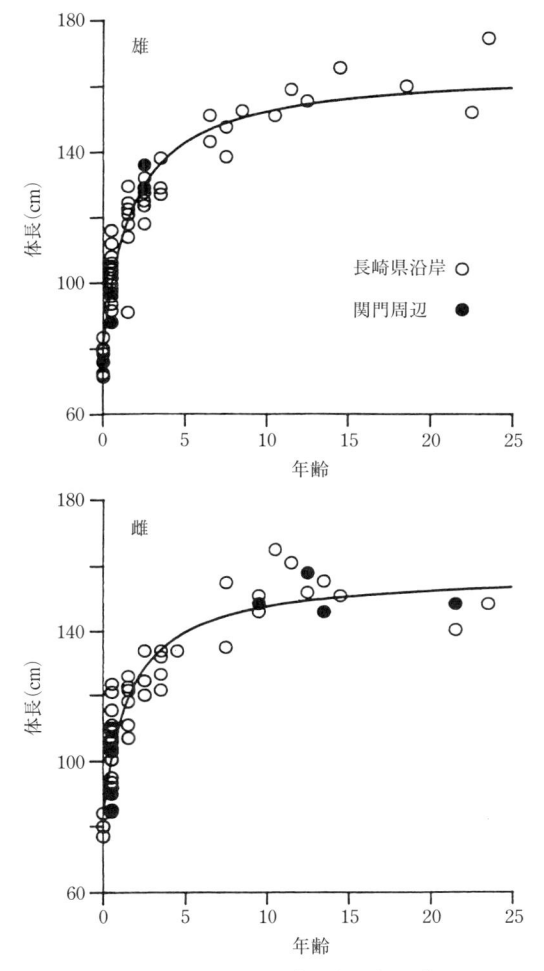

図 8.13 スナメリの成長曲線．歯の象牙質ないしはセメント質の成長層を数えて年齢を査定した．(Shirakihara *et al.* 1993)

過去30年間にわたってどの世代でも同じだったと暗黙に仮定しているのである．かりに，成長が変化して息子が父親よりも大きく育つとか，反対に子どもは親よりも小さく育つという現象が起こっていた場合には，このような仮定に立って得た平均成長曲線は，得体の知れないものとなってしまう．高齢個体では体長が縮小するように表現されるとか，いつまでも成長が続くような見かけの成長曲線が得られることになる．捕鯨によって個体数が減少した結果，1頭あたりの餌の供給が増加して成長が改善された北太平洋のマッコウクジラは，前者の例である（Kasuya 1991）．

つぎに平均成長曲線と個体の成長曲線とは本質的に異なることを記憶しなければならない．先の子どもの例では，ある児童は12-13歳で突然成長が早まり，平均身長を上回ってしまう．これが春機発動期の急成長であり，まもなく緩やかな成長に移行する．別の児童は，ずっと遅れて17歳前後で成長加速が起こる者もある．春機発動期の急成長の開始には個体差があるので，その状況は平均成長曲線ではよく表現できない．その後の緩やかな成長は，ある児童では20歳前に停止するが，別の児童では30歳近くまで続くかもしれない．この場合，平均成長曲線において身長の増加が停止したと認識されるのは，30歳ごろとなる．このようなわけで，平均成長曲線はいかなる個体の成長パターンをも示していないのである．別の表現をすれば，かりに個体の成長を表示するのに理想的な成長式があったとしても，その式はその個体群の平均成長曲線を表現するのに適していると期待するのは危険である．

つぎの問題は平均成長式の意義や目的である．それは個体群の平均成長を客観的に記述する手段であると，私は考えている．それ自体は生物情報として大切なことではあるが，それ以上の役割を期待すると危険がともなうことがある．全年齢範囲でみるとうまくフィットするかにみえる式でも，その標本の特定の年齢範囲（たとえば0-5歳）のデータだけにあてはめた場合と，別の年齢範囲（たとえば10-15歳）にあてはめた場合とでは，当然パラメータが異なってくる．成長式を外挿に使用することの危険性を示すものである．多くの成長曲線は，ある定数項に収斂する．定数項は成長停止時の平均体長を示すと期待されることがある．これも同様の理由，すなわち外挿の危険性ゆえに過信は禁物である．成長停止時の平均体長が知りたければ，高齢個体の体長を平均するのがよい．平均成長曲線を使って，体長を年齢に換算する場合には，かりに直線に近い成長を示す若い年齢範囲でも誤差は小さくないし，成長が鈍化しつつある高齢部では，偏りが発生する恐れもある．

（5）体重

体重（W, kg）と体長（L, cm）の関係はいくつか提案されている．Kasuya（1999）はパキスタン（6個体），中国（15個体），日本（21個体）を比較して，体重（W, kg）と体長（L, cm）の関係には地域差が認められないとし，これらの全個体を合わせてつぎの関係式を求めた．

$$W = 1.816 \times 10^{-4} \times L^{2.477}$$
$$65.3 < L < 187 \quad \text{Kasuya（1999）}$$

この関係は $\log W = 2.477 \log L - 3.7409$ とも表現できる．Kasuya（1999）は，体長140–160 cm の10頭の体重は 26.3–48.2 kg の範囲にあったことを認め，本種では体重の個体差が著しいことを指摘している．上の式で平均体重を計算すると，140 cm では 37.6 kg，160 cm では 52.3 kg で1.4倍のちがいとなるが，現実には1.8倍の開きが観察されたわけである．これは季節や繁殖周期にともなう生理状態の変化を反映しているものと思われる．片岡ら（1976）によれば，飼育下にあった雌雄のスナメリは，季節的に摂餌量が著しく変化した．摂餌量は5-9月に最低となり，1日あたり 2-3 kg であったが，12-3月には 5 kg 前後を食べた．摂餌量は水温の高低と逆の関係にあった．摂餌量の季節的な変動にともない，冬には体脂肪の蓄積量が増加したものと思われる．これらの個体の体長と体重は記録されていないが，この著者らはそれを160 cm 前後で体重 56 kg と推定している．これらの個体は3年の飼育歴があり，さかんに交尾行動を示していたので（伊沢・片岡1965），性成熟に達していたものと考えられる．

Furuta et al.（1989）は伊勢湾とその周辺地域で得られた胎児を含む29頭のデータを解析し，54.5 cm 以上の体長-体重関係は雌雄とも同一の式で表現できるが，それより小さい51.5 cm の胎児1頭はこれから外れるとした．そこで残りの28個体のデータを用いて，つぎの体長-体重関係を得た．

$$\log W = 2.8405 \log L - 4.5439$$
$$54.5 < L < 192$$
$$\text{Furuta et al.（1989）}$$

この関係は $W = 2.858 \times 10^{-5} \times L^{2.8405}$ とも表現できる．この式から体長 160 cm 時の平均体重を求めると 52.1 kg となり，Kasuya（1999）の式から得た値とほとんどちがわない．

Shirakihara et al.（1993）は九州西岸の資料を用いて，かつ妊娠雌を除外して，つぎの2式を得た．

$$\text{雄：} \log W = 2.4582 \log L - 3.6545$$
$$71.5 < L < 174.5$$
$$\text{雌：} \log W = 2.4174 \log L - 3.5426$$
$$77.0 < L < 151.0$$
$$\text{Shirakihara et al.（1993）}$$

彼らは勾配（2.4---）には雌雄で有意差がないが，Y 軸切片（3.---）の値は雌雄で有意に異なるとした．しかし，後者は体長1 cm という非現実的なところまで外挿したときの体重に関係する値であるから，そのちがいには生物学上の意味があるとは私には思われない．両式はそれぞれ，雄は $W = 2.2116 \times 10^{-4} \times L^{2.4582}$，雌は $W = 2.8668 \times 10^{-4} \times L^{2.4174}$ と書きなおせる．これらから体長 160 cm のときの平均体重を計算すると，雄は 57.0 kg，雌は 61.0 kg となる．これをみると，西九州の個体は伊勢湾の個体に比べて体重がやや大きいようであるが，これがなにを意味するのかは今後の課題である．

（6）雌の性成熟

鯨類では，初排卵をもって雌の性成熟とするのが普通である．これは鯨類の生物学研究が捕鯨業で捕獲された死体の調査から発展したことと，排卵後に形成される黄体は白体に変化して卵巣中に終生残ると信じられていることが背景にある．解剖所見が得られない研究対象の場合には，このような従来の基準は使えないことが多い．

宮島水族館で生まれて育った瀬戸内海起源の雌のスナメリは，3歳で出産した例が知られている（Shirakihara et al. 1993）．妊娠期間は約11カ月であるから，初排卵は生後2年のときにあったと思われる．これは年齢既知の個体の成熟記録として重要であるが，おそらく栄養と健康に恵まれた個体にみられた早熟の記録とみ

るべきであり，スナメリという種にとって生物学的に達成可能な早熟の限界に近い例であろう．

Shirakihara et al. (1993) は，九州西岸で得た39頭の雌について卵巣所見から性成熟を判定した．用いた標本は，1頭を除き体長範囲133-145 cmの外側にあった．この範囲より小型の個体はすべて未成熟で，大きいほうのグループはすべて成熟していた．中間の1頭は体長135 cm，年齢7歳で2回の排卵経験を示していた．彼らは，この個体群では体長135-145 cmで成熟すると結論している．この標本では，4歳以下はすべて未成熟で，7歳以上はすべて成熟しており，5-6歳の個体はこの標本には含まれていなかった（この問題については雄の性成熟の項で述べる）．性成熟年齢に関しては，大部分の個体は5-6歳で成熟すること，50%の個体が成熟している年齢（平均性成熟年齢）もその年齢範囲のどこかにあるとしかわからない．Shirakihara et al. (1993) は関門海峡周辺でほかに6頭の標本を得ているが，これらを加えても，西九州の標本の欠陥を補うものとはならなかった．また，Kasuya (1999) が報告している瀬戸内海と伊勢湾の標本を加えても，同様に結論を補強するにはいたらない．

（7）　雄の性成熟

雄の性成熟を判断する基準は，雌ほどには明瞭ではない．睾丸を組織学的に検査して判定する場合には，睾丸の発達段階のどこをもって成熟とするかによって，性成熟年齢に若干のちがいが発生する．また，これら組織学的パラメータと雄性ホルモン濃度，性行動，あるいは繁殖成功度などとの対比は，ほとんどなされていないのが現状である．

Shirakihara et al. (1993) は，精子形成をしている精細管の割合によって未成熟（0%），成熟前期（<50%），成熟後期（>50%），成熟（100%）の4段階に分類した．これはKasuya and Marsh (1984) の基準に等しいものと思われる．それと睾丸重量の関係は図8.14に示すとおりである．Shirakihara et al. (1993) は，年齢2歳，体長127.5 cm，睾丸重量58.0 gの

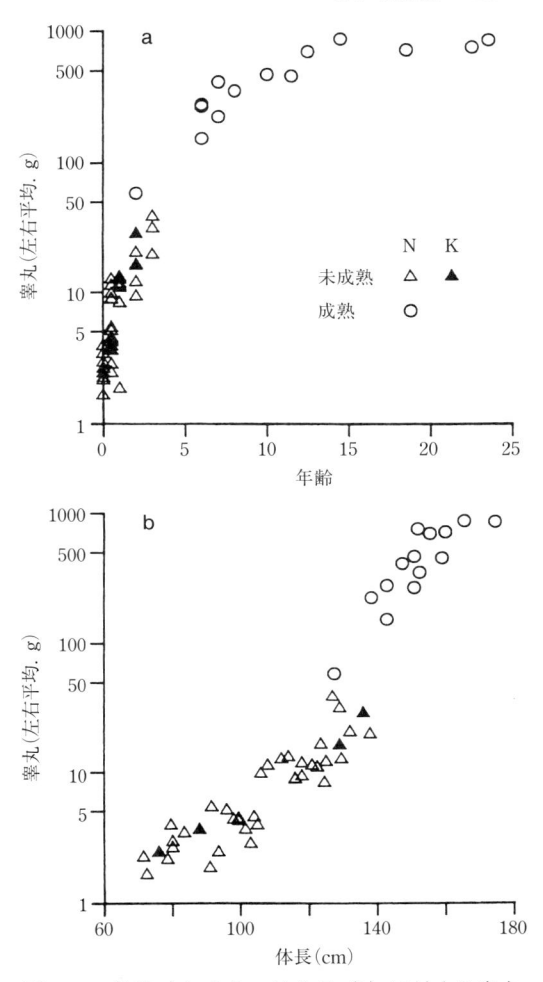

図 8.14　年齢（a）あるいは体長（b）に対する睾丸重量と成熟状態の関係を示す．Nは大村湾と有明海・橘湾の両個体群，Kは瀬戸内海個体群（関門海峡周辺産）．(Shirakihara et al. 1993)

1頭は若くて成熟している例外的な個体であると考えて，瀬戸内海・西九州とも多くの雄は体長135-140 cm，年齢4-6歳で成熟すると結論している．

図8.14をみて興味をひかれるのは，成熟前期と成熟後期の個体が標本中に出現していないことと，睾丸重量50-150 gの個体がほとんど欠けていることである．このような現象は，春機発動期から性成熟までの期間が短いとか，睾丸重量が急成長する場合にも期待されるものではあるが，それだけでは説明できない点がある．すなわち，この標本の年齢組成をみると，未成熟グループは1-3歳で，成熟グループは6歳以

表 8.14 雌のスナメリの性状態組成. カッコ内は瀬戸内海個体群, その他は西九州産. 後者には出産期を異にする2個体群が含まれている. (Shirakihara et al. 1993)

性状態	排卵黄体	妊娠	妊娠中泌乳	泌乳	休止	合計
1月		1				1
2月		1				1
3月				1		1
6月	1					1
7月		1+(1)			(1)	1+(2)
9月		1		1		2
10月		(1)				(1)
合計	1	2+(2)	2	2	(1)	7+(3)

上である. その中間の2年級 (4, 5歳) の個体は, 標本から完全に欠落している. 2年間という期間は, 彼らの成長からみればけっして短い時間ではない. 同様の傾向は雌にもみられた. この2年級がなんらかの理由で標本から抜け落ちている可能性がある. 同様の現象は瀬戸内海個体群でも予想されている (前述) ことからして, 個体群のなかの年齢組成を反映しているとみるよりも, なんらかの行動的な理由によって, 研究標本から抜け落ちているとみるのが妥当と思われる. 雄は早ければ2歳で, 遅ければ3-4歳で春機発動期に入り, その後, 遅くとも6歳までに成熟する. その性成熟前後, すなわち春機発動期には, 漁業で混獲されにくいような行動の変化があるように思われる. その正否は今後の研究に待つしかない. 離乳後から性成熟に達するまでの期間に社会行動が変化する例は, スジイルカ (第10章) やハンドウイルカ (第11章) など多くのイルカ類で知られている.

8.5.3 繁殖周期

特殊な社会構造をもつ種を除けば, 雄は雌に比べて繁殖にともなう負担が少ない. そこで雄の繁殖戦略は交尾の機会を最大にするべく努力することになる. スナメリも同様で, 成熟雄は毎年繁殖に参加すると考えられている.

スナメリをはじめとする小型鯨類の多くは1年弱の妊娠期間をもつので, 時間的には毎年の出産が可能である. しかし, 多くの鯨類では, 雌は必ずしも毎年妊娠するとは限らない. たとえばザトウクジラは, 11.5カ月の妊娠に続いて10.5-11カ月授乳するが, ハワイでの観察によれば49例の出産間隔は1年から9年の範囲にあり, 1年間隔の出産, すなわち出産してすぐにつぎの妊娠をした例は9例 (18%) にすぎなかった. それ以外では2年が17例 (34.7%) でもっとも多く, 平均は3.2年であった (Glockner-Ferrari and Ferrari 1990). この背景には体力の制約, とくに泌乳中の負担のため発情が抑止されるとか, あるいは泌乳終了の後, 体力が回復して発情するまでに時間がかかるなどの理由が考えられる.

野生のスナメリでは, ザトウクジラのような継続観察の例がない. また, 栄養状態が異なるので飼育個体は参考にならない. 捕鯨業やイルカ漁業などから偏りのない死体標本が得られる場合には, その性状態組成が各ステージの時間の長さに比例すると仮定して, 平均的な繁殖サイクルを推定することが行われる. しかし, 現実には漁業活動は季節的に操業されるので, 繁殖活動の季節性と絡んで発生する偏りは避けられない. また, 新生児や周産期の雌は死亡率が高いので, 漂着個体にはそのような生理状態にかかわる偏りも含まれている. このような理由から, スナメリの繁殖周期はほとんどわかっていないのが現状である.

Shirakihara et al. (1993) は少数ではあるが, 雌の繁殖周期に関して貴重な情報を提供している (表8.14). それによれば, 彼らが九州西岸の2つの個体群と関門海峡周辺で入手した瀬戸内海個体群の合計97頭の標本のうち, 成熟個体は雄14頭, 雌10頭であり, 雌の性状態組成はつぎのようになった. 6月に排卵黄体をもっていた1頭の雌は, 排卵したが妊娠にはいたら

表 8.15 スナメリの群れの大きさを海域で比較する.

海　域	月	平　均	最頻値	最　大	標本数	観察方法	出　典
大村湾	2, 5, 8, 11	1.64	1		33	航空機	Yoshida et al. 1998
有明海・橘湾	4-9		1	10	256	船　舶	Shirakihara et al. 1994
	10-3		1	5	294	船　舶	同　上
有明海	5-8	1.64	1	<11	152	航空機	Yoshida et al. 1997
	11, 12, 1	1.68	1	<11	69	航空機	同　上
橘湾	5, 7, 8	1.80	1	<11	25	航空機	同　上
	11, 2	14.24[1]	1	117	27	航空機	同　上
瀬戸内海	3-9	2.01[2]	1	13	641	船　舶	Kasuya and Kureha 1979
	10-2	1.60[2]	1	8	68	船　舶	同　上
	4, 5	1.56			148	航空機	Shirakihara et al. 2007
伊勢湾・三河湾	10-3	1.61	1		54	船　舶	宮下ら 2003
	4-9	1.84	1		186	船　舶	
安房－仙台湾	5, 6	1.81	1	5	70	航空機	Amano et al. 2003

1) 例外的な大群（82頭と117頭，いずれも2月）に起因する．この2群を除くと有明海と橘湾の全データの群れサイズ範囲は1-11頭で，平均群れサイズは1.7頭．
2) 平均値の95%信頼範囲と標準誤差（カッコ内）は，それぞれ1.89-2.13（0.06）と1.36-1.84（0.12）で，冬には風が強いという観察条件のちがいを無視すれば，群れサイズの季節変化は有意となる．

なかった個体と認められる．西九州において「妊娠中泌乳」の個体が1-2月に2頭あり，それらの胎児の体長は9.7 cm と16.0 cm であったことは，とくに興味をひかれる．ここでは交尾の盛期の1つが秋から冬にあることを考えれば，これらの雌は出産してすぐにつぎの妊娠に入ったものと考えられる（出産間隔1年）．同じ海域で7月と9月に各1頭の「妊娠」個体があり，胎児の体長はどれも50 cm 台で，つぎの秋・冬には出産の見込みであった．前年の秋に妊娠したものであるが，受胎時に泌乳していたかどうかはわからない（繁殖周期不明）．このほかに，妊娠しないで「泌乳」していた個体が3月に出現しているが，この個体の出自がわからないので，繁殖周期を推定することはできない．9月に「泌乳」していた西九州の1頭についても，過去の繁殖ヒストリーを推定することは困難である．さらに，関門海峡付近の瀬戸内海系の個体1頭は，7月に「休止」にあった．これは春に生まれた子が死亡したか，あるいは3年ないしそれ以上の出産間隔を経験している雌であろう（この個体は5個の黄白体をもっていた）．わずかな資料ではあるが，スナメリの雌の繁殖周期は1年の場合もあるが，2年あるいはそれ以上の場合もあると結論される．

8.6　社会構造

8.6.1　群れとは

鯨類の個体の集まりを指す言葉として，英語では group, aggregation, school, pod などが使われてきた．研究者の好みや対象種によって特定の言葉が使われることもある．Connor (2000) は一緒に生活することによってたがいに利益を得ている同種個体の集まりを pod とか group と呼び，それ以外の集まりを aggregation と呼んで区別している．Acevedo-Gutierrez (2002) もこれと同様の使い方をしている．一緒に生活する group のメンバーが相互に得る利益とは，育児や摂餌に際しての協力や外敵からの防衛であろう．この場合にはメンバーが接近しているのが普通であるから，洋上で観察すれば個体間の距離や遊泳方向などから group を認識できる場合が多い．しかし，良好な餌場などで複数の group が一時的に集合して aggregation ができた場合に，そのなかの group を正しく区別するためには，時間をかけた観察が必要になる．マッコウクジラでは，group は10頭前後で構成されるが，それがいくつか集まって形成される aggregation にさまざまな段階があり，認識のむずかしい例が現れ

図 8.15 瀬戸内海のスナメリの空中写真（1976年7月12日）．①は全景，②は①の手前部分を拡大したもの．遠景部分の数字は撮影されたスナメリ群の群れサイズ（1頭1群と2頭3群）．(Kasuya and Kureha 1979)

る（Connor 2000）．すなわち，①2つの group が数日間行動をともにする aggregation，②数個の group よりなる数十頭の aggregation が数 km^2 の範囲に一時的に形成される場合，③数百 km^2 を超える範囲に1,000頭もの個体が集まる大きな aggregation，などがあり，おそらく第1のケースも摂餌において協力しているらしいという考えである．なお，pod と aggregation の区別を意図しない場合や，それが困難な場合には school が使われている（Acevedo-Gutierrez 2002）．

日本の鯨類研究者は個体の集まりを表す言葉として「群れ」あるいは「むれ」を使い，英語で表現するときには school（例：Kasuya and Kureha 1979），あるいは group（例：Shirakihara et al. 2007）を使ってきており，これらの使い方は上に述べた school と同じである．その背景には，日本における鯨類の生態研究の始まりが捕鯨業や追い込み漁の漁獲物に依存してきたことと，洋上調査においても分布や生息数の調査を目的とするものが多く，社会構造を知るために鯨類を継続的に観察するという研究手法の普及が遅れたため，group, aggrregation, school などを厳密に区別する必要に迫られなかったことがある．

これからは，鯨類の社会構造を理解する目的でデータをあつかう場合には，過去の研究者が群れと呼んだものが group を指すのか，それとも aggregation を指すのかを見極めることが必要となる．ただし，目視調査で生息数を推定するためには，このような配慮は不要である．この場合の「群れ」は，1カ所にまとまっていて同時に発見される個体の集まりであればよい．それは発見作業の単位であって，社会行動の単位であることは期待されていない．

8.6.2 群れサイズ

日本のスナメリの群れサイズを組織的に記録した例を表8.15に示した．これらの多くは，目視調査によって生息数を推定するための作業において得られたものである．その対象は，group と aggregation が区別されておらず，

schoolにあたるものとみるべきである．Kasuya and Kureha（1979）は生態情報を得る目的でaggregationのなかのgroupを区別する試みもなしているが，表8.15に関してはほかの研究報告とあつかいは同じである．典型的なaggregationの例を示す記述がYoshida et al.（1997）にある．それによると，橘湾で2月に例外的な大群が発見され，その群れサイズは82頭と117頭であったとしている．これらを算入すると，橘湾の平均群れサイズは14.24となるが，除外すると有明海と橘湾を合わせた群れサイズは1-11頭の範囲にあり，平均群れサイズは1.7頭となる．

表8.15に示したすべての研究において，群れサイズの上限は10頭付近にあり，平均群れサイズは2頭以下である．いずれの場合も群れサイズの最頻値は1である．1頭ものの遭遇例は，Kasuya and Kureha（1979）では48.1%，Amano et al.（2003）では44.3%である（それ以外の研究では組成の詳細が示されていない）．このことは，本種が母子の群れを除けば，通常は単独で行動していることを示すものである．おそらく母子の群れと，一時的に形成される交尾のための雌雄からなる群れを除けば，それ以外の複数個体の集まりはどれもaggregationであるかもしれない．

そのような解釈の例を図8.15にみることができる．これは1976年7月に瀬戸内海で撮影されたスナメリの写真である．写真①の下の部分を写真②として拡大してある．①には全部で14頭のスナメリが映っている．私はこれらを，3頭連れが1群，2頭連れが4群，1頭が2群，合計14頭7群と解釈した．②は，見方によっては7頭のaggregationであると解釈することもできるが，1つのgroupであると判断するには無理がある．それは個々の群れの間の距離が大きく離れていること，遊泳の方向がまちまちであることからみて，相当の期間にわたって共同生活をしているとは考えられないためである．①の上方の隅にいる2頭連れ3群は体の大小が判別しにくいので除外する．②の手前中央の2頭連れは大小からみて母子にまちがいない．そ

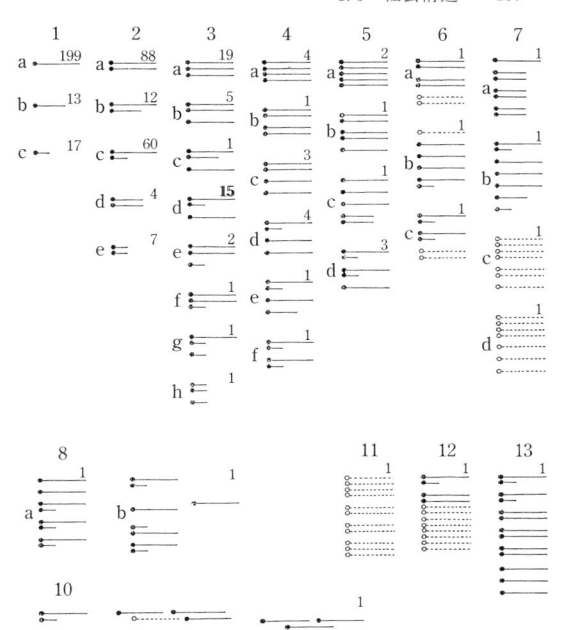

図 8.16 瀬戸内海のスナメリの群れの内部構造の模式図．群れの内部構造と体長構成を示す．上段の大きな数字は群れ構成頭数，小さな数字は観察例数，アルファベットはそれぞれの群れサイズのなかの構成型の類別．長い棒は成体，小さい棒は子ども，中位の棒はその中間．体長推定不能の個体は点線と白丸で示す．2次元の配置は8-bと10においてのみ示してある．（Kasuya and Kureha 1979）

の左と右の各1頭は，この母子連れの方向に向かっているらしい．雌は分娩後まもなく発情することがある．そのような交尾の機会をねらって，雄が訪れようとしているのかもしれない．手前右端の3頭連れのうちの1頭は，これも母子連れのほうに向かおうとしているらしい．

このような視点に立って，Kasuya and Kureha（1979）は瀬戸内海で遭遇したschoolの内部構成，つまりaggregationである場合にはそれを構成するgroupの構成を，個体間の距離や位置関係から推定している（図8.16）．それによれば，1頭ものには圧倒的に大人サイズの個体が多く，幼児や子どもサイズはまれである．2頭連れは大人どうしあるいは大小組（おそらく母子連れ）が普通で，小型個体どうしはまれである．また，母子連れに1頭ないし複数の成体が随伴している例も多く見られた．3頭連れ以上は，原則として2頭連れや1頭も

表 8.16 瀬戸内海のスナメリの群れサイズの季節変化．群れサイズの組成は％，「合計」は観察群数，「平均」は平均群れサイズ（頭数），「最大」は最大群れサイズ（頭数）．(Kasuya and Kureha 1979)

群	1月	2月	3月	4月	5月	6月	7月	8月	9月	10月	11月	12月
1頭	83	52	62	47	39	44	18	40	29	60	48	55
2頭	17	43	25	35	39	33	55	30	43	40	40	36
3頭	0	5	6	7	14	14	4	10	9	0	8	9
≥4頭	0	0	7	11	8	9	23	20	19	0	4	0
最大	2	3	11	11	13	6	7	12	10	2	8	3
合計	6	21	163	271	97	57	22	10	21	5	25	11
平均	1.17	1.52	1.74	2.03	2.04	1.95	2.73	3.10	2.71	1.40	1.84	1.55

のがさまざまの組み合わせで一緒になったaggregationであるとみられる．おそらくスナメリは原則として単独生活者であり，半年とか1年にわたって永続する群れとしては母子群に限られるものと思われる．この点は，イシイルカ（第9章）に似ていて，永続的な母系社会を形成するマッコウクジラやコビレゴンドウ（第12章）とも，成長段階に応じて数十ないし数百頭の群れをつくるスジイルカ（第10章）とも異なる点である．スナメリでは交尾を目的とする雌と雄の2頭連れ，あるいは同じ目的で母子群に雄が加わった群れもあるにはちがいない．しかし，雄にとってはいつまでも1頭の雌についていてはメリットがないから，交尾目的で形成される群れの持続期間は，母子群に比べれば比較にならないくらい短いと推定される．

スナメリの群れサイズは季節によっても多少の変化をみせる．スナメリの群れサイズ組成では1頭ものが卓越していると前に述べたが，瀬戸内海においては，これが厳密には成立しない季節があるらしい．瀬戸内海では，夏の季節には2頭群の出現が1頭ものに比べてわずかに多い傾向がみえる（表8.16）．1頭群と2頭群の比を冬と夏で比べると，10-4月には407群：236群に対して，5-9月では170群：200群となり，出現比が逆転している．瀬戸内海では，この時期は出産と交尾が行われる時期でもあるから，親子連れや雌雄連れが増えて，このような群れサイズ組成の逆転が起こるのは当然ではある．しかし，ほぼこれと時期を同じくして，3月から9月にかけて4頭以上の大きめの群れの出現も増加するし，最大群れサイズも増加する傾向が認められる．そこには繁殖以外の要因も影響している可能性が疑われる．

じつは，これに似た季節変化は九州西岸でも認められている．この場合は大村湾と有明海・橘湾の繁殖期を異にする2つの個体群が合算されているので解釈はむずかしいが，Shirakihara et al.（1994）は，6頭以上の群れは4月から9月にのみ出現し，この時期には平均群れサイズもわずかに上昇することを示している．彼らのデータで4頭群以上の群れの出現をみても，11月に4頭群が1群認められるほかは，4頭群は4-9月に限られており，夏に大きな群れが出現する傾向がある．Shirakihara et al.（1994）は，そこには繁殖以外の要因があることを示唆している．摂餌環境あるいは捕食圧の変化に対する反応であるかもしれない．西九州では2月に数十頭にもおよぶ大きなaggregationも観察されている（表8.15）．その成因を含めて今後の研究課題である．

[追記]
Jefferson and Wang（2011）は，これまでに報告されたスナメリ属の生物学的知見をもとに，1つの分類体系を提案した．そこでレビューされた知見はほとんど本書でも紹介してあるが，彼らが重視したのは，背中のキールの表面に分布する角質の顆粒状の小突起の分布範囲の広さによって，すべてのスナメリは不連続な2つのグループに分けられることであった．そして，①顆粒域が広い型は台湾海峡以南に，狭い型は

台湾海峡以北に分布すること，②両型の分布が重なっている台湾海峡付近においても，両者は約18,000年前の最後の氷期以来生殖的に隔離されている（DNAの解析），③前者は頭骨長が181-245 cmであるのに対して，後者は209-295 cmと大きいとした（体長差の反映）．これらをおもな根拠として，Jefferson and Wang（2011）は，スナメリは2種3亜種に分類されるべきであるとした．

2種とは，台湾海峡以南に分布する *Neophocaena phocaenoides*（G. Cuvier, 1829）と，台湾海峡以北に分布する *N. asiaeorientalis*（Pilleri andGihr, 1972）である．後種のなかには多くの地理的変異があるらしいが，現段階では2つの亜種，すなわち揚子江に分布する *N. a. asiaeorientalis* Pilleri and Gihr, 1972 と，台湾海峡以北の日本や朝鮮半島を含む海域の沿岸に生息する *N. a. sunameri* Pilleri and Gihr, 1975 に分けられるとした．

私のような生活史の研究者の視点からは，上記2種は台湾海峡という小海域でみると同所的かもしれないが，大きな目でみると異所的であるように感じられる．また，その延長として，他種の知見と対比した場合にスナメリ2種の生殖隔離をどう評価するかに興味をひかれる．2万年という比較的短い隔離の歴史は，複数のイシイルカ個体群の間でも知られている．また，イシイルカの隣接する個体群の間では，分布が局所的に重なっていても，そこには繁殖期のちがいや年齢・性状態によるすみわけがあるため，繁殖集団に限ってみれば同所性は見かけよりも小さいことも知られている（第9章）．また，コビレゴンドウのように境界域が季節的に移動する場合には，周年の分布範囲を重ねると，あたかも一部地域では同所性であるかのように錯覚される場合もある（第12章）．

分類体系は分類学者の美意識の表明のようなものである．現生スナメリ属が2種3亜種であっても，1種3亜種であっても，保全生物学を志すわれわれにとっては大きな問題ではない．Jefferson and Wang（2011）の提案に対しては，いずれ別の提案がなされるであろうが，それまでの間は彼らの分類体系が使われると思われる．それにしたがうと，本書であつかっている日本産スナメリの数個の個体群は，韓国や渤海沿岸の個体群とともに亜種 *Neophocaena asiaeorientalis sunameri* に属することになる．

第8章 引用文献

天野雅男 2003．スナメリの地理的変異と分類．月刊海洋 35 (8)：531-538．

天野雅男 2010．大村湾におけるスナメリ（*Neophocaena phocaenoides*）のストランディングの状況．日本セトロジー研究会口演要旨．

有田正史 1999．瀬戸内海周辺地域におけるコンクリート用砂の供給動向．瀬戸内海 19：25-39．

伊沢邦彦・片岡照男 1965．スナメリの飼育とその生態について．日本動物園水族館協会誌7 (3)：57-59．

石川創（編）1994．日本沿岸のストランディングレコード (1901-1993)．日本鯨類研究所，東京．94 pp．

岩月智映 2000．日本のスナメリ個体群——漂着記録の解析．三重大学生物資源学部海洋生産学コース卒業論文．11 pp.＋表1＋図13＋附表．

遠洋水産研究所（no date）．日本の小型鯨類調査・研究についての進捗報告——2004年5月から2005年4月まで．Japan Progrep. SM/2005J. 13 pp.

王丕烈（Wang, P.）1984．中国近海江豚的分布，生態和資源保護．*Trans. Liaoning Zool. Soc.* 5 (1)：106-110．(中国語・英文要旨付き)．

王丕烈（Wang, P.）1999．中国鯨類．海洋企業有限公司，香港．325 pp.＋Pl. 1-VI．

王愈超（Wang, J. Y.）・楊世主（Yang, S.）．2007．台湾鯨類図鑑——海豚及其他小型鯨．人人出版・国立海洋博物館，台湾．207 pp．

大蔵永常 1826．除蝗録．黄葉園．28丁．

大槻清準 1808．鯨史考．校本（恒和出版 江戸科学古典叢書2による）．

粕谷俊雄 1994．スナメリ．pp. 626-634．*In*：小達繁（編）．日本の希少な野生水生生物に関する基礎資料（I）．水産庁，東京．696 pp．

粕谷俊雄 1997．スナメリの生態と保全について．瀬戸内海（瀬戸内海環境保全協会刊）10：27-34．

粕谷俊雄 2008．日本のスナメリの現状——瀬戸内海個体群を中心に．勇魚 48：52-70．

粕谷俊雄 2010．瀬戸内海のスナメリの現状と保全．pp. 76-108．*In*：日本生態学会上関要望書アフターケアー委員会（編）．奇跡の海—瀬戸内海・上関の生物多様性．南方新社，鹿児島市．237 pp．

粕谷俊雄・金子浩昌・西本豊弘 1985．考古学と周辺科学 7．動物学．季刊考古学 11：91-95．

粕谷俊雄・山田格 1995．日本鯨類目録，鯨研叢書 No. 7．日本鯨類研究所，東京．90 pp．

片岡照男・北村秀策・関戸勝・山本清 1976．スナメリの食性について．三重生物 24/25：29-36．

鏑木外岐雄 1932．スナメリクヂラ廻游海面と漁業．pp. 72-75．*In*：文部省（編）．天然記念物調査報告，動物之部第二輯．文部層，東京．

環境省 1999. http://www.env.go.jp/press.php3?serial=1837
呉羽和男 1976. スナメリの波乗り. 鯨研通信 297：37-38.
黒田長礼 1934. シイボルトのフワウナ・ヤポニカ中の哺乳類部に就いて. pp. 1-12. 日本動物志 第3巻, 植物文献刊行会, 東京.
黒田長礼 1940. 駿河湾の鯨目に就いて. 植物及動物 8（5）：825-834.
高安利・周開亜 1995a. 中国水域江豚外形的地理変異和江豚的三亜種［Geographical variation of external measurements and three subspecies of Neophocaena phocaenoides in Chinese waters］. Acta Theriologica Sinica 15（2）：81-92.（中国語・英文要旨付き）.
高安利・周開亜. 1995b. 中国水域江豚頭骨的地理変異［Geographical variation of skull among the populations of Neophocaena in Chinese waters］. Acta Theriologica Sinica 15（3）：161-169.（中国語・英文要旨付き）.
白木原国雄・岡村寛・笠松不二男（監訳）2002. 海産哺乳類の調査と評価. 鯨研叢書 No. 9. 日本鯨類研究所, 東京. 169 pp.
白木原国雄・白木原美紀 2002. 有明海・橘湾, 大村湾, 瀬戸内海調査. pp. 27-52. In：生物多様性センター（編）海域自然環境保全基礎調査——海棲動物調査（スナメリ生息調査）報告書. 海中公園センター, 東京. 136 pp.
鈴野真帆・白木原美紀・風呂田利夫 2010. 千葉県沿岸における小型歯鯨類スナメリ Neophocaena phocaenoides の出現状況. 千葉生物誌 60（1）：11-16.
生物多様性センター（編）2002. 海域自然環境保全基礎調査——海棲動物調査（スナメリ生息調査）報告書. 海中公園センター, 東京. 136 pp.
瀬戸内海環境保全協会 1996. 瀬戸内海の環境保全 資料集. 瀬戸内海環境保全協会. 161 pp.
中島将行 1963. スナメリの迷子. 鯨研通信 147：193-196.
中村清美・榊原茂・Abel, G.・立川利幸・水嶋健司・和田政士・土井啓行・菊池拓二 2003. 山口県およびその周辺海域で確認されたスナメリの漂着や混獲などに関する報告. 日本海セトロジー研究 13：13-18.
中村雅之・蛭田密 2003. 1997年から2001年の間に記録された福岡県沿岸における鯨類の漂着・迷入・混獲・座礁について. 日本海セトロジー研究 13：1-6.
西脇昌治 1965. 鯨類・鰭脚類. 東京大学出版会, 東京. 439 pp.
古田正美・赤木太・小松由章・吉田英可（編）2007. スナメリ特別採捕の実施と研究の進捗状況. 127 pp. 発行者は不明であるが鳥羽水族館が中心になって作成した報告書である.
古田正美・塚田修・片岡照男 1977. スナメリ・メリー誕生の記録. pp. 1-12. In：スナメリの飼育と生態. 鳥羽水族館, 鳥羽. 58 pp.
松田治 1999. 海砂利採取の生態系への影響過程. 瀬戸内海 19：29-34.
水江一弘・吉田主基・正木康昭 1965. 九州西方海域産小型歯鯨類の研究 XII. 長崎県橘湾沿岸で捕獲されたスナメリについて. 長崎大学水産学部研究報告 18：7-29.
宮下富夫 2002. 鯨類の資源量推定——現状と問題点. pp. 167-185. In：宮崎信之・粕谷俊雄（編）海の哺乳類——その過去・現在・未来（増補版）. サイエンティスト社, 東京. 311 pp.
宮下富夫・古田正実・長谷川修平・岡村寛 2003. 伊勢・三河湾におけるスナメリ目視調査. 月刊海洋 35（8）：581-585.
山下欣二 1991. 近世古文献に見る海獣 ⑤スナメリ. 海洋と生物 13（2）：130-133.
吉岡基 2002. 伊勢湾・三河湾調査. pp. 53-89 In：生物多様性センター（編）海域自然環境保全基礎調査——海棲動物調査（スナメリ生息調査）報告書. 海中公園センター, 東京. 136 pp.
吉田英可 1994. 西九州沿岸海域に生息するスナメリの個体群生態学的研究. 長崎大学博士号審査論文. 127 pp.（Yoshida et al. 1997 に引用）.

Acevedo-Gutierrez, A. 2002. Group behavior. pp. 537-544. In：W. F. Perrin, B. Würsig and L. G. M. Thewissen (eds). Encyclopedia of Marine Mammals. Academic Press, San Diego. 1414 pp.
Akamatsu, T., Nakazawa, T., Tsuchiyama, T. and Kimura, T. 2008. Evidence of nighttime movement of finless porpoise through Kanmon Strait monitored using a stationary acoustic device. Fishery Science 74：970-976.
Allen, G. M. 1923. The black finless porpoise, Meomeris. Bull. Mus. Comparative Zool. 65：233-256.
Amano, M. 2003. Finless porpoise, Neophocaena phocaenoides. pp. 432-435. In：W. F. Perrin, B. Würsig and L. G. M. Thewissen (eds). Encyclopedia of Marine Mammals. Academic Press, San Diego. 1414 pp.
Amano, M., Miyazaki, N. and Kureha, K. 1992. A morphological comparison of skulls of the finless porpoise Neophocaena phocaenoides from the Indian Ocean, Yangtze River and Japanese waters. J. Mammalogical Soc. Japan 17（2）：59-69.
Amano, M., Nakahara, F., Hayano, A. and Shirakihara, K. 2003. Abundance estimate of finless porpoise off the Pacific coast of eastern Japan based on aerial surveys. Mammal Study 28：103-110.
An, Y., Choi, S., Kim, Z. and Kim, H. 2009. Cruise report of the Korean Cetacean Sighting Survey in the Yellow Sea, April-May 2008. Paper IWC/SC/61/NP1, presented to IWC Scientific Commitee in 2009. 4 pp.（Available from IWC Secretariat）.
An, Y., Choi, S. and Moon, D. 2010. Korea (Republic of), progress report on cetacean research, January 2009 to December 2009, with statistical data for the calendar year 2009. Paper IWC/SC/62/Prog. Rep. Korea, presented to the IWC Scientific Committee in 2010 (unpublished). 16pp.（Available from IWC Secretariat）.
An, Y. R. and Kim, Z. G. 2007. Korean (Republic of), progress report on cetacean research with statistical data for the calendar year 2005. Paper IWC/SC/59/Prog. Rep. Korea, presented to the IWC Scientific Committee in 2007 (unpublished) 4 pp.（Available from IWC Secretariat）.
An, Y. R., Kim, Z. G. and Choi, S. G. 2006. Cruise report of the Korean cetacean sighting survey in the East Sea, April-May 2006. Paper IWC/SC/58/NPM7, presented to International Whaling Commission Meeting in 2006 (unpublished) 4 pp.（Available from IWC Secretariat）.
Barros, N. B., Jefferson, T. A. and Parsons, E. C. M. 2002. Food habits of finless porpoise (Neophocaena phocae-

noides) in Hong Kong waters. *Raffles Bull. Zoology*, Supplement No. 10：115-123.

Caballero, S., Trujillo, F., Vianna, J. A., Barios-Garrido, H., Montiel, M. G., Bertran-Pedreros, S., Marmontel, M., Santos, M. C., Rossi-Santos, M., Santos, F. R. and Baker, C. S. 2007. Taxonomic status of genus *Sotalia*：species level ranking for "tucuxi" (*Sotalia fluviatilias*) and "costero" (*Sotalia guianensis*) dolphins. *Marine Mammal Sci.* 23：358-386.

Chen, L., Bruford, N. W., Xu, S., Zhou, K. and Yang, G. 2010. Microsatellite variation and significant population genetic structure of endangered finless porpoise (*Neophocaena phocaenoides*) in Chinese coastal waters and the Yangtze River. *Marine Bio.* 157：1453-1462.

Colborn, T. and Smolen, M. J. 2003. Cetacean and contaminants. pp. 291-332. *In*：J. G. Vos, G. D. Bossart, M. Fournier and T. J. O'Shea (eds). *Toxicology of Marine Mammals*. Taylor and Francis, London and New York. 643 pp.

Connor, R. C. 2000. Group living in whales and dolphins. pp. 199-218. *In*：J. Mann, R. C. Connor, P. L. Tyack and H. Whitehead (eds). *Cetacean Societies : Field Studies of Dolphins and Whales*. The University of Chicago Press, Chicago and London. 433 pp.

Coues, E. 1890. Phocaena. p. 4449. *In*：W. D. Whiteney (ed). *The Century Dictionary : An Encyclopedia Lexicon of the English Language*. The Century Company, New York.

Furuta, M., Kataoka, T., Sekido, M., Yamamoto, K., Tsukada, O. and Yamashita, T. 1989. Growth of the finless porpoise *Neophocaena phocaenoides* (G. Cuvier, 1829) from the Ise Bay, Central Japan. *Annual Rep. Toba Aquarium*. 1：89-102.

Geraci, J. R., Harwood, J. and Lounsbury, V. J. 1999. Marine mammal die-offs：causes, investigations and issues. pp. 367-395. *In*：J. R. Twiss Jr. and R. R. Reeves (eds). *Conservation and Management of Marine Mammals*. Smithsonian Institution Press, Washington. 469 pp.

Glockner-Ferrari, D. A. and Ferrari, M. J. 1990. Reproduction in the humpback whale (*Megaptera novaeangliae*) in Hawaiian waters, 1975-1988：the life history, reproductive rates and behavior of known individuals identified through surface and underwater photography. *Rep. int. Whal. Commn.* (Special Issue 12, Individual Recognition of Cetaceans)：161-169.

Gray, J. E. 1846. *The Zoological Voyage of H. M. S. Erebus and Terror, Vol. 1, Mammalia*. E. W. Janson, London. 5 pp. + 37 pls.

Gray, J. E. 1847. *List of the Osteological Speciemens of Mammalia in the Collection of the British Museum*. British Museum, London. 147 pp.

Hammond, P. S., Benke, H., Berggren, P., Borchers, D. L., Buckland, S. T., Collet, A., Heide-Jorgensen, M. P., Heimlich-Boran, S., Hiby, A. R., Leopold, M. F. and Oien, N. 1995. *Distribution and abundance of the harbour porpoise and other small cetaceans in the North Sea and adjacent waters*. LIFE92-2/UK/027, Final Report. 240 pp.

Hershkovitz, P. 1961. On the nomenclature of certain whales. *Fieldiana Zoology* 39 (49)：547-565.

Hershkovitz, P. 1966. *Catalog of Living Whales*. Smithsonian Institute, Washington. 259 pp.

Howell, A. B. 1927. Contribution to the anatomy of the Chinese finless porpoise, *Neomeris phocaenoides*. *Proc. U. S. Nat. Mus.* 70 (13)：1-43 and pl. 1.

Hugget, A. St. G. and Widdas, W. F. 1951. The relationship between mammalian foetal weight and conception age. *J. Physiol.* 114：306-317.

IWC (International Whaling Commission) 2010. Report of the Sub-Committee on Small Cetaceans. *J. Cetacean Res. Manage.* 12 (Suppl. 2)：306-330.

Jefferson, T. A. 2002. Preliminary analysis of geographic variation in cranial morphometrics of the finless porpoise (*Neophocaena phocaenoides*). *Raffles Bull. Zool.* (Supplement 10)：3-14.

Jefferson, T. A. and Hung, S. K. 2004. *Neophocaena phocaenoides*. *Mammalian Species* 746, 12 pp.

Jefferson, T. A. and Wang, J. Y. 2011. Revision of the taxonomy of finless porpoise (genus *Neophocaena*)：the existence of two species. *J. Marine Animals and Their Ecology* 4 (1)：3-16.

Kannan, S. N., Tanabe, N., Ono, M. and Tatsukawa, R. 1989. Critical evaluation of polichlorinated biphenyle toxicity in terrestrial and marine mammals：increasing impact on *non-ortho* and *mono-ortho* coplanar polychlorinated biphenyles from land and ocean. *Arch. Contam. Toxicol.* 18：850-857.

Kasuya, T. 1977. Age determination and growth of the Baird's beaked whale with a comment on the fetal growth rate. *Sci. Rep. Whales Res. Inst.* (Tokyo) 29：1-20.

Kasuya, T. 1991. Density dependent growth in North Pacific sperm whales. *Marine Mammal Sci.*, 7 (3)：230-257.

Kasuya, T. 1995. Overview of cetacean life histories：an essay in their evolution. pp. 481-497. *In*：A. S. Blix, L. Walloe and O. Ultang (eds). *Whales, Seals, Fish and Man*. Elsvier, Amsterdam. 720 pp.

Kasuya, T. 1999. Finless porpoise *Neophocaena phocaenoides* (G. Cuvier, 1829). pp. 411-442. *In*：S. H. Ridgway and R. Harrison (eds). *Handbook of Marine Mammals, Vol. 6 : Second Book of Dolphins and the Porpoises*. Academic Press, San Diego. 486 pp.

Kasuya, T. and Jones, L. J. 1984. Behavior and segregation of the Dall's porpoise in the northwestern North Pacific Ocean. *Sci. Rep. Whales Res. Inst.* (Tokyo) 35：107-128.

Kasuya, T. and Kureha, K. 1979. The population of finless porpoise in the Inland Sea of Japan. *Sci. Rep. Whales Res. Inst.* (Tokyo) 31：1-44.

Kasuya, T. and Marsh, H. 1984. Life history and reproductive biology of short-finned pilot whale, *Globicephala macrorhynchus*, off the Pacific coast of Japan. *Rep. int. Whal. Commn.* (Special Issue 6, Reproduction in Whales, Dolphins and Porpoises)：259-310.

Kasuya, T. and Matsui, S. 1984. Age determination and growth of the short-finned pilot whale off the Pacific coast of Japan. *Sci. Rep. Whales Res. Inst.* (Tokyo) 35：57-91.

Kasuya, T., Tobayama, T. and Matsui, S. 1984. Review of the live capture of small cetaceans in Japan. *Rep. int. Whal. Commn.* 34：597-602.

Kasuya, T., Tobayama, T., Saiga, T. and Kataoka, T. 1986. Perinatal growth of delphinoids：information from aquarium reared bottlenose dolphins and finless porpoises. *Sci. Rep. Whales Res. Inst.* (Tokyo) 37：85-97.

Kasuya, T., Yamamoto, Y. and Iwatsuki, T. 2002. Abundance decline in the finless porpoise population in the Inland Sea of Japan. *Raffles Bull. Zoology* (Supplement 10)：57-65.

Kiltie, R. A. 1984. Seasonality, gestation time, and large mammal extinction. pp. 299-314. *In*：P. S. Martin and R. G. Klein (eds). *Quaternary Extinctions*. University of Arizona Press, Tucson. 720 pp.

Laws, R. M. 1959. The foetal growth rate of whales with special reference to the fin whale, *Balaenoptera physalus* Linn. *Discovery Rep.* 29：281-308.

Lockyer, C. 1984. Review of baleen whale (mysticeti) reproduction and implication for management. *Rep. int. Whal. Commn.* (Special Issue 6, Reproduction in Whales, Dolphins and Porpoises)：27-50.

Martineau, D., De Guise, S., Fournier, M., Shugart, L., Girard, C., Lagace, A. and Beland, P. 1994. Pathology and toxicology of beluga whales from the St. Lawrence estuary, Quebec, Canada. past, present and future. *Science of Total Environment* 154 (Special issue on Marine Pollution：Mammals and Toxic Contaminants)：201-215.

Martineau, D., Mikaelian, I., Jean-Martin, L., Labelle, P. and Higgins, R. 2003. Pathology of cetaceans. a case study：beluga from the St. Lawrence estuary. pp. 333-380. *In*：J. G. Vos, G. D. Bossart, M. Fournier and T. J. O'Shea (eds). *Toxicology of Marine Mammals*. Taylor and Francis, London and New York. 643 pp.

Miyashita, T., Wang, P., Cheng, J. H. and Yang, G. 1995. Report of the Japan/China joint whale sighting cruise in the Yellow Sea and East China Sea in 1994 summer. Paper IWC/SC/47/NP17, presented to the IWC Scientific Committee in 1995. 12 pp. (Available from IWC Secretariat).

Northridge, S. P. and Hofman, R. J. 1999. Marine mammal interaction with fisheries. pp. 99-119. *In*：J. R. Twiss Jr. and R. R. Reeves (eds). *Conservation and Management of Marine Mammals*. Smithsonian Institution Press, Washington. 469 pp.

O'Shea, T. J., Brownell, R. L., Clark, D. R. Jr., Walker, W. A., Gay, M. L. and Lamont, T. G. 1980. Organochlorine pollutants in small cetaceans from the Pacific and South Atlantic Oceans, November 1968-June 1976. *Pesticides Monitoring J.* 14：35-46.

Palmer, T. S. 1899. Notes on three genera of dolphins. *Proc. Biol. Soc. Washington* 13：23-24.

Parsons, E. C. M. and Wang, J. Y. 1998. A review of finless porpoise (*Neophocaena phocaenoides*) from the South China Sea. pp. 287-306. *In*：B. Morton (ed). *The Marine Biology of the South China Sea*：Proceedings of the Third International Conference on the Marine Biology of the South China Sea. Hong Kong University Press, Hong Kong. 612 pp.

Perrin, W. F., Coe, J. M. and Zweifel, J. R. 1976. Growth and reproduction of spotted porpoise, *Stenella attenuata*, in the offshore eastern tropical Pacific. *Fish. Bull.* 74 (2)：229-269.

Perrin, W. F., Holts, D. B. and Miller, R. B. 1977. Growth and reproduction of the eastern spinner dolphin, a geographical form of *Stenella longirostris* in the eastern tropical Pacific. *Fish. Bull.* 75 (4)：725-750.

Perrin, W. F., Miyazaki, N. and Kasuya, T. 1989. A dwarf form of spinner dolphin, *Stenella longirostris*, from Thailand. *Marine Mammal Sci.* 5：213-227.

Perrin, W. F. and Reilly, S. B. 1984. Reproductive parameters of dolphins and small whales of the family delphinidae. *Rep. int. Whal. Commn.* (Special Issue 6, Reproduction in Whales, Dolphins and Porpoises)：97-133.

Pilleri, G. and Chen, P. 1980. *Neophocaena phocaenoides* and *Neophocaena asiaeorientalis*：taxonomical differences. pp. 25-32. *In*：G. Pilleri (ed). *Investigations on Cetacea*. XI. Privately published by G. Pilleri, Bern. 220 pp.

Pilleri G. and Gihr, M. 1972. Contribution to the knowledge of the cetaceans of Pakistan with particular reference to the genera *Neomeris*, *Sousa*, *Delphinus*, and *Tursiops* and description of a new Chinese porpoise (*Neomeris asiaeorientalis*). pp. 107-162. *In*：G. Pilleri (ed). *Investigations on Cetacea*. IV. Privately published by G. Pilleri, Bern. 297 pp.

Pilleri G. and Gihr, M. 1973-1974. Contribution to the knowledge of the cetaceans of the southwest and monsoon Asia (Persian Gulf, Indus Delta, Malabar, Andaman Sea and Gulf of Siam). pp. 59-149. *In*：G. Pilleri (ed). *Investigations on Cetacea*. V. Privately published by G. Pilleri, Bern. 365 pp.

Pilleri, G. and Gihr, M. 1975. On the taxonomy and ecology of the finless black porpoise, *Neophocaena* (Cetacea, Delphinidae). *Mammalia* 39：657-673

Reeves, R. R., Wang, J. Y. and Leatherwood, S. 1997. The finless porpoise, *Neophocaena phocaenoides* (G. Cuvier, 1829)：a summary of current knowledge and recommendations for conservation action. *Asian Marine Biology* 14：111-143.

Reijinders, P. J. H. 1996. Organochlorine and heavy metal contamination in cetaceans：observed effects, potential impact and future prospects. pp. 203-217. *In*：M. P. Simmonds and J. D. Hutchinson (eds). *The Conservation of Whales and Dolphins：Science and Practice*. John Wiley & Sons, Chichester. 476 pp.

Rice, D. W. 1977. *A list of the marine mammals of the world*. NOAA Technical Rept. NMFS SSRF-711. National Marine Fish. Service, Seattle. 15 pp.

Rice, D. W. 1998. *Marine Mammals of the World, Systematics and Distribution*. Special Publication No. 4, Soc. for Marine Mammalogy. 231 pp.

Shirakihara, K., Shirakihara, M. and Yamamoto, Y. 2007. Distribution and abundance of finless porpoise in the Inland Sea of Japan. *Marine Bio.* 150：1025-1032.

Shirakihara, K., Yoshida, H., Shirakihara, M. and Takemura, A. 1992b. A questionnaire survey on the distribution of the finless porpoise, *Neophocaena phocaenoides*, in Japanese waters. *Marine Mammal Sci.* 8 (2) : 160-164.

Shirakihara, M., Seki, K., Takemura, A., Shirakihara, K., Yoshida, H. and Yamazaki, T. 2008. Food habits of finless porpoises *Neophocaena phocaenoides* in western Kyushu, Japan. *J. Mammalogy* 89 (5) : 1248-1256.

Shirakihara, M., Shirakihara, K. and Takemura, A. 1992a. Records of the finless porpoise (*Neophocaena phocaenoides*) in the waters adjacent to Kanmon Pass, Japan. *Marine Mammal Sci.* 8 (1) : 82-85.

Shirakihara, M., Shirakihara, K. and Takemura, A. 1994. Distribution and seasonal density of the finless porpoise *Neophocaena phocaenoides* in the coastal waters of western Kyushu, Japan. *Fishery Science* 60 (1) : 41-46.

Shirakihara, M., Takemura, A. and Shirakihara, K. 1993. Age, growth and reproduction of the finless porpoise, *Neophocaena phocaenoides*, in the coastal waters of western Kyushu, Japan. *Marine Mammal Sci.* 9 : 392-406.

Tanabe, M., Prudente, M., Mizuno, T., Hasegawa, J., Iwata, H. and Miyazaki, M. 1998. Butyltin contamination in marine mammals from North Pacific and Asian coastal waters. *Environmental Sci. and Technol.* 32 (2) : 193-198.

Taguchi, M., Ishikawa, H. and Matsuishi, T. 2010. Seasonal distribution of harbour porpoise (*Phocoena phocoena*) in Japanese waters inferred from stranding and by-catch records. *Mammal Study* 35 : 133-138.

Temminck, C. F. and Schlegel, H. 1844. *Fauna Japonica, Les Mamminiferes Marins*. Lugdini Batavorum, Arnz. Pt. 3 : 1-26 and Plates 21-29.

Thomas, O. 1922. The generic name of the finless-backed porpoise. *Annals and Magazine of Nat. Hist.* (Series 9) 9 (54) : 676-677.

Thomas, O. 1925. The generic name of the finless-backed porpoise. *Annals and Magazine of Nat. Hist.* (Series 9) 16 (96) : 655.

Tyack, P. L. 2008. Implications for marine mammals of large-scale changes in the marine acoustic environment. *J. Mammalogy* 89 (3) : 549-558.

Van Dolah, F. M., Doucette, G. J., Gulland, F. M. D., Roweles, T. L. and Bossart, G. D. 2003. Impacts of algal toxins on marine mammals. pp. 245-269. *In* : J. G. Vos, G. D. Bossart, M. Fournier and T. J. O'Shea (eds). *Toxicology of Marine Mammals*. Taylor and Francis, London and New York. 643 pp.

Wang, J. Y., Frasier, T. R., Yang, S. C. and White, B. N. 2008. Detecting recent speciation events : the case of the finless porpoise (genus *Neophocaena*). *Heredity* 101 : 145-155.

Yoshida, H. 2002. Population structure of finless porpoise (*Neophocaena phocaenoides*) in coastal waters of Japan. *Raffles Bull. Zoology* (Supplement 10) : 35-42.

Yoshida, H., Higashi, N., Ono, H. and Uchida, S. 2010. Finless porpoise (*Neophocaena phocaenoides*) discovered at Okinawa Island, Japan, with the source population inferred from mitochondrial DNA. *Aquatic Mammals* 36 (3) : 278-283.

Yoshida, H., Shirakihara, K., Kishiro, H. and Shirakihara, M. 1997. A population size of the finless porpoise, *Neophocaena phocaenoides*, from aerial sighting surveys in Ariake Sound and Tachibana Bay. *Res. Popul. Ecol.* 39 (2) : 239-247.

Yoshida, H., Shirakihara, K., Shirakihara, M. and Takemura, A. 1995. Geographic variation in the skull morphology of the finless porpoise *Neophocaena phocaenoides* in Japanese waters. *Fishery Sci.* 61 (4) : 555-558.

Yoshida, H., Shirakihara, K., Shirakihara, M. and Takemura, A. 1998. Finless porpoise abundance in Omura Bay, Japan : estimation from aerial sighting surveys. *Jour. Wildlife Management* 62 (1) : 286-291.

Yoshida, H., Yoshioka, M., Chow, S. and Shirakihara, M. 2001. Population structure of finless porpoise (*Neophocaena phocaenoides*) in coastal waters of Japan based on mitochondrial DNA sequences. *J. Mammalogy* 82 : 123-130.

Zhou, K., Pilleri, G. and Li, Y. 1979. Observation on the baiji (*Lipotes vexillifer*) and the finless porpoise (*Neophocaena asiaeorientalis*) in the Changjiang (Yangtze) River between Nanjing and Taiyangzhou, with remarks on some physiological adaptations of the baiji to its environment. pp. 109-120. *In* : G. Pilleri (ed). *Investigations on Cetacea*. X. Privately published by G. Pilleri, Bern. 366 pp.

第9章　イシイルカ

9.1　特徴

イシイルカ *Phocoenoides dalli* (True, 1885) はネズミイルカ科いちばんの大型種で，北太平洋の寒冷域に広く分布し，一名スズメイルカ，キタイルカ，カミヨイルカなどとも呼ばれる．本種は体側の白斑の大きさによって2つの体色型に大別される．すなわち白斑が小さくて肛門から背鰭付近までのイシイルカ型と，それが大きくて胸鰭付近にまで伸びているリクゼンイルカ型である（口絵写真参照）．このほかにまれに全身黒色の型も出現する．「イシイルカ」は種名としても用いられるが，2つの体色型，すなわちイシイルカ型とリクゼンイルカ型を区別する場合にも使われる．

日本近海産のネズミイルカ科3種，イシイルカ，ネズミイルカ，スナメリのなかで，本種は唯一外洋性の種である．ほかの2種に比べて遊泳はきわめて活発で，高速で海面を切りながら体の左右にカーテン状の水しぶきを上げる．スナメリは温帯・熱帯の種で，日本海では富山湾以西，太平洋側では仙台湾以南の内湾などの50 mより浅い海に生息する．これに対して，ネズミイルカは富山湾・千葉県以北の寒冷域に分布し，これも外洋に出ることはまれで，大陸棚上に生活することが多い．このように3種の生活圏は明瞭に分かれている．

イシイルカは体長の割には背部が盛り上がった，ずんぐりした胴体をもち，頭は体の太さに比べると小さい印象を与える．背鰭は二等辺三角形に近い山形で，その後縁には，尾鰭の後縁と同様に，灰色ないしは白色の縁取りがある．体側には輪郭のはっきりした大きな白斑があり，その大小は種の分類や個体群の指標として用いられてきた．

成長が完成した個体の平均体長は，中部北太平洋の雄で198.1 cm，雌で189.7 cmであるが（Ferrero and Walker 1999），体の大きさには個体差が著しいうえに，平均体長は産地によっても多少のちがいがある．頭骨はスナメリやネズミイルカに比べて大きいことと，吻部が短く，先が尖って細くみえることで見分けられる（第8章）．脊椎骨は神経突起が高く，椎体は長さが短く前後に圧扁されてみえる．脊椎骨の総数は92-98個で，ネズミイルカ科のなかでもっとも多い．

9.2　分類学的位置

本種は1属1種とされているが，歴史的にはイシイルカとリクゼンイルカの2種に分けられていた経緯があるので，それを説明する．

本種が最初に記載されたのは1885年のことである．それはアリューシャン列島のアダック島の西方でW. H. Dallが捕獲した個体にもとづいて，Trueが *Phocaena dalli* True, 1885という種を記載した．当時はいまのネズミイルカ属 *Phocoena* のなかの1種と考えられたのである．ちなみに，属名 *Phocoena* がG. Cuvierによって1817年に創設された後に，*Phocena* が1821年に，また *Phocaena* が1828年にともにGrayによって，意図的にあるいは誤りで使われた経緯があるが，これらの変更はいまでは否定され，*Phocoena* が使われている（Hershkovitz 1966

による）．True が1885年の記載に用いた標本は，いまでいうイシイルカ型の体色の個体であった．その後，三陸沿岸で捕獲されたリクゼンイルカ型の体色の個体をもとにして，Andrews が1911年に *Phocoenoides truei* Andrews, 1911 を記載した．すなわち，彼は新たに *Phocoenoides* を創設して，*Phocoena dalli* True, 1885 とともに，新種 *P. truei* をそこに入れることを提案したのである．こうして属が変更されたことにより，先の種名は *Phocoenoides dalli* (True, 1885) となり，命名者の名前と年号にカッコがつくことになった．この新属名 *Phocoenoides* のかわりに *Phocaenoides* が提案されたこともあるが，それはいまでは否定されて，当初の綴りである *Phocoenoides* が使われている．

これらの英名は前者が Dall's porpoise, 後者が True's porpoise とされた．和名として永沢（1916）は *P. truei* に対してトルーイルカを初めて使用し，岸田（1925）は黒田長礼氏の命名としてリクゼンイルカを使用した．その後，黒田（1938）は *P. dallii truei* をトルーイルカとし，*P. dallii dallii* をヲガワイルカ（新称）とした（学名と仮名づかいは原文のまま）．すなわち，それまで2種とされていたものを1種のなかの別亜種としたのである．松浦（1943）は *P. truei* をリクゼンイルカ（一名トルーイルカ），*P. dalli* をイシイルカ（一名ヲガワイルカ，キタイルカ）としている．このころまでに本種に対するさまざまな新称が出尽くした感があるが，これらの名称とは別に，三陸方面では *Phocoenoides* 属を指す名称として，カミヨイルカ，スズメイルカ，ハンクロ（リクゼンイルカ型に対してイシイルカ型を区別する呼称）などが使われていた．研究者はそれを認識してはいたが（粕谷・山田 1995），正式名称として採用することはなかった．その背景には，これら地方名の多くは2つの型（イシイルカ型とリクゼンイルカ型）を区別していなかったことによるのではないかと私は推測している．

本種をネズミイルカ属（*Phocoena*）と区別して別の属に置くことに異論はなかったが，*P.*
dalli と *P. truei* を別種とすべきか否かについては，長い議論があった．その背景には，これらは体色と分布域のほかにはちがいが認められないことがあった．分布については個体群の項で詳述するので，ここではそれ以外の議論を紹介する．

黒田（1954）は北海道南岸の襟裳岬からアリューシャン列島の西のはずれにあるアッツ島方面まで調査船で航海した．そして，イシイルカはその全域に分布するが，リクゼンイルカは日本沿岸にのみ分布することと，両型は繁殖期と思われた4-5月には混群をつくらないことを見出した．ところが，その後の7月には襟裳岬沖で両方の型が一緒に船首波に乗ったこと，イシイルカの雌からリクゼンイルカ型の胎児が得られたことから，両者の生殖隔離は不完全であり，両型は1対の対立遺伝子に支配される体色変異にすぎないと結論し，両型を別亜種としてあつかった．ただし，この体色の遺伝的な仕組みがそのように単純かどうかは疑問であるし（Kasuya 1978），かりにそうだとしても，それを根拠にして両型を別亜種としてあつかうことがほんとうに適切であるとは思われない．さらに，彼の記述では，船首にくる前から2つの型が混群を形成していたのか，それとも別々に船に近づいて，船首にきてから行動をともにしているようにみえたのかが明らかではない．また，黒田（1954）と同じ船に乗っていた Wilke は，そのときの観察にもとづいて，北海道南岸でも両者の混群は多くはないと述べている（Wilke *et al.* 1953）．

その後になされた Miyazaki *et al.*（1984）による調査では，7-8月にはベーリング海方面ではイシイルカ型だけが出現したこと，その南の千島列島沿いの太平洋域では混群が認められたが，その比率はイシイルカ型15群，リクゼンイルカ型24群，混群5群で，混在海域でも混群は約1割にすぎなかったことを観察している．イシイルカが千島列島東方の共存域にきてから，そこで群れが再編成されると考えるよりは，そこでは多くの群れはもとの構成を維持しているが，一部の群れあるいは個体がたまたま合流し

て混群を形成したと考えるほうが合理的なように私には思われる．そのような混群は一時的なものであって，スナメリの第8章で述べた aggregation に相当するものであろう．当時，黒田（1954）は，繁殖期は4-5月にあると考えていたが，その後の研究によれば出産期は6-7月ないしは7-8月にあり，交尾期はその1ヵ月ほど後にあると考えられている（後述）．

なお，Kasuya（1978, 1982）はイシイルカ型の雌から得られた体長100.5 cm の大型胎児の体側の白斑を観察して，リクゼンイルカ型では白くてイシイルカ型では黒くあるべき部分が，その胎児では暗灰色の中間的な特徴を示すことを認めた．このことから，黒田（1954）や Wilke et al.（1953）が胎児の体色が両型の交雑を示すと推定したのは誤認の可能性があるとし，確定的な結論をする前に，成長にともなうイシイルカ型の体色変化をよく理解する必要があると考えた．その後，Szczepaniak and Webber（1992）は体長97 cm のリクゼンイルカ型と103 cm のイシイルカ型の新生児の写真を示して，両型の判別は容易であるとしている．その写真でみると，Kasuya（1982）が大型胎児にみたよりも中間的特徴が薄れている．おそらく，出生前後にそのような体色の明確化が起こるものと推定される．

Andrews（1911）が両種のちがいとしてあげた5点については，Houck（1976）が反論している．その5点の1つは *P. truei* の尾柄部の背腹方向の幅が大きいことであった．Houck（1976）は，これは成熟した雄の特徴であり，*P. dalli* にも共通するものであるとした．また，残る4点のちがいはすべて体色にかかわるもので，そのうちの3点は肛門付近，尾鰭，および尾柄部の色斑のちがいであり，いずれも個体変異の多い形質であるから分類形質としては価値がないとした．残る1つが体側の白色斑のちがいであった．リクゼンイルカ型つまり *P. truei* では肛門付近から胸鰭の基部にまでこの白斑が伸びているのに対して，イシイルカ型 *P. dalli* ではそれが小さくて脇腹の背鰭レベルで止まっている．従来から，イシイルカ属2種の分類論議の焦点は，この白斑のちがいの評価にかかっていた．Houck（1976）は，全身黒色個体が北太平洋の東西から報告されていること，リクゼンイルカ型は西部北太平洋にのみ出現すること（筆者注：まれに東太平洋にもリクゼンイルカ型が出現する例を Szczepaniak and Webber（1992）が報告している），その海域（西部北太平洋）ではリクゼンイルカ型ではありながらイシイルカ型にも似たさまざまな程度の中間型と思われる個体が出現すること，を指摘した．Houck（1976）はこれらのことから，つぎのように結論した．①両型は遺伝的に隔離されていない（筆者注：前述のイシイルカ型の雌からリクゼンイルカ型の胎児が出たことを引用している）ので別種ではない．②両型は地理的に隔離されていないので亜種とはいえない．③したがって，イシイルカ型とリクゼンイルカ型とは同一種のなかの異なる体色型である．しかし，両体色型の区別と地理的なすみわけが維持されてきたことは厳然たる事実であるから，私には，この主張は遺伝的隔離がないことを強調しすぎているように思われる．かりに，ほんとうに両型が同所性で地理的に重なって分布していて，しかも繁殖的な隔離があるのであれば，分類に関する議論はまったく反対の方向，つまり両型を別種とする方向に発展する可能性があると私は考えている．

Shimura and Numachi（1987）は歯鯨類の筋肉や肝臓に出現する酵素の多型（アイソザイム）を指標として，19個の遺伝子座の変異を解析して，種間の遺伝的隔たりと分類学的距離の関係を調べた．そこで使用されたイシイルカには，三陸沿岸で捕獲されたリクゼンイルカ型とアリューシャン列島南方の西部北太平洋の沖合海域（東経165-175度付近）で捕獲されたイシイルカ型が含まれていた．彼らは，イシイルカの2つの体色型の遺伝的特徴は99.6% が一致し，そのちがいはきわめてわずかであることを見出し，両型は同種とするのが適当であると結論した．また，イシイルカ属（*Phocoenoides*）はスナメリ属（*Neophocaena*）にもっとも近く，これら2属はネズミイルカ属（*Phocoe-*

na）とともに1つのグループ（ネズミイルカ科）をつくるとして，従来の分類を支持した．

その後，Escorza-Trevino *et al.*（2004）は，変異の多い部位として知られているミトコンドリアDNAとマイクロサテライトDNA（核DNAの一部）の両方を用いて同様の結果を得た．用いた材料はリクゼンイルカ型23頭とイシイルカ型113頭で，北太平洋のほとんど全域をカバーしている．ミトコンドリアDNAには66個の変異型（ハプロタイプ）が認められた．これらの多様なハプロタイプのちがいの多くは，わずかな塩基配列の差異によるのが特徴であった．これら変異のうち，イシイルカ型に固有のものは46，リクゼンイルカ型に固有のものが8，共通のものが12であった．これら66のハプロタイプは2つの系統に分かれたが，そのいずれにも両体色型が含まれ，ミトコンドリアDNAの進化と体色型とは対応していなかった．イシイルカ型にはいくつかの個体群が識別されたが，リクゼンイルカ型は1つの個体群を代表するとされた（後述）．そして，リクゼンイルカ型とイシイルカ型との遺伝的ちがいは，イシイルカ型のなかの複数の個体群の間のちがいと同じ程度であった．このことから，両体色型の間には長い遺伝的交流の歴史があり，両型の間の遺伝的交流はいまも依然として続いているか，それとも分化してからの時間が短いので差が検出できないのであるというのが彼らの結論であった．136頭の個体に対して66個の表現型というのは変異が多い印象を与えるが，これがイシイルカの特徴であり，著しい遺伝的多様性はShimura and Numachi（1987）も指摘したところである．もっとサンプル数を増すとか，検査するDNA部位を増やせば，もっと多くの変異がみつかるものと思われる．

上に述べたように，イシイルカ型とリクゼンイルカ型は巨視的にみると地理的にすみわけている．しかし，特定の海域あるいは季節をみると，両者は同所的に分布する場合があるのも事実である．一見したところ同所的な分布をしていて，かつ交雑が制限されているからといって，ただちに隔離機構が完成していると断定することはできない．彼らが同所的に分布する時期があるとしても，それが交尾期から外れていれば遺伝的交流は起こらないし（後述），交尾期に同所分布をしていても，地理的に分布が重なる海域には未成熟個体のみが来遊しているのであれば，結果は同じである．

このような理由により，イシイルカ型とリクゼンイルカ型とは地理的な分布の重なりから予測されるよりも遺伝的交流の機会は少ないかもしれないが，それをゼロと断定することにも無理がある．両者の間には限定的なレベルであるかもしれないが，遺伝的な交流が続いている可能性もDNAの解析から指摘されている．それではなぜ，2つの体色型が地理的に完全に混合してしまわないのか．その仕組みはまだ解明されていない．体色型には細かくみるとさまざまな変異が認められるが（Kasuya 1978），その遺伝の仕組みは明らかになっていないし，それをつかさどる遺伝子もわかっていない．交雑を妨げる社会的・行動学的な仕組みがあるのかもしれないし，未知の生物学的な機構によって混血個体が淘汰されているのかもしれない．

9.3　個体群の識別

イシイルカの種内にはいくつかの個体群があることが知られている．個体群は「系統群」ともいわれ，前後の関係からわかるときには，たんに「資源」と呼ばれることもある．英語ではpopulationとかstockと呼ばれる．典型的な個体群においては，そのなかでは自由な遺伝的交流が行われるが，異なる個体群の間では，たとえ同種であってもなんらかの仕組みで交雑が制限されている（けっしてゼロである必要はない）もので，結果的には個体数の変動は相互に独立している．しかし，陸上生物では必ずしも典型的でないものも知られている．そこではいくつかの半独立のグループがあり，相互に限定的な交流も行われ，個体数の変動も完全には独立していない．それらの総合的な成果として，全体の個体数はより安定的に維持されるという場合がある．これは複合個体群あるいはmetapopulation と呼ばれているが，鯨類ではこのような構造の解明は進んでいない．

イシイルカの個体群を識別し，その分布域を明らかにする作業には，ほかの鯨種に例をみないほどに努力が傾けられてきた．その背景には本種の分布が北部北太平洋とその周辺海域という比較的狭いところに限定されていたことと，流し網漁業による混獲により管理上の問題が発生し，関係国の関心を集めたことがあった．

ベーリング海やアリューシャン列島の南側の北太平洋で操業する日本の母船式サケ・マス流し網漁業は，1952 年に始まった．この漁業で年間 1 万-2 万頭のイシイルカが混獲されることを初めて報告したのは，長崎大学の水江一弘教授（当時）のグループであった（水江・吉田 1965; 水江ら 1966）．米国政府は自国の経済水域で操業する日本の漁業により，イシイルカやオットセイが混獲され，個体群の動向に悪い影響を与える可能性について懸念をもち，その影響評価に向けて研究活動を開始した．1978 年 1 月に日本の大学の研究者を招いて，シアトルで研究会を開いたのが，そのアクションの 1 つであった．初め日本政府は積極的な対応を避けていたが，関係国の要求を無視できなくなり，1978 年夏から日米で共同調査を始めた．その後，この作業は日米加の「北太平洋の公海漁業に関する国際条約」（以下，北太平洋漁業条約と略称）の機構のなかに移され，イシイルカに関する保全生物学的な研究が開始された．さらにイカ流し網漁業やマグロやカジキを対象とする大目流し網業にも関心が向けられ，そこで混獲されるカマイルカ，セミイルカ，海鳥にも研究が拡大した（北太平洋漁業国際委員会 1994; 佐野 1998）．

これらの作業は，基本的には個体群の判別を行い，それぞれについて生息数・繁殖率・混獲頭数などの推定を経て，混獲がイルカ個体群に与える影響が許容範囲内であるか否かを判断しようというものであった．初め政府は，日本には研究者がいないとして科学者を提供せず，米国科学者が日本の流し網母船に乗船して待機し，独航船がそこに混獲したイルカを運んでくるのを待って調査をしたのである．1982 年からは日本の研究者が自国の調査船に乗船して，分布調査や標本採取航海なども行い，研究成果が報告されてきた．その後，1989 年の国連決議を受けて，日本政府は 1992 年末をもって公海での大規模流し網操業を停止し（序章），これらの国際研究は停止した．

イシイルカの個体群の識別に関する研究には，つぎのような情報が使われた．すなわち，①体色型，②汚染物質の蓄積，③繁殖海域，④寄生虫，⑤DNA，である．以下ではこの順に述べる．

9.3.1　体色型

（1）　リクゼンイルカ型個体群の認識

イシイルカ型とリクゼンイルカ型の分布に関する先駆的な研究についてはすでに述べた．日本海にはイシイルカ型のみが出現し，冬の南限は山口県と朝鮮半島の南東を結ぶ北緯 35-36 度付近にある．春から夏にかけてこの南限が北上し，6 月には秋田沖（北緯 40 度），7 月には北海道の小樽沖（北緯 43 度）以北となり，盛夏には，日本海東部には本種はほとんどみられなくなる．10 月に日本海の東半分を調査した航海では，イシイルカが発見されなかった（Miyashita and Kasuya 1988）．日本海のイシイルカは，宗谷海峡と津軽海峡を通って外に出るものと思われる（後述）．

Kasuya（1978, 1982）は，三陸沿岸で捕獲されるイシイルカの体色型の変異を調べて，つぎのような結論を得た．①いわゆるリクゼンイルカ型のなかでも，体側の白色域のなかに黒斑がないかきわめて少ない典型的なリクゼンイルカ型とも呼ぶような個体は出現が少ない，②この白色域に黒色斑が散在し，「中間型」と呼べるような個体が多数出現するが，斑点の分布範囲や密度には個体変異が多い（黒点が散在する範囲は白色域の前半部に限られる例が多い），③イシイルカ型（体側の白色域が小さく，背鰭レベルよりも前におよばない）の個体も三陸沿岸に出現するが，そのなかには白色域に黒色斑点をもつ個体も認められる．④全身黒色の個体もまれに出現するが，そこにも個体差が認められ，

鼠径部周辺が純黒でなく灰色を呈する個体がある．なお，まれではあるが，白化型の出現も知られている（Joyce et al. 1982）．

三陸沿岸で冬の突きん棒漁業で捕獲されたイシイルカ 537 頭を調査した結果，これら体色変異の出現比率は，①典型的なリクゼンイルカ型 51.4%，②中間型 44.3%，③典型的なイシイルカ型 3.9%，④黒色型 0.4% であった．ただし，ここでかりに「中間型」と表現した 44.3% の個体も，白い地色のなかに黒点が散在しているものであって，その逆（黒い地色に白点散在）ではないので，広義にはリクゼンイルカ型に分類するのが妥当である．そのような分類にしたがうと，リクゼンイルカ型の出現率は 95.7% となる．これが目で見た印象に近い分類である．

さらに，上の②「中間型」の出現はリクゼンイルカ型の分布する海域に限られ，イシイルカ型が卓越する海域にはみられないことは，「中間型」をリクゼンイルカ型のなかの変異と考えることの妥当性を支持する生物学的な根拠となる．後で述べるように，リクゼンイルカ型は日本沿岸を回遊している 1 個体群の特徴とされ，三陸沿岸に出現するイシイルカ型の個体はほかの個体群から一時的に来遊した個体と思われる．したがって，日本沿岸においても，リクゼンイルカ型とイシイルカ型の出現比率は，場所によって，あるいは季節によって異なると考えるべきである．

Kasuya（1978）は，当時の限られた知見から，リクゼンイルカ型は常磐地方沖合から千島列島東側海域に分布し，オホーツク海にはイシイルカのみが分布するらしいことに着目し，このリクゼンイルカ型の分布域を横切って，東西のイシイルカ型が交流することはないものとみた（その後，この判断は誤りであることがわかった）．すなわち，西部北太平洋にはイシイルカ型個体よりなる日本海-オホーツク海系の個体群と太平洋系個体群とがあり，さらにリクゼンイルカ型個体よりなる個体群と合わせて 3 つの個体群が日本近海にあると推論した．この推論は断片的な情報をつなぎ合わせてなされたもので，とくにオホーツク海中部での観察が欠けていたことが致命的であった．その誤りは後の調査で修正されることになる．サケ・マス漁業による混獲が個体群に与える影響を評価するにあたって，当時の産業・水産庁側は，北太平洋のイシイルカ型は複数の個体群よりなるという根拠は不十分であり，1 個の個体群とみなすべきであると強く主張していた．複数個体群説はそれに対抗する 1 つの可能性として利用された．複数の個体群を，誤って単一として管理すると，漁獲分布が地理的に偏る場合には，特定の個体群が乱獲される危険が増すが，操業の自由度が大きくなり，産業側の当面の利益に合致する．このような対立は鯨類の資源管理ではつねに繰り返され，いまに続いている．

当時のイシイルカの体色型の分布に関する議論の弱点は，オホーツク海中部における情報が不十分なことであった．Kasuya（1978）は研究に際して，網走を根拠地にしていた第 2 銀星丸という小型捕鯨船に便乗して，そこにイシイルカ型が分布することを確認したのであるが，その操業は沖合数十 km の範囲に限られていたため，情報に偏りがあった．この問題を解決したのが水産庁遠洋水産研究所の宮下富夫氏の調査であった．彼は 8-9 月にオホーツク海のほぼ全域を走査して，鯨類の分布調査を行った．この時期はイシイルカの出産期の後で，おそらく交尾期にあたると思われ，分布から系統群の判別を行うには好都合な時期である．その成果は航海報告として国際捕鯨委員会に提出されたり（Miyashita and Doroshenko 1990; Miyashita and Berzin 1991），生息頭数の推定に使用されたりした（Miyashita 1991）．これらの研究は吉岡・粕谷（1991）など各所で引用されているが，正式な論文としてはまだ印刷公表されていない．それはともかくとして，これらの日露共同調査の結果，オホーツク海中央部にリクゼンイルカ型の繁殖場があることがわかった．その南北には，それぞれにイシイルカ型の繁殖場が認められたので，夏のオホーツク海にはリクゼンイルカ型 1 個とイシイルカ型 2 個，合わせて 3 個の個体群が分布することが推論された（図 9.1，図 9.2）．

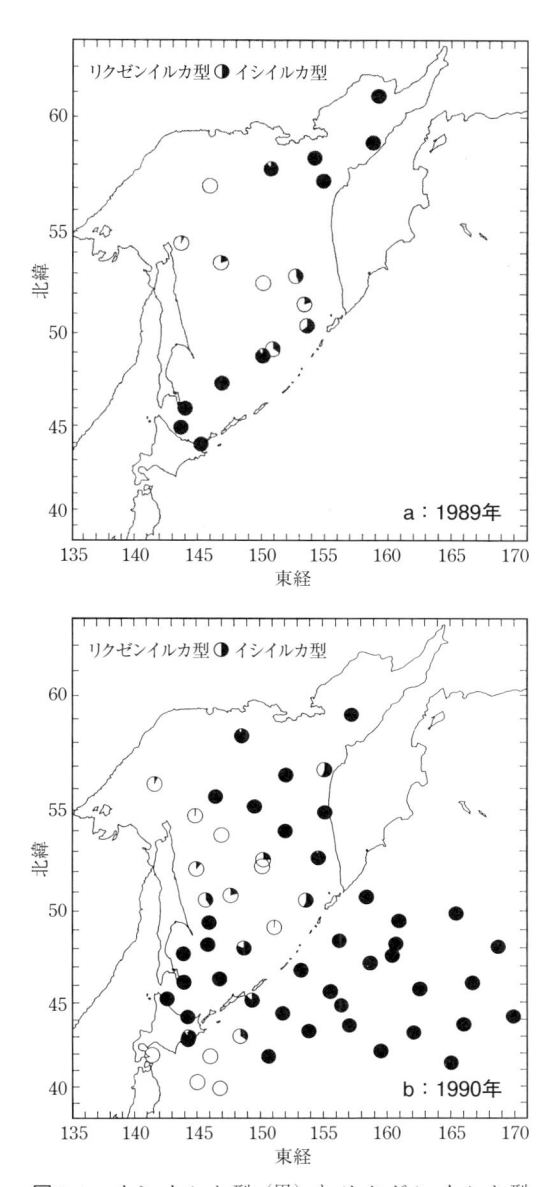

図 9.1 イシイルカ型（黒）とリクゼンイルカ型（白）の毎日の出現比率をその日の正午位置に示す．1989年（上）と1990年（下）の8-9月のオホーツク海・千島列島海域調査航海記録より．調査の航跡は図9.2参照．(Miyashita 1991)

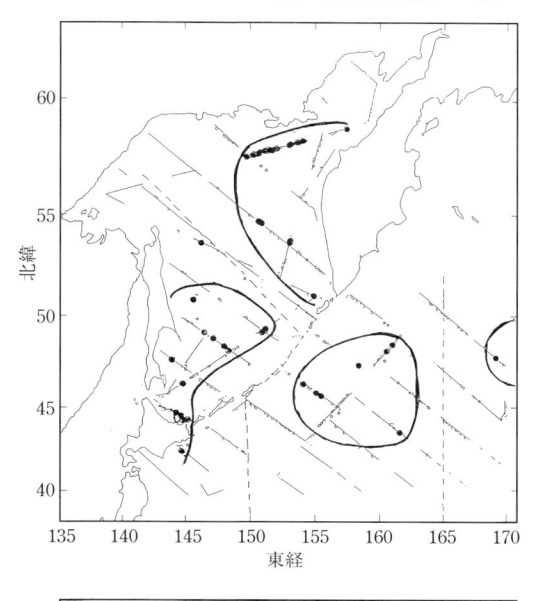

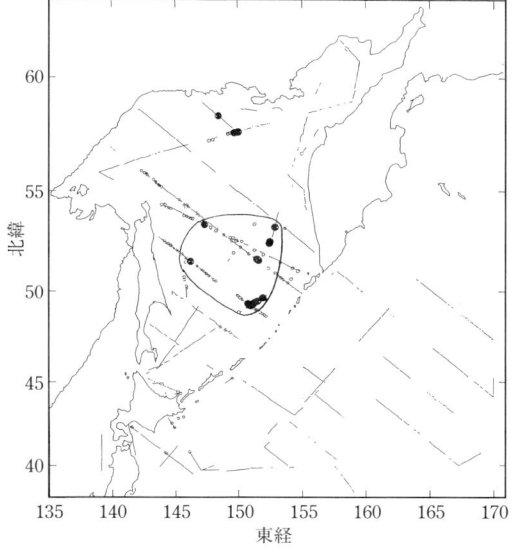

図 9.2 イシイルカ型（上）とリクゼンイルカ型（下）の発見位置．黒丸は母子連れの含まれる群れ，小さい丸印は母子連れを含まない群れ．実線は調査航跡．図9.1と同じ調査航海．(Miyashita 1991)

まず，リクゼンイルカ型はオホーツク海中央域に卓越する．その西側の限界はほぼカラフトの中部と北部の沿岸で，カラフト東海岸の北緯50度付近からカラフト北方の北緯56度にいたる南北670 kmの範囲に分布する．リクゼンイルカ型の分布はここから南東に帯状に伸びて，千島列島中・北部（北緯47-50度に相当）に達

する．リクゼンイルカ型の母子連れの出現は両調査年で27組を数え，その89%（24組）は，このオホーツク海中部のリクゼンイルカ型の分布海域で発見された（図9.2）．残りの3組は北部のイシイルカ型海域で発見された．このことから，中部オホーツク海がリクゼンイルカ型の繁殖海域であることがわかる．母子連れでないリクゼンイルカ型の個体の分布は，中・南部

千島列島を通って太平洋に伸び、そこから南下して北海道の東岸から南岸に達していた。しかし、リクゼンイルカ型の母子連れは、太平洋側には出現しなかった。これだけの調査から母子連れがこの海域に皆無だと断定することはできないが、アリューシャン列島方面での例からみて（後述）、この南千島周辺に分布するリクゼンイルカ型には未成熟の個体が多く、繁殖海域ではないと推定される。リクゼンイルカ型の通常の東方限界は、東経153度あたりにある。千島列島の中・北部の東側（太平洋）には、リクゼンイルカ型はほとんどみられない（Miyazaki et al. 1984; Miyashita and Doroshenko 1990; Miyashita and Berzin 1991）。

上に述べたのがリクゼンイルカ型個体群の夏の分布である。オホーツク海は、冬には南東海域の一部を除いて凍結するので、リクゼンイルカ型は太平洋に出るものと思われる。彼らの冬の分布域の北限は明らかではないが、北海道東岸にはイシイルカ型が卓越することからみて、リクゼンイルカ型の主要分布域は突きん棒漁業が行われている青森県から福島県沿岸にあるらしい。冬の南限は銚子付近にある（Miyashita and Kasuya 1988）。

オホーツク海中部にリクゼンイルカ型の卓越海域があり、そこが彼らの繁殖場になっていることを上で述べた。この海域にも若干のイシイルカ型の出現が観察されているが、その密度はリクゼンイルカ型の密度に比べて低く、その南北にあるイシイルカ型が卓越する海域に比べても低密度である（Miyashita 1991）。このことは、オホーツク海北部のイシイルカ型個体とオホーツク海南部の北海道沿岸のイシイルカ型個体とは隔絶した別個体群であることを示唆している。宮下らの調査ではイシイルカ型の母子連れは1989年に48組、1990年に43組が観察された。それらはおもに3つの離れた海域に出現した。1つはオホーツク海北部であり、第2がオホーツク海南部から北海道沿岸にいたる海域であった。先に述べたリクゼンイルカ型の卓越する海域には、イシイルカ型もその母子連れも少なかった。このほかに、中部千島列島の東方

の東経154-163度の海域にも、イシイルカ型の母子連れが出現した。これを含めた太平洋のイシイルカ型個体の繁殖場については別に述べる。

Miyashita（1991）は、千島列島周辺には母子連れは出現せず、オホーツク海と西部北太平洋のイシイルカ繁殖海域はつながっていないと述べている。オホーツク海には、イシイルカ型の繁殖海域が南北に2つある。それらは中部オホーツク海にあるリクゼンイルカ型の繁殖海域で隔てられているので、別個体群を代表しているものと考えられている。つまり、この段階でオホーツク海を中心とする海域には3個のイシイルカ個体群があるらしいことが知られた。それは、①リクゼンイルカ型個体群（オホーツク海中部で繁殖し、中・南部千島を通って、三陸沿岸の越冬地に回遊する）、②日本海個体群（イシイルカ型、オホーツク海南部で繁殖し、宗谷海峡と道東沿岸を経由して、日本海の越冬地に回遊する）、および③オホーツク海北部個体群（イシイルカ型、オホーツク海北部で繁殖する個体群で、その越冬海域は不明）、である。第1と第2の個体群の回遊や季節移動については、つぎのような事実がわかっている。

オホーツク海北部のイシイルカ型の分布は、一見すると北千島を通って太平洋に伸びているようにみえる。しかし、これを根拠にして、オホーツク海北部のイシイルカ型の個体は、西部北太平洋のイシイルカ型の個体と同じ系統群に属すると即断するのは危険である。むしろ母子連れの出現海域が離れていることからからみて、オホーツク海北部のイシイルカ型と西部北太平洋のイシイルカ型とは別の個体群に属するとみるべきである。オホーツク海南部のイシイルカ型の分布範囲は、南西側では宗谷海峡を経て日本海北部のイシイルカにつながっており（図9.4）、南東側では南千島を経て道南・道東沿岸沿いにあるイシイルカ型が卓越する海域につながっている（図9.1, 図9.5）。

日本海のイシイルカの体色型に関しては多くの観察がなされ、分布のおおよその特徴が明らかになってきた（Miyashita and Kasuya 1988）。それによれば、日本海にはイシイルカ型のみが

表 9.1 東部日本海におけるイシイルカ出現位置の表面海水温. 日数：調査船の正午位置において表示の表面水温（以上・未満）が観察された回数, D：この水温範囲で観察されたイシイルカ型の群れ数. リクゼンイルカ型の出現はなかった.（Miyashita and Kasuya 1988）

水温 (℃)	3月 日数	3月 D	5月 日数	5月 D	6月 日数	6月 D	7月 日数	7月 D	10月 日数	10月 D
2-3			1							
3-4										
4-5										
5-6										
6-7				1						
7-8						1				
8-9		2	2	15	3	6				
9-10		7	1	7		12				
10-11	3	14			1	10				
11-12	1	1			1	18			1	
12-13	3	1			1	7	1			
13-14	2				1	2		2		1
14-15					1		1	3	1	
15-16					1		2	3	5	
16-17					4		1		2	
17-18					2					
18-19					4				1	
19-20					6					1
20-21					4				3	
21-22									1	
22-23									3	
23-24									4	
24-25									1	
合計	9	25	4	23	29	56	5	8	22	2

分布する．その出現位置の表面水温を月別にみると，表9.1のようになる．冬から春にかけては，生息の上限水温は12度台にある．これが6月には14度台，7月には15度台とわずかに上昇する（10月についてはデータが乏しく，結論できない）．夏が近づくにつれて，水温の上昇に追われるようにしてイシイルカも北上するので，イシイルカが生息する場所の水温変化は，海況の季節変化よりも小さい．この点は，瀬戸内海に周年生息しているスナメリが，季節的な移動をしないかわりに，冬の6度から夏の29度までの幅広い水温変化のストレスに耐えているのと異なるところである（第8章）．イシイルカがもっとも南下するのは3月ごろで，その南限は山口県浜田（北緯35度）と韓国の浦項（北緯36度）を結ぶ線の付近にあった．その緯度は北緯35度付近にあたる（Miyashita and Kasuya 1988）．そのときの表面水温は11度であった．

日本海のイシイルカは春になると北上を始める．日本沿岸において南限が確認されたケースを季節の順に拾ってみる．第2次世界大戦中の1941年から1944年にかけて，兵庫県但馬地方でイシイルカとカマイルカが漁獲された（野口・中村 1946）．そのときのイシイルカの漁期は2月に始まり，4月にピークを示し，5月に終わっている．カマイルカの漁期も2月に始まったが，ピークは5月にあり，6月まで捕獲が続いた．漁期の開始はイルカの来遊以外に天候や，ほかに有利な漁業のあるなしに影響を受ける場合もあるが，漁獲対象がイシイルカからカマイルカに移行したのは，漁場における鯨種組成の変化を示すものと考えてさしつかえない．すなわち，但馬沿岸をイシイルカの北上群の最後尾が通るのは，5月と判断される．遠洋水産研究所による調査では，6月上旬のイシイルカの南限は山形県沖（北緯40度）にあり，7月上旬には小樽沖（北緯43度）にあった（Miya-

256   第9章　イシイルカ

表 9.2　日本の太平洋沿岸のイシイルカ出現位置における表面水温．日数：調査船の正午位置において表示の表面水温（以上・未満）が観察された回数，D：この水温範囲で観察されたイシイルカ型の群れ数，T：同じくリクゼンイルカ型の群れ数．（Miyashita and Kasuya 1988）

水温(℃)	5月 日数	5月 D	5月 T	7月 日数	7月 D	7月 T	8月 日数	8月 D	8月 T	9月 日数	9月 D	9月 T	10月 日数	10月 D	10月 T
3-4	1	2	3												
4-5	1		1												
5-6	2		10												
6-7	2	1	8												
7-8	5	1	12												
8-9	2	1	9	1											
9-10	1		7	1											
10-11			7	2	1								3		
11-12	1		2			10							2		
12-13			5			2		2		1	1		3		1
13-14			5					1			9		4	11	1
14-15	1					7	1	3		1	2	4	8	13	1
15-16	1		1	2		1		5		1	1	1	7	2	2
16-17	1					1		2		2	3	2	7		
17-18						1		1		2	2	1	10	2	3
18-19	3		1			1		1		7	3	1	10	2	1
19-20				3	1	1		1		7		1	4		
20-21	1			3		1	1	2		11	1				
21-22						1	5	1		6					
22-23				3			5		1	6			1		
23-24				3		1	3	1	1	1					
24-25				4	1	4	3			3					
25-26				3			3			4					
26-27				9			2						1		
27-28				3			6			2					
合計	22	5	71	36	4	31	29	20	2	54	22	10	55	35	9

shita and Kasuya 1988).

　この研究の基礎になった調査航海の1つは，10月初めに山口沖を出発し，鋸の刃の形に調査をしながら北上して，23日間を費やして宗谷海峡に達し，さらに網走沖に向かった．このときのイシイルカの発見は，日本海では青森沖と渡島半島沖で各1回のみで，残りはすべてオホーツク海側でなされた．このときには，宗谷海峡から渡島半島にかけては14度台の水温域が広がっており，イシイルカの2回の発見場所での表面水温は13度台と19度台であった．少なくとも日本海の東部では，夏から秋にかけてイシイルカがほとんど姿を消すことを示している．このほかに，1969年に東京大学海洋研究所の研究船白鳳丸でソ連の12海里領海の外縁までを5-6月に調査したが，このときには5月23日に小樽沖の沿岸域にイシイルカが濃密に出現したほかは，6月9日に日本海中央部（北緯39度，東経135度）で1群をみただけであった（Kasuya and Kureha 1971）．この事実も，上の結論を支持するものである．

　Miyashita and Kasuya（1988）は，太平洋沿岸のイシイルカの分布も解析している．表9.2のイシイルカの出現位置における表面水温の分布は，彼らの研究で使われた基礎データをもとにして作成したものである．三陸から北海道にかけての西部太平洋の表面水温は，季節的に3度から28度の範囲を上下していた．周年でみると，イシイルカの発見の大多数は表面水温15度以下でなされている．夏には，この海域の表面水温は12-28度に上昇するが，イシイルカがみられるのは24度以下で，なかでも18度以下での発見が多い．イシイルカ型とリクゼンイルカ型では水温の好みにちがいは認められな

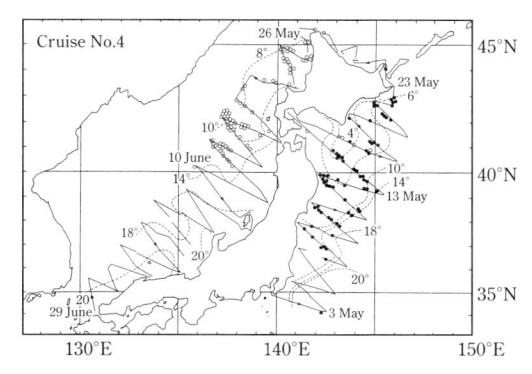

図 9.3 初夏の太平洋沿岸（5月）と日本海沿岸（6月）におけるイシイルカ型とリクゼンイルカ型の分布. 白丸：イシイルカ型，黒丸：リクゼンイルカ型，白三角：両型の混群. 1986年調査. (Miyashita and Kasuya 1988)

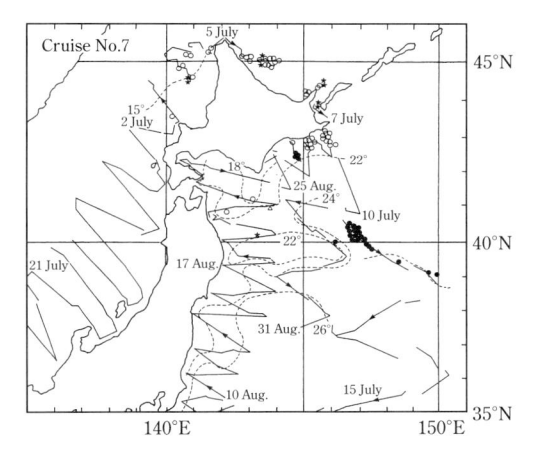

図 9.4 初夏から夏にかけての日本海北部・宗谷海峡域（6月），北海道・三陸沖合（7月），同沿岸（8月）におけるイシイルカ型とリクゼンイルカ型の分布. 白丸：イシイルカ型，黒丸：リクゼンイルカ型，白三角：両型の混群. 1985年調査. (Miyashita and Kasuya 1988)

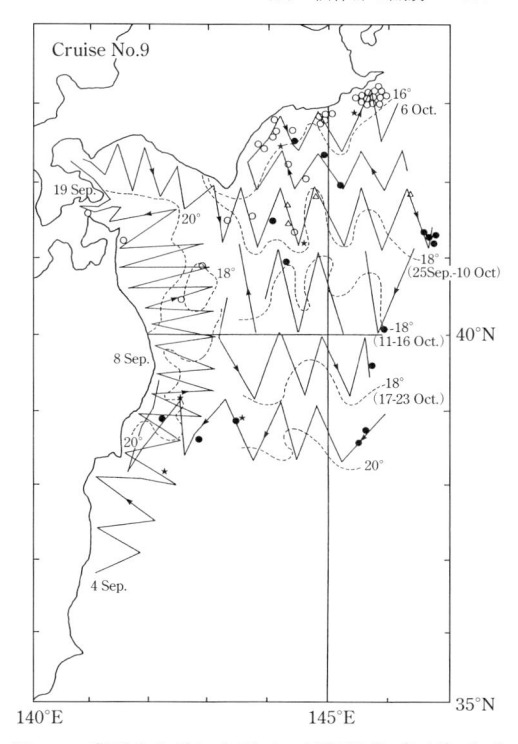

図 9.5 盛夏から秋にかけての三陸沿岸（9月）とその東方の道東・三陸沖合域（10月）におけるイシイルカ型とリクゼンイルカ型の分布. 白丸：イシイルカ型，黒丸：リクゼンイルカ型，白三角：両型の混群. 1986年調査. (Miyashita and Kasuya 1988)

い．体色型を問わず，イシイルカには高水温域を避ける傾向が認められる点は，太平洋側も日本海側も同様であるが，表面水温でみる限り，夏の三陸沖合では日本海のイシイルカに比べて高水温にも分布がみられる．夏には優勢な黒潮の影響で表面水温だけが顕著に上昇し，中層水は比較的低温にとどまっている．ところが，イシイルカの分布は，表層水のみならず摂餌が行われる中層水にも関係していることを反映しているためであろう．

Miyashita and Kasuya（1988）は，三陸・北海道沿岸におけるイシイルカ型とリクゼンイルカ型の出現比率を群数で解析している．それによれば，5月から10月にかけて観察された合計299群（型不明の12群を除く）の内訳はイシイルカ型96群（32.1%），リクゼンイルカ型195群（65.2%），混合群8群（2.8%）であり，混合群の出現は少なかった．また，混合群が出現したのは道東沿岸から三陸にかけて，それぞれの純群がそろって出現する海域に限られていた（図9.3，図9.4，図9.5）．これらの混群は，イシイルカ型あるいはリクゼンイルカ型の群れ（group）が，たまたま行動をともにして，いわば一時的な aggergation を形成したものであることを示唆している（group と aggregaton については第8章で述べた）．時間が経てば，体色型ごとに分かれて別行動をとる可能性が高い．たとえ異種の鯨類の間でも，この程度の頻度で混合群が出現する．たとえば，Kasuya and Jones（1984）は，1982年8-9月に西部北太平洋で行ったイシイルカの調査航海で，マイルカ科5種合わせて27群をみており，そのうちの10群（37%）は異種の混群であった．

　上で述べた群れの出現頻度において，8個の混群を両型に半数ずつ振り分けて（イシイルカ型100群，リクゼンイルカ型199群），これにそれぞれの平均群れサイズ（イシイルカ型9.5頭，リクゼンイルカ型6.4頭）を乗じ，個体の出現比率を試算した．すると，その比はリクゼンイルカ型57%，イシイルカ型個体43%となる．この比率は，三陸沿岸で12-4月に操業した突きん棒漁業で捕獲されたイシイルカのなかのリクゼンイルカ型の比率が10%以下（Kasuya 1978; 天野ら 1998a, 1998b）であるのとは著しく異なる．これは，つぎに述べるように，両体色型の構成比が三陸沿岸から北海道沿岸にかけても均一ではないし，東西でもまた季節によっても異なるためである．

　Miyashita and Kasuya（1988）によれば，銚子東方50 kmで3月にイシイルカ（型不明）が記録されている．リクゼンイルカ型の分布の南限はこのあたり，北緯35-36度にあるものと思われる．図9.3に示すように，太平洋沿岸における5月の調査では，リクゼンイルカ型の南限は北緯34度にあったが，これは20度台の水温が広がったなかに残された18度台の小水塊のなかにいた1群であり，この季節としては特殊な出現のケースと考えられる．これ以外の群れは北緯36度以北で発見され，そこの表面水温は16度以下であった．リクゼンイルカ型の分布はここから根室半島沖（表面水温6度）にまで，ほぼ300 km以内の沿岸域に沿って続いていた．その沖合の外洋域にイシイルカの発見がなかったのは，沖合の表面水温が高かったことが関係しているかもしれない．イシイルカ型の分布をみると，三陸沿岸にはイシイルカ型はきわめて少なく，それが多いのは北緯41度以北で，津軽海峡から襟裳岬沖合にいたる海域に限られていた（図9.4，図9.5）．岩手県沿岸の冬の操業では，イシイルカ型の捕獲が数%にすぎないことはすでに述べた．

　それでは，太平洋沿岸でイシイルカ型が濃密に出現する時期と海域をもう少しくわしく眺めてみよう．Miyashita and Kasuya（1988）によれば，それは津軽海峡から根室半島にいたる北海道沿岸である．そしてこの海域へのイシイルカ型の来遊は5月末に始まり，しだいに増加する．最高潮に達する9-10月には，北海道の南岸沿いの100 km以内の海域のイシイルカは，ほとんどイシイルカ型で占められていた（図9.5）．この時期には，三陸沿岸にはリクゼンイルカ型はきわめてわずかしか出現していない．海況からみれば9月は盛夏である．まだオホーツク海方面からリクゼンイルカ型の主群が到着していないのかもしれないが，沖合の広い範囲に分散している様子もうかがえる．北海道南岸のイシイルカ型は，少なくとも5, 9, 10月には分布が津軽海峡から根室半島まで連続しているらしい．このことは，日本海で越冬したイシイルカ型の個体が津軽海峡を抜けて太平洋に出ることを推定させるものである（河村ら1983; Miyashita and Kasuya 1988）．オホーツク海南部と道東・道南のイシイルカ型の分布は，夏には根室海峡を通じて連続しているので，ここを通過する回遊路があるとみるのが自然である．これは体色型の分布からみた推論であるが，その後の研究でこのことが支持されている（後述）．

（2）イシイルカ型の体側斑の地域差

　北海道の太平洋沿岸沿いにイシイルカ型が優占することは上に述べた．彼らはどの個体群に由来するのか．これについては汚染物質の蓄積状態から主として日本海由来であることが推定されている（後述）．それでは，三陸沖の突きん棒漁でリクゼンイルカ型に混ざって捕獲されるイシイルカ型は，どこからくるのか．これに関してなされた体側の白斑の解析をつぎに紹介する．

　この研究の発端はAmano and Miyazaki（1996）が，①日本海，②西部北太平洋沖合，③ベーリング海産のイシイルカ型を比較して，日本海の個体では体側の白斑の前縁がやや後ろ

に位置することを見出したことに始まる．つまり，それまでイシイルカ型としてひとまとめにされていた体色型も，よくみると地域差があり，日本海の個体はほかの海域の個体に比べて，白色域がわずかに小さいことがわかったのである．Amano et al.（2000）はブリティッシュ・コロンビアの資料を加えて，この見解をさらに補強した．このような研究は，現場で注意深くイルカを観察して初めて可能となるものである．これらの解析にはオホーツク海の個体が比較対象に入っていなかったが，つぎに述べる丸井ら（1998）がこの不足部分を補充した．

冬季に三陸沿岸の突きん棒漁業で捕獲されるイシイルカのなかには，リクゼンイルカ型に混ざって数％のイシイルカ型の個体がいるが，上に述べた知識を応用して，その由来を知ることができないか．この問題をあつかったのが，研究費の成果報告書として出された丸井ら（1998）と天野ら（1998a, 1998b）の研究である．これらは1つにまとめられて，学術報告として最近 Amano and Hayano（2007）として公表されたが，その内容には基本的な変更はない．まず丸井ら（1998）は，体長を横軸に，吻端から白斑の前縁までの距離を縦軸にとってプロットすると，両グループの個体のオーバーラップは比較的少なく，大部分の個体が2群に分離できることを見出した．これを使ってイシイルカ型の体側の白斑の大きさを地域別に比較すると，初夏に北海道の日本海側で捕獲された個体と秋に北海道のオホーツク海沿岸で捕獲されたイシイルカ型の個体は共通する特徴を有し，ベーリング海・北太平洋のイシイルカ型とは異なることを示したものである（図9.6）．つぎに天野ら（1998a, 1998b）と Amano and Hayano（2007）は，冬季に三陸沖で捕獲されたイシイルカ型の起源を同様手法で判定することを試みた．まず日本海系あるいは太平洋沖合系とわかっている個体で判別を試みると，約9割の個体が正しく判別されることを確認した．つぎに，三陸沖で冬季に捕獲された個体を同じようにして判別すると，日本海系のイシイルカ型と西部北太平洋沖合系のイシイルカ型がほぼ同数

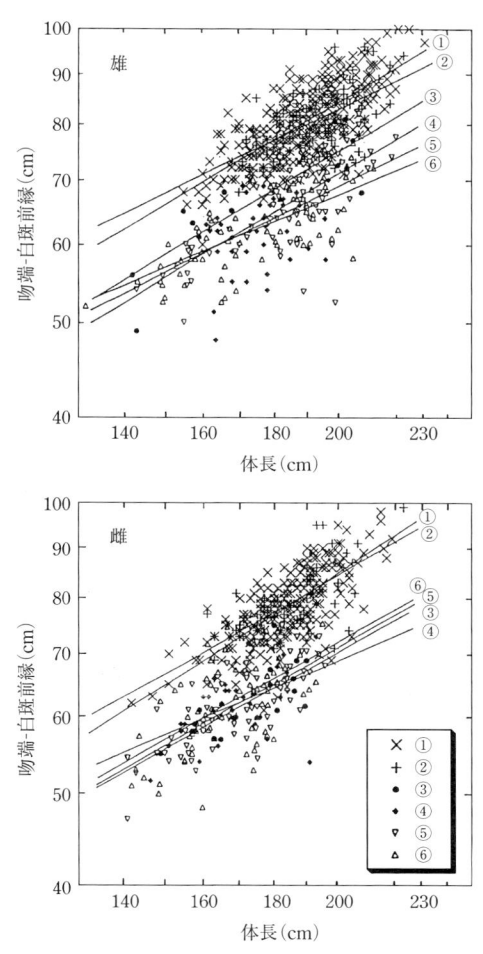

図9.6 吻端から体側斑の前縁までの距離と体長との関係を産地別にプロットし，日本海系イシイルカ型の体側斑が太平洋系のそれより小さいことを示す．日本海系のイシイルカと太平洋系のそれとは約9割が正しく判別できたが，北太平洋の各産地の間の判別はできなかった．この解析には北部オホーツク海産イシイルカ型と三陸・道東沖の突きん棒で捕獲されたイシイルカ型は含まれていない．産地の記号は，①日本海，②南部オホーツク海，③ベーリング海，④東部北太平洋（180度以東），⑤西部北太平洋の西部分（東経165度以西），⑥西部北太平洋の東部分（東経165-180度）．（丸井ら 1998）

見出されたのである（図9.7）．北太平洋にはイシイルカ型の個体が広く分布し，複数の個体群があることが知られているし（後述），オホーツク海北部にもイシイルカ型個体群が1つあることがわかっている（前述）．三陸沿岸の突きん棒漁業ではリクゼンイルカ型のほかに数％のイシイルカ型が捕獲されるが，その半数

260　第9章　イシイルカ

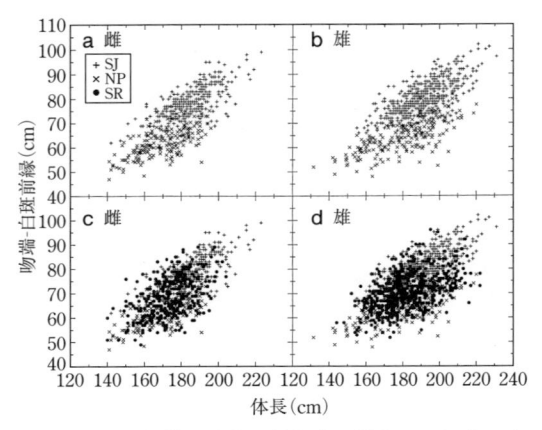

図9.7　三陸沿岸の突きん棒漁業で捕獲されたイシイルカ型の出自を判別する．上段（a, b）は日本海産（SJ）と北太平洋産（漁場の外側，NP）のイシイルカ型の比較（図9.6とほぼ同一）．下段（c, d）は上段の図に三陸沿岸の漁場で捕獲されたイシイルカ型（SR）を重ねてみたもので，日本海系と太平洋沖合系の両方が漁獲されていることがわかる．この解析には北部オホーツク海産イシイルカは含まれていない．（Amano and Hayano 2007）

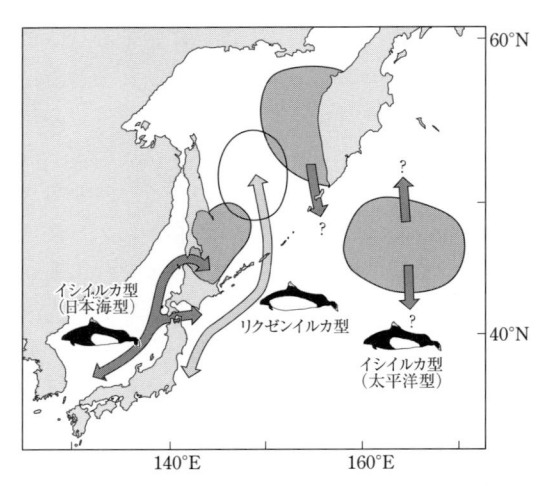

図9.8　日本近海におけるイシイルカ個体群の回遊の模式図．夏の繁殖海域を囲みで示す．（Amano and Hayano 2007）

は日本海系の個体で，残りの半数は太平洋沖合のどこかの個体群であるとされるにいたった（北部オホーツク海のイシイルカ型は解析に含まれていない）．これまでに得られた情報をまとめて日本近海のイシイルカの3個体群の分布を要約すると，図9.8のようになる．

冬の三陸漁場で捕獲されるイシイルカ型の個体には，日本海個体群のほかに北太平洋沖合ないしは北部ベーリング海からの個体が混入していることがわかった．それらの性比や成熟率には，出自によって若干のちがいが認められた．すなわち，日本海系の個体では雄の比率は56%，太平洋沖合系では66%であり，どちらもわずかに雄が多い程度であった（天野ら1998b）．つぎに成熟率をみてみよう．三陸沖で漁獲されたイシイルカ型の雄について睾丸重量から性成熟を判定すると，日本海系の雄では，成熟個体の割合は5-27%の範囲で年変動していたのに対して，太平洋・北部オホーツク海系の雄では，年変動の幅は32-47%であった．3年間の平均値をみると，それぞれ14.9%と40.7%で，沖合系のほうが性成熟個体の比率が高かった．雌の場合は，生殖腺が内臓と一緒に洋上で投棄されてしまうことが多いので，性成熟は体長から判断せざるをえない．この方法にはやや問題があるが，あえて体長から性成熟を判定すると，日本海から来遊したイシイルカ型の雌の性成熟率は年変動幅が0-10%（平均3.3%）であったのに対して，太平洋・北部オホーツク海系では29-67%（平均42.9%）であり，雌の場合も太平洋・北オホーツク系の個体のほうが成熟率が高かった．

はたして，この成熟率のちがいはどの程度信頼できるものか．これについては用いられた性成熟判別の基準を検討する必要がある．雌の場合，日本海系では187 cm以上を性成熟と判断し（Amano and Kuramochi 1992），太平洋系では170 cm以上を性成熟とみなしている（Newby 1982）．前者は突きん棒で得られた標本を解析して得たデータであるが，後者は中部北太平洋において，サケ・マス流し網で混獲されたイシイルカ型個体の解析で推定されたものである．後者に，大量の流し網試料を加えて行った解析でも，172.0 cmという同様の値が得られているので（Ferrero and Walker 1999），数字そのものには問題はないらしい．これらの場合の平均性成熟体長とは，標本を体長順に並べた場合に，未成熟個体が出る確率と成熟個体が現れる確率が等しくなる体長である．その数

字を使って，同じ漁法で得た標本の成熟・未成熟の判別を試みるならば問題はないが，漁法が異なる標本に適用するとバイアスが発生する．日本近海の標本は突きん棒漁業で得られている．この方法では成熟個体が捕れにくいため，選択性の弱い流し網操業で得られたサンプルに比べて，平均性成熟体長を大きく評価していると思われる．雌の最大体長で比較すると，Ferrero and Walker（1999）の用いた五千余頭の流し網標本の体長範囲は雄が 84-222 cm，雌が 86-211 cm であり，サンプルサイズのちがいはあるものの，その上限は Amano and Miyazaki（1992）が用いた突きん棒で捕られた日本海系標本の体長範囲，雄 215-220 cm，雌 205-210 cm とあまりちがいがない．それなのに雌の性成熟体長は，上述のちがい（北太平洋沖合 170 cm，日本近海 187 cm）は不自然である．流し網操業で混獲された太平洋沖合のイシイルカの雌の性成熟を判別するための体長基準 170 cm を，突きん棒漁業で捕獲された同じ太平洋系の雌にあてはめたために，雌については成熟個体の比率を過大に評価している恐れがあるとみるべきである．

9.3.2 頭骨の形態と体長差

（1） 頭骨の形態

Amano and Miyazaki（1992）は合計 289 頭のイシイルカの頭骨を計測した．そのうち少なくとも 25 頭はリクゼンイルカ型で，いずれも日本近海の太平洋で捕獲された．その他の大部分はイシイルカ型で，日本海，オホーツク海南部，ベーリング海を含み，北太平洋ではカリフォルニアにいたる北太平洋のほぼ全域をカバーしている．日本近海の標本は突きん棒漁業の漁獲物であり，その季節は三陸沿岸のリクゼンイルカ型を主体とする標本は冬季の，それ以外の海域の標本は春から秋の操業である．太平洋沖合やベーリング海の標本は夏にイシイルカの捕獲調査航海が行われたときに得られたもので，突きん棒で捕獲された．若干の漂着死体も含まれている．これらの頭骨それぞれから 27 カ所の計測値を得て，多変量解析に供した．

その結果，いくつかの測点に性差が認められたが，頭骨長には性差が確認できなかった．その原因は標本数が小さいことに原因があるとみるのが妥当であろう．また，これらの標本を性別に分けて，産地ごとに統計的に検討したところ，「標本は均質であり，産地間で頭骨の形態にちがいがない」という仮説は否定された．つまり，頭骨の形態には地理的なちがいがあると判断されたわけである．しかし，つぎの段階として特定の計測値あるいはその組み合わせを使って個体の産地を識別する試みがなされたが，これは不成功に終わっている．個体群の間のちがいに比べて個体群のなかの個体変異が大きい場合とか，1つの標本群に複数の個体群が含まれている場合には，このような判別困難な事態が発生する．

（2） 体長

Amano and Miyazaki（1992）の研究のもう1つの成果は，北太平洋の中央域に比べて，東西岸のイシイルカは体が大きいことを示したことである．すなわち，東経 155 度以西の日本沿岸の個体では，リクゼンイルカ型もイシイルカ型も平均頭骨長が 33-34 cm と大きく（個体値の範囲はおおよそ 31-36 cm），カリフォルニア沿岸の個体でもほぼ同様であった．これに反して，東経 165 度から西経 145 度までの中部北太平洋では平均が 32-33 cm（個体値の範囲はおおよそ 30-35 cm）と小ぶりであった．その差は頭骨長で約 1 cm である．この頭骨長のちがいがどの程度の体長のちがいを反映しているのか．これについては解析されていないが，Amano and Miyazaki（1993）がイシイルカの体長（x, cm）と吻端から耳までの距離（y, cm）との関係を，雄では $y=10^{0.056}(x^{0.584})$，雌では $y=10^{0.004}(x^{0.616})$ と求めているので，これを活用してみる．いま，この式で体長を 205 cm から 220 cm まで 15 cm 増やすと，吻端から耳までの距離は 1 cm ほど長くなる．

この計算によれば，北太平洋中央部のイシイルカに比べて，日本沿岸のイシイルカは体長が 10 cm あまり大きいことになるが，実際の体長

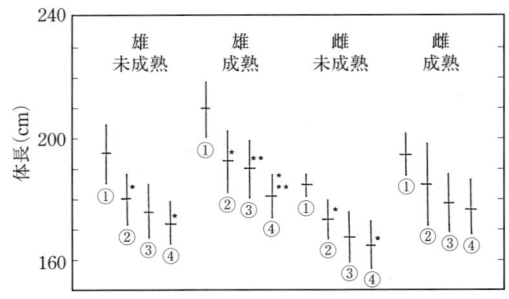

図9.9 イシイルカ型イシイルカの体長の地域差．横棒は平均体長，縦棒は平均値の上下それぞれに1標準偏差の範囲を示す．個々の記録はほぼこの2倍の範囲に出現する．①南部オホーツク海，②西部北太平洋（東経160度以西），③中西部北太平洋（東経160-180度，ベーリング海標本を含む），④東部北太平洋（西経137-180度）．同じマークのある標本群の間では平均値に有意なちがいが認められたほか，南部オホーツク海標本の平均値はほかのいずれの海域とも有意に異なっていた．（Yoshioka *et al.* 1990）

差はもっと大きいらしい．その根拠は，突きん棒で捕獲された標本を解析したYoshioka *et al.* (1990) の研究である．用いたのは北太平洋とベーリング海で操業した水産庁傭船のイシイルカ捕獲調査船とオホーツク海南部で操業した突きん棒漁船からの試料で，期間は1982-1988年の7年間である．1頭の黒色型を含むほかは，全部イシイルカ型であった．海域はオホーツク海南部からアメリカの200海里水域の外側までをカバーしているが，Amano and Miyazaki (1992) とちがって，アメリカ沿岸の標本は含まれていない．この海域を経度別に①オホーツク海南部，②西部北太平洋（東経160度以西），③中西部北太平洋（東経160-180度），④東部北太平洋（西経137-180度），で分けて，平均体長を比較した．その結果，この経度範囲でみる限り西の標本ほど体長が大きく，西端の①と東端の④の間の平均体長の差は性成熟雄で約30 cm，性成熟雌で約25 cmであり，②と③の平均体長はそれらの中間に位置した（図9.9）．未成熟個体どうしの比較でも，同様の西高東低の傾向が認められた．

これらの結果について，Amano and Miyazaki (1992) は，沿岸域には大型個体よりなる個体群があり，それは沿岸域の高生産性と関連していると解釈している．この場合，沖合対沿岸という2次元的な視点で解釈するのと，東西という1次元的な視点で解釈するのとで，いずれが正しいかという疑問が残る．この場合に鍵になるのがベーリング海標本であろう．ここから得られた資料は雄8頭と雌18頭である．これらはベーリング海の中央部で夏に捕獲されたものである．この標本は経度でみれば太平洋のほぼ中央に位置するが，陸地との関係でみれば沿岸域に属するものである．26頭というわずかな標本数であるが，個々の頭骨長は30.5-34.5 cmの範囲にあり，上に述べた中部太平洋標本の範囲に入る．北太平洋の東西の端にいるイシイルカ個体群では体が大きい傾向があると解釈するのが適当であるらしい．

9.3.3 イシイルカ型の繁殖海域

鯨類の繁殖場と摂餌場の関係については，ザトウクジラにおいてくわしく研究が進められている（例：Clapham 2002）．ザトウクジラは冬の繁殖場と夏の摂餌場を毎年往復し，繁殖場ではほとんど餌を食べない．彼らは各個体がほぼ決まった繁殖場と摂餌場をもっていて，生まれたばかりの子どもは母親と一緒に初めて訪れた摂餌場を学習し，その後もほとんど毎年同じ場所を訪れる．摂餌場所の保守性に比べて，決まった繁殖場を守る傾向はやや弱いといわれる．それでも，大部分の個体は毎年同じ繁殖場と摂餌場を往復しているので，ある摂餌場で夏を過ごした個体は，冬にはそれぞれの繁殖場に向かうことになる．保全のためには，それぞれの繁殖場や摂餌場を別の個体群として管理する必要がある．これを漁業資源として利用する場合に複雑な問題が発生する．歯鯨類はこのような典型的な回遊をしないのが普通であるし，繁殖期に絶食することもない．このようなことを念頭に置いて，イシイルカのすみわけや季節移動を眺めてみよう．

日本近海の太平洋，日本海，オホーツク海のイシイルカについては，体色型の分布からみて3個の個体群があり，それぞれの個体群の出産海域と，そしておそらくは交尾の海域も，たが

いに地理的に隔たっていることが知られている（前述）．これら3個体群の東側の北太平洋沖合やベーリング海にもいくつかのイシイルカ型個体群があることは確実であり，それを支持する情報が得られつつある．

イシイルカの管理に関する研究は，北太平洋漁業条約のもとで1970年代から国際共同調査が進められた（前述）．そこでは，混獲されたイシイルカの死体をサケ・マス流し網母船に揚げて調査するという手法がとられた．しかし，そうして得られたデータには標本の偏りがあるのではないか，そこから得られた年齢や性状態の組成は個体群の組成を代表していないのではないかという懸念が，研究者の間に残っていた．そのような標本の偏りの可能性を解明する手がかりを得るために，漁場の外で，漁期外に，流し網以外の漁法でイシイルカを捕獲してみようということになり，1982年の夏から北太平洋の広い海域でイシイルカの捕獲調査が毎年行われた．その初年度の航海には，東京大学海洋研究所にいた私と当時学生だった藤瀬良弘氏が日本側研究者として参加した．米国側研究者はイルカを捕獲することに対して批判があり，政府の許可が得られず，カナダからは若い女性大学院生が参加した．そのほか調査員として突きん棒の経験者と，目視の専門家として捕鯨船の経験者が乗船した．私が乗った初年度の調査範囲は日本沿岸からアリューシャン列島南方の海域で，東の限界は東経174度付近であり，南はイシイルカの分布の南限を含む海域とした．隣接国の200海里海域は入域できなかった．

1982年に使った船は宝洋水産の第12宝洋丸であり，いまから思えばなつかしい航海であった．水産庁の傭船調査の習慣を知らない私にとっては，これが普通の航海かと思っていたが，いまから考えればそうではなく，特別にしみったれた船であったらしい．たとえば，エンジンの冷却海水はいつも浴槽に流れている．いつでも入浴できるのはありがたいが，上がり湯は氷のように冷たい真水であった．温めると真水の消費が増えることへの配慮である．朝食前に科学者がイルカを捕獲してつくる刺身が副食になった．その他には，ぶつ切りのサンマやマグロを塩漬けにした塩辛と称するものと，ワカメの味噌汁しかなかったのである．ワカメの味噌汁の鍋は航海中いつもかまどにかかっていて，減った分だけ水と味噌とワカメが追加されていた．夕食には海苔を巻いた餅や，酒のつまみのようなものが出るので，食料が底をついたのかと思ったが，気仙沼に帰港すると豚肉や鶏肉を大量に水揚げしていた．つぎの航海に使うのだと聞いたが，売り払って代金を乗組員で分けたのかもしれない．後から相当高額な食卓料の請求書がきたので，コックの給料も入っているのかと不審に思っているうちに，取り消しの電話がきた．けっきょく，私は食卓料を支払った記憶はないが，後から聞くと支払った人もいたようである．

このような航海であったが，みな熱心に調査に従事した．交代で朝から晩まで設定したコースにしたがって目視観察をして，イシイルカが現れると群れ構造を記録して，突きん棒で捕獲を試みた．銛があたると50ボルトの電気ショックを与えて殺し，風上方向に向かいつつつぎつぎと銛を打つ．1群れが終わると，風下方向に向きを変えて死体を回収する．電気ショックで即死するとは限らず，生き返って泳ぎ出すこともあるが，うまく死んだ場合には，電気刺激による筋肉の痙攣で腰椎が潰れる個体が多かった．このような脊椎骨の破壊により，泳ぐ能力を失って溺死するのが実態かもしれない．電気ショックにより筋肉が断裂した部位は，刺身にしてもまずかった．

この航海の成果の1つのは，沖合におけるイシイルカの南限を確認する作業のさきがけとなったことである．航海は8-9月という海水温のもっとも高い時期であり，東経155度以東の沖合海域では，イシイルカの南限は北緯42度付近にあった．イシイルカの出現は表面水温20度以下に限られ，暖海性のマイルカ，スジイルカ，ハンドウイルカ，コビレゴンドウなどは17度以上に出現した．セミイルカとカマイルカはその中間の12-19度の水温範囲に出現した．その後に行われた同様の調査航海のデータを総

合して Miyashita (1993) は，セミイルカとカマイルカの水温選択性にはちがいが認められないこと，彼らの夏の生息水温範囲は 11-25 度であり，両種は北太平洋沖合では北緯 40-50 度付近に帯状に分布していることを明らかにし，生息数の推定値を報告している．

イシイルカ型のイシイルカについて，その行動に著しい地理的なちがいがあることがこの航海で観察された．それは一見したところ，表面水温と関係しているらしく思われた．その詳細は社会構造の項で述べるが，要約すると，表面水温 11 度以上の海域にいた個体の多くは船に寄ってきて，船首波に乗る行動をみせたが，11度未満の冷たい海域で発見された個体はほとんどが船首に寄ってこなかったこと，船首波に乗らない個体が出現した海面は母子連れが出現した海域と完全に一致していたことである．その海域には母子連れ以外の個体も出現したが，船を避ける傾向という点では，母子連れと行動は同じであった．すなわち，夏のイシイルカは，特定の性状態あるいは成長段階にある個体が特定の海域に集まっていることがわかったのである．Kasuya and Jones (1984) はこれを繁殖海域として報告した．それは，おおよそ北緯 45-50 度，東経 167-174 度にあったが，調査海域が制約されたために，その範囲がさらに北側か東側に伸びているのかどうかは確認できなかった．なお，イシイルカが船首につくつかないが水温で決まると考えたり，これがきっかけとなって後から発見されることになるほかの繁殖海域が同様の水温特性をもつと考えたりするのは正しくない．

この後，Kasuya and Ogi (1987) は，1982 年，1983 年および 1985 年に行われた一連のイシイルカの調査航海で得られたデータを解析して，合わせて 3 個のイシイルカ型の母子連れ出現海域を認めた．ベーリング海中央部，カムチャッカ半島南方，西部アリューシャン列島南方がこれである．1984 年の航海は出産期前の 5-6 月に行われたので，母子連れ海域の確認には役立たなかった．最初このような海域がみつかったときには，そこは低水温域であると記述され

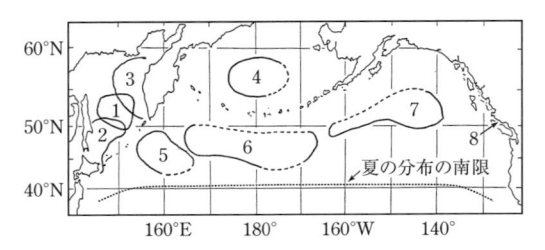

図 9.10 母子連れの出現から推定されたイシイルカの繁殖海域．それぞれが 1 つの個体群を代表しているものと推定されている（本文参照）．（吉岡・粕谷 1991）

たが，各所に母子連れ海域がみつかってみると，母子連れの出現する場所は共通した水温特性を示すとは限らないことがわかってきた．

その後も研究者は母子連れ海域の情報を集めることに努め，その成果が吉岡・粕谷 (1991) によってまとめられた（図 9.10）．これまでに確認できた母子連れの出現海域は 8 個である．すなわち，①オホーツク海中央部，②オホーツク海南部，③オホーツク海北部，④ベーリング海中央部，⑤カムチャッカ半島南方，⑥アリューシャン列島南方，⑦アラスカ湾中央部，および⑧北米のバンクーバー島周辺，である．これら母子連れの出現する海域は，年によって位置が多少変化するが，それらが消滅したり合体したりする例は知られていない．①-③についてはすでに述べた．①はリクゼンイルカ型個体群の繁殖場である．②は日本海個体群の，③はオホーツク海北部個体群の繁殖場で，そこにいるのはイシイルカ型である．④-⑧もすべてイシイルカ型の繁殖場であり，それぞれが 1 つの個体群を代表していると推定されている．③-⑧については，対応する越冬場所は明らかになっていない．

母子連れの集中する海域がなにを意味するのであろうか．イシイルカにおいては，周年の標本が入手できないため，繁殖周期を推定することが困難である．Ferrero and Walker (1999) はアリューシャン列島周辺のイシイルカについて，6 月上旬から 8 月上旬に出産し，すぐに交尾をしてつぎの妊娠が始まることを示した．多くの雌は毎年妊娠するわけである．そのことから，妊娠期間はおそらく 10-11 カ月であろうと

推定されている．授乳期間は2カ月以上で，平均は5カ月以下と推定されている（後述）．したがって，イシイルカでは，出産場所と妊娠が始まる場所とが異なるとは考えがたい．むしろ，繁殖の季節になると特定の場所に妊娠した雌や成熟した雄が集まって，そこで出産と交尾が行われるとみるのが自然である．このような理由から，母子連れが集中的に出現した海域を繁殖場と呼んでいる．

つぎに，特定の繁殖場を利用する個体がどの程度固定しているかという疑問がある．まず，大部分の個体が入れ替わるとか，あるいはランダムに入れ替わっているとは考えがたい．イシイルカの体の大きさは海域によってわずかに異なることが知られているし，後で述べるように，寄生虫の寄生率や汚染物質の蓄積濃度も海域によって異なっている．さらに，オホーツク海では中央部のリクゼンイルカ型の繁殖場をはさんで，その南北にイシイルカ型の繁殖場がある．ここのリクゼンイルカ型は，隣の繁殖場を使うイシイルカ型とは交流していない．同様の隔離が北太平洋やベーリング海のイシイルカ型個体群にあっても不思議はない．かりに多少の交流があったとしても，大部分の個体が毎年決まった繁殖場にやってくるのであれば，繁殖場はそれぞれの個体群を代表しているとみてさしつかえない．繁殖場をまちがえてよそから移住してくる個体がある場合には，それが少数であっても繁殖場ごとの遺伝的な差異は検出できなくなる可能性が高い．しかし，個体群に対する人間活動の影響を評価する保全生物学的な目的には，それらは別個体群としてあつかうのが適当である．すなわち，異なる個体群に移住する（繁殖場を変更する）移住率と人間が漁業活動などで死亡させる率とを比べて，後者が大きい場合には，個体群は別であるとみなしてあつかうほうが安全である．

9.3.4 環境汚染物質の蓄積

イシイルカにおける有機塩素化合物の蓄積濃度の地理的なちがいをあつかったのがSubramanian et al.（1986）である．これによって，北海道の太平洋岸に春から秋にかけて出現するイシイルカ型は，主として日本海系の個体群に由来することが示された．分析した化合物はPCBとDDEである．DDEはDDTとその分解生成物を総称した名称である．これらの汚染物質の体内濃度は摂取量と分解・排泄量の差であり，分解・排泄量は体内濃度に影響されるだけでなく，泌乳などの繁殖活動によってもとくに促進される．したがって，体内濃度に影響する要素として，摂餌海域における餌量生物の汚染程度のほかに性別（繁殖履歴）や年齢も関係してくる．繁殖履歴のちがいの問題を避けるために，Subramanian et al.（1986）は1979-1985年に捕獲された個体から成熟雄のみを選び出して，脂皮の汚染濃度を分析した．以下では濃度を脂皮の湿重量あたりppmで示してある．

まず，特徴的なのがベーリング海のイシイルカ型である．ここの5個体はPCB（2.91-6.00）もDDE（4.13-9.97）もほかの海域に比べて低い値を示した．これはこの海域の汚染度が比較的低いためであるという．西部アリューシャン列島のすぐ南側で捕れたイシイルカ型2頭や三陸はるか沖合の，カムチャツカ半島南方から西部アリューシャン列島南方の13頭もほぼこれに近い汚染度を示したが，わずかに高い傾向が認められた（PCB：7.05-16.0，DDE：6.64-15.2）．興味をひかれるのは，三陸沿岸のリクゼンイルカ型（8頭）と北海道沿岸の津軽海峡から襟裳岬の間で捕れたイシイルカ型（3頭）についてである．これらのPCBレベルは11.2-22.6でかなり高いが，DDEレベルは12.4-36.8でさらに高い傾向があった．この値は日本海のイシイルカ型の1頭（PCB 12.6, DDE 32.4）に近かった．

そこでSubramanian et al.（1986）はPCB/DDEの比に注目した．その値を個体ごとに求めて，海域ごとに平均すると，ベーリング海0.60，西部北太平洋沖合0.96，三陸のリクゼンイルカ型0.91（範囲は0.71-1.15），北海道太平洋岸イシイルカ型0.39（範囲は0.37-0.41），日本海イシイルカ型0.39となり，後の2つでは値が著しく小さいことを認めた．標本

を増やして，さらなる検証が望まれるが，その背景には，中国などで依然として使用されているDDTによって，日本海の海水のDDE汚染レベルが太平洋側よりも高いという事情があった（Tatsukawa et al. 1979）．

道南沿岸で捕獲された3頭のイシイルカが高濃度のDDEで汚染されていた仕組みに関しては，Subramanian et al.（1986）は2つの可能性を示している．1つは日本海の汚染水が津軽海峡を通って北海道の襟裳岬周辺に達するため，そこで摂餌する個体を汚染している可能性である．もう1つは日本海で摂餌した個体が津軽海峡を通って北海道の太平洋沿岸に来遊している可能性である．しかし，津軽暖流は海峡通過後は三陸沿岸沿いに南下するので，前説が正しいのであれば，リクゼンイルカ型も低いPCB/DDE比を示すはずであるが，そうはならずにリクゼンイルカ型は0.71-1.15（平均0.91, $n=8$）と高い値を示していた．このことから，第2の解釈が正しいものと私は考えている．

また，O'shea et al.（1980）はカリフォルニア沿岸のイシイルカ型について，PCB：94 ppm，DDE：256 ppmという極端な汚染を報告している．その個体の生活域における局地的な高濃度汚染を示すものであろう．

9.3.5 寄生虫

*Phyllobothrium*属と*Monorygma*属は鯨類を中間宿主とする条虫の仲間で，幼生は大豆程度の大きさのシストとなって，海産哺乳類の脂皮中に見出される．鯨類のなかではひげ鯨類よりも歯鯨類に多く，体の部位では鼠径部に多い（Dailey and Brownell 1972）．Walker（2001）によれば，その生活史は解明されていないが，おそらくサメ類がこれら条虫の最終宿主の1つであり，イルカ類の死体をサメが食することによって，幼生がサメに移行するらしいとされている．最終宿主から排出された卵なり幼生なりが，どのような動物を経てイルカの体内に入るのかもわかっていない．海中での実験によれば，サメ類はイルカの死体の鼠径部を真っ先に食べるとのことで，鼠径部に幼生が集中していることは，サメのこのような行動特性に対する適応の1つであると考えられる．もしも，イルカがサメに食べられる機会がなかったとしても，幼生は少なくとも13年間はイルカの体内で生存するという．これら条虫の幼生は，サメに食べられる機会を待ちつつ，イルカの脂皮層のなかで長期間を過ごすのである．したがって，ほかの条件が同じであれば，イルカが歳をとるにつれて，このシストをもつ確率が高まるし，体内に蓄えられる幼生の数も増すはずである．

Walker（2001）はイシイルカにおける*Phyllobothrium delphini*の寄生率の地理的なちがいを調べた．検査に供した試料の大部分は日本のサケ・マス流し網漁船（1983-1986年，6-7月）で混獲された個体で，すべてイシイルカ型であった．試料数はベーリング海南西部海域が432頭，アリューシャン列島に接する西部北太平洋海域が1,957頭であり，地理的には東経168-180度，北緯46-59度の範囲で捕獲されたものである．このほかに，補足的な試料として1988年7-8月にオホーツク海南部で小型捕鯨船が突きん棒操業をしたときの漁獲物から56頭を得ている．これらの個体から，腹側の正中線から左側体側にかけての脂皮を，生殖孔を中心として前後方向に35 cm，体側方向に17.5 cmの大きさに切り取り，スライスして幼生の数を数えた．

標本個体の体長は，沖合の流し網サンプルでは大部分が160-200 cmであったのに対して，オホーツク海の突きん棒サンプルでは大部分が190-230 cmの範囲にあり，両サンプルに共通する体長範囲は180-220 cmであった．ちなみに，年齢ごとのおおよその体長範囲は，0歳は85-120 cm，満1歳が135-165 cm，2歳が140-175 cmである．体長160 cm以上の個体はおもに満2歳以上に出現し，160 cm未満の個体には4歳以上の個体はほとんど含まれない（Ferrero and Walker 1999）．流し網サンプルには220-229 cmのとりわけ大きい個体が欠けていた．オホーツク海の突きん棒サンプルにはこれが出現したかわりに，180 cm未満の小さい個体が欠けていた．突きん棒では子どもイル

カは捕獲されにくいが，流し網では捕れやすいことは常識である．また，オホーツク海の個体は，太平洋・ベーリング海の個体よりも幾分大きいことが知られている．ベーリング海と西部北太平洋のサンプルは同じ流し網漁法で捕られたものであり，その体長組成には著しいちがいはなかった．160 cm 未満の個体には寄生がまれなので，以下の検討から除外した．

調査されたイシイルカのなかに占める，この条虫をもっていた個体の割合を寄生率とすると，寄生率はオホーツク海ではゼロ，ベーリング海では 1.4％ときわめて低く，北太平洋では 22.7％と高かった．体長が増加すると寄生率が増加する傾向が認められたが，これは年齢とともにしだいに蓄積していくことを示すものである．さらにベーリング海からアリューシャン列島を経て太平洋に南下するにつれて，寄生率は上昇する．すなわち，北緯 54 度以北では，この条虫の幼生をもっていたのは 378 頭中 2 頭（0.5％）であったが，アリューシャン列島域の北緯 52-54 度では 167 頭中 18 頭（10.8％）で，太平洋とベーリング海の中間の値を示した．このあたりにベーリング海個体群と太平洋個体群の分布境界あるいは分布の重複域があるように思われる（図 9.11）．2 つのイシイルカ個体群が北緯 50-52 度あたりで混合しているという，この研究とまったく同様の結果をすでに Winans and Jones（1988）がアイソザイムの解析から得ているのは注目される（後述）．

この寄生率の地理的なちがいの原因はなにであろうか．本種はいくつの中間宿主をもつのかわからないが，それら未知の中間宿主の有無もイシイルカへの寄生率に影響しているにちがいない．しかし，サメ類の分布も寄生率に関係しているにちがいないと Walker（2001）はみている．ベーリング海，日本海，オホーツク海で，生きたイルカないしはその死体を食するサメとして知られている種は，オンデンザメ *Somniosus pacificus* があるだけである．しかも，その生息地はイシイルカの生息圏よりも沿岸域に偏っており，生息密度も低い．これに反して，アリューシャン列島以南の外洋域にはそのような

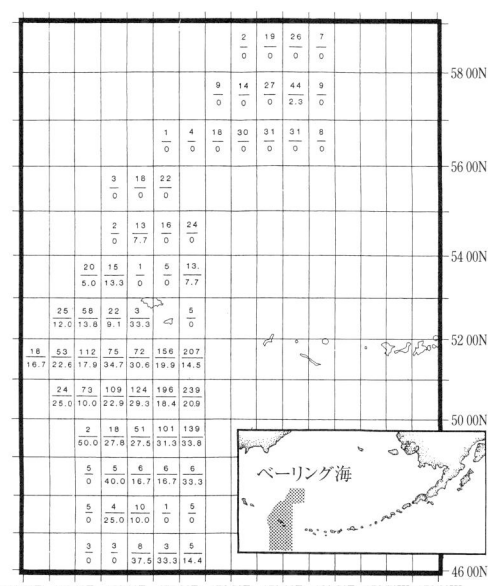

図 9.11 イシイルカの脂皮における *Phyllobothrium delphini*（条虫の一種）の幼生シストの出現率．上段：検体イシイルカ（頭数），下段：罹患個体（％）．挿入地図の網かけ海域が標本採取位置．（Walker 2001）

サメが多く，なかでもアオザメ *Isurus oxyrhynchus* とヨシキリザメ *Prionace glauca* が知られている．これらのサメは北緯 20-50 度，水温で 7-16 度の海に多い．このほかにも，イシイルカには無関係であるが，熱帯や亜熱帯に多いメジロザメやオナガザメ科の種類もまちがいなくこの条虫の宿主となっており，それらの海にいるイルカでは，条虫の幼生の寄生率が高いといわれる．

上の事実は，夏にオホーツク海南部やベーリング海で生活するイシイルカ型の個体は，少なくとも夏には太平洋に出ることはほとんどなく，その傾向は年ごとに変化しないことを示している．

9.3.6 DNA とアイソザイム

DNA は遺伝子の本体であり，おもに核内に染色体として存在するが，一部はミトコンドリアのなかに核外遺伝子としても存在する．DNA にはその機能にはほとんど影響しない小変異がたくさんあるので，それを指標にして個

体群を識別する研究がさかんに行われている．生体内のさまざまな化学反応にかかわる酵素も，遺伝子がもつ情報をもとに合成されるものであり，DNAの小変異が合成される酵素の分子構造のちがいとして現れる場合がある．DNAを直接研究する手法が普及する前には，このような酵素の変異をもとに，個体群の遺伝的変異を推定することが行われてきた．アイソザイムとは，同じ機能をもつ酵素の小変異を指す言葉である．

DNA研究の進行順序とは逆になるが，そのほうが理解しやすいと思われるので，ミトコンドリアDNAを用いて日本近海のイシイルカについて行われたHayano et al.（2003）の研究から紹介しよう．三陸のリクゼンイルカ型は1つの個体群を代表し，日本海のイシイルカ型も体側の白斑が小さいことから太平洋系のイシイルカ型とは区別され，別の個体群を構成するとされていることはすでに述べた（図9.8）．Hayano et al.（2003）の研究は，DNA以外の手法でその存在が明らかとなっているこれらイシイルカ個体群が，DNAではどのように認識されるかという，手法の検証という意味でも興味ある研究である．用いた試料は三陸沿岸で捕獲されたリクゼンイルカ型35頭，北海道西岸のイシイルカ型35頭，およびカムチャッカ半島南方の西部北太平洋沖合（北緯42-47度，東経155-162度）で捕獲されたイシイルカ型33頭，合計103頭である．

Hayano et al.（2003）は，ミトコンドリアDNAの解析に使われた部位には合計49種の変異型（ハプロタイプ）を見出した．その数は各標本群20-24であり，どの標本群でもほぼ同数であった．固有の変異型の数はリクゼンイルカ型標本群で14，太平洋のイシイルカ型標本群で12，日本海−南オホーツク海標本群で11であったが，その出現数には大きい地域差があるとは断定できない．たかが30-40頭の標本で，このように多様な変異がみつかるということは，彼らの遺伝的変異が豊富であること示しており，これはイシイルカの個体数が過去に大きく維持されてきたことの結果でもある．つぎに，塩基配列のちがいからそれぞれの変異の進化のあとさきの関係を推定して，類縁関係を系統樹に描いたところ，49の変異が2つの系統（幹）に大別された．ただし，ある系統に特定の標本群が集中するということはなかった（後述のEscorza-Trevino et al. 2004も同様の結果を得ている）．

このような解析結果の裏には，興味ある現象が垣間見られる．第1に，個々の標本群に固有な変異は合わせて35あり，40頭を含んでいたが（1.1頭/型），標本群の間に共有される変異も少なくなかったことである．すなわち3標本群に共通な型が3型18頭（6頭/型），2標本群に共通なものが11型45頭（4.1頭/型）あった．個体群に固有の変異は少数の個体で代表されている，つまりその個体群のなかでは少数派であることが注目される．これに反して，複数の個体群に共通な変異は逆に多数派である．この場合，多数派は系統樹の幹にあたるものであるから，個体群が分離する前に発生した変異であり，共通祖先から引き継いだ型であると思われる．一方，少数派（固有変異）は個体群の分離の後で発生した突然変異であると解釈できる．

Hayano et al.（2003）は，それぞれの変異の出現頻度のほかに，各変異の間の進化学的な隔たりも考慮して検定（AMOVA）を行った．それによると，3個の標本群に遺伝的なちがいがないという仮説は否定され，標本群の間には遺伝的なちがいがあると結論された．そこで，任意の2つの標本群の間で検定してみると，日本海系イシイルカ型は太平洋沖合イシイルカ型ともリクゼンイルカ型とも有意なちがいがあると結論されたが，リクゼンイルカ型と沖合イシイルカ型の間には，有意なちがいは見出されなかった．この場合には，両標本群が同じ組成をもつと証明されたわけではない．この標本では差があるとは断定できないだけである．たとえちがいがあっても，差異が小さいとか，個体間のばらつき幅が大きいとか，標本数が十分に大きくない場合には有意とは判定されない．また，リクゼンイルカ型と太平洋沖合系のイシイルカ型との間の隔離の歴史が浅いとか，低レベルの

交流がいまも続いている場合に，このような結果が予測される．

それならば，なぜあのように顕著な体色斑のちがいが三陸沿岸の1個体群（リクゼンイルカ型）に発現し，かつ，いまも維持されているのだろうか．低レベルの遺伝的交流があるのなら，リクゼンイルカ型の個体群のなかに明瞭なイシイルカ型個体が出現してもよさそうである．この問題はまだ解明されていない．イシイルカ型とリクゼンイルカ型の体色を分ける遺伝子は，常染色体上のどこかにあるものと思われる．それはDNAの比較的小さい変異なのかもしれないが，これについても明らかになっていない．動物の体色は，ときには仲間の認識や同種の識別に使われる場合がある．イシイルカの体側の白斑もそのような例に属するかもしれない．その結果，自分と同じ白斑をもつ個体を繁殖相手として好む傾向があるならば，異なる体色型の間には混血が生じにくくなるし，ときには混血が起こるとしても，輸入された異質の体色斑を支配する変異は子孫に引き継がれる確率が小さくなり，個体群のなかから排除されるかもしれない．そのほかに，季節回遊や性状態によるすみわけ，あるいは繁殖期の若干のちがいが個体群の間の遺伝的交流を妨げている可能性もある（後述）．これらの可能性は，どれも隔離の仕組みとしては不完全なものであり，2つの体色型の分布のちがいを説明するには不十分と考えざるをえない．

Hayano *et al.*（2003）は遺伝的な隔たりの大きさを用いて，上に述べた3つの標本群が分離してからの時間を推定した．それによると，日本海系イシイルカ型と沖合太平洋系イシイルカ型の分離は3万-4万年前，日本海系イシイルカ型と三陸リクゼンイルカ型の分離は1万-1.5万年前と算出された．なお，前述のように，三陸のリクゼンイルカ型と沖合太平洋系のイシイルカ型は区別できない．この年代計算は突然変異の発生率の仮定に左右される．また，分離した後で低レベルの遺伝的交流が起これば，分離の年代を若く評価する要因となる．しかし，日本海系イシイルカ型と三陸リクゼンイルカ型の分離の年代が，1万-1.5万年前と比較的近年に算出された結果には興味がひかれる．それは地球上の最後の氷河期であるウルム氷期が終わり，気温が上昇した時期とほぼ一致するためである．ウルム氷期には海水面が下がって，日本海とオホーツク海の連絡が途絶えたのはまちがいないらしいが，北側のもう1つの出口である津軽海峡が閉じたのか否かについては両論がある．ウルム氷期の期間中，ずっと日本海にイシイルカがいたのか，氷期が終わってから太平洋側から進入したのか．この疑問については，Hayano *et al.*（2003）も結論を出していない．

漁業によって個体数が減少することがある．その場合の減少速度は，年率数%になることもありえないことではない．また，個体数の減少にともない分布が分断され，結果的にローカルな個体群が新しく形成されることもある．人類が鯨類に与えるこのような影響を評価して，その軽減や保全対策を考える場合には，分断で形成された新個体群も含めて，個体群を正しく認識することが重要である．Hayano *et al.*（2003）の研究は，個体群のなかに蓄積され保持されてきた個体の生存や繁殖などに影響しない非選択的なDNAの変異を指標として，個体群を識別しようという手法であるが，彼らが得た結果は，この手法の限界を示す好例としてもおもしろい．もとの集団内の組成とは異なる特定の遺伝的特徴をもった少数の個体が移住して，新天地を開拓した場合は別として，ある集団が同じ遺伝的特徴をもった2つの集団に分裂した場合には，それらが別個体群として認識できるほどに，ミトコンドリアDNAに変異が蓄積されるためには，1万年もの時間を要するし，限定的な交流が続いた場合には，さらにそれが延長されるかもしれないことをこの研究は示している．これに対して，人類が鯨類に与える影響は，ときには数年間で，長くても100年以内に発現するのが普通である．DNA解析の有効性を否定するものではないが，保全生物学が活動する時間スケールに比べて，DNA解析があつかう時間スケールは格段に長いことを認識する必要がある．

Hayano et al.（2003）は，北太平洋の日本周辺のイシイルカの個体群構造の解明を試みた．その東方沖合の広大な海域に分布するイシイルカについては，母子連れの出現状況から複数の繁殖海域を認めて，それが複数の個体群の存在を示すものだとする研究があったことはすでに述べた（Kasuya and Ogi 1987）．その沖合海域の一部であるアリューシャン列島の南北にまたがる海域について，そこのイシイルカは複数の個体群よりなることを遺伝的に解析したのが，つぎに紹介する Winans and Jones（1988）である．

Winans and Jones（1988）が用いたのは，日本のサケ・マス流し網業が 1982 年 6-9 月に混獲したイシイルカ型 360 頭である．その地理的範囲は図 9.11 で示した海域に加えて，南西方向に方形の海域（北緯 42-47 度，東経 158-170 度）が加わる範囲である．14 種の酵素を支配する 26 遺伝子座を解析し，そのうちの 11 に多型を認めた．多型の頻度にはアリューシャン列島の南北で有意差が認められなかったが，ハーディーワインベルグモデルへの適合を検定してみると，南北を分けて検定した場合よりも，南北を合わせて検定した場合のほうが適合度が悪くなった．これは 360 頭の試料が均一な遺伝的集団から得られたという仮説を否定するものである．さらに，彼らはこの結果に影響しているのは，北緯 50-52 度のアリューシャン列島周辺の標本であることを認めた．このことから Winans and Jones（1988）は，アリューシャン列島の南北に別の個体群があり，両者の分布がこの海域で重なっていると判断した．この結論は，条虫のシストの寄生率から Walker（2001）が得た結論と同じであり，異なる研究手法が同じ結論にいたったという点で興味深い．

Escorza-Trevino and Dizon（2000）は，DNA を用いて北太平洋とその周辺海域に生息するイシイルカ型の個体群構成を解析した．標本の範囲はオホーツク海からアメリカ沿岸までをカバーしていた．彼らの地理的用語はわかりにくいので，これまでの記述に合わせて多少変更して紹介する．まず資料を地理的に 3 区分して概略の解析を行った．その区分は，①オホーツク海，②ベーリング海と中・西部北太平洋，③北米沿岸，である．ミトコンドリア DNA には 58 個の変異型（ハプロタイプ）がみつかった．頻度の多い 2 つの変異は全域に出現したが，頻度の少ないものはそれから派生した型と判断されるもので，分布は上の 3 海域のなかの 1 つないし 2 つに限られていた．このような出現特性は前に述べた Hayano et al.（2003）が見出した特徴と同じであり，共通変異がもっとも祖先型（原型）に近いという判断がなされている．祖先型に近い型は西部海域に多く，派生型は東部海域に多いという特徴は，イシイルカの分布が西から東に広がったのかもしれないという分化のプロセスを暗示していて興味深い．当然のことながら，これら 3 海域の DNA 組成は，均質とは判断されなかった．

そこで，海域をさらに細分して DNA 組成のちがいを検定したところ，つぎのような 7 海域の標本群は，それぞれはほかの標本群と組成が異なることが確認され，個体群の存在が示された．すなわち，①ベーリング海西部，②ベーリング海東部，③中部アリューシャン列島近海，④カムチャッカ半島南，⑤アリューシャン列島南方海域，⑥アメリカ沿岸，⑦オホーツク海，がそれである．このなかで，①ベーリング海西部と②ベーリング海東部の 2 つの標本群の間のちがいは，統計的に有意であるとは断定しかねるレベルであった（$p=0.050$）．このような場合には，そのほかの情報から判断すればよいのであって，単純に同じであると判断すべきではない．上のリストのなかで，④カムチャッカ半島南海域の個体群と⑤アリューシャン列島南方海域の個体群は，地理的な位置関係からみて，Kasuya and Ogi（1987）や吉岡・粕谷（1991）がそれぞれカムチャッカ半島南方と西部アリューシャン列島南方で認めた繁殖集団に対応するものと思われる．

Escorza-Trevino and Dizon（2000）は，オホーツク海北部のイシイルカ型標本群と同南部のイシイルカ型標本群の間に有意な差異を認めなかった．しかし，個体群内の遺伝的な多様性

が大きくて，個体群間の差異が小さい場合には，個体群の検出は困難となるものである．ミトコンドリアDNAの解析は，異質性を示すのには力を発揮するが，同一性を証明することには適していないことにも留意すべきである．この海域については，3個の繁殖海域があり，それぞれが別の個体群を代表するという従来の知見を生かすのが適当であろう．

ベーリング海周辺においても解釈に苦しむ点が残されている．Escorza-Trevino and Dizon (2000) はベーリング海とその周辺海域において，中部アリューシャン列島近海とベーリング海東部および同西部がそれぞれ異なるとして，3個の個体群があるとしている．残念ながら，これら3個体群とベーリング海中央部で観察された繁殖場 (Kasuya and Ogi 1987) との関係がわかっていない．Escorza-Trevino and Dizon (2000) にはベーリング海中央部の標本が欠けているし，Kasuya and Ogi (1987) にはアリューシャン列島や米ロの200海里水域の観察が欠けている．そのため，これら4カ所の情報をつき合わせることができないのである．かりに，ベーリング海の東西に2個体群があり (Escorza-Trevino and Dizon 2000)，ベーリング海中央部にはそこで繁殖する個体群があり (Kasuya and Ogi 1987)，中部アリューシャン列島近海にも1つの個体群があり (Escorza-Trevino and Dizon 2000)，すべてを別個の個体群として認めるのも1つの選択である．しかし，ベーリング海中央部で繁殖する個体群と中部アリューシャン列島近海の個体群とは同一である可能性も残されている．さらに，アラスカ湾中央部で繁殖する個体群（吉岡・粕谷 1991）もEscorza-Trevino and Dizon (2000) の標本には含まれていないので，依然としてそこには1つの個体群があるとみるべきかもしれない．

なお，Escorza-Trevino and Dizon (2000) は雌雄別に解析して興味ある結果を得ている．すなわち，地理的なミトコンドリアDNAのちがいは雌で著しく，雄ではその程度が小さいことを見出し，雄のほうが移動が大きく，地理的混合が著しいと結論したのである．それでは，他所の個体群のいるところまで出て行った雄は，そこの雌と交尾をして子孫を残しているのだろうか．ミトコンドリアDNAは母親から子ども（雄雌）に伝えられるので，それを調べるだけではこの疑問に対する答えは得られない．その答えを得るには核DNAをみる必要がある．

9.3.7 個体群識別——要約と今後の課題

国際捕鯨委員会の科学委員会の小型鯨類分科会 (IWC 2002) は，北太平洋には少なくともつぎのような11個の個体群があると結論した（図9.12）．ここでもIWCの呼称にこだわらず，これまでの記述にも配慮した言葉を用いてあるが，それらはつぎの個体群よりなっている．すなわち，①オホーツク海北部で繁殖する個体群，②リクゼンイルカ型個体群（オホーツク海中央部で繁殖），③日本海個体群（オホーツク海南部で繁殖），④北西北太平洋個体群（カムチャッカ半島南方で繁殖），⑤ベーリング海西部個体群，⑥ベーリング海東部個体群，⑦西部アリューシャン列島周辺個体群，⑧中部北太平洋個体群（アリューシャン列島南方で繁殖），⑨アラスカ湾個体群（アラスカ湾で繁殖），⑩北米オレゴン州沿岸の個体群（オレゴン沿岸で繁殖），⑪カリフォルニア州沿岸の個体群，である．

このうち2番目以外はすべてイシイルカ型である．これら個体群のうちで越冬場と繁殖場の両方がわかっているのは，②リクゼンイルカ型個体群と③日本海個体群のみである．⑦西部アリューシャン列島周辺個体群がベーリング海中部を繁殖場とする個体群（前述）と同一であるかどうかは，今後の検討課題であるように思う．さらに，この西部アリューシャン列島海域はWinans and Jones (1988) が複数の個体群の混合域であるとした海域であるので，それとの関係についても解明が待たれる．

上の結論に大きく影響を与えたのは，ミトコンドリアDNAの解析と母子連れの出現海域から推定された繁殖海域の情報である．また，すみわけの基礎情報としては，リクゼンイルカ型

272　第9章　イシイルカ

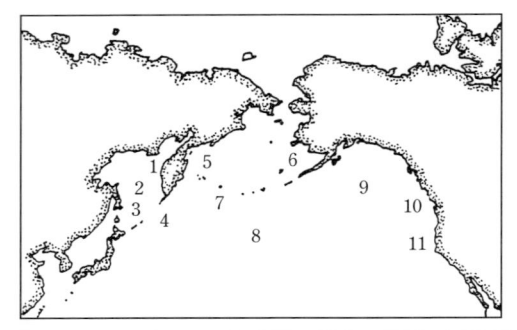

図9.12　イシイルカの個体群に関する最近の国際捕鯨委員会科学委員会の見解．数字は個体群のおおよその配置を示す（本文参照）．（IWC 2002）

体色斑の地理的分布の観察も貢献した．イシイルカの個体群に関する現在のわれわれの知識の弱点は，DNA標本の採取と繁殖場の分布に関する研究とがたがいに無関係に行われたところにある．これからの研究に望まれる第1の課題は，これら2つの手法が連携することである．すなわち，繁殖海域でDNA試料を採取して解析することが望まれる．その場合には，サケ・マス流し網でかつて採取された試料（Escorza-Trevino and Dizon 2000）をも合わせて解析するならば，非常に有益な成果が期待できる．それにより，DNAで認識された個体群と繁殖海域で認識された個体群との関係が明らかとなり，上の11個体群の妥当性が判断されることになる．それによって，今後の研究の方向性もみえてくるものと期待される．イシイルカの交尾期は，個体群によって多少ちがいがあるので（後述），標本採取の時期はそれを考慮することが望ましい．また，繁殖海域ではイシイルカは船を避ける傾向があるので，突きん棒によるバイオプシーは技術的にむずかしい．空気銃ないしは石弓のような射程距離の長い手法が必要となる．

個体群の解明においては，ミトコンドリアDNAのほかに核DNAも合わせて解析することが望まれる．これによって，別個体群への移住の程度や隣接個体群との一時的な生息範囲の重複などが解明されるし，それらが雌雄でどのように異なるかも明らかになるにちがいない．なお，本種は性状態や年齢によって繁殖場の外にもすみわけていることが知られている（後述）．

もしも繁殖場の外側でもDNA試料を入手するならば，それは各個体群の分布範囲を把握することにも貢献すると思われる．

9.4　生活史

9.4.1　年齢査定

生活史の解析には，年齢に関する情報が不可欠である．日本沿岸のイルカ漁業で捕獲された個体や，サケ・マス流し網漁業で混獲されたイシイルカを材料として，年齢査定をして生活史を解析しようとする試みがこれまでなされてきた．そこでまず使われたのは歯であった．イシイルカの歯はたいへん小さい．長さが1 cm，直径が1-2 mmにすぎない．成長につれて歯冠部が磨耗するので，成体では，歯は隆起して硬くなっている歯茎の間に隠れるほどに小さく，めだたない．本種の歯は退化の途上にあり，歯と歯の間の硬化した歯茎が獲物をつかむ機能を代行している．この状態は，かつてひげ鯨類が歯の間にひげ板を発生させたプロセスを反復しているのかもしれないという考えがある（Millar 1929）．

多くのイルカ類の歯では，性成熟の後，まもなく歯根管が狭くなり，象牙質の蓄積が停止する．その後はセメント層の成長層を数えて年齢査定をせざるをえない．イシイルカでは，歯が小さいだけに象牙質の形成が止まるのも早い．そのうえ，セメント質の形成が不規則で，成長層が数えにくく，年齢査定の精度に疑問が寄せられていた．中耳を包む鼓室骨や下顎骨の組織にも成長層が形成されるので，これらの骨の切片をつくって年齢査定を試みることも1970年代になされたが，成功にはいたらなかった（白木原・粕谷，未発表）．骨格では成長にともなって骨組織が付加される一方で，組織の吸収も行われるため，古い成長層が消滅してしまうことが大きな障害であった．

年齢査定の精度を確認するために，数名の研

究者が同じ歯を用いて読み合わせを行ったことがある．体長や性別などの生物学的データを伏せて，歯の染色切片を用いて年齢査定をして，結果を比較した．1984年のことである．用いたイシイルカは，北洋の日本のサケ・マス流し網漁船の上でアメリカ側調査員が調査した混獲個体と日本の研究者が調査船上で突きん棒で捕獲した個体であり，出産期にあたる夏に捕獲されたものであった．査定者は生物情報やほかの研究者の読みは参照できなかったが，標本番号から個々の標本の由来を推定することはできたし，顕微鏡切片をみれば，自分がこしらえたものかどうか判断することも可能だった．

その結果は，翌年3月の北太平洋漁業条約の年次会合の科学部会に，Jones *et al.* (1985) により報告されたままで印刷公表はされていない．本種の年齢査定の困難さや問題点を理解するには，その原データをみるのがよい．そこで，そのなかから経験者（粕谷）と未経験者（A, B）を抜き出して集計したのが表9.3である．それによれば，体長ごとの推定年齢は研究者によりさまざまな値が得られた．180 cm 以上の大きな個体については査定者によるちがいは明瞭ではないが，体長 140-159 cm の幼体については査定者の癖が強く現れている．粕谷はこの体長の個体を満1歳と査定しているが，ほかの2名は3歳近いと推定している．また，160-169 cm の個体については粕谷が2-3歳とみたのに対して，ほかの2名は3-4歳あるいは4歳と推定している．

この不一致の背景にあるものを少し細かく眺めてみよう．当時の試料のなかから雌だけを抜き出して，査定者のちがいを示したのが表9.4である．各研究者の年齢査定が一致すれば，すべての個体は対角線上に一直線に並ぶはずであるが，そのようにはならないところに問題がある．散らばりの広さは，これまでにほかのイルカ類ではみられなかったほど大きい．全員の読みに共通しているのは，年齢範囲が0-13歳の間にあることと，体が大きい個体は概して年齢が大きく評価されたことくらいである．査定者AとBの一致は比較的よいが，これら両名と粕

表9.3 イシイルカの年齢査定の比較．査定者による平均年齢のちがいをみる．資料はイシイルカ型で，雌雄を含む．

体長範囲 (cm)	個体数	平均年齢 粕谷	A	B
140-159	29	1.2	2.9	2.8
160-179	43	2.5	3.4	4.0
180-199	34	4.4	4.8	5.9
200-235	9	7.4	8.2	9.1

谷との一致はよくない．鯨類の年齢査定の検討会では，多くの研究者が一致した読み方が真実に近いらしいとした例もあるが，科学研究は多数決で解決できるとは限らない．粕谷が1歳と読んだ個体は21頭あるが，査定者AとBはそれらの大部分を2歳以上と査定しており，1歳と判定した個体は1-2頭にすぎない．査定者A, Bは粕谷よりも細かい層を年輪とみなして数えていることがわかる．査定者によって，年輪の解釈に根本的なちがいがあるらしい．イシイルカは体長 100 cm 前後で夏に生まれるが，翌年の夏までの1年間にどれくらい大きくなるかがわかれば，年輪の解釈に参考になる．かりに，北洋のサケ・マス流し網漁場に1歳児がほとんど出現しないとなると，彼らは夏にどこにいるのかという，行動や回遊にかかわる疑問も発生する．

そこで，3名の査定者について年齢ごとの平均体長を計算してみた（表9.5）．まず査定者Aの場合，1歳から4歳まで平均体長が増加しない．体長範囲をみても，年齢とは無関係である．年齢査定に問題がある場合には，このような現象がみられる．つぎに査定者Bの場合には，状況が少し変わって，1歳と2歳の間，あるいは3歳と4歳の間では成長が認められないが，2歳と3歳の間では 5 cm 程度の成長が認められる．しかし，2歳から4歳まで体長の下限も上限も変化しないので，これも年齢査定に問題を感じさせる．少なくとも4歳以下の個体に関しては，AもBも年齢査定に問題が感じられる．

同じような視点から，粕谷の査定した年齢を眺めてみる．多くのイルカ類では，最初の1年

274   第9章　イシイルカ

表 9.4　研究者間のイシイルカの年齢査定結果の対比.

<table>
<tr><th colspan="16">粕　谷　査　定</th></tr>
<tr><th></th><th>年齢</th><th>0</th><th>1</th><th>2</th><th>3</th><th>4</th><th>5</th><th>6</th><th>7</th><th>8</th><th>9</th><th>10</th><th>11</th><th>12</th><th>13</th><th>合計</th></tr>
<tr><td rowspan="13">査定者A</td><td>0</td><td>1</td><td></td><td></td><td></td><td></td><td></td><td></td><td></td><td></td><td></td><td></td><td></td><td></td><td></td><td>1</td></tr>
<tr><td>1</td><td></td><td>1</td><td></td><td></td><td></td><td></td><td></td><td></td><td></td><td></td><td></td><td></td><td></td><td></td><td>1</td></tr>
<tr><td>2</td><td></td><td>7</td><td>4</td><td>2</td><td></td><td></td><td></td><td></td><td></td><td></td><td></td><td></td><td></td><td></td><td>13</td></tr>
<tr><td>3</td><td></td><td>7</td><td>7</td><td>3</td><td>1</td><td></td><td></td><td></td><td></td><td></td><td></td><td></td><td></td><td></td><td>18</td></tr>
<tr><td>4</td><td></td><td>6</td><td>2</td><td>2</td><td>1</td><td>1</td><td></td><td></td><td></td><td></td><td></td><td></td><td></td><td></td><td>12</td></tr>
<tr><td>5</td><td></td><td></td><td></td><td>1</td><td>3</td><td>3</td><td></td><td></td><td></td><td></td><td></td><td></td><td></td><td></td><td>7</td></tr>
<tr><td>6</td><td></td><td></td><td>1</td><td></td><td>1</td><td>1</td><td>1</td><td>1</td><td>1</td><td></td><td></td><td></td><td></td><td></td><td>6</td></tr>
<tr><td>7</td><td></td><td></td><td></td><td>1</td><td></td><td></td><td></td><td></td><td></td><td></td><td>1</td><td></td><td></td><td></td><td>2</td></tr>
<tr><td>8</td><td></td><td></td><td></td><td></td><td></td><td></td><td></td><td></td><td>2</td><td></td><td></td><td></td><td></td><td></td><td>2</td></tr>
<tr><td>9</td><td></td><td></td><td></td><td></td><td></td><td></td><td></td><td></td><td></td><td></td><td></td><td></td><td></td><td></td><td></td></tr>
<tr><td>10</td><td></td><td></td><td>1</td><td></td><td></td><td></td><td></td><td></td><td>1</td><td></td><td></td><td></td><td></td><td></td><td>2</td></tr>
<tr><td>13</td><td></td><td></td><td></td><td></td><td></td><td></td><td></td><td></td><td></td><td></td><td></td><td></td><td>1</td><td></td><td>1</td></tr>
<tr><td colspan="2">合計</td><td>1</td><td>21</td><td>15</td><td>9</td><td>6</td><td>5</td><td>1</td><td>1</td><td>4</td><td></td><td>1</td><td></td><td>1</td><td></td><td>65</td></tr>
</table>

<table>
<tr><th colspan="16">粕　谷　査　定</th></tr>
<tr><th></th><th>年齢</th><th>0</th><th>1</th><th>2</th><th>3</th><th>4</th><th>5</th><th>6</th><th>7</th><th>8</th><th>9</th><th>10</th><th>11</th><th>12</th><th>13</th><th>合計</th></tr>
<tr><td rowspan="13">査定者B</td><td>0</td><td>1</td><td></td><td></td><td></td><td></td><td></td><td></td><td></td><td></td><td></td><td></td><td></td><td></td><td></td><td>1</td></tr>
<tr><td>1</td><td></td><td>2</td><td></td><td></td><td></td><td></td><td></td><td></td><td></td><td></td><td></td><td></td><td></td><td></td><td>2</td></tr>
<tr><td>2</td><td></td><td>8</td><td>3</td><td>1</td><td></td><td></td><td></td><td></td><td></td><td></td><td></td><td></td><td></td><td></td><td>12</td></tr>
<tr><td>3</td><td></td><td>4</td><td>4</td><td>3</td><td></td><td></td><td></td><td></td><td></td><td></td><td></td><td></td><td></td><td></td><td>11</td></tr>
<tr><td>4</td><td></td><td>6</td><td>3</td><td>3</td><td>1</td><td></td><td></td><td></td><td></td><td></td><td></td><td></td><td></td><td></td><td>13</td></tr>
<tr><td>5</td><td></td><td>1</td><td>2</td><td>1</td><td>1</td><td>2</td><td></td><td></td><td></td><td></td><td></td><td></td><td></td><td></td><td>7</td></tr>
<tr><td>6</td><td></td><td></td><td>1</td><td></td><td>3</td><td>2</td><td>1</td><td></td><td></td><td></td><td></td><td></td><td></td><td></td><td>7</td></tr>
<tr><td>7</td><td></td><td></td><td>2</td><td>1</td><td></td><td>1</td><td></td><td></td><td>2</td><td></td><td></td><td></td><td></td><td></td><td>6</td></tr>
<tr><td>8</td><td></td><td></td><td></td><td></td><td></td><td></td><td></td><td></td><td></td><td></td><td></td><td></td><td></td><td></td><td></td></tr>
<tr><td>9</td><td></td><td></td><td></td><td></td><td>1</td><td></td><td></td><td>1</td><td>1</td><td></td><td></td><td></td><td></td><td></td><td>3</td></tr>
<tr><td>10</td><td></td><td></td><td></td><td></td><td></td><td></td><td></td><td></td><td>1</td><td></td><td></td><td></td><td></td><td></td><td>1</td></tr>
<tr><td>11</td><td></td><td></td><td></td><td></td><td></td><td></td><td></td><td></td><td></td><td></td><td>1</td><td></td><td></td><td></td><td>1</td></tr>
<tr><td>12</td><td></td><td></td><td></td><td></td><td></td><td></td><td></td><td></td><td></td><td></td><td></td><td></td><td>1</td><td></td><td>1</td></tr>
<tr><td colspan="2">合計</td><td>1</td><td>21</td><td>15</td><td>9</td><td>6</td><td>5</td><td>1</td><td>1</td><td>4</td><td></td><td>1</td><td></td><td>1</td><td></td><td>65</td></tr>
</table>

<table>
<tr><th colspan="16">査　定　者　B</th></tr>
<tr><th></th><th>年齢</th><th>0</th><th>1</th><th>2</th><th>3</th><th>4</th><th>5</th><th>6</th><th>7</th><th>8</th><th>9</th><th>10</th><th>11</th><th>12</th><th>13</th><th>合計</th></tr>
<tr><td rowspan="14">査定者A</td><td>0</td><td>1</td><td></td><td></td><td></td><td></td><td></td><td></td><td></td><td></td><td></td><td></td><td></td><td></td><td></td><td>1</td></tr>
<tr><td>1</td><td></td><td>1</td><td></td><td></td><td></td><td></td><td></td><td></td><td></td><td></td><td></td><td></td><td></td><td></td><td>1</td></tr>
<tr><td>2</td><td></td><td>1</td><td>6</td><td>5</td><td>1</td><td></td><td></td><td></td><td></td><td></td><td></td><td></td><td></td><td></td><td>13</td></tr>
<tr><td>3</td><td></td><td></td><td>5</td><td>5</td><td>5</td><td>2</td><td>1</td><td></td><td></td><td></td><td></td><td></td><td></td><td></td><td>18</td></tr>
<tr><td>4</td><td></td><td></td><td>1</td><td>1</td><td>6</td><td>3</td><td>1</td><td></td><td></td><td></td><td></td><td></td><td></td><td></td><td>12</td></tr>
<tr><td>5</td><td></td><td></td><td></td><td></td><td>1</td><td>1</td><td>4</td><td>1</td><td></td><td></td><td></td><td></td><td></td><td></td><td>7</td></tr>
<tr><td>6</td><td></td><td></td><td></td><td></td><td></td><td>1</td><td>1</td><td>2</td><td></td><td>2</td><td></td><td></td><td></td><td></td><td>6</td></tr>
<tr><td>7</td><td></td><td></td><td></td><td></td><td></td><td></td><td></td><td>1</td><td></td><td></td><td></td><td>1</td><td></td><td></td><td>2</td></tr>
<tr><td>8</td><td></td><td></td><td></td><td></td><td></td><td></td><td></td><td></td><td>1</td><td>1</td><td></td><td></td><td></td><td></td><td>2</td></tr>
<tr><td>9</td><td></td><td></td><td></td><td></td><td></td><td></td><td></td><td></td><td></td><td></td><td></td><td></td><td></td><td></td><td></td></tr>
<tr><td>10</td><td></td><td></td><td></td><td></td><td></td><td></td><td>2</td><td></td><td></td><td></td><td></td><td></td><td></td><td></td><td>2</td></tr>
<tr><td>11</td><td></td><td></td><td></td><td></td><td></td><td></td><td></td><td></td><td></td><td></td><td></td><td></td><td></td><td></td><td></td></tr>
<tr><td>12</td><td></td><td></td><td></td><td></td><td></td><td></td><td></td><td></td><td></td><td></td><td></td><td></td><td></td><td></td><td></td></tr>
<tr><td>13</td><td></td><td></td><td></td><td></td><td></td><td></td><td></td><td></td><td></td><td></td><td></td><td></td><td>1</td><td></td><td>1</td></tr>
<tr><td colspan="2">合計</td><td>1</td><td>2</td><td>12</td><td>11</td><td>13</td><td>7</td><td>7</td><td>6</td><td></td><td>3</td><td>1</td><td>1</td><td>1</td><td></td><td>65</td></tr>
</table>

表 9.5　年齢査定の評価（年齢と体長の関係をみる）．

	年齢	個体数	平均体長	体長範囲	標準偏差
粕谷査定	1	21	159.5	148-183	9.2
	2	15	171.3	140-206	15.8
	3	9	173.0	160-183	7.3
	4	6	184.7	172-193	8.1
	5	5	185.2	173-200	10.0
	6	1	165.0		
	>6	7	202.1	172-235	19.6
査定者A	1	1	168		
	2	13	165.5	152-183	12.0
	3	18	167.2	148-183	9.9
	4	12	161.8	140-187	14.2
	5	7	183.1	173-193	7.0
	6	6	187.1	165-210	16.9
	>6	7	201.9	174-235	18.9
査定者B	1	2	160.0	152-168	11.3
	2	12	162.0	148-183	10.8
	3	11	167.7	154-183	10.1
	4	13	167.8	150-183	11.4
	5	7	170.1	140-200	20.2
	6	7	180.6	161-193	12.5
	>6	12	195.3	172-235	18.6

間に体長が 55-63% 増加する（Kasuya and Matsui 1984; Kasuya et al. 1986）．本種は約 100 cm で出生するので，粕谷が生後 1 年と査定した 21 頭の平均体長が 160 cm となったのは矛盾がない．また，この年齢査定を受け入れれば，ベーリング海やアリューシャン列島周辺のサケ・マス流し網漁業では，1 歳児が頻繁に捕獲されたが，それよりも南方で，日本のイシイルカ調査船が活躍した北緯 40-45 度の海域では，2 歳以上の個体が突きん棒で捕獲されたこととなり，イシイルカは成熟雌の性状態や子どもの成長段階ですみわけていたり，あるいは行動にも変化が現れるという仮説（Kasuya and Jones 1984）とも整合がよい．粕谷の年齢査定を用いると，イシイルカの初期成長を説明するには具合がよい．

イシイルカの年齢査定に関する共同作業によって，ほぼ上のような結果が得られ，それが関係者の間で回覧されたが，それ以上のアクションが続かなかった．その背景には，どの読みが正しいという決定打が得られなかったことと，本種の年齢査定の有用性に対して，別の面からも疑問が生じたためである．初めは年齢査定によって性成熟年齢を推定したり，年齢組成を得て個体群の動向を推定したりすることが期待されたのであるが，イシイルカでは，6 歳を超える成熟個体では歯の成長層で年齢を推定することが不可能に近いか，信頼性がきわめて低いという一般的な結論が得られたのである．そのため，研究者が読み方を改善する以前に，年齢査定自体をあきらめてしまったことが背景にあった．

このようなわけで，多くの研究者がイシイルカの年齢査定から遠ざかってきたところであるが，日本の北洋サケ・マス流し網で，かつて米国研究者が収集した試料を用いて年齢査定をした研究が最近に発表された（Ferrero and Walker 1999）．これまでは，北洋サケ・マス漁場で混獲されたイシイルカの生物学に関しては，Newby（1982）の印刷公表されていない学位論文があるだけだったが，これで試料の解析がひととおり終了するところとなったのは喜ばしい．この年齢査定は，脱灰して薄切した歯をヘマトキシリンで染めて，顕微鏡でセメント質の成長層を数えるもので，Kasuya（1978）の方法とも，また前述の 1984 年の読み合わせ

の際の方法とも原理的には同一である．本種の年齢解釈に関する1つの可能性を示すものである．

9.4.2 体長組成とすみわけ

イシイルカの成長の解析には標本の入手方法，地理的なすみわけ，採取の季節などの影響に気をつけなければならない．推定年齢を使う解析では，年齢査定の精度や研究者間の読みのちがいも無視できなくなる．それに比べて，体長組成を解析する場合には年齢査定が関与しないので，複数の研究者の間で比較することが容易である．まず，日本のサケ・マス流し網漁業で捕獲されたイシイルカ型の個体の体長組成をFerrero and Walker（1999）によってみてみよう（図9.13）．標本が得られた海域は東経170-175度，北緯46-53度の範囲であり，季節は1981-1987年の6-7月である．大ざっぱにみると，その体長組成は2つのグループからなっている．1つは体長84-124 cm，もう1つは体長132-220 cmの個体である．前の山はピークが105 cmあたりにあり，その位置は雄雌でちがいがない．後の山は雄では158 cmあたりと195 cmあたりに1つずつのピークがあり，中間の170-182 cmは谷となっている．一方，雌では180-187 cmに1つのピークがあるだけである．

体長組成の右端の雌のピーク（185 cm）と雄のピーク（195 cm付近）は，彼らの成長停止時の体長にほぼ一致する（後述）．最大体長は雌雄で12 cmほどちがいがあるが，これも性差を示している．このような一般的な成長の特徴はNewby（1982）が示したものと一致する．この標本が得られた時期が初夏で，本種の出産期にあたることを考えると，105 cmのピークはこの年に生まれた子どもであるとみてよい．そして，134 cm以上の個体との間の谷は1年間の成長を示すものである．

このFerrero and Walker（1999）の試料が得られた海域の南側，アリューシャン列島南方の北緯42-49度の緯度帯で突きん棒による調査捕獲が行われた（前述）．サンプルサイズは小

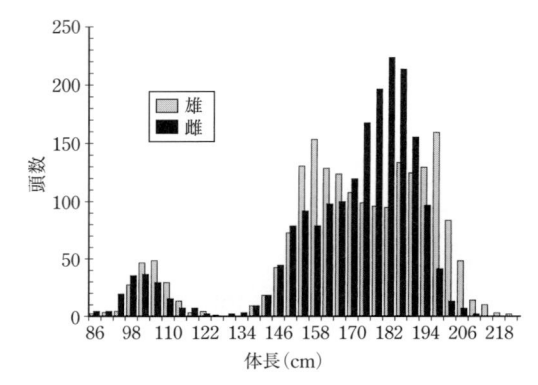

図9.13　イシイルカ型の体長組成．北洋のサケ・マス流し（刺し網）網漁業による混獲標本（1981-1987年，6-7月）．（Ferrero and Walker 1999）

さいが，そこで得られた体長組成を比べてみよう（図9.14）．この場合は時期が少し遅くて8-9月であるが，これは重要なちがいとは思われない．この体長組成には出生直後の子どもに相当する個体が欠けている．じつは，この航海では一部の海域で母子連れが多数出現したが，その海域ではイシイルカは船を避ける傾向が強くて，突きん棒で捕獲することができなかったのである（Kasuya and Jones 1984）．その海域はほぼ北緯47度以北で，Ferrero and Walker（1999）の試料がとられたところに近かった．そのようなわけで，図9.14に示した突きん棒標本は，母子連れの出現海域よりも南で捕獲されたものである．この母子連れのすみわけについては別のところでもふれる．なお，大人のイルカや母子連れが船を避けるのはイシイルカに限ったことではないらしく，スジイルカでも報告されており，突きん棒で捕獲されるスジイルカも，離乳後でしかも性成熟前の個体が多いことがわかっている（Kasuya 1978）．

この南部海域で突きん棒で捕獲されたイシイルカの体長組成には，北部海域の組成とのちがいがほかにも認められる．それは雌の体長ピークが165-190 cmに，雄のそれが170-195 cmにみられることである．これはサケ・マスの漁場では出現数が少ない体長範囲に相当する．なお，突きん棒標本では分布の右手寄り，つまり190 cmを超える雌，あるいは195 cmを超える雄は，ベーリング海標本（Ferrero and Walk-

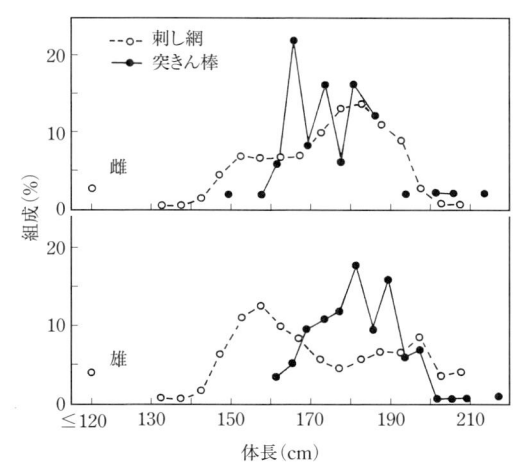

図 9.14 イシイルカ型の体長組成．北洋のサケ・マス流し網（刺し網）漁で混獲された標本（Newby 1982）と同漁場の南側で突きん棒によって捕獲された標本（1982 年と 1983 年の 8-9 月）．（Kasuya and Shiraga 1985）

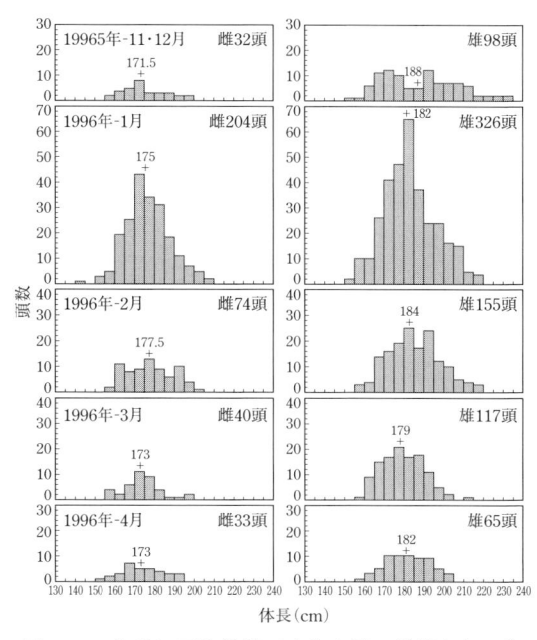

図 9.15 冬季に三陸沿岸で突きん棒で捕獲され，大槌魚市場に水揚げされたリクゼンイルカ型イシイルカの体長組成と平均体長（1995 年 11 月より 1996 年 4 月までの雌 383 頭，雄 761 頭）．（天野ら 1998c）

er 1999）に比べて少ない．両海域の体長組成は，それぞれ単独では不自然なところを残しているが，2 つを合わせると，より自然な形になる傾向が認められる．このことはイシイルカが，性別や成長段階で地理的にすみわけていることを示すものである．漁具に対する反応のちがいも完全には否定できていないので，少し乱暴な推論になるが，繁殖・育児海域には成熟した雌雄，満 1 歳児，それと生まれたばかりの哺乳中の幼児がおもに生活しており，その南側には生後 2 年以上で，性成熟前の個体が主体をなしているとみることができる．ただし，年齢によるすみわけは画然としたものではない（図 9.19）．

この南側海域で Kasuya and Shiraga (1985) が得た 156 頭の年齢組成をみると，0 歳の標本がないのは母子連れの行動からみて当然としても，1 歳は 2 頭だけで，2-5 歳が 88% を占めていた．この事実は上のすみわけの推論を裏づけるものである．いわば親から離れた子どもイルカがすむ海域からの標本であるらしい．そこでは雌：雄の比は 1：2.4 であった．これに対して，北側海域の標本 2,110 頭（Ferrero and Walker 1999）の性比は 1：0.63 で逆転している（図 9.18）．繁殖海域の外に出ていく傾向は 3 歳以上の雄において著しいことがわかる．

ただし，繁殖海域に雌が多い現象には雌は雄よりも 1 年ほど早く性成熟するらしいことも影響している．

それでは，三陸沿岸で突きん棒で捕獲される個体の体長組成はどうなっているのだろうか．ここの漁期は冬であり，その個体はリクゼンイルカ型が大部分であり，アリューシャン列島方面のイシイルカ型とは別個体群である．Kasuya (1978) によれば，その体長範囲はおおよそ 160-215 cm にあり，体長組成の形はひと山形でピークが 170-190 cm にあった．年齢査定の精度には問題があるとしても，そこには 0.5 歳児は出現せず，ほぼ 1.5 歳と推定された個体とそれ以上の年齢で構成されていた．また，884 頭の性比は雌 1：雄 1.2 で，やや雄が多い．これらはアリューシャン列島南方の突きん棒標本の組成と似ている．天野ら (1998c) は，1994-1996 年に三陸の大槌に水揚げされたイシイルカをほぼ周年にわたって調査した．当時，5-10 月にここに水揚げされたイシイルカは，日本海北部やオホーツク海で捕獲されて輸送さ

れてきた可能性があるが，冬に水揚げされたものは昔と同様に地先で捕獲されたものであるとしている．そこで 1995-1996 年の 11-4 月に水揚げされたリクゼンイルカ型の個体の体長組成（$n=1,144$）をみると，上に述べた特徴を示しているが，中央値でみる限り雄のほうが 6-7 cm 大きいことがわかる（図 9.15）．これは体長の雌雄差を反映したものである．また，同じ期間の性比は 1:2.1 で，雄が優占していた（$n=1,979$）．すなわち，性別と年齢によるすみわけは，これらリクゼンイルカ型にも共通する特徴であるし，冬でも維持されていると考えることができる．ちなみに，同じ期間に三陸沿岸で捕獲されたイシイルカ型の体長組成もリクゼンイルカ型の組成とほとんどちがいがなく，観察された 175 頭の性比も 1:1.5 で，雄が優占していた．

9.4.3 出生体長と出産期

(1) 出生体長

出生体長を推定するには，出生直後の個体の体長を調べる方法があるが，そのような機会は多くはないし，観察に偏りが発生しやすいという欠点がある．偏りを避けるために，新生児の体長組成と胎児の体長組成を比較する方法がある．この場合も，胎児と新生児で標本の得やすさがちがうと推定値に偏りが発生する．

Ferrero and Walker (1999) は，東経海域のアリューシャン列島南側のサケ・マス流し網漁場で 6-7 月に得られた資料を用いて，出生体長を求めた．彼らは新生児のへその治癒段階別に平均体長を求めた．へその状態から新生児を判別する方法はほかの研究にも参考になるので，少しくわしく述べる．まず，①へそが治癒せずへその緒の断片が残っている個体 102 頭の平均体長は 99.0 cm であった（体長範囲や組成は興味あるところであるが，それは示されていない），②へそは閉じていないが断片が脱落している個体 80 頭では 102.7 cm，③さらに治癒が進んだ個体 31 頭では 110.6 cm，④完全に治癒した 88 頭では 114.1 cm であった．1 段階が進む間に約 5 cm 成長していた．ただし，その間の経過時間はわからない．

この手法から得られる平均出生体長としては，最初の値 99.0 cm が適当であろう．上の 4 段階のどの新生児も，歯には生後の象牙質を形成していなかった由である．これに似たことはコビレゴンドウでも観察されている（Kasuya and Matsui 1984）．それはつぎのような理由による．象牙質の形成においては，まず象牙質の成長面に有機質を主体とする幼若象牙質が形成され，それに石灰質が沈着して，象牙質として完成する．新生線もその後に形成される象牙質も同じ過程をたどるのである．どちらの象牙質も幼若象牙質の段階では区別できず，幼若象牙質にカルシウムが蓄積された後で，両者は識別される．新生線は薄切標本では透明層として，脱灰・染色標本ではヘマトキシリン淡染層として認められる．出生から，生後の通常の象牙質が完成するまでのある期間内においては，脱灰・染色標本を観察しても新生線は認識できない．イシイルカではその間に体長が 15 cm ほど成長すると解釈される．

Ferrero and Walker (1999) が平均出生体長の推定に用いたもう 1 つの情報は，体長ごとの新生児と胎児の数である．出産期に捕獲された標本を解析すると，ある下限体長以上で生後の個体が出現し，体長が増加するにつれて新生児の割合が増加し，ついにある上限体長を超えると胎児がいなくなり，新生児だけが認められるようになる．この下限と上限の間のどこかに胎児と新生児の出現比が等しくなる体長がある．これが平均出生体長である．彼らはこの手法で平均出生体長として，101.1 cm（95% 信頼限界 100.6-101.6 cm）あるいは 103.0 cm を得ている．2 つの値のちがいは同一のデータにあてはめた曲線のちがいによる．彼らは，サンプル中の出生直前の胎児の体長を平均して出生体長を求めることも試みているが，この方法では過小推定になることは明らかである．上の結果からみて，イシイルカの平均出生体長はほぼ 100 cm とみてよい．

これ以前には，水江ら（1966）がアリューシャン列島南北の東経海域のサケ・マス流し網漁

場で混獲された新生児と胎児の体長から，92-109 cmで出生すること，平均出生体長は約100 cmであることを見出している．Kasuya (1978)はこれに若干の資料を追加して，50%の個体が出生している体長を100 cmと算出した．これらの推定値は，より大量の資料にもとづいて得られたFerrero and Walker (1999)の求めた値と矛盾するものではない．

イシイルカにおいては，海域によって成体の体長が多少異なることが報告されている（前述）．しかし，小型歯鯨類では成体のサイズのちがいが，出生体長にあまり影響しないことが経験的に知られている．これは雌の平均性成熟体長（x, m）と平均出生体長（y, m）との種間関係に関してOhsumi (1966)が得た式 $y = 0.532\, x^{0.916}$ からも理解される．かりに，雌の性成熟体長に2 mの種と2.1 mの種があったとしても，この式から予測される平均出生体長のちがいは3 cmにすぎない．まして，同種のなかの個体群のちがいでは，その差はもっと小さいかもしれない．

（2）出産期

鯨類のように水中で出産し，しかも出産場所が広い範囲にわたる種では，直接の観察によって毎月の出産数を記録することは不可能に近い．また，イシイルカでは標本の入手季節が限られているので，胎児の大きさが季節の進行にともなってしだいに出生体長に近づくさまを観察することもできない．そこで，かわりの方法として，漁業で混獲された個体のなかに妊娠雌がみられなくなり，かわって乳飲み子や母子連れが増えてくるさまから，出産期を推定することが行われた（Newby 1982）．標本が得られた海域は米国の200海里経済水域で日本のサケ・マス流し網漁船が入漁した海域，すなわちアリューシャン列島の南北にまたがる東経海域（北緯46-59度，東経168-175度）である．Winans and Jones (1988)，Ferrero and Walker (1999)およびWalker (2001) など米国研究者が試料を入手した海域であり，水江ら (1966) が標本を得た海域もほぼこの範囲に等しい．季節は1978-1980年の6月5日-7月25日までの2カ月弱であった．この期間内といえども，日米の取り決めによって，米国の経済水域内での操業に重点を置いて標本を採取することになっていたので，得られた標本の季節配分は船団の移動などの人為的要因によって左右された．

Newby (1982) によると，出産近い胎児をもった妊娠雌は7月になると少なくなったが，この全期間を通じて観察されたので，出産は7月下旬になっても続いたことがわかる．また，産後の雌は6月10日ごろから現れ始め，7月10日ごろに妊娠雌と産後の雌の数が一致し，それ以後は産後の雌のほうが多く現れた．このことから平均出産日は7月10日ごろにあると結論された．さらにNewby (1982) は新生児の出現が急増する7月下旬をもって出産のピークとしているが，平均出産日と出産ピークのちがいの意味するところは不明である．なお，出産期の終末がいつなのかも，この研究では明らかにされていない．

Ferrero and Walker (1999) も同様の手法で出産期を推定している．この場合には出産期の終末が明確なので理解しやすい．用いた標本はNewby (1982) と一部重複するが，標本数がより大きく，6月2日から7月29日ごろまでをカバーしている．少なくともサケ・マス流し網漁業の操業海域にいる個体に関しては，ほとんど無差別に採取されたらしい．この点は鯨類の死体情報のなかでもまれなもので，その情報は貴重である．彼らの標本では，成熟した雌はほとんどが妊娠中か，出産後まもない状態にあった．出産後の個体（泌乳中）は6月5-9日に始まり，妊娠個体は7月20-24日まで出現したが，7月25日以後は姿を消した．時間の経過につれて産後の個体の増加する傾向にシグモイド曲線をあてはめると，産後個体の比率は6月11日に5%，7月3日に50%，7月24日には95%になった．すなわち，出産は6月5日ごろから7月24日ごろまでの50日間ほどに限定されており，平均出産日は7月3日にあり，これが出産のピークでもあった．アリューシャン列島周辺のイシイルカでは出産期が50日と

いう短い時期にあることがわかった．これは歯鯨類のなかでも高緯度に生活する種は出産期が春から夏の短い時期に限定され，低緯度の種は繁殖期が長いという一般的な知見に沿うものである．

Ferrero and Walker（1999）が行った泌乳状態の解析も興味深い．すなわち，出産が始まるのは6月5日ごろであるが，妊娠中で初乳を分泌していた雌は，これより前の6月2日の調査開始時にはすでに出現し，7月24日まで連続して認められた．また，そのピークは6月10-24日で，出産ピーク（7月3日）よりも前にみられた．初乳の分泌は出産直前に始まり，出産直後まで続くものであるが，彼らは妊娠末期（出産直前）で乳汁を分泌している雌を初乳分泌と判定しているらしい．米国の調査プログラムの初期の段階で，私が米側の担当者と記録をチェックしたところ，当時の調査システムでは初乳と通常の泌乳とを区別することは考慮されておらず，船上調査員は乳腺をみて泌乳を判断し，子宮から妊娠（胎児の存在）を判断し，それぞれを記録することになっていた．陸上でこれら2つを突き合わせて初乳判定をした記憶がある．つまり，出産直後で，かつ初乳を分泌している個体はたんなる泌乳として分類されているとみるべきである．なお，初乳を判定するためには，顕微鏡下で乳汁のなかの初乳球を確認することが望ましい（Kasuya and Tai 1993）．

9.4.4 交尾期と妊娠期間

（1） 交尾期

アリューシャン列島周辺は日本の母船式サケ・マス漁業の操業海域であった．そこで混獲されるイシイルカの保全に関してアメリカ政府が懸念を抱き，調査員を日本の母船に派遣して生物情報を集める作業が行われた（前述）．また，この海域はイシイルカの繁殖海域の1つであり，漁期の6-7月が本種の出産期にあたっており，そこで混獲されたイシイルカの成熟雌をみると，ほとんどが出産前か出産直後であった（前述）．Ferrero and Walker（1999）は，この海域から得られたイシイルカ（イシイルカ型）の標本を解析して，成熟雌の卵巣中のグラーフ濾胞の大きさの季節変化を追跡した．6月初めから7月の中旬までは大部分の濾胞は直径8 mm以下であり，大きなものでも直径10 mmを超えるものはなかったが，7月20日ごろに10-18 mmの濾胞をもつ個体の出現が突然始まり，この状態が7月25日の標本採取の終了まで続いた．このことは，濾胞10 mm以下では排卵されないこと，排卵時の濾胞サイズは10-18 mmにあることを示している．また，排卵の季節すなわち交尾期は7月20日ごろに始まることを示唆している．この交尾期開始日は出産開始（6月5日）よりも約45日遅れている．交尾期の長さは出産期の長さ（50日間）とほぼ同じであろうから，交尾期の終了は9月10日ごろと推定される．

さらにFerrero and Walker（1999）によって，成熟雄について，睾丸組織のなかの精子形成の活発さの変化をみると，精子形成が不活発な個体は6月初めには20-30%であるが，その比率はしだいに減少し，7月中旬には5%以下になった．これと交代するかのように，精子形成がきわめて活発な個体の割合が6月初めの10%から，7月中・下旬の40%前後に上昇した．それ以外の個体は中位の活発さの個体で，そのような個体はつねに50-60%を占めていた．精子形成が始まってから精巣の外に精子が搬出されるまでにはある程度の時間がかかるし，雄の性的な活動は雌の繁殖期よりも広いのが普通であることを考慮すると，7月20日ごろに交尾期が始まるという解釈との矛盾は認められない．

（2） 妊娠期間

鯨類の妊娠期間は多くの種において1年前後で，最長のマッコウクジラでも15-17カ月である（Kasuya 1995）．アリューシャン列島周辺のイシイルカでは，出産期の開始から45日ほど遅れて交尾期が始まると解釈されているから，妊娠期間は10.5カ月程度となる．

Kasuya（1978）は，1月末から3月末にかけて三陸沿岸で得られたリクゼンイルカ型の39例の胎児の成長から鯨類研究の定法にした

がって胎児の成長曲線を求め，これから妊娠期間を推定した．まず，時間を横軸に，体長を縦軸にとり，これにデータをプロットして直線をあてはめて，1日あたりの成長速度を3.3 mmと算出した．この直線を右に延長したものが平均出生体長100 cmに達する時期から，出産盛期は8月末と推定された．また，この直線を左に延長したものが X 軸と交わる日から出産予定日までの日数は300日であった．妊娠初期には曲線的な緩やかな成長期間があるので，この300日は，妊娠期間としては過小推定となる．妊娠期間が1年に近い動物では，過小評価の程度は妊娠期間の13.5%ほどであるという経験則があるので（第8章），それで補正してリクゼンイルカ型個体群の妊娠期間を11.4カ月と求めた（Kasuya 1978）．この推定は限られた標本（1-3月，20-50 cm）から，いくつかの仮定を設けて計算した値であるから，信頼性は高くない．交尾期と出産期のピークの時間差として推定された10.5カ月を正しいとみて，Kasuya (1978) が得た胎児の成長速度は緩やかすぎるとみるのが適当であろう．そうすると，リクゼンイルカ個体群の出産と受胎の盛期は半月ずつ前後に動き，それぞれ8月中ごろと10月初めにあるとみることができる．

　鯨類においては妊娠期間や胎児の成長速度に関して，いくつかの種間関係が求められているので，それを用いて胎児の成長速度や妊娠期間を推定する方法がある．Perrin et al. (1977) は平均出生体長（X, cm）と妊娠期間（Y, 月）との間に，つぎの関係を見出した．

$$\text{Log } Y = 0.1659 + 0.4586 \text{ Log } X$$

この式に，上に求めた出生体長100 cmをあてはめると，妊娠期間として12.1カ月が得られる．これは上の推定値よりも1.5月大きい値である．種間関係はあくまでもほかに情報がないときの便法でしかありえない．直接データから推定した値を尊重すべきである．

9.4.5　繁殖期の地理的なちがい

　日本海個体群（イシイルカ型）の繁殖期は，上に述べたアリューシャン列島海域とは異なることを示す情報が得られている．それは Amano and Kuramochi (1992) が1988, 1989両年の5-6月に得た資料にもとづいて得た結論であり，私が1988年7月13日-8月26日にオホーツク海で得た標本でも裏づけられている（表9.6）．いずれも突きん棒漁業で得たものであるため，子連れの母親は発見されたとしても技術的に捕獲は困難であり，サンプルにはほとんど含まれない．Amano and Kuramochi (1992) は，宗谷海峡からオホーツク海にかけての海域で6月中・下旬に，突きん棒漁船に乗船して多数の母子連れに遭遇したが，捕獲できなかったと述べ，この個体群では5-6月に出産期があるものと判断している（津軽海峡域では未成熟個体が多く，とくに雌の未成熟率が高かった）．私は1988年8月の4日間に網走沖で小型捕鯨船第1安丸に乗船して，31頭の捕獲に立ち会った際に，いかに追尾しても船首波に乗らず捕獲できない個体が多数あったが，そのなかには母子連れであると断定できた個体はいなかった．これは母子連れ以外にも突きん棒漁法で捕獲しにくい個体があることを示す観察例として興味深い．このときの生物調査のデータの一部は Yoshioka et al. (1990) に使われている．

　表9.6で示した妊娠雌がもっていた胎児の体長は，6月の1頭は96 cmで出産直前であったが，7月の7頭の胎児の体長範囲は0.7-3.0 cm（平均2.0 cm），8月の6頭は3.8-9.0 cm（平均6.6 cm）であり，体長の上限が季節の進行にともなって増加する傾向が認められた．これらは受胎してまもない胎児である．さらに，排卵直後の黄体をもっていたが，胎児の存在は確認できなかった個体の全成熟雌のなかに占める比率をみると，6月には94%で，7月には53%であった（表9.6）．その多くはきわめて初期の妊娠状態にあり，胎児が確認できなかったものと思われる．これらの事実は，日本海系個体群の交尾期が6月末に始まることを示すものである．交尾期が7月下旬に始まるアリューシャン海域に比べて，約1カ月ほど早い．日本海個体群では交尾期の終末がいつであるかは，これらのデータでは明らかではないが，繁殖期が狭

表 9.6 日本海個体群（イシイルカ型）の雌の月別性状態組成（頭数）．突きん棒漁業の捕獲物．

性状態	5月[1]	6月[1]	7月[2]	8月[2]	合　計
未成熟	27	11	2	2	42
妊　娠		1	5	6	12
妊娠・泌乳			2	0	2
泌　乳			1		1
排卵直後		33	9		42
休　止			1		1
成熟雌合計		35	17	6	58

1) 津軽海峡・渡島半島西岸（5月下旬）から宗谷海峡・オホーツク海南部（6月下旬）（Amano and Kuramochi 1992）．
2) 北海道オホーツク海沿岸（Yoshioka et al. 1990）．

いという本種の特性からみて，交尾期の終末もアリューシャン列島域（9月5日ごろ）よりも早く，8月上旬にあるものと思われる．この個体群では，出産期もアリューシャン海域（6月5日-7月24日）よりも約1カ月早いとみるべきであり，それを5-6月と推定したAmano and Kuramochi（1992）の判断は妥当であろう．

三陸沿岸で越冬してオホーツク海南部で出産するリクゼンイルカ型の個体群では，繁殖期がいつなのか．本個体群からは大量の漁獲がなされ，調査資料の蓄積は大きいが，未成熟個体が多く捕獲されること，漁期が冬の狭い時期に限られること，漁獲物が洋上で開腹され内臓が投棄されること，などの漁業の特性のために，資料収集と解析にむずかしさがあった．Kasuya（1978）は1月末から3月末にかけて三陸沿岸で得られた39例の胎児の体長をもとに，妊娠期間を11.4カ月，出産期を8-9月と推定したが，妊娠期間が過大評価になっていることに配慮すれば，10月初めに受胎し8月中ごろに出産するとみるのが妥当である（前述）．

Kasuya（1978）は，上の解析過程で算出された胎児の成長曲線をアリューシャン列島方面（ベーリング海西部と東経域の北太平洋）で捕獲されたイシイルカ型の胎児にあてはめて出産時期を推定して，7-8月にピークを得た（同じ手法でリクゼンイルカ型個体群の出産期8-9月と算出された）．ここでは，同じ手法で算出された出産季節に1カ月の地理的なちがいが認められたことを重視したい．リクゼンイルカ型個体群はアリューシャン方面のイシイルカ型個体群よりも出産期が1カ月ほど遅れることは，おそらく確かなように思われる．

日本海個体群は，北海道西岸から北岸にかけての海域で5-6月に出産し，オホーツク海南部で6月末から8月上旬につぎの受胎をする．すなわち，オホーツク海中部で交尾期を迎えるリクゼンイルカ型個体群と，その南に接してオホーツク海南部で交尾期を迎える日本海個体群とでは，交尾期に2カ月ほどの差があり，ほとんどオーバーラップしないものと推定される．これは2つの個体群の間の遺伝的交流を妨げている要因の1つであるとみられる．リクゼンイルカ型個体群に接して，その北側で繁殖するオホーツク海北部のイシイルカ型個体群の繁殖期がいつであるのか解明が待たれる．

哺乳類の交尾期や妊娠期間は，生まれた幼体の生存に最適な季節に出産するように配置されているとされるが，母体の生理状態に影響する食物供給の季節性も関係するとみるべきである．本種の出産は初夏から盛夏にかけて行われ，多くの雌はまもなくつぎの妊娠に入ると推定されている．高緯度の海では夏の狭い時期に生産が高まり，イシイルカの摂餌環境も最善の時期を迎えるものと思われる．この時期に出産することは生後2-3カ月で餌をとり始め，まもなく離乳するらしい子イルカにとって有利である．また，母体にとっては授乳のための栄養の補給に有利であり，ひいては新生児の利益にもつながる．雌にとっては，妊娠の維持よりも授乳のほ

うが栄養的な負担が大きいとされているので(Lockyer 1981a, 1981b, 1984)，餌の供給の極大期に出産時期を合わせることが有利である．

イシイルカの出産期が海域によって，あるいは個体群によって異なることには，どのような環境条件のちがいが影響しているのだろうか．4-5月にオホーツク海の流氷が消えるとまもなく，5月末から6月にかけて日本海系の個体群は冷たいオホーツク海に入ってくる．そのときの表面水温は5-6度で，本種の分布の北限の温度に近い．このような回遊のためには，日本海北部にいる間に早めに出産をすませることが有利なのかもしれない（Amano and Kuramochi 1992）．ちなみに，本個体群の冬の南限である山口・島根県沿岸の冬の表面水温は11-13度，出産場所である北海道西岸域の表面水温は8-13度と，早春のオホーツク海よりもかなり暖かい（Miyashita and Kasuya 1988）．

9.4.6 繁殖周期

アリューシャン列島周辺で6-8月の出産期と交尾期をカバーするイシイルカの標本の解析をすでに紹介した．そのデータをみると，本種の雌は出産から40日ほど遅れてつぎの妊娠に入ること，すなわち妊娠期間は1年弱で，しかも多くの雌は毎年妊娠するというシナリオが描けてくる．おそらくそのような理解がほぼ正しいのかもしれない（Ferrero and Walker 1999）．しかし，もしも標本を得た海域の外側に，出産にも妊娠にも関係しない成熟雌がすみわけているならば，上の解釈には問題が発生する．平均出産間隔を計算する際には，そのような雌の比率を考慮する必要が出てくる．日本の水産庁が数年間にわたって，北部北太平洋の広範な海域にイシイルカ調査船を派遣して，突きん棒を用いてイシイルカの採集を試みた目的には，サケ・マス流し網漁場の外にいるイシイルカの性状態組成を知ることも含まれていた．その調査活動の結果，前述のアリューシャン列島周辺の繁殖海域の南には雄が卓越する海域があり，そこでは雌は約30％を占めており，その雌の約60％（全サンプルの17％）は成熟雌であり，彼女らは妊娠も泌乳もしていなかった．このような成熟雌を休止雌と呼ぶが，繁殖海域の外側にすみわけている休止雌が個体群の全成熟雌のなかでどれほどの割合を占めているかがわかれば，その個体群の雌の平均繁殖周期を計算することができる．

ある個体群について，それが分布する海域全体を対象として，そのなかの生息数の密度分布に比例させてランダムに標本を採取する．かりに，このような標本が得られたとすれば，その標本の組成はその時期のその個体群の内部組成を代表していることになる．個体群内部の組成は出産や離乳によって月々に変化するから，この標本抽出作業は毎月しなければならない．現実には不可能に近い作業であるが，この作業を1年間続けた場合には，その標本の組成からさまざまな繁殖に関するパラメータが計算できる．全成熟雌標本のなかの妊娠個体の割合が見かけの妊娠率である．見かけの妊娠率を妊娠期間（年）で除した値が年間妊娠率であり，これは1頭の成熟雌が1年間に妊娠する確率である．年間妊娠率の逆数が平均妊娠間隔である（胎児の死亡を無視して，これを出産間隔とみなすこともある）．

イシイルカのなかでは良好なサンプリングが行われたとされる西部アリューシャン列島周辺に分布する個体群についても，出産は6月5日から7月24日ごろまで，受胎は7月20日から9月10日ごろまでと推定され，繁殖活動が夏の3カ月ほどに限られているなかで（前述），標本は8-5月の10カ月を欠き（夏の2カ月をカバーするのみ），地理的には離乳後の子どもや休止雌がすみわけている海域を外している．このように季節的にも地理的にも偏った標本からは，上に述べた手法で標本の性状態組成をもとに個体群の繁殖周期を推定することは不可能である．イシイルカ突きん棒漁業では漁具の選択性も無視できない．このような視点からすれば，Kasuya（1978）がリクゼンイルカ型個体群について行った本種の繁殖周期の解析は，問題があるとみて警戒する必要がある．

これまでの漁獲物の組成の解析を通じて，本

種のリクゼンイルカ型個体群では，かなり多くの雌が毎年妊娠するらしいと推定されてきた．三陸沿岸で冬（1-3月）に捕獲され，性状態が判定されたリクゼンイルカ型の成熟雌71頭中，「泌乳中で妊娠せず」が6頭で，「泌乳かつ妊娠」が5頭，「妊娠中で泌乳せず」が58頭，「休止」個体は2頭であった（Kasuya 1978）．かりに，性状態によるすみわけや漁具の選択性を無視すると，全成熟雌のなかに占める前年の交尾期に妊娠した雌の割合は（泌乳かつ妊娠5頭＋妊娠58頭）/71＝0.89で，年間妊娠率が89％ということになる．前年の夏に妊娠にいたらなかったと思われる雌は「泌乳中で妊娠せず」6頭と「休止」2頭で，その割合は8/71＝0.11，すなわち11％となる．

ところが，突きん棒漁業者は沖合で内臓を抜いてくるために，性状態の判別ができなかった雌が34頭もあった（内臓が抜かれても泌乳は確認できる）．これを含めると成熟雌の合計は105頭となる．これら34頭の雌は妊娠していた可能性がきわめて高い（妊娠中の雌は内臓除去の際に子宮全体が除かれる確率が高い）．そこでこれら34頭が全部妊娠していたと仮定すると，年間妊娠率は(63＋34)/(71＋34)＝0.923となる．この92.3％という値が，Kasuya (1978) が三陸沖で得たサンプルから推定される年間妊娠率の上限である．

つぎに同じデータから授乳期間の推定を試みよう．かつてこの三陸個体群の出産期は胎児の成長曲線から8-9月と推定されたが（Kasuya 1978），成長曲線の問題点を考慮して出産の盛期は8月中ごろにあるとするほうが妥当らしい（前述）．この時期に出産した成熟雌が105頭あったなかで，1-3月の漁期にまだ泌乳していた雌が11頭いたことを上のデータは示している．かりに，これらの雌が出産期の末期に出産したとすると，1月までには4カ月あり，3月までには6カ月あるので，約10％の雌は4-6カ月間泌乳していたが，9割ほどの雌は冬までに子どもを離乳していたことになる．母子連れが捕獲されにくいためにサンプル中に過小評価されているかるもしれないので，冬になってもまだ泌乳していた雌の比率は10％を超える可能性は残るが，本種の平均授乳期間は5カ月以下であろうという推定には問題がないだろうと私は考えている．ちなみに，天野ら（1998c）による同様の調査でも，成熟雌50頭中，泌乳雌は8頭であり，上の結果を覆すものではない．

三陸沿岸の漁業サンプルから，リクゼンイルカ型個体群では授乳期間が5カ月を超える個体は少なく，平均は5カ月以下であろうと推定した．Ferrero and Walker (1999) はアリューシャン列島周辺で捕獲されたその年生まれの子ども69頭を観察し，胃のなかに乳以外の食物をもっている個体がなかったことから，本種は少なくとも2カ月は乳だけで生活していること，離乳の開始はそれ以降であると結論している．

ネズミイルカは北半球の寒冷域に生息するイシイルカに近縁の種で，早熟（3-4年），短命（最大23年），高い年間妊娠率（74-99％）で知られている．出産期は夏にあり，妊娠期間は10-11カ月とイシイルカに似ている点が多い（Lockyer 2003）．デンマークでは3月になっても泌乳雌が出現するので，授乳期間は8カ月以上とされてきたが，冬のアイスランド沿岸では，性成熟雌のなかに占める泌乳雌の比率が小さいことから，授乳期間はもっと短い可能性があるとされている（Olafsdottir *et al.* 2003）．イシイルカもネズミイルカと同様に早熟・短命で，高い妊娠率を維持しているらしい．

9.4.7 雌の性成熟

哺乳類の雌の繁殖能力を評価したり，個体群の動態を計算したりする場合には，雌が出産を開始する年齢，初産年齢が重要である．しかし，鯨類においては最初の排卵が起こった時点でその雌が性成熟に達したと判定する習慣がある．初産年齢は初排卵年齢よりも少なくとも妊娠期間だけは遅れるし，個体によってはさらに初排卵から初妊娠までの時間だけ遅れが加わることになる．しかし，鯨類は最初の排卵で妊娠する個体が多いし，排卵の後で形成される黄体は，その後に退縮して白体となり，卵巣中に生涯にわたって残ると信じられている．卵巣をみて黄

表 9.7 雌のイシイルカの性成熟時の体長 (cm) と年齢 (年).

地理区分/個体群	西アリューシャン/イシイルカ型	西アリューシャン南方イシイルカ型	三陸沿岸リクゼン型	日本海系イシイルカ型
体長範囲	147-193	164-187	172-203	180-199
平均体長	179.7		186.7	187.0
年齢範囲	3-8	2-4	2.5-11.5	
平均年齢	3.8, 4.4	2-3	6	
出典など	Ferrero and Walker (1999)	Kasuya and Shiraga (1985); すみわけによる標本の偏りあり.	Kasuya (1978); 高齢個体の年齢査定に疑問あり.	Amano and Kuramochi (1992)

体か白体があることを確認すれば,容易に成熟状態を判定できるという利便性があるので,このような習慣が維持されている.

Ferrero and Walker (1999) の研究によれば,アリューシャン列島周辺で夏に混獲された1,911頭の雌のうち性成熟個体は1,061頭 (55.5%) であった.このデータには,サケ・マス漁場の南側にすみわけている個体が含まれていないので,真の成熟率を求めるには,それを考慮する必要がある (後述).成熟個体のなかで最小の個体は147 cmであった.この個体は出産間近の胎児をもっていたので,排卵したのは1年前の夏であり,そのときが鯨類でいう性成熟である.体長が増加するにつれて性成熟個体の比率は高くなる.最大の未成熟個体は193 cmで,それよりも大きい個体はすべて成熟していた.50%の個体が成熟している体長をかりに平均性成熟体長とすると,それは179.7 cm (95%信頼限界は179.6-179.8 cm) であった (表9.7).同じようにして年齢との関係をみると,最年少の成熟雌は3歳で,最高齢の未成熟雌は8歳であり,シグモイド曲線をあてはめて求めた50%成熟年齢は4.4歳,DeMaster (1978) の方法による平均性成熟年齢は3.8歳という値が得られた (Ferrero and Walker 1999).2つの推定値のちがいは計算方法によるものである.平均性成熟年齢としては後者をとるべきで,半数性成熟年齢とは厳密には区別されるべきものである (第11章).日本の水族館で生まれて育ったスナメリでも生後満2年で妊娠して翌年出産したという,まったく同様の例があるので,イシイルカでもこのような早熟の例があってもおかしくはない (第8章).

Ferrero and Walker (1999) が解析に使ったのはベーリング海とアリューシャン列島周辺の流し網で捕獲された標本であるが,その南側の北緯42-49度,東経155-180度の海域で突きん棒で捕獲した標本をKasuya and Shiraga (1985) が解析している.この海域内の北部には母子連れが多い海域があり,そこでは標本採取はほとんど不可能であった (前述).その南側の海域で突きん棒で捕獲された標本の雌の組成をみると,未成熟雌20頭と成熟雌29頭であり,成熟個体の割合は59%で西部アリューシャン列島周辺の標本の組成と大きな差はなかった.しかし,ごく若い個体も高齢の個体もそこには少ないことが知られている.雌の体長は160-190 cmの個体が多く,また年齢では2-4歳が多く,最高齢は17歳であった.2歳未満の雌は49頭中2頭 (1歳) にすぎなかった.すなわち離乳以後で,性成熟前後までの若い個体が多いようである.Kasuya and Shiraga (1985) の解析によれば,この海域のイシイルカが性成熟に達する年齢範囲は2-4歳であり,半数が成熟している年齢は2歳と3歳の間にあった.これは,Ferrero and Walker (1999) に比べて約1歳ほど若いうえに,未成熟個体の上限年齢も低い.このようなちがいは,成熟したての若い個体がこの南部海域にすみわけているとして合理的に説明できる.しかし,年齢査定のちがいでも発生する可能性もある.3-4歳以後になると成長層が不規則で,数えにくい個体が急増するので,その解釈しだいでは平均1歳程度の差が現れるのである.この問題については今後の検討に待つべきであろう.

Kasuya and Shiraga（1985）は南海域における突きん棒標本を用いて性成熟体長も求めている．最小の性成熟個体と最大の未成熟個体とから成熟時の体長範囲を求めると，それは164-187 cm となり，Ferrero and Walker（1999）と大きなちがいはないが，半数が成熟している体長は168-171 cm とかなり小さくなる．標本が小さいことによる誤差なのか，すみわけのようななんらかの生物学的要因が潜んでいるのかは明らかではない．

三陸沿岸のリクゼンイルカ型の雌の性成熟については，冬の突きん棒漁業から入手した標本を用いて Kasuya（1978）が解析し，性成熟時の体長範囲は172-203 cm，50％成熟の体長は186.7 cm と算出した．この値はアリューシャン列島周辺の個体群に比べて6-7 cm 大きい．太平洋の中央部に比べて東西岸のイシイルカは体が大きいことを前に述べた．なお，同じ標本で性成熟と年齢との関係をみると，標本には年齢1歳未満の個体はほとんど出現せず，大部分は1.5-15.5歳の範囲にあった．最若成熟個体と最高未成熟個体の年齢範囲は2.5-11.5歳であり，未成熟と成熟の比率が逆転するのは5.5歳と6.5歳の間であった．かりにこのデータを信用すれば，50％成熟年齢は約6歳とみることができる．さらに，彼は年齢組成を補正して，平均性成熟年齢を6.8歳としている．早熟な雌は満2年で排卵を始めるのに，10歳を過ぎても未成熟個体があるというのは不自然である．Kasuya（1978）が査定したイシイルカの年齢は，5歳以上の高齢部分についてはほとんど信用できないと，いまでは考えている．当時はスジイルカの生活史の解析をすませた後で，イルカ類は5歳以上10歳前後で成熟するという先入観があったため，年齢査定の基準を確立する試行錯誤の段階で，年輪を多く数える方式に迷い込んでしまったのである．新しい研究対象に手をつけるときには，先入観を捨てなければならないという教訓であった．

Kasuya（1978）が用いた標本は，三陸沿岸で冬季に操業した突きん棒漁業から得たものである．399頭の雌のなかで性成熟個体は139頭（35％）と，サケ・マス流し網の標本に比べてきわめて低い成熟率を示していた．さらに，その年齢組成をみると子イルカ（0.5歳）は2頭しか出現せず，1.5歳も少なく，ピークは3-5歳にあった．さらに11歳以上の個体もほとんど出現しないという奇妙な組成を示していた．また，体長160 cm 以下の個体は2頭だけで，それは上に示した0.5歳の2頭であった．このことは，前年の夏に生まれた子どもがほとんど完全に抜け落ちていることを示している．これらの事実から Kasuya（1978）は，突きん棒漁業では船に寄ってくる離乳後の未成熟個体が選択的に捕獲されていると結論した．和歌山県太地で捕獲されたスジイルカの年齢組成を，追い込み漁業と突きん棒漁業とで比較すると同様の傾向が認められることが，その根拠になっている．このような選択性を受けた標本から推定された平均性成熟年齢は，過大に評価される．

日本海系のイシイルカ型個体群については，Amano and Kuramochi（1992）が性成熟を調べている．用いたのは5-6月に突きん棒漁業から入手した標本で成熟雌35頭，未成熟雌38頭であった．最小の成熟個体と最大の未成熟個体の体長範囲は180-199 cm であり，50％成熟点は187.0 cm とされている．三陸沿岸のリクゼンイルカ型とは性成熟体長には差が認められず，どちらもアリューシャン方面の個体よりも大型である．

9.4.8　雄の性成熟

雄の性成熟の判別にはつねにあいまいさが残る．ある個体が繁殖に参加する能力があるか否かは行動学的な問題であるが，死体を用いた研究では，この判断を解剖学的な情報から行うところに無理がある．また，睾丸組織の成熟過程は時間をかけて徐々に進行するプロセスであるので，どの点をもって繁殖能力を得たとするかもむずかしい判断である．睾丸の組織像のどの段階をもって成熟とするかについて，研究者の間で統一した基準があるわけでもない．さらに，イシイルカのように繁殖に季節性の著しい動物では，同じ個体でも季節によって睾丸の重量や

組織像にちがいが出るのが自然である．このような問題点については，コビレゴンドウのところでくわしく述べる（第12章）．

Kasuya（1978）は三陸沿岸で冬季に突きん棒漁業で捕獲されたリクゼンイルカ型の標本を解析した．486頭の雄の標本のなかで，成熟個体は90頭（18.5％）であった．標本が離乳後の未成熟個体をおもに得ている傾向は，雌で認めたよりも著しかった．Kasuya（1978）は睾丸の組織像に加えて副睾丸と睾丸の塗抹標本も調べた．その点はコビレゴンドウの研究に似ているが，成熟組織の判定は少し異なっていた．すなわち，睾丸は中央部の横断面から中心部と周辺部の2カ所の組織切片をつくり，検鏡した．両方の組織それぞれに精母細胞ないしは精細胞が出現すれば，その睾丸は成熟（mature）と判定した．睾丸の中央部にのみこのような成熟組織をもつものを成熟途上（maturing）とし，いずれの部分も未成熟組織よりなるものを未成熟（immature）とした．睾丸の中央部分が未成熟で周辺が成熟している例は認められなかった．

成熟と判定された個体の30％，成熟途上と判定された個体の10％では，副睾丸の塗抹スライドに精子が認められた．かりに，冬の三陸の漁期に，睾丸のなかに精子が認められなくて精細胞や精母細胞だけがあった個体でも，数カ月後の交尾期までには，それが精子にまで変態することは確実である．未成熟個体の3％ほどに，睾丸の塗抹スライドから精子が検出されたことは，睾丸組織像による性成熟判定の精度の限界を示すものである．これと比較されるのが，西部アリューシャン列島の南方海域で夏に突きん棒で捕獲された個体である（Kasuya and Jones 1984）．そこでは成熟個体31頭中25頭（80.6％）が副睾丸中に多量の精子を保持しており，僅少の精子をみせたのが3頭であった．また，精子がなかったのが2頭（6％）にすぎず，三陸標本における70％と対照的であった．これは季節による生殖腺の活動のちがいを示すものである．このKasuya and Jones（1984）の性成熟判定は，睾丸の中央部の組織を検鏡して，精子形成が行われている精細管の比率をもとに，成熟，成熟後期，成熟前期，未成熟の4段階に分けるもので（第11, 12, 13章），Kasuya（1978）とは判定基準が異なるが，この場合，中間層に分類された標本は少なく，成熟前期が3頭，同後期が2頭だけなので，直接「成熟」個体どうしを比較しても結論には影響しないと思われる．また，両標本の間で睾丸重量を比較すると，冬の三陸では片側睾丸重量の最大値はほぼ100 gにあったが，夏のアリューシャン南方では340 gであった．三陸のリクゼンイルカ型とアリューシャン方面のイシイルカ型は別の個体群に属するとしても，このちがいは交尾期の夏に睾丸重量が増加することを示していると考えるべきである．

三陸沿岸の冬季の標本（リクゼンイルカ型）では，精細管の直径（Y, μm）と睾丸重量（X, g）と成熟度とは良好な相関を示した．すなわち，すべての個体の精細管の直径はおおよそ40-120 μmの範囲にあり，睾丸重量の0.228乗に比例し，観察された重量範囲の全域（5-100g）にわたって単一のつぎの関係式で示された．

$$Y = 33.79\ X^{0.2284} \qquad \text{Kasuya (1978)}$$

成熟と未成熟の境界は直径70 μm付近にあった．ただし，成熟前期と成熟後期の個体は精細管直径でも睾丸重量でも「成熟」個体と区別できず，非繁殖期の標本ではこれら2つの判定が不正確であることを示すものである．Kasuya and Marsh（1984）は同様の式をコビレゴンドウで求めている．そこでは未成熟と成熟で関係式が異なっている．未成熟のコビレゴンドウでは，精細管直径は睾丸重量の0.144乗に比例したが，成熟個体では0.383乗に比例した．Ferrero and Walker（1999）は睾丸と副睾丸を一緒に計量しているので単純には比較できないが，成熟前後を境に関係が変化する様相は認められないので，両種の間のちがいは季節のちがいに起因するというよりも，種の特性を示していると思われる．

冬の三陸沿岸に来遊するリクゼンイルカ型では片側睾丸重量29.3 gを境にして「成熟」と

表 9.8 雄のイシイルカの性成熟時の片側睾丸重量（g），体長（cm）および年齢（年）の関係．

地理区分	西部アリューシャン列島周辺	西部アリューシャン列島南方	三陸沿岸	日本海系
体色型	イシイルカ型	イシイルカ型	リクゼンイルカ型	イシイルカ型
採取方法	流し網混獲	突きん棒	突きん棒	突きん棒
成熟時の睾丸重量範囲	20*-120*	c. 35-45	13-48	
成熟時の平均睾丸重量		40	29.3	40
成熟時の体長範囲	166-194	168-199	180-215	180-209
成熟時の平均体長	179.7	c. 184	195.7	192
成熟時年齢範囲	3-6	2-7	3.5-15.5	
成熟時の平均年齢	5.0, 4.5	c. 4.5	7.9	
出典など	*副睾丸を含む重量．夏季．Ferrero and Walker (1999)	夏季．すみわけあり．Kasuya and Shiraga (1985); Kasuya and Jones (1984)	冬季．高齢査定に疑問．標本に偏り．Kasuya (1978)	初夏．Amano and Kuramochi (1992)

「未成熟」がほとんど例外なく区別された．そこで 29.3 g 以上の個体を成熟とすると，性成熟個体の最小体長と未成熟個体の最大体長の範囲は 180-215 cm にあり，50％が成熟している体長は 195.7 cm であった（表 9.8）．同様にして性成熟年齢を求めると，最小成熟年齢は 3.5 歳で妥当であるが，未成熟個体の最高年齢は 15.5 歳となってしまう．雌のところで述べたように，当時行われた年齢査定は，高齢個体に問題があることを示している．

Kasuya and Jones (1984) は，アリューシャン列島南方で 1982 年の夏に突きん棒で捕獲された雄の性状態を分類した．その基準は Kasuya and Marsh (1984) がコビレゴンドウに用いた基準と同じである（前述）．睾丸重量と成熟状態の関係をみると，成熟個体と未成熟は 40 g 付近で画然と分離し，成熟前期は未成熟個体の範囲のなかの上位部分に，成熟後期は成熟個体の範囲のなかの下位部分に位置しており，その重複はわずかであった．この標本では，成熟と未成熟の判別は片側睾丸重量 40 g が適当と判断された（図 9.16）．

この図をみると，組織学的にみて成熟した睾丸をもつ個体は体長 170 cm を超えると出現し，未成熟睾丸をもつ雄は体長 196 cm あたりを上限としていることがわかる．この海域では 1983 年にも同様の調査が行われた．睾丸重量 40 g を基準にして，これら 2 年間の標本（118 頭の雄）の性成熟を判別すると（Kasuya and Shiraga 1985），性成熟体長の範囲は 168-199 cm で，半数が成熟している体長は 184 cm 付近にあるものと推定される．これは，184 cm 以上の体長ではいずれも成熟雄が過半数になっており，183 cm 以下の体長階級ではどれも未成熟雄が過半数を占めていたことにもとづく判断である．同一の標本から性成熟と年齢の関係を求めると，成熟個体は 2 歳から出現し，未成熟は 7 歳にまで認められる．成熟個体の比率は 4 歳と 5 歳で逆転するので，半数性成熟年齢は約 4.5 歳と推定される（表 9.8）．

手法は若干異なるが，上の研究と同じく夏に標本を得て解析したのが Ferrero and Walker (1999) である．その産地はやや北のアリューシャン列島域である．そこでは睾丸の中心部の組織に精子がある場合にはこれを成熟とし，精子がなく精細胞か精母細胞がある場合にはこれを成熟途上とし，それ以外を未成熟とした．成熟とされた雄のなかには精子の多いものも少ないものも，また精子形成をしている精細管の数が多いものも少ないものも含まれることになる．なお，彼らの研究では睾丸を副睾丸がついたまま計量しているので，ほかの研究と重量自体を直接比較することはできない．

Ferrero and Walker (1999) によれば，精

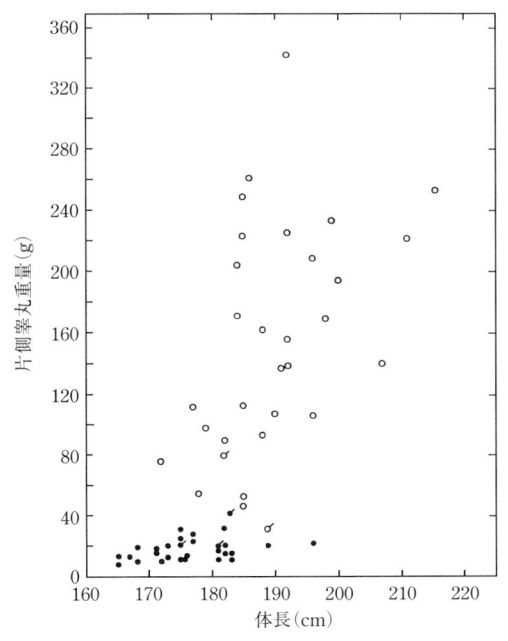

図 9.16 睾丸の片側重量，睾丸組織からみた性成熟段階と体長の関係．西部アリューシャン列島南方海域で8月に突きん棒で捕獲した標本．白丸：成熟，バーつき白丸：成熟後期，バーつき黒丸：成熟前期，黒丸：未成熟．（Kasuya and Jones 1984）

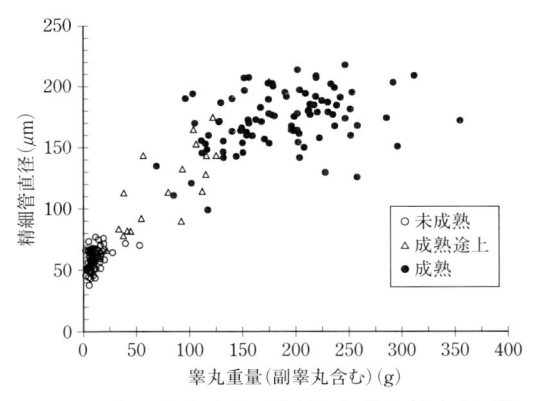

図 9.17 片側睾丸重量（横軸）と精細管直径（縦軸）の関係．睾丸重量は副睾丸を含めた重量である．黒丸：成熟，三角：成熟途上，白丸：未成熟．（Ferrero and Walker 1999）

細管の直径と睾丸と副睾丸の複合重量はある段階までは正の相関が認められるが，完全に成熟した睾丸では相関が失われる．すなわち，未成熟睾丸（複合重量50g以下）では精細管は30-80μmの範囲にあり，重量の増加にともない精細管直径は増加する．そして重量70gから成熟個体が出現し，150g以上では成熟個体のみとなり，精細管との相関が失われる．この最後の段階では，精細管直径は120-220μmの範囲にある．これは冬の三陸沿岸（リクゼンイルカ型）の成熟個体の値（65-120μm）の2倍に近い．非繁殖期に比べて繁殖期の雄では，睾丸重量（前述）も精細管の直径も2倍近くも大きいことがわかる（図9.17）．

さて，Ferrero and Walker（1999）から性成熟時の体長と年齢をみてみよう．このデータは標本サイズが大きいうえに，刺し網での捕獲であるため，突きん棒標本とちがって漁法による選択性がたぶん弱いであろうという利点がある．最小の成熟個体と最大の未成熟個体の体長は，おおよそ166cmと194cmにあることが，彼らの論文の図から読み取れる．この範囲は，先に述べた突きん棒標本による推定と大きなちがいはない．半数性成熟体長は179.7cmで，列島南方の突きん棒標本の値よりも4cmほど小さく現れている．同じ体長でも成熟個体のほうが船首波に寄る性質が弱いために，突きん棒で捕獲されにくい．このような行動のちがいだけでも観察された程度の平均性成熟体長のちがいが発生すると予測される．同じ標本から性成熟年齢の範囲を求めると，3歳で成熟個体が出現し，未成熟個体の最高齢は6歳である．この標本にシグモイド曲線をあてはめて50%成熟時の年齢を求めると4.5歳となり，DeMaster（1978）の方法による性成熟時の平均年齢は5.0歳と推定された（表9.8）．

日本海系のイシイルカ型個体群については，Amano and Kuramochi（1992）の研究がある．彼らは大槌港から出漁した突きん棒漁船に乗船して，5-6月の標本を船上で入手した．その雄の性成熟解析の手法は，西部アリューシャン列島南方の突きん棒標本を解析したKasuya and Jones（1984）とほぼ同様で，性成熟に達するときの睾丸重量も40gと同じ値を得た．個体群が異なり，体の大きさに多少のちがいがあっても，同じ種であれば睾丸重量にはあまり大きなちがいがない例を示している．彼らは性成熟に達するときの体長範囲を180-209cm，半数

性成熟体長を 192 cm と推定した．この値はアリューシャン方面のイシイルカ個体群よりも，10 cm ほど大きい．

9.4.9 年齢組成と寿命

すでに述べたように，突きん棒で捕獲されたイシイルカには，離乳後でかつ性成熟前の個体が多くて，成熟個体や哺乳中の幼児が少なく，漁獲物は個体群の組成を代表していないと考えられている（Kasuya 1978）．イルカ類の行動は成長段階や性状態によって変化する．漁船の船首にきて波乗りをしたあげく，突きん棒で捕獲される個体には，上に述べたような特定の状態にある個体が多いのである．若い個体は警戒心が弱く，好奇心が強いゆえかもしれない．西部アリューシャン列島沿いの米国の 200 海里経済水域の南側の表面水温 10 度以下の海域では，母子連れもそうでない個体も，ほとんどの個体が船を避けて遠ざかろうとするのが観察されている．10 ノット前後の調査船で最長 48 分も追尾したが，振り切られてしまった．しかし，さらにその南側の海域のイシイルカはまったく行動がちがい，船に寄る個体が多くて，突きん棒で容易に捕獲することができた（Kasuya and Jones 1984; Kasuya and Ogi 1987）．

このようなイシイルカの逃避行動に対して，日本のイルカ漁業者が始めた対抗策として，天野ら（1998c）がおもしろい観察をしている．それは強力なエンジンを搭載した漁船で長時間追尾することである．そうすると警戒心の強い母子連れも子イルカが疲れて逃げ切れなくなり，銛で突かれるのである．1995 年ごろから，一部の漁船はそのようにして，オホーツク海で母子連れを積極的に捕獲し始めたということである．彼らが 1995 年に調査した 24 隻の漁船全体では，成熟雌のなかに占める泌乳雌の比率は 17.5%（325 頭中 57 頭）であったが，そのなかの特定の 3 隻の漁船では，泌乳雌の比率は 54 頭中 25 頭で 30-60% に達していた．多くの漁船が強力なエンジンを搭載して，このような操業を始めると，日本海系イシイルカ個体群に与える漁獲の影響が強まるのではないかと懸念さ

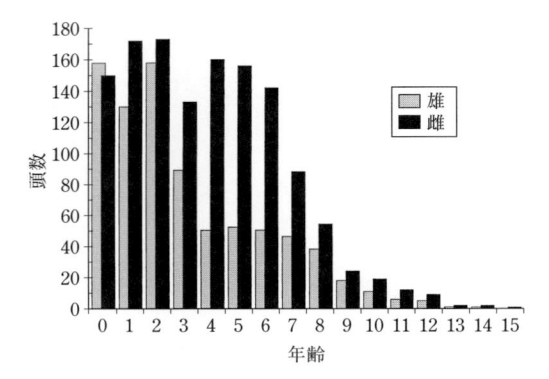

図 9.18　西部アリューシャン列島水域でサケ・マス流し網漁業で混獲されたイシイルカの年齢組成．黒：雌，灰色：雄．1981-1987 年の 6 月と 7 月の標本である．（Ferrero and Walker 1999）

れる．

これに対して，アリューシャン周辺で操業した日本のサケ・マス流し網漁業は，船首波に魅力を感じない個体が分布している海域，すなわちイシイルカの育児・交尾海域で操業していた．そこで混獲される個体は，流し網にかかったイカなどの餌にひかれて接近して網にかかるのか，それとも純粋に不注意で罹網するのかはわからないが，突きん棒漁業ほどには標本にバイアスがないものと思われる．そのような標本を解析した例としては Ferrero and Walker（1999）がある．

Ferrero and Walker（1999）が報告したアリューシャン列島周辺海域のイシイルカの体長組成を図 9.13 に，年齢組成を図 9.18 に示す．雌雄を合わせると，もっとも個体数が多いのは 1 歳と 2 歳で，これに 0 歳がつづく．0 歳児が 1 歳よりも少なめなのは，出産時期の進行中に操業が行われたためである．それ以後，個体数は年齢とともにしだいに減少する．最高齢は 15 歳であった．おそらく本種の最高寿命は 15 年前後で，20 年を超えることはないように思われる．

この西部アリューシャン列島海域のイシイルカは，雌は平均 3.8 歳，雄は平均 5.0 歳で成熟するとされている（前述）．図 9.18 でみると，性成熟年齢より若い個体では，性比はほぼ 1：1 であるが，性成熟の 4 歳ごろから，雄が雌の

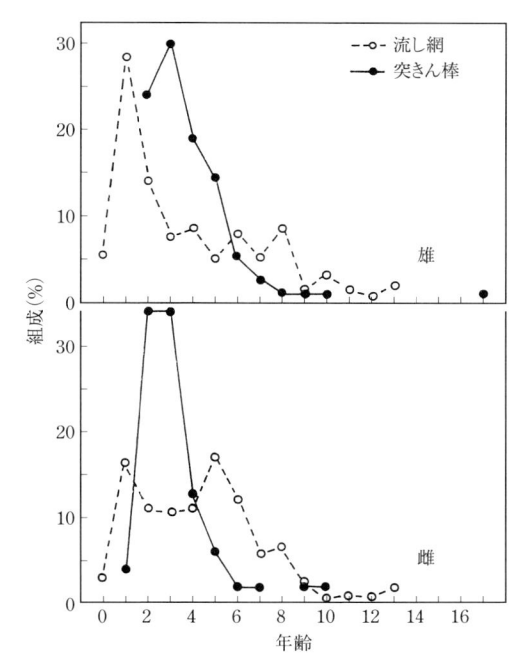

図 9.19 イシイルカの年齢組成．上が雄，下が雌．白丸と点線：サケ・マス流し網標本（年齢は Newby 査定），黒丸と実線：南方の突きん棒標本（年齢は粕谷査定，図 9.14 と同一標本）．(Kasuya and Shiraga 1985)

半分程度しか標本のなかに出現しない．コビレゴンドウのように雄の死亡率が性成熟のころから高くなる場合にも，これに似た現象が認められるが，その場合には，雄の最高寿命が雌のそれよりも低く現れるのが普通である．このイシイルカではそのようなことはないので，死亡率のちがいでは説明しにくい．流し網では混獲されにくくなるとしか考えられない．その背景には，イシイルカの成熟雄の多くは夏にはどこかにすみわけているのかもしれない．それで思いあたるのは，サケ・マス流し網漁業の操業海域の南方の北緯42-47度の海域には突きん棒で捕獲しやすい個体がすみわけていて，そこのサンプルには雄が雌の2倍以上も含まれていたという事実である（Kasuya and Shiraga 1984）．そして，雄の過剰は成熟個体（雌29頭：雄55頭）でも未成熟個体（雌20頭：雄63頭）でも同様であった．図 9.19 に流し網海域の年齢組成と，その南の海域で突きん棒で捕獲された標本の年齢組成とを対比して示してある．流し網

標本どうしで比較すると，年齢組成のおおよその形は図 9.18 と図 9.19 とで一致している．しかし，雄雌それぞれについて両海域の間で比較すると，一方の標本に少ない年齢層が他方の標本に多いという傾向が認められる．性成熟前後の個体はサケ・マス流し網海域の南側の海域にすみわけており，その年齢範囲は雄のほうがやや高齢側にあるのである．この解釈については前にも述べた．

このようなすみわけは，どのような繁殖生態と関係しているのだろうか．ひげ鯨類の一種ザトウクジラは，高緯度海域の摂餌場所と低緯度の越冬海域を規則的に往復する．これを写真撮影して個体を識別したり，体表から皮膚の小片をとってDNAで性別を判定したりすることが行われている（Brown et al. 1995; Smith et al. 1999）．その結果をみると，越冬海域とその往復路にあたるオーストラリア沿岸では雌が著しく少なく，雌1頭に対して雄は2.4頭であった．これは，かつての同国沿岸の商業捕鯨で得られている性比1：2.1に近い値である．これに対して，南極海でかつて行われた捕鯨のデータでは，性比が1：0.74で逆に雄が少ない．これについて，Brown et al. (1995) はザトウクジラの雌のうちの約半数は繁殖場にやってこないで，摂餌場所に残っているものと解釈している．ザトウクジラの越冬海域は出産・交尾のための繁殖海域でもある．雄は妊娠から育児までの作業において雌ほどにはエネルギーを消費しないし，少しでも交尾の機会を増やすことが子孫を残すことにつながるので，まめに繁殖場にやってくるものと思われる．ところが雌は2-3年に1度しか妊娠しないので，妊娠を維持する体力がなくて発情にいたらない雌は，越冬場に回遊して絶食するよりも，餌場にとどまって体力を蓄えるほうが合理的である．

上に述べたイシイルカのすみわけをこのようなやり方で解釈することは，まだできていない．夏のアリューシャン列島周辺の繁殖海域にいるイシイルカ型も，冬に三陸沿岸で越冬しているリクゼンイルカ型も，どちらも摂餌している．イシイルカの季節移動とザトウクジラの回遊と

は基本的に異なる点があるらしい.

9.4.10 体長と成長曲線

本種では,特定の個体を生まれたときから追跡して個体ごとの成長を求めることは,技術的に不可能である.そこで,比較的短期間に入手された標本を年齢順に並べて,年齢と体長との関係を求めて平均成長曲線をつくることが行われる.この方法を使うには,その個体群における成長が歴史的に変化していないことが鍵になる.たとえば,近年著しく個体群密度が低下して,個体あたりの餌の供給が増加するようなことがあると,若い個体の成長が早くなり,高齢個体が若い個体よりも小さいという現象が現れる.一見,高齢個体では体長が縮小するような成長曲線が得られる.北太平洋のマッコウクジラでは,そのような現象が起こった(Kasuya 1991).これまでに報告されたイシイルカの成長曲線にはKasuya (1978), Kasuya and Shiraga (1985), Newby (1982), Ferrero and Walker (1999)などがある.初めの2つは突きん棒標本の解析であり,標本の年齢組成に偏りが著しい.後の2つはどちらもサケ・マス流し網による混獲物の解析である.以下では最後の研究について紹介する.

Ferrero and Walker (1999)は,合計692頭について肉体的成熟を判定している点で特記される.肉体的成熟とは,脊柱の伸長の停止にともない,脊椎骨の椎体の前後端についている骨端板が椎体に癒着した状態を指す.若い個体では,骨端板と椎体との間に軟骨が介在しており,椎体から前後の軟骨側に硬骨が付加されることにより椎体の長さが増加し,脊柱の長さつまり体長が増加する.ところが,年齢が進むにつれて,一部の脊柱では介在する軟骨が消えて,椎体と骨端板が直接硬骨で結ばれるようになる.こうなるとその椎体は成長が停止する.このような椎体の伸長停止は脊柱の前後端から始まり,胸椎の後部ないし腰椎の前部の脊椎で終わることが知られている.このときをもって脊柱の伸長が終わったと判定する.この状態が肉体的成熟である.この段階の後でも,頭骨の吻部や尾鰭の軟組織が成長を続ける可能性は残されているが,ほとんど無視できる程度であると思われる.この調査のためには,脊椎骨を縦割りにして観察する必要がある.忙しい漁業調査の現場ではむずかしい作業である.

彼らの研究によれば,肉体的成熟に達していた最小の雄は182 cmで,最大の肉体的未成熟雄は220 cmであった.同様にして雌についてみると,その範囲は180 cmと205 cmであった.哺乳類の成長には個体差が著しいものである.肉体的成熟に達していた個体の平均体長は,雄で198.1 cm ($n=83$, SE$=0.8566$),雌で189.7 cm ($n=164$, SE$=0.4002$)であった.雌のほうが8-9 cm小さいことがわかる.肉体的に成熟したもっとも若い個体は5歳で,肉体的に未成熟の最高齢の個体は8歳で,雌雄で肉体的成熟の年齢範囲にはちがいがなかった.半数個体が肉体的に成熟している年齢は,雄で7.16歳,雌で7.24歳であった.その95%信頼限界は雄が5.7-8.6歳,雌が6.3-8.1歳で,この標本からは肉体的成熟に達する年齢の性差は確認できない.

図9.20には平均成長曲線が描かれている.この成長曲線は初期成長と後期成長に分けて別個に成長式をあてはめたものである.すなわち,初期成長は平均出生体長101 cmを通過して,未成熟個体(雄6歳以下,雌8歳以下)の年齢と体長の関係に合致する成長式を求めた.また,後期成長に関しては,成熟個体(雄3歳以上,雌2歳以上)の年齢-体長の関係に適合し,かつ上に述べた平均肉体的成熟体長に漸近するような曲線として計算した.未成熟個体と成熟個体を分けて成長曲線を求めることの意義は,私には理解できない.境界域の成長曲線は生物学的意味が疑わしい.2つの曲線が接するのは2-3歳のところで,ここでは鋭く折れた成長曲線となっているが,これはそのような計算手順の技術的な問題の現れであり,平均成長曲線がこのように折れているというわけではない.本種は86-118 cm(平均101 cm)で生まれた後,満1年で151 cm,2年で161 cmに成長することになる.最初の1年間の成長は出生体長の約

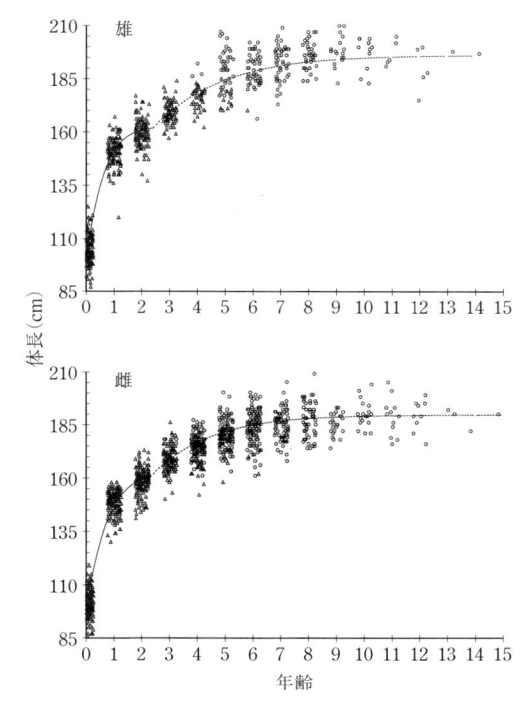

図 9.20 イシイルカの平均成長曲線．実線は未成熟個体（三角）にあてはめた成長式，点線は性成熟個体（丸）にあてはめた成長式．（Ferrero and Walker 1999）

50% である．平均体重は生まれたときに 17 kg で，肉体的成熟に達するころには雄が 158 kg，雌が 123 kg となることが年齢-体重関係式の漸近値から読み取れる（Ferrero and Walker 1999）．年齢-体長あるいは年齢-体重関係でみる限り，雌雄とも 8 歳程度で体長や体重の増加が停止するとみられる．この年齢はすべての個体が肉体的成熟に達する年齢に一致する．

イシイルカの雄は雌に比べて体長で 4.4%，体重で 28% ほど大きい．たった 4-5% の体長差だけでは，このように大きな体重差が発生することにはならない．このような体重の性的二型の背景には，体型のちがいが影響していることが知られている（Jefferson 1989）．その第 1 は胸部の背筋の量が大きいことである．性成熟した雄を横からみると，背鰭の前の背筋が発達し，大きく隆起している．これが体重のちがいに影響している．このほか，雄では尾柄部が背腹の両方向に突出し，尾柄部の上下幅が雌に比べて著しく大きい．これも体重のちがいにいく

ぶん貢献していると思われる．このほかに体重にはほとんど影響しないと思われる性的二型も，イシイルカに知られている．それは背鰭と尾鰭の形である．背鰭の頂点が雄では成長に伴い前方に移動するため，背鰭が前に傾きかけたような印象を与える．尾鰭は後縁が丸く後ろに突出する．すなわち，尾鰭の左右端を結ぶ直線と尾鰭の後縁との位置関係をみると，幼体では直線は後縁よりも後方に位置するが，成熟雌では後縁はほぼ直線上に位置する．さらに，成熟雄では尾鰭の左右端を結ぶ直線は尾鰭の後縁よりも前方，尾鰭の前後幅のほぼ中央に位置する状態になる．これらの性的二型は雄どうしの闘争あるいは順位の確定に有効なのではないかという見方がある（Jefferson 1988）．確かに筋肉の発達はそのような効果があるかもしれないが，肝心の行動学的な基礎情報がないので，仮説の域を出ない．

体長と体重の関係については，古賀（1969）が西部アリューシャン列島周辺海域でサケ・マス流し網で混獲された試料を解析している．雌雄を区別せずに，体重（W, kg）と体長（L, cm）の関係をつぎのように求めた．

$$\log W = 2.441 \times \log L - 3.435$$

これは，$W = 0.000367 \times L^{2.441}$ と書き改めることができる．

9.5 食性

9.5.1 摂餌量

イシイルカは短時間であれば時速 55 km で泳ぎ（Jefferson 1988），最大 180 m まで潜水できるといわれている（Berta and Sumich 1999）．本種は水族館で長期間飼育された例が少なく，生理学的な知見に乏しかったのも，運動能力の優れた外洋性の種であることが関係しているらしいが，1960 年代に米海軍の研究施設で，2 年以上の長期にわたって本種を飼育することに成功した．そこで飼育された 5 頭から得られた生理学的知見を，沿岸性のハンドウイルカ（5 頭）や中間的なカマイルカ（5 頭）と比較する

ことが行われた（Ridgway and Johnston 1966）．それによると，体重あたりの平均血液量はイシイルカでは143 ml/kgで，カマイルカ（108 ml/kg）やハンドウイルカ（71 ml/kg）に比べて最大2倍のちがいがあった．さらに血液中の細胞成分の割合（ヘマトクリット値，%）はそれぞれ57，53，45，ヘモグロビン濃度（g/100 ml）は20.3，17.0，14.4，心臓重量（体重%）は1.31，0.85，0.54であった．Ridgway and Johnston（1966）は，この事実はイシイルカがほかの2種に比べて著しく高い運動能力をもつことを示唆するものであり，それは洋上における観察でも裏づけられるとしている．さらに，これら飼育個体が体重を維持するのに必要とする1日あたりの餌の量は，それぞれ14 kg，8.5 kg，6 kgであり，その差は活動能力のちがいを示しているとした．興味あることに，これら3種の脂皮の厚さを体の同じ部位で測定すると，それぞれ1 cm，2 cm，3 cmとなり，活動性に関する生理学的指標と整合した．イシイルカはエネルギー生産が大きく，体温保持を脂皮の断熱性に依存することが少ないという理解である（これら3種の一般的な体の大きさの順序は逆にハンドウイルカが最大で，カマイルカ，イシイルカの順になる）．捕獲作業の際にも，イシイルカはほかの2種よりも優れた活動能力をもつことが認識された．イシイルカがほかの種に比べて高い遊泳能力をもつことは，洋上においてニワトリのとさか状の水しぶきを上げて，つねに活発に泳ぐのをみれば理解できよう．

Sergeant（1969）は上に引用した心臓重量と摂餌量の関係に着目した．とくに，体重120 kg（体長2 m）のイシイルカが毎日サバを15 kg，すなわち体重の11.35%を食し（原著に示された体重と摂餌量からは12.5%と算出される），ハンドウイルカ（4.2%）やカマイルカ（7.8%）に比べて大食いであるとした．つぎに，彼は1日あたり・体重あたりの摂餌量と体重あたりの心臓重量とが比例関係にあるとして，心臓重量と体重がわかっている鯨種について，その情報から摂餌量を推定することを試みた．その後，Ridgway and Kohn（1995）は試料を増やして，イシイルカの成体について体重（B, kg），心臓重量（H, kg）の関係式をつぎのように求めた．

$$\log H = -1.614 + 0.808 \log B$$

彼らはカマイルカ属とハンドウイルカの成体についても同様の式を求めており，イシイルカの式における定数項 -1.614 が，それぞれ -1.729，-1.927 と系列的に変化することを認めた（係数 0.808 は同じ）．そこで，体重 190 kg の個体を仮定して心臓重量を算出してみると，イシイルカ 1.69 kg，カマイルカ属 1.30 kg，ハンドウイルカ 0.82 kg となる．なお，鯨類の心臓重量（H, kg）と体重（B, kg）の関係については，体重数十 kg のネズミイルカから100トン以上のシロナガスクジラまでが，単一の関係式，$H = 0.00588 B^{0.984}$ で示されることが知られており（Lockyer 1981a），その関係は $\log H = -2.230 + 0.984 \log B$ と示すことができる．これは種間関係を示す大局的な関係式であり，同種内の個体間の関係を示した Ridgway and Kohn（1995）の解析とは異質のものである．種間関係と種内関係が一致するとは限らない．

上の摂餌量に疑問を呈したのが Ohizumi and Miyazaki（1998）である．彼らは，北海道沖の日本海で5月に捕獲されたイシイルカの前胃の内容物の重量の最大値は体重の 1.68% であること，前胃の内容量が早朝から日中にかけて低下する傾向があることに着目して，イシイルカの主要な摂餌時間帯は夜にあると考えた．また，満腹してから空胃になるまでの時間が8時間であるという他種のイルカの例をもとに，イシイルカが1日に3回満腹するならば，1日あたりの摂餌量は体重の 5.04% になると推定した．Sergeant（1969）の推定は，飼育下のため飽食により過大となったものであるとした．なお，後述のように，北洋では胃内に残留した軟部組織の重量から捕食時のイカの総重量を推定すると，4 kg を超えるイシイルカがあることが知られている（後述; Kuramochi et al. 1991）．

飼育条件の下で摂餌量を測定することには，問題が多いのは確かである．自然環境下との運

動量のちがいや，肥満の動向を観察しながら慎重に摂餌量を測定して評価する必要がある．かりに，飼育条件での摂餌量そのものには問題があるとしても，上に述べたイシイルカ，カマイルカ，ハンドウイルカの3種の飼育下での摂餌量の相対的なちがいまでを否定することは困難であろう．かりに，イシイルカが体重の5%しか摂餌しないとすると，ハンドウイルカはその3分の1，つまり体重の2%弱しか食べないことになり，疑問を感じるところである（第11章11.5.2参照）．さらに Ohizumi and Miyazaki（1998）のデータが示すように，イシイルカが日中にはあまり摂餌しないのであれば，3回満腹するという仮定が困難になり，摂餌量はもっと少なく算出されることになってしまう．満腹してから8時間かけて空胃にしてから，また満腹するという標準サイクルを仮定することに対する疑問が出てくるし，胃内容物重量を摂餌量推定に使うことの意義も疑われてくる．

イルカ類の胃は4室に分かれている．前方から順に前胃（fore stomach），主胃（main stomach），連結管（connecting channel），幽門胃（pyloric stomach）が配置されており，連結管は2室に分かれている種が多い（Harrison et al. 1970）．前胃が最大で，つぎに主胃が大きい．前胃には消化腺がなく，そこでは強力な筋肉の働きによる物理的な消化と，主胃から逆流する消化液による化学的な消化とが進行するらしい．前胃の食物はしだいに主胃へ移り，消化の進行に合わせて，連結管を経て幽門胃，さらに十二指腸へと送られる．前胃の重要な機能は食いだめのための貯蔵庫としての働きである．このような消化器の構造には，前胃が空になってからつぎの食事をするという摂餌方式は考えにくいのではないだろうか．ウシが牧草を食むのとはちがって，海のなかでは好適な餌の群れに安定的にいきあたるとは限らないから，餌に出会ったときにはなるべくたくさん飲み込んでおいて，ゆっくりと消化するのが合理的である．また，前胃のスペースが許す限りつぎつぎと餌を飲み込んで，状況が許す限り前胃を満たしておくのが賢明である．別の表現をすれば，イルカが餌に出会うたびに前胃に断続的に餌が降りてくる一方で，前胃からは主胃に向けて絶えず餌が送り出されて，そこで本格的な消化が進められる．こういう状況が起こっているのではないだろうか．このような摂餌戦略をとる動物に対して，貯蔵庫たる前胃のなかの餌の量を測定しても，はたして摂餌量の推定につながるのだろうかという疑問がある．

9.5.2 餌料生物

イシイルカは外洋性の多様な表層・中層性のイカ類，魚類，甲殻類を捕食している．その種組成は季節や海域によって大幅に変動するらしい．これは彼らの好みが変化するためではない．むしろ，大量の食物需要を満たすために，それぞれの場所で手に入れやすいもの，豊富にあるものを食べていると考えるべきであろう．カリフォルニアのモンテレー産の個体について，漂着個体の胃内容物を Morejohn（1979）が解析している．そこではイカ類と魚類は周年にわたって胃のなかに出現し，種類も多かったが，試料が少ないため季節変化は明らかにできなかった．魚類ではヘイク，ニシン，メバルの幼魚，およびカタクチイワシがあり，イカではヤリイカ類とテカギイカ類が多く出現した．おそらく試料が増えれば，甲殻類も周年の出現が確認されるものと思われる．本種は，モンテレーでは200 m以深の海面には周年出現したが，冬には100 m以浅にも来遊した．これは餌の分布域が季節的に変化するためであるとされている．

北洋のサケ・マス流し網にかかったイシイルカの胃内容物をみると，イカ類のみを食していた個体が過半数を占め，残りの個体はイカと魚，イカとエビ，あるいはイカ・エビ・魚を捕食していたという．このことから，この海域ではイシイルカのおもな餌料はイカ類であり，サケ・マスの餌料と共通しているとされている（水江ら 1966; 古賀 1969）．なお，これらイシイルカはサケ・マス流し網に混獲された個体ではあったが，サケ類を捕食していた例は1頭のみであったことが強調されている（水江ら 1966）．

ベーリング海におけるイシイルカの性状態と

餌料選択性との関係については，水江ら（1966）の解析が最初である．流し網で混獲された標本のなかの17頭が妊娠しており（胎児体長70 cm 以上），その53% が魚を食べていたが，その他の非妊娠個体で魚を食べていたのは27% であったことを根拠として，妊娠雌は栄養要求が高いので，選択的に魚を食べていると推論した．そこでは，非妊娠個体として一括された標本の性別や成長段階は明らかにされていないことが理解をむずかしくしている．この疑問に対して，Ohizumi et al.（2003）が補足情報を提供している．彼らは突きん棒で捕獲されたベーリング海産イシイルカの胃内容物中の餌料組成を餌動物の個体数で解析して，性成熟個体は未成熟個体に比べてハダカイワシへの依存度が著しく大きいことを見出した．その傾向は雌雄に共通していた．成熟個体あるいは未成熟個体における雌雄間の食物選択性のちがいも統計的には有意であったが，成熟個体と未成熟個体の間のちがいに比べると，その差はわずかであった．離乳期の幼体は成体とは餌料が異なる例は，コビレゴンドウでも知られているが（第12章），上にみたイシイルカの餌料選択性のちがいがなにに起因するのかは明らかになっていない．なお，鯨類では妊娠中よりも泌乳中のほうが栄養要求が大きいとされている（Lockyer 1981a, 1981b, 1984）．

北太平洋の沖合域のイシイルカの餌料を解析したのが Kuramochi et al.（1991）である．用いた試料は1984, 1985両年の5-9月にベーリング海と西部北太平洋で調査船が突きん棒で捕獲した32頭のイシイルカの前胃の内容物である．1頭を除くすべての個体は，イカと魚の両方を胃のなかにもっていた．イカ類と魚類の比率には，ベーリング海と太平洋側とで明瞭なちがいが認められた．両海域はアリューシャン列島を含むアメリカの200海里経済水域で隔てられている．ベーリング海側ではイカと魚の比がほぼ半々（45：55）であったが，太平洋側では魚が主体をなしていた（3：97）．Ohizumi et al.（2003）も同様の結論を得ている．すなわち西経135度以西の北太平洋各海域においては魚類が80-94% を占め，ベーリング海ではイカ類が69% を占めていた．ただし，この比率から単純に依存度の差を計算することはできない．なぜならば，この数には魚の耳石（左右あるので半数を採用）やイカの下顎が算入されているためである．魚の耳石やイカのくちばしは消化されにくく，長く胃のなかにとどまった後，最終的には腸を経て体外に出される．滞留時間は比較的短く，数回の摂餌分がたまっていると Kuramochi et al.（1991）は考えているが，それが12時間なのかそれ以上なのかわからないし，耳石とイカのくちばしとで滞留時間がどのようにちがうのかも明らかではない．

イシイルカ1頭あたりのイカの数はベーリング海で平均63尾，太平洋側で27尾であった（Kuramochi et al. 1991）．この大部分は軟部が消滅してくちばしだけが残っていたもので，その割合はベーリング海で77%，太平洋で91% であった．科の組成はテカギイカ科が海域で89-97% と大部分を占めた．残りのイカ類はホタルイカモドキ科，サメハダホウズキイカ科，ユウレイイカ科，ツメイカ科，クラゲイカ科で，それらは合計しても3-11% にすぎず，イシイルカの餌としての比重はほとんど無視できる程度であった．おもな餌生物であるテカギイカ科では3属7種が同定された．多いものから順に，タコイカ（Gonatopsis borealis），テカギイカ属4種（テカギイカ Gonatus onyx, G. pyros, G. berryi, G. middendorffi），ドスイカ属2種（Berryteuthis anonychus, B. magister）であった．タコイカは同定されたイカの23%（太平洋側）ないし63%（ベーリング海）を占め，イカ類のなかでは最重要種であった．これより遅れて，Fiscus and Jones（1999）は日本のサケ・マス流し網操業海域（図9.11で示す範囲）で混獲された個体と，西部北太平洋の東経155-175度，北緯39-50度の範囲（図9.21）で日本が1982年に行ったイシイルカの捕獲調査の航海（Kasuya and Jones 1984）において，突きん棒で捕獲されたイシイルカ型イシイルカの胃内容物のなかの頭足類を解析して報告した．その結果は，テカギイカ科が主体をなす点でも，

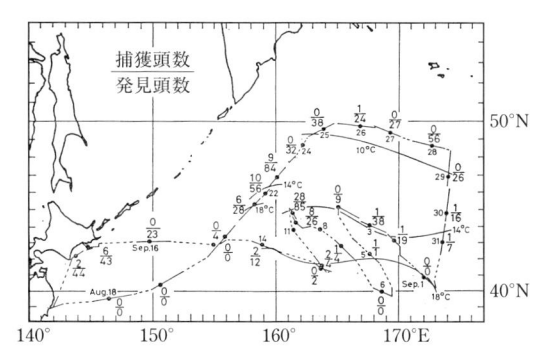

図 **9.21** 第12宝洋丸のイシイルカ捕獲調査航海（1982年8-9月）で，1日ごとの遭遇頭数（分母）と捕獲頭数（分子）の比較．黒丸は正午位置，曲線と小さい数字は海水の表面水温．(Kasuya and Jones 1984)

そのなかの主要種の組成においても上に紹介した Kuramochi et al. (1991) の結果と一致していた．また，海域間の比較においては，西部北太平洋とベーリング・アリューシャン海域とで，主要なイカ類の種組成にはちがいが認められなかった．

なお，Kuramochi et al. (1991) は摂餌量に関する解析も報告している．すなわち，下顎のくちばしの長さから算出したタコイカの背側外套長の範囲は 44-405 mm にあり，89% が 50-150 mm の範囲にあった．下顎のくちばしから捕食されたイカの総重量をイルカの個体ごとに推定したところ，太平洋側では 21-6,460 g，ベーリング海側では 21-11,413 g であった．軟部組織が残っていたイカに限って重量を推定すると，対象イルカは 17 頭となり，1 頭あたり 1-111 尾，重量では 5-4,387 g となった．ある個体はイカを 4.4 kg ほど食してからまもなく捕獲されたわけであるが，その食事が捕獲の何時間前であったのか，1 回に食ったのか数回に分けて食ったのかはわからない．かりに，体重を 150 kg とすると，4.4 kg は体重の 2.9% となる．なお，私の経験では，突きん棒で捕殺される際に，イシイルカは胃内容物の一部を嘔吐することがあるが，この研究はその点には配慮していない．

アリューシャン海域のサケ・マス流し網で混獲されたイシイルカの胃内容物調査は，米国の研究者によって行われた．これとは別に，水産庁は 1982 年 8-9 月に第 12 宝洋丸を傭船して，日米の調査航海を計画した．これに私が乗船して 80 頭のイシイルカを捕獲した．米政府は捕殺調査への参加を許さず，準備の最終段階で科学者を引きあげたが，採取された胃内容物は当初の分担にしたがって米国側研究者に渡された．これらのなかの頭足類はくちばしを使って Cliff Fiscus 氏が同定し，魚類は耳石を使って Thomas Crawford 氏が同定したことが，米国側から北太平洋漁業国際委員会関係の会合で報告されている (Jones et al. 1985)．そのうちのイカの解析結果については，米国側の研究者によって報告されている（前述; Fiscus and Jones 1999）．一方，魚類の組成については，1 枚の表が私の手元にある．これは未公表のデータであるが，IWC の科学委員会かなにかのおりに Crawford 氏の上司から私に手渡されたものである．これらの草稿はいずれも国立科学博物館の動物部に寄託してある．

上述の Kuramochi et al. (1991) や Fiscus and Jones (1999) は魚類を扱っていないので，Crawford 氏の行った魚類の解析はアリューシャン方面におけるイシイルカの食性に関する情報として貴重である．氏はすでに引退しており，コンタクトを試みたが成功しなかった．このままではわれわれの航海で得た情報が永久に失われる恐れがあるので，概要を以下に紹介する．採取海域は北海道沿岸の標本も数頭含まれるが，主体は北緯 40-50 度，東経 158-174 度の西部アリューシャン列島南方海域で (Kasuya and Jones 1984)，イシイルカの胃内容物としてはイカ類よりも魚類が卓越する海域である（前述）．27 頭の標本からは 1 頭あたり 4-2,834 個（平均 760 個）の耳石が見出された．左右の耳石を区別していないらしいので，これによって代表される魚体数は耳石の総数よりは明らかに少なく，その半分よりは多いはずである．1 頭あたりの魚類種数は 1-13 種（平均 7.3 種）であった．このうち，19,329 個は少なくとも科のレベルまでは判別された．その内訳は多いものから順にハダカイワシ科 80.6%，タラ科

4.8%, ソコイワシ科 3.3%, フデエソ科 0.8 %, その他 5%, 不明種 5.8% であった. 上位 3 科については Ohizumi et al. (2003) も同様の結論であった. ハダカイワシ科のなかではハダカイワシが主体をなし, 同科の耳石数の 26.3% を占めていた.

日本近海のイシイルカの胃内容物を最初に記載したのは, おそらく Wilke et al. (1953) であろう. これは 1949 年と 1950 年の 3-5 月に金華山から襟裳岬にかけての海域で捕獲されたイシイルカ型 (4 頭) とリクゼンイルカ型 (24 頭) の胃内容物の解析である. この時期のイシイルカの分布は, 三陸沖にはリクゼンイルカ型が多く, イシイルカ型は襟裳沖に多いと思われる. 餌の同定は未消化の残骸によるもので, 魚の耳石やイカのくちばしは使われていない. リクゼンイルカ型で同定された 54 個体の餌料生物の内訳は, 大部分がハダカイワシ科 (70%) で, 小型のイカ類 (18%) とタラ科の魚 1 尾も出現した. イシイルカ型の餌にはハダカイワシが出現せず, イカ類 (98%) と若干のタラ科魚類が出現した. 両体色型の捕獲位置の詳細は明らかでなく, 胃内容物の組成のちがいの原因は断定しがたいが, おそらく捕獲場所のちがいと標本数が小さいことが背景にあると思われる. 同時に報告された宮城県沖産のスジイルカの胃内容物をみると, ハダカイワシ科が大部分を占めて, 少数のイカをもっていた点でリクゼンイルカ型の胃内容物との共通点が大きかった. スジイルカはイシイルカ類の分布域の南に接して出現する場合がある (後述). この場合も, スジイルカの捕獲位置はイシイルカ型よりもリクゼンイルカ型のそれに近かったものと思われる.

オホーツク海におけるイシイルカの餌料については Walker (1996) の報告がある. 1988 年 7-8 月に網走沖 15-30 km で小型捕鯨船第 1 安丸が突きん棒でイシイルカ漁を行ったときに乗船して採取した 85 頭のイシイルカ型のうちの 73 頭について, 胃内容物を精査したものである. 餌生物の出現個体数は, 魚の場合には左右の耳石の多いほうの数, イカの場合には上下の顎 (くちばし) の多いほうの数を採用した. 魚は 73 頭全個体に, イカは 73 頭中 54 個体 (74%) に捕食されていた. 魚類 2,916 個体には 9 科 13 種が含まれていた. イルカの個体を区別せずに魚類をまとめて, 科の組成を魚種個体数の多い順位にあげると, ニシン科 (90.1%, マイワシ 1 種が出現) とタラ科 (7.4%, スケトウダラ 1 種が出現) が主体を占めた. これにゲンゲ科 (3 種), カタクチイワシ科 (カタクチイワシ 1 種が出現), チゴダラ科, ハダカイワシ科が続き, ソコイワシ科, イカナゴ科, アイナメ科の 3 科はそれぞれ 1 尾ずつの出現であった. 頭足類としては 733 個体, 3 科 6 種が認められた. このうちテカギイカ科が 96.5% を占め, なかでもドスイカ (全頭足類の 86.9%) が主要な餌料となっていた. すなわち, 当時の夏のオホーツク海南部におけるイシイルカの餌料は数の多い種から順にマイワシ, ドスイカ, スケトウダラの 3 種があげられ, カロリー評価から貢献度をみてもその順位は同じであるとされた. このうち, マイワシは一日中捕食されているが, ドスイカは夜間の捕食によることが, 捕獲時刻と消化の進み具合の解析から推定された. イシイルカの食性に関しては大泉 (2008) にも最近の知見が紹介されている.

イシイルカの食性の解析が開始された当初には, 彼らが食べているものがハダカイワシ類やイカ類のように夜間に浮上する種が多いことから, おもな摂餌時間が夜であるとされていた. ところが, その後イシイルカの餌料組成が季節や海域によって変化し, オホーツク海では昼間水面に生活するマイワシを多く捕食していることが知られた. これは, 食べものの行動に合わせてイシイルカが摂餌時間を変えていることを示唆しているものである. この問題を Amano et al. (1998) はイシイルカの行動観察から裏づけようとした. すなわち, 日中にイシイルカに出会った場合, 彼らの泳ぎ方が水面近くで活発に泳ぎ, 頻繁に方向を変更している場合に, これを摂餌中とみなして, その出現頻度をみたものである. データは 1986-1987 年夏の北太平洋における第 12 宝洋丸の航海と 1988 年の第 5 万栄丸の航海での観察である. その結果, 北太

平洋沖合では摂餌と思われる行動は日の出ごろにもっとも多く（夜間は観察できない），日中は時間の経過とともにその頻度が低下することがわかった．これに反して，オホーツク海では終日高い頻度で摂餌行動が認められた．これらのことから，イシイルカはそれぞれの生息環境で手に入れやすい餌に合わせて，食べるものや食べる時間を変更しているものと結論された．

ベーリング海のイシイルカでは，成長段階によって餌料の選択性が異なることが知られているが（前述），上の観察は彼らの食性に相当の柔軟性があることを示すものである．Ohizumi et al. (2000) は，北海道周辺とオホーツク海において突きん棒で捕獲されたイシイルカ（イシイルカ型）の餌料の経年変化を観察した．それによると，1980年代には両海域ともマイワシが餌料の主体をなしていたが，1990年代にはマイワシはほとんど姿を消して，スケトウダラ（日本海）あるいはカタクチイワシとドスイカ（オホーツク海）が餌料の主体をなしていることを見出した．この食性の変化は，日本近海のマイワシ資源の減少に応じたものであり，イシイルカは表層性のマイワシを捕食できなくなったため，より深層での摂餌を余儀なくされてきたと解釈されている（Ohizumi et al. 2000）．

9.6 社会

9.6.1 群れサイズ

イルカの群れサイズを規定する要因は，イルカの社会構造だけではない．外的要因として，餌の群れの大きさや，それが分布する密度（遭遇確率）なども重要な要素である．このほかに捕食者に遭遇する確率なども影響する．第12宝洋丸の1982年8-9月の航海で得られたデータをみると，西部アリューシャン列島の南方の北緯45-50度，東経162-174度の海域では，船首波に乗る個体がきわめて少なく，そのほぼ中央域にあたる北緯46-49度，東経166-174度では母子連れが多く出現した．ここには成熟個体が多く分布していたものと思われる．これに対して，その南の海域（北緯40-42度，東経145-173度）に出現した個体には離乳後で性成熟前後までの個体が多く，調査船がつくる船首波に寄ってきたので捕獲しやすかったことが知られている（Kasuya and Jones 1984）．このように海域による行動のちがいは，ベーリング海やそのほかの海域でも報告されている（Kasuya and Ogi 1987; 吉岡・粕谷1991）．1982年の第12宝洋丸航海で観察されたイシイルカ型の群れは1-14頭の範囲にあり，最頻値は南北両海域とも2頭（北部海域で29.8%，南部海域で27.4%）で，平均もそれぞれ3.51頭（標準偏差2.5）と3.77頭（標準偏差2.1）である．このように2つの海域では年齢や性状態あるいは行動に大きなちがいが認められたが，群れサイズにはみるべきちがいがなかった．アリューシャン列島に近い北部海域は繁殖海域にあたり，調査時期も繁殖期になされたのであるが，繁殖個体の群れが2-4頭であることは興味深い．

上に述べた第12宝洋丸がアリューシャン列島南方での調査を終えた後，北海道に向かい，9月16-18日は北海道沿岸の太平洋で調査をした．そこで出現したイシイルカは主としてリクゼンイルカ型であったが，28群のサイズ分布は1-10頭の範囲にあり，最頻値は3頭と4頭で，ともに6群ずつ出現した．平均群れサイズは4.25頭（標準偏差2.3）であった．沖合に比べてわずかに大きい群れを形成しているのは，そこが沿岸域であるため，餌の密度が高いことに関係しているのかもしれない．太平洋の東西岸ではイシイルカの成長がよいことが指摘されているが，その背景にも海の生産力のちがいがあると考える研究者もいる（前述）．

夏の日本近海におけるイシイルカの群れサイズに関しては，Miyashita (1991) が別の情報を提供している．対象海域はオホーツク海全域から千島列島東方の東経170度までの海域である．この海域には複数のイシイルカ型個体群と1個のリクゼンイルカ型個体群が分布している．また，そのなかにはいくつかの繁殖海域があることが知られている．調査は1989年と1990年の8-9月に行われたので，上に述べた第12宝

洋丸の航海と同じ季節である．それによると，リクゼンイルカ型の平均群れサイズは4.29頭である．イシイルカ型について千島列島東方200海里までの太平洋とオホーツク海を合わせた海域と，200海里以東の太平洋とに分けてみると，平均群れサイズは前者で5.13頭，後者で5.77頭となり，ほとんど差がない．リクゼンイルカ型については第12宝洋丸で得た値と非常に近いが，イシイルカ型ではやや群れが大きいのはなぜであろうか．

Kasuya（1978）は，上とは異なる結果を報告している．すなわち，夏を含む5-9月に三陸沿岸に出現したリクゼンイルカ型の32群と，同じ季節のオホーツク海と日本海で観察されたイシイルカ型の54群を比べると，最頻値はどちらも2頭群であるが，平均は前者で5.4頭，後者で3.5頭である．4頭以上の群れの比率も前者で59%で後者で37%と，イシイルカ型の群れが小さいという結果になった．

このように，イシイルカの群れの大きさは海域や季節によって変化することがわかる．その原因を理解するためには，彼らの生活史や生活環境をもっとよく理解する必要がある．

9.6.2　社会構造

哺乳類の社会構造の研究には，特定の個体群を長期間追跡して，日常生活における個体間の協力や競争などのありさまを血縁関係，成長段階，繁殖などと関連させて解析する試みが成果をあげている．そのような研究が成功するためには，個体識別が容易であること，日常的に生活をともにする集団が小さいこと，生活圏が陸に近くて狭い範囲で完結していることなど恵まれた条件が必要となる．このような観点からみるとイシイルカは，個体識別が困難であること，生息数が多いこと，外洋域に生活すること，行動範囲は不明であるが相当大きな季節移動をするらしいことなど，困難な条件がそろっている．

このような状況のなかでもわずかに彼らの社会構造が垣間見られた例がいくつかあるので，それを紹介しよう．前にも述べた第12宝洋丸の1982年航海の成果の1つは，繁殖海域の分布様態から系統群の存在を認識したことであるが（前述），ここでは別の例をあげる．

この航海は8-9月という海水温のもっとも高い時期に行われ，その時期のイシイルカの分布の南限は北緯42度付近（東経155-173度）にあることがわかった．このときイシイルカが出現したのは表面水温20度未満に限られ，暖海性のマイルカ，スジイルカ，ハンドウイルカ，コビレゴンドウなどは17度以上に出現した．中間的な水温選択性をもつセミイルカとカマイルカは，12-19度の範囲に出現した．その後に行われた同様の調査航海のデータを総合してMiyashita（1993）は，セミイルカとカマイルカの水温選択性にちがいが認められないこと，これら2種の夏の生息水温範囲は11-25度であり，両種は北緯40-50度付近に帯状に分布していることを明らかにし，さらに生息数の推定を行っている．

さて，第12宝洋丸の1982年のこの航海では，イシイルカ型の個体において，表面水温によってその行動が著しく異なることが観察された．ただし，表面水温とイシイルカの行動の関係は見かけのものであり，イシイルカの行動が表面水温で規定されていると判断すべきではない（前述）．この航海では，表面水温11度以上で発見された個体は432頭中245頭（57%）が船に寄ってきて，船首波に乗る行動をみせたが，それよりも冷たい海域で発見された個体では，171頭のうちの4頭（2.3%）が船首に寄ってきただけであった．南側海域で船に寄ってきて捕獲された個体のなかには，離乳後から性成熟前後にかけての若い個体が多いことが特徴である（前述）．彼らは繁殖集団から一時的にすみわけている若い個体の集まりである．そこには雄が83%と主体をなしていたところをみると，雌は繁殖海域にとどまる傾向が強いものとみられる．スジイルカでは離乳後に成熟個体から離れて未成熟群をつくる傾向があるが，その傾向は雌よりも雄に顕著である．出生地や親の集団から離れる傾向は雌よりも雄のほうに強く現れるという多くの哺乳類に共通する特性が，ここにもみられる．

先にも述べたように，船に寄ってこないイシイルカ型について，試みにどこまでも追ってみようと研究者の間で話し合って，最長48分（平均12分間）も追跡してみた．しかし，どの群れも逃げ続けて，約10ノット（時速18.5 km）の第12宝洋丸ではついに追いつくことができなかった．彼らは船から300-500 m離れると遊泳速度を落として体を休め，船が近づくと再び速度を上げて逃げ始めるという反応を繰り返し，ついには高速を出して船を振り切ってしまった．この航海の目的がバイアスのない標本を入手するということにあったので，船に寄ってくる個体は当然のこととして，船を避ける個体も捕獲するように努めたが，結果的には不成功に終わり，得た標本はきわめて偏りのあるものとなってしまった（図9.21）．

このような地理的な行動のちがいはなにによるのであろうか．その1つの要素は母子連れの存在にあると思われる．道東の沿岸域でみられた母子連れ1組を除くと，東方沖合にあたる西部アリューシャン列島南方海域では41組の母子連れが発見されたが，そのうちの36組（86%）は8月25日から30日の6日間に遭遇した．この期間には水温が9.8-12.8度と低く，それ以外の日はいずれも11度以上であった．すなわち，母子連れが出現した場所は，上に述べた船を避けるイシイルカが出現した低水温の場所のなかに含まれていたのである．母子連れの出現海域に比べて，船を避ける個体の出現海域のほうがわずかに広いようにみえたが，その隔たりは広いところでも調査船の1日行程（100 km前後）にすぎなかったので，これらを合わせて，かりに「繁殖海域」と呼ぶことにする．この海域を調査した6日間に遭遇したイシイルカの群れ数（頭数ではない）は全部で100群であるが，このなかには遠くて群れ構造の詳細が確認できない群れも含まれる．詳細に観察できなかった群れを除外して，比較的よく観察できたものを抜き出すと，3分の1に近い29群となる（Kasuya and Jones 1984）．このうちの約半分の13群69頭に36組の母子連れが含まれていたのである．残りの16群45頭には母子連れがいなかった．どのような基準でこの29群を抽出したのか，20年以上を経過したいまでは明らかではない．当時の野帳を読みなおして，母子連れの有無が確認できたか否かで仕分けをすると，母子連れがいたのが14群78頭（平均5.57頭）で，いなかったのが22群70頭（平均3.18頭）となる．

このようにデータ使用の条件を甘くするか辛くするかで，解析に使える群れ数は若干ちがってくるが，大筋では，この繁殖海域でも約半数の個体は母子連れを含まない群れに生活しているといえる．また母子連れを含まない群れは群れサイズがやや小さいともいえる．前述の16群45頭のなかから，2頭だけが捕獲された．それらはどちらも成熟しているが妊娠していない雌であった．このような成熟雌のまわりに雄が集まっている場合があったかもしれない．大型個体が4頭で群れをなしていたのが1例観察された．このような群れの内部構造の研究は，これからの課題である．

上に述べた繁殖海域のなかには，体が成体よりは明らかに小さくて，子どもと思われる個体が群れをつくっている例も観察された．その内訳は，小型個体3頭の群れが2例と小型個体5頭の群れが1例であった．これに似た体長の個体は，母子連れの群れと一緒にいる例も，母子連れを含まない群れのなかにいる例も認められた．これらの小さい個体は満1歳程度の若い個体であると思われる．この調査航海のときには，前年の夏に生まれたこれら1歳児はすでに離乳しているものと思われる．彼らが南方海域にすみわけを始めるのはその翌年で，満1歳の段階では繁殖海域において，子どもどうしで群れたり，大人に混ざったりして生活しているらしい．ちなみに，繁殖海域の南側にある未成熟個体が多くいる海域には，生後1年の個体は出現しないことが捕獲調査からわかっている（前述）．このようにイシイルカでは，離乳した若い個体どうしで行動をともにする傾向が生後1歳前後に発現し，生活圏がしだいに親の海域から離れていき，翌年（生後2歳）には多くの個体（全部ではない）が南の海域にすみわけるものと思

われる．これに似たすみわけの例は，その年齢範囲は異なるが，スジイルカ（第10章）やハンドウイルカ（第11章）でも認められているし，マッコウクジラの雄にもそのような行動がある（Best 1979）．

母子連れがいて，かつ詳細に観察されたとされる上に述べた13群の構成をみよう（Kasuya and Jones 1984）．1群あたりに含まれる母子連れの数は1-7組の幅があった．そのうち，母子連れだけで構成されていた群れは7群である．その構成内訳は母子連れ1組だけ，母子連れ3組だけ，母子連れ4組だけの3パターンが2回ずつ観察されている．観察例が増えれば，これ以外の組み合わせも現れるにちがいない．このほかに，発見されたときには母子連れが3組と4組からなる2群が近くにいたが，船が追跡を始めると，それらが一緒になって（母子連れ7組が1群となって）船から逃走した例が1回あった．これらのことは，乳飲み子を連れた雌は，たがいに集まって一緒に行動する傾向があることを示すものである．なお，上に述べた8群（あるいは7群になったということもできる）は，母子連れ以外の構成員を含まない群れである．交尾の機会をねらう雄はここには入り込んでいなかったのである．その理由はわからないが，たんなる偶然とみるのは不自然である．まだ雌が発情にいたっていなかったのかもしれない．

母子連れの群れに成体が入っている例も観察されている．その内訳はつぎのとおりである．

母子連れ1組＋1成体：　　　3例
母子連れ2組＋1成体：　　　1例
同上　　　＋1成体＋不明1：1例
母子連れ3組＋2成体：　　　1例

多くの雌は出産の後でまもなくつぎの妊娠が始まるので，母子連れについている成体は，おそらく雄であろう．発情が近づいた雌に付き添って，交尾の機会をねらっているものと考えられる．

イシイルカの社会構造に関する情報をつぎのようにまとめることができる．まず，イシイルカの授乳期間は2カ月以上5カ月以内であることは前に述べた．離乳した子どもが母イルカと一緒に生活する期間も，生後1年前後で終わることは確からしい．これは，多くの雌は毎年妊娠するらしいのにもかかわらず，子どもを2頭連れた雌がほとんど出現しないことからの推定である．母親から離れた子どもは，その後も1年程度は親のすむ海域に生活するが，満2年の夏には多くの個体が繁殖海域を離れて，未成熟個体の多い海域にすみわけるらしい．このすみわけの傾向は雌よりも雄に著しいことは，繁殖海域の南で捕獲された未成熟個体の性比から推定される．これらの子どもイルカも，4-5歳になって性成熟が近づく夏には繁殖海域に戻るものと思われる．夏には生まれたばかりの子を連れた母子連れがいく組も集まって，一緒に群れをつくることがある．ただし，そのような育児群は小さくて，スジイルカにみるように数十頭とか数百頭の大きな集団（aggregation）をつくる例は観察されていないし，洋上でのわずかな観察例から推定する限り，母子連れ相互の離合集散も頻繁に起こるものと理解される．洋上では確信をもって成熟雄を識別することは困難であるが，繁殖海域における夏の群れ構造からみる限り，複数の雄が協力して雌を確保することを示す証拠は得られていない．雄は個々に交尾の機会を求めて雌に接近するものと思われる．これらの解釈を，イシイルカの群れの多くは数頭以下であることに重ね合わせてみれば，本種が数年におよぶ永続的な群れに生活することはなく，比較的長い個体間の関係としては，母子関係が最たるものと推定される．

9.7　生息数とその動向

9.7.1　日本周辺

イシイルカ漁業の動向については第Ⅰ部のイルカ漁業の項で述べたところであるが，重要な問題なので，その概要を以下にあらためて紹介する．日本におけるイシイルカの大規模な商業捕獲は1910年代に始まり，戦中・戦後の一時期に操業地域や漁獲量の著しい拡大をみた．そ

の後，1950年代からは三陸沿岸の冬の閑漁期の副業として比較的安定した操業が続いたが，その漁獲量は必ずしも変動がなかったわけではない．その背景は明らかでないが，1957-1965年にはほぼ1万頭のレベルにあったものが，1967年から1975年にかけては5,000-6,000頭のレベルに低下し，1日あたりの水揚げ量も低下の傾向をみせた（Kasuya 1982）．その後，漁獲量は1979-1980年と1984-1986年に谷を記録しつつ，漸増の傾向をみせてきた．これら2つの谷に続いて，それぞれ茨城・道東・道南・日本海方面への出漁拡大と，オホーツク海操業の開始がみられることから，漁業の低迷を操業拡大でカバーしてきたとみることもできる（粕谷・宮下 1989）．

水産庁に報告されたイシイルカの捕獲頭数は1982年には1万頭を超え，1987年の捕獲統計は13,000頭を記録していた．1988年8月に私は北海道沿岸を旅行する機会があり，各地でイシイルカ漁業の情報を集めることができた．それによれば網走で21隻，太平洋側の霧多布で9隻の突きん棒船を確認した．このうち北海道船は8隻で，残りは岩手県船であった．地元の人の話では，少し前にはオホーツク海で40隻が操業したとのことである．当時の漁業者からの聞き取り情報によれば，1カ月操業すれば200頭の捕獲は可能であり，周年操業すれば1,000頭はまちがいないといわれた．高速船ならばもっと能率がよいということであった．この話に2倍の誇張があるとしても，1987年の公式統計と一致せず，当時の統計には疑問があると思われた（粕谷・宮下 1989）．

この問題がIWCの科学委員会で議論され，日本の漁獲統計がどれほど信用できるのか，また資源はこのような漁獲に耐えられるのかなどの懸念が表明された（IWC 1990）．Kasuya (1992)はこれを受けて，イシイルカ漁業のおもな操業地である岩手県で，漁獲統計の原資料の一部を点検した．その結果はつぎのように要約される．すなわち，IWCに提出された日本政府の統計は，1987年統計までは遠洋課が集計し，1988年統計からは沿岸課が担当した．

また，沿岸課は1990年のIWCには1989年の統計と一緒に，1986, 1987年両漁期の修正統計を報告した（IWC 1991; Japan Progress Report 1991）．遠洋課がすでに報告していた1986, 1987年の統計を沿岸課が後に修正したわけである．2つの統計が並存する期間については，後者のほうが1.5倍以上の大きい値を示していた．1987年の例では前者が約14,000頭で，後者が約26,000頭であった．なお，1988年には沿岸課統計のみとなり，約41,000頭の捕獲が報告されている．遠洋課と沿岸課の統計のくいちがいのおもな原因は，カバーの良し悪しに関係しており，前者が北海道・青森・愛媛・大分などの船が捕獲したものを含まないことと，岩手県船が北海道で水揚げしたものが算入されていなかったことがおもな原因であったらしい（Kasuya 1992）．遠洋課統計は，1985年ごろに起こった操業の変化に対応できていなかったもののようである．

Kasuya (1992)の検証結果によれば，岩手県は1987年のイシイルカの捕獲量を実際よりも少なく操作して報告していた．また，漁業に許可制と捕獲枠割当の導入が1989年に予測されるにいたり，1988年には捕獲量を水増しして報告していた．その背景には，捕獲の急増が批判や漁獲制限を誘発することは避けたいとする願望のほかに，実績を確保して大きな割当を得たいという願望も働いたのである．このような操作は，県の水産担当部局の暗黙の承認ないし指導の下に行われたらしい．肉の重さを頭数に換算するときの換算率を操作して，頭数を少なくすることも行われた．これらを補正すると，日本全体では1987年の真の値は公表値の49%増しの37,200頭，1988年には13%増しの45,600頭という最高を記録したと推定された．

一方で，これら漁獲を支えるイシイルカ資源の量はどれほどかという懸念が高まってきた．これに対してMiyashita and Kasuya (1988)は，青森以北の東部日本海と千葉県から南千島までの西部北太平洋において，5-8月の目視航海で得られた資料を使って，資源量推定を行った．その結果は日本海系イシイルカ型が

表 9.9 日本近海に来遊するイシイルカの資源量.

個体群ないし海域 (本文参照)	Miyashita (1991) in IWC (1992) 資源量（頭）	CV	95% 信頼限界（千頭）	宮下ら (2007) 資源量（頭）	CV	95% 信頼限界（千頭）
① 西部北太平洋	162,000					
② オホーツク海北部個体群	111,000	0.29	49-173			
③ 日本海系個体群	226,000	0.15	158-294	173,638	0.21	115-261
④ リクゼンイルカ型個体群	217,000	0.23	120-314	178,157	0.23	113-279

46,400頭（内訳：日本海31,800，太平洋14,600），リクゼンイルカ型が58,000頭となっていた．ただし，この推定には日本海の西半分にいる個体（イシイルカ型）や，調査時にすでにオホーツク海に入っている個体（イシイルカ型とリクゼンイルカ型）が除外されているために，明らかに過小推定であり，1980年代末期の数年間の水揚げを合計すれば，資源量をオーバーしてしまうという矛盾もみえてきた．

この問題を解決するためには，ソ連の200海里水域に分布する個体群を推定しなければならない．Miyashita (1991) は1989, 1990両年にオホーツク海とその周辺で行った調査航海のデータを用いて生息数を推定した．この航海は3隻の船を使って，7月26日から9月22日までの期間に行われたものである．日本海は調査されていないが，この時期に日本海に残っているイシイルカは無視できる程度と思われる (Miyashita and Kasuya 1988)．生息数の推定にあたっては，個体群の分布を念頭に目視データをつぎの4群に分けて作業を進めた（図9.1参照）．①西部北太平洋のイシイルカ型個体の範囲として東経150-165度，北緯51度以南の海域を分離した．つぎに，オホーツク海を一部重複する3つの海区に分けた．まず，カラフト北方から南東に伸びて中部千島にいたる線を引き，イシイルカの分布を南北に2分した．その北側の範囲は②オホーツク海北部個体群の範囲であり，南側は③日本海系イシイルカ型個体群の分布域である．日本海系のイシイルカの分布は南千島を抜けて北海道の南岸にまで伸びている．両イシイルカ型個体群の境界はイシイルカ型の密度の谷にあたるが，同時にリクゼンイルカ型の分布密度の高い尾根にあたるところである（前述）．このリクゼンイルカ型の密度の尾根から南北に範囲を広げて，④リクゼンイルカ型の分布海域を定める．リクゼンイルカ型は南千島を通って，道南にまで伸びている．つまり，南千島から道東・道南にいたる海域では両型が混在している．

このような海区区分にしたがって推定した資源量は，表9.9のようになる (Miyashita 1991)．95% 信頼限界は Miyashita (1991) が示した変動係数を使って私が算出したものであり，あくまで参考値にすぎない．その後，宮下ら (2007) は2003年に行われた調査の成果を用いて新しい資源量推定値を得ているので，それも表9.9に収録しておく．一部の海域はこの2003年の調査では入域できなかったので，前回の調査データから外挿しているという問題が残る．そのため2セットの推定値は必ずしも完全には独立の値とはいえない．なお，これらの調査を行うにあたって最大の障害は，ロシアの200海里水域内の調査許可を取得することであった．漁業管理上の必要から数年ごとに目視調査を行うことを計画したとしても，その実施は先方国の政治的決定に左右されるのが現状である．

これらの資源量推定に対して寄せられた批判の1つは，イシイルカの船に対する反応をどう評価するかということであった．イルカが船に対して無関心ならば問題ないが，多くのイシイルカは遠方から船に寄ってくるので，その場合には生息数推定は過大になる．また，船を避ける傾向があれば，逆のバイアスが発生する．イシイルカは年齢や性状態によってすみわけているので，船に対するイルカの反応は海域によって異なることが容易に予測されるが，それらの

補正はなされていない．

また，西部北太平洋に分布するこれら3個体群と1海域のうち，①と②は戦前から操業された日本のサケ・マス流し網漁業で混獲されているし，③と④は日本のイシイルカ突きん棒漁業で捕獲されてきただけでなく，日本海におけるかつてのサケ・マス流し網でも混獲されていた．これらの歴史的な捕獲が生息数にどのような影響を与えてきたか，あるいはいまの生息数が漁業が始まったときの個体数に比べてどのレベルにあるのか．このような問題を明らかにしたうえで漁獲量をコントロールするのが，資源管理の正攻法である．その方向での試みも開始されてはいるが（Okamura et al. 2008），第2次世界大戦と1980年代の漁獲量の爆発的増加の時代を含めて，漁獲や混獲の歴史的統計を構築するという基礎的な作業は，まだ十分には進んでいないのが現状である．

ちなみに，2008年現在の捕獲枠はイシイルカ型8,396頭，リクゼンイルカ型7,916頭であり，資源量中央値に4%を乗じて算出した1993年規制値が基礎になっている（表6.2，表6.4）．あるレベルの捕獲を続けても資源状態が悪化する恐れがないかどうかを判断する便宜的な手法が，これまでにいくつか提案されている．その1つが，いわゆるPBR（Potential Biological Removal）という方法である．この手法は，米国でイルカ類の混獲レベルの安全性を評価するのに使われている手法である．その概要は第1章でもふれたが，科学的な詳細を知るにはWade（1998）が参考になる．

この方法で捕獲枠ないしは現行の捕獲レベルの妥当性を判断するには，つぎの式でPBRを算出する．すなわち，

$$\text{PBR} = [\text{最小資源量}, N_{\min}] \times R_{\max} \times 0.5 \times [\text{安全係数}, F_r]$$

である．資源の中央推定値を使うと危険であるから，最小資源量として下から20%点の値を使う（95%信頼限界の下限，すなわち下から2.5%点でなくてもよい）．安全係数は漁獲統計の信頼度や漁業以外の死亡原因などの危険要素を勘案して，0.5-1.0の範囲から適宜選択して使う（未知の危険要素が少なければ1に近い値を，危険要素が多ければ0.5に近い値を採用する）．$R_{\max}$としては，イルカ類には0.04が適当であろうとされている．かりに，安全係数を1としても，この手法を最近の資源量推定値に適用すると日本海系のイシイルカ型資源でも，三陸系のリクゼンイルカ型資源でも，漁獲可能量は3,000頭以下となり，現行捕獲頭数の半分にもならない．かりに統計の不備などを念頭に入れて安全係数を0.5とすれば，捕獲枠はそれだけ小さくなる．

日本の水産庁は，日本近海のイシイルカ資源にもPBRの手法を導入する意向を広報などで示しているが，そこでは$R_{\max}$の値として0.08とか0.09を用いている．そのような楽観的な値の正当性が示されない限り，現行の捕獲枠を支持する結論を得ることはむずかしい．$R_{\max}$とは，最適の環境下における資源の増加率であり，これを生物学的データから正確に推定することはきわめてむずかしい．かつてIWCでイシイルカの資源管理の議論が行われていたころ，私は日本の数学者と協力して，繁殖周期，性成熟年齢，死亡率などの情報からイシイルカの$R_{\max}$の推定を試みたことがある．得られた推定値はおおよそ3-9%の広い範囲に収まった記憶がある．3-4%という低い値である可能性が否定できないから，現行の捕獲枠が危険であると判断される恐れがあるということで，水産庁は私がこの研究をIWCの科学委員会に提出することを禁止した．この研究の価値は別として，このような資源管理の姿勢は危険である．いま，日本のイシイルカ漁業が得ている捕獲枠は，このような極端に楽観的な値を仮定せずには導きえない高い数値であるということを記憶する必要がある．

9.7.2 外洋域

日本沿岸から離れた北太平洋沖合のイシイルカの生息数については，各種流し網漁業による混獲の影響を評価するために，北太平洋漁業国際委員会の活動の一部として推定作業が行われてきた．その1つは米国の研究グループによる

表 9.10 北部北太平洋における流し網漁業によるイルカ類の混獲頭数推定（1990 年）．網の長さを示す反数は基準が一定していない．ここでは浮き網の長さ 50 m を 1 反とした．Hobbs and Jones（1993）による．

漁業	イカ流し網			大目流し網		合計
国	日本	韓国	台湾	日本	台湾	
観察操業回数	3,014	911	356	829	353	
観察網数（千反）	2,364	669	170	513	194	
操業網数（千反）	22,769	24,589	3,452	2,665	3,339	
セミイルカ	8,224	1,983	142	0	702	11,051
カマイルカ	4,459	1,065	101	31	103	5,759
マイルカ	693	220	0	2,492	805	4,210
スジイルカ	58	37	0	2,617	360	3,072
イシイルカ	2,937	843	41	0	17	3,838
オットセイ	4,960	147	0	0	206	5,313
海産哺乳類合計	22,169	4,370	385	6,869	5,875	39,668

もので，オブザーバーを自国の調査船や日本の漁船に便乗させて集めた目視情報を用いて計算した（Buckland et al. 1993）．調査の期間は 1987 年から 1990 年で，時期は 6-8 月である．イシイルカの発見のあった緯度・経度の 5 度升目ごとに生息数を計算して，それを合算すると 118.6 万頭（95% 信頼限界; 99.1-142.0 万頭）が得られた．この推定値は，西の端は三陸・道東沿岸から，東の端は米国の沿岸までを含み，本種の北太平洋における夏の分布の南限をもカバーしている．しかし，日本海とオホーツク海は完全に除外されているし，ベーリング海の中・北部のサケ・マス流し網漁業の行われていない海域も除外されている．また，これら海域に隣接するソ連 200 海里水域は一切除かれている．したがって，表 9.9 に示した②オホーツク海北部個体群，③日本海系個体群の大部分，④リクゼンイルカ型個体群，の合計約 55 万頭が含まれていない．これを含めれば，イシイルカの生息数は約 174 万頭となる．この数字も，当然ながらカムチャッカ半島東岸からナワリン岬にかけてのロシア 200 海里水域に生息するイシイルカは含まないものである．また，ほかの多くの推定と同じく，調査線のコース上の見落とし率はゼロと仮定し，船に対するイルカの反応は無視されている．ちなみに，同じ海域で推定されたカマイルカとセミイルカの生息数は，それぞれ 93.1 万頭（20.6-421.6 万頭）と 6.8 万頭（2.0-23.9 万頭）となった．これら 2 種の分布はイシイルカよりも南に偏っているが，これらの推定値はその海域もカバーしたものである．

沖合のイシイルカを混獲する漁業には，サケ・マス流し網漁業，イカ流し網漁業，大目流し網漁業があった．サケ・マス流し網漁業は 1914 年の試験操業以来日本は長い間，国際的な規制を受けずに操業してきたが，第 2 次世界大戦後の 1952 年には北太平洋の漁業に関する日米加三国の北太平洋漁業条約が調印され（第 6 章），日本の操業はベーリング海の公海部分と，北太平洋の西半分に限られた（松本 1980）．また，1956 年からは日ソ漁業条約により，ソ連の 200 海里水域で操業する場合には，ソ連の許可を要することとなった．その後，規制は年々強化され，1991 年を最後に公海域でのサケ・マス流し網操業は終わり，1992 年からはロシアの 200 海里水域内で小規模の操業を合弁で行うこととなった（森田 1994）．イカ流し網漁業も 1978 年に日本の漁業者によって三陸・北海道沿岸で開始され，1980 年には西経 160 度まで最大の拡大をみせた（Yatsu et al. 1993）．これより少し遅れて，台湾船（1970 年代末から）や韓国船（1979 年から）もこの漁業に参加した（Gong et al. 1993; Yeh and Tung 1993）．大目流し網漁業はカジキやマグロ類を目的とする流し網漁業で，その歴史は日本では 19 世紀に

さかのぼるといわれるが，大規模な操業は1970年代初めに開始され，西経150度の沖合にまで拡大したものである（Nakano *et al.* 1993）．台湾漁船もこの漁業を操業したが，詳細はわからない．これら大規模公海流し網漁業は，1989年12月の国連決議を受けて各国が順次これを停止していった（第6章）．北太平洋のイシイルカには少なくとも11個の個体群があると信じられており（前述），上に述べた3種の漁業が操業した海域にも，少なくともいくつかのイシイルカ個体群が分布することは疑いない．セミイルカや沖合のカマイルカに関しては，個体群の区別の糸口さえ見出されていない（Hobbs and Jones 1993）．

　これら流し網漁業で混獲されるイシイルカの頭数については，漁船にオブザーバーを乗せて推定のための基礎資料を集めることが行われた．1991年に東京で行われた日米加の北太平洋漁業条約のシンポジウムでは，Hobbs and Jones (1993) が混獲量の推定と各種イルカ類の個体群に与える影響を報告したが，そこではイシイルカ個体群に与える影響については，重要な言及はほとんどなかった．サケ・マス流し網操業によるイシイルカの混獲については，それを推定するための努力が過去10年近く続けられてきたにもかかわらず，その推定値は発表されずに終わった．イカ流し網と大目流し網による混獲量が推定されただけであった（表9.10）．サケ・マス流し網漁は，1952年以後は漁獲量や使用する網の長さが国際的に規制されたが，漁業者はそれに対して網の反数（長さ）をごまかして数倍の努力量を投入し，漁獲量を隠ぺいして暗黒の操業を続けてきた（佐野1998）．このような操業では，混獲量を推定することは絶望的だったにちがいない．また，このときにはすでにサケ・マス漁業の廃止は決定的な流れとなっていたし，公海流し網の停止は国連で決議されており，研究者は問題を追究する意欲を失ったのかもしれない．結果的には，このシンポジウムそのものが流し網対策活動の終焉の場となった．

第9章　引用文献

天野雅男・早野あづさ・大泉宏・田中美穂 1998a．冬季三陸沖で捕獲されるイシイルカ型イシイルカの起源．pp. 61-67．*In*：宮崎信之（編），いるか資源管理調査委託事業報告書．東京大学海洋研究所．242 pp.

天野雅男・早野あづさ・大泉宏・田中美穂 1998b．冬季三陸沖で捕獲されるイシイルカ型イシイルカの起源――続報．pp. 69-75．*In*：宮崎信之（編），いるか資源管理調査委託事業報告書．東京大学海洋研究所．242 pp.

天野雅男・大泉宏・田中美穂・丸井美穂・天野あづさ 1998c．大槌魚市場に水揚げされたイシイルカの生物学的調査．pp. 33-49．*In*：宮崎信之（編），いるか資源管理調査委託事業報告書．東京大学海洋研究所．242 pp.

大泉宏 2008．日本近海における鯨類の餌生物．pp. 197-273．*In*：村山司（編），鯨類学．東海大学出版会，秦野市．402 pp.

粕谷俊雄・宮下富夫 1989．日本のイルカ漁業と資源管理の問題点．採集と飼育 51（4）：154-160．

粕谷俊雄・山田格 1995．日本鯨類目録．日本鯨類研究所，東京．90 pp.

河村章人・中野秀樹・田中博之・佐藤理夫・藤瀬良弘・西田清徳 1983．青函連絡船による津軽海峡のイルカ類目視観察．鯨研通信 351/352：29-51．

岸田久吉 1925．哺乳動物図解．農商務省農務局，東京．381＋17＋31 pp.

北太平洋漁業国際委員会 1994．研究報告 53（I）．北太平洋遡河性魚類委員会，バンクーバー．74 pp.

黒田長礼 1938．日本産哺乳類目録．ヘラルド社，東京．122 pp.

黒田長久 1954．イシイルカとリクゼンイルカの類縁について．山階鳥類研究所研究報告 5：44-46．

古賀重行 1969．北洋鮭鱒漁業の流し網に罹網した Dall's porpoise について．水大研報 18（1）：53-63．

佐野蘊 1998．北洋サケ・マス沖取り漁業の軌跡．成山堂，東京．188 pp.

永沢六郎 1916．日本産海豚類十一種の学名．動物学雑誌（東京動物学会），28（327）：35-39．

野口栄三郎・中村了 1946．海豚の利用と鯖漁業．霞ヶ関書房，東京．70 pp.

丸井美穂・天野雅男・大泉宏 1998．イシイルカ型イシイルカの白斑による系群判別．pp. 51-60．*In*：宮崎信之（編），いるか資源管理調査委託事業報告書．東京大学海洋研究所．242 pp.

松浦義雄 1943．海獣．天然社，東京．298 pp.

松本巌 1980．解説日本近代漁業年表（戦後編）．水産社，東京．119 pp.

水江一弘・吉田主基 1965．北洋鮭鱒流し網にかかったイルカについて．長崎大学水産学部研究報告 19：1-36．

水江一弘・吉田主基・竹村晃 1966．北洋産 Dall's porpoise の生態について．長崎大学水産学部研究報告 21：1-21．

宮下富夫・岩崎英俊・諸貫秀樹 2007．北西太平洋におけるイシイルカの資源量推定．平成19年度（2007）日本水産学会秋季大会講演要旨集．p. 164.

森田秀雄 1994．独航船のあゆみ　第3巻．日本鮭鱒漁業協同組合，東京．316 pp.

吉岡基・粕谷俊雄 1991．生態・分布解析による鯨類の系群判別．pp. 53-63．*In*：桜本和美・田中昌一・加藤秀弘

（編）．鯨類資源の研究と管理．恒星社厚生閣，東京．273 pp.

Amano, M. and Hayano, A. 2007. Intermingling of *dalli*-type Dall's porpoises into a wintering *truei*-type population off Japan : implication from color patterns. *Marine Mammal Sci.* 23（1）: 1-14.

Amano, M. and Kuramochi, T. 1992. Segregative migration of Dall's porpoise (*Phocoenoides dalli*) in the Sea of Japan and Sea of Okhotsk. *Marine Mammal Sci.* 8（2）: 143-151.

Amano, M., Marui, M., Guenther, T., Ohizumi, H. and Miyazaki, M. 2000. Re-evaluation of geographical variation in the white flank patch of *dalli*-type Dall's porpoise. *Marine Mammal Sci.* 16（3）: 631-636.

Amano, M. and Miyazaki, N. 1992. Geographical variation and sexual dimorphism in the skull of Dall's porpoise, *Phocoenoides dalli*. *Marine Mammal Sci.* 8（3）: 240-261.

Amano, M. and Miyazaki, N. 1993. External morphology of Dall's porpoise (*Phocoenoides dalli*) : growth and sexual dimorphism. *Canadian J. Zool.* 71 : 1124-1130.

Amano, M. and Miyazaki, N. 1996. Geographical variation in external morphology of Dall's porpoise, *Phocoenoides dalli*. *Aquatic Mammals* 22（3）: 167-174.

Amano, M., Yoshioka, M., Kuramochi, T. and Mori, K. 1998. Diurnal feeding by Dall's porpoise, *Phocoenoides dalli*. *Marine Mammal Sci.* 14（1）: 130-135.

Andrews, R. C. 1911. A new porpoise from Japan. *Bull. Am. Mus. Nat. Hist.* 30 : 31-52.

Berta, A. and Sumich, J. L. 1999. *Marine Mammals : Evolutionary Biology*. Academic Press, San Diego. 494pp.

Best, P. B. 1979. Social organization in sperm whales, *Physeter macrocephalus*. pp.227-289. *In* : H. E. Winn and B. L. Olla (eds). *Behavior of Marine Mammals : Current Perspectives in Research*. Plenum Press, New York and London. 438 pp.

Brown, M. R., Cockeron, P. J., Hale, P. T., Shultz, K. W. and Bryden, M. M. 1995. Evidence for a sex segregated migration in the humpback whale (*Megaptera novaeangliae*). *Proc. Royal Soc. London*, Part B 259 : 229-234.

Buckland, S. T., Cattanach, K. L. and Hobbs, R. C., 1993. Abundance estimates of Pacific white-sided dolphin, northern right whale dolphin, Dall's porpoise and northern fur seals in the North Pacific, 1987-1990. *International North Pacific Fish. Commn. Bull.* 53（III）: 387-409.

Clapham, P. J. 2002. Humpback whale, *Megaptera novaeangliae*. pp. 589-592. *In* : W. F. Perrin, B. Würsig and J. G. M. Thewissen (eds). *Encyclopedia of Marine Mammals*. Academic Press, San Diego. 1414 pp.

Dailey, M. D. and Brownell, R. L. Jr. 1972. A checklist of marine mammal parasites. pp. 528-589. *In* : S. H. Ridgway (ed). *Mammals of the Sea : Biology and Medicine*. C. C. Thomas, Illinois. 812 pp.

DeMaster, D. P. 1978. Calculation of the average age of sexual maturity in marine mammals. *J. Fish. Res. Bd. Canada* 35 : 912-930.

Escorza-Trevino, S. and Dizon, S. 2000. Phylogeography, intraspecific structure, and sex-biased dispersal of Dall's porpoise, *Phocoenoides dalli*, revealed by mitochondrial and microsatellite DNA analysis. *Molecular Ecology* 9 : 1046-1060.

Escorza-Trevino, S., Pastene, L. A. and Dizon, A. E. 2004. Molecular analyses of the *truei* and *dalli* morphotypes of Dall's porpoise (*Phocoenoides dalli*). *J. Mammalogy* 85（2）: 347-355.

Ferrero, R. C. and Walker, W. A. 1999. Age, growth, and reproductive patterns of Dall's porpoise (*Phocoenoides dalli*) in the central North Pacific Ocean. *Marine Mammal Sci.* 15（2）: 273-313.

Fiscus, C. H. and Jones, L. 1999. A note on cephalopods from the stomach of Dall's porpoises (*Phocoenoides dalli*) from the Northwestern Pacific and Bering Sea, 1978-1982. *J. Cetacean Res. Manage.* 1（1）: 101-107.

Gong, Y., Kim, Y. S. and Hwang, S. J. 1993. Outline of the Korean squid gillnet fishery in the North Pacific. *International North Pacific Fish. Commn. Bull.* 53（1）: 45-69.

Harrison, R. J., Johnson, F. R. and Young, B. A. 1970. The oesophagus and stomach of dolphins (*Tursiops, Delphinus, Stenella*). *J. Zool., London.* 160 : 377-390.

Hayano, A., Amano, M. and Miyazaki, N. 2003. Phylogeography and population structure of the Dall's porpoise, *Phocoenoides dalli*, in the Japanese waters revealed by mitochondrial DNA. *Genes Genet. Syst.* 78 : 81-91.

Hershkovitz, H. 1966. *Catalog of Living Whales*. Smithsonian Inst., Washington. 259 pp.

Hobbs, R. C. and Jones, L. L. 1993. Impact of high seas driftnet fisheries on marine mammal population in the North Pacific. *International North Pacific Fish. Commn. Bull.* 53（III）: 409-432.

Houck, W. J. 1976. The taxonomic status of the species of the porpoise genus *Phocoenoides*. Paper ACMRR/MM/SC/114, presented to the FAO Scientific Consultation on Marine Mammals, Bergen. (unpublished).

IWC (International Whaling Commission) 1990. Report of the Scientific Committee. *Rep. int. Whal. Commn.* 40 : 39-93.

IWC 1991. Report of the Sub-Committee on Small Cetaceans. *Rep. int. Whal. Commn.* 41 : 172-190.

IWC 1992. Report of the Sub-Committee on Small Cetaceans. *Rep. int. Whal. Commn.* 42 : 178-234.

IWC 2002. Report of the Standing Sub-Committee on Small Cetaceans. *J. Cetacean Res. Manage.* 4（Suppl.）: 325-338.

Japan Progress Report 1991. Progress report on cetacean research, May 1989 to May 1990. *Rep. int. Whal. Commn.* 41 : 239-243.

Jefferson, T. A. 1988. *Phocoenoides dalli. Mammal Species*. No. 319 : 1-7. American Society of Mammalogists.

Jefferson, T. A. 1989. Sexual dimorphism and development of external features in Dall's porpoise *Phocoenoides dallii. Fish. Bull.* 88 : 119-132.

Jones, L., Kasuya, T., Gosho, M. and Miyazaki, N. 1985. Variability by readers and method of preparation in Dall's porpoise age determination. Unpublished document in

March 1985, INPFC Doc. No. 2878. 19pp.+5 text figures.
Jones, L. L., Rice, D. W. and Gosho, M. E. 1985. Biological studies of Dall's porpoise : progress report. Document submitted to the meeting of the Scientific Subcommittee of the Ad Hoc Committee on Marine Mammals, International North Pacific Fisheries Commission, Tokyo, Japan. March 11-15, 1985. 18 pp.
Joyce, G. G., Rosapepe, J. V. and Ogasawara, J. 1982. White Dall's porpoise sighted in the North Pacific. *Fish. Bull.* 80 (2) : 401-402.
Kasuya, T. 1978. The life history of Dall's porpoise with special reference to the stock off the Pacific coast of Japan. *Sci. Rep. Whales Res. Inst.* (Tokyo) 30 : 1-63.
Kasuya, T. 1982. Preliminary report of the biology, catch and population of *Phocoenoides* in the western North Pacific. pp. 3-20. *In* : J. G. Clark, J. Goodman and G. A. Soave (eds). *Mammals in the Sea*, Vol. 4 (Small Cetaceans, Seals, Sirenians, and Otters). FAO, Rome. 531 pp.（本研究は Houck [1976] と同じく，1976年に FAO が Bergen で開いた会合に提出されたが，出版に時間を要したため，発行年に比べて記述が古い）．
Kasuya, T. 1991. Density dependent growth in North Pacific sperm whales. *Marine Mammal Sci.*, 7 (3) : 230-257.
Kasuya, T. 1992. Examination of Japanese statistics for the Dall's porpoise hand harpoon fishery. *Rep. int. Whal. Commn.* 42 : 521-528.
Kasuya, T. 1995. Overview of cetacean life histories : an essay in their evolution. pp. 481-497. *In* : A. S. Blix, L. Walloe and O. Ultang (eds). *Whales, Seals, Fish and Man*. Elsevier Science, Amsterdam. 720 pp.
Kasuya, T. and Jones, L. L. 1984. Behavior and segregation of the Dall's porpoise in the northwestern North Pacific Ocean. *Sci. Rep. Whales Res. Inst.* (Tokyo) 35 : 107-128.
Kasuya, T. and Kureha, K. 1971. Sighting records of mammals and birds in the Sea of Japan. pp. 205-209. *Preliminary Rep. of the Hakuho Maru Cruise KH-69-2 : April 26-June 19, 1969*. Ocean Res. Inst., Univ. of Tokyo. 209 pp.
Kasuya, T. and Marsh, H. 1984. Life history and reproductive biology of the short-finned pilot whale, *Globicephala macrorhynchus*, off the Pacific coast of Japan. *Rep. int. Whal. Commn.* (Special Issue 6, Reproduction in Whales, Dolphins and Porpoises) : 259-310.
Kasuya, T. and Matsui, S. 1984. Age determination and growth of the short-finned pilot whale off the Pacific coast of Japan. *Sci. Rep. Whales Res. Inst.* (Tokyo) 35 : 57-91.
Kasuya, T. and Ogi, H. 1987. Distribution of mother-calf Dall's porpoise pairs and an indication of calving grounds and stock identity. *Sci. Rep. Whales Res. Inst.* (Tokyo) 38 : 125-140.
Kasuya, T. and Shiraga, S. 1985. Growth of Dall's porpoise in the western North Pacific and suggested geographical growth differentiation. *Sci. Rep. Whales Res. Inst.* (Tokyo) 36 : 139-152.
Kasuya, T. and Tai, S. 1993. Life history of short-finned pilot whale stocks off Japan and a description of the fishery. *Rep. int. Whal. Commn.* (Special Issue 6, Reproduction in Whales, Dolphins and Porpoises) : 439-473.
Kasuya, T., Tobayama, T., Saiga, T. and Kataoka, T. 1986. Perinatal growth of delphinoids : information from aquarium reared bottlenose dolphin and finless porpoises. *Sci. Rep. Whales Res. Inst.* (Tokyo) 37 : 85-97.
Kuramochi, T., Kubodera, T. and Miyazaki, N. 1991. Squids eaten by Dall's porpoise, *Phocoenoides dalli* in the northwestern North Pacific and in the Bering Sea. pp. 229-240. *In* : T. Okutani, R. K. O'dor and T. Kubodera (eds). *Recent Advances in Fisheries Biology*. Tokai University Press, Tokyo. 752 pp.
Lockyer, C. 1981a. Growth and energy budgets of large baleen whales for the southern hemisphere. pp. 379-481. (*In* : J. G. Clark, J. Goodman and G. A. Soave (eds). *Mammals in the Sea*, Vol. 3 (General Papers and Large Cetaceans). FOA, Rome. 504 pp.
Lockyer, C. 1981b. Estimation of the energy costs of growth, maintenance and reproduction in the female minke whale, (*Balaenoptera acutorostrata*), from the southern hemisphere. *Rep. int. Whal. Commn.* 31 : 337-343.
Lockyer, C. 1984. Review of baleen whale (Mysticeti) reproduction and implication for management. *Rep. int. Whal. Commn.* (Special Issue 6, Reproduction in Whales, Dolphins and Porpoises) : 27-50.
Lockyer, C. 2003. Harbour porpoise (*Phocoena phocoena*) in the North Atlantic : biological parameters. pp. 71-89. *In* : T. Haug, G. Desportes, G. A. Vikingsson, L. Witting, and D. G. Pike (eds). *Harbour Porpoise in the North Atlantic*. The North Atlantic Marine Mammal Commission, Tromso. 315 pp.
Miller, G. S. Jr. 1929. The gums of porpoise *Phocoenoides dalli* (True). *Proc. U. S. National Mus.* 74 : 1-4.
Miyashita, T. 1991. Stocks and abundance of Dall's porpoises in the Okhotsk Sea and adjacent waters. Paper IWC/SC/43/SM7, presented to IWC Scientific Committee in 1991 (unpublished). 24 pp. (Available from IWC Secretariat).（この数値は IWC [1992] に引用されている）．
Miyashita, T. 1993. Distribution and abundance of some dolphins taken in the North Pacific driftnet fisheries. *International North Pacific. Fish. Commn. Bull.* 53 (III) : 435-449.
Miyashita, T. and Berzin, A. A. 1991. Report of the whale sighting survey in the Okhotsk Sea and adjacent waters in 1990. Paper IWC/SC/43/O5, presented to the IWC Scientific Committee in 1991 (unpublished). 14 pp. (Available from IWC Secretariat).
Miyashita, T. and Doroshenko, N. 1990. Report of the whale sighting survey in the Okhotsk Sea August, 1989. Paper IWC/SC/42/O18, presented to the IWC Scientific Committee in 1990 (unpublished). 16 pp. (Available from IWC Secretariat).
Miyashita, T. and Kasuya, T. 1988. Distribution and Abundance of Dall's porpoise off Japan. *Sci. Rep. Whales Res. Inst.* (Tokyo) 39 : 121-150.
Miyazaki, N., Jones, L. L. and Beach, R. 1984. Some observa-

tions on the school structure of *dalli*- and *truei*-type Dall's porpoises in the northwestern Pacific. *Sci. Rep. Whales Res. Inst.* (Tokyo) 35：93-105.

Morejohn, G. V. 1979. The natural history of Dall's porpoise in the North Pacific Ocean, pp. 45-83. *In*：H. E. Winn, and B. L. Olla (eds). *Behavior of Marine Animals, Current Perspectives in Research*, Vol. 3：Cetaceans. Plenum Press, New York. 438 pp.

Nakano, H., Okada, K., Watanabe, Y. and Uosaki, K. 1993. Outline of the large-mesh driftnet fishery of Japan. *International North Pacific Fish. Comm. Bull.* 53 (1)：25-37.

Newby, T. C. 1982. Life history of Dall's porpoise (*Phocoenoide dalli*, True 1885) incidentally taken by the Japanese high seas salmon mothership fishery in the northwestern North Pacific and western Bering Sea, 1978 and 1980. Doctoral Thesis, University of Washington. 157 pp.

Ohizumi, H., Kuramochi, T., Amano, M. and Miyazaki, N. 2000. Prey switching of Dall's porpoise *Phocoenoides dalli* with population decline of Japanese pilchard *Sardinops melanostictus* around Hokkaido, Japan. *Marine Ecol. Progress Ser.* 200：265-275.

Ohizumi, H., Kuramochi, T., Kubodera, T., Yoshioka, M. and Miyazaki, N. 2003. Feeding habits of Dall's porpoise (*Phocoenoides dalli*) in the subarctic North Pacific and the Bering Sea basin and the impact of predation on mesopelagic micronekton. *Deep-Sea Research Part I* 50：593-610.

Ohizumi, H. and Miyazaki, N. 1998. Feeding rate and daily energy intake of Dall's porpoise in the northeastern Sea of Japan. *Proc. National Inst. Polar Res. Symposium on Polar Biology* 11：74-81.

Ohsumi, S. 1966. Allomorphosis between body length at sexual maturity and body length at birth in the cetacean. *J. Mamm. Soc. Japan* 3 (1)：3-7.

Okamura, H., Iwasaki, T. and Miyashita, T. 2008. Toward sustainable management of small cetacean fisheries around Japan. *Fishery Science* 74 (4)：718-729.

Olafsdottir, D., Vikingsson, G. A., Halldorsson, S. D. and Sigurjonsson, J. 2003. Growth and reproduction in harbour porpoise (*Phocoena phocoena*) in Icelandic waters. pp. 195-210. *In*：T. Haug, G. Desportes, G. A. Vikingsson, L. Witting, and D. G. Pike (eds). *Harbour Porpoise in the North Atlantic*. The North Atlantic Marine Mammal Commission, Tromso. 315 pp.

O'shea, T., Brownell, R. L. Jr., Clarke, D. R. Jr., Walker, W. A., Gay, M. L. and Lamont, T. G. 1980. Organochlorine pollutants in small cetaceans from the Pacific and south Atlantic oceans, November 1968-June 1976. *Pesticide. Monit. J.* 14：35-46.

Perrin, W. F., Holts, D. B. and Miller, R. B. 1977. Growth and reproduction of the eastern spinner dolphin, a geographical form of *Stenella longirostris* in the eastern tropical Pacific. *Fishery Bull. US*. 75 (4)：725-750.

Ridgway, S. H. and Johnston, D. G. 1966. Blood oxygen and ecology of porpoises of three genera. *Science* 151：456-458.

Ridgway, S. H. and Kohn, S. 1995. The relationship between heart mass and body mass for three cetacean genera：narrow allometry demonstrates interspecific differences. *Marine Mammal Sci.* 11 (1)：72-80.

Sergeant, D. E. 1969. Feeding rates of cetacean. *Fiskeridirektoratets Skrifter*, Serie havunderskoleser 15：246-258.

Shimura, E. and Numachi, K. 1987. Genetic variability and differentiation in the toothed whales. *Sci. Rep. Whales Res. Inst.* (Tokyo) 38：141-163.

Smith, T. D., Allen, J., Chapman, P. J., Hammond, P. S., Katona, S., Larsen, E., Lien, J., Mattila, D., Palsboll, P. J., Sigrjonson, J., Stevick, P. T. and Oien, N. 1999. An ocean-basin-wide mark-recapture study of the North Atlantic humpback whale (*Megaptera novaeangliae*). *Marine Mammal Sci.* 15 (1)：1-32.

Szczepaniak, I. D. and Webber, M. A. 1992. First record of a *Truei*-type Dall's porpoise from the eastern North Pacific. *Marine Mammal Sci.* 8 (4)：425-428.

Subramanian, A., Tanabe, S., Fujise, Y. and Tatsukawa, R. 1986. Organochlorine residues in Dall's and True's porpoises collected from Northwestern Pacific and adjacent waters. *Mem. Natil. Inst. Polar Res.* (Spec. Issue 44)：167-173.

Tatsukawa, R., Tanabe, S. and Honda, K. 1979. Studies on some organochlorine compounds residues in the sea water surrounding Honshu Island. *Prelim. Rep. Hakuho Maru Cruise, KH-76-3*：23-25.

True, F. W. 1885. On a new species of porpoise, *Phocoena dalli*, from Alaska. *Proc. U. S. National Mus.* 8：95-98.

Wade, P. R. 1998. Calculating limits to the allowable human-caused mortality of cetaceans and pinnipeds. *Marine Mammal Sci.* 14 (1)：1-37.

Walker, W. 1996. Summer feeding habits of Dall's porpoise, *Phocoenoides dalli*, in the southern Sea of Okhotsk. *Marine Mammal Sci.* 12 (2)：167-181.

Walker, W. A. 2001. Geographical variation of the parasite, *Phyllobothrium delphini* (Cestoda), in Dall's porpoise, *Phocoenoides dalli*, in the northern North Pacific, Bering Sea, and Sea of Okhotsk. *Marine Mammal Sci.* 17 (2)：264-275.

Wilke, F., Taniwaki, T. and Kuroda, N. 1953. *Phocoenoides* and *Lagenorhynchus* in Japan, with notes on hunting. *J. Mammalogy* 34 (4)：488-497.

Winans, G. A. and Jones, L. L. 1988. Electric variability in Dall's porpoise (*Phocoenoides dalli*) in the North Pacific Ocean and Bering Sea. *J. Mammalogy* 69 (1)：14-21.

Yatsu, A., Hiramatsu, K. and Hayase, S. 1993. Outline of the Japanese squid driftnet fishery of Japan. *International North Pacific Fish. Commn. Bull.* 53 (1)：5-24.

Yeh, S. Y. and Tung, I. H. 1993. Review of Taiwanese pelagic squid fisheries in the North Pacific. *International North Pacific Fish. Commn. Bull.* 53 (1)：71-76.

Yoshioka, M., Kasuya, T. and Aoki, M. 1990. Identity of Dalli-type Dall's porpoise stocks in the northern North Pacific and adjacent seas. Paper IWC/SC/42/SM31, presented to the IWC Scientific Committee in 1990 (unpublished). 20 pp. (Available from IWC Secretariat).

第10章　スジイルカ

10.1　特徴

スジイルカ Stenella coeruleoalba (Meyen, 1833) は南大西洋のラプラタ河口で捕獲された標本にもとづいて記載された．そのときの学名は Delphinus coeruleoalbus であったが，後に Stenella 属に移され，それにともなって語尾が変化して，いまのようになった．これまでに本種には Clymenia と Prodelphinus の属名も用いられ，種名としては styx, euphrosyne, marginatus など多数の名前がつけられ，属名とのさまざまな組み合わせで用いられた歴史がある (Perrin et al. 1994; Rice 1998).

スジイルカは体長 250 cm に達する典型的なイルカで，前頭部の脂肪組織（メロン）のふくらみと上顎のくちばし状の吻との境は明瞭に区切られている．くちばし状の部分の長さは 11 cm 前後で体長の 4.5-5.8% であり，ハンドウイルカよりは細いが，マイルカやマダライルカに比べてやや太い印象を与える（粕谷 1994）．本種の上顎くちばしは，上下の厚さに比べて左右の幅が広いのが特徴である．背鰭は体のほぼ中央に位置し，後縁が湾入した三日月形をなし，高さは体長の 8-9% である (Okada 1936)．体色の基調は青黒色の背面と白色の腹面よりなり，その間に特徴的な筋模様が認められる．まず，目を取り巻く黒色域からは 3 本の黒条が前後に伸びる．第1の黒条は前方に伸びて，メロンとくちばしの境界域に達する．第2の黒条は胸鰭基部に伸びて，胸鰭の表裏の黒色域に連なる．第3の黒条は後方に伸びて肛門付近に達する．これが本種の名称の由来である．第3の黒条の腹側からは，短い枝が胸鰭のあたりで分岐し，後方の体側にいたって消える．背面の青黒色域と第3の黒条の間の胸部体側は暗灰色で，この部分は肛門後方に伸びて，さらに尾柄の左右側面に広がる．尾鰭の上下面と尾柄の背縁は濃い色をしている．胸部体側の灰色の部分からは，幅広い分岐が上後方に伸びて背鰭の基部付近で消える．この背鰭に向かう吹流しのような，あるいは刷毛で掃いたような灰色の縞は本種の特徴であり，やや幅広いくちばしとともに，洋上で本種を識別するときの有力な手がかりとなる．日本近海の個体では，歯の数は上下左右にそれぞれ 43-50 本である．

わが国では本種にスジイルカの名称が使われた確実な例としては，18-19 世紀に描かれた『古座浦捕鯨絵巻』の本種とわかる絵にその名称がつけられている．粕谷・山田 (1995) はこのほかにも，本種を指す古い例をいくつかあげているが，文章による記述を解釈したものなので，どこまで確実なのか疑問なしとしない．明治以来の研究者の間では本種の和名に関して混乱は認められないが，一般書では若干の混乱を生じたこともあった．その一因は，伊豆半島沿岸のイルカ漁業地で本種を「マイルカ」と呼んだ歴史が長いことが関係している．私が西脇昌治氏や大隅清治氏の手伝いで，川奈で漁獲されたスジイルカの調査に初めて参加したのは 1960 年の秋であるが，そこではスジイルカを「マイルカ」と呼ぶのが普通であったし，少なくとも 1980 年ごろまではそれを耳にすることがめずらしくなかった．1990 年ごろに，伊豆のイルカ漁業地では，捕獲割当違反の疑いのス

キャンドルが新聞で話題になったことがある．このときに，富戸漁業協同組合に電話で問い合わせたおりにマイルカという呼称を相手が口にしたので，それはスジイルカのことですかと尋ねたところ，「そのような誤解される呼び名は使っていません」としかられた記憶がある．このときには，すでに標準和名が意識的に使われていたのである．

明治期の『静岡県水産誌』（川島 1894）によると，伊豆半島の各地で真海豚（マユルカ；同書では「ユルカ」が一般的であるが，「イルカ」も使われている）と呼ばれる種が追い込み漁で大量に捕獲されていた．粕谷・山田（1995）は，体重が 48-93 kg で群生し多獲されることと，1960 年代の呼称への連続性とから，それもスジイルカを指していたものと考えている．しかし，それが類似の別の種，たとえばマダライルカやマイルカではないと断定するだけの十分な根拠があるわけではない．真海豚あるいは「マイルカ」と呼ばれる種は日本各地に出現したが，それぞれが同じ種を指すとは限らなかったのである（小川 1950）．「マイルカ」は各地でもっとも普通にみられるとか，もっとも好まれるイルカの種を指す名称だったらしい．

10.2 分布と表面水温

イルカ類の分布は海面水温と無関係ではない（Kasuya 1982）．いま，ネズミイルカ科とマイルカ科のおもな種類について，出現場所の表面水温と種類との関係を表10.1にまとめた．これは三重大学学生（当時）の山本順子さんが調査船や大学の練習船のデータから集計してくれたもので，東経 180 度以西の西部北太平洋の周年の記録をまとめてある．ここに現れた出現回数がこれらイルカ類のいまの生息数を反映していると考えるのは正しくない．それは，イルカの分布は水温だけで規定されるわけではなく，スナメリのように浅い海を好む種もあるし，セミイルカのように外洋を好む種もあるなかで，調査船の運航は九州から北海道にいたる日本の太平洋沿岸域に偏っているためである．また，

このデータは 1970 年代からの 30 年間に集められたものである．その間にスジイルカは漁業によって著しく個体数を減じてしまった．1960 年代までは，適当な水温帯に行けば沿岸水域でもたくさんのスジイルカをみることができたが，いまではみることはまれになっている．

イルカ類は種や個体群によって特定の水温範囲を好む傾向があり，海水の表面水温によって出現するイルカの種はある程度限られてくる．日本近海に産する種を例にあげると，第 1 は寒冷性の種で，ネズミイルカやイシイルカがこれに含まれる．第 2 はスジイルカ属（スジイルカ，マダライルカ，ハシナガイルカなど），ハンドウイルカ属（ハンドウイルカとミナミハンドウイルカ），ハナゴンドウなどの熱帯系のイルカである．そのなかでもマダライルカ，ハシナガイルカなどは高温域を好む傾向があり，ハンドウイルカの仲間は比較的低水温にも出現する．第 3 は両者の中間に位置するセミイルカとカマイルカで，表面水温 10-20 度を好む．西部北太平洋のシャチもおそらくこの第 3 のグループに属するかと思われるが，個体群によって特性が異なり，熱帯から極海の浮氷域に生活するものまでさまざまである．日本近海のコビレゴンドウには 2 つの個体群（タッパナガとマゴンドウ）があって，南北にすみわけているので（第 12 章），種としては広い水温耐性をもっているようにみえる．これらの分類にあてはまらないもので，第 4 のグループとも呼ぶべきものにスナメリがある（第 8 章）．スナメリは表面水温 5 度台から 30 度台まで出現する．スナメリは水深 50 m 以浅の内湾や沿岸域を好むとされている．内湾の浅い海は季節による水温変化が激しい特性があり，それだけでみれば不利な条件である．しかし，そこには天敵が少ないとか，選り好みをしなければ餌が周年手に入りやすいといった有利な要素もあったらしい．そのため，スナメリは浅海を好んですみつく段階で，水温に対しては広い耐性を獲得したものと思われる．

さて，スジイルカについてみると，本種が普通に出現する表面水温は 19-29 度の範囲である．この下限水温帯は，日本の太平洋側では，夏に

表 10.1 西部北太平洋で観察された主要なイルカ類の出現回数と発見時の表面水温（水温範囲は以上，未満で示す）.

表面水温	リクゼンイルカ型	イシイルカ型	ネズミイルカ	スナメリ	セミイルカ	カマイルカ	シャチ	ハナゴンドウ	オキゴンドウ	タッパナガ型	マゴンドウ型	ハンドウイルカ	スジイルカ	マダライルカ	合計
5-6	1			2											3
6-7				5											5
7-8	1	1		13											15
8-9	3			10		1									14
9-10	2	19		24		1	2								48
10-11	5	6		5		3					1				20
11-12	2	3		10		3	1	1		1		1			22
12-13	1	19		1	1	12		1				1			36
13-14	1	42		32	3	10	1	1		5		1	1		97
14-15	3	14		15		2	1	3		4	1	3			46
15-16	9	14		17	1	2	1	3	2	2		2			53
16-17	14	22	6	12		6	1	2		6		1			70
17-18	2	12		7	1	5		4	3	7		2			43
18-19	2	9	3	21		2	6	5	4	5	2	4			63
19-20	1			26		3	3	23	3	4	2	2	1	2	70
20-21				40		3	2	31	1	5	2	5	6	1	96
21-22			2	42		7		17	4	1	5	5		1	84
22-23			1	44		1	2	11	2	2	4	9	1		77
23-24				35	1		1	9	2	7	2	11	8	1	78
24-25				57				10	1	4	2	3			77
25-26				73				6		8	2		1		90
26-27				56				11	3	1	3	5			79
27-28				59				6	3		3	5	1		77
28-29				27				3	2		2	1	1		36
29-30				3			1	3				7	1		15
30-31				6							1				7
合計	47	161	12	642	7	54	29	147	33	63	33	68	20	5	1,321

注：体色によって，イシイルカはイシイルカ型とリクゼンイルカ型に，コビレゴンドウはタッパナガ型とマゴンドウ型に区別した．また，ハンドウイルカはミナミハンドウイルカとハンドウイルカの2種を区別していない．

は北緯42度の釧路付近に，冬には北緯33度の四国南岸に位置する．また，日本海側では，この水温帯は夏には宗谷海峡（北緯44度）から網走沖にあり，冬には九州西岸（北緯32度）にくる．宗谷海峡から網走沖にかけて夏の表面水温が上昇するのは，夏の日照で表面海水が温められることと，対馬暖流が夏には張り出すためである．この水温域ならばどこにでもスジイルカが出現するかといえば，けっしてそうではない．後で述べるように，スジイルカは日本海にはほとんど出現しない．また，冬季には比較的低水温の海面にも出現する一方，夏季には水温下限がやや高い傾向がある．スジイルカは冬に紀伊半島沖合に生息して，和歌山県太地（北緯34度）で追い込み漁業で捕獲されているのはそのような理由によるのである．

夏と冬で出現水温帯が変化するのは，彼らの分布を支配する要因は表面水温だけではないためである．それは餌の分布かもしれない．餌の分布は海水表面よりも下層の水温に支配される．また，スジイルカの個々の個体群はそれぞれ特定の水塊に生活する傾向がある．その場合，それぞれの水塊では，水温の季節変動は海表面で大きく，下層では少ないのである．スジイルカは極端に浅い海や内湾には入らず，外洋を好む傾向がある．これもスジイルカの分布を規制している水温以外の要因である．

これまでにスジイルカが出現した上限水温は

表面水温で29度付近であった．これよりも高い水温域でもオキゴンドウ，コビレゴンドウ，ハンドウイルカなどは記録されているが，そこにはスジイルカは出現しなかった．このことは本種が極端な高温域を好まないことを示している．

10.3 地理的分布

Perrin et al. (1994) は，スジイルカの出現記録を集めて本種の世界的な分布を示している．それによれば，スジイルカは熱帯から暖帯にかけて広く分布することがわかる．ただし，このような情報には海流に流されたイルカが死体となって漂着した例も含まれるので，通常の生息範囲よりも広い分布が示されがちである．たとえば，西部アリューシャン列島，グリーンランド，フェロー諸島のような寒冷地への出現は，通常の生息範囲外での例外的な記録である．これまでの日本周辺での出現は，大部分は北海道以南の太平洋沿岸での記録であり，これは水温分布からみても妥当である．Perrin et al. (1994) によれば，スジイルカは南千島からも報告されており，日本海にも漂着例がある．このような記録も，水温条件から判断する限り不可能とは断定できないが，あくまでも例外的な記録と理解される．生物現象にはつねに例外的な現象がともなう．そのようなまれな事例は研究者の目をひくことが多いが，それを拾い集めても生物の日常の生活を理解することにはならない．分布情報などにはとくにその傾向が強い．

水産庁の遠洋水産研究所では，1980年代から目視調査船を組織的に運航して，西部北太平洋の鯨類の分布を調べてきた．その調査海域と季節は，その時々の調査の必要に合わせて年々少しずつ変化をみせ，どちらかといえば沿岸域と夏季に比重が置かれてきた．しかし，広大な西部北太平洋をほとんど切れ目なくカバーしているので，鯨類の一般的な分布パターンを知るには貴重なデータである．季節別にこのデータを地図にプロットしたものが報告されている（図10.1; Miyashita 1993）．それによれば，夏の8-9月のスジイルカの分布北限は，東経145度以東では北緯42度付近にあった．この緯度帯でも，東経145度より西側の海面は千島・北海道に近いロシアの経済水域にあたり，調査量が多くはない．しかし，ここには冷たい親潮が南下しているので，そこにスジイルカが日常的に来遊しているとは考えがたい（Kasuya 1999）．また，冬の分布についても調査量は少ないが，日本の太平洋沖合の東経120-145度の範囲では，千葉県沿岸の北緯35度から南方は琉球列島を経て，台湾南方の北緯10度まで分布が確認されている．

日本海でも7-9月に多くの調査が行われたが，そこにはスジイルカの出現は記録されていないし（Iwasaki et al. 1995; Miyashita et al. 1995），日本海沿岸における最近の漂着記録のなかにもスジイルカは出現していない（Yamada 1993）．唯一の例外は，1998年5月に下関市近郊にスジイルカの集団座礁の記録があることである．これらの事実から Kasuya (1999) は，スジイルカは日本海にはまれな種であると結論している．

東シナ海や琉球列島沿岸でも夏に目視航海がなされ（Iwasaki et al. 1995），イルカ出現情報の収集も行われた（内田1985）．また，五島周辺では，かつての壱岐周辺におけるブリ一本釣り漁業がイルカ被害を受けるという問題を壱岐の漁業者が水産庁に訴えて，その対策の基礎調査としてイルカの分布調査が行われたりしたが，そこにもスジイルカの記録は出現しない．この海域から報告されたスジイルカの記録としては，奄美大島の北方で冬季に1回の目視例があるのみである（Miyashita et al. 1995）．かりに本種が東シナ海に分布するとして，それはきわめてまれな存在であると考えられている（Kasuya 1999）．本種が黄海や東シナ海に通常は分布しない背景には，この海域の水深が浅いことがあるかもしれない．台湾でも本種はまれである．かつて，台湾海洋大学の頭骨標本1個体と同島東北部の蘇澳に漁獲物として水揚げされた1頭が記録されていたが（Kasuya 1999），このほかに南東部の台東沖の水深4,000 m以上の外

洋で，一群の観察記録がある（王・楊 2007）．台湾の東海岸は海底が急峻であり，水深 4,000 m の水域が海岸から数 km まで接近しているところもある．

スジイルカの分布には，東シナ海から琉球列島を経て西部北太平洋にいたる西南西から東北東に伸びる帯状の空白海域があるように思われる．これについては個体群の分布の項でふれる．

10.4　西部北太平洋における個体群

10.4.1　個体群の考え方

水産資源の管理においては，個体群あるいは系統群という概念が重視される．個体数の増減が独立であるような個体の集まりを個体群と呼ぶ．1 つの個体群のなかでは，遺伝的な混合はほぼ自由に行なわれるが，異なる個体群の間では，遺伝的な交流は限定的である．隣接する個体群の間に多少の交流があっても，その頻度が漁業による間引き率に比べ無視できるような低レベルの場合には，資源管理上は別の個体群として扱うのが適切である．たとえば年率 0.1% 以下の交流ならば，個体数の変動は相互にほとんど独立である．このように遺伝的な隔離が不完全な 2 つの集団でも，両海域の間に著しい環境のちがいがあって異なる淘汰圧が働いていれば，そこには繁殖期，成長などになんらかのちがいが認められる場合があるかもしれない．しかし，そうでない場合には，識別はむずかしい．近年では DNA の塩基配列のちがいなど，淘汰に対して中立な形質を使って個体群を識別する試みが流行している．このような手法では，ごく低レベルの遺伝的交流があっても個体群間のちがいが消滅して，識別ができなくなる．したがって，標本群の間で遺伝的なちがいがみつからないことは，必ずしもそれらが 1 つの個体群に属していることの証拠にはならないことに留意する必要がある．

特定の季節に限って，あるいは特定の成長段階あるいは生理状態の個体が，地理的に隣接するほかの個体群の生活範囲と重複することがあるかもしれない．北大西洋のハンドウイルカでは，沿岸と沖合に別の個体群が分布し，分布域が一部重複する例がある（Torres et al. 2003）．このような場合にはほかの生物学的情報を参考にして，適切に標本群を処理しないと個体群の分離が困難となる．

スジイルカは数十頭から数千頭の群れで生活している．群れのメンバーは流動的で，頻繁に離合集散していると考えられるが，親子やときには兄弟などが 1 つの群れのなかに生活している確率は，ランダムな組み合わせよりも高いと考えるのが自然である．したがって，個々の群れは個体群のランダムな組成を代表するものではありえないことは明らかである．もしも，近いところの群れとは比較的頻繁に交流しつつも，遠くなるにつれてしだいに疎遠になるような現象があるとすれば，遺伝的変化は連続的となり，個体群の境界をどこに引くかは，きわめて困難な仕事となる．

10.4.2　地理的分布と個体群

日本周辺のスジイルカの地理的分布を眺めてみよう．なにか個体群に関する手がかりがみつかるかもしれない．この海域では，スジイルカの目視調査は冬よりも夏に多くなされてきた（Miyashita 1993）．それをもとに 7-9 月の発見分布を 1 枚の図にまとめたのが図 10.1 である．ここには調査努力量は示していないが，北海道から四国沖にかけて，日本の太平洋沿岸のおおよそ 200 海里（約 370 km）以内では，とくに多くの努力を傾けて調査がなされている．その沖合では調査の密度はやや薄いが，ほぼ均一な調査が行われている．Kasuya（1999）はこれをもとにして，西部北太平洋のスジイルカの夏の分布には，大きくみて 3 つの集中海域があるとした．第 1 は黒潮反流域を中心とする集まりである．この分布は，西は台湾東岸にまで伸びている可能性がある．ただし，本種は台湾沿岸の浅いところには分布しないし，東シナ海から南西諸島にはスジイルカがほとんどいないことはすでに述べた．第 2 は三陸の東方沖合の東経 145 度付近から東に広がる帯状の海域で，おお

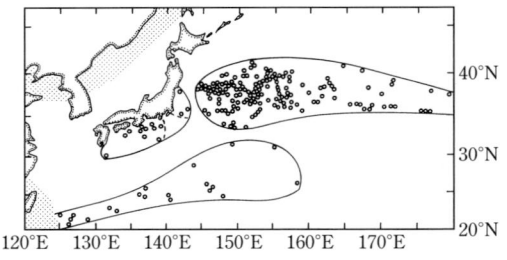

図 10.1 鯨類目視調査船による西部北太平洋におけるスジイルカの群れの発見位置（丸印）．1983-1991年の夏季（7-9月）のデータを使用．実線はスジイルカが集中して分布する海域を示す．そのなかの点線はそのなかに想定される小区分．観察努力量は東経145度以西の太平洋沿岸域ではとくに濃密である．網目の海域は未調査海域．（Kasuya 1999）

よそ北緯35-40度の範囲にある．黒潮続流の北縁に近いところにあたり，東方は180度にまでは達しているが，その先の延長は確認できていない．ここのスジイルカの分布は濃密で範囲も広い．第3は本州の太平洋沿岸域の集まりである．三陸から九州にまで伸びているが，全部が連続したものではない可能性がある（後述）．北海道から本州南岸にかけて，沖合は東経145度あたりまでは，きわめて濃密な調査が行われてきたことを考慮すると，つぎの2点が注目される．すなわち，①常磐から三陸にかけては調査努力量に比べてスジイルカの発見が少ないこと，②その沖合の濃密域との間には空白域があること，の2点である．

これらの生息頭数推定値とその95%信頼限界は，Miyashita（1993）の計算によればつぎのとおりである．第1の南方域が52,682頭（10,900-253,700），第2の北部沖合域が497,725頭（351,400-704,900），第1の沿岸域が19,631頭（5,700-67,300）（表3.13）．これらは1983-1991年の8年間のデータをまとめて使った推定であるし，信頼限界も広いので，資源管理に使うには慎重でなければならない．

これらの情報をもとにKasuya（1999）は，西部北太平洋のスジイルカの個体群は少なくとも3個あるとみている．その根拠はつぎのようなものである．まず，この分布情報は夏に得られたものであるから，本種の季節移動の1つの極限を示しているはずである．それぞれの集まりは，秋から冬にかけて南方に移動することはあっても，さらに北に動く可能性はない．そのようにみると，南方の第1集団は日本沿岸に来遊することはなく，日本沿岸の漁業で捕獲されたことのない個体群である．第2の三陸東方沖合群は，その一部が秋から冬にかけて伊豆や太地の漁業地に来遊することがなかったとは断定できないが，主要な漁獲対象となってはいないと考えられる．伊豆半島沿岸の追い込み漁業によるスジイルカの漁獲は終戦直後の年間1万-2万頭から，1980年代の1,000頭以下にまで漸減してきたし，それは需要が衰えたためでないことは明らかである（後述）．もしも，個体数が50万頭に近い，この北方沖合集団が漁獲の主対象になっていたのであれば，イルカ漁業の壊滅は起こっていないだろうと考えられる．スジイルカ以外の種では沿岸と沖合に異なる個体群が分布する例が少なからず報告されているので，このような仮説は自然である．したがって，日本沿岸でおもに漁獲対象とされたスジイルカ個体群は，第3の沿岸個体群であると考えるべきである．いまでは総数が約2万頭ときわめて少ないが，かつてはこれが多かったにちがいない．

では，日本沿岸の約2万頭とされるスジイルカは，はたして単一の個体群を代表するものなのか．それとも，複数の個体群を含んでいるのか．三陸から銚子にかけての沿岸海域では海洋環境が季節的に大きな変化をみせ，イルカの種類が交代する．夏には水温が上がりスジイルカが来遊するが，冬にはイシイルカの漁場となり，スジイルカをみることはできない．熱帯性のスジイルカは，秋には南下して伊豆沿岸を経て，多くはさらに南下するのではないだろうか．したがって，秋と春に伊豆半島沿岸の追い込み漁業で漁獲されてきたスジイルカは，常磐・三陸沿岸で夏を越した個体であったとみるのは自然であるが，紀州や土佐沖で夏を過ごした個体であるとは考えがたい．すなわち，常磐・三陸沿岸で夏を過ごすスジイルカと，紀州や土佐沖で夏を過ごすスジイルカは別の個体群に属すると

みることもできる．コビレゴンドウにもこれに似て，黒潮の北縁を境にして，その南北に別の個体群があることが想起される．

私は北緯20度以北の西部北太平洋には4個のスジイルカ個体群があり，伊豆と太地のイルカ漁業がおもに捕獲したものは，日本の沿岸を季節にしたがって南北に移動していた2つの個体群であったろうと考えている．それでは，この仮説を裏づける情報がほかになにかあるのだろうか．それについては以下に紹介し，あらためて上の仮説に若干の補足を加えたいと思う．

10.4.3 骨学的根拠

はたして，日本沿岸と沖合とに異なる個体群があるのか．この疑問を解くために，沖合での捕獲調査が行われ，成果が報告されている．

1997年の国際捕鯨委員会科学委員会には，頭骨の形態の解析が提出された（Amano et al. 1997）．彼らが用いたのはつぎの3標本群である．

（1）昔（1958-1979）の沿岸漁獲物（太地・伊豆産）：24頭
（2）最近（1992）の沿岸漁獲物（太地産）：21頭
（3）最近（1992）の沖合での調査捕獲（三陸東方沖合）：21頭

すなわち，この研究の作業の基本は，まず標本を今と昔という操業年代のちがいと，太地と伊豆という操業地のちがいの計4個の要素に分けて，相互に比較する．つぎにそれぞれを現在の三陸東方沖合標本と比較するというものであった．しかし，これら5個の要素を代表する標本が得られなかったので，Amano et al.（1997）は上の3標本群にまとめて解析したものと思われる．その結果，これら標本は複数の個体群を含むものであることが強く示唆された．

これらの頭骨の計測値を多変量解析した結果，頭骨の性差は第1標本群にのみ認められ，ほかでは雌雄差が認められなかった．さらに，雄どうしで頭骨を比較すると，3個の標本群のどの組み合わせでも区別できたが，雌では第2群が第1＋3群から区別できただけであった．彼らは，標本が少ないことと，雌については不確実さが残ることを理由に断定することは避けているが，これら3標本群はおそらく異なる母集団に由来するものであろうと考えている．これらの結果は，①太地のイルカ漁業がいま捕獲しているスジイルカの個体群は，昔，太地や伊豆で捕獲されていた個体群と別物であった，あるいは，②太地と伊豆の漁獲物を構成する個体群の比率が今と昔で変化した，③今と昔でスジイルカの頭骨の形態が変化した，などの場合に期待されるものである．また，④三陸東方沖合にある50万頭ほどの資源は，沿岸のイルカ漁業の捕獲対象であったことは一切なかったか，少なくとも主要な要素ではなかったことをこの研究は示唆している．なお，1970年代以前の標本を太地と伊豆の間で比較することも興味ある作業ではあるが，これはサンプルサイズが小さいためなされなかった．

なお，Amano et al.（1997）は2次性徴は昔の標本（太地と伊豆）には認められ，最近の標本（太地と三陸東方沖合）では認められなかったとして，この問題にはそれ以上立ち入っていない．しかし，2次性徴の発現の程度は個体群によって異なる場合があり，その有無自体が個体群の指標となりうる特徴であるので（Archer 1996），機会を求めてこれから追究すべき課題であるように思う．頭骨のような形態学的な解析結果を解釈する際に警戒すべき問題点が2つある．1つはある標本群のなかに複数の個体群が混入していても，それは認識されにくいし，その混合比率が異なれば，解析の手法によっては別の個体群として認識されるかもしれないことである．第2は個体密度や栄養の変化にともなってイルカの成長は変化することである．それにともなって頭骨の形にちがいが現れるかもしれない．このようなときには，漁獲個体群が同じであっても，成長の変化をとらえて，誤って異なる個体群と認識される可能性がある．

10.4.4 成長のちがい

Iwasaki and Goto（1997）は，つぎの3標本群の間で成長のちがいを検討した．

表 10.2　西部北太平洋のスジイルカの成長を海域と年代で比較する．(Iwasaki and Goto 1997)

標本群	最大体長 雌	最大体長 雄	最頻値 雌	最頻値 雄
1. 1960-1970 年代漁獲（伊豆）	243-247 cm	258-262 cm	223-227 cm	238-242 cm
2. 1990 年代漁獲（太地）	238 cm	249 cm	210-219 cm	220-229 cm
3. 1990 年代調査捕獲（三陸東方沖合）	251 cm	257 cm		

（1）　昔の伊豆の標本（Kasuya 1972; 雌 567 頭, 雄 391 頭）

（2）　最近の太地の漁獲物（1991/92-1994/95 漁期; 雌 412 頭, 雄 301 頭）

（3）　最近（1992）の捕獲調査（三陸東方沖合; 雌雄合計 47 頭）

その結果は表 10.2 に示すとおりである．体の大きさを比べると，1990 年代に三陸東方沖合で捕獲された個体は，標本数が少ないにもかかわらず，同じく 1990 年代の太地標本よりも体が大きいことは明らかである．また，1960-1970 年代に伊豆で捕獲された個体と比べると，三陸東方沖合標本のほうが同大かわずかに大きいことがうかがえる．つまり，1990 年代に太地で捕獲されていた個体は，かつて伊豆半島で捕獲された個体よりも体が小さいのである．資源減少にともなう成長の変化（加速）の可能性をどう評価するかという問題は，この研究につきまとう問題点ではあるが，それを考慮したうえでも，最近太地で捕獲されているスジイルカは三陸東方沖合の個体とは別の起源であるといえるし，それはかつて伊豆半島の漁業で捕獲されたスジイルカとも個体群が別であるといえそうである．この結果は，頭骨の形態から得られた結果とたがいに矛盾しないことは興味深い．

10.4.5　遺伝情報

遺伝的な解析でスジイルカの個体群を識別する試みは，Wada（1983）がアイソザイムを解析したのが最初である．彼は 1980 年に川奈に追い込まれた 431 頭のスジイルカについて，解体後に残された臓器の山から 40 頭の肝臓試料を集め，10 種の酵素を電気泳動して解析した．10 酵素のうちの 5 酵素は 2 つの亜型に分かれ，そこには全体としては 15 の遺伝子座が関与していることを認めた．15 遺伝子座のうちの 7 つは多型を示したが，多くの個体はホモ接合体であり，ヘテロの比率はきわめて低かった．Wada（1983）は，その原因は近親交雑にあるのではないかと考えた．群れのなかに親子や兄弟が多ければこのような結果になるので，複数の群れを調べることが望まれた．その後，Shimura and Numachi（1987）は，複数の群れから得た 370 頭の試料を用いて 12 種の酵素を解析し，ヘテロ接合体の比率はハンドウイルカやイシイルカと同じレベルにあることを明らかにした．これらの研究は，ある時期の 1 カ所のサンプルであるため，個体群の識別にまではいたらずに終わった．

その後，Yoshida and Iwasaki（1997）は個体群識別を目的として，ミトコンドリア DNA の地理的変異を解析した．資料は三陸東方沖合の集団から研究用に捕獲した 43 頭（1992 年 8 月）と，太地で漁獲された 34 頭（1992 年 9-11 月）である．その結果，61 個の遺伝子型（ハプロタイプ）をみつけたが，そのなかのただ 4 個の遺伝子型が両標本群に共通しており（沖合 4 頭，太地 6 頭），残りの 36 個の型は沖合の 36 頭に出現し，21 個の型は太地の 27 頭に出現した．直感的には，2 つの標本群の間にはミトコンドリア DNA の遺伝子型構成にちがいがあるように感じられるが，統計検定ではちがいがあるとは判定されなかった．これは個体変異が大きいために，検定で有意とならなかったのかもしれない．統計検定は誤った判断を避ける方向での安全度を大きくとるために，しばしばこのような結果になる．この検定結果をもとに，両

標本群は遺伝組成が同じであると判断するのは正しくない．ちがいがあるかもしれないが，現段階ではそのような断定はできないだけのことである．もしも，標本数を増やせば有意なちがいが現れるかもしれない．

10.4.6 残留性環境汚染物質の蓄積

海水中に放出された残留性の化学物質は，植物プランクトンから動物プランクトンに移り，さらに魚類やイカ類へと食物を通じて移行する．それにつれて体内濃度がしだいに高くなる．最終的には甲殻類，魚類，イカ類などの餌をとおして，各種化学物質がスジイルカの体内に蓄積することになる．環境汚染物質のスジイルカへの蓄積については，蓄積の生態的な仕組み，イルカの健康，イルカを食べた人間の健康などの視点から関心が寄せられている．これらについては宮崎（1992）に紹介されている．ところで，ある季節に同じ場所で捕獲されたスジイルカでも，それ以前に生活していた場所がちがえば，体内の汚染物質の濃度や組成が異なるかもしれない．また，汚染物質の体内濃度は，年齢とともに増加するし，生存した時代でも異なる．有機塩素化合物は脂肪親和性が強く，母乳や胎盤を通じて子どもに移行するので，その体内濃度は妊娠や泌乳経験の有無・雌雄で変化する．その解釈には，これらの要素に配慮する必要がある．しかし，スジイルカについて，加齢にともなう総水銀濃度の増加傾向をみても，そこには雌雄でちがいが認められず（Honda et al. 1983），水銀は有機塩素化合物とは行動が異なることがわかる．

Itano et al.（1984）はスジイルカの重金属汚染を調べ，臓器ごとに総水銀，メチル水銀，セレンの濃度を分析した．宮崎（1992）と Kasuya（1999）はその結果の一部を日本沿岸のスジイルカに複数の個体群があることの根拠としているので，それを紹介する（図 10.2）．これら重金属は，肝臓中には筋肉中の 20 倍程度の濃度で含まれており，各臓器についてみると，総水銀濃度とセレン濃度とはよい相関を示していた．年齢情報のもっとも多い筋肉中の総水銀

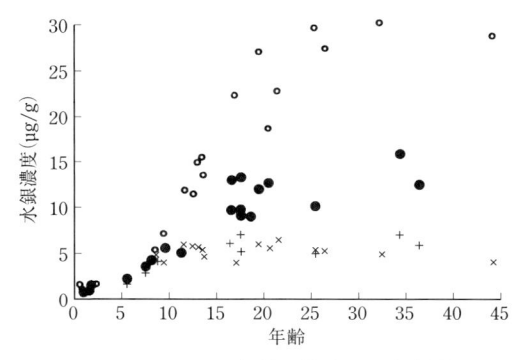

図 10.2 スジイルカの年齢と筋肉中の水銀濃度との関係．丸印は総水銀，×印と＋印はメチル水銀．白丸と×は 1977 年 10 月川奈群と 1980 年 12 月太地群（各 1 群）．黒丸と＋印は 1978 年と 1979 年の 12 月の太地群（各 1 群）．(Itano et al. 1984 in Kasuya 1999)

の濃度について検討する．解析では性別や性状態は考慮せず，年齢だけを比較に使っている．筋肉中の総水銀濃度は，新生児ではどれも 1 ppm 程度である．総水銀濃度は 5 歳ごろから年齢にともなって増加し始める．これは成長速度の低下にともない希釈効果が弱まるためである．そして，あるグループでは 20-25 歳で頭打ちとなり，最高齢 45 歳まで 25-30 ppm を維持する．なぜ頭打ちになるのか．その 1 つの理由は，水銀排出速度は蓄積濃度にも影響されるので，新たな蓄積と排出が釣り合うためかもしれないし，時代的な海洋汚染の変化を反映しているのかもしれない．ところがもう 1 つ，彼らの標本には 20 歳以後は総水銀濃度が 10-16 ppm で頭打ちになるグループも現れる．両グループには 10-15 歳の時点ですでに明瞭なちがいが出てくるのである．メチル水銀の濃度は 10 歳で 5 ppm 前後に達して以後は増加をみせず，両グループの間に濃度差がない．メチル水銀の蓄積と排泄には別の生理機能が絡んでいるためであろう．

筋肉中の総水銀に 2 倍程度の濃度差を示す 2 グループがあることがわかった．高濃度のスジイルカは，1977 年に伊豆の川奈で追い込まれた個体と 1980 年に太地で追い込まれた個体である．また，低濃度のグループは，1978 年と 1979 年に太地で追い込まれたスジイルカである．この両グループの標本が何回の追い込み作

業で得られたものかは明確な記述がないが，おそらく2群ずつ合計4回の追い込みで得られた標本であるように思われる．これら2つのグループは，餌場か餌の種類組成の少なくともどちらかが，数十年にわたってちがっていたと考えざるをえない．また，ある群れから別の群れへの個体の移住はなかったことを示唆している．

このようなグループとはなにか．わざとあいまいな形でグループという言葉を使ってきたが，上のような条件のあてはまる言葉として「個体群」を使ってさしつかえないように思われる．すなわち，水銀の汚染レベルでみる限り，また1970年代末から1980年代初めにかけてみる限り，①太地の漁業者は2つのスジイルカ個体群から漁獲していたこと，②その片方は伊豆半島でも漁獲されていたこと，の2点が推定される（Kasuya 1999）．

10.4.7 胎児の体長組成と来遊時期

伊豆沿岸で捕獲される妊娠雌の胎児の体長組成をみよう（図10.3）．10月の標本では，胎児の体長組成の主モードは30cm以下（ピークは10cm）にあり，11月には0-40cmと60-100cmの2つのモードが同じ大きさになり，12月には60cm以上（ピークは85cm）のモードが主体をなす．妊娠期間は，多くの小型イルカ類で1年前後であることが知られている．飼育下にあるミナミハンドウイルカでも，血中ホルモンの追跡から，妊娠期間が370日前後とされている（Brook *et al.* 2002）．したがって，スジイルカで観察されたこの胎児体長の変化，10月に10cmであったのが，12月には85cmになるという75cmの変化は，3カ月間の胎児の成長を反映したものであるとみることはできない．かりに，成長の結果だとすると，1カ月あたりの成長が25cmほどになり，1年前後の妊娠を経て平均体長100cmで生まれるという本種の生物学的知見と矛盾してしまう．スジイルカ漁場への来遊時期は，なんらかの理由で交尾期ないしは雌の性状態と密接に関係していると解釈せざるをえない．

秋の初めには交尾期が進行中か交尾期が終わ

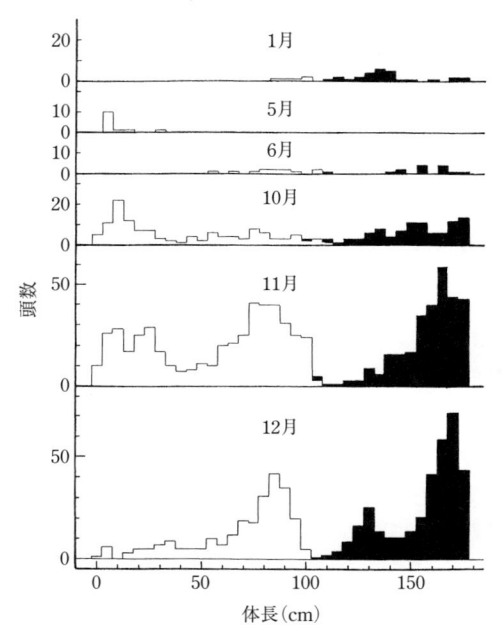

図 10.3 イルカ漁業で捕獲されたスジイルカの胎児（白）と幼体（黒）の体長組成の季節変化．伊豆半島東岸（10-12月），同西岸（5月），太地（1月，6月）．(Miyazaki 1984).

ってまもない個体が，伊豆半島沿岸の漁場を通って南下する，あるいは沖合から漁場に接近することをこのデータは示している．発情と交尾をしながら南下を続け，到着した越冬地でも交尾期が続くのかもしれない．秋が終わり，冬が近づき11月になると，もう1つの別の特徴をもった群れが伊豆の漁場に接近する．それは出産期が迫った大きい胎児をもつ雌たちを含む群れである（スジイルカの群れにはたいてい雄も雌も含まれる）．そして，12月になると最初のグループはほとんど姿を消して，妊娠雌はみな大きな胎児をもつ雌で占められる．

この胎児の体長組成の変化に対応して，雄の睾丸重量も変化すると私は推測している．いま，横軸に年齢を目盛り，年齢別の平均睾丸重量を月別にプロットすると，10月から12月にかけて睾丸重量はしだいに減少するのである．年齢15歳以上では年齢と睾丸重量の相関がほぼ失われるので，15歳あたりで雄の生殖腺の成長が完成するものと思われる．そこで，15歳以上の年齢範囲で比較すると，10月には平均重量が120-170gにあったのが，11月には60-

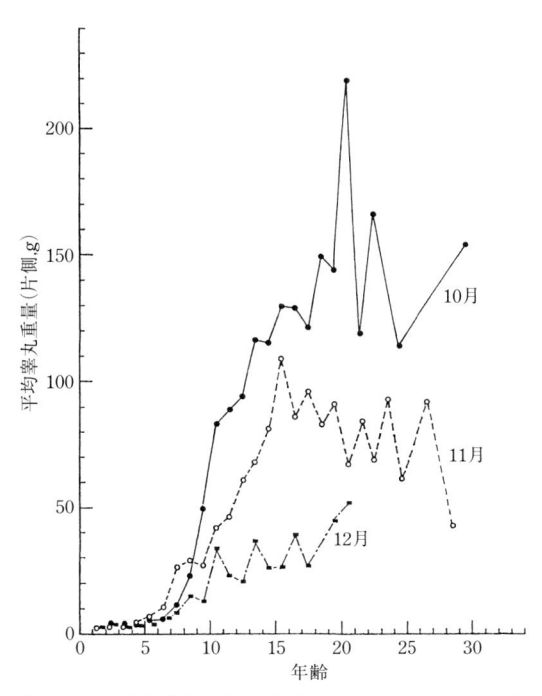

図10.4 伊豆半島沿岸で捕獲されたスジイルカの年齢と片側睾丸重量（g）との関係を月別に示す．15歳以上の個体でみると10月，11月，12月の順に平均重量は低下する．年齢査定は象牙質成長層を用いている．その欠点については本文参照．（Miyazaki 1977）

100 g，12月には25–50 g程度になってしまう（図10.4）．Miyazaki（1977）は，交尾のピークから離れるにつれて雄の生殖腺の活動がしだいに低下するので，このような現象が現れると解釈している．そのような解釈も可能ではあるが，11月の睾丸重量が3カ月間の変化の中間段階を示すのか，別の要因が入っているとみるかは解釈が分かれるところである．すなわち，10月には妊娠したての雌と大きな睾丸をもつ雄が出現するのに対して，12月には出産が間近い雌と年齢の割には小さな睾丸をもつ雄が出現する．これはMiyazaki（1977）の解釈と矛盾しない．しかし，11月の胎児の体長組成は，10月と12月の中間型を示してはいないのである．むしろ，10月タイプの雌と12月タイプの雌の両方が並存するとみるのが正しい．雄についても同じことがいえるのではないだろうかというのが私の推測である．2つのタイプの睾丸重量を平均してしまえば，中間型にみえてしまう．平均睾丸重量でなく，個体ごとの睾丸重量

の分布を解析することができれば，この疑問は解消するかもしれないが，それはなされていない．

1つの個体群のなかでも，発情や出産などの繁殖状態を同じくする雌は，一緒に行動する傾向がある（Kasuya 1972; Miyazaki and Nishiwaki 1978）．また，胎児の大きさによって，回遊の時期がちがうかもしれない．ザトウクジラは，南極海から低緯度の繁殖場に向かう途中にオーストラリアやニュージーランド沿岸で捕獲されてきた．それを調査した結果をみると，最初に北上してくるのは泌乳中あるいは子を乳離れしてまもない母親で，続いて未成熟，つぎに休止雌と成熟雌，最後にくるのが出産間近の大きな胎児をもった雌であり，最初のグループがほぼ終わったころに到着する．泌乳雌と妊娠雌のピークの間隔は，35日ほど離れている（Dawbin 1966）．出産間近の雌が夏の摂餌海域に長くとどまることは，育児のための栄養を蓄えるという視点からは合理的である．先に述べたような，スジイルカの胎児の体長の変化もこのようにして説明できるかもしれない．これも1つの可能性である．

伊豆沿岸のスジイルカの胎児の体長組成にピークが2つ現れることについては，別の解釈も可能である．それは，秋の初めに南下する群れと遅れて南下する群れとは異なる個体群に属する可能性である．つまり，個体群によって繁殖期が異なり，伊豆を通過して南下する時期にもちがいが生ずる可能性である．日本沿岸ではミンククジラ（Kato 1992; Best and Kato 1992）やコビレゴンドウ（Kasuya and Tai 1993），スナメリ（Shirakihara et al. 1993）に複数の個体群があり，しかもそれらの個体群ごとに繁殖期が半年近くずれていることが知られている（終章）．このようなことがスジイルカにもあるのではないか．これに関しては，スジイルカの漁期の問題も関係してくる．

伊豆半島沿岸のスジイルカの追い込み漁業は春と秋に行われたが，操業の主体は秋にあり，1953年までは12月に多くが捕獲され，11月の操業は少なかった．イルカの値が上がるのは，

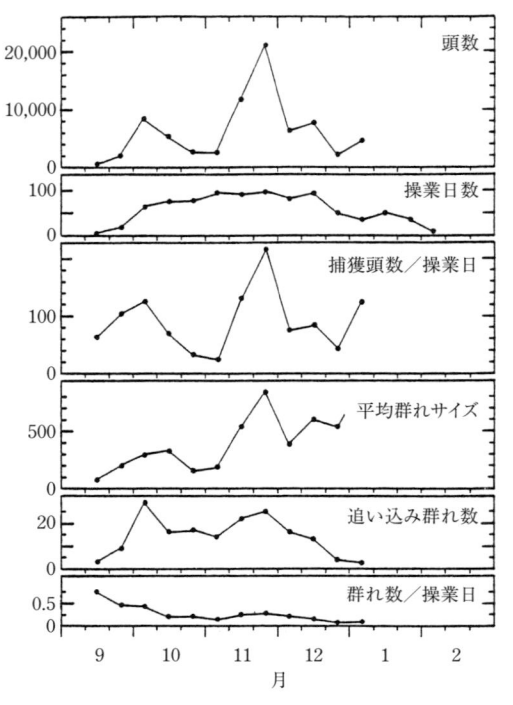

図 10.5 伊豆半島の東海岸（川奈，富戸）におけるスジイルカの追い込み漁の操業．1967/68-1980/81 の 14 漁期を旬別にまとめて，漁場に来遊するスジイルカの密度と群れサイズを示した．（Miyazaki 1983）

気候が寒くなる真冬であるといわれたのである．ところが，1956 年からは 10 月に操業が始まり，しだいに初漁が早まる傾向が現れた（Miyazaki 1983）．その分だけ 12 月の比重は低下したことになる．1962 年からは，伊豆の漁業者の探索範囲が相模湾の外側にまで拡大した（Kasuya 1985, 1999）．この漁期変化の説明として，1950 年代中期までは 12 月に南下する個体群を主体に操業していたが，その資源が減少したために漁期を早めて，10 月に南下する個体群をも対象に含めるにいたったと解釈することができる．伊豆沿岸の 1967-1981 年のスジイルカ漁獲を月別にみると，10 月末から 11 月初めにかけて，一時水揚げが減少する時期がある（Miyazaki 1983）．すなわち，1967/68 漁期から 1980/81 漁期までの 14 漁期の操業記録を旬別にまとめると，操業日数は 10 月上旬から 12 月下旬まで著しい変化がないのに，捕獲された頭数・群れ数，あるいは群れの大きさのいずれも，10 月下旬から 11 月上旬に谷があり，その前後には 9 月下旬から 10 月中旬にかけての第 1 の山と 11 月中旬から下旬にかけての第 2 の山が認められる（図 10.5）．

10.4.8 真の個体群構造は

これまで日本沿岸のスジイルカの個体群構造を明らかにすることを目的として，地理的分布，頭骨の形態，成長，ミトコンドリア DNA，水銀の蓄積量，回遊の特徴を検討したが，どれも確定的な解答を与えていない．しかし，単一個体群説を示唆する情報はなかったのに対して，複数個体群説を示唆する情報はいくつか得られた．これらを整理すると，つぎのようになる．なお，ここでは 1990 年以降を「現在」「今」と呼び，1980 年以前を「昔」とか「かつて」と呼ぶことにする．

（1）三陸東方沖合の大きな集団が伊豆の漁業でまったく捕獲されていないという証拠はないが（冬季に一部が漁場に来遊する可能性が残る），それが伊豆漁業の主対象となった歴史はないと判断される（分布，頭骨の形態，漁業の動向）．

（2）三陸東方沖合の集団は，現在太地で捕獲されている個体群とも（頭骨の形態，成長，DNA），かつて捕獲された個体群とも別のものである（頭骨の形態）．

（3）現在の太地の漁獲物には，これまで伊豆で漁獲されたことのない個体群が含まれている（頭骨の形態，夏の分布）．

（4）太地漁業はかつて 2 つの個体群から漁獲したことがある．その 1 つは伊豆でも捕獲されていたらしい（水銀の蓄積濃度）．

（5）2 つのスジイルカ個体群が前後して伊豆沿岸を通過していた可能性がある（胎児体長組成，漁期変動）．

上の知見はたがいに矛盾するものではない．これらを総合すると，1 つの可能性として日本の太平洋岸で漁獲されてきたスジイルカの個体群構造を考えると，つぎのような仮説を立てることができる．これは本節の初めのところで，スジイルカの分布パターンだけから導いた仮説に，若干の補足を加えたものに等しく，西部北

太平洋には4個のスジイルカ個体群があるという仮説である．

第1の個体群は，日本からみて黒潮の沖側，黒潮反流域を中心に台湾方面にまで分布する個体群である．この個体群は日本沿岸のイルカ漁業の対象となった歴史はない．

第2の個体群は，常磐・三陸の東方150海里（約280 km）以上の沖合で夏を過ごす大きな個体群である．これは日本の漁業で多少は捕獲された疑いはぬぐえないが，漁獲物の主体をなすことはなかったし，いまもなっていない．

第3の個体群は，銚子付近から伊豆半島を経て紀伊半島にいたる沿岸域で夏を過ごす個体群である．伊豆漁場はこの個体群の分布域内の北限の近くにあり，伊豆半島の東海岸では秋の漁期初めに漁獲され，太地の追い込み漁や突きん棒漁業でも冬季に捕獲されたと考えられる．伊豆半島の東海岸の川奈や富戸のイルカ漁は，1950年代中ごろからこの個体群への依存を高めつつ操業時期を早めてきた．この個体群の分布の南限は明らかではない．

第4の個体群は，常磐・三陸沿岸で夏を過ごす個体群である．第3の個体群の北側の沿岸水域に生活する．伊豆半島の東海岸のスジイルカ追い込み漁の重要個体群で，冬の操業は主としてこの個体群に依存したものと思われる．紀州方面にまで回遊して，太地でも漁獲されたかもしれない．

上に述べた第4の個体群とは，どのような海洋条件のなかで生活するのか．これを示すと思われるデータは，わずかに1970年代の調査航海で得られている．これは，1970年から1973年に行われた東京大学海洋研究所の研究船淡青丸によるスジイルカの調査航海である．時期は伊豆半島のイルカ漁の開始前から漁期初めにあたる9月から11月で，場所は相模湾から房総半島東方の北緯35度，東経141度付近までであった．そのうちの2航海の記録を図10.6に示した．そこではスジイルカは表面水温20度前後の黒潮の北縁に相当するところで，黒潮の蛇行する部分に多かった．彼らが伊豆大島近くにやってきたところを漁船に発見されて，川

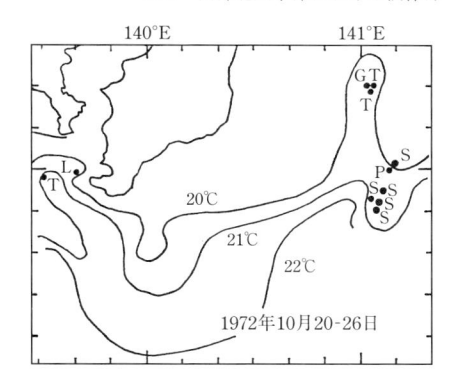

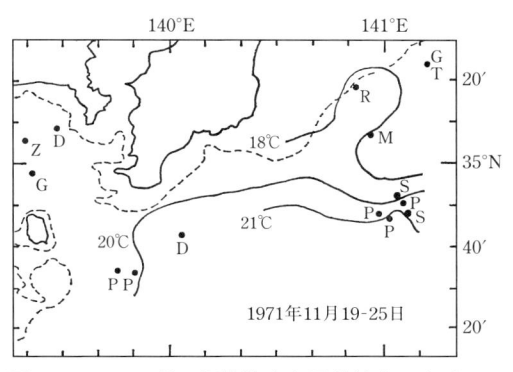

図 10.6 10-11月の相模湾から房総沖合にかけてのスジイルカの分布．1971年と1972年の調査航海時における水温分布（実線）とイルカの発見を示す．点線は200 m等深線．D：マイルカ，G：コビレゴンドウ，L：カマイルカ，M：ミンククジラ，P：マッコウクジラ，R：ハナゴンドウ，S：スジイルカ，T：ハンドウイルカ，Z：アカボウクジラ類．（Kasuya et al. 1974）

奈・富戸あたりに追い込まれて捕獲されるものと思われた．彼らは表面水温20度の等温線付近，すなわち常磐・三陸の沿岸部で夏を過ごしたスジイルカであったと思われる．

かつての伊豆半島沿岸のスジイルカ漁業地では，南下期の秋・冬と北上期の春・初夏に捕獲があった．前者は東海岸の各地で，後者は西海岸の各地でおもに操業された（Ohsumi 1972; Miyazaki and Nishiwaki 1978）．この状況を示すためにMiyazaki（1983）から集計して，追い込み組あたりの月別水揚げ頭数を漁期別に集計した（表10.3）．ここに示した捕獲頭数に操業した追い込み組の数を乗ずれば，伊豆半島の水揚げ量に近くなるはずである．しかし，戦後まもなく操業した稲取など多くの漁村では統計

表 10.3 伊豆半島の東海岸（川奈・富戸の2組）と西海岸（安良里1組）におけるスジイルカ捕獲の季節分布．捕獲は月別に追い込み組あたりの年平均捕獲頭数で示した．データは川奈：1942-1981，富戸：1958-1981，安良里：1942-1961．川奈の1943，1947年はMiyazaki(1983)は欠測年としているが，粕谷(1976)にしたがい捕獲ゼロとして処理した．

年次	海域	1月	2月	3月	4月	5月	6月	7月	8月	9月	10月	11月	12月	合計
1942-1953	東海岸	81	126	3	195	0	0	0	0	59	0	148	1,391	2,002
1942-1953	西海岸	797	177	705	1,516	1,542	659	270	13	22	126	9	1,444	7,280
1942-1953	**合計**	**878**	**303**	**708**	**1,711**	**1,542**	**659**	**270**	**13**	**81**	**126**	**157**	**2,835**	**9,282**
1954-1967	東海岸	393	4	0	0	0	0	0	0	0	395	1,048	1,677	4,731[1]
1954-1961	西海岸	906	180	0	31	63	208	40	8	8	77	1	986	2,508
1954-1967	**合計**	**1,299**	**184**	**0**	**31**	**63**	**208**	**40**	**8**	**8**	**472**	**1,049**	**2,663**	**6,879**
1968-1981	東海岸	324	0	0	0	0	0	0	0	160	1,157	2,337	1,060	5,038
1970-1981	**合計**	**324**	**0**	**0**	**0**	**0**	**0**	**0**	**0**	**160**	**1,157**	**2,337**	**1,060**	**5,038**

1) 年合計のみで月別統計がない追い込み組があるため，月別値の合計が年合計に一致しない年がある．

が残されておらず，その操業規模が不明であり，統計を残している3漁協（川奈・富戸・安良里）の操業と同様の規模であったという保障がない点に留意しなければならない．また，川奈と富戸はそれまで競い合って操業してきたが，1967年ないし1968年秋から1981年秋漁期までの14・15漁期は共同操業に転じ，1982年漁期からは川奈は総業を停止して，富戸のみの単独操業になった（第3章）．共同操業では共同でイルカを探索し，発見された群れは交互にたがいの港に追い込んでいた．ここではそれを1組の操業としてあつかったが，この共同操業が捕獲能率に与えた効果については考慮していない．なお，この共同操業の時期に，伊豆半島でイルカの追い込みを操業したのは川奈と富戸の2漁協だけであった．安良里の実質操業は1961年で終わっている．その後の捕獲（1968年3月：90頭；1970年5月：41頭）は，通常の操業とは異なり，イルカの群れがたまたま発見されたときに追い込んだ可能性が強いので，集計から除外した．なお，この統計にはスジイルカ以外の種類の混入の可能性があるが，その割合は無視できるものと思われる（粕谷1976）．鳥羽山（1969）によれば，1963-1968年の6漁期に川奈と富戸で捕獲されたイルカの総数は64,797頭で，そのうちスジイルカ以外の種は2,142頭（3.3%）であった（第3章）．

西海岸で定常的な操業が行われた1961年までについてみると，そこでは4-6月と12-1月とに2つの捕獲の山があり，谷にあたる2-3月には漁獲が少なかった（表10.3）．東海岸（富戸，川奈）では12月を中心にした1つの山が認められるが，これは西海岸の12-1月の山と連続していた．すなわち，伊豆半島の東西岸を合わせて眺めると，スジイルカ漁のおもな山は秋-冬と春-初夏の2つであった．1960年代に川奈や富戸のイルカ漁業者からはつぎのような説明を聞いた記憶がある．すなわち，「伊豆半島の西海岸の追い込み組の操業と，われわれ（東海岸）の操業とは，漁期には大きなちがいがなく，漁場も神子元島から石廊崎にかけて同じような場所でやっていた」と述べていた．ある季節には伊豆半島の先端付近で，東西の追い込み漁師が遭遇することがあったことをこれは物語っている．その季節とは晩秋から初冬にかけての漁期であったものと思われる．西海岸の3-6月の操業については，東海岸の漁業者にとっては自分らの操業とオーバーラップしないので，認識されていなかったか記憶に残りにくかったものと思われる．漁場はともかくとして東西のイルカ追い込み漁期には共通の要素があったのである．もしも，個体群に関する私の仮説が正しければ，1950年代なかごろまでは北上期の3-6月にまず西海岸で第4個体群が捕獲され（このときにはなぜか東海岸では漁獲されず），冬漁期（12-1月）には同じ個体群が東西岸で捕獲されていた．ところが，1950年代後半からは秋（9-10月）に南下期の第3個体群の捕獲で東海岸の漁期が始まり（1950年代後半には西海岸の操業は衰微しつつあった），続

いて冬（12-1月）に第4個体群が捕獲されたと解釈される．

これまでに得られたいくつかの情報，それもどれ1つとして決定打ではない情報をつなぎ合わせて，個体群仮説をつくるならば，可能な仮説は1つとは限らないかもしれない．また，そのようなあいまいな情報は信ずるに足らないとして，それを無視して単純な個体群仮説をつくることも可能である．そのような単純な仮説を採用すれば，資源管理の担当者にとっては，少なくとも当面の負担は軽減される．しかし，それが誤っていたときに資源が受けるダメージは大きいことを記憶すべきである．上に述べた私の仮説は，さまざまな状況証拠を説明できる仮説のなかではいちばん単純な仮説である．日本沿岸のスジイルカを水産資源として管理することを目指すならば，この程度の資源構造は念頭に置く必要があると私は考えている．将来，新たに情報が追加されるならば，そのときにはより確からしい別の仮説を考えればよい．

10.5　生活史

10.5.1　年齢査定

野生動物の生活史を知るためのてっとり早い方法は，生きている個体を捕獲して解析することである．これは漁業生物を研究する際の伝統的な手法であった．この作業では死体の年齢を正確に知ることが鍵になる．歯鯨類の年齢査定の研究は，日本で始められたらしい．それは捕鯨船の砲手をしていた天野大輔氏が，大正末期にマッコウクジラの年齢査定を試みて，体のいろいろな組織で試みた末に，歯が有望であることを見出したものである．残念ながら，その事実はあまり世に知られずにいて，1955年に初めて公表された（天野1955）．

これとは別にスジイルカの歯を用いて年齢査定を行うことを試みたのが，Nishiwaki and Yagi（1953）である．当時オットセイなどのアザラシ類では，犬歯の象牙質の成長層を数えたり，犬歯の歯根の表面に現れる成長周期を示す輪状の凹凸を数えたりして年齢を査定していた．ウサギでは門歯に毎日1層ずつ形成される成長層の形成機構を研究するために，酢酸鉛を注射して時刻を歯に記録する技術が使われていた．おそらく，西脇氏らは，これらの研究からヒントを得たものであろう．スジイルカに酢酸鉛を注射して，歯の象牙質の成長層の形成周期を確定しようとしたのである．年齢を査定するためには，成長層を数えるだけでは未完成である．その形成率を確定しなければならない．まことに優れた着想ではあったが，酢酸鉛を注射された個体は比較的短時間に死亡して，結論は得られなかった．酢酸鉛の毒性は別として，当時の日本ではイルカの飼育が始まったばかりで，飼育技術が未熟であったうえ，今日にいたるもいまだに長期間の飼育例がないというほど飼育が困難なスジイルカを使ったことも不利な条件であった．

その後，西脇らの研究努力はマッコウクジラやナガスクジラの年齢査定に向けられていったが，伊豆のスジイルカ漁業の調査は続いていた．それを引き継いで，最初にまとめたのがKasuya（1972）で，1968-1970年に伊豆の漁村で入手した試料について年齢査定を行った．そこでは成長層の形成率を確定するという基礎固めの手間は大幅に省略して，そのぶんを生活史の解析に向けた．スジイルカの歯を砥石で研磨して薄切片として顕微鏡下で観察して，象牙質の形成が透明層から不透明層に交代する時期が11月末から12月初めにあることを認めて，不透明層と透明層の1組が毎年形成されると推定した．Miyazaki（1977）はさらに材料を追加して同様の解析を行い，ほぼ同じ結論に達している．これらの研究に使用された標本の季節は10月から2月までの5カ月であった．不透明層から透明層に交代する時期はサンプルの季節的制約のために解明できなかった．このため，透明層と不透明層が年に1組形成されることが厳密に証明されたか否かについては不満が残った．しかし，ほかの熱帯性の近縁種では，飼育個体にテトラサイクリンを注射して時刻を記録し，成長層の形成率が原則として1年1層（1

組) であることが確認されているし (Myrick et al. 1984), 年1層と仮定して得られたスジイルカの生活史の特性からみても, その解釈が正しいものとして受け入れられている. なお, 日本のイルカ研究者は年齢データを処理するにあたって, 多くの場合に年齢をもっとも近い $n+0.5$ 歳 (n は整数) にグルーピングして 0.5 歳, 1.5 歳と表示する習慣があった. これは必ずしも年齢査定の精度が 0.5 年であることを意味しているわけではない. 年齢構造を数学的に処理するときに都合がよかったというだけである.

イルカの歯の象牙質は歯髄腔の内側に蓄積されるため, 成長にともなって歯髄腔がしだいに狭くなり, ついには象牙質の形成が停止するにいたる. そのため, 高齢個体では象牙質を用いると真の年齢を過小推定することになる. この問題を鯨類で最初に指摘したのは Sergeant (1962) であった. 彼は, この有名なヒレナガゴンドウの研究ではその問題を指摘はしつつも, 生活史の解析には象牙質を読んで得た年齢情報を使ってしまった. その後, われわれは彼が用いた標本を加工しなおして脱灰・染色して, セメント質で年齢を査定してみたところ, 15歳を超えると歯髄腔が閉鎖した個体が現れ始めて, 25歳を超えるとほとんど全個体で歯髄腔が閉鎖することが確認された (Kasuya et al. 1988).

スジイルカでも同様で, 13歳ごろから象牙質の形成が停止する個体が出始めて, 年齢とともにその数が増加し, 20歳以上ではほとんどすべての個体で象牙質成長層の蓄積が停止するにいたる. 象牙質を用いた見かけの最高年齢は28歳であったが, セメント質を用いた真の値は49歳であった (図10.7). Kasuya (1976) はマダライルカでは, ヘマトキシリン濃染層から不染層に交代する時期が, 2-7月の間にあり, 不染層から濃染層に交代する時期が10月ごろにあるとしている. スジイルカのサンプルは季節範囲が狭いため, 対比できる解析はされていない.

私は1972年にスジイルカの研究をまとめるときには, Sergeant (1962) が象牙質を用いる年齢査定の欠点について述べた短い文章を不注

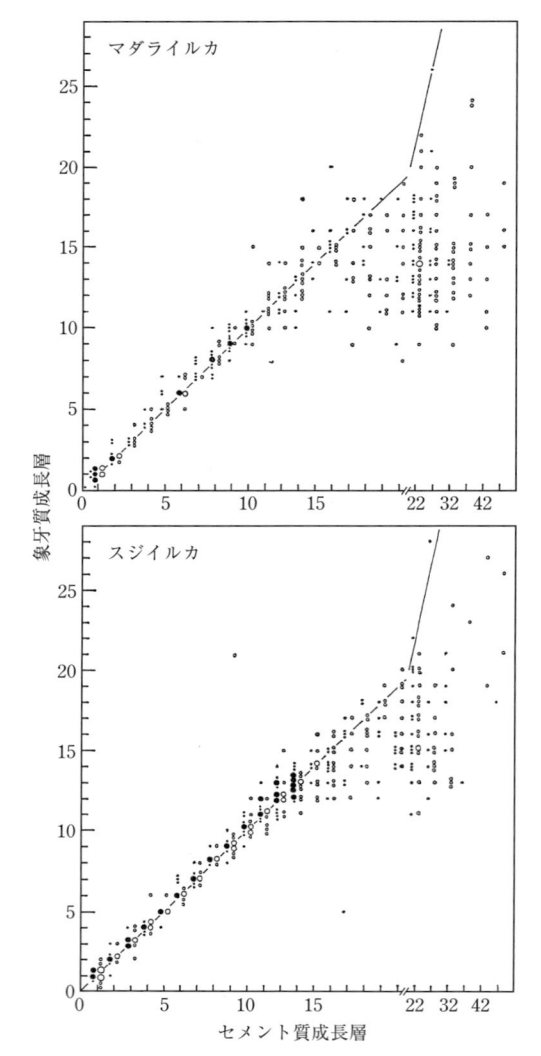

図 10.7 同一歯牙切片で, セメント質と象牙質の成長層数を比較する. 直線は両組織の計数一致を示す. 白丸は雌, 黒丸は雄, それぞれ大丸は5頭, 小丸は1頭を示す. 脱灰・ヘマトキシリン染色標本で観察. (Kasuya 1976)

意で読み落としていた. 後でこれに気がついてから, セメント質を使って年齢査定をやりなおして, スジイルカの生活史を解析しなおすという回り道をして (Kasuya 1976), 同業の仲間にも迷惑をかけてしまった. このため, それ以前に出版されたスジイルカやマダライルカの年齢が関係した生活史の解析には, 基礎となる年齢情報に問題があるものがある (たとえば Kasuya 1972; Kasuya et al. 1974; Miyazaki 1977; Miyazaki and Nishiwaki 1978).

このようなわけで，歯鯨類の年齢査定においてはセメント質成長層，あるいは象牙質とセメント質両組織の併用が行われている．セメント質は歯と歯茎を結びつける組織で歯根の外側に蓄積されるため，病的な歯でない限り終生にわたって形成が続くのである．イルカの場合には，出生時にはセメント質は形成されていないが，歯の萌出が始まる生後数カ月のときに，セメント質の形成が始まる．歯鯨類の歯は生え換わらない一生歯性であるから，これ以後はセメント質を使う限り年齢査定が可能である．ただし，セメント質の成長層は象牙質のそれと比べると，厚さが薄くてはるかに数えにくい．そのため，若い個体を使って，象牙質とセメント質の数え方を練習した後で，セメント質を使って年齢査定をするのが普通である．

イルカの年齢査定は，象牙質の薄切片をそのまま透過光で観察しても可能ではあるが，これを脱灰してからヘマトキシリンで染色すると観察が容易となる．この場合には全体を酸に入れて脱灰してから，凍結ミクロトームで薄切して染色する方法と，粒度の異なる2-3種の砥石で研磨して歯の半切片をつくり，それをプラスチック板に瞬間接着剤で貼りつけて，さらに残りの半分をすりおろして薄切片とし，これを脱灰・染色してもよい．前の方法では1本の歯から数枚の切片がつくれるが，後の方法では1枚しかできないという制約がある．私は高価なミクロトームを購入する機会がなかったので，後の方法を用いてきた．いずれの方法を採用しても，十分に水洗をして酸を除去することが大切である．酸が残ると，ヘマトキシリンの退色が早い．操作の要領や厚さについては『科学と実験』という雑誌にまとめたことがある（粕谷1983）．切片の厚さは，マゴンドウやハンドウイルカのような大型の歯では40 μm 前後，スジイルカのような小型の歯では20 μm 前後がよいが，厳密には最適の厚さは象牙質よりもセメント質のほうが薄くあるべきである．厚すぎると細かい層が分離できない．

10.5.2 出生体長

鯨類では，体の大きさを表示するのに伝統的に体長が用いられる．体重を測ることがむずかしいためである．体長は季節的な栄養状態の変化に支配されないという利点もある．鯨類で体長というのは，上顎の先端から尾鰭の後縁の中央までを体軸に平行に直線で測定した値である．哺乳類学で全長とか頭尾長と呼ぶ測定値がこれに相当する．鯨類には尾鰭がある．尾鰭の左右端は，多くの場合に尾の後端よりも後方に位置しているが，これは体長に含めない．左右の尾鰭の後縁が合するところまでを測定する．

鯨類の出生体長には個体差があるし，出生の瞬間に測定することはむずかしい．漁業で捕獲される種や，多数の漂着死体が入手できる種では，生後個体の体長分布と妊娠雌の体内から取り出した大型胎児の体長分布を対比して，出生体長を求めることが行われてきた．スジイルカの場合には，秋から冬にかけて伊豆半島沿岸で行われていた追い込み漁業からその試料が入手できた．胎児と新生児を5 cmごとの体長グループにまとめて体長組成をつくると，最大の胎児は体長グループ102.5-107.5 cmに出現し，最小の新生児は体長グループ92.5-97.5 cmに出現した（Kasuya 1972）．そこには約10 cmの重なりがあった．多くの新生児はこの10 cmの範囲で生まれることがわかる．問題はこの体長範囲の試料数のアンバランスである．すなわち，92.5 cm以上107.5 cm未満の新生児は14頭なのに，胎児は58頭も記録されていた（重複範囲に72頭が観察された）．このような偏りの原因はいくつかあると思われるが，その1つは漁業者による捕りもらしである．当時は2-3時間以上かけて相模湾内や，ときには伊豆大島の周辺からイルカの群れを追い込んできていた．その間に新生児は親と一緒に泳げなくて洋上に置き去りにされたり，疲れて死亡して沈下したりすることがあったかもしれない．もう1つの可能性は，操業の季節が出産期が始まったばかりの時期と一致したため，同じ体長でも生まれていない胎児のほうが多かった可能性がある．

Kasuya (1972) はこのような偏りを補正するために，新生児の試料数14頭を算術的にかさ上げして，胎児の数58に等しくなるように細工をした．そうした後で，胎児と新生児の出現数が等しくなる体長として99.8 cmを得た．これがスジイルカの平均出生体長の1つの推定である．Miyazaki (1977) は同様な手法で，同じ漁業から別途入手したやや小さい標本数（重複範囲に52頭）を用いて，平均出生体長100.5 cmを得ている．そのちがいは有意とは思われない．

10.5.3 体長組成

伊豆半島の追い込み漁業で1967-1970年に調査された個体の体長組成のモードは，雌（$n=567$）では223-227 cmの体長群にあり，最大体長は243-247 cmの体長群にあった．同じ標本群の雄（$n=391$）では，モードは238-242 cm，最大体長は258-262 cmの体長群にあった（Kasuya 1972）．この場合に，モードの体長は成長停止時の平均体長にほぼ一致すると考えられる．すなわち，当時伊豆半島沿岸で捕獲されていたスジイルカにおいては，雌は平均225 cm程度，雄は平均240 cm程度で成長を止めていたこと，雄のほうが雌よりも約15 cm大きかったということができる．

三陸沖合の集団で1970年に調査目的で捕獲された47頭の体長組成をみると，最大個体は雌251 cm，雄257 cmであり，かつての伊豆沿岸の値と大きなちがいは見出せない（Iwasaki and Kasuya 1993）．

一方，和歌山県太地の追い込み漁業で1991年秋から1995年春までに捕獲されたスジイルカをみると，雌（$n=412$）ではモードが210-219 cmで最大体長が238 cmにあり，雄（$n=301$）ではそれぞれ220-229 cmと249 cmにあった．この標本数はけっして少なくはないのに，1960年代の伊豆産の個体や近年の三陸沖合の個体に比べて，雌雄とも10-15 cmほど小さい値を示している．最近に太地で捕獲されているスジイルカは体が小さいとみるのが正しいらしい（Iwasaki and Goto 1997）．これについては系統群の項でふれた（前述）．

10.5.4 平均成長曲線

スジイルカの年齢と体長の関係はKasuya (1976) やMiyazaki (1984) が報告している．生後の1-2年間の成長は急速で，約100 cmで生まれた子どもは満1歳のときに平均164 cmに達する（Kasuya 1976）．最初の1年間の成長量は64%である．その後，3-9歳（雌）ないし3-10歳（雄）の年齢範囲では平均成長曲線はほぼ一定の成長率を示す．これより後は成長がしだいに緩やかになり，最終的には雌は17歳，雄は21歳あたりで平均体長の増加が停止する．Miyazaki (1984) も伊豆沿岸の漁業で得た独自のデータを用いて，このような平均成長曲線の特徴を確認している．象牙質だけを用いて年齢査定をして，それをもとに平均成長曲線を推定したことがある（Kasuya 1972; Miyazaki 1977）．この方法では，前に述べた年齢査定の欠陥によって13歳以上の個体の年齢を過小推定するので，若いときの体長をやや過大に推定しがちである．しかし，高齢部の平均体長には大きな問題がないと思われる．なお，象牙質の蓄積は13-16歳で停止するが，この年齢は体の成長が完了する年齢とほぼ一致するようにみえる．

17歳以上の雌（$n=89$）の体長は200-250 cmの範囲にあり，平均は225.3 cm（標準誤差：1.62 cm）であった．同様に21歳以上の雄（$n=41$）についてみると，体長範囲は220-248 cm，平均は236.0 cm（標準誤差：0.96 cm）であった（Kasuya 1976）．これらは伊豆半島沿岸のスジイルカの成長停止時の平均体長であり，体長組成から推定した値に近い値となった．Miyazaki (1984) は同様の計算を行い，11歳以上の雌については225.7 cmと近い値を得ているが，16歳以上の雄については238.9 cmと3 cm近く大きい値を得ている．この程度のちがいは統計的に有意ではないかもしれないが，テープを使って体長を測定するときの手法のちがいも無視できない．Kasuya (1976) の場合には2名が，それぞれテープの端をもっ

て測定した．これに対して，Miyazaki（1984）は1名で測定したため，大型個体においては測定値に若干のちがいが出る可能性がある．

このようにして求める平均成長曲線は，過去数十年間に生まれた個体を死亡時の年齢順（捕獲期間が短ければ生まれた順といってもよい）に並べて，年齢ごとの平均体長を求めたものである．哺乳類では春機発動期のころに一時的に成長が早まるのが普通であるが，そのときの年齢は個体差がある．その春機発動期の年齢に個体変異が大きくて，成長加速の程度が小さいスジイルカのような場合には，多くの個体を年齢別に平均して得られる平均成長曲線には，個体の特性が消えてなだらかな増加を示すだけになる．平均成長曲線は個体の成長を追跡して得られた成長曲線とは別物である．同じような理由から，平均成長曲線において体長の増加が完全に停止する年齢は，個体の成長が停止するときの平均年齢ではない．むしろ，全個体の成長が停止する年齢とみるのが正しい．成長停止が遅い（高齢でも体長増加を続けている）個体に引きずられて，平均体長の増加はかなり後まで緩やかに続くのである．

成長が停止した個体を確認する，あるいは成長が停止するときの年齢を知るためには，脊椎骨の椎体と骨端板の融合をみるのが確実である．脊椎骨の本体を椎体という．若い個体では，椎体の前後に1枚ずつ骨端板が軟骨を介在してついている．この軟骨から椎体の骨組織が形成されて，椎体の長さ，ひいては体長が増加する．成長が進むとこの軟骨が消失して，椎体と骨端板とは融合してしまう．こうなると椎体の成長が停止する．この椎体の成長停止というプロセスは脊柱の前方と後方とから進行し，最後まで椎体の成長が続くのは胸椎の後部ないしは腰椎の前部の脊椎骨である．したがって，その部分の脊椎を検査すれば，その個体が成長を停止したか否かを確認することができる．相当の手間がかかるうえに，スジイルカ漁業では漁獲されたイルカは内臓を抜いたままで各地に出荷されていたので，日本のスジイルカ研究ではこのような調査は行われていない．

平均成長曲線の解釈においては，ほかにも注意すべき点がある．第1は成長の経年変化の問題である．漁獲によってイルカの個体数が減少すれば，個体あたりの餌の供給が増加して成長がよくなるかもしれない．日本沿岸のスジイルカの雌では漁業の影響で性成熟年齢が低下し，早熟になったという研究がある（Kasuya 1985）．このような成長パターンの変化にともなって，最近生まれた個体は昔生まれた個体よりも体が大きくなるかもしれない．このような事例は北太平洋のマッコウクジラの雄で認められており，若い雄は高齢の雄よりも2m以上も大きいというような現象が現れた（Kasuya 1991）．ただし，雌では大型化は確認されず，雄と雌では繁殖戦略が異なるためにこのようなちがいが現れたものと解釈されている（雌は大型化よりも早熟化のほうが繁殖に有利という解釈である）．南極海のミンククジラでも成長が改善された．成長停止前の同年齢の個体どうしで比較すると，雌雄ともに10年間に15cmほど大型化したことが知られている（加藤 1991）．ただし，ミンククジラの場合には成長停止時の大きさが変化したのか，それとも若いときの成長が早くなっただけで（これにともなって若くて成長が停止するので），成長停止時の体長には変化が現れないのかの判断は出されていない．

もしも，スジイルカの成長が改善されて，成長停止時の体長が昔よりも大きくなっていれば，漁獲物の年齢データをもとに描いた平均成長曲線では，高齢部分ではあたかも体長が縮小するようにみえることになる．図10.8に示した平均成長曲線は，1963-1980年におもに伊豆半島で得られたデータにもとづいている．40歳の個体は1930-1940年代に生まれ，17歳の個体は1953-1963年ごろに生まれたと考えられる．この2つのグループの間で平均体長に差がないところをみると，スジイルカにおいては，1953-1963年ごろまでは少なくとも顕著な体長変化は発生しなかったとみてよい．ただし，その後の成長変化の可能性については解析が行われてない．

平均成長曲線の解釈において注意すべき第2

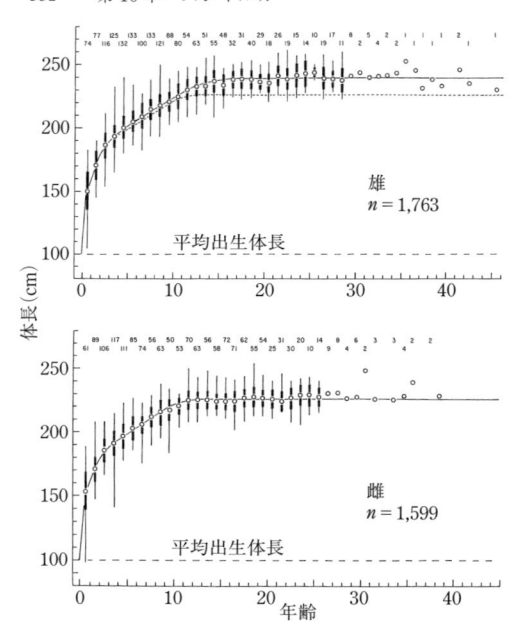

図10.8 スジイルカの平均成長曲線．年齢査定には象牙質とセメント質の成長層を併用している．丸印は平均体長．縦線はデータの範囲，黒棒は1標準偏差の範囲を平均値の上下に示したもの（上下合わせて2標準偏差の範囲）．総試料数は雄1,763頭，雌1,599頭で，約90%は1963-1973年に伊豆半島沿岸で捕獲された個体であるが，残りの10%は1973-1980年に太地で捕獲された個体である．上欄の数字は標本数．（Miyazaki 1984）

の問題は，漁業による選択性の影響である．もしも漁業者が大きい個体を選んで捕獲する努力をすれば，平均成長曲線や体長組成は上向きの偏りを受ける．追い込み漁業ではこのような偏りは考えにくいが，突きん棒漁業の場合にはその可能性が残る．異なる漁法から入手したサンプルを比較する際には警戒が必要である．

第3の問題は，体の大きさによってイルカの寿命に差があれば，平均成長曲線に偏りを与える．たとえば大型個体ほど短命だったとすると，あたかもイルカの成長が最近改善された場合に期待されるような特徴を示すはずである．鯨類については体の大きさと寿命の関係を示す研究があるのを聞いていない．

10.5.5 雄の性成熟

（1）睾丸組織の観察

ここではスジイルカの雄が生後何年で性的に成熟するかを検討する．哺乳類の雄の性成熟は時間をかけて徐々に進行する過程である．そこには生理学的・解剖学的な変化だけでなく，社会学的・行動学的な要素も影響してくる．それゆえ，性成熟をどのように定義するか，それをどう認識するかという2つの問題を避けて通ることができない．これまでにコビレゴンドウやマッコウクジラの睾丸の観察から推定されたところでは，雄がある年齢になると，睾丸組織の一部で精子の形成が始まる．時間とともにそのような組織の範囲が拡大して，最終的には睾丸全体で精子形成が行われるようになる．コビレゴンドウでは，この成熟過程の比較的早い段階で精子が睾丸の外に輸送され，副睾丸にもわずかではあるが精子が出現する．また，完全に成熟した雄では精子は周年形成されるが，成熟初期の雄では精子形成は交尾期だけに限られる．これらは性成熟の解剖学的な側面である．

性成熟のもう1つの側面は，繁殖への参加という行動学的な側面である．まず，雄には雌への接近意欲が起こるにちがいない．そして雌から雄として認められ，交尾を許されて，彼女らを妊娠させるという過程がある．また，雄どうしの争いに勝利して，ほかの雄を排除して，雌を獲得しなければならないような社会構造をもつ種もあるにちがいない．このような過程をクリアして，実際に雌を獲得して子孫を残せる状態は「社会的成熟」と呼ばれている．社会的成熟を確認するには行動学的な研究，あるいは遺伝学的な父子判定によるしかないが，そのような研究はスジイルカでは進んでいない．社会性の強い動物では，雄による雌の獲得という側面に加えて，雌による雄の選択も無視できない場合があるが，それに関する研究は鯨類ではなされていない．そして，機能的な性成熟と社会的成熟との間にはどのような関係があるのか．この問題はスジイルカでも議論がなされてきた．

話をスジイルカの雄に戻そう．性成熟の判別を目指した最初の試みはHirose and Nishiwaki (1971) の研究である．この研究では，体長・睾丸重量・睾丸組織のそれぞれの発達段階が記述され，性成熟に達したと判断される個体では，

これらの指標がそれぞれいくつ以上であると述べている．しかし，このように複数の指標を導入すると，ある指標が成熟の基準に達していても，ほかの指標では基準に達していない場合が出てくる．Hirose and Nishiwaki（1971）は，その場合にどう性成熟を判別するかを明確に記述していないが，彼らの考え方はつぎのようであるらしい．すなわち体長を横軸に目盛り，睾丸重量を縦軸に目盛って個々のデータをプロットすると，ある段階で睾丸重量が急増するのが認められる．これをもとに睾丸重量40g以上を成熟とかりに定めた．40g以上の睾丸では第2精母細胞が観察されるが，それ以下では観察されなかったらしい．第2精母細胞が精子に変態するまでの時間は数週間という短期間であり，出生から成熟までの年数に比べればわずかであるから，第2精母細胞をもつ睾丸は成熟と判別する．つまり，片側睾丸重量40gは精子形成を始める最低睾丸重量ということになる．なお，その後の研究では，睾丸重量が10g以下でも精子形成が始まる個体があることが知られている．Hirose and Nishiwaki（1971）は，このように睾丸重量を主要な形質とし，睾丸組織と体長を補助的な指標として判断したものと理解される．

Kasuya（1972）は同じように睾丸重量を体長に対して目盛ったグラフを描いて，体長215cm以下では睾丸重量が30g以下であるが，その後，睾丸が急成長し，体長225cm以上では多くの睾丸が80-300gとなり，そこでは体長と睾丸重量の相関が失われることを見出した．これをもとに片側睾丸重量35g以上で性成熟するとみなした．この研究も睾丸重量の急増期をもって性成熟の指標とするものであるが，解剖学的な背景は十分ではない．

Miyazaki（1977）は雄の性成熟に関する基礎的解析をもう一歩進めた．まず，左右の睾丸を比べて，どちらかが重い（発達がよい）という系統的なちがいがないことを確認した．どちらか一方の睾丸だけを観察しても，結果に偏りは発生しないということである．なお，これは雄だけにいえることで，雌ではイルカ類の多くの種で左側の卵巣が先に成熟するので，片側の観察では不完全となる（後述）．つぎに，Miyazaki（1977）は左右いずれかの睾丸について，睾丸中心部から採取した組織切片を用いて精細管を検鏡し，つぎの3段階に区分した．

（1）　未成熟：精子も精母細胞も認められない．
（2）　春機発動期：精母細胞が出現（精子なし）．
（3）　成熟：精子が出現．

この作業において観察された精細管断面の数は記述されていないが，おそらくつぎの作業と同様に20個であるらしい．

つぎに，同じ組織切片において20個の精細管断面を観察し，上の「成熟」をさらにつぎの3段階に区分した．

（3.1）　成熟I：1精細管にのみ精子がある．
（3.2）　成熟II：2-19の精細管に精子がある．
（3.3）　成熟III：20の精細管断面すべてに精子がある．

つまり，睾丸の中心部の精細管20断面を観察して，成熟段階を5段階に分類したのである．なお，スジイルカにおいては睾丸のどの部位を観察しても成熟段階の判定には差がないことが，後に光明（1982）によって確認されている．

上でMiyazaki（1977）が使用した成熟階級の名称には行動学的な印象を与えるものがあるが，その階級区分はあくまでも睾丸の解剖学的な所見にもとづいたものである．たとえば，春機発動期とあるが，そこには行動学的な裏づけがあるわけではないし，成熟と分類された個体に繁殖能力があることが示されているわけでもない．20個の精細管断面のうち1断面で精子形成が確認されたからといって，繁殖能力があると判断することはできない．むしろ，「成熟I」から「成熟II」を経て「成熟III」にいたるまでのどこかの段階で機能的に成熟するとみるのが正しいのではないだろうか．また，この研究においては，観察された20個の精細管断面のなかの1断面の状態によって，階級が変更される場合があるので，5つの成長段階の隣り合う階級間のちがいに大きな意味を認めるのは危

険である．

　つぎに Miyazaki（1977）は，これら睾丸の成長段階と睾丸重量や体長との相関をみた．「未成熟」ないし「春機発動期」と判断された睾丸は 40 g 未満に出現し，「成熟」と判断された睾丸は重量 7 g 以上 225 g までに出現した．睾丸重量 7 g で精子を形成している個体があるのは，Hirose and Nishiwaki（1971）の例からみると奇異に感じられるが，光明（1982）が行った副睾丸のなかの精子量の解析をみればありえないことではない（後述）．ただし，「成熟」を文字どおりの意味に解釈するのは疑問である．「成熟」とされる睾丸が 50% を占める睾丸重量は 15.5 g であった．これ以上の睾丸では「成熟」している確率が 50% 以上と期待される．同様にして，睾丸の組織像を体長と比較すると，「成熟」に達するのは体長 200 cm から 250 cm の間であることを認め，「成熟」個体が 50% に達するときの体長を 219 cm と算出した．Miyazaki（1977）は年齢査定を象牙質成長層のみで行っており，性成熟前後からの年齢は信頼性が低いので，年齢に関係する成長パラメータの紹介は省略する．

　その後，Miyazaki（1984）はセメント質を用いて年齢査定をやりなおして，年齢の増加にともなう雄の性成熟の進行を解析した．まず，年齢と睾丸重量の関係を概観してみよう（図 10.9）．年齢 7 歳以下では睾丸の成長は緩やかで，重量の上限は 10-20 g にあるが，7 歳を過ぎるころから急増する個体が出現し，10 歳を過ぎると 20 g 以下の睾丸はほとんどみられなくなる．年齢 10 歳以後は睾丸重量の個体変異の幅がきわめて大きい．年齢 13 歳では重量 200 g 以上という本種にとっては最大級の睾丸が出現し，14 歳以上では睾丸重量と年齢との相関がほとんど認められない．睾丸重量の急増の背景には睾丸組織の成熟過程の進行がある．繁殖能力の獲得がこのころに起こることが示唆される．年齢と精細管の直径の関係にも，定性的には睾丸重量のそれと同じようなパターンが認められる．

　Miyazaki（1984）は上の成熟 5 段階と年齢

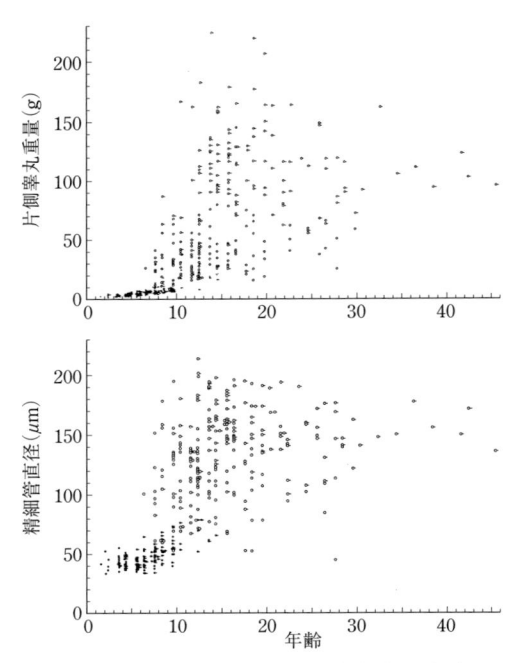

図 10.9　スジイルカの年齢と片側睾丸重量（上），および年齢と精細管直径（下）との関係．黒丸は「未成熟」，棒つき黒丸は「春機発動期」，白丸は「成熟 I」と「成熟 II」，棒つき白丸は「成熟 III」．用語については本文参照．（Miyazaki 1984）

との関係も求めている．まず，「成熟 I」「成熟 II」「成熟 III」の合計，すなわち全「成熟」個体が，「未成熟」と「春機発動期」を含めたすべての雄のなかに占める比率を年齢別に求めた．「成熟」は 6 歳から現れて 14 歳ごろまでその比率が増加することを認め，「成熟」が 50% に達するときの年齢は 8.8 歳であるとした．この 8.8 歳はスジイルカにおいて精子が形成され始めるとき，すなわち彼のいう「成熟」に達するときの平均年齢であるが，その判断は睾丸中央部の精細管断面 20 個を観察してなされるものである．同様の手法で，「成熟 II」および「成熟 III」に達するときの平均年齢を求めることも可能ではあるが，そのためには 14.5 歳まで出現するという「未成熟」ないし「春機発動期」の個体も母数に算入しなければならない．Miyazaki（1984）はそれを避けて，たんに「成熟 I」「成熟 II」「成熟 III」の比率が年齢にともなってどのように変化するかを解析している．それによると「成熟 I」と「成熟 II」はともに

表10.4 日本近海のスジイルカの雄の性成熟に関する2つの研究の比較.

Miyazaki (1977, 1984)			Iwasaki and Goto (1997)	
成長段階	睾丸重量 (g)	年齢	成長段階	睾丸重量 (g)
未成熟	<10	<15	未成熟	<10
春機発動期	4-40	2-14	成熟前期	5-37
成熟 I	7-90	6-30	成熟後期	15-64
成熟 II	15-200	6-30	成熟	12-229
成熟 III	40-225	4-46		

5.5歳から30.5歳までの間に出現し，30.5歳以上ではすべての個体が「成熟III」の段階にあった．全「成熟」個体のなかに占める「成熟III」の個体の比率が50%に達する年齢は16.5歳であった．もしも，「成熟」3段階以外の個体（「未成熟」と「春機発動期」）を計算に加えれば，この数字は16.5歳よりも多少は大きくなるかもしれない．

　Iwasaki and Goto (1997) は，上に紹介したMiyazaki (1977, 1984) の方法とは異なる基準で睾丸の成長段階を分類した．用いた試料は1993/94-1994/95年の冬に太地の追い込み漁で捕獲されたスジイルカである．その基準は精母細胞ないしは精子が認められる精細管を精子形成が始まっていると認め，そのような精細管の比率によって成長段階を4段階に分ける．すなわち①未成熟（0%），②成熟前期（1-49%），③成熟後期（50-99%），④成熟（100%），の4段階である．これはKasuya and Marsh (1984) がコビレゴンドウに用いた基準でもある（第12章）．基準が任意であるとか，少数の例外的な精細管の存在によって判定が左右されるという問題をはらんでいる点では，Miyazaki (1977, 1984) の方法とあまり優劣はないが，①未成熟と③成熟後期とのちがい，あるいは②成熟前期と④成熟とのちがいなどは意味のあるものとして考慮に値する．2つの研究を比較すると，未成熟はどちらの基準も同じような状態を指しているらしい．「春機発動期」（Miyazaki 1977, 1984）と「成熟前期」（Iwasaki and Goto 1997）もほとんど同じ状態を指しているとの印象を受ける（表10.4）．ただし，「春機発動期」（Miyazaki 1977, 1984）は精母細胞だけが見出される状態と定義されているが，精母細胞から精子に変態するまでに要する時間は数週間にすぎないのに対して，雄の性成熟の過程は数年間を要する変化であることをみれば，精母細胞だけがあって精子がない状態というものを成長の1つの段階として重視する必要はないように思われる．

　これらの解剖学的な睾丸の成長段階と，雄の繁殖能力との関係は依然として解明が不十分である．Miyazaki (1984) は，スジイルカの群れでは雌の性状態組成に群れ特異性があることに着目した．卵巣の所見や胎児のサイズから，まもなく排卵しそうな雌や排卵してからまもない雌が多い群れ（交尾群）と，逆に発情から時間的に隔たった状態にある雌が多い群れ（非交尾群）とに分けて，それらの群れにいる雄の年齢組成を比較した．その結果，彼は交尾群に比べて非交尾群には16.5歳（16歳以上17歳未満を指す）以上の雄が少ないとみて（年齢範囲にはちがいがない），それは繁殖能力を獲得した雄が発情雌を求めて群れから群れへ移動しているためだと解釈した．このことから，彼は16.5歳以上の雄つまり「成熟III」の雄が繁殖に参加する能力を獲得しており，それらはいわゆる「社会的成熟雄」に相当すると結論した．これは雄が繁殖に参加する年齢を行動学的に推定しようとする試みとして貴重ではあるが，統計学的な解析が望まれる．また，このような行動変化は特定年齢を境として一斉に切り替わるものではないから，社会的成熟の達成は16歳前後の数年間の幅をもった変化と解釈すべきであろう．

　雄には生理学的に繁殖能力を獲得する段階が

あるはずである．それは初めて精子が形成された段階よりも後であろうし，おそらく社会的成熟よりも前の段階であると思われる．Miyazaki（1984）によれば，年齢7-8歳で睾丸重量や精細管が急成長を示す個体が出現し，そのような個体の比率は10歳まで増加を続ける（図10.9）．その後も睾丸重量と精細管の直径は年齢とともに増加の傾向をみせるが，年齢とそれらの相関は14歳あたりで消滅する．これからみると，生理的に繁殖可能となるのは7-10歳のころであるらしい．ただし，この段階にいたるときの年齢には個体差が大きい．その後も14歳ごろまで睾丸は成長を続ける．14歳以上の雄でも生殖腺の個体差はきわめて大きく，睾丸重量は20-230gの間に，精細管の直径は60-230 μm の範囲にあった．この背景には測定値や年齢査定の誤差よりも，個体差あるいは繁殖周期によるちがいがあるものと思われる．相模湾の漁場に来遊する雄のスジイルカでは，10月から12月にかけて，睾丸重量がしだいに低下することが知られている（前述）．これは性的活性の変化を示しているものと解釈されているが，図10.9ではこれらの雄が一括して表示されているのも，個体変異の幅が大きく現われている原因の1つである．本種の交尾期はあまり明瞭ではなく，ほとんど1年中繁殖が行われているが，個体レベルでみればすべての雄が1年中繁殖に参加していると断定する根拠が得られているわけではない．繁殖の盛期には全員が性的に活発になるかもしれないが，そのほかの時期には活発な雄とそうでない雄とに大きな差があるのかもしれない．

（2）副睾丸組織の観察

雄の生理学的な繁殖能力の指標としては，睾丸重量や睾丸の組織像よりも，精液中の精子濃度のほうが好ましいかもしれない．しかし，野生のスジイルカから精液を採取することはむずかしい．そこで光明（1982）は副睾丸のなかにある精子の濃度を解析し，睾丸重量や精細管の直径と比較した．用いた標本は伊豆半島沿岸の追い込み漁業から得たものであるが，年齢に関する解析がないのが惜しまれる．精細管のなかで形成された精子は，睾丸から副睾丸（精巣上体）に出て，ここで成熟精子となり，そこに貯蔵される．光明（1982）は，睾丸重量の増加にともなう精細管の直径の増加に3段階を認めた．それらは①急速成長期（睾丸重量40g以下），②緩やかな増加期（40-110g），③定常期（精細管は平均200 μm で，睾丸重量は110g以上），である．副睾丸に精子が認められる最小の睾丸重量は1.8gで，副睾丸に精子のない個体の最大睾丸重量は23.9gであった．これは塗抹標本による精子の検出である．

一方，副睾丸内液を採取して濃度を計測した場合に，精子が検出された最小睾丸は7.2gであり，精子のない個体の最大睾丸は57.2gであった．微量の精子を検出するには塗抹法が優れているが，高濃度に精子をもつ個体において精子濃度を比較するには，濃度を計測するのが望ましい（表10.5）．精子が初めて副睾丸に送られてくるときの睾丸重量は2-20g程度であった．これは，生後2年でも精子形成を開始している例があるというMiyazaki（1977）の研究とも矛盾しない．このような低濃度の精子が副睾丸に送られている雄に，はたして交尾の意欲があるのか，そのような雄を雌が受け入れるのか，また交尾をしても雌を妊娠させる能力があるのか，これらの点はいずれも疑わしいように思われる．微量の精子を形成していても，それをもって生理的に繁殖能力をもつと判断することはできない．

副睾丸のなかの精子濃度を計数すると，濃度は睾丸重量40-60gのときに急増し，100g前後で増加が停止する．そのときの平均濃度はおおよそ 55×10^6/ml であるが，個体差が大きく 25-100（$\times 10^6$/ml）の範囲にあった．このことから，光明（1982）は副睾丸中の精子濃度 25×10^6/ml 以上で生殖能力があるものと推定した．この精子濃度が出現する最小睾丸重量は35.5gであり，86.2g以上の睾丸では全個体がそれ（25×10^6/ml）以上の精子濃度をもっていた．しかし，観察された最大精子濃度は 135×10^6/ml で，それは睾丸重量50-60gの個体で

表 10.5 スジイルカの副睾丸中の精子濃度の手法による比較.（光明 1982）

精子計数値 (×10⁵/ml)	塗抹標本の精子相対濃度[1] ①	②	③	④	⑤	合　計
0	13	7	2			22
0.1-100	2	3	11	17	5	38
101-200				2	5	7
201-400					10	10
401-600					6	6
601-800					4	4
801-1000					1	1
1001-					3	3

[1] 濃度階級はコビレゴンドウ（表12.8）の場合とほぼ同じである.

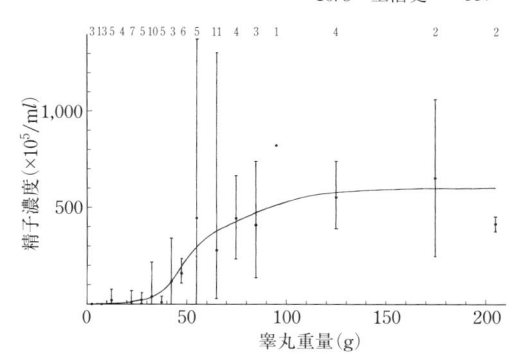

図 10.10 睾丸重量と副睾丸内液中の精子濃度の関係．黒丸は平均，縦線は範囲，上欄の数字は標本数．（光明 1982）

あったから（図 10.10），睾丸重量 86.2 g を性成熟時の睾丸重量の上限とするのは過大であると思われる．むしろ性成熟時の睾丸重量範囲としては 35-60 g が適当であろう．これは精子濃度が急増するときの睾丸重量範囲にほぼ一致する．伊豆の漁業で捕獲されるスジイルカの睾丸重量は，10 月から 12 月に向けて 3 分の 1 以下に減少することが知られている（前述）．この変化が季節的なものか，個体群のちがいかは明らかでないが，性成熟の指標としての睾丸重量基準は，季節あるいは個体群によって異なることを示唆するものである．

（3）性成熟年齢

図 10.9 のグラフから睾丸重量が 35 g と 60 g のときの年齢を読み取ることができる．35 g の年齢範囲は 7-20 歳，60 g の年齢範囲は 8-27 歳である（かりに 86 g の年齢範囲をみても同じ年齢範囲が得られる）．なお，性成熟は睾丸重量のほかに年齢にも支配されている可能性を忘れてはならない．すなわち，高齢個体は睾丸重量が 35 g に満たなくても成熟している可能性がある．このような後ろに尾を引く分布をする形質について，平均値を求めてもあまり意味がない．かりに半数の個体が睾丸重量 35 g 以上ないしは 60 g 以上にある年齢を図 10.9 から読み取ると，それぞれ 10.0 歳と 13.0 歳ごろと推定される．これがスジイルカが生理的な繁殖能力を獲得する平均年齢であろう．ただし，なかには 7-8 歳で繁殖能力を獲得する早熟な個体もある．

スジイルカの雄は，年齢 7-8 歳で繁殖能力をもつ個体が現れ始め，15 歳以上ではほぼ全員が繁殖能力をもつとみて大きな誤りはないように思う．これは生理的な繁殖能力であり，実際に繁殖に参加しているかどうかの検証は別の問題ではあるが，この段階に到達した雄は，機会があれば繁殖に参加しようとして努力しているとみるのが自然である．Miyazaki（1984）は群れ構成の解析から，雄が繁殖に参加する年齢を平均 16.5 歳としているが（前述），個体変異や誤差を考えれば，上に述べた年齢 15 歳はこれとほとんど同じといってよい．

上に紹介したように，スジイルカの雄の性成熟を推定する試みに関しては，1970 年代から多くの研究者が苦労してきたが，何歳で繁殖に参加するかについては直接的なデータがなく，結論はいまだに出ていない．1970 年代にはスジイルカは 3 年で成熟すると予想していた研究者があったことからもわかるように，イルカ類の生活史研究の創始期であり，研究の進展に時間を要したのである．また本種の研究は試料を漁獲死体から入手したことと，本種の飼育や野生状態での観察が困難であることが影響して，行動学的な知見が皆無であることが研究の遅れの背景にある．

社会的成熟という考え方についてはすでにふれたが，スジイルカにおいて生理的な性成熟と社会的成熟とがどれほど異なる可能性があるのか考察してみよう．極端な例としてまずオッ

トセイの場合を考える．オットセイは出産期の前に雄が出産場所となる浜に上陸して，自分のなわばりを定める．しばらくすると，そこに雌が到着して出産し，まもなくそこにいる雄と交尾をする．なわばりを守る雄からみれば陸側は崖でふさがれているから，競争相手が侵入するのは波打ち際と左右の境界であり，この3方を守れば体力次第で広いなわばりと多数の雌を確保し，多くの子孫を残すことができる．このような繁殖様式では，生理的な繁殖能力をもってはいるが，なわばりを確保できない雄が繁殖場のまわりにいて，侵入の機会をうかがっている．ことによると，彼らのなかには一生の間，子孫を残す機会にめぐり合えない雄もあるにちがいない．このような種では，生理的成熟と社会的成熟の不一致は明らかであり，生涯にわたって社会的成熟に達しない雄さえあるかもしれない．

マッコウクジラでは，繁殖期になると個々の成熟雄が交尾の機会を求めて雌の群れをわたり歩く．そこで雄どうしが鉢合わせをすれば，闘争が起こることもある（Kato 1984）．雌の群れは数頭から十数頭の母系集団を基本としているが，1つの雌の群れを前にして複数の雄が鉢合わせをすることは，いまではあまり多くはないらしい（Whitehead 2003）．すなわち，その気のある雄はほとんどだれもが繁殖の機会を得ているらしいのである．昔からそのような雄の楽園があったかどうかは疑問である．マッコウクジラの雄は体が大きいので捕鯨業者が好んで捕獲したため，いまのマッコウクジラの社会には成熟雄が少なくなっている．マッコウクジラの大量捕獲が始まる前には雄の比率がいまよりも多く，繁殖の機会をめぐる雄どうしの競争がいまよりも激しかった可能性がある．しかし，たとえ昔は雄の数が多かったとしても，マッコウクジラの雄が守るべき領域はオットセイが繁殖場とする砂浜とちがって広大である．その場所は3次元空間の海中にあり，空中を除く5方向を防御しなければならないし，雌の群れは雄の希望とは無関係に勝手な方向に移動することができる．このような状況下では，競争相手の雄を排除することはオットセイの場合よりも困難

であるにちがいない．2頭の雄が鉢合わせをして，雌の群れをわきにおいて闘争を始めたときに，3頭目の雄がやってきて漁夫の利を得ることは，オットセイの場合よりも多かったにちがいない．つまり，オットセイに比べてマッコウクジラのほうが，雄の交尾の機会がより均等に配分されている可能性がある．

では，スジイルカではどうだろうか．スジイルカはマッコウクジラと同様に広大な外洋域を生活の場としており，その群れは数十頭からときには数百頭からなり，多数の雄と雌からなっている．群れによって成熟雄の多い群れと少ない群れがあるとしても，そこにはつねに多数の生理的に成熟した雄がいる（あえて社会的成熟雄とはいわない）．このような社会では，特定の雄が雌を独占するとか，一部の雄が繁殖活動から排除されるということは，雌にその意思がない限り技術的に不可能である．したがって，スジイルカの雄においては，繁殖の成功度の個体差はあまりないものと推測される．これは，スジイルカの雌雄間で，体の大きさのちがい（性的二型）がオットセイやマッコウクジラほどには著しくないこととも整合する．胎児の体長組成に群れごとの特徴があることも，スジイルカの群れは離合集散が行われる流動的な構造であることを示している（Kasuya 1972）．すなわち，スジイルカにおいては，生理的成熟と社会的成熟とを峻別することは適当ではない．生理学的に成熟に達した雄の多くは，実際に繁殖に参加する機会が与えられていると私は考えている．

10.5.6　雌の性成熟

（1）　卵巣所見

生殖腺をみることができれば，雌の性成熟の判定は雄のそれに比べて容易である．その背景には，性成熟の定義が排卵経験の有無によっていることがあげられる．多くの雌は最初の排卵で妊娠するので，排卵の有無と妊娠能力の有無とがほぼ同義と解釈されているのである．排卵に続いて卵巣には黄体が形成されるが，黄体は出産の後で，あるいは妊娠不成立の場合には排

卵後まもなく，しだいに退縮して白体に変わり，これが終生卵巣内に保存される．したがって，卵巣をみれば生前の排卵経験の有無を知ることができるし，黄体と白体の数を数えれば，その雌が生前に何回排卵したかがわかる．ただし，妊娠回数を推定することは無理であるとされてきた（Perrin and Donovan 1984）．

なお，このような理解に対する疑問が近ごろ提出された（Brook et al. 2002）．それは水族館で飼育された1頭のミナミハンドウイルカの記録である．この雌は12年間水族館に飼育され，定期的に超音波診断で濾胞と黄体の成長をチェックされ，同時に血中の黄体ホルモン濃度が測定されてきた．この雌は推定3歳で搬入され，3年後に最初の黄体ホルモンレベルの上昇と黄体形成がみられ，死亡するまでに18回の排卵と3回の妊娠が記録されていた．死亡してから卵巣を調べたところ，白体は3個しかなかった．これまで鯨類の卵巣において白体と呼ばれてきた構造は，じつは妊娠黄体が退縮してできた白体であるという疑いである．これに似た問題はマイルカ（*Delphinus delphis*）の漂着死体の研究（Dabin et al. 2008）でも指摘され，2009年のIWCの科学委員会でも話題とされた（IWC 2010）．マイルカのような小さい卵巣においては白体の計数が困難であることが理解されるので，顕微鏡による組織学的な検査やほかの研究者との計数結果の突き合わせなどを含めて，慎重に検討することが望まれている．スジイルカの黄白体蓄積率と妊娠率との関係については後で述べる．

いくつかのイルカ類では，左の卵巣が先に成熟することが知られている（Ohsumi 1964）．Hirose et al. (1970) は，より多くのスジイルカの試料を用いてこの関係を解析した．それによるとまず左側の卵巣が排卵し，これが数回続いた後で右側の卵巣から排卵され，それ以後は左右がほぼ同率で排卵するとされている．右側の排卵が始まる時期には個体差が大きく，5-18回目の排卵からである．

（2）性成熟時の年齢と体長

性成熟に達する年齢，つまり最初の排卵が起こる年齢をみると，それは年齢7-11歳（この年齢範囲の試料は26頭; Kasuya 1972），あるいは4-13歳（同じく363頭; Miyazaki 1984）である．サンプルサイズが大きければ成熟年齢の範囲は広く現れるのが自然である．この研究は象牙質で年齢査定をしたものであるが，セメント質を用いて年齢査定をやりなおしても初排卵は生後5.0-13.0年（平均8.5年）となり，ほぼ同じ結果が得られている（Kasuya 1976）．雌の性成熟年齢は雄よりも若いことがわかる．

平均性成熟年齢を求めるためには，ある個体群について，ある1年間に性成熟に達した個体の年齢を調べて，その平均を算出するのが原理的には正しい．しかし，このような情報を得るのは技術的に困難である．そこで多くの死体を集めて（ときには何年間にもまたがる試料を使って），年齢と性成熟の有無の関係から，半数の個体が性成熟に達している年齢を算出して平均性成熟年齢とすることが広く行われてきた．このような方法では，年齢-成熟関係にどのような曲線をあてはめるかで値が左右される．また，性成熟年齢が歴史的に変化している場合には，多年度の試料をまとめて計算するので，それも問題となる．したがって，算出方法の異なる複数の推定値を単純に比較することは危険である．この問題については，国際捕鯨委員会の科学委員会でも議論があり，いくつかの研究が報告された．最近では，この問題に関しては研究者の関心が薄れているが，詳細はMartin and Rothery (1993), DeMaster (1984), Cooke (1984), Hohn (1989) にある．最初の論文には，偏りのない平均性成熟年齢と誤差を算術的に簡単に計算する方法が紹介されている．最後の2つは印刷されていないが，IWC事務局に頼めば送ってくれる．

スジイルカの雌で性成熟が起こる下限体長は188-192 cmの体長群にあり，その上限は218-222 cmの体長群にあった．すなわち，性成熟時の体長の個体差は30 cmほどである（Kasuya 1972）．また，半数が成熟している体長は

212 cm であった（Kasuya 1972）．この半数成熟体長は，ときに平均成熟体長と呼ばれることがあるが，誤解されやすい表現である．このパラメータは生殖腺の情報がなくて，体長によって漁獲物の成熟・未成熟を判別する必要に迫られるような場合に，判定基準を与えるものではあるが，すみわけや漁法の影響を受けるので，本種の成長を説明するうえではたいした意味はない．

一方，Miyazaki（1984）は別の方法を使って似た数値を得た．それは平均成長曲線のうえで，先に求めた平均性成熟年齢 8.8 歳に相当する体長を読み取る方法である．そのようにして得た平均体長は 216 cm で，50% が性成熟に達している体長よりも 4 cm ほど大きい．この体長は，雌が性成熟に達するときの平均体長であり，生物学的な意味が明瞭である．イルカの体長には個体差がきわめて大きい．いま，平均性成熟体長に近い体長 215 cm の雌の年齢範囲をみると，それは 4 歳から 23 歳までに出現する（図 10.8）．このように年齢幅が広いのは，イルカは性成熟に達すると体長の伸びが鈍化して，10 歳を過ぎると成長曲線がほぼ横ばいになるためである．この体長付近では，同じ体長でも未成熟個体は若い個体に限られ，高齢個体はみな成熟しているという現象がみられる．その結果，体長ごとに成熟個体の比率を求めると，高齢の成熟個体が母数に入ってくるために，50% 成熟体長は低めの値になるのである．つまり，Kasuya（1972）が求めた 50% 成熟体長は試料の年齢組成にも影響される性質のもので，成長学的な意義に欠けるということができる．

上の研究からしばらく時間を経て，Iwasaki and Goto（1997）は 1991/92-1994/95 漁期に和歌山県の太地で調査された追い込み漁業の漁獲物 259 頭を使って，雌の性成熟を解析した．性成熟個体の最小体長は 190-199 cm の範囲に，未成熟個体の最大体長は 220-229 cm の範囲にあった．50% の個体が性成熟に達している体長は 199.8 cm と算出された．1968-1971 年漁期の伊豆近海の試料を使った Kasuya（1972）の研究と比べると，成熟体長の範囲は 10 cm

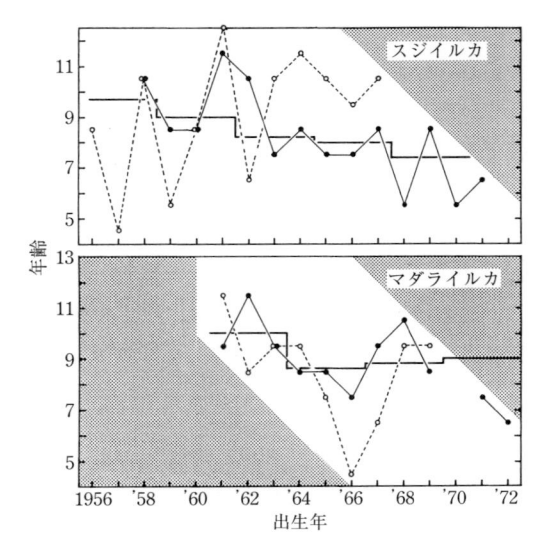

図 10.11 スジイルカ雌の性成熟年齢の経年的低下（上段）．階段状の太い実線は 50% 成熟年齢，細い実線と黒丸は最低成熟年齢，点線と白丸は最高未成熟年齢．1963 年以前は標本数が少なく，最高未成熟年齢が最低成熟年齢よりも若くなる年が出現したので，連続する 3 年級をまとめて 50% 成熟年齢を求めた．マダライルカ（下段）ではこのような若齢化の傾向は明らかではない．網かけは試料がカバーしていない年齢範囲．（Kasuya 1985）

近く広く，半数成熟体長は 10 cm 近く小さい値となっている．その説明として個体群のちがいを想定する見方がある（前述）．

10.5.7 雌の性成熟年齢の経年変化

伊豆半島の追い込み漁業で捕獲されるスジイルカでは，雌の性成熟年齢が経年的に低下したと信じられている（Kasuya 1985）．用いたデータは 1967-1980 年の 13 年間の漁獲物調査で得られた．まず，漁獲年とそのときの年齢から個々のイルカの出生年を逆算する．生年を同じくする個体を，同じ年級群に属するという．生物情報を年級群ごとにまとめ，年齢の増加にともない成熟個体の割合が増加する様を追跡し，最低成熟年齢や 50% 成熟年齢を年級群ごとに計算したのである．このような研究のためには，多数の標本を長期間にわたって入手する必要がある．

このようにして計算した平均性成熟年齢は，1956-1958 年級群の 9.4 歳から，1968-1970 年

級群の 7.5 歳に低下したことが示された（図 10.11）．この変化にともなって，成熟と未成熟が共存する年齢範囲も変化した．その年齢範囲は 1956-1962 年級群では 8 歳以上，1963-1967 年級群では 7-9 歳，1968-1971 年級群では 5-9 歳となった．すなわち，未成熟個体の最高年齢には明瞭な変化はみられなかったが，最低成熟年齢は 8 歳から 5 歳へと低下したのである．最近の年級群ほど早熟な個体が現れてきたのである．昔どおりに晩熟な個体はまだ少数が残っていたが，この変化が続けばそれも消滅するだろうと考えられた．もしも，漁業によりスジイルカ資源が減少したならば，それにともない個体あたりの餌の供給が増加して成長が改善され，若くて成熟する個体が出現することが期待される．伊豆のイルカ追い込み漁業では 1960 年代から 1980 年代にかけて，操業努力やイルカ肉の需要には低下が認められなかったのに，スジイルカの漁獲量はコンスタントに低下をみせた．観察された成熟年齢の低下は，おそらく資源減少によるものであろうと考えられている．

北太平洋のナガスクジラでも漁獲の進行にともなって性成熟年齢が低下したことが知られている（Ohsumi 1983）．この研究では黄白体を 1 個だけもっている雌，すなわち初排卵個体の年齢を調べた．そのような個体の年齢範囲は 1957/58 年漁獲物では 8-17 歳（平均 12.4 歳）であったが，1974/75 年には 4-11 歳（平均 7.0 歳）に低下した．この変化の裏では，まず最低成熟年齢の低下が起こり，それより遅れて最高成熟年齢の低下がみられたのである．半数成熟のときの年齢が低下するのは，これらの変化の中間段階であった．観察された早熟化は栄養改善にともなうものであろうが，その効果は成熟が近づいた比較的高齢の個体よりも，若い個体に強く働いたものと判断される．

このような変化は資源減少以外の原因でも発生する場合があるし，資源減少があれば必ず現れるとも限らないものではある．ほかの原因について，いくつかの可能性を検討してみよう．第 1 は餌をめぐる人間との競合である．伊豆近海のスジイルカが食べているのはエビ類，イカ類，魚類などの海洋動物である．そのなかで漁業が利用しているのはスルメイカだけであった（Miyazaki et al. 1973）．スルメイカの供給が増加すれば，スジイルカの成長が改善されて，その性成熟年齢が低下する可能性がある．ところが，性成熟年齢が低下をみせた 1960 年代から 1980 年代にかけての時期は，日本のスルメイカの漁獲量がピークの 50-60 万トン（1960 年前後）から 10-20 万トン（1980 年代中期）に漸減した時期に一致する．もしも，これがスジイルカの餌の供給量に影響したとすれば，それは観察された密度効果とおぼしき性成熟年齢の低下を相殺する方向で働いたはずである．しかし，結果は逆であった．すなわち，スジイルカの性成熟年齢の低下の原因が，餌生物をめぐる人間とイルカの競合が緩んだ結果である可能性は支持されない．

第 2 の問題はマダライルカの影響である．伊豆沿岸の追い込み漁によるマダライルカの捕獲は 1959 年に始まったとされている（Nishiwaki et al. 1965）．マダライルカは小型であるうえに肉が硬いということで単価が安かったので漁師に嫌われ，初めのうちは発見しても追い込まないこともあったが，スジイルカの漁獲低下を補う形で低レベルの捕獲が続いたのである．マダライルカとスジイルカは分布が重なっているため，沖合海域では餌をめぐって競合があったかもしれない．漁獲によるマダライルカ資源の減少が，スジイルカの生息環境の改善に貢献した可能性は否定できない．しかし，スジイルカの漁獲の歴史はマダライルカよりもはるかに長いし，漁獲量も多かったので，マダライルカ漁獲だけでスジイルカの性成熟年齢の低下が起こったとするのは不合理である．

第 3 にスジイルカ漁場の変化の影響である．伊豆半島のスジイルカ追い込み漁業は漁獲量の低下にともない，しだいに探索範囲を沖合に拡大してきた（Kasuya and Miyazaki 1982; Kasuya 1985, 1999）．すなわち，大正初期までは櫓船に帆を併用して操業していたので，探索船が遠方に出かけることはなく，岸近くで発見されたイルカを追い込むのが普通であったらしい．

20世紀に入り日本の漁村に発動機の導入が促進され，川奈でも1920年代までには発動機船が導入された．これにともなって，探索範囲が相模湾一円に広がった．さらに1962年には川奈漁協が13ノットの高速船を導入し，1983年には船速が40ノットまで改良されたということである．競争相手の富戸もこれに追従した（第3章）．これによって，操業海域は相模湾の外側の三宅島付近にまで広がった．また，時を同じくして漁期も早まり，9月には操業が始まるようになった．このような装備改良や漁期・漁場の変化は漁獲量の漸減傾向をともなっているので，スジイルカの資源減少があったことは疑いない．しかし，その結果，個体群組成がしだいに変化したらどうなるか．具体的には沿岸に想定されている2つの個体群のうち，銚子以北の沿岸域で夏を過ごした個体群の比率が減少し，銚子以南で夏を過ごした個体群の比率が増加したとすると，なにが起こるであろうか．その答えは，遅れて漁獲圧が高まった南部沿岸個体群の性成熟年齢が先に捕獲されてきた個体群のそれに比べて高かったのか，それとも低かったのかにかかっている．前者であれば観察された性成熟年齢の低下の事実は真であるが（バイアスを受けているとしても），後者であれば観察された変化が密度効果であると断定することはできない．しかし，南部沿岸個体群もスルメイカ資源低下の影響を受けていたと思われることと，遅れて漁獲強度が高まったことを考えると，私には前者のケースとみるのが妥当のように思われる．

10.5.8 繁殖の季節性——胎児の成長

日本ではイルカの繁殖の季節性を知る方法として，雌の死体の性状態組成から推定することが行われてきた．かりに，季節によって妊娠雌が多いとか，子連れの雌が多いなどの情報が得られれば出産の盛期がわかる．繁殖期が短く，1年周期で繁殖をする種では季節性が顕著になるので，このような方法が使いやすい．しかし，暖海性のイルカは繁殖の季節性が弱く，繁殖がだらだらと続くのが普通であるし，スジイルカ

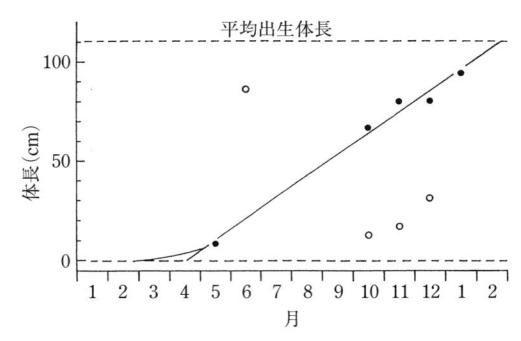

図10.12 スジイルカの胎児の成長曲線の推定．日本沿岸のスジイルカに春と秋の繁殖期があると仮定し，図10.3に示した月別の胎児の体長組成のモードごとの平均体長を算出する．それらをプロットして黒丸で示した5個が春に受胎した胎児の成長を示すと解釈して，成長曲線を算出した．この図では出生体長が110cmと表示されているが，計算は100cmとしてなされている．（Miyazaki 1984）．

の授乳期間は1年以上におよぶので，雌の性状態組成の季節的変化は検出しにくい．これに代わる方法として，胎児の体長組成の変化を季節的に追跡して胎児の成長曲線を推定し，妊娠期間や出産期・受胎期を推定する方法がある．ところが，伊豆沿岸でスジイルカの研究が始まった1960年代には，東海岸では漁期は10-12月の3カ月に限られていたので，このような方法もけっして信頼できる推定値を与えなかった（Kasuya 1972）．また，西海岸の春の漁期も調査がなされないうちに漁業自体が消滅していた．

Miyazaki（1984）は，このような不利な状況のもとで苦心して胎児の成長を推定した．それを簡単に説明する．図10.3の胎児の月別体長組成において，10-12月にはそれぞれに2つの山が認められるので，それらに正規分布をあてはめて平均体長を算出する．体長の大きい3個の山は1つの繁殖期を代表しているとみなす．そして，別途の資料から得た5月の小型胎児や1月の大型胎児の山もその延長上にあると認める．これら5点に最小二乗法で直線をあてはめて，スジイルカの胎児の平均成長曲線（直線）を求めるのである（図10.12）．Miyazaki（1984）は図10.12の黒丸5個と白丸4個とから，胎児の成長速度をそれぞれ0.29cm/日と0.30cm/日と算出した．鯨類の胎児の大きさ

を体長で表したときには，その成長は発生の初期を除けば，ほぼ直線で示される（Laws 1959; Lockyer 1984; Perrin and Reilly 1984）．この直線が X 軸と交わるときから，平均出生体長（100 cm）に達するときまでの時間は，妊娠期間の一部である．その前の成長の緩やかな時期を推定しなければならない．その期間は総妊娠期間の関数であり，スジイルカのように 1 年程度の妊娠期間の種では，総妊娠期間の 14％ 程度であるという経験則がある（第 8 章）．Miyazaki（1984）は，これらの関係からスジイルカの総妊娠期間を 401 日（13.2 カ月）と推定した．

上の手法よりもやや強引ではあるが，鯨類の成長パラメータの種間関係を求めて，それをもとに別の種の未知のパラメータを推定することも行われていた（Ohsumi 1966; Kasuya et al. 1986; Kasuya 1995）．歯鯨類では雌の体長と出生体長，出生体長と妊娠期間，出生体長と胎児の成長速度などが解析され，これらのパラメータの間に正の相関が認められる．そのなかで，平均出生体長（X, cm）と妊娠期間（Y, 月）の間にはつぎの関係が知られている．

$$\log Y = 0.4586 \log X + 0.1659$$
(Perrin et al. 1977)

スジイルカの場合には，出生体長（X）は 100 cm なので，妊娠期間（Y）は上の関係から 12.1 カ月と求められる．この関係にかりにスナメリの出生体長 70 cm を代入すると，その妊娠期間は 10.3 カ月となり，妥当である．しかし，ハンドウイルカは平均 128 cm で生まれ，妊娠期間は 13.6 カ月と予測されるが，実測された妊娠期間は平均 370 日（12.2 カ月）である（第 11 章）．これらの情報を考慮すると，体長 100 cm で生まれるスジイルカの妊娠期間は 12 カ月程度であるべきで，13.2 カ月という推定はやや大きすぎるようにもみえてくる．

多くの小型歯鯨類では妊娠期間は 1 年程度であるらしい．その背景には，鯨類には新生児が海中で安全に生きていくための最小サイズという制約があるため，あまり小さく生まれるのは不利であること，また 1 年周期の季節変化の制約があるので，1.5 年あるいは 2 年の妊娠期間を獲得するには困難がともなったことなどが考えられる．これらの制約のもとで，多くのイルカ類では胎児の出生体長と成長速度が調整されてきたという進化学的な背景があるらしい（Kasuya 1995）．なお，妊娠期間は 1 年ちょうどよりも，多少は短いほうが有利な場合がある．それは出産後ただちに妊娠して高い出産率を維持する戦略をとる鯨類の場合であり，スナメリやイシイルカがこれに該当する．これらの種では育児期間が半年前後と短く，育てるよりも産むことに力を配分しているのである．逆に育児に重点を置く繁殖戦略を採用している種で，かつ体の大きめの種では 1 年を超える長い妊娠期間を発達させている．そのような種にはコビレゴンドウ（推定 14.9 カ月），シャチ（実測 17 カ月），マッコウクジラ（推定 16 カ月前後）がある．

Kasuya（1972）はスジイルカに 12 カ月の妊娠期間を仮定して，伊豆沿岸で秋から冬にかけて捕獲された胎児の予定出生月を計算し，日本近海のスジイルカの出産期は周年にわたること，その盛期は 6 月と 11/12 月の 2 山型であるとした．Miyazaki（1984）は前述の成長曲線をもとに交尾のピークが 2 つで 7 月と 1 月にあるとし，13 カ月あまりとする胎児の平均成長曲線を出生体長 100 cm にまで延長して，出産ピークが 7 月ごろと 1-2 月にあると推定した．

出産期に関しては，Kasuya（1972）と Miyazaki（1984）の推定に大きなちがいはない．問題は 2 つの出産ピークがなにを意味するかである．1 つの個体群が 2 つの繁殖期をもっているのか，それとも繁殖期がおおよそ 6 カ月離れた別の繁殖期をもつ 2 つの個体群が捕獲されていたのかという疑問である．後者の例としてはスナメリ（第 8 章），コビレゴンドウ（第 12 章），ミンククジラ（Kato 1992; Kato et al. 1992）などが日本近海から知られている（終章）．

10.5.9 繁殖の季節性——雄の性状態

繁殖の季節的な変化に関しては，Miyazaki

(1977) が興味あるデータを提供している．それは伊豆半島沿岸で捕獲された標本を使って年齢と睾丸重量との関係を月別にみたものである（図10.4）．ここでは象牙質で年齢を査定しているので，この図で13歳以上と示されている個体の年齢は，ほんとうはもっと高齢である可能性が大きい（図10.7）．この問題はおくとして，15歳以上の個体の睾丸重量に注目する．その重量は10月から12月へと漁期が進むにつれて，120-170gから30-50gへと3分の1程度に低下し，11月の睾丸重量はその中間にある．このような傾向は9歳以上で認められ，それ以下の若い個体では明らかではない．Miyazaki (1984) が提案した成熟3区分のうちの「成熟III」の占める割合も，75%（10月）から28%（11月）へと低下していた．彼はこれをもって，スジイルカの交尾期は1月と7月にあり，10月から12月にかけて雄の性的活動が低下することを示していると考えている．それは1つの事実としても，その背景には個体群の解釈が絡んでくることはすでに述べた．

10.5.10 雌の繁殖周期と年間妊娠率

まず，妊娠の判定の問題をはっきりさせておく必要がある．妊娠か否かの判定は，厳密には胎児の有無を確認する必要があるし，それができない場合には妊娠にともなう子宮内壁の組織学的な変化で代用することも可能である（Kasuya and Tai 1993）．しかし，日本の鯨類研究者の間では，卵巣に黄体のある雌を妊娠とみなすこともときには行われてきた．沿岸捕鯨で捕獲された鯨の死体は，冷却のために腹を切開するので，曳航中に胎児が流出する場合が多く，妊娠判定を黄体の有無で代用せざるをえなかったのである．伊豆のスジイルカ漁業の調査でも，初めのうちはこのような判定基準が使われていた．スジイルカでこの問題を検討したのは，Kasuya (1985) が最初である．1967年から1979年の間に調査された10群のなかの721頭の成熟雌の内訳は，妊娠の確認された雌242頭，妊娠かつ泌乳47頭，泌乳354頭，休止78頭であり，黄体があっても妊娠していないと認められたのは休止雌14頭，泌乳雌1頭の合計15頭であった．したがって，黄体をもっていた雌のなかで真に妊娠していた雌の割合は95.1%であった．もしも，出産率と死亡率の差から個体群の増加率を推定しようとするならば，このちがいは致命的な偏りとなる．しかし，繁殖能力の経年変化とか年齢依存の変化を解析するには，この程度の妊娠率の偏りは無視できるので，以下ではこのような細かい問題にはふれないことにする．

雌は妊娠を維持できる体力がつくころになると卵巣で濾胞の発育が始まり，ついには排卵するにいたる．排卵の前後に交尾をする．この状態が発情である．排卵しても妊娠にいたらなければ，形成された黄体はまもなく退縮して，つぎの発情が繰り返されることになる．これが発情周期あるいは排卵周期と呼ばれるサイクルである．多くの雌が発情する季節が交尾期であり，繁殖期と呼ばれることもある．スジイルカの発情周期は明らかではないが，飼育下のハンドウイルカでは1カ月前後とされている（462頁）．

ここで問題とするのは繁殖周期であり，1頭の雌が妊娠をしてから出産・泌乳を経て，つぎの妊娠が始まるまでの期間である．その期間は妊娠，泌乳，休止の期間に区分されるが，哺乳中に発情してつぎの妊娠が始まることもあるので，すべての雌が同じパターンをたどるとは限らない．泌乳中につぎの妊娠が始まった個体でも，つぎの出産までには泌乳は停止するらしいことがコビレゴンドウでは推定されている．また，子どもが死亡すれば泌乳はまもなく停止する．泌乳が停止してからつぎの妊娠が始まるまでの時間が休止期間である．

漁業で捕獲された個体を調査して雌の繁殖周期を求める方法として，妊娠雌に対する泌乳や休止状態にある雌の頭数比から推定する方法がある．この場合には，各性状態の平均的な長さとサンプル中のその性状態にある雌の頭数が比例すると仮定している．もしも，そのような偏りのないサンプルが得られ，100頭の成熟雌のなかで妊娠した雌が50頭で，泌乳が30頭で休止が20頭であったとすれば，妊娠期間がp年

表 10.6　スジイルカの繁殖周期の推定．便宜的に妊娠期間を 12 カ月と仮定して計算した．

データ	試料数	妊娠	妊娠/泌乳	泌乳	休止	合計
Miyazaki（1984）	699	33.8%	1.9%	42.6%	21.7%	100%
		11.4 月	0.6 月	14.3 月	7.3 月	33.6 月
Kasuya（1985）	841	39.0%	5.6%	45.4%	10.0%	100%
		9.8-10.6 月	2.2-1.4 月	17.8-16.3 月	4.0-2.6 月	33.7-30.7 月

であれば，泌乳の期間は $30p/50$，休止の期間は $20p/50$ となる．周期の各期間を足し合わせたものが平均繁殖周期で，この例では，$50p/50+30p/50+20p/50=2p$ 年ということになる．平均繁殖周期の逆数が年間妊娠率であり，この場合には $1/(2p)$ となる．スジイルカの場合には，p は 1 年前後である．

　ここで，年間妊娠率と見かけの妊娠率のちがいを認識する必要がある．見かけの妊娠率とは，成熟雌の標本中に占める妊娠個体の割合である．先の例では見かけの妊娠率は 50/100，すなわち 50％ となる．標本の偏りにも，妊娠期間の長さにも配慮していない．これに対して，年間妊娠率というのは 1 頭の成熟雌が 1 年間に妊娠する確率であり，標本の偏りや妊娠期間を補正した生物学的にはより意味のあるパラメータである．年間妊娠率を上の例のように求めると，そのなかには妊娠から出産にいたる間の流産や母体の死亡による影響が混ざり込んでいることになる．そのように計算した年間妊娠率は，成熟雌がある 1 年間に受胎する確率とも，ある雌が 1 年間に出産する確率（年間出産率）とも厳密には同じではない．しかし，鯨類の繁殖パラメータの計算においては，多くの場合，これらの妊娠中の事故を無視して，年間受胎率，年間妊娠率，年間出産率の三者の間のちがいを無視する場合が多い．妊娠中の胎児の死亡率も，それが生活環境や栄養状態によってどう変化するかについても研究は進んでいない．

　上のようにして，標本中の性状態組成から年間妊娠率を計算するためには，試料が年間にわたって一様に得られていることが望ましい．逆に，交尾期や出産期に得られた試料だと，結果に大きな偏りをもたらすことになる．交尾期の始まりに得られた試料と，その終わりに得られた試料とでは，そのなかの妊娠雌の比率には大きなちがいがある．また，特定の性状態の雌が漁場に来遊しないとか，漁業で捕獲しにくい状況があるならば，漁獲物の組成は個体群のなかの組成を代表しないことになる．かつての商業捕鯨では，子連れの雌は捕獲が禁じられていたし，イルカでは子連れの雌は船のへさきに寄ってこないので，突きん棒漁業の漁獲物には大人のイルカや泌乳雌が少なく，離乳後の子どもが多いことが知られている（Kasuya 1978; Miyazaki 1984）．

　追い込み漁業で得られたスジイルカの標本は，このような必要条件を十分に満たしているとは考えられない．なかでも伊豆では漁期が初冬のほぼ 3 カ月に限られるという致命的な問題がある．それを承知で 699 頭の成熟雌の組成をみると，妊娠 33.8％，妊娠・泌乳 1.9％，泌乳 42.6％，休止 21.7％ であった（Miyazaki 1984）．これはおもに伊豆の漁獲物からなり，約 10％ の太地の標本も含まれている．いま，便宜的に妊娠期間を 12 カ月として各期間を計算すると，表 10.6 のようになる（原著の数値とは妊娠期間の仮定がちがうので，各期間もわずかに異なる）．平均的には約 15 カ月泌乳して，その後 7 カ月ほど経過してから，つぎの妊娠に入ることになる．Kasuya（1985）は自身のサンプルのなかの妊娠雌の数と生後 1 年以内の個体の数を比較したところ，後者は前者の 63％ しかいないことに気づいた．このちがいを新生児の死亡で説明することは躊躇された．同じ漁法で捕獲されたマダライルカではその数のちがいが正反対であったことも，その理由の 1 つであった．そこで，これは試料の偏りである可能性があるとして補正を試みた．すなわち，泌乳雌（子ども）が過小評価されているか，妊娠雌が過大評価されているとして，いずれかをかさ上げしたのである．表 10.6 に範囲で示した値がその

結果である．結果的には Miyazaki（1984）と Kasuya（1985）の研究は，繁殖周期の長さの推定には大きなちがいはなかったとみられる．若干の値のちがいの原因はサンプルサイズが小さいことによる数値のばらつきか，Kasuya（1985）のサンプルに癖があったことにあるらしい．1960 年代末から 1980 年ごろには，日本沿岸のスジイルカの繁殖周期は 30-34 カ月（2.5-2.8 年）前後であった．そのうちの授乳期間は少なくとも 15 カ月で，おそらく 18-20 カ月であったと推定される．この平均出産間隔の逆数を求めると，0.356-0.398 が得られる．これが年間妊娠率である．

Kasuya（1976）は，5 歳から 25 歳までの年齢の雌について，年齢と黄白体数との関係を求めて，スジイルカの平均年間排卵数を 0.414 と推定した．これを上で求めた繁殖周期 30-34 カ月に乗じると，妊娠 1 回あたりの平均排卵数が 1.04-1.17 と算出される．すなわち，排卵された卵子が受精を経て妊娠にいたる確率はその逆数で，85-96% と推定される．なお，本種においては資源量の減少にともない性成熟年齢が低下したことが知られているので，年齢と黄白体数との関係から求めた上の年間排卵率は幾分過小推定の恐れがあるので，真の妊娠成功率は上の値よりも多少は低い可能性がある．

10.5.11 雌の繁殖周期の加齢にともなう変化

鯨類の妊娠率は，雌の年齢によって変化する場合がある．コビレゴンドウはその好例であり，雌は 15 年もの長い平均余命を残して繁殖を止めるので，そのような老齢雌が成熟雌の 25% 近くを占めている（第 12 章）．Kasuya（1985）によれば，スジイルカの雌の最高齢は 57 歳で，それは休止雌（妊娠も泌乳もしていない成熟雌）であった．つぎは 49 歳（泌乳と休止各 1 頭），胎児をもっていた雌の最高齢は 48 歳であった．スジイルカの雌では，繁殖能力を失う年齢と寿命が尽きる年齢との隔たりが少ない．コビレゴンドウのように極端な現象は，スジイルカには認められない．しかし，泌乳中でかつ妊娠していた雌の最高齢は 42 歳とやや若い．雌鯨が出産後の最初の半年間に哺乳に費やすエネルギーは，その前の 1 年間に胎児を成長させるのに費やしたエネルギーよりも 2 割ほど多いといわれる（Lockyer 1981）．哺乳中に発情し，その後の妊娠と泌乳を維持する体力があるのは若い個体に限られるのかもしれない．

そこで，雌の年齢（X）と平均出産間隔（Y）の関係を求めたところ，$Y=0.0273X+1.60$ の関係が得られ，この勾配はゼロとは有意に異なるという結果になった（Kasuya 1985）．この式には，先に述べた雌の性状態組成の偏りに対する補正が行われていないので，年齢を代入しても正しい出産間隔が得られるわけではないが，これから加齢変化の傾向を読み取ることには問題がない．5 歳の雌に比べて，45 歳の雌は出産間隔が 40% ほど長くなるらしい．この変化は休止期間の増加によるのか，それとも泌乳期間の増加があるのか，それは確認できていない．データが少ないためである．

10.5.12 雌の繁殖周期の経年変化

日本の追い込み漁業で捕獲されたスジイルカを観察すると，漁業の進行にともなって性成熟年齢が低下したと認められることは前に述べた．漁獲対象の個体群構成が変化した可能性とその影響を排除することはできないが，おそらく，この変化には漁業による資源の減少が大きく貢献しているものと推測されている．そこで Kasuya（1985）は，出産間隔についても 1953 年から 1980 年までの資料を使って経年変化を解析した．その結果，どれも統計的には有意とはならなかったが，数値的には平均出産間隔，平均休止期間，平均泌乳期間のいずれもが漸減傾向を示すという結果が得られた．しかも，泌乳中でかつ妊娠している雌の割合には増加傾向が認められ，それだけは統計的にも有意となった．繁殖周期が短くなるにつれて，休止期間や泌乳期間が短縮され，離乳しないうちにつぎの妊娠を始める個体が増加するという傾向は，生物学的には納得のいく変化である．繁殖に関するさまざまなパラメータがある一定方向への変化を

表 10.7 スジイルカの出生前後の性比. (Kasuya 1985)

性別	胎児	新生児	合計
雄	152 頭	265 頭	417 頭
雌	163 頭	261 頭	424 頭
雌	51.7%	49.6%	50.4%

示している．その一定方向とは繁殖力の向上にともなって期待される変化である．それが統計的に有意な変化とは判定されなかったとしても，それは資料が不十分なためであり，個体群のなかではそのような変化がほんとうに発生している可能性が高い．Kasuya (1985) の推定によれば，平均出産間隔は 1955 年の 4.0 年から 1977 年の 2.8 年へと約 1 年の短縮があった．

10.5.13 年齢組成と性比

体長 5 cm 以上の胎児と 164 cm 以下の新生児の性比を示したのが表 10.7 である．これより小さい胎児は，性別の判断を誤る恐れがあるので除外した．新生児は満 1 年で平均 164 cm に成長する．スジイルカの性比は，胎児でも新生児でも 1:1 との有意なちがいは認められていない．

伊豆半島沿岸で 13 回の追い込み漁で捕獲されたスジイルカのなかから，選択なしに手あたり次第に調査された 3,100 頭について性比をみると，雌の割合が 49.4% であった．追い込み群ごとでは 21.7-72.8%（平均 50.5%）の範囲にあり，雌雄比はほぼ 1:1 である（Kasuya 1985）．この 13 群のサンプルのうち年齢査定ができている 8 群 2,032 頭についてみると，その性比は 21.7-72.8%（平均 45.1%）の範囲にあり，やや雄に偏っていることがわかる．つぎに，この 8 群について年齢にともなって性比がどのように変化するかをみる（図 10.13）．生後 2 年ごろまでは，性比はほぼ 1:1 である．この後，15 歳ごろまで雌の比率が低い時期がある．そこには後で述べるように，離乳後の個体が母親の群れを離れて子どもたちで集まって生活する傾向があることと，その傾向は雌よりも雄に著しいという本種の行動学的な特性が関係している．15 歳ごろには性比は再び 50% に近くな

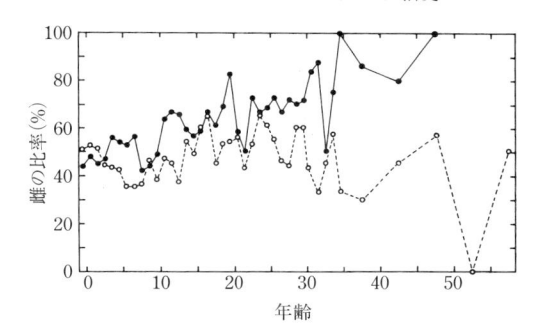

図 10.13 スジイルカ（白丸と点線）とマダライルカ（黒丸と実線）について年齢と性比（雌 %）の関係をみる．スジイルカは 1971-1977 年に伊豆半島沿岸で捕獲された 8 群（雄 1,110 頭，雌 922 頭），マダライルカは 1970-1978 年に伊豆と太地で捕獲された 11 群（雄 552 頭，雌 767 頭）．(Kasuya 1985)

る．このころには，雌雄とも性的に成熟して大人の群れに戻るためである．ところが，20 歳を過ぎたころから雌の比率が緩やかに低下し始める．雄に比べて雌の死亡率が幾分高い傾向があるらしい．この点で，マダライルカはまったく逆の傾向をみせる．このような性比の種間のちがいがなぜ起こるのか，その生態学的背景は明らかになっていない．

この性比の年齢による変化を理解するために年齢組成をみよう（図 10.14）．ある個体群において年々の出生数（加入量ともいう）も死亡数も変化しない場合には，その個体群の年々の年齢組成は安定していて，年齢組成の右下がりの勾配がその個体群における死亡率を示すことになる．かりに死亡と加入が一致せず，個体数が一定の率で増加ないし減少している場合でも，年齢組成が安定している点は同じであるが，その勾配は死亡率と加入量の変化を反映することになる．年々の加入量が変化するとか，漁具によって特定の年齢範囲が捕られやすいなどの場合には（漁具の選択性），年齢組成の形はもろに影響を受けてしまう．追い込み漁業は，おそらく特定の性を選択的に捕獲することはないと思われるので，とりあえずこのような漁具による選択性の疑問はないものとして，年齢組成の形の雌雄のちがいに注目することにする．すると，年齢 20 歳以上では雌の勾配のほうが雄のそれよりも急であることがわかる．40 歳以上

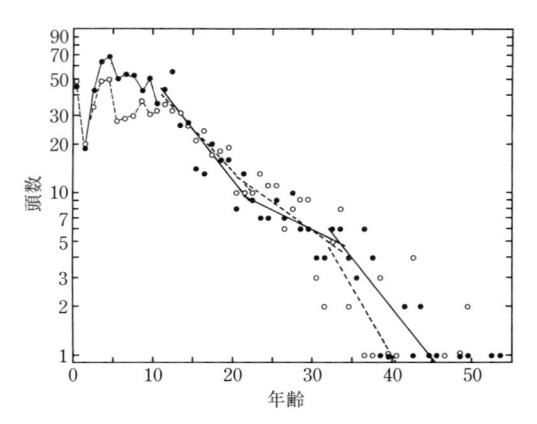

図 10.14　スジイルカの年齢組成．雄：黒丸と実線，雌：白丸と点線．太い直線は雄と雌の特定の年齢範囲に最小二乗法であてはめた回帰直線．図 10.13 と同一資料による．（Kasuya 1985）

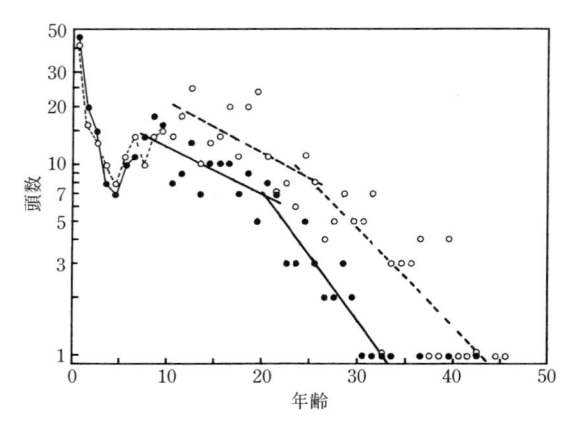

図 10.15　マダライルカの年齢組成．雄：黒丸と実線，雌：白丸と点線．太い直線は雄と雌の特定の年齢範囲に最小二乗法であてはめた回帰直線．図 10.13 と同一資料による．（Kasuya 1985）

に出現する頭数をみても，雄 11 頭に対して雌は 6 頭にすぎない．少なくとも 20 歳ごろから後は，スジイルカの雌は雄よりも死亡率が高く，最高寿命も雄よりもわずかに短いように思われる．試みに，この年齢組成から死亡率を計算すると表 10.8 のようになる．推定された死亡率の信頼幅が広いために，雌雄差は統計的には有意とはならないが，上に述べたような方向での雌雄差が認められる．

この年齢組成からは，もう 2 つの情報が読み取れる．その 1 つは，年齢 35 歳を過ぎるころから雌雄とも死亡率が上昇することである．このような高齢部で死亡率が高まる現象は，哺乳類に広く認められる自然現象である．もう 1 つは，ほぼ 21 歳あたりで見かけの死亡率に変化が生じており，それより若い個体では見かけの死亡率が高いことである．この 21 歳という年齢は，1950-1956 年ごろに生まれた個体に相当する．この年代は本種の漁獲が拡大した戦後の時代である．おそらく，戦後の乱獲によって急上昇した漁獲死亡率か，漁獲に対する個体群の反応としての出産率の上昇か，あるいはその両方を反映しているものと思われる．このような見かけの死亡率の変化は，マダライルカでは認められていない（図 10.15）．伊豆の追い込み漁業でマダライルカの捕獲が始まったのは 1959 年と遅れていることと，漁獲量も比較的低かったことが関係していると思われる（Kasuya 1985）．

年齢組成から瞬間死亡係数を算出するには，図 10.14 や図 10.15 に示したような回帰直線から求める方法があるが，その場合には，対数変換の過程で右端近くの頻度ゼロが無視されることによってバイアスを生ずるので，Robson and Chapman (1961) のような算術的な方法で求めるのがよいとされている（第 12 章）．表 10.8 にはこのようにして求めた年間死亡率を示してある．この値には加入個体数の変化や漁獲死亡率などの影響が入っているので，われわれは見かけの死亡率と呼んで区別している．その解釈には注意深くあることが望まれる．なお，年間死亡率（M）と瞬間死亡係数（m：この時間単位も年である）とは $M=1-e^{-m}$ の関係がある．年間生残率は e^{-m} で得られる．死亡率よりも瞬間死亡係数はやや大きい数値になるが，0.1 以下の場合には大きなちがいはない．

10.5.14　群れと社会構造

伊豆沿岸でスジイルカの群れが追い込まれていることに着目したのは，西脇昌治氏のグループであった．1961 年には文部省の科学研究費補助金を得て，漁獲物を解析してスジイルカの社会構造を知り，それを漁業管理や資源保護に役立てようとする研究が始められた．この研究

表 10.8 スジイルカとマダライルカの年間死亡率．この死亡率は見かけのもので，死亡率の変化や出産率の変化の影響が分離されていない．図 10.13 と同じデータから Robson and Chapman（1961）の方法で計算した．(Kasuya 1985)

性別	スジイルカ			マダライルカ		
	年齢範囲	死亡率	95% 信頼限界	年齢範囲	死亡率	95% 信頼限界
雌	11-22	0.1074	±0.0376	11-26	0.0563	0.0310
	20-34	0.0622	±0.0442	24-43	0.1026	0.0418
	32-41	0.2132	±0.1453	>24	0.1348	0.0282
	>32	0.1408	±0.0468			
雄	11-22	0.1486	±0.0366	7-22	0.0590	0.0361
	20-34	0.0534	±0.0471	20-34	0.1494	0.0734
	32-46	0.1489	±0.0771	>20	0.1618	0.0439
	>32	0.1419	±0.0398			

活動は，Kasuya（1972）や Miyazaki and Nishiwaki（1978）によって引き継がれてきた．なかでも，宮崎信之氏は現地に長期間滞在して探索船にも乗船しつつ資料を収集したので，多数の群れについて調査されただけでなく，小さい群れについても調査されたという点で特記すべきものである．小さな群れは追い込みの後で速やかに解体されるので，東京から駆けつけても調査ができないことが多かったのである．以下ではこれらの研究を簡単に紹介する．

（1） 群れの大きさ

伊豆の追い込み漁師は早朝に探索に出て，スジイルカの群れを発見すると，それを港に追い込む作業を始める．イルカの群れを発見した知らせを受けると，港からは軍艦マーチを合図に多くの小型漁船が一斉に応援に出て，探索船の追い込み作業に合流する手順だった．なぜか1970年代のころから軍艦マーチは鳴らさなくなっていた．いくつかの群れが散らばっている場合には，そのなかの大きい集まりを探索船が選ぶこともあるし，いくつかをまとめて追い込むこともあった．また，ときには群れの一部が追い込み船団から逃れてしまうことがあったかもしれない．このようにして追い込まれた群れの組成には生物学的現象以外の要素が混入する余地があるが，なにがしかの生物現象を反映していることも疑いない．

伊豆半島の東西岸で1949年から1974年までの間に追い込まれたスジイルカの群れの大きさは，漁協の記録によれば，8頭から2,136頭の範囲にあり，もっとも多いのは100-199頭の群れで，これが全体の21.1%を占めていた．平均群れサイズは273頭であった（$n=521$）．500頭以下の群れが全体の85.8%を占めており，1,000頭を超える群れは全体の4.3%であった．500頭を超える大きな群れはまれな存在であることがわかる（Miyazaki and Nishiwaki 1978）．

群れの大きさを伊豆半島の東と西で比較することもなされた（この場合には漁獲月は同じだが，その年度は異なっている）．9月から2月までの秋冬の漁獲でみると，東西の平均群れサイズはそれぞれ303頭と316頭で有意なちがいは認められなかった．この値は西海岸の春夏の漁期（3-8月）の平均群れサイズ（156頭）に比べて大きかったが，その生物学的な意味は明らかではない．追い込まれる群れの大きさは操業形態にも左右されるし，よい餌場にはいくつもの群れ（pod とか group などと呼ばれる持続性のある集まりをここでは指している）が集まって，aggregation と呼ばれる大きな集団が一時的に形成される可能性もある．

群れの大きさは，1日の時間帯によっても変化するらしい．秋の相模湾の漁場での観察では，9時前に発見された78群のうち100頭以上の群れは61群（78%）であったが，9時以降に発見された26群では100頭以上の群れが15群（58%）を占めていた．Miyazaki and Nishiwaki（1978）は，これをもとに早朝には大きな群れが形成されているとしている．夜間の摂餌に

際して大きな群れが形成され，その名残が早朝における，日中になるにつれてしだいに分散するものと思われる．東部太平洋におけるマダライルカ，ハシナガイルカおよびマイルカの例では，午前中には群れが小さく，午後に大きな群れが形成される傾向が認められている（Scott and Chattanach 1998）．伊豆半島沿岸の追い込み漁業では，イルカの探索船は午前中に帰港するのが普通である．午後の群れサイズの情報がないので，伊豆周辺のスジイルカが大きな群れを形成し始める時間帯がいつなのかについては情報がない．

（2） 未成熟個体のすみわけ

伊豆半島沿岸の追い込み漁業で捕獲されたスジイルカの群れは，広い年齢範囲の雌雄からなり，哺乳中の子どもも含まれていることが多かった．このような群れは習慣的に成熟群とか大人群と呼ばれてきたが，そこに共通する特徴として，離乳後から性成熟前までの子どもイルカが少ないことがあげられていた．このような大人群とは異なり，別の特徴的な組成をもつ群れもときには捕獲された．それは2-12歳の未成熟個体を主体とする群れで，そこには雄が多い傾向があった（図10.16）．このような群れは未成熟群とか子供群とか呼ばれてきた．

かりに，年齢1.5歳以下の個体は哺乳中であり，独立の個体として行動していないとみて，これを除外した残りの構成員について性成熟個体の比率をみると，子供群と大人群ではその比率が不連続であるとする見方がある（Miyazaki and Nishiwaki 1978）．成熟率は子供群では0-25%（モードは0-10%）にあり，大人群では45-100%（モードは20-40%）であった．ただし，その中間には混合群と解釈された中間的な特徴を示す群れがあり，これらは大人群と子供群がたまたま一緒に捕獲されたものと説明されているが（Miyazaki and Nishiwaki 1978），連続的な分布とみなすべきか否か解釈の分かれるところである．

これらの観察から導かれる確からしい推論は，子どものイルカは離乳すると母親の群れを離れて，子どもどうしが集まって生活するというものである．子供群には，成熟個体，とくに成熟雌の混入はきわめて少ない．このことは，雌が子供群を離れて大人群に移るのは春機発動期の接近や発情を契機としていることをうかがわせるものである．妊娠や出産を契機としているとは考えにくい．子供群に含まれる成熟雄の比率は，成熟雌のそれよりも高いように図からは読み取れるが，雄の性成熟の判定にはつねにあいまいさが残ることを考えれば，あまり重視することはできない．

子供群の年齢組成をみると，ピークの年齢が群れによって多様である．群れサイズは100頭以下のことが多いが，ときには1,000頭近い子供群が捕獲されたこともある．1つの大人群のなかから子どもたちだけが分離して，1つの子供群をつくるとか，いくつかの大人群が餌場などで一緒になったときに，そのなかの子どもたちが合流して新たに1つの子供群を形成することが考えられる．また，複数の子供群が1つにまとまることもあるにちがいない．子供群のなかの雄の比率は平均75%程度で，雄が多い傾向がある．その理由の1つとして雄は雌よりも子どもの期間が長い，つまり性成熟が遅いことがあげられる．しかし，理由はこれだけではない．子供群について同じ年齢で比較してみると，そこには雌よりも雄がつねに多いのである．また大人群のなかにとどまっている未成熟個体をみると，そこでは逆に雄よりも雌が多いのが普通である．これは雌のほうが親の群れを離れる傾向が弱いことを示すものである．おそらく母と娘の結びつきのほうが，母と息子の結びつきよりも強いのではないだろうか．

離乳した子どもが母親の群れから離れて子どもだけで生活する現象は，スジイルカに限られたことではない．野生の外洋性のイルカの群れの年齢構成をみると，離乳後の子どもが欠けている場合がある一方で，群れによってはほとんど子どもだけで構成されていることが知られている．ハンドウイルカ（第11章），カマイルカ（竹村1986），サラワクイルカ（Amano et al. 1996）などにその例がある．探せばほかにもあ

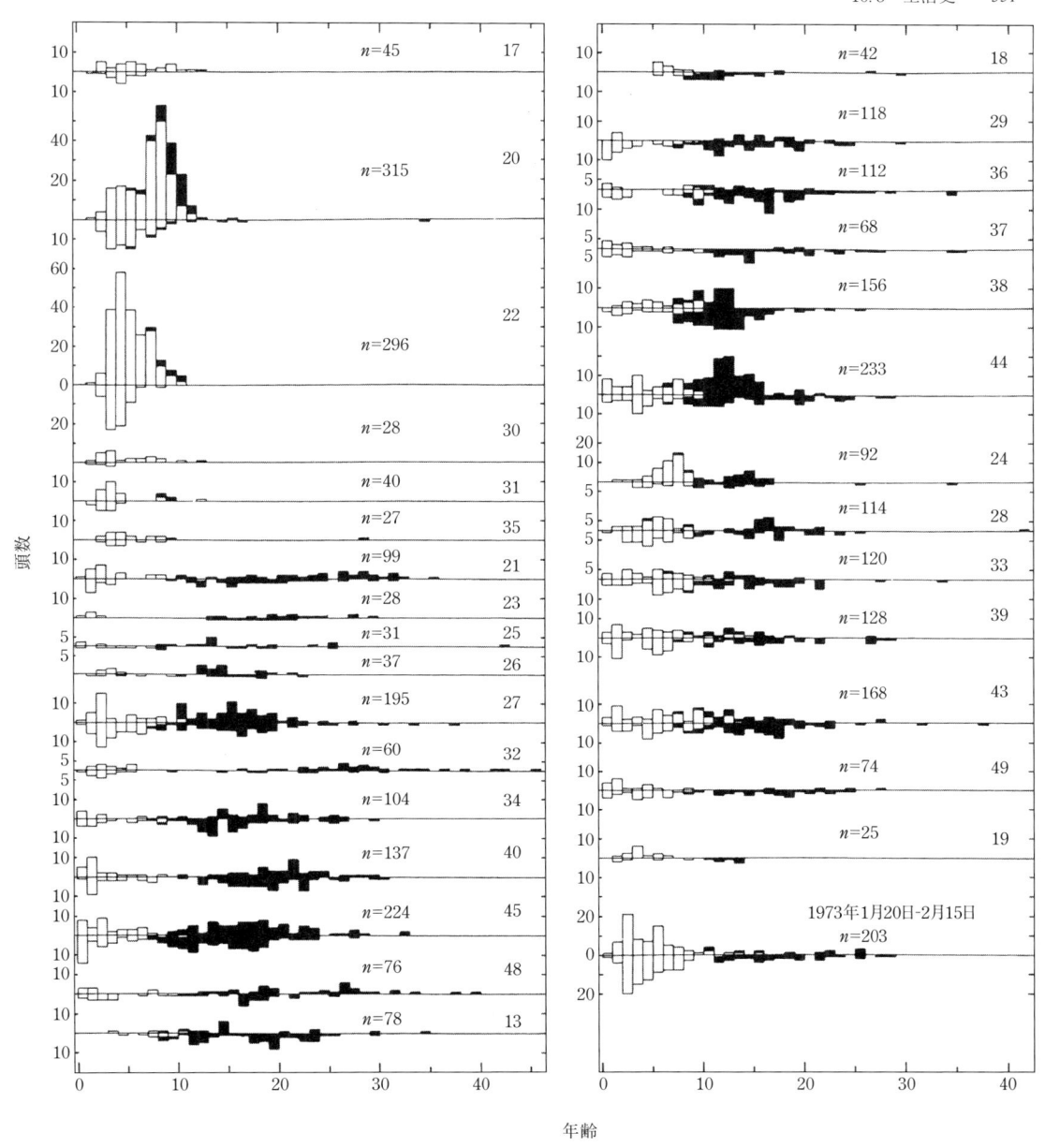

図 10.16 伊豆半島で追い込まれたスジイルカの群れの年齢組成．横線の上側は雄，下側は雌．白枠は未成熟，黒は成熟．右下には和歌山県太地で1973年1-2月に突きん棒で捕獲された個体の年齢組成を示している．(Miyazaki 1984)

るにちがいない．

　離乳年齢が性によって異なることが，スジイルカ以外の歯鯨類でも知られている．オーストラリア西岸のシャークベイのハンドウイルカでは，息子の多くは3歳までに離乳するのに対して，娘の離乳は4ないし5歳以後である（Whitehead and Mann 2000）．また，北大西洋のヒレナガゴンドウでは，雌は12歳まで，雄は7歳まで哺乳した例が知られている（Desportes and Mouritsen 1993）．マッコウクジラでは雌は7歳まで，雄は13歳まで哺乳した例が胃のなかの乳糖の検出で証明されている（Best et al. 1984）．マッコウクジラでは，雄の性成熟が雌よりも大幅に遅れることが，離乳年

齢の性差に関係しているらしい．スジイルカの群れの年齢組成をみる限り，子供群に最初に出現する年齢は 1 歳代であり，その頭数にも雌雄差が認められず，これによって離乳年齢のちがいを知ることはできなかった．

母系社会の存在が一部の歯鯨類において知られている．それはマッコウクジラやシャチで確認されており，コビレゴンドウも同様であることが DNA 解析で示されている．娘が長く哺乳したり，娘が母親と長く一緒にいたりするという上に述べたイルカ類の現象の延長上には，母系社会の存在がみえてくる．スジイルカの社会で娘のほうが息子よりも母親との結びつきが強く現れるのは，母系社会形成への前駆的な現象であるらしい．

（3） 大人群

大人群とされるものは性成熟に達した雄と雌を主体にする群れで，そこには雌にともなわれた哺乳中の子どもも含まれる．その群れには未成熟個体，年齢でいえば 1-11 歳の個体が少ない傾向があるが，皆無というわけではない．大人群 22 例中，19 例は 600 頭以下であったが，3 例は 1,700 頭以上の大きな群れをなしていた (Miyazaki and Nishiwaki 1978)．

大人群のなかの雌の性状態は多様である．どの大人群も妊娠個体，泌乳個体，休止個体を含んでいて，妊娠雌の比率が高い群れ，泌乳個体の比率が高い群れなどさまざまである．大人群 29 群の組成をみると，抜き取りによる部分調査であるが，それらの比率は連続的に変化しており，特定の傾向は把握しにくい．妊娠雌の割合は 0% から 90% 以上まで分散し，泌乳雌は 10% 未満から 80% 台までのばらつきをみせた．休止雌の比率も 0% から 100% までの幅があった．Miyazaki and Nishiwaki（1978）は発情を契機とした雌と雄が群れを形成するという仮説を基本にして，スジイルカの群れの構造を説明しようと努めたが，明確な結論にいたらずに終わった．

発情を契機としてスジイルカの群れが形成されるという仮説は，日本のイルカ研究者の頭にいつもあったものであるが，それは胎児の体長組成に群れごとの特異性を認めたことに始まる．それぞれの群れでは，胎児の体長組成が比較的狭い範囲にかたまっており，その分散は同じ季節の複数の群れの胎児をまとめた体長組成の分散よりも小さいと信じられている（Kasuya 1972）．群れの形成が発情と無関係ならば，同じ月で比較する限り，漁獲物全体の胎児組成と個々の群れの胎児組成とは分散に大きなちがいはないだろうという考えである．かりに，出産を契機にして，あるいは同じ大きさの乳飲み子を連れた雌どうしが群れをつくるのであれば，群れのなかの胎児の体長組成はばらつきが大きくなるだろうと考えられる．しかし，この現象に対しては別の説明も可能である．それは群れのなかで，妊娠への備えができた雌は発情の時期を合わせる（同調させる），あるいはある雌の発情をみてほかの雌も発情するという可能性である．このような現象が起これば，雌が群れから群れに移動しなくても，観察されたような特徴的な胎児の体長組成が出現するはずである．マッコウクジラはスジイルカとちがって，数頭から十数頭の安定した母系群が行動の単位となっているが，そこでは胎児の体長組成が群れごとに特異性があることの説明として，雄がやってきたときに合わせて発情が同調するためであろうとされている (Best et al. 1984)．

ある瞬間の群れの構成を解析して，時系列的に連続した群れの変化を構築することは，むずかしい作業である．追い込み作業の単位としての群れをみても，その大きさには 50 頭前後から 1,000 頭以上まで大きな幅がある．小さな群れはともかく，大きな群れが単一の要因で形成されたとは考えにくい．良好な餌場では，複数の群れが一時的に集合して大きな群れを形成することもある．伊豆の漁業で捕獲される群れのなかには，漁業者が追い込みに際していくつかの群れをまとめて追い込むことが少なくない．また，ときには漁師は大きな群れの一部だけを追い込むこともある．研究者は捕獲された群れのメンバーを全数調査することは事実上不可能で，なるべくランダムになるように配慮しなが

ら抜き取り調査せざるをえないという技術的な制約もあった．これらは，漁獲物の解析を通じて社会構造を探ることのむずかしさを示すものである．

ハンドウイルカ類（*Tursiops* 属）には，沿岸性の個体群と沖合性の個体群が各所で知られている．沿岸や内湾の個体群では継続的な観察が行われ，親子関係や群れの離合集散の仕組みについて成果が上がっている（Connor *et al.* 2000）．それによれば，200頭前後のハンドウイルカが1つの内湾をすみかとして，いくつもの群れに分かれて離合集散しながら生活している例がある．そこでは，①子連れの雌が集まって親子群（育児群）を形成すること，②離乳した子は親から離れて子ども群をつくること，③雌は性成熟すると再び母親と行動をともにすること，④成熟した雄は単独ないしは別の成熟雄と共同して生活すること，などが知られている．このような小群構造を含む集まりはコミュニティーと呼ばれ，近隣の集団とは遺伝的交流の少ないほぼ独立した集団として暮らしているが，ときには近くの別の沿岸性のコミュニティーと一時的に一緒に行動する個体もあり，まれには永久に移住する個体もあることがわかっている．このような複数のコミュニティーを含めた構造は，生態学でいう複合個体群（metapopulation）に近いものかもしれないが，自然保護や漁業資源管理のうえでは，各コミュニティーのそれぞれを適切に管理することが大切である．

上のハンドウイルカの知見をスジイルカの群れ構造と比べてみよう．①ハンドウイルカの母子群形成の観察は，スジイルカで発情にともなって雌の群れが形成されるとする仮説とは異なっている．今後のスジイルカの社会構造の研究においても考えるべき問題である．②子供群の形成はスジイルカやほかのイルカ類の観察とも一致しており，多くのイルカ類に共通する特性であると思われる．③娘が成熟を境に母親との共同生活に移るのは，母系社会形成への萌芽とみられ興味深い．同様のことがスジイルカでもあるのか，解明が待たれる．④成熟した雄どうしが2-3頭で共同行動をとることは，そのメリットはなにかという視点から研究者の関心を呼んでいる．マッコウクジラの雄は春機発動期に母親の群れから離れて若雄の群れに入り，完全に成熟するころには単独生活をするが（Best 1979），バンクーバー沖のシャチの例では，雄は成熟後も母親と一緒にいることが知られている（Bigg *et al.* 1990）．ハンドウイルカは前者に近く，スジイルカはどちらとも異なると解釈される．

日本沿岸のスジイルカの群れは，内湾性のハンドウイルカの群れよりもはるかに大きく，そのコミュニティーくらいの大きさがある．これは環境との関係で解釈できるかもしれない．天敵から逃れるには大きな群れで行動するのが有利であるが，餌群が小さい場合には，群れは大きくなれない．外洋ではサメのような天敵が多く，餌の群れも大きいので，外洋性のハンドウイルカやスジイルカの群れは大きくなれる．沿岸性のハンドウイルカで観察されたコミュニティーに相当する構造が日本のスジイルカにあるのか，あるとしたらその個体数や地理的な広がりはどのようなものか．これは生態学的にも興味ある問題であるが，スジイルカを漁業資源として管理する場合にも，きわめて重要な問題である．われわれがこれまで個体群という言葉であいまいに表現してきた単位と，それがどのような関係にあるのか，はたして両者は同じなのかの興味あるところである．

10.5.15 食性

日本沿岸のスジイルカの食性については，Miyazaki *et al.*（1973）の研究がある．これは伊豆半島川奈で追い込まれたスジイルカの2つの群れの一部個体から得た胃内容物27頭分（A群：13頭，B群：14頭）を解析したものである．種の判定は，魚類は顔面骨，なかでも尾舌骨をおもに使用し，耳石も併用した．イカ類とエビ類は，判定可能な程度の原型をとどめた残存物を用いて行った．イカの口器，魚の耳石，尾舌骨はイルカの体内での滞留時間が異なるので，その数を直接比較しても，餌としての摂取される個体数のちがいや，体重比を知ることは

できない．

　魚類は種まで同定できたものが10種あり，もっとも多かったのがハダカイワシ科であった．スイトウハダカ（ABに764尾），マメハダカ（ABに80尾），ウスハダカ（Bに67尾），ハダカイワシ（ABに27尾）であった．そのほかにシギウナギ（ABに190尾），チビキ（ABに117尾），ホウライエソ（ABに89尾）があった．その推定体長はおよそ60–300 mmの範囲にあった．イカ類はすべてのスジイルカの胃に出現したが，同定されたのは2種，スルメイカ（ABに42杯）とスジイカ（Bに4杯）であった．エビ類も全個体27頭の胃に見出され，1,971尾が確認された．エビ類は数は多いが全長が38–130 mmと小型で，量的には大きな比重を占めてはいない．これらの餌料生物のなかで，漁業対象となっているのはスルメイカだけであった．

　鳥羽山（1974; 大泉2008による）も相模湾で追い込み漁業で捕獲されたスジイルカの食性を研究し，魚類，頭足類，エビ類の出現を記録している．魚類ではハダカイワシ科がもっとも多く，そのなかではスイトウハダカがもっとも多数を占めていた点では，Miyazaki et al. (1973) と同様の結果を得ている．彼の研究で特徴的なのは頭足類が多いことであり，8科が記録されている．これは口器で種を判定したという技術的なちがいの反映である．頭足類のなかではホタルイカモドキ科がもっとも多く，ヤリイカ科も出現しており，同定手法のちがいに由来する差を考慮すれば，2つの研究の結果には大きなちがいはないものと思われる．

10.5.16　漁業と個体群の動向

　イルカ漁業の歴史については第Ⅰ部で述べた．ここではスジイルカを漁獲したと思われる漁業活動について概要を述べる．突きん棒は簡単な道具で操業できるので，各地で古くから行われていたにちがいない．スジイルカは好んで船に寄ってきて船首波に乗ることがあるので，突きん棒で容易に捕獲できる．突きん棒によるイルカ捕獲の歴史は銚子にもあり，漁業者の話からみても，そこで本種が捕獲されていたことは疑いない．2008年現在，千葉県にはスジイルカの捕獲枠が与えられているが，捕獲はほとんどなく，操業の実体は消滅しかかっているようである．スジイルカの分布からみて，夏にかつては三陸沿岸でも突きん棒で捕獲された時代があったことは疑いない．

　スジイルカのような群集性のイルカを捕獲するには，突きん棒よりも追い込み漁法が効率的である．かつてイルカの追い込み漁獲が行われたところは日本各地にあり，14世紀以来52カ村で行われた記録がある（Kasuya 1999）．その内訳は日本海側6，対馬海峡と東シナ海23，沖縄1，太平洋岸22である．これらの操業地の多くは，1982年にイルカ追い込み漁業が許可制に移行した際に許可を取得しなかった．これは，当時はすでに操業が行われていなかったためと思われる．なお，今日の東シナ海や日本海にはスジイルカがほとんど分布しないので，この海域におけるかつての追い込み操業でも，おそらくスジイルカの捕獲は少なかったものと思われる．

　太平洋側の山田湾と釜石では追い込み漁業の操業が1727年に始まり，最後の操業は1920年であったということである（川端1986）．この操業でスジイルカが捕獲された可能性は否定できないが，それを示す記録は残されていない．沖縄の追い込み漁業は古くから名護で行われ，コビレゴンドウを主体にハンドウイルカやその他の種も捕獲されてきた．しかし，沖縄近海にはスジイルカの出現はまれであり，残されている捕獲統計にもスジイルカの捕獲を記録したものはない（宮崎1980; 内田1985）．沖縄の追い込み漁業は1982年の許可制移行時の対応は定かでないが（158頁），いまでは操業はされていない．名護では追い込み漁の衰退によるイルカ肉の供給不足に応じて，1975年に石弓漁業が始まった．明治末には神奈川県の平塚で地引網でイルカを獲ったとあるが（水産局1911），その規模と対象種は明らかではない．

　現在，スジイルカの漁業地として多少なりとも活動しているのは静岡県富戸，和歌山県太地

その他，千葉県銚子である．これらの漁業の歴史については Ohsumi（1972），Kasuya et al.（1984），Kishiro and Kasuya（1993），粕谷（1994, 1997），Kasuya（1999）などがイルカ類の生態研究者の立場から記述している．

和歌山県の太地や古座，三輪崎などは捕鯨の歴史をもつ村々である．これらの土地では古くからスジイルカの捕獲が行われていたと考えられるが，古い統計は残っていない．太地では 1963 年から 1972 年に年間 331-1,717 頭のスジイルカの捕獲が記録されており，この 10 年間の合計頭数は 7,461 頭である（Miyazaki et al. 1974）．太地では探索船を出して行う，積極的なコビレゴンドウの追い込み漁が 1969 年に始まり，1973 年には対象をスジイルカに広げていまにいたっている（Kishiro and Kasuya 1993）．追い込み漁に比べて突きん棒漁は非効率的であるため，太地で追い込み漁が軌道に乗ると，そこのイルカ突きん棒漁は一時的にほとんど途絶えた状態になった．1989 年にイルカ突きん棒漁業が海区漁業調整委員会の規制に置かれたときに，操業許可を取得したのは太地の突きん棒船 15 隻であった．しかし，その後のイルカ肉の高騰に刺激されて，1991 年には太地や勝浦などで新たに 147 隻が無許可で突きん棒操業を始めたため，政治的判断でこれらの船も捕獲枠を得て今日にいたっている．

伊豆沿岸のイルカ追い込み漁業の記録は，1619 年にさかのぼる（渋沢 1982）．駿河湾奥部の部落では，当時から高台に見張りを置いてイルカ探索の努力をしていたが，多くの操業地では，部落の近くでたまたま発見されるイルカの群れを追い込むのが常態であったらしい．明治末年の記録では，伊豆半島の東西岸で合わせて 20 カ村がこのような追い込み操業をしていたとされている．明治時代の追い込み漁の漁獲物のなかに「マイルカ」と呼ばれるものがあり，伊豆沿岸の主たる漁獲物であった．これは体重が 48-93 kg であり，1,000 頭以上の大群をなすと記録されている（川島 1894）．第 2 次世界大戦後に日本の研究者は伊豆半島沿岸で漁獲物を調査して，そこで「マイルカ」と呼ばれているのはスジイルカであることを確認している．明治時代のおもな漁獲物で「マイルカ」と記録されている種も，今日のスジイルカであろうと推定されているが，それを支持する積極的な証拠はない（粕谷・山田 1995）．また，体重がわずかに軽いのが不審ではある．能登方面や五島方面で「マイルカ」あるいは「ハセイルカ」と呼ばれてきたのはマイルカ属（*Delphinus*）の種であるとされている．

静岡県川奈にはイルカ漁の記念碑があり，そこには 1888 年に初めてイルカの追い込み漁を行ったと記録されている．川島（2008）によれば，川奈三島神社には大正 11 年に奉納されたイルカ漁の絵馬があり，そこにも同趣旨の記述があるということである．川奈の隣の富戸では，それより 10 年遅れて 1897-1898 年ごろにイルカ追い込み漁の操業を始めたらしい．これらの記録には，そのときに捕獲されたイルカの種類は示されておらず（Miyazaki 1983），大正から昭和の初期にかけての伊豆におけるイルカ漁業の実態はほとんどわかっていない．伊豆半島沿岸でイルカの漁獲が大幅に増加したのは，第 2 次世界大戦の末期から戦後にかけてである（静岡県教育委員会 1986, 1987; 中村 1988）．この背景には，戦争末期に沖合への出漁が困難になったことと戦後の食糧難によるイルカ肉の需要増があげられている．これらの記録によれば，戦後は伊豆沿岸では稲取，安良里，川奈，富戸が操業した記録がある．そのほかの村でも多少の操業がなされた可能性は残されているが，詳細は明らかになっていない（粕谷 1976）．

農林水産省の『漁業養殖業生産統計年報』には，イルカ類の捕獲を都道府県別に記録している．Ohsumi（1972）はこれをもとにして，1957-1970 年の 14 年分のイルカの水揚げ頭数を解析した．そのなかで年平均 400 頭以上の水揚げがあった都道府県は，岩手，宮城，千葉，静岡，和歌山の 5 県である．このなかで相当量のスジイルカを捕獲する可能性がある 3 県について，年平均と最大・最小の範囲を示すと，千葉（1,322; 453-3,110），静岡（9,250; 3,601-21,342），和歌山（489; 34-1,879）となる．福

島，茨城両県でもスジイルカの捕獲があったかもしれないが，数は多くない．最大の水揚げ地は静岡県であった．この統計ではイルカの種が判別されていないが，鳥羽山（1969）は自らの調査データから，1963-1968年に伊豆半島沿岸の追い込み漁で捕獲されたイルカの97.7％はスジイルカであったとしており，ほかの種類の混入は無視できる程度であった．1957年以前については公式のイルカの水揚げ統計は得られていない．

このような情報をおもな根拠として，Kasuya and Miyazaki（1982）は1950-1960年の10年間のスジイルカの年間水揚げを，銚子1,500頭，伊豆11,000頭，太地630頭，その他をおそらく1,000頭とみて，全国で年平均14,000頭と推定した．さらに，1942-1953年の伊豆半島の川奈と富戸の水揚げ統計を参考にして，第2次世界大戦後，1950年までの漁獲もこれに近かったとみている．その内容は粕谷（1976）にも紹介されている．

日本政府は，国際捕鯨委員会（IWC）の要請を受けて，1979年漁期（暦年）から種別にイルカの捕獲統計を集計し，最近まで国際捕鯨委員会に報告してきた．それは同委員会の年報（Report of the International Whaling Commission）に印刷されている．このような統計収集システムが定着するまでは，研究者はスジイルカの水揚げ地に出かけて捕獲統計を収集・記録する努力を続けてきた．和歌山県ではMiyazaki（1980）が努力しているし，伊豆沿岸では大隅（未発表；粕谷1976に引用），鳥羽山（1969），Miyazaki et al.（1974）らの努力がある．Miyazaki et al.（1974）は，安良里でハスナガと呼ばれていたイルカはマダライルカであると解釈しているが，これはハンドウイルカの誤りであり，私にも責任がある．粕谷（1976）には，正しくハンドウイルカと訂正されている．これらを集大成して，さらに政府統計を付け加えた1991年までの統計がKishiro and Kasuya（1993）に報告されている．私が伊豆半島のイルカ漁業の調査に初めて参加したのは1960年の秋であったが，そのころには稲取はすでに操業をやめており，統計は消滅していた．富戸の統計も1942-1957年が欠けている．戦中・戦後の伊豆半島沿岸では各地でイルカ追い込み漁が操業されたらしいので，また記録に漏れているところがあるかもしれない．組織的に調査しておく必要がある．

長い歴史をもつ伊豆半島沿岸のスジイルカ漁の動向について，手短に述べておく．まず，規制であるが，静岡県は1951年に県下のすべての追い込み漁業を許可制にした．ここでいう追い込み漁は魚やイルカなどを特定の漁場（網代ともいう）に追い込んで，網にかけて捕獲する漁法である．ただし，当時，県下で行われていた追い込み漁業は，イルカを対象とするものだけであり，旧漁業法以来，免許漁業となっていた（149頁）．たまたま残っていた規制法をイルカ漁業拡大を止めるための手段に使ったものと思われる．静岡県は1959年にはこの規制対象をイルカ追い込み漁業と明確にして，漁期を9月1日から3月31日までと定めた．西海岸の安良里は1961年ごろには，積極的にイルカの群れを探索することをやめており，水族館から注文を受けるとか，好適な群れが近くで発見されたときにだけ追い込むことをしていたらしい．安良里における最後の追い込み操業は1973年に記録されている．

安良里がイルカ追い込み漁をやめた後，伊豆半島沿岸では川奈と富戸がイルカ追い込み操業地として残された．東海岸で操業していたこれら2つの組織は，1967年ないし1968年から共同操業を開始して（くわしくは第I部を参照されたい），それが1983年漁期まで続いた．1984年漁期からは川奈が操業をやめ，現在では富戸のみがイルカ追い込み漁業を続けている．

このようにして，1960年代から1970年代にかけては伊豆半島沿岸のイルカ追い込み組織の数はほぼ安定していたのである．ただし，使用するイルカ探索船の性能はその間も向上を続けたので，操業の質をも考慮すると操業努力量は増加したとみるべきである．このように操業された20年間に，伊豆のスジイルカ漁には衰退の兆候が現れてきた．イルカ漁は年変動が大き

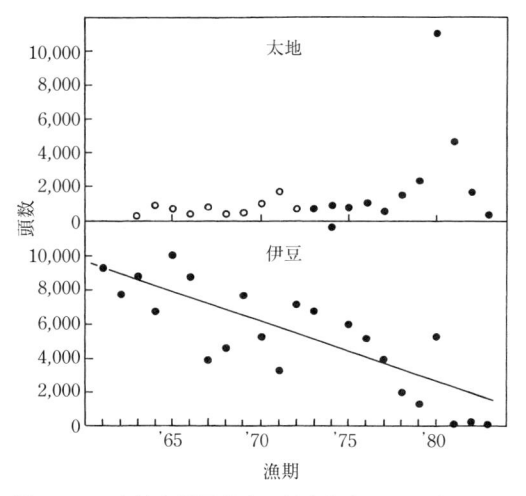

図 10.17 太地と伊豆半島の川奈と富戸におけるスジイルカ漁獲量の経年変化．この期間内において伊豆の漁業は経営体数や探索船の数に変化がなかったが，太地では操業形態に大きな変化が起こっている．白丸は突きん棒漁法，黒丸は追い込み漁法による捕獲．回帰直線は $Y=-348.0X+691,800$，ただし Y はスジイルカの年間漁獲頭数，X は西暦年．(Kasuya 1985)

いので動向がとらえにくいが，捕獲頭数は緩やかな減少傾向が認められた（図 10.17）．このころに私は年齢組成から推定した自然死亡率と漁獲死亡率，それと漁獲物調査をもとに，平均出産間隔が 1955 年に 3.1 年であったものが 1975 年には 2.3 年にまで短縮されたことなど，当時の調査で得られた情報をもとにして資源動向を計算したことがある（粕谷 1976；Kasuya 1976）．それによれば，伊豆半島沿岸の追い込み漁が対象としたスジイルカの初期資源量は少なくとも 37 万頭ないし 40 万頭であった．それが 1960 年ごろには 26 万頭ないし 31 万頭に減少し，さらに 1975 年には 18 万頭ないし 25 万頭に減少した．また，1974 年当時の持続生産量は 4,000-6,000 頭と計算された．当時の捕獲頭数は 7,000-8,000 頭の範囲にあったから，捕獲を半分近くまで減らせば資源は維持できるという計算であった．これらの数値の幅は成熟雌の自然死亡係数の仮定（0.07 ないし 0.08）によるものである．この計算には信頼限界が示されていないという欠点もあるが，個体数変動にシグモイド曲線を仮定しているなど幼稚なもので，これらの数字の信頼度は低いものである．

しかし，資源減少の事実だけはまちがいなかったといまでも信じている．私はこの計算結果とスジイルカの漁獲量の漸減を示す漁業統計をもって，水産庁の捕鯨班長に面会し，スジイルカ漁業をコントロールする必要を説明したが，真剣に対応してもらえなかった．これは 1975 年ごろのことであった（終章）．

伊豆のスジイルカ漁の漁獲はその後も減少を続け，1980 年代の初めには減少傾向はだれの目にも明らかであったが，それが IWC で合意されたのは 1991 年であった（IWC 1992）．水産庁は全国の追い込み漁業を 1982 年に知事許可漁業にし（静岡県の規制はこれに先行していた；前述），行政指導で捕獲を下げるよう要請していたが，1990 年に初めて捕獲上限を鯨種総枠として設定し（表 6.1），1992 年にはスジイルカの全国枠を 1,000 頭と決め，これを静岡県と千葉県と和歌山県に配分した．この後，スジイルカの捕獲枠は漁獲実績に応じてしだいに縮小され，2008/09 年漁期には全国合計が 670 頭となった（表 6.2，表 6.3）．

これは，伊豆半島で追い込み漁業が最盛期にあったころのスジイルカの捕獲実績 1 万-2 万頭の 5% 前後にすぎない．漁業管理の失敗は明らかである．この 670 頭の捕獲枠の内訳は千葉県 64 頭（突きん棒），静岡県 56 頭（追い込み），和歌山県 450 頭（追い込み）と 100 頭（突きん棒）である．静岡県と太地のイルカ追い込み漁業は，スジイルカのほかにマダライルカ，カマイルカ，ハンドウイルカ，ハナゴンドウ，コビレゴンドウ，オキゴンドウも捕獲している．これら 2 漁業地に与えられたイルカ類 7 種の合計捕獲枠は 2,927 頭であり，スジイルカはそのなかの 23% を占めている（表 6.3）．

第 10 章　引用文献

天野大輔 1955．鯨族の年齢査定に就いて．鯨研通信 45：1-6.

内田詮三 1985．水族館等展示用小型歯鯨類調査報告書（II）．海洋博覧会記念公園管理財団．36 pp.

王愈超（Wang, J. Y.）・楊世主（Yang, S.）2007．台湾鯨類図鑑——海豚及其他小型鯨．人人出版・国立海洋博物館，台湾．207 pp.

大泉宏 2008．日本近海における鯨類の餌生物．pp. 197-237．In：村山司（編）．鯨類学．東海大学出版会，秦野．400 pp.

小川鼎三 1950．鯨の話．中央公論社，東京．257 pp. 1973年に同社の自然選書として再版されている．

粕谷俊雄 1976．スジイルカの資源 I，II．鯨研通信 295：19-23；296：29-35．

粕谷俊雄 1983．鯨類の歯と年齢査定，part I-III．科学と実験 34 (4)：39-45；34 (5)：47-53；34 (6)：55-62．

粕谷俊雄 1994．スジイルカ．pp. 614-624．In：小達繁（編）．日本の希少な野生水生生物に関する基礎資料（I）．水産庁．696 pp.

粕谷俊雄 1997．日本の鯨類漁業の現状とその資源管理のあり方．日本海セトロジー研究 7：37-49．

粕谷俊雄・山田格 1995．日本鯨類目録．鯨研叢書 No. 7．日本鯨類研究所，東京．90 pp.

加藤秀弘 1991．鯨類における生物学的特性値の密度依存的変化．pp. 87-103．In：桜本和美・加藤秀弘・田中昌一（編）．鯨類資源の研究と管理．恒星社厚生閣，東京．273 pp.

川島秀一 2008．追い込み漁．法政大学出版局，東京．341 pp.

川島瀧蔵 1894．静岡県水産誌．静岡県漁業組合取締所．静岡市．巻 1：144 丁；巻 2：91 丁；巻 3：203 丁；巻 4：181 丁．(1984 年に静岡県図書館協会により復刻された).

川端弘行 1986．鮪漁（イルカ漁）．pp. 636-664．In：山田町史編纂委員会（編）．山田町史，上巻．山田町教育委員会，岩手県山田町．10 + 1095 pp.

光明義文 1982．スジイルカ Stenella coeruleoalba の雄における性成熟過程について．東京水産大学修士論文．46 pp.

静岡県教育委員会 1986．伊豆における漁撈習俗調査 I．静岡県文化財調査報告書（静岡県文化財保存協会）33．211 pp.

静岡県教育委員会 1987．伊豆における漁撈習俗調査 II．静岡県文化財調査報告書（静岡県文化財保存協会）39．193 pp.

渋沢敬三 1982．明治期以前の日本漁業技術史．臨川書店，東京．701 pp.

水産局 1911．水産捕採誌．巻 1．有鱗堂，東京．139 pp.

竹村暘 1986．カマイルカ，ハンドウイルカ．pp. 161-177．In：田村保・大隅清治・新井修亮（編）．漁業公害（有害生物駆除）対策調査委託事業調査報告書（昭和 56-60 年度）．水産庁・同委員会．285 pp.

鳥羽山照夫 1969．漁獲資料よりみた相模湾産スジイルカの群構成頭数とその変化．鯨研通信 217：109-119．

鳥羽山照夫 1974．小型歯鯨類の摂餌生態に関する研究．東京大学農学部博士論文．231 pp．(未見；大泉宏 2008 による).

中村羊一郎 1988．イルカ漁をめぐって．pp. 92-136．In：静岡県民俗芸能研究会（編）．静岡県・海の民俗誌――黒潮文化論．静岡新聞社，静岡．379 pp.

宮崎信之 1980．ジュゴンとクジラ．pp. 157-166．In：木崎甲子郎（編）．琉球の自然史．築地書館，東京．282 pp.

宮崎信之 1992．恐るべき海洋汚染――有害物質に蝕まれる海の哺乳類．合同出版，東京．190 pp.

Amano, M., Ito, H. and Miyazaki, N. 1997. Geographic and temporal comparison of skulls of striped dolphin off the Pacific coasts of Japan. Paper IWC/SC/49/SM39, presented to the IWC Scientific Committee in 1997 (unpublished). 18 pp. (Available from IWC Secretariat).

Amano, M., Miyazaki, N. and Yanagisawa, F. 1996. Life history of Fraser's dolphin, *Lagenorhynchus hosei*, based on a school captured off the Pacific coasts of Japan. *Marine Mammal Sci.* 12 (2)：199-214.

Archer, F. I. 1996. Morphological and genetic variation of striped dolphins (*Stenella coeruleoalba*, Meyen 1833). Ph. D. Thesis, University of California, San Diego. 185 pp.

Best, P. B. 1979. Social organization in sperm whales, *Physeter macrocephalus*. pp. 227-289. *In*：H. E. Winn and B. L. Olla (eds). *Behavior of Marine Mammals : Current Perspective in Research*, Vol. 3 (Cetaceans). Plenum, New York. 438 pp.

Best, P. B., Canham, P. A. and Macleod, N. 1984. Patterns of reproduction in sperm whales, *Physeter macrocephalus*. *Rep. int. Whal. Commn.* (Special Issue 6, Reproduction in Whales, Dolphins and Porpoises)：51-79.

Best, P. B. and Kato, H. 1992. Possible evidence from foetal length distributions of the mixing of different components of the Yellow Sea-East China Sea-Sea of Japan-Okhotsk Sea minke whale population (s). *Rep. int. Whal. Commn.* 42：166.

Bigg, M. A., Olesiuk, P. E., Ellis, G. M., Ford, J. K. and Balcomb, K. 1990. Social organization and genealogy of resident killer whales (*Orcinus orca*) in the coastal waters of British Columbia and Washington State. *Rep. int. Whal. Commn.* (Special Issue 12, Individual Recognition of Cetaceans)：383-405.

Brook, F. M., Kinoshita, R. and Benirschke, K. 2002. Histology of ovaries of a bottlenose dolphin, *Tursiops aduncus*, of known reproductive history. *Marine Mammal Sci.* 18 (2)：540-544.

Connor, R. C., Wells, R. S., Mann, J. and Read, A. J. 2000. The bottlenose dolphin：social relationship in a fisshion-fusion society. pp. 91-126. *In*：J. Mann, R. C. Connor, P. L. Tyack and H. Whitehead (eds). *Cetacean Societies : Field Studies of Dolphins and Whales*. The University of Chicago Press, Chicago. 433 pp.

Cooke, J. G. 1984. The estimation of ages at sexual maturity from age samples. Paper IWC/SC/36/O22, presented to the IWC Scientific Committee in 1984 (unpublished). 8 pp. (Available from IWC Secretariat).

Dabin, W., Cossais, F., Pierce, G. J. and Ridoux. V. 2008. Do ovarian scars persist with age in all cetaceans：new insight from the short-beaked common dolphin (*Delphinus delphis* Linnaeus, 1758). *Marine Biology* 156：127-139.

Dawbin, W. H. 1966. The seasonal migratory cycle of humpback whales. pp. 145-169. *In*：K. S. Norris (ed). *Whales, Dolphins and Porpoises*. University of California Press, Berkeley. 789 pp.

DeMaster, D. P. 1984. Review of techniques used to estimate the average age at the attainment of sexual maturity in marine mammals. *Rep. int. Whal. Commn.* (Special Issue 6, Reproduction in Whales, Dolphins and

Porpoises）：175-179.
Desportes, G. and Mouritsen, R. 1993. Preliminary results on the diet of long-finned pilot whales off the Faroe Islands. *Rep. int. Whal. Commn.* (Special Issue 14, Biology of Northern Hemisphere Pilot Whales)：305-324.
Hirose, K., Kasuya, T., Kazihara, T. and Nishiwaki, M. 1970. Biological study of the corpus luteum and the corpus albicans of blue white dolphin (*Stenella caeruleoalba*). *J. Mamm. Soc. Japan* 5（1）：33-40.
Hirose, K. and Nishiwaki, M. 1971. Biological study on the testis of the blue white dolphin, *Stenella caeruleoalba*. *J. Mamm. Soc. Japan* 5（3）：91-98.
Hohn, A. A. 1989. Comparison of methods to estimate the average age at sexual maturation in dolphins. Paper IWC/SC/O28, presented to the IWC Scientific Committee in 1989 (unpublished). 20 pp. (Available from IWC Secretariat).
Honda, K., Tatsukawa, R., Itano, K., Miyazaki, N. and Fujiyama, T. 1983. Heavy metal concentrations in muscle, liver and kidney tissue of striped dolphin, *Stenella coeruleoalba*, and their variations with body length, weight, age and sex. *Agric. Biol. Chem.* 47（6）：1219-1228.
Itano, K., Kawai, S., Miyazaki, N., Tatsukawa, R. and Fujiyama, T. 1984. Mercury and selenium levels in striped dolphins caught off the Pacific coast of Japan. *Agric. Biol. Chem.* 48（5）：1109-1116.
Iwasaki, T. and Goto, M. 1997. Composition of driving samples of striped dolphins collected in Taiji during 1991/92 to 1994/95 fishing season. Paper IWC/SC/49/SM15, presented to the IWC Scientific Committee in 1997 (unpublished). 20 pp. (Available from IWC Secretariat).
Iwasaki, T., Hwang, H. J. and Nishiwaki, S. 1995. Report of whale sighting surveys in waters off the Korean Peninsula and adjacent waters in 1994. Paper IWC/SC/47/NP18, presented to the IWC Scientific Committee in 1995 (unpublished). 15 pp. (Available from IWC Secretariat).
Iwasaki, T. and Kasuya, T. 1993. Biological information of striped dolphins off Japan taken for research purposes in 1992. Paper IWC/SC/45/SM5, presented to the IWC Scientific Committee in 1993 (unpublished). 12 pp. (Available from IWC Secretariat).
IWC (International Whaling Commission) 1992. Report of the Sub-Committee on Small Cetaceans. *Rep. int. Whal. Commn.* 42：178-228.
IWC 2010. Report of the Sub-Committee on Small Cetaceans. *J. Cetacean Res. and Manage.* 12 (Suppl. 2)：306-330.
Kasuya, T. 1972. Growth and reproduction of *Stenella coeruleoalba* based on the age determination by means of dentinal growth layers. *Sci. Rep. Whales Res. Inst.* (Tokyo) 28：73-106.
Kasuya, T. 1976. Reconsideration of life history parameters of the spotted and striped dolphins based on cemental layers. *Sci. Rep. Whales Res. Inst.* (Tokyo) 28：73-106.
Kasuya, T. 1978. The life history of Dall's porpoise with special reference to the stock off the Pacific coast of Japan. *Sci. Rep. Whales Res. Inst.* (Tokyo) 30：1-63.
Kasuya, T. 1982. Preliminary report of the biology, catch and populations of *Phocoenoides* in the western North Pacific. pp. 3-10. *In*：J. G. Clark, J. Goodman and G. A. Soave (eds). *Mammals in the Sea*, Vol. 4, Small Cetaceans, Seals, Sirenians and Otters. FAO, Rome. 531 pp.
Kasuya, T. 1985. Effect of exploitation on reproductive parameters of the spotted and striped dolphins off the Pacific coasts of Japan. *Sci. Rep. Whales Res. Inst.* (Tokyo) 36：107-138.
Kasuya, T. 1991. Density dependent growth in North Pacific sperm whales. *Marine Mammal Sci.* 7（3）：230-257.
Kasuya, T. 1995. Overview of cetacean life histories：an essay in their evolution. pp. 481-497. *In*：A. S. Blix, L. Walloe and O. Ultang (eds). *Whales, Seals, Fish and Man*. Elsevier, Amsterdam. 720 pp.
Kasuya, T. 1999. Review of the biology and exploitation of striped dolphins in Japan. *J. Cetacean Res. Manage.* 1（1）：81-100.
Kasuya, T. and Marsh, H. 1984. Life history and reproductive biology of the short-feinned pilot whale, *Globicephala macrorhynchus*, off the Pacific coast of Japan. *Rep. int. Whal. Commn.* (Special Issue 6, Reproduction in Whales, Dolphins and Porpoises)：259-310.
Kasuya, T. and Miyazaki, N. 1982. The stock of *Stenella coeruleoalba* off the Pacific coast of Japan. pp. 21-37. *In*：J. G. Ciark, J. Goodman and G. A. Soave (eds). *Mammals in the Sea*.Vol. 4, Small cetaceans, Seals, Sirenians and Otters. FAO, Rome. 531 pp.
Kasuya, T., Miyazaki, N. and Dawbin, W. F. 1974. Growth and reproduction of *Stenella attenuata* in the Pacific coast of Japan. *Sci. Rep. Whales Res. Inst.* (Tokyo) 26：157-226.
Kasuya, T., Sergeant, D. E. and Tanaka, K. 1988. Re-examination of life history parameters of long-finned pilot whales in the Newfoundland waters. *Sci. Rep. Whales Res. Inst.* (Tokyo) 39：103-119.
Kasuya, T. and Tai, S. 1993. Life history of short-finned pilot whale stocks off Japan and a description of the fishery. *Rep. int. Whal. Commn.* (Special Issue 14, Biology of Northern Hemisphere Pilot Whales)：439-473.
Kasuya, T., Tobayama, T., Saiga, T. and Kataoka, T. 1986. Perinatal growth of delphinids：information from aquarium reared bottlenose dolphins and finless porpoises. *Sci. Rep. Whales Res. Inst.* (Tokyo) 37：85-97.
Kato, H. 1984. Observation of tooth scars on the head of male sperm whales, as an indication of intra-sexual fightings. *Sci. Rep. Whales Res. Inst.* (Tokyo) 35：39-46.
Kato, H. 1992. Body length, reproduction and stock separation of minke whales off northern Japan. *Rep. int. Whal. Commn.* 42：443-453.
Kato, H., Fujise, Y. and Wada, S. 1992. Morphology of minke whales in the Okhotsk Sea, Sea of Japan and off the east coast of Japan, with respect to stock identification. *Rep. int. Whal. Commn.* 42：437-453.
Kishiro, T. and Kasuya, T. 1993. Review of Japanese dolphin

drive fisheries and their status. *Rep. int. Whal. Commn.* 43：439-452.

Laws, R. M. 1959. The foetal growth of whales with special reference to the fin whale *Balaenoptera physalus* Linn. *Discovery Rept.* 29：281-308.

Lockyer, C. 1981. Estimation of the energy costs of growth, maintenance and reproduction in the female minke whale (*Balaenoptera acutorostrata*), from the southern hemisphere. *Rep. int. Whal. Commn.* 31：337-343.

Lockyer, C. 1984. Review of baleen whales (Mysticeti) reproduction and implications for management. *Rep. int. Whal. Commn.* (Special Issue 6, Reproduction in Whales, Dolphins and Porpoises)：27-50.

Martin, A. R. and Rothery, P. 1993. Peproductive parameters of female long-finned pilot whales (*Globicephala melas*) around the Faroe Islands. *Rep. int. Whal. Commn.* (Special Issue 14, Biology of Northern Hemisphere Pilot Whales)：263-304.

Miyashita, T. 1993. Abundance of dolphin stocks in the western North Pacific taken by Japanese drive fishery. *Rep. int. Whal. Commn.* 43：417-437.

Miyashita, T., Peilie, W., Hua, C. J. and Guang, Y. 1995. Report of the Japan/China joint whale sighting cruise in the Yellow Sea and East China Sea in 1994 summer. Paper IWC/SC/47/NP17, presented to the IWC Scientific Committee in 1995 (unpublished). 12 pp. (Available from IWC Secretariat).

Miyazaki, N. 1977. Growth and reproduction of *Stenalla coeruleoalba* off the Pacific coast of Japan. *Sci. Rep. Whales Res. Inst.* (Tokyo) 29：21-48.

Miyazaki, N. 1983. Catch statistics of small cetaceans taken in Japanese waters. *Rep. int. Whal. Commn.* 33：621-631.

Miyazaki, N. 1984. Further analyses of reproduction in the striped dolphin, *Stenella coeruleoalba*, off the Pacific coast of Japan. *Rep. int. Whal. Commn.* (Special Issue 6, Reproduction in Whales, Dolphins and Porpoises)：343-353.

Miyazaki, N., Kusaka, T. and Nishiwaki, M. 1973. Food of *Stenella caeruleoalba*. *Sci. Rep. Whales Res. Inst.* (Tokyo) 25：265-275.

Miyazaki, N., Kasuya, T. and Nishiwaki, N. 1974. Distribution and migration of two species of *Stenella* in the Pacific coast of Japan. *Sci. Rep. Whales Res. Inst.* (Tokyo) 26：227-243.

Miyazaki, N. and Nishiwaki, T. 1978. School structure of the striped dolphin off the Pacific coast of Japan. *Sci. Rep. Whales Res. Inst.* (Tokyo) 30：65-115.

Myrick, A. C., Shallenberger, E. W., Kang, I. and MacKay, D. 1984. Calibration of dental layers in seven captive Hawaiian spinner dolphins, *Stenell longirostris*, based on tetracycline labelling. *Fish. Bull.* 82：207-225.

Nishiwaki, M., Nakajima, M. and Kamiya, T. 1965. A rare species of dolphin (*Stenella attenuata*) from Arari, Japan. *Sci. Rep. Whales Res. Inst.* (Tokyo) 19：53-64.

Nishiwaki, M. and Yagi, T. 1953. On the growth of teeth in a dolphin (*Prodelphinus caeruleoalba*) (I). *Sci. Rep. Whales Res. Inst.* (Tokyo) 8：133-146.

Ohsumi, S. 1964. Comparison of maturity and accumulation rate of corpora albicantia between the left and right ovaries in Cetacea. *Sci. Rep. Whales Res. Inst.* (Tokyo) 18：123-153.

Ohsumi, S. 1966. Allomorphosis between body length at sexual maturity and body length at birth in cetacea. *J. Mammal. Soc. Japan* 3 (1)：3-7.

Ohsumi, S. 1972. Catch of marine mammals, mainly of small cetaceans, by local fisheries along the coast of Japan. *Bull. Far Seas Fish. Res. Lab.* 7：137-166.

Ohsumi, S. 1983. Yearly change in age and body length at sexual maturity of the fin whale stock in the eastern North Pacific. Paper IWC/SC/A83/AW7, presented to the Scientific Committee in 1983 (unpublished). 19pp. (Available from IWC Secretariat).

Okada, Y. 1936. A study of Japanese Delphinidae (1). *Sci. Rep. Tokyo Bunrika Daigaku* 3 (44)：1-16, pls. 1-5.

Perrin, W. F. and Donovan, G. P. 1984. Report of the Workshop. *Rep. int. Whal. Commn.* (Special Issue 6, Reproduction in Whales, Dolphins and Propoises)：1-24.

Perrin, W. F., Holt, D. B. and Miller, R. B. 1977. Growth and reproduction of the eastern spinner dolphin, a geographical form of *Stenella longirostris* in the eastern tropical Pacific. *Fish. Bull.* 75 (4)：725-750.

Perrin, W. F. and Reilly, S. B. 1984. Reproductive parameters of dolphins and small whales of the family Delphinidae. *Rep. int. Whal. Commn.* (Special Issue 6, Reproduction in Whales, Dolphins and Porpoises)：97-133.

Perrin, W. F., Wilson, C. E. and Archer, F. I. 1994. Striped dolphin *Stenella coeruleoalba* (Meyen, 1833). pp. 129-159. *In*：S. H. Ridgway and R. Harrison (eds). *Handbook of Marine Mammals.* Vol. 5, The First Book of Dolphins. Academic Press, London. 416 pp.

Rice, D. W. 1998. *Marine Mammals of the World*：*Systematics and Distribution.* Special Publication No. 4. Society for Marine Mammalogy. 231 pp.

Robson, D. C. and Chapman, D. G. 1961. Catch curves and mortality rates. *Trans. Am. Fish. Soc.* 90：181-189.

Scott, M. D. and Chattanach, K. L. 1998. Diel patterns in aggregations of pelagic dolphins and tunas in the eastern Pacific. *Marine Mammal Sci.* 14 (3)：401-428.

Sergeant, D. E. 1962. The biology of the pilot whale or pothead whale *Globicephala melaena* (Traill) in Newfoundland waters. *Bull. Fish. Res. Bd. Can.* 132：1-84 +I-VII.

Shimura, E. and Numachi, K. 1987. Genetic variability and differentiation in toothed whales. *Sci. Rep. Whales Res. Inst.* (Tokyo) 38：161-163.

Shirakihara, M., Takemura, A. and Shirakihara, K. 1993. Age growth and reproduction of the finless porpoise, *Neophocaena phocaenoides*, in the coastal waters of western Kyushu, Japan. *Marine Mammal Sci.* 9：392-406.

Torres, L. G., Rosel, P. E., D'Agrosa, C. and Read, A. J. 2003. Improving management of overlapping bottlenose dolphin ecotypes through spatial analysis and genetics. *Marine Mammal Sci.* 19 (3)：502-514.

Wada, S. 1983. Genetic heterozygosity in the striped dolphin

off Japan. *Rep. int. Whal. Commn.* 33：617-619.
Whitehead, H. 2003. *The Sperm Whales*：*Social Evolution in the Ocean*. The University of Chicago Press, Chicago. 431 pp.
Whitehead, H. and Mann, J. 2000. Female reproductive strategies of cetaceans：life histories and calf care. pp. 219-246. *In*：J. Mann, R. C. Connor, P. L. Tyack and H. Whitehead (eds). *Cetacean Societies*：*Field Studies of Dolphins and Whales*. The University of Chicago Press, Chicago. 433 pp.
Yamada, T. 1993. A brief introduction to cetacean stranding data base of our study group. *Nihonkai Cetology* 3：43-65.
Yoshida, H. and Iwasaki, T. 1997. A preliminary analysis of mitochondrial DNA in striped dolphins off Japan. Paper IWC/SC/49/SM41, presented to the IWC Scientific Committee in 1997 (unpublished). 7 pp. (Available from IWC Secretariat).

第 11 章　ハンドウイルカ

11.1　ハンドウイルカ属の分類

　ハンドウイルカ属（*Tursiops*）は世界中の熱帯から温帯に分布し，沿岸から外洋にいたる広範な海域に生息する．水族館には普通に飼育されているうえに，沿岸域にはしばしば定住性の個体群があり，観察の機会が多い．このため行動や社会構造に関する情報が豊富に集積されつつある．しかし，その分類については最近まで混乱をきわめてきたし，いまも完全に決着がついたわけではない．その背景には，鯨類の一般の例に漏れず，必要な標本をそろえることがむずかしかったことがあるが，さらに小型歯鯨類の通例として，各地に固有の個体群が形成され，それぞれにさまざまな形態的な分化が生じていることがあげられる．研究者は近隣の個体群の間のちがいを認識することができても，離れたところにいる複数の集団を比較して評価することは，最近までは困難がともなった．近年，交通の発達と，DNA という客観的な評価技術の発達により，分類学的研究が急速に進みつつある．現在では，各地のハンドウイルカ属には沿岸にすむ系統と沖合にすむ系統があり，それぞれが異なる複数の個体群を含むというのが一般的な認識である（Reeves *et al.* 2004）．
　ハンドウイルカ属 2 種のうちの 1 種 *T. aduncus*（Ehrenberg, 1833）は紅海を基産地として記載された種である．これに該当するのが，インド洋からオーストラリア・東南アジアを経て，中部日本にいたる沿岸域に生息する種であり，体が小ぶりで，くちばしが長めで，成体では腹側の体表に斑点が現れる型であるとされている

（Gao *et al.* 1995; 粕谷ら 1997; Rice 1998; Wang *et al.* 1999, 2000a, 2000b; Moller and Beheregaray 2001; Best 2007）．ハンドウイルカ属のほかの 1 種はイングランドを基産地として記載された *T. truncatus*（Montagu, 1821）である．これは体が大ぶりでくちばしが太くて短く，体表に斑点がない型で，インド洋・南北太平洋（日本近海を含む）・大西洋・地中海・黒海の熱帯から温帯にかけての外洋域と，*T. aduncus* が生息しない沿岸域に分布している．
　ハンドウイルカ属の 2 種（*T. aduncus* と *T. truncatus*）は水族館の飼育環境では容易に交雑し，雌については F_1 が繁殖力をもつことが確認されている（Hale *et al.* 2000）．両種は遺伝的に隔離機構が完成しているのではなく，生態学的ないしは行動学的な要因で生殖隔離が行われているらしい．このような場合には，雄と雌で隔離の働き方やその強さが異なるのが当然である．雄のほうが他集団との交雑の機会が多いのではないだろうか．分布が隣接するこれら 2 種の間で核 DNA のちがいとミトコンドリア DNA のちがいを比較できれば興味深い．
　日本近海にはハンドウイルカ属 2 種のどちらも分布している．これらの形態を単一の計測値で区別することはむずかしいが，南アフリカ，中国，オーストラリアなどの沿岸にすむ個体についてなされた研究によれば，頭骨の多変量解析を使えば少なくとも同じ地方に隣接して生息する 2 種は，それらを明瞭に区別することが可能である（Ross 1977; Wang *et al.* 2000b; Kemper 2004）．このことは裏を返せば，2 種のそれぞれにはまだ解釈不能な地理的変異があると

表 11.1 ハンドウイルカ（*T. truncatus*）とミナミハンドウイルカ（*T. aduncus*）の歯の数と脊椎骨数の比較．歯数には上下左右に有意差がないと判断されるので合計のみを示す．（Wang *et al.* 2000b のデータより作成）

産地	種	歯数（合計）			脊椎骨数		
		頭数	範囲	平均	頭数	範囲	平均
中国・台湾	T	54	80-106	93.9	20	64-67	65.5
南アフリカ	T	9	88- 96	93.1	4	64-65	64.5
中国・台湾	A	19	96-111	102.0	19	59-62	60.2
南アフリカ	A	29	97-111	102.9	9	59-62	60.6

A：*T. aduncus*（ミナミハンドウイルカ），T：*T. truncatus*（ハンドウイルカ）．

いうことである．また，*T. truncatus* の種内には地理的変異として沖合型と沿岸型があることも知られている．すなわち，西部北大西洋には *T. truncatus* だけがいるが，フロリダ沿岸には大型の沖合型と小型の沿岸型とが知られていて，それらは生息環境以外に，頭骨の形態や生理学的な特徴にもちがいがある．沖合型の血液像は酸素運搬能力に優れ，大深度への潜水に適応しているとされている（Hersh and Duffield 1990）．フロリダ半島西岸にある長さ数十 km の内湾や沿岸には，3 個の沿岸型の集団が数珠状に連なって分布していて，それぞれが 1 つのコミュニティー（community）として区別されている（Wells and Scott 1990a; Weigle 1990）．ここの沿岸型は，あたかもインド洋・東南アジアにおける *T. aduncus* と同じような生態的地位を占めているらしい．このような分布パターンは，研究が進めばもっとたくさんみつかるにちがいない．

T. truncatus の標準和名はハンドウイルカであり，バンドウイルカと呼ばれることもある．これらの和名については長い議論の歴史があるが，その詳細については粕谷・山田（1995）を参照されたい．英名は common bottlenose dolphin である．もう 1 つの種 *T. aduncus* の標準和名はミナミハンドウイルカで，ミナミバンドウイルカとも呼ばれている．本種の分布はわが国でみる限り，別種 *T. truncatus* よりも南に偏っているのでこう呼ばれてきたものである．その英名は Indo-Pacific bottlenose dolphin である．

Wang *et al.*（1999）はミトコンドリア DNA を用いて，東アジア海域におけるハンドウイルカ属 2 種の地理的分布を検討した．その結果，ミナミハンドウイルカは台湾海峡周辺・海南島・インドネシアに分布すること，これに対してハンドウイルカは台湾海峡周辺・香港・台湾東岸に分布することを見出した．また，モーリタニアとブラジルの標本もハンドウイルカであった．すなわち，台湾海峡から香港近海にかけては両種が出現したのである．台湾の西海岸に位置する澎湖諸島では，イルカの追い込み漁が行われていた．この漁業は 1990 年に禁止されたが，それまでミナミハンドウイルカとハンドウイルカのどちらも主要な漁獲物であったと報告されている（Wang and Yang 2007）．台湾海峡よりも北の黄海・渤海にはハンドウイルカだけが，香港より南にはミナミハンドウイルカだけが知られている（Zhou and Qian 1985; Wang *et al.* 2000a）．しかし，南シナ海の外洋域では将来ハンドウイルカが見出される可能性があるように思う．これは，オーストラリア東岸では水深 30 m を境にして，浅所にはミナミハンドウイルカがすみ，それより深い沖合にはハンドウイルカがすみわけている例をみての推測である．

Perrin *et al.*（2007）は，ミナミハンドウイルカ *T. aduncus* の原記載に用いられた模式標本から抽出したミトコンドリア DNA とその頭骨計測値を解析した．その結果，模式標本の DNA は南アフリカの大西洋側の *aduncus* 型のそれと，比較された DNA 部位に関しては 100％ の一致をみたが，*truncatus* 型とは完全には一致しなかった（ちがいがあった）．さらに，

この模式標本の頭骨計測値を aduncus 型（南アフリカ産 33 頭と台湾産 19 頭）および truncatus 型（南アフリカ産 9 頭と台湾産 50 頭）と比較したところ，模式標本は aduncus 型に近いとの結果を得た．

これに先立って，Natoli et al.（2004）は地中海，北大西洋，メキシコ湾，バハマ，西アフリカ，南アフリカ，中国沿岸など世界各地の Tursiops 属の個体を 11 標本群に分けて，ミトコンドリア DNA と核 DNA を使って比較を行った．この研究には，日本沿岸やオーストラリア近海の標本が含まれていないのが残念である．それによれば，aduncus 型と truncatus 型は遠く離れた系統であると結論されたのは当然としても，同じ aduncus 型でも南アフリカ産と中国産は大きく隔たっていて，Tursiops 属は大きく 3 個の系統に分けられると結論された．さらに彼らは，truncatus 型のなかでは地理的に近いメキシコ湾と米国東岸の沿岸個体は類似性が高く 1 つのグループを形成し，地中海産・東部北大西洋産・西部北大西洋の沖合産の個体は，これとは別の離れたグループを形成することを見出した．これも常識的な結論といえよう．いま，aduncus 型とされている個体も，将来は地理的にすみわけた 2 つの種ないし亜種に分類されるかもしれないし，truncatus 型についても同様のことが予測される．さらに，aduncus 型の DNA の特徴は Tursiops 属よりもスジイルカ属の大西洋産の一種 Stenella frontalis（カスリイルカと呼ばれることもある）に近いという見方もある（LeDuc et al. 1999）．ハンドウイルカ類もスジイルカ類も変異しやすい．目につきやすい形質をもとに分類されているので，進化学的な系統とは異なった分類がなされている可能性がある．いま，DNA を用いて進化の系統を反映した分類体系を組み立てることが試みられつつある．

11.2 日本近海産ハンドウイルカ類の特徴

ハンドウイルカ（T. truncatus）をミナミハ

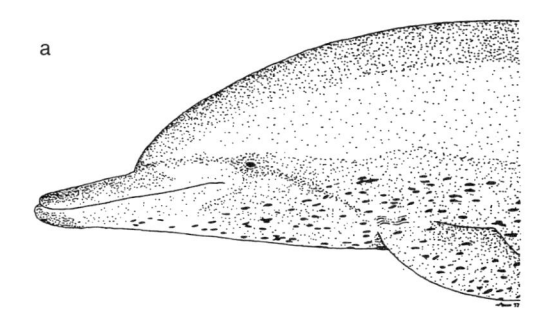

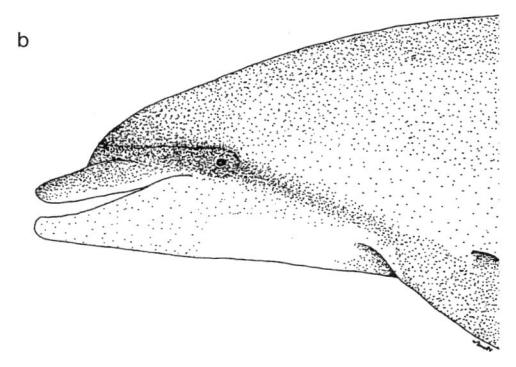

図 11.1 中国近海におけるハンドウイルカ属 2 種の形態比較．a がミナミハンドウイルカ，b がハンドウイルカ．（Wang et al. 2000a）

ンドウイルカ（T. aduncus）から区別する特徴は，体長がやや大きいことと，成体でも斑点がないこと，吻が太くて短いことである（図 11.1）．Wang et al.（2000a）は中国沿岸の個体について両型の外形を対比している．残念ながら，彼らの測定には体長 140-191 cm の幼体も含まれているし，雌雄も区別されていないので，上限値しか参考にならない．最大体長はハンドウイルカで 295.5 cm（40 頭中），ミナミハンドウイルカは 268.0 cm（17 頭中）で 28 cm の差がある．吻の長さの最大値は前者が 13.0 cm，後者が 13.7 cm で差は小さいが，体が大きいことを考慮すれば，前者の吻長がいかに短いかがわかろう．歯の数も脊椎骨の数も 2 種の間でわずかな差があるが，その範囲は重なっているので，個体レベルで判別するには役立たない（Wang et al. 2000b; Kemper 2004; 表 11.1）．最大体長に関して，Gao et al.（1995）はハンドウイルカ 330 cm，ミナミハンドウイルカ 254 cm としており，上に述べた Wang et al.

表 11.2 日本近海産ハンドウイルカ（*T. truncatus*）について粕谷ら（1997）が追い込み漁業から入手した生物資料.

海域	群番号	場所	調査日	捕獲頭数	生殖腺 雌	生殖腺 雄	年齢 雌	年齢 雄	調査数 雌	調査数 雄
太平洋	P-1	安良里	73.8.23	—	9	8	14	8	28	9
	P-2	太地	81.4.27	66	26	29	27	33	27	34
	P-4	太地	82.1.8	50	24	5	24	13	24	13
	P-5+6	太地	82.1.24, 25	約70	11	9	11	9	13	9
	P-7	太地	82.3.7	30	10	0	0	0	10	17
	P-8	太地	83.2.12	156	39	14	37	32	39	43
	P-8+9	太地	83.2.12, 14	約170	8	6	8	7	8	7
	合計	太平洋		542	127	71	121	102	149	132
壱岐近海	I-1	勝本	80.1.27	11	8	3	8	3	8	3
	I-2	勝本	80.2.22	191	43	19	43	35	43	36
	I-3	勝本	80.2.27	1,114	121	53	123	90	125	92
	I-4	勝本	80.3.6	359	19	9	19	21	19	21
	I-5	勝本	80.3.14	154	48	9	48	27	50	27
	I-10	勝本	79.3.15	394	1	1	1	1	1	1
	I-11	勝本	79.3.19	411	10	10	10	10	10	10
	合計	壱岐		2,634	240	104	252	187	256	190

（2000a）の研究に比べてハンドウイルカの最大体長が大きい．これは，Gao et al.（1995）の研究には寒冷な黄海・渤海の標本が含まれているためと思われる．この研究の著者の1人であるZhouが主導した別の研究（Zhou and Qian 1985）には遼東半島付近の個体も使われていることからの推定である．ハンドウイルカの体の大きさには地理的変異が大きく，緯度ないしは環境水温と相関があるらしい．ヨーロッパ沿岸の個体は最大の部類に属し，雄で380 cm，雌で367 cmに達する（Wells and Scott 1990a）．歯の太さはミナミハンドウイルカで平均6.2 mm（範囲＝5.0-7.5, $n=12$），ハンドウイルカで7.1 mm（範囲＝6.0-8.4, $n=12$）とわずかな差はあるが，そのちがいは有意ではないとされている（Kemper 2004）．個体変異が大きい場合には，標本数が少ないと差は統計的に有意とはならないものである．

1973年から1983年までの11年間に伊豆半島と太地の追い込み漁で漁獲された個体と，壱岐の勝本でイルカによる漁業被害対策として駆除された個体の外見をみた限りでは，これらはすべてハンドウイルカ（*T. truncatus*）であり，ミナミハンドウイルカ（*T. aduncus*）の混入は認められなかった（表11.2）．それらの生物情報の解析は粕谷ら（1997）に報告されているが，そのなかの情報を上に引用したいくつかのデータと比べてみよう．日本沿岸の個体では体長組成のピークは雄雌とも290-299 cmのグループにあり，最大体長は雄で336 cm，雌で320 cmであった．Wang et al.（2000a）が報告している台湾以南の同種のデータに比べて，日本のハンドウイルカは体長で約30 cm大きく，黄海・渤海の個体に近い．小川（1936）によれば，三陸沖で捕獲されたハンドウイルカ属4頭の歯槽数は，上下左右それぞれ21-24本（合計88-96）で総数の平均は90本であり，脊椎骨数は4頭とも65個であった．これらの個体の歯数と脊椎骨数は表11.1の *T. aduncus* よりも *T. truncatus* の範囲に近い．

粕谷ら（1997）はハンドウイルカの下顎の歯を採集した．採取に際しては，歯列中央の数本を採取した．しかし，老齢ゆえであろうか，歯列の大部分の歯が抜け落ちている個体がまれにみられ，その場合には前後端の近くに残っている小さい歯を採取した．年齢査定のために正中縦断切片をつくったおりに，これらの歯の直径を測定した．成長の影響を排除するため10歳以上のみとし，試料の多い雌のみを用いると，両海域合わせて10群から，合計203頭のデー

タが得られた（1群あたりの標本数は8-30頭）．各個体の歯の直径は5.3-10.0 mmの範囲にあった．5 mm台の小さい歯は歯列の中央を外れた標本が混入したためと思われる．壱岐と太平洋側とでは，平均値に有意な差は認められなかった．太平洋側の標本を追い込み群ごとに比較すると，いくつかの群れの間には有意差があったが，これはおそらく偶然のものと思われる．10群のそれぞれの平均値は7.2-8.3 mmの範囲にあった．そのうちの6群では8.1-8.3 mm，3群では7.6-7.9 mmにあり，全203個体の平均は7.9 mmであった．しかし，群間の差に意味があるとは考えられない．これは上に引用したKemper（2004）の値よりも1 mmほど大きいが，それは体長のちがいを反映しているものと思われる（粕谷ら 1997）．

11.3　日本におけるハンドウイルカ類の分布

ハンドウイルカは東北地方以南の日本近海に広く分布している．ミナミハンドウイルカは，日本では奄美大島（Miyazaki and Nakayama 1989; Rice 1998），御蔵島（Kogi et al. 2004），小笠原（小笠原ホエールウォッチング協会 2003），西九州の通詞島（Shirakihara et al. 2002）から知られている（図11.2）．いずれも沿岸域でほぼ完全な定住生活をしているらしい．

Shirakihara et al.（2002）は，通詞島のミナミハンドウイルカを1994年から1998年まで写真撮影によって個体識別をしてきた．その結果，良好な写真だけを用いて178頭を識別できたという．そのなかには4年間に死亡で失われた個体もいるにちがいない．また，特徴に乏しく識別できない個体や遭遇する機会のなかった個体の数はこれには含まれていない．これらを考慮して，彼らは通詞島のミナミハンドウイルカの生息頭数を218頭と推定している．私は通詞島の個体を船上からみたとき，台湾産の同種に比べて体表の斑点がめだたないという印象を受けたが，距離のちがいによる誤りかもしれない．御蔵島のミナミハンドウイルカは，水中写真で

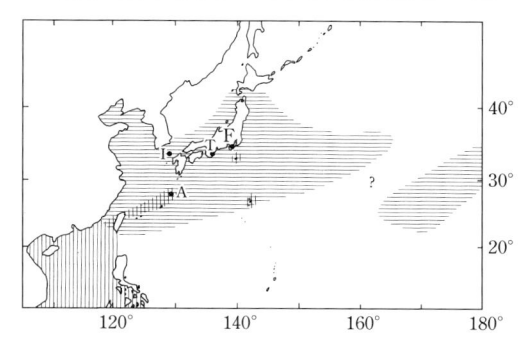

図 **11.2** 西部北太平洋とその周辺におけるハンドウイルカ属の分布の概要．横線はハンドウイルカ，縦線はミナミハンドウイルカ．この図には通詞島など未記入の分布地がある．（粕谷ら 1997）

みる限り成体には明瞭な斑点が認められる．

海洋環境からみて，南九州から房総方面にいたる温暖な太平洋沿岸にはミナミハンドウイルカの定住個体群がいてもよさそうに思えるが，いまのところ確認されていない．これら海域にも，かつてはミナミハンドウイルカが定住していたかもしれないが，日本ではイルカ漁の歴史が長いので，研究されないうちに消滅してしまった可能性がある．かつて，太地では漁業者がハウカスと呼ぶイルカが捕獲されることがあった．これは，体はハンドウイルカ（土地ではクロと呼ばれた）に似て，体表には絣模様があるので，漁業者はマダライルカとの混血と考えたそうである．粕谷・山田（1995）は，唇が白いという特徴にも配慮して，これをシワハイルカとみなしているが，上のような視点に立てば，ミナミハンドウイルカ（*T. aduncus*）であった可能性も否定しきれない（第2章）．

ミナミハンドウイルカと思われる少数の個体が日本の沿岸各地にときおり現れて，しばらく滞在する例が知られている．たとえば，1976年ごろに鴨川市の実入浜に1群が滞在した．館山市洲崎には，生後1年未満の個体を含む6頭のミナミハンドウイルカが1998年から定住しており，そのうちの4頭は御蔵島で確認された個体と同一であった（藤田 2003）．2007年7月には2.4 mの雄が鴨川市の定置網に入網し，鴨川シーワールドに収容された．これは外部形態の特徴から御蔵島に生活していた個体であっ

たことが確認されている（佐伯 2007）．しかし，この個体と洲崎の群れとの関係は不明である．また，白木原美紀氏（2008 年 4 月私信）によれば，熊本県通詞島沿岸に定住していた群れは一部個体を残して大部分が 2000 年春に鹿児島県長島沖に移動したが，その 1 年後には数十頭を新しい移住地に残したまま，大部分はもとのすまいの通詞島に戻り，そこに残留していた個体と再会し，合流したということである．さらに，石川県能登島には最近数頭のミナミハンドウイルカが定着したことが知られているが，そのなかには以前に通詞島で生活していた個体が混ざっていることを白木原美紀氏が確認している．このような例は，ほかにもあるものと思われる．

ミナミハンドウイルカがみせるこのような行動は，彼らがもっている個体群維持の仕組みを垣間見るようで興味深い．その 1 つは，大きめのグループからメンバーの一部が新天地に移住して，生息地を拡大したり新しい群れを創設したりする働きである．第 2 に考えられるのは，離れたところにいる別のグループに少数のメンバーが移住して，その群れの個体数増加に直接的に貢献したり，一時的に訪問し，遺伝的変異を供給したりするという働きである．殖民に成功して新たな定住群が形成されることもあろうし，不成功に終わることもあるにちがいない．移住者がやってくる，あるいは雄がやってきて交尾をして去っていく，これらは供給を受ける側からみれば，個体数増加や遺伝的多様性の維持に貢献するので，群れの存続に有利になる．一方，供給する側にとっては，少数の移出は大きな損失にならないばかりか，過剰人口を処理して，残された個体の生活環境の改善につながる場合もあるにちがいない．

日本沿岸の各地で生活してきたミナミハンドウイルカのグループ（小個体群あるいは前述のコミュニティー）は，新殖民地開拓，少数個体の移入・移出，遺伝的交流などの過程をともないながら，消滅と再建を繰り返しているのではないだろうか．これらのローカルな小個体群をいくつも包含した大きな組織が複合個体群（metapopulation）と呼ばれるべきものである．沿岸に生息するミナミハンドウイルカの群れは，環境の制約ゆえにあまり大きな群れに成長することはむずかしい．1 つ 1 つでは安定的に維持することが困難なこのような小さい個体群でも，複合個体群としてたがいにルーズに結びつくことにより，より安定的に維持することが可能となる．このような複合個体群が，同サイズの単一個体群と比べて，どれほど安定性が向上するかについてはさらに解析を必要とするかもしれない．しかし，1 つの独立した個体群として永続的に持続できるほどに収容力が大きくない，断片的で狭い生息環境をもフルに利用する仕組みとして，複合個体群は合理的な面があるにちがいない．日本沿岸におけるミナミハンドウイルカの定着と移動の過程を，いま集めて記録するならば，彼らの個体群構造を理解するうえで貴重な情報が得られよう．

これまでのところ，定住生活をするハンドウイルカ（*T. truncatus*）の群れは日本沿岸からは報告されていないが，この問題についてはさらなる調査が待たれる．カリフォルニア沿岸のハンドウイルカにおいては，海岸沿いに数十から数百 km の範囲を生活圏とするいくつかの個体群があり，それらはほとんど季節的に移動しないことが知られている（Wells *et al.* 1990）．フロリダ半島沿岸でもいくつかのラグーンに定住個体群（コミュニティーと呼ばれる）がいて，相互にほとんど隔離されている．しかし，彼らは，ときには雄がほかのコミュニティーの生活圏に出かけて，そこで子孫を残すこともあるらしい．また，まれには永久的な移住をすることも知られており，その頻度は年間 2-3% 以下であると考えられている（Wells 1991; Connor *et al.* 2000）．ミナミハンドウイルカが分布しないこれらの海域では，ハンドウイルカが沿岸型と沖合型に分化しているのである．彼らの柔軟な適応能力をみる思いがする．

日本近海では，ハンドウイルカは表面水温 11℃ 以上の海域で発見されており（表 10.1），分布の北限は，冬には対馬海峡と常磐付近にあり，夏にはそれが北海道周辺まで北上する（粕

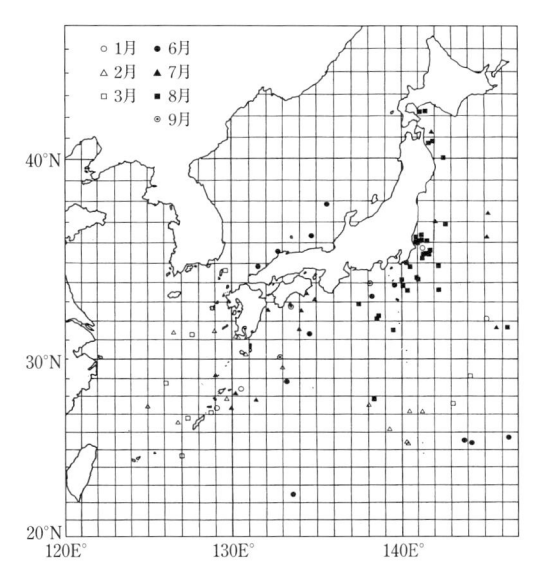

図 11.3 鯨類専門調査船による日本近海におけるハンドウイルカ属の月別出現記録．（宮下 1986a）

谷 1980; 宮下 1986a; 図 11.3）．つぎにハンドウイルカ類の分布を漁獲統計から眺めてみよう．太平洋沿岸では和歌山県太地の捕獲統計をみると，ここでは周年にわたってハンドウイルカ類の水揚げがある（Miyazaki 1980）．その主体はハンドウイルカである．ミナミハンドウイルカの記載はなく，かりにあったとしても，当時はすでに無視できるレベルにあったのではないだろうか．また，伊豆半島の安良里漁協のイルカ追い込み漁の操業記録（1950 年 1 月-1957 年 4 月；第 3 章）をみると，ハスナガ（ハンドウイルカのこと）の追い込みが，3, 5, 7, 9, 12 月の各月に記録されている．これらの事実は，少なくとも伊豆半島以南では本種が周年生息していることを示している．

Miyashita（1993）は，日本沿岸から沖合の東経 175 度付近におよぶ西部北太平洋における主要なイルカ類の夏（6-9 月）の分布に関する情報を提供して，貴重である．これらの情報は，遠洋水産研究所が 1983-1991 年に組織的に行った目視調査の記録であり，その成果は図 11.2, 図 11.3 にも使われている．この調査では，厳密にはミナミハンドウイルカが区別されていないが，調査コースは沖合に重点を置いて設計されており，水深 100 m 以内の沿岸にはほとんど

およんでいないことから，本属として記録されたものは，ほとんどすべてハンドウイルカであると考えて大きな誤りはない．それによれば，わが国の太平洋岸における分布の南限は，6 月には台湾東方の北緯 22-23 度にある．この南側では目視調査はなされているが，ハンドウイルカの発見がない．このことは，台湾東方の海域にはハンドウイルカ類の分布の薄い海域があることを示すものである．7 月にはこの見かけの南限が北上して，北緯 25-26 度に移り，盛夏の 8-9 月になっても同様である．つぎに北限をみると，6 月の調査では本種は伊豆近海に出現しているが，調査範囲が北緯 35 度以南に限られているので，この時期の本種の北限を知ることにはならない．7 月になると調査範囲が北緯 12-45 度の範囲に広がり，ハンドウイルカの出現域が沖縄東方（北緯 25 度）から北海道南岸の襟裳岬付近（北緯 42 度）にまで広がる．盛夏（8-9 月）の分布も北緯 25-42 度で，7 月とちがわない．

西部北太平洋の沖合域でのハンドウイルカの分布を示す．ハンドウイルカの沖合への分布は日本沿岸から東経 175 度付近にまで広がっているが，それより東では調査が行われていない．ただし，この範囲内でも分布は均一ではない．1 つには日本沿岸で濃く，沖合にいくにつれて薄くなる傾向がある．さらに，沿岸から北緯 30 度，東経 165 度付近に南西から北東に伸びる帯状の空白域が認められる．これが真の分布の切れ目なのか，それともたんなる偶然の現象で，もっと調査を重ねると分布がつながるものなのかの結論は，今後の研究に待ちたい．

壱岐周辺におけるイルカの漁業被害に関係して，水産庁が県の漁業取締船に委託してイルカ類の出現記録を集めたことがある．その記録によると，8 月を除くすべての月において東シナ海ではハンドウイルカ類が記録されており，そのピークは 4-5 月にあった（田村ら 1986）．また，おもに官庁船に依頼して集めた記録をみても（田村ら 1986），東シナ海には周年出現し，その分布は北九州から北西方向に渤海海峡から黄海西部まで続いており，南は八重山諸島にま

でおよんでいた．日本海沿岸では，対馬海峡から本州沿いに北は青森県沖にまで記録がある．情報量は少ないが，鯨種判定の信頼性が高い鯨類専門調査船による記録もこれを支持している（図11.3）．本種の日本海の西方沖合への分布の広がりは本州から120海里（約220 km）付近までで，それより西側の沖合に出現したイルカ類はイシイルカ（田村ら 1986）に限られていた．ハンドウイルカ，カマイルカ（田村ら 1986），オキゴンドウ（田村ら 1986）など暖海性のイルカ類の出現は，日本海においては韓国沿岸と本州沿岸に限られているのである．日本海の石川県以北では，10-12月にはハンドウイルカの出現記録がなく，彼らが春から秋にかけての暖かい時期に限り，本州沿いに分布を北に拡大していることを示している．Miyashita (1993)は6月に山陰から石川県沖にかけての海域でハンドウイルカを記録している．

11.4　ハンドウイルカの生活史

11.4.1　年齢査定

ハンドウイルカの年齢査定も歯を用いて行われる．歯の象牙質やセメント質に年輪が形成されることは，フロリダ沿岸の野生個体あるいは水族館で飼育されたともに年齢既知の個体を用いたり，テトラサイクリンなどの蛍光薬剤で生体標識をした個体を用いたりして確認されている．ハンドウイルカは各種鯨類のなかでももっともよく年齢査定について研究されてきた種である（Hohn et al. 1989; Myrick and Cornel 1990）．Kasuya et al.（1986）は，水族館で飼育されて年齢がわかっている個体の成長と，漁業で捕獲された個体について象牙質成長層で年齢を査定して得た平均成長曲線を比較し，成長層の読みを年齢とみなしてさしつかえないと判断している（比較されたのは生後4年までの個体である）．本種においても高齢個体では歯髄腔が狭くなって，象牙質の形成が停止しているのが普通である．そのような個体では，セメント質の成長層を数えて年齢を査定する．粕谷ら（1997）は成長層を独立に3回数えて，その中央値を採用している．年齢がn歳以上で$n+1$歳未満の個体の年齢を$n+0.5$歳と表記している．これは私たちの一連のイルカ研究に共通する表現であり，数学的処理の便を図ったものであるが，年齢査定の精度が0.5年であることを示しているものではない．なお，日本のハンドウイルカでは出産期が2-10月（盛期は6月）にあり（後述），用いた標本の大部分は1-4月に捕獲されているので，このような表現によって重大な偏りが発生する恐れはない．

11.4.2　妊娠期間・胎児の成長・繁殖期

（1）　妊娠期間

飼育下にあるハンドウイルカについて，尿ないしは血中のホルモン，あるいはその代謝物を定量することにより，性状態を追跡することができる．すなわち，発情ホルモンの量から排卵があったことを知り，黄体ホルモンが高濃度で維持されれば，妊娠して胎児が成長しつつあることが示唆される．最近では，超音波診断法により濾胞の発達と消滅から排卵を確認したり，胎児の成長を追跡したりすることも行われている．ハンドウイルカの雌が交尾を許容する期間は，排卵を中心として前後にそれぞれ1-2日であるとされている（Yoshioka et al. 1986）．飼育下にあったハンドウイルカについて77例の妊娠を追跡した結果，妊娠期間の平均は370日であり，その前後それぞれ7日間（合計14日間）にすべてのデータが入ったことが報告されている（Asper et al. 1992）．これは日本近海の個体から得られた情報ではないが，妊娠期間が個体群の間で著しく異なるとは思われない．

日本の水族館で出産して生後11日以内に測定されたハンドウイルカの新生児20頭の体長は116-140 cmの範囲にあり，平均は128 cmであった（Kasuya et al. 1986）．これは，Fernandez（1992; Urian et al. 1996に引用）が報告したテキサス沿岸に漂着した沿岸型と思われるハンドウイルカの新生児から得た出生体長100-120 cm（平均109.5 cm，$n=21$）に比べて，約18 cmほど大きい．

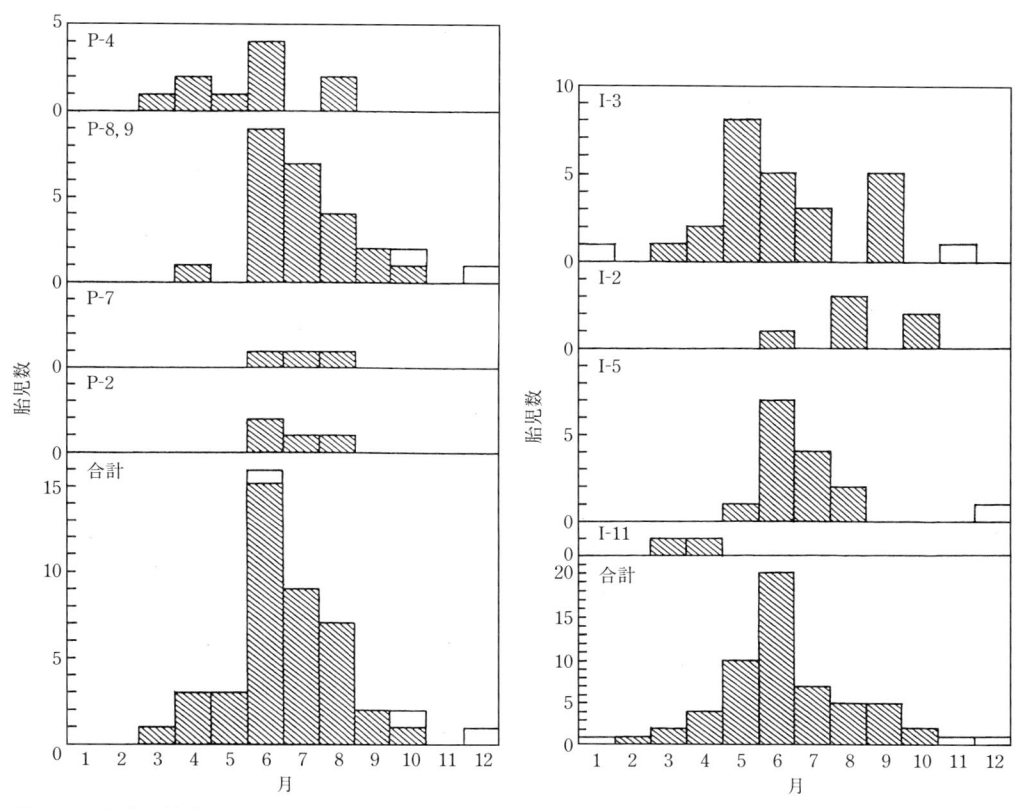

図 11.4 漁業で捕獲された妊娠雌の予測出産月．胎児の平均成長速度を 4.0 mm/日として算出した．白い枠は体長 30 cm 以下の胎児から推定した出産月で，直線的成長に移る前の緩やかな成長期を含む可能性があり信頼性が劣る．P：太平洋岸の太地で捕獲，I：壱岐で捕獲．捕獲日は 1 月：P-4，2 月：P-8, 9, I-2, 3，3 月：P-7, I-5，4 月：P-2．（粕谷ら 1997）

(2) 胎児の成長

鯨類の胎児の成長は，妊娠初期の緩やかな成長期と中・後期の直線的成長期とに分けられ，最初の緩やかな成長の期間は全妊娠期間の一定割合を占めることが経験的に知られている（第 8 章）．妊娠の開始から，直線的成長を左手に延長した線が時間軸と交わる点までの時間は，妊娠期間が 1 年前後の種では全妊娠期間の 13.5% とみなすことができるので（第 10 章; Kasuya 1995），その期間は 50 日となる．その後の直線的成長期の成長は 1 日あたり約 4.0 mm，1 カ月あたり 12.3 cm と計算される．直線成長期にある胎児においては，体長（BL, cm）と胎児日齢（t, 日）との関係は，

$$BL = [(t - 0.135 G) \cdot X] / [G(1 - 0.135)]$$

で示される．なお，G は平均妊娠期間 370 日，X は平均出生体長 128 cm である．しかし，この成長曲線は，妊娠初期の約 2 カ月の期間にはあてはまらない．

(3) 繁殖期

日本では追い込み漁業によってハンドウイルカの群れがまるごと捕獲されることがあって，科学者に研究の機会を提供してきた．そのような調査をした粕谷ら（1997）のデータによれば，1-4 月に捕獲された合計 8 群のハンドウイルカの胎児の体長組成は，10 cm 未満から 120 cm 以上まで広く分散していた．この胎児の体長組成と漁業で妊娠雌が捕獲された日付とから，もしも殺されなかったら出産したであろう日付が推定された．それを群れ別に図 11.4 に示す．群れにより多少のちがいがあるが，壱岐産・太平洋産を問わず，出産のピークが 6 月にあることがわかる．全データを合わせて平均出産日を

求めると，太平洋側では7月6日（SD＝51日，n＝46），壱岐では6月30日（SD＝65日，n＝60）となる．両海域では繁殖期にちがいがあるとは考えられない（粕谷ら1997）．体長30 cm以下の胎児は，上に示した胎児の成長式に乗らない可能性がある．その場合，算出された出産予測日は真の出産日よりも早く示されることになり，小さい胎児ほど真の日取りからのずれが大きい．そこで，これら小胎児由来のデータ（図11.4の白枠）を除くと，出産の時期は2月から10月の8カ月にまたがることがわかる．本種の妊娠期間は約1年であるから，受胎の盛期も6月にあり，前後に各4カ月の広がりをもつと判断される．

南半球のハンドウイルカ類の出産期の例をSteiner and Bossley（2008）が報告している．これはオーストラリアのアデレイド近くの河口域に定住しているミナミハンドウイルカの長期観察によるもので，1989-2005年に45例の出産があった．出産は12-5月の6カ月にわたり，2月（11例）にもっとも多く，続いて3月（9例）と1月（7例）が多かった．出産が記録されなかったのは6-11月であった．南緯35度付近に位置し，日本とは季節が逆になるところで，出産のピークが日本とは約4カ月ずれている．

Urian et al.（1996）はフロリダ沿岸とテキサス沿岸のハンドウイルカについて，野生出産と飼育下出産とで繁殖期を比較した．それによると，野生個体の出産期はフロリダ半島の東西岸でピークの形に多少のちがいがみられたが，出産が周年にわたるという点では共通し，出産盛期はともに3-9月にあった．この点は日本沿岸のハンドウイルカの出産期の分布に似ている．これに対して，テキサスの野生状態での出産は2-4月という狭い季節に収まっていた．このような繁殖期のちがいはどのような環境要素に支配されているのかというのが，この研究者らの疑問であった．そこで，野外から水族館に搬入されてから5回以上の出産を記録した雌について，搬入後の1-5回目までの出産の季節を解析した．その結果，これら最初の5回の出産に関する限り，繁殖期は野外の母集団の特徴を維持していた．なにが雌の繁殖期を規定するのかは明らかにできなかったが，飼育下の雌は出産期がわずかに遅れる傾向があることと，出産期の分散が大きくなる傾向が認められた．雌のハンドウイルカの繁殖期は飼育下でも変化しにくいことがわかったが，もっと長い間，飼育を続けると，野生時代にもっていた繁殖の季節性がしだいに失われていく可能性も示唆される結果であった．

日本のハンドウイルカの雌の飼育下の繁殖期については，鴨川シーワールドに3頭の例がある（Yoshioka et al. 1986; 吉岡1990）．これらの個体は1971-1978年に野外から搬入されたものである．おそらく伊豆の追い込み漁業の漁獲物から選別されたものと思われる．搬入時の体長は273-288 cmであり，搬入時の性成熟状態は，この体長からは判断できない．血中ホルモンが定量されたのは，搬入から3-12年を経た1982-1984年であった．そのとき2頭は体長282 cmと285 cmで，出産経験があった．残る1頭も体長294 cmであったから，たぶん成熟していたものと推定される．これら3頭のなかの1頭は，1982年と1983年の6-8月に数回の卵胞ホルモンの上昇とそれに続く黄体ホルモン上昇のサイクルがあった．発情したが，妊娠にはいたらなかったものと思われる．1984年にはそのようなサイクルは認められなかった．第2の個体はサイクルが1982, 1984両年の6-8月にあった．第3のもっとも小さい個体（282 cm）は，両ホルモンのサイクルが1984年4月に始まり，10月まで続いた．第2の個体ではサイクルの後で偽妊娠と思われる状態が数カ月続いたが，ほかの2頭は交尾があっても妊娠にはいたらなかった．これらの記録は，長い間，飼育下にあった日本近海のハンドウイルカにおいても，雌は野生個体群の繁殖期を維持している例として興味深い．

鴨川シーワールドでは，類似の研究を雄についても行ってきた（勝俣ら1994）．標本は1985年3月に静岡県富戸で捕獲され，水族館に搬入された292 cmの雄である．血中テストステロンの定量は搬入後にすぐ始められ，1991年ま

表 11.3 日本近海産ハンドウイルカの年齢と性比の関係. 太平洋側 7 回と壱岐 4 回の追い込み漁の組成.（粕谷ら 1997）

性 別	胎児 <60 cm	胎児 >60 cm	0-5	5-10	10-15	15-20	20-25	25-30	30-35	35-40	>40 歳
太平洋岸											
雄	4	18	30	24	20	21	24	6	10	6	0
雌	8	14	26	19	32	35	35	18	10	1	1
雌（%）	66.7	43.8	46.4	44.2	61.5	62.5	59.3	75.0	50.0	14.3	100
壱 岐											
雄	3	17	91	31	17	21	14	5	7	0	1
雌	6	31	87	27	38	35	24	14	19	6	1
雌（%）	66.7	64.6	48.9	46.6	69.1	62.5	63.2	73.7	73.1	100	50.0

で 6 年近く続いた．1991 年時点での体長は 306 cm であった．体長からは搬入時の成熟状態を判断することはできないが，1991 年には成熟していたことが確実である．搬入された 1985 年には，12 月まで 24 回のテストステロンの定量が行われたが，すべて 1 ng/ml 以下で，1 回として高レベルを記録しなかった．著者らはこれを搬入後の体調不良によるものとみているが，未成熟であった可能性も否定できない．搬入翌年の 1986 年には 13 回の定量が行われ，10-20 ng/ml の高値が 7-8 月に出現している．それ以後は年間測定数が 3-8 回と少ないので，年ごとに繁殖の季節性をみることには無理がある．そこで，年度を合わせて季節性を解析すると，1-2 月には平均 5 ng/ml と低く，4-8 月に 15 ng/ml 以上の高値を示した後，漸減し，11 月以降は再び低下して平均 5 ng/ml 前後を記録した．飼育下の雄の生殖腺の活動も野生の雌の受胎期と一致していた．

11.4.3 性比

性比は受胎から出生までの間にも変化するし，出生後も生涯にわたって変化を続ける．それは雄雌で死亡率に差があるためである．また，成長にともなう行動の変化とか，漁業による選択性を反映して，漁獲物のなかの性比はもとより，群れごとの性比も個体群全体の性比と異なるふるまいをみせることがあるので，解釈には注意が必要である．

太平洋側と壱岐で追い込み漁により捕獲されたハンドウイルカの性比を表 11.3 に示す．胎児の性比は太平洋側では 1：1 である．壱岐の標本では 20：37 で雌が多いかにみえるが，統計的には 1：1 と有意なちがいがない．資料が少ないことによるばらつきと思われる．ハンドウイルカの胎児の性比が 1：1 から外れていると判断する根拠はない．なお，胎児の成長にともなう性比の変化は検討されていない．

出生後の個体では，10 歳未満ではやや雄が多い傾向があるが，これも統計的には有意なものではない．いま，生後の標本を 10 歳と 20 歳を境にして 3 グループに分けてみると，それぞれにおける雌の比率は，太平洋側では 45.5%，62.0%，58.6% となり，壱岐では 48.3%，65.8%，70.3% となる．どちらの標本でも，雌の比率が年齢とともにわずかに増加する傾向がある．これは，雄の死亡率が雌よりも高いことを反映しているものと思われる．資料中の最高齢は雌では 42.5 歳（太平洋）と 45.5 歳（壱岐），雄では 39.5 歳（太平洋）と 43.5 歳（壱岐）で，最高寿命は雌のほうがわずかに長いことも性比の変化と整合している．

11.4.4 年齢組成

太平洋側と壱岐周辺のハンドウイルカ標本（表 11.2）について，その年齢組成を図 11.5 に示す．縦軸が対数目盛りになっているので，右下がりの勾配は見かけの死亡率を示すことになる．見かけの死亡率は，真の死亡率だけでなく出産率の増減をも反映しているので，注意しなければならない．出産率が一定で，個体数が変化していない場合に限り，この勾配から死亡

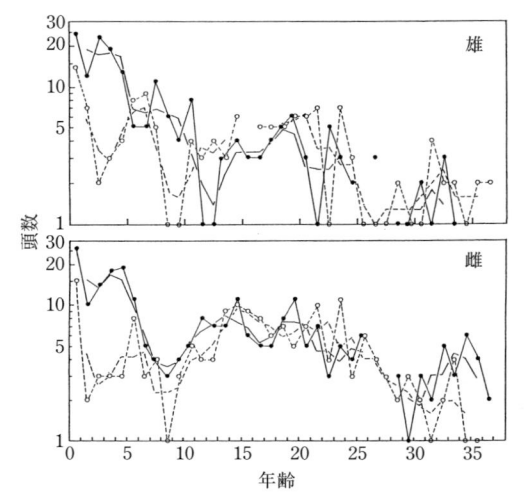

図 11.5 日本の追い込み漁業で捕獲されたハンドウイルカの年齢組成．黒丸と実線は壱岐標本，白丸と点線は太平洋側標本．3年級の移動平均（幾何平均）を丸のつかない実線（壱岐）と点線（太平洋）で示した．（粕谷ら1997）

率を推定することが許される．なお，粕谷ら（1997）が得た標本に関しては，つぎに述べるように，成長にともなう行動の変化が標本の年齢組成に強い影響をおよぼしていると思われるので，この年齢組成から死亡率を推定することは危険である．あえて，自然死亡率を知りたいのであれば，最高寿命がおよそ45年程度であることに着目して，一定の死亡率で減少して，45歳までに99％が死ぬという条件で計算するのも1つの方法である．99％という設定も任意のもので，一般的に受け入れられるとは限らないが，この仮定の下では平均年間死亡率が9.7％と算出される．かりに45歳までに95％が死ぬとすれば，死亡率は6.4％となる．

フロリダ西岸のサラソタに定住する沿岸性ハンドウイルカのコミュニティーを1970年から1987年まで観察したところ，この個体群は約100頭を維持している安定した個体群であるとわかった．その個体数変動の内訳を年率で示すと，つぎのようであった（Wells and Scott 1990b）．生後の最初の1年間の生存率は0.803（死亡率は0.197）で，1歳以上の個体の年間死亡率は0.038であった．したがって，最初の1年間の死亡を含めた全体の死亡率は0.197と0.038の間にくるはずである．1歳への年間加入率は0.048であった．上の死亡率にはよそのコミュニティーへの移住も含まれているが，それを死亡と区別するのはむずかしい．なお，よそのコミュニティーから移住してきた率は0.02であったから，同じ程度の移出があったと想像することもできる．年間出産数は全個体の0.055にあたる．全年齢の平均死亡率がこれに等しければ，個体群は安定することになる．1歳群に加入するのは成熟雌の0.144であるというから，これを1歳までの生残率0.803で除すと，成熟雌1頭あたりの年間出産率の近似値として0.179が得られる（平均出産間隔は5.6年となる）．妊娠中の流産があるので，年間妊娠率はこの値よりも若干高くなるはずであるが，これは後で述べる日本沿岸のハンドウイルカの年間妊娠率に比べて相当低い．この個体群が低死亡・低出産で安定しているためであろう．

いま，図11.5からかろうじて読み取れるのは，0歳から6-7歳までは勾配が急であり，死亡率が高いらしいことである．その後で個体数が少ない年級が出現する．それは雌では6-12歳，雄では8-15歳であり，これらの特徴は太平洋側と壱岐の両標本に共通している．これは未成熟から成熟に移行する年齢範囲に相当する（後述）．おそらくこのころに行動が変化することが関係して，捕獲された群れにはこの年齢の個体がたまたま欠けていたものと考えられる．そのような春機発動期の個体は単独あるいは小群で生活しつつ，繁殖集団に入る機会を待っているので，追い込みの対象から外れたものと想像される．成長にともなう行動の変化が，追い込み漁で捕られたハンドウイルカの群れの年齢組成に影響しているのである．

もう1つ，太平洋側の標本に顕著な傾向がある．それは1-5歳の離乳後の子どもが少ないことである．これも，離乳にともない子どもが母親から離れて別行動をとることと関係していると思われる．この傾向は壱岐標本でもわずかに認められるが，太平洋側ほどには顕著でないのは，たまたまそのような未成熟個体を多く含む群れが捕獲されたためであろう．

スジイルカやマダライルカでも離乳後，性成熟までの間の未成熟個体が集まって，成熟個体とは別の群れをつくる傾向があることが報告されている（Kasuya et al. 1974; Miyazaki and Nishiwaki 1978; Kasuya 1999）．また，フロリダ沿岸に定住するハンドウイルカでは，年齢，性状態，性別などによって群れをつくるといわれる（Shane et al. 1986; Wells 1991）．すなわち，育児中の雌は単独で生活することもあるが，数頭の育児雌が集まって育児集団を形成するのが普通である．子どもは5-6歳になると徐々に母親から離れる傾向をみせ，ついには同性の子どもだけで群れをつくって生活する．その傾向は雄のほうが著しい．これらは，日本沿岸で漁獲されたスジイルカの群れの解析から推測された現象と似ているところがある（第10章）．フロリダのハンドウイルカでは，雌は成熟にともなって母親の群れに戻る．離乳から性成熟にいたる過程でみられる雌イルカのこのような社会行動の変化には，母系社会形成への萌芽が認められる．彼女らは閉鎖海域に生活している集団であるため，母親の群れを発見して，そこに合流することは容易である．沖合に生活するイルカの集団では継続観察を行うことはむずかしく，離乳から性成熟にかけての時期における母親の群れとの関係は調べられていない．

一方，同じ沿岸性の個体群でも，雄は10歳を過ぎて性成熟に達しても，母親の群れに戻ることはしない．彼らは単独で行動することもあるが，十分に成長した大人の雄や旧来の幼友達と2-3頭で共同生活をしながら成熟雌を訪れて回ることも少なくないという．このような雄の行動は，西オーストラリアのシャークベイその他でも観察されており，複数の雄が共同生活をしたり，共同してガールハントをしたりすることに対して行動学者の関心が寄せられている（Connor et al. 2000）．外敵から自分たちを防御するのか，劣位の雄は優位の雄と一緒にいて漁夫の利をねらうのか，雌の行動を制御するのに雄どうしの協力が役立つのかなど，さまざまな仮説があるが，その解答は今後の研究に待つところである．

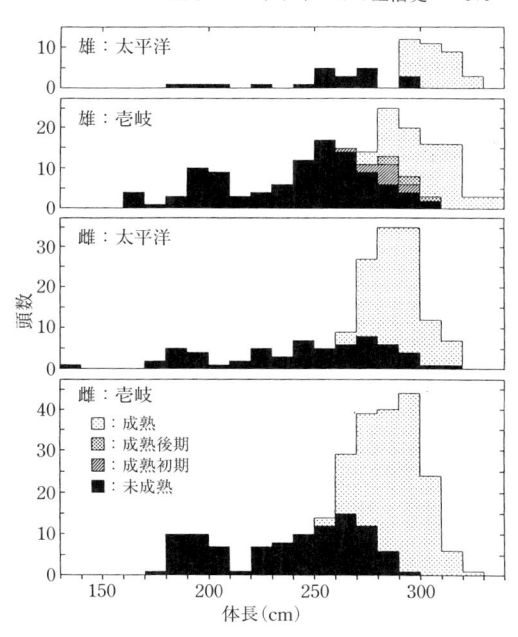

図 11.6 日本の追い込み漁業で捕獲されたハンドウイルカの体長組成．（粕谷ら 1997）

つぎに，サンプルが少ないのをカバーするために，性比の解析で行ったのと同様に，表11.3の年齢組成を10歳と20歳を境にして3群に分けてみよう．雌雄を合わせた総数をみると，太平洋側の群れではその頭数は99：108：111，すなわち1：1.09：1.12となり，どの年級にもほぼ同数が出現している．これに対して，壱岐の標本では236：111：91，すなわち1：0.47：0.39となり，10歳未満の若い個体の数がずば抜けて多い．このような年齢組成は壱岐周辺の個体群で死亡率が高い場合にも，また出生率が高くて個体数が増加傾向にある場合にも，あるいは，たまたま子ども群が捕獲された場合にも期待される現象である．これについては繁殖周期の項でふれることにする．

11.4.5 体長組成

日本近海のハンドウイルカの体長組成を性成熟状態の情報と合わせて図11.6に示す．太平洋側標本は太地（1-4月の7群244頭）と安良里（8月の1群37頭）の追い込み漁業から得られたもので，壱岐標本は壱岐の勝本で追い込み漁法により1-3月に捕獲された7群446頭で

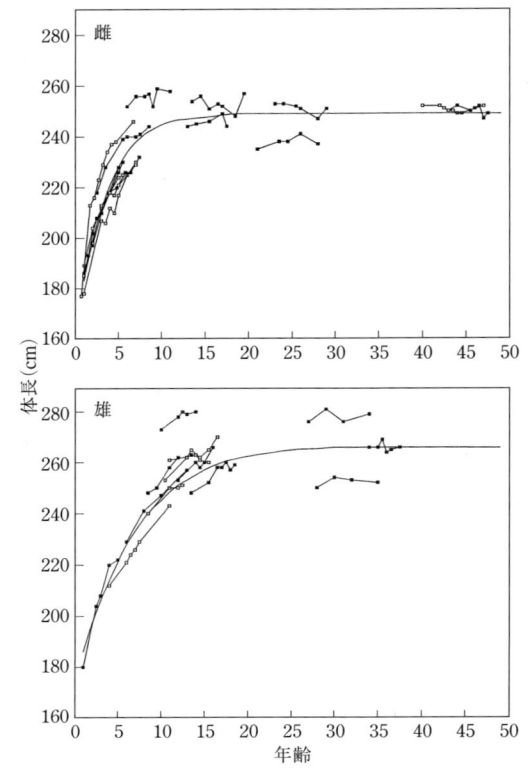

図11.7 フロリダのサラソタに生活するハンドウイルカを反復測定した個体の成長（直線で結ばれた測定値）とこれ以外の個体をも含むすべての年齢-体長データにゴンペルツの式をあてはめて算出した平均成長曲線（連続曲線）．(Read *et al.* 1993)

ある．日本では本種の出産ピークは6月にあり，出生時の平均体長は128cmである（前述）．

雄の最大体長は太平洋側では328cm，壱岐では336cm，雌のそれは太平洋では318cm，壱岐で320cmであり，両海域で最大体長には有意なちがいがあるとは認められない．雄は雌よりも10-15cm大きい．

体長組成にはおよそ3つの山が認められる．小さいほうから順にあげると，130-140cm，180-210cm，220cm以上の3群である．最小のものは生後半年までの個体である．2番目のものはそれよりも前に生まれた個体であり，生後1.5年を主体として1-2年の個体を含むものであろう．最後の山は生後3年以上の個体を含むと思われる．イルカ類では生後1-2年を過ぎると，個体変異に比べて年間の成長量が小さくなるので，体長で年級を区別することがむずかしくなる．

太平洋側の標本には未成熟と成熟の中間の，いわば春機発動期の雄が欠けている点が注目されたが（前述），それは体長組成の形にも現れている．

11.4.6 成長曲線

漁業で捕獲されたイルカ類の死体を調査し，歯の組織のなかの成長層を数えて年齢を推定し，それをもとに成長曲線を構築することがしばしば行われる．このようにして得られる成長曲線は，その個体群の平均的な成長であり，個体の成長をみることにはならない．また，そこでは個体の成長に影響する環境要因が，標本がカバーしている期間（すなわち，標本のなかの最高齢の個体の生年から，最後の標本採取年までの期間）において一定であったと仮定せざるをえない．水族館で飼育された個体を追跡するならば，これらの欠点は除かれるが，野生の個体と成長にどれほどのちがいがあるかという疑問がつねに発生するし，標本数も限られるのがつねである．

このようなトラブルを回避した研究がフロリダ西海岸のサラソタの内湾に定住している沿岸性のハンドウイルカで行われた（Read *et al.* 1993）．そこでは野生の個体を定期的に捕獲して体長を測定した．また，誕生日のわかっていない個体については，歯を抜いて年齢査定をして出生年を推定した．このようにして得られた資料の大部分は10歳以下であり，追跡期間は最長でも7年にすぎない．また親子の生活を乱すことを恐れて，親子連れの捕獲・測定を避けたために，1歳未満の成長データは不完全である．この研究では多数の個体の年齢と体長のデータを重ね合わせた，いわば従来型の平均成長曲線と，個体ごとの成長を追跡して得た成長曲線とを比較している（図11.7）．この図に示されたゴンペルツの成長式のパラメータの値については後で述べる．

図11.7でみるように，2歳から5歳ごろまでは，各個体はほぼ一定したそれぞれの成長速度を維持するようにみえる．その後，雌では5

11.4 ハンドウイルカの生活史　377

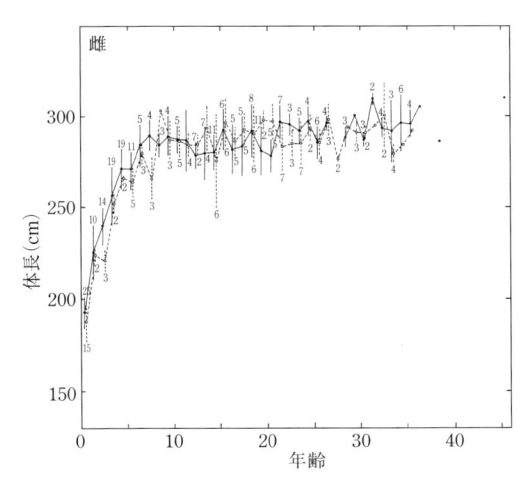

図11.8 ハンドウイルカの年齢と体長の関係．ほかの説明は次図を参照．（粕谷ら1997）

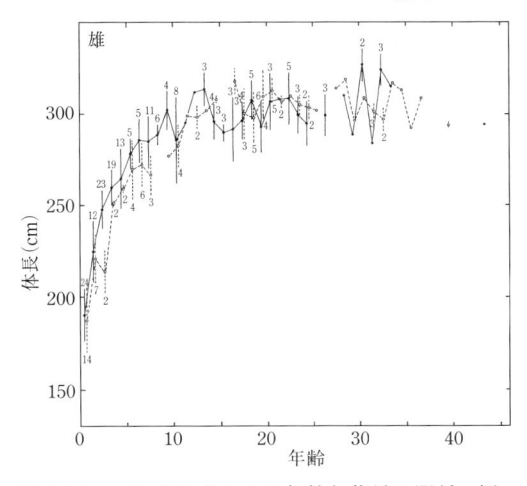

図11.9 ハンドウイルカの年齢と体長の関係．標本数，平均体長，平均体長の上下それぞれ1標準偏差の範囲を示す．白丸と点線は太平洋側標本，黒丸と実線は壱岐標本．（粕谷ら1997）

歳くらい，雄ではそれよりやや遅れて成長が急激に鈍化する時期があるらしい．成長が鈍化するときの年齢とそのときの体長には性差もあるが，個体差も著しい．5-10歳ごろの平均成長曲線が丸みをもって描かれるのは，この成長が鈍化するときの年齢の個体差が大きく影響しているようにみえる．若齢個体がほぼ直線的な成長をすることは，英国沿岸で人になついた野生の若い雄でも記録されている．その個体の年齢は不明であるが，400日間に228.6 cmから270.9 cmまで，ほぼ直線的に成長し，成長速度は3.2 cm/月と計算されている（Lockyer and Morris 1987）．

Kasuya *et al.*（1986）は水族館で生まれて成長が追跡された日本産のハンドウイルカの例を報告している．このデータから生後の平均成長を求めると，表11.4のようになる．出生体長を128 cmと仮定すると，最初の1年間の成長は74-93 cmで，出生時の体長の58-73％に相当する．

Perrin *et al.*（1976）は歯鯨類の胎児の平均成長率（X, cm/月），妊娠期間に等しい長さの生後の期間内における平均成長率（Y, cm/月），平均出生体長（Z, cm）の三者の間につぎの関係を得た．

$$\log(X-Y) = -1.33 + 0.997 \log Z$$
$$\text{Perrin } et\ al.\ (1976)$$

日本のハンドウイルカでは$X=128/12=10.67$，$Z=128$であるから，$Y=4.77$と求まる．これから最初の1年間の体長増加率を求めると，$4.77 \times 12/128$，すなわち44.7％となり，直接求めた上の値よりも小さめの値が得られる．このような経験式はほかに情報がないときの参考にする程度のものであり，直接の推定に勝るものではない．

Read *et al.*（1993）が算出した平均成長曲線の1例を示せばつぎのようになる（図11.7の連続曲線）．

雌　$L = 249.2 \exp(-0.423 \exp(-0.314\,t))$
雄　$L = 266.4 \exp(-0.422 \exp(-0.164\,t))$

ここで，Lは体長（cm）で，tは年齢である．この式は，3-10歳ごろには雌が雄よりもわずかに大きいこと，および成長停止時の雄の体長は雌のそれよりも約17 cm大きいことを示している．しかし，これらの式はサンプルの年齢組成や年齢範囲によって変化するので，成長の細部の特徴を回帰成長式から推定することは警戒すべきである．若い個体が多いときと，老齢個体が多いときでは得られる成長式は同じにならないし，外挿によってそのちがいが誇張されるという危険がある．この成長式を0歳に延長して出生体長を求めるような作業もあてにしてはならない．とくに，1歳未満の個体が成長式

表 11.4 水族館で飼育された日本産ハンドウイルカの生後4年間の平均月間成長量（cm/月）と年間成長量（カッコ内）．出生体長を128cm，1年を365日，1カ月を30.4日として計算．（Kasuya et al. 1986 より作成）

個体番号	性別	1年目	2年目	3年目	4年目
24	雄	7.73 (92.8)	1.69 (20.3)	0.81 (9.7)	—
30	雌	6.17 (74.0)	2.30 (27.6)	0.70 (8.4)	—
31	雌	—	—	1.94 (23.3)	0.22 (2.64)

に考慮されていないという彼らの標本の癖を認識すればなおさらである．彼らは生後1年時の平均体長を0.5歳から1.4歳までの標本の平均体長として直接に推定し，雌184cm，雄183cmと求めた．出生体長を109.5cmとすると（前述），1年間の体長増加は約68%となる．日本のハンドウイルカについて得られた値と大きなちがいはない（前述）．

図11.8と図11.9に壱岐と太平洋側のハンドウイルカにおける年齢と体長の関係を示す．ここでは年齢ごとの平均体長とその標準偏差を示すのみで成長式を算出していない．これは粕谷ら（1997）が平均成長式にあまり生物学的な意義を感じなかったためである．平均成長式の算出に関心をもたれる方は，表11.5のデータを用いて試算されたい．平均体長は5歳までは急速に増加した後，5-10歳の緩やかな成長に転じる．平均体長の増加がとまる年齢は，雌では15歳ごろ，雄ではやや遅れて20歳ごろである．この年齢はすべての個体において成長が停止する年齢に一致するはずである．

いま，成長停止時の平均体長を推定するために，安全をみて20歳以上の個体の平均体長を求めると，雄は太平洋側で305.3cm（$n=32$, SE=1.5），壱岐で305.2cm（$n=27$, SE=2.4），雌は太平洋側で288.0cm（$n=48$, SE=1.7），壱岐で293.7cm（$n=63$, SE=0.9）となる．雄の体長には両海域の間に差は認められないが，雌については5.7cmの差があり，そのちがいは統計的に有意であった（$p<0.01$）．壱岐の雌は太平洋側の雌よりも大きいという結果が得られた．これが遺伝的なものか栄養的なものかは別として，当然ではあるが，両海域のハンドウイルカが別個体群に属することの傍証ではある．

つぎに，同年齢・同性について平均体長を両海域で比較すると，8歳以下においては，ほとんどつねに壱岐のほうが太平洋側の個体よりも大きい．そのちがいは成長が停止した個体の比較でみるよりも顕著である．この資料は，太平洋側では安良里の1群（1973年）を除けば残りは1981-1983年に太地で得られており，壱岐の標本は1979-1980年に得られているので，年度はほとんど同じとみてよい．前述のように季節はほとんど同じである．1970年代末期から1980年代初めにおいては，壱岐周辺の餌料環境が好ましい状態にあり，太平洋側に比べて育ち盛りの子どもの成長がよかったのではないだろうか．

11.4.7 雄の性成熟

（1）性成熟の判定

性成熟の過程を解析する際に留意すべき問題がいくつかある．まず，繁殖期とサンプルの季節とを勘案して，それが結論におよぼす影響を考慮すること，つぎに繁殖周期と成長のプロセスを区別することである．イシイルカは繁殖の季節性がハンドウイルカよりも著しい種であるため，冬に採取した睾丸標本では年齢にかかわらずほとんど精子形成が行われていない（第9章）．粕谷ら（1997）が使用したハンドウイルカのサンプルは主として冬に捕獲されたもので，本種の交尾活動がもっとも低調な時期に入手されている．しかし，ある程度の年齢に達していれば，どの個体でも精子形成をしていることがわかった．これはハンドウイルカでは繁殖活動の季節性が弱く，受胎はほぼ周年にわたっていることが関係しているらしい．なお，コビレゴンドウにおいては，成熟途上の個体は繁殖期だけ精子を形成しているが，成熟過程が進むにつれて周年にわたって精子を形成するようになる

表 11.5 日本産のハンドウイルカの年齢と体長の関係.（粕谷ら 1997 より作成）

年齢	雄 太平洋 平均	n	SD	雄 壱岐 平均	n	SD	雌 太平洋 平均	n	SD	雌 壱岐 平均	n	SD
0.5	187.4	14	17.4	190.4	24	14.1	187.5	15	10.9	192.4	25	8.7
1.5	220.4	7	13.2	224.6	12	16.8	223.5	2	3.5	225.0	10	14.8
2.5	213.5	2	11.5	247.5	23	10.8	220.7	3	5.8	239.3	14	10.5
3.5	251.0	2	1.0	259.4	19	10.2	251.5	2	5.5	255.8	19	16.0
4.5	259.0	2	2.0	264.4	13	16.2	265.5	2	1.5	270.7	19	11.3
5.5	269.5	4	16.4	278.4	5	8.9	263.4	5	8.0	270.3	11	10.8
6.5	272.2	6	11.5	285.4	5	12.1	279.0	3	5.7	283.8	5	11.6
7.5	269.7	3	10.4	285.1	11	14.2	262.3	3	10.4	289.3	4	8.3
8.5	—	—	—	288.7	6	5.7	303.0	1	—	284.0	3	6.4
9.5	277.0	1	—	302.5	4	10.4	287.0	3	10.7	289.0	4	10.7
10.5	282.8	4	11.5	285.8	8	23.9	286.2	5	8.9	287.2	5	7.8
11.5	299.0	1	—	295.0	1	—	284.3	4	6.2	286.6	8	17.1
12.5	298.5	2	6.5	312.0	1	—	284.5	2	5.5	278.7	7	7.5
13.5	302.0	1	—	313.7	3	9.0	293.5	4	12.8	279.6	7	14.6
14.5	308.0	3	2.2	295.5	4	9.8	275.5	6	26.0	280.1	11	9.7
15.5	—	—	—	289.7	3	4.8	296.7	6	13.7	292.8	6	11.5
16.5	318.0	3	7.1	291.3	3	17.6	286.0	5	8.2	281.6	5	14.0
17.5	300.3	3	13.9	296.3	4	10.5	293.0	5	9.1	283.2	5	16.7
18.5	298.0	5	13.9	307.6	5	10.8	290.2	6	15.7	292.0	8	14.8
19.5	309.8	4	13.3	292.7	6	14.0	298.0	2	5.0	280.6	11	12.8
>20	305.3	32	8.2	305.2	27	12.6	288.0	48	11.8	293.7	63	7.3

注：0.5歳群からは新生児2頭（太平洋の雄と壱岐の雌，いずれも130cm以下）を除外し，160-230cmの個体のみを算入した．

ことが知られている（第12章; Kasuya and Marsh 1984）．ハンドウイルカにおいては広い季節をカバーする標本が得られていないので，この点は明らかにされていない．

粕谷ら（1997）がハンドウイルカの性成熟判定に用いた基準は，Kasuya and Marsh（1984）がコビレゴンドウで用いたものと同じである（第12章）．すなわち，睾丸の中央部から採取した組織片を検鏡して，精母細胞，精細胞，精子のいずれかがあれば，その精細管では精子形成が行われていると判断し，このような精細管の比率によって睾丸の成熟度を未成熟（精子形成精細管がゼロ），成熟初期（0%を超え50%未満），成熟後期（50%以上，100%未満），成熟（すべての精細管で精子形成）に分類した．精母細胞が変態して精子になるまでの期間は1カ月程度であるといわれているので，かりに精母細胞しかみられない睾丸であったとしても，1カ月後には精子が出現するはずである．その時間差は成熟年齢の推定には大きな障害にはな

らないと考えた．ただし，そのような例は粕谷ら（1997）の標本には出現せず，精子形成が始まっている精細管のなかにはつねに上の3つの精子形成の段階が併存していた．

（2）年齢と睾丸重量の関係

まず，図11.10と図11.11で加齢にともなう睾丸重量の増加の様子を眺めてみよう．ここでは縦軸目盛りが対数尺になっている．片対数目盛りの場合には指数関数は直線で表され，1次式は勾配が漸減する曲線で示される．睾丸重量の増加の勾配が一見緩やかにみえるが，通常の等間隔目盛りで示せば，重量増加はもっと急速にみえてくる．このようなことを念頭に，標本の多い壱岐標本を観察すると，0.5歳から7.5歳ごろまでの7年間の睾丸重量の増加は緩やかである．すなわち，睾丸重量は6g前後から約45gまで，7年間で約7倍の増加を示すにすぎない．定量増加を仮定すれば年間5-6gの増加である．その後，8歳ごろから睾丸は急速な成

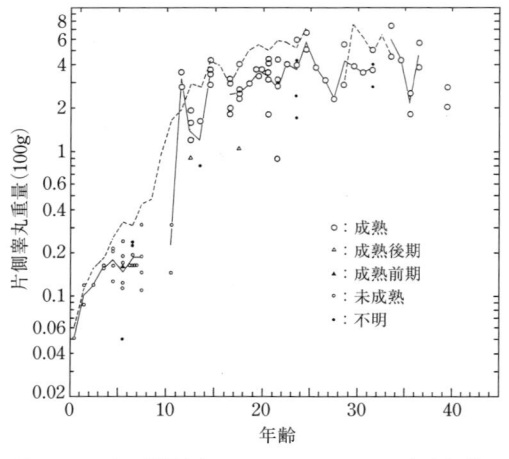

図 11.10 太平洋標本，ハンドウイルカの睾丸組織の成熟状態と睾丸重量と年齢の関係．実線は太平洋標本について算出した年齢ごとの平均睾丸重量，比較のために壱岐標本の平均睾丸重量を点線で示す．睾丸は左右いずれか一方を測定した．（粕谷ら 1997）

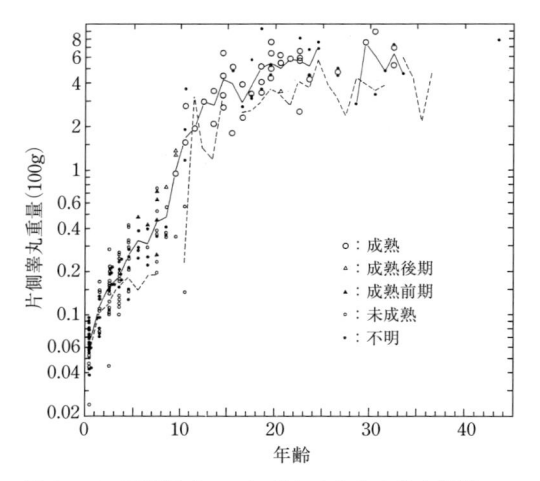

図 11.11 壱岐標本，ハンドウイルカの睾丸組織の成熟状態と睾丸重量と年齢の関係．実線は壱岐標本について算出した年齢ごとの平均睾丸重量，比較のために太平洋標本の平均睾丸重量を点線で示す．睾丸は左右いずれか一方を測定した．（粕谷ら 1997）

長をみせる．12歳までの4年間に200g前後まで4-5倍に重量が増加する（年平均39gの増加にあたる）．なお，睾丸重量150g以上では，1頭（20.5歳）の例外を除き，すべて「成熟」状態に到達していた．その後も睾丸はほぼ同様の速度で成長を続け，20歳ごろには2-3倍の550g前後に達して，睾丸重量の増加はほぼ完成する．12歳から20歳までの年平均増重を概算すると43-44gとなり，それ以前8-12歳時の成長速度よりわずかに大きい．

上に述べた睾丸の成長パターンは壱岐標本と太平洋標本とでほぼ同じであるが，睾丸重量と年齢の関係には両標本の間で系統的なちがいがある．すなわち，同一年齢で比較すると，ほとんどすべての年齢範囲において壱岐海域の個体のほうが重い睾丸をもつことがわかる．成熟個体では，その差は200gに近い．年齢15歳以下では，雄の体長は壱岐のほうがつねに大きかったことを念頭に，つぎに睾丸重量と体長の関係を眺めてみよう．

（3）体長と睾丸重量の関係

体長と睾丸重量との関係を示したのが図11.12と図11.13である．体長を横軸に目盛っ

たので，出生から春機発動期までの期間が引き伸ばされ，性成熟以後が短く表現されている．これは性成熟後の体長の増加が少ないためである．太平洋側の標本には春機発動期の標本が少ないという特徴がある．

これらの図で，同じ体長の個体について壱岐産と太平洋産の間で睾丸重量を比較すると，①睾丸の急成長が始まるときの体長は壱岐のほうが約20cm小さいが，そのときの睾丸重量には両海域にちがいがなく，②すべての体長において壱岐産の個体のほうが睾丸重量が大きいことが読み取れる．繁殖期も標本の採取時期も両標本群の間にちがいがないのに，対体長比では睾丸重量は壱岐のほうが重いのである．なお，これまでに雄について睾丸重量・年齢・体長の関係を壱岐と太平洋で比較した結果，つぎの諸点も判明している．③若年の体長は壱岐のほうが大きい（<15歳），④年齢ごとの比較でも睾丸重量は壱岐のほうが大きい（全年齢範囲）．

このような観察から導かれる結論は，壱岐周辺の個体群は性成熟体長がやや小さく，性成熟年齢も若いらしいということである．性成熟後の睾丸重量の海域差については，その原因はわからないが，両標本が異なる個体群に属することが関係していることは明らかであろう．

11.4 ハンドウイルカの生活史

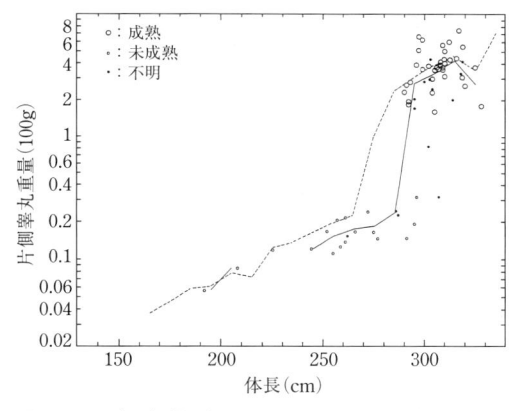

図 11.12 太平洋標本，ハンドウイルカの成熟状態と睾丸重量と体長の関係．実線は太平洋標本について算出した体長ごとの平均睾丸重量，比較のために壱岐標本の平均睾丸重量を点線で示す．睾丸は左右いずれか一方を測定した．（粕谷ら 1997）

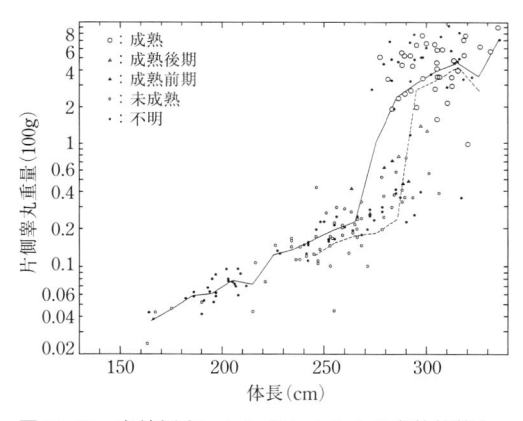

図 11.13 壱岐標本，ハンドウイルカの成熟状態と睾丸重量と体長の関係．実線は壱岐標本について算出した年齢ごとの平均睾丸重量，比較のために太平洋標本の平均睾丸重量を点線で示す．睾丸は左右いずれか一方を測定した．（粕谷ら 1997）

（4）性成熟時の年齢と体長

年齢8-12歳のころ，睾丸重量が急増を開始する．このときが睾丸が成熟に向けて急速に成長する時期であると先に述べた（壱岐標本では概略45gから200gへと成長する）．体長を基準にして眺めると，睾丸重量が急増する体長範囲は275-310 cmに相当する．この体長範囲は未成熟，成熟前期，成熟後期，成熟の各段階の個体が併存する時期であることからも，性成熟の進行期であることがわかる．なお，体長300cm以上の個体でも体長の増加につれて，睾丸重量も若干の増加をみせている．これは，体の大きい雄は生殖腺も大きいという当然の現象の反映である．同様の現象はコビレゴンドウでも認められている（Kasuya and Marsh 1984）．

生まれてから8歳前後までの緩やかに睾丸が成長する時期は，未成熟の段階である．この段階では精子形成はほとんど認められないが，その末期には一部の精細管で精子形成を始める個体（成熟前期）が出現して，睾丸重量の急増期に入る．そして過半数の精細管で精子形成が始まる段階（成熟後期）を経て，11歳までにはほとんど全個体が「成熟」と判定される状態にいたる．しかし，その後になっても若干の個体は「成熟後期」の段階にとどまっている例がある．このように睾丸に未成熟組織をわずかに残している個体は20歳ごろまで出現する（壱岐・太平洋とも）．これが雄のハンドウイルカの性成熟の過程である．数年間を費やして緩やかに進行する過程で，個体差が大きく，そこには明瞭な区切り点をみつけることがむずかしい．この特徴はほかのイルカ類にも共通している（Kasuya and Marsh 1984）．

表11.6には各成熟段階と年齢との関係を示してある．5.5歳で精子形成を開始する個体が現れる（成熟前期）．これは壱岐標本でも太平洋標本でも同じである．「成熟後期」は8.5歳で現れ（壱岐標本），「成熟」は9.5歳（壱岐）ないし11.5歳（太平洋）で出現する．標本の少ない太平洋についてはおくとして，壱岐では性成熟過程が始まってから「成熟」までに要する期間は4年と推定される．これは早熟な個体の例である．一方，晩熟の個体は10.5歳でも未成熟であるから（壱岐と太平洋），これが「成熟前期」に到達するのは，証拠はないが，とりあえず11.5歳と仮定しよう．それが「成熟後期」になるのは早ければ12.5歳（太平洋）かもしれないが，遅ければ17.5歳（太平洋）である．そして「成熟」にいたるのは18.5歳（太平洋）ないし20.5歳（壱岐）すぎということになる．これはもっとも遅れて春機発動期に入った雄が，データから無理なく推定される速度で成熟を進めた結果であり，全過程に10年近くを要することになる．その確認は

表 11.6 ハンドウイルカの年齢と睾丸組織の成熟状態との関係. 未：未成熟，前期：成熟前期，後期：成熟後期，成熟：成熟. (粕谷ら 1997)

年齢	太平洋標本 未	前期	後期	成熟	壱岐標本 未	前期	後期	成熟
4.5	4				8			
5.5	5	1				1		
6.5	5				1	1		
7.5	4				6	4		
8.5	1				3		1	
9.5					1		2	1
10.5	2				2			2
11.5				2				1
12.5			1	3				1
13.5-16.5				8				10
17.5			1	4				1
18.5-19.5				4				7
20.5				5			1	2

ないが，かりに若くて春機発動期に入り成熟過程を極度にゆっくりと進める個体があるとすれば，全過程にもっと長期間（おそらく15年）を要することになる．しかし，このような例は実際には起こりにくいことであろう．おそらく成熟前期から成熟にいたるまでに要する時間は早熟な個体では4年，遅熟な個体では10年程度であるとみる．

つぎに壱岐の標本について，性成熟時の平均年齢を求めてみる．平均性成熟年齢を求めるにはいくつかの方法があるが，年齢が増えるにつれて成熟した個体の割合が増加することに着目して，この関係に数式をあてはめて，50%が成熟しているときの年齢を求める方法がよく使われてきた．数式として直線式やシグモイド曲線が使われたが，このような方法は推定値に偏りが発生するとして好まれない (Demaster 1984)．そこで粕谷ら (1997) は Hohn (1989) の簡便な方法を使っている．この方法は最初に「成熟」個体が出現した年齢に，それ以後の年齢ごとの「成熟」以外の個体の比率を加算する方法である．これを壱岐の標本にあてはめると，「成熟」に達するときの平均年齢は 9.0+0.75+0.5＝10.25 歳（SE＝0.382）となる．同様にして「成熟後期」に到達するときの平均年齢は「成熟後期」＋「成熟」の比率を使う．そうすると「成熟後期」に達するときの平均年齢は，壱岐の個体では 9.50 年（SE＝0.456）と求められる．なお，竹村（1986a）は壱岐周辺の雄の平均性成熟年齢を 11.5 歳と推定している．性成熟の定義が異なる可能性があるが，1年ほど大きな数字が得られている．

太平洋側については標本数が不十分である．「未成熟」は11歳以下に出現し，「成熟」は11歳以上に現れている．このほかに，「成熟後期」と判定された個体が年齢 12.5 歳と 17.5 歳に各1頭ずつ出現している．このように15歳過ぎまで成熟完成が遅れる個体がときにはあるらしい．コビレゴンドウでも，同様の例が出現している (Kasuya and Marsh 1984)．粕谷ら (1997) はこのような少数例を無視して，つぎのような理由から，太平洋側のハンドウイルカの雄の多くは生後11-13年で成熟すると推定している．すなわち，前と同様の方法で「成熟」するときの平均年齢と「成熟後期」に入るときの平均年齢を，それぞれ 12.20 年（SE＝0.543），11.0 年（SE＝0）と計算したのである．雄のハンドウイルカの性成熟年齢を壱岐と太平洋沿岸とで比較した場合，壱岐周辺の個体のほうが若干早熟な傾向が認められる．

性成熟時の体長を求めるときには，体長ごとに成熟個体の比率を求めて50%成熟体長を算出するのが普通である．このとき，年齢を考慮しないで，成熟とそれ以外の個体が共存する体

表 11.7 ハンドウイルカの体長と睾丸組織の成熟状態との関係．未：未成熟，前期：成熟前期，後期：成熟後期，成熟：成熟．（粕谷ら 1997）

体長（cm）	太平洋標本[1] 未	前期	後期	成熟	壱岐標本[2] 未	前期	後期	成熟
250-259	5							
260-269	2				4	1		
270-279	4				4	2		
280-289					6	2	1	
290-299	3			4	2	1	1	1
300-309				4	2		1	2
310-319				1				
320-329				2				1

1) 年齢 4.5-18.5 歳のみを使用．2) 年齢 4.5-11.5 歳のみを使用．

長範囲のすべての個体を計算に含めることも行われてきた．この方法は特定の個体群あるいは標本群のなかで半数が成熟している体長を与えるものである．すなわち，体長を基準にして漁獲物を成熟と未成熟とに振り分けるような場合には，まったく問題がない．しかし，年級群を単位として個体の成長過程を追跡した場合に，そのなかの半数が成熟するときの体長とは異なるものである．Kasuya and Marsh（1984）や粕谷ら（1997）は，初めに述べた手法には多少の問題があるとみた．すなわち，イルカ類では性成熟に達するときの体長の個体差が大きく，その後の体長増加はわずかなので，性成熟と未成熟が共存する体長範囲の上限に近いところには多数の老齢個体が含まれてしまうのである．その結果，半数成熟体長は，性成熟時の平均体長よりも小さくなるのである．また，昔と今とで成長が変化した場合にも類似の問題が発生する．

そこで，粕谷ら（1997）は便宜的に表 11.7 のように性成熟が進行中の年齢範囲内にある個体だけを抽出して，それを性成熟時の平均体長の推定に使用した．この方法では当然資料数は少なくなる．壱岐周辺の個体についてみると，精子形成を始めるのは体長 260-299 cm のときで（成熟前期），「成熟後期」は 280-309 cm に出現し，「成熟」が現れるのは 290 cm 以上であった．半数が「成熟後期」ないし「成熟」に到達していると判断される体長は，これら 2 つの範疇の雄が 50% になる体長として求められる．それは体長 290-299 cm 群と 300-309 cm 群の間であるから，おおよそ 300 cm と推定される．また，半数が「成熟」に達する体長は，この標本からは 309 cm と 320 cm の間としかわからない．なお，竹村（1986a）は壱岐周辺の雄の平均性成熟体長を 299.1 cm と推定している．彼が用いた手法は最初に述べた全年齢範囲を含む計算であり，手法的に異なるものであるが，得られた値は，上で求めた成熟後期に達する平均体長とほとんど同じである．

一方，太平洋側のハンドウイルカは標本が少ないために，半数が「成熟」に達する体長は 290-299 cm 付近にあるとしかわからない．「成熟後期」に達するときの体長も推定できないし，壱岐の個体との性成熟体長のちがいも，このデータからは確認できない．

（5）雄の繁殖能力

日本近海のハンドウイルカの睾丸を取り出して，その中心部から 1 辺が 1-2 cm の組織を切り出して検鏡すると，さまざまな程度に精子を生産しているのがみられる．早熟な個体では年齢 5 歳，体長 260 cm 程度でも精子を生産していることがある．しかし，ときには年齢 20 歳，体長 3 m を過ぎても睾丸の一部に未熟な組織を残している個体もある．検鏡した範囲のすべての精細管で精子形成が行われている状態は，平均的には 10.25 歳（壱岐周辺）ないし 12.20 歳（太平洋）で達成されることはすでに述べた．われわれはこの状態をとりあえず「成熟」と判

定してきた．このような判定基準はあくまで便宜的なものであり，ハンドウイルカの雄がいつ雌と交尾をするか，最初の子どもをこしらえるのはいつかという疑問に答えるものではない（しかし，なんらかの相関があろうという期待がないわけではない）．

鯨類の雄は性成熟が近づくと，異性に関心を示し接近を試みる．そして交尾をして子孫を残すことに力を傾ける．そのために通過しなければならないいくつかの社会的な，あるいは生理的な条件がある．すなわち，もしも競争相手がいる場合にはそれを排除するとか，あるいは競争相手のすきをねらうとかして雌に接近しなければならない．また，雌に受け入れられる条件を備えていることも必要である．体力もその条件の1つかもしれない．雌に複数の求愛者がいる場合には，好みの雄を選ぶか，両方にチャンスを与えるかは雌しだいであり，動物種によっても異なるものである．交尾に成功した場合にも，雌を妊娠させるに十分な数の精子を供給できなければならない．これらの必要条件は，野外にいる場合と水族館に飼育されている場合とで同じとは思われない．行動学的な基準でみた成熟段階を解剖学的な基準と区別して，社会的成熟（social maturity）と呼ぶこともある．また，行動学的に定義される社会的成熟を生殖腺の解剖学的な観察と関連づけようとする困難な試みも，スジイルカにおいてなされてきた（第10章; Miyazaki and Nishiwaki 1978; Miyazaki 1984）．

行動学的な意味での成熟が，解剖学的な成熟段階とどのように対応するのかを知るためには，野生個体の行動の観察をしたり，遺伝情報を解析したりして父子判定を行うことが鍵となる．雄の繁殖成功度の解明は，これからの鯨類の行動学の重要なテーマの1つである．しかし，われわれは日本沿岸のハンドウイルカについてそのような情報をもっていない．そこで，まず精子の供給力と解剖学的な成熟段階との関係を調べてみた（粕谷ら1997）．それは副睾丸のなかに精子が多いか少ないかという検査である．鯨類では睾丸で生産された精子は副睾丸にきて，

表11.8 ハンドウイルカの副睾丸塗抹標本中の精子濃度と，(1) 睾丸組織の成熟段階，(2) 片側睾丸重量，および (3) 年齢との関係．壱岐標本．数字は個体数．（粕谷ら1997）

精子濃度の段階	0	1	2	3	4	平均
(1) 睾丸組織の成熟段階						
未成熟	44	13				0.2
成熟前期	3	1	2			0.8
成熟後期	1			2	1	3.3
成　熟	1	7	11	10	6	2.4
(2) 片側睾丸重量 (g)						
<50	89	23	1			1.0
50-100	6		1	1		0.3
100-200		1	3	1	2	2.6
200-300	1	2	1	2	2	2.3
300-400			2	4	5	2.4
400-600			2	6	7	7	2.9
600-800				8	3	2	2.4
800-1,000					2	1	3.3
(3) 年齢						
<5	73	18				0.2
5-10	20	5	2	2	1	0.6
10-15	3	5	4	1	4	1.9
15-20			2	9	7	3	2.5
20-30	1		1	5	7	5	2.8
30-45			1	3	1	2.5

ここで成熟してその網目状のスペースに蓄えられる．副睾丸の割面をスライドグラスになすりつけて，乾燥させてからトルイジンブルーで染色して検鏡することにより，副睾丸に蓄えられている精子の濃度を相対的な階級に分けることができる．Kasuya and Marsh (1984) がコビレゴンドウで行った研究にならって，精子の濃度を0（精子なし）から4（多数；一面に充満）までの5段階に記録した（第12章）．相対的な段階区分であるから，隣接する2つの階級間のちがいはあまり意味がない．また，さかんに交尾をした結果，たくわえが乏しくなった雄があるかもしれないが，この問題は確認できていない．

その結果をまとめたのが表11.8である．なお，睾丸と副睾丸は同じ側から採取されている．睾丸組織が未成熟と判定された個体でも，約23%にはわずかながら精子が副睾丸に出現した．これは検鏡されなかったどこかの睾丸部位で精子が形成されていたものと思われる．同様の例はコビレゴンドウ（Kasuya and Marsh

1984）やマダライルカ（Kasuya et al. 1974）でも報告されている．前種では5-6歳の「未成熟」個体で副睾丸に精子を認め，後者の例では2歳でも睾丸にわずかな精子の出現が報告されている．一般的に，睾丸組織の成熟段階が上がるにつれて副睾丸中の精子濃度が高くなるが，「成熟後期」と「成熟」とでは副睾丸の精子濃度にはちがいが認められない．このことは，「成熟後期」の雄と「成熟」段階にある雄とは生理学的には同様の繁殖能力をもっていることを示唆するものである．いいかえれば，これら2つの段階の雄は，機会さえ与えられれば同じように繁殖に参加できることを示すものである．

なお，「成熟後期」と「成熟」の個体の約23%は副睾丸に精子がないか，きわめて少ない状態にあることが注目される．ここで解析に供した標本は，交尾期のピーク（6月）から半年近く離れた季節（つまり繁殖活動のもっとも不活発な時期）を代表するものである．ハンドウイルカの雄は，交尾活動がさかんでない季節には精子の産出が低下する個体があることを示唆している．これに関して，Yoshioka et al.（1993）は興味ある実験をしている．すなわち，飼育者の指示に応じて射精するように訓練したハンドウイルカの成熟雄に対して反復して射精させたところ，初めは精子の含まれていない精液を射精したが，頻繁に反復するうちに精子濃度が高まったということである．外的な刺激に反応して急激に精子形成が活発になることを示唆するものである．繁殖期が近づくと，社会的な刺激によって同様のことが起こるかもしれない．

つぎに，副睾丸中の精子濃度と睾丸重量との関係を眺めよう．表11.8にみるように，睾丸重量100 g以下ではそれ以上の個体に比べて，副睾丸中の精子濃度が低い傾向がみられるが，それ以上では睾丸重量と精子濃度とに相関が認められず，平均精子濃度も増加しない．すでに私たちは，睾丸重量150 g以上のハンドウイルカは1頭の例外を除き組織学的に「成熟」した状態にあり，それ以下の睾丸ではこれも1頭の例外を除き，「成熟」よりも前の段階にあることを確認している（図11.10，図11.11，図11.12，図11.13）．すなわち150 gが「成熟」の境界重量である．同様にして「成熟後期」の境界重量はほぼ100 gである．これらの事実から，睾丸重量100 g，組織学的基準で「成熟後期」以上であれば，壱岐周辺のハンドウイルカは繁殖能力を有すると判断することができる．これは繁殖における一応の必要条件を満たしているということである．これより前の成長段階の個体は例外的なケースを除き，おそらく繁殖能力がないとみられる．

この結論は，睾丸重量100-200 gの雄と睾丸重量800-1,000 gの雄には繁殖力にちがいがないということを主張しているのではない．大きな睾丸をもつ雄のほうが，雄性ホルモンの分泌も多くて欲求も活発かもしれない．また，彼らは体が大きくて雌をめぐる雄どうしの争いに有利かもしれない．さらに，生産する精子量でも若い個体を圧倒しているかもしれない．乱婚ないし一妻多夫的な繁殖生態をもつ種においては，大きな睾丸をもつほうが繁殖において有利とされている（Ralls and Mesnick 2002）．ハンドウイルカはスジイルカと同様に，またマッコウクジラやオットセイなどと異なって，乱婚的な傾向が強いのではないかと私は考えている（第10章）．

年齢と副睾丸中の精子濃度との関係をみると，年齢15歳以上では，年齢の増加にともなって精子濃度が上昇するという現象は認められない．つまり，15歳以上の個体は全員が生理的な繁殖能力をもっていると判断される．10-15歳の個体でも副睾丸中に濃度階級2-4の精子をもつ個体もあることからみて，彼らの一部は繁殖能力があるとみるべきである．別の表現をすれば，15歳以上の雄では，繁殖能力は睾丸重量や体長などとの相関は推定されるとしても，年齢との直接的な相関は低いらしいということができる．

以上の観察から，壱岐周辺のハンドウイルカについてつぎのように要約できる．すなわち，睾丸重量100 gに，あるいは睾丸組織が「成熟後期」に達すれば繁殖能力を獲得していると判

表 11.9 ハンドウイルカ雌の年齢と性成熟の関係．数字は頭数を示す．（粕谷ら 1997）

年 齢	太平洋標本 未成熟	太平洋標本 成 熟	太平洋標本 合 計	壱岐標本 未成熟	壱岐標本 成 熟	壱岐標本 合 計
4.5	3		3	19		19
5.5	8		8	8	3	11
6.5	1	2	3	3	2	5
7.5	3	1	4	1	3	4
8.5				1	2	3
9.5		3	3		4	4
10.5	2	3	5		5	5
11.5		4	4		8	8
12.5	2	1	3		7	7
13.5		9	9		7	7

断される．また，年齢が 15 歳に達していれば同様のことがいえるが，かりに 15 歳未満でも睾丸が上の条件を満たしていて，繁殖能力をもつ個体があると考えるのが自然である．太平洋側の個体については睾丸重量がわずかに軽く，成熟する年齢も 3 年ほど遅い可能性があるが，性成熟前後の睾丸の重量増加は急速であるから，上に求めた 100 g の基準でも大きな誤りはないと判断される．

11.4.8 雌の性成熟と繁殖周期

（1） 性成熟の判定

鯨類では初排卵をもって性成熟とみなすのが普通である．鯨類にはそのような基準が使いやすいという特性がある．鯨類では，排卵後に形成される黄体は，妊娠した場合でも妊娠しなかった場合でも白体に変化して，終生卵巣のなかに残ると信じられてきたので，卵巣を検査すれば排卵経験の有無を判断することは容易であった．ほかに，鯨類の生物学的研究が漁獲物の研究から発展したため，死体を検査する機会に恵まれてきたという背景もある．いま鯨類研究の主流となってきた非捕殺的研究では，黄体や白体の確認はけっして容易ではない．鯨類の黄体や白体に関する昔の研究を概観するには，Perrin and Donovan（1984）が参考になる．また，白体の残留性に関する議論については Brook et al.（2002）や Takahashi et al.（2006）があるし（後述），スジイルカの項にも最近の情報を紹介してある（第 10 章）．

鯨類の雌では最初の排卵で妊娠するのが普通ではあるが，ときには 2 回目，3 回目の排卵で妊娠する場合もある．さらに，最初の受胎から出産までには 1 年ないしそれ以上の時間差がある．このようなわけで，個体群動態を研究する場合には，初排卵年齢よりも初出産年齢のほうが重要となる．妊娠経験ないしは出産経験の有無は乳腺や子宮を組織学的に検査すれば判別できるし，肉眼でも乳腺の色調（泌乳経験があるひげ鯨類では乳腺が淡褐色を呈する）や子宮のストレッチマークで判別できる場合もあるが，その判断には手間がかかるし，誤りが発生することも少なくない．

粕谷ら（1997）は主として卵巣中の黄体ないし白体の存在によって雌の性成熟を判定しているが，かりに卵巣を検査する機会がなくても妊娠中，あるいは泌乳中の雌は性成熟としてあつかっている．以下ではこの研究について紹介する．これらの標本の入手時期や場所は表 11.2 に示した．

（2） 性成熟年齢

太平洋標本では，未成熟雌と成熟雌が共存する年齢は 6.5-12.5 歳であり，壱岐標本では同じく 5.5-8.5 歳であった（表 11.9）．平均性成熟年齢は，雄の場合と同じ方法で，太平洋で 9.19 年（SE=0.716），壱岐で 6.91 年（SE=0.53）と求められている．1980 年代初めには壱岐周辺の個体のほうが，太平洋側の個体に比べて 2 年ほど早熟であったらしい．

表 11.10 ハンドウイルカ雌の体長と性成熟の関係．数字は頭数を示す[1]．（粕谷ら 1997）

体長（cm）	太平洋沿岸			壱岐周辺		
	未成熟	成熟	合計	未成熟	成熟	合計
230-239				1		1
240-249				7		7
250-259	4		4	5		5
260-269	2		2	11	1	12
270-279	5	3	8	9	1	10
280-289	1	5	6	6	4	10
290-299		6	6	1	6	7
300-309		1	1		2	2
310-319		1	1			

[1] 太平洋標本は 5.5-13.5 歳の個体のみを，壱岐標本は 4.5-9.5 歳の個体のみを含む（表 11.9 参照）．

なお，竹村（1986a）は，壱岐で 1979-1985 年に捕獲された雌のハンドウイルカの平均性成熟年齢を同じく 7 歳弱と推定している．彼の標本のうち 1979-1981 年の分は粕谷ら（1997）の収集したものであり，部分的に共通標本を用いている．

（3） 性成熟体長

性成熟に達した個体の割合は体長とともに上昇するものである．しかし，ある個体群から入手した標本を体長順に並べて，未成熟個体と成熟個体の数が等しくなる体長（半数成熟体長）は，ある年級の成長を年ごとに追跡した場合に，そのなかの半数が成熟するときの体長（平均成熟体長）と同じではない（前述）．そこで，ここでは上に求めた性成熟年齢の範囲に前後 1 年の幅をもたせた年齢範囲の個体だけを選び出して，性成熟体長を解析することにした（表 11.10）．

そのような年齢範囲において，未成熟と成熟が共存する体長範囲は，太平洋側の標本では 270-289 cm，壱岐標本では 260-299 cm である．1980 年ごろの日本近海のハンドウイルカは成長にともない，この体長範囲に到達すると性成熟していたもので，壱岐周辺の個体は太平洋岸のそれよりも性成熟時の体長のばらつきが大きい．

半数の個体が性成熟する体長，すなわち平均性成熟体長は太平洋標本で約 280 cm，壱岐で約 290 cm であることが表 11.10 から読み取れる．壱岐のほうが早熟（前述）で大型だったらしい．なお，竹村（1986a）は壱岐で捕獲された本種の雌について性成熟体長を 272.5 cm と推定している．これは全年齢範囲を含めて推定した半数成熟体長であり，前述の理由で，上の値よりもやや小さい．

（4） 雌の繁殖周期

コビレゴンドウでは加齢による繁殖能力の低下が著しく，最大 25 年以上の寿命を残して妊娠しなくなるが（第 12 章; Kasuya and Marsh 1984），スジイルカではそれほどに極端な加齢変化は認められず，年齢とともに妊娠率がわずかに低下し，休止個体の比率が若干高まるにすぎないとされている（第 10 章）．ハンドウイルカについても，まず年齢と性状態の関係を調べてみよう．粕谷ら（1997）の研究で得られたハンドウイルカの標本について，各性状態における最高年齢を年齢順に並べてみる．太平洋標本では妊娠兼泌乳 24.5 歳，妊娠 33.5 歳，休止 33.5 歳，泌乳 42.5 歳（標本中の最高齢個体）であり，壱岐標本では妊娠 35.5 歳，泌乳 36.5 歳，妊娠兼泌乳 38.5 歳，休止 45.5 歳（最高齢個体）であった．雌の最高齢は太平洋標本で 42.5 歳，壱岐標本で 45.5 歳である．最高 7 年ないし 9 年の寿命を残して妊娠しなくなるようにみえるが，この限られた標本からそのような大胆な結論を導くことは早計であろう．念のた

表 11.11 ハンドウイルカ雌の年齢と性状態との関係.（粕谷ら 1997）

年齢	5-10	10-15	15-20	20-25	25-30	30-35	>35	不明	合計 頭数	期間(年)
太平洋標本										
妊娠	1	8	8	10	3	5	1	5	41	0.85
妊娠兼泌乳			1	4	1			1	7	0.15
泌乳	2	13	20	18	10	3	2	8	76	1.58
休止	1	4	3	2	4	2		4	20	0.42
APR (%)	25.0%	32.0%	28.1%	29.4%	26.3%	50.0%	33.0%	―	33.3%	3.00
壱岐標本										
妊娠	8	17	9	8	4	5	1	1	53	0.85
妊娠兼泌乳			4	1	1	1	2		9	0.15
泌乳	4	14	18	13	9	11	2	1	72	1.16
休止	3	7	4	1		2	1		18	0.29
APR (%)	50.0%	44.7%	37.1%	39.1%	28.6%	33.3%	50.0%	―	40.8%	2.45

APR：Apparent Pregnancy Rate（見かけの妊娠率）は成熟雌のなかの妊娠雌の割合．その標準誤差（SE）は $[p(1-p)/n]^{1/2}$ で算出されるので（p は見かけの妊娠率，n は標本数），全年級を合わせた APR の SE は太平洋標本で 3.9%，壱岐標本で 4.0% となる．雌の性状態は，1979 年以降は乳腺と子宮内膜の組織検鏡により，現場記録を確認した（第 12 章）．

めに，表 11.11 で加齢にともなう性状態組成の変化を検討してみる．15 歳以下のグループには初めて成熟した雌が多く含まれているので，見かけの妊娠率が高めに出るのは当然である．この若いグループを除外して考えると，標本数が十分でないという技術的な問題はあるとしても，加齢にともなって妊娠率が低下する傾向は確認できない．加齢にともなう妊娠能力の低下は，かりにあったとしても，コビレゴンドウほど著しくないものと判断される．

見かけの妊娠率は成熟雌のなかの妊娠雌の割合であるから，妊娠期間の長さをも反映している．その分を補正して年間妊娠率を求めるには，見かけの妊娠率を妊娠期間（年）で除せばよい（ただし，そのほかには標本バイアスがないと仮定できる場合に限る）．ハンドウイルカの場合は妊娠期間 1 年であるから，この補正をしても数値は変わらず，太平洋標本の場合には年間妊娠率として 33.3% が得られる．これは 1 頭の成熟雌が 1 年間に妊娠する確率である．同様にして壱岐周辺の標本についても年間妊娠率が 40.8%（SE=4.0%）と求まる．壱岐のほうがやや高率であるが，統計的には有意なちがいではない（$0.1<p<0.2$）．年間妊娠率の逆数が平均出産間隔であり，太平洋側では 3.00 年，壱岐周辺では 2.45 年と推定される．

このような手法で繁殖周期を推定することができるのは，サンプルが個体群の組成を代表している場合に限られる．特定の年齢や性状態を選択的に捕獲する漁業から得た標本には問題があるし，特定の季節に偏っている標本も好ましくない．追い込み漁業の場合には，漁法による選択性は弱いものと考えられるが，群れが特定の年齢や性状態を多く含む可能性には警戒する必要がある．捕獲の季節は周年を均一にカバーしていれば理想的である．

粕谷ら（1997）の研究に用いた標本（壱岐周辺と太平洋沿岸）はおもに 1-3 月に得られており，これは 6 月の交尾のピークから半年近く離れて，もっとも繁殖活動が低いときに相当する．本種の交尾活動はほぼ周年にわたるとしても，標本が得られた時期は，前年の交尾期が終わって，その雌たちが出産を始める直前（あるいは出産期に入ってまもないとき）にあたっている．本種の妊娠期間は 1 年であることを思い起こせば，この時期の標本はある年の妊娠雌をほぼ完全に代表しているとみなすことができる．すなわち，妊娠率に関する限り，標本には季節的な偏りが混入していないと判断される．ただし，泌乳と休止の期間が偏りなく推定されるかどうかは定かではない．鯨類の離乳の時期は餌が豊富な時期に一致すると考えるのが自然であるが，ハンドウイルカが母乳から固形食にどの季節に移行するのかは明らかにされていない．

このような問題は無視して，妊娠雌に対する頭数比を基礎にして，繁殖周期のなかに占める泌乳や休止の期間を計算してみた結果も表11.11に示してある．平均泌乳期間は太平洋標本で1.73年，壱岐標本で1.31年となる．粕谷・宮崎（1981）は壱岐の調査の中間報告で，1980年3月14日に壱岐で捕獲された体長182 cmの雌の胃のなかにミルクのみがあり，固形食の痕跡が認められなかったと書いている．これは粕谷ら（1997）が解析に用いたサンプルのなかの1頭であり，体長からみて生後1年以内である．Cornell et al.（1987）によれば，水族館で生まれたハンドウイルカの場合，生後3-5カ月で固形食を摂り始め，9-12カ月ではそれが栄養源として重要な位置を占めるにいたるという．そして，ハンドウイルカの雄と雌とその子どもを長期間一緒に置いて自由な繁殖に任せた場合の出産間隔は21-31月の範囲にあり，その平均は2.3年であった．上に示した日本沿岸の野生のハンドウイルカの出産間隔（2.45年と3.00年）はこれよりも長い．このことは，もしも日本沿岸の野生のハンドウイルカでも，栄養環境が改善されれば，出産間隔は短縮される可能性があることを示すものである．

なお，ハンドウイルカの子どもは哺乳期間が終わっても，ただちに親から離れるとは限らない．日本沿岸の野生個体で離乳後の母子の同居期間を推定するための情報は少ない．日本沿岸で追い込み漁業で捕獲された群れの年齢組成をみると，1.5歳ないし2.5歳に谷が認められる（図11.5）．これは離乳した子どもが親の群れを離れることによってできる年齢組成の特徴である（第10章）．これを上に求めた平均泌乳期間（1.31年ないし1.73年）と比べてみると，日本のハンドウイルカでは離乳の後，おそらく半年以内に多くの個体が親から離れると推定される．

フロリダ半島沿岸の内湾には，そこに定住して生活するいくつかのコミュニティーがあり，そのなかの1つが，25年以上にわたって継続的に観察されてきた．それは100頭ほどのコミュニティーで，そこでは個々の雌の出産間隔には2-10年の幅があり，平均は5年であることが知られている（Scott et al. 1996）．また，母子が一緒に生活する期間は少なくとも4-5年におよび，その後はしだいに親から離れて生活するが，ときには7-8年も母子が一緒にいることがあるとされている（Wells et al. 1987）．これに比べれば，壱岐周辺の個体群はいうまでもなく，太平洋沿岸の個体群でも繁殖周期がはるかに短いことがわかる．親子が一緒にいる期間もフロリダで研究された内湾性の個体群に比べて，日本で研究された個体群ではだいぶ短いらしい．そのちがいはなにに由来するのであろうか．1つには湾内という狭い水域に定住している個体群と，外洋を移動しつつ生活する個体群のちがいであろう．そのちがいの第2の背景は，フロリダの個体群は漁獲もされず，天敵も少なくて，低い死亡率に見合うだけの低い出生率で安定した人口動態を保っていることであろう．

ミナミハンドウイルカは，南アフリカ共和国から東南アジアを経て中部日本にまで分布する沿岸生活型の種である．比較のために，これについても2つの研究を紹介しておこう．1つは，オーストラリアのアデレイドの近くの河口域に定住する74頭の群れである（Steiner and Bossley 2008）．ここでは離乳までの生存率は54％と低率であったが，前の子どもが正常に離乳した9例の出産間隔は3年が5例，4年が2例，5年が1例，6年が1例であった（平均3.8年）．このほかに授乳中に妊娠して，前の子どもが1.9歳のときに出産した1例があった．下の子どもは母親といつも一緒にいたが，下の子どもが生まれた後は，年上の子どもが母親と一緒に行動する機会は減少した．この群れでは，離乳した子どもはつぎの子どもが生まれるまでは母親と一緒にいるということであるから，この年上の子どもは次子の出産にともない，早めに親離れしたものと思われる．ところが，新生児が死亡した5例についてみると，この場合にはつぎの妊娠が早まり，平均出産間隔が1.7年になった．この場合の平均出産間隔は乳児の死亡時の年齢に大きく影響されるはずである．以上の15例の平均出産間隔は2.9年となり，日

本近海のハンドウイルカの平均出産間隔に近い値となる．私たちは日本沿岸のハンドウイルカについて繁殖間隔のばらつきを推定する情報をもっていないが，繁殖周期の個体変異は，上の例にみるように相当に幅があると思われる．

ミナミハンドウイルカの第2の例は，御蔵島で得られている（Kogi et al. 2004）．ここの個体群は外洋に面した沿岸に定住しており，そのメンバーの一部は千葉県沿岸や利島にやってきて，移住の試みともみえる行動をしていることはすでに述べた．この個体群では子どもを成功裏に離乳させた後，つぎの出産までの間隔が19例で得られている．その出産間隔の範囲は3-5年で，平均は3.5年であった．前の子どもが死亡した場合も含めた26例について計算しても，その出産間隔は1-6年，平均3.4年で，成功裏に離乳した場合のみの平均間隔とほとんどちがいがなかった．Kogi et al.（2004）が示した2つの計算例をもとにして，子どもを失った7例の平均出産間隔を逆算すると，それは3.1年となる．1年あるいは2年の出産間隔が各1例あったが，これは出産後まもなく子どもを失い，同じ年ないしは翌年の繁殖期に妊娠した雌であった．ここには8年間の調査期間中に1度も出産していない雌が2頭あったといわれるが，そのような例は上の計算には含まれていないので，平均出産間隔をやや短めに評価している可能性が残る．ここの親子は，初めはいつも一緒に行動しているが，ある時期から別行動をとるようになる．そのときの子どもの年齢は3-6歳で，平均3.5歳であった．

このように御蔵島のミナミハンドウイルカでは，親離れの年齢は平均出産間隔とほとんど差がない．母子が離れる時期はつぎの出産と密接に関係していて，Connor et al.（2000）がいうように，母親はつぎの出産が近づくと子どもを離す行動に出るのかもしれない．Connor et al.（2000）によれば，ハンドウイルカ類ではつねにそうだとは限らないが，母イルカがつぎの妊娠に入ると，母子は離れて生活する傾向が強まるケースがしばしばあり，つぎの出産が近づくと母イルカは意図的に子イルカを遠ざけるとい

うことである．ただし，この親離れの時期と離乳の完成，つまり「哺乳の終了」とがどのような時間関係にあるかは不明である．離乳のプロセスはゆっくりと進行するものであり，哺乳をやめる前に固形食と乳とを併用する期間が長いので，離乳完成の時期を野外観察で確認することは容易ではないらしい．

粕谷ら（1997）は，同じハンドウイルカでも太平洋側の個体よりも壱岐周辺の個体のほうが出産間隔が短いらしいことを明らかにした．そのちがいの大きな理由として泌乳期間が約5カ月短いことがあげられるほか，休止期間も1.5カ月ほど短い可能性が示されている（前述）．これらの指標は，いずれも環境条件のちがいに応じて容易に変化する性質のものであり，ほかの成長に関するパラメータのちがいとともに，壱岐周辺の個体のほうが餌の供給量，ひいては栄養状態が良好であり，出産からつぎの妊娠までの期間が短いと仮定すると説明しやすい．観察されたパラメータのちがいが現状では統計的に有意でないのは，ちがいが小さいことと標本数が少ないことが原因であり，両海域のハンドウイルカの間には繁殖周期にちがいが存在する可能性は大きいと思われる．このような生活史の地域差については後でふれることにする．

（5）雌の排卵間隔

シロイルカでは，妊娠中に多数の濾胞がつぎつぎと発達した後，排卵せずに黄体化する．このようにしてできた多数のaccessory corpus luteumは，排卵黄体と区別できないといわれる（Brodie 1972）．このような例は，動物種によってはまれな現象ではないが，鯨類ではほかに知られていない．鯨類では排卵後に形成される黄体は，妊娠・非妊娠にかかわりなく白体として終生卵巣内に残存するとされている．そのため，卵巣を検査すれば過去の排卵履歴がある程度は推定できるとされてきた（Takahashi et al. 2006）．しかし，長い間，水族館で飼育されてきたミナミハンドウイルカの卵巣の死後所見を生時に記録された発情や妊娠の履歴と照合してみたところ，妊娠黄体に由来する白体は残存

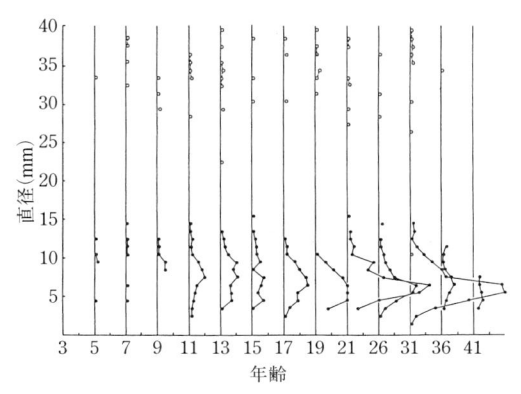

図 11.14 ハンドウイルカの卵巣中の黄体（白丸）と白体（黒丸）の直径組成の年齢にともなう変化．多数個体を年齢ごとに合計した．壱岐標本．（粕谷ら 1997）

するが，排卵黄体に由来する白体は長くは残存しないらしいという研究が発表されている（Brook *et al*. 2002）．非常に興味ある研究であるが，その正否を判断するには，研究者間で卵巣所見の解釈についてクロスチェックをすることが望ましいと私は考えている（第 10 章）．

このような疑問を念頭に，粕谷ら（1997）が行ったハンドウイルカの卵巣の解析を眺めてみよう．図 11.14 は壱岐標本について，卵巣を薄切りにして黄体と白体を確認して計数しつつ，その大きさを測定した結果である．大きさは縦，横，高さの 3 方向の直径を測定し，その幾何平均を平均直径とした．古い白体は後からできた若い黄・白体によって圧迫されて扁平になってしまう場合がある．このような変形した白体においては，ボリュームの指標としては算術平均よりも幾何平均のほうが適している．白体と黄体の直径分布を年齢と対比してみると，最小の白体は 2 mm 前後であるが，直径 5 mm 前後に 1 つのピークがある．この 5 mm のピークが，年齢の増加にともなって，しだいに下方に移行するという現象は認められず，ピークの高さが老齢個体ではしだいに増している．このことから，粕谷ら（1997）は白体の最終平均サイズが 5 mm 前後にあり，白体は消滅しないと結論した．いまになって考えれば，この結論はやや早計であったように思う（ただし，「消滅する」と考えを変えたわけではない）．このような結論をする前に，5 mm を中心とする山の大きさの増加速度が本種の平均年間排卵数から説明できることを示す必要があったと考えている．その場合には標本の年齢組成も関係するので，めんどうな作業になるとは思う．そのような検証をせずに，ただ傾向として白体が 5 mm 前後のサイズにたまってくるというだけで，白体が消滅しないと結論するには無理がある．サイズが縮小して肉眼では視認できないほど小さくなるとか，退縮につれて周囲の組織と構造上のちがいが低下して，直径 2-5 mm の段階で一部の白体が視認できなくなる可能性が否定されていない．

つぎに各個体の黄・白体の合計と年齢との関係から，黄・白体の蓄積率をみてみよう．同じ年齢でも黄・白体の数には個体差が大きいが，年齢の増加につれて黄・白体の数が増える傾向がある．年齢（x）を独立変数とする黄・白体数（y）の回帰直線を計算して年間蓄積率を求めると，太平洋標本で 0.435（SE=0.033），壱岐標本では 0.458（SE=0.052）となる（図 11.15）．年間排卵率は壱岐のほうがわずかに大きいが，そのちがいは有意ではない．かりに群別に計算すると，太平洋標本で 0.22-0.59 の範囲にあり，平均は 0.46 であった．壱岐標本では 0.44-0.55 の範囲にあり，平均は 0.48 であった．両海域で大きなちがいは認められない（粕谷ら 1997）．なお，これらの回帰計算は年齢 10 歳以上の個体について行っている．回帰直線の計算過程で未成熟個体は排卵数ゼロとしてあつかうか，さもなければ計算から除外せざるをえないが，それによって偏りが発生する．なぜならば排卵数 0 と 1 との差は，排卵数 1 と 2 の差と同じではないためである．この問題を避けるために，ほぼ全個体が成熟している 9 歳以上について計算したのである．

回帰直線の勾配から算出される排卵率はあくまでも見かけのものであることは，記憶されなければならない．そのサンプルが生きてきた時間内において年間排卵率にも性成熟年齢にも変化がなかった場合には，正しい推定値を出してくれるが，かりに過去 40 年間のうちに性成熟

年齢が低下するようなことがあれば（第10章），上の回帰直線の勾配は緩やかになり，年間平均排卵率は実際の値よりも低く示されることになる．

つぎに，このようにして推定した年間排卵率を年間妊娠率と比較してみよう．年間妊娠率は雌の標本が獲られた時点における妊娠確率であるが，先に求めた年間排卵率は過去数十年の平均的な値であるというちがいがある．それゆえに，2つの特性値を単純に比較することは厳密には正しくないが，このような問題は無視して比較すると，年間排卵率すなわち黄・白体の年間蓄積率は，先に性状態組成から推定した年間妊娠率よりもいくぶん大きい．その比は

太平洋標本：0.435/0.333＝1.31
壱岐標本：0.458/0.408＝1.12

となる．このことは，日本近海のハンドウイルカでは，1回の妊娠までに平均1.31回（太平洋）ないし1.12回（壱岐）の排卵があることを意味している．別の表現をすれば，総排卵数のなかで妊娠にいたる排卵の割合は，太平洋標本で76.5%（0.333/0.435），壱岐標本で89.1%（0.408/0.458）となる．これらは妥当な数字であるように思われる．すなわち，ハンドウイルカでは妊娠黄体のみが白体として卵巣中に残存すると考えるよりは，排卵白体も卵巣中に長期間残っているという結論である．ただし，すべての白体が卵巣中に残存し，かつ100%計数されていると断定しているわけではない．

11.5 太平洋標本と壱岐標本の比較

11.5.1 生活史特性値の比較

これまでに粕谷ら（1997）の研究をもとに，太平洋沿岸の標本と壱岐周辺の標本を比較しつつ，ハンドウイルカの生活史に関する諸指標を解析してきた．そこで得られた代表的なパラメータを両海域の間で比較したのが表11.12である．両海域のハンドウイルカは群れで生活して，ときに応じて群れが離合集散したり，群れの間で個体を交換したりしつつ，大きな集団（個体

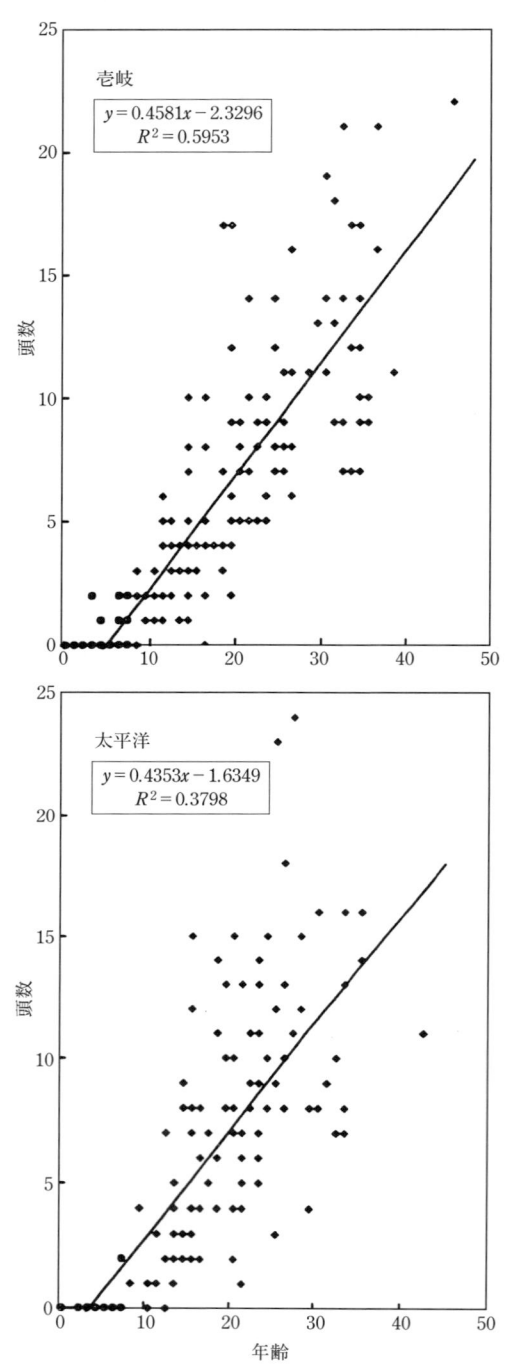

図11.15 卵巣中の黄・白体数と年齢の関係．点1つが1頭を示す．ただし，丸印の個体は回帰式に算入していない．（粕谷ら1997）

表 11.12 ハンドウイルカの生活史に関する諸指標を太平洋沿岸の標本と壱岐周辺の標本で比較する．(粕谷ら 1997 より作成)

特性値	条件	太平洋標本	差異	壱岐標本
1. 出産期	範囲	3-10 月	なし	2-10 月
	盛期	6 月	なし	6 月
2. 成長停止年齢	雄	15-20 歳	なし	15-20 歳
	雌	10-15 歳	なし	10-15 歳
3. 成長停止体長	雄	305.3 cm	なし	305.2 cm
	雌	288.0 cm	<	293.7 cm
4. 睾丸の増重年限	雄	約 20 歳まで	なし	約 20 歳まで
5. 性成熟睾丸重量	雄[1]	?-100 g	?	90-100 g
6. 成体睾丸重量（平均）	>20 歳	100-800 g（300-400 g）	<	300-900 g（500-600 g）
7. 性成熟体長（平均）	雄[1]	270-309 cm（?）	?	280-309 cm（300 cm）
	雌	270-289 cm（280 cm）	<	260-299 cm（290 cm）
8. 性成熟年齢（平均）	雄[1]	?-11 歳（11.0 歳）	>	8-11 歳（9.5 歳）
	雌	6-13 歳（9.2 歳）	>	5-9 歳（6.9 歳）
9. 7 歳以下の体長	雌雄	小	<	大
10. 年間妊娠率	雌	33.3%	<	40.8%
11. 年間排卵率	雌	0.435	なし	0.458

[1]「成熟後期」ないし「成熟」の個体を性成熟とした．

群）を構成しているものと私は推定している．

壱岐標本7群446頭は，壱岐島と対馬の中間にある七里が曽根周辺で発見され，壱岐勝本町の辰の島の入江に追い込まれた2,634頭の一部である．その季節は1-3月であった．この季節の対馬海峡域の表面水温は10-15℃で，そのすぐ北側の日本海南部には寒冷性のイシイルカが出現している（第9章; Miyashita and Kasuya 1988）．すなわち，壱岐標本はハンドウイルカの冬の分布の北限近くで捕獲されたのである．春から夏にかけては彼らの分布は対馬暖流に乗って北に広がるものと思われる．

太平洋標本8群281頭は，伊豆半島の安良里とその南西300 kmほどの和歌山県太地で追い込み漁法で捕獲された540余頭の一部である．捕獲の季節は安良里の1群37頭は8月であり，残りの太平洋標本8群244頭は冬の1-4月の捕獲である．太平洋沿岸における本種の夏の分布北限は青森県付近にあるが（図11.2），冬の分布北限は房総半島付近にあるものと思われる（ここはイシイルカの南限でもある）．季節的な移動を考えれば，安良里標本と太地標本とは同じ個体群に所属する可能性が大である．

このような分布パターンからみると，壱岐の個体と安良里・太地の個体の分布域が，冬季に九州南方で重なる可能性は少ないように思われる．ただし，夏に津軽海峡域で両者が交流する可能性は否定できない．私は両標本群は異なる個体群に属すると推定しているが，それを分布パターンから断定することはむずかしい．しかし，両海域のハンドウイルカの成長や繁殖のパラメータを比較すると（表11.12），性成熟前の成長，性成熟年齢，繁殖周期などには細部に微妙なちがいが認められる．これは両海域の標本が異なる個体群を代表していることの現れであると，私は理解している．

表11.12では両標本群の間の生活史のちがいを比較しているが，それらは必ずしも統計的な検定をすませているわけではない．状況からみて差異のありそうなものはそのように示してある．これらの特性値のなかには，

① 栄養など生活環境の変化に応じて速やかに反応が現れるもの，
② 個体としては速やかに反応するとしても，それが個体群の特性として認識されるまでに時間を要するもの，
③ 栄養環境の変化にはあまり影響されないもの，あるいは変化の方向性が特定できないもの，

などがある．

①に属するものには年間妊娠率（10）と若齢期の成長（9）があり，②に属するものは性成

表 11.13 壱岐周辺において特定の餌料が検出されたイルカの頭数と，それら餌料動物種の数（カッコ内）．（竹村 1986b）

鯨　種	魚　類	頭足類	エビ類	調査頭数
ハンドウイルカ	15（32種）	24（7種）	1（1種）	56
オキゴンドウ	23（１種）	26（3種）		32
カマイルカ	28（3種）	46（3種）		63
ハナゴンドウ		2（3種）		3

熟年齢 (8)，性成熟体長 (7)，成長停止体長 (3) がある．栄養の改善は成長期の子どもの成長改善として速やかに発現するが，性成熟体長や性成熟年齢の変化として認識されるまでには10年近い時間がかかる．③に属するものには繁殖期 (1)，成長停止年齢 (2)，睾丸成長期間 (4)，成体の睾丸重量 (6)，年間排卵率 (11) があげられる．母体の栄養が改善されれば妊娠にいたらない排卵が減少し，休止期間が短縮され，乳児死亡が低下するなどの結果をもたらすと推定されるが，それが年間排卵率にどのように反映されるかは判断できない．

太平洋標本と壱岐標本でちがいがあるらしいと判断された6ないし7個の特性値のうちの5個は，①と②にあげたグループに含まれる．そして，そのちがいの方向をみると，太平洋標本に比べて壱岐標本のほうが栄養的に良好な状態に置かれた場合に期待されるちがいとなっている．その反対方向のちがいを示す形質がないということも注目される．これらのことは，1980年からみて過去十数年の期間に壱岐周辺において，ハンドウイルカの成長の改善に貢献するような環境変化が起こった可能性を示している．

11.5.2　その背景になにがあるか

(1) 摂餌量と餌生物

まず，基礎情報としてハンドウイルカの摂餌量をみておこう．11頭のハンドウイルカを21カ月間にわたって屋外プールで飼育し，1日あたりの餌の量と体重の増減を調べたケースがある（鳥羽山・清水 1973）．それによると，体重を維持するのに必要な餌の量は体長 236 cm ($n=1$) では体重の約 6.08%，290-310 cm ($n=5$) では 3.54% であり，体が大きいほど体重に対する割合は小さい傾向が認められた．また，290-310 cm の個体でみると，水温が 11.5 度から 24.3 度に上がると，餌の必要量は約 4.5% から 3% に低下した．

餌生物については，竹村 (1986b) が56頭のハンドウイルカの胃内容物を解析している．標本の多くはイルカによるブリ一本釣り漁業の操業妨害対策として壱岐の勝本に追い込まれた個体であり，その季節は2頭以外は2月である．捕獲年は 1983-1985 年で，粕谷ら (1997) の壱岐調査 (1979-1980 年) に続く3年間である．第1胃と第2胃の内容物を32メッシュの篩にかけて種査定用の試料を得た．空胃の個体が多く，残渣がある場合でも多くはイカのくちばしと魚の耳石であった．空胃の率や消化の進み具合は，追い込み開始時刻や追い込んでから殺すまでの経過日数にも依存するので，ここでは餌料種の組成のみを問題にする．

竹村 (1986b) は56頭のハンドウイルカの胃内容物を調査した結果，魚類が検出された個体は15頭，イカが見出された個体は24頭，エビが検出された個体は1頭であったとしている（表 11.13）．ハンドウイルカのおもな餌料は魚類と頭足類であり，ハナゴンドウを除けば，その点では4種のイルカで大きなちがいはない．なお，頭足類の大部分はイカ類で，タコ類はオキゴンドウから1尾が発見されただけであった．ハンドウイルカが主として魚類と頭足類に依存し，きわめて多様な魚類を捕食していることは大西洋のハンドウイルカでも明らかにされており，さらに魚類と頭足類の貢献度はフロリダからテキサスにいたる研究海域のなかでも，地域によって差があることが報告されている（Barros and Odell 1990）．壱岐周辺において駆除目的で捕殺された4種のイルカのなかで，ハンドウイルカの食性は際立って多彩である．その一

表 11.14 ハンドウイルカの胃内容物組成の地理的なちがい．数字は餌料個体数の比率．（水産庁調査研究部 1969）

地理・季節区分	浮き魚	底魚	イカ類
沖合，12-2月	55.6%	27.7%	16.7%
沖合，10月	14.3%	57.1%	28.6%
沿岸，1-5月	0	71.4%	18.6%

因にはハンドウイルカの標本が巻き網漁業で混獲された個体を含むこともあるが，ハンドウイルカはなんでも手あたり次第に食べる種であるということも事実である．このことはハンドウイルカの口器をみれば理解される．その歯や上下の顎骨は大型動物を捕食するシャチやオキゴンドウほどには頑丈さがないとしても，ハダカイワシのような小型生物を主食とするスジイルカ属やマイルカ属よりもはるかに頑丈で，万能型の口器である．

これらイルカ類が壱岐周辺海域で捕食していた魚類のおおよその全長は，ハンドウイルカでは10-100 cm，カマイルカで10-40 cmであった．なお，竹村（1986b）の試料にはブリは検出されなかったが，Kasuya（1985）はカマイルカ1頭とオキゴンドウ4頭がブリを捕食していた例を報告している．そのブリの推定全長はカマイルカで37 cm，体の大きいオキゴンドウで60-87 cmであった．

ハンドウイルカの食性の地理的な差異に関しては，水産庁調査研究部（1969）の調査がある．壱岐周辺においては第1回目のイルカ被害騒動が1966年ごろに始まり，それへの対策の一部として，西海区水産研究所の研究者がこの研究を行った．ちなみに，粕谷ら（1997）の研究は1978年ごろに再燃した第2回目のイルカ騒動のときに行われたものである．水産庁調査研究部（1969）ではハンドウイルカの胃内容物を地理的，季節的に解析している（表11.14）．餌料をイカ類，浮き魚，底魚に分けると，沿岸では底魚が卓越するが，沖合では浮き魚が増加し，時期によっては浮き魚が卓越する場合もあることが示されている．イカ類は漁場・季節を問わず16-28%を占めていた．

これらの研究は，ハンドウイルカはきわめて多様な餌を食しており，食性に関してはずばぬけた適応性をもつ種であることを示している．したがって，ある海域ないしは季節における餌料組成から，ほかの海域あるいはほかの季節の餌料組成をおしはかることには危険がともなう．また，特定の魚種が漁業によって乱獲されたとしても，ただちにそれをハンドウイルカの栄養環境の悪化に結びつけることもむずかしい．

（2）イルカ漁業の影響

漁獲によりハンドウイルカの生息数が減れば，1頭あたりの餌の供給が増えて栄養が改善される可能性がある．スジイルカ漁業により乱獲が進んだ結果，伊豆半島周辺に来遊するスジイルカの成長や繁殖が改善されたらしいことは前に述べた（第10章）．多彩なハンドウイルカの食性と，他種イルカとの食物の重複を念頭に置けば，ハンドウイルカ以外のイルカ類が漁獲により減少した場合にも，その結果としてハンドウイルカの栄養環境の改善がもたらされる可能性もある．ハンドウイルカを1960年ごろから捕獲してきた漁業地としては，南から沖縄県名護，長崎県五島・対馬・壱岐，和歌山県太地，静岡県伊豆があげられる．これらの漁業地の操業状況を粕谷ら（1997）は公表された統計データを用いて検討している．その基礎になったのは粕谷（1996）であり，それはKasuya（1985）とKishiro and Kasuya（1993）が各種出版物から集めた統計資料によっている．それ以外の統計も含む関連情報が本書の第I部に収録されている．これらの情報も含め，かつ粕谷ら（1997）の考察の問題点をも指摘しつつ，これまでの関連研究のあらましを以下に紹介する．

名護ではイルカの追い込み漁が昔から機会を待って地域の共同作業として行われてきたが，最近では石弓漁業がこれに代わっている．名護の漁獲統計は1960-1994年のうちの1971, 1973年を除く20年間の分が粕谷（1996）にある．また，1960-1975年分が宮崎（1980）に，1960-1982年分が内田（1985）に収録されているが，共通する年度でみる限り，種組成の若干のくいちがいを除き，おおむね一致している．これら

表 11.15 日本沿岸のハンドウイルカの生息数推定. 単位：千頭.（宮下 1986b と Miyashita 1993 より作成）

海　　　　域	生息頭数	95% 信頼限界	季　節	調査年
沖縄-東シナ海東部-北九州	35	CV=55%	冬	1982-1985
西部北太平洋：30°N 以北, 145°E 以西	37	22- 60	夏	1983-1991
同　　　：30°N 以北, 145°E-180°	100	52-192	同上	同上
同　　　：23°N-30°N, 127°E-180°	32	7- 14	同上	同上

の資料でみると，沖縄では 1960 年からコビレゴンドウに混ざって散発的なハンドウイルカの捕獲が記録されている．漁獲はそれ以前にもあったものと思われるが，ハンドウイルカが定常的に捕獲され始めたのは 1981 年である．1981 年以降の年間捕獲は 0-77 頭の範囲にあり，その後の 14 年間に 274 頭が捕獲された．年平均では 20 頭ほどなので，かりに同一個体群から捕獲されてきたとしても，この程度の捕獲が壱岐周辺，あるいは太地周辺の個体群に大きな影響をおよぼしたとは考えにくい．

粕谷ら（1997）は長崎県下におけるハンドウイルカ漁業に関して，1965 年以後の統計だけを使用してハンドウイルカの栄養環境の変化を検討している．水産庁調査研究部（1969）の統計には 1944 年からの統計が示されているので，粕谷ら（1997）はそれも検討に加えるべきだったように思う．1940 年代あるいはそれ以前からの継続的な捕獲によって，県下の各種イルカ類の個体群レベルは低く抑えられていた可能性があるからである．長崎県下の各地では古くからイルカの追い込み漁が行われてきた．統計が連続的に得られている 1944-1965 年についてみると，この期間に合計 7,097 頭のイルカ類が捕獲されている．そのうち 1,145 頭が種不明で，ハンドウイルカは 3,170 頭（既知種の 53.3%）であった（範囲で示された統計は中央値をとり，2 種の合計値が示された場合には半分をハンドウイルカとみなした）．もしも，種の記録がない 1,000 余頭を既知種の組成で按分すると，この 22 年間に長崎県下で捕獲されたハンドウイルカは 3,779 頭と計算される．年平均では 172 頭である．1966 年以降の捕獲統計は田村ら（1986）にある．それによると 1979 年までの 14 年間に 7,463 頭のイルカが捕獲され，その

うちの 1,909 頭がハンドウイルカであった．年平均では 136 頭である．壱岐において，追い込みによるイルカの駆除は 1976 年にハナゴンドウで始まり，1977 年からはハンドウイルカの大量捕獲が始まったが（Kasuya 1985），それまでは，長崎県下では 1940 年代から年平均 150 頭前後のハンドウイルカの捕獲が続いてきたと結論される．

冬季の調査から推定された壱岐周辺を含む東シナ海の東半分の海域におけるハンドウイルカの生息数は 35,000 頭である（表 11.15; 宮下 1986b）．第 1 に，この推定値はきわめて広い CV（変動係数）をともなっているので，信頼性に乏しく資源管理の基礎として使用するには望ましくないことに注目しなければならない．第 2 に，この推定値は沖縄周辺の太平洋側も含んでいるところに問題がある．それは東経 126-131 度，北緯 25-35 度で囲まれた 50 個の 1 度×1 度区画のうちの 34 区画に対する推定である．沖縄県の沿岸で越冬しているハンドウイルカが壱岐で越冬している個体と同じ個体群に属するかどうかは疑問である．彼らは沖縄沿岸のローカルな個体群を形成しているかもしれない．また，かりに夏には黒潮に乗って，北九州沿岸あるいは太平洋側の四国や紀伊半島の沿岸に来遊しているとしても，冬に壱岐や紀伊半島沿岸に来遊している可能性は乏しい．つまり，上にあげた本種の生息頭数は壱岐・対馬周辺で越冬する個体群の大きさとしては過大である．海面面積から概算すれば，壱岐来遊分はこの 3 分の 2 かもしれない．このような状況を勘案すれば，長崎県下のハンドウイルカの平均年間捕獲 150 頭は生息頭数の 1-2% となり，その生息数は，漁獲によってある程度は低く維持されてきたと考えることができる．ハンドウイルカ以

外の種に関しても，ハンドウイルカの2倍近い捕獲が続いていたので，壱岐周辺のイルカ類の生息密度は環境収容力に比べて比較的低いレベルにあったと判断される．ハンドウイルカの食性からみて，他種イルカ類の個体数の低下もハンドウイルカの生活環境の改善に貢献していたと考えることができる．

それでは，本州の太平洋沿岸のハンドウイルカはどのような状況にあったのだろうか．この海域で1960-1980年の20年間にハンドウイルカを捕獲していた漁業地は太地と伊豆半島沿岸である．これに関する太地の捕獲統計は小型捕鯨業，追い込み漁業，突きん棒漁業の3漁業種を合計したものが1963-1985年の期間をカバーしており，その後は突きん棒漁法がほかの漁法と区別されている（粕谷1996）．太地のイルカ漁はスジイルカとコビレゴンドウをおもな対象としてきた．1963-1979年の17年間の年間捕獲はコビレゴンドウ52-490頭（年平均152頭），スジイルカ331-1,717頭（年平均827頭）であり，1979年までは，ハンドウイルカの捕獲はきわめて低いレベルにあった．これは肉が不味であるとして食用を好まなかった住民の嗜好によるものである．ところが，1969年に継続的なイルカの追い込み漁が太地で始まり，1980年からはハンドウイルカも捕獲対象に組み入れられ，1980年には345頭が捕獲された．これは動物園の飼料として販路が開かれたことによるものであるが，それからはしだいに人の食糧としても利用されるようになった（粕谷ら1997）．このような太地におけるハンドウイルカの捕獲の動向を数字で示すと，つぎのようになる．すなわち，1963-1979年の17年間の捕獲頭数は合計674頭で，年平均40頭，最大年でも103頭であった．ところが，1980年からは捕獲が急増し，1987年にはピークの1,745頭を記録した．しかし，急増期の捕獲の影響は本書で紹介した粕谷ら（1997）の試料（1981-1983年）にはまだ発現していないと思われる．

伊豆半島沿岸の追い込み漁業もハンドウイルカを捕獲していたが，捕獲の主体はスジイルカであった．戦後の混乱期にはさまざまな種が捕獲されたものと思われるが，1972年までの統計はきわめて不完全である．安良里だけは1942-1957年の鯨種別統計が残されている．この元記録は粕谷（1976）にあり，粕谷（1996）などの集計にも算入されている．それによると，当時の安良里ではコビレゴンドウの漁の合間にハンドウイルカ（ハスナガと称す）を捕獲していたことがわかる．捕獲頭数はこの期間に合計300頭で，年間捕獲は0-188頭（年平均19頭）にすぎない．統計が完備された1972年以降についてみても，1980年までの9年間の捕獲は274頭（0-120頭；年平均30頭）であった．同様の低レベルの散発的な捕獲が1990年代まで続いている（粕谷1996; Kishiro and Kasuya 1993）．

太平洋沿岸のハンドウイルカの生息数は，屋久島以北の太平洋沿岸から東経145度の沖合までの範囲に37,000頭と推定されている（表11.15）．この推定値は沖合300-400 kmまでを含んでいる．追い込み漁業の操業範囲はせいぜい40 kmまでであるし（Kishiro and Kasuya 1993），個体数が推定された海域のなかにいくつの個体群があるかも定かではない．大ざっぱにいえば，北太平洋の日本沿岸水域のハンドウイルカの生息数は東部東シナ海・北九州のそれに比べてやや大きいか，同レベルにあるとみることができる．そのような状況からみて，1960-1980年ごろのハンドウイルカへの捕獲圧は北九州周辺のほうが大きかったと判断される．しかし，太平洋沿岸においては，1960年代から1970年代にかけてスジイルカの資源が激減している．それがハンドウイルカの生活に与えた影響を無視することはできない．

1970年代末から1980年代初期にかけておもに冬季に捕獲された試料から推定したハンドウイルカの生物学的特性値を，北九州海域と本州の太平洋沿岸の間で比較すると，出産期，成長停止年齢および成長停止体長にはちがいが認められなかったが，比較的近年の栄養状態に左右されやすい年間妊娠率，性成熟年齢，未成熟個体の体長などには若干のちがいが認められた．それらは壱岐周辺のハンドウイルカ個体群は太

平洋岸のそれに比べて，良好な栄養環境にあったときに期待されるような方向でのちがいであった．その背景には，イルカ漁業の歴史のちがいがあるかと思われるが，それを漁獲統計から説明することはできなかった．

なお，ブリ資源の減少（第3章）の間接的な影響により，ハンドウイルカの飼料が増えるとか，他種イルカ類の漁獲によるハンドウイルカの栄養環境の変化などの，生態系を通しての相互作用についても今後の課題である．

第11章　引用文献

内田詮三 1985．水族館等展示用小型歯鯨類調査報告書（II）．海洋博記念公園管理財団．36 pp．

小笠原ホエールウォッチング協会・イルカ調査隊 2003．小笠原ミナミハンドウイルカ・カタログ．小笠原ホエールウォッチング協会．43 pp．

小川鼎三 1936．本邦の歯鯨に関する研究（第2回，第3回）．植物及動物 4（8）：15-22；4（9）：1-10．

粕谷俊雄 1976．スジイルカの資源（1），（2）．鯨研通信 295：19-23；296：29-35．

粕谷俊雄 1980．イルカの生活史．アニマ 8（9）：13-23．

粕谷俊雄 1996．ハンドウイルカ．pp. 334-339．In：小達繁（編）．日本の希少な野生水生生物に関する基礎資料（III）．日本水産資源保護協会，東京．582 pp．

粕谷俊雄・泉沢康晴・光明義文・石野康治・前島依子 1997．日本近海産ハンドウイルカの生活史特性値．IBI Rep.（国際海洋生物研究所，鴨川市）7：71-105．

粕谷俊雄・宮崎信之 1981．壱岐周辺のイルカとイルカ被害——3箇年の調査の中間報告．鯨研通信 340：25-36．

粕谷俊雄・山田格 1995．日本鯨類目録．日本鯨類研究所，東京．90 pp．

勝俣悦子・鳥羽山照夫・吉岡基・会田勝美 1994．飼育下の雄バンドウイルカにおける血中テストステロン濃度の季節変化．日本動物園水族館協会誌 35（3）：73-78．

佐伯宏美 2007．房総にやってきたミナミバンドウイルカ．さかまた（鴨川シーワールド）27：4．

水産庁調査研究部 1969．西日本における小型ハクジラ類被害対策基礎調査総合報告書（昭和42，43年度）．水産庁調査研究部．108 pp．

竹村暘 1986a．イルカ類の生物学的特性値——A．カマイルカ，ハンドウイルカ．pp. 161-177．In：田村保・大隅清治・荒井修亮（編）．漁業公害（有害生物駆除）対策調査委託事業調査報告書（昭和56-60年度）．同調査委員会．285 pp．

竹村暘 1986b．食性と生態系における地位．pp. 187-195．In：田村保・大隅清治・荒井修亮（編）．漁業公害（有害生物駆除）対策調査委託事業調査報告書（昭和56-60年度）．同調査委員会．285 pp．

田村保・大隅清治・荒井秀亮（編）1986．漁業公害（有害生物駆除）対策調査委託事業調査報告書（昭和56-60年度）．同調査委員会．285 pp．

鳥羽山照夫・清水宏 1973．飼育下におけるバンドウイルカ，Tursiops gilli の摂餌量と体重との関係（維持摂餌量について）．日本動物園水族館協会誌 15（2）：37-39．

藤田健一郎 2003．南房総に定着したハンドウイルカの観察．勇魚 38：85-89．

宮崎信之 1980．ジュゴンとクジラ．pp. 157-166．In：木崎甲子郎（編）．琉球の自然史．築地書館，東京．282 pp．

宮下富夫 1986a．調査船による調査．pp. 78-87．In：田村保・大隅清治・荒井修亮（編）．漁業公害（有害生物駆除）対策調査委託事業調査報告書（昭和56-60年度）．同調査委員会．285 pp．

宮下富夫 1986b．資源量の推定2　調査船．pp. 202-213．In：田村保・大隅清治・荒井修亮（編）．漁業公害（有害生物駆除）対策調査委託事業調査報告書（昭和56-60年度）．同調査委員会．285 pp．

吉岡基 1990．内分泌系——繁殖生態との関連．pp. 14-22．In：宮崎信之・粕谷俊雄（編）．海の哺乳類——その過去・現在・未来．サイエンティスト社，東京．300 pp．

Asper, E. D., Andrews, B. F., Antrim, J. E. and Young, W. G. 1992. Establishing and maintaining successful breeding programs for whales and dolphins in zoological environment. IBI Rep.（国際海洋生物研究所，鴨川市）3：71-84.

Barros, N. B. and Odell, D. K. 1990. Food habits of bottlenose dolphins in the southern United States. pp. 309-328. In：S. Leatherwood and R. R. Reeves（eds）. The Bottlenose Dolphin. Academic Press, San Diego. 653 pp.

Best, P. B. 2007. Whales and Dolphins of the Southern African Subregion. Cambridge University Press, Cambridge. 338 pp.

Brodie, P. F. 1972. Significance of accessory corpora lutea in odontocetes with reference to Delphinapterus leucas. Journal of Mammalogy 53：614-616.

Brook, F. M., Kinoshita, R. and Benirschke, K. 2002. Histology of the ovaries of a bottlenose dolphin, Tursiops aduncus, of known reproductive history. Marine Mammal Sci. 18（2）：540-544.

Connor, R. C., Wells, R. S., Mann, J. and Read, A. J. 2000. The bottlenose dolphin：social relationships in a fission-fusion society. pp. 91-126. In：J. Mann, R. C. Connor, P. L. Tyack and H. Whitehead（eds）. Cetacean Societies：Field Studies of Dolphins and Whales. The University of Chicago Press, Chicago and London. 433 pp.

Cornell, L. H., Asper, E. D., Antrim, J. E., Searles, S. S., Young, W. G. and Goff, T. 1987. Progress report：results of a long-range captive breeding program for the bottlenose dolphin, Tursiops truncatus and Tursiops truncatus gilli. Zoo Biology 6（1）：41-53.

Demaster, D. P. 1984. Review of techniques used to estimate the average age at attainment of sexual maturity in marine mammals. Rep. int. Whal. Commn.（Special Issue 6, Reproduction in Whales, Dolphins and Porpoises）：175-179.

Fernandez, S. 1992. Composition de edad y sexo y parametros del ciclo de viva de toninas（Tursiops truncatus） varadas en el noroeste del Golfo de Mexico. M. S. thesis, Inst. Techn. Estudios Superiores Monterey, Guaymas, Mexico. 109 pp.

Gao, A., Zhou, K. and Wang, Y. 1995. Geographical variation in morphology of bottlenose dolphins (*Tursiops* sp.) in Chinese waters. *Aquatic Mammals* 21（2）：121-135.

Hale, P. T., Barreto, A. S. and Ross, G. J. B. 2000. Comparative morphology and distribution of the *aduncus* and *truncatus* forms of bottlenose dolphin *Tursiops* in the Indian and Western Pacific Oceans. *Aquatic Mammals* 26（2）：101-110.

Hersh, S. L. and Duffield, D. A. 1990. Distinction between Northwest Atlantic offshore and coastal bottlenose dolphins based on hemoglobin profile and morphology. pp. 129-139. *In*：S. Leatherwood and R. R. Reeves (eds). *The Bottlenose Dolphin*. Academic Press, San Diego. 653 pp.

Hohn, A. A. 1989. Comparison of methods to estimate the average age at sexual maturation in dolphins. Paper IWC/SC/41/O28, presented to the IWC Scientific Committee in 1989. 15 pp (Available from IWC Secretariat).

Hohn, A. A., Scott, M. D., Wells, R. S., Sweeney, J. C. and Irvine, A. B. 1989. Growth layers in teeth from known-age, free-ranging bottlenose dolphins. *Marine Mammal Sci.* 5（4）：315-342.

Kasuya, T. 1985. Fishery-dolphin conflict in the Iki Island area of Japan. pp. 253-272. *In*：J. R. Beddington, R. J. H. Beverton and D. M. Lavigne (eds). *Marine Mammals and Fisheries*. George Allen and Unwin, London. 354 pp.

Kasuya, T. 1995. Overview of cetacean life histories：an essay in their evolution. pp. 253-272. *In*：A. S. Blix, L. Walloe and O. Ultang (eds). *Whales, Seals, Fish and Man*. Elsevier Siences, Amsterdam. 720 pp.

Kasuya, T. 1999. Review of the biology and reproduction of striped dolphins in Japan. *J. Cetacean Res. Manage.* 1（1）：81-100.

Kasuya, T. and Marsh, H. 1984. Life history and reproductive biology of the short-finned pilot whale, *Globicephala macrorhynchus*, off the Pacific coast of Japan. *Rep. int. Whal. Commn.* (Special Issue 6, Reproduction in Whales, Dolphins and Porpoises)：259-310.

Kasuya, T., Miyazaki, N. and Dawbin, W. H. 1974. Growth and reproduction of *Stenella attenuata* in the Pacific coast of Japan. *Sci. Rep. Whales Res. Inst.* (Tokyo) 26：157-226.

Kasuya, T., Tobayama, T., Saiga, T. and Kataoka, T. 1986. Perinatal growth of delphinoids：information from aquarium reared bottlenose dolphins and finless porpoises. *Sci. Rep. Whales Res. Inst.* (Tokyo) 37：85-97.

Kemper, C. M. 2004. Osteological variation and taxonomic affinities of bottlenose dolphins, *Tursiops* spp., from south Australia. *Australian J. Zoology* 52：29-48.

Kishiro, T. and Kasuya, T. 1993. Review of Japanese dolphin drive fisheries and their status. *Rep. int. Whal. Commn.* 43：439-452.

Kogi, K., Hishii, T., Imamura, A., Iwatani, T. and Dudzinski, K. M. 2004. Demographic parameters of Indo-Pacific bottlenose dolphins (*Tursiops aduncus*) around Mikura Island, Japan. *Marine Mammal Sci.* 20（3）：510-526.

LeDuc, R. G., Perrin, W. F. and Dizon, A. E. 1999. Phylogenetic relationship among the delphinid cetaceans based on full cytochrome *b* sequences. *Marine Mammal Sci.* 15：619-648.

Lockyer, C. and Morris, R. 1987. Observed growth rate in a wild juvenile *Tursiops truncatus*. *Aquatic Mammals* 13（1）：27-30.

Miyashita, T. 1993. Abundance of dolphin stocks in the western North Pacific taken by the Japanese dolphin fishery. *Rep. int. Whal. Commn.* 43：417-437.

Miyashita, T. and Kasuya, T. 1988. Distribution and abundance of Dall's porpoise off Japan. *Sci. Rep. Whales Res. Inst.* (Tokyo) 39：121-150.

Miyazaki, N. 1980. Catch records of cetaceans off the coast of the Kii Peninsula. *Mem. National Sci. Mus.* 13：69-82.

Miyazaki, N. 1984. Further analyses of reproduction in the striped dolphin, *Stenella coeruleoalba*, off the Pacific coast of Japan. *Rep. int. Whal. Commn.* (Special Issue 6, Reproduction in Whales, Dolphins and Porpoises)：343-353.

Miyazaki, N. and Nakayama, K. 1989. Records of cetaceans in the waters of the Amami Islands. *Mem. National Sci. Mus.* 22：235-249.

Miyazaki, N. and Nishiwaki, M. 1978. School structure of the striped dolphin off the Pacific coast of Japan. *Sci. Rep. Whales Res. Inst.* (Tokyo) 30：65-116.

Moller, L. M. and Beheregaray, L. B. 2001. Coastal bottlenose dolphins from southeastern Australia are *Tursiops aduncus* according to sequences of the mitochondrial DNA control region. *Marine Mammal Sci.* 17（2）：249-263.

Myrick, A. C. Jr. and Cornell, L. H. 1990. Calibrating dental layers in captive bottlenose dolphins from serial tetracycline labels and tooth extractions. pp. 587-608. *In*：S. Leatherwood and R. R. Reeves (eds). *The Bottlenose Dolphin*. Academic Press, London. 653 pp.

Natoli, A., Peddemors, V. M. and Hoelzel, A. R. 2004. Population structure and speciation in the genus *Tursiops* based on microsatellites and mitochondrial DNA analysis. *J. Evoluntary Biol.* 17：363-375.

Perrin, W. F., Coe, J. M. and Zweifel, J. R. 1976. Growth and reproduction of spotted porpoise, *Stenella attenuata*, in the offshore eastern tropical Pacific. *Fish. Bull.* 74（2）：229-269.

Perrin, W. F. and Donovan, G. P. (eds) 1984. Report of the workshop. *Rep. int. Whal. Commn.* (Special Issue 6, Reproduction in Whales, Dolphins and Porpoises)：1-24.

Perrin, W. F., Roberston, K. M., van Bree, P. J. H. and Mead, J. G. 2007. Cranial description and genetic identity of the holotype specimen of *Tursiops aduncus* (Ehrenberg, 1832). *Marine Mammal Sci.* 23（2）：343-357.

Ralls, K. and Mesnick, S. L. 2002. Sexual dimorphism. pp. 1071-1078. *In*：W. F. Perrin, B. Würsig and J. G. M. Thewissen (eds). *Encyclopedia of Marine Mammals*. Academic Press, San Diego. 1414 pp.

Read, A. J., Wells, R. S., Hohn, A. A. and Scott, M. D. 1993.

Patterns of growth in wild bottlenose dolphins, *Tursiops truncatus*. *J. Zool., Lond.* 231：107-123.

Reeves, R. R., Perrin, W. F., Taylor, B. L., Baker, C. S. and Mesnick, S. L. (eds) 2004. *Report of the Workshop on Short-coming of Cetacean Taxonomy in relation to Needs of Conservation and Management, 30 April-2 May 2004, La Jolla*. NOAA Technical Memorandum NMFS NOAA-TM-NMFS-SWFSC-363：1-94.

Rice, D. W. 1998. *Marine Mammals of the World, Systematics and Distribution*. Soc. for Marine Mammalogy, Special Publication No. 4. 231 pp.

Ross, G. J. B. 1977. The taxonomy of bottlenosed dolphins *Tursiops* species in South African waters, with notes on their biology. *Ann. Cape Prov. Mus.* (Nat. Hist.) 11 (9)：135-194.

Scott, M. D., Wells, R. S. and Irvine, A. B. 1996. Long-term studies of bottlenose dolphins in Florida. *IBI Rep.*（国際海洋生物研究所，鴨川市）6：73-81.

Shane, S. H., Wells, R. S. and Würsig, B. 1986. Ecoology, behavior and social organization of the bottlenose dolphin：a review. *Marine Mammal Sci.* 2（1）：34-63.

Shirakihara, M., Shirakihara, K., Tomonaga, J. and Takatsuki, M. 2002. A resident population of Indo-Pacific bottlenose dolphins (*Tursiops aduncus*) in Amakusa, western Kyushu, Japan. *Marine Mammal Sci.* 18（1）：31-41.

Steiner, A. and Bossley, M. 2008. Some reproductive parameters of an estuarine population of Indo-Pacific dolphins (*Tursiops aduncus*). *Aquatic Mammals* 34（1）：84-92.

Takahashi, Y., Ohwada, S., Watanabe, K., Ropert-Coudert, Y., Zenitani, R., Naito, Y. and Yamaguchi, T. 2006. Does elastin contribute to the persistence of corpora albicantia in the ovaries of the common dolphin (*Delphinus delphins*). *Marine Mammal Sci.* 22（4）：819-830.

Urian, K. W., Duffield, D. A., Read, A. J., Wells, R. S. and Shell, E. D. 1996. Seasonality of reproduction in bottlenose dolphins, *Tursiops truncatus*. *J. Mammalogy* 77（2）：394-403.

Wang, J. Y., Chou, L.-S. and White, B. N. 1999. Mitochondrial DNA analysis of sympatric morphotypes of bottlenose dolphins (genus：*Tursiops*) in Chinese waters. *Molecular Ecology* 8：1603-1612.

Wang, Y. J., Chou, L.-S. and White, B. N. 2000a. Differences in the external morphology of two sympatric species of bottlenose dolphins (genus *Tursiops*) in the waters of China. *J. Mammalogy* 8（4）：1157-1165.

Wang, Y. J., Chou, L.-S. and White, B. N. 2000b. Osteological difference between two sympatric forms of bottlenose dolphins (genus *Tursiops*) in Chinese waters. *J. Zool., Lond.* 252：147-162.

Wang, J. Y. and Yang, S. 2007. *An Identification Guide to the Dolphins and Other Small Cetaceans of Taiwan*. Jen Jen Publishing and Nation. Mus. Mar. Bio. & Aquarium, Taiwan. 207 pp.（王愈超・楊世主 2007. 台湾鯨類図鑑）.

Weigle, B. 1990. Abundance, distribution and movements of bottlenose dolphins (*Tursiops truncatus*) in lower Tampa Bay, Florida. *Rep. int. Whal. Commn.* (Special Issue 12, Individual Recognition of Cetaceans)：195-201.

Wells, R. 1991. The role of long-term study in understanding the social structure of bottlenose dolphin community. pp. 199-225. *In*：K. Prior and K. S. Norris (eds). *Dolphin Societies*. University of California Press, Berkeley. 397 pp.

Wells, R. S., Hansen, L. J., Baldbridge, A., Dohl, T. P., Kelly, D. L. and Defran, R. H. 1990. Northward extension of the range of bottlenose dolphins along the California coast. pp. 421-431. *In*：S. Leatherwood and R. R. Reeves (eds). *The Bottlenose Dolphin*. Academic Press, London. 653 pp.

Wells, R. S. and Scott, M. D. 1990a. Bottlenose Dolphin *Tursiops truncatus* (Montagu, 1821). pp. 137-182. *In*：S. H. Ridgway and R. Harrison (eds). *Handbook of Marine Mammals, Vol. 6 The Second Book of Dolphins and the Porpoises*. Academic Press, Sandiego. 486 pp.

Wells, R. S. and Scott, M. D. 1990b. Estimating bottlenose dolphin population parameters from individual identification and capture-release technique. *Rep. int. Whal. Commn.* (Special Issue 12, Individual Recognition of Cetaceans)：407-415.

Wells, R. S., Scott, M. D. and Irvine, A. B. 1987. The social structure of free-ranging bottlenose dolphins. pp. 247-305. *In*：H. Genoways (ed). *Current Mammalogy, Vol. 1*. Prenum Press, New York. 519 pp.

Yoshioka, M., Mohri, E., Tobayama, T., Aida, K. and Hanyu, I. 1986. Annual change in serum reproductive hormone levels in the captive female bottlenose dolphins. *Bull. Japan. Soc. Sci. Fish.* 52：75-77.

Yoshioka, M., Tobayama, T., Ohara, S. and Aida, K. 1993. Ejaculation pattern of bottlenose dolphin. *Abst. Tenth Biennial Conf. Biol. Marine Mammals*. 11-15, Nov. p. 115.

Zhou, K. and Qian, W. 1985. Distribution of the dolphins of the genus *Tursiops* in the China seas. *Aquatic Mammals* 11（1）：16-19.

第 12 章　コビレゴンドウ

12.1　特徴

12.1.1　ヒレナガゴンドウとのちがい

ゴンドウクジラ属（*Globicephala*）には 2 種が知られている．ヒレナガゴンドウ *Globicephala melas*（Traill, 1809）とコビレゴンドウ *Globicephala macrorhynchus* Gray, 1846 がこれである．両種とも世界的に広く分布する．前者は熱帯域を避けて南北の温帯から寒帯に分布し，その分布パターンは反赤道分布（antitropical distribution）として知られている（Davies 1963; Barnes 1985）．今日では，本種は北太平洋には生息しないが，北日本では館山市内の平久里川の縄文海進のころの河床（約 6,300-6,400 年前）から頭骨が 1 つ出土し，礼文島のオホーツク文化の 2 つの遺跡から 5 個のほぼ完全な頭骨が出土した（Kasuya 1975）．この礼文島の遺跡は 8 世紀から 12 世紀にまたがる遺跡であり，これらの頭骨はゴンドウクジラ属を含む多数の海産哺乳類の骨片と一緒に出土したものである（粕谷 1981）．また，アリューシャン列島東部のウナラスカ島のいまから 3,500 年前から 2,500 年前までにまたがる遺跡からも本種の出土が報告されている（Frey *et al.* 2005）．本種は比較的最近まで北太平洋北部で原住民によって漁獲されてきたが，いまでは北太平洋では絶滅したと考えられている（Crockford 2008）．後種，コビレゴンドウは熱帯から温帯にかけて生息する．今日北太平洋に生息するゴンドウクジラ属はこれ 1 種のみである．

これらの 2 種を区別するおもな特徴は外部形態では胸鰭の長さであり，骨格では頭骨の形と歯数にある．体表の斑紋や体の大きさには地域差が大きく，2 種を判別する基準にならない（Kasuya and Matsui 1984; Kasuya *et al.* 1988）．胸鰭の長さの測定は，胸鰭の前基点，すなわち人体でいえば肩先にあたる部位から胸鰭の先端までを直線で測るのが普通である．このようにして測定した胸鰭の長さと体長との関係をみると，そこには雌雄差はほとんどなく，胸鰭の長さは体長の増加にともなっておおむね直線的に増加する．しかし，3,400 頭あまりのヒレナガゴンドウを調べた例では，その関係は厳密には比例関係にないため，胸鰭の長さを体長のパーセントで示した値は，成長にともなって変化する（Bloch *et al.* 1993a, 1993b）．その研究によれば，その平均値は体長 1.5 m 時（新生児）の 25% から 2.5 m 時の 20% にまで低下した後に，今度は増加に転じて，6 m のときには約 25% になる．出生後の個体全体でみると，体長に対する比率はほぼ 16-28% の範囲にあり，成体だけをとると 18-29% の範囲に収まる．これに対して，日本近海のコビレゴンドウの出生後の個体についてみると，体長と胸鰭の長さの関係はほぼ原点を通る直線に乗る．つまり比例するので，体長との比率で示した胸鰭の長さは成長によってほとんど変化をみせない．新生児を含む 21 頭の値は 15.8-19.0% の範囲にあり，成体 18 頭の値も 15.8-18.9%（平均 16.3%）の範囲にあった（Yonekura *et al.* 1980）．つまり，成体だけで比較する限り，体長に対する胸鰭長の比率の範囲は 2 種の間でほとんど重ならない．また，Yonekura *et al.*（1980）によれば，ヒレ

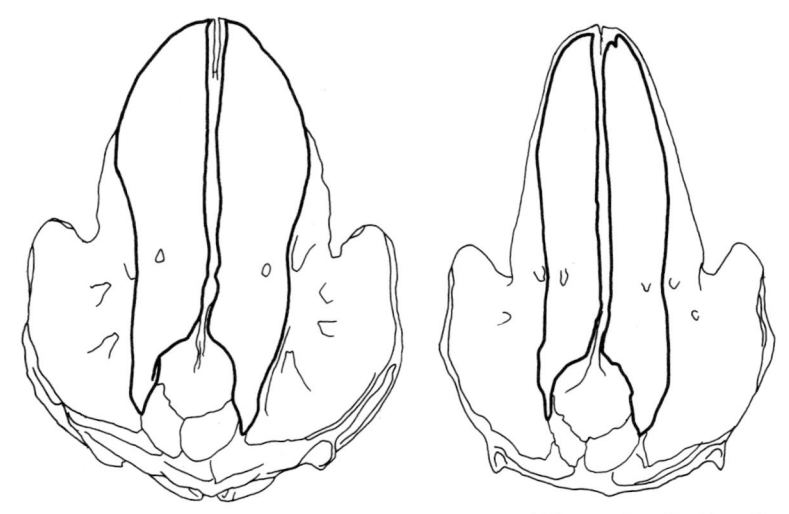

図 12.1　コビレゴンドウ（左）とヒレナガゴンドウ（右）の頭骨の背面を比較する．太い輪郭線で示した1対の骨が顎間骨（premaxilla）で，その左右の外側にあって頭骨の背面をほぼ完全に覆っている骨が顎骨（maxilla）である．（粕谷 1995）

ナガゴンドウに比べて，コビレゴンドウは臍から尾端までの比率がやや小さいとされているが，そのちがいはわずかで（56%：60-61%），計測の誤差を考えればあまり重視するのは危険である．

Globicephala 属2種の頭骨のちがいは吻部の輪郭と，吻部背面の中央部に露出している2本の顎間骨（premaxilla; 前上顎骨ともいう）の形に現れる．Kasuya（1975）はともに南北太平洋と北大西洋の個体を含むヒレナガゴンドウ29頭（頭骨長580-712 cm）とコビレゴンドウ37頭（頭骨長540-748 cm）の頭骨を比較した．頭骨吻部の長さの中央点における吻幅を測定し，頭骨全長に対する比率を求めると，その値はヒレナガゴンドウでは26.8-33.0%（平均29.2%）であるのに対して，コビレゴンドウでは28.3-49.0%（平均34.3%）とやや大きめであった．また，顎間骨の幅を同じ部位で測定すると，ヒレナガゴンドウでは頭骨全長の21.1-28.5%（平均24.9%）で，コビレゴンドウではそれより大きく26.7-47.2%（平均32.8%）であり，2種の間の重なりはさらに少ない．しかし，この頭骨吻部の形態のちがいは測定値でみるよりも関連する骨の形状をみるともっとわかりやすい．すなわち，ヒレナガゴンドウでは顎間骨の左右の縁がほぼ平行に伸びていて，その外側に顎骨（maxilla; 上顎骨ともいう）が露出してみえるのに対して，コビレゴンドウの頭骨では顎間骨が吻部中央付近から前方にかけて左右に広がって，顎骨をほとんど覆い隠しているのである（図12.1）．同じく Kasuya（1975）は，上顎の歯数（片側数）を比較している．ヒレナガゴンドウでは9-12本（34歯列の平均は10.1本），コビレゴンドウでは6-10本（74歯列の平均は7.9本）であった．それぞれの個体の左右の歯の数には相関があるので，Kasuya（1975）が左右の歯列を独立のデータとして平均値を算出しているのは好ましくない．下顎歯の計数が示されていないのは，調査に供したのは博物館標本であり，種の判別に不確実さが残ることを避けたためである．

12.1.2　コビレゴンドウの特徴

コビレゴンドウは西脇（1965）が *Globicephala macrorhynchus* という種に対してつけた名前で，英名の short-finned pilot whale の訳である．後でくわしく述べるように，日本には銚子をおおよその境界として，その南北に形態を異にするコビレゴンドウの2つの地方型が分布している．それらを区別する呼称としてマゴン

ドウとかタッパナガという呼び名が漁業者により使われてきた．しかし，G. macrorhynchus を両地方型を含む1種として認識し，それらをまとめて指し示すための適当な和名がなかったので，コビレゴンドウという新称はそのための言葉として便利である．古来の2つの名称はこれら地方型を指す言葉としてそのまま温存しておけばよい．いつか本種の分類が修正されて，これら地方型が別種として扱われるようなときがくるかもしれない．そのときには，古くからの名称は種を示す和名として昇格させることができる．

「ゴンドウ」には巨頭，牛頭，五島などの文字があてられ，太鼓のように丸くて大きい頭をもつことに由来するといわれる（大槻1808; 服部1887-1888）．この系列の名称にはゴンドクジラ，ゴトクジラ，ナイサゴトウ，マゴンドウ，シオゴトウなどがあり，いずれもいまのコビレゴンドウないしはそのなかの1個体群を指す言葉として用いられた経緯がある．「ゴンドウ」のつく呼称の系列には，ハナゴンドウやオキゴンドウ（一名オキゴトウ，ダイナンゴンド，オオナンゴトウ）などがあり，いずれも頭が大きい種に用いられている．広島県など瀬戸内海西部ではスナメリをゼゴンドウとかゼゴンと呼ぶのもこのながれであり，体は小さいがスナメリの頭の形が丸いことによるのかもしれない（第7章）．同じく頭部の形に由来する呼び名ではあるが，「ゴンドウ」とは異なる系列に属するものに「入道いるか」や「坊主いるか」がある．古くオキゴンドウやコビレゴンドウに対して用いられたものである．このような名称の用例については粕谷・山田（1995）に紹介されている．

コビレゴンドウは体長4-7 mに達するマイルカ科の鯨類である．その特徴は太鼓のような丸い頭と，扇子のように幅広い背鰭にある．『除蝗録』（大蔵1826）ではその特徴的な背鰭をアミガサヒレと記している．ただし，明治19年版の『除蝗録』ではアシガサヒレと誤植されている．これでは意味をなさない．洋上でコビレゴンドウの群れに出会ったときにまずみえるのが，巨大な背鰭と丸い頭である．この2つは新生児ではめだたない．子どものコビレゴンドウでは，頭の形はカマイルカかシャチの頭に似ており，背鰭は普通のイルカの三日月型の背鰭をちょっと幅広くした程度である．それが成長につれて特徴を表してくる（Yonekura et al. 1980）．普通のイルカでは，額のような半球形のメロンと呼ばれる脂肪組織の前方に吻が突き出ている．コビレゴンドウの新生児でもこれに似て，体の一番前に出ているのは上唇の先端である．成長するにつれて，メロンが前方に出てきて吻がめだたなくなる．太地産の個体では2-7歳，体長2.7-3.0 mくらいになると，メロンがくちばし状の吻を覆い隠してしまい，頭部は丸い樽型を呈するにいたる．銚子以南に生息する本種の地方型（マゴンドウ）の雄ではこの部分がとくにめだち，前面は平らになり，まるで額に太鼓を載せているようにみえてくる．コビレゴンドウの群れは15-50頭くらいで構成され，そのなかにはたくさんの成熟雌が含まれるし，成熟雄も1-2頭が含まれているので，遠くから群れをみても種類の判別は容易である．ただし，本属の2種の分布が接する海域では，種の判別には注意を要する．

英語ではコビレゴンドウのほかにオキゴンドウやユメゴンドウなどを一括して black fishes と呼ぶことがある．これらの種では体のごく一部を除いて全身が黒褐色をしていることによる呼び名である．わずかに色の薄い部位があるとすれば，それは背鰭の後方にある鞍形の斑紋，目の斜め後背方にある刷毛で刷いたような淡色斑，それと左右の胸鰭の間の胸の部分にある十字形をした淡色域である．胸の十字模様の縦画は後方，生殖口付近にまで伸びている（図12.2）．なお，生きているときには黒褐色をしている体色も，死後時間が経つと真っ黒になり，淡色域はめだたなくなる．体色や斑紋の観察にあたっては死後の経過時間も考慮しなければならない．

上に述べた3つの淡色斑はヒレナガゴンドウにもコビレゴンドウにもある（Bloch et al. 1993b）．これらは出産直後にはめだたないが，まもなく現れてきて，成体では種類や産地によ

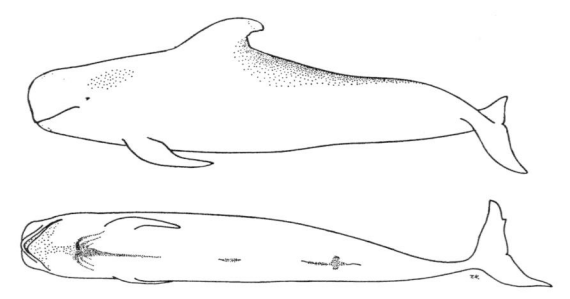

図 12.2 コビレゴンドウの一地方型であるマゴンドウの淡色域（細点を打った部位），その他の部位は黒色である．ほかの地方型タッパナガではこれら淡色域の鮮明さ，大きさ，形状にちがいが現れる．外形とプロポーションは成熟した雌にもとづいている．（Yonekura et al. 1980）

図 12.3 タッパナガ（上：左向の 2 頭）とマゴンドウ（下：右向きの 1 頭）の鞍形斑の比較．マゴンドウの背鰭後方の背部に小さく光る点は太陽の反射である．（撮影：宮下富夫）

る特徴が現れる．その明瞭さ，形，頻度などは産地によって異なり，亜種や地方個体群を識別する指標として役に立つ場合がある反面，同種内の産地間の差のほうが，2種間のちがいよりも大きい場合があるので，ゴンドウクジラ属 2 種を体色斑だけで判別することはできない．たとえば，銚子から釧路沖にかけて分布し，タッパナガと呼ばれているコビレゴンドウの地方型では，鞍形斑が大きくて白さも顕著であるが，その南に分布してマゴンドウと呼ばれる型では，鞍形斑が細長くて白さもあまりめだたない（Kasuya et al. 1988; 図 12.3）．一方，ヒレナガゴンドウでは，南半球では多くの個体に鞍形斑が現れるのに対して，北大西洋の個体にはこれがまれであるとして，両者は別亜種とする意見がある（Davies 1960）．北大西洋のヒレナガゴンドウの体色斑をくわしく研究した Bloch et al.（1993b）によれば，鞍形斑の発現は性別ではなく年齢に関係し，5歳以下には 3% であるのに対して，6-10歳では 30%，11歳以上では 61% に発現するとしている．その写真をみると，鞍形斑は不明瞭で細長くて，あたかも日本沿岸のマゴンドウのそれにそっくりである．このような連続的な形質を比較する場合には，ほかの研究者が出した数値を自分が観察したデータと比較するのは危険である．自分の目で両方をみて比較するのがよい．

12.2 分布

コビレゴンドウは世界中の熱帯から温帯にかけて生息している．北太平洋での北限は北海道東岸の北緯 43 度付近からバンクーバー島付近の北緯 50 度付近に伸びている．北大西洋における北限は米国のニュージャージー（北緯 40 度）からフランス沿岸に達している．地中海にはヒレナガゴンドウが分布し，コビレゴンドウは生息しない．南半球では詳細は不明であるが，ブラジル沿岸のサンパウロ（南緯 23 度），南アフリカ（国名）沿岸，オーストラリア東西岸，ニュージーランド北島の南端（南緯 41 度）にまで分布している（Rice 1998）．南アフリカにはコビレゴンドウとヒレナガゴンドウが分布する（Bree et al. 1978）．ここでは，東海岸では 2 種の分布境界が喜望峰の少し北の南緯 30 度付近にあり，それより北にコビレゴンドウが分布する．しかし，西海岸ではベンゲラ海流という寒流が流れているため，分布境界が南緯 25 度付近にあり，そこまで寒冷性のヒレナガゴンドウが分布する（Best 2007）．このようにアフリカ大陸の南端では東西のコビレゴンドウの分布が断たれているので，いまの時点ではインド洋と南大西洋のコビレゴンドウは交流していないとみられている．

上に述べた本種の分布範囲内であれば，どこでも均しく分布しているわけではない．日本近海では本種は太平洋側には多いが，東シナ海と

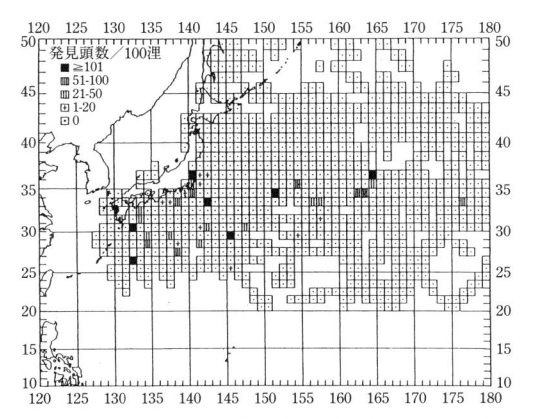

図 12.4 マゴンドウ（コビレゴンドウの1地方型）の日本近海における 8-9 月の密度分布．密度は航走 100 海里あたりの発見頭数．(Miyashita 1993)

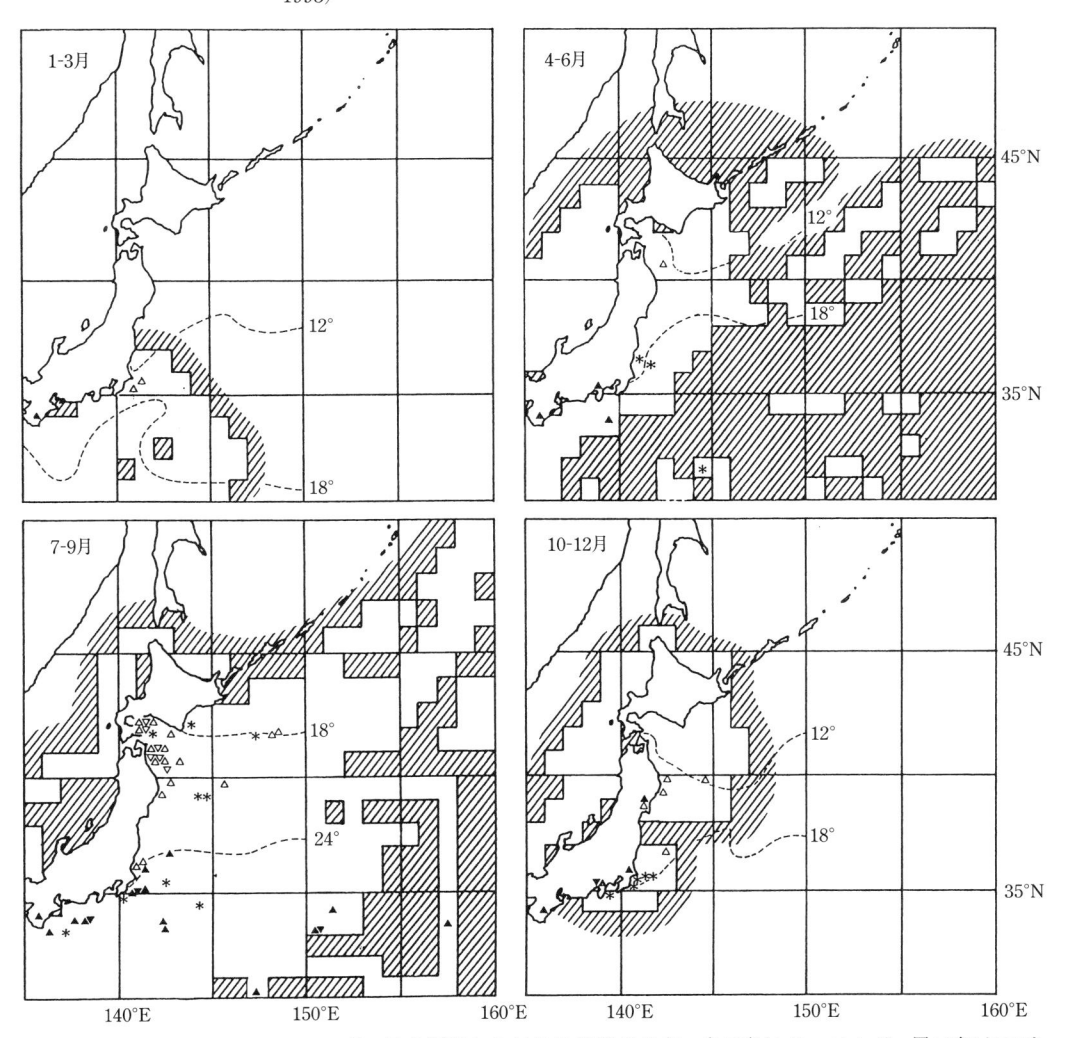

図 12.5 コビレゴンドウの2つの型の日本近海における月別発見分布．白三角はタッパナガ，黒三角はマゴンドウ，星印は型不明，斜線は未調査域．平均表面水温を合わせて示す．(Kasuya et al. 1988)

日本海にはまれである．東シナ海と日本海でゴンドウといえばオキゴンドウをさすことが多い．この海域で確実なコビレゴンドウの例は，私がかつて東京大学海洋研究所の研究船白鳳丸で1978年8月に大和堆の上でみた1群だけである．壱岐のイルカ類による漁業被害問題と関連して，水産庁は各種船舶に依頼して東シナ海と日本海で目視データを収集したが（1981年9月-1983年8月），鯨種の判定能力が高いと推定される県の漁業調査船や取締船，大学や水産高校の練習船などの報告をみても，そこには*Globicephala*属の発見記録は報告されていない（長崎県水産試験場1986）．遠洋水産研究所では1980年代から日本近海で組織的な鯨の調査航海をしているが，データが公表されてきた2000年ごろまでに関しては，日本海ではコビレゴンドウをみていない．

沖縄近海にはコビレゴンドウが分布し，名護は昔から本種の追い込み漁で知られていた．その操業は1989年が最後（コビレゴンドウの捕獲の最後は1982年）となった（Kishiro and Kasuya 1993）．1975年にはゴム紐で銛を発射する石弓漁法が始まり，いまでは追い込み漁に代わってコビレゴンドウを捕獲している．1987年に商業捕鯨が停止して鯨肉の供給が一時減少したとき以来，その代用として大阪や福岡方面にまで出荷されるようになった（第2章）．

沖縄島を離れると，東シナ海では本種はまれであるらしい．学術的な記録としては韓国西海岸寄りの黄海で本種の観察記録が2例あることと（王1999），シーボルトが九州で入手した本種の標本にもとづいて*Delphinus globiceps* Temminck, 1841が記載されたのをみるくらいである（後述; Hershkovitz 1966）．中国沿岸の東シナ海からは，これまでのところ記録がない．台湾では近年にその分布が東海岸で確認されているが（周1994, 2000; 王・楊2007），その場所は沖合の水深が1,000 m以上の太平洋である．台北の台湾大学にコビレゴンドウの全身骨格が保存されているが，これには島津製作所の銘板があった．おそらく戦前に日本から購入されたものと思われる．

日本近海における本種の分布については，水産庁の遠洋水産研究所が1980年代から目視調査航海を続けて，情報を収集している（Miyashita 1993）．西部北太平洋における本種の主要分布域は，北緯22度から北緯43度の間で，西の限界は琉球列島から南九州を結ぶ線で，東の限界は東経155度付近にある．その東側ではハワイや米国本土沿岸にも本種が生息するが，その分布は連続していないとの印象を与える（図12.4，図12.5）．

後述のようにマゴンドウ型の分布もタッパナガ型の分布も東方に伸びて，メキシコ沿岸ないし北米東岸に達しているらしい．しかし，その分布はけっして太平洋をまたいで連続しているわけではない．むしろそれぞれの地方型には複数の個体群が含まれているとみるのが自然である．以下ではタッパナガと書いた場合には，タッパナガ型全体を指すのではなく，三陸・北海道の沖合に生息する日本近海の個体群を指すことにする．マゴンドウについても同様であるが，その沖合への広がりはタッパナガよりも広いので，そこには複数の個体群が関与している可能性が残されている．

12.3 タッパナガとマゴンドウ

12.3.1 日本の鯨学の黎明期

日本近海産の*Globicephala*属には何種が含まれるのか．そこには長い混乱の歴史があった．現在の動物分類学の基礎となったリンネの『自然の体系第10版』第1巻が出版されたのが1758年である．これがヨーロッパの近代動物分類学の基礎となった．これとほとんど時を同じくして，1760年に山瀬春政が摂津で『鯨志』という本を出版した．彼は和歌山の人で，梶取屋治右衛門はその俗称である．この本は紀州に産する鯨類の図に説明をつけたものである．これ以前には神田玄泉の『日東魚譜』があるが，1731年ごろに書かれた未刊本であり，そこには「ゴトクジラ」1種があるだけである．しかし，『鯨志』には「ゴトウ」と呼ばれる鯨とし

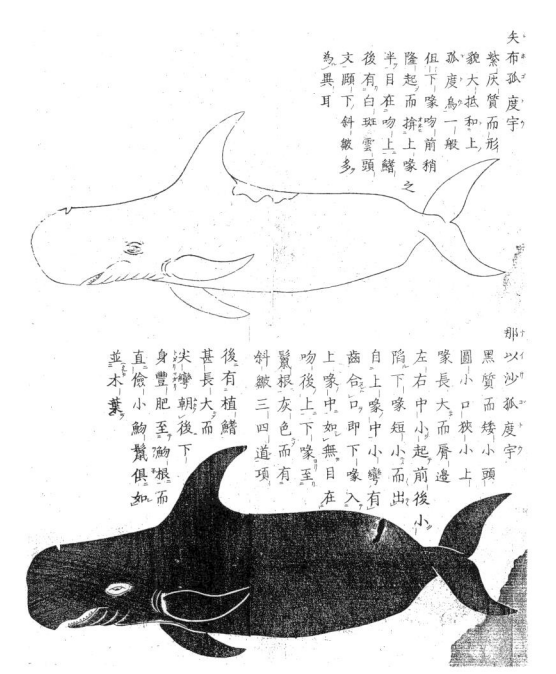

図 12.6 『鯨志』（山瀬 1760）に描かれたシホゴトウ（上）とナイサゴトウ（下）．全身黒色のナイサゴトウはいまのマゴンドウにあたり，背鰭の後ろに不規則な斑紋があるシホゴトウ（図では輪郭のみを示している）は今日のタッパナガに相当すると考えられている．

て，「ナイサゴトウ」「シホゴトウ」「オホナンゴトウ」の3種が載っている．初めの2種は口が小さく下顎が上顎に覆われるとあり（図12.6），オホナンゴトウは口が大きくて上下の顎が吻端でよく合うとある．この特徴から，後の1種がいまのオキゴンドウであり，前2種がいまの Globicephala 属であるとみなされている．さらに，その2種のうちの，シホゴトウには背鰭の後ろに白斑雲頭文があり，ナイサゴトウにはこれがないと書いてある．このような江戸時代からの日本の博物学の知識体系をヨーロッパで育った近代分類学の体系とどのように整合させるか．明治以来の動物学者はこの問題の解決に努力を注いだ．以下ではその経緯を紹介する．

『鯨志』が出版されてからしばらくして，1827年ごろに畔田十兵衛が『水族誌』という本を著した．ただし，この本が出版されたのは著者の死後の1884年のことであった．そこには『鯨志』の記述に相当する種として「ナギサゴンド」と「シホゴンド」がみえ，そのほかに「ダイナンゴンド」と「オホウヲクイ」をあげている．『鯨志』のオホナンゴトウと『水族誌』のダイナンゴンドは同一物であろう．オホウヲクイは「細長く3-3.5mで黒色」という特徴から，これもオキゴンドウを指すと推定される．ただし，著者の畔田はこれらが同一物だとは述べていない．

これとほぼ時を同じくして，1826年には大蔵永常が『除蝗録』を著して，そのなかで11種の鯨を図示し，本文において若干の説明を加えている．その本文では「ゴト鯨」の一名として「シホゴト」「ナイゴト」（原文のまま）「ダイナンゴト」「ヲヲナンゴト」をあげている．図にはコビレゴンドウの特徴をもつ「コト鯨」（原文のまま）を示している．この図に描かれている種は，いまの呼び名でいえば"マゴンドウ"とみられるものである．別の図に示されている「大魚喰」はオキゴンドウにちがいない．

服部（1887-1888）は『日本捕鯨彙考』において，「大魚喰」は「オキゴト」ともいい，ともに紀州地方の方言であるとしている．この書物には紀州阿田和村の鯨漁場図よりの転載として，『除蝗録』の図とよく似た「大魚喰」の図を載せている．なお，和歌山県太地では，1980年代にはこれら2つの呼び名が同一種に使われていた．これからわかるように，オキゴンドウの名称には3つの系列があるらしい．1つはオオナンゴトウとダイナンゴトウの系列，残りがオキゴンドウとオオウオクイである．第2次世界大戦の前から研究者はこれらを同一種としているが，そこには上のような経緯がある．

『鯨志』に書かれた鯨類の名前は，日本の弟子たちの手を経てシーボルトの知るところとなり，さまざまな博物標本とともに，ヨーロッパにもたらされた（小川 1950）．Temminck and Schlegel (1844) は，シーボルトが長崎で入手して持ち帰った体長165cmの若いゴンドウの頭骨が，日本ではNaisa-gotoと呼ばれる種であると聞き，またそれが北大西洋のゴンドウ（現在の G. melas）と同じであると判断して，これに学名 Delphinus globiceps を用いた．彼

らは，日本には別に Siho-goto なる種もあるとそこで述べている．この後，Gray（1846）は長崎標本は北大西洋産の種とは別種であるとして，採集者の名前をとって *Globicephalus sieboldii* の学名を与えた．同時に彼は，中国沿岸に分布するといわれるゴンドウに *Globicephalus chinensis* の学名を与えている．さらに，Gray（1871）は Temminck and Schlegel（1844）が述べた Siho-goto について，和名 Sibo-golo，学名 *Globicephalus sibo* をつくっている．この段階で，h が b に，t が l に誤記されてしまった．

北太平洋から記載されたゴンドウはこれだけではない．アメリカの帆船捕鯨船の船長で鯨研究者でもあったスキャモンがカリフォルニア沿岸から持ち帰った頭骨にもとづいて，*Globicephalus scammoni* Cope, 1869 が記載されているので（Scammon 1874 中の Dall 1874 の記事による），北太平洋のゴンドウクジラ属に全部で 4 種が西欧の分類学にしたがって記載されたことになる．なお，ゴンドウクジラ属の綴りは，いまでは *Globicephala* が正しいとされている．

12.3.2　混乱とその整理

明治になり，西欧の動物学が本格的に日本に輸入されると，研究者は日本の動植物の名前が，西欧で使われている学名のどれにあたるかを調べ始めた．鯨類も例外ではなかったが，現物にあたるのが困難な分野であるため，その作業には時間がかかった．20 世紀の初めに，アンドリュースはニューヨークのアメリカ自然史博物館から派遣されて来日し，各地の捕鯨場を回って大型鯨の標本を収集した．朝鮮半島では，すでに絶滅したと思われていたコククジラを日本の捕鯨業者が捕獲しているのを発見し，立派な研究を完成させている（Andrews 1914a）．彼は宮城県鮎川でゴンドウクジラの標本を入手し，それに *Globicephala scammoni* という学名を使用している（Andrews 1914b）．カリフォルニアから報告されている種と同じとみたのである．その根拠は体色型が似ていたことにあったかもしれないが，一般向けの雑誌であるためか，その根拠は述べられていない．長崎標本にもとづいて Gray（1846）がつけた学名は無視されたわけである．永沢（1916）や岸田（1925）もこれにならった．ただし，岸田（1925）は「日本のゴンドウクジラにとりあえず *Globicephalus scammoni* という学名をつけておくが，この学名がシホ，ナイサ，オホナンのどれに該当するのかわからないし，これら 3 つの和名が指す種の相互の関係もわからない」という意味のコメントをつけている．分類学というものは，現物をみないで結論を出すべきではない．岸田の対応は慎重であった．

このような状況から脱却することを目指したのが小川鼎三であった．彼は東京大学医学部の解剖学者で，鯨類の脳の比較解剖学に関心をもっていたが，日本の鯨類の種名が定かでないのに気づいて，鯨類の分類学の研究を始めた．九州，紀伊半島，三陸地方と捕鯨やイルカ漁業の行われている各地を回って標本の収集に努め（小川 1950），日本近海の歯鯨類の動物相を明らかにするうえで大きな貢献をした．しかし，ゴンドウクジラ属の研究に関しては，残念ながら未完に終わり，混乱を残す結果となった．彼は塩釜で得た体長 236 cm のゴンドウの幼体 1 頭が「ナイサゴトウ」とか「マゴンドウ」と呼ばれる種であるとし，その学名は *Globicephalus melas* であるとした．さらに，この学名を *G. sieboldii* と同種とみなしている（小川 1937）．小川（1937）は同じころに鮎川でも 2 頭（詳細不明）の標本を入手して，これが「シホゴトウ」またの名を「タッパナガ」であるとし，学名を *Globicephalus scammoni* とした．標本が幼体であり，死後時間が経った標本であるため，体色の特徴がわかりにくかったのかもしれないが，いまの知識でみる限り，彼が集めた標本はみな *G. macrorhynchus* であったことが，後に国立科学博物館に保存されていた小川標本にもとづいて確認されている（後述）．未確認ではあるが，産地からみて，それらはマゴンドウ型ではなくどれもタッパナガ型であった可能性が大きい．彼の研究基盤が解剖学にあったためか，体色とか骨格について個々の標本の特徴を重視する傾向があり，動物地理学とか種

内の個体変異にはあまり関心を寄せなかった．

これが始まりとなって，千葉県から和歌山・沖縄方面に生息していて，日本名「ナイサゴトウ」あるいは「マゴンドウ」と呼ばれる種が G. melas であり，三陸方面に生息し「タッパナガ」あるいは「シオゴトウ」と呼ばれる種が G. scammoni であるという誤った認識がしばらく生き続けることになる．ヨーロッパでは G. melas は北緯 35-40 度を南限として，その北の北緯 70 度付近にまで分布する寒冷性の種であるが，日本では暖流の支配する南西日本の沿岸に生息する個体に対して G. melas が使われるという，奇妙なことになってしまった．鯨類研究所の所長であった故大村秀雄博士は，このような動物地理学的な矛盾を根拠に，日本のゴンドウクジラ属の分類はまちがっているように思うと述べておられるのを，1961-1964 年ごろに耳にした記憶がある．

しばらくして，Fraser（1950）は世界各地で報告されたゴンドウクジラ属の計測値を比較して，G. scammoni と G. macrorhynchus は同種であり，本属には G. macrorhynchus Gray, 1846 と G. melas（Trail, 1809）の 2 種があるだけらしいと報告した．それより少し遅れて，東京大学海洋研究所の西脇昌治教授（当時）を中心とする日米の研究者が日本周辺の鯨類相に関する研究を始めた．彼らは伊豆半島の安良里の追い込み漁業と紀伊半島の太地を基地にしていた小型捕鯨船の漁獲物から，漁業者がマゴンドウと呼ぶ標本を集めて Fraser（1950）の研究と対比し，これらの土地で捕獲されていたのは G. macrorhynchus であり，南西日本に分布すると信じられていた G. melas は発見できなかったことを報告した（西脇ら 1967）．これで，動物地理学上の疑問が 1 つ解決した．

残る問題の 1 つに，G. sieboldii は G. melas なのか，それとも G. macrorhynchus なのかという問題があった．G. sieboldii の模式標本は長崎産の頭骨であるが，全長 165 cm の非常に若い個体であるため，見方によっては種としての特徴が明瞭でなかった．これについては Bree（1971）が模式標本を再検討して，それは G. macrorhynchus であると結論した．さらに，私は日本で発掘されたヒレナガゴンドウの研究に際して，国立科学博物館に保存されていた小川標本中のゴンドウクジラ属の頭骨を計測して，すべて G. macrorhynchus であることを確認した（Kasuya 1975）．ここには小川鼎三氏が塩釜と鮎川で採集した標本も含まれていた．これで，日本近海に生息する Globicephala 属の種は G. macrorhynchus 1 種だけであることが確定したわけである．この研究に私が使った標本の 1 点は，鮎川で西脇・Brownell 両氏が収集し，東京大学海洋研究所に所蔵されていたものであった．それは顎間骨の特徴からみる限りコビレゴンドウにまちがいないが，伊豆や太地ではみたこともないほど巨大な頭骨であった．気にはなったが，コビレゴンドウということでさらなる追求を怠ってしまった．この問題に取り組んだのは Miyazaki and Amano（1994）であった．これについては後述する．

12.3.3 さらなる理解

じつは，これで日本近海のゴンドウクジラの分類の問題がすべて解決したわけではない．日本のゴンドウクジラ属に 2 種あるということは『鯨志』にも書かれているし，日本の捕鯨業者もそういっている．それらがなにを指すものかを明らかにして，動物学的に説明する必要がある．私は日本で発掘されたヒレナガゴンドウを報告した論文で，いまもその種（ヒレナガゴンドウ）が日本近海に残っているかどうかを考察した（Kasuya 1975）．そこでは小型捕鯨船が 1949-1952 年に捕獲したゴンドウクジラの捕獲統計から漁場が 1 年のなかでどのように移り変わるかを追跡して，三陸方面で"タッパナガ"として記録されているゴンドウクジラ属の種がヒレナガゴンドウであるか否かを検討し，海洋構造と漁期の変化からみて，これは全部コビレゴンドウであろうと結論した．

この結論そのものは誤りではなかったが，銚子以南で冬を越したコビレゴンドウが，夏には三陸方面に分布を広げると推定したのは重大な誤りであった．捕鯨業者はゴンドウだけを捕っ

て生活しているわけではない．むしろ，もっと価値のあるミンククジラやツチクジラがいれば，それを熱心に追いかける．捕鯨業者の操業記録に現れたゴンドウの捕獲のピークが紀州では初夏にあり，順次北に移って8月には三陸に到達するとしても，必ずしもゴンドウの移動を示していたわけではなかったのである．たんに漁業者が海況や漁場を追って移動していただけにすぎないと解釈するのが正しい．

Kasuya (1975) はほかにも重要なヒントを見落としていた．それは小型捕鯨業者の情報である．小型捕鯨業というのは，口径50 mm以下の砲と30トン未満（後に50トン未満に変更）の捕鯨船を用いて，各地でマッコウクジラ以外の歯鯨類（ツチクジラなどのアカボウクジラ科の種およびゴンドウなどのイルカ類）とミンククジラを捕る漁業である (Ohsumi 1975)．小川鼎三氏が標本を入手したのもこのような漁業からであるらしい．日本で汽船に大砲を積んで大型鯨を捕獲する，いわゆる大型捕鯨の試みは1897年に長崎において日本遠洋捕鯨株式会社が始めたといわれるが（明石 1910），グリーナー砲という小型捕鯨砲を使って小型鯨を捕る試みは関沢氏の指導でこれより先に始まり，1891年ごろには伊豆大島近海でツチクジラの捕獲に成功している（吉原 1982）．また，これを参考にして，和歌山県太地では前田氏が三連銃を発明し，1903年にゴンドウクジラ漁に成功を収めた（浜中 1979）．これら小型捕鯨船の数は太平洋戦争までは少数であり，規制もなかったが，戦後の食糧難に刺激されて多数の船が参入し，各地でいろいろな鯨類を捕獲したらしい．そのなかにはゴンドウも含まれており，相当数が太平洋沿岸各地で捕獲されたのである．Kasuya (1975) はその統計のなかの1949-1952年漁期のものを使った．この当時には毎年66-74隻の小型捕鯨船がゴンドウを捕獲していた．戦後のゴンドウ捕獲のピークは1949年にあり，この年に全国で760頭を捕獲してから，捕獲は漸次低下して，1952年には307頭になった．この低下傾向はその後も続いて，1957年には捕獲がほとんど停止した（Kasuya 1975)．それと同時に体の大きい成熟雄の比率も低下をみせた (Kasuya and Marsh 1984)．この性比の変化の原因として2つの可能性が考えられた．1つは成熟した雄は体が大きいので好んで捕獲され，雄の生息頭数が先に減少した可能性である．もう1つは雄は頻繁に追跡されたために，逃げ足が早くなったためかもしれない (Kasuya and Tai 1993)．いずれが正しいにせよ，このような減少が短期間に現れるということは，生息数に比べて強度の捕獲が行われたことを示している（後述）．

さて，私が見落とした小型捕鯨業者からの情報というのはつぎのようなものであった．私は1975年の論文でゴンドウクジラの漁獲統計を解析すると同時に，和歌山県太地の元小型捕鯨業者にタッパナガとはどのような鯨かを尋ねてみた．その回答の要旨と，そのときに考えた疑問点はつぎのとおりであった．

①タッパナガは概して体が大きい：コビレゴンドウの雄の体長は雌に比べて25%増しの大きさである．コビレゴンドウの雄がマッコウクジラのように年齢や性別で地理的にすみわけているかもしれないと思った（これはいまでは否定されている）．

②マゴンドウよりも胸鰭が長い：プロポーションのちがいか，絶対長のちがいか．後者なら体の大きさのちがい以上の証拠とはならない（後から後者であるとわかった）．

③タッパナガは三陸方面でおもに夏に捕獲され，太地ではまれである．

④痩せていてマゴンドウよりも油の含有量が少ない：肥満度の季節的な変化なのか，個体群によるちがいか（後に後者とわかった）．

⑤両者はよく似ていて，判別はやさしくはない．

このような経過があって，タッパナガとマゴンドウの関係が明らかになるのは，1982年の秋に小型捕鯨業者が鮎川でゴンドウの捕獲を再開するまで待たなければならなかった．

12.3.4　初めてタッパナガをみる

いまから思えば，私がタッパナガを初めて目

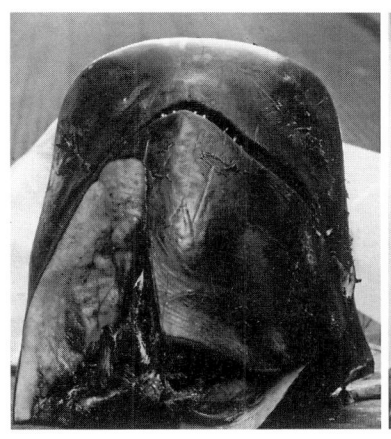

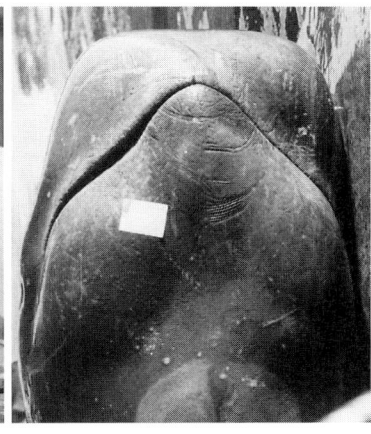

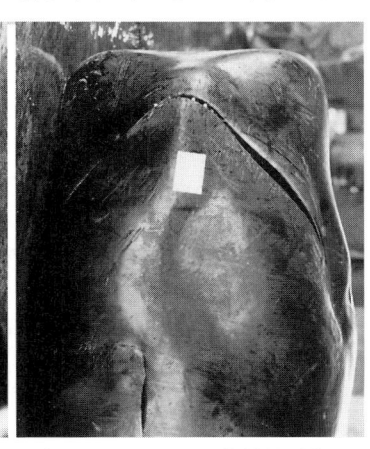

図 12.7 日本近海のコビレゴンドウの2つの地方型の頭部の形を比較する．左：タッパナガの成熟雄（体長720 cm），中：マゴンドウの未成熟雄（体長409 cm），右：マゴンドウの成熟雄（体長518 cm）．いずれも腹側から撮影した．（Kasuya and Tai 1993）

にしたのは，1975年6月に東京大学海洋研究所の研究船淡青丸で三陸方面に航海したときのことであった．コビレゴンドウの群れをみて撮影のために接近したところ，背鰭の後ろに鞍形の白斑が鮮明にみえた．その美しさに同乗の宮崎信之氏と一緒に驚いた記憶がある．当時，私はコビレゴンドウの生活史を研究するために，和歌山県太地で漁業者が群れを港に追い込むたびに夜行列車で出かけて，調査をして必要な標本を集めていた．そこで見慣れたコビレゴンドウは，地元の漁師がマゴンドウと呼んでいるものであり，その背中には三陸のコビレゴンドウでみたような鮮明で大きな鞍形斑はみられなかった．ことによると淡青丸からみた群れがタッパナガなのかもしれない．機会があったら調べたいものだと思っていた．

1982年10月に，私が太地でコビレゴンドウを調査していたときのことである．小型捕鯨船主（当時）の磯根嵩氏から，鮎川で小型捕鯨船がゴンドウを捕り始めたという話を聞いた．宮城県鮎川では数隻の小型捕鯨船がミンククジラやツチクジラを捕って営業していたが，国際捕鯨委員会の決定によりミンククジラの捕獲枠が減らされたので，不足を補うためにコビレゴンドウを数年ぶりで捕ってみようと考えたらしい．そのとき，私は調査に行く時間がなかったが，当時の国立科学博物館には宮崎信之氏がいて，

鯨類の骨学や食性の研究をしていたので，待望のタッパナガがみられるかもしれないし，それが以前に三陸沖合でみたような鯨であるかもしれないからぜひ調査に行くよう電話でお勧めした．氏はそこで捕鯨業者の協力を得て外部形態を調べ，そのなかから大きな個体を選別して頭骨標本用の頭を何頭分かと，胃内容物を何頭分か持ち帰った．これらの資料をもとにして，後に2つの研究報告が発表された（Miyazaki and Amano 1994; Kubodera and Miyazaki 1993）．

宮崎氏が三陸から戻ってから，土産話を聞きに国立科学博物館を訪れると，氏はタッパナガとマゴンドウは背鰭の後方にある鞍形の模様によって一目で見分けられると話してくれた．そのときにトラックで到着した頭もみせてもらった．確かに大きい．しかも，成熟した雄だというのに，その頭はマゴンドウの雌の頭を大きくしたような形をしていたので驚いた．マゴンドウの雄では成熟すると頭の前端（メロンの最前部），いわば額のような部分が左右に張り出して角張ってくる．しかし，そこにみるタッパナガではそれがあまりめだたなかったのである（図12.7）．また，マゴンドウの雄では成熟すると背鰭の前縁が張り出して，あたかも兜をかぶったような形になり，しかも背鰭の先端は下に垂れ下がってくる．これを漁業者がアミガサヒレと呼ぶゆえんである．ところが，このよう

な変化はタッパナガでは著しくない．これについては翌年から鮎川に通って確かめた．つまり，マゴンドウの雄に著しい2次性徴のいくつかは，タッパナガではあまりめだたないのである．宮崎氏はこれらの発見を翌年の水産学会で報告した（宮崎 1983）．

このことに関して，鮎川で戸羽養治郎氏から1982年漁期の出来事としておもしろい話を聞いた．氏は小型捕鯨船幸栄丸を使って操業する戸羽捕鯨のオーナーであった．鮎川では，タッパナガの操業中の1日だけ，この年に限って数頭のマゴンドウが捕獲された．このとき砲手は雄を捕獲し，背鰭から判断してきわめて大きな獲物だと信じて勇んで鮎川港に入港した．事業場に着いて体長を測ったところ，5m足らずで小さいのに驚いたという話である．鮎川の小型捕鯨業者がコビレゴンドウの雄の2次性徴を知っていたのは当然として，彼らがマゴンドウを知らなかったという点が興味深く思われた．これは鮎川沖にはマゴンドウがめったにこないことを示している．1982年以来，1987年を除いて，最近まで毎年コビレゴンドウが捕獲されてきたが，マゴンドウが捕獲されたのは1982年だけであった．

逆に，伊豆半島沿岸や和歌山県沿岸にはタッパナガは分布しないのだろうか．江戸時代に山瀬（1760）が『鯨志』のなかで「シホゴトウ」すなわちタッパナガを記述している．和歌山県沿岸にかつてタッパナガが来遊したことがあったのか，それとも江戸時代の捕鯨業者の技術交流の過程で，鯨種に関する知識が伝わったのだろうか．私は1965年以来，和歌山県の太地や伊豆半島の安良里と川奈の追い込み漁で捕獲されたコビレゴンドウの群れを30群調査したが，そのなかにはタッパナガの群れは見当たらなかった．ただし，雌雄合わせて500頭以上を調査したなかで，1頭の雄は体長が5.8mとマゴンドウとしては異常に大きく（マゴンドウの最大は5.2m），睾丸重量は1.7kgで成体のものとしては小さい個体があった（マゴンドウの成体の睾丸重量は片側1.7-3.0kg）．この個体がタッパナガだったと仮定すれば，睾丸重量はその体長にふさわしいものであった．この個体については年齢も体色も記録が残っておらず，これ以上の推論は不可能である（Kasuya et al. 1988）．

12.3.5　タッパナガとマゴンドウの識別

私は，1983年4月から水産庁遠洋水産研究所の鯨類資源研究室に勤務し，鯨類の資源研究を担当することになった．新しい任務には漁獲が再開されたタッパナガについて生物学的特性を明らかにして，捕獲の上限を定めるなど漁業コントロールのための指針を得ることも含まれていた．コビレゴンドウの1地方型とされるタッパナガの生活史が，太地や伊豆で捕られているコビレゴンドウ（すなわちマゴンドウ）とどうちがうのか．この疑問に答える必要があった．そのための手っ取り早い方法が漁獲物を調査することである．1983年漁期からはぜひとも自分で調査に行きたかったが，そのための旅費がなかった．大学の研究者の癖が抜けなかった私は，水産庁に調査予算がないのなら，私費で行くといって研究所の事務官を困らせた．けっきょく，水産庁捕鯨班の斡旋で日本小型捕鯨協会と日本捕鯨協会から調査費や補助員の提供を受けて調査を始めた．このようなことが何年か続いた後で，水産庁から全額経費が出るようになり，調査補助員もつけてもらえることになった．

このようにして漁獲物を調べた結果，タッパナガとマゴンドウの間にはつぎのようなちがいが認められた．

（1）　体色斑

これについてはすでに述べた点もあるが，あらためて要約する．タッパナガの鞍形斑は，明瞭さと大きさに個体変異が大きいが，概して明瞭で大型である．タッパナガでは鞍形斑の後縁と黒い地色との境界が明瞭で，その方向が斜めに前下方に向かっている．そのため鞍形斑の背腹方向の幅は広い．一方，体の背面のキールに沿って前後方向に測った鞍形斑の長さは，タッパナガでは短い．これに対して，マゴンドウで

表 12.1 体の大きさをマゴンドウとタッパナガで比較する．初めの3項は平均値．(Kasuya and Marsh 1984 および Kasuya and Tai 1993)

比較の項目		マゴンドウ	タッパナガ	タッパナガ/マゴンドウ
出生時体長		1.40 m	1.85 m	1.3
性成熟体長	(雌)	3.16 m	3.9-4.0 m	1.2-1.3
	(雄)	4.22 m	5.6 m	1.3
成長停止体長	(雌)	3.64 m	4.67 m	1.3
	(雄)	4.74 m	6.5 m	1.4
最大個体	(雌)	4.05 m	5.1 m	1.3
	(雄)	5.26 m	7.2 m	1.4

はその鞍形斑と地色との境界が不明瞭で，鞍形斑は尾柄の背縁に沿って後方に長く伸び，尾の中央よりも後方にまで達している．なお，目の後方の白斑はタッパナガのほうがやや明瞭であるが，そのちがいで両者を識別することは困難である．タッパナガの鞍形斑は新生児では発現しないが，生後1.5年以前にはすでに認められる (Kasuya et al. 1988)．

（2） 頭部の形
マゴンドウの雄は成熟するとメロン（前頭部の脂肪組織）の前面の発達が著しい．これを側面からみると，つまり横顔では前面は円弧を描いているが，背腹方向からみると，前面の輪郭が直線的にみえ，左右の角が張り出してみえる．雌ではここは丸みを帯びている．タッパナガの雄では成熟してもこの部分は角ばらず，雌の特徴をわずかに残している．

（3） 背鰭の形
成熟雄で背鰭前縁が丸く張り出して，背鰭が幅広くなる傾向はマゴンドウで著しい．すなわち背鰭に現れる2次性徴はマゴンドウのほうが顕著である．

（4） 体の外部計測値
体のプロポーションについては，木白ら(1990) がタッパナガ119頭とマゴンドウ23頭を計測し，体長に対する比率を求めて平均値を比較した．その結果，体軸に平行に測定した軀幹の部分長2点において，統計的に有意なちがいが認められた．第1は，頭部前端から鼻孔までの距離であり，タッパナガ（雄8.2%；雌9.4%）ではマゴンドウ（雄9.5%；雌11.0%）よりもわずかに小さかった．そのほかの頭部の大きさに関する測定値も統計的には有意ではなかったが，同様の傾向を示した．第2は，胸鰭前起点（肩）から生殖孔中央までの距離で，タッパナガ（雄41.8%；雌49.6%）ではマゴンドウ（雄38.9%；雌45.0%）よりもわずかに大きかった（木白ら1990）．このことは，マゴンドウに比べてタッパナガは胴長で，頭が小さいことを示している．なお，胸鰭の長さは対体長比では有意な違いは見出されなかった．各成長段階における平均体長をタッパナガとマゴンドウで比べると，表12.1のようになる．参考までに，記録にある最大個体も示した．各成長段階において，タッパナガはマゴンドウよりも30%ほど大きい．完全に成長した個体で比較すると，タッパナガのほうが雌で1m，雄では1.7-1.8m大きい．

（5） 頭骨の形
Miyazaki and Amano (1994) は成体の頭骨のさまざまな個所を計測して，タッパナガとマゴンドウで比較した．昔から行われている手法であるが，まず頭骨長に対する各部計測値の比率を算出して両者の間で比較したところ，有意な差がみつからなかった．すなわち，計測された場所に関してみる限り，2つの個体群はほぼ相似形をした頭骨をもっていたのである．なお，各計測値を絶対値で比較すると，多くの計測値は両グループの間で有為なちがいをみせた．タッパナガとマゴンドウは体長に明瞭な差がある

表12.2 体重をマゴンドウとタッパナガで比較する．体重は単一の体長・体重関係式を用いて，各成長段階における平均体長から計算した．参考までに睾丸重量を合わせて示した．(Kasuya and Marsh 1984 および Kasuya and Tai 1993).

比較の項目		マゴンドウ	タッパナガ	タッパナガ/マゴンドウ
出生時		37.4 kg	83.6 kg	2.2
性成熟時	（雌）	392 kg	720-774 kg	1.8-2.0
	（雄）	904 kg	2,046 kg	2.3
同．睾丸重量		0.4 kg	0.9 kg	2.3
成長停止時	（雌）	590 kg	1,211 kg	2.1
	（雄）	1,264 kg	3,146 kg	2.5
最大個体	（雌）	802 kg	1,562 kg	1.9
	（雄）	1,707 kg	4,227 kg	2.5

のだから，当然のことである．また，頭骨の計測値（絶対値）を多変量解析にかけると，両グループは明瞭に区別できたが，これもまたサイズのちがいを反復比較した結果にすぎない．

（6）体重

タッパナガの体重を計量した例は見当たらない．マゴンドウについては，和歌山県太地で捕獲された個体について体重と体長の関係式がつぎのようにして求められている．まず，マゴンドウの体長（L, cm）と体重（W, kg）を両対数方眼紙にプロットすると，その関係は雌雄とも共通の直線で示される．すなわち，体重と体長の対数値は1次式で近似できるわけである．そして両者の関係は最小自乗法によりつぎのように求められる（Kasuya and Matsui 1984）．

胎児：$\log W = 2.8772 \times \log L$
$\qquad + \log 2.432 \times 10^{-5}$　$12.5 \leq L \leq 144$
出生個体：$\log W = 2.6642 \times \log L$
$\qquad + \log 8.403 \times 10^{-5}$　$275 \leq L \leq 400$

2つの式にはほとんどちがいがないので，胎児と生後の個体を1つの式で示すほうが簡単でよい．その場合，両者の関係はつぎの式で表される．

胎児・生後個体を合わせて，
$\log W = 2.8873 \times \log L + \log 2.377 \times 10^{-5}$
$\qquad 12.5 \leq L \leq 400$

この式は $W = 2.377 \times 10^{-5} L^{2.8873}$ と示すこともできる．

ちなみに，北大西洋のヒレナガゴンドウの生後の個体でも雌雄の間で大きなちがいはなく，共通の関係式 $W = 0.00023 L^{2.501}$ で示されている（Bloch et al. 1993a）．

上に示したコビレゴンドウの体長・体重の関係のうち，胎児から成体までの共通式を用いて，各成長段階における平均体重を計算すると表12.2のようになる．参考までに性成熟個体の片側睾丸重量も示した．タッパナガはマゴンドウに比べて新生児で2倍，成体では2-2.5倍の体重があると推定される．

タッパナガとマゴンドウの体はけっして相似形ではない．頭の形にもちがいがある．それなのに，1つの式を使って体重を推定してかまわないのかという疑問があるかもしれない．しかし，動物は太ったり痩せたりすることがあるし，妊娠している雌は泌乳中の雌に比べて脂肪を蓄積していて，体重が大きいのが普通である．体長から体重を推定すること自体が，きわめて大ざっぱな作業であり，体重は個体差や生理状態で大きくばらつくので，体型のちがいによるわずかな差異がマスクされてしまうのである．

（7）肉質のちがい

漁業者は，タッパナガは油の含有量が少ないと話してくれた．しかし，脂肪の含有量は季節や生理状態などのさまざまな要因で変化するので，私は当初あまり重視しなかった．しかし，鯨の解体場に立ってみると，肉質のちがいは歴然としていた．ひとことでいえば，マゴンドウの雄には尾の身があるが，タッパナガにはそれ

がないのである．捕鯨解剖学的には，「尾の身（尾肉）」は鯨の尾部（肛門より後ろの部分）にある筋肉の一部を指している．鯨類では，脊椎骨の横突起を境にして，その背側と腹側に筋肉がついている．肛門より前では上下に各1本，左右合計4本の棒状の巨大な筋肉がある．横突起の背側の肉を捕鯨用語では背肉と呼び，その腹側の肉を腹肉というが，肛門より後ろでは背肉がさらに背腹の2本に分かれている．この2本のうちの背側のものを本来は尾の身と呼ぶのである．それは，ここの肉には脂肪がよくのって霜降り状になっていることによる．しかし，妊娠したナガスクジラなど，よく肥えた鯨では，これ以外の部位の肉でも霜降り状になっていることが多い．このような場合には，かりに背肉から取った肉でも，商業的には尾の身として通用する．よく肥えていて「全身尾の身の鯨だった」という冗談も出るし，ミンククジラには尾の身（霜降り肉）がないというような表現も許される．

　コビレゴンドウも鯨類であるから，タッパナガにも捕鯨解剖学的な意味での尾の身はある．マゴンドウ，とくに大きな雄ではそこには脂肪がのっていて，霜降り肉となっている．色が黒くて，ちょっと匂いが強いが，刺身で食べるとたいへんうまい．ところが，タッパナガでは尾の身が霜降り肉になっていないのである．強いて探せば，脊椎骨に接するあたりに厚さの薄い霜降り肉が分布しているだけである．それを味わおうとすれば，注意深く背骨から肉をこそげ落さなければならない．したがって，タッパナガとマゴンドウは重量あたりの商品価値にはかなりのちがいができる．これは捕鯨業者にとっては第1の関心事である．

　なお，大西洋のヒレナガゴンドウでは，秋から冬にかけて著しく脂肪を蓄積する．このため，体重が夏に比べて14-23%増加するといわれている（Lockyer 1993）．日本では，コビレゴンドウではこのような栄養状態の季節変化は調査されていない．タッパナガの漁期は10-11月であったが，同じ季節に捕られたマゴンドウと比べても，脂肪の蓄積が少ないことは歴然たるものであった．

12.3.6　体の大きさの適応的意義

　黒潮はフィリピンのルソン島東方の海域で始まり，台湾東岸を通り，北流して本州東岸にいたる．銚子のあたりで東に折れて黒潮続流となり，その末は北太平洋海流となって北米大陸に達する．黒潮と黒潮続流から右方向に分かれる時計回りの流れがある．これが黒潮反流である．日本沿岸のマゴンドウの分布は，ほぼ黒潮と黒潮反流域に一致している．これに対してタッパナガの分布は，西側を北海道と東北地方で閉ざされ，北と北東側は千島列島沿いに南下する栄養塩に富んだ親潮に境され，南側は黒潮と黒潮続流で境されている．その北西からは津軽暖流が流入している．このためタッパナガの生息域は黒潮，親潮，津軽暖流の3海流の混合する生産力の高い豊かな海となっている．反面，その物理環境には厳しい面もある．それは季節による気候・海況の変化である．この海域の表層水は，夏には黒潮の影響が強まり，タッパナガの分布の北限に近い釧路沖でも18度に達するが，冬には表面水温は5度以下に下がり，まれには流氷がみられることもある．

　海の表層水は太陽や風で暖められて季節的に変化するし，黒潮や親潮の表層水の張り出しの範囲も変化する．これに比べて，深層水の動きは季節的な影響が少なくて安定している．そのため，黒潮の北限の縁（前線という）の指標としては，水深100 mにおける水温15度の線が適当であるといわれている．この線は季節を問わず，ほぼ銚子付近に位置している．また，親潮の南限は水深100 mにおける水温5度（春）ないし8度（秋）の線が指標となるとされている．この線は夏には釧路沖にあり，冬にはやや南下して津軽海峡からほぼ南東に伸びる線上に位置する．これまでに知られているタッパナガの夏の北限は親潮前線に一致する．また，分布の南限は年間を通してほとんど変化がなく，それは黒潮の前線に一致している．それでもタッパナガの分布が季節的に若干変動するのは，彼らの生活が表層水の季節変化にも影響される

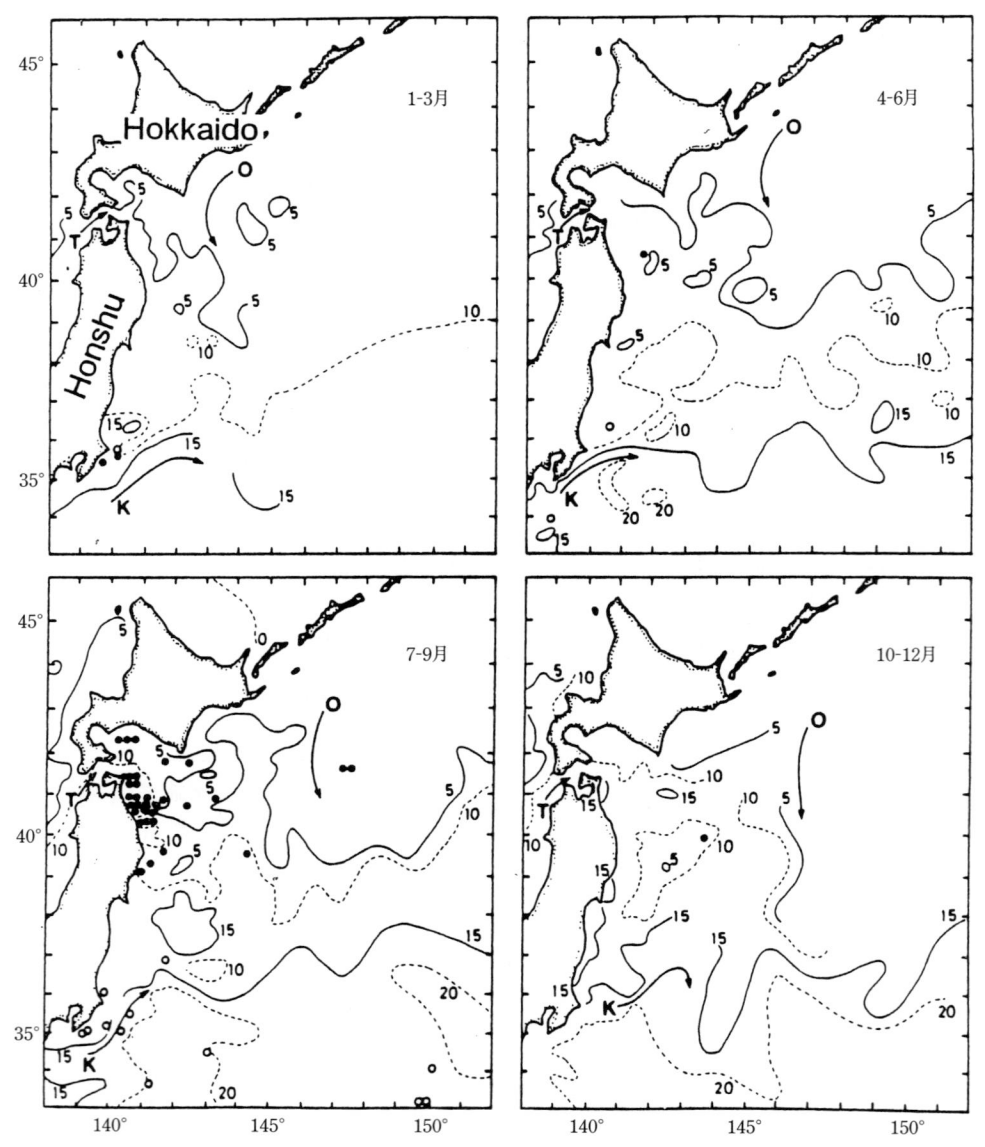

図 12.8 マゴンドウ(白丸)とタッパナガ(黒丸)の発見位置と海洋構造との関係．本図は図 12.5 に若干の新資料を追加して作成した．水温は 1985 年の水深 100 m における等水温線．O は親潮，K は黒潮を示す．(Kasuya and Tai 1993)

ためであるらしい(図 12.8)．

　タッパナガは，夏には可能な限り北上して資源を最大限に利用するが，冬には著しい低水温を避けて南下し，北限を宮城県あたりまで移動させる．しかし，黒潮の前線を突破して，南限をさらに南に移すことは普通は起こらない．黒潮と親潮は日本の太平洋岸のイルカ類の分布を決める重要な要素となっている例が多い．夏には黒潮系の表層水が北に張り出すので，暖海性のイルカの分布は北に広がる．たとえば，マゴンドウは，少し沖合では夏には北緯 37 度の茨城県の東方沖にまで分布を広げるし，スジイルカは 40 度の岩手県沖にまで分布する(Miyashita 1993)．マゴンドウもスジイルカもどちらも黒潮系の種であるが，夏の北限は同じではない．その背景には，彼らの深層水への依存度のちがいがあるらしい．たとえばスジイルカは比較的表層で餌をとるのに対して，マゴンドウは深層

表 12.3 タッパナガとマゴンドウの発見と表面水温との関係を月別に示す．水温は n 度以上，$n+1$ 度未満を n で示した（n は整数）．(Kasuya *et al.* 1988)

型	タッパナガ				マゴンドウ			型不明		
月	1-3	4-6	7-9	10-12	1-3	7-9	10-12	4-6	7-9	10-12
8								1		
14									1	
15		1								
16	1							1		
17	1			1						1
18										
19			6							
20			1		2					1
21			1		3			1		
22			4		2				1	2
23			4		1					
24						4				
25						1			1	
26						4	1		1	
27						12				
28						5		2	1	
29						2				
30						1				

で摂餌するので，表層水の広がりに追従することが少ないものと思われる．

　生息場所の表面水温にはマゴンドウとタッパナガで明瞭なちがいがある．日本近海で彼らが発見された場所の表面水温をみると，夏には24度に分布境界があり，その北側にはタッパナガが，南側にはマゴンドウが分布している（表12.3）．冬の境界温度についてはデータが不十分であるが，17-19度付近にある．三陸沖合で10-11月にタッパナガを対象に操業した小型捕鯨の記録をみると，タッパナガは表面水温12-21度の範囲で捕獲され，もっとも捕獲が多いのが16-17度であった．この時期には親潮の南縁の温度は10-15度であるから，彼らは親潮のなかにはほとんど入らないことがわかる（Kasuya *et al.* 1988）．

　つまり，タッパナガもマゴンドウも夏と冬では南北に移動して生息場所を変える．それは，生息環境の水温の季節変動を少なくする効果があるが，けっして温度環境を一定に保つのに十分なほどの移動ではない．彼らは生理的に耐えられる温度範囲にある限り，季節的な移動距離を少なくとどめるような戦略を採用しているのである．この傾向は，マゴンドウよりもタッパナガにおいてとくに顕著である．そして，タッパナガのほうが寒いところにいるのをみれば，彼らのほうが耐寒能力は大きいとみることができる．

　陸上哺乳類は，冬の寒さと食物の乏しさに対処する方法の1つとして冬眠をする．巣にこもって活動を極力避け，体温を下げて代謝を減らしつつ経済的に時間を過ごすのである．冬眠をする多くの哺乳類では，成長と繁殖という生物の重要な機能を冬眠中は放棄しているので，彼らは活動をやめて仮死の状態で冬が過ぎていくのを待っているのかもしれない．寒冷に対処するもう1つの方法は，秋に換毛して被毛の断熱性能を向上させ，皮下には脂肪を蓄えて栄養貯蔵と体温保持を図りつつ，冬中も活動を維持する戦略である．北大西洋の寒冷種であるヒレナガゴンドウは，秋には著しく脂肪の蓄積を増やすことはすでに述べた．その背景には，このような機能があるものと思われる．鯨類は巣にこもって冬眠をすることはできない．鯨類は陸上に上がることもないので，体毛で皮膚を保護する必要も少ないし，体毛はメインテナンスがめんどうだし，体毛の間に保持した空気で保温する仕組みは水圧下では機能が劣るので，彼らは

体毛をほとんど失ってしまった．体表への血流をコントロールする以外に，鯨類に残された耐寒方法は皮下脂肪で断熱能力を上げることと，体のサイズを変化させてエネルギーのロスを相対的に小さくすることである．

哺乳類は筋肉や臓器の活動により熱を発生させ，生理的に必要な体温レベルを維持している．発熱量は運動のレベルが同じならば臓器の大きさ，あるいは体重に比例する．これに対して失われる熱の量は，外界の環境を一定にして比較すれば，体表面積に比例する．体型が同じならば，体重は体長の3乗に比例するが，体表面積は体長の2乗に比例して増加する．つまり体重あたりの体表面積は体長に反比例することになる．新生児は体が小さくもっとも寒さに弱いので，タッパナガとマゴンドウの新生児で比較してみる．タッパナガの平均出生体長は185 cmで，マゴンドウのそれは140 cmであるから，マゴンドウにおける体重に対する体表面積の比率を1とすると，タッパナガでは約0.76となる．その分だけ，熱のロスに対して抵抗力があると推定できる．これは，本来は熱帯性のイルカ類であったコビレゴンドウが，やや寒い生活環境に進出するプロセスで獲得した新しい形質にちがいない．その新天地は温度条件ではよくなかったかもしれないが，競争者や天敵が少ないとか，生産力が高いという面では好条件を備えていたものと思われる．

このような大型化によって，耐寒能力がどの程度に向上するのだろうか．これについて，Kasuya and Tai（1993）はつぎのような検討をしている．冬眠のときには別として，通常の活動状態にあるときには，多くの哺乳類は体温を比較的狭い範囲内に維持している．運動して熱の発生が増えれば，背鰭や尾鰭など体表への血流を増やして熱を放散する．逆に，安静にしていて熱の発生が減るとか，外界の温度が下がった場合には，体表に向かう血流を減らしたり，体表に向かう動脈と体内に向かう静脈の間で熱交換を活発にしたりして熱の出入りを調節する．鯨類では体の各所にこのような動脈と静脈の対向流構造が発達している（Berta *et al.* 2006）．

もしも，外界温度が下がりすぎて，放熱を減らすだけでは体温を維持できなくなるならば，熱の発生を増加させて体温維持を図ることになる．寒さで体が震えるのもその現れである．Peters（1983）によれば，そのときの外界の温度を下限温度（Tl, ℃）と呼ぶことにすると，これと動物の体温（Tb, ℃）と体重（W, kg）の間にはつぎのような関係があるという．

$$Tl = Tb - 14.6W^{0.182}$$

鯨類の体温は36-37℃であるので（Gaskin 1982），その範囲を使うことにする．タッパナガとマゴンドウの出生時の体重はすでに示した．これらの値を上の式に入れると，タッパナガの新生児の下限温度は3.3-4.3℃，マゴンドウのそれは7.8-8.8℃となる．その差は4-5℃である．

Petersの式は皮下脂肪の厚さや被毛の状態にも関係するので，同じ動物を使った実験でも夏と冬では結果が多少異なることがわかっている．また，この式は大きさのちがうさまざまな種類の哺乳類について求めた経験則であり，その実験には鯨類は含まれていないので，鯨類がこれにあてはまるという保証はない．ただし，鯨類の代謝率は一般の陸上哺乳類とちがわないといわれているので（Gaskin 1982），問題はないかもしれない．かりに，下限温度の値そのものは正しくないとしても，タッパナガとマゴンドウの新生児の耐寒温度には4-5℃の差があるとみることは許されよう．

タッパナガの出産期は季節的に狭い範囲にあり，おそらく冬の11-2月ごろの4カ月で大部分の出産が行われると推定されている．この時期のタッパナガの分布の北限の平均表面水温は，12℃ないしそれ以下である（Kasuya *et al.* 1988）．これに対して，マゴンドウの繁殖期はこれより長く，ほぼ周年にわたるが，多くの出産は4-11月の夏を中心としている．夏の彼らの分布北限の平均表面水温は24℃で，冬のそれは18℃前後である．新生児が体験する表面海水温度には，タッパナガとマゴンドウで6℃前後の差があることになる．この値は上の計算で求めた耐寒温度のちがいにほぼ等しい．おそ

らく，コビレゴンドウの祖先のあるグループが寒冷海域に進出してタッパナガに進化する過程で，体を大きくする方向での淘汰が働いたものと考えられる．

成体の体を大きくする淘汰圧は，耐寒限界温度という面では説明しにくい．しかし，新生児の大きさと母体の大きさには正の相関が期待されるから，この淘汰圧は親にもおよぶことになる．また，体のサイズに関係する遺伝子の多くは常染色体にあると思われるから，雌だけでなく雄の体の大きさにも淘汰はおよんでくる．さらに，体が大きいということは皮下脂肪としてのエネルギー貯蔵の能力を大きくするし，熱として失われるエネルギーを少なくもするので，不安定な食糧供給に対しても大きな抵抗力を発揮する．この点は大人も子どももどちらも享受できる利点であり，この面でも体を大きくする方向への淘汰が働く可能性がある．このような淘汰は，暖かいところに生活する個体よりも寒いところの個体に，また餌の供給量の季節変動が少ない環境に生活する個体よりも，それが大きい環境にいる個体のほうに強く働くのではないだろうか．餌の供給量の季節変化は，マゴンドウが生息する環境の安定した黒潮と黒潮反流域よりも，タッパナガが生息する三陸沿岸のほうが著しいであろう．この点でも体のサイズを大きくする淘汰圧はタッパナガのほうに強かったと思われる．

それでは，タッパナガはなにゆえに11-2月の寒い季節を選んで，比較的狭い季節範囲に好んで出産するのであろうか．新生児を寒い気候に曝したくないのなら，出産期を夏にすればすむことである．哺乳類の繁殖活動はいくつかの要因に影響される．1つは雌の栄養状態である．雌が十分に栄養を蓄えて，交尾，排卵，着床と一連の活動に適した時期でなければならない．つぎに，問題となるのは出産期である．生まれた子どもの生き残りの可能性がもっとも高くなる時期でなければならない．それに関係する環境要素には，水温のほかにも，授乳する雌の食糧摂取とか，離乳期の子どもの餌の供給の問題がある．母体にとっては，哺乳に必要なエネルギーは妊娠維持に必要なエネルギーよりも多いといわれているので（Lockyer 1981），授乳期の栄養供給は母親にとって重大な環境要素となる場合がある．多くの草食動物が，夏に十分に餌を食べて秋に発情し，草が茂り始める翌春に出産するのはこのような理由による．タッパナガの繁殖期は短く，マゴンドウのそれはほとんど1年中続くことはすでに述べた．おそらくは，繁殖に対する季節的な制約はタッパナガのほうが厳しかったものと解釈される．

コビレゴンドウの妊娠期間は，タッパナガもマゴンドウも，約15カ月と推定されている（Kasuya and Tai 1993）．出産期から逆算すると，タッパナガの交尾期は8-11月の夏から秋にかけての時期にあたる．また，マゴンドウでは授乳期間は少なくとも2.5-3年は続くが，子どもは生後6カ月で餌をとり始めることが知られている．生後3-6カ月で餌をとり始めることは，授乳期間の長短を問わず，多くの歯鯨類に共通する特徴なので，おそらくタッパナガでも同じであろう．子どもにとっては，母乳から固形食への移行はその後の成長にとって重要である．草食獣とちがって彼らの餌は動物性で栄養価が高いので，餌をとり始めれば，栄養的な面での母乳の重要性は速やかに低下するにちがいない．

マゴンドウの餌はほぼ完全にイカ類に限られている．タッパナガではイカに混じって若干のタコや魚類も食べているが，主要な餌料がイカであることにはちがいがない．イカの種類を量の多い順にあげるとスルメイカ，アカイカ，*Eucleoteuthis luminosa*の3種があげられる（Kubodera and Miyazaki 1993）．もっとも重要な位置を占めるスルメイカはもっとも沿岸性が強く，その沖合にアカイカがいる．どちらも回遊性で，夏に三陸・北海道沖で索餌した後，秋には産卵のための南下を始める．このため，三陸沿岸において漁業対象となっている前記イカ類2種の漁獲量は8-10月に多く，それ以外の月の水揚げは盛期の30%以下である．イカ類が多い時期とタッパナガの離乳開始時期が一致している．これらの考察を要約すれば，タッ

パナガは離乳を安全に進めるためには冬に出産する必要があり，出産場所の寒さに耐えるためには大きな子どもを産むことが有利であったといえる．餌の供給が多い時期（8-10月）と交尾期（8-11月）が一致することも母親にとっては不利な条件ではないし，親の体が大きければ，翌冬の出産に備えて栄養を蓄えるためにも有利である．

12.3.7 タッパナガとマゴンドウの分類学

（1）問題の背景

鯨類の2つの個体群の間で形態を比較して，ある特徴が一方にだけあって他方にはない，つまり非連続的な特徴がみつかる場合がある．さらに，その個体群の地理的な分布域が生活史の主要部分において重複している場合には，両者の間に繁殖を隔離するなんらかの仕組みが完成しているものと判断される．この場合には，これらの2つの個体群が別種に属するとすることに異論が出ないのが普通である．しかし，ときには両個体群の分布がほとんど重ならない，つまり異所性の場合がある．この場合でも両者の間に非連続的な形質が認められれば，それらを別種とする場合がある．コビレゴンドウとヒレナガゴンドウの場合がこれにあたるかもしれない．ところが，2つの個体群の間で比較すると非連続的な特徴があるとしても，その特徴が哺乳類では変異しやすい形質であるとか，成体などの特定の成長段階にしか認められない形質であるとか，あるいは第3の個体群を想定すると非連続性が疑わしくなるなどの場合も出てくる．

そのように異所性の個体群においては分類学的な結論を出しにくい場合が少なくない．タッパナガとマゴンドウの分類学的なちがいを評価する場合にもこのような問題が発生する．ゴンドウクジラ属（*Globicephala*）の現生2種を区別するのに使われてきた頭骨と胸鰭の形態的特徴でみる限り，タッパナガもマゴンドウもコビレゴンドウ（*G. macrorhynchus*）に分類されることはすでに述べた．タッパナガとマゴンドウの分類に残された問題には，形態以外に両者を別種とするに値する形質があるのかという疑問と，もしも同種としてあつかうならば両者はどのような分類学的な地位を与えられるべきかという問題がある．

（2）生活史の解釈

日本近海のコビレゴンドウの2つの系統であるタッパナガとマゴンドウを比べると，もっとも著しい形態的なちがいは体の大きさである．前者は後者に比べて体が大きく，体長には成熟雄では約2m，雌で約1mの差がある．マゴンドウに対するタッパナガの比をみると，体長では1.3-1.4倍，体重では2.5-3倍となる（表12.1，表12.2）．インド洋のコビレゴンドウの体長はタッパナガとマゴンドウの中間にあることが知られているし（Kasuya and Matsui 1984），ハシナガイルカでは産地によって1.4倍の体長差があることが知られている（Perrin *et al.* 1989）．体の大きさに地理的変異が多いのは哺乳類に一般的であり，人類も鯨類も例外ではない．上に述べた日本近海のタッパナガとマゴンドウの体長のちがいは，多様な種内変異のなかから2点だけを取り出してみたときに予想される程度のものである．

Kasuya and Tai（1993）はマゴンドウとヒレナガゴンドウの生活史を比較して，つぎのような共通点を指摘した．すなわち，雌は最高寿命よりも20年以上を残して30-40歳で排卵を停止し，36歳以上では妊娠しなくなること，最高寿命は雌62年，雄45年で雌雄差は17年におよぶことである．また，これをヒレナガゴンドウの生活史（Bloch *et al.* 1993a; Martin and Rothery 1993）と比較したところ，ヒレナガゴンドウでは，高齢雌でも排卵は続ける点はコビレゴンドウと異なる点であるが，ごくわずかな例外的な個体を除き，ほとんどすべての雌は，42歳を過ぎると妊娠しなくなるという点はコビレゴンドウに似ていることを見出した．また，最高寿命は雌59年，雄46年で，雌雄の寿命差も13年と大きいことを認めた．すなわち，タッパナガとマゴンドウは生活史の特徴を完全に共有するのに対して，ヒレナガゴンドウはこれらとはいくぶん異なる特性をもつとした

のである.

　Kasuya and Tai（1993）は，タッパナガとマゴンドウの外部形態の主たるちがいは体長と体色であるが，体色は本属の種の分類形質としては不適当であるとした（前述）．さらに，マイルカ科の種では体の大きさが個体群間で著しく変異に富む例があるなかで，コビレゴンドウの体の大きさにも地理的変異があることを考慮すれば，観察された形態的なちがいには大きな意味がないとした．さらに，このような類似性に加えて，タッパナガとマゴンドウは食性など生態的地位においても非常によく似ていることを根拠として，タッパナガとマゴンドウは種コビレゴンドウのなかの異なる個体群として評価すべきであり，分類学的隔たりは亜種程度のものであろうと考えた（Kasuya and Tai 1993）．

（3）　アイソザイム

　形態的特徴の比較は判断が主観的になりやすいうえに，定量的な評価がむずかしいという欠点がある．これに対して，遺伝的な差異には個体群の間の進化学的なちがいを客観的に評価できるという利点がある．Wada（1988）はアイソザイムの多型を用いてタッパナガとマゴンドウの間の遺伝的な差異を評価しようとした．彼はマゴンドウ167頭とタッパナガ204頭のそれぞれから36種の酵素を抽出して，その多型を調べ，それら酵素を支配する遺伝子の頻度を両者の間で比較した．その結果，31種の酵素はタッパナガもマゴンドウも同一の単一遺伝子で支配されていること，残りの5種の酵素はそれぞれ2-3個の対立遺伝子に支配されていることを見出した．Wada（1988）はこのデータから2つのパラメータを導いた．1つは，36の酵素を支配するそれぞれの遺伝子の頻度から計算したタッパナガとマゴンドウの遺伝的距離（D）である．Dは2つの個体群の遺伝子とその頻度が完全に一致すればゼロとなり，まったく不一致ならば無限大となる．タッパナガの場合には，これが0.0004で，スジイルカとマダライルカ（$D=0.026$）やイワシクジラとニタリクジラ（$D=0.047$）に比べてきわめて小さかった．

　もう1つは，対立遺伝子の出現頻度である．上にあげた5個の遺伝子座について対立遺伝子の頻度をみると，タッパナガで最高頻度であった対立遺伝子はマゴンドウでも最高頻度を示したことを認め，彼はこれを同種内の個体群の間で認められるちがいであるとした．種XとYという別種の間で対立遺伝子aとbの出現頻度を比較すると，種Xでaが高頻度を示した場合に，種Yではbが高い頻度を示すほどのちがいがあるのが普通だというのである．Wada（1988）は，このことからタッパナガとマゴンドウとは種コビレゴンドウのなかの亜種ないし，それ以下のちがいであるとした．彼はこの研究のように標本数が50頭以上の場合には，Dは標本数よりも調べる遺伝子座の数に影響されるとし，仮想の第37番目の遺伝子座がタッパナガとマゴンドウで大きく異なる場合を想定して試算したが，その場合でもDは1桁増加するにすぎず，彼の結論には影響がないとした．

　Miyazaki and Amano（1994）は，頭骨の形態にもとづいてタッパナガとマゴンドウは別種であると主張したが，そのなかでWada（1988）のアイソザイム研究に懸念を表明している．それは，Wada（1988）が用いた204頭のタッパナガ標本は1頭ずつ小型捕鯨で捕られたので問題はないとしても，マゴンドウの標本167頭は比較的少数の母系集団から引き抜かれたものなので，その遺伝子組成は個体群を代表していないのではないか．つまり，偶然のいたずらでタッパナガのそれに近い遺伝子組成が得られたのではないかという懸念である．ただし，このロジックは「差異を大きく評価しすぎている」という逆の可能性をも示唆するものである．Wada（1988）は，マゴンドウの標本は5回の追い込みから得られたと述べているし，影（1999）によれば，太地で追い込まれた群れはそれぞれが複数の母系で構成されていることを明らかにしていることをも考えれば，Miyazaki and Amano（1994）の懸念は割り引いて考えてよいと思われる．さらに，Wada（1988）があつかった遺伝子は常染色体上にあるので，各個体がもっている1対の遺伝子の半分，つま

り彼が調べた遺伝子の半数は父親由来のものである．影（1999）のDNAの解析も，父方の遺伝子が母系群の外からきている可能性を支持している．また，マゴンドウの群れのなかで極端な近親交雑が起こっているわけでもないことは，遺伝子型の出現頻度がハーディーワインベルグの平衡から外れていないことからも確認されている（Wada 1988）．かりにマゴンドウの標本が比較的少数の母系群から得られたものだという懸念が真だとするならば，その懸念はMiyazaki and Amano（1994）の用いた頭骨の形態の解析にもあてはまるのではないだろうか．

（4）ミトコンドリアDNA

影（1999）は世界各地のコビレゴンドウについて，ミトコンドリアDNAの制御領域375塩基を比較した．ミトコンドリアは母系遺伝をするので，群れごとの特異性に関する上に述べた懸念があてはまるものである．用いた試料は，マゴンドウは太地の追い込みで捕れた7群37頭と沖縄の石弓漁業で捕れた5頭であり，タッパナガは鮎川の小型捕鯨業で得た4頭である．このほかにカリフォルニア半島南方の東部熱帯太平洋の2頭のデータをデータバンクから入手して解析に供した．それによると，マゴンドウでは群れごとの特異性が認められた場合もあるが，その群間のちがいはマゴンドウとタッパナガのちがいに比べて小さかった．マゴンドウの個体間の塩基配列のちがいは0.3-0.8%で，マゴンドウとタッパナガの間のちがいはその2倍の1.4%，ヒレナガゴンドウとコビレゴンドウとの間のちがいはさらに大きく3.7%であった．このような解析結果をもとに類縁関係を描くと，マゴンドウとタッパナガが一緒になって1つのグループを形成した．これがコビレゴンドウのグループである．北大西洋のヒレナガゴンドウは別のグループをつくり，両グループが合わさってゴンドウクジラ属という1つのグループにまとまった．つまり，従来の分類体系を支持する結果になったのである．このことから，影（1999）はタッパナガとマゴンドウを別種とするのは適当ではないとし，ゴンドウクジラ属は2種よりなるとしている．彼の研究で興味あるもう1つの結論は，日本のタッパナガはカリフォルニア半島南方の東部熱帯太平洋産の2頭のコビレゴンドウや中部北大西洋のコビレゴンドウに近く，1つのグループをなしたことである．これは北太平洋におけるコビレゴンドウの進化の解釈に1つのヒントを与えるものである（後述）．

（5）頭骨の形態

タッパナガとマゴンドウの頭骨の形態を解析して，その分類学的位置を検討したのがMiyazaki and Amano（1994）である．まず，彼らはこれら標本について年齢と頭骨長との関係を調べたところ，用いた標本に関する限り，マゴンドウでは10歳以上，タッパナガでは17歳以上では両者に相関が認められなかった．そこで頭骨の成長はこのころにほぼ完成するものとみて，それ以上の年齢の頭骨について形態を解析した．このようにして選び出された試料はタッパナガ17頭（雄8，雌9），マゴンドウ25頭（雄10，雌15）で，これらについて32カ所あまりの計測をして統計的な解析に供した．両サンプルの頭骨長（cm）の範囲をマゴンドウ：タッパナガで示すと，雄は61.2-70.6：70.0-78.3，雌は55.2-59.8：61.0-64.8で，頭骨長の範囲は雄ではわずかに重なるが，雌では重複しない．頭骨の最大幅では，雄45.9-51.9：57.5-62.3，雌38.5-42.7：44.9-48.9で，こちらには雌雄とも重複がない．頭骨の大きさのちがいは体の大きさのちがいを強く反映した結果である．

頭骨の相対的な形状のちがいをみるには，大きさの影響を排除しなければならない．その手段として頭骨長に対する各部の比率が古くから使われてきたが，両者の関係が必ずしも原点を通る直線に乗らないという問題があった．同様の目的で，Miyazaki and Amano（1994）は，頭骨計測値を対数変換し，頭骨長を補助変数として，それらの共分散分析を行った．まず，タッパナガとマゴンドウの2つの標本群について，雌雄間で平均値を比較したところ，有意な差が

ある測点がいくつか見出された．それらの多くは吻部と頭蓋部の幅に関するものであり，両標本群とも雄は雌に比べてこれらの計測値が大きい傾向があった．すなわち頭骨を背面からみると，雄では幅広くてずんぐりとしていることがわかった．つぎに，同様の手法でタッパナガとマゴンドウの雄どうし，あるいは雌同士を比較したところ，20 測点（雌）ないし 21 測点（雄）において両標本群の間で平均値に有意差が見出された．その多くも同じく吻部と頭蓋部の幅に関する測定値であり，両性ともタッパナガのほうがマゴンドウに比べて頭骨が幅広い傾向があった．

つぎに，Miyazaki and Amano（1994）は，データのそろっている 32 測点について主成分分析を行い，2 つの主成分で 2 次元展開をしたところ，両標本群の雄と雌の合計 4 群に分かれることを見出した．ただし，4 群の分離に真に貢献しているのは第 1 主成分であることは注目に値する．第 2 主成分で分離されるのはタッパナガの雌とマゴンドウの雄のみであった．第 2 主成分は，ほかの 5 つの組み合わせ（タッパナガの雄：雌，マゴンドウの雄：雌，タッパナガの雄：マゴンドウの雄，タッパナガの雄：マゴンドウの雌，タッパナガの雌：マゴンドウの雌）の分離に貢献していないのである．この研究の著者らの解釈によれば，4 個の標本群を分離することに役立っているのは第 1 主成分であるが，それに大きく影響しているのは頭骨の大きさである．なかでも頭骨長，吻部の幅，頭蓋の幅などに関する計測値の貢献が大きいことは注目される．頭骨の大きさ，ひいては体の大きさが本属の分類にどのような意味があるかは議論の分かれるところである．

Miyazaki and Amano（1994）は，これらの解析結果をもとにタッパナガとマゴンドウは別種であると主張している．しかし，タッパナガとマゴンドウをこのような手法で比較するだけでは，説得力のある情報を提示することはむずかしい．著者らの意図は種コビレゴンドウ（*G. macrorhynchus*）のなかの 1 個体群であるマゴンドウから得た頭骨（標本群 1）を，分類学的位置を確定すべきタッパナガ個体群から得た頭骨（標本群 2）と比較して，両者の間のちがいが別種とするに値するほど大きいことを示そうとしたものである．そのためには，同属の別種ヒレナガゴンドウ（*G. melas*）を第 3 標本群として比較に加えることが不可欠であるし，さらに，2 種のどちらでもよいから，別の海域から得た第 4 標本群をも比較に加えることが望ましい．そのようにして，4 個の標本群のそれぞれの間のちがいの大きさを明らかにできれば，ゴンドウクジラ属（*Globicephala*）のなかの種間のちがいと，同種のなかの個体群間のちがいとが区別され，日本近海のタッパナガの分類学的位置について，より説得力のある情報が得られることになる．

（6）タッパナガとマゴンドウの進化学的関係

日本のタッパナガには背鰭の後方の背面に明瞭な鞍形斑がある．マゴンドウにはそのような形での鞍形斑はないし，ほかにも，2 つの型にはいくつかのちがいがある（前述）．鞍形斑だけで，他所の海のコビレゴンドウがタッパナガ型かマゴンドウ型かを判別することはできないことを念頭に置きつつ，世界各地のコビレゴンドウについて，タッパナガ型の鞍形斑があるかどうかをみると表 12.4 のようになる．太平洋ではハワイ諸島周辺とカリフォルニア沿岸の比較，大西洋ではアゾレス諸島周辺と米国東岸の比較がとくに興味深い（表 12.4; 口絵写真）．太平洋にも大西洋にも，それぞれの大洋において鞍形斑がある型とない型がすみわけているのである．これらの斑紋の判定は，個体識別を目的とした研究においてそれぞれ同じ研究者が確認しているので，信頼性が高い．

北米西岸の個体にはタッパナガ様の鞍形斑があることがわかった．では，体の大きさのちがいはどうであろうか．出版された記録で体長が記載されているものはアメリカ側には意外に少ないが，雌で 452 cm の個体がブリティッシュコロンビアに漂着した例がある（Baird and Stacey 1993）．このように大きな雌は，日本近

表 12.4　タッパナガ類似の明瞭な鞍形斑を有するコビレゴンドウの地理的分布.

海　　域	タッパナガ様鞍形斑 あり	タッパナガ様鞍形斑 なし	出　　典
[北太平洋]			
銚子－北海道	○		Kasuya et al. 1988
バンクーバー	?		Baird and Stacey 1993
シアトル沖	○		Yoshioka et al. 1987
カリフォルニ沖	○		Mitchell 1975; Evans et al. 1984; Shane and McSweeney 1988
カリフォルニア半島西側	○		Kasuya et al. 1988
カリフォルニア半島東側	○		Kasuya et al. 1988
銚子－沖縄		○	Kasuya et al. 1988
台湾		○	周 2000; 王・楊 2007
フィリピン		○	Ma and Tan 1995
ニューギニア		○	Mitchell 1975
ハワイ		○	Minasian et al. 1987; Shane and McSweeney 1988
[北大西洋]			
メキシコ湾	○		Würsig et al. 2000
アゾレス諸島		○	Heimlich-Boran 1993
カナリー諸島		○	Reeves et al. 2002

　海のマゴンドウでは不可能であるが，タッパナガには可能である．これらのことは，三陸のタッパナガの外部形態は北米西岸の個体に近いことを示している．アメリカ合衆国の大西洋岸に漂着したコビレゴンドウの雄 46 頭，雌 108 頭の体長組成（Ogden et al. 未発表 in Kasuya and Matsui 1984）から拾ってみると，最大個体は雄で 535 cm，雌では 397 cm である．鞍形斑の有無はメキシコ湾とニュージャージーとで異なるらしいが（前述），それらの体長は鞍形斑のない日本のマゴンドウに近い．

　この問題をもう少し深く検討したのが Polisini（1980）である．彼は世界各地のゴンドウクジラ属の頭骨標本を 2 つの判別関数を用いて解析した．1 つの判別関数は，ヒレナガゴンドウとコビレゴンドウを 100％ 区別することができた．第 2 の判別関数では，大西洋と太平洋のコビレゴンドウをほぼ区別することができた．ただし，判別関数値は一部で重複し，分離は不完全であった．また，この第 2 の判別関数はヒレナガゴンドウと大西洋のコビレゴンドウを区別することができなかった．そこで，2 つの判別関数値を X 軸と Y 軸として 2 次元に展開すると，ヒレナガゴンドウとコビレゴンドウは完全に分離され，コビレゴンドウではカリフォルニア沿岸産とアメリカ東海岸産とが完全に分離できた．つまり，北太平洋のコビレゴンドウと北大西洋のコビレゴンドウが分離できたのである．そこではバミューダとフロリダの各 1 頭が北米東岸のグループに入っていたのは当然といえようし，鮎川産とアラスカ産のコビレゴンドウ，つまりタッパナガ型と思われるもの各 1 頭がカリフォルニア産のグループに含まれたのも，これまでの解釈からみればありえないことではない．カリフォルニアの 1 頭と安良里の 1 頭が相互に誤判定されたが，両海域の個体の間に類似があることは興味深い．

　興味をひかれるのは，西インド諸島から南大西洋・インド洋を経て，南太平洋から中部日本にいたる広大な海域のコビレゴンドウが北米東岸のコビレゴンドウと同じグループに入ったことである．すなわち，バハマ（1 頭），西アフリカ（4 頭），喜望峰（1 頭），マラッカ（1 頭），チモール（1 頭），フィリピン（1 頭），マルケサス（1 頭），ハワイ（1 頭），安良里－和歌山（3 頭; マゴンドウ型であろう）のコビレゴンドウがそれである．北大西洋のアゾレスの標本がこの解析に含まれていないので，東部熱帯大西洋の個体についてはなんともいえないが，それ以外の海では西部北大西洋とインド洋に加えて，

太平洋では東はマルケサス，北は伊豆半島にいたる西部熱帯太平洋とその周辺海域に分布するコビレゴンドウの頭骨の形態はマゴンドウに似ているのに対して，カリフォルニア半島周辺から米国北西岸を経て東北日本にいたる海域には，タッパナガに類する頭骨をもつ個体がいることがわかる．

かつて，1982年から1987年にかけて，イシイルカ調査のために毎年夏に北太平洋で鯨類の調査航海が行われた．その対象海域の南限は北緯35度付近にあり，黒潮とその延長である北太平洋海流の北側を東西にわたって調査したわけであるが，東経150度から西経135度付近までの北太平洋中央部ではコビレゴンドウの発見がなかった．このことは，日本のタッパナガ個体群はアメリカ側の類似個体の集団とは分布が不連続であり，異なる個体群に属することを示している．同様のことはマゴンドウの属するグループについてもいえる．北大西洋からインド洋を経て日本にいたる海域には，各地に異なる個体群があると考えるべきである．

上に紹介した研究は形態にもとづいて系統分類を試みたものであるが，同様の作業をミトコンドリアDNAを用いて行ったのがOremus et al.（2009）の研究である．ミトコンドリアDNAは母系を通じて子どもに引き継がれる半数性の核外遺伝子である．彼らはミトコンドリアDNAのなかの制御領域と呼ばれる部位の一部，最大620塩基の配列を，コビレゴンドウとヒレナガゴンドウについて産地の間で比較して，その変異型の類縁関係を解析した（図12.9）．この研究で私がとくに注目したいのは，そこには外部形態によってタッパナガ型あるいはマゴンドウ型と判定された日本産のコビレゴンドウから得たミトコンドリアDNAの変異型が取り込まれていることである．これは影（1999）の研究成果である．このほかに，日本のマーケットで購入されたコビレゴンドウの肉も試料に含まれている．市場標本は，東京都・千葉県から沖縄までを南日本（SoJ）とし，それより北で購入したものを北日本（NoJ）としており，鯨肉の流通形態にそぐわない画一的なものである．

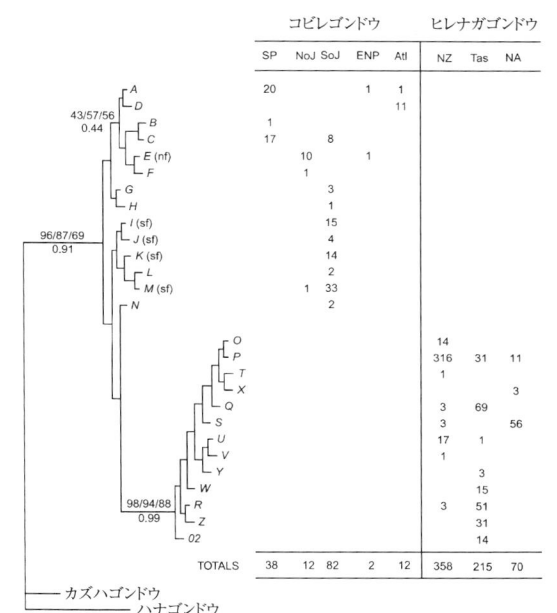

図12.9 ゴンドウクジラ属2種から得られたミトコンドリアDNAの変異型の類縁関係．コビレゴンドウの変異型はAからNまでの14型，ヒレナガゴンドウはOからO2までの13型である．変異型の後のカッコ書きは，その変異型が外部形態によってマゴンドウ型（sf）あるいはタッパナガ型（nf）と判定された日本近海産の個体から得られたものであることを示している．それぞれの変異型の出現個体数は海域別に示してある（海域表示は，Atl：大西洋，ENP：東部北太平洋，NA：北大西洋，NoJ：北日本，NZ：ニュージーランド，SoJ：南日本，SP：南太平洋，Tas：タスマニア）．水平軸の長さは隔たりの相対的な大きさを示す．比較のために，ゴンドウクジラ属からみたカズハゴンドウとハナゴンドウの隔たりを図示してある．（Oremus et al. 2009）

この研究ではミトコンドリアDNAの変異型について，たがいに似ているものどうしを順次組み合わせて，いくつかの群にまとめて系統樹としている（図12.9）．それによると，ゴンドウクジラ属のなかの多数の変異型は，ヒレナガゴンドウ（*G. melas*）とコビレゴンドウ（*G. macrorhynchus*）の2グループに大別される．ヒレナガゴンドウとコビレゴンドウの間には共通の変異型がみられないことから，著者らはこれらを別種とする，従来の分類体系を支持している．後者（コビレゴンドウのグループ）は，不明瞭ではあるが2つの亜群に分けられる．

ヒレナガゴンドウについて注目される点の1つは，ニュージーランドとタスマニアのように比較的隣接した海域でもその組成に差があり，これら標本が複数の個体群を代表していると判断されることである．第2の注目点は，南半球のヒレナガゴンドウは圧倒的に変異に富み12変異型をもつのに対して，北大西洋には3変異型に限られ，そのうちの2つが南半球と共通していたことである．この事実から，著者らは南北両半球のヒレナガゴンドウは別亜種であるとし，北半球の個体は南半球からの移住者に起源すると推定している．

なお，北部北太平洋とその周辺には，いまから六千数百年前（縄文海進のころ）から約800年前（平安時代末期）まで，ヒレナガゴンドウが生息していた（前述）．彼らの北太平洋への来遊ルートについては，いまから1万年ほど前に終わった最後の氷期に東部太平洋の低温域で赤道を越えて南太平洋から移住したのか，縄文海進のころの温暖な時期に氷の消滅した夏の北極海を通って北大西洋からきたのかという疑問があるが（Kasuya 1975），これについても遺伝的手法で解明されるとおもしろい．

コビレゴンドウは西部北太平洋でもっとも変異型に富み（11型），これに南太平洋（3型），東部北太平洋と北大西洋（ともに2型）が続く．外部形態の確認がない市場標本から得られた変異型も含まれるという弱点はあるが，マゴンドウは9変異型，タッパナガは2個の変異型をもち，両者には共通型はないと著者らは判断している．

コビレゴンドウの2亜群のうちの1つは，外部形態によってマゴンドウ型（図ではsfと表示）と判定されたものが含まれ，タッパナガを含むもう1つの亜群に比べて変異に富むことがわかる．タッパナガに遺伝的変異が少ないことは，それが比較的小さいローカルな個体群であることと矛盾しない．タッパナガを含むグループの特徴は広い産地をカバーしていることである．東部北太平洋（ENP），南太平洋（SP），大西洋（Atl），北日本（NoJ）の2ないし3海域の間で共通の変異型が見出されていることに注目したい．

Oremus et al.（2009）は図12.9のタッパナガを含む亜群のなかで，Cと示された変異型に注目した．そのうちの8標本は南日本で購入された食品から得られたものであり，同型は南太平洋からも出現している．この型はマゴンドウ型の既知の変異型とはちがいがやや大きいので，遠方の漁場から持ち帰ったものか，それとも日本近海のマゴンドウ型に複数の個体群が含まれることを示すものであろうと彼らは述べている．南日本には太地あるいは沖縄産のコビレゴンドウが多く流通しているのは事実であるが（第2章），三陸で捕獲されたタッパナガが生肉で1980年代に西日本に出荷されていたことを私は確認しているし，今世紀に入ってからもタッパナガが福岡市中央卸売市場に出荷されていたことを遠藤（2008）が報告している．この変異型Cが福岡市場経由で販売されたタッパナガ型個体に由来する可能性があると私は考えている．すなわち，図12.9において南日本（SoJ）由来と表示されている変異型Cの8標本は，じつは北日本（NoJ）由来であり，タッパナガに属するという可能性である．

Oremus et al.（2009）は，マゴンドウとタッパナガの分類学的位置関係については判断を示していない．ヒレナガゴンドウとコビレゴンドウとの隔たりに比べて，コビレゴンドウ内の2亜群の隔たりは十分に小さいのは事実である（図12.9）．しかし，彼らが別亜種とした南半球（NZ + Tas）と北大西洋（NA）のヒレナガゴンドウの間の隔たりに比べて，それがはたして小さいといえるのであろうか．このちがいを評価するには，西部北太平洋からハワイ近海，カリフォルニア，オレゴン，ワシントンを経て三陸沿岸にいたる海域における，反時計回りの遺伝子組成の連続的変化（cline）を明らかにすることが必要であろう．

（7）コビレゴンドウ（*G. macrorhynchus*）の分化過程に関する考察

西部熱帯太平洋は，南北太平洋のなかでもっとも水温の高い海域である．この状態には，過

去の気候変動においても大きな変化はなかったはずである．暖海性の動物は，寒冷期にはここに退却し，温暖期にはここから各地に拡散することを繰り返したにちがいない．コビレゴンドウにとっても，この海域が進化や拡散の中心になった可能性がある．南日本のマゴンドウ型の生息域は，この西部熱帯太平洋の温暖域のなかの北の端にあたるところである．そこのコビレゴンドウ（マゴンドウ型）は世界各地のコビレゴンドウのなかでももっとも遺伝的多様性に富み，ここから離れて，南太平洋や大西洋へと遠ざかるにつれて，遺伝的多様性が低下することも，このような拡散の歴史があったことを示唆している．また，そこにすむコビレゴンドウが比較的小型であることも，この見解と矛盾しない．

喜望峰は南緯35度付近にあり，東海岸には暖流が南下しているが，西海岸には寒流が北上している．そのため，インド洋のコビレゴンドウと南大西洋のそれとは，現在では分布が不連続である（前述）．しかし，かつての温暖な時期にはここを経由して東西のコビレゴンドウが交流し，寒冷期には交流が断たれるという歴史が繰り返された可能性がある．喜望峰に比べて，南米大陸の先端は緯度が高く，南緯55度付近に位置しており，東西岸とも寒流に洗われているので，コビレゴンドウの東西交流の通路となった可能性は低い．

かつて西部熱帯太平洋に生息していた古い型のコビレゴンドウをかりに古コビレゴンドウと名づけるならば，彼らの一派は黒潮反流域にとどまって，いまのマゴンドウ型コビレゴンドウに進化したものと思われる．ほかの一派は南太平洋やインド洋に進出し，温暖期には，さらに喜望峰を越えて南大西洋に進出していったのではないだろうか．いま，インド洋に生息するコビレゴンドウの遺伝的特徴は明らかではないが，上の仮説が正しければ，コビレゴンドウの遺伝的多様性には西部熱帯太平洋から，南太平洋・インド洋を経て大西洋にいたる勾配が認められるものと予測される．

古コビレゴンドウのなかにはハワイを越えてさらに東方に進出し，カリフォルニア半島沿岸に達した個体もあったにちがいない．ハワイからカリフォルニア半島に向かうにつれて海水温はしだいに低下するが，この海域の表面水温の勾配は東西にも南北にも緩やかなので，分布拡大にあたって比較的抵抗が少なかったであろうし，この海は生産力に富んでいて餌が豊富なので，報われるところも大きかったにちがいない．このようにして，カリフォルニア海流域に適応した古コビレゴンドウの1グループが古タッパナガへの進化を始めた．餌の豊富な環境のなかで，低温に耐えるために体を大きくしつつ，分布を北に広げてバンクーバー沖にまで達した．さらに，このなかの一部の個体が，北極収束帯に沿って西に進み，北海道東岸から福島県沿岸の黒潮と親潮と津軽海流が衝突する生産力に富む海に定着したのではないだろうか．それがいまのタッパナガであると推定される．

このような出来事がいつ起こったのか，また日本のタッパナガとカリフォルニアのコビレゴンドウがどの程度近いのかは今後の研究に待つところであるが，日本のマゴンドウとタッパナガはどちらも古コビレゴンドウとかりに名づけた共通祖先から出発して，一方は故郷からあまり離れずに黒潮のなかで生活を続け，他方は反時計回りに大回りをして分布を広げてきて，いま黒潮の北側の前線をはさんで分布を接するにいたった．カリフォルニア側に比べて黒潮前線は温度勾配が急なので，いずれの型もまだその障壁を突破できていないというのが私の解釈である．これが正しければ，マゴンドウとタッパナガの間の遺伝的差異は，カリフォルニア－オレゴンのコビレゴンドウと日本沿岸のタッパナガの間のちがいよりも大きいはずである．この傾向は図12.9でもみることができる．この仮説は私だけの発明ではない．1966年に友人のBrownell氏と太地や安良里でコビレゴンドウの骨格標本の収集をしているときに雑談のなかで出てきた話がもとになって，その後に得られた生物学的知見で肉づけしたものである．

12.4 生活史

12.4.1 死体をとおして生活をみる

　哺乳類の生物学を研究するときには，相手にしている個体に関する生物情報，すなわち何歳であるか，大人なのか子どもなのかなどを知ることが大切である．ある個体が生まれたときからいまにいたるまでの記録があれば，もっとすばらしい．これはいかなる研究分野でも，どのような種をあつかう場合にも同じである．最近では，鯨類の行動や社会構造を研究するために，生きている野生動物の個体を識別してデータを集める手法が使われている．このような手法は特定の鯨群を保存しようという合意があって，殺して利用することのない社会において可能となる手法である．観察をしている人のかたわらで捕鯨船が活動するような社会では，このような研究はできない．私は三陸のタッパナガで個体識別を試みたことがあるが，漁業との共存は無理とわかってやめざるをえなかった．

　生きた個体を継続して観察すれば，行動と生物学的現象の関連を直接追跡し，その個体差をも知るというすばらしい成果が得られる．いま，鯨類の出産間隔について，その個体差が明らかにされつつあるのも，このような観察の成果である．これに対して，つぎに紹介する死体調査の方法は，その個体群の平均出産間隔しか知らせてくれない．1頭の雌が一生の間に残す子どもの数にはどのような個体差があるか，どのような雌が多くの子どもを残すか，このような疑問に答えを与えるのも野生個体の継続観察が得意とする分野である．鯨類によっては個体が識別しやすいものとそうでないものとがあるし，個体数が多いとか外洋にすんでいるという理由で，継続観察がむずかしい種も少なくない．これは生体観察に依存する研究の泣きどころである．

　鯨類が概して長寿であるのも，継続観察を困難にしている一因である．鯨類は性成熟に3-17年を要し，一生を終えるのに短くても20年，長いものでは100年以上もかかる．ある鯨種について一通りの生活史を明らかにするためには，生体観察の方法では研究者の生涯の活動期間ほどの時間がかる．その間には，人間活動の影響で鯨類の生活環境が変化してしまう恐れさえある．過去100年間に，鯨類を取り巻く海洋環境がどれほど変化したかを考えれば，このことは理解しやすい．すなわち，海中騒音の増加，DDT，PCB，ダイオキシンなど残留性有機化合物による海洋汚染の進行，漁業による乱獲の進行などは，どれも過去100年間に激化してきたし，これからの100年間にはそれがどのように進行するかは見当もつかない．このような環境変化によって，研究対象としている鯨の行動や生活が変化してしまう恐れがある．

　このような時間的な困難を避けて，てっとりばやく鯨類の生活史についておおよその知識を与えてくれるのが死体研究の手法である．いまの世界では，研究のために鯨を安易に殺すことは許されない．よほど緊急な事態であるとか，自然保護上の重要な貢献をするという理由がない限り，研究目的で鯨類を殺すことには社会的な支持が得られないのが普通である．このような世界的な風潮のなかで，日本の社会は数少ない例外の1つである．そこでは年間1万頭以上の小型鯨類を商業的に捕獲するかたわら，1,000頭以上の大型鯨類を科学研究のために捕獲している．このような社会では，その死体は努めて研究に役立てるべきである．人類の共有物である海洋資源を私的に利用することが許されている漁業にとって，それは社会的な義務であるし，それを研究して価値ある研究成果を得るのは科学者の務めでもあると思う．私は長い間，このような恩恵に浴してきたが，1998年ごろから状況が変わってきた．大学の研究者にとっては，漁獲物へのアクセスがしだいにむずかしくなってきたのである．DNAの研究には少量の皮膚の組織があれば足りるのであるが，それすら許されなくなってきた．残念ながら，漁業・水産行政の視点から，研究者の選別が秘かに行われているらしい（第15章）．

12.4.2　年齢査定

(1)　年齢査定の原理

歯鯨類の年齢査定には歯を用いる．哺乳類の歯は3要素からなっている．一番先端に位置するのがエナメル質で，非常に硬い組織で歯冠部を覆っている．エナメル質に先端部を覆われて歯の主体をなすのが象牙質であり，その歯根部の外側を覆っているのがセメント質である．胎児期の初期につぶれたテニスボールのような歯胚が形成され，そのなかで2種の歯の組織（エナメル質と象牙質）の形成が始まる．コビレゴンドウでは体長 10-20 cm のころである．2つの層はアイスクリームコーンを重ねたように配置され，外側へと形成される層がエナメル質で，内側へと蓄積される層が象牙質である．エナメル質の蓄積は，出生の少し前に停止するのに対して，象牙質の形成は生後もしばらくの間続き，歯の主要部分を構成することになる．第3の要素がセメント質で，そこには多数のセメント細胞が入り込んでいる．セメント質は歯根部の象牙質を覆っており，歯を歯茎の組織に結びつける役割をしている．コビレゴンドウではセメント質の形成は歯が萌出するころに始まり，一生の間，蓄積が続く．現生の鯨類では，歯は一生歯性で生え換わることはない．歯の3組織には，それぞれの成長にともなって生理状態の変化が記録される．歯鯨類の歯が生え換わらないことは，それらの研究には都合がよい．

エナメル質には胎児期の生理サイクルが記録されている．歯の薄い研磨切片をつくり，エナメル質の部分を光学顕微鏡下で観察すると，日周期を示すかと思われる細かな平行な成長層が数多く観察される．これをうまく使えば，原理的には胎児の成長を解析することができるはずであるが，そのような研究はまだなされていない．

象牙質には通常，1年周期と考えられる成長層が記録されている．しかし，手法によってはイルカ類の象牙質でもっと細かい周期の層も観察されており，月周期の層であるとされている例もある（Myrick and Cornell 1990; Myrick 1991）．象牙質は歯髄腔の内壁に蓄積されるので，年齢の増加につれてしだいに歯髄腔が狭くなる．最後にはわずかな血管や神経のスペースを残すのみとなり，ついには象牙質の形成が止まってしまう．このような個体では，象牙質を数えて年齢を推定することはできなくなる．このときの年齢は主として歯の大きさに支配される．歯の大きさには個体差があるし，性差のため雄の歯は雌の歯よりも大きい．また歯列の前後端に近い歯は小さいのが普通である．

セメント質は象牙質とはちがって歯の外側へと蓄積され，その成長が終生続くので，生涯にわたって年齢形質として使える．ただし，多くの種では1年間に形成されるセメント質の厚さは象牙質のそれよりも薄いため，成長層が薄くて数えにくいという欠点がある．ただし，ツチクジラの下顎歯は例外で，セメント質の蓄積速度が早くて，月周期の成長が記録されていると推測されている（Kasuya 1977）．このことについては第13章で述べる．セメント質を使ってイルカ類の年齢査定をするには，まず若い個体を使って象牙質とセメント質の計数基準を確立しておく必要がある．このときに注目しなければならないのが，セメント質形成の開始時期である．その時期は，マゴンドウでは体長 154-163 cm，推定年齢 1.5-3 月のときなので，年齢査定のうえでの誤差は問題にならない（Kasuya and Matsui 1984）．

(2)　試料の採取と歯の調製

漁業者がコビレゴンドウを解体するかたわらで，大学の研究者は体長を測り，乳腺や胎児を調べ，卵巣や睾丸を採集してきた．漁業者の作業のじゃまにならないように気をつけながら，彼らのペースに遅れないように努力したが，漁業者も私たち研究者にずいぶん配慮してくれたものだと思う．太地でも，鮎川でも，千葉県の和田浦でも，鯨研究者を好意的に扱ってくれたよい時代があった．

さて，年齢査定に使うのは下顎歯である．上顎歯は2方向に曲がっているので，1つの面を通る縦断切片をつくるのに適さない．初めのう

ちはハンマーと鑿を使って，下顎から3-4本の歯を取り出した．この作業に備えて，昼休みにハンマーを振って腕力を養っておいたが，後に体力が衰えてからは鋸を使うようになったし，電動鋸を使う人も現れた．取り出した歯は生殖腺などの標本や番号を書いたラベルと一緒に，台所ごみをためる穴あきビニール袋に入れ，10%ホルマリン溶液に放り込んで固定する．ホルマリン固定をすると，そのなかに微量に含まれている蟻酸でカルシウムが溶解し，後の作業に支障をもたらす場合がある．しかし，通常の年齢査定では，切片をつくる途中に脱灰操作があるので，この点は問題にならない．実験室での作業はつぎの手順で行う．

①10%ホルマリン溶液で固定して持ち帰った歯を含むブロックから，ナイフを使って歯を切り出す．このときに，歯茎をきれいに削り取らないで，むしろ歯茎の組織を薄く残すように配慮する．細胞1-2層でよいから，これを歯の表面に残すことが大切である．これで死亡時に形成中だったセメント成長層が確認できる．歯の形をよく見極めて，歯の先端から基部までが1つの平面にくるような正中切断面を見込んで，この正中断面の少し手前で歯を縦断する．この作業には，アイソメット低速鋸にダイヤモンドの粉末を埋め込んだブレードを装着して，水を減摩剤として行う．この場合に，歯が十分に吸水していないと，切断中に歯が吸水・変形して，ブレードを咬むなどのトラブルが発生する．切断面はこのままでは正中面を通っていないし凹凸もあるので，1,000番と2,000番前後の砥石を使って修正・仕上げをする．このとき，砥石の平面を維持することが大切である．そのためには2枚の同質の砥石をすり合わせる．砥石の代わりに，平板に貼りつけたサンドペーパーを使ってもよい．うまく仕上げた歯の断面を拡大鏡でみると，左右の成長線の交点が鋭角にみえるが，断面が正中線から外れていると，成長線の交点は放物線の頂点をみるように丸みを帯びている．円錐をさまざまな平面でカットする場合を思い描くとよい．

②歯が正中面でカットされ，研磨がすんだら，これを1mm厚さの塩化ビニールのスライドグラスにシアノアクリレートを主剤とした瞬間接着剤を使って貼りつける．このときに，歯の切断面の水分を拭い取って，表面だけを一通り乾燥させておく．液体の水があると接着剤が白濁する．接着剤の固化が遅いようなら，ガラス鉢でカバーして，硬化促進触媒の蒸気浴のなかに入れる．接着剤が固化したら，再びアイソメット鋸を使って，スライドグラスに1mm前後の歯の組織を残して，外側の部分を切除する．これを先ほどの砥石を使って，30-80 μm まで薄く研磨する．この段階での厚さの測定は，顕微鏡の焦点微動装置の目盛りで見当をつける．半裁の開始から脱灰液に投入するまでの作業は，中断なく一気に進めることが大切である．途中，必要ならばガラス鉢で覆うなどして，過度の乾燥を避ける．いずれも，乾燥によって，歯が変形してスライドグラスとの接着が弱くなるのを避けるためである．プラスチックのスライドグラスを使うのは，接着剤との親和性がよいことと，歯の変形によるひずみをある程度吸収してくれるためである．

③これをただちに10%の蟻酸の水溶液に入れて，数時間脱灰する．作業の手順しだいでは，酸のなかに一晩放置してもさしつかえない．脱灰が終わった歯の切片を透過顕微鏡でみると，全体が透明にみえるが，脱灰が不完全な場合には象牙細管が黒くみえる．完成したプレパラートでは，脱灰が不完全な部分は白茶けた褐色を帯びて不透明にみえる．完全に脱灰がすんだ切片は流水に一晩ないし一昼夜さらして，十分に酸を除去する．普通の組織の顕微鏡切片が5 μm 前後の厚さであるのに対して，歯の切片は厚さが大きいので，水洗は入念にする必要がある．水洗が不完全だと，色素の退色が早くて数カ月で使用に耐えなくなる．

④水洗がすんだら，ヘマトキシリンで染色する．ヘマトキシリンの処方はなんでもかまわないが，私はマイヤーの処方を使っていた．この場合には30分で適正な濃度になり，しかもそれが平衡濃度に近いので，染色時間に神経を使わなくてすむ．適正染色時間があまりに短いと，

染色停止の時間調整に神経を使うし，結果にばらつきが出る恐れもある．染色がすんだら，また流水で一昼夜ほど水洗する．ヘマトキシリン染色液はなかに酸を含むので，この段階で，残っている酸を完全に流し去ることが大切である．念のために，水1リットル中にアンモニア水を数滴たらした弱アルカリ性の水に数分つけて，酸を中和して美しい青色に発色させるのもよい．もしも，染色時間をまちがえて濃く染まりすぎたら，もう1度蟻酸の脱灰液につけて脱色してから，水洗と染色の過程をやりなおす．この段階で，むらなく一様に染色していれば，一応うまくいったと考えてよい．もしも，円形のむらが現れたら，それは上の②の段階で，接着が部分的に離れた可能性が強い．別の歯でやりなおすか，見苦しいのをがまんするしかない．

⑤この段階では，歯の薄い切片が青紫に染色されて，プラスチックのスライドグラスに貼りつけられた状態にある．これをただちに50%エタノール，純エタノールⅠ，Ⅱと順次通して脱水し，ユーパラールのようなアルコール親和性の封入材で封入する．使用しているプラスチック板や接着剤が有機溶媒に弱いので，キシレンの使用は避ける．また，水洗後封入までの過程で乾燥させないように気をつける．乾燥させると，象牙細管に空気が入り，不透明となる．ユーパラールが固化すれば，年齢査定用の切片が完成する．

上に述べた方法は，高価な器具がなくても，手先を多少訓練すれば，だれにでもできる方法として便利である．年齢査定用の切片をつくるには，この方法に限るわけではない．歯全体を脱灰してから，凍結ミクロトームで連続切片をつくる方法もあるが，鯨類の歯は脱灰した後も硬度が高いので，強力なミクロトームが必要となるし，歯全体を脱灰するためには，強力な脱灰液を長時間使用することになる．象牙質の厚さは年齢とともに増すので，歯の中心まで脱灰するには，高齢の個体ほど脱灰時間を長くしなければならない．その結果，歯の中心部が適度に脱灰されたときには，周辺の組織，たとえばセメント層などは過脱灰されて年輪が読みにくくなるという問題が発生する．これを避けるために，歯をあらかじめある程度の厚さまでカットしておく研究者もいる．

象牙質は成長層の間隔が大きいので，切片をやや厚め（40-80 μm）にし，セメント質は逆にやや薄め（30-40 μm）につくると年齢査定がやりやすい（粕谷1983）．このような手加減は，手作業で歯を研磨すると簡単にできるが，ミクロトームでやると全体が同じ厚さになってしまう．なお，スジイルカのように小さい歯では20-30 μmが望ましく，この場合には砥石だけで作業ができる．信頼できる年齢査定をするためには，方法はなんであれ，歯の中心を通る切片であることと，厚さと染色が適切であることが重要である．不満足な切片で年齢査定をせずに，躊躇せずに切片をつくりなおすことが肝心である．

(3) 成長層の蓄積率

年齢査定用につくったプレパラートを顕微鏡下で観察して，成長層を数えて年齢を査定することを「歯を読む」とか「年齢を読む」という．コビレゴンドウの象牙質の成長層を数えるには10倍前後，セメント質の成長層の場合には100倍前後の倍率の光学顕微鏡を使う．この場合には，視野が広く像面が平坦な良質な対物レンズを使うことが望ましい．脱灰・染色した切片ではエナメル質は完全に溶解して失われ，エナメル質の痕が雌型となって残っている．その内側（歯根側）にあるのが胎児期の象牙質で，成長層がほとんどみえない均一な組織である．その内側には染まりが淡く，厚さが15-65 μmの狭い層がある．これが新生線である．新生線は出生直後に形成された石灰化の弱い象牙質の層である．その内側に通常の象牙質が形成されて初めて，新生線と識別できるものである．新生線が識別されるようになる時期は，生まれてから1カ月以内である（Kasuya and Matsui 1984）．新生線の内側の濃淡が交代する層が年齢査定に使う成長層である．その濃淡の交代は，ときにはやや不規則で複雑にみえる．

成長層については，ヘマトキシリンで濃染さ

れる層（濃染層）とよく染まらない層（淡染層）とを1組として1層と数えると、しばしば記述されている．これは誤りではないが、誤解を招きかねない表現である．若いときには歯の成長がよいので、そのときに形成された象牙質には、1つの濃染層や淡染層のなかに細かい層が何本もみえるのが普通である．そのなかには月周期（ツチクジラ、マダライルカ）や、妊娠・出産線（マッコウクジラ）と推定されているものもあるが、そのほとんどは形成周期や形成要因が解明されていない（Perrin and Myrick 1980）．そこで、これを一括してアクセサリーレイヤー（accessory layer）と呼ぶことが多い．このような細かい層をまとめて少し大きな周期に注目すると、より規則的な濃淡のパターンがみえてくる．これが年輪とか、あるいはたんに成長層とも呼ばれる構造である．これを成長層群（growth layer group）と表現して、誤解を避けようとする試みもある．

年齢を査定するには新生線をゼロ点として、それ以後の成長層の濃淡のサイクルを数える．後で述べるように、コビレゴンドウの出産期は数カ月におよぶので、最初に形成される象牙質の特徴は個体によって異なると予想される．最初の1年間に蓄積される象牙質の厚さは、ほぼ0.5-1 mmであるが、後から形成される年輪ほど厚さが小さくなり、25歳ごろから象牙質の形成が停止した個体が現れ、40歳を超えるとほとんどすべての個体で象牙質の形成が停止してしまう．30歳以後で成長層の形成が続いている個体では、1年間の蓄積が0.1 mm程度になっている．象牙質の蓄積が停止した個体では、年齢はセメント質で査定するしか方法がない．このときのセメント質全体の厚さは、0.5-1 mm程度で、このなかに蓄えられている40層前後の成長層を読むことになる．

象牙質の成長層は読みやすいが、セメント質は層が薄くて読みにくい．また、セメント質にもアクセサリーレイヤーと呼ばれる不規則な層が現れることがあるうえに、生後1-2年の層は、歯の生え際の歯頸部近くにだけ形成されるので、注意深く読まなければならない．これは、生まれてから1-3年の間は歯の長さが急速に伸びることと関連している．このような点に注意しながら、象牙質成長層とセメント質のそれの数え方が一致するように目を訓練するのが基本である（図12.10a, b）．なお、セメント質は出生後に蓄積が始まるので（前述）、そこには新生線は形成されない．

このようにして査定した年齢がほんとうに正しいのか．これを確認するには、年齢既知の個体で読みを確認するとか、水族館に搬入したときにテトラサイクリンのような沈着性の蛍光色素を注射して歯に時刻を記録し、それ以後の飼育年数と歯の成長層を比べたりすることが、ハンドウイルカなどで行われている（Myrick and Cornell 1990）．日本で西脇らがスジイルカに酢酸鉛を注射したのが、この分野での最初の試みであったが、飼育期間が短くて所期の目的を達成できなかった（Nishiwaki and Yagi 1953）．スジイルカは、これまでに長期の飼育に成功した例がない種である．このような飼育困難な種を材料に用いたことが失敗の一因かもしれない．コビレゴンドウでは、成長層の形成率の検証に使えるような材料がない．幸い、日本のイルカ追い込み漁業はほとんど周年行われており、7カ月をカバーする試料が得られたので、象牙質の濃染層と淡染層が交代する時期を、季節変化から推定することができた．

まず、漁獲された個体について、死亡時に形成されつつあった歯髄腔に接する最新の象牙質をみて、それが濃染層であったか淡染層であったかを判定した．5-10月には80-90%の個体が濃染層を蓄積中だったのが、12-1月には30-40%に減少し、2月には20%となった．アクセサリーレイヤーにじゃまされて判断を誤る個体もあるはずだから、100%ということは期待できないことを念頭に置いて、平均的には4-5月から10-11月ごろまでは濃染層の蓄積があり、その後、11-12月から3-4月までは淡染層が蓄積されると推定された（Kasuya and Matsui 1984）．おおよそ半年で濃染層と淡染層が交代するものと推定されたわけである．したがって、濃染層と淡染層を1組とする周期を数えれば、

それが1年を示すことになる．年齢が高くなると淡染層の形成時期がやや早くなる傾向が認められた．1年のサイクルのなかで，濃染層が形成される時間が短くなり，ひいては淡染層と濃染層の幅の比率が変化することを示唆するものである．かりに，これが事実であるとしても，濃淡2層を1組として計数する年齢査定には，問題は生じない．

（4）歯によるちがい，読みの誤差

歯に形成される成長層は動物の体内の生理的変化の発現であるから，同一個体ならば異なる歯でも年齢査定にちがいはないだろうと思われる．しかし，歯列の中央部の歯は前後端の歯よりも大きいし，歯の大きさは成長層の厚さに関係してくるので，歯のちがいは象牙質成長層の読みやすさや蓄積年限に影響する可能性がある．

比較的高齢なコビレゴンドウ3頭（20-45歳）について，上下の歯列を全部集めて年齢を比較してみた（Kasuya and Matsui 1984）．まず歯の外観について比較すると，高齢の個体では歯の先端が磨耗して失われている場合があるが，エナメル質が完全に失われてしまうことはなかった．エナメル質の下には胎児期の象牙質が残っているので，象牙質の新生線の確認には，どの歯でも支障はないことになる．つぎに象牙質の読みを比較すると，歯列の前後端の1-2本の小さい歯では，中央の大きい歯に比べて年齢が若く推定される結果になった．この傾向は，象牙質の蓄積が停止していた個体（45歳）でも，まだ停止していない個体でも同様であった．これは，歯列の前後端の小さい歯では象牙質の蓄積が早めに停止するだけでなく，象牙質成長層の幅が小さいために年齢が読みにくいためであると考えられた．なお，セメント層の読みはどの歯でもほぼ一致した．このことは，年齢査定用の歯を自由に選べる場合には歯列の中央部の大きな歯を選ぶこと，やむをえず前後端に近い歯を使う場合にはセメント質を注意深く読む必要があることを示している．上顎歯よりも下顎歯が望ましい理由についてはすでに述べた．

私はイルカの年齢を査定する場合には，原則として独立に3回数えて，両端の数値を捨てて，中央値を年齢として採用してきた．このときの記録を使って査定の誤差を試算してみた．すなわち，中央値とそれにもっとも近い別の読みの差を中央値のパーセントで示すと，その値はほぼゼロを中心として上下にばらつき，ばらつきの程度を示す標準偏差はほぼ2%程度であり，若い個体ではやや小さかった．大ざっぱにみて，このような方法で年齢を査定したときの95%信頼限界は上下に4%程度と予想される．こうした読みのばらつきが査定誤差の主要な要素であるが，このほかに生まれ月も死亡月もさまざまな個体について，年齢を1年単位にまとめるときのまるめの誤差が発生する．両方を加えると，歯から推定した年齢と真の年齢のちがいは，10歳では上下0.9年，20歳では1.8年，40歳では2.6年，60歳では3.4年の幅の範囲にくると考えられた（Kasuya and Matsui 1984）．年齢査定の誤差は，読み手の経験や個性で異なるので，読み手が変われば精度も変わるはずである．

歯を読む場合に，生後最初に形成された層と，死亡時に形成されつつあった層の特徴（濃染層か淡染層）とその厚さを正確に評価できれば，年齢を1年未満の精度で表示できるはずではあるが，それは現実にはむずかしい．イルカ類の年齢を表示する方法として，もっとも近い$n+0.5$年ごとにまとめて示す習慣があった（nは正の整数）．精度はともかくとして，n歳以上$n+1$歳未満と考えられる個体の年齢をこのように示したわけである．このようにすると，生命表を扱うときに便利である．本書でもときにはこのような表示方法を用いているが，多くの場合にはn歳以上，$n+1$歳未満を，たんにn歳と表示する方法も多用している．これは今日われわれが人間社会で用いている表示方法である．

鯨類をはじめ多くの哺乳類において，成長層が1年周期で形成される例が多いことが，経験的に知られている．これは動物の進化の過程において，その成長や生理変動が年周期に支配されてきたことを考えれば，当然のことである．

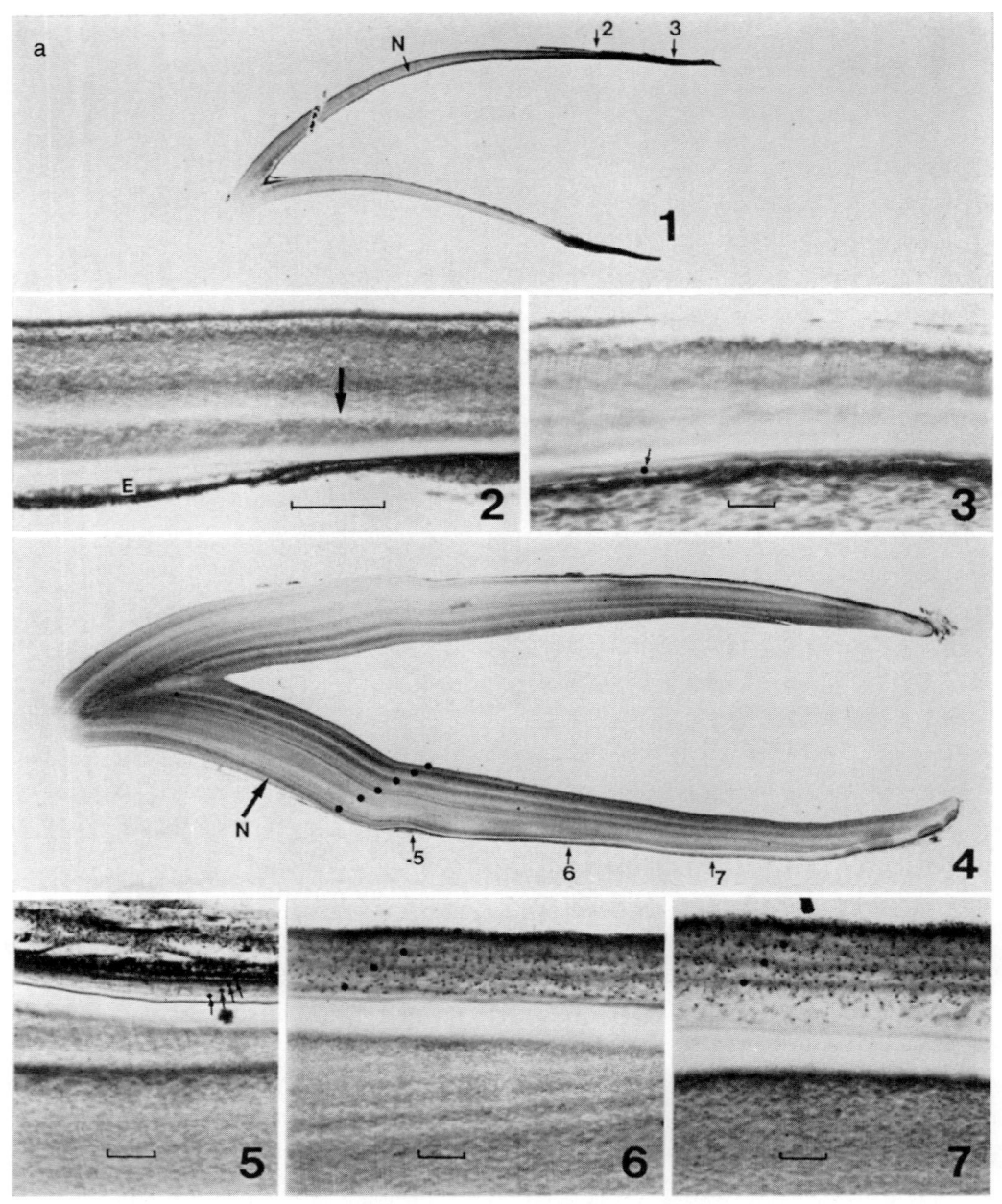

図 12.10 a：マゴンドウの歯の薄切脱灰ヘマトキシリン染色切片．E；エナメル質（酸で溶解して失われて痕が残る），N；新生線，黒丸；年周期のヘマトキシリン濃染層，スケールは 0.1 mm．（Kasuya and Matsui 1984）

① 体長 163 cm，雌，約 0.25 歳の歯の全体像．部分拡大像を②と③に示す．
② ①の数字 2 の位置の拡大像，上が歯髄腔側．矢印は新生線．
③ ①の数字 3 の位置の拡大像，上が歯髄腔側．セメント質第 1 層を丸印と矢印で示す．
④ 体長 326 cm，雄，約 5.25 歳の歯の全体像．象牙質の第 1-6 成長層を丸印で示す（第 6 層目は形成中で未完成），部分拡大像を⑤-⑦に示す．数字 5 の位置には出生直後の成長の変化がくびれとなって残る．
⑤ ④の数字 5 の位置の拡大像，セメント質第 1-4 成長層がみられる．歯の萌出の結果，セメント質第 5 層以後はここでは形成されていない．下が歯髄腔側．
⑥ ④の数字 6 の位置の拡大像，セメント質の第 2-5 成長層がみられる．この部分は第 2 層形成時以後に成長した歯根部である．セメント質第 6 層は萌出によりここには形成されていない．下が歯髄腔側．
⑦ ④の数字 7 の位置の拡大像，セメント質の第 3-6 成長層を示す．第 1, 2 層目が形成されたときにはこの部分はまだ存在しなかった．下が歯髄腔側．

b：マゴンドウの歯の薄切脱灰ヘマトキシリン染色切片．C；セメント質，E；エナメル質（酸で溶解して失われて痕が残る），N；新生線，P；歯髄腔壁の石灰化が完成していない幼弱象牙質（predentine），黒丸；年周期のヘ

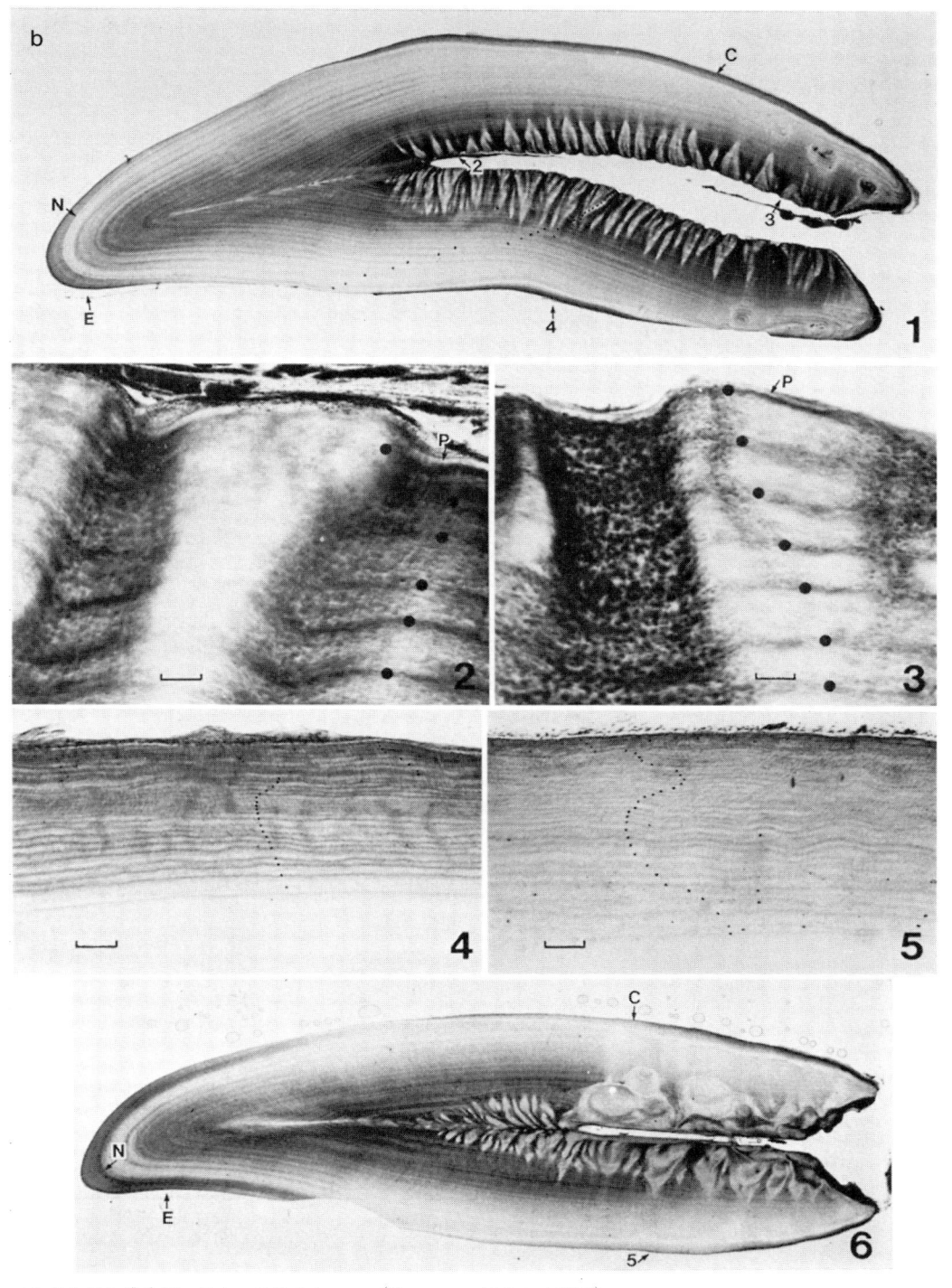

マトキシリン濃染層．スケールは 0.1 mm．(Kasuya and Matsui 1984)

① 体長 366 cm，雌，象牙質に 28 層の濃染層が形成された歯の全体像（歯の全長 42.8 mm）．歯髄腔に近いところには，石灰化が良好でヘマトキシリンに濃く染まる象牙質とそうでない象牙質とが不規則に交互に入れ込んでいるのがみられる．部分拡大像を②-⑤に示す．
② ①の数字 2 の位置の拡大像．丸印は最後の 6 層の象牙質成長層．
③ ①の数字 3 の位置の拡大像．丸印は最後の 7 層の象牙質成長層．
④ ①の数字 4 の位置の拡大像．丸印はセメント質成長層．下が歯髄腔側．
⑤ ⑥の数字 5 の位置の拡大像．丸印はセメント質成長層．下が歯髄腔側．
⑥ 雌，象牙質に 36 層の濃染層が形成された歯の全体像（歯の全長 39.5 mm）．この歯では歯髄腔が狭く，象牙質の蓄積はほぼ停止している．

表 12.5 マゴンドウの胎児と新生児の体長比較. (Kasuya and Marsh 1984)

体長範囲（cm）	120-129	130-139	140-149	150-159	合　計
胎児数	9	14	6	0	29
新生児, 頭数	0	2	3	2	7
同, 頭数補正済	0	8.3	12.4	8.3	29
同, 補正 %	0	37.2	67.9	100.0	50.0

しかし，動物の種によっては成長層の形成率が確認できない場合もあり，とりあえず年齢であろうと仮定して作業を進めざるをえない場合も発生する．そのような場合には，解析によって推定された生活史の特性値が，その年齢査定によって合理的に説明できるか否かを判断することが大切である．

12.4.3　成長

（1）出生体長

個体の一生は受精によって始まるといわれるが，野生生物の生態研究においては，胎児期は母親の繁殖活動の一部として処理するのが便利である．ここではコビレゴンドウの一生を出生からたどってみる．まず出生のときの大きさがどれほどか．これを知るには生まれたばかりの新生児を集めてみればよい．いまの日本人は産院で出産することが多いので，簡単に大量のデータが得られて，出生時の平均体長にわずかな雌雄差があることさえ明らかになっている．巣をつくる野生動物もかなり似た状況にあるが，現実には出生の瞬間をつかんで計測することは容易ではない．スナメリは沿岸性の種であり，多くは内湾で出産するため，出産期になると新生児の漂着が多いので，この場合も新生児のデータを集めやすい．しかし，コビレゴンドウや多くの大型鯨類などの外洋性の種では，新生児を平和的手段で計測するチャンスはほとんどない．漁獲物調査という手法がこれに代わる．

日本のコビレゴンドウには2つの型があり，銚子以南の黒潮の影響下に生活する型は体がやや小さくて，マゴンドウと呼ばれることはすでに述べた．伊豆半島の安良里，川奈，富戸や和歌山県太地などでは，マゴンドウの群れを港に追い込んで捕獲する「追い込み漁業」が行われていた．いまでは，安良里と川奈は漁をやめ

し，富戸と太地でも漁業規制によって捕獲頭数は減っているが，1960年代から1980年代初めにかけては，これらの漁村でたくさんの死体を調査する機会があった（Kasuya and Marsh 1984）．そこで得られたもっとも小さい新生児は142 cm（雌）と136 cm（雄）であった．同様にして得られた最大の胎児は144 cm（雌）と146 cm（雄）であった．雄と雌とで出生体長に差があるかどうかは試料が少なくて判断できないが，その両端を採用して，マゴンドウはおおよそ136-146 cmで生まれると推定することができる．中央値の141 cmは平均出生体長に近い値である．

この方法はきわめて簡単ではあるが，上下両端の値だけに依存し，その中間のデータを無視するという欠点がある．また，推定値がサンプルサイズに左右され，不安定でもある．そこで，体長ごとに胎児の数と新生児の数を比べて，胎児の数と新生児の数が等しくなる体長をみつける試みが行われた．いま，体長10 cmごとにグループ分けして，両者の数を比べると表12.5のようになる．

じつは，ここで困った問題が発生する．この体長範囲で胎児と新生児の数を比べると，新生児の数が少ないのである．こういう現象はさまざまな理由で発生する．第1の可能性は試料を集めた時期と出産時期の関係である．個々の出産の時期は体長だけで決まるわけではない．出産期の初めに試料を捕れば，同じ体長でも新生児よりも胎児のほうが多く出現し，その後半に捕獲すれば，逆になると思われる．コビレゴンドウの出産の盛期は6-10月で，ピークは8月にある（後述）．Kasuya and Marsh（1984）が得た出生前後の体長120-160 cmに相当する試料は出産期の前半にあたる6-8月に多く，後半の9-10月にはほとんど捕られていないのであ

る（図12.23）．私たちの標本には，大型胎児の数に比べて新生児が少なかった直接の理由はここにあると，私は考えている．また，なにかの理由で出産が漁場から離れた沖合で行われる傾向があるときにも，同様の偏った組成が現れる．新生児を連れた群れが沖合にすみわけているのではないかという可能性については，以前に発表したことがあるが（Kasuya and Marsh 1984），サンプリングの時期の影響も考慮すべきであったといまでは考えている．しかし，なぜ9-10月の標本には出生前後の個体が少なかったかは別の問題として残されている．

なお，マゴンドウの新生児と出生間近の胎児の数のアンバランスには，新生児死亡率も無関係とはいえないが，それに関する情報をもっていない．哺乳類では流産の頻発する妊娠初期を過ぎると，その後は妊娠後期まで胎児の死亡率は低く，出産とその直後の一時期には再び死亡率が高くなることが知られている．この時期は，子どもの生活環境の激変期にあたるためである．これが試料の組成に影響している可能性は否定できない．もう1つの残された可能性は，生まれたばかりの個体は群れについていけずに，追い込みの途中で海上に取り残される可能性である．その可能性はコビレゴンドウでも否定できないが，そのような例は少ないのではないかと，私は予想している．それは数百頭の群れを追い込むスジイルカの場合とちがって，コビレゴンドウでは群れが15-50頭と小さいこと，群れのなかの個体間の関係が緊密で，群れが割れにくいことがあげられる．

このような要素を補正するために，比較した体長範囲で新生児と胎児の総数が等しくなるように，新生児の数をかさ上げしてみる．それが表12.5の下2行にある数字である．新生児の比率は体長の増加につれて高くなる．最小二乗法で両者の関係を求めて，新生児が50％になるときの体長を算出すると，139.5 cmとなる．最大胎児と最小新生児の体長範囲の中央値として先に求めた値141 cmとほとんどちがわない．そこで，コビレゴンドウの平均出生体長としては139.5 cm，あるいは繰り上げて得た140 cmが使われている（Kasuya and Marsh 1984）．

一方，タッパナガを捕獲する漁業は追い込み漁ではなくて，捕鯨砲で1頭ずつ捕獲する小型捕鯨業である．このとき捕鯨業者は努めて大きい個体を選択するのが当然である．そのため，出生してまもない個体が捕獲されることはまずありえない．Kasuya and Tai（1993）が用いた試料では，10-11月の胎児の体長組成は広く分散していたが，20 cm以下の優勢なモードと150-170 cmのやや弱いモードが認められた．後者は出産間際の胎児であると思われた．Kasuya and Tai（1993）はOhsumi（1966）が求めた平均出生体長（Y, m）と雌の平均性成熟体長（X, m）との関係式

$$Y = 0.532 X^{0.916} \qquad \text{Ohsumi (1966)}$$

にタッパナガの平均性成熟体長3.9-4.0 mを入れて，平均出生体長を1.85-1.89 mと算出した．さらに，マゴンドウの例からみて，この方法はやや大きめの推定を与える傾向があるとして，タッパナガの平均出生体長としては，暫定的に185 cmが適当であろうとしている．この値はマゴンドウよりも45 cm大きい．

（2）雌の性成熟

雌の性成熟年齢の指標として，初排卵年齢と初産年齢とがある．個体群動態の計算においては，後者がしばしば必要とされる．年齢にともなう繁殖への貢献を評価するうえで直接的で，便利なためである．しかし，鯨類の生活史の研究においては伝統的に初排卵年齢を使うことが多い．鯨類では排卵に続いて黄体が形成され，妊娠すれば出産前後まで維持され，産後にはしだいに退縮して小さな白体に変化する．排卵の後，妊娠にいたらなかった場合にも黄体が形成されて，まもなく退縮して白体になり，出産の後にできる白体とは区別がつかなくなってしまうらしい（この問題については第11章を参照されたい）．ここまでは多くの哺乳類と同じであるが，鯨類の白体はその後も消滅することがなく，卵巣のなかに一生残るという特徴がある．つまり，卵巣を精査すれば，過去の排卵の回数を知ることができるのである．また，雌が成熟

した個体としての行動を始めるのは，春機発動期から最初の排卵（発情）にかけてのころであるから，行動学的な研究においても初排卵を成熟の指標とするのが便利である．鯨類では，雌は初回排卵で妊娠するケースが圧倒的に多いらしい．これについては後で述べる．

鯨類でも出産とか妊娠の経験があるかどうかを知る方法が経験的に得られている．1つは乳腺の観察である．ナガスクジラ科の鯨類では，泌乳の経験のある乳腺の組織は泌乳を終わった後でも褐色をしていて，ピンク色をした未産雌の乳腺とは肉眼でも区別できる．マッコウクジラやイルカ類ではその判別はむずかしいが，顕微鏡的に観察すれば可能であろう．これからの検証が望まれる分野である．また，大型の胎児をもったことのある雌は子宮の外観に特徴が現れる．これはストレッチマークと呼ばれる特徴で，大きく伸びきった子宮が，分娩後ももとに戻らずに痕跡を残すものである（Benirschke et al. 1980）．プラスチックのフィルムを引き伸ばすと，繊維が伸びきった部分とそうでない部分が交互になって縞をなすが，それに似た構造である．人間では経産婦の腹や乳房に同様の構造がみられることがある．このような指標を死体研究に際して活用してみれば，おもしろい結果が出るのではないだろうか．

年齢にともなってマゴンドウの卵巣にどのような変化が現れるかをたどってみよう．未成熟の雌の卵巣はエンドウ豆のような扁平な形をして，長さ3-3.5 cm，幅1-2 cmで，左右の合計重量は2-6 gである．2歳を過ぎるころから重い卵巣をもつ個体が現れ，重量は2-12 gと個体差が拡大する．これは卵巣で濾胞が発達を始めるためであり，卵巣の表面に肉眼でも濾胞が認められる個体が現れてくる．濾胞が発育を始める時期には個体差が大きく，同じ年齢でもまったく濾胞がみられない個体も少なくない．スジイルカなどとちがって，左右の特定の側が早く発達するということはない（Ohsumi 1964）．

つぎに，生殖腺の発達の過程を知るために，個体ごとの最大濾胞を計測して，その直径と年齢との関係をみる．この場合の直径は，縦，横，

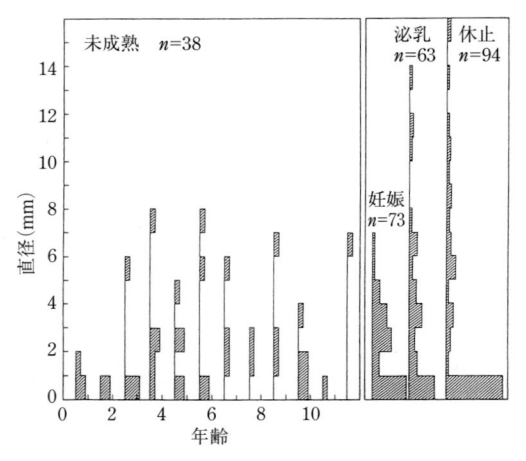

図 12.11 マゴンドウにおける未成熟個体の年齢と最大濾胞の直径との関係，および成熟個体の性状態別の最大濾胞の直径分布．(Kasuya and Marsh 1984)

高さの積の立方根，つまり3直径の幾何平均を使う．相似形でない立体の容積の指標としては，算術平均よりも幾何平均のほうが適している．黄体や白体は必ずしも球状ではなく，扁平なものなど多様な形をしている．これに比べれば，濾胞は真球に近い場合が多いので，その必要性は大きくはないが，データの連続性を保つために，黄体や白体の場合と同様に3直径の幾何平均を使うことにする（Marsh and Kasuya 1984）．年齢2歳ごろから，未成熟の雌でも最大5-8 mmくらいの濾胞をもつ個体が現れ，その上限は未成熟期間を通じて年齢が増えても変化しない（図12.11）．マゴンドウでは，早熟な個体では7-8歳で最初の排卵をみるから（後述），2-3歳で濾胞が中程度まで発達をした後，排卵までの数年間は，濾胞の成長がしばらく停滞する期間があり，7-8歳以後に再び濾胞が急速に成長することが図12.11から読み取れる．ただし，8 mm前後で成長停止していた濾胞が，7-8歳以後になって成長を再開するのか，それとも別の濾胞が新たに成長してくるのかは，現段階では確認されていない．

われわれのサンプルでは，成熟雌は年齢8歳（これは人間風の表示であり，鯨類では技術的な理由で8.5歳と表示されることもある）以上に現れる．成熟雌の濾胞をみると，妊娠雌の濾

胞のサイズは未成熟雌のそれとちがいがないが，休止ないしは泌乳中の雌には，直径10-15 mmの大きな濾胞がみられることがある．おそらく，排卵直前の濾胞のサイズはこれに近いか，それよりも大きいものと思われる（Kasuya and Marsh 1984）．われわれが習慣的に「休止」と呼んでいる成熟雌の状態は，妊娠も泌乳もしていない状態である．これはけっして「休眠」しているというわけではなく，つぎの妊娠に備えて体力を養い，あるいはつぎの排卵の準備をしている状態である．彼女らのなかに大きな濾胞をもつ個体が現れるのは当然のことである．また，妊娠中は排卵しないので，濾胞が小さいのが当然である．

では，春機発動期とはどのような状態なのだろうか．そもそも春機発動期とは，生殖腺の成長にともなって2次性徴や3次性徴が現れてくる時期のことである．しかし，それ自体が徐々に進行する成長過程であるうえに，鯨類の雌では2次性徴が不明瞭で，人間の目にはわかりにくい．むしろ，行動の変化のような3次性徴のほうが，観察者には把握しやすいのではないだろうか．これは彼らの生活史や社会構造を解析するうえでも重要なことである．将来，3次性徴の発現と性ホルモン濃度あるいは生殖腺の解剖学的所見との対比がなされることが期待される．現段階では，卵巣を眺めただけではコビレゴンドウの特定の個体が春機発動期にあるかどうかを判断することはむずかしい．これまでも，鯨類において生殖腺の解剖学的知見にもとづいて春機発動期を定義した研究がいくつかあるが，それはあくまでも便宜的な区分けであることを記憶する必要がある．

哺乳類の性成熟を支配する要因の1つは体の大きさである．哺乳類の雌の性周期は，ある体重以上にならないと開始しないし，栄養状態が悪化して体重が限界以下になると停止する．性成熟は年齢にも支配されている可能性があるが，体重と年齢の2つの要因を区別して，性成熟におよぼす影響を評価する研究は，鯨類ではなされていない．鯨類では体重を測定することは困難がともなうので，多くの場合，性成熟は年齢や体長との関係で論じられてきた．

排卵経験の有無によってマゴンドウの雌の性成熟を判別し，もっとも若い成熟雌と，もっとも高齢の未成熟雌の年齢範囲を求めると，それは8.5-11.5歳となる．成熟雌の割合は年齢とともに増加するが，増加速度は年齢とともに鈍化して，上に凸の曲線で示される．成熟率が50%を突破するのは，生後8.0年と10.0年との間である．そこで，年齢7.0歳以上，11.0歳以下の個体について，年齢に対する性成熟率の回帰直線を求めて，成熟率50%の年齢を求めたところ，9.0歳と算出された（Kasuya and Marsh 1984）．ここで用いた標本のなかには，妊娠中の雌で卵巣には黄体が1つだけあって，白体をもたない個体が4頭あった．これらは最初の排卵で妊娠した雌である．これらについて，胎児の体長から受胎時の年齢を推定すると，それは7.4-8.1歳のときに最初の排卵をして，妊娠にいたったものと推定された．これらは比較的早熟な個体の例であり，未成熟雌の最高齢は11.5歳と査定された個体である（前述）．つまり，マゴンドウの雌は，生後7-12年で最初の排卵を経験し，性的に成熟すると結論される．この年齢範囲は，未成熟個体の卵巣で濾胞が発育を始めると先に結論した年齢よりも，5年ほど後である．

つぎに，マゴンドウについて体長と性成熟の関係を求める．最大の未成熟と最小の成熟雌の体長は，それぞれ344 cmと300 cmであった．体長を横軸にとった場合の成熟個体の比率は，年齢の場合と同様にしだいに勾配が緩やかになる右上がりの曲線となる（上に凸の曲線）．その前半部分，すなわち体長290-340 cmの範囲では勾配が急である．この体長範囲のデータに回帰直線をあてはめて，標本のなかで50%が成熟している体長を求めると315.6 cmとなる（Kasuya and Marsh 1984）．一方，平均性成熟年齢である9.0歳時の平均体長を平均成長曲線の上で求めると，それはおおよそ320 cmと，やや大きな数値が得られる．これは，性成熟後にまもなく体長の伸びが鈍化するために，50%成熟体長の算出には多数の高齢個体が関与して

表 12.6　コビレゴンドウ（マゴンドウとタッパナガ）の雌の性成熟と体長あるいは年齢との関係．(Kasuya and Marsh 1984 および Kasuya and Tai 1993)

成熟段階	体　長 上・下限体長	半数成熟体長	年　齢 上・下限年齢	半数成熟年齢
マゴンドウ				
未成熟	≤344 cm		≤11.5 歳	
成熟	≥300 cm	315.6 cm	≥ 7.5 歳	9.0 歳
タッパナガ				
未成熟	≤420 cm		≤11.5 歳	
成熟	≥400 cm	390-400 cm	≥ 5.5 歳	8.5 歳

いるためである（これについては第 11 章で詳述した）．

タッパナガの雌の性成熟に関する指標は，マゴンドウと対比しつつ表 12.6 に示した．

（3）　雄の性成熟

性成熟の定義

なにをもって雄の性成熟と定義するか．原理的には，①睾丸のなかで精子が形成され始める段階，②雌を妊娠させることが生理的に可能となる段階，③雌をひきつけ，あるいはほかの競争相手を排除して雌を妊娠させることが可能となる段階，などが考えられる．成長にともなって，雄はしだいにこのような段階を進むものと思われる．①は春機発動期に入る時期に等しいと思われるが，厳密にはその根拠はあいまいである．②は一般的な意味での性成熟である．③の段階は社会的成熟あるいはたんに性成熟と呼ばれるが，行動学的な定義であるため，個体の行動観察とか親子判定をしない限り，厳密な判断はできない．

雌では発情や交尾という行動の変化が，黄白体の形成や，妊娠とか泌乳というその後の生理学的変化として把握できるので，性成熟を確認しやすいが，雄ではそのようにはいかない．日本沿岸のコビレゴンドウを長期間観察し，成長にともなう行動の変化を追跡できればすばらしいが，そこには漁業の存在が障害になるし，技術的にもけっして容易な作業ではない．以下では睾丸の組織学的な知見から雄の性成熟のプロセスを解析して，何歳くらいで性成熟に達するかを推定している．これらの判断は行動学的な成果とつきあわせたうえで理解すべきものであるが，まだそれがなされていないことを記憶する必要がある．

睾丸組織の発達

1 頭の雄から左右の睾丸を取ってきて，隅から隅まで検査することができれば，その個体が精子形成をしているか否かを正確に判断することができる．しかし，鯨類の睾丸は大きいので，畳の目にはさまったノミの卵を探すような作業となり，実際的ではない．そこで睾丸の一部の組織を取り出して検査して，全体の姿を推定することになる．ところが，マッコウクジラ（Best 1969）やイワシクジラ（Masaki 1976）などでは，若い個体においては 1 つの睾丸のなかでも場所によって組織の成熟程度が異なることが知られている．ツチクジラでも，春機発動期に近いと思われる若い雄 6 頭を選び出して，睾丸のあちこちから組織を取り出して成熟状態を調べてみたところ，睾丸の前端付近の組織が早く成熟し，しだいに後方に成熟部分が広がってくることが確認されている（Kasuya et al. 1997）．ところが，成熟し始めた若いマゴンドウの雄について，同様の検討をしたところ，本種では睾丸のなかの位置による成熟度のちがいは確認できなかった．そこで以後の作業では，便宜的に睾丸の中央付近から 1 辺が 5-10 mm の組織を取り出して，切片をつくり，成熟状態や睾丸の活動状態を判断することにした（Kasuya and Marsh 1984）．

睾丸から 5-10 mm 平方の小さい組織を切り出して顕微鏡で調べると，そのなかのどの部分

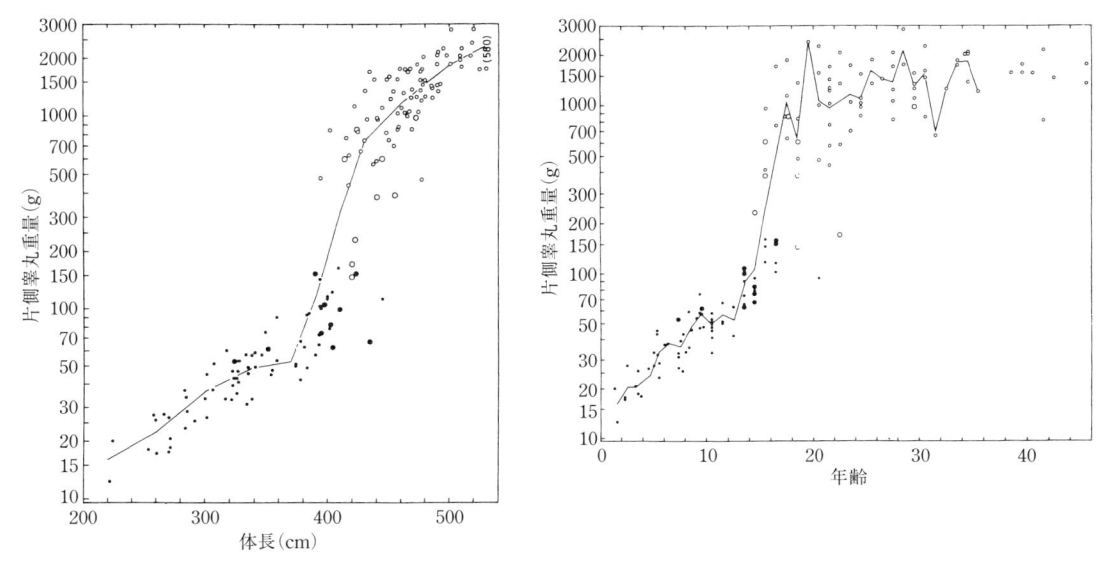

図 12.12 マゴンドウの睾丸重量と睾丸組織の成熟段階を体長（左）あるいは年齢（右）と比較する．小さい黒丸は「未成熟」，大きい黒丸は「成熟前期」，大きい白丸は「成熟後期」，小さい白丸は「成熟」．これら記号は図 12.13 に同じ．（Kasuya and Marsh 1984）

も完全に未成熟の個体もあれば，すべての精細管で精子を形成している個体まである．さらに，その中間の状態にある睾丸では，一群の精細管ではさかんに精子を形成していて成熟した像を示すが，残りの部分ではまったく精子を形成していなくて未成熟の状態にある．つまり成熟組織と未成熟組織が混在する睾丸も出現する．そこで，睾丸中央部から取った1枚の顕微鏡標本の全面を観察して，精子を形成している精細管の比率を調べ，その比率がゼロを「未成熟」，50％未満を「成熟前期」，50％以上で100％未満を「成熟後期」，100％を「成熟」と便宜的に分類した．この手法は，雄の成熟段階を成熟と未成熟に二分することを避ける意味では意義がある．しかし，精子を形成している精細管がたまたま検鏡範囲に含まれなかっただけの理由で，「成熟前期」の個体を誤って「未成熟」と判定する場合もあるし，逆に「成熟後期」がふさわしい個体を誤って「成熟」と判定する危険も否定できない．先の問題については，睾丸や副睾丸の塗抹標本を調べる方法で，ある程度の対応をした（後述）．後の問題については，特定の個体の成熟段階を議論する場合に，1階級のちがいには大きな意味をもたせるのを避ける

ことで対処することにする．タッパナガについても，同様の基準で成熟度が判別されている（Kasuya and Tai 1993）．

その結果は，図12.12と図12.13に要約される．ここでは，縦軸には左右の睾丸の平均重量を目盛ってある．なにかの事情で左右いずれかの睾丸しか調査できなかった場合には，片側の重量で代用した．鯨類の睾丸重量は左右で多少のちがいがあるが，右か左の一方が系統的に重いという非対称は確認されていないので，片側で代用しても偏りは発生しない（ただし分散は大きくなる）．睾丸重量は子どもから成体になるまでに100倍以上に成長するので，その範囲をカバーするために，図では常用対数目盛りを用いてある．この場合には，縦軸と横軸の値の間に $y=10^{(ax+b)}$ で示されるような関係があれば，このグラフでは直線で表されるが，両者が1次式で示される場合，つまり普通のグラフで直線で示される関係は，このグラフでは勾配がしだいに緩やかになる右上がりの，上に凸の曲線になることに注意しなければならない．

以下では，煩雑を避けるために，とくにことわらない限りマゴンドウについて説明することにする．タッパナガでも同様の傾向がみられる．

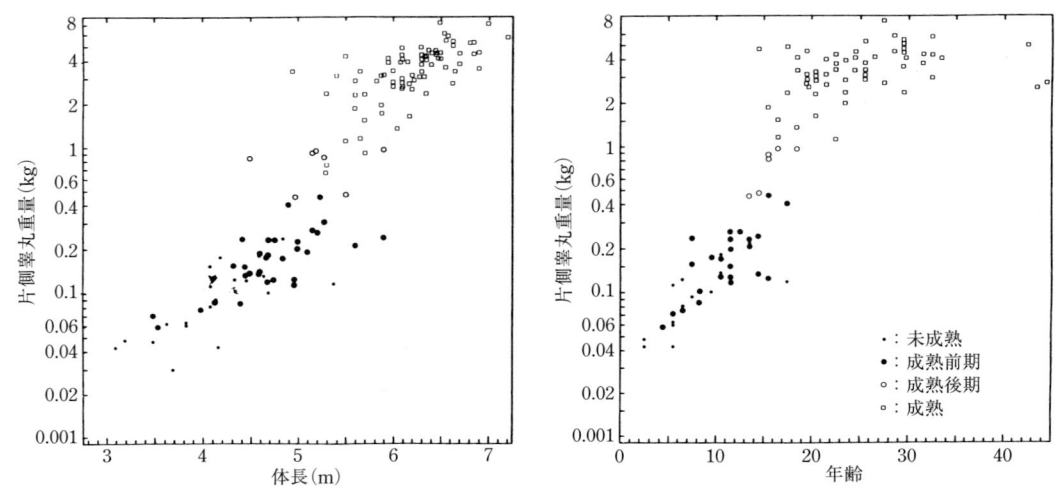

図 12.13　タッパナガの睾丸重量と睾丸組織の成長段階を体長（左）あるいは年齢（右）と比較する．記号は図12.12に同じ．（Kasuya and Tai 1993）

マゴンドウでは，生後2歳の雄の睾丸重量は平均15-20 g であり，その後は緩やかな重量増加を続け，早熟な雄では年齢7-8歳，体長3.3 m 前後で精子の形成を始める（成熟前期）．そのような個体の睾丸重量は50-60 g である．その後も睾丸組織は緩やかな成長を続け，14歳までに平均90 g 前後まで増加する．この6-7年間の年間の平均増加量は約5.4 g である．

この後，年齢14-18歳，体長3.8-4.2 m ごろに睾丸重量が急成長を示す時期がある．これがマゴンドウの雄の性成熟期であると考えられる．多くの個体は14歳から18歳の間に性成熟を達成するが，睾丸が急成長をする時期には個体差が著しく，早熟な個体と遅熟な個体とでは少なくとも6-7年の差がある．睾丸が急成長する過程は，早熟な個体では14歳で始まり16歳には終わるが，遅熟な個体は23歳前後に始まることがグラフからうかがえる．平均睾丸重量は14歳から18歳までの間に，おおよそ90 g から900 g へと増加する．年平均では約200 g の重量増加である．ここには性成熟開始時期の個体差の影響が入っているので，特定の個体でみれば，この時期の睾丸の成長はもっと速いはずである．かりに2年で成熟過程が終わるとすれば，その増加速度は年間400 g となり，それ以前の睾丸の成長に比べれば，きわめて急速である．本種の行動を観察する機会が得られれば，この時期の雄には，行動の変化が顕著に現れることがわかるにちがいない．

上では，早熟な個体では14歳で睾丸重量の急成長が始まるが，遅熟な個体ではそれが23歳で始まること，また，それぞれの個体は急成長を始めてから2年ほどのうちに，組織学的に「成熟」した睾丸をもつにいたるらしいことを述べた．つぎに，このような睾丸重量の増加にともなって，精子を形成している精細管の比率がどのように変化するかを眺めよう．睾丸の組織学的な検査によって，「成熟」と判定される睾丸は重量400-3,000 g に出現し，その前段階である「成熟後期」の雄の睾丸重量は150-900 g の範囲にあった．雄が「成熟」に達するときの睾丸重量は400-900 g（片側重量）である．半数が「成熟」しているときの睾丸重量はほぼ450 g であることも，図12.12から読み取ることができる．もしも，ほかの情報がなくて年齢，体長，睾丸重量などで成熟の有無を判定しなければならないときの基準としては，表12.7のような目安が得られている（Kasuya and Marsh 1984）．表12.7には比較のために，タッパナガについて得られた同様の数値も合わせて示してある（Kasuya and Tai 1993）．

コビレゴンドウの性成熟は体長と年齢の両方

表 12.7 コビレゴンドウ（マゴンドウとタッパナガ）の雄の性成熟段階と各種成長指標の比較．（Kasuya and Marsh 1984 および Kasuya and Tai 1993）

成熟段階	体長 (cm) 範囲	半数達成体長	睾丸重量 (g) 範囲	半数達成重量	年齢 (歳) 範囲	半数達成年齢
マゴンドウ						
未成熟	<409		<170		<20.5	
成熟前期	324-434	401.1	50-150	100	7.5-16.5	14.6
成熟後期	414-455	413.7	150-900	170	14.5-29.5	14.8
成熟	394-525	422.1	400-3000	450	15.5-45.5	17.0
タッパナガ						
未成熟	<540		<250		<17.5	
成熟前期	350-590		58-450		4.5-17.5	
成熟後期	450-590		450-960		13.5-18.5	
成熟	500-720	555	675-7200	900	14.5-44.5	16.5

範囲：標本の出現範囲．

に関係する（Kasuya and Marsh 1984）．同じ年齢ならば体長の大きい個体のほうが成熟している可能性が高く，同じ体長ならば高齢個体のほうが成熟している可能性が高い．ところが，Kasuya and Tai（1993）が解析したタッパナガの標本は捕鯨業から得たものであり，そこでは大型個体が選択的に捕獲される．この選択性の結果として，平均性成熟年齢はやや若く，平均性成熟体長はやや大きく現れるような偏りが発生している可能性があるが，その偏りの程度は不明である．表 12.6 と表 12.7 に示した，タッパナガとマゴンドウの性成熟年齢のちがいをみると，ちょうどその方向のちがいが認められるので，両個体群の間に認められたわずかな性成熟年齢のちがいについては，そのちがいが真であると即断するのは危険である．

上に述べたマゴンドウの睾丸の成長を要約すると，つぎのようになる．生まれてまもないマゴンドウの片側睾丸重量は平均 15 g 前後であり，14-18 歳で性成熟するころには平均 450 g にまで成長して，睾丸の全域で精子形成を行うにいたる．睾丸重量の増加はこの後もほぼ同様のペースで続き，20 歳ごろには 1,000 g 前後に達する．その後は重量増加の速度がやや緩やかとなり，27 歳ごろに平均 1,500-2,000 g に達して睾丸重量の増加は停止し，生殖腺の成長は完成する（図 12.12）．タッパナガは体が大きいので，睾丸重量そのものはこれよりも大きいが，睾丸の成長のパターンはマゴンドウと同様である（図 12.13）．

このような著しい睾丸重量の増加はなにによってもたらされるのであろうか．Kasuya and Marsh（1984）は，睾丸重量（X, g）と精細管の直径（Y, μm）との関係をマゴンドウについて解析した．精細管の直径は，睾丸中央部の顕微鏡切片で 20 個の精細管断面を計測して平均値を求めたものである．両者の間につぎのような関係を得た（図 12.14）．

$\log Y = 0.1441 \log X + 36.5452$　　$X < 80$ g
$\log Y = 0.3828 \log X + 12.7160$　　$X > 80$ g
　　　　　　　　　　　　Kasuya and Marsh（1984）

この式を変形すると，睾丸重量 80 g 以下では，睾丸重量は精細管の直径の 0.07 乗に比例することがわかる．つまり睾丸重量と精細管の直径にはほとんど相関がないのである．しかし，重量 80 g 以上では，睾丸重量は精細管の直径の約 2.6 乗に比例して増加する．この時期の睾丸重量の増加は，おそらく精細管の断面積（これは直径の 2 乗に比例する）と長さの増加に強く支配されているものと考えられる．さらに，睾丸重量 1,500 g 以上についてみると，睾丸重量と精細管の直径の間には相関は認めがたい（図 12.14）．つまり，重量 1,500 g 以上の睾丸重量のちがいは成長段階のちがいではなく，成熟雄の間の個体差，すなわち，もって生まれた特徴であるとみることができる．重量 1,500 g 以上の睾丸でも体長とは相関が認められる．このことは大柄な雄は睾丸も大きい傾向があることを

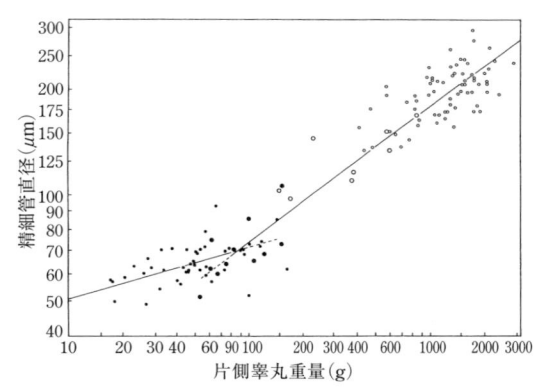

図 12.14 マゴンドウにおける睾丸重量と精細管の直径との関係．小さい黒丸は「未成熟」，大きい黒丸は「成熟前期」，大きい白丸は「成熟後期」，小さい白丸は「成熟」．直線は回帰式（本文参照）．（Kasuya and Marsh 1984）

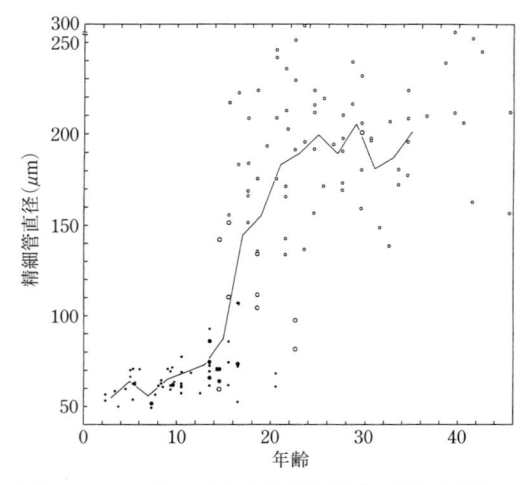

図 12.15 マゴンドウにおける精細管の直径と年齢との関係．記号は図 12.14 に同じ．（Kasuya and Marsh 1984）

示すものであり，上の解釈を裏づけている（後述）．

精細管の直径と睾丸の成熟度には深い関係があるらしいことがわかった．そこでマゴンドウについて年齢と精細管の直径との関係を示したのが図 12.15 である．年齢 15-16 歳ごろまでは精細管の直径はあまり増加しないが，この後 18-20 歳ごろまで直径が急増し，その後は 25 歳前後まで緩やかな増加が続く．25 歳以後は精細管の直径は増加せず，ただ大幅な個体差が観察されるだけである．これは上に述べた睾丸重量の増加の過程とよく似ている．

睾丸の成長がまちがいなく停止していると思われる 27 歳以上のマゴンドウでも，睾丸重量は 700 g から 3,000 g の範囲にあり，個体差が著しい．この原因の 1 つは，体が大きい個体ほど睾丸も大きいという事実である．年齢と体長の相関は 27 歳前後で失われるが（後述），体長の増加が停止した 4.6 m 以上の個体でも，睾丸重量と体長の間には相関が認められることからも，このことは理解される（図 12.12）．さらに，この年齢（27 歳以上）の雄について精細管の直径をみると，150-300 μm の大きな個体差がある．その背景には性的に活発な時期と不活発な時期が周期的に交代することが影響しているのかもしれないが，これに関してはまだ研究がなされていない．雄の繁殖活動の周期的な変化に関しては，多くの雄が時期を合わせて季節的に活動の盛衰をみせる場合のほかに，もう 1 つの可能性，すなわちシンクロナイズしないで各個体がばらばらに周期変動をする可能性についても考慮する必要があるように思われる．霊長類の雌の性周期は，個体の間であまり同調しない例がめずらしくない．

繁殖能力の獲得

睾丸で形成された精子は副睾丸（精巣上体）に送り出されて成熟し，ここに蓄えられる．鯨類には精嚢がなく，副睾丸が精子成熟の完成とその貯蔵の機能を担っている．副睾丸は内壁が複雑な襞になった管で，精子はこれに続く精管を通って体外に導かれる．すでに述べたように，睾丸で精子が形成されているだけでは繁殖能力があると判断することはできない．雄の繁殖能力について多少とも理解を深めるために，副睾丸に精子が蓄えられているか否かがマゴンドウについて調べられている（Kasuya and Marsh 1984）．

副睾丸の内腔の形態をみるには組織切片をつくって検鏡するのがよい．睾丸が「未成熟」の個体では，副睾丸の内腔の襞も未発達で単純である．睾丸が「成熟前期」の段階になると襞が発達を始めて，内腔が複雑な壁で仕切られてく

表 12.8 マゴンドウの副睾丸の塗抹中の精子濃度を睾丸組織の成熟度および睾丸塗抹中の精子濃度と比較する．(Kasuya and Marsh 1984)

睾　丸 (手法と判定)		副睾丸塗抹標本中の精子濃度					
		①ゼロ	②極微量	③少　量	④多　量	⑤極多量	合　計
塗抹精子濃度	①ゼロ	44	1				45
	②極微量	9	2		1		12
	③少量	3	8	11	8	7	37
	④多量			4	8	35	47
	⑤極多量				2	1	3
	合計	56	11	15	19	43	144
組織成熟度	未成熟	47	3				50
	成熟前期	4	5	2			11
	成熟後期	2	2	2	1	2	9
	成熟		1	10	18	40	69
	合計	53	11	14	19	42	139

る．「成熟後期」と「成熟」の個体とでは，副睾丸の組織像にはほとんどちがいがない．すなわち，副睾丸の構造的な完成は睾丸組織のそれよりも早いらしい（Kasuya and Marsh 1984）．

　副睾丸のなかにたとえ少数の精子があったとしても，組織切片の検鏡によってそれが必ず検出されるとは限らない．精子が少ない場合には見落とされるかもしれないし，調製の段階で流失するかもしれない．このようなトラブルを避けて，精子の存在をなるべく確実に検出する手軽な方法として塗抹標本を使うことにした．副睾丸の切断面をスライドグラスになすりつけて乾燥させ，トルイジンブルー水溶液で短時間染色後，乾燥して封入剤でカバーガラスをかけて顕鏡する．そして相対的な精子濃度を記録するのである．睾丸のなかの精子も同様の操作で検出できる．その結果，睾丸の組織像では精子形成が認められない「未成熟」の個体の25%弱には，睾丸の塗抹標本に若干の精子が検出された．反対に，塗抹法で精子が検出されない睾丸で，睾丸組織の検鏡で精子形成が確認された個体は5%弱にすぎなかった．このことは，少量の精子を検出する能力は塗抹標本のほうが優れていることを示している（Kasuya and Marsh 1984）．

　このような手法上の制約を理解したうえで，マゴンドウの睾丸と副睾丸について，それぞれから塗抹標本をつくり精子濃度を比較してみた（表12.8）．精子濃度は視野の直径1.82 mmの顕微鏡で検鏡して，精子数を数えてつぎの5段階に区分した．

①ゼロ
②極微量：数視野に1-2個
③少量：1視野に10個以下
④多量：睾丸の塗抹に通常観察される最高濃度まで
⑤極多量：通常は副睾丸にのみ観察されるような高濃度

睾丸の塗抹には精子が検出されなかったが，副睾丸の塗抹に精子がみつかった個体は45頭中1頭（2%）とわずかであった．これに対して，副睾丸には精子がなかったが，睾丸には精子が認められた個体は56頭中12頭（21%）とかなり多かった．これは睾丸で精子形成が始まってから，それが副睾丸に送られてくるまでの時間差を反映しているものと思われる．

　つぎに，副睾丸塗抹中の精子濃度と睾丸組織の成熟度とを表12.8によって比較する．睾丸の組織で「成熟前期」と判断された個体で副睾丸の塗抹標本に精子が認められた個体は11頭中7頭（70%）であり，「成熟後期」の個体の場合にはその比率が78%となり，「成熟」の個体では100%となった．これは睾丸で精子が形成されてから，副睾丸に精子が出てくるまでの時間的なずれはあまり大きくないことを示している．「成熟後期」の9頭のなかで，副睾丸の塗抹精子濃度が④ないし⑤であったのは3頭（33%）であるが，「成熟」69頭中で同じラン

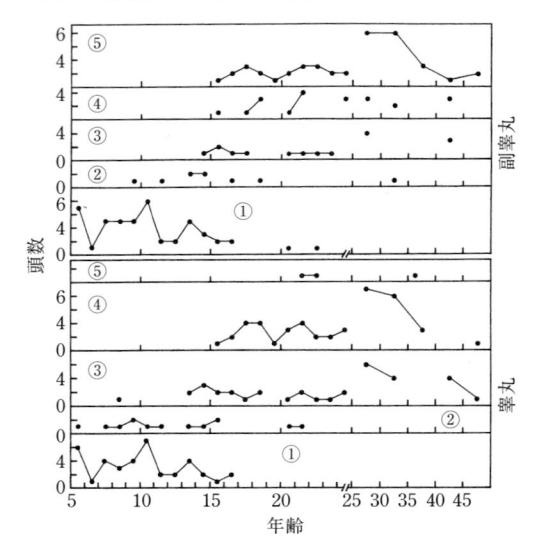

図 12.16 マゴンドウの塗抹標本中の精子濃度と年齢との関係．上が副睾丸の塗抹，下が睾丸の塗抹．濃度階級は表 12.9 に同じ．(Kasuya and Marsh 1984)

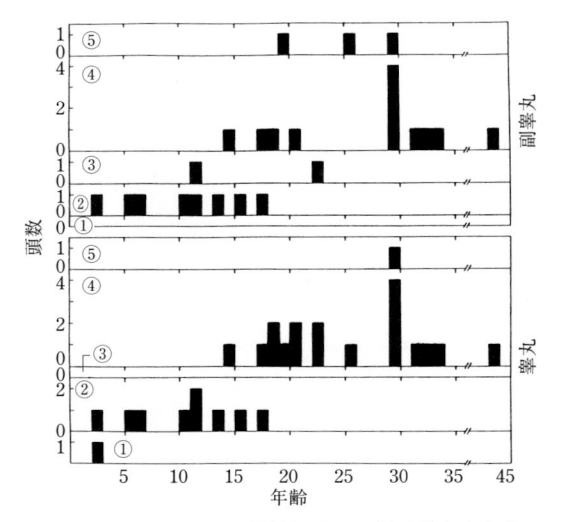

図 12.17 タッパナガの塗抹標本中の精子濃度と年齢との関係．上が副睾丸の塗抹，下が睾丸の塗抹．濃度階級は表 12.9 に同じ．(Kasuya and Tai 1997)

クにあったのは 40 頭（84%）であり，副睾丸の精子濃度には増加が認められる．

これらの結果が示すところはつぎのような事実である．すなわち，睾丸で精子が形成されてからまもなくして副睾丸に精子が送られてくるが，その濃度は睾丸の組織学的な成熟度の進行にともなって増加すること，および精子濃度が最高レベルに達するのは「成熟後期」ではなく，「成熟」の段階にいたってからである．ただし，睾丸組織が「成熟」の段階に達している個体でも，副睾丸の精子濃度には個体差が大きく，②極微量 1 頭（1.4%），③少量 10 頭（14.5%），④多量 18 頭（26.1%），⑤極多量 40 頭（58.0%）と分散している．注目すべきは，「成熟後期」の雄の多くは「成熟」雄と同等レベルの精子量を副睾丸中にもっていなかったことである．この事実は，「成熟後期」にある個体がすべて繁殖能力を得ているとみなした Kasuya and Marsh（1984）の判断に疑問を抱かせるものである．

副睾丸中の精子濃度と年齢との関係はどうなるか．マゴンドウについて図 12.16 に示したように，少量の精子が副睾丸に出現し始めるのは 9 歳前後であり，最高濃度が出現するのは 15 歳を過ぎてからである．16 歳を過ぎると副睾丸精子濃度④と⑤の出現は年齢と無関係になり，18 歳を過ぎると精子濃度①と②の個体はほとんど出現しなくなる．副睾丸の精子濃度が④以上の個体は，おそらく機能的には成熟しているものと判断されている（Kasuya and Marsh 1984）．副睾丸に貯留されている精子の濃度が一人前になる時期（16-18 歳）は，睾丸の全域で精子が形成される状態（「成熟」）に到達する平均年齢（17 歳）とほぼ一致している．おそらくこの段階では，マゴンドウの雄は生理的には繁殖機能を獲得しているのではないだろうか．睾丸の組織学的には，「成熟」は問題ないとして，「成熟後期」の個体も，その半数ほどは生理学的には繁殖能力をもっていると思われる．

Kasuya and Marsh（1984）は「成熟後期」の個体はすべての個体が繁殖能力をもつとみなしていることについては疑問なしとしないが（上述），実際にどの段階で繁殖に参加するかを結論するためには，彼らの社会において雌をめぐる雄どうしの競争があるのか，交尾相手の選択において雌の側の意思がどのように機能するかなど，行動学的な情報が必要となる．群れのなかの雄の年齢組成の解析からは，「成熟前期」あるいは「成熟後期」の雄は，群れのなか

表 12.9 マゴンドウの副睾丸の塗抹標本にみる精子濃度の季節変化．睾丸重量600g以上の個体を使用．（Kasuya and Marsh 1984）

精子濃度	①ゼロ	②極微量	③少量	④多量	⑤極多量	合計頭数
9-1月	0	6.2%	9.4%	28.1%	87.5%	32頭
2月	0	0	33.3%	33.3%	33.3%	12頭
5-7月	0	0	16.7%	8.3%	75.0%	24頭

では「成熟」に達した雄と同様の社会的役割を果たしてはいないとの推定がなされている（Kasuya and Marsh 1984）．すなわち，「成熟後期」あるいはそれ以前の段階にある雄は，社会的には成熟雄として機能していないことを意味している．タッパナガにおける精子量と年齢の関係は図12.17に示してある．全体的な傾向はマゴンドウと同じである．

コビレゴンドウの雄は，マゴンドウもタッパナガも17-18歳で大多数の睾丸は組織全体が成熟し，副睾丸中に輸送される精子の濃度も最終的な濃度に到達する（すなわち精子濃度と年齢の相関が失われる）．遅くともこの段階で生理的には繁殖機能を獲得しているとみられるというのが，これまでの結論である．コビレゴンドウの雄の最高寿命は45歳前後であるが，それ以前に彼らの精子生産能力が低下するという証拠は得られていない．ただし，彼らの交尾能力が終生維持されるか否かは確認されていない．

繁殖活動の季節変化

漁業で捕獲された妊娠中のマゴンドウの雌について，胎児の体長から受胎時期を推定すると，1年のうちのどの季節にも少数の受胎は起こっているが，受胎頻度は9-1月の夏の終わりから冬にかけての5カ月は低く，3-7月の春から初夏にかけての5カ月に高いことが知られている（後述）．精子形成にもこれに同調した季節変化があるのだろうか．この検討のために，睾丸重量，精細管の直径，および塗抹標本（睾丸，副睾丸）のなかの精子濃度の季節変化の有無を検討した．

睾丸組織の成熟階級ごとに平均睾丸重量を算出し，それを月別に比較したところ，特定の季節に睾丸重量が増加するという傾向は認められなかった．睾丸重量は個体変異が大きいうえに，月別に標本が小さく分割されたため，小さなちがいは検出できなかったのかもしれない．また，すでに述べたように，睾丸重量の個体差の背景には体の大きさも影響しているので，それがデータのばらつきを大きくしているかもしれない．そこで，体長4m以上の個体について，体長別に睾丸重量を比較してみた．この場合，試料を12月と5-7月の2つのグループにまとめたが，睾丸重量が特定の季節に増加するという証拠は得られなかった．

つぎに，精細管の直径を12月標本と5-7月標本との間で体長別に比較したが，季節的なちがいは検出できなかった．しかし，体長460cm以上の個体（すべて「成熟」と判定されている）では，精細管直径は5-7月のサンプルが大きい傾向を示した．すなわち，12月標本（$n=14$）では平均193 μm であるのに対して，5-7月標本（$n=21$）では217 μm で，そのちがいは統計的に有意であった（$p<0.01$）．精細管の直径には，体の大きさが影響しているとは考えがたいので，受胎盛期には成熟雄の精細管直径が，わずかではあるが大きくなるとみてもよさそうである．これが事実だとすれば，マゴンドウの雄の性的活性には多少の季節変化があることになる．さらにサンプルを増やして確認することが望まれる．

上の解析では，成熟個体の精細管の平均直径が季節によって変化する可能性を指摘した．その背景には，繁殖期には性的に活発な雄の比率が増えるのかもしれないし，あるいは全部の雄で性的活性が一斉に上がるのかもしれない．いまの段階ではどちらかが真であるかはわからないが，逆に非繁殖期の雄は全員が性的に不活発になるわけではないことも確かである．睾丸あるいは副睾丸の塗抹標本を検鏡すると，季節にかかわらず中-高程度の精子濃度が検出されて

おり，繁殖期との相関は確認できなかった（表 12.9）．このことは，コビレゴンドウの個体群のなかには繁殖可能な雄が季節にかかわらず存在することを示している．たとえ少数であれ，非繁殖期にも排卵する雌がいる以上，それに備えて精子を生産する雄がいることが雌にとっても望ましいし，雄の繁殖戦略上も合理性がある．生殖細胞の産出において雄のエネルギー負担は小さいので，雄は雌よりも浪費的であってさしつかえない．まして，数年に1度しか発情しないコビレゴンドウの雌を相手とするのであってみれば，雄は貴重な繁殖の機会を見逃すことはできない．

つぎに，副睾丸および睾丸に精子が出現する睾丸の下限重量とその季節変化をみる（Kasuya and Marsh 1984）．対象はマゴンドウで，睾丸重量は500g以下の雄とした．これらの雄は繁殖能力はないかもしれないが，精子を生産している可能性があるから，たとえ精子が出現しても，その密度は低いものと予想される．ここでは精子濃度は無視して，塗抹標本中の精子の有無だけを問題とした．副睾丸に精子が出現した最小睾丸重量と精子が出現しない最大睾丸重量との範囲を精子産出の限界域とすると，受胎盛期の5-7月には限界域が50-80gにあるが，非繁殖期の12-1月には限界域が140-180gに上昇した．また，試みに睾丸中の精子の出現状況をみると，5-7月には限界域が40gで12-1月には90-160gとなり，副睾丸におけるのと同様の季節変化をみせた．同じ季節で比較すると副睾丸に精子が出現する限界域のほうが，睾丸のそれよりもつねに大きい値を示した．これは，睾丸で精子がつくられる成長段階と，つくられた精子が副睾丸に送り出される段階との差を反映しているものである．明らかに未成熟な雄でも，交尾期には精子形成がさかんになり，つくられた精子が副睾丸まで送られてくることがあるといえる．しかし，彼らが正常な繁殖能力を有するとは考えがたい．

（4）成長曲線

ある個体が生まれてから時間とともに体の大

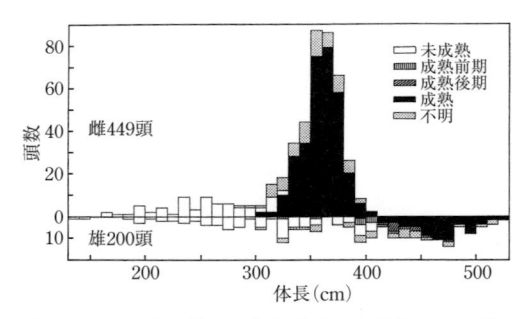

図12.18 マゴンドウの体長組成．上が雌，下が雄．性状態の記号は雌雄に共通．（Kasuya and Matsui 1984）

きさが変化していく有様を示すのが成長曲線である．時間尺はその生物にふさわしいものであればなんでもよい．また，体の大きさの指標としては体重，体長，頭胴長などが使われる．鯨類の場合には体重を測定することがむずかしいので，「体長」が使われることが多い．これは上顎の先端から尾の後端までを体軸に平行に直線で測った長さであり，陸上哺乳類で頭尾長と呼ばれる計測値に相当するが，鯨類関係者の間では習慣的に「体長」と呼んでいるので，本書でもその習慣にしたがっている．尾の先端には左右に尾鰭がついている．左右の尾鰭の後縁の合する点が，体長計測の基点の1つになる．前方の基点は，多くの鯨類では上唇の前端がこれにあたる．コビレゴンドウでも若いときには同様であるが，成長につれて上唇と鼻孔の間にあるメロンと呼ばれる脂肪組織が発達してきて，これが上唇よりも前に出てくる．それは体長240-300cm，年齢2-5歳のときである（Yonekura et al. 1980）．こうなると，それが適切であるか否かは別として，上唇ではなく，メロンの前端から尾柄の後端までを測定することになる．成長曲線の時間尺としては，鯨類では年が使われることが多い．

ある個体が生まれたときから定期的に体長を測って，年齢を横軸にとり縦軸に体長をプロットして点をつないでいくと，個体の成長曲線が得られる．このようにして複数の個体の成長曲線をつくってみると，成長のパターンは個体ごとに異なることがわかる．成長のよい個体では体長が大きいし，春機発動期の成長加速が早く

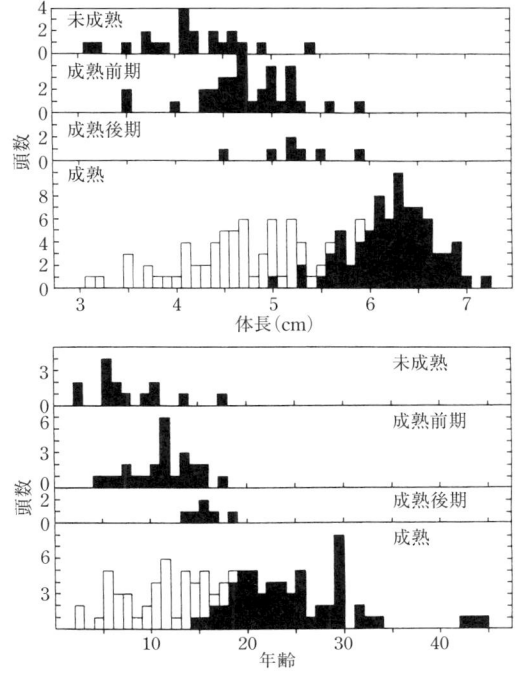

図 12.19 タッパナガの雄の性状態別の体長組成（上）と年齢組成（下）．白枠は成熟以外の合計．(Kasuya and Tai 1993).

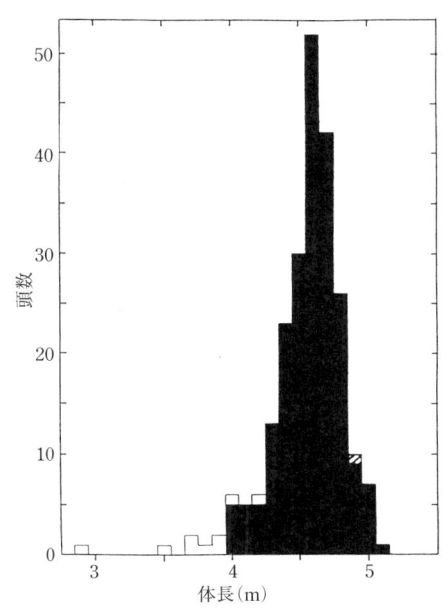

図 12.20 タッパナガの雌の体長組成．白枠は未成熟，黒は成熟，斜線は成熟状態不明．(Kasuya and Tai 1993)

現れる．そのような個体では成長が停止する年齢も早いかもしれない．遅熟な個体では長い間成長が停滞し，春機発動期の成長の加速が遅れる．このようにして得られた多数の個体の体長を，年齢ごとに平均したものが平均成長曲線である．この平均成長曲線は，いかなる個体の成長曲線とも一致しないかもしれない．個体の成長曲線と平均成長曲線とは異なるものであると考えるのがよい．

個体の成長曲線を描くには多くの時間と困難がともなう．コビレゴンドウを20年，30年と飼育することは困難であるし，複数の個体の健康を良好に維持することはさらにむずかしく，飼育下の鯨類の成長パターンは野生個体のそれとは異なる場合が多い．栄養がよいために性成熟が早いことはよく認められるところである．そこで，ある1年間に漁業で捕獲された多数のコビレゴンドウを年齢査定して，横軸に年齢を目盛り，縦軸に体長を目盛って，年齢と体長の関係を求めることが行われる．そして，年齢ごとの平均体長を計算して線で結ぶと，平均成長曲線に似たものが得られる．これをたんに平均成長曲線と呼ぶことも多い．さらに，何年も時間をかけて蓄積したデータを使って，このような成長曲線を描く試みさえ行われることがある．しかし，このようにして求めたものは擬似平均成長曲線とも呼ぶべきもので，最初に述べた平均成長曲線とは根本的に異なるものであることを記憶する必要がある．たとえば，年齢1歳の個体は昨年生まれたものであるが，年齢51歳の個体はいまから51年前に生まれたものである．今と昔で餌の供給や成長が同じであったという保証はない．もしも，50年間にしだいに餌が潤沢になり，成長がよくなるようなことが起こっていたとすれば，この（擬似）平均成長曲線では若い個体が老齢個体よりも体が大きく表れて，あたかも加齢にともなって体長が小さくなるような錯覚を与えかねない．このような例が北太平洋のマッコウクジラでは知られている（Kasuya 1991）．捕鯨によって鯨の数が減ったため，1頭あたりの餌の供給が増えたために成長の変化が起こっていたのである．

マゴンドウの体長組成を図12.18に示す．1965年から1980年までの15年近い期間を費

450　第12章　コビレゴンドウ

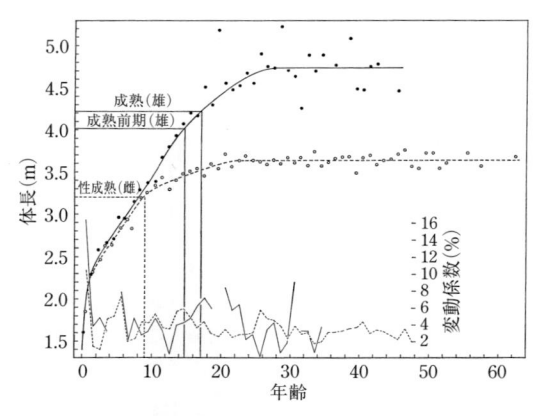

図 12.21 マゴンドウの平均成長曲線．黒丸と実線が雄，白丸と点線が雌．(Kasuya and Matsui 1984)

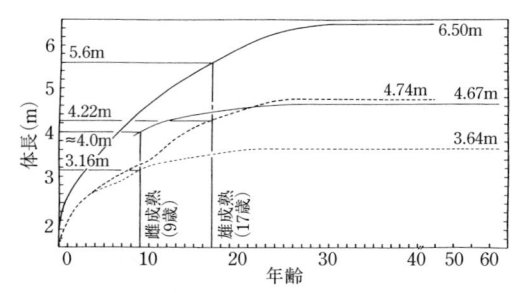

図 12.22 タッパナガ（実線）とマゴンドウ（点線）の平均成長曲線の比較．どちらでも雄は雌より大きく成長し，かつ短命である．(Kasuya and Tai 1993)

やして，漁獲物からほぼ無作為に近い条件で集めたデータである．興味ある特徴がいくつか認められる．第1に雌が多くて雄が少ないことである．第2に雄では470 cm あたり，雌では360 cm あたりに山があること，第3に最大体長は雄のほうが1 m 以上大きいことである．第1の特徴は雄が漁場に来遊しないとか，雄の自然死亡率が高い（寿命が短い）場合に現れる．後の2つは雄雌で成体の大きさが異なる場合に期待される．比較のためにタッパナガの体長組成を雄は図12.19 に，雌は図12.20 に示しておいた．タッパナガの場合には，漁法の特性で大型個体が選択的に捕獲されていて，若い個体が少ない．その傾向が雌のほうに顕著なのは体が小さいためである．

つぎに，これらの個体から歯を取り出して切片をつくり，年齢を調べ，各年齢ごとの平均体長をプロットしたものが図12.21 である．これは上に述べた擬似平均成長曲線に相当するが，習慣にしたがって平均成長曲線と呼んでおく．0歳時の体長は，出生時の平均体長として別途推定したものをプロットした．各点は年齢ごとにまとめて計算した平均体長である．ここでは各年齢の体長の分散を示すデータの指標として，変動係数（標準偏差を平均値で除した値でco-efficient of variation ともいう）を示してある．個々の体長は平均値の上下に標準偏差のほぼ2倍の範囲に散らばるから，満1歳以上では平均値の上下 6-10% の範囲にくるとみることがで

きる．0-1 歳の変動係数はきわめて大きい．これは生まれ月のわずかなちがいが体長に大きく影響しているためである．なお，このデータに成長式をあてはめてみる場合には，Kasuya and Matsui (1984) に年齢ごとの標本数・平均体長・標準偏差が表になっているので，それを使うことができる．

Kasuya and Matsui (1984) は，マゴンドウの成長曲線をいくつかの時期に分けて解釈した．ほかにも解釈の仕方があるかもしれないが，本種の成長の特徴を示しているので，これにしたがって説明する．すなわち，マゴンドウの平均成長曲線は大ざっぱにみてつぎの3期に分けることができる．

第1期は出生からおおよそ1.25 年の間の成長の早い時期である．この期間に体長230 cm に成長する．年平均成長量は72.4 cm で，妊娠後期の直線成長期の胎児の成長速度の 62.1% と計算されている．雌雄の差は認められないが，サンプルが少ないためかもしれない．この幼児成長の期間は雌よりも雄のほうがやや長く，しだいにつぎの第2期に移行する．その結果，つぎの時期の初めの2.5 歳時には，雄の平均体長（254 cm）は雌のそれよりも約6 cm 大きい．

第2期は 9-10 歳の雌の性成熟のころまで続くほぼ直線的な成長の時期である．少年・少女期とも呼ぶことができる．年間成長率は 11-12 cm で，成長速度にはほとんど雌雄差がないが，雄の平均体長がつねに雌よりもわずかに大きいのは，第1期から第2期に移行する時期にちが

表 12.10　日本近海のコビレゴンドウの2個体群における成長停止時の平均体長．漁法の特性によるバイアスについては本文参照．（マゴンドウは Kasuya and Matsui 1984，タッパナガは Kasuya and Tai 1993）

個体群	マゴンドウ		タッパナガ	
性	雄	雌	雄	雌
対象年齢範囲	>27	>22	>30	>30
標本頭数	35	181	11	58
平均体長	473.5 cm	364.0 cm	650.4 cm	467.4 cm
95% 信頼限界	±9.1 cm	±1.9 cm	±10.1	±7.5 cm

いがあるためである．雌はこの期の終わりに性成熟に達する．

　第3期の成長は，しだいに成長速度が低下する時期であり，この期の成長曲線には，個体の成長速度がしだいに低下することと，成長を停止する個体の比率がしだいに増加することの2つの要素が影響している．その結果，平均体長の伸びが急速に低下する．雌では，この時期は9歳から始まり，平均体長の増加が停止する22歳のころまで続く．雄では，この時期は10歳から27歳ころまでの成長であり，雌より5年ほど長く続く．

　雄の平均成長曲線にみられるもう1つの特徴は，3期の初め，年齢11-14歳のころに成長速度が一時的にわずかに高まる時期があることである．これは春機発動期の急速成長（あるいは成長加速）として知られる現象であり，睾丸組織の成熟が急速に進行する年齢にあたる．ただし，睾丸組織全体で精子形成が行われるようになるのは15-22歳のときである（前述）．雄にみられる春機発動期の成長加速は，ヒトやアザラシ類などでも知られている．ヒトでは個体の成長を追跡するとこれがきわめて顕著に現れるが，その期間が短いことと，その年齢に個体差が著しいという2つの原因で，平均成長曲線でみる限りそれほど明瞭ではない．コビレゴンドウでも同様であろう．マゴンドウの雄で平均体長の増加が停止するのは27歳のころである．

　春機発動期の成長加速は，雄が雌よりも大きく成長する哺乳類の特徴である．それは一夫多妻的な繁殖習性にともない，雄どうしの闘争の激化にともなって発達した成長パターンであろうとされている．しかし，これを逆に使って，特定の種について，その成長型をもとに繁殖様

式を推定をすることには危険がともなうと私は考えている．なぜならば，成長型と繁殖様式とではその進化速度が必ずしも同じとは限らないからである．たとえば，ある個体群に一夫多妻の繁殖様式が発達した場合には，それにやや遅れて春機発動期の成長加速が獲得されるかもしれない．また，なんらかの理由で一夫多妻から乱婚的な繁殖様式への変化がある個体群で起こったとしても，ただちに成長様式まで変化するとは限らない．歯鯨類の成長パターンや社会構造・繁殖様式は，いたって柔軟性に富んでいるようである（Connor et al. 2000）．バンクーバー沖のシャチの社会では，雄が大きく成長することは明らかであるが，彼らの社会で繁殖の機会をめぐる雄どうしの闘争が激しいという証拠は得られていない（Baird 2000）．

　マゴンドウとタッパナガの平均成長曲線の比較を図12.22に示した．タッパナガでは，捕鯨船が大型個体を選んで1頭ずつ捕獲するので，漁獲物の年齢ごとの体長組成は，個体群のなかの組成よりも大きいほうに偏っている恐れがある．この偏りの大きさは推定されていないが，雄よりも体の小さい雌のほうに著しく，漁業者が漁獲対象にする下限に近い若い個体ほど著しいと思われる．したがって，タッパナガでは，10歳以下の成長曲線はあまり信頼すべきではない．マゴンドウでもタッパナガでも，25-30歳で年齢と体長の相関が失われる．これが個体群のなかの全個体が成長を停止する年齢である（Kasuya and Tai 1993）．このときの体長は表12.10のように計算されている．これが肉体的成熟体長の間接的な推定方法の1つである．肉体的成熟は，脊椎骨の骨端板が椎体に癒着して脊柱の成長が停止したときとして定義されるが

12.4.4 雌の繁殖活動

（1） 胎児の成長と妊娠期間

Huggett and Widdas（1951）は種間関係をもとに，哺乳類の胎児の成長に一定の規則性があることを見出した．その原理は，鯨類の妊娠期間や胎児の成長速度を解析において広く使われてきた．それは，胎児の体重の立法根を縦軸に，受胎からの経過時間を横軸に目盛ると，胎児の成長は初め緩やかで下側にふくらんだ曲線を描きつつ，しだいに速度を増し，ある段階以後はこの速度が一定となり，成長曲線は直線で近似できるというものである．そして，この直線的な成長曲線を左側に延長して横軸（時間軸）と交わるときを t_0 とすると，それは総妊娠期間（t_g）の関数となるとした．すなわち，400日以上の妊娠期間をもつ種では，t_0 は妊娠期間の約10％となり，妊娠期間が短い種ほどその比率が大きくなる．しかしながら，鯨類の場合には胎児の大きさを体重で記録することはむずかしいので，体長で記録されることが多い．そこでLaws（1959）は，Huggett and Widdas（1951）のルールを体長に変換することを試みた．彼は，胎児の大きさを体長で表示した場合にも似た関係が維持され，その場合には，t_0 は1割ほど小さくなること，つまり400日以上の妊娠では妊娠期間の9％となることを示した（すなわち，$t_0 = 0.09\, t_g$ である）．この関係は，鯨類の妊娠期間や胎児の成長を解析する研究でしばしば使われている．

伊豆半島沿岸や和歌山県太地のイルカ追い込み漁業で捕獲されたマゴンドウから得られた胎児と新生児の体長を縦軸に，捕獲の季節を横軸にして描いたのが図12.23である．6-8月には胎児の体長組成に2つのピークが認められる．1つは出生体長に近い体長130 cm前後の胎児からなり，もう1つは10 cm以下の受胎まもない小型の胎児からなっている．これから少し遅れて10-2月になると，大きいほうの山が消

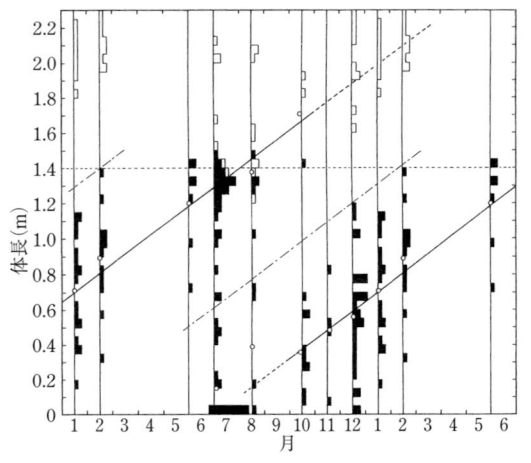

図12.23 マゴンドウの胎児の体長組成の季節変化. 黒は胎児，白は生後の個体. 丸印はモードごとの平均値で，それらにあてはめた回帰直線も合わせて示す. (Kasuya and Marsh 1984)

えて，体長40-100 cm前後の山が認められる．この山は，夏前に受胎した胎児が成長したものであり，大きい山が消えたのは出産がすんだ結果であると判断される．そこで，この2つの山を任意に2つのグループに分けてみた．その境が図12.23の鎖線である．月ごとに，それぞれのグループについて平均体長を計算すると，図の白丸のようになる．このとき出産間近の山については，これから生まれる大型胎児だけでなく，生まれてしまった新生児をも含めて平均値を算出している．そうしないと，平均値が横に寝てしまって真の成長を示さない．

このようにして得た11の平均体長のうち，10月の小型胎児の山から翌年10月の大型胎児と出生個体の山までの9個の平均値は，ほぼ一直線に載ることがわかる．しかし，6-8月のごく小さい胎児の2つの平均値はこの直線よりも上にくる．この時期にはまだ交尾期が終わっていないので，これから受胎するであろう未来の小胎児が算入されていないことが，そのおもな理由である．微小な胎児を見落とした可能性も否定はできないが，黄体の存在に照らしつつ入念に子宮を検査しているので，見落としの可能性は少ないと考える．このような背景を考えて，6-8月のごく小さい胎児の山は成長式の算出作業から除外する．このような理解にもとづいて，

直線に載る9点に代表される個々の胎児の体長（Y, cm）と1月1日からの日数（X）に回帰直線をあてはめると，

$$Y = 0.3386(\pm 0.0425)X - 60.1 \quad r = 0.82$$
Kasuya and Marsh（1984）

となる．回帰係数につけられた上下の範囲は95%信頼限界である．上の式から，胎児の平均成長速度は0.3386 cm/日と計算された（なお，図12.23の9個の平均値に直線をあてはめても $Y = 0.3398X - 60.1$ となり，ほとんどちがいがない）．この直線が時間軸を切る日は6月26日で，平均出生体長に達する日は8月11日となる．その間の日数（$t_g - t_0$）は411日である．これが妊娠期間 t_g の91%に相当するわけであるから（前述），妊娠期間は452日，14.9カ月となる．ここでは1カ月の長さに30.4日を用いている．本種の妊娠期間は種々の仮定を設けて得られた推定値にすぎないし，つぎに述べるような手法上の問題点もないわけではない．

このようなやり方は，理論的には問題がいくつかある．その1つは，胎児を体長と日付によって2つの山に分けたが，そのやり方によって結果が左右されるという問題である．

第2は新生児を計算に含めたやり方である．生後の個体を除外すると，胎児の成長曲線の上部が横に寝るのでやむをえない面もあるが，新生児の成長速度は胎児期のそれより緩やかになるのに，それが胎児の成長速度に混入することになる．また，どの大きさまでを含めるかが任意の操作であるとして批判される．

第3の問題として，湾内に追い込まれた鯨を漁業者が銛を投げて殺す際とか，洋上で捕鯨砲で撃つ際に，妊娠雌は苦悶して小さい胎児を娩出する場合があることである．胎盤の残片が体内に残っていて，そのことがわかる場合もあるが，肉眼検査では見落とすこともあるにちがいない．マゴンドウ調査の初期段階では肉眼検査のみの場合もあったので，若干の胎児の見落としの可能性が残る．マゴンドウよりも遅れて始まったタッパナガの調査では，この教訓をもとに全個体について子宮内膜を検鏡して妊娠の有無を確認しているので，こういった妊娠の見落としは避けられていると考える．このような原因で妊娠初期の小さい胎児を少なく見誤ると，胎児の成長が緩やかに，妊娠期間は長く推定される可能性がある．

第4の問題は，受胎や出産の季節性が不明瞭で，長期間にわたって繁殖活動が続くという本種の特性に由来する問題である．体長を時間に対して回帰するという方法をとる限り，成長曲線が体長範囲の上下端で水平にたなびいてしまい，妊娠期間を過大に評価する偏りが発生する（Martin and Rothery 1993）．繁殖期が長いほどこの問題が大きくなる．図12.23に示したマゴンドウのデータでは，6-8月の小型胎児の平均体長にこのような傾向がうかがわれる．もしも，交尾期前半にあたる4-6月の資料が得られれば，この傾向がもっと明瞭になったかもしれない．このような偏りの混入を避けるために，上に紹介したKasuya and Marsh（1984）は6-8月の小胎児のデータは計算から除外し，5-10月の大型胎児のデータには出生直後の個体も含めるという対策を講じている．

米国のシーワールドでは，飼育下の鯨類の妊娠期間に関する情報が得られている．それによれば，平均妊娠期間は小型のイロワケイルカ（出生体長100 cm）では345日（$n = 8$）であるが，これより体長が大きいハンドウイルカ（出生体長117-127 cm）では370日（$n = 77$）とわずかに長く，コビレゴンドウよりも大きいシャチ（出生体長219-235 cm）では515日（$n = 7$）で，約16.9カ月であった（Asper et al. 1992）．この方法は血中や尿中のプロゲステロンのレベルをモニターして妊娠時期を確定しているので精度が高く，少数例からでも精度の高い推定値が得られるという利点がある．

ひげ鯨類の多くは高緯度の索餌海域と低緯度の繁殖海域を1年周期で往復するので，出産期や交尾期に対する季節的な制約が強かったため，12カ月を大きく超える妊娠期間が許されなかったものと思われる．その結果，体の大型化を達成する際には，胎児の成長速度を速めることによって，12カ月前後の妊娠期間を維持せざるをえなかったのである．彼らは冬の絶食期に

出産するという特性ゆえに，栄養貯蔵に有利な体軀の大型化に進んだとされている（Kasuya 1995）．ニタリクジラ類の一部の種では，いまではそのような回遊を放棄してしまったかにみえるにもかかわらず，12 カ月前後の妊娠期間を保っているのは，進化のある段階でそれに類する著しい季節性の制約を受ける生活をした時代があったことを示すものではないだろうか．これに対して，マッコウクジラ，コビレゴンドウ，シャチなどの歯鯨類の一部は，温暖な海域に周年とどまるため，出産時期に対する季節の制約が弱かったものと考えられる．それゆえに，体の大型化にともなって胎児の成長速度を加速させることが少なく，結果として妊娠期間が延長されたと解釈されている（Kasuya 1995）．

漁獲物から推定された日本のコビレゴンドウの妊娠期間を，上に引用した飼育下で得られた歯鯨類の妊娠期間と比べても矛盾はない．また，得られた成長曲線は中・大型胎児のデータにもよく適合している．おそらく，特定の小型胎児のデータを解析から除外するなどの作業を解析の段階でしているので（上述），Martin and Rothery（1993）が危惧したような問題が回避されたものと思われる．Martin and Rothery（1993）はこの問題を懸念して，受胎日の分布型を仮定したうえで，大西洋のヒレナガゴンドウで観察された胎児の体長組成を説明するために最適な胎児の成長速度を計算した．その結果，妊娠期間は約 12 カ月と推定されている．ヒレナガゴンドウとコビレゴンドウという同属の 2 種の間で，これほどに妊娠期間が異なるものかというのが率直な疑問ではある．ただし，ヒレナガゴンドウは高緯度海域に生息するので，出産期や交尾期に対する季節的な制約が強く，12 カ月を超える妊娠期間の選択が許されなかったのであろうという解釈もなされている（Kasuya 1995）．

（2） 繁殖期
マゴンドウ
　マゴンドウの胎児の平均成長曲線の直線部分を右側に延長して，それが平均出生体長に達す

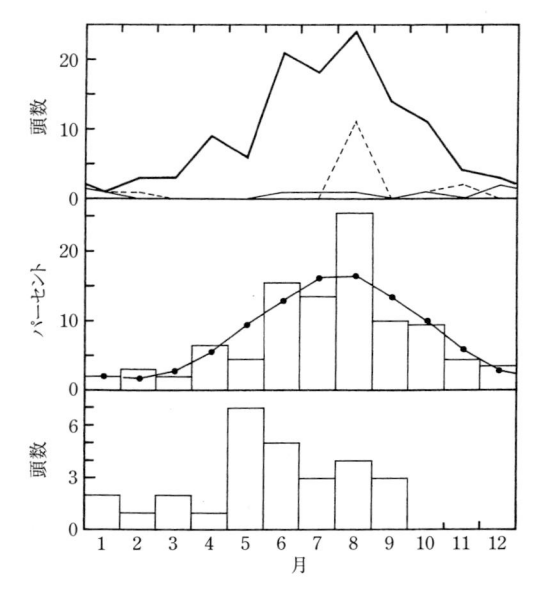

図 12.24 マゴンドウの出生日を推定する（Kasuya and Marsh 1984）．上段：太い実線は直線成長期の胎児の平均成長速度を体長 20-155 cm の胎児と新生児にあてはめて得た出産分布，細い実線は同様の方法で体長 10-20 cm の胎児から求めた出産分布，点線は同じく体長 10 cm 以下の胎児から求めた出産分布．中段：棒グラフは上で得たすべての出産分布を足し合わせたもの，折れ線グラフはそれに正規曲線をあてはめたもの．下段：年齢-体長関係（Kasuya and Matsui 1984）を用いて生後 1 年未満の個体を過去にさかのぼって出産日を計算したもので精度は劣る．

る日を求めると，8 月 11 日となる（前述）．これが日本沿岸のマゴンドウにおける平均出産日の推定値である．しかし，これだけでは出産がどのような形に分布しているのかわからない．そこで，個々の胎児の捕殺日と体長を平均成長曲線にあてはめて，殺されなかったら生まれたであろう出産予想日を算出して，分布を求めて正規分布をあてはめた（図 12.24）．出産のピークは夏の 7-8 月に，谷は冬の 12-2 月にくる．生後 1 年以内の個体を過去にさかのぼって逆算した出産日の分布（図 12.24 の下段）は，胎児から算出した分布（同図中段）とは一致がよくない．しかし，生後の成長曲線は精度がよくないことを考慮すれば，5-9 月に出産の山がきたというおおよその一致をもってよしとすべきである．

このようなやり方で得た出産日の分布が正し

いものであるためには，いくつかの条件が満たされなければならない．第1に胎児の成長速度が正しく推定されていることが要求される．その誤りは小さい胎児に対して大きく影響するが，大型胎児に対する影響は小さい．第2に胎児サンプルの体長組成が個体群のなかのそれを代表している必要がある．たとえば，出産間近の雌が漁場から離れる傾向があれば，得られた出産分布は真の分布よりも後のほうに偏ってしまう．第3にサンプルが1年間に均等に配分されている必要がある．図12.23からわかるように，使われたサンプルは月ごとに偏りが大きく，3-5月と9月の4カ月にはまったく欠けている．標本が欠けている3-5月は交尾期の前半にあたる．この時期の受胎まもない胎児は，標本には含まれていない．これは推定出産期を後に偏らせる効果がある．また，同時にこの時期は出産期の初めにもあたっている．出産直前の大型胎児があるべきこの時期に標本を得ていないことは，これも推定された出産期を後方に偏らせる効果がある．9月のデータの欠落はその逆の効果がある．これらのバイアスの評価は今後に残された問題である．

妊娠期間が14.9カ月であるという推定を信じれば，図12.24の出産分布を2-3カ月だけ右にずらすことにより，受胎の時期を推定することができる．そのようにして得られた受胎のピークは5月にあり，谷は11月にくる．これが現在，マゴンドウの繁殖期について得られている最善の推定である．

タッパナガ

タッパナガの捕獲は操業時期が水産行政により10-11月という短い期間に限定されていたために，標本の季節が著しい制約を受けている．この操業では，肉質の劣化を遅らせるために，洋上で腹部を切開してから解体場まで曳航する．曳航は数時間におよぶこともあるので，港に着く前に胎児が流失することが頻発し，その傾向は大型胎児ほど著しかった．捕鯨船の砲手に繰り返しお願いすることによって，切開時に目にとまった大型胎児を持ち帰ってもらうことができ

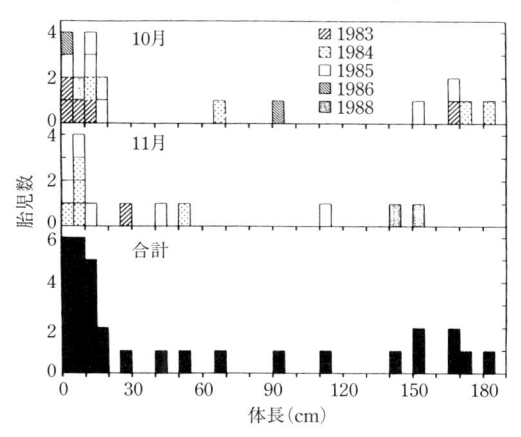

図12.25 タッパナガの胎児の月別体長組成．(Kasuya and Tai 1993)

た（Kasuya and Tai 1993）．妊娠の有無の判定のために子宮内膜の組織学的な検索が必要とされた理由の1つである．このようなわけで，出産・受胎期をマゴンドウと同様の手法で推定することはできない．

10-11月に捕獲されたタッパナガの胎児の数は多くはないが，その体長は2.3 cmから180 cmまでほぼ連続的に分布しており，マゴンドウと同様に交尾は周年行われていることがわかる．しかし，繁殖の盛期にもピークの明瞭さにもちがいが認められた．この標本では，大型胎児は小型胎児ほどには能率よく回収されていないことを念頭に置くならば，そこには2つのモードを認めることができる（図12.25）．モードの1つは15 cm以下の小型胎児であり，ほかは150 cm以上の大型胎児である．2つの山の間の体長差135 cmが，胎児の成長からみてどれほどの時間を意味するかが鍵となる．マゴンドウの平均出生体長は140 cm，タッパナガのそれは185 cmと推定されている（前述）．ところで，マイルカ上科の歯鯨類においては平均出生体長（X, cm）と直線成長期の胎児の成長速度（Y, cm/日）の間には，

$$Y = 0.001462X + 0.1622$$

Kasuya（1977）

という種間関係が得られているので，これに2つの出生体長を代入すると，平均成長速度は，

　　マゴンドウ　　0.3668 cm/日

タッパナガ　　0.4327 cm/日

となる．マゴンドウの値は，胎児のデータから直接推定した 0.3386 cm/日よりわずかに大きく，妊娠期間にして 1 カ月ほど短い値を与える癖があることがわかる．それを認識したうえで，タッパナガについて，2 つの胎児体長のモードの間の距離 135 cm を胎児の成長速度で除して，モード間の時間を求めると，

135 cm/0.4327 cm/日＝312 日

となる．すなわち，10-11 月に捕獲されたタッパナガの胎児データが示す 1 つの交尾期の終わりからつぎの交尾期の始まりまでの時間は，約 312 日（約 10 カ月）である．裾をひく分布の初めと終わりを特定することのむずかしさや，種間関係の不正確さを考慮しても，タッパナガの胎児体長の 2 つのピークは，いま進行中の交尾期と前年の同じ季節の交尾期とを代表していると解釈することができる（Kasuya and Tai 1993）．

　上の計算によれば，タッパナガの交尾期はマゴンドウと同じくひと山型であること，タッパナガでは交尾期は 2 カ月間で終わり，前年の交尾期の終わりから今年の交尾期の始まりまでの期間は約 10 カ月で，その期間には繁殖活動が比較的不活発であるという推定になる．さらに，図 12.25 に着目すると，10 月には 5 cm 以下の胎児が多かったのに，11 月には 5 cm 以下の胎児が少なく，5-10 cm の胎児が多く記録されている．これは交尾期が 9-11 月の 3 カ月間と短いことを示している．しかし，かりに胎児が 15 cm まで成長するのに 2 カ月を要すると仮定すると（Kasuya and Marsh 1984），今年の交尾期の開始は 8 月となる．10 月にピークがあるとすると，この交尾期が終わるのは 12 月で，全期間は 5 カ月となる．この場合，交尾期の間の繁殖活動の空白期は 7 カ月となる．このように繁殖期の長さについては，それを確定できる段階にないが，タッパナガの交尾期は秋から冬にあり，マゴンドウのそれよりも期間が短いという推定がなされている（Kasuya and Tai 1993）．

　タッパナガの大型胎児のモード（約 160 cm）が出生体長（185 cm）にまで成長するには，(185-160)/0.433＝58（日）を要すると予想される．すなわち，タッパナガの出産の盛期は 12/1 月ごろとなる．受胎ピーク（10 月）と出産のピーク（12/1 月）の予測が正しければ，本種の妊娠期間はおおよそ 14-15 カ月となる．

　タッパナガについては標本がカバーする期間が短いこと，標本数が少ないこと，大型胎児が入手しがたいこと，新生児の入手が不可能であることなどの理由で，繁殖期や胎児の成長について，マゴンドウとのちがいを明確にできない．これまでに得られた情報によれば，両者の繁殖のピークは 5-6 カ月ずれていること，タッパナガの繁殖期はマゴンドウのそれに比べて短期間であるらしいことが示されている．妊娠期間については，両個体群の間でそれが異なるという証拠は得られていない（Kasuya and Tai 1993）．

（3）　離乳の過程

　イルカ類の子どもは生まれてしばらくすると餌をとり始める．これが離乳の開始である．彼らが食べる餌の量は成長とともに増え，栄養源としての母乳の比重は低下していき，最終的には乳を飲むことをやめて栄養的に独立する．これが離乳の完成である．餌と母乳の併用期が離乳期である．この期間の存在意義の 1 つは，子どもが自力で捕食する能力を獲得することと，生理機能を母乳から固形食に切り替えることである．しかし，そのためには半年から 1 年もあれば十分なのではあるまいか．草食性のウマでも 2 カ月で離乳食をとり始めて，生後半年で離乳が完成する．雑食性の人類でも生後半年で乳歯が生え始めて，固形食が始まり，2.5 年前後で乳歯が生えそろう．しかし，ヒトでは離乳が完成する時期には文化や時代，あるいは母乳以外の栄養食品の得やすさが影響してきた．いまの日本では 1 歳前後で離乳が完成するが，私が育った 1930 年代の川越の農村では 3-4 歳はおろか，ときには学齢（6-7 歳）直前までも母乳を飲む例があったらしい．授乳中は母親がつぎの妊娠に入るのを妨げる傾向があるので，長期授乳に別の役割が見出されない限り，子どもが

生理的に必要とする以上の長期にわたって授乳を続けることは，母親の繁殖の観点からはマイナス要因である．哺乳類において長期の授乳が進化した背景は，栄養以外の意義を認めると説明しやすい．この問題に着目して，歯鯨類の哺乳期間が比較的長いのは，親による子どもの教育あるいは保護期間としての貢献があるためであると考えたのが Brodie（1969）であった．

人類などは乳歯が生えそろうとまもなく，前歯から順次永久歯に生え換わり始める．このように乳歯と永久歯が交代するのを二生歯性という．これに対して，歯鯨類の歯のように生え換わることがないのを一生歯性という．歯鯨類では，歯が生える時期には著しい種間差がある．多くの種では生後まもなく生えるが，マッコウクジラでは生後 5-18 歳（平均 9 歳），つまり雌の性成熟のころ，雄では春機発動期のころに萌出が始まり（大隅 1963），アカボウクジラ類では性成熟のころになって雄にだけ生えてくるが，雌には生えない場合が多い（McCann 1974）．彼らの主食はイカ類であり，その捕食に歯はあまり重要ではない．それは吸引捕食という方法で吸い込むためだと考えられている（Marshall 2009）．日本近海のコビレゴンドウの 1 個体群であるマゴンドウも主食はイカ類で，広い口腔の構造は吸引捕食に適している．

マゴンドウの子どもは生まれたときには歯がなく，生後 1/4 年のころから歯が生える個体が現れ，3/4 年あるいは体長 211 cm のころまでには，すべての個体が萌出した歯をもつにいたる．ここで年齢を分数で示したのは，歯の象牙質の成長層から推定した概略の年齢であり，精度はよくないことを示すためである．どの個体でも，初めは萌出歯の数は少なく，時間が経つにつれてしだいに数が増えてくる．また，上下の顎で比べれば，上顎のほうがわずかに萌出が早い（Kasuya and Marsh 1984）．

和歌山県の太地ではマゴンドウの群れを湾内に追い込んで捕獲するので，子どもの死体を調べる機会ができる．しかし，小さい子どもは追い込まれてから水揚げまでの数日間に死亡して沈下し，腐敗が進んでから浮上することが少なくなかった．このような死体は，漁業者は解体をせず波止場につないでおいて，後から内臓や骨格と一緒に港外に捨てることが多かったので，捨てられる前に調査をしなければならない．このような子どもの胃内容物を 8 頭について調べることができた（Kasuya and Marsh 1984）．そのうちの 1 頭，体長 180 cm，0.5 歳と推定された個体は胃のなかにイカのくちばしとエビの残骸が残っていたが，ミルクは確認できなかった．これが餌を食べていたことがわかった最年少の個体である．なお，同じ群れのなかの成体が食べていたイカのくちばしに比べて，この子どもの食べていたイカは小さめであったのが印象にある．子イルカが餌をとり始めるときの餌のサイズについて，親の餌とどうちがうかを調べるとおもしろいかもしれない．同じ年齢のもう 1 頭は歯が生えていたが，胃のなかにはなにもなかった．しかし，これは餌を食べ始めていないという積極的な証拠にはならない．

離乳の完成をみるためには，胃のなかにミルクの痕跡が認められなくなる年齢を確認する必要がある．歯の成長層から 2.75 歳と査定された 272 cm のマゴンドウは，胃のなかにミルクとイカのくちばしをもっていた．また，別の場合には内臓の山のなかから子どもの胃袋を探し出して胃内容物を調査したが，2 頭からはミルクとイカの残骸が出てきた．この個体の年齢は確定できなかったが，その群れのなかのもっとも若い個体は 2.5 歳で，つぎに若いのが 3.0 歳であったから（ともに 285 cm），3 歳まではミルクと固形食を併用することがわかる．これらの事実は，マゴンドウの子どもは生後半年ごろに餌をとり始めるが，餌とミルクを併用する期間が長く，ときには 3 歳になってもミルクを飲んでいる個体があることを示している．胃のなかのミルクの確認は，私は肉眼に頼ったため，消化された餌に混ざった少量のミルクを確認することは困難であり，はたして何歳までミルクを飲むかを明らかにすることはできなかった（Kasuya and Marsh 1984）．マゴンドウの餌は主としてイカ類である．草食動物ならともかく，このような動物食の哺乳類にとって固形食をと

り始めた後も，長期にわたって母乳を併用することの栄養上の必要性は疑わしい．

その後，フェロー諸島で多数のヒレナガゴンドウを調査した研究では，餌をとり始めるのは生後6.5カ月でマゴンドウと同様であること，そして7歳（雄）あるいは12歳（雌）までミルクを飲んでいる個体があることが確認されている（Desportes and Mouritsen 1993）．マゴンドウについては，別の方法でこれに似た推論を得ているが，それについては後でふれる．

［結論］マゴンドウは生後3カ月前後で歯が生え始める．6カ月までには餌をとり始めており，3歳でもまだ餌とミルクを併用している個体がある．ただし，その後も哺乳を続ける可能性は否定されない．

（4）泌乳期間

泌乳の判定

コビレゴンドウの死体で泌乳の有無をみるには，乳腺の部位を外から押すと乳汁がほとばしり出るので，それとわかる場合が多い．しかし，正確を期するためには乳腺を切開して確認する必要がある．事情が許す限り組織標本を採取して，現場の記録を研究室で再確認すべきである．授乳した後ですぐ殺された場合や，泌乳の末期で分泌量が少ない場合には乳腺を切開してみなければ泌乳がわからないし，死亡してからの経過時間が長い死体でも肉眼では泌乳が判別しにくい場合がある．マゴンドウの場合には，乳腺の組織標本を検査しない場合があったが（Kasuya and Marsh 1984），タッパナガの調査では，調査補助員の記録はすべて乳腺組織の標本とつき合わせて確認することを原則とした（Kasuya and Tai 1993）．鯨類では乳管洞のなかに褐色を帯びた粘液が見出されることがある．色調と粘度はさまざまであるが，このような場合には乳腺は分泌像を示していない．これは前回の泌乳の残渣かもしれない．これを乳汁分泌と混同してはならない．

妊娠末期の雌はしばしば初乳を分泌していることがある．初乳を分泌している乳腺の組織像をみると，乳汁のなかに初乳球と呼ばれるエオシンで染まる細かな粒子が多数認められる．これと子宮や卵巣の所見を対比すれば，これから生まれる子どもに備えて初乳の分泌が始まっていると判断することは容易である．出産に備えて初乳を分泌している雌は，育児中の泌乳雌と厳密に区別する必要がある．軽率にこれを泌乳中と判断して混乱を起こすことは避けなければならない．分娩直前の雌は捕殺されるときに胎児を娩出することがある．この場合には，子宮は弛緩して顕微鏡的には子宮内膜に妊娠を示す組織像が認められるし，卵巣には大きな黄体がある．育児中の雌では子宮の退縮が始まっているし，黄体は白体への退行を始めている．こういう情報を総合すれば初乳は判別できる．正常な分娩の直後に殺された死体では，それを死に際しての娩出と判別しようがないが，そのような例はまれである．

コビレゴンドウの乳汁の色調はクリーム白色から，緑色を帯びたものまであり，ときには野菜汁のような緑色を帯びていることもあった．乳汁の感触は水よりもやや粘性のある液体で，牛乳に似ており，粘性は色調とは無関係であった．緑色を帯びた乳汁はタッパナガとマゴンドウのどちらにも出現したが，私はスジイルカなどほかの歯鯨類でこれをみたことがない．この緑色の色調には死後経過時間や追い込み後の経過時間との相関は認められなかった．マゴンドウでは72頭の泌乳雌中，39頭がさまざまな程度に緑色を帯びた乳汁を分泌しており，季節的にみると6-7月には17頭中14頭（82%）と最高値を示し，12月には17頭中ゼロと最低を示した．中間の月では1月（5頭：20.0%），2月（17頭：76.5%），10月（16頭：68.8%）と中間の値を示した．このことから，Kasuya and Marsh（1984）は緑色乳の原因として，食物起源の成分が乳汁の色調に影響しているのだろうと推定した．当時は，多くの乳腺を検鏡していたが，病的な組織像を示す乳腺は1例しか確認していないので，緑色乳汁を病的なものとは考えがたい．Ullrey et al.（1984）は，出産の20-40日後に生きて座礁したオオギハクジラからミルクを採取して組成を分析した．彼らはその

12.4 生活史　*459*

表 12.11　マゴンドウの群れの組成の1例（図 12.26 の第 12 群）．
（粕谷 1990）

性別・性状態		頭　数	年齢組成
未成熟	雄	4	0；13；13；16
	雌	3	0；7；8
成熟雌	泌乳	6	22；33；36；42；43；48
	泌乳あるいは休止	3	？；？；？
	休止	1	37
	妊娠	3	11；30
成熟雄		1	32
合計	雄	5	0-32
	雌	15	0-48

ミルクが青緑色を呈していることに着目して，その原因物質の分析を行い，それが胆緑素（biliverdin）であったと報告した．ただし，この色素の乳汁中の役割については不明としている．胆緑素は胆汁色素の1つで，草食動物の胆汁に多く含まれるということである．おそらくコビレゴンドウの乳汁の緑色乳の原因物質も同じものと推定される．

［結論］分娩前に初乳の分泌が始まることに留意すること．コビレゴンドウの乳汁は緑色を帯びることがある．泌乳の判定には乳腺組織の検鏡が望ましい．

泌乳雌と乳児の対比——授乳と哺乳

追い込み漁業で捕獲されたマゴンドウの個々の群れについて，その群れのなかの子イルカの年齢組成と泌乳雌の数を対比して，乳を飲んでいた可能性の強い子どもを推定しようとする試みがなされた（Kasuya and Marsh 1984）．まず，例を引いて説明しよう．表 12.11 はマゴンドウの1群の組成で，漁業者は群れ全体を追い込んだと述べている．これを検証する方法はないが，ひとまず正しいとして作業を進める．この群れは追い込み当日に3頭が解体処理されたため，翌朝に私が現場に到着したときには，それらについては内臓しか観察できなかった．その結果，これら3頭は性成熟に達した雌で，妊娠はしておらず，年齢と泌乳の有無は不明で「泌乳あるいは休止」と判定された．

この群れのなかには泌乳雌は6頭が確認されており，先に述べた3頭を考慮すれば，泌乳雌の数は6-9頭と考えられる．とりあえず性成熟個体は離乳していたと仮定すると，これら6-9頭の泌乳雌から哺乳していた可能性をもつ未成熟個体は7頭である．この構成をどう解釈するか．その解釈は1つとは限らないが，もっとも可能性の高いと考えられる解釈はつぎのようであろう．雌は長期間にわたって自分の子どもと一緒に行動するのが母系社会を形成する哺乳類の特徴である．ほかの歯鯨類の群れの特徴からみて，コビレゴンドウもそれらしくみえる．ところで，この群れのなかの泌乳雌が，①自分の子どもだけに乳を飲ませていたのか，②自分の子にも他人の子にも乳を飲ませていたのか，それとも，③大勢の雌が少数の若い子どもに乳を飲ませる「共同哺乳」をしていたのか，を判断する情報をわれわれはもっていない．しかし，①か②のいずれかであっても，0-13 歳の子どもたちのうちの少なくとも6頭は，乳を飲んでいたことになる．③の仮説，たとえば6頭の雌が共同して0歳の子ども2頭にだけ飲ませていたとするのも，理論的には不可能ではないが，そのような仮定は私には不自然に思われる．しかし，この場合にも雌は自分が最後に出産したときから泌乳を続けてきたはずだから，この群れには 13 年間にわたって泌乳を続けていた雌がいることになる．

上に類する情報が 12 回のマゴンドウの追い込みについて得られている．われわれはそれぞれの追い込み単位を便宜的に群れと呼んできた．何歳の子が乳を飲んでいた可能性があるかという点に注目して，一括して図示したのが図

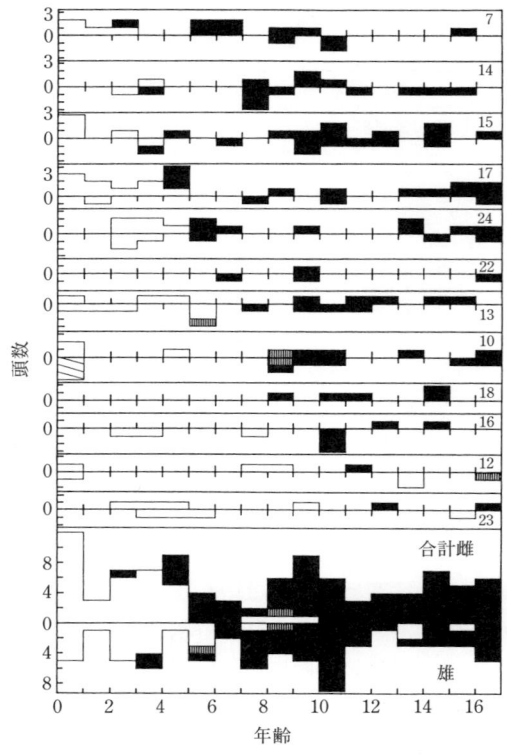

図 **12.26** マゴンドウについて，追い込まれた群れごとにそのなかの泌乳雌の数と子どもの年齢とを対比して，哺乳中の子どもを推定する．泌乳雌の数だけ哺乳中の子どもがいるとみなし，つねに年齢の順に離乳すると仮定している．右側の数字は群番号．白は哺乳中とみなされた個体，黒は離乳したとみなされた個体，縦線は判別不能の個体．横線の上側は雄，下側は雌，対角線の白枠は性別不明の個体．(Kasuya and Marsh 1984)

12.26である．いま，12群の情報を合計した結果に注目する．早い個体では2-3歳時にはすでに離乳したと判定される例もある．離乳した子どもの比率は子どもの年齢とともに増加し，10歳を過ぎると哺乳中と推定される個体はほとんどいなくなる．4歳代では哺乳中の個体のほうがやや多いが，5歳代では逆転して離乳した個体がわずかに多くなる．したがって，半数が離乳している年齢は，ほぼ5.0歳ということができる．

ここで注目されるのは，哺乳している可能性があると判定された個体が13歳に2頭，15歳に1頭あることである．性別はいずれも雄であるが，これは性成熟した個体は離乳したと仮定

していることと，雄のほうが性成熟年齢が高いことに関係しているので，これだけから雄のほうが離乳年齢が高いと断定することはできない．しかし，北大西洋のヒレナガゴンドウでは最高7歳（雄，未成熟）と12歳（雌，妊娠）で胃のなかに乳をもっていた個体の記録がある（前述; Desportes and Mouritsen 1993）．性成熟後にも乳を飲む個体がどれほど一般的なものか興味深い．なお，大量の餌と混ざってしまった胃のなかの母乳を検出することは，肉眼的には困難である．これを補うために，マッコウクジラでは胃のなかの乳糖の存在が調べられた．天然の乳糖は，海洋中では母乳にしか含まれないので，胃のなかに乳糖があることは乳を飲んでいたと判断される（Best *et al.* 1984）．その結果，マッコウクジラの哺乳個体の最高年齢は雌7.5歳，雄13歳となった．マッコウクジラは母系社会を形成すること，高齢の雌は出産を停止すること，雄は雌よりも数年遅れて性成熟することなど，コビレゴンドウと似た生活史で知られている．はたして，コビレゴンドウも13-15歳でも乳を飲んでいる個体があるのだろうか．群れのなかの子どもの数と泌乳雌の対比だけからこれを断定することには無理がある．後述のように，サンプルに問題があってもこのような結果がもたらされる可能性がある．しかし，ヒレナガゴンドウやマッコウクジラの事例をみて，また，つぎに述べる更年期以後の長い泌乳期間から判断して，コビレゴンドウも性成熟近くまで乳を飲む例があり，雄のほうが離乳の完成が遅いらしいと私は考えている．

Kasuya and Marsh（1984）が上で用いた方法にはいくつかの問題がある．その第1は親子どちらかの捕りもらしである．追い込みの途中で親子をそろって置いてきぼりにしたのなら，この解析に関する限り問題は生じない．しかし，子どもだけを置いてきぼりにすれば，離乳年齢を過大評価する原因になるし，逆に母親だけを置いてきぼりにすれば過小評価の原因になる．たぶん，子どもだけを取り逃がす確率のほうが大きいであろうから，本手法は哺乳期間を過大評価する危険をはらんでいる．その危険を減ら

すために，図12.26の解析では良好な条件のもとで追い込みがなされて，漁業者が全数を追い込んだと確信している群れだけを用いている．コビレゴンドウの群れの多くはメンバーの数が50頭以下と比較的小さく，個体が密集して行動するので，捕りもらしは少ないものと推測している．

第2の問題は，1つの群れのなかでは子どもは年齢順に離乳するとの仮定である．これは明らかに根拠のない仮定であり，これに反する例があることは確かであろう．それは，後で述べるように，高齢の母親ほど泌乳期間が長い傾向が認められているためである．事実に反するこの仮定は，離乳年齢のばらつきを実際よりも小さく見積もる原因にはなるが，平均離乳年齢の推定には偏りを生じない．

第3の問題は，共同保育の可能性である．アフリカゾウやハイエナのように血縁の雌が一緒に生活する動物では，共同哺乳が行われることがある．自分の子どもばかりでなく，ほかの雌の産んだ子どもにも乳を与え，世話をする．このようにして乳をもらう個体も自分の血縁であるから，適応的意義があるとするのが進化学的な解釈である．このような事態がコビレゴンドウの社会で発生していても，自分の子どもも一緒に乳を飲んでいる限り，上の哺乳期間の推定には大きな問題はない．しかし，自分の子どもが離乳した後も，他者の子どもに乳をやっていたとすると，上の哺乳期間の推定は怪しくなる．この場合には，上の推定は授乳期間の指標として若干の意味をもつだけである．

第4の問題は出産していない雌が乳を出して，ほかの雌が産んだ子どもを養う可能性である．水族館で母親を失った子イルカを血縁のないハンドウイルカの雌と一緒にしておいたら，その雌が乳汁を分泌して授乳を始めたという観察がある（Ridgway et al. 1995）．コビレゴンドウでも，水族館で雌を子イルカと強制的に同居させればこのようなことが起こらないとは限らないが，野生の群れのなかには泌乳中の雌がたくさんいるので，現実には起こらないと考えられる．

［結論］マゴンドウの群れのなかの泌乳雌の数と性的に未成熟な個体の年齢を対比した結果，子どもが乳を飲む期間は短い個体で2-3年，長い個体で13-15年，平均5年程度であると推定される．かりに，この推定を疑うとしても，最後の出産の後，13年以上泌乳を続ける雌があることは疑えない．

老齢雌の泌乳

日本沿岸のコビレゴンドウの漁獲物をみると，妊娠は比較的若い個体に限られている．その上限年齢はマゴンドウでは35歳であり，タッパナガでは36歳である．このまま妊娠が進行すれば，彼女らは遅くとも翌年には出産するはずで，その後は排卵が止まり，妊娠が不可能になると考えられる（Kasuya and Marsh 1984; Marsh and Kasuya 1984; Kasuya and Tai 1993）．ところが，表12.11に示したマゴンドウの第12群には，この妊娠上限よりも高齢で乳を出している雌が3頭もいる．その最高齢は48歳である．ところが，この個体群では最高出産年齢は36歳であり，多くの雌はそれ以前に出産を終了することが年齢組成から明らかにされている（後述）．この事実からも，第12群の48歳の雌は，最後の出産をしてから少なくとも12年は泌乳していたと推論できる．これは，先ほど同じ標本を別の方法で解析して得た「この群れには13年間も泌乳してきた雌がいる」という結論と整合する．このような事実は，コビレゴンドウの泌乳期間はときにはきわめて長く続くという推論を支持するものである．

それでは，繁殖停止年齢以後も泌乳している雌はほかの群れにもいるのだろうか．その結果をKasuya and Marsh（1984）から要約して表12.12に示した．表12.12と図12.26は共通のデータにもとづくもので，群れの配置の順序も同じである．この作業はつぎのようにして行った．まず，マゴンドウにおいては最高齢の妊娠雌は35歳であったので，これ以上の年齢の泌乳雌をピックアップした（表の①欄）．その年齢から35年を差し引いて最低泌乳期間とした（表の③欄，原著では36年でなく35年を使用

表 12.12 マゴンドウの高齢泌乳雌（>35歳）と最後の出産年齢，その推定根拠となった子の年齢．(Kasuya and Marsh 1984 より再構成したもので結論は変わらない)

群（番号）	高齢泌乳雌年齢 ①	最後出産年齢 ②=①－④	最低泌乳期間 ③=①－35	高齢哺乳子[1] ④
17	47	37	12	10 (♂)
24	50	36	15	14 (♂)
13	42	37	7	5 (♂)
	40	35	5	5 (♂)
10	37	—	2	4-8
16	43	36	8	7 (♂)
12	48	35	14	>13 ((♂)
	43	30	8	>13 ((♂)
	42	34	7	8 (♀)
	36	29	1	7 (♀)
9	45	—	10	
	41	—	6	

1) 高齢哺乳子の年齢は，群れのなかの泌乳雌の数と同じ群れのなかの未成熟個体の年齢組成とから最高齢の哺乳候補を選び出した．

しているので，そのまま使用した）．この方法では，かりにある雌が30歳で最後の出産をして，その後，ずっと泌乳していたとしても，30歳から35歳までの泌乳は無視されることになる．つぎに，これとは別に前項で使った方法で，これらの雌の子で乳を飲んでいる可能性のある最高齢の個体を選び出した（表の④欄）．その子どもの年齢をこの泌乳中の母親の年齢から差し引いて，その母親が最後に出産したときの年齢を推定した（表の②欄）．

第18群と22群には泌乳雌が1頭もいなかったので，これらは表12.12から除外した．また，第7，14，15の各群には35歳以上の泌乳雌がいなかったので，これらも表に含めなかった．これらの群れでは，子どもは比較的若くて離乳しており，長期哺乳個体はいなかったらしい．逆に，長期の哺乳と推定された個体が検出された群れには，高齢泌乳個体が見出される傾向がある（第10，12，13，16の各群）．表12.12のなかで最高齢の泌乳雌は50歳であり，最低泌乳期間は15年，その子と推定される子は雄で14歳であった．これらの年齢は歯の成長層を数えて行うものであるから，多少の誤差は避けがたいことを考えれば，その一致はきわめてよいことがわかろう．これらの事実は，高齢の雌は末子に長期間にわたって授乳する傾向があることを示すもので，長期にわたる親子の結びつきを示唆するものとして興味深い．

［結論］マゴンドウの雌は最後の出産をした後，ときには10-15年の長期にわたって泌乳を続けることがある．

（5）繁殖周期

鯨類の繁殖については，飼育の容易な種類についてよく調べられている（Schroeder and Keller 1990; Asper et al. 1992; Robeck et al. 1993）．鯨類の雌は交尾期がくると排卵をする．雄がいれば交尾をして妊娠にいたるが，妊娠しなければ排卵を繰り返す．このように交尾の刺激なしで行われる排卵を自発排卵と呼び，鯨類では一般的な排卵であるとされている．排卵は子どもを離乳した後でなされるのが普通であるが，ときには泌乳の末期あるいは出産直後になされて妊娠にいたることもある．イシイルカのように出産後まもなく排卵して，育児中に妊娠するのが普通という種もある．排卵の後で妊娠にいたらない場合には，1つの交尾期のなかで数回の排卵が繰り返されることもある．そのときの排卵間隔（発情周期）は，シャチでは平均42日（Robeck et al. 1993），ハンドウイルカでは27日であった（Schroeder and Keller 1990）．

米国のシーワールドのシャチでは，一連の排卵シリーズで妊娠しなかったときに，つぎの排卵シリーズが始まるまでの間隔は4-12カ月と

表 12.13 マゴンドウの成熟雌の年齢と性状態の関係（1974-1984 年の標本で，1 年のうちの 9 カ月をカバーしている）．カッコ内は％．(Kasuya and Tai 1993)

年 齢	妊 娠	妊娠・泌乳	泌 乳	休 止	合 計
5.5-14.5	38 (60.3)	2 (3.2)	11 (17.5)	12 (19.0)	63 (100)
15.5-24.5	41 (43.2)	1 (1.1)	33 (34.7)	20 (21.1)	95 (100)
25.5-34.5	23 (25.6)	2 (2.2)	34 (37.8)	31 (34.4)	90 (100)
35.5-44.5	1 (1.6)	0	14 (15.6)	49 (54.4)	64 (100)
45.5-54.5	0	0	6 (19.4)	25 (80.6)	31 (100)
55.5-64.5	0	0	0	7 (100)	7 (100)
年齢不明	9 (25.7)	0	13 (37.1)	13 (37.1)	35 (100)
合計	112 (29.1)	5 (1.3)	111 (28.8)	157 (40.8)	385 (100)

まちまちであった（Asper et al. 1992）．このシャチの場合には，飼育者の手で早めに離乳させられているので，自然状態での泌乳期間を示すものではないし，それらの個体から得られた出産間隔（平均 35 カ月であった）も人為操作の影響を受けているとみるべきである．

飼育下のシャチでは雌の性状態や発情の有無にかかわらず交尾が可能で，妊娠中の雌も交尾を受け入れたという記述もあるが（Asper et al. 1992），大部分の交尾は排卵の前後合わせて 72 時間以内（Robeck et al. 1993），あるいは 5-10 日の範囲（Asper et al. 1992）に起こったとも報告されている．非発情期にも雄を受け入れることはコビレゴンドウでも確認されており，鯨類の繁殖生態や社会の仕組みを考えるうえで非常に興味ある事実である．これについては別の項でふれるが，水族館という閉鎖的で配偶も限定された特殊な環境下での性行動については，解釈は慎重でなければならない．

繁殖の季節についてはアメリカの水族館でハンドウイルカの発情の 70％ が 1 年の 42％ の期間（7-11 月）に起こり（Schroeder and Keller 1990），シャチでは 2-8 月に多かったということであり（Asper et al. 1992），水族館に収容された後でも，野生生活のときの繁殖の季節性が維持されていることが知られている．これについてはハンドウイルカの項でもふれた（第 11 章）．

マゴンドウの繁殖周期

Kasuya and Tai（1993）は，伊豆半島沿岸と和歌山県太地の追い込み漁業で捕獲されたマゴンドウ（1974-1984 年）と三陸沿岸で小型捕鯨業によって捕獲されたタッパナガ（1983-1988 年）の成熟雌の性状態組成を報告している（表 12.13，表 12.14）．これまで多くの研究者は，このような性状態組成から雌の繁殖周期を解析しようと努力してきた．そのためには，標本のなかの各性状態の雌の頭数は彼女らがその性状態に置かれる平均時間に比例するという仮定が成立しなければならない．たとえば，妊娠期間が 14 カ月で，泌乳が 12 カ月，休止期間（成熟雌の繁殖周期のなかで妊娠も泌乳もしていない期間）が 10 カ月である集団があったとする．簡単のために，泌乳中には妊娠しないとすると，1 つの妊娠からつぎの妊娠までの平均の期間，すなわち雌の平均繁殖周期は 36 カ月，すなわち 3 年である．年平均妊娠率は雌が 1 年間に妊娠する確率であるから，平均繁殖周期の逆数で 33.3％ となる．繁殖活動は季節とはまったく無関係で進行し，10 カ月の休止期間をすませると，雌はすぐに排卵・受胎し，14 カ月後に分娩すると仮定しよう．個体群のなかの妊娠雌，泌乳雌，休止雌の頭数比は 1 年中いつも 14：12：10 になるはずである．成熟雌のサンプルのなかの妊娠雌の割合を見かけの妊娠率という．この場合は 14/36 であり，38.9％ と表示してもよい．年間妊娠率は ［見かけの妊娠率］/［妊娠期間（年）］，あるいは平均繁殖周期（年）の逆数で，33.3％ となる．妊娠期間がわかっていれば，サンプルの組成から泌乳期間や休止期間を推定することが可能となる．上の例でも，性状態によるすみわけが原因で特定の性状態の雌が入手しにくい場合には，問題が発生

表 12.14 タッパナガの成熟雌の年齢と性状態の関係（10-11月の標本）．カッコ内は％．年齢既知は1983-1985年標本，年齢不明はおもに1986年および1988年標本．(Kasuya and Tai 1993)

年　齢	妊　娠	妊娠・泌乳	泌　乳	休　止	合　計
5.5-14.5	5 (41.7)	2 (16.7)	3 (25.0)	2 (16.7)	12 (100)
15.5-24.5	14 (20.9)	4 (7.4)	26 (41.8)	10 (18.5)	54 (100)
25.5-34.5	12 (22.2)	6 (11.1)	21 (38.9)	15 (27.8)	54 (100)
35.5-44.5	2 (12.5)	0	1 (6.3)	13 (81.3)	16 (100)
45.5-54.5	0	0	0	8 (100)	8 (100)
55.5-64.5	0	0	0	2 (100)	2 (100)
年齢不明	7 (15.6)	2 (4.4)	24 (53.3)	11 (24.4)	45 (100)
合計	40 (20.9)	14 (7.3)	65 (34.0)	61 (31.9)	191 (100)

する．さらに現実問題として，受胎や出産が特定の季節に偏っているうえに，標本が入手できる季節が限定されているのが普通であるから，正しい繁殖周期を推定することには困難がともなうことが多い．

　哺乳類の繁殖活動は，多かれ少なかれ季節に左右されているのが普通である．そこで受胎と分娩が特定の狭い季節に起こる場合を仮定してみる．かりに，受胎は正確に毎年1月に起こり，分娩は3月に起こるとすると，この場合には季節によって雌の性状態組成が大幅に変化する．このような個体群から標本を2月に捕ると，そこには去年の1月に受胎して今年の3月に分娩しようとしている大きな胎児をもつ雌と，今年の1月に受胎した小さい胎児をもつ雌が同数ずつ含まれて，見かけの妊娠率は年間妊娠率の2倍になる．ところが，4-12月に得た標本では妊娠雌は半減して，年間妊娠率と見かけの妊娠率が一致する．しかし，同様の理由で泌乳雌や休止雌の数も季節的に変動するので，特定の狭い季節に採取した標本から雌の繁殖周期を推定することは不可能となる．どうすればこの問題を解決できるか．それは，季節的に偏りのない標本を入手することである．たとえば，同じ大きさの標本を毎月採取し，これを12カ月続けることで問題が回避できるかもしれない．

　ところで，マゴンドウの出産の分布はピークが7-8月にあり，標準偏差が73日である（Kasuya and Marsh 1984）．すなわちピークを中心として前後合計9.4カ月のなかに，95%の出産が散らばっているのである．ただし，この推定の基礎になったサンプル自体が計画的に得られたものではないから，なんらかの偏りを含んでいる恐れがある．いま，この出産分布を妊娠期間である14.9カ月前にずらすと，月々の受胎の分布が得られる．それと出産数との差として，月ごとの妊娠個体の総数が計算される．それによると，年間妊娠率を1とすると，見かけの妊娠率は11-12月に1.062と最低を示し，5-6月には最高の1.443となると推測される．図12.23と表12.13に用いたマゴンドウの標本は，いずれでも1年のうちの3,4,9月の3カ月が欠けている．それ以外の月でもサンプルサイズはまちまちである．さらに，タッパナガの漁期は9-11月に限られている（表12.14）．また，どちらのサンプルも，その分布範囲からみればきわめて限られた沿岸の一部地域で採取されたものである．このような状況の下で得られた標本が，はたして代表性のあるものか否か疑わしい．

　コビレゴンドウの雌では，母親が殺されるときの苦悶で，胎児が体外に娩出されることがある．このような事例はマゴンドウでもタッパナガでも認められ，とくに妊娠初期に多いらしい．そのような原因により性状態を誤って判定することを避けるためには，子宮内膜の組織学的な検査をすることが望ましい．マゴンドウでは一部について使われたにすぎないが（Kasuya and Marsh 1984），タッパナガでは必要なすべての雌について子宮内膜の組織学的な検査がなされてきた．その結果，タッパナガの場合には，胚の長さが1.5mm（表12.18）あるいは2.3cm（Kasuya and Tai 1993）のごく初期の妊娠でも，子宮内膜に妊娠雌に特有の血管網の発達

がみられた．このように子宮内膜の血管網の発達は微小な胎児の段階でも認められるので，初期の妊娠の判定にはきわめて有効である．これに続いて絨毛組織の著しい発達が起こる．

それでは漁獲物のなかの雌の性状態組成を眺めてみよう．マゴンドウでは妊娠112頭（29%），妊娠かつ泌乳5頭（1%），泌乳111頭（29%），休止157頭（41%）であった．すなわち，妊娠している雌117頭に対する比率をみると，泌乳中妊娠0.0427，たんなる泌乳0.9487，休止1.3419である．妊娠期間を14.9カ月として，ほかの性状態の平均的な長さを機械的に計算すると，妊娠かつ泌乳0.64月，泌乳14.14月，休止19.99月となり，平均繁殖周期は49.7月，すなわち4.14年となる．総泌乳期間は14.8カ月で，群れ構造の解析から推定した値に比べていかにも短いという印象を与える．

そこで，Kasuya and Marsh（1984）は月ごとにサンプル中の見かけの妊娠率を算出し，それと月ごとの見かけの妊娠率の理論値との相関をみたところ，両者の間には相関が認められなかった．サンプルサイズが小さくて見かけの妊娠率の精度が悪いのか，サンプルに偏りがあるのか，繁殖の季節性の推定が誤っているか，これらの原因のなかでなにが効いているのかはわからない．また，サンプルのなかの胎児の数は，生後14.9カ月以内と推定される子どもの数の3分の1にすぎなかった．その後に得られたサンプルを補充しても，その比率は2.5分の1程度であり（粕谷1990; Kasuya and Tai 1993），マゴンドウのサンプルの雌の性状態組成には，なにか重大な偏りがあることが推定される．その可能性として，①新生児の死亡率が異常に高い，②追い込みに際して幼児を洋上に置き去りにした，③サンプルには泌乳雌が過少である，④新生児の年齢を過大推定している，⑤調査期間中に妊娠率が急増した，などの可能性を検討した．しかし，どの場合にもデータのなかに矛盾が生じ，単一の要因では過剰な妊娠雌の存在を説明できなかった（複合要因の影響を検討しなかったのはこの研究の弱点である）．そこで，太地周辺の追い込み漁業では，なんらかの理由

で妊娠雌を多く含んだ群れが捕獲されたとして，その補正のために妊娠個体の数を観察値の0.315倍（Kasuya and Marsh 1984）あるいは0.405倍（Kasuya and Tai 1993）せざるをえなかった．彼らは，それに妊娠期間（14.9カ月）の補正値として0.805を乗じたのである．このような大きな補正をほどこして得た繁殖周期の推定値が，はたしてどこまで信用できるのか疑わしい点があるが，Kasuya and Tai（1993）は，このようにして，マゴンドウの雌（全成熟雌）の年間妊娠率を12.8%，平均出産間隔を7.83年と推定している．ここには，更年期以後の雌で繁殖活動をやめた雌も算入されていることを記憶する必要がある．若い雌の平均出産間隔はもっと短い（表12.5）．年齢ごとの妊娠率を年齢で積分すると，天寿を全うした1頭の雌が一生の間に産む子どもの数が計算される．その値はマゴンドウでは4-5頭とされている（Kasuya and Marsh 1984）．

バンクーバー島周辺の沿岸性のシャチの個体群（resident population）では写真判定で個体の行動が観察されているが，その出産間隔は2-12年（平均5.3年）であり，40歳で繁殖を終えるまでに5-6頭を出産するとされている（Olesiuk et al. 1990）．この数値はマゴンドウの推定値とほぼ一致する．

タッパナガの繁殖周期

タッパナガの成熟雌の性状態組成については，1983-1986年，1988年の5漁期のデータが公表されている（Kasuya and Tai 1993）．日本の小型捕鯨業者は1982年に，ほぼ25年ぶりに三陸沖のコビレゴンドウ（タッパナガ個体群）の捕獲を再開した．これによってマゴンドウとタッパナガの外部形態のちがいが理解され，その保全生物学的な研究が始められた．本書であつかっているのは，そのころのデータである．日本政府は1986年7月に国際捕鯨委員会の決定を受け入れて，南極海では1986/87年漁期，北太平洋では1987/88年漁期を最後に，商業捕鯨を停止することを決定した．小型捕鯨業者は1988年夏の漁期からミンククジラの捕獲が禁

止されることを予測し，そのショックを和らげるために，彼らは1987年のタッパナガ操業を休止し，その捕獲枠50頭を翌1988年に繰り越した．1987年秋にタッパナガの捕獲がなかったのはそのためである．

標本中の雌の組成から繁殖周期を推定するためには，出生体長，妊娠期間，繁殖期などの理解が必要であるが，タッパナガの標本の季節は10-11月の2カ月に限られているため，その推定は困難であった．まず，タッパナガの雌はマゴンドウの雌よりも平均1mほど体が大きいので，出生体長も大きいと考えなければならない．そこで，Ksuya and Tai（1993）は平均出生体長（Y, m）と雌の平均性成熟体長（X, m）の間には，$Y=0.523X^{0.916}$ という種間関係がOhsumi（1966）によって得られていることに着目して，雌の性成熟体長の3.9-4.0 mを代入し，出生体長として1.85-1.89 mを得た．さらに，彼らはマゴンドウの例から判断して，この方法は出生体長をやや過大に評価する傾向があるとして，タッパナガの平均出生体長は1.85 m程度であろうと推定した（前述）．これはマゴンドウの値よりも約45 cm大きい値である．

つぎに，タッパナガの見かけの妊娠率をみよう．1983-1988年の5漁期の標本191頭の組成は，妊娠40頭（21%），妊娠中泌乳14頭（7%），泌乳66頭（34%），休止61頭（32%）であった．妊娠の確認については前に述べたが，この漁業の場合には胎児の確認に問題がある．妊娠雌と判定された54頭のうち，胎児の体長が得られたのは32頭，60%弱にすぎない．これは，漁場から沿岸根拠地まで鯨の死体を持ち帰るときに，腹を開いて海水で冷却を図ることに原因がある．ナガスクジラのような大型ひげ鯨類の体温は36-37℃である．大村ら（1942）によれば，死後2-3時間後に37-38℃であった体温が，24時間後には40-41℃となり，肉の劣化が急速に進行する．コビレゴンドウにはそのようなデータがないが，死後数時間経つと，内臓に近い筋肉は赤茶けて劣化してしまう．そのため，漁業者は海中を曳航する場合でも，甲板に引き上げて帰港する場合でも，速やかに開腹して海水を注入して冷却を図る．このときに胎児が流されたり，捨てられたりする．受胎したての小さい胎児よりも臨月に近い大きな胎児のほうが，このようにして失われる確率が大きく，理解のある漁業者に頼んでは特別に持ち帰ってもらう以外には，大型胎児を入手する可能性はほとんどなかった．

得られた32頭の胎児の体長範囲は2.3-180 cmの範囲にあった．これは，先に推定した平均出生体長185 cmからみてもほぼ妥当であるが，漁業はつねに大きい個体を捕獲することに努めるため，生まれてまもない個体が捕獲されることがなく，信頼できる出生体長の推定は今後の機会に待たなければならない．胎児の体長は20 cm以下が24頭，150 cm以上が6頭で，その中間には7頭が散らばっていた．歯鯨類の胎児の成長速度からみて，小さい胎児の山は今年の繁殖期を示し，大きい胎児の山は昨年の交尾期を代表しているものと理解され，2つの山の距離を時間に換算すると約10カ月となった（前述）．つまり，去年の交尾期が終わり，今年のそれが始まるまでの時間は9.6カ月程度だというのが1つの推定である．そう仮定すると，コビレゴンドウの妊娠期間は1年ないしそれ以上という常識にもよく合う．いまの段階では，タッパナガもマゴンドウも妊娠期間は15カ月程度であると考えてよいと思われる（前述）．その確認には飼育下での観察が有望である．この方法によれば，少数例からも精度のよい推定が得られる．

上のような予備知識を念頭において，1983年からの5漁期に得られたタッパナガのデータを眺めてみよう．この期間に小型捕鯨船が捕獲して，研究者が調査できた性成熟雌191頭のうち，妊娠していた雌は54頭で，そのうちの14頭（妊娠雌の25.9%）は妊娠と同時に泌乳もしていた．この値は，マゴンドウにおける4.3%（妊娠117頭中，泌乳は5頭）と比べて高率である．さらにタッパナガの胎児の体長組成を，泌乳兼妊娠の雌14頭とただの妊娠の雌40頭とで比べてみると，前者では10頭の胎児はすべ

表 12.15 コビレゴンドウの2つの地方型（マゴンドウとタッパナガ）の繁殖周期の比較．標本の組成を妊娠個体の季節変動で補正して推定．(Kasuya and Tai 1993)

個体群	マゴンドウ[1]	タッパナガ[2]
繁殖上限年齢	36 歳	37 歳
平均出産間隔，全成熟雌	7.83 年	5.1-7.1 年
同上，繁殖上限年齢以下[3]	5.21 年	4.5-5.7 年
内訳[3] 妊娠	1.10 年	0.92 年
妊娠かつ泌乳	0.13 年	0.33 年
泌乳	2.23 年	2.00-2.78 年
休止	1.75 年	1.20-1.67 年

1) 1974-1984 年標本による．
2) 年齢情報を含む計算は 1983-1985 年標本，それ以外は 1983-1988 年標本による．
3) 繁殖上限年齢未満の個体を用いて算出．したがって，それ以上の年齢で泌乳している個体は泌乳期間に考慮されていない．

て体長 59 cm 以下であったのに対して，後者では 10 cm 以下から 180 cm までの全域にわたっていた．そのうち，59 cm 以下の胎児をもっていたのは 11 頭であった．つまり，今年の夏から秋にかけて妊娠した雌のうち，少なくとも半数は受胎時に泌乳していたことがわかる．遅くともこの胎児が 150 cm に達するまでには，すなわち翌年の秋までには，この雌は泌乳をやめるであろうということも理解される．いいかえれば，タッパナガの雌は交尾期（8-11 月）の前半に妊娠する雌についてみると，その半数以上は授乳の末期にあり，遅くとも翌年の秋（10-11 月）までには泌乳をやめていることになる．泌乳中に妊娠する雌の比率はマゴンドウよりもタッパナガのほうが高いらしいが，この点についてはくわしいことがわからない．

マゴンドウの妊娠期間の推定値 14.9 カ月を，彼らの受胎季節の分布にあてはめると，見かけの妊娠率は年間妊娠率の 1.062-1.443 倍の間を変動すると計算された（前述；Kasuya and Marsh 1984）．見かけの妊娠率が最高となるのは交尾期終了後で，出産期の始まる前の時期である．また，繁殖の季節性が明瞭な個体群ほどその最高値は高いはずである．交尾期と出産期がまったく重ならなければ，前の例で示したように最高値は 2 になるはずである．前に述べたように，タッパナガでは受胎の盛期はおそらく 8-1 月の 5-6 カ月で，マゴンドウよりも短いらしい．それは胎児の体長組成のピークがマゴンドウよりも明瞭であることに現れている．Kasuya and Tai（1993）が解析した標本が得られた季節は交尾期の最中で，出産期が始まったばかりでもあるから，見かけの妊娠率は最高に近いはずである．したがって，見かけの妊娠率は真の妊娠率の 1.443 倍（マゴンドウの最大値）ないし 2 倍（理論的に可能な最大値）との間にあると考えられる．

これを使ってタッパナガの平均繁殖周期を範囲推定することができる．それは標本の雌の性状態組成から見かけの妊娠率を算出し，それを上の値で補正する方法であり，つぎのような結果が得られた．すなわちタッパナガの平均年間妊娠率は 0.141（＝54/191/2）と 0.196（＝54/191/1.443）の間にあるとの推定である（Kasuya and Tai 1993）．平均出産間隔は，この逆数として 5.1-7.1 年と推定される．この値とマゴンドウの値 7.83 年とのちがいはわずかである．データが抱えているさまざまな問題を考えれば，このわずかなちがいをもとに，タッパナガとマゴンドウの平均出産間隔に差があると結論すべきではない．同様の方法で平均繁殖周期を計算すると表 12.15 のようになる．コビレゴンドウの繁殖周期の推定としては，現在これしかない．

（6）老齢期の存在を示す証拠

日本沿岸のコビレゴンドウの 2 つの個体群について，雌の組成をもう 1 度眺めてみよう．サ

ンプル中の最高齢の雌は，マゴンドウでは62.5歳と査定され，タッパナガでは61.5歳と査定された．ヒトに使われる表示方式で，本書のほかの場所でもしばしば使われた表示方式にしたがえば，それぞれ62歳，61歳となる（以下では特記しない限り，後の表示方法を用いる）．同じサンプルのなかで妊娠している雌の最高年齢はそれぞれ35歳と36歳であった（Kasuya and Tai 1993）．この2例の雌が無事に出産を迎えるか否かは不明であるが，かりに出産するとすれば，そのときの年齢は最大でも36-37歳となる．コビレゴンドウの雌は7-12歳で性成熟して繁殖活動に入り，遅くとも36-37歳までに繁殖を終えると理解される．しかし，その後で彼女らは最高25年もの老齢期を生きるのである．年齢が35歳以上の雌は妊娠する可能性がほとんどない個体である．このような雌の数は，全成熟雌の18％（タッパナガ）あるいは29％（マゴンドウ）という高い比率を占めている（表12.13，表12.14）．これに似た生態で知られているのがヒトの女性である．ヒトは12-16歳で初潮をみてから（初潮即排卵開始とは限らないが），放置すれば40-55歳まで出産を繰り返し，その後は80-90歳で天寿を全うするまで三十余年もの老齢期を生きる．繁殖活動期から老齢期への移行期が更年期である．一部の霊長類では繁殖活動期に月経という特徴的な生理現象があるので，更年期は閉経期とも呼ばれる．鯨類に対して閉経期（menopause）という言葉を使う者があるが，鯨類に月経があると誤解してはならない．

コビレゴンドウの雌が年齢の増加にともなってみせるこのような繁殖機能の変化は，はたしてヒトの老齢期と同じものなのだろうか．これについては，マゴンドウについてくわしく調べられている（Marsh and Kasuya 1984）．まず，年齢と繁殖活動の変化の様子を示した表12.13と表12.14を再び眺めてみよう．最初の排卵をもって性成熟とする定義と，鯨類では最初の排卵で妊娠する例が多いことの影響で，成熟しての5-14歳級では妊娠雌の比率が高く，泌乳や休止雌の比率が低めになるのは当然のことである．その後，年齢の増加にともなって妊娠雌の比率が急速に低下する．なかでも15-24歳級から25-34歳級にかけて，見かけの妊娠率が早くも低下傾向をみせることは注目される．このような傾向は，すべての雌でそろって繁殖能力が徐々に低下する場合にも，繁殖停止個体の年齢に広い個体差がある場合にも起こることであり，両者を区別するには個々の卵巣のデータが必要となる（後述）．泌乳個体の比率の増加はこれよりも少し遅れて現れる．休止個体の比率は年齢の増加にともなって着実に増加する．これらの現象は，出産能力の低下にともない，その分の努力が泌乳に向けられることを示している．高齢個体では泌乳期間が長くなる傾向があることはすでに述べた．35歳を超えた老齢雌の役割については後でふれる．

つぎに，胎児の着床の成功・不成功の確率が高齢個体で低下することをマゴンドウで確かめる．鯨類は交尾の有無には関係なく排卵し，卵巣に黄体を形成する．卵子が受精して子宮に着床すれば，黄体は妊娠期間中その大きさを維持する（後述）．これが妊娠黄体である．もしも受精や着床に失敗すれば，黄体は退縮して白体となる．白体は雌の卵巣のなかに終生残る．マゴンドウでは，妊娠黄体の直径は40 mm前後である．出産の後で黄体が白体に変化し，しだいに退縮して最終段階にいたったとき，その大きさは5-6 mmであり，なかには4 mm程度まで小さくなっているものもある（Marsh and Kasuya 1984）．また，排卵しなかったグラーフ濾胞が妊娠中に黄体化して形成される付属黄体（accessory corpus luteum）は，鯨類ではまれにしか形成されないことと，かりに形成されても，それには排卵痕がないという特徴から，排卵に起因する黄体とは容易に区別される．このため，卵巣中の白体と黄体を数えれば，その雌が過去に何回排卵したかがわかると信じられている．しかし，妊娠や出産の回数はわからない．卵巣に黄体があっても胎児が認められない場合には，その黄体は排卵黄体と呼ばれて妊娠黄体とは区別される（Marsh and Kasuya 1984）．ただし，胚が肉眼で認められる大きさ

表 12.16 卵巣中に黄体を有するマゴンドウの雌につき，それが妊娠黄体であるか排卵黄体であるかを子宮所見から判定し，両者の出現比率と年齢との関係をみる．(Marsh and Kasuya 1984)

年齢	19歳以下	20歳以上	合計
排卵黄体をもつ雌	2頭（4%）	13頭（31%）	15頭
妊娠黄体をもつ雌	44頭（96%）	29頭（69%）	73頭
合計	46頭（100%）	42頭（100%）	88頭

に生育する以前に黄体は形成されているし，着床に失敗した後でも，ある期間は黄体として認識される可能性があるので，排卵黄体と妊娠黄体の判別には若干の不明確さが残るのはやむをえない．

排卵黄体と妊娠黄体の出現比率が年齢でどのように変化するかを表12.16に示した．19歳以下の個体では96%の黄体が妊娠にともなうものであったが，20歳以上ではそれは69%に低下した．年齢増加にともなって排卵黄体の比率が増加し，妊娠黄体の比率が低下するこの傾向は統計的に有意であった．この場合に，高齢の雌は雄に好まれないために，受精の機会が少ないという擬人的な解釈は，本種の場合にはありえない．本種の雌では，年齢や発情に無関係な交尾が頻繁に行われていることが，子宮内精子の検査によって確認されているのである（後述）．表12.16で排卵黄体とされたものの多くは受精に失敗したか，あるいは受精卵が着床にいたらなかったために，白体に向けて退縮する途上にあるものとみるべきである．なぜ着床しなかったのか．その究明はなされていないが，加齢にともなう子宮の機能低下や母体の生理機能の変化に関係するものと思われる．

マゴンドウの雌では，高齢になると排卵しても妊娠しない例が増えることがわかった．では，排卵の頻度はどうなのだろうか．図12.27では年齢（横軸）に対して個体ごとの黄体と白体の合計数（縦軸）をプロットしてある．雌の成熟年齢には個体差が大きいし，成熟した後も出産周期や排卵周期の個体差のために，点がばらつくのはやむをえない．図では10-20歳の若いときには黄白体の蓄積速度が速く，その排卵率は年0.5回前後であることがわかる．この後，排卵率はしだいに低下し，グラフの勾配は緩やかになり，40歳以上ではほとんど水平になってしまう，つまり高齢では排卵が停止するようにみえる．実線の曲線の傾きはおおよその年間排卵率を示しており，左上の隅にはこの式から計算した年間排卵率が示してある．しかし，この曲線は変化の傾向を示すために勝手に適当な数式をあてはめてみたものであり，この式が黄・白体数の蓄積傾向を正しく示しているという根拠があるわけではないので，式を過信するのは危険である．式は10歳前後の個体に対しても，40歳以上の老齢個体に対しても適合が悪い．

加齢にともなう排卵停止の背景をもう少しくわしくみるために，Marsh and Kasuya (1984)は，雌のマゴンドウ245頭について白体を肉眼的所見にもとづいて，新，中，古の3段階に分類し，それらの組成が高齢個体でどのように変化するかを解析した．また，同時に肉眼的に計測可能な大きさ（直径1mm以上とした）のグラーフ濾胞の有無と年齢との関係も検討した．その結果，妊娠黄体の直径は30.4-47.5mm（平均37.6mm）であり，妊娠中そのサイズが維持されることがわかった．白体については，若い白体の直径は8.5-28.5mm（平均15.2mm），中位の白体で5.5-16.5mm（平均10.4mm），古い白体で2.5-12mm（平均6.4mm）であり，サイズだけでは新旧を決めることはできないとした．その判別には黄体色素の退色や，残存する黄体組織の量を評価する必要があった．古い白体は退縮の最終段階に達したと判断される白体である．出産後に黄体が退縮する速度については，若い雌では2年間で古い白体まで退縮した例が認められるが，高齢の雌や妊娠中の雌では退縮速度が緩やかになるとされている．たとえば，排卵黄体の存在によって最近排卵したと認められる雌は39歳以下にしか出現して

470　第12章　コビレゴンドウ

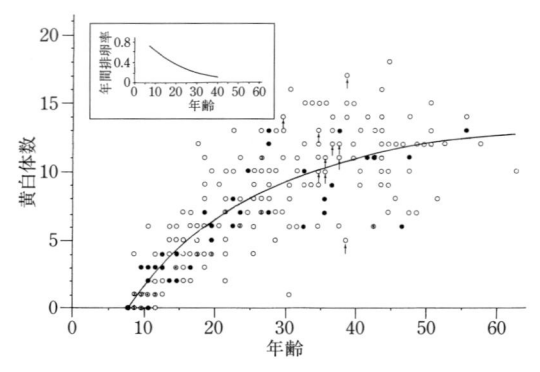

図 12.27　マゴンドウにおける黄・白体数（生時の総排卵回数）と年齢との関係．白丸は1頭，黒丸は2頭，白丸のなかの数字は3頭以上の頭数を示す．矢印は卵巣所見より繁殖を停止したと判定された年齢40歳以下の老齢雌（40歳以上の雌はすべて老齢雌と判断される）．曲線はこれらデータにあてはめた式 $Y=13.39-19.65(0.95)^X$．この式から計算した年齢と年間排卵率の関係を挿入図に示す．(Marsh and Kasuya 1984)

いないにもかかわらず，55歳でも中位の白体をもつ雌がみられたことは，高齢では退縮速度が緩やかになることを示すものである．

ところで，Marsh and Kasuya (1984) が調べたマゴンドウでは，古い白体しかもたず，1 mm 以上に発達した濾胞もない例が年齢28歳以上の雌のなかに認められた．このような雌は，最近2年間ないしはそれ以上の期間に排卵したことがなく，現在も排卵に備えた活動をしていないと理解される．したがって，年齢28歳を過ぎた雌の一部には，すでに繁殖活動を停止した個体があるとみることができる．一方，若い白体ないしは中位の白体をもっていた雌は近ごろ繁殖活動をしていたことを示しているが，このような雌は年齢40歳までに限られていた．すなわち，マゴンドウの卵巣所見では排卵を停止したと判断するに足る証拠をもつ雌は28歳から出現し，40歳以上ではすべてそのような雌で占められていたのである．この判定基準自体が，最後の排卵からおそらく2年あるいはそれ以上経過しないと機能しないという偏りをもつものではあるが，組織学的な検索による白体の分類自体があまり厳密なものではないということを念頭に置きつつ，上の事実からとりあえずつぎの2つの結論を導くことができる．第1はマゴンドウの雌が更年期に入る年齢には個体差が大きく，13年以上の幅があることである．第2はマゴンドウの雌が最後の排卵をする年齢は，早い個体では26歳であり，遅い個体でも39歳であることである．つぎに，この結論を卵巣中の原始卵胞の解析と比べてみよう．

多くの哺乳類では，卵母細胞の形成は胎児期に終わり，それらは原始卵胞と呼ばれる1層の細胞層に囲まれて，つぎの段階への発育を開始する機会を待ち続ける．春機発動期になると，原始卵胞のいくつかが発育を始める．周囲の細胞層は複層となり，内腔も拡大し，水泡として卵巣の表面から肉眼でも認められるようになる．これがグラーフ濾胞であり，たんに濾胞とも呼ばれる．ある段階にまで成長すると濾胞が破れて排卵が起こり，卵が受精すれば妊娠へと進む．多くの濾胞は排卵にいたらないで途中で退行する．ヒトでは胎児期に700万個ある卵母細胞は閉経時にはその 1-2% にまで減少する．ヒトでは一生の間に排卵される卵はわずかに 400-500 個であるから，大部分は退行によって失われるわけである．卵巣中の黄・白体数の最大記録は，コビレゴンドウでは18個 (Marsh and Kasuya 1984)，スジイルカでは22個 (Miyazaki 1984) であった．これは1頭の雌が一生の間に排卵した回数である．排卵時の濾胞の直径は正確には推定されていない（後述）．

もしも，高齢のコビレゴンドウで原始卵胞が欠乏していることが確認されれば，繁殖の停止が老齢によるものであることが確実となる．スジイルカでは左側の卵巣が早く排卵を始め，ある時期から右側の卵巣も排卵するようになる (Ohsumi 1964)．このような種では，左右どちらの卵巣をみるかによって結果が異なる恐れがある．しかし，コビレゴンドウでは卵巣が排卵を始める時期には左右でちがいはないし，観察された排卵の 61% が左側の卵巣から行われており，その差は統計的に有意ではあるものの，左右のちがいはわずかであった．そこで，左右どちらかの卵巣の一部を切り出して顕微鏡標本とし，視野面積が $2.7\,\mathrm{mm}^2$ の顕微鏡で10視野を任意に選んで，そのなかの原始卵胞の数を数

表 12.17 マゴンドウの雌 30 頭について原始卵胞の密度と年齢の関係をみる．(Marsh and Kasuya 1984)

年　齢	頭　数	原始卵胞/10 視野
4-14	4	>50
15-27	10	10-50
35, 40	2	10-50
29, 38	2	<2
40-62	12	<2

えて相対的な密度指標とし，年齢との関係を解析した（Marsh and Kasuya 1984）．

そのための標本としては30頭の雌（4-62歳）を任意に選んだ（表12.17）．そのうちの2頭は未成熟で年齢は4歳であった．ほかの28頭は成熟していて，休止ないしは泌乳中であった．未成熟も含めて年齢14歳以下の4頭では，原始卵胞の密度は10視野あたり50個以上という多数であったが，年齢15歳から40歳までの12頭は10個以上50個未満に低下し，29歳から62歳までの14頭では2個以下であった．これは閉経期以後のヒトの女性の卵巣にみられる現象と同じである．マゴンドウの卵巣が人間の閉経期以後の卵巣に似た組織像を示すときの年齢には個体差があり，それは20歳代後半から40歳ごろまでに分散していることがわかる．標本個体数を増やせばこの範囲は多少は広くなるかもしれないが，大きな変化はないものと思われる．これらの結果も白体の解析結果ともほぼ整合している．

このように，コビレゴンドウの雌は年齢とともに，排卵しても妊娠を継続する能力が低下し，それに続いて20歳代後半から40歳までには排卵の能力も失われることが明らかにされた．ある雌が最後の妊娠をするときの年齢は最後の排卵よりも早い時期にあり，それは遅い個体でも35-36歳であることが性状態組成から確認されている（前述）．マゴンドウの年齢組成の解析では，36歳の雌は平均余命14年を残しているのである（Kasuya and Marsh 1984）．近代医学の恩恵に浴する前の人類の例として，19世紀末のインドの人口統計をみると，当時の婦人では更年期以後の平均余命は15年であった．

このように，ヒトのそれにも匹敵する長い老齢期の存在は，野生動物としてはきわめて異例のことと思われた．そこで，コビレゴンドウ以外の鯨類にもこのような例があるか，既往の関連情報の収集と検討がなされた．つぎに紹介するのは，Marsh and Kasuya（1986）の検討結果に，その後の知見を加えたものである．

ひげ鯨類のなかでは，ナガスクジラとイワシクジラにおいて年齢にともなって排卵率が若干低下する例が認められたが，このような現象は必ずしも老齢による繁殖力の低下の原因になるとは限らない．また，これらのひげ鯨類では，年齢による妊娠率の低下は認められなかった．そのためひげ鯨類には老齢期はないか，あってもその後の余命はきわめて短いものと考えられる．しかし，歯鯨類の一部の種では状況が異なっていた．歯鯨類のなかでもマイルカ科の多くの種やネズミイルカ科の全種では，老齢期の存在は確認できず，ひげ鯨類の場合と同じような結論が得られた．しかし，42歳以上のマッコウクジラ（22頭：42-61歳）と44歳以上のオキゴンドウ（12頭：44-62歳）では妊娠個体は皆無であり（Best et al. 1984; 粕谷 1986），これらの種ではいわゆる老齢期があるものと判断される．また，バンクーバー島沿岸のシャチの個体群では，1973年から写真撮影による個体識別が行われ，170頭あまりについて行動や繁殖に関する知見が集積されているが，それによれば，ここには10年以上出産したことのない雌が37頭いた．このような雌の大部分は年齢40歳以上で，いわゆる老齢期の雌であると考えられている（Olesiuk et al. 1990）．

（7） 非繁殖的交尾の存在

哺乳類においては，交尾は重要な社会行動の1つであるが，野生の鯨類の交尾を観察することは困難である．日本ではコビレゴンドウが漁業で捕獲されているので，それを使って子宮から精子を検出する試みがなされ，妊娠する可能性のない雌も交尾をしている事実が確かめられた（Kasuya et al. 1993）．追い込み漁業で捕獲されたマゴンドウの子宮から内液をピペットで

採取し，10%ホルマリン溶液に混ぜて固定し，静置して細胞成分を沈殿させる．なお，必要に応じて，少量のホルマリン溶液を子宮に注入してから内液を採取することもあった．沈殿した細胞成分をマイクロピペットでとってスライドグラスに広げ，乾燥してからトルイジンブルーで染色して検鏡する．ヒトの場合には，射精は膣内になされ，精子は15分で子宮を通過し，ラッパ管に到着する．女性の生殖器官での生存期間は，最大85時間であるとされている．家畜では，精子が射出される場所は種によって異なるが，卵管に到着するのに数分から数時間を要するとされている．死亡した精子は速やかに体外に排出される．鯨類では雌の体のどの部位で射精がなされるか明らかではない．先が細く尖っている亀頭の形状と，海水が精子にとっては致死的に働くことを考えれば，通常は膣内でなく子宮腔で射精が行われるのではないかという推定もある（勝俣悦子私信 2009）．妥当な推定であろう．また，鯨類にはコウモリのように雌の体内に精子を蓄える機能はないと思われている．したがって，コビレゴンドウの雌の体内に精子が検出されれば，その個体は交尾後数日以内であると判断される．

このような観点から，マゴンドウ3群33頭とタッパナガ53頭について子宮内精子の有無を調査した．マゴンドウは太地の追い込み漁業で湾内に追い込まれてから数日かけて順次殺されたものであり，タッパナガは小型捕鯨業で岩手・宮城県沖で捕獲されて，その日のうちに鮎川で解体されたものである．マゴンドウの場合には，追い込み当日から翌々日までの3日間に殺された個体では精子出現率が高いが（11頭/18頭），5日目に処理された個体には出現率が低かった（2頭/15頭）．なお，追い込み4日目の標本は得られなかった．この現象は，精子の生存期間は最大85時間程度であるらしいことに加えて，湾内に追い込まれてからは交尾が起こりにくいと仮定すると説明できる．追い込み時にはどの群れにも成熟雄が2-6頭いたが，彼らがどのように殺され，いつ群れから姿を消したか検討されていないし，彼女らは彼らを交尾相手としていたのかという群れ構造や繁殖生態に関する基本的な問題については明らかになっていない．子宮内精子に関して得られたデータは季節的な交尾頻度を検討するには不十分であったが，繁殖期や雌の性状態に無関係な交尾行動が明らかになったので，これについてつぎに述べる．

ここで子宮内の精子量の指標として使われているのは，顕微鏡用塗抹標本のスライドあたりの精子個数である（Kasuya et al. 1993）．これは子宮内の精子の総数の指標としても，濃度の指標としても多くの誤差要因を含んでいる．すなわち，①射精の位置が結果におよぼす可能性，②子宮内粘液の総量には大きな個体差があるが（性状態のちがいに関係するらしい），その計量がなされていない，③内液を定量的に採取していない，④器底にたまった細胞をスライドグラスに展開する作業も定量的ではない，などの問題である．事実，3.5 cm の胎児をもつ妊娠初期の雌について，左右の子宮角から同様の手法で試料をとり，3枚ずつのスライドをつくって比較したところ，スライドあたりの精子数は，片側は平均 11.0 個（標準偏差=8.2），反対側は 68.0 個（標準偏差=27.8）と有意なちがいがあった．しかし，これが射精された場所のちがいなどを反映した真の差なのか，操作に由来する誤差なのかは判然としない．また，精子量がきわめて少ない検体では，スライドに精子が出現するかしないかは偶然に左右される要素が多く，多数のスライドを検査すれば，そのどれかに精子が出現する確率は大きくなる．つまり，誤ってゼロと判定される確率は検査スライドの数にも影響される．また，鯨類では子宮腔で射精が行われるとの推定があるが（前述），すべての交尾が子宮内射精で終わるという確証はない．偶然の射精位置のちがいによって，精子量の評価にちがいが出るかもしれない．Kasuya et al.（1993）の研究はこのような不確定な要素を含むので，第1に精子がなかったことよりも精子があったことに注目するべきであり，第2に精子量のわずかなちがいよりも大筋の傾向を把握すべきであると考える．

表 12.18　雌のコビレゴンドウの性状態と子宮内精子の密度（精子数/スライド）．(Kasuya et al. 1993 より再構成)

性状態	精子有無	標本数	精子密度	濾胞直径[1]	年齢範囲
マゴンドウ					
休止	無	11[2]	0	0-12.5 (1.8)	26-52
	有	5[3]	0.25-1562	0-22.2 (7.2)	12-42
排卵黄体[4]	有	3	4.0-10.3	0-27.5 (9.5)	27-32
泌乳	無	9	0	0- 8.5 (2.3)	15-45
	有	5	0.2-0.8	0- 8.0 (4.8)	26-37
未成熟	無	1	0	0.5	—
タッパナガ					
休止	無	7	0	0-14.5 (3.0)	28-61
	有	5	0.3-2990	0-14.4 (5.4)	28-44
排卵黄体[4]	無	3	0	0- 4.0 (1.7)	27-40
	有	7	0.3-341	0-10.5 (3.4)	10-36
妊娠[4,5]	無	1	0	5.0	32
	有	11	1.3-57	0- 6.9 (1.2)	6-36
泌乳	無	14	0	0- 9.3 (2.4)	7-34
	有	3	0.3-0.7	0- 3.0 (1.5)	23
未成熟	無	2	0	0- 2.0 (0.8)	5-6

1) カッコ内は平均値（直径1mm未満の濾胞は0.5mmとして計算）．
2) このうちの5頭は卵巣所見と年齢より繁殖を終えた老齢雌と判断．
3) このうちの3頭は卵巣所見と年齢より繁殖を終えた老齢雌と判断．
4) 同時に泌乳中の個体を含む．
5) 胎児の体長範囲は微小（約1.5mm：2例）から13.3cm（1例）まで，平均6.3cm．

　鯨類では濾胞がある程度の大きさに成長すると，破れて濾胞液とともに卵子が体腔内に排出される．これと前後して多量のエストロゲンが分泌され，交尾欲求が高まり，雌は交尾を受け入れる．これが発情である．飼育下のハンドウイルカでは，超音波のエコー検査で連続観察が行われ，直径が20-24mmで排卵が起こることが知られているが（勝俣2005），マゴンドウの排卵時の濾胞の大きさは確認されていない．未成熟個体を含めて多くのマゴンドウの濾胞は8mm以下にとどまっており，排卵が近くなってから急速な発育に進むと推定されている．8mm以上の濾胞は成熟雌では交尾盛期の5-7月に出現し，この時期には未成熟雌も比較的大きな濾胞（>4mm）をもつことが観察されている（Marsh and Kasuya 1984）．これは，交尾盛期には未成熟雄の精子形成も活発になるという観察とも対比されて興味深い（前述）．

　大型濾胞が確認された休止雌の最大濾胞サイズは22.2mmであり，精子濃度も1,562個と高かったので，おそらく排卵直前で発情状態にあったものと推定される．もう1頭の雌で排卵直後の黄体をもっていた個体では，濾胞直径が27mmを記録した（この個体の精子量は10.3個で比較的高かった）．しかし，この濾胞は前回の排卵に引き続いて排卵しようとしていたのか，排卵にいたらず退縮過程にあったのか不明である．正常な濾胞と退縮途上のそれとの区別には組織学的な検査が必要であるが，Marsh and Kasuya (1984) でそれがなされていないのは残念である．

　大型濾胞の問題はおくとして，泌乳中の雌といわゆる休止状態の雌（妊娠も泌乳もしていない成熟雌をこのように呼ぶ習慣がある）について子宮内精子の有無を比較すると，後者では28頭の検体中10頭（37.5%）に，前者では31頭中8頭（25.8%）に精子が検出された．また，精子量はスライドあたり1個以下の微量から10個以上まで広範囲にわたっていた．さらに，精子量と濾胞の大きさには統計的に有意な相関関係が認められず，濾胞がきわめて小さい個体でも精子が出現していたことはおもしろい結果であった（表12.18，図12.28）．これからみれば，コビレゴンドウの交尾を起こす要因には発情以外のものがあることは明らかである．

　つぎに排卵黄体をもつ個体についてみよう．

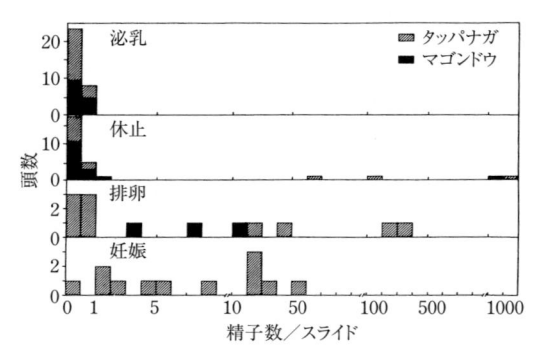

図 12.28 コビレゴンドウの子宮精子の相対的な出現量の分布．精子量はスライドあたりの精子数で示す．原著のラベル表示の誤りを正してある．(Kasuya et al. 1993)

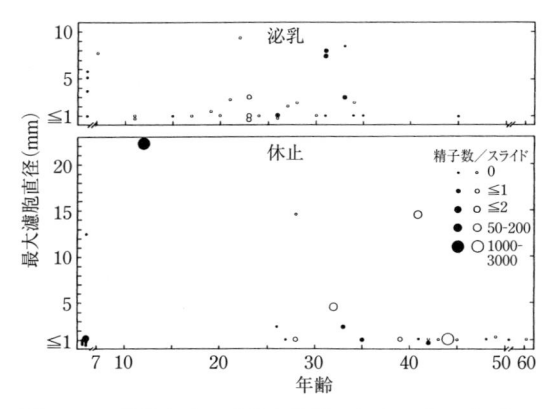

図 12.29 泌乳あるいは休止状態にあるコビレゴンドウの子宮内精子量，年齢，濾胞直径との関係．黄体があり妊娠していない雌（排卵黄体をもつ雌）は除外した．精子量はスライドあたりの精子数で示す．黒丸はマゴンドウ，白丸はタッパナガ．(Kasuya et al. 1993)

これは子宮内膜の状態からも胎児の有無からも妊娠とは認められない個体でありながら，卵巣に黄体があった個体である．受胎前なのか受胎に失敗したものと考えられるが，排卵してまもない個体であることはまちがいない．これらは，表 12.18 では「排卵黄体」と表示してある．排卵黄体をもつ 13 検体中の 10 頭（76.9％）が子宮に精子をもっており，その量は 1.0 以下の微量から，10 以上の高濃度のものまで広範囲にわたっていた．排卵からまもない個体であるからさかんに交尾をしていて当然であり，精子が多くても不思議はない．しかし，彼女らのなかには精子濃度が低い個体もあることに注目する価値がある．なぜならば，精子濃度に過大な注目をすることの危険を示すものであるからである．

排卵と発情に続いて，多くの雌は妊娠することになる．普通は子宮に胎児が観察された個体を妊娠と判定することが多いが，ここでは子宮内膜の組織学的な検査によって，子宮上皮の下に血管網の増殖，あるいはそれに続いて上皮に樹枝上の絨毛が発達するという妊娠にともなう変化が認められた場合に，妊娠とみなしている．殺されるときに胎児を流産することがあるためである．検体で確認された胎児の大きさは 1.5 mm から 13.3 cm まであった．これ以上の大型胎児をもつ子宮は羊膜で充満しており，内液を採取することは解体現場では不可能であった．妊娠個体 12 頭のうち，13.3 cm の胎児をもつ雌を含む 11 頭（91.7％）とほとんど全個体が子宮に精子をもっていたことが注目される．精子量は 1 以上で 10 未満が 6 頭，10 以上が 5 頭と多様であった．コビレゴンドウの平均妊娠期間は 452 日と推定されており，初めの 40 日ほどは胎児の成長が緩やかで，その後は月に 10 cm 程度の成長をすると推定されている（前述）．したがって，13 cm の胎児の齢はおそらく 1 カ月以上 2 カ月未満と思われる．発情から 1 カ月を過ぎてもさかんに交尾をしているということは注目に値する．

最後に，年齢と子宮内精子量との関係をみる（図 12.29）．マゴンドウの雌の繁殖に関してはつぎのようなことが知られている（Kasuya and Marsh 1984; Marsh and Kasuya 1984）．①排卵が妊娠にいたる確率は年齢とともに低下する，②見かけの妊娠率（妊娠雌/性成熟雌）は年齢とともに低下し，妊娠雌の最高齢は 35 歳であった，③平均年間排卵率（1 年間の排卵数/性成熟雌）は年齢とともに低下し，遅くとも 40 歳までには排卵が止まる．したがって，年齢情報を参考にしつつ卵巣の状態を観察すれば，老齢ゆえに繁殖をやめた雌をある程度の確かさで推定することができる．一方，日本近海のもう 1 つのコビレゴンドウの個体群であるタッパナガにおいても，妊娠率が年齢とともに低下し，

妊娠雌の最高齢は36歳であった．このことからマゴンドウと同様の繁殖特性をもつことが推定されている（Kasuya and Tai 1993）．そこで40歳以上の発情が期待されない雌について精子の有無をみたところ，マゴンドウでは42歳（濾胞直径<1 mm）で精子量1.0の雌があり，タッパナガでは41歳（濾胞1.0 mm）で精子量172の個体と，44歳（濾胞14.4 mm）で精子量2,990とがあった．これらは年齢からみて老齢期にある雌であり，卵巣の状態をみても発情しているとは考えられない雌であった．そのような雌が交尾をしている証拠が得られたのである．

（8）　非繁殖的交尾の役割

多くの哺乳類において，雌は自分の発情状態をさまざまな方法で広告している．霊長類のボノボ（ピグミーチンパンジー）は性皮が肥厚して鮮やかな色調を帯び，イヌやウマは匂いを発するので，雄は視覚や嗅覚でそれを知ることができる．ヒトではそれが明確ではなく，ヒトの雌は発情を隠しているという解釈もあるが，雄がそれを意識していないだけかもしれない．鯨類の雌は自分の発情を視覚あるいは化学的な方法で広告しているかどうか定かでないが，雌が音声や身振りで発情を相手に知らせている可能性も指摘されている（Pryor 1990）．また，ハンドウイルカには擬似嗅覚と呼ばれる化学刺激受容器が口内にあるという研究がある（Kuznetzov 1990）．これは味覚よりも鋭敏で，機能的には陸上哺乳類の嗅覚に比すべきものだということであり，雌の発する化学刺激を口内の擬似嗅覚で検出している可能性が残されている．このように，鯨類の雄が雌の発情を識別しているのか，識別しているとすればどのような手段によるのか，これらのことは現在のところ明らかではない．

多くの哺乳類では，雌が交尾を受け入れるのは発情期に限られるが，一部の哺乳類ではこのような発情と交尾の関係が失われている．その好例がボノボやヒトである．ボノボは繁殖とは無関係に交尾をすることで知られている．餌場に到着して，餌の配分をめぐって群れに緊張が高まるときなど，食事を始める前にさかんに交尾をする（黒田1982）．交尾には緊張を緩和させる機能があると信じられているし，時と相手を選ばぬ交尾は父性をカモフラージュして雄による子殺しを回避する機能があるという解釈もなされている（Waal 2005）．人類の性交の大部分は繁殖を目的としたものではないし，そこには別の機能があることも周知の事実である．人類の性交渉には経済行為がともなうのは常識であり，緊張緩和や友好増進などの個体関係の維持や発展にも貢献する．イヌイット社会にあったという配偶者交換は，パートナーを共有する同性間の協力体制のネットワーク構築に貢献していたといわれる（ヒューストン1999）．また，ネパールのニンバ族，インドのナーヤル族，スリランカのシンハラ族，南北アメリカの一部の先住民などでは兄弟で1人の妻を共有したり，姉妹が1人の夫を共有したり，あるいは血縁でない複数の男が1人の妻を共有する例も知られている．いずれもそれぞれの社会や経済のシステムと結びついて，連携を強化する機能があったと考えられている（シュルツ・ラヴェンダ2003; Kasuya 2008）．

上の例でわかるように，哺乳類においては雌が自分の発情を広告するか否かと，発情期以外に交尾を受け入れるか否かとは直接には関係しないらしい．飼育下のハンドウイルカでは，排卵日を含む1-2日間に交尾が起こるとされている（Yoshioka et al. 1986）．一方，シャチでは排卵の前後5-12日間に交尾がさかんではあるものの，非発情の雌も妊娠中の雌も交尾をすることがあるという報告がある（Asper et al. 1992）．しかし，飼育下での交尾行動は異常行動かもしれないので，それをただちに野外の個体にあてはめることは危険である．野生のセミクジラ類では，雌雄間の交尾行動が繁殖期以外にもさかんなことが知られており，それは繁殖以外の社会的な意味をもつと解釈されている（Kenney 2002）．これらはコビレゴンドウ以外にも，交尾を繁殖以外の目的に利用している鯨類があることを示唆するものである．鯨類の性

行動の多様さは，霊長類のそれと比較されるもので，将来の興味ある研究課題である．

コビレゴンドウでは，繁殖に直接貢献しない交尾が行われていることは疑いのない事実であるが，その機能についてはいまのところ推測や仮説の域を出ない．さまざまな仮説を評価する際の障害の1つが，交尾の相手となっている雄がだれなのかがわからないことである．その雄は雌の血縁なのか，ほかの血統の雄なのか．その雄は雌の群れのなかに常時いるのか，それとも群れの外からときおり訪れるのか．このような鍵になる情報がコビレゴンドウでは得られていない．それを承知で，いくつかの可能性をあげると，つぎのようなものが考えられる．当然ながら，そこには群れのメンバーが相互に相手を認識していることが前提となるものも含まれる（Kasuya et al. 1993; Magnusson and Kasuya 1997; Kasuya 2008）．

性教育

チンパンジーのような霊長類，とくに雄では正常な交尾を行うには経験あるいは学習が重要であるといわれる（Nadler 1981）．ヒトも例外ではない．チンパンジーの成熟雌と未成熟雄の間にみられる交尾行動は，教育的意義があるとみられている（Tutin and McGinnis 1981）．コビレゴンドウの雄では，早い個体は5歳で精子形成を始め，9歳で副睾丸に精子が出現する個体もあるが，繁殖に参加できる程度に成熟するのは平均17歳であるらしい．ほぼランダムに検査したマゴンドウの雄139頭のなかで成熟個体は69頭であり，ほかの17頭は，成熟とは判定されないものの，副睾丸にはさまざまな濃度の精子が認められた（Kasuya and Marsh 1984）．残りの53頭は副睾丸に精子が検出されず，組織学的には未成熟あるいは成熟途中にあるとみなされた．このように成熟途上のさまざまな段階にある雄が，性的訓練の対象となっているかもしれない．もしも，群れのなかの発情状態にない雌が血縁の若者に性的な訓練を施すならば，その若者が成熟してから発情雌に遭遇したときに繁殖に有利となるので，間接的には性教育を施した雌の血縁を増やす効果が期待される．

連帯強化

性交渉と物品の贈与とが切り離せない行為であることは，人類をはじめ多くの哺乳類社会で知られている．鳥類にも求愛給餌という行動がある．性行為をも含めた広い意味での贈与交換は，個体間の連帯の強化に役立っていると解釈される．人類社会では，上で述べたように性的パートナーを共有する社会が少なくなく，それは同性間の協力関係や連帯網の構築に貢献すると考えられている（前述）．ボノボの交尾の機能についてもすでに述べた．コビレゴンドウは，安定した社会の形成にセックスを役立てている可能性がある．

挨拶

人類は定型的な行動を相手と交換したり，決まった方法で身体を接触することで敵意のないことを表現したり，親密さを示したりする．これが挨拶である．生殖器は手と同様に感覚が敏感な箇所であるから，握手と同様の目的で使われても不思議はない．ヒトではセックスによって敵意が消滅したり，友好状態が改善されることがある．ボノボでも同様である．マッコウクジラの雄には，繁殖期になると体表に傷痕をもつ個体が増加するが（Kato 1984），コビレゴンドウの雄ではそのような傷痕がないことから，雌をめぐる雄どうしの闘争は，本種では少ないと考えられている（Kasuya et al. 1993）．その背後には，性的な受容性を拡大した雌の戦略があるかもしれない．これによって群れのなかの平和と協力関係が維持できれば，育児にも有利にちがいない．コククジラ（Jones and Swartz 2002）やセミクジラ類（Kenney 2002）も，これに似た乱交的な交尾システムを採用しているらしい．

父性カモフラージュ

雄による幼児殺しは多くの哺乳類で知られている．自分の血を引いていない幼児を殺すこと

によって，その母親の発情が早まり繁殖の機会が増すという，雄にとっては好ましい効果が期待される．しかし，これは，雌にとっては望ましい行動ではない．この幼児殺しは，鯨類では確認されていないが，可能性は指摘されている（Campagna 2002）．乱交的な交尾のメリットの1つに，父性をカモフラージュして子殺しを回避するということが考えられる．しかし，コビレゴンドウの社会がそのような仕組みが機能する構造なのかどうかは明らかでない．

おとり効果

コビレゴンドウの雄は周年繁殖可能である．平均的な単群（後述）は成熟雄2頭に対して成熟雌が13頭で構成され，これに未成熟や成熟途上の個体が加わっている（表12.20）．しかし，マゴンドウの群れには，更年期ないしその後の老齢期にある雌が少なくとも成熟雌の25％はいる．彼女らは妊娠や発情をする見込みのない個体である．タッパナガでは老齢雌の比率はやや低いが，老齢雌を込みにして求めた計算では，年間妊娠率は17％で，マゴンドウと大きなちがいはない（前述）．年齢からみて1回目の妊娠しか経験していないと思われるマゴンドウの若い雌について，妊娠までの排卵回数を推定すると，1回目の排卵で妊娠したのが9頭，2回目が3頭，3, 4, 6回の排卵で妊娠したのが各1頭であった（Kasuya and Marsh 1984）．かりにこの判定が正しいとみなして計算すると，1回の妊娠の前には平均1.9回の発情があると推定される（Magnusson and Kasuya 1997）．したがって，平均的な群れでは1年間に 13×0.17×1.9＝4.1 回の発情が期待される．もしも，雌が発情の前後2日ずつ交尾を受け入れると仮定すれば，群れのなかの2頭の雄にとっては年に約16日間の交尾のチャンスがあることになる．このような状況のもとで，雄はまれにくる発情を待って1つの群れについているのが得か，別の群れを探しに出ていくほうが得かを計算したのが Magnusson and Kasuya（1997）である．その結果は，群れを飛び出した雄が別の雌の群れに遭遇する確率がた いへん重要な鍵であることがわかった．しかし，その確率を推定するデータがないので，適当な範囲の値を入れてみると，雄にとっては1つの群れを守っていたほうがわずかに有利か，あるいはどちらも大きなちがいがないという結果になった．このようなコビレゴンドウの社会で，観察されたような非繁殖的交尾が行われると，雄にとって交尾のチャンスが50-60倍に増加するという計算になる．つまり，いつでも交尾可能ということである．そうなれば雄は喜んで（あるいは騙されて）1つの群れにとどまることになるだろう．このようにして，血縁関係にある老若の雌イルカたちが協力して雄を群れにひきつけておくならば，若い雌どもが排卵したときに雄に不自由しないですむであろう．これがおとり仮説である．

上に述べたいくつかの仮説のどれが正しいかは，将来の研究課題である．2つ以上が正しいことがあるかもしれないし，どれも正しくないかもしれない．交尾は繁殖のためでしかないという原始的な概念を離れて，別の社会的な役割を見出した数少ない哺乳類の1つがコビレゴンドウであることはまちがいない．それによって彼らの社会がうまく動き，子孫が残せればそれもセックスの効用である．コビレゴンドウ以外の鯨類にもそのような社会があるのではないかと私は考えている．私は繁殖以外の社会的な機能をもつ性行動を"ソーシャルセックス（social sex）"と名づけた（Kasuya 2008）．

12.5　群れ構造

12.5.1　混群

ある鯨種の個体がほかの鯨種の群れのなかに入っているとか，あるいはごく接近して発見されたりすると，それは混群と呼ばれる．小豆と大豆を平皿の上でかき混ぜると，小豆どうしの距離と小豆と大豆の距離はほとんど同じになるが，異なる種類のイルカが混群をつくるときにはそのようにはならないのが普通である．そこ

表 12.19 コビレゴンドウの群れに接近して発見されたほかの鯨種.（Kasuya and Marsh 1984）

情報源	例数	同時発見鯨種 なし	コビレゴンドウ	ハンドウイルカ	カマイルカ
追い込み漁	6	○			
	5		○		
	4		○	○	
	1			○	
	1			○	○
研究船観察	12	○			
	1		○		
	1		○	○	
	6			○	
	1				○

では同種どうしが集まっていて，その輪郭は画然としていること，つまり，異種の個体間の距離よりも，同種個体間の距離のほうが明らかに小さいのが普通である．コビレゴンドウの群れと混群を形成していた鯨種を表 12.19 に示した．ここではコビレゴンドウの2つの地方型であるマゴンドウとタッパナガを区別していないが，両型は日本近海ではほぼ地理的にすみわけているので，混群を形成していた例は知られていない．数字は遭遇回数である．

太地や伊豆半島沿岸の追い込み漁で捕獲されたマゴンドウについては，発見時の群れの状態，追い込み後の調査率など，得られた情報のレベルは群れによってさまざまである．発見時にほかの鯨類の群れが付近にいたか否かの情報は，22回の追い込み事例について得られている（表 12.19）．そのうち，ほかの鯨類の群れがなかった例が6回あり，マゴンドウの群れがそばにいた例が9回あった．後者の9回のうち，4回はハンドウイルカも近くにいた．そのほかに，ハンドウイルカの群れと一緒にいた例が1回と，ハンドウイルカ，カマイルカの2種と一緒にいた例が1回あった．

研究船からのマゴンドウの群れの観察例が21回あり，単一の群れとして発見されたのが12回あり，そばに別のマゴンドウの群れがいたのは2回だけで，このような例は追い込み操業から得られたデータに比べて少なかった．他鯨種と混群を形成していたのは8例あり，その相手はハンドウイルカとカマイルカであった．

混群の相手に関しては，漁業から得た情報と同様であった．複群が少ない理由については次項で述べる．

日本近海のコビレゴンドウは，しばしばハンドウイルカと混群をつくり，ときにはカマイルカとも混群を形成することがわかる．

12.5.2　群れの大きさ

コビレゴンドウの社会の構造に関する研究は，最近では北アメリカの太平洋沿岸やアゾレス島で，写真撮影をして個体を識別し，群れ行動を研究することが始まっており，将来は群れのなかの個体間の関係や群れ間の個体の移動に関する情報が得られるものと期待されている（Heimlich-Boran 1993）．日本では，コビレゴンドウの群れ構造に関する研究が，追い込み漁業で捕獲されたマゴンドウの群れを用いて1970年代に始められた（Kasuya and Marsh 1984）．洋上において漁業者が観察した群れの状態と，研究者が漁獲物の調査をして得た結果を合わせて進める研究である．この方法では，研究者は群れの発見から追い込み終了までの経過を直接観察できないところに問題が残る．また，このデータが1975年から1980年まで6年間にわたって集積されたものであることも弱点である．太地では1969年から日常的なマゴンドウの追い込み漁が始まったので，その10年間ほどの間，操業が沿岸の個体群に大きな影響を与えて，妊娠率などが変化した可能性も考えられる．確認はされていないが，沿岸性の個体

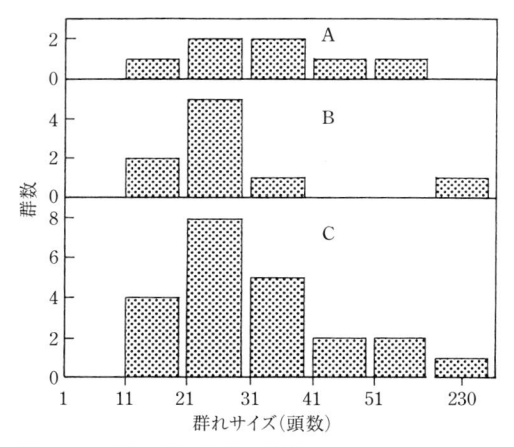

図 12.30 追い込み漁業で捕獲されたマゴンドウの群れサイズ．A：複数の同種群のなかから1つを選んで捕獲した場合，B：群れが1つだけ発見された場合，C：詳細不明の群れも含めた全データ．（Kasuya and Marsh 1984）

群を捕り尽くして，沖合の個体群を捕り始めた可能性も否定できない．このような疑問に対処するために，Kasuya and Marsh（1984）は，標本の成熟率，性比，性状態組成などが経年的に変化したかどうかを検討したが，そのような兆候はサンプルからは認められなかったので，一応，均質な標本として解析を行っている．その結果を以下に紹介する．

マゴンドウの群れ構成頭数については，21回の追い込みについて情報が得られている．そのなかの8回は，洋上でマゴンドウに関しては1つの群れだけが発見され，それを丸ごと追い込んだものである．これを単群と呼ぶ．なお，この場合にはほかの鯨種の存在は無視している．こういう場合には，群れの定義に関してあまり問題がない．このような群れは14-38頭（平均24.6頭）で構成されており，21-30頭に最頻値があった（図 12.30）．

これとちがって，複数のマゴンドウの群れが接近して発見されたなかから1群だけを選んで捕獲した例が7回あった．これを複群からの捕獲と呼ぶことにする．このような場合には，漁業者は成熟した雄が多い群れを選んで追い込む傾向がある．雄は体が大きいので生産量が多いうえに，肉は脂ののりがよいので単価が高く，生産者にとって魅力がある（雄の比率については後で述べる）．成熟雄は背鰭が大きいので，洋上でも識別は容易である．この場合には，1回の捕獲頭数は20-52頭（平均35.1頭）で，21-40頭に最頻値があり，単群で発見された場合に比べて，30頭以上の大きな群れが多いのが特徴である．これは，複数の群れから大きめの群れを選んで捕獲したのだから当然の結果ともいえるが，2-3個の群れが一時的に融合していたのを追い込んだ可能性も否定できない．それを見極めるために，継続的な観察が望まれるが，漁業に依存する研究では不可能である．

複数の群れの集まりをまとめて追い込んだことが明らかな例は，1回だけ調査されている．1975年6月24日に太地で捕獲されたもので，漁業者がこのマゴンドウの集まりを発見したときには，いくつかの群れが広い範囲に分散していて，そのなかには100頭前後のハンドウイルカもいたという．これは，ハンドウイルカの集まりがいくつかのマゴンドウの集まりの間にあったということで，両種の個体が混合して1つの群れをつくっていたということではない．これについては漁業者から確認している．散らばっていた複数の群れは発見後まもなく小さくかたまったので，ハンドウイルカも含めて全部を追い込んだ．群れがかたまったのは，400-500 m離れたところにシャチが出現したためであると漁業者は信じている．この大きな群れ（あるいは群れの複合体か）を太地の港に追い込んでから，漁業者は初めは大きな雄を選んで水揚げしていたが，まもなく雌と子どものマゴンドウとハンドウイルカしか残らなくなった．鯨が痩せてきたのと，市場がだぶついてきたので捕殺を止めて，7月4日に残りを放流した．そのときに放流されたのは，追い込まれたハンドウイルカの全部とマゴンドウ約60頭であった．処理されたマゴンドウは173頭であったから，おおよそ230頭ほどのマゴンドウが追い込まれていたことになる．おそらく，普通の意味での群れが10群前後集まっていたものと思われる．このようなマゴンドウの大群を追い込んで，何日もかけて捕殺した話は，戦後の安良里の操業にもあったと現地の漁業者に聞いたことがある．

水産庁遠洋水産研究所の運航する資源調査船が西部北太平洋で発見した45群のマゴンドウの群れは，10頭台から300頭台まであり，平均は49.8頭であった（Miyashita 1993）．このような調査船では，群れサイズの推定は概算にならざるをえず，その傾向は大きい群れほど顕著である．しかし，そこには10頭以下の小さい群れが記録されていないことは注目に値する．私が日本近海で海洋研究船から観察したコビレゴンドウ21群の大きさの範囲は5-50頭（平均20.6頭）で，太地の漁業で得た数値とほぼ同様であった．このうちの2群は100-200m離れて発見された．太地の漁業者のほうが複数の群れを同時に発見した例が多いが，これにはさまざまな要因が関係している．すなわち，太地沖によい餌場が形成されればマゴンドウの群れの密度が高くなるであろうし，漁船は数隻が共同して探索するので複数の群れを発見する確率が高くなる．北大西洋のヒレナガゴンドウでは，普段は20頭前後の群れが分散して生活しているが，飛行機などの接近に驚くと，いくつかが集まって大きな群れをつくるといわれている（Sergeant 1962）．太地沖のコビレゴンドウは接近する追い込み船団を遠方から認識して，追い込み船が発見したときにはすでに複群を形成していたのかもしれない．

いま，これをカナリー諸島のコビレゴンドウの研究と比較してみよう．ここではコビレゴンドウを写真撮影して，鰭の形や体の斑紋の特徴で個体識別をして，社会構造の解析が進みつつある（Heimlich-Boran 1993）．ここのコビレゴンドウも，いつも複数の個体が一緒に泳いでいる．これはグループと呼ばれているが，上で使った「単群」に相当するものであろう．グループの大きさは3-33頭の範囲にあり，夏には冬よりもいくぶん大きい傾向がある．このグループを長時間続けて観察するわけにはいかない．夜になれば見失ってしまうので，グループのメンバーが時間的にどう変化するのかを知るには，もう一歩の工夫が必要である．そこでは任意の2頭の組み合わせを選び出して，約2年間の調査期間中に出現した組み合わせの頻度を計算した．それをもとに親しさの系統樹のようなものをつくると，いつも一緒にいる個体の集まりが現れてきた．これがシャチのポッドに相当するもので，コビレゴンドウでも同じ呼び方が使われている．では，ポッドとグループの関係はどうなっているのか．ポッドの大きさは2-33頭（平均12.2頭）の範囲にあり，大部分（59%）のグループは1個のポッドからなっていたが，残りは2-5個のポッドが集まってできていた．冬に比べて，夏にはグループを構成するポッドの数がいくぶん多い傾向が認められた．まれには10個ものポッドが集まって，1つのグループをなしている例も認められた．これは本書でいう「複群」に相当するものであろうが，グループサイズは28頭で，きわめて大きいというわけではない．洋上で遭遇したときのグループの認識の仕方にちがいがあるためかもしれない．

カナリー諸島では合計46のポッドが確認されているが，そのうちの15は1回しか観察されていないので，詳細は不明である．残る31のポッドの間の相互の関係をみると，頻繁に一緒にいるポッドとまれにしか一緒に行動しないポッドとが認められた．しかし，けっして交わらない組み合わせは確認されなかった．このような構造はマッコウクジラでも認められており，数頭から十数頭の母系の個体の集まりが日常生活の単位となり（ポッド），ポッドどうしが合流したり離れたりしながら生活している（Whitehead 2003）．

北米の西岸のレジデントと呼ばれる沿岸性のシャチには複数のコミュニティーがあり，1つのコミュニティーのなかにはいくつものポッドがある．各々のポッドは母系集団からなっている．それらポッドは遠縁の血縁どうしであると考えられており，たがいを仲間として認識し，ときおり合流したり離れたりしてコンタクトを維持している．しかし，1つのコミュニティーのなかの全部のポッドが1カ所に集まることはめったにない．沿岸性のシャチの生息域の沖合側にはトランジェントと呼ばれる別のコミュニティーがあるが，沿岸性のコミュニティーのポッドとは鳴き声も異なっていて，一緒に行動せ

ず，出会ってもたがいを無視するか避けるかして，ときには攻撃することさえ知られている（Baird 2000）.

日本近海のコビレゴンドウでも，同じように母系の単位が基本となって，それらが合流したり分かれたりしながら生活しているのではないだろうか．日本沿岸のマゴンドウ型の個体の分布は東経160度近くまで伸びているが，日本沿岸の個体の属するコミュニティーがどこまで広がっているのか，これは生物学的にも興味あることであるし，漁業の管理にも重要な情報である．

外洋性の鯨類は一定の生活圏をもつことは知られているが，ほかのグループに属する同種の個体をそこから排除して一定の地理的範囲を独占的に利用しようとする行動，すなわちテリトリーを維持する行動はこれまで知られていなかった．餌動物の群れも自由に移動する海洋環境の下では，なわばりを維持することの利益も限られるし，技術的にもむずかしいものと思われる．ところが，沿岸環境ではその状況が少しちがってくる．そこには魚のほうで勝手に集まってきて，よい餌場が形成されることがある．たとえば，サケが遡上のために集まる河口域である．この場合にはそこから競争相手を排除すれば，資源を独占的に安定して使用できる．こういう場所ではそこを守るための排他行動が発生して，テリトリーが形成される可能性がある．シャチでは，コミュニティーのメンバーが自分らのテリトリーを共同して守る行動が起こっているのかもしれない．

12.5.3　群れのなかの雄

(1) 出生時の性比

性判別が困難な体長5cm未満の胎児を除いて，それ以上のマゴンドウの胎児119頭についてみると，雄は61頭（51.3%）を占めていた．また，体長220cm以下の出生後の個体36頭のうち雄は19頭（52.8%）であった．どちらも統計的には1：1の性比と有意な隔たりは認められない．220cmの体長は平均年齢1.1（雄）-1.2年（雌）に相当する．真の性比は胎児期にも出生後も変化する可能性があるので，出生時性比を得るために，これら2つのデータを合算するのも便法である．その場合には雄の割合は51.6%となる（$n=155$）．このようにマゴンドウでは出生時にはわずかに雄が多い可能性があるが，統計的には1：1と有意な隔たりとはならない（Kasuya and Marsh 1984）．タッパナガでこのような解析が行われていないのは試料不足のためである（Kasuya and Tai 1993）．

(2) 性比と年齢との関係

追い込み漁法で捕獲され，年齢が査定されたマゴンドウ483頭のうち，雄はその32.7%を占めていた．これを年齢別にみると，1-5歳では各齢とも雌が50%以上を占め，6-16歳では50%をはさんで上下に変動し，17歳以上では各齢とも雌が50%以上を占め，46歳以上では雌が100%を占めていた．この変化を連続的に眺めると，8歳以下では年齢とともに雌の比率が漸減し，8歳以上では逆に漸増する傾向が認められた．8歳は雌が性成熟を始める年齢であり，雄が春機発動期に入る年齢でもある．このような性比の変動の原因として，Kasuya and Marsh（1984）は成長にともなう行動の変化，成熟雄のすみわけ，雌雄の死亡率のちがいなどを検討して，8歳以前の性比の変化についてはさらなる検討を待つとしても，性成熟後の性比の変動のおもな原因は雌雄の間の自然死亡率の違いにあり，雄の自然死亡率は雌のそれよりも高いと結論した．

マゴンドウの雌の比率（Y, %）と年齢（X, 年）と間には，

$$Y=0.991X+41.74 \quad 10<X<47 \quad (r=0.59)$$
Kasuya and Marsh（1984）

の関係が得られている．最高寿命をみると，雄（45.5歳）は雌（62.5歳）よりも，17年も短命である．

(3) 死亡率

哺乳類の一般的な死亡率のパターンはU字型を示し，若齢部と高齢部で高く，中間で低いことが知られている．追い込み漁法で捕獲され

たマゴンドウの年齢組成においても，ほぼ10歳以上の個体についてはそのような傾向が認められる．しかし，それ以下の若い個体の年齢組成においてはその点は明らかでなく，U字型の左の縦棒部分をデータで確認することはむずかしい．これはスジイルカ（図10.14）やマダライルカ（図10.15）と同様であり，若齢個体の標本になんらかの原因によるバイアスがあるためと思われる．

マゴンドウの資源は長い間，漁獲にさらされてきたので，漁獲物の年齢組成は自然死亡率と漁獲死亡率の合計（全死亡率）を反映しているはずであるし，漁業によって資源量や加入量が増減してきた場合には，その変化をも取り込んでいることを承知しなければならない．いま，このような資源変動の可能性を無視して，マゴンドウの年齢組成から見かけの生残率（年率）をRobson and Chapman（1961）の方法で算出すると，つぎのようになる（Kasuya and Marsh 1984）．その95％信頼限界を範囲で示してあるが，これは年齢組成のばらつきの影響を評価したものであり，そこには資源変動による誤差は評価されていないので注意を要する．なお，生残率＝（1－全死亡率）の関係がある．

　　雌　18-47歳　0.9751±0.0164
　　　　45-63歳　0.8544±0.0668
　　雄　9-30歳　0.9567±0.0315
　　　　27-46歳　0.9030±0.0609

すなわち，コビレゴンドウの見かけの年間死亡率は中年域で2.5％（雌）ないし4.3％（雄）と低く，高齢域では9.7％（雄）ないし14.6％（雌）と高率になる．死亡率が急増する年齢も雌雄で異なり，雌では46歳前後，雄ではそれより早く29歳前後にある．同じ年齢で比較すると，雄の死亡率はつねに雌のそれよりも高率である．これらの変化は自然死亡率の変化を反映しているものと思われる．

タッパナガ個体群においても，その最高寿命（雄：44.5歳；雌：61.5歳）の特徴や性成熟年齢がコビレゴンドウと変わらないことから，死亡率や性比などの個体群構造は，マゴンドウと似ているものと推定されている（Kasuya and Tai 1993）．

（4）雄の行動

マッコウクジラの雄は，繁殖期には低緯度海域にきて雌の群れを訪れるが，繁殖期が終わると高緯度海域において単独生活をすることが知られている（Best et al. 1984; Kasuya and Miyashita 1988）．ただし，彼らが毎年繁殖に参加するのか，スキップして疲労回復を図るかは明らかではない．コビレゴンドウにこのような地理的なすみわけがあるのだろうか．追い込み漁業では，かりに1頭で泳いでいるコビレゴンドウをみつけても，それを追い込むことはないであろうから，追い込み漁業の操業記録をこの検討に使うわけにはいかない．しかし，洋上で私が遭遇したコビレゴンドウの群れには，5頭未満のものがなかったことはすでに述べた．水産庁の目視調査船には熟練した研究者が乗船していない場合もあるし，群れサイズの推定には精度の問題もある．しかし，その調査範囲は北緯25度以北，東経170度以西で，西部北太平洋の本種の分布範囲をカバーしていることと，データの量が大きいという利点もある．そこで発見された45群のコビレゴンドウの群れサイズの範囲は，下限が10-19頭で，上限が300-499頭であった．200頭以上の3群を除外した42群の平均は49.8頭（SE＝6）であった（Miyashita 1993）．カナリー諸島のコビレゴンドウの観察でも，2-33頭で構成されるポッドが，いくつか集まったグループで生活していた（前述）．これらの事実から，コビレゴンドウが1頭で生活する例はまず存在しないとみてよいと思われる．つまり，繁殖期以外には，成熟雄は雌の群れを離れてどこかよそで生活するという，マッコウクジラのような可能性を支持するデータは得られていない．したがって，日本沿岸で捕獲されるコビレゴンドウのなかに，45歳を超える雄がいないのは地理的なすみわけによるのではなく，寿命によるものと考えるのが自然である．

追い込み漁業で捕獲され，群れの組成がほぼ完全に調査できたマゴンドウの13個の群れに

表 12.20　追い込み漁業で捕獲されたマゴンドウの 13 群の群れ組成[1]を単群の捕獲と，複数の群れの集まり（複群）のなかの 1 群を捕獲した場合を比較する．(Kasuya and Marsh 1984)

捕獲状況		単群で発見された捕獲		複群中の 1 群を捕獲		合　計
追い込み回数		6 例		7 例		13 例
性・性状態		頭数	平均	頭数	平均	平均
雄	未成熟	3-10	5.7	1-9	4.8	5.2
	成熟前期	0-2	0.3	0-1	0.3	0.3
	成熟後期	0-3	0.5	0-2	0.7	0.6
	成熟	1-3	2.0	1-18	6.0	4.0
	合計	5-12	8.5	5-21	12.5	10.1
雌	未成熟	1-10	3.8	0-12	5.2	4.5
	休止	3-8	6.0	0-15	6.4	6.2
	泌乳	0-8	3.8	0-10	5.6	4.8
	妊娠	0-7	3.2	2-10	6.0	4.7
	成熟（詳細不明）	0-4	0.8	0-3	0.4	0.6
	成熟合計	8-23	13.3	5-30	18.3	16.0
	成熟不明	0	0	0-3	0.5	0.2
	>35 歳	0-7	3.5	0-8	5.6	4.6
	合計	9-23	17.7	7-42	23.5	20.8
合計（雄+雌）		15-38	26.2	20-52	35.0	30.9

1)　未成熟で性別不明の個体は雌雄に折半．成熟雌の性状態と年齢は最少頭数（既知個体のみを計上）．

ついて，そこに含まれる成熟雄の頭数をみると，それは 1-18 頭の範囲にあった（表 12.20）．約半数の群れは春機発動期にあたる成熟前期あるいは成熟後期の雄を含んでおり，その数は 1-5 頭であった．海上で複数の群れからなる大きな集まり（複群）を発見し，そのなかの 1 つの群れを追い込んだ場合には，1 群中の成熟雄の数は 1-18 頭の範囲にあり，平均値は 5.7 頭，中央値は 4 頭であるのに対して，1 群だけを発見して追い込んだ場合には成熟雄の頭数範囲が 1-3 頭，平均 2.0，中央値 2.5 であった．この成熟雄の平均頭数の差はわずかであるが，統計的には有意であった．漁業者は，選別の機会があるときには大きな雄が多い群れを追い込んでいる傾向がうかがわれる．一般的にマゴンドウの群れにいる成熟雄の数は 1-3 頭が普通であり（9 例），1 つの群れに成熟雄が 8 頭とか 18 頭と多数いる群れは例外的である（各 1 例）．

上の 13 群のほかにも 14 個の群れから断片的なデータが得られている．そのうちの 1 群（第 20 群）を除く 13 群には少なくとも 1 頭の成熟雄が確認されており，上に述べた一般的な認識に矛盾しない．残る 1 群（第 20 群）は例外的に成熟雄が確認できない群れで，1980 年 1 月に太地で捕獲された群れである（図 12.32）．この群れに確認された雄は 1 頭だけで，体長 3 m 未満の明らかな未成熟個体であった．捕獲された 14 頭中の 13 頭は体長と性別のみが得られた．体長不明の 1 頭も成熟雌であることが外見から確認できた．漁業者は群れのメンバー全部を捕獲したと信じているが，漁業者の気づかないところで雄が逃げたのか，例外的に雄がいない群れだったのか，いまのところ判断しがたい．伊豆の富戸では，港の入口で大きな雄に逃げられた事例が 1 度あった（第 14 群）．

第 18 群（図 12.31，図 12.32）は，成熟雄と成熟雌の頭数比が 18：5 で雄の数が異常に多かった．また，第 20 群では成熟雄がなかったとすれば，その比は 0：8 であった．これらは例外的な群れと考えられる．そのほかの群れでは成熟雄と成熟雌の比は 1：1.6 から 1：23 の間にあり，15 群を合計すると 1：4 で，雄に比べて雌が多いのが通例である．更年期以後の雌を除外しても，その比は 1：1.1 から 1：21.0 の範囲にあり，この傾向は変わらない．その原因は雄が雌よりも遅れて性成熟することと，雄は雌よりも短命である点にある．雌から離れて雄がよそで生活しているという証拠は得られてい

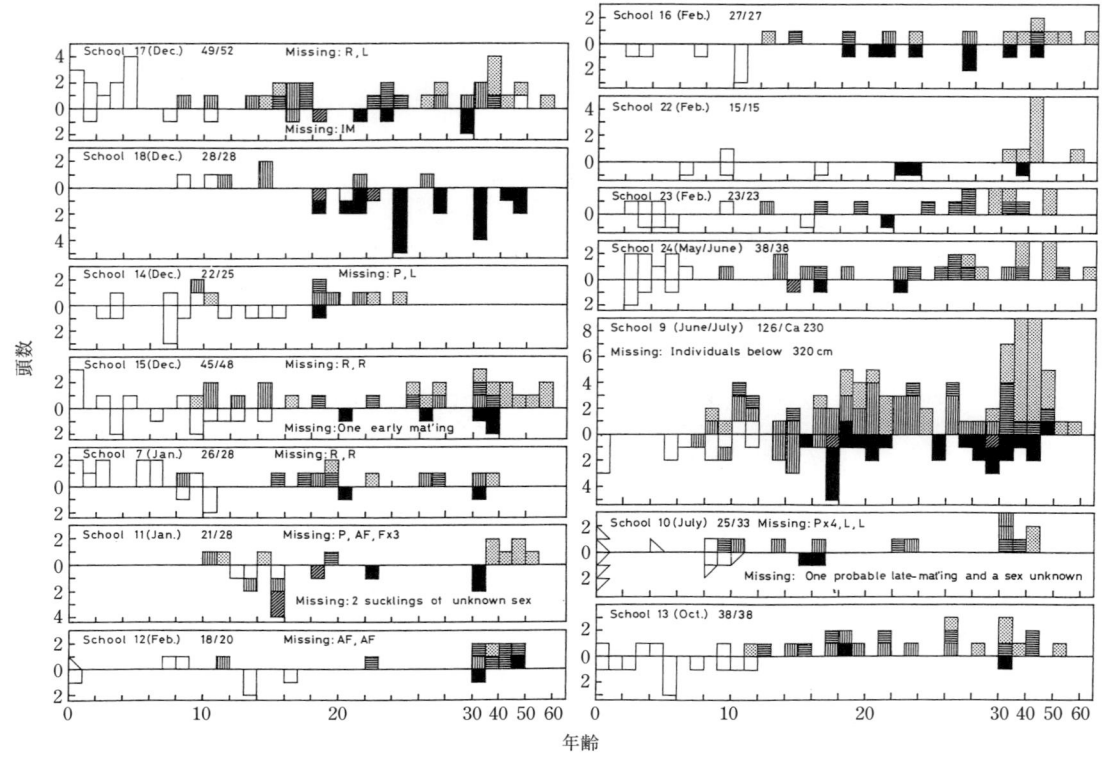

図 12.31 マゴンドウの群れの性状態別年齢組成．水平線の上側に雌，下側に雄を示す．左上に示したのは群番号，調査月，図示頭数/捕獲頭数，および図示されていない年齢不明個体の性状態と頭数（記号は IM：未成熟，AF：成熟雌，AM：成熟雄，F：雌，M：雄，L：泌乳雌，P：妊娠雌，R：休止雌）．雌の性状態は，白：未成熟，縦縞：妊娠，横縞：泌乳，点：休止，黒：成熟とのみ判明の雌．雄の性状態は，白：未成熟，縦縞：成熟前期，斜縞：成熟後期，黒：成熟．3角形は性別不明の個体を雌雄に折半したことを示す．Missing と示されたのは捕獲されたけれども調査されなかった個体．(Kasuya and Marsh 1984)

ない（前述）．

　雄が特定の性状態の雌，たとえば発情期の雌のまわりに集まる傾向があるのかどうかをみるために，さまざまな性状態の雌に対する雄の数の相関を調べたが，そのような傾向は認められなかった．雌の群れにはほぼ必ず成熟雄が一緒にいるが，彼らがどこからきたのか，彼らは生まれた群れにとどまっているのか，他所から渡ってきたものかという疑問は解明されていない．また，彼らが1つの群れに繁殖期を超える長い期間にわたってとどまっているのか，それとも動き回っているのかもわかっていない．どこでだれと繁殖しているのか．これらの疑問に対する回答が得られれば，群れによって雄が異常に多いことも，また成熟雄が1頭もいない群れがまれにあるらしいことも，その原因を同時に説明できるはずである．これらに関しては，これまでにいくつかの仮説が提出されているが，データの解釈が恣意的すぎるとか (Kasuya and Marsh 1984)，基礎となったデータが不十分である（影 1999）などの理由で，説明はまだ不十分であるといわざるをえない．つぎに，これに関するいくつかの仮説を歴史的な経緯を追いながら紹介する．

　Kasuya and Marsh (1984) は，成熟途中（成熟前期と成熟後期）の雄は必ず成熟雄にともなわれていたこと，つまり成熟途中の雄がいて成熟雄がいない群れは出現せず，成熟雄がいても成熟途中の雄がいない群れは7群観察され，成熟雄と成熟途中の雄の両者がいた群れは6群あったことに注目した（図 12.31，図 12.32）．このことは，成熟途中の雄は，おそらく成熟雄

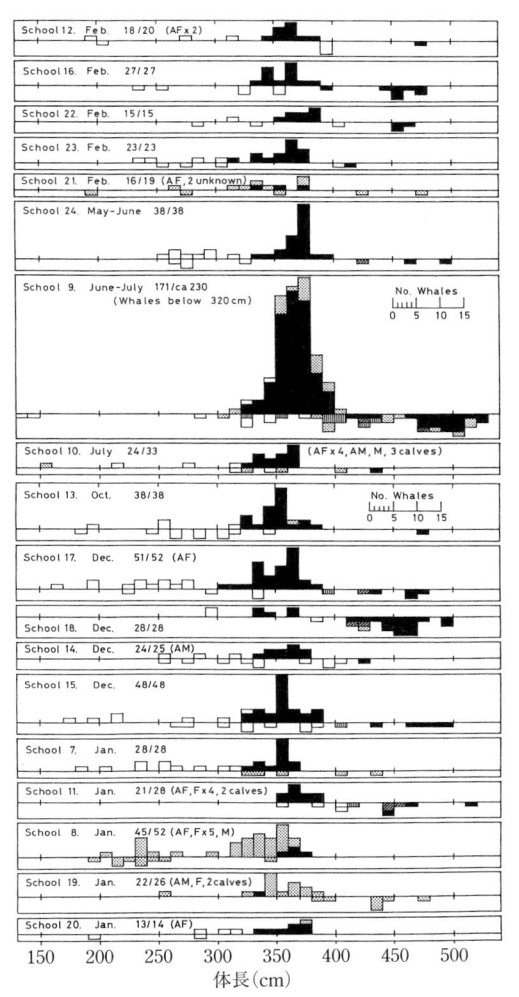

図 12.32 マゴンドウの群れの性状態別体長組成.水平線の上側に雌,下側に雄を示す.雌の性状態は,白:未成熟,黒:成熟,点:成熟状態不明.雄の性状態は,白:未成熟,縦縞:成熟初期,斜縞:成熟後期,黒:成熟,点:成熟状態不明.その他の記号は前図に同じ.(Kasuya and Marsh 1984)

としての機能を完全には果たしてはいないことを示唆するものである.また,成熟途中の雄は成熟雄によって群れから排除されていないことも示されている.これは,マッコウクジラとは異なる特徴である.さらに,成熟途中の雄の数が多い群れと少ない群れとがあることから,Kasuya and Marsh (1984) は,春機発動期の雄は 10-20 歳になるとたがいに集まる傾向があるのではないか,その結果,ある群れにはそのような雄が多くなるとか(第 6 群には 5 頭い

た),そのような年齢の雄が欠ける群れ(第 13, 16, 18 群)があるのではないかと推論した.ただし,このようなばらつきがたんなる偶然の機会で起こる確率は十分に小さいという証拠は示されていないのが弱点である.

この推論は,雄は自分の母親の群れから離れる可能性を想定したものである.Kasuya and Marsh (1984) は,群れのなかの成熟雄の比率が,このようにきわめて多様であることに加えて,群れによって成熟雄の年齢組成が偏っていたり,不連続であったりする例があることに注目した(第 7, 9, 13 群).このことを根拠として,マゴンドウの成熟雄は 1 つの群れに必ずしもとどまるとは限らないであろうと考えた.その結果として,ときにはある群れに成熟雄が多くなったり(第 18 群),逆に少なくなったり(第 13, 20 群)すると推論したのである.これを支持するほかの情報もいくつかある.1 つはカナリー諸島のコビレゴンドウの観察から得られている.ここでは,観察された 46 個のポッドのなかには組成に関してまだ有効な情報が集まっていない群れもあるが,28 個のポッドは成熟雄と成熟雌の両方を含んでいることが確認され,2 つのポッドは成熟雄だけで構成されていたことが明らかであった(2 頭と 6 頭; Heimlich-Boran 1993).種は異なるが,フェロー島のヒレナガゴンドウでも,8 頭からなる 1 群全体を追い込んで捕獲したが,その組成は未成熟の雄 2 頭(3, 10 歳)と成熟途中ないし成熟雄 6 頭(16-24 歳)よりなっていた(Desportes et al. 1992).

これらの情報は,雄だけが集まって群れの間を移動する例があることを示唆するものであるが,このような推論は群れの組成を眺めて,自分に都合のよい情報をピックアップして物語を組み立てているだけかもしれないという弱点をはらんでいる.それ以外の可能性がないことが証明できていないし,それが最善の推論であるという証明もないので,過信するのは危険である.最近では,雄が母親から分かれて別の群れに入って生活する例は少ないのではないかと思わせる証拠が,遺伝情報の解析から集まりつつ

ある．これについてつぎに紹介する．

12.5.4 父親はだれか

マッコウクジラの雄は，春機発動期になると母親や姉妹がいる母系群を出ていく．初めのうちは，彼らは若い雄どうしで一緒に行動しているが，完全に成熟するころには単独生活に入る（Best *et al.* 1984）．成熟しかけた若い雄が母親の群れを去る背景には，繁殖期に成熟雄が雌の群れを訪れるので，それによって駆逐されてしまうという推論もできる．マッコウクジラでは繁殖期になるとほかの雄との戦いでつけられて，歯傷を体にもつ若い成熟雄がめずらしくない．これとちがって，バンクーバー島周辺にいる沿岸性（resident）のシャチのコミュニティーでは，雄は終生母親の群れにとどまっており，雄どうしの闘争は少ない．しかし，同種でもその沖合にいるコミュニティー（transientと呼ばれる）では雄の行動が少しちがう．そこでは，長男のシャチは終生母親と一緒に生活するが，次男以下の雄は春機発動期のころに母親の群れから離れて単独生活に入る．ただし，分かれた後も母親の生活域のなかで生活するので，相互の連携は保たれているのかもしれない．母親と生活をともにすることは，彼女の知識や経験を利用できるという意味で有利である．おそらく，次男以下は力のある長男に駆逐されるのであろうとみられている（Baird 2000）．つまり，母親と息子たちが母親から離れない傾向は，沿岸性のコミュニティーと同じであるが，なんらかの理由で次男以下にはそれが許されないらしい．その理由とは，マッコウクジラのような繁殖をめぐる闘争ではなく，経済であると私は考えている．沖合のシャチのコミュニティーでは，おもにイシイルカやアザラシを餌としている．餌動物の群れサイズが小さいために，サケを主食とする沿岸性の個体群とちがって，大きな群れで生活すると全員が同時に満腹することがむずかしいので，大きな群れは維持できない．そのため，普段は3頭程度の小さい群れで生活するのであろう．雌が成熟後に母親の群れを離れるのも，同じ理由で説明できる．大きな群れをつくっていると，子どもたちを満足させられない．シャチに比べるとコビレゴンドウの群れが大きいのは，主食のイカ類の海中におけるエネルギー分布が，イルカやアザラシほどにはパッチ状ではないためであろう．コビレゴンドウにはマッコウクジラにみるような闘争痕をほとんどみないばかりか，仲間の歯でできたと思われる傷そのものが少ない．この点はシャチに似ている．

コビレゴンドウの群れのなかの成熟雄の出自について，もう少し科学的な推論ができないものか．この方向で努めたのが影（1999）である．この研究は太地の追い込み漁業で捕獲された4群のマゴンドウについて，DNAを用いて親子関係と血縁の有無を検討した．3群は単群で，ほかの1群は複群のなかから1群を分けて追い込んだものである．漁業者はそれぞれの群れは取り残すことなく全個体を捕獲したと信じている．これら4群から合計12頭の胎児が得られた．その体長組成は13.6-105.5 cmの範囲にあった．彼は，父親である可能性がある個体として同じ群れのなかの成熟雄は当然として，成熟前期と成熟後期の雄も父性の検定対象とした．その結果，合計18頭の雄が父親候補となった．解析の原理は，胎児から核DNAを抽出し，酵素で切断して，電気泳動をして遺伝子型をみる．相同遺伝子の半数は母親由来で，残りの半数は父親由来であるから，母親についても同様の作業をして胎児から母親由来の成分を差し引くと，残りが父親由来のはずである．そのような特徴をもつ父親候補を探せばよい．

その結果は否定的であった．これら12頭の胎児の父親は，一緒に捕獲された群れのなかには確認できなかったのである．彼はさらに念を入れて，これら18頭の候補雄について，それと同じ群れにいた成熟雌との任意の組み合わせをつくり，それらが各群れのなかのほかの個体の両親である可能性も検査した．胎児の検定結果が否定的であったことからみて，当然予想されることではあったが，これも否定的な結果に終わった．マゴンドウの胎児が13.6 cmの大きさに成長するには1-2カ月を要するとして，本種の雄は交尾後1-2カ月以内に群れを去った

ものと結論した（影1999）．一緒の群れで捕獲された雄と雌は，たがいに繁殖相手ではなかったという結果である．同様の結果は，大西洋のヒレナガゴンドウでも得られている（Amos *et al.* 1993）．

そこで2つの問題が残る．群れのなかでいつも雌と一緒に生活している雄はどこからきたのか，雌はどの雄といつ交尾をするのかという疑問である．最初の疑問についてはつぎの項でふれることにする．後の疑問はまだ回答が出ていないが，私はつぎのように推論している．鯨類の交尾を実際に確認するのは困難な種類が多い．研究者が長年追い回して観察しているにもかかわらず，ザトウクジラやシャチの交尾の現場を確認した例はないらしい．少なくとも歯鯨類は性的に活発な動物であるし，遊び心に満ちている．一見交尾とみえても，はたして性的な遊戯なのか，まじめな交尾なのかわからない．どの交尾が妊娠につながったか，どのような雄が繁殖の勝利者なのかを行動と対比して確認する研究はなされていない．コビレゴンドウでいつ交尾が行われるのか．この疑問を解く鍵は「ポッド」と呼ばれる，日常的に行動をともにしている母系の集まりの行動にあるにちがいない．複数のポッドが一時的に合流して数十頭の「グループ」をつくることがあるし，ときには100頭ないしそれ以上の「大群」になることもある．私がこれまで追い込み漁の漁獲物に対してあいまいに「群れ」と呼んできたものは「ポッド」や「グループ」に相当するものであり，私が「複群」と呼んだものは「グループ」や「大群」に相当すると考えている．ただし，そこには明確な区別があるわけではない．シャチでは，交尾の相手は同じポッドのメンバーではないが，同じコミュニティーのメンバーではあると信じられている．

コビレゴンドウにおいても，久しぶりに出会った仲間との間で性的な興奮が高まり，交尾が行われる可能性がある．交尾に参加するのは，必ずしも排卵前後の発情雌だけではない．妊娠している雌も，更年期を過ぎた老女もそれに参加することは子宮内の精子の存在によって確かめられている．交尾が繁殖という目的を離れて，ほかの社会的な機能をもっていると推定されている（前述）．友情を確かめ，平和を維持するのに役立っているのかもしれない．子宮のなかの精子について，雄を特定することはむずかしいとしても，何頭の雄に由来するかだけでも解明されることが待たれる．死体研究の貢献分野である．

12.5.5 群れのなかの血縁関係

北大西洋のヒレナガゴンドウの群れ構造については，Amosとその仲間はDNA解析とシミュレーションによって，2つの群れについて遺伝的構造を解析した（Amos *et al.* 1993）．群れが大きい場合には，親子の組み合わせを仮定して1つずつ検定を進めるとなると，対象となる組み合わせ数が膨大な数になってしまうので，別の方法を考えた．まず，群れのなかの遺伝的な変異をもとにして，ある遺伝的特徴をもった個体（雄雌区別せず）からみて，群れのなかにその母親がいる確率と父親がいる確率を推定した．その結果，その当人の年齢を問わず父親がいる確率はほとんどゼロであったが，母親がいる確率は5歳以下の個体にあっては100%に近く，それは個体の年齢とともに減少したが，20歳以上でも30%と高い値が得られた．続いて彼らは，各個体の遺伝子型と群れのなかのほかの個体の遺伝子型との共通度を計算した．その共通度が各個体の年齢や性別によってどのように異なるかを調べると，得られた値はきわめてばらつきが大きかったが（5-10歳：0.08-0.42, 30-45歳：0.17-0.7），その値には雌雄でちがいがなく，個体の年齢とともにわずかに増加傾向を示し，その傾向は統計的に有意であった．若い個体ほど外から父親の血が入ってくるために，群れの特徴が薄れるのである．これらの結果から推論されるのは，ヒレナガゴンドウの群れは，母親とその子孫（雄も雌も）が同じ群れで生活する血縁集団であるということである（子どもの父親は群れのなかにはいないことに注目）．このような群れを母系社会と呼ぶ．ただし，群れがランダム性からどの程度外れてい

るかについては，この解析は答えを与えていない．つまり，ヒレナガゴンドウの群れのなかにいくつの母系集団があるのか，メンバーが増えた母系群はどのように分裂するのか，母親から離れて他所に移っていく娘や息子があるのか，あるとすればその頻度はいかなるものか．このような問いには解答が得られていない．

この問いに対するヒントが，別の手法による群れの遺伝的解析で得られている．そこで解析された多型遺伝子座は3個にすぎないが，使われた試料は31群から得られた1,948頭という多数に上る（Andersen 1993）．フェロー諸島で捕獲されたヒレナガゴンドウの群れの間で観察された対立遺伝子頻度のちがいは，雌，とくに成熟雌の遺伝子頻度の差異によるものであり，雌が群れ間を移動することが少ないことを示していた．これはAmos et al.（1993）の結論と矛盾しない．つぎに群れごとに，遺伝子座ごとに，ホモ接合体とヘテロ接合体の比率がハーディーワインベルグの期待値に合致するかどうかを検討した．これは群れのなかでランダム交雑が行われているか否かを調べる手法である．その結果，多くの群れではランダムな交雑に期待される値に合致したが，いくつかの群れでは，雄では合致しない例が認められた．彼はこれを雄が群れの間を移動するとか，特定の雄が子孫をたくさん残しているときに期待される現象であるとしている．2つの結果を並べてみると，ヒレナガゴンドウにおいては，雌を中心とする母系集団が核になって群れが形成されていることはまちがいないようであるが，少なくとも若干の雄がほかの群れに移動する可能性が残されているとみることができる．

このようなヒレナガゴンドウに関する知見を念頭に置いて，影（1999）が行った太地で捕獲されたマゴンドウ（コビレゴンドウの地方型）の群れの遺伝解析の結果を眺めよう．彼はまず核遺伝子を用いて群内組成を解析した（mini-satellite fingerprint法）．用いた群れは4群と少ないが，遺伝子座は13座という多数である．4群について2群ずつ組み合わせると6組が得られるが，そのうちの4つの組み合わせにおいて遺伝子頻度が有意に異なることを見出した．親子が一緒に生活する傾向のある群れであれば当然である．つぎに，同じデータを用いて群内のヘテロ接合度を求めると，ランダムな交雑を仮定した場合に比べて，ヘテロ接合個体の頻度が高かった．彼はこのことから群内に複数の血縁集団があること，他群との間で交雑があること，あるいはメンバーの交換があることなどの可能性を指摘した．これら2つの解析は性別になされていないので，雌雄のどちらが群れにとどまる傾向があるかを判断することはできない．

ミトコンドリアDNAは核外遺伝子であり，母系遺伝をするという特徴がある．影（1999）はこの遺伝子の制御領域を酵素で切断して電気泳動にかけ，その像から群れごとの遺伝的多様性を調べた．用いた試料はマゴンドウ5群248頭である．その結果，第201群（22頭）にはA，B2つの型が認められたが，ほかの4群ではA型のみであった．制御領域の塩基配列にはさらに多数の変異が認められたが，たまたま用いた酵素では2型にしか分けられなかった．この特徴を使うと，2つの型が認められた第201群は11頭ずつの2つの母系に分けられ，そのどちらにも成熟雄が1頭ずつと，成熟雌が9頭ないし6頭，未成熟が1頭ないし4頭が確認された．したがって，この群れでは2頭の成熟雄は母系にとどまっていたと推定される．

つぎに影（1999）は核DNAを酵素で切断し，その電気泳動像のバンドの特徴をもとに，群内の個体間のバンド共有率を計算した（multi-locus fingerprint法）．理論的には，親子ではこの値が0.5になり，血縁が薄いほど値が低いはずである．事実，胎児と母親の間では0.46-0.51の値がみられている．第201群のすべての個体間の組み合わせについてバンド共有率を計算した．彼は，性別と成長段階別（成熟，未成熟，胎児）に分けて平均値を求めて，多岐にわたる解析をした．すべての組み合わせのバンド共有率の平均は0.355であり，少なくとも2つの母系を含むと思われる成熟雌どうしでは平均バンド共有率が0.35であることを念頭に置いてほかの組み合わせをみると，年齢が近いも

のどうしの組み合わせではバンド共有率が高く（0.39-0.44），逆に成熟個体と未成熟個体のように年齢が離れている組み合わせでは低い傾向（0.33-0.34）が認められた．15頭の成熟雌と2頭の成熟雄の組み合わせでも平均バンド共有率は0.39であり，性別の影響は認められなかった．これらの結果が示唆するところは，雄も雌も母系にとどまる傾向にはちがいが認められないということと，時間の経過とともにほかの群れから遺伝子が徐々に流入して，同じ群れのなかでも高齢個体（群れの設立者グループ）と若い個体（子孫）との間には遺伝子組成にちがいが生ずるという2点である．ほかの群れから流入する遺伝子は，雌の移住か，雄の移住による可能性はこの結果だけでは否定できないが，前の解析結果と総合すれば，交尾のときだけほかの群れから相手がやってきていた（精子だけの移入）可能性が強く示唆される．

12.5.6　群れ構造のまとめ

太地や伊豆半島周辺で捕獲されたマゴンドウの群れについて，これまでに得られた情報を総合し，ある程度の想像を加えると，つぎのような社会構造を描くことができる．コビレゴンドウの群れの基本的な単位は10頭前後の母系の個体の集まりで，シャチではポッドと呼ばれているものに相当するらしい．上述の第201群のA，Bのグループがこれにあたる．それぞれの母系の集まりには成熟雄も成熟雌も子どもも含まれている．われわれが日ごろ目にするマゴンドウの群れはこのポッドよりなる場合もあるが，さらにそれが数個集まっている場合もある．カナリー諸島の観察からみて，ポッドの結びつきは流動的であるように思われる．

雄は性成熟後も母親と行動をともにするのが普通であるが，まれには母親の群れを離れて血縁のない個体と行動をともにすることがあるかもしれない．それが年齢組成のギャップから推定されるように性成熟前後に起こるのか（後述），母親が死亡して個体を結びつける紐帯が消滅し，群れが複数の母系に分裂するときなのか，それ以外に機会があるのかは不明である．

繁殖はポッド外の雄との間で行われるらしいが，そのような交尾は複数のポッドが1カ所に集まったときに行われるものと思われる．どちらも成熟雄を含む2つのポッドが一緒にいたとみられるマゴンドウの第201群でも，体長が13.6cmで受胎後1-2カ月（前述）と推定される胎児の父親はそこには見出されなかったことからみて，そのような交尾集団は比較的短時間で解消されるらしい．多くの検体雌が子宮内に精子をもっていたことからみて，繁殖のための交尾集団の形成は頻繁にあるものと推定される．しかし，繁殖を目的とする交尾も，そうでない非繁殖的交尾も，すべて同じ雄が関与していると予想するのは早計かもしれない．いわゆるソーシャルセックスに関与する雄はこれまで解析がなされておらず，ポッドのなかの雄が関与している可能性は残されている．

雌はおそらく，母親が生きている間はそれと行動をともにするらしい．母親から分かれてほかの群れに移籍することを示す証拠は得られていない．

12.5.7　老齢期の雌

（1）　老齢雌の特徴と鯨類のなかでの広がり

日本近海のコビレゴンドウの群れには繁殖活動を終えた高齢の雌が多い．その2つの地方型の1つ，マゴンドウについては卵巣の研究が綿密に行われてきた．いま，高齢の雌において繁殖能力を失った状態を老齢期と呼ぶことにすると，20歳代の後半からそのような雌が出現し始め，遅くとも40歳までにはすべての雌が老齢期に入っていることになる（Marsh and Kasuya 1984）．そのおもな根拠は，20歳代末になると卵巣中の原始卵胞が涸渇し，最近排卵した形跡のない雌が現れ，36歳からは妊娠雌がいなくなり，40歳を過ぎた雌はみな排卵を停止していることである．この時期の特定の雌の生理的変化を追跡するならば，排卵しても妊娠にいたらないケースの増加から，排卵頻度の減少を経て，ついには排卵の停止にいたる過程が認められるはずである．個体に起こるこの一連の生理変化の時期が更年期である．このような

継続観察があれば，その個体がいつ老齢期に入ったかを過去にさかのぼって特定することができるが，その瞬間にそれと判定することは不可能である．あたかも梅雨明けがいつかを判定するようなものである．このようなわけで，標本のなかの個々の雌について老齢期にあるか否かを正確に判別することは不可能であり，過小評価にならざるをえない．

とりあえず老齢期を35歳以上として，その年齢範囲の雌の数をみると，それは全成熟雌のおおよそ20%（タッパナガ）ないし30%（マゴンドウ）にものぼる（前述）．また，マゴンドウについて卵巣の状態からおそらく老齢雌であると判定された個体の数は，全成熟雌の24%にのぼっていることがわかっている（Marsh and Kasuya 1984）．判定の精度の問題を考えれば，マゴンドウに関するこれら2つの数値は十分に近い値といえる．35歳以上の雌の比率を比べると，マゴンドウよりもタッパナガのほうがやや低率との印象を受ける．このちがいは，かりに更年期に入る年齢に差がなくても，個体群の年齢構成が若齢雌に偏っていても起こる性質のものであり，両個体群に生活史のちがいが生じていると判断する根拠にはならない．

タッパナガとマゴンドウは漁獲の歴史が同じではない．すなわち，タッパナガは終戦直後から小型捕鯨業で年間300-400頭が捕獲された．この操業は大型個体を選択的に捕獲する操業であり，漁獲物中の大型個体の減少が指摘されている（後述）．その後，捕獲頭数は漸減して，1954年以降はほとんど捕獲がなく，1982年の漁獲再開までの約30年間は，資源は回復期にあったと思われる．したがって，30歳以上の個体に比べて，それ以下の個体の比率が高かったはずである．これに対して，マゴンドウは戦後に南西日本において，小型捕鯨業が最大時には年間400頭近くの捕獲を記録したほか，伊豆の追い込み漁業でも，多いときには年間600頭台の捕獲を記録した後，小型捕鯨業により年間100頭台の低レベルの捕獲が続いていたが，1969年から太地で追い込み漁が始まり，本格的な研究資料の収集が行われた．このような捕獲の選択性と回復履歴のちがいが，個体群の年齢構成にちがいをもたらしている可能性がある．

個体群のなかに繁殖を停止した老齢雌がいることは，その個体も餌を食べて資源を消費するので，個体群からみれば1頭あたりの資源の配分はそれだけ少なくなるはずである．出産率の維持という面からみても，老齢雌の存在自体は不利に働く要素である．また，老齢期の雌は子孫を残さないから，自然選択において有利なほかの形質をともなわない限り，老齢期という形質が選択されることはありえない．老齢期の存在が進化の過程で発達し，あえて存在している背景には，そこには資源争奪の不利を補うだけの利点があると考えなければならない．老齢雌が群れのなかでどのような貢献をしているのか，コビレゴンドウの社会構造を考えるうえで興味深い問題である．その検討に入る前に，このような生活史の特性が鯨類のなかでどのように分布しているかを眺めてみよう．

ある特定の雌が繁殖可能な状態にあるか，それとも更年期ないしは老齢期にあるかを厳密に判定するには経時的な情報が必要である．しかし，ある個体群がそのような老齢雌を人口学的に意味のある程度の数で含むかどうかを判断することは，比較的容易である．年齢とともに妊娠率が低下し，ある年齢以上では妊娠しなくなることがわかればよい．漁業で得られた標本を年齢査定すれば，これらの情報を得ることができる．年齢が得られない場合には，卵巣中の黄体と白体の数である程度は代用することも不可能ではない．しかし，黄白体数は年齢形質としては精度が悪いうえに，繁殖活動と密接に関係しているので，望ましい手法ではない．

更年期とそれに続く老齢期の有無に関係する生活史のパラメータをいくつかの代表的な歯鯨類について表12.21に示した．「排卵」「妊娠」「泌乳」の年齢は，これらの状態が観察された年齢範囲を示している．したがって，妊娠が無事に継続するならば（その保証はないが），出産年齢の上限は観察された妊娠年齢の上限よりも1年程度は多いと期待される．また，泌乳期間は，ある出産の後，何年の間，泌乳が続くか

表 12.21 歯鯨類の生活史パラメータの代表例．雌において繁殖停止後の老齢期があると判定される種を＊印で示す．時間単位は年，カッコ内は雄の値．平均出産間隔は老齢ゆえに妊娠能力の失われた雌を含めて算出されている．表12.12，表 12.13，表 12.14 も参照されたい．

種	平均性成熟年齢	排卵年齢	妊娠年齢	泌乳年齢	最高寿命	泌乳・哺乳の期間	平均出産間隔
＊マッコウクジラ	9 (20)	≤41	≤41	≤48	61 (61)	哺乳 ≤7 (≤13)	5.2-6.5
＊マゴンドウ	9 (17)	≤39	≤35	≤50	62 (45)	泌乳 ≤9 (≤15)	7.8
＊タッパナガ	9 (16-18)	≤40	≤36	≤43	61 (44)		5.1-7.1
？ヒレナガゴンドウ	8 (16.8)	≤55	≤55	≤55	59 (46)	哺乳 ≤7 (≤12)	5.1
＊オキゴンドウ	9 (18)		≤43	≤53	62 (57)		6.9
＊シャチ	13 (15)		≤41		80-90 (50-60)		6, 10
マダライルカ	9 (11)		≤40	≤45	45 (42)	平均泌乳 1.7-2.1	3.0-3.6
ハンドウイルカ	6/9 (10/12)		≤38	≤42	45 (43)	平均泌乳 1.3/1.8	2.5/3.0
ツチクジラ	10-15 (6-11)		≤49	≤54	54 (84)		3.4

[出典など] マッコウクジラ：Nishiwaki et al. (1958) および Best et al. (1984). コビレゴンドウ（マゴンドウとタッパナガ）：Kasuya and Marsh (1984) および Kasuya and Tai (1993). ヒレナガゴンドウ：Martin and Rothery (1993), Desportes and Mouritsen (1993) および Desportes (1993). オキゴンドウ：粕谷 (1986) および粕谷 (1990). シャチ：Olesiuk et al. (1990). マダライルカ：Kasuya (1985). ハンドウイルカ：粕谷ら (1997), 2 セットの値は太平洋沖と壱岐周辺個体群のちがいを示す. ツチクジラ：Kasuya et al. (1997). なお, ツチクジラでは, 性成熟年齢は平均でなく個体変異の範囲である.

を示したものである．この場合，子の性別によって異なる場合がある．ただし，自分の子に授乳しているという保証はないし，共同保育の可能性を信じる研究者も少なくない．哺乳期間は子どもが完全に離乳するまでの期間を示しており，魚やイカなどの固形食と併用している期間も含んでいる．この場合も，自分の母親だけから哺乳しているとは限らない．不等号をつけた数値は，それぞれの個体群において知られている（あるいは推定されている）最長範囲であり，多くの個体ではこれよりも早く泌乳/哺乳を停止するものである．なお，マダライルカなどでは最長期間の推定値がないので，平均泌乳期間を示してある．

Marsh and Kasuya (1986) は，必要な情報が得られている歯鯨類 12 種とひげ鯨類 6 種についてレビューして，人口学的に意味のある量の老齢雌を保持している種はひげ鯨類にはなく，歯鯨類ではコビレゴンドウのほかにバンクーバー沖のシャチと長崎県壱岐周辺のオキゴンドウであるとした．このレビューの後から得られた情報と合わせて，つぎに紹介する．

オキゴンドウは勝本町で捕獲されたもので，雄 101 頭，雌 116 頭の試料がある．妊娠雌の最高齢は 43 歳で，最高齢の雌との間には 19 年の差があり，その年齢範囲に 16 頭の雌があることが根拠になった．この標本では，最高齢の泌乳雌は 53 歳で最高齢の妊娠雌と 10 年のちがいがあったが，その間には 1 頭しか標本がないので，あまり頼りにならない．卵巣の精査はまだなされていないので，排卵がいつ止まるかはわからない．オキゴンドウでは，最高寿命の性差は 6 年（2 頭）とわずかに雌が長寿であるらしい．このオキゴンドウの標本は，南アフリカの標本と合わせて解析が進められつつあるが，老齢雌の存在については同様の結論が予想されている．

バンクーバー沖のシャチでは，野生の個体を識別して社会構造や個体群動態を研究することが 1973 年から続いている．Olesiuk et al. (1990) の研究は，1987 年までの 15 年間のデータにもとづいて，モデルを使って成長や繁殖のパラメータを推定したものである．そのデータのなかに 10 年以上も出産しない成熟雌が多数あり，コビレゴンドウのデータと対比して，その多くが老齢雌であると推定されている．特徴的なのが年齢と出産率との関係である．出産率は成熟した 1 頭の雌が 1 年間に出産する確率であり，流産を無視すれば年間妊娠率に等しい．この個体群の出産率は 12 歳時の 100% 近くから，18 歳時の約 25% にまで急減する．この年齢では成熟したての雌がつぎつぎと妊娠することが背景にあるので，ひとまず除外するとしても，それ以後の年齢においても出産率は直線的

に減少を続け，48歳以上では5%以下になることが注目される．これはコビレゴンドウでみたのと同じような変化である．48歳を超えてもゼロにならないのは，おそらく年齢推定モデルの特性で数値変化が実際以上に尾をひいているためかもしれないので，必ずしも真実を反映しているとは限らない．

　南アフリカ沿岸のマッコウクジラについては，研究用に採捕した標本を年齢査定して，年齢と妊娠率の関係が明らかにされている（Best et al. 1984）．それによると雌雄とも61歳まで生きるが，妊娠した雌は42歳までしか出現しないので，この個体群も多数の老齢雌を保持すると考えられるにいたった（Kasuya 1995）．雌雄で最高寿命に年齢差がないのが本種の特徴である．その背景には，成熟雄は高緯度海域に回遊して，雌や子どもとは別の資源を利用していることが影響しているとの見方がある（粕谷1990）．

　解釈に苦しむのが北大西洋に生息するヒレナガゴンドウである（Martin and Rothery 1993）．本種の雌について年齢と卵巣中の黄・白体数の関係をみると，45歳までは直線的に増加し，その後も50歳まではほぼ同じ傾向を維持すると認められた．50歳以上（51歳：1頭，55歳：2頭，59歳：1頭）については標本が少ないので傾向はつかめない．見かけの妊娠率は10歳の40%から35歳の20%まで，年齢とともにしだいに低下し，41歳を過ぎると急減した．しかし，42歳から最高齢59歳までに30頭の雌がいるとグラフから読み取れるが，そのなかで，55歳の1頭が妊娠していたのである．この著者らはこれらのデータから，「ヒレナガゴンドウの雌のなかには老齢ゆえに排卵を停止したか，あるいは排卵しても妊娠に至らない老齢雌が存在する可能性があるが……55歳で妊娠していた個体があることからみて，本種の雌は終生にわたって繁殖が可能である」と結論した．はなはだ理解しがたい表現であるが，このデータはつぎのように解釈することも可能である．すなわち，雌は40歳以後つぎつぎに更年期に入るが，更年期を過ぎて50歳までに老齢期に入るころには，多くの個体は寿命を終えてしまうという解釈である．この場合には，ヒレナガゴンドウに老齢期があるとしても比較的短いということになる．更年期における繁殖活動は栄養状態に左右される可能性があるので，将来に餌の供給が向上するとか，個体密度が低下するなどして栄養条件が改善された場合には，41-50歳の排卵が妊娠に結びつく率がいまよりも向上するかもしれない．しかしながら，この55歳で妊娠していた1頭を，それほど重視するのが妥当かという疑問が残るところでもある．これを例外的な個体として無視すれば，本種では妊娠は41歳まで，排卵は50歳まで可能であり，コビレゴンドウに比べて繁殖可能年齢が数年長いことは事実であるとしても，最長20年近い寿命を残して繁殖を停止する点では，コビレゴンドウと異ならないと解釈することもできる．このような疑問を解明するためには，コビレゴンドウでなされたような生殖腺の詳細な解析と，さらなるデータの蓄積が望まれる．

　Marsh and Kasuya（1986）のレビューの後に得られたデータも含めると，個体群のなかに人口学的に意味のあるほどの数の老齢雌を保持する鯨類として確実なのは，マッコウクジラ，コビレゴンドウ，シャチ，オキゴンドウの2科4種であり，ヒレナガゴンドウにもその可能性がある．最初の3種は母系の群れに生活することが知られている．そのなかで，マッコウクジラでは通常10-50頭の母系のポッドが基本単位となり，各ポッドが合流したり離れたりする網目状の社会構造をもっているらしい（Whitehead 2003）．シャチの場合は，バンクーバー沖にすむレジデントと呼ばれる個体群（エコタイプ：生態型とも呼ばれる）を対象とした研究によっている．そのなかには複数のコミュニティーがあり，それぞれのコミュニティーはいくつかの母系のポッドからなっている．同じコミュニティーのポッドどうしは合流することがあるが，ほかのコミュニティーに属するポッドとは交流がない．これは基本的にはマッコウクジラと同じであるし，大西洋のコビレゴンドウでも同様らしい（前述）．オキゴンドウの社会構造

はほとんどなにもわかっていないが，おそらく母系社会をもつのではないだろうか．

（2）老齢雌の役割

表12.21において，老齢期をもたない種（かりにタイプ-1と呼ぶ）と比べた場合に，これをもつ種（タイプ-2）では雌の寿命が長いことが指摘される．妊娠の上限年齢や雄の最高寿命には，2つのグループ間で大きなちがいがない（雄の寿命に関してはオキゴンドウとマッコウクジラは例外）．タイプ-1が原型に近いものであり，タイプ-2では繁殖年限が終わった雌の寿命がなんらかの理由で延長されたと解釈される．この見方に立てば，ヒレナガゴンドウはタイプ-1からタイプ-2への進化の途上にあるとみることも可能である．ツチクジラも比較のために表に入れたが，これは上のどちらの系列にも入らないとみるべきである．ツチクジラで観察されている雄の長寿化は，雌の老齢期の発生とは別のものであり，未知の第3の方向への進化を歩んでいる可能性がある．ただし，歯鯨類の生活史の型はこれらに限られるわけではない．ラプラタカワイルカ（Kasuya and Brownell 1979）やネズミイルカ科（Kasuya 1995）のように早熟・短命・多産のグループもある．

Marsh and Kasuya（1986）は，老齢雌が社会的な機能をなにももたないならば，そのような特性は個体群のなかから除去されるであろうとし，その機能とはおそらく育児への貢献にあるとみた．老齢雌が自分の娘の子ども（自分の孫）の育児に貢献するならば，自分の血統を残すことに貢献するので，長い老齢期をもつような遺伝子が個体群のなかで増加する可能性があるという考えである．コビレゴンドウやシャチが母系的な社会に生活していることは，そのころ得られていた情報から推定できたので，それをもとにして更年期を過ぎた雌の社会的機能が予想されたのである．いまでは当時に比べて歯鯨類の社会構造に関する情報は格段に増加した．多くの歯鯨類が母系的な社会を形成する方向にさまざまな程度の進化をみせているなかで，シャチ，マッコウクジラ，コビレゴンドウなどはその傾向がとくに著しい種である．

雌鯨のエネルギー消費に関するLockyer（1981）の研究によれば，成長しきったマッコウクジラは1日に体重の3%の餌を消費する．成熟したての若い雌はまだ体の成長が続いているので，餌の消費量は体重の10%である．彼らの餌はイカが大部分を占める（コビレゴンドウの餌も大部分がイカである）．妊娠中には多少は栄養必要量が増えるが，栄養摂取には大きな困難はない．妊娠中の摂餌量の増加は，妊娠後半においても若い妊娠雌で10%増，完全に成長した雌で5%増にすぎないという．すなわち1日あたりの摂餌量は自己を維持するのに必要な420 kgのほかに，胎児のために20-40 kgが必要となるだけである．しかし，出産後には事情が一変する．乳児の活動と急速な成長を支えるために，摂餌量は若い雌で63%増，成長の止まった雌でも32%増となり，合計すると1日あたり685 kg（若い雌）ないし554 kg（成体）を必要とする．このような摂餌量の増加は母鯨にとっては相当の負担であるにちがいない．

生まれて1年以内のマッコウクジラの子どもは，潜水能力が十分ではないとみえて，群れが索餌のために潜水しているときにも海面近くにとどまっている．母親にとっても，このような子どもを連れて潜水するのは足手まといであろう．観察によれば，このような子どもは水面で母親以外の成熟雌にともなわれていることが多いといわれる（Whitehead 2003）．そのような雌は子守役（babysitter）と呼ばれている．子守役がいることで，幼い子鯨はサメやシャチに襲われる危険が減るし，母鯨は安心して摂餌して十分に乳を出すことができる．確たる証拠はないが，このような子守役を老齢雌が分担している可能性がある．

老齢雌からみれば，群れのなかには自分の娘たちがいるし，娘たちが産んだ孫たちもいる．高齢になって体力が低下してから，あるいは余命が少なくなってから無理に出産するよりも，娘たちの繁殖や孫たちの生存に貢献することができれば，結果的には自分の血統を多く残すという面で能率がよい．このようにして老齢雌が

進化したのではないだろうか（Marsh and Kasuya 1986）．

　老齢雌には情報の担い手としての機能も考えられる．動物は経験を積むことによって，危険を予知したり餌をとったりする能力が向上し，より安全に生活できるようになる．高度な動物ほど，経験や知識の蓄積が自己の生存にとって重要な役割を果たしている．そのうえ，陸上に生活している霊長類に比べて，海上に生活する鯨類にとっては環境の予測がむずかしい場合が多いにちがいない．陸上では，若葉が出たり果物が熟したりする場所は決まっているし，実のなる季節もあまり変動しない．しかし，海中では昨日の餌場に今日も魚がいるという保証はない．摂餌場所をどこに求めるか高度の判断が必要となる．高齢の個体ほど豊富な経験を積み，多様な知識を蓄えているにちがいない．繁殖を終えた老齢雌がそのような役割を担うならば，群れのメンバー全体の安全や利益が増すであろう．彼らの多くは血のつながっている家族である．

　個体の知識として蓄積された情報や，それにもとづく行動は，学習によって同じ群れのなかのほかの個体に引き継がれ，世代をまたいで保持されるにちがいない．これが動物行動学でいう文化である．鯨類にも文化があることがしだいに理解されつつあるが，文化の存在を観察によって認識するには困難がともなう（Whitehead 2002; Krutzen 2006）．高齢雌によって経験が保有され，それが幾世代にもわたって蓄積されるならば，群れのなかに保有される情報量は格段に増加する．おそらく，更年期を過ぎた老齢雌には，群れのなかで文化の担い手としての役割もあるものと思われる．

　文化として受け継がれる情報も，遺伝的に子孫に伝えられる情報も，生物が環境に適応する手段であることにはちがいがない．多くの生物は自然選択によって遺伝的特徴を変化させつつ環境に適応してきたが，それには万単位の年月と多くの世代を経なければならないので，急速な環境変化には対応しきれない．ところが，文化はその変化や改善の迅速性に特徴がある．文化は基本的には母系のポッドと呼ばれる単位で獲得され保持されるが，長い年月の間には，離合集散や個体の移籍を通じて，同じコミュニティーのなかのほかのポッドに伝えられることもあるにちがいない．ポッドが新しい環境変化に対応して行動様式を変化させていくのにも，文化が役立つ．文化はそれをもつ鯨類集団にとっては自らの適応力を高めるものであるし，種にとっては，その多様性を種内に保持することは種の生存可能性を増加させるものでもある．いま，鯨類の保全においては遺伝的多様性を保存することに視点が置かれている．しかし，文化の多様性を保存することを忘れて，遺伝的多様性の保存だけで満足するならば，現生鯨類のもつ適応能力や生存能力を十分に温存することにはならない恐れがあることを認識すべきである．

12.6　人間活動との関係

12.6.1　漁獲の歴史と捕獲統計

　日本近海のコビレゴンドウにおよぼす人間活動の影響については，鯨類を対象とする漁業のほかに網漁業による事故死，海洋汚染による生理障害，餌料であるイカ類をめぐる漁業との競合などが考えられる．また，しばしば報道される本種の座礁の一部は軍事ソナーに起因する可能性も考えられている（序章）．これらの要素のうち，海洋の化学汚染や音響汚染については私の能力外である．混獲については信頼できる統計がなく評価がむずかしいし，漁業との生態的競合については研究が進んでいない．現在のところ，日本近海のコビレゴンドウの生存に影響する要因としては，イルカ漁業の存在が最大と思われるので，以下では本種の漁獲と資源に対する影響について概要を述べる．イルカ漁業の歴史については第Ⅰ部でふれているので，ここではそのなかから，コビレゴンドウを捕獲した漁業の概要を抜き出してみる．詳細はそれぞれの漁業の項を参照されたい．

　本種は，日本海と九州沿岸の東シナ海にはまれである．戦後の小型捕鯨業は渡島半島西方の

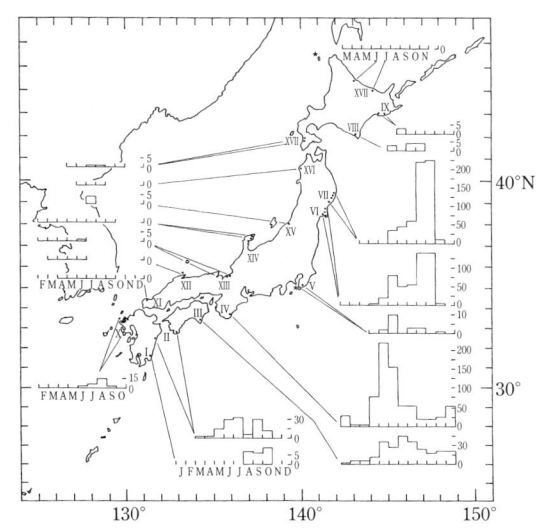

図 12.33 小型捕鯨船の根拠地とコビレゴンドウの月別捕獲分布．鯨漁月報（1949-1952年）による．(Kasuya 1975)

日本海でごく少数のコビレゴンドウの捕獲を記録しているが（Kasuya 1975），種の判定は漁業者の報告によるものであり，疑問なしとしない．太平洋側で本種を捕獲した漁業地を，北から順にあげるとつぎのようになる．

北海道の太平洋沿岸では戦中・戦後にかけて小型捕鯨船が釧路，厚岸および浦河の事業場を用いて捕獲した．ミンククジラ漁の合間に捕獲したものらしく少数であり，1949-1952年の4年間の平均は年間4-5頭にすぎない．散発的な捕獲は1970年代まで続いた（Kasuya and Marsh 1984）．捕獲されたのはタッパナガ個体群である（図12.33）．

三陸沿岸の各地では18世紀からイルカ類の追い込み漁業が行われ，明治時代には漁業権漁業となり，大正時代まで続いた．それら漁業地の1つ山田湾の大浦で捕獲された種として真海豚，鼠海豚，後藤海豚の3種が『山田町史』（川端1986）にあげられている．このなかで後藤海豚とあるのがコビレゴンドウであり，地理的にみてタッパナガ個体群であると思われる．第2次世界大戦中と戦後のイルカ漁業の勃興にともない，小型捕鯨船や突きん棒漁船も三陸方面でコビレゴンドウを捕獲した．小型捕鯨業は年間数百頭もの捕獲を1953年まで続けた後，1970年代初期まで低レベルの捕獲を続けた．その後1981年までは小型捕鯨業による捕獲はほぼ止まっていたが，1982年にタッパナガ個体群の捕獲が再開され，現在にいたっている．1943年11月現在の小型捕鯨船の数は宮城県10隻，岩手県4隻であった（日本捕鯨業水産組合1943）．

千葉県の銚子では，昭和7,8年（1932/1933年）ごろにゴンドウクジラの群れが浜に集団座礁し，これを周辺の住民が捕獲した記録がある（金成1983）．このような活動が定常的に行われたとは思われないが，銚子周辺の海岸はいまでもコビレゴンドウの集団座礁がときおり報告される特異な場所である．小型捕鯨船は，千葉県下で戦後1949-1952年に年平均5頭程度の捕獲を記録している（Kasuya 1975）．1943年11月現在では，千葉県に小型捕鯨船7隻が操業していた（日本捕鯨業水産組合1943）．現在，和田浦を根拠地として小型捕鯨船がツチクジラを目的に操業しており，ときにコビレゴンドウを捕獲することがあった．銚子以南で捕獲されるコビレゴンドウは，分布からみてマゴンドウと推定される（Kasuya *et al.* 1988）．

伊豆半島沿岸各地では江戸時代初期からイルカ類の追い込み漁が行われ，マゴンドウ型個体群が捕獲されていた．「にゅうどういるか」あるいは「おおいるか」と呼ばれた種がこれである．この追い込み漁業は明治以来，スジイルカをおもな対象として操業してきたらしいが，第2次世界大戦後はスジイルカの水揚げがしだいに減少し，いまでは富戸だけが追い込み漁で少数のイルカを捕獲している．なお，伊豆の稲取には，1910年前後に太地から5連装の捕鯨砲を導入して，ゴンドウクジラの捕獲を始めた者があった．砲は後に3連装を経て単装砲へと変わり，昭和30年（1955）ごろまで操業したということである（中村1988）．なお，日本捕鯨業水産組合（1943）によれば1943年11月現在，静岡県に2隻の小型捕鯨船があり，いずれも稲取にあったとされている．1947年12月に小型捕鯨業が大臣許可漁業になるまでは，小型捕鯨業は自由漁業であったから，このような地方的

な操業がほかの地にもあっても，記録として残されていない場合が少なくなかったと思われる．なお，Kasuya（1975）が集計した1949-1952年の鯨漁月報には稲取の操業記録は含まれていないが，その理由は不明である（図12.33）．

日本の古式捕鯨の記録は1570年ごろの三河湾にまでさかのぼる．この技術は永禄（1558-1569年）のころ東に伝わり，千葉県勝山のツチクジラ漁となり，西へは志摩半島の各地を経て紀州（1606），四国（1624），北九州（1630年代），長門（1672）に伝わったとされる（橋浦1969）．これらの操業は明治末年まで続いていたので，彼らが仕事の合間に若干のコビレゴンドウを捕獲した可能性があるが，その実態は不明である．

和歌山県太地では1606年に突き取り捕鯨を始め，さらに1677年ごろに網取り捕鯨に移行し，これも西方各地に伝えられた（第1章）．太地では網取り捕鯨は明治11年（1878）まで続いたが，それより前，江戸時代末期にはこの事業が不振となり，捕鯨業者は副業としてコビレゴンドウを突いたといわれる（浜中1979）．太地で「てんとう船」あるいは「てんと船」と呼ばれた小型船によるコビレゴンドウの捕獲は，この延長上にあるものとみられる．1903年には，てんと船は初めて捕鯨砲を搭載し，1913年には発動機を搭載することが始まった．その結果，1912年に120頭だったコビレゴンドウの捕獲は，翌1913年には381頭に増加した．当時のてんと船の数は11隻であった．1943年11月現在，和歌山県には15隻の小型捕鯨船があり，11隻が太地に属していた（日本捕鯨業水産組合1943）．戦後の太地の隻数として浜中（1979）は小型捕鯨船12隻（9経営体），てんと船8隻（7経営体）をあげている．船種区別の基準は明らかではないが，小型捕鯨船に分類されている船はやや大型であり，そこには他海域にも出漁していたことが明らかな船が含まれていることからみて，地先操業の小型船をてんと船と称して，やや大型の船と区別したものと思われる．1947年以降の政府の小型捕鯨業縮小の政策を受けて，太地では勝丸（初代）の1隻を残してほかの船はトン数を統合し，1950年の日本近海捕鯨株式会社の設立に際して，そこに吸収された（浜中1979）．太地では伝統的なゴンドウ肉需要に支えられ，小型捕鯨船によるコビレゴンドウ漁はいまでも続いている．太地漁協が経営する正和丸がこれである．

太地には追い込み漁の伝統もあった．コビレゴンドウの群れが接岸すると，村人が総出で湾内に追い込んで捕獲したものである．明治期からは漁業権漁業として免許を得て，第2次世界大戦後も行われた記録がある．これが途絶した後，1969年には数名の漁業者が協力して，コビレゴンドウの追い込み漁を始めた．これはいまも続いている．また，太地で昭和8-10年（1933-1935）に巻き網によるコビレゴンドウ捕獲が試みられたが，これは長くは続かなかった．

高知県（土佐清水，椎名，三津），宮崎県，北九州でも1948-1952年に若干のコビレゴンドウが捕獲されていた（図12.33）．日本捕鯨業水産組合（1943）によれば，1943年には佐賀県呼子に2隻の小型捕鯨船があったし，1943年11月現在で三重県伊勢山田に4隻の小型捕鯨船があり，東京都にも9隻が登録されていた．後者は東京に本社を置く捕鯨会社に所属していたもので，操業範囲は全国におよんでいたものと思われる．

沖縄県名護では，古くからイルカ類の追い込み漁が行われていた．コビレゴンドウやその他のイルカの群れが名護湾に近づくと，周辺の住民が総出で浜に追い上げて捕獲する行事であった．この操業は1971年からほぼ停止したようであるが，その後も1980年代に2回の追い込みあったらしい（Kishiro and Kasuya 1993）．この追い込み漁業は，1982年の知事許可漁業に編入されたときに知事の許可を得なかったという見方があったが（Kishiro and Kasuya 1993），別の資料によれば許可を得たとされている（第3章）．1970年代から追い込み漁業によるイルカ肉の供給が途絶えた後，1975年からゴムひもで捕鯨銛を打ち出す，いわゆる石弓漁業が名護で発生し，いまも住民にコビレゴンドウやその他のイルカ類を供給しつつ，下関や

表 12.22 日本沿岸のコビレゴンドウの生息数．タッパナガとマゴンドウは，日本近海に生息するコビレゴンドウの2つの地方型を区別する名称である．（マゴンドウは Miyashita 1993, タッパナガは宮下の未発表資料 [IWC 1987, 1992]）

個体群	海域	中央推定値	95%信頼限界あるいは変動係数	調査年次	出典
タッパナガ	東北・北海道沖	5,344	819-9,669	夏 (1984-1985年)	IWC (1987)
タッパナガ	同上	4,239	CV=0.61	9-10月 (1982-1988年)	IWC (1992)
マゴンドウ	沿岸域[1]	14,012	8,996-21,824 (CV=0.23)	6-9月 (1983-1991年)	Miyashita (1993)
	沖合域[2]	20,884	11,081-39,361 (CV=0.33)	同上	
	南方海域[3]	18,712	8,448-41,445 (CV=0.42)	同上	
マゴンドウ	上記3海域＋その他[4]	15,057	CV=0.71	1998-2001	南川ら (2007)

1) 30°N 以北，145°E 以西，この海域の西の縁，本州寄りに太地と伊豆の漁場がある．
2) 30°N-42°N，145°E-180°．
3) 23°N-30°N，127°E-180°．この海域の西の縁に名護の漁場がある．
4) ほぼ 10°N-40°N，130°E-160°W で囲まれた海域．

大阪方面にも出荷している（遠藤 2008）．

12.6.2 資源量とその動向

コビレゴンドウの生息数推定値に関して発表された論文は古いものが多い．その地方型の1つであるタッパナガに関する最初の数字としては，宮下富夫氏が1986年のIWC科学委員会に暫定的な推定値として提出したものがある（IWC 1987）．データを増やしてこれを改定したものが，同じく宮下によって1991年の科学委員会に提出された（IWC 1992）．これは，小型捕鯨業により本個体群の漁獲が再開された1982年から1988年までの8年間の9-10月の目視調査データを使って推定したものである．中央値が4,239頭である（表12.22）．95%信頼限界は算出されていないが，変動係数が0.61と大きいので，かりに計算すると，ゼロに近い値から2倍に近い値までを含む可能性がある．

マゴンドウはおもに銚子以南に生息するコビレゴンドウの地方型であるが，これの資源量については宮下が1991年科学委員会に提出し，翌年に論文として印刷公表したものがある（Miyashita 1993）．用いた資料は1983年から1991年までの9年間の目視調査データで，夏の分布期に合わせるために，6-9月の記録に限って使用している．この季節には，マゴンドウの北の分布限界は北緯37度付近にあった．その北側には，沿岸域に限ってタッパナガが出現した．Miyashita (1993) は分布の薄い海域の存在についてはコメントしていないし，それを確認するには多くのデータを集めて検討する必要があるが，私の目で彼の論文に掲載されたマゴンドウの分布図をみると，千葉県の東方400 km（北緯35度，東経145度付近）から奄美諸島（北緯30度，東経130度付近）にかけておぼろげながら分布の薄い海域があり，黒潮の西側と東側に分布が分かれているかにみえる（図12.4）．これが個体群の境界になるという保証はないが，Miyashita (1993) はそれに近い緯度・経度で海面を分割して，生息数を推定している．将来の可能性に備えた対応として好ましい．

南川ら (2007) は，最近（1998-2001年）の目視調査資料を用いてマゴンドウの資源量推定を発表した．そこでは，Miyashita (1993) がかつて約5万頭と推定した海域に対して，1万5,000頭という小さい資源量を推定している．その変動係数（CV）が0.7ときわめて大きいのは発見データが少ないためで，精度に問題があることが理解されるが，もしも真であるとすれば，資源管理には重大な問題を提起するもの

である．この研究は，Miyashita（1993）が3海区に区分した西部北太平洋の膨大な海域を一括して計算している点でも，日本沿岸の漁業管理のためにはそのままでは使えない推定値である．

12.6.3　資源管理の問題点

（1）　タッパナガ

タッパナガは主として銚子以北に分布し，その捕獲は小型捕鯨業にのみ許されている．その捕獲を規制するにあたって，1980年代に多くの議論がなされた．われわれ水産研究所の研究者の希望は，資源の安全管理の立場から，捕獲頭数を資源量の1%以内にとどめたいということに尽きた．これはIWCの科学委員会としては当時，1%ならばまず安全であろうという共通認識があったことと，バンクーバー沖のシャチにおいて初期資源の60%程度まで捕獲された後に観察された回復率が1.3-2.6%であったことが背景にあった．ただし，最近は，このシャチの個体群は減少をみせているといわれ，動向が懸念されている．

タッパナガの戦後の捕獲は1949年に400頭超のピークを記録した後，10-100頭（1955-1957年）に向けて急落した（Kasuya and Marsh 1984）．漁業者は有利な鯨種を捕獲する傾向があるから，捕獲頭数の低下だけであれば，ミンククジラやマッコウクジラに努力が向けられたゆえの捕獲頭数減少である可能性も否定できない（小型捕鯨業者は捕獲を禁じられたマッコウクジラを密漁していたことは周知の事実である；第13章，第15章）．しかし，問題は，この期間に雄の割合が1948年の62%（$n=321$頭）から1953年の43%（$n=224$頭）へと急落したことである．同様の性比の変化が1982年以後の操業でも認められた．すなわち，成熟雄の比率が65%（1983-1984年）から38%（1985-1987年）へと再び急落した（Kasuya and Tai 1993）．これはIWCの科学委員会でも注目され，雄が捕獲で減少したのか，それとも捕獲に対して彼らが学習したために逃げ足が速くなったためであろうと解釈された．いずれにしても資源量が小さいことを示している．

このような状況のもとで，値切られるのを見込んだのか，小型捕鯨業者はとうてい自分らの能力では捕りきれない大きな捕獲枠を要求しつつ，操業においては捕獲頭数をごまかすという作戦に出た．このため私たちはますます疑い深くなっていった．たとえば，久しぶりに捕獲が再開された1982年には，初めは捕獲頭数を85頭と報告したが，私の実感からみてもっと多く捕ったと思われたので，小型捕鯨協会を問い詰めると2倍近くに訂正してきたのである．だが，これが正しいという保証はない．1984年秋の漁期には，私は鮎川に滞在して外房捕鯨，日本捕鯨（日本近海捕鯨の後身），鳥羽捕鯨の3事業所に水揚げされるコビレゴンドウ（すなわちタッパナガ）を調査していた．どの事業所・どの会社と指摘できたわけではないが，捕獲頭数が捕獲枠に近づくにつれて，好天なのに捕獲が少なく感じられる日が出てきた．解体作業は夕方から夜にかけて行われるので，われわれはそのときに生物調査をやる．翌朝は必ず事業所に出向いて解剖場の様子をみるのを日課にしていた．ある日の朝，外房捕鯨の事業所の柱の影に前夜にみた記憶のない小さい胎児が転がっていた．念のため解剖長にほかの会社から内臓をもってきたかと尋ねると，この忙しいのにそんなことはしないと答えた．私が前日の生物調査で胎児を見落としたとは思えないし，卵巣と照合しても該当する雌はみつからない．いよいよ不審に思っていたところ，ある寒い夜に「粕谷さん，今日はこれでおしまいだ」と事業所長にいわれて宿に帰って寝たところ，漁協のアイスクラッシャーが音を立て始め，トラックも走り始めたのである．そこでアルバイトの助手と2人で外房捕鯨の事業所が遠望できる岬に行って眺めると，ゴンドウクジラを曳き上げているのが双眼鏡を通してみえた．私たちは大急ぎで町外れの事業所に行って調査をした．会社は後で捕獲頭数の訂正を水産庁に出していた（Kasuya and Tai 1993）．後に町の人から聞いた話では，私を見張る係の者が，あまりの寒さに怠けて帰宅したための失態だったという．

マッコウクジラ漁の末期に太地に調査に行ったときには，別の手法を体験した．捕鯨会社の社員が，今日はこの時間になっても沖では鯨の発見がないから，鯨が運ばれてくる可能性はない，そこで熊野神社に参詣に行こうと私を誘った．社員はドライブの途中で何回も会社に電話で連絡し，帰り道には勝浦の料亭での長い夕食に連れ込んで，なかなか帰してくれなかった．真夜中に太地の宿屋に帰りついたときには，日本捕鯨の事業所では解剖が終わり，デッキを洗っているところだった．公表したくない鯨の処理をすませたのである．かつて水産庁の研究者が鯨の調査に出かけるとこのようなことがあったし，監督官などは連日マージャンに誘われたり，監督業務を放棄して近くの温泉に泊りがけで出かけたりするのが普通だった（粕谷1999; Kasuya 1999）．

1982年以降のタッパナガ操業再開当初の捕獲規制はつぎのようであった．1982年は自由操業であったが，85頭の捕獲が報告され，後に172頭と訂正された．1983年には175頭の枠で7隻が合計125頭の捕獲を報告した．1984年には同じく175頭の枠で6隻が操業し，160頭の捕獲を報告した．捕獲頭数のごまかしが出るのは頭数枠のせいだという研究者の主張で，1985年には漁期と隻数だけを決めて捕獲枠なしで操業し，62頭を捕獲した．1986年には50頭の捕獲枠で操業し，28頭を捕獲した．商業捕鯨停止への一時的な対応として1987年には操業せず，1988年に2漁期分の枠100頭で操業して，98頭を捕獲した．

小型捕鯨業に与えられたタッパナガの年間捕獲枠は，1989年以降も50頭に維持され，これが2005年漁期まで続いたが，2005年からは36頭に減枠されている．翌2006年にはマゴンドウも36頭に減枠された（表12.23）．その間の小型捕鯨業によるタッパナガ操業の動向をみると，2001年までは捕獲がほぼ安定していたが，その後漸減傾向が感じられる．2007年にはおそらく調査捕鯨との漁期調整の結果であろうか，操業時期が大幅に変更されたので（第7章），この年の評価はおくとしても，2001年までの捕獲の低下は気がかりである．操業記録や漁獲物の性比・年齢組成などを点検してみる必要があるように思われる．

（2）マゴンドウ

マゴンドウの分布域はおもに銚子以南であるが，三陸でもまれに捕獲されたことがある．この型は小型捕鯨業，追い込み漁業，石弓漁業で捕獲されてきた．突きん棒業者にはコビレゴンドウ（マゴンドウもタッパナガも）の捕獲は許されていなかったが，小型捕鯨業者が捕獲したタッパナガの体内から突きん棒の銛先が発見されるという，密漁の証拠が出てきたこともある（Kasuya and Tai 1993）．技術的には，突きん棒漁法でもコビレゴンドウの捕獲は可能である．

和歌山県太地で現在行われている追い込み漁の組織は1969年に始まり，1979年には2組に増加して操業隻数も増加した．1982年には両組が合併したが，操業船数は当時のレベルをほぼ維持して今日にいたっている（第3章）．Kishiro and Kasuya（1993）によれば，和歌山県太地の追い込み漁業においては1982年にマゴンドウ500頭，ほかのイルカ類5,000頭（種別なし）の捕獲制限が漁業者の自主規制として決められた．1986年からはこれが知事の許可条件となった．1991年にはマゴンドウの枠はそのままで，イルカ類の枠が2,900頭になった．1992年には総数を2,500頭とし，コビレゴンドウはそのうちの300頭以内とされた．さらに，1993年には水産庁の規制としてコビレゴンドウに300頭の捕獲枠が設定された．ただし，これら一連の減枠は当時の操業状況を追認したものであり，漁獲量を引き下げるという実質的な機能は認められなかったと私は認識している．なお，当時の太地では「コビレゴンドウ」と「マゴンドウ」は同義に使われていた．

このような規制の下で，1969年以後の太地のコビレゴンドウ漁業がどのように変化したかを眺めてみよう．現在の追い込み漁の組織ができたのは1969年であり，それ以前には50-150頭の間にあった年間水揚げは1970年から増加をみせ，1979年までに91-479頭の値を記録し，

さらに2組操業になった翌年の1980年には，これまでの最大を記録した．その最大記録は，水産庁が集計した数値では605頭であるが（表3.18），太地漁協の協力を得て，そこに保存されていた資料をもとに私があらためて算出した水揚げ頭数は841頭（表3.17）である．私は水産庁統計よりもこちらのほうが真実に近いとみている．なお，太地に1隻残っていた小型捕鯨船は，1981年からは房州方面に操業を移した．その後，1989年にごく少数のコビレゴンドウの枠を受けて，別の小型捕鯨船1隻が太地操業を始めるまでは，太地におけるコビレゴンドウの水揚げは追い込み漁によるものがすべてであった．太地におけるコビレゴンドウの水揚げは，1980年に最大を記録した後には年々減少を続け，1993年に300頭の捕獲枠が定まってから，捕獲枠いっぱいの捕獲を得たのは1996年の1度だけである（表3.19）．さらに，1993年から2007年までの15年間に100頭を超える捕獲を記録したのは半数の8漁期にすぎない．このように，太地におけるコビレゴンドウ（マゴンドウ）の水揚げ量には漸減傾向が感じられる．その背景には，漁場周辺におけるコビレゴンドウ密度低下があると私は考えている．太地のイルカ追い込み漁業の規制にはどこに問題があったのか，資源減少はどのような仕組みで起こりえるものかをつぎに考えてみる．

1993年には，水産庁のリーダーシップにより国内の全イルカ漁業に鯨種別の捕獲枠が設定された．その捕獲枠算出方式は第6章で詳述したように，20,300頭の沿岸マゴンドウの資源量に2％の増加率を乗じ，さらに50頭の調整加算を行い，450頭を得たものである．この加算は，最終的には水産庁の保留分となっているので，問題はないということもできる．しかし，2％の増加率を採用するための水産庁沿岸課の説明は興味あるので，まず沿岸課文書（小型鯨類漁業に関する水産庁の基本方針（案）93.1.25）の関係部分を紹介する．この文書は部外厳秘と手書きされて，当時外洋資源部長だった私のところに送られてきたものである．

まず，ツチクジラとタッパナガについては，IWCでは資源増加率は1％で了解ができているのでそれを維持すると述べている．この記述は，IWCの科学委員会で現在の捕獲は資源量の1％であるから，当面は問題ないという判断がなされていたのを受けたものである．つぎに，米国は小型鯨類の平均的なR_{max}を4％としていることに水産庁は注目した．R_{max}というのは資源がゼロに近いときの年間増加率である．マゴンドウとオキゴンドウの最大持続生産量産出時の増加率は，その半分として2％を採用する（似た生態のタッパナガには1％を採用しているのは，矛盾ではある）．その他の多くのイルカ類についてはR_{max}の75％をとって3％を採用する．内外の研究者がイシイルカのR_{max}は高いとみているので，R_{max}を6％とみなし，最大持続生産量産出時の増加率はその75％として4％とする．ここで述べられているR_{max}を6％と仮定するとか，R_{max}の75％を最大持続生産量産出時の増加率とするという数字は科学的な議論から出てきたものでなく，行政官が考えたものであり，その目的は鯨種別の2％，3％，4％という沿岸課の基本方針を説明するために創造されたものであった．このような便宜的な原則にもとづいて算出された捕獲枠がその後，十数年にわたって使われてきたということは記憶に値する．

最大持続生産量が得られる資源レベルは初期資源の60％程度であろうというのが当時のIWC科学者の理解であったし，資源量や捕獲統計などの情報が誤差を含まない場合には，R_{max}の50％を捕獲していれば，長い間には資源は適正レベルの近くに落ち着くはずだという考えも理論としては受け入れられていた．ただし，これは資源量に振動が発生せず，平衡状態に落ちつくことを仮定した場合のことである．振動は環境要因でも，資源の生物特性によっても起こるものである．ところで，R_{max}を推定するのは困難な作業であり，現状ではそれがわかっている鯨種はないというのが正しい．米国では，それがわからない場合には一律に4％を使って捕獲の影響を評価することが行われていたが，その場合には資源量や捕獲統計の誤差を

表 12.23 コビレゴンドウの個体群別，漁業種別捕獲枠[1].

個体群・漁業種		1992	1993	1994-2004	2005	2006	2007	2008	2009
タッパナガ（小型捕鯨業）		50	50	50	36	36	36	36	36
マゴンドウ	小型捕鯨業	50	50	50	50	36	36	36	36
	追い込み漁業（和歌山）	300	300	300	300	300	277	254	230
	石弓漁業（沖縄）	—	100	100	100	100	92	85	77
	水産庁保留分			(50)	(50)				
	合計	350	450	450	450	436	405	375	343
合　計		400	500	500	486	472	441	411	379

1) 捕獲枠が全国的に設定されたのは 1993 年．当初暦年で決められたが，1996 年から 8 月（イシイルカ）あるいは 10 月（その他イルカ類）に始まる 1 年間に対して決められた．表では漁期開始年で示してある．捕獲枠は翌年に持ち越すことが許されている（表 4.3，表 6.3 参照）．

考慮して，安全係数をかけることになっている（後述）．

なぜ沿岸課は，自らの管理する鯨種にこのような増加率を考え出す必要があったのか．それは当時の漁獲レベルに近くて漁業者に受け入れやすく，外部の者がみればそれなりの理屈があるようにみえる捕獲枠をひねり出す必要があったためだと私は理解している（イルカ漁業の項参照）．ちなみにツチクジラとタッパナガを捕獲していた小型捕鯨業は，当時は遠洋課捕鯨班の管轄だったので，沿岸課は手を出せなかったし，その必要もなかったので現状を追認したのである．じつは，上に紹介した文書より半年ほど前の 1992 年 8 月 5 日付の「平成 4 年度イルカ捕獲枠の設定について」と題する沿岸課の文書では，イシイルカの 2 つの個体群の捕獲枠を合計 17,180 頭（資源量の 3.9%）とし，イシイルカ型あるいはリクゼンイルカ型のいずれか一方の捕獲が 9,000 頭を超えたらイシイルカ漁業のその年の操業をストップさせる，スジイルカは全面捕獲禁止とする方針が示されていた（ほかの鯨種には言及なし）．これに対して，遠洋水産研究所の鯨類資源担当の私たちは「イシイルカの枠はその半分程度（急増以前のレベル）にすべし，資源量については中央値を単純に採用することなく，推定誤差の幅を考慮して低めに設定すべし」という意見を急いで提出した（8 月 6 日付：粕谷）．さらに，秋になって関係研究者が調査航海などから戻るのを待ち，所内の鯨類研究者の意見を総合して，それを小型鯨類研究室長名で沿岸課に送った（イルカ漁業対象資源の漁獲許容量について［改訂版］1992 年 12 月 8 日：宮下）．そこでは，増加率としてマゴンドウに 1% を適用して，捕獲枠を 200 頭とすることを提案した（ほかの種については，オキゴンドウ 1%; ハンドウイルカ，マダライルカ，ハナゴンドウの 4 種は 2%; イシイルカ 3% を提案した）．

これに対して，沿岸課は別の対案を出してきた（平成 5 年度小型鯨類の捕獲枠設定について 93.1.5 沿岸課）．そこでは遠洋水産研究所の見解に全種 1% ずつを上乗せすると述べ，マゴンドウには 2% の捕獲枠をあてはめ 406 頭の捕獲枠を算出し，イシイルカの 2 資源については各 9,000 頭の計算を維持していた（その他の種ついてはオキゴンドウ，スジイルカ 2%; ハナゴンドウ，マダライルカ，ハンドウイルカ 3%; イシイルカ 4% としていた）．これに対して遠洋水産研究所の鯨類研究者は，政治・経済的な理由から大きめの暫定捕獲枠を与えるのであれば，将来の縮小に向けた目標捕獲枠とそこに到達すべき目標時期を明示すべきであるとの意見を提出した（1993 年 1 月 6 日：粕谷・宮下）．科学者の意見は無視されて，出てきたのが，上に示した 1 月 25 日の沿岸課文書であった．

上の説明でわかるように，1993 年のマゴンドウなどの捕獲枠設定は，初めに頭数が決まっていて，それに合わせて理屈をこしらえたものである．その理屈を考えた者の頭には，米国で採用されていた Potential Biological Removal（許容漁獲量：PBR と略称）の方法があったように思われる．これはある時点で発生している

人為的な理由によるイルカ類の死亡が，その資源にとって許容できるものであるか否かを判断するための安全基準として考え出されたものであり，つぎの式で計算される．

$$PBR = [最小資源量, N_{min}] \times R_{max} \times 0.5 \times [安全係数, F_r]$$

安全係数 F_r は Recovery Factor と呼ばれ，当時は 0.5 が使われていた．最小資源量としては資源量推定値の 95% 信頼限界の下限値が使われていた．当時，日本で捕獲枠算出に使われたマゴンドウの資源量は 20,300 頭，$CV = 0.3$ であるから，誤差に正規分布を仮定すると N_{min} は 8,364 頭となり，漁獲可能量は 83 頭となってしまう．漁獲や混獲がこの程度なら，資源にとっては安全だというわけである．これに関して，最近では Wade（1998）の研究が出されている．R_{max} が正しく推定され，漁獲統計にも偏りがない場合には，資源量推定の精度だけが資源管理上の問題となるわけであるが，その場合には F_r を 1 としても，また N_{min} を資源量推定値の下から 20% 点，すなわち 60% 信頼限界の下限値を採用しても，資源は安全に管理できるという試算である（Wade 1998）．しかしながら，現実には R_{max} が正しく推定できていないうえに，漁獲統計が正しくない場合が多いわけで，そのような場合には，安全係数（F_r）を 0.5 程度にして安全を図ることになる．これからわかるように，PBR はかりに最大増加率（R_{max}）を適切な値に仮定したとしても，最小資源量（N_{min}）と安全係数（F_r）の 2 つを相互に変更させられるというきわめて融通のきく方法である．そのため漁業管理にこれを使うと，その融通性ゆえに管理が関係者の力関係で恣意的になる恐れがある．

マゴンドウの漁獲枠算出には，20,300 頭という資源量が基礎になった．これは，遠洋水産研究所の鯨類研究室が当時のデータを用いて行政の求めに応じて算出したものであることが，1992 年 12 月 8 日付の意見書から知られる．表 12.22 に示した沿岸域の資源量 14,012 頭は沖縄近海に生息する個体を含んでいないので，これに沖縄近海の分として北緯 20-30 度，東経 125-135 度の緯度・経度 10 度の海面における資源量推定値（6,300 頭弱）を加えたものである．変動係数（CV）は 0.30 であった．なお，最新の推定では，西部北太平洋全域のマゴンドウの資源量が 1 万 5,000 頭ときわめて小さく推定されており，今後の対応が注目される（南川ら 2007）．

資源量推定値と信頼限界の問題はさておくとしても，マゴンドウの資源管理には操業海域の偏りの問題もある．追い込み漁業や石弓漁業は港から 50 海里（92.5 km）を超えない程度の狭い範囲で操業しているが，資源量推定の対象となった海面は距岸 200 海里を超えるほどの広い海域を含んでいる．このなかのコビレゴンドウの群れの動きが明らかではないところに問題がある．長年月のうちには沖合と沿岸とで混合が起こり，遺伝的にも交流が起こるかもしれない．このような場合には，標識鯨の移動から得られる情報や，遺伝学的な解析では，沿岸から沖合にかけて単一の個体群が生息するという結論が導かれるのが普通である．しかし，その交流の速度が緩やかな場合，すなわち漁場近くの群れは概して沿岸近くにとどまり，沖合の群れは沖合にとどまる傾向があるならば，漁業が長年続くうちには，沖合に比べて漁場近くには群れが少なくなる（捕れなくなる）という事態が発生する．ザトウクジラやコククジラとちがって，コビレゴンドウは大きな回遊をしないので，漁場の内外で速やかな混合があるとは思われないので，危険である．

（3）漁業資源としての管理は可能か

コビレゴンドウを漁業資源として管理しながら利用することには，さまざまな原因で大きな困難がともなう．その背景には，資源量の推定においては誤差が大きいうえに，予測される再生産率が低いという問題がある．そのようなデータを用いて，安全と思われる漁獲枠をあえて算出したとしても，漁業者はそれに納得しないことが多い．この問題についてはすでにふれたので，ここではコビレゴンドウの生活史や社会構造に起因する資源管理上の注意点を指摘した

い．

いまの水産資源学の根底にある仮定はつぎのようなものである．漁獲によって資源量が減れば個体密度が低下し，個体あたりの餌の供給量が増え，成長や健康が改善され，繁殖率が向上し，死亡率も低下すると考える（密度効果）．このような仕組みによって，減少した資源は回復に向かうことができる．ある一定の漁獲のもとで資源量が増えも減りもせずに安定している状態を仮定し，そのときの資源量（現在資源量）を漁獲対象となる前の資源量（初期資源量）に対する比で表し，これを資源レベルと呼ぶ．そのときの安定した漁獲量を持続生産量（SY; sustainable yield）といい，それを現在資源量に対する比で表したものを持続生産率（SYR; sustainable yield rate）という．SYRは初期資源レベルではゼロであり，資源レベルが低下するとしだいに増加し，資源量がゼロに近くなると最大になると考えられている．その最大値をR_{max}と呼ぶが，これを現実のデータから推定することはむずかしく，鯨種によって4-10%あたりにあると考える者が多い．現在資源量にSYRを乗じたものがSYである．SYRは資源レベルが低下するにつれて上昇するが，ある限界を超えて資源レベルが低下すると，SYRの上昇よりも資源レベルの低下が効いてきて，SYは小さくなり始める．その限界点のSYを最大持続生産量（MSY; maximum sustainable yield）と呼び，限界点の資源レベルを最大持続生産レベル（MSYL; maximum sustainable yield level）と呼ぶ．ただし，その限界点（MSYL）を確認することはむずかしく，国際捕鯨取締委員会（IWC）の作業では60%程度であろうと仮定している．

上のような鯨類の資源仮説は捕獲と増加がバランスして，資源量が安定している定常状態を想定していることに注目したい．鯨類資源の増減の動向を精度よく実測することは困難であり，まして定常状態にあることを証明することは不可能に近い．現実には，これまでの捕鯨業において，年々の捕獲頭数や捕獲物の組成（性別や年齢）が安定していた例はほとんどなかった．

一見，これらの要素が安定しているようにみえても，捕獲努力量や漁場が変化している場合が多かったことをみれば，定常状態のもとでの捕鯨操業が空論に近いことがわかろう．多くの場合，ある漁業が始まった当初は，それが有利とみられて爆発的に漁獲が拡大し，資源はそれに反応する暇も与えられずに急減する．漁獲に対する資源の反発力の発現を待ちながら徐々に捕獲を増やしつつ，年月をかけて資源量を適正レベルにもっていく配慮はなされないのが普通である．太地のコビレゴンドウ漁は，1970年代にこのような爆発を経験している．それに続いて漁獲が漸減し始めたところで漁業規制が始まったが，漁業者と規制側との力関係で，規制は後手にまわりながら進行した．

上のような状況のもとでコビレゴンドウの資源を管理しようとした場合に予想される困難の1つは，密度効果の発現の遅れである．密度変化に対応して，死亡率はおそらく翌年の漁期までには低下するかもしれない．しかし，彼らの妊娠期間は約15カ月，授乳期間は最短で3年であるから，密度効果が出産間隔の短縮となって発現するには少なくとも4年はかかるはずである．そのようにして生まれた子どもが早熟化して，かりに5-9歳で成熟するとすれば（現在の性成熟年齢は7-12歳である），さらに5-9年を要することになる．したがって，個体密度の低下に対する再生産率の反応が完全に発現し終わるには，少なくとも9-13年を要することになる．資源レベルは低下したが，密度効果が発現しきれていないときに，密度効果が発現していると期待して捕獲を続けると，資源はさらに低下を続けることになる．また，密度効果が資源量の変化よりも遅れて発現するということは，資源量がおのずから振動を始める可能性をも示すものであり，資源管理のむずかしさを増幅させる要素である．

コビレゴンドウの追い込み漁業では，このような時間差の問題に関して，別の問題も発生する．そこでは漁獲の単位は群れであって個体ではないから，漁業管理は個体数ではなく群れの数で行う必要がある．漁獲と再生産が平衡状態

にある資源では，個体数と群れ数はパラレルに変動すると仮定してもよいが，追い込み漁によって，漁獲圧が拡大しつつある，あるいは資源が減少しつつある個体群では，個体密度の変化と群れ密度の変化に時間差が予想される．群れを追い込み漁業で間引いた場合に，個体群のなかの群れの数が減少し，海のなかにいる群れの密度は低下する．だが，生き残っている群れの大きさはほとんど影響を受けない．いいかえれば，群れのなかの個体密度はそれほど低下しないのである．そのため，群れのなかの個体には密度効果の発現が弱められる可能性がある．この問題の解明には，摂餌戦略の解析が必要となる．ところで，追い込み漁によってコビレゴンドウの群れ数が減少した後でなにが起こるか．おそらく，生き残った群れのサイズはしだいに大きくなり，その結果，群れが分裂して群れ数が回復し，初めて密度効果が群れ数の形で現れるはずである．コビレゴンドウの群れが分裂する仕組みはまだ明らかになっていないが，それは餌の群れに比べて鯨群が大きくなりすぎて，だれもが満腹しなくなったときかもしれない．あるいは彼らの社会生活の能力を超えるほど群れが大きくなったときかもしれない．それとも，群れのメンバーを引き止めて中心的な役割をしていた高齢の雌が死亡したときかもしれない．それが起こるまでには，追い込み漁業によって群れ数が減少したときから相当な時間的な経過があるとみなければならない．それを認識しないで漁獲を進めると，資源（群れ数）は気づかれないままに減少を続けることになる．

　コビレゴンドウの社会構造や文化の多様性を温存することも，資源管理において配慮する必要がある．日本のイルカ漁業では，経済的な理由から漁業者が大きな個体を選択的に捕獲する場合はあるが，あまり顕著な選択は行われていない．これまでの鯨類資源の管理では捕獲頭数には関心をもつが，どの個体が捕獲されるかはほとんど考慮していない．群れのなかのどの個体が間引かれても，その群れの将来に与える影響は同じだと仮定している．コビレゴンドウではそれは大きな誤りである．年齢によって繁殖への貢献の仕方が異なることはすでに説明した．コビレゴンドウの群れには，過去の経験やそれに裏づけられた行動様式が記憶されているはずである．これが彼らの文化であるが，その文化の担い手としては，老齢の雌が大きな位置を占めている可能性がある．小型捕鯨業によって文化や経験の担い手である老齢雌を間引いてしまったら，残された群れの組織は破壊され，彼らの生活能力は低下する恐れがある．一方，追い込み漁業は群れを丸ごと壊滅させる作業である．これは，あたかもコビレゴンドウという種のなかの文化の多様性を1つずつつぶしていくような作業である．それは種のなかの文化の多様性を低下させ，環境変動への適応能力を減殺することになる．コビレゴンドウや類人猿のような社会性の強い動物に，はたして水産資源学的な管理方法が適用できるかどうか疑問とされるところである．

　［追記］
　銚子から道南にかけての太平洋沿岸に生息するタッパナガ資源について，Kanaji et al. (2011) は1984年から2006年までの目視データを使って，年ごとの生息数推定値を求めて，その経年変化を報告している．従来はデータを増やして推定精度を上げるために，数年分のデータをプールすることが行われていたが，この研究では毎年の目視調査資料を別個に解析して，個々の年の生息数を求めようと努力した点が注目される．生息数推定には，群れ密度に平均群れサイズを乗じて，個体密度を算出する作業が含まれている．ところが，本資源では群れサイズに年変動が大きいうえに，調査員が1次発見と2次発見を同一基準で区別したかどうかにも不安があった．そこで，記録された全1次発見を平均して得た1つの平均値を通して使う方法と，同じデータを使って群れサイズの経年的減少傾向を算出して，各年の群れサイズを推定する第2の方法とを基本とした．さらに，これらの1次発見には2次発見が含まれている可能性があるとして，別の1次/2次発見の比率でそれぞれを小さめに補正した第3，第4の推定値

も使われた．これらの計算に際しては1984-2006年の全データをプールしているので，各年の生息数の推定値は完全には独立であるとはみなせない．

このようにして，比較的データの多かった1985-1988, 1991, 1992, 1997, 2006年の8年につき，合計32個の生息数推定値が得られた．それらの値は信頼幅が広いこともあり（CVは0.49から0.80の間にあった），いずれも統計的な有意差があるとは判断されなかった．すなわち，推定値がばらつく原因としては，平均群れサイズの不安定さだけでなく，群れに遭遇する機会が少ないため，安定した群れ密度の推定が得られなかったことも大きく作用したのである．このような小さい個体群を精度よく推定するためには大きな調査努力を投入する必要があることを示している．

この結果についてKanaji *et al.* (2011) が注目している点は，平均群れサイズの4通りの仮定のどれについても，得られた生息数の経年変動がたがいに似た傾向を示していることであった．それはつぎのように要約される（カッコ内は当該年度の個々の資源量推定値の範囲）．①1985年の高い値（6,287-8,646頭），②1986-1988年の低い値（1,086-1,690頭），それに続く，③1991-2006年の弱い増加傾向（2,415-3,971頭）である．私のみるところでは，1985年の推定値は，1982-1988年の全データをプールして計算された，かつての推定値5,344頭（表3.13）にも近いので，信頼性が高いように思われる．とすると，それ以後の見かけの資源減少は真であるかもしれない．Kanaji *et al.* (2011) は，1982年にタッパナガの捕獲が開始されて以来の年間捕獲頭数は，年々の生息数推定値にPBRを適用して算出した，安全レベルを超えていたことを指摘して，1980年代後半に現れた資源の減少傾向には，捕獲の影響があったのではないかと推定している．そこで使ったPBRのパラメータは，$R_{max}=4\%$，$F_r=0.5$，資源量＝20%点で，一般に妥当とされる値である（前述）．

なお，本資源の捕獲が1982年に再開されてから1988年までの8年間に日本の小型捕鯨業による捕獲頭数は，私の得ている統計によれば645頭である（表4.3）．この程度の捕獲で，上の計算結果に現れた資源変動を説明できるのか，それとも別の要因も同時に考慮する必要があるのか，これらについてはさらに検討が必要であろう．

第12章　引用文献

明石喜一 1910．本邦の諾威式捕鯨誌．東洋捕鯨株式会社，大阪．280+40 pp.

遠藤愛子 2008．変容する鯨類資源の利用と小規模沿岸捕鯨業――鯨肉フードシステムと多面的機能からの実証的分析．広島大学大学院生物圏科学研究科博士号審査論文．149 pp.

王丕烈（Wang, P.）1999．中国鯨類．海洋企業有限公司，香港．325 pp.+16 図版

王愈超（Wang, J. Y.）・楊世主（Yang, S.）2007．台湾鯨類図鑑．人人出版・国立海洋生物博物館，台湾．207 pp.

大蔵永常 1826．除蝗録．京都書林，京都．28 丁．

大村秀雄・松浦義雄・宮崎一老 1942．鯨――その科学と捕鯨の実際．水産社，東京．319 pp.

大隅清治 1963．マッコウクジラの歯の話．鯨研通信 141：85-100.

大槻清準 ca. 1808．鯨史考（稿本）．1983年恒和出版（東京）印行のテキスト（江戸科学古典叢書2巻，583+31 pp）による．

小川鼎三 1937．本邦の歯鯨に関する研究（第9回）．植物及動物 5 (3)：591-598.

小川鼎三 1950．鯨の話．中央公論社，東京．260 pp.（同社の 1973 年復刻版による）．

影崇洋 1999．DNA多型によるコビレゴンドウ（*Globicephala macrorhynchus*）の群構造の解析に関する研究．三重大学生物資源学部博士号審査論文．141 pp.

粕谷俊雄 1981．香深井A遺跡出土の鯨類遺物．pp. 675-683. *In*：大場利夫・大井晴男（編）．オホーツク文化の研究 3．香深井遺跡（下）．東京大学出版会，東京．727 pp.+pls 135-249.

粕谷俊雄 1983．鯨類の歯と年齢査定．科学と実験 428：39-45；429：47-53；430：55-62.

粕谷俊雄 1986．オキゴンドウ．pp. 178-187. *In*：田村保・大隅清治・荒井修亮（編）．漁業公害（有害生物駆除）対策調査委託事業報告書（昭和 56-60 年度）．水産庁・同委員会．285 pp.

粕谷俊雄 1990．歯鯨類の生活史．pp. 80-127．*In*：宮崎信之・粕谷俊雄（編）．海の哺乳類――その過去・現在・未来．サイエンティスト社，東京．300 pp.

粕谷俊雄 1995．コビレゴンドウ．pp. 542-551．*In*：小達繁（編）．日本の希少な野生水生生物に関する基礎資料（II）．水産庁，東京．751 pp.

粕谷俊雄 1999．日本沿岸のマッコウクジラ漁業でなされた統計操作について．*IBI Rep.*（国際海洋生物研究所，鴨川市）9：75-92.

粕谷俊雄・泉沢康晴・光明義文・石野康治・前島依子 1997.

日本近海産ハンドウイルカの生活史特性値．*IBI Rep.*（国際海洋生物研究所，鴨川市）7：71-107．

粕谷俊雄・山田格 1995．日本鯨類目録．鯨研叢書 No.7．日本鯨類研究所，東京．90 pp．

勝俣悦子 2005．飼育海生哺乳類の繁殖に関する研究．岐阜大学大学院連合獣医学研究科博士号審査論文．145 pp．

川端広行 1986．漁業．pp. 505-690．*In*：山田町史編纂委員会（編）．山田町史，上巻．山田町教育委員会，岩手県山田町．10+1095 pp．

神田玄泉 1731（未刊）．日東魚譜．巻 4（無鱗魚）

岸田久吉 1925．哺乳動物図解．農商務省農務局，東京．381+17+31 pp．

木白俊哉・粕谷俊雄・加藤秀弘 1990．コビレゴンドウ外部形態の地理的変異．日本水産学会平成 2 年度春季大会講演要旨．p. 31．

金成英雄 1983．房総の捕鯨．崙書房，流山．154 pp．

黒田末寿 1982．ピグミーチンパンジー――未知の類人猿．筑摩書房，東京．234 pp．

畔田十兵衛 1884．水族誌．文会社，東京．316+33 pp．

周蓮香 1994．台湾鯨類図鑑．国立海洋生物博物館，高雄．105 pp．

周蓮香 2000．台湾東海岸鯨豚生態撮影専輯．中華鯨豚協会，台北．107 pp．

シュルツ，E. A.・ラヴェンダ，R. H. 2003．文化人類学 II．古今書院，東京．222 pp．（秋野晃司・滝口直子・吉田正紀による Schultz, M. and Lavenda, R. H. 1990. *Cultural Anthropology*. West Publishing, St. Pawl の翻訳）．

長崎県水産試験場 1986．定期船・公庁船による調査．pp. 43-54．*In*：田村保・大隅清治・荒井修亮（編）．漁業公害（有害生物駆除）対策調査委託事業調査報告書（昭和 56-60 年度）．水産庁・同委員会．285 pp．

永沢六郎 1916．日本産海豚類十一種の学名．動物学雑誌（東京動物学会）28（327）：45-47．

中村羊一郎 1988．イルカ漁をめぐって．pp. 91-136．*In*：静岡県民俗芸能研究会（編）．静岡県海の民俗誌――黒潮文化論．静岡新聞社，静岡．398 pp．

西脇昌治 1965．鯨類・鰭脚類．東京大学出版会，東京．439 pp．

西脇昌治・粕谷俊雄・ブラウネル，R. L.・カルドウェル，D. K. 1967．日本近海産ゴンドウクジラ属の分類について．日本水産学会昭和 42 年度秋季大会講演要旨．p. 15．

日本捕鯨業水産組合（編）1943（序）．捕鯨便覧，3 編．日本捕鯨業水産組合．203 pp．

橋浦泰雄 1969．熊野太地浦捕鯨史．平凡社，東京．662 pp．

服部徹（編）1887-1888．日本捕鯨彙考．大日本水産会，東京．前編（1887）：109 pp．；後編（1888）：210 pp．

浜中栄吉 1979．太地町史．太地町役場，太地．952 pp．

ヒュ－ストン，J. 1999．ホッキョクで暮らした日々（*Confession of an Igloo Dweller*）．どうぶつ社，東京．390 pp．原著は 1995 年刊．

南川真吾・島田裕之・宮下富夫・諸貫秀樹 2007．1998-2001 年の目視調査データによる鯨類漁業対象 6 種の資源量推定．日本水産学会平成 19 年度秋季大会講演要旨．p. 151．

宮崎信之 1983．金華山沖のゴンドウクジラ．日本水産学会昭和 58 年度秋季大会講演要旨．p. 55．

山瀬春政 1760．鯨志．摂陽書林，摂津．8+27 丁

吉原友吉 1982．房南捕鯨，付鯨の墓．相沢文庫，市川市．227 pp．

Amos, B., Bloch, D., Desportes, G., Majerus, T. M. O., Bancroft, D. R., Barrett, J. A. and Dover, G. A. 1993. A review of molecular evidence relating to social organization and breeding system in the long-finned pilot whale. *Rep. int. Whal. Commn.* (Special Issue 14, Biology of Northern Hemisphere Pilot Whales)：210-217.

Andersen, L. W. 1993. Further studies on the population structure of the long-finned pilot whale, *Globicephala melas*, off the Faroe Islands. *Rep. int. Whal. Commn.* (Special Issue 14, Biology of Northern Hemisphere Pilot Whales)：219-231.

Andrews, R. C. 1914a. Monograph of the Pacific cetacea I. The Californian gray whale (*Rachianectes glaucus* Cope). *Mem. American Mus. Nat. Hist., New Series* 1 (5)：227-287.

Andrews, R. C. 1914b. American Museum whale collection. *Amer. Mus. J.* 14 (8)：275-294.

Asper, E. D., Andrews, B. A., Antrim, J. E. and Young, W. G. 1992. Establishing and maintaining successful breeding programs for whales and dolphins in a zoological environment. *IBI Rep.*（国際海洋生物研究所，鴨川市）3：71-84.

Baird, R. W. 2000. The killer whale：foraging specialization and group hunting. pp. 127-153 *In*：J. Mann, P. L. Tyack and H. Whitehead (eds). *Cetacean Societies：Field Studies of Dolphins and Whales*. The University of Chicago Press, Chicago. 433 pp.

Baird, R. W. and Stacey, P. J. 1993. Sightings, strandings and incidental catches of short-finned pilot whales, *Globicephala macrorhynchus*, off the British Columbia coast. *Rep. int. Whal. Commn.* (Special Issue 14, Biology of Northern Hemisphere Pilot Whales)：475-479.

Barnes, L. G. 1985. Evolution, taxonomy and antitropical distribution of the porpoise (Phocoenidae, Mammalia). *Marine Mammal Sci.* 1 (2)：149-165.

Benirschke, K., Johnson, M. L. and Benirschke, R. J. 1980. Is ovulation in dolphins, *Stenella longirostris* and *Stenella attenuata*, always copulation-induced？ *Fish. Bull., U. S.* 78 (2)：507-528.

Berta, A., Sumich, J. L. and Kovacs, K. M. 2006. *Marine Mammals：Evolutionary Biology*. 2nd ed. Elsvier, Amsterdam. 547 pp.+16 pls.

Best, P. B. 1969. The sperm whale (*Physeter catodon*) off the west coast of South Africa 3. Reproduction in the male. *Investigational Rep. Div. Sea Fish. South Africa* 72：1-20.

Best, P. B. 2007. *Whales and Dolphins of the Southern African Subregion*. Cambridge University Press, Cape Town. 338 pp.

Best, P. B., Canham, P. A. S. and MacLeod, N. 1984. Patterns of reproduction in sperm whales, *Physeter macrocephalus*. *Rep. int. Whal. Commn.* (Special Issue 6, Reproduction in Whales, Dolphins and Porpoises)：51-79.

Bloch, D., Lockyer, C. and Zachariassen, M. 1993a. Age and growth of the long-finned pilot whale off the Faroe Islands. *Rep. int. Whal. Commn.* (Special Issue 14, Biology of Northern Hemisphere Pilot Whales)：163-207.

Bloch, D., Zachariassen, M. and Zachariassen, P. 1993b. Some external characters of the long-finned pilot whale off the Faroe Islands and a comparison with the short-finned pilot whale. *Rep. int. Whal. Commn.* (Special Issue 14, Biology of Northern Hemisphere Pilot Whales): 117-135.

Bree, P. J. H. 1971. On *Globicephala sieboldii* Gray, 1846, and other species of pilot whales (Notes on Cetacea, Delphinoidea III). *Beaufortia* 19 (249): 79-87.

Bree, P. J. H., Best, P. B. and Ross, G. J. B. 1978. Occurrence of the two species of pilot whales (genus *Globicephala*) on the coast of South Africa. *Mammalia* 42 (3): 323-328.

Brodie, P. F. 1969. Duration of lactation in Cetacea: an indicator of required learning? *Amer. Midland Naturalist* 82 (1): 312-314.

Campagna, C. 2002. Infanticide and abuse of young. pp. 625-629. *In*: W. F. Perrin, B. Würsig and J. G. M. Thewissen (eds). *Encyclopedia of Marine Mammals*. Academic Press, San Diego. 1414 pp.

Connor, R. C., Read, A. J. and Wrangham, R. 2000. Male reproductive strategies and social bonds. pp. 247-269. *In*: J. Mann, P. L. Tyack and H. Whitehead (eds). *Cetacean Societies: Field Studies of Dolphins and Whales*. The University of Chicago Press, Chicago. 433 pp.

Crockford, S. J. 2008. Be careful what you ask for: archaeological evidence of mid-holocene climate change in the Bering Sea and implications for the origins of Arctic Thule. pp. 113-131. *In*: G. Clark, F. Leach and S. O'Connor (eds). *Islands of Inquiry: Colonization, Seafaring and the Archaeology of Maritime Landscapes, Terra Australis* 29. ANU E Press, Canberra. 510 pp.

Dall, W. H. 1874. Catalogue of the cetacea of the North Pacific Ocean. pp. 281-307. *In*: C. M. Scammon (1874) *The Marine Manuals of the North-Western Coast of North America, Described and Illustrated, Together with an Account of the American Whale-Fishery*. J. H. Carmany, San Francisco and Putnam's Sons, New York. 319+v pp.

Davies, J. L. 1960. The southern form of the pilot whale. *J. Mammalogy* 41 (1): 29-34.

Davies, J. L. 1963. The antitropical factor in cetacean speciation. *Evolution* 17 (1): 107-116.

Desportes, G. 1993. Reroductive maturity and seasonality of male long-finned pilot whales, off the Faroe Islands. *Rep. int. Whal. Commn.* (Special Issue 14, Biology of Northern Hemisphere Pilot Whales): 233-262.

Desportes, G., Andersen, L. W., Aspholm, P. E., Bloch, D. and Mouritsen, R. 1992. A note about a male-only pilot whale school observed in Faroe Islands. *Frodskaparrit* 40: 31-37.

Desportes, G. and Mouritsen, R. 1993. Preliminary results on the diet of long-finned pilot whales off the Faroe Islands. *Rep. int. Whal. Commn.* (Special Issue 14, Biology of Northern Hemisphere Pilot Whales): 303-324.

Evans, W. E., Thomas, J. A. and Kent, D. B. 1984. *A Study of Pilot Whales* (Globicephala macrorhynchus) *in the Southern California Bight*. Hubbs-Sea World Research Institute, San Diego. 47 pp.

Fraser, F. C. 1950. Two skulls of *Globicephala macrorhyncha* (Gray) from Dakar. pp. 49-60, pls. 1-5. *In: Atlantide Report No. 1: Scientific Results of the Danish Expedition to the Coasts of Tropical West Africa, 1945-1946*. Danish Science Press, Copenhagen.

Frey, A., Crockford, S. J., Meyer, M. and O'Corry-Crowe, G. 2005. Genetic analysis of prehistoric marine mammal bones from an ancient Aleut village in the southeastern Bering Sea. p. 98. *In: Abstract of 16th Biennial Conference on the Biology of Marine Mammals*. San Diego. 330 pp.

Gaskin, D. E. 1982. *The Ecology of Whales and Dolphins*. Heinemann, London. 549 pp.

Gray, J. E. 1846. On the Cetaceous Animals, pp. 13-53. *In*: J. Richardson and J. E. Gray (eds). *The Zoology of the Voyage of H. M. S. Erebus and Terror*. Vol. 1. Janson, London. 53 pp. + 37 pls.

Gray, J. E. 1871. *Supplement to the Catalogue of Seals and Whales in British Museum*. British Museum, London. 103 pp.

Heimlich-Boran, J. R. 1993. *Social organization of the short-finned pilot whale*, Globicephala macrorhynchus, *with special reference to the comparative social ecology of Delphinids*. Ph. D. Thesis, University of Cambridge. 132 pp.

Hershkovitz, P. 1966. *Catalog of Living Whales*. Smithsonian Institution, Washington. 259 pp.

Huggett, A. St. G. and Widdas, W. F. 1951. The relationship between mammalian foetal weight and conception age. *J. Phisiol.* 114: 306-317.

IWC (International Whaling Commission) 1987. Report of the Subcommittee on Small Cetaceans. *Rep. int. Whal. Commn.* 37: 121-128.

IWC 1992. Report of the Sub-Committee on Small Cetaceans. *Rep. int. Whal. Commn.* 42: 178-228.

Jones, M. L. and Swartz, S. L. 2002. Gray whale. pp. 524-536. *In*: W. F. Perrin, B. Würsig and J. G. M. Thewissen (eds). *Encyclopedia of Marine Mammals*. Academic Press, San Diego. 1414 pp.

Kanaji, Y., Okamura, H. and Miyashita, T. 2011. Long-term abundance trends of the northern form of the short-finned pilot whales (*Globicephala macrorhynchus*) along the Pacific coast of Japan. *Marine Mammal Sci.* 27 (3): 477-492.

Kasuya, T. 1975. Past occurrence of *Globicephala melaena* in the western North Pacific. *Sci. Rep. Whales Res. Inst.* (Tokyo) 27: 95-110.

Kasuya, T. 1977. Age determination and growth of the Baird's beaked whales with a comment on the fetal growth rate. *Sci. Rep. Whales Res. Inst.* (Tokyo) 29: 1-20.

Kasuya, T. 1985. Effects of exploitation on reproductive parameters of the spotted and striped dolphins off the Pacific coast of Japan. *Sci. Rep. Whales Res. Inst.* (Tokyo) 36: 107-138.

Kasuya, T. 1991. Density dependent growth in North Pacific sperm whales. *Marine Mammal Sci.* 7 (3): 230-257.

Kasuya, T. 1995. Overview of cetacean life histories : an essay in their evolution. pp. 481-497. *In* : A. S. Blix, L. Walloe and O. Ultang (eds). *Whales, Seals, Fish and Man*. Elsevier, Amsterdam. 720 pp.

Kasuya, T. 1999. Examination of reliability of catch statistics in the Japanese coastal sperm whale fishery. *J. Cetacean Res. Manage.* 1 (1) : 109-122.

Kasuya, T. 2008. Cetacean biology and conservation : a Japanese scientist's perspective spanning 46 years. *Marine Mammal Sci.* 24 (4) : 749-773.

Kasuya, T. and Brownell, R. L. 1979. Age determination, reproduction and growth of the Franciscana dolphin, *Pontoporia blainvillei*. *Sci. Rep. Whales Res. Inst.* (Tokyo) 31 : 45-67.

Kasuya, T., Brownell, R. L. and Balcomb, K. C. 1997. Life history of Baird's beaked whales off the Pacific coast of Japan. *Rep. int. Whal. Commn.* 47 : 969-979.

Kasuya, T. and Marsh, H. 1984. Life history and reproductive biology of short-finned-pilot whale, *Globicephala macrorhynchus*, off the Pacific coast of Japan. *Rep. int. Whal. Commn.* (Special Issue 6, Reproduction in Whales, Dolphins and Porpoises) : 259-310.

Kasuya, T., Marsh, H. and Amino, A. 1993. Non-reproductive matings in short-finned pilot whales. *Rep. int. Whal. Commn.* (Special Issue 14, Biology of Northern Hemisphere Pilot Whales) : 425-437.

Kasuya, T. and Matsui, S. 1984. Age determination and growth of the short-finned pilot whale off the Pacific coast of Japan. *Sci. Rep. Whales Res. Inst.* (Tokyo) 35 : 57-59.

Kasuya, T. and Miyashita, T. 1988. Distribution of sperm whales stocks in the North Pacific. *Sci. Rep. Whales Res. Inst.* (Tokyo) 39 : 31-75.

Kasuya, T., Miyashita, T. and Kasamatsu, F. 1988. Segregation of two forms of short-finned pilot whales off the Pacific coast of Japan. *Sci. Rep. Whales Res. Inst.* (Tokyo) 39 : 77-90.

Kasuya, T. and Tai, S. 1993. Life history of short-finned pilot whale stocks off Japan and a description of the fishery. *Rep. int. Whal. Commn.* (Special Issue 14, Biology of Northern Hemisphere Pilot Whales) : 339-473.

Kato, H. 1984. Observation of tooth scars on the head of male sperm whales, as an indication of intra-sexual fightings. *Sci. Rep. Whales Res. Inst.* (Tokyo) 35 : 39-46.

Kenney, R. D. 2002. North Atlantic, North Pacific, and southern right whales. pp. 806-813. *In* : W. F. Perrin, B. Würsig and J. G. M. Thewissen (eds). *Encyclopedia of Marine Mammals*. Academic Press, San Diego. 1414 pp.

Kishiro, T. and Kasuya, T. 1993. Review of Japanese dolphin drive fisheries and their status. *Rep. int. Whal. Commn.* 43 : 439-452.

Krutzen, M. 2006. Dolphins join the culture club. *Australian Science* 27 (5) : 26-28.

Kubodera, T. and Miyazaki, N. 1993. Cephalopods eaten by short-finned pilot whales, *Globicephala macrorhynchus*, caught off Ayukawa, Ojika Peninsula, in Japan, in 1982 and 1983. pp. 215-227. *In* : T. Okutani, R. K. O'Dor and T. Kubodera (eds). *Recent Advances in Fisheries Biology*, Tokai University Press, Tokyo. 752 pp.

Kuznetzov, V. B. 1990. Chemical sense of dolphins. pp. 481-503. *In* : J. A. Thomas and R. A. Kastelein (eds). *Sensory Abilities of Cetaceans : Laboratory and Field Evidence*. Plenum Press, New York and London. 710 pp.

Laws, R. M. 1959. The foetal growth rate of whales with special reference to the fin whale, *Balaenoptera physalus* Linn. *Discovery Rep.* 29 : 281-308.

Lockyer, C. 1981. Estimates of growth and energy budget for the sperm whale, *Physeter catodon*. pp. 489-504. *In* : J. G. Clark, J. Goodman and G. A. Soave (eds). *Mammals in the Sea*. Vol. 3. General Papers and Large Cetaceans. FAO, Rome. 504 pp.

Lockyer, C. 1993. Seasonal change in body fat condition of northeast Atlantic pilot whales, and their biological significance. *Rep. int. Whal. Commn.* (Special Issue 14, Biology of Northern Hemisphere Pilot Whales) : 325-350.

Ma, J. and Tan, L. 1995. *A Field Guide to Whales and Dolphins in the Philippines*. Bookmark, Manila. 129 pp.

Magnusson, K. G. and Kasuya, T. 1997. Mating strategies in whale populations : searching strategy vs. harem strategy. *Ecological Modelling* 102 : 225-242.

Marsh, H. and Kasuya, T. 1984. Change in the ovaries of the short-finned pilot whale, *Globicephala macrorhynchus*, with age and reproductive biology. *Rep. int. Whal. Commn.* (Special Issue 6, Reproduction in Whales, Dolphins and Porpoises) : 311-335.

Marsh, H. and Kasuya, T. 1986. Evidence of reproductive senescence in female cetaceans. *Rep. int. Whal. Commn.* (Special Issue 8, Behaviour of Whales in Relation to Management) : 57-74.

Marshall, D. M. 2009. Feeding morphology. pp. 406-414. *In* : W. F. Perrin, B. Würsig and J. G. M. Thewissen (eds). *Encyclopedia of Marine Mammals* 2nd ed. Elsevier, Amsterdam. 1316 pp.

Martin, T. and Rothery, P. 1993. Reproductive parameters of female long-finned pilot whale (*Globicepahala melas*) around the Faroe Islands. *Rep. int. Whal. Commn.* (Special Issue 14, Biology of Northern Hemisphere Pilot Whales) : 263-304.

Masaki, Y. 1976. Biological studies on the North Pacific sei whale. *Bull. Far Seas Fish. Res. Lab.* (Shimizu) 14 : 1-104.

McCann, C. 1974. Body scarring on cetacea-odontocetes. *Sci. Rep. Whal. Res. Inst.* (Tokyo) 26 : 145-155.

Minasian, S. M., Balcomb, K. C. III and Foster, L. 1987. *The Whales of Hawaii*. Marine Mammal Fund, San Francisco. 99 pp.

Mitchell, E. 1975. Report of the meeting on smaller cetaceans, Montreal, April 1-11, 1974. *J. Fisheries Res. Bd. Canada* 32 (7) : 917-919.

Miyashita, T. 1993. Abundance of dolphin stocks in the western North Pacific taken by the Japanese drive fishery. *Rep. int. Whal. Commn.* 43 : 417-437.

Miyazaki, N. 1984. Further analyses of reproduction in the

striped dolphin, *Stenella coeruleoalba*, off the Pacific coast of Japan. *Rep. int. Whal. Commn.* (Special Issue 6, Reproduction in Whales, Dolphins and Porpoises)：343-353.

Miyazaki, N. and Amano, M. 1994. Skull morphology of two forms of short-finned pilot whales off the Pacific coast of Japan. *Rep. int. Whal. Commn.* 44：499-507.

Myrick, A. C. Jr. 1991. Some new and potential use of dental layers in studying delphinid populations. pp. 251-280. *In*：K. Pryor and K. S. Norris (eds). *Dolphin Societies : Discovery and Puzzles*. University of California Press, Berkeley. 397 pp.

Myrick, A. C. and Cornell, L. H. 1990. Calibrating dental layers in captive bottlenose dolphins from serial tetracycline labels and tooth extraction. pp. 587-608. *In*：S. Leatherwood and R. R. Reeves (eds). *The Bottlenose Dolphin*. Academic Press, San Diego. 653 pp.

Nadler, R. D. 1981. Laboratory research on sexual behaviour of the great apes. pp. 191-239. *In*：C. Graham (ed). *Reproductive Biology of the Great Apes, Comparative and Biomedical Perspectives*. Academic Press, New York. 435 pp.

Nishiwaki, M., Hibiya, T. and Ohsumi (Kimura), S. 1958. Age study of sperm whales based on reading of tooth laminations. *Sci. Rep. Whal. Res. Inst.* (Tokyo) 13：135-170.

Nishiwaki, M. and Yagi, T. 1953. On the growth of teeth in a dolphin (*Prodelphinus caeruleoalba*) (I). *Sci. Rep. Whales Res. Inst.* (Tokyo) 8：133-146.

Ogden, J. A. (no date) Flipper development in *Globicephala macrorhyncha*. I. growth of flippers. 22 pp. (unpublished manuscript cited in Kasuya and Matsui 1984).

Ohsumi, S. 1964. Comparison of maturity and accumulation rate of corpora albicantia between the left and right ovaries in cetacea. *Sci. Rep. Whales Res. Inst.* (Tokyo) 18：123-158.

Ohsumi, S. 1966. Allomorphosis between body length at sexual maturity and body length at birth in the cetacea. *J. Mammal. Soc. Japan* 3 (1)：3-7.

Ohsumi, S. 1975. Review of Japanese small-type whaling. *J. Fish. Res. Bd. Canada* 32 (7)：1111-1121.

Olesiuk, P. F., Bigg, M. A. and Ellis, G. M. 1990. Life history and population dynamics of resident killer whales (*Orcinus orca*) in the coastal waters of British Columbia and Washington State. *Rep. int. Whal. Commn.* (Special Issue 12, Individual Recognition of Cetaceans)：209-243.

Oremus. M., Gales. R., Dalebout. M. L., Funahashi, N., Endo. T., Kage. T., Steel, D. and Baker, S. C. 2009. Worldwide mitochondrial DNA diversity and phylogeography of pilot whales (*Globicephala* spp.). *Biological J. of the Linnean Society* 98：729-744.

Perrin, W. F., Miyazaki, N. and Kasuya, T. 1989. A dwarf form of the spinner dolphin (*Stenella longirostris*) from Thailand. *Marine Mammal Sci.* 5 (3)：213-227.

Perrin, W. F. and Myrick, A. C. 1980. *Age Determination of Toothed Whales and Sirenians. Rep. int. Whal. Commn.* (Special Issue 3). 229 pp.

Peters, R. H. 1983. *The Ecological Implication of Body Size*. Cambridge University Press, Cambridge. 329 pp.

Polisini, J. M. 1980. Comparison of *Globicephala macrorhyncha* (Gray, 1846) with the pilot whale of the North Pacific Ocean : an analysis of the skull of the broad-rostrum pilot whale of the genus *Globicephala*. Doctoral Thesis, University of Southern California. 299 pp.

Pryor, K. 1990. Concluding comments on vision, tactition, and chemoreception. pp. 561-569. *In*：J. A. Thomas and R. A. Kastelein (eds). *Sensory Abilities of Cetaceans : Laboratory and Field Evidence*. Plenum Press, New York and London. 710 pp.

Reeves, R. R., Stewart, B. S., Clapham, P. J. and Powell, J. A. 2002. *Guide to Marine Mammals of the World*. Alfred A. Knopf, New York. 525 pp.

Rice, D. W. 1998. *Marine Mammals of the World, Systematics and Distribution*. Special Publication 4. Society for Marine Mammalogy. 231 pp.

Ridgway, S., Kamolnick, T., Reddy, M., Curry, C. and Tarpley, R. 1995. Orphan-induced lactation in *Tursiops* and analysis of collected milk. *Marine Mammal Sci.* 11 (2)：172-182.

Robeck, T. R., Schneyer, A. L., McBain, J. F., Dalton, M. L., Walsh, M. T., Czekala, N. M. and Kraemer, D. C. 1993. Analyses of urinary immunoreactive steroid metabolites and gonadotropines for characterization of the estrus cycle, breeding period, and seasonal estrous activity of captive killer whales (*Orcinus orca*). *Zoo Biol.* 12：173-187.

Robson, D. C. and Chapman, D. G. 1961. Catch curves and mortality rates. *Trans. Am. Fish. Soc.* 90：181-189.

Scammon, C. M. 1874. *The Marine Mammals of the North-Western Coast of North America, Described and Illustrated, Together with an Account of the American Whale-Fishery*. J. H. Carmany, San Francisco and G. P. Putnam's Sons, New York. 319+vpp.

Schroeder, J. P. and Keller, K. V. 1990. Artificial insemination of bottlenose dolphin. *In*：S. Leatherwood and R. R. Reeves (eds). *The Bottlenose Dolphin*. Academic Press, San Diego. 653 pp.

Sergeant, D. E. 1962. The biology of the pilot or pothead whale, *Globicephala melaena* (Traill), in Newfoundland waters. *Bull. Fish. Res. Bd. Canada* 132：1-84.

Shane, S. H. and McSweeney, D. 1988. Pilot whale photoidentification : potentials and comparison with other species. Paper IWC/SC/A88/P20, presented to the IWC Scientific Committee in 1988. 10 pp. and Figs. 1-2. (Available from IWC Secretariat).

Temminck, C. J. and Schlegel, H. 1844. *Fauna Japonica*. Lugudini Batavorum, Arnz. pt. 3：pp. 1-26+pls. 21-29.

Tutin, C. E. and McGinnis, P. R. 1981. Chimpanzee reproduction in the wild. pp. 239-264. *In*：C. Graham (ed). *Reproductive Biology of the Great Apes, Comparative and Biomedical Perspectives*. Academic Press, New York. 435 pp.

Ullrey, D. E., Scwartz, C. C., Whetter, P. A., Rajeshwar Rao, T., Euber, J. R., Cheng, S. G. and Brunner, J. R. 1984. Blue-green color and composition of Stejneger's beaked whale (*Mesoplodon stejnegeri*) milk. *Comp. Biochem. Physiol.* 79B (3)：349-352.

Waal, F. de 2005. Our Inner Ape. Carlisle and Co.（早川書房の翻訳版『あなたのなかのサル（2005 年），340 pp.』による）．

Wada, S. 1988. Genetic differentiation between two forms of short-finned pilot whales off the Pacific coast of Japan. *Sci. Rep. Whales Res. Inst.*（Tokyo）39：91-101.

Wade, P. R. 1998. Calculating limits to the allowable human-caused mortality of cetacea and pinnnipeds. *Marine Mammal Sci.* 14 (1)：1-37.

Whitehead, H. 2002. Culture in whales and dolphins. pp. 34-305. *In*：W. F. Rerrin, B. Würsig and J. G. M. Thewissen (eds). *Encyclopedia of Marine Mammals*. Academic Press, San Diego. 1414 pp.

Whitehead, H. 2003. *Sperm Whales : Social Evolution in the Ocean*. The University of Chicago Press, Chicago. 431 pp.

Würsig, B., Jefferson, T. A. and Schmidly, D. J. 2000. *The Marine Mammals of the Gulf of Mexico*. Texas A&M University Press, College Station, Texas. 232 pp.

Yonekura, M., Matsui, S. and Kasuya, T. 1980. On the external characters of *Globicephala macrorhynchus* off Taiji, Pacific coast of Japan. *Sci. Rep. Whales Res. Inst.*（Tokyo）32：67-95.

Yoshioka, M., Mohri, E., Tobayama, T., Aida, K. and Hanyu, I. 1986. Annual changes in serum reproductive hormone level in the captive female bottle-nosed dolphins. *Bull. Japan. Soc. Sci. Fish.* 52：1939-1946.

Yoshioka, M., Ogura, M. and Shikano, C. 1987. Results of the transpacific Dall's porpoise research cruise by *Hoyoma-ru No. 12* in 1986. Document submitted to the Scientific Committee, Ad Hoc Committee on Marine Mammals, Intenational North Pacific Fishery Commission. 22 pp.（unpublished）.

第13章　ツチクジラ

13.1　特徴

ツチクジラ *Berardius bairdii* Stejneger, 1883 は，一名ツチ，ツチンボウ，アソビクジラとも称される．『鯨誌』（山瀬 1760）は本種と思われる図にアソビクジラという名称をつけているが，『删訂鯨誌』（未見）は，これは「槌」を「遊」と誤ったものであるとし，『日本捕鯨彙考』（服部 1887-1888）もこの解釈を支持している（粕谷・山田 1995）．本種はアカボウクジラ科の最大種で，イルカの仲間ではないが，国際捕鯨委員会（IWC）では，イルカ類とともに「小型鯨類」に一括されている（序章）．雌の大きさで比較すればマッコウクジラに匹敵する大型種である．体長は 10-12 m に達し，雌のほうがわずかに大きい．背鰭は小さくて高さが 25-32 cm，後縁が湾入した鎌形をなし，体の後方から体長の 30% ほどのところ，すなわち肛門とほぼ同じ部位の背中側に位置する．頭部が小さいため，吻端から胸鰭前基点までの長さは体長の 15-19% にすぎず，同じ体長のマッコウクジラに比べれば胴が長い．前頭部には長さ 50-60 cm の細長い吻が突き出し，死体から切り落とされた頭部があたかも砧の槌のようにみえるので，この名がある．上顎には歯がなく，下顎の前端近くに 2-3 対のにぎり飯状の歯がある（Kirino 1956; 黒江 1960）．最前端の 1 対の歯がもっとも大きく，長さ 10 cm，前後幅 10 cm，左右の厚さ 5 cm に達する（粕谷 1995）．この歯は上顎の先端よりも前に位置しているため，上顎とは咬み合っていない．それでも先端が著しく磨耗しているのは，摂餌に際して餌や海底に接触するためと思われる．2番目，3番目の歯は前端の歯の半分以下の大きさで，口を閉じると上顎に隠れる．

体色は全身黒色で，腹部には正中線に沿って不規則な白斑がある．喉の部分には後方に広がったハの字状の溝（咽頭溝）とそれに付属する数本の浅い溝がある（Omura *et al.* 1955）．これはアカボウクジラ科やマッコウクジラにみられる特徴である．吸引摂餌に際して底舌骨を後退させて口腔容積を広げて陰圧を発生させるときに，皮膚の伸縮を容易にする働きがあるものとみられる．前頭部のメロンと呼ばれる膨大部の背面に鼻孔が 1 つ開口する．鼻孔の形が半円弧をなしている点は多くの歯鯨類と同様であるが，鼻を閉じたときの向きはほかの歯鯨類とは反対で，U 字型の開いた側が後ろを向いている．この特徴はツチクジラ属（*Berardius*）のほかの 1 種であるミナミツチクジラ *B. arnuxii* Duvernoy, 1851 にも共通している．メロンの前縁，額のようにみえるところには擦り傷が多い．これは摂餌に際して海底で引っかいてできたものである．鯨類の体は背中側に反らすよりも，腹側に曲げるほうが柔軟である．この点はわれわれ人間と同じである．このような体の構造で水柱（海中で水面と水底ではさまれた部分を指す）方向から海底に接近して，餌をとらえて再び水柱に戻るには，背泳ぎで近づくのがたやすい．呼吸のために浮上して，再び潜水するときの動作の上下を逆にして考えればよい．首から背鰭にかけての背面には仲間の歯の跡と思われる引っかき傷が多く，高齢の個体では背面が白っぽくみえる．

体重については，169 cm の胎児から 10.8 m の性成熟雌までの 4 頭が計測され，それをもとに，体重（W, kg）と体長（L, cm）の関係がつぎのように求められている（Kasuya et al. 1997）．

$$\log W = 3.081 \times \log L + \log(6.339 \times 10^{-6}),$$
$$r = 0.99$$

この式はつぎのように書き改めることもできる．

$$W = (6.339 \times 10^{-6}) L^{3.081}$$

鯨類では一般に，体重は体長の 2.6-2.8 乗に比例することが多く（Bryden 1986），成長にともなって体型がわずかに細長くなると理解される．しかし，ツチクジラの上の式では体重が体長のほぼ 3 乗に比例しており，成長にともなって体型がほとんど変化しないことを示している．この式を用いると，平均出生体長とされる 4.56 m の個体の平均体重は 987 kg で，成長が止まった雌の平均体長 10.45 m では，体重が 12.7 トンと計算される．本種は単独で行動する例は少なく，一般には 3-20 頭の密集した群れで発見される．これは社会生態が発達していることを物語るものと思われるが，その詳細は明らかでない．

かつて網走の捕鯨業者のなかには，オホーツク海にいるツチクジラを「クロツチ」とか「カラス」と呼んで区別する者があった．私が業者から聞いたところでは，その特徴は体がやや小さくて色が黒く，行動は捕獲しにくいというものであったが，必ずしもすべての捕鯨業者の支持を得ていたわけではなかったと記憶している．また，日本の鯨研究者のなかには，北大西洋に生息するキタトックリクジラ（*Hyperoodon ampullatus*）が北太平洋にも生息しているのではないかという期待があり，捕鯨業者がオホーツク海でみるという不思議なツチクジラがそれにあたるのではないかという憶測がなされたこともあった（西脇 1965; Nishiwaki 1967）．しかしながら，これまでに頭骨や歯によって確認された限りでは，その候補と目された標本はすべてツチクジラと査定され，キタトックリクジラの存在を示す証拠は得られていない（Kasuya 1986）．近年のオホーツク海におけるツチクジラ操業や日本の調査船による航海によっても，キタトックリクジラの存在を示す証拠は得られず，北太平洋にはキタトックリクジラは生息しないものといまでは考えられている（Tomilin 1967）．なお，Heptner et al.（1976）は，北太平洋にはキタトックリクジラが分布しないとのTomilin（1967）の見解を支持するなかで，捕鯨母船の甲板でスレプツォーフ氏が撮影したとされるアカボウクジラ科の個体の写真を示し，それに［北］太平洋で捕獲されたツチクジラ（*B. bairdii*）との説明をつけている．しかしながら，その鼻孔の形（Fig. 364）もメロンの形（Fig. 366）も，私にはツチクジラではなくてトックリクジラのようにみえる．なにか混乱があるように見受けられる．

なお，オホーツク海の「クロツチ」に関しては，新しい情報が国立科学博物館の山田格氏から提供された．それによれば，2008 年 6 月以来，北海道の北見海岸などのオホーツク海沿岸と根室海峡において，ツチクジラに外部形態が酷似しているが，雄では体長 6.6 m で肉体的に成熟している鯨の漂着例が 3 例得られており，これと同じと思われる鯨の群れが毎年のように根室海峡において佐藤晴子氏によって目視されている．鼻孔の湾曲の向きもツチクジラと同様である．通常のツチクジラでは仲間の歯でつけられた傷痕が多数あって，成体では背中が白っぽくみえるのに対して，これらツチクジラ類似の個体ではそのような傷痕がほとんどなく，体色が黒に近い黒褐色であり，ダルマザメの咬傷の痕が白い斑点として散在するのがめだつ．北太平洋産の既知の種にはこれらの特徴に合致するものが見出されない（以上は山田格私信 2010 および朝日新聞社 2010）ということである．

この鯨は，鼻孔の湾入の向きはこれまでツチクジラ属（*Berardius*）に特有のものと考えられていた特徴に一致するが，体長はツチクジラの 6-7 割と小型である．また，仲間の歯による傷痕が少ないことは，社会行動がツチクジラと異なることを示唆している．ツチクジラでは仲間の歯による引っかき傷が注目されてきたが，ダルマザメによる咬傷痕については研究された

例を聞かない．しかし，千葉県和田浦で解体されたツチクジラの写真をみると，その体表にはダルマザメの咬傷がめずらしくなく，図 13.13 にもそれらしき傷痕が認められる．もしも，ツチクジラと問題の鯨との間で，ダルマザメによる咬傷の密度ないしは咬傷をもつ個体の出現率が異なるのであれば，それは両者の生息海域が異なる時期があることの傍証になる．なお，オホーツク海南部では少なくとも夏の季節には両者が出現することも事実である．小型捕鯨業者が従来「クロツチ」とか「カラス」と呼びならわしてきた鯨が，この問題の鯨に該当するのかどうかを捕鯨業者にみせて確認したいものである．また，この鯨がツチクジラ（*B. bairdii*）という種のなかの地域的な変異なのか，それとも北太平洋からは未報告の別種なのかについても科学者による解明が待たれる．

13.2 分布

13.2.1 分布の概要

本種は北部北太平洋の固有種である（図 13.1）．基産地はベーリング海コマンドル諸島中のベーリング島である．長い間，南半球の類似種ミナミツチクジラと同種ではないかと疑われてきたが，最近ではミトコンドリア DNA のちがいから，両者は別種であると判断されている（Dalebout *et al.* 2004）．アメリカ側の通常の分布はカリフォルニア半島北部（南緯 30 度）までである．しかし，南限の記録としてはカリフォルニア半島東海岸のラパス（北緯 24 度）での集団座礁がある（Aurioles-Gamboa 1992）．かりに，カリフォルニア湾の個体と太平洋側の個体の分布が連続しているとすれば（その確証はない），東部北太平洋での分布の南限はカリフォルニア半島の先端付近の北緯 23 度あたりにあるとみることもできる．ツチクジラの記録は，ここから北米大陸の太平洋岸沿いに北に伸びる．アリューシャン列島周辺からベーリング海にも分布し，北限記録はナワリン岬（北緯 62 度）である（Reeves and Mitchell 1993）．

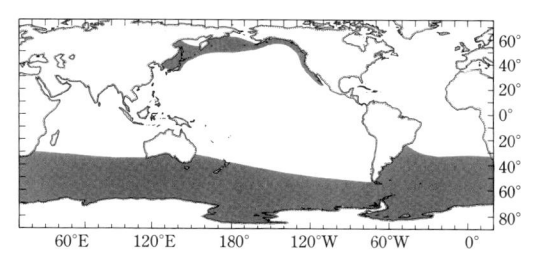

図 13.1 ツチクジラ（北太平洋）とミナミツチクジラ（南半球）のおおよその生息範囲．（Kasuya 2009）

アジア側では相模湾が通常の分布の南限で，ここから沿岸沿いに千島列島を経てカムチャッカ半島東岸にまで分布する．オホーツク海では，その中央部の北緯 57 度まで分布し，日本海には全域に分布する（Kasuya 2009）．

13.2.2 地理的分布と個体群

（1） 中国沿岸

台湾には本種の記録がない．東シナ海については，1–3 月と 6–9 月に行われた水産庁の研究船による目視調査ではツチクジラの発見がなく，本種は分布しないものと考えられていた（Kasuya and Miyashita 1997）．しかし，中国の東シナ海沿岸，上海の近くの舟山諸島（北緯 31 度付近）で 1950 年代後半に 1 頭が捕獲され，その標本が保存されているという（王 1999）．捕獲の方法は明らかではないが，当時の捕鯨船が捕獲した可能性がある．この個体が日本海からの迷入個体なのか，それとも中国沿岸の定住者なのかは，北方の黄海や渤海の調査がなされるまでは断定できない．しかし，黄海の西半分と渤海は水深が浅く 50 m 以下であることと，比較的水深の大きい黄海東部分の韓国沿岸では本種が知られていないことから判断して，おそらく迷入個体であると思われる．

王（1999）によれば，第 2 次世界大戦後の中国では 1953 年から 1980 年まで捕鯨が行われた．広東州の大亜湾（北緯 22 度 30 分）では 1953 年に捕鯨を開始し，操業は広東州沿岸に拡大して 1970 年まで続いた．捕獲鯨種はザトウクジラが主体で，コククジラやミンククジラも捕獲した．海南島の対岸の雷州半島（北緯 21 度）では 1953 年から 2 年間，手投げ銛による突き

捕り捕鯨を行った．黄海の北部の大連（北緯39度）では1953年に捕鯨を開始し，1963年にはそれまでの小型船5隻に加えて口径90 mmの砲を搭載した229トンの大型捕鯨船を導入して，黄海南部まで漁場を拡大した．その漁獲対象はナガスクジラとミンククジラであったが，1965年から漁獲が減少した．そこには，日本による五島のナガスクジラ漁（1955年開始）と韓国のミンククジラ漁の影響があったかもしれない．中国は1980年に国際捕鯨取締条約に加入して，同年捕鯨を停止したという（筆者注：国際捕鯨取締条約ではコク，セミ，ホッキョククジラは戦前から禁漁であった．その後，北太平洋ではザトウとシロナガスが1966年から，ナガスとイワシが1976年から禁漁となった．中国が条約に加盟した1980年9月の時点では，ひげ鯨類ではニタリとミンクのみが捕獲を許されていた）．また，同書によれば台湾では1955年に捕鯨を始め，日本との合弁あるいは日本人砲手を雇用して操業し，1979年には洋上解体を始め，1981年まで操業したとある．上述の1頭を除けば，これらの操業でツチクジラが捕獲された形跡はない．

（2）日本海

日本海の東半分では夏を主体に6-10月に目視努力が投入され，6-8月にツチクジラの発見があった（Kasuya and Miyashita 1997）．その分布は，礼文島西方から隠岐島西方にかけて日本海の南北の範囲のほぼ全域に広がっている．

かつての小型捕鯨操業（1948-1952年）では，夏を中心とする時期に富山湾や渡島半島沖の日本海でツチクジラの捕獲があった（Omura et al. 1955）．これらの日本海漁場は，Kasuya and Miyashita（1997）の目視調査でツチクジラが確認された海域の一部である．当時はツチクジラ捕獲のピークは7月にあり，6月と8月がこれに次いでいた．しかし，当時の日本海操業の主体はミンククジラであり，ツチクジラはミンククジラ漁の合間に，あるいはそれにともなって捕獲されたものであるから，漁獲量の季節変化からツチクジラの来遊の盛期を云々する

ことは危険である．なお，Nishiwaki and Oguro（1971）もその後の操業記録（1965-1969年）を使って同様の解析をしているが，すでに日本海ではツチクジラの捕獲は行われなくなっていた．6-8月については，小型捕鯨船の記録でツチクジラが日本海に分布することが確認できたので，それ以外の時期のツチクジラの漂着記録を拾ってみると，10月（京都府，山形県），12月（新潟県），2月（新潟県，秋田県）などの記録がある（Nishimura 1970; 石川 1994）．大陸側ではピーター大帝湾で1934年4月にツチクジラの記録がある（Tomillin 1967）．これらのことから，日本海には周年ツチクジラが生息するとみられている（Kasuya and Miyashita 1997）．また，日本海のなかでツチクジラの分布範囲が季節的に移動するという情報は，これまでのところ得られていない．

目視記録や漂着の情報からみて，ツチクジラが日本海に周年生息することが明らかである．かつて日本海で小型捕鯨船が操業した当時，おもな漁場が2カ所あった．1つは富山湾内で，ほかは渡島半島から留萌の黄金崎にいたる北海道沿岸であった．いずれも1,000 mの等深線が海岸に接近している場所である．わが国の太平洋側では，少なくとも夏には大陸棚の外側の大陸斜面の水深1,000-3,000 mの海域にツチクジラの発見が集中している（Kasuya 1986）．おそらく日本海のツチクジラも傾斜の大きい大陸斜面を好む傾向があるとみられる．海底谷が岸近くにきている場所ではツチクジラが沿岸に近寄るので，小型捕鯨船が操業しやすく，そこが漁場となったものと思われる．このようなツチクジラの行動を想定すれば，日本海の東西岸に異なる個体群が分布すると考えることも可能ではあるが，その証拠は得られていない．ただし，日本海のツチクジラに単一個体群を仮定するよりも，東西に別の個体群がいると仮定するほうが，資源管理の観点からは安全である．単一個体群であるという証拠が得られるまでは複数個体群として管理することが望ましい．

かつてOmura et al.（1955）は漁獲統計を解析し，日本海で捕獲されるツチクジラの体長組

成のモード（雌雄合わせて 30-32 フィート）が千葉県・三陸沿岸のそれ（雄：34-35 フィート，雌：36 フィート）に比べて小さいことを見出している．最大体長のちがいにも同様の傾向が認められるが，最大体長は試料数に左右される危険があるので，モードのちがいのほうが信頼できる．このような体長差のもとになった生物学的な背景には興味をひかれる．当時は同じ捕鯨業者が太平洋側と日本海側で操業していたことを考慮すると，両海域の 3-4 フィートのモード差は測定手法のちがいによるのではなく，漁獲物の体長の真のちがいによるものであることを予測させる．

Kishiro（2007）は小型捕鯨業によって日本海（21 頭：1999-2004 年），太平洋（47 頭：1992-2001 年），オホーツク海（34 頭：1988-2004 年）で捕獲されたツチクジラの外部計測値を解析した．オホーツク海標本以外は著者自身による計測値であることは評価に値する．そのデータを使って日本海と太平洋で体長を比べると，平均体長（9.40 m：9.99 m）も最大体長（10.15 m：10.90 m）も日本海のほうが小さい．そのちがいは 59 cm（平均体長）ないし 75 cm（最大体長）で，2 フィートほどのちがいがあった．Kishiro（2007）はこのちがいを重視していないようであるが，Omura et al.（1955）の結果とも合わせてみると，日本海のツチクジラは太平洋の同種に比べてやや小型であるように思われる．

Kishiro（2007）は上に述べた標本の外部計測値について多変量解析を行った．その結果，日本海標本（渡島半島沖）と太平洋標本（相模湾-茨城県沖）は異なる母集団を代表すること，そのちがいが著しいのは胸鰭の幅と長さにあることを明らかにした．これらの検定は体の大きさのちがいの影響を排除して行われたものである．なお，Kishiro（2007）の解析では，オホーツク海標本は日本海と太平洋の両標本の中間に位置していたが，オホーツク海標本は多数の計測者の記録の寄せ集めであるため，結論を得るにはいたらなかった．参考までに胸鰭前起点から胸鰭先端までを直線で計った実測値の平均をKishiro（2007）から引用すると，太平洋標本では 125.9 cm，日本海標本では 114.9 cm で，その差は 11 cm である（雌雄込み）．これらの計測値は体長 8.4 m 以上の個体の平均値である．試みに標本の平均体長（前述）に対する比率を求めると，太平洋標本 12.6%，日本海標本 12.2% となる．しかし，このような平均値の比較では，わずかな地域差を評価することはできない．体長の増加にともない胸鰭の形や大きさがどのように変化するのか，両海域の間で綿密に検討してみることは生物学的にも価値があるように思われる．

日本海は，北部には水深 3,000 m の場所もあるが，外洋との連絡は 4 海峡に限られている．そのうち，津軽海峡（最浅部の最大水深は 130 m）と対馬海峡（同じく 130 m）は比較的深いが，間宮海峡（20 m）と宗谷海峡（30 m）はきわめて浅い．ツチクジラが対馬海峡を通過して黄海に出ることは普段はないらしいことは前に述べた．それでは，ツチクジラが宗谷海峡や津軽海峡を通過することはあるのか．Kasuya（1986）は上に述べたような海峡地形を根拠に，日本海のツチクジラはオホーツク海や太平洋と隔離されていると推定している．

（3） 西部北太平洋とベーリング海

この海域では長い間ツチクジラ漁が行われてきた．その捕鯨記録をみる前に，まず調査船による目視情報を解析してみよう．水産庁遠洋水産研究所は，1980 年代初めから西部北太平洋で組織的な鯨類目視調査をしてきた．この調査は捕鯨業で捕獲されている鯨種について分布と資源量を明らかにすることを目的としたため，ツチクジラの出現が期待される道東から伊豆近海にかけての調査は，漁期にあたる 7-11 月を主体に行われた．5 月にも若干の調査がなされたが，それ以外の月にはほとんど調査が行われていない．ただし，伊豆半島以南の海域では 12 月と 3 月を除き，ほぼ周年の調査がなされている（図 13.2）．

Kasuya and Miyashita（1997）は，上に述べた目視航海の情報をもとにツチクジラの分布を

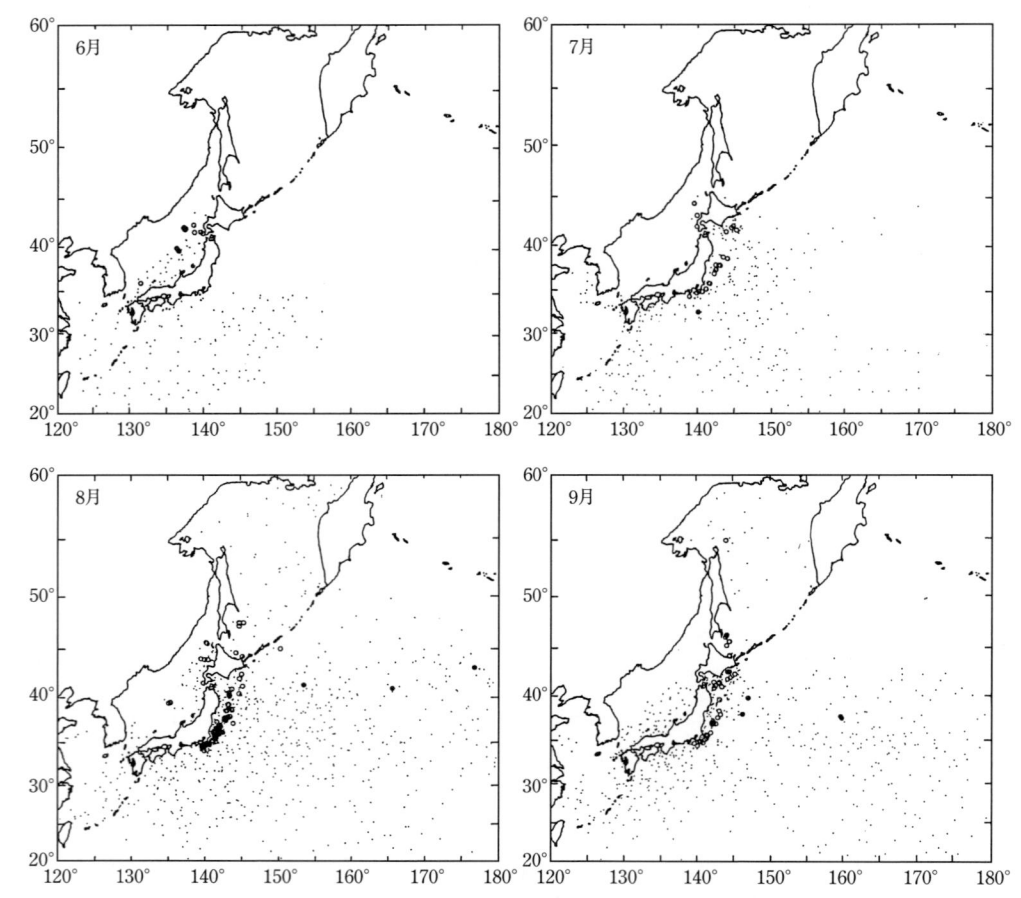

図13.2 水産庁の目視調査船によるツチクジラの発見位置．白丸はツチクジラの群れ，細かい点は調査船の正午位置（調査範囲を示すために記入）．太平洋沖合の黒丸（7月に1個，8月に3個，9月に3個）は種の判定に疑問がある記録．(Kasuya and Miyashita 1997．1-5，10-12月は調査・発見ともに少ないので省略した)

解析した．7月に駿河湾で1例のツチクジラが出現したことを除けば，信頼できるツチクジラの記録は相模湾以東，北緯34度以北に限られており，これが本種の通常の分布域を示すものと考えられる．北太平洋の温暖海域には，外形が似ていてツチクジラと紛らわしい種が広く分布している．これはタイヘイヨウアカボウモドキ (*Indopacetus pacificus*) であろうとされている (Pitman et al. 1999; Dalebout et al. 2003)．ツチクジラとまちがわれたのがこれ1種と断定されるわけではない．体色がツチクジラとは異なり，鼻孔の向きが反対で（前述），体長も小ぶりであるから，近くでみれば区別は容易であるが，不注意な目視記録や古い時代の記録を解釈するときには注意が必要となる．

そこで，このような懸念されるツチクジラの出現記録をあげてみよう．その1つは紀州の鯨類を記載した『鯨誌』（山瀬1760）においてアソビクジラと称するものである．強いてあてはめればツチクジラとみられないこともないが，ツチクジラの通常の分圏外でもあるので，先ほどのタイヘイヨウアカボウモドキとしても不思議はない．ただし，上下に歯があるという記述はどちらにも合致しない．さらに，1997年7月に高知県大方町沖の土佐湾からツチクジラの頭骨の報告がある（石川1994）．公表された記録では，発見の経緯や，混獲か漂着かも明らかではない．種の判定は頭骨・下顎骨・下顎歯の形状によるとあるが，これらの部位のいかなる特徴をもってツチクジラと判断したのかの具体

表 13.1 カムチャッカ半島東岸域におけるソ連のアリュート号捕鯨船団によるツチクジラの発見頭数．(Tomilin 1967)

操業海域とおおよその緯度	5月	6月	7月	8月	9月	10月	11月
ナワリン岬付近（62°N）				1			
オリュートル湾（60°N）					65		
コマンダー諸島（55°N）			85				
クロノツキー・アヴァチャ湾（52°-55°N）	188	30	40			160	＋

的な報告が待たれる．Kasuya and Miyashita (1997) は，調査船のツチクジラの記録8例については種の判断を保留している．その多くは北緯35度から45度の間で，東経145度以東の沖合での記録である（図13.2）．それらは，出現位置は通常のツチクジラの分布域と離れているうえに，乗船調査員が経験不足で，しかも船を近づけて確認できなかったなど，条件の悪い記録である．かつて，日本の捕鯨船団所属の探鯨船が残した記録をもとに，ツチクジラは日本沿岸からアメリカ東岸まで連続して分布すると結論した例もあるが（Ohsumi 1983; Kasuya and Ohsumi 1984），いまではこれらの記録は他鯨種を誤ってツチクジラと判断したものと考えられている．これら捕鯨船団は捕獲対象が大型鯨であるため，その探鯨船の乗組員にはツチクジラを捕獲した経験のない者が多かったことと，彼らにとってはツチクジラは操業対象でなく関心が低かったためもあり，マッコウクジラより小さい中型歯鯨類の場合には，十分に種を確認せずにアカボウクジラとかツチクジラと記録する例があったらしい．

つぎに，まちがいなくツチクジラと思われる観察例についてその分布をみると，発見は伊豆大島周辺から本州沿岸に沿って道東にまで伸びている．1例だが，南千島の東側でも発見がある（8月）．中部千島（北緯47度）と北部千島（北緯52度）の捕鯨基地から出漁したソ連の捕鯨船は5-11月に109頭のツチクジラを捕獲し（Reeves and Mitchell 1993），中部千島では列島の東西両側にツチクジラが出現しており，その分布は中部カムチャッカ半島の東岸まで続いている（スレプツォーフ 1955）．また，8-10月には知床半島周辺のオホーツク海南東部でも本種が発見されている．これらのことから，少なくとも夏には千島列島をはさんで，オホーツク海から太平洋までツチクジラの分布が連続しているとみられる．本種の移動の障壁となるような浅い場所が千島列島の全域に広がっているわけではないし，ツチクジラがつねに1,000 mより浅いところを避けるわけではない．

Tomilin (1967) は1934年の捕鯨操業中にカムチャッカ半島東岸で多数のツチクジラを発見したことを報告している（表13.1）．当時のソ連の捕鯨船はツチクジラを目的にしたのではなく，ナガスクジラ，ザトウクジラ，マッコウクジラなどを対象に操業していた（スレプツォーフ 1955）．発見記録がないことはツチクジラがいなかったことの根拠とはならないが，種判定が正しい限り，発見自体は分布の証拠として用いることができる．Tomilin (1967) は，ベーリング海におけるツチクジラの最北の記録はナワリン岬付近にあることと，海獣漁で生活しているので鯨類の種を判別する能力があるベーリング海峡の住民はツチクジラを知らないことを根拠として，本種の分布の北限はナワリン岬から東ないし南東に向かう大陸棚縁であると述べている．ベーリング海中央部のセントマシュー島とプリビロフ諸島からも記録がある（Rice 1998）．これらの島はベーリンク海の大陸棚上の南縁近くに位置しており，Tomilin (1967) の判断と大きく矛盾するものではない．ベーリング海における本種の北限は，ナワリン岬，セントマシュー島，プリビロフ諸島を経てアラスカ半島の先端にいたるラインにあるものと思われる．

（4） オホーツク海

オホーツク海は，北緯50度以南の千島列島沿いからアニワ岬にかけての三角域に水深の大

きい千島海盆がある．その北側には最大水深が2,000mほどの浅い海が広がり，水深は北に向かって浅くなっており，樺太北端の緯度線（北緯55度）から北は1,000m以下の浅い海である．なお，樺太の東岸沿いには比較的深いところがあるため，中・北部オホーツク海は南南西から北北東に向けて緩やかな上り坂の海底地形をなしている．冬には南東部を残してオホーツク海の大部分の海面が氷に覆われる．

オホーツク海における組織的な鯨類目視調査は，日本の水産庁調査船により行われた（図13.2）．調査期間には5-10月が含まれ，いずれの月にもツチクジラの発見があった．主要な調査は8-9月になされた．領海12海里以内を除くほぼ全域をカバーできた（Kasuya and Miyashita 1997）．ツチクジラの発見は，北は北知床付近（北緯48度）からカラフト東海岸沖合と北海道のオホーツク海沿岸を経て，知床沿岸（北緯44度）にいたるオホーツク海南部海域に集中していた．そのほかにはカラフトの北端に近い北緯55度付近と南千島の太平洋側に，それぞれ1例（いずれも8月）の記録があっただけである．いずれの出現場所も1,000m等深線付近の大陸斜面域であった．

冬季にツチクジラがオホーツク海に出現することは，Fedoseev（1985）がIWCに提出した文書で知ることができる．そのデータは冬季のアザラシ類の生息数調査のために飛行した航空機から得られたもので，飛行コースの間隔は原則として20-30kmであった．それによると，1979年と1981年の4-5月にカラフト北端からその北方のオホーツク市南方にかけての海域（北緯54-59度）で，合計70頭のツチクジラが発見された．狭い開氷域や氷の割れ目の水路を速い速度で移動しており，多くは7-11頭からなる密集した群れを形成して，タイミングを合わせて潜水していたという．このような群れの構造は千葉県沖のツチクジラにも共通する．このツチクジラの出現場所は，同じ時期にホッキョククジラやシロイルカが集中的に観察された場所でもあった．その水深を地図上でみると200-1,000mである．また，この同じ場所で1983年12月にも3頭のツチクジラが見られたことから，Fedoseev（1985）はツチクジラは春に融氷を追って，この海域に入ってくるのではなく，冬中ここに滞在しているものであると考えている．このことは本種の回遊や分布を考えるうえで重要である．上の記録に加えて，彼はオホーツク海中央部で1頭と南千島西側で2頭のツチクジラを観察したことを報告している．

オホーツク海の北部にはツチクジラが周年生息するらしい．そうすると，ここには太平洋や日本海の個体群とは別の，独立した個体群が存在する可能性が出てくる．一方，オホーツク海南部から北海道沿岸にかけての海域にもツチクジラが周年分布するらしい．両海域の間には，カラフト中部東方海域のツチクジラの空白域がある．これらの観察にもとづいてKasuya and Miyashita（1997）は，2つのツチクジラ個体群がオホーツク海を利用しているという仮説を提出している．Kasuya and Miyashita（1997）が想定した2つのオホーツク個体群のうちの1つ，オホーツク海南部個体群と日本海の個体群との関係，さらにこれら二者と道東沿岸に夏から秋にかけて出現する個体との関係は，依然として不明である．今後は遺伝的情報や個体の動きを調べて個体群の分布の広がりを解明する必要がある．Kishiro（2007）はオホーツク海南部で捕獲されたツチクジラの外部形態を解析して，それが日本海個体群とも太平洋個体群とも一致しないことを認めたが，計測データの信頼性の疑念から結論を保留したことは前に述べた．

根室海峡の北の入口にある羅臼の沖は水深が200m程度であるが，ここにもツチクジラが出現することが知られており（口絵写真；石名坂・宇仁 2000），捕獲の記録もある（図13.4）．Walker et al.（2002）は，網走を基地とする小型捕鯨船が羅臼沖の北緯44度-44度30分の海域で捕獲したツチクジラ15頭の胃内容物を調査している．その季節は8-9月であった．また，場所は特定されていないが，根室海峡で3-4月と8月にツチクジラの目視例がある（佐藤晴子私信1998）．春先にここにツチクジラが出現することは注目される．根室海峡の最浅部の最大

水深は20m程度である．そこを通過してツチクジラがオホーツク海と太平洋を往復するかどうかは断定できないが，その問題は別としても，ツチクジラが南千島の島々の間を通過する可能性は十分にあると考えられる．イシイルカの回遊をみると，日本海で越冬するイシイルカ型個体群は根室海峡と津軽海峡のどちらをも通過すると信じられている．これに対して，三陸沿岸で越冬するリクゼンイルカ型個体群は千島列島を抜けてオホーツク海中央部にまで回遊するが，彼らは津軽海峡を通過することはないとされている．このような非対称な回遊・移動には地史的な分布の変化が反映されているものと思われる．ツチクジラにもこのようなケースがあるかもしれない．

13.2.3　房総-道東海域のツチクジラ

（1）　分布

日本の太平洋岸でツチクジラが通常に分布するのは相模湾以東で，三宅島以北の海域である．図13.2と図13.3に示したのはこの海域における本種の夏の分布である（Kasuya 1986; Kasuya and Miyashita 1997）．本種の冬季の分布についてはほとんどわかっていない．図13.3のもとになったKasuya（1986）の航海では，前半には著者が担当科学者として乗船して沿岸域を観察して，多数のツチクジラを発見した．その後半では別の科学者が乗船しておもに200海里以遠の沖合を調査したが，そこではツチクジラは発見されなかった．このことから，夏には房総から道東にいたる海域の沖合にはツチクジラは分布しないことが明らかである．この航海においては生息数推定のための技術的な配慮から，ツチクジラの分布密度の勾配に対して平行な調査コースを設定する必要があった．Nishiwaki and Oguro（1971）は1948-1952年の小型捕鯨船のツチクジラの捕獲記録を解析して，本種が水深1,000m以深を好むらしいと述べているので，ツチクジラの等密度線に直交するように調査線を設定した結果，調査コースは主として東西方向に設定された．この航海でツチクジラが出現したのは予想どおり水深1,000m

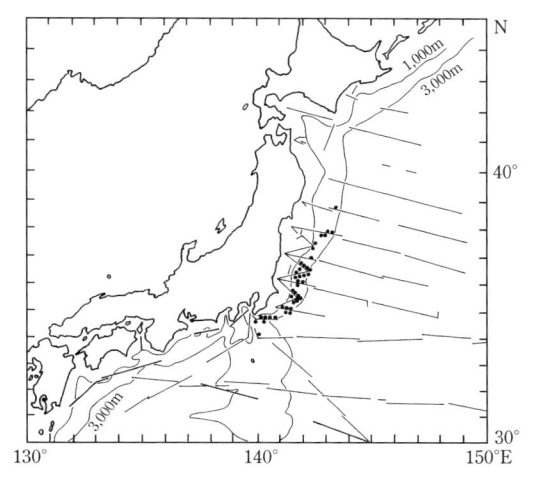

図13.3　日本の太平洋岸における夏のツチクジラの分布．群れの出現位置を黒丸で，調査線の観察コースを直線で，1,000mと3,000mの等深線を細い曲線で示す．（Kasuya 1986）

以上の海面であったが，興味あることに沖合側の分布限界が水深3,000mの等深線に一致した．調査船がこの水深範囲に近づくと，予想どおりに毎回ツチクジラが出現したことが印象に残っている．

千葉県沿岸で捕獲されて和田浦の捕鯨事業場で解体されたツチクジラは，深海の底生魚類を捕食していたことが知られている（後述）．また，彼らの胃からは誤って飲み込まれたと思われる火山岩がみつかることもあった．それは大きいものではにぎりこぶしほどもあり，魚類の胃のなかから2次的に移行したものとは考えられない．さらに彼らの上顎の先端や鼻孔の前方の，いわゆる額のような部位に硬いもので擦ったような傷が頻繁にみられる．これらの事実は，彼らが海底で摂餌することがあることを示すものである．わが国の太平洋岸では水深1,000-3,000mの海面上でツチクジラの発見が多いのは，彼らが好む餌がそこに多く生息していることを反映しているものと推定される．逆に，オホーツク海北部はツチクジラが水深200-1,000mの海面に出現しているのは，この海域にはそのような深度でも好適な餌料が分布していることの現れと思われる．

太平洋沿岸のツチクジラが好む水深1,000-3,000mの海底は，相模湾入口から南と西にも

伸びている．1つは本州南岸に沿って南西諸島にいたる大陸斜面であり，もう1つは小笠原海嶺に沿って南方に伸びる海域である．だが，ツチクジラはこれらの海域には出現しない．ツチクジラの分布には，水深以外になにかの制限要因があるにちがいない．7-8月にはツチクジラが出現した海面の水温は23-29℃の範囲にあったが，この表面水温がツチクジラの分布に関係しているとは思われない．あえて水温との関係を探すならば，彼らの夏の分布南限が水深100mにおける水温15℃の線にほぼ一致することがあげられる．銚子から三陸沖にかけての沿岸の表面水温は，黒潮の消長にともなって季節的に大きな変動をみせるが，水深100mにおける15℃の等水温線は季節的な南北移動をほとんどみせない．これは黒潮の下に入り込んでいる親潮の南限（黒潮前線）にあたるとされている．中・低層の海洋構造がなんらかの形でツチクジラかその餌の分布を制限しているとの見方がある（Kasuya 1986）．

（2） 季節移動と個体群

日本の太平洋沿岸にツチクジラが出現するのは，Kasuya and Miyashita（1997）の目視データによれば，道東が最初で5月である．6月は調査がないのでわからないが，7月には道東から千葉県沖までほぼ全域に出現する．8-9月も同様である（図13.2）．10月には調査量が少ないという弱点があるが，ツチクジラは千葉沖から消え，その分布は青森県から道東にかけての沿岸域に限定されてしまう．11月には金華山以南にしか調査がないが，そこにはツチクジラの発見がないのは確からしい．この情報をそのまま受け入れて解釈すれば，つぎのように要約できる．ツチクジラは5月に道東沿岸に出現し，しだいにその範囲が南に拡大し，夏には相模湾入口にまで達する．秋には南からしだいに姿を消し，最後に残る道東にも10月を過ぎるとみえなくなる．このような目視調査のデータでは，ツチクジラがどこからきてどこに消えるのかはわからないし，太平洋岸の1,000-3,000m水深に沿ってツチクジラが南北に動いているのか，それとも接岸・離岸の時期にずれがあるだけなのかもわからない．

松浦（1942）は1932-1942年の千葉県下の捕獲統計を解析した．彼は，積極的にツチクジラを捕獲しているのは房州地方のみであり，金華山方面では本種は多くみられるけれども捕獲されないと述べている．その背後には，安房地方には薄切りにしたツチクジラの肉を塩水につけてから乾燥し，タレにつくった食品を好む習慣が古くからあり，需要が確保されていたことがあげられる．当時は太平洋戦争の拡大期にあたり，生産強化の必要が高まりつつあった時期でもある．彼の示した図では，千葉県下の年間捕獲は23-50頭の範囲にあった．興味あることに，そこでは8年間とも初漁が6月で，終了が9月（1942年）ないし10月（1935-1941年）であり，上に述べた目視調査の結果とも矛盾がない．松浦（1942）は，さらに月別の捕獲統計も示しているが，捕獲のピークは7月（1935, 1937-1939, 1941年）ないし8月（1936, 1940, 1942年）にあり，全期間を合わせればピークは7月にあるとみられる．千葉県沿岸へのツチクジラの来遊のピークは7-8月にあったとみて大きな問題はないと思う．まれな異常年には漁獲のピークが変化するとしても，10年間のデータからの結論なのでその問題は無視できる．

つぎに，Omura et al.（1955）による1948-1952年の捕獲記録の解析を紹介しよう．これは太平洋戦争の後の物資不足の激しい時期の操業である（図13.4）．まず，千葉県漁場でツチクジラの捕獲が始まるのは5月で，捕獲のピークが7月にある点では松浦（1942）と矛盾しない．しかし，終漁は10月でなく11月になっている（図13.5）．なぜ漁期が長くなったのか．これについては疑問が残る．さらに北方の三陸沖ではツチクジラ漁の開始が6月，ピークが8月，終漁が9月になっている．つまり，ピークが房総よりも1月遅れて，漁期の幅も狭い．道東の太平洋岸では初漁がさらに1カ月遅れて，終漁は千葉沖と同じく11月となる（ピークは不明瞭）．このような漁期のちがいには意味があるのだろうか．

13.2 分布　*521*

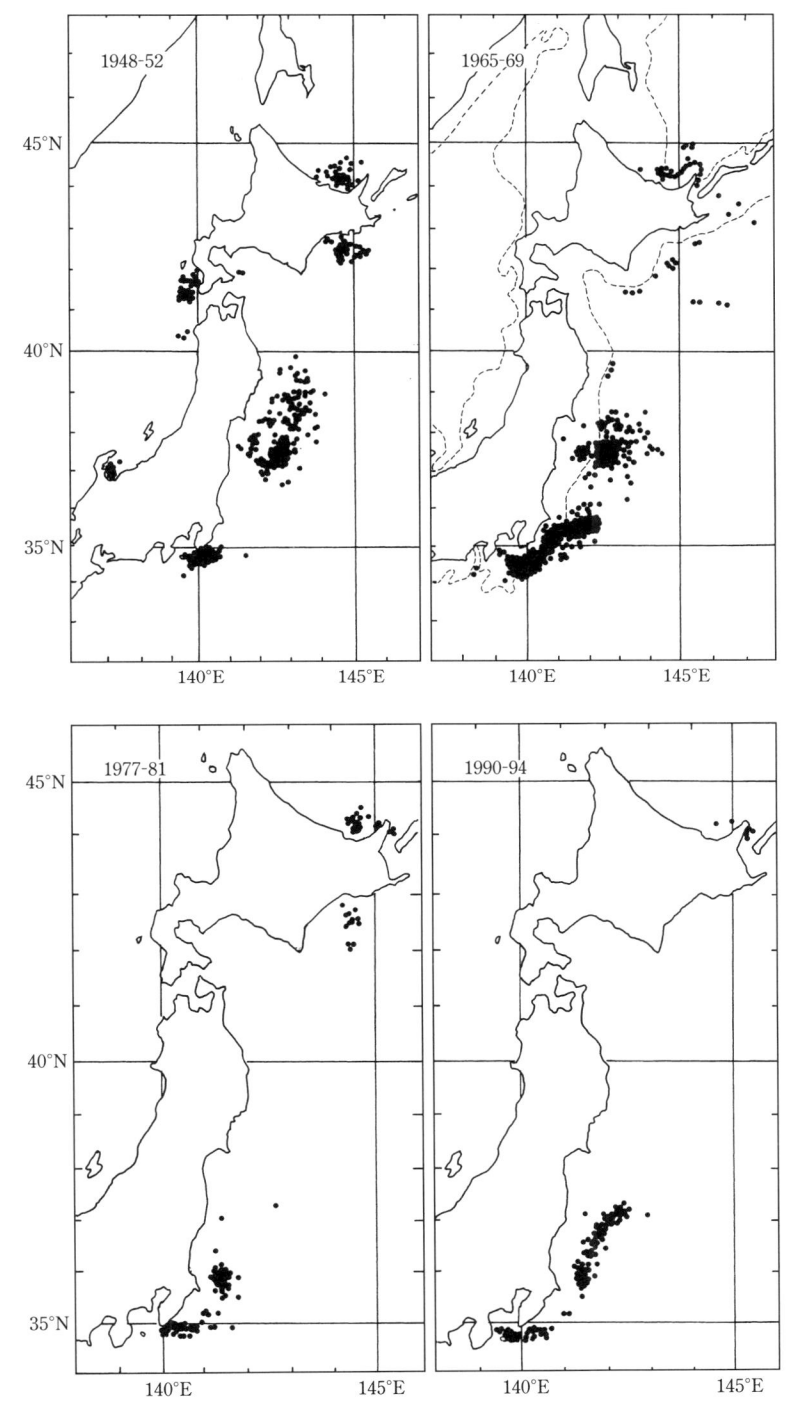

図 **13.4**　戦後の小型捕鯨操業によるツチクジラの捕獲位置．(1948-1952 年は Omura *et al.* 1955，1965-1969 年は Nishiwaki and Oguro 1971，1977-1981 は Ohsumi 1983)

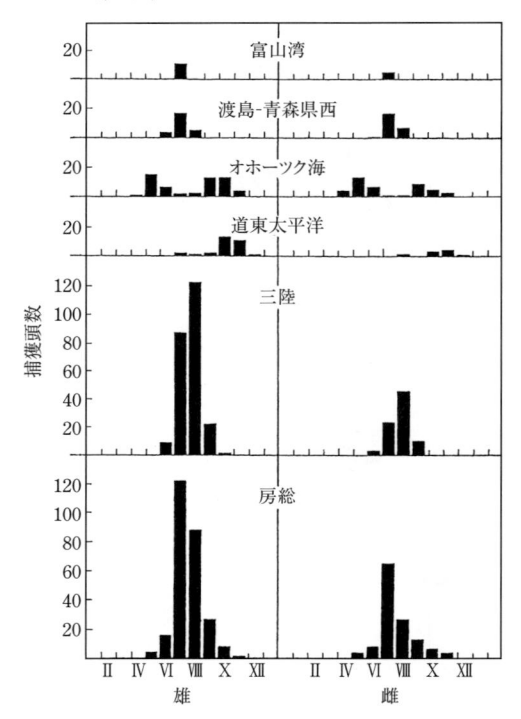

図 13.5 戦後の小型捕鯨操業によるツチクジラ漁の操業季節（1948-1952 年）．捕獲位置分布については図 13.4 の該当年を参照．（Omura *et al.* 1955）

漁業データを読むときに注意すべき問題の1つに鯨種選択の影響がある．千葉県沖ではミンククジラがほとんど来遊しないので問題はないが，三陸と北海道では4月からミンククジラの漁が始まる．ツチクジラよりも捕りやすいし，高価に売れるので努力はミンククジラに向けられる．ミンククジラ漁場はしだいに北に移り，8月にはオホーツク海が主漁場となる．したがって，三陸・道東の漁獲ピークはミンククジラ漁の影響を受けている可能性が疑われる．もう1つはマッコウクジラの混入である．日本の沿岸におけるマッコウクジラや各種ひげ鯨類の捕獲統計は意識的に操作されてきた（第15章）．沿岸捕鯨では1938年に主要ひげ鯨類やマッコウクジラに制限体長が設けられたが（大村ら1942），それに対して体長を偽るとか，小さい個体は記録に残さないなどの操作が行われた．その後，捕獲頭数枠が設けられた．沿岸マッコウクジラでは1959年，そのほか主要ひげ鯨類では1970年のことであった（多藤1985）．これらの規制は，上のデータ期間（1948-1952年）には無関係であるかのようにみえる．しかし，小型捕鯨船はマッコウクジラ以外の歯鯨類とミンククジラしか捕獲が許されていなかったが，実際には禁止されたマッコウクジラを密かに捕獲して，一部をツチクジラとして報告することが広く行われた．ちなみに，ツチクジラよりもマッコウクジラのほうが捕獲は容易である．

マッコウクジラの密漁と鯨種詐称が行われた時期は，千葉県の1社の記録では1959-1974年であるが，そのほかの状況を総合すると，密漁は1952-1959年の比較的早い時期に始まり，1970年代のなかごろまで続いたらしい（後述；粕谷1999）．さて，ツチクジラの漁獲統計にマッコウクジラが混入している場合にどのような変化が期待されるだろうか．見かけのツチクジラ漁の最盛期は変わらないとしても，初漁から終漁にいたるまでの期間の延長，つまり漁期が長くなる現象が現れるのではないだろうか．参考までに，Kasuya and Ohsumi（1984）から千葉県沖における月別のツチクジラ捕獲頭数（報告値）を示す（表13.2）．漁期のピークには大きな年変動はなく，おおよそ7月にあるが，マッコウクジラの混入がもっとも疑われる1950年代後半から1970年代前半には漁期が長く尾を引いている．

ツチクジラの密度の季節変化をみるために，Kasuya（1986）は発見記録や捕獲統計を解析した．そこに使われたデータは2種類からなる．1つは捕鯨とは直接関係のない水産航空株式会社の飛行記録であり，ほかは小型捕鯨船の操業記録である．後者は捕鯨業者が発見頭数や探鯨や曳鯨に費やした時間などを記録した資料である．房総以外ではおもにミンククジラの操業中に記録されたものであるが，房総沖ではミンククジラはほとんど捕れないので，ツチクジラ操業の記録とみてよい．日本のツチクジラの資源状態が国際捕鯨委員会の科学委員会で話題となった1980年代に，Kasuya and Ohsumi（1984）は小型捕鯨船の操業記録を解析したことがあるが，これはそこで使われたのと同じ原資料である．これは漁業者から任意に提出されたもので

表 13.2 千葉県下におけるツチクジラの公表捕獲頭数．ツチクジラの千葉県沿岸への来遊時期との矛盾をみる．(Kasuya and Ohsumi 1984)

月	1	2	3	4	5	6	7	8	9	10	11	12
1947-1955	0	0	0	0	8	44	317	191	71	20	9	1
1956-1972	1	0	0	0	23	149	340	326	164	97	71	18
1973-1982	0	0	0	0	0	0	117	105	32	20	10	2

あり，その正確さについては確認がなく，漁況の経年変動に関して業者による意図的な操作が疑われる部分があったので，それ以後の解析には使われていない．国際捕鯨委員会の科学委員会は鯨資源の動向解析において，1963年に任命された三人委員会の活動以来，鯨の密度指標として捕鯨船操業1日（CDW）あたりの捕獲頭数を用いてきた．その後しばらくしてから，このCDWには探索時間のほかに，追尾や死体の曳航に費やされた時間も算入されているので，鯨の密度指標としてはそれらを除いた，探索時間あたりの発見頭数が望ましいとされ，各捕鯨船は作業内容別の時間記録（タイムバジェット）を集めさせられたのである．いまでは，このような漁業に依存するデータは資源解析には望ましくないとされ，ほとんど使われていない．

このようにして集められた小型捕鯨船の操業記録から算出したツチクジラの発見率が図13.6の白丸と点線である．この図にはOmura et al.（1955）が報告した戦後の捕獲頭数も記入してある（黒丸と実線）．房総と三陸では発見頭数も捕獲頭数も同じような季節変化の傾向をみせ，秋に向かって低下している．これに対して，北海道の太平洋岸（道東）とオホーツク海では夏が過ぎてから秋に向かって低下が緩やかであるとか（漁獲頭数），あるいは秋に向かって上昇する傾向（発見率）が認められる．ここに示した発見と捕獲の各データは年代的には25年ほどの隔たりがあるのにもかかわらず，似た傾向をみせている．房総-三陸と，道東・太平洋岸-オホーツク海南部とではツチクジラの来遊，あるいは接岸の季節性にちがいがあるようにみえる．

Kasuya（1986）がツチクジラの来遊時期の解析に使用した第2のデータは，水産航空株式会社が水産関係の調査を委託されて太平洋沿岸を飛行した際に，自主的に記録した鯨類の発見記録である（図13.7）．調査飛行はほぼ周年をカバーしているが，5-11月に飛行距離が多い傾向がある．沿岸からほぼ180-200海里（330-370 km）の沖合まで飛行しているので，夏のツチクジラの分布範囲は十分にカバーしている．海域を南北に3分割して解析した．北海道から房総半島南方まで，どこでもツチクジラ出現のピークは7月にあり，上に述べた漁業の盛期に一致する．ただし，1区（青森-道東）のデータの解釈には警戒が必要である．ここでは7月に高いピークが記録されているようにみえるが，少ない飛行距離（1,550 km）で2群・40頭を発見した結果なので，あまり信用できない．興味をひかれるのは，7月のピークを過ぎた後の密度変化である．2区（房総-岩手県）では，7月の発見頭数が100海里あたり10頭程度であり，その後は10-11月の1頭程度に向かって緩やかに低下している．これに対して，1区（青森-道東）では8月の1頭から11月の4頭程度まで上昇がみられる．この傾向は飛行距離8,600-70,100 kmという大きな調査データにもとづいているので，密度の季節変化として信用できるように思う．

太平洋沿岸におけるツチクジラ操業の結果を説明するために，Omura et al.（1955）は5-6月に房総沖に到着したツチクジラはしだいに北方に移動し，1カ月遅れて三陸沖を通過し，さらに北上して10-11月に道東沖にいたると解釈した．これは一般の鯨類にみられる季節的な南北移動と共通するところがあるので，理解しやすい．Kasuya（1986）は分布の連続性を根拠に，房総沖のツチクジラと道東のそれは同じ個体群に属するものと推測している．これらの研究は密度の季節変化から個体の移動を推測したり，分布の連続性から個体群が同一であると解

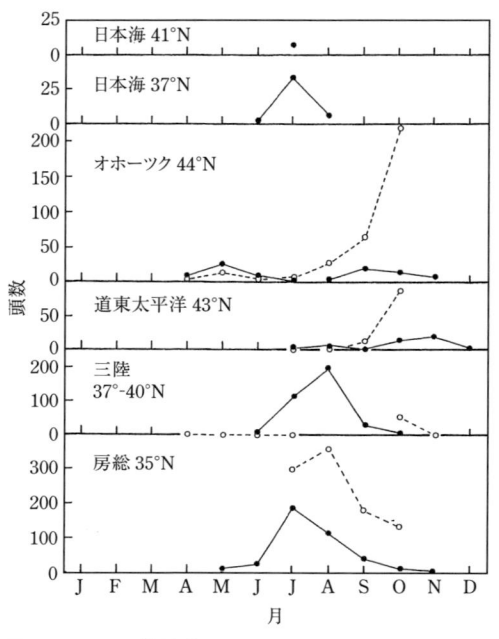

図 13.6 小型捕鯨業による日本近海のツチクジラ捕獲頭数と発見頭数からツチクジラの日本沿岸への来遊時期を推定する．黒丸と実線は1948-1952年の捕獲頭数（Omura et al. 1955のデータによる）で，白丸と点線は小型捕鯨船の探索100時間あたりのツチクジラの発見頭数（Kasuya and Ohsumi 1984のデータによる）．(Kasuya 1986)

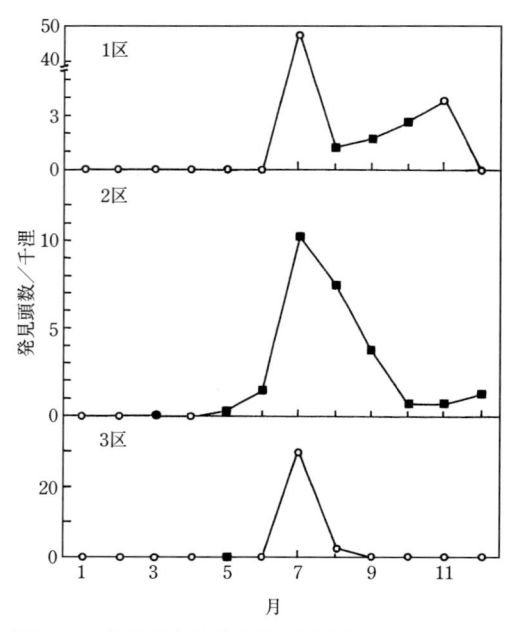

図 13.7 水産航空株式会社の観察記録からみたわが国太平洋岸におけるツチクジラ発見密度（100海里あたり発見頭数）の季節変化．1959年4月-1983年12月．1区：北緯40度以北，2区：北緯35-40度，3区：北緯25-30度，東経140度以東の沖合．白丸は調査量が少ないことを示す．(Kasuya 1986)

釈したりしている．そのような季節回遊があれば観察されたような密度変化が起こるであろうし，そのような個体群構造であれば観察されたような分布を示す場合があるかもしれない．しかし，観察された現象は別の原因でも起こる可能性があるので，現段階ではそのような考えだけに固執するのは危険である．

日本の太平洋沿岸のツチクジラの回遊に関しては，現段階では Kasuya（1986）あるいは Kasuya and Miyashita（1997）が提起した問題，すなわち，夏から秋にかけて濃密域が房総から道東に移動するようにみえるのはほんとうに個体の移動によるものかどうか，また，道東のツチクジラはどの個体群に所属するのか，という2つの疑問は未解決のままであるように思われる．Kishiro（2007）は，外部形態にもとづいて日本海と太平洋岸のツチクジラは別個体群に属すると結論しているが（前述），彼の研究には道東太平洋岸の資料が含まれていないのが残念である．いまでは道東太平洋ではツチクジラが捕獲されていないので，外部形態を計測することはできないし，そのような手法は必ずしも万能ではない．道東のツチクジラの帰属（たとえば日本海個体群か，オホーツク個体群か，房総個体群か）を知るには，DNAの解析による，あるいは，無線標識によって十分な数の個体の移動を知る必要がある．なお，Walker et al.（2002）は，ツチクジラの北上回遊の可能性を房総近海を産卵場とするイトヒキダラの北上回遊と関連づけて解釈しているのが注目される（後述）．

本州の太平洋沿岸のツチクジラについてはもう1つ大きな疑問が残されている．それは彼らが初夏に沿岸域に現れて，秋には姿を消すようにみえるが，冬の間はどこで生活しているのかという疑問である．房総半島から青森にかけての沖合海域は，10月には東経155度まで，11月には145度まで調査されたが，いずれでもツ

チクジラを発見していない．けっして十分な調査というわけではないが，冬に彼らが沖合に分散しているなら，多少の発見があってもよさそうなものである．

この問題の解明に関して別の手法を提示したのがSubramanian *et al.* (1988)である．彼らはDDEとPCBの鯨類の脂皮中における濃度を分析した．DDEはDDTの分解物で残留性が強い．これらの物質は食物連鎖を通じて鯨類の体に蓄積されるので，両物質の濃度は摂餌海域の汚染状態，ツチクジラ体内での分解能力，ツチクジラの年齢などを反映している．このような手法によって，道東太平洋沿岸に来遊するイシイルカ型イシイルカは日本海起源であるとの証拠が得られている（第9章）．これら脂溶性の汚染物質は授乳によって子どもに移行するので，成熟雌では出産・授乳の経歴によっても変化する．そこで雄だけを用いて比較したところ，千葉県沿岸で捕獲されたツチクジラのPCB/DDE比の平均は0.24（範囲：0.18-0.41，*n*=13）で，道東の太平洋沿岸で捕獲されたイシイルカ型イシイルカの平均0.39（範囲：0.37-0.41，*n*=3）に近いことから，ツチクジラは周年太平洋沿岸の大陸斜面付近で生活しているのであろうと結論した．

この手法はきわめて興味深いものであるが，懸念がないわけではない．その第1は，道東沿岸で捕獲されたイシイルカ型イシイルカは，日本海で越冬し，夏に北海道の太平洋岸あるいはオホーツク海に回遊する個体であり，岩手県-千葉県沿岸に来遊するものではないことがわかっている（第9章）．多くのひげ鯨類と異なり，彼らには飢餓期と摂餌期との区別がなく，この生活範囲のいたるところで餌をとっているものと推定される．かりに道東のイシイルカと房総沖のツチクジラが汚染状況において似ているとしても，それは房総のツチクジラが本州の太平洋岸で周年生活していることの証拠にはならない．第2の疑問は，異なる種の間でPCB/DDE比の異同を比較することの意義である．PCB/DDE比は両化学物質の生体内分解速度の種間のちがいも反映しているはずであるから，その比は食物段階がちがえば異なるし，餌料動物種が異なればちがってくるはずである．第3は，PCB/DDE比が異なる場合には摂餌場所ないしは餌料生物が異なるといえたとしても，比が同じであることが必ずしも同じ場所で摂餌しているという証拠にはならないという可能性である．たとえば，異なる2つの場所にすみわけている生物でも，それらの場所がたまたま同じ海流の影響下にあれば，PCB/DDE比は似てくることになる．また，離れた場所でもその比に差がない場所があるかもしれない．その理解のためには広域におけるPCB/DDE比の分布を知る必要がある．

Subramanian *et al.* (1988)のデータをくわしくみると，興味ある点がほかにもいくつか見出される．上にあげたツチクジラのPCB/DDE比が道東沖のイシイルカ型イシイルカのそれに近いだけでなく，標本数はわずかだが，鮎川で捕獲されたタッパナガ（コビレゴンドウの北方型）の平均値0.40（範囲：0.39-0.41，*n*=2）にも近いのである．三陸のタッパナガの生活圏は，南は銚子から北は道東までで，沖合の分布限界は東経150度付近である（Kasuya *et al.* 1988）．これら3種（ツチクジラ，タッパナガ，道東のイシイルカ型イシイルカ）のPCB/DDE比は三陸沿岸で捕獲されたリクゼンイルカ型イシイルカの値0.91（範囲：0.71-1.15，*n*=8）とも，また，それと生活圏を異にする東経150度以東の沖合のイシイルカ型イシイルカの値1.01（範囲：0.90-1.19，*n*=13）とも異なるという事実である．

Subramanian *et al.* (1988)のデータをもとに，彼らが行ったように鯨種間の食性のちがいを無視するならば，彼らのデータからつぎのような推論が可能である．

① 房総沖のツチクジラはオホーツク海には回遊しない——リクゼンイルカ型イシイルカは三陸-房総沖で越冬して，オホーツク海中央部で夏を過ごすが，そのPCB/DDEはツチクジラとは異なる．

② 房総沖のツチクジラのおもな摂餌場所は房総から道東までの間にある——PCB/

DDE がタッパナガに近い．
③ 沖合の回遊限界は東経150度までである——東経150度以東のイシイルカ型イシイルカのPCB/DDEと異なる．このイシイルカが所属する個体群は不明であるが，道東のイシイルカやタッパナガよりも，東方沖合にあることはまちがいない．

房総・三陸沖のツチクジラの越冬海面はこの範囲（東経150度以西で北緯35-45度の海域）のどこかにあるかもしれない．将来にツチクジラの越冬場所を探るための調査航海を計画する際には，候補となるべき海域である．

房総半島沖合の漁場ではツチクジラの警戒心が強く，調査船の接近がきわめてむずかしいことで知られていた．しかし，日本海の渡島半島周辺のツチクジラは警戒心が弱いというのが乗船調査員の印象であった．ただし，1999年漁期から日本海で少数のツチクジラの捕獲が始まったので，最近は行動が変化しているかもしれない（後述）．このような行動のちがいが事実であれば，それは日本海のツチクジラは房総半島周辺の個体とは別個体群であることの傍証となる．もしも，遺伝的な交流がまれに起こるならば，遺伝的な差異は消滅し，文化的なちがいのみが存続することも可能である．

13.3 食性

13.3.1 胃内容物解析

ツチクジラの食性に関する研究は限られている．北太平洋の東海岸ではPike（1953）とRice（1963）が合計8頭の標本を解析しているといわれるが，未見である．Tomilin（1967）はロシア海域の6例とともにPike（1953）の研究を紹介し，ツチクジラはほかのアカボウクジラ科の種と同様におもにイカを食しており，魚類は食べてはいるが，従であると述べている．Heptner et al.（1976）は千島方面で捕獲されたツチクジラの食性を研究したBetesheva（1960, 1961）を引用して，同様に結論している．そこには4種のイカ類（テカギイカ類 Gonatus 属3種とアカイカ類 Ommatostrephes 属1種）と5種の魚類（スケトウダラ類 Theragra 属2種，Podonema 属1種，コマイ類 Eleginus 属1種，バラヒゲ類 Coryphaenoides 属1種）があげられている．これらの研究においては，餌料種としての重要度をどのように評価するかがむずかしい問題となる．餌料動物の総重量あるいは総カロリー量で評価するとしても，消化速度は餌動物によって異なるので，そのための基礎データを把握しにくい．また，魚の耳石やイカのくちばしがツチクジラの胃のなかに残留する時間は確かめられていないが，耳石とくちばしでは残留時間が異なることはほとんど疑いない．残留時間は餌の大きさによっても差があるとみるのが自然である．したがって，過去の一定の期間内に食われた餌種別の個体数はおろか総量さえも，胃内容の解析から推定することは不可能に近いのが現状である．

日本では松浦（1942）が千葉県沖で捕獲された個体の胃からイカの眼球を報告した．Nishiwaki and Oguro（1971）は小型捕鯨業者から報告された383頭のツチクジラの胃内容物情報を解析した．これは捕獲された701頭のなかで胃に餌が残っていた鯨の数で，全体の55%であった．種あるいはその近くまで同定された餌を出現頭数の多い順にあげると，イカ（111頭），サバ（15頭），イワシ（5頭），スケトウダラ（1頭），サンマ（1頭），ヒラメ（1頭）であった．このほかに「深海魚」が156頭から記録され，「不明魚」が93頭から記録されている．これらは漁業者が記録したものであることと，上の数字を合計すると383頭，つまり総資料数になることに注目したい．これを善意に解釈するならば優占種1つが記録されたと理解されるのである．また，魚の耳石やイカのくちばしは算入されていないことは明らかである．このデータにもとづいてNishiwaki and Oguro（1971）は餌料の地理的変化と季節的変化の解析を試みているが，後者についてはデータが不十分であった．前者，つまり地理的な組成は，1年のなかの同じ季節で比較しても差異が認められる点は興味深い．すなわち，塩屋崎の北を通る北緯

37度20分付近を境にして，そこから南の相模湾までの間で捕獲されたツチクジラからはほぼすべてに深海魚が記録され（44頭中43頭），その北から鮎川の東南にかけて捕獲された個体からはイカ（24頭中13頭）が優占し，サバ（7頭）とイワシ（3頭）がこれに次いでいた．これら両海域は完全に連続した漁場で，捕獲位置も連続して分布しているし，塩屋崎の北にも餌となる深海魚が分布することが知られているのである（Walker et al. 2002; 後述）．釧路沖と網走・知床周辺でも鮎川沖と同様にイカ（26頭中22頭）が圧倒的に多く，わずかに深海魚（2頭）とスケトウダラ（1頭）が出現した．

Nishiwaki and Oguro（1971）は，このような餌料の地理的なちがいはそれぞれの土地における海洋生物の種組成を反映しているものであり，ツチクジラはそれぞれの場所で選り好みなく摂餌していると解釈した．この解釈が誤っていると断定する証拠はない．しかし，この地理的な食性のちがいは見かけのものである可能性も十分に残されている．確率的には塩屋崎よりも北側で操業したのは鮎川を基地とする小型捕鯨業者が多く，その南側の操業には千葉県に基地を置く業者が多い可能性がある．水産庁に提出する鯨漁月報を書く捕鯨会社の担当者の癖が，この見かけの食性のちがいに現れているのではないだろうか．

この疑問を解決するには研究者自身で胃内容物を調べる必要がある．つぎに紹介するWalker et al.（2002）はツチクジラの餌料を南部オホーツク海（網走産）と塩屋崎-房総（和田浦産）とで比較し，オホーツク海ではイカが主体で，塩屋崎の南では魚が主体であると結論した．少なくとも後者についてはNishiwaki and Oguro（1971）を支持する結論を得ているが，塩屋崎から鮎川にかけての海域のツチクジラはイカを主食としているのか否かの疑問は依然として解明されていない．

Walker et al.（2002）の研究は，大量の胃内容物の採取から餌生物の同定までを研究者自身で行った画期的な仕事である（表13.3）．使用材料は2群に大別される．1つは千葉県和田浦の外房捕鯨の事業所で解体されたツチクジラ107頭で，季節は7-8月（1985-1987, 1989, 1991年），捕獲位置は相模湾の入口の洲崎付近から1,000 mの等深線の内外に沿って塩屋崎東方にいたる海域で，緯度範囲は北緯34度30分から37度におよぶ海域である．ほかは，網走沖と知床半島東方の根室海峡で捕獲され，網走の下道水産の事業所で解体された20頭で，季節は8-9月（1988-1989年），捕獲位置の緯度範囲は北緯44度-44度30分，水深範囲は2頭を除き1,000 m以浅である．調査年は1985年から1991年までであった．

彼らの研究では，餌の同定は頭足類（イカ・タコ）の場合にはくちばしを，魚では耳石を用いた．さらに耳石は左右を区別し，頭足類のくちばしは上下顎を判別して計数し，それぞれの数の多い値をもって餌の個体数とした．なお，耳石から推定した体長が10 cm以下の魚は偶然捕食されたか，餌料生物の胃から2次的に移行したものとみなして解析から除外した．ごく小さい頭足類で，くちばしの長さが1 mm以下の個体も同様に処理されている．

胃のなかに耳石もくちばしも残っていない，完全に空胃の個体は皆無で，127頭の全個体がなにかの餌の残骸をもっていた．また，大部分のツチクジラは魚と頭足類の両方を食しており，魚だけとか，頭足類だけを食べていた個体はきわめて少なかった．和田浦標本では「魚だけ」が7.5%，「頭足類だけ」が2.8%であったから，両方を食べていた個体は89.7%となる．網走標本では「魚だけ」はゼロ，「頭足類だけ」は10.0%であり，両方を食べていた個体は90%となる．この点では，和田浦も網走もちがいが認められない．しかし，魚と頭足類のどちらが多いかをみると，順位は両地域で逆転していた．すなわち，魚と頭足類の出現総数は，和田浦標本107頭については，魚が8,078個体（81.8%），頭足類が1,782個体（18.0%）で，魚類が圧倒的に多かった．これに対して網走標本20頭においては，魚類315個体（12.9%）と頭足類2,117個体（87.1%）で，順位が逆転していた．

千葉・茨城沖のツチクジラ（和田浦標本）の

表 13.3 日本産ツチクジラの胃内容物．(Walker *et al.* 2002 より種組成を省略)

分類群	和田浦標本 種数	和田浦標本 個体数	網走標本 種数	網走標本 個体数	共通種数
[魚類]	14	8,078	7	315	4
ホラアナゴ科 Synaphobranchidae	1	1			
セキトリイワシ科 Alepocephalidae	1	2			
ミズウオ科 Alepisauridae	1	2			
チゴダラ科 Moridae	2	4,343	1	83	1
バケダラ科 Macrouroididae	1	43			
ソコダラ科 Macrouridae	7[1]	3,683	3	140	3
クロタチカマス科 Gempylidae	1	4			
タラ科 Gadidae			1	44	
ゲンゲ科 Zoarcidae			2	48	
[頭足類]	32	1,782	11	2,117	10
ホタルイカモドキ科 Enoploteuthidae	2	136			
ヤツデイカ科 Octopoteuthidae	1	17			
ツメイカ科 Onychoteuthidae	2	32			
テカギイカ科 Gonatidae	9	769	6	1,843	5
クラゲイカ科 Histioteuthidae	2	29	1	1	1
ダイオウイカ科 Architeuthidae	1[1]	1			
アカイカ科 Ommastrephidae	2[1]	61			
ユウレイイカ科 Chiroteuthidae	2	12			
ムチイカ科 Mastigoteuthidae	1[1]	218			
サメハダホウズキイカ科 Cranchiidae	6[1]	487	3	265	3
コウモリダコ科 Vampyroteuthidae	1	8			
マダコ科 Octopodidae	1	5	1	8	1
カンテンダコ科 Alloposidae	1	5			
アミダコ科 Ocythoidae	1	2			
[尾索類]					
ヒカリボヤ *Pyrosoma atlanticum*	1	20			

[1] 科あるいは属まで同定されたが種不明の標本がある．これらは地域別欄にはそれぞれを1種として算入したが，共通種数欄には同種であると判断された場合のみ算入した．

主要餌料は魚類で，その構成は7科13種であった．おもなものとしてチゴダラ科のイトヒキダラ *Laemonema longipes*（4,297個体），ソコダラ科イバラヒゲ属の *Coryphaenoides cinereus*（1,469個体）と *C. longifilis*（1,347個体）の3種があげられる．これら3種で全魚類餌料8,078個体の88%を占めていた．これらはいずれも深海性の底生魚である．和田浦で調査されたツチクジラのほとんど全個体の胃から小石が出現している．ときにはこぶし大のものもあった．これらは底生魚をとるときに誤って飲み込んだものらしい．漁業的に利用されている魚種はここのツチクジラの胃からは見出されていない．餌料のなかの頭足類の比重は量的には大きくはないが，種組成は多様で14科32種を捕食していた．主要な頭足類はサメハダホウズキイカ科の *Taonius borealis*（388個体），テカギイカ科の *Eogonatus tinro*（344個体）と *Gonatus berryi*（103個体），ムチイカ科の *Mastigoteuthis* sp.（cf. *M. dentate*）（218個体），ホタルイカモドキ科の *Enoploteuthis chuni*（131個体）がある．これら5種を合わせても頭足類1,782個体の66%をなすにすぎず，ここのツチクジラが多様な頭足類を食していることがわかる．そのうち漁業的に利用されている種としては，アカイカ科のスルメイカ（58個体）とマダコ科のミズダコ（5個体）があったが，出現数は多くはない．

一方，オホーツク海南部のツチクジラ（網走標本）の餌料組成では，魚類の比重が頭足類よりも低く，和田浦標本とは逆の様相をみせていた．出現した魚類は4科7種で，すべて底生魚である．底生魚である点は和田浦標本と同様である．主要な種はチゴダラ科のイトヒキダラ

Laemonema longipes（83 個体），ソコダラ科イバラヒゲ属の *Coryphaenoides cinereus*（74 個体），同じく *Albatrossia pectoralis*（62 個体），ゲンゲ科オグロゲンゲ属の *Bothrocarina microcephala*（46 個体），タラ科のスケトウダラ *Theragra chalcogramma*（44 個体）の 5 種があげられる．このうち漁業的に利用されているのはスケトウダラのみである．上位 4 種の魚類で総出現魚類 315 個体の 84% を占めていた．オホーツク海南部のツチクジラが主として依存していたのは頭足類で，4 科 11 種が出現した．それらの種は必ずしも底生性とは限らないという（Walker *et al.* 2002）．主要種はテカギイカ科の 4 種で，ドスイカ *Berryteuthis magister*（771 個体），*Gonatus madokai*（355 個体），*Eogonatus tinro*（340 個体），*Gonatus berryi*（244 個体）である．これら 4 種で全頭足類 2,117 個体の 80% を占めている．これらは漁業では利用されていないが，太平洋とオホーツク海を問わず，ツチクジラが捕食しているイカ類は，すべてマッコウクジラの餌にもなっているので，両者の間には餌をめぐる競合が発生する可能性がある（Walker *et al.* 2002）．

これら両海域の標本（和田浦標本と網走標本）に共通して出現した魚種としては，チゴダラ科 1 種とソコダラ科 3 種がある．そのうち，主要種として上にあげた種のなかで両海域に共通するのはチゴダラ科のイトヒキダラ *Laemonema longipes* とソコダラ科の *Coryphaenoides cinereus* の 2 種である．また，両海域に共通して出現した頭足類には 4 科 10 種があり，主要種で共通するのはテカギイカ科の *Gonatus berryi* と *Eogonatus tinro* の 2 種のみである．耳石やくちばしの大きさから計算が可能な種について，食べられていた餌の平均サイズを種類ごとに推定すると，魚類では 11-51 cm，140 g-1.3 kg，頭足類では 17-32 cm，200-330 g であった．

イトヒキダラ *Laemonema longipes* は両海域に共通する重要魚種であるが，オホーツク海では平均 36 cm で未成熟個体が多く，和田浦標本では 51 cm で成熟個体が主体をなす．太平洋岸では本種は冬に南下して，銚子以南の海域で冬から春にかけて産卵した後，北上するという．ツチクジラはその産卵後の初夏に房総海域に出現し，しだいに分布を北に広げるという解釈から，Walker *et al.*（2002）は，ツチクジラの移動は本種の産卵回遊に関連しているらしいと述べている．ツチクジラの来遊とイトヒキダラの産卵後の北上回遊の時期が一致するのは事実であるとしても，餌料資源として多くの種を利用しているツチクジラの季節移動が，単一餌料種の回遊にどれほど左右されるのかについては疑問が残るところである．また，イトヒキダラの回遊に合わせているのだとしたら，なぜ産卵前あるいは産卵中に捕食しないのかという疑問が残る．魚はこの時期に捕食も容易だし，栄養価も高いはずである．

Walker *et al.*（2002）によれば，塩屋崎北方の北緯 38 度付近のトロール調査では，ツチクジラがもっともこのむイトヒキダラ（*Laemonema longipes*）は水深 600-1,000 m の海底に，第 3 の頻出種であるソコダラ科の *Coryphaenoides longifilis* は水深 1,000-1,500 m の海底に生息する．これで当該海域のツチクジラの分布が 1,000-3,000 m の等深線の間にある理由をいくぶん説明される．これより深い，水深 1,500 m 以上のところにはソコダラ科の残る 1 種 *C. cinereus* が多いのかもしれないが，調査がないのが惜しまれる．なお，興味あることは，この海域では底生魚のスケトウダラ（*Theragra chalcogramma*）が水深 100-300 m に，マダラ（*Gadus macrocephalus*）が 100-400 m に分布し，前種スケトウダラの分布量は上にあげたツチクジラの餌料 2 魚種（*L. longipes* と *C. longipes*）の合計よりも多いのに，ツチクジラはそれを捕食していないことである．これは当該海域のツチクジラの餌料選択性を示すものとしておもしろい（Walker *et al.* 2002）．

Ohizumi *et al.*（2003）は Walker *et al.*（2002）より 10 年ほど後の 1999 年 7-8 月（千葉-茨城沖：24 頭）と 9 月（網走沖：2 頭）に捕獲されて，和田浦事業所と網走事業所で解体されたツチクジラから胃内容物を採取して食性の解析を

行った．和田浦標本の捕獲位置は Walker et al.（2002）のそれとほとんど同じである．網走標本の位置は網走沖40 kmの2頭のみで，根室海峡の標本が含まれていない点は Walker et al.（2002）と異なるところである．Ohizumi et al.（2003）を Walker et al.（2002）と比較すると，網走標本においても魚類が大きい比重を占めていた点で Walker et al.（2002）の結果と異なっていた．しかし，網走沖の標本は2頭だけであり採集地点の範囲も狭いので，このちがいがどれほどの意味をもつかは疑問である．和田浦標本については，魚類が多いことと，個体数でみた上位3魚種が共通しているなど，両研究は良好な一致をみせた．茨城県沖のトロール網の試験操業で得た底生魚類層との対比においても同様の結論が導かれている．網走標本についても Ohizumi et al.（2003）の上位4魚種は Walker et al.（2002）の上位5魚種に含まれており，標本数が少ないにもかかわらず良好な一致をみせた．頭足類の種組成に関しては和田浦・網走両標本とも2つの研究で一致がよくない．上位出現種において両研究で共通して検出されたのは Gonatus berryi のみである．詳細は不明であるが，くちばしによる種同定の方法にちがいがあるのかもしれない．Ohizumi et al.（2003）にはイカのくちばしや魚の耳石の大きさから餌料生物の大きさや重量を推定するための関係式が示されているので，将来の研究者には役立つと思われる．

13.3.2 摂餌と潜水

長時間潜水する海産哺乳類は，潜水中に体内に蓄えた酸素が消耗しかけると，骨格筋は嫌気呼吸に切り替える．そのような長い潜水の後では血中に蓄積した乳酸を処理するために，長時間の水面滞在が必要となるが，そのような事態を努めて減らすために，多くの潜水では酸素が切れる前に浮上するとか，心拍を下げたり代謝を抑制したりして嫌気的な呼吸に入る時間を遅らせると考えられている（Berta et al. 2006）．

ツチクジラは長時間の潜水をし，その潜水深度が深いらしいことは捕鯨業者の間でもよく知られている．餌の種組成も彼らの主たる摂餌深度が600 m以上であることを示している（前述）．Kasuya（1986）は三陸から房総にかけての沖合で7月から8月にかけてツチクジラの潜水行動を観察して，潜水時間に3個のモードを認めた．すなわち，5-12分（13例），14-29分（12例），37-49分（4例）がこれであり，ほかに1-2分（3例）と60分以上（1例）が認められた．最長潜水時間は67分であった．逆に浮上時間（群れのなかの鯨体あるいは噴気が絶え間なく水面に認められる時間）は1-8分（26例）ないし13-14分（2例）であった．短時間の潜水の場合には，水面下の浅い深度に群れがいることが船上から視認できる場合もあった．1-2分の潜水はいうまでもなく，おそらくは数分間の短い潜水も，海面滞在時間に含まれるべきものであり，これを摂餌に関係した潜水と解釈するのは正しくない．また，1つの潜水の時間とその後の浮上時間の関係をみると，15分以下の短潜水の後の浮上時間は4分以下と短かった（11例）．これは海表面近くに滞在する浅い潜水を反復する例があることをうかがわせた．また，16-50分の長い潜水の後では3-14分の長時間の浮上をともなうのが観察された（9例）．

Minamikawa et al.（2007）は，時刻・水温・深度を記録する装置を房総沖でツチクジラに装着し，29時間の連続的な潜水行動の記録を得た．その時期は7月で，装着位置は北緯34度55分の千倉の東方90 kmの海上で1,000 mと3,000 mの等深線にはさまれた海域であった．対象個体の推定体長は9-10 mであった．記録計は2日後に北東方向に160 kmほど離れた場所で洋上に浮かんでいるところを回収された．その位置は3,000 mの等深線に近い陸側で，ほぼ茂原の東方で海岸から120 kmほどの沖合であった（北緯35度27分）．標識位置，回収位置，それと黒潮の流れからみて，記録計が鯨体から離れたのは標識位置と回収位置の中間付近のどこかにあり，このデータは鯨が1,000 mと3,000 mの等深線の間にいたときに得られたものと推測される．このツチクジラの潜水パター

ンはきわめて規則的で，1回の大潜水，数回の中潜水（1シリーズと仮称），海面滞在の順で繰り返された．一昼夜の間にほぼ6時間間隔で5回の大潜水が記録されたが，その大潜水の長さは平均45分で，深さはおおよそ1,400-1,700 mの範囲にあった．標識場所の水深からみて，この個体は大潜水においては海底付近に達していたものと推測される．潜水のときの沈下率は1.92 m/秒，浮上率は1.45 m/秒で，浮上と沈下とで若干のちがいがあった．中潜水の深度は200-700 mであり，この深度の範囲に20-30分とどまっている例が示されている．1シリーズを構成する中潜水の数は5-7回，その継続時間は2時間ないし3時間であった．1シリーズの中潜水に続く海面滞在は80分から200分で，この後で必ず大潜水が行われた．マッコウクジラでもこれに似て，500 m前後の中潜水を数回してから4時間ほど海面に滞在し，それに続いて1,200 mの大潜水をした例が1例知られている（Watkins et al. 1993）．ツチクジラの潜水生理はどうなっているのか．これについては，Minamikawa et al.（2007）はデータの解釈にはきわめて慎重である．さらに多くのデータを得てから解釈がなされるものと期待される．

ツチクジラが海底近くで摂餌することは，食物組成だけでなく，石などの胃内異物からも頭部の外傷からも支持されることである（前述）．海底で摂餌するとすれば，上の個体の場合には大潜水のときしか考えられない．しかし，往復に合計30分の時間をかけて1,500 mの海底に潜ったあげく，そこで餌をとる時間は10分から30分しかないというのは私には奇妙に感じられる．房総の深海底はそれほど餌が豊富なのであろうか．大潜水の目的はほかにもあるのではないかと疑わせる．ことによると，大潜水の後で反復される中潜水のほうが彼らの摂餌においては重要なのではないだろうか．すなわち，摂餌活動の開始にあたって，まず大潜水をして餌生物の深度別の分布を把握した後で，2-3時間をかけて中潜水を反復しつつ，本格的な摂餌活動を行うのかもしれない．大潜水とそれに続く中潜水からなる一連の摂餌活動が終わると，ツチクジラは海面近くに滞在して，比較的長い休息時間をとるという仮説も可能なように思われる．

13.4　生活史

13.4.1　歯の構造と年齢査定

ツチクジラの歯のセメント質に成長層が形成されることを最初に認めたのはOmura et al.（1955）である．黒江（1960）はツチクジラの歯についてさらに詳細な解剖学的研究を行った．これらの知見を基礎にしてツチクジラの年齢査定の手法が開発され（Kasuya 1977），さらに千葉県沿岸で捕獲された個体を使って生活史の解析がなされた（Kasuya et al. 1997）．ツチクジラの下顎には2-3対の歯があり，一番前の歯が最大である．成体の大きめの歯と普通サイズの歯2例（性別不明）の実測値は前後幅8.0-10.1 cm，頬舌方向の厚さ4.7-5.3 cm，天地の高さ9.6-8.5 cmであり，先端の摩耗面の広さはともに2.5×1.5 cm程度で，摩耗により1-2 cmの長さが失われていると推定された．後方の歯も基本構造は同じだが，サイズが半分程度で成長層が狭く不規則で読みにくいので，年齢査定には使われない．以下に述べるのは，最大の歯に関する観察である（図13.8）．

一般の哺乳類の歯と同様にツチクジラの歯はエナメル質，象牙質，セメント質の3要素で構成されている．胎児期に歯胚が形成されると，すぐエナメル質と象牙質の形成が始まる．前者は歯の最先端（遠位端）に位置し，その形成は出生の少し前まで続く．後者はエナメル質の内側（近位端）に形成され，生後数年間は蓄積が続く．セメント質は象牙質の外側を覆う組織であり，歯と歯茎を結びつける働きをする．その形成は生後しばらくしてから始まる．エナメル質は薄くて，生後に蓄積するセメント質によって，全体あるいは一部が覆われていたり，あるいは萌出前に吸収されて部分的に消滅していることもある．萌出した歯では，エナメル質は磨

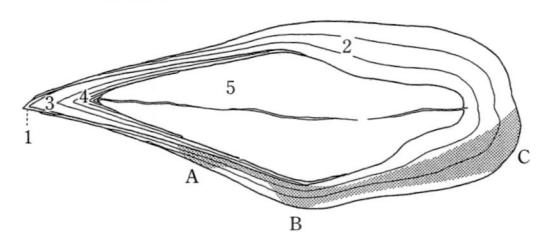

図 13.8 ツチクジラの最前端の下顎歯の頬舌方向の縦断面. 1：エナメル質, 2：セメント質（成長層の配置を示すために3層のみを図示する), 3：胎児期に形成された象牙質成長層, 4：生後に形成された象牙質成長層, 5：骨象牙質. 成長にともないA, Bの順に露出するので, 高齢個体ではAからBあるいはCの方向に, 網目をほどこした部分に沿って成長層を数える. (Kasuya 1977).

耗によって失われているのが普通である．多くの哺乳類では，象牙質は歯の大きさと強度を維持するための重要な要素であるが，ツチクジラではセメント質がきわめて厚くなっており，その機能をある程度分担しているものと思われる．イルカ類では，セメント質の形成は歯が萌出する生後数カ月のころに始まるが，ツチクジラではその時期は確認されていない．しかし，Kasuya（1977）は，2-3歳の若いツチクジラで象牙質成長層とセメント質成長層の数が一致することを認めて，セメント質の形成はおそらく生後1年以内に始まるものと推定している．

象牙質は先端部をエナメル質で覆われ，歯根部をセメント質で囲まれた組織で，そのなかには成長にともなって成長層が蓄積される．エナメル質に接する象牙質の最外層は胎児期に形成された層で，象牙質のなかではもっとも厚い成長層である．生後初めて形成される象牙層は2番目に厚く，高さ（歯尖部から根端までの長さ）では最大である．以後形成される真正象牙質（後述の骨象牙質と区別してこう呼ぶ）はしだいに厚さと長さが減少し，4-7年で蓄積が停止する．かりに，このままで象牙質の形成が終わるならば，ツチクジラの歯は中心部に巨大な歯髄腔を残した風船のような組織となり，大きさに比べて強度の劣る器官となってしまう．おそらくこのような欠陥を補っているのが，歯髄腔を満たしている大きな骨象牙質の塊であるらしい．

骨象牙質（osteodentine）は石灰化の弱い象牙質で，しばしば血管が侵入し，細胞も分散していて，真正象牙質よりも硬度が低い．マッコウクジラの歯でも，真正象牙質のなかに球状ないし塊状の骨象牙質が形成されることがあり，断面に同心円状の内部構造をもつ組織として認められる．ツチクジラの骨象牙質もその断面構造から判断して，まず歯髄組織のなかに数多くの骨象牙質の形成センターができて，そこから周囲に成長して，しだいに歯髄組織と置き換わりつつ大きさを増し，隣接する骨象牙質がたがいに融合して1つの骨象牙質の塊となり，やがて歯髄腔を完全に満たすにいたるものらしい．生後21-30カ月の個体では，すでに大きな骨象牙質の塊が歯髄腔をほとんど満たしていることからみて（開いている歯根からそれがのぞかれる），骨象牙質の形成が始まるのは生後2-3年よりは前であると思われる．一方，真正象牙質の形成は4-7層で終わるところから，おおよそこの年齢（すなわち4-7歳）で，骨象牙質が歯髄腔を完全に満たしてしまうものと判断される（Kasuya 1977）．このようにして，ツチクジラは比較的短い時間で大型の歯を完成させることができる．骨象牙質が歯髄腔を満たすと，まもなくセメント質が歯の根元を覆ってしまい，歯髄腔を満たした骨象牙質は外からはみえなくなる．この状態を歯根の完成とすると，房総沖合の個体では，早い個体では成長層6層が蓄積された段階で歯根が完成し，14層以上ではすべての個体で歯根が完成している．6-13層の年齢範囲には歯根が完成した個体とそうでない個体が共存する．この点では，雌雄の歯の成長のちがいは確認できていない（表 13.4）．

コビレゴンドウやスジイルカなどのマイルカ科の種では，歯根が完成した後もセメント質の形成が続くが，その厚さが薄いために，歯の伸長は歯根完成時で実質的に停止する．これに対して，ツチクジラでは2次象牙質の特殊な形成に助けられて大型の歯が速やかに形成され，若くて歯根が完成するが，その後も厚いセメント質が蓄積されるので，ある程度の歯の伸長が続くことになる．この成長様式は歯鯨類における

表 13.4　ツチクジラの歯根の完成状態と年齢の関係．カッコ内は雌（内数）．（粕谷，未発表）

年齢（成長層数）	5	6	7	8	9	10	11	12	13	14	≥15
歯根未完成	2(2)	2	3(3)	4	3(3)	2	3(3)	1	1		
歯根完成		1	3(1)	2(1)	4(1)	2	4(3)	3	5	3(1)	40(7)
合計頭数	2(2)	3	6(4)	6(1)	7(4)	4	7(6)	4	6	3(1)	40(7)

多様な歯の進化の1つの方向を示すものであり，マイルカ科の歯の成長様式の変化として導くことができる．これをさらに一歩進めたのが，分類学的には隔たっているが，インドカワイルカ（ガンジスカワイルカとインダスカワイルカの総称で学名は *Platanista gangetica*）であろう．そこでは，比較的若い時期，すなわち象牙質が4層ほど形成された段階（おそらく4歳と推定）で歯根が完成して，歯の伸長における象牙質の貢献は停止してしまうが，その後もセメント質が蓄積されて歯の伸長が続くので，年齢28層と査定された個体では，2-3 cm の歯の全長の半分以上の部分をセメント質が占めていた（Kasuya 1972）．ただし，インドカワイルカで歯根が形成される時点では，歯髄腔には依然として広いスペースが残されているので，そのなかに通常の象牙質が蓄積され，28層の上記個体でもセメント質と同数の象牙質成長層が数えられた．一方，ラプラタカワイルカの歯は，長さ10 mm ほどで小さくて数が多いのが特徴である．その歯髄腔は4-5歳で閉じて歯根が完成するが，それに続いて歯頸部に鍔状にセメント質が蓄積する（Kasuya and Brownell 1979）．その歯頸部の直径は象牙質だけでは2 mm にすぎないが，セメント質の鍔を含めると4 mm ほどになる．これは本種の小さい歯をしっかりと歯槽に固定する機能があるらしい．これもセメント質蓄積の特殊化の1つの方向である．なお，マッコウクジラでは象牙質の形成が止まることがなく，下顎の機能歯も上顎の痕跡歯も終生成長を続ける（Ohsumi et al. 1963）．イッカクの雄がもつ長大な牙やシロイルカの歯も，同様に象牙質が終生成長を続けるタイプである（Perrin and Myrick 1980）．

年齢査定の作業は，ツチクジラの下顎から一番前の歯を摘出することから始まる．細身のナイフを歯と歯槽の間に挿入して歯茎を切断すれば，摘出は容易である．採取した歯は，10%中性ホルマリンで固定して保存する．冷凍保存しても年齢査定の作業には問題がなかった．石灰質がホルマリンのなかの酸で損なわれるのを防ぐために，固定には中性ホルマリンを使用することが多いが，後の操作で脱灰するのであれば，このことに神経質になる必要はない．つぎに摘出した歯からナイフを用いて軟組織を取り除く．このときに神経質に清掃するあまり，セメント質の表面を削り取ることは避けなければならない．むしろ，歯茎の軟組織が薄く残っているのがよい．薄切染色切片においてセメント質の最外層が保存されていることが確認できて具合がよいのである．死亡時にセメント質の形成が続いていた部位を確認して，成長層を数えることが大切である．そのためには歯茎の細胞層が薄く残っている必要がある．歯茎をだいたい除いた歯は，歯尖と歯根を通る面で頰舌方向に切断し，切断面を砥石で研磨する．使用する砥石は表面を平坦に保つよう留意する．砥石の代わりに耐水サンドペーパーを貼りつけた平板を用いてもよい．

歯の研磨面を弱い酸，たとえば10%の蟻酸につけて表面脱灰をした後，乾燥すると，セメント質に凹凸が現れるので，顕微鏡下でそれを数える．脱灰の時間は30分から数時間程度の範囲で自分の好きな長さを決めればよい．この方法はツチクジラの年齢査定に慣れた者には手軽でよい方法である．しかし，年齢査定を基礎から学ぼうとする初心者は，歯の構造や年輪の微細構造を理解しておくことが大切であるから，薄切・脱灰・染色切片をつくることを勧める．そのためには研磨面の表面が軽く乾いたら，それを硬質塩ビの板にシアノアクリレート樹脂で貼りつけ，ほかの半分も薄く残して切り落とし

て研磨して，厚さ 40-70 μm の切片とする．これを 10% 蟻酸で一晩ほど脱灰してから，ヘマトキシリン染色標本として，透過光のもとで顕微鏡を用いて観察する (Kasuya 1977)．ヘマトキシリン染色の薄切標本のつくり方の詳細は，コビレゴンドウの項（第 12 章）で述べた．

年齢を数えるときに注意すべき点が 2 つある．1 つは，ツチクジラのセメント質には年輪と思われるサイクルとそれよりも短いサイクルとの，長短 2 つのサイクルが並存することである．長サイクルのなかの短サイクルの数は，部位によって異なるが，成長のさかんな場所では 13 層前後であることから，約 1 カ月の周期であろうと推定されている (Kasuya 1977)．ただし，その形成が月齢と同調しているという証拠はない．長サイクルは季節的な変化からみておそらく年輪であろうと推定されているが，標本数も少なく，カバーされた季節も限られているので，現在のところ厳密な意味では形成周期の証明は不完全であるとみるべきである．

年齢査定にあたっては，年輪を読むセメント層の部位が適切でなければならない．萌出して体外に露出している部分にはセメント質の蓄積がなされていないのは当然として，歯頸部に近い部位では，その形成速度が低下（成長層の厚さが減少）して年輪が読みにくい．すなわち，歯が伸びるにつれてセメント質の蓄積が良好な部位が先端付近から根もとのほうに移っていくのである．これに合わせて，年齢を読む部位も移動させる必要がある．すなわち，若いときの年輪は図 13.8 の A の位置で読み，しだいに B を経て C のあたりに読み進むのである．このように年齢査定をすると，千葉県沖で捕獲された個体の最高齢は，雌で 54 層，雄で 84 層であった．成長層数を n とすると，真の年齢は $n-1.5$ 歳から $n+0.5$ 歳の間にあるとみられているが (Kasuya et al. 1997)，ツチクジラに関しては便法として成長層数を年齢として表示することにする．

13.4.2 性成熟

鯨類では性成熟あるいは性成熟年齢という言葉がしばしば使われる．これに似た用語として，雌では初排卵年齢あるいは初産年齢という言葉がある．鯨類では過半数の雌が最初の排卵で妊娠するので，初排卵から初産までの時間差はほぼ 1-2 年と考えられる．雄においては性成熟に対して，社会的成熟という言葉がある．これは実際に繁殖に参加できる状態を指す概念であり，行動解析によってのみ知ることができるもので，現実には推定が困難な指標である．

鯨類の雌では初排卵をもって性成熟とするのが普通である．排卵の後で形成される黄体は，その雌が妊娠すれば妊娠黄体として維持され，分娩の後で退縮して白体となって卵巣のなかに生涯残ると信じられている（これに対する疑問については第 11 章と第 12 章を参照されたい）．もしも，排卵して妊娠にいたらなければ，その黄体（排卵黄体と呼び，妊娠黄体と区別する場合がある）はまもなく白体へと退縮する．妊娠黄体に由来する白体と排卵黄体に由来する白体とは，組織学的には区別できないとされている (Perrin and Donovan 1984)．本種でも捕鯨業者は捕獲した鯨の死体の冷却を助けるために，漁場から曳航する際に横腹にスリットを入れる．そのために卵巣や胎児が流失することがしばしばある．Kasuya et al. (1997) は本種の生活史の研究において，卵巣で黄白体を確認できなくても，泌乳中の雌や妊娠雌は成熟と判定している．このような便法を使うと，未成熟雌が確認されるチャンスに比べて，成熟雌が確認される機会が大きくなるのでデータに偏りが発生し，平均性成熟年齢の推定がいくぶん若くなる可能性があるので，好ましいことではない．しかし，数の限られた雌の標本を有効に利用するためにはやむをえない場合がある．

雌の性成熟と年齢の関係を和田浦に水揚げされた個体でみると，成熟雌は 10 歳以上（25 頭）に出現し，未成熟は 14 歳以下（14 頭）に出現した．このことから雌は 10 歳から 15 歳で性成熟すると判断される (Kasuya et al. 1997)．同様にして，性成熟と体長の関係をみると，最小の性成熟雌は 9.8 m で，最大の未成熟雌は 10.6 m にあった．このことから性成熟体長は

表 13.5 ツチクジラの性成熟と体長,年齢,睾丸重量(片側)との関係.(Kasuya et al. 1997)

性別・成熟度・標本採取年	標本数	年齢(成長層数)	体長(m)	睾丸重量(g)
[雄(1985-1987年)]				
未成熟	4	3-8	7.8-8.9	278-370
成熟前期	4	6-9	8.5-9.7	290-528
成熟後期	2	9-10	9.5	1,225-1,465
成熟	40	6-84	9.1-10.7	1,360-8,675
[雌(1975, 1985-1987年)]				
未成熟	20	5-14	8.2-10.6	
成熟	25	10-54	9.8-11.1	

9.8-10.7 m にあるとみられる.

雄の性成熟は,雌に比べて判定しにくい.Kasuya et al.(1997)はコビレゴンドウの例にならい,睾丸中央部の精巣組織を観察し,精子形成をしている精細管の比率を求めて,性成熟の過程を未成熟,成熟前期,成熟後期,成熟の4段階に分類した(第12章; Kasuya and Marsh 1984).これに先立ち,成熟前期ないし成熟後期に属する6個体について,睾丸の部位による成熟度のちがいを検討した.その結果,本種では精子形成が始まる部位は睾丸の前端付近であり,成熟の進行にともない,その部位が睾丸の後方に拡大することが知られた(Kasuya et al. 1997).これは,ハンドウイルカ(第11章)やコビレゴンドウ(第12章)とは異なる点である.したがって,睾丸の中央部の組織を検鏡して,かりに「成熟」と判定された本種個体においても,別の個所の睾丸組織には若干の未成熟組織を残している可能性があるし,そのような可能性は若い個体ほど大きいものと推定される.

なお,副睾丸(精巣上体)も性成熟にともなって発達するが,睾丸で精子形成が始まる以前(上の基準の未成熟)の時点で副睾丸の上皮が発達を始めることはコビレゴンドウと同様であった.なお,本種においては睾丸が成熟と判定された個体でも,副睾丸には精子がきわめてわずかしか観察されないのが普通であった.これは7-8月のツチクジラ漁の漁期が交尾期から外れているためであると推定される.

睾丸組織の成熟過程と年齢との関係をみると,未成熟は8歳以下に,成熟前期は6-9歳に,成熟後期は9-10歳に,成熟は6歳以上に出現した.標本数が少ないので不確かな部分があるが,睾丸の組織が「成熟」と判断される状態は6-11歳で達成されると判断される.そのときの睾丸重量は1.4-1.5 kgである(表13.5).同様にして,「成熟」に到達するときの体長は9.1-9.8 mである.ツチクジラにおいては雄の行動学的な情報が乏しいが,ほかの歯鯨類の例からみて,睾丸組織が「成熟」の段階に達した雄は,少なくとも生理的には繁殖能力があるものと推察される.

この結果を雌雄で比べると,年齢では雄が4歳ほど早熟であり,体長では雄が0.7-0.9 m小さくて成熟することになる.そのちがいはわずかではあるが,明らかに雄が雌に比べて小型・早熟であることを示している.このような種は歯鯨類のなかでは少ない例に属する(Ralls 1976).

つぎに,年齢の増加にともなって睾丸重量がどのように増加するかを眺めてみよう(図13.9).5歳以下では睾丸重量が250-400 gの範囲にあり,組織学的にはすべて未成熟である.6-10歳では成熟途上の個体(成熟前期,成熟後期)が現れ,睾丸組織が成熟と判定される個体も少数ながら出現する.この年齢付近で睾丸重量は急速な増加をみせる.なかでも成熟前期の段階から成熟後期にかけての時期には,睾丸重量が500 g(6歳)から1.5-2 kg(10歳)へと3-4倍に急上昇するのは興味深い.この時期が雄の春機発動期に相当するものと推定される.その後,10歳から30歳にかけては体長はほとんど増加しないのに(後述),睾丸重量は増加を続ける.図13.9では縦軸が対数目盛りになっているのでわかりにくいが,10歳時には平均1.5-2 kgであった睾丸が,20歳の時点まで

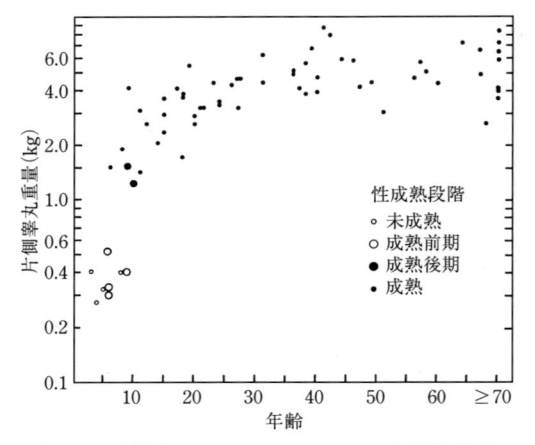

図 13.9 房総沖のツチクジラにおける年齢と睾丸組織の発達の関係．睾丸組織は未成熟（小白丸）から成熟前期（大白丸）と成熟後期（大黒丸）を経て成熟（小黒丸）へと成長するが，「成熟」に達した後も睾丸重量は緩やかな増加を続ける．睾丸重量は左右の平均重量（欠測の場合には片側重量）を表示した．（Kasuya et al. 1997）

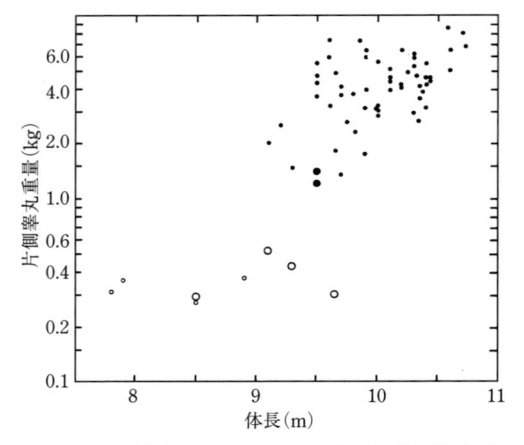

図 13.10 房総沖のツチクジラの体長と片側睾丸重量の関係．性成熟段階の記号は図 13.9 に同じ．（Kasuya et al. 1997）

は 3 kg 前後へと，10 年間に約 1-1.5 kg の成長をみせる．その後の 10 年間には 4 kg 前後（30歳）へと重量増加はやや低下するが，30 歳を過ぎても睾丸の成長は停止するわけではない．おそらく 40 歳ころまでは重量増加が続くらしい（図 13.9，表 13.6）．睾丸重量は 40 歳以上で平均 5.3 kg にまで成長し，その後は重量増加が停止するかにみえる．組織学的には成熟の段階に達した後も，20 年近くも睾丸が緩やかな成長を続けて重量を増加させることがなにを意味するのか，それは繁殖能力に関係があるのか．答えは得られていない．

組織学的に成熟と判定された睾丸の重量には個体変異が大きい．その範囲は 10 歳以上でみると，1.4 kg から 8.7 kg まで 5-6 倍の幅がある．これには加齢にともなう変化も含まれているので（前述），それを排除するために 40 歳以上でみても，2.63 kg から 8.67 kg まで 3 倍以上の幅がある．しかしながら，この幅が本種の睾丸成熟の特徴と成熟判定の手法（前述）に起因する人為的な要因によるものとは考えられない．なぜならば，睾丸組織の成熟に極性が認められていないコビレゴンドウでも，同様の睾丸重量の個体変異の幅が 4 倍と大きいためである

(Kasuya and Marsh 1984)．

コビレゴンドウの標本はほぼ周年をカバーしているので，未確認ながら季節的な重量変化が混入している可能性があるが，ツチクジラの標本は夏の 2 カ月に限られているので，この個体変異の幅に季節変動が混入しているとは考えがたい．1 つの可能性は体の大きさとの相関である．体長 10 m 以上の個体では年齢と体長に相関が認められないが（図 13.12），体長 10 m 以上の個体でも睾丸重量と体長の間には正の相関が認められる（図 13.10）．このほかに個体ごとの性周期のちがいも可能性としては残されているし，当然ながら生まれつきの個体の特性も関与しているにちがいない．

13.4.3 胎児の成長と妊娠期間

ツチクジラでは出生前後の胎児や新生児の記録がきわめて乏しい．日本の捕鯨データにある最大胎児の記録は 14 フィート（約 4.2 m）である．新生児の記録としては米国に 15 フィート 9 インチ（4.81 m）の記録があるが，これは背面の湾曲に沿って測定したもので，実際よりも大きく計られている恐れがある．これらの情報をもとに，Omura et al. (1955) は本種の出生体長を 15 フィート（4.58 m）と推定した．これまでのところ，この推定値を改善するデータは得られていない．この出生体長はマッコウ

表 13.6 ツチクジラの年齢と片側睾丸重量（kg）の関係．睾丸組織が「成熟」に達していない個体は 10 歳以下に出現する（表 13.5 参照）．(Kasuya *et al.* 1997)

年齢範囲	標本数	重量範囲	平均重量	95% 信頼限界
3-9	13	0.278-4.125	1.025	0.385-1.665
10-19	17	1.225-6.300	3.066	2.371-3.761
20-29	13	2.600-5.500	3.826	3.314-4.338
30-39	8	3.750-6.750	5.088	4.229-5.947
40-84	33	2.625-8.675	5.317	4.817-5.817

クジラの平均出生体長 4.0 m（Best *et al.* 1984）と比べてわずかに大きい．日本沿岸の商業捕鯨はマッコウクジラを大量に捕獲したが，制限体長（1965 年まで 10.6 m）に合わせて雌の体長を大きく偽って報告しているため，雌の成長に関して信頼できるデータをほとんど残さなかった（Kasuya 1999; 粕谷 1999）．Ohsumi and Satake（1977）は 1976 年に科学目的で日本沿岸で捕獲されたマッコウクジラの体長を報告している．それによると本種の雌（*n*=68）の最大体長は 12.0-12.1 m で，成熟雌と未成熟雌が共存した体長範囲は 9.4-9.9 m（*n*=10）であった．ツチクジラは最大体長ではマッコウクジラに劣るが，その性成熟体長（9.8-10.7 m；前述）はマッコウクジラよりもわずかに大きい．したがって，上にみた出生体長のちがいも傾向としては妥当なものである．

受胎から出産までの個体を追跡して妊娠期間を知ることは，野生動物ではほとんど不可能である．しかし，鯨類では捕鯨という情報源があったので，漁獲個体から胎児の体長記録を得て季節変化を追跡し，胎児の成長曲線や妊娠期間を推定することが行われた．このようにして Omura *et al.*（1955）はツチクジラの妊娠期間を 10 カ月と推定した．しかし，この推定はいまでは 2 つの理由から疑問視されている．1 つは技術的な問題である．すなわち，データの多い 7-8 月でも胎児体長は 4 フィートから 9 フィートまで広範囲に分散していて，胎児の体長組成のピークを季節的に追跡しようとしてもそれが判然とせず，精度の悪いものとなる．第 2 に 7-10 月の漁期に制約されたこれらデータを前後に外挿したため，妊娠初期と末期の成長の推定に著しい不確かさが発生した．第 3 に，現在では歯鯨類の胎児の成長は，ごく初期の緩やかな成長時期を除けば残りの期間はほぼ直線的であると考えられているが（Perrin and Reilly 1984），当時は胎児の成長に指数関数に似た曲線をあてはめていたことである．これは妊娠期間を短く推定する原因となったと思われる．

このような制約を逃れるために考えられたのが，種間関係を利用する方法である．すなわち，体の大きな種は大きな子どもを生む傾向があるとか，出生体長の大きな種では，胎児成長の直線部分（第 8 章）の成長速度が大きい傾向があるなどの関係である．Kasuya（1977）はネズミイルカのような小型種からマッコウクジラのような大型種までを含む 7 種 8 個体群の歯鯨類について種間関係を求めて，直線成長部分の 1 日あたりの成長量（*Y*, cm）と平均出生体長（*X*, cm）につぎの関係を認めた．

$$Y = 0.001802X + 0.1234 \quad (1)$$

この式に，ツチクジラの平均出生体長 458 cm をあてはめると，胎児の直線部分の成長速度が 0.949 cm/日と推定される．

したがって，直線部分を前に延長した線が *X* 軸を切る日（t_0）から，直線が出生体長 458 cm に達するまでに要する日数は

$$X/(0.001802X + 0.1234) \quad (2)$$

から 483 日と計算される．つぎに，受胎の日から t_0 までの日数も妊娠期間の関数であると経験的に知られており，ツチクジラのように長い妊娠期間をもつ種では，その t_0 は全妊娠期間の 7% とされている（t_0 から出産までの期間は 483 日で，それは全妊娠期間の 93% である）．このような経験則から t_0 は 36 日で，ツチクジラの妊娠期間は 519 日，17.0 カ月と推定された（Kasuya 1977）．ほかの歯鯨類でこれと同

様の妊娠期間をもつ種としてはシャチがあり，飼育下で16.9カ月の妊娠期間が確認されている（Asper et al. 1992）．シャチの大きさには地理的変異があるが，この観察がなされた個体では出生体長はおおよそ230-240 cmであった（Kasuya 1995）．

上の(2)式は，555日，すなわち18.2カ月に漸近する．妊娠初期の成長の緩やかな期間を加えても，歯鯨類の妊娠期間はおそらく19カ月，約1年半を超える種はないらしいことを，この経験則は示唆している．確認された限りでは，シャチは歯鯨類のなかで最長の妊娠期間をもつ種の1つであることはまちがいない．ツチクジラもそのような種であるらしいが，この推論は妊娠期間と出生体長が知られている数種の歯鯨類の種間関係から導かれた仮説である．既知の現象からその先を推論する場合にはまちがいが起こりやすい．それが真実とみなされるためには別に独立の証明が求められる．このような手法においては，基礎データを提供した動物の種組成も問題となる．ある属内の種間関係は複数の属をまたぐ種間関係と必ずしも同じとは限らないし，科のなかの種間関係は科をまたぐ種間関係とも異なるとみるのが自然である．たとえば，マイルカ科のなかの種間関係をアカボウクジラ科に適用することは危険である．上の(1)式を求めるに際して用いられたデータはネズミイルカ，ハンドウイルカ，マダライルカ，スジイルカ，シロイルカ(2個体群)，ヒレナガゴンドウ，マッコウクジラであり，アカボウクジラ科の種が含まれていないところに不安が残る．鯨類の妊娠や成長に関する種間関係については，Perrin and Reilly (1984)，Kasuya et al. (1986)，Kasuya (1995)がさまざまな議論をしている．

13.4.4 体長と年齢

図13.11は千葉県和田浦で解体された4漁期のツチクジラの体長組成である．標本は1970年代と1980年代の2期に分かれている．そこには約10年の隔たりがあるので区別して示したが，この少数標本でみる限り，10年間の隔

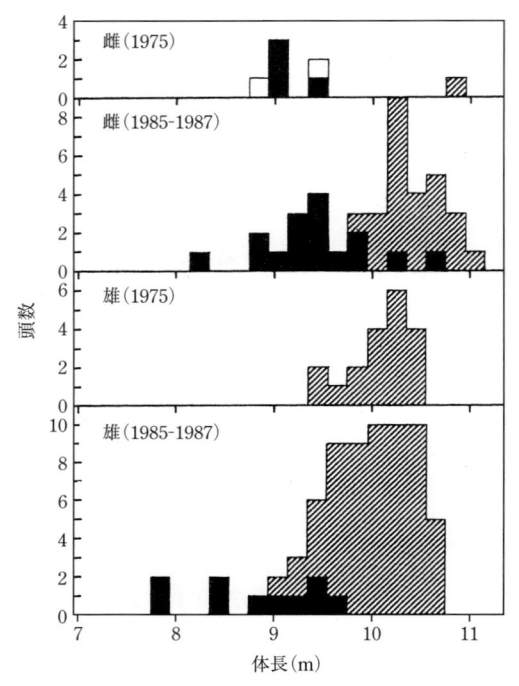

図13.11 ツチクジラの体長組成．表示の期間内に千葉-茨城沖で捕獲され和田浦の外房捕鯨の事業場で解体されたツチクジラの総数である．黒は未成熟，成熟前期あるいは成熟後期の個体，斜線は成熟個体，白は性成熟状態が不明の個体．(Kasuya et al. 1997)

たりは漁獲物の体長組成に明らかなちがいをもたらしてはいない．

この漁獲物には体長9m以下の個体が少ない．ツチクジラの出生体長は4-5mとされており(前述)，若い個体は成長が早いので体長組成が分散する傾向があるのは認めるとしても，この体長組成には漁業の選択性が強く働いていることはまちがいない．捕鯨業者は収益をあげるために大型個体を捕獲するよう努力しているのである．かりに，若い個体は捕鯨船に対して警戒心が強いとか，若い個体が漁場の外にすみわけているようなことがある場合にも，このような体長組成は得られるかもしれないが，それを裏づける情報はいまのところ得られていない．むしろ，離乳後の若い個体は好奇心が旺盛で，漁船に近寄ってくることは，鯨類ではしばしば観察されているところである．

成長の雌雄差は年齢情報を使って確認される

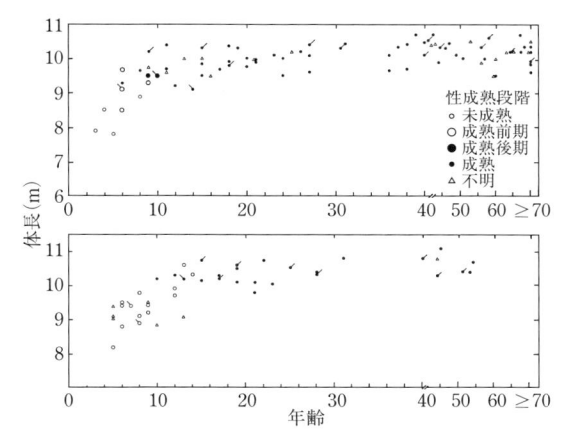

図 13.12 ツチクジラの年齢と体長の関係. 上：雄, 下：雌. バーが左上についているのは肉体的未成熟, 右上についているのは肉体的成熟個体を示す. (Kasuya et al. 1997)

こともあるが，データが多ければ体長組成だけでも検出できる．この体長組成の山の右手部分には成長が停止した成体が多く含まれている．モードよりも右肩の部分は，雄では 10.2-10.8 m にあり，雌では 10.2-11.2 m にある．モードの位置は同じだが，右方の裾は雌のほうが大きいほうに偏っていて，最大体長は雄よりも 40 cm ほど大きい．これらは，雌が雄よりも大きく成長することを示している．

図 13.11 に示した 4 漁期の試料について，年齢と体長の関係を示したのが図 13.12 であり，これが見かけの成長曲線である．ツチクジラの成長に経年的な変化がなければ，この年齢-体長関係が本種の真の平均成長曲線を表すことになる．雄では 15-16 歳で体長の伸びが止まるようにみえる．この年齢は理論的にはすべての雄が成長を停止する年齢に相当するはずである．雌では標本が少ないのでわかりにくいが，成長停止時の年齢はやはり 15-16 歳と認められる．

なお，北太平洋のマッコウクジラの成長は，ツチクジラとちがって経年的に著しく変化したとされている (Kasuya 1991). すなわち，漁獲物の体長組成の形が 1960 年ごろから変わり始め，以前には 16-17 m であった雄の最大体長（体長組成の右端）が，1970 年あたりから 18-19 m になった．この変化にともなって雄の性成熟体長も大きくなったのである（雌では変化が確認できていない）．これらの変化は，捕鯨によってマッコウクジラの生息密度が低下した結果，1 頭あたりの餌の供給が改善され，成長がよくなったためと解釈されている．このように成長が変化しつつある個体群から資料を得て，年齢と体長の関係をグラフにプロットすると，一見，高齢部分で体長が縮小するように現れて，正しい成長曲線を示さないが，日本近海のツチクジラではそのような傾向は認められていない．

13.4.5 肉体的成熟

鯨類の生物学では性的成熟に対して，肉体的成熟という言葉がある．前者は繁殖能力を獲得した状態を指しており，後者の肉体的成熟は体長の伸びが完了した状態を示す言葉である．哺乳類では，性成熟の後もしばらくは緩やかな体長の増加が続いた後で成長が停止する．肉体的成熟の判定には脊椎骨を観察する．脊椎骨の椎体の前後端に骨端板と呼ばれる板状の骨が付属しており，椎体と骨端板の間には軟骨が介在している．成長に際しては椎体が軟骨側に成長してしだいに長さを増すが，ある年齢になるとこの軟骨が化骨して，椎体と骨端板とが癒着して 1 つの硬骨となり，ついにはその境界も認められなくなる．脊柱のすべてがこのような状態にいたったときに，肉体的成熟が完成したという．このような成長様式は，哺乳類では脊椎骨に限らず，腕や足の骨にも認められるが，鯨類では脊椎骨が重視されてきた．なお，魚類や爬虫類には骨端板がなく，成長がいつまでも続くのが特徴である．

骨端板の椎体への融合は，脊柱の前後端で始まる．最後まで成長が続くのは，胸椎の後部から腰椎の前部あたりの脊椎骨である．脊椎の化骨状態をみて肉体的成熟を判断するには，最後部の胸椎ないしは最前部の腰椎を選び，骨端板をつけた椎体の一部を鋸でくさび状に切り出す．それをホルマリン固定して実験室に持ち帰り，鋸と砥石かグラインダーを使って厚さ 1-2 mm の切片をつくり，トルイジンブルーの水溶液で

表 13.7 房総沖のツチクジラの肉体的成熟時の平均体長．15歳以上の個体は肉体的に成熟しているとみなして計算した．(Kasuya et al. 1997)

性別	個体数	平均	95% 信頼限界
雄	66	10.10 m	10.02-10.18 m
雌	22	10.45 m	10.31-10.59 m

染色して低倍率の顕微鏡で観察すると，軟骨は青く染まった透明な層として認められる．完全に化骨が完了して，軟骨が消滅した状態を肉体的成熟が完成したとするのが伝統的な方法であるが，Kasuya et al. (1997) は，軟骨が部分的に残っていても，骨端板と椎体が融合している部分があれば，それをもって肉体的成熟と判定した．これは体長の増加（厳密には脊柱の長さの増加）が停止する時点の把握を重視したためである．

その結果は図 13.12 に示してある．検査された個体のうちで，性的に成熟していない個体はみな肉体的に未成熟であった．性成熟した個体でも肉体的に未成熟の個体があったが，肉体的に成熟した個体はすべて性的に成熟していた．これは，性成熟が肉体的成熟に先行することを示している．年齢との関係をみると，雄では9歳から肉体的に成熟している個体が出現し始めて，15歳以上では，脊椎骨を検査した個体はいずれも肉体的に成熟していた．肉体的に未成熟の雄の最高齢は14歳であった．したがって，雄が肉体的に成熟する年齢は9-15歳と推定される．ただし，標本を増やせば例外が現れる可能性は否定できない．

雌では資料が少ないが，肉体的に未成熟の個体は14歳以下に出現し，成熟した個体は15歳以上に出現した．おそらく，雄と同様にほぼ15歳までには肉体的に成熟するものと思われる．

ツチクジラが肉体的成熟に達するときの平均体長はどれほどか．15歳以上の個体の平均体長を求めればその推定値が得られる．表 13.7 に示すように，肉体的成熟体長は 35 cm ほどの性差があることがわかる．雄は雌よりも小さい．

13.4.6 雌の繁殖周期

胎児の成長のところでふれたが，千葉県の和田浦を基地とするツチクジラ漁の漁期は7-8月であった．その時期に出現する胎児は4-9フィートのものが多く，それ以下の小さい胎児も，それ以上の大きい胎児もあまりみられない．これは本種の交尾期や出産期が夏とは離れた時期にあることを示している．その時期はおそらく冬の12-3月ごろではないかと思われる．

繁殖周期を推定する方法の1つに，多数の漁獲物について性状態を判定して，その組成や季節変化をみる方法がある．正確を期すためには研究者自身ないしは訓練された調査員がデータを集めることが大切である．そのようにして，Kasuya et al. (1997) は 1975, 1985-1988 年の 5 漁期のデータを得ている（ただし，1988年の標本は年齢情報がない）．これらの標本のなかの性成熟雌の総数は27頭で，その組成は妊娠8，泌乳12，休止7であった．これから見かけの妊娠率を求めると29.6%となる．交尾期が冬にあり，出産期が漁期前にはあると仮定すると，夏の漁期に捕獲された妊娠雌は単一の交尾期に由来するものであり，上に述べた見かけの妊娠率は，原理的には年間妊娠率に等しいはずである（推定値の精度は考慮しない）．これを受け入れると，本種の平均出産間隔は年間妊娠率の逆数で3.4年となる．スジイルカ（第10章）やハンドウイルカ（第11章）の出産間隔よりもわずかに長いが，コビレゴンドウ（第12章）よりも短い値である．現在のところ，これが最善の推定値である．

少数サンプルで精度が低いという問題があるが，年齢（$X, \geq 15$）と黄・白体数（Y）との関係式が19頭の成熟雌についてつぎのように求められている（Kasuya et al. 1997）．

$$Y = 0.471X - 3.91 \qquad r = 0.80$$

平均排卵率は 0.47 回/年（あるいは1回/2.1年）と推定される．これは平均出産間隔が 2.1 年より短くはなりえないことを示している．上に求めた繁殖周期（3.4年）のうちに 1.6 個の排卵が行われ，そのうちの1つ（約62%）が

妊娠に結びつくという計算になる．

　ツチクジラの雌では，最高齢は54歳であった．そのなかで妊娠雌の最高齢は40歳代にあり，泌乳と休止はいずれも50歳代にあった．コビレゴンドウ，オキゴンドウ，マッコウクジラ，シャチなどでは加齢にともなって排卵間隔が長くなり，妊娠率もしだいに低下し，ついに妊娠も排卵もしなくなる現象が知られているが（第12章），このツチクジラ個体群ではそのような兆候は確認できず，高齢雌でも排卵していると信じられている（Kasuya et al. 1997）．

　歯鯨類の哺乳期間は種によってちがいが大きい．ネズミイルカやイシイルカでは数カ月で，これらの種では親離れが早い．その一方で，コビレゴンドウ，ヒレナガゴンドウ，マッコウクジラのような種では，普通でも3-4年，ときには10年を超えて乳を飲む個体があるとされている（第12章）．Kasuya et al.（1997）がツチクジラを調査した季節は夏で，推定される出産盛期から半年程度しか経過していないので，2シーズンの出産にともなう泌乳が続いていた可能性がある．このように，季節的に偏った標本の性状態組成から泌乳期間を推定することは好ましいことではないが，妊娠個体と休止個体がほぼ同数であることを考慮すると，それぞれの期間は約17カ月で合計34カ月となる．これを平均繁殖周期3.4年（41カ月）から差し引くと，残りは授乳期間で7カ月となる．誤差を見込んでもツチクジラの平均授乳期間は1年前後ということになる．それはイシイルカやネズミイルカよりは長いとしても，スジイルカやハンドウイルカよりも短く，歯鯨類のなかでは短い部類に入る．これが真であるか否かの結論は今後の研究に待つのみである．

　ツチクジラの授乳期間を汚染物質の蓄積から推定しようとした興味深い試みがある．これは，雌に蓄積されたDDTやBHCなどの残留性有機塩素化合物は脂肪親和性が強いために，鯨類の脂肪組織に蓄積される傾向があり，雌の場合には泌乳にともなって乳汁中に排出され，経産雌の汚染度は雄に比べて低くなるという観察にもとづくものである．Subramanian et al.（1988）は，性成熟に達したツチクジラについて，これらの物質の濃度の雌雄比（雌/雄）がPCB：0.55，DDE：0.52（雌雄合計20頭）であり，これらは南極海のミンククジラ（PCB：0.46，DDE：0.43，雌雄21頭），北太平洋のイシイルカ（PCB：0.23，DDE：0.34，雌雄27頭），同スジイルカ（PCB：0.22，DDE：0.15，雌雄28頭）よりも高いことを見出した．それはこれら汚染物質を子どもに移す時間（すなわち授乳期間）が少ないためであるとして，ツチクジラの授乳期間はこれら3種よりも短いこと，その長さはおそらく6カ月以下であろうと推定した．ちなみに，イシイルカとミンククジラの泌乳期間は数カ月であろうが，スジイルカのそれは長く，少なくとも1-2年は続くことが常識である（第10章）．

　Subramanian et al.（1988）の発想は興味深いものであるが，つぎの諸点について説明がなされればさらに理解しやすい．まず，雌雄の寿命の差が結果にどのような影響を与えているかを評価することが望まれる．第2に授乳後期には泌乳量が減少するとみるのが普通だから，汚染物質の移行量は授乳期間には比例しないとみるのが正しいのではないか．第3に母親から子どもに移行した汚染物質の総量は，出産あたりの平均授乳期間よりも過去の総授乳量に関係するのだから，平均授乳期間のほかに過去の出産回数（あるいは出産間隔）も影響しているはずである．マッコウクジラやコビレゴンドウのように，出産間隔も授乳期間もともに長い種を比較の対象に加えてみたいものである．

13.5　社会構造

13.5.1　歯の萌出と性成熟

　マイルカ科やネズミイルカ科の種では，歯の萌出は生後まもなく，通常は6カ月以内に始まることが知られている．しかし，アカボウクジラ類やマッコウクジラのように，生後の数年間は歯が生えないとか，生えるとしても雄に限られるという種もある．ツチクジラもこのグルー

表 13.8 ツチクジラの下顎歯の萌出と年齢の関係．1985-1987 年漁期，和田浦標本．（粕谷，未発表）

性 別	年 齢	4	5	6	7	8	9	10	11	12	13	14	15-19
雌	未萌出		1	2	1	1						1	
	萌 出			2	2	2	2	1		3	2		6
雄	未萌出	1		1		1		1					
	萌 出			2		1	3		2	1		1	7

　プに属し，雌雄とも性成熟に前後して歯が萌出すると信じられてきた（Omura et al. 1955）．いま，この問題についてややくわしく解析してみる．ここでは最先端の大きい歯が萌出しているか否かを観察する．萌出の程度にかかわらず，片方でも，また先端の小部分でも歯が体外に現れていれば萌出とする．また，歯の磨耗が進み，歯周組織が弱まって歯が脱落している個体がまれにみられるが，このような個体は1度歯が生えてから，なんらかの理由で抜け落ちたものとみられるので，歯は確認できなくても萌出と分類する．

　千葉-茨城沖で捕獲され，和田浦事業所で調査されたツチクジラについて，萌出の有無と年齢との関係を示したのが表 13.8 である．この場合には 1985-1987 年の 3 漁期のデータしか使っていない．標本が少ないので，雌雄差を検出することはできない．14 歳でも未萌出の雌が 1 頭あるが，それを例外として除けば，未萌出の個体は 10 歳以下に限られ，萌出個体は雌雄とも 6 歳以上に限られていた．11 歳以上ではすべての個体で萌出していた．このことからツチクジラでは，通常は 6-11 歳で下顎歯が萌出すると結論される．

　ツチクジラの雌は 10-15 歳で性成熟する．雄は 6 歳ごろから精子形成をする個体が現れ，睾丸が「成熟」に達している個体は 6 歳から出現し，11 歳以上では全個体が睾丸の組織学的検査によって「成熟」に分類された（前述）．このことからみて，ツチクジラでは，下顎歯の萌出開始の時期はほぼ性成熟の時期に一致することがわかる．

　そこで，生殖腺の成熟状態と下顎歯の萌出との関係をみたのが表 13.9 である．雌の成熟は排卵経験の有無で判断し，雄については睾丸重量で 3 段階に区分した．雌では未成熟で萌出歯をもつものは少ないし，性成熟に達していて歯が未萌出の個体もまた少ない．多少前後することはあるが，雌では性成熟（最初の排卵）とほぼ同時に下顎歯が歯茎から頭を出すと結論することができる．雄の場合には，性成熟の判定はつねにあいまいさがつきまとうが（表 13.5），1 個の睾丸の重量が 500 g 以下のグループでは，下顎歯が萌出している個体は 14% と少ない．これは，組織学的に「未成熟」の個体と組織の一部で精子形成が始まっている「成熟前期」の個体を含むグループである．そのつぎの段階（睾丸重量 0.5-1.5 kg）には過半数の精細管で精子を生産している「成熟後期」の個体が主体をなし，睾丸中央付近では全精細管で精子を生産している「成熟」個体も少数含まれる．この段階では萌出個体と未萌出個体がなかばしている．睾丸重量 1.5 kg 以上の個体はすべて「成熟」の段階にある雄よりなると思われるが，この段階の雄で未萌出の歯をもつ個体は 5% にすぎない．このことから雄では生殖腺の発育が活発になるころ，すなわち春機発動期に下顎歯が萌出し始め，「成熟後期」の段階ではほぼ半数の個体で萌出し，「成熟」個体では，ほぼ全数が萌出歯をもっていると結論できる．なお，ここでは多少とも歯茎から歯がみえていれば萌出と判定しているので，萌出した下顎歯がなんらかの機能を発揮する時期は少し遅れるとみるべきである．

　成熟したツチクジラでは，背面に同種の歯でつけられた引っかき傷がたくさんあることが知られている（図 13.13）．McCann（1975）は，本種を含むアカボウクジラ科の個体が体表にもつ傷痕について考察し，それは繁殖に際しての雄どうしの闘争によるものであると解釈してい

13.5.2 群れ構造

本種が洋上で単独で発見されることはまれである．多くの場合に群れで生活し，海面ではきわめて密集した群れが観察される（Balcomb 1989）．群れの大きさに関しては，わが国の太平洋沿岸で2つのソースからのデータが報告されている（Kasuya 1986）．その1つは水産航空株式会社が海洋観察業務のかたわら記録したものである．第2は1984年の調査船航海で私自身が入手したデータである．後者の群れサイズの判定はマストの上にいる探鯨員の助言を参考に私が行った．その群れサイズの範囲は1-25頭にあり，最頻値は4頭（2番目は3頭）で，平均は7.2頭であった．これに対する水産航空のデータでは，群れサイズの範囲は1-30頭で船からの観察とちがいがないが，最頻値は2頭（2番目は1頭），平均値は5.9頭と，1-2頭の小さい群れの記録が多いという特徴があった．このようなちがいが発生する原因はなにであろうか．1つは船上観察では小さい群れを見落としている可能性で，ほかは航空機は通過速度が速く瞬間的な観察となるため，水面下のやや深いところにいる個体を見落とすという可能性がある（Kasuya 1986）．

鯨類の生息頭数を推定するために船舶による目視調査が行われているが，そこでは大きい群れに比べて小さい群れを見落とす可能性が高く，遠方の群れほどその傾向が大きいことは周知の事実である．また，ツチクジラが長潜水の後で浮上してくるのを待機して観察すると，最初に浮上が確認されるのは小型の個体であり，しばらくするとしだいに数が増えるということを私は経験している．これも，群れサイズの確認にはある程度の時間が必要なことを示している．通過速度の早い航空機には不利な要素である．ツチクジラが海面近くにいるときには，たがいの胸鰭がふれるほど接近した密集群をなして泳いでいるが，潜水中（そして摂餌のとき）にはもっと分散していて，たがいに連絡をとりながら水面に浮上するらしい．

群れの性別組成や年齢構成に関する報告は皆

図13.13 ツチクジラの体表の傷痕．上が背側（萌出した歯がみえる），下が腹側．2頭は別の個体である．千葉県和田浦．

る．ツチクジラでは雌雄とも歯が萌出するし，萌出時の年齢にも大きなちがいがない．そして雄は雌よりも高齢個体が多いのだから，傷痕の蓄積が年齢に関係するとすれば，雄に傷がめだってしかるべきである．しかし，私の経験では体表の傷痕の密度は雄に著しいとは思われず，むしろ雌のほうがはなはだしいような印象さえあった．傷痕が繁殖の機会をめぐる雄どうしの戦いによるとする解釈には，少なくともツチクジラに関しては疑問をもたざるをえない．その理解のためには，本種の群れ構造や繁殖システムに関する知見が不可欠である．将来は，闘争による傷痕と社交的なコンタクトによる傷痕とを区別して観察するとか，年齢や雌の繁殖周期と絡めて解析するなどの試みが必要となろう．本種の歯は，完全に萌出していても，萌出部分は下顎先端の歯茎から2-3 cm 出ているにすぎないし，それよりも太い上顎の先端がすぐ後ろに位置しているので，相手を傷つけるには具合のよい構造になっていない．このような構造の口器を使って，相手の背中にあのように数多くの引っかき傷をつけるためには（図13.13），彼らはたがいにどのような姿勢をとっているのかも観察したいものである．傷痕の程度に関しては，米国のJ. G. Mead 氏が和田浦で水揚げされた死体についてデータを集めていた．年齢と対比した解析結果の発表が待たれる．

表 13.9 ツチクジラの下顎歯の萌出と性成熟の関係. 1985-1990 年漁期, 千葉県沖. (粕谷, 未発表)

性別	雄			雌	
生殖腺	<0.5 kg	0.5-1.5 kg	≧1.5 kg	未成熟	成熟
未萌出	6	3	3	15	2
萌出	1	3	57	4	18

無に近いが，集団座礁の記録が2つある．1つはカリフォルニア湾の入口近く（Aurioles-Gamboa 1992），ほかは三浦半島の諸磯（Kasuya et al. 1997）の例である．

カリフォルニア湾の群れは1986年7月の座礁で，雌3頭，雄4頭の合計7頭であった．雌の最小個体は9.05 mであることと歯が未萌出であったことから性成熟前後の個体と推定されるが，年齢は不明である．残る2頭の雌は9.85 m（13歳）と10.55 m（17歳）で，歯は萌出していたので性成熟に達していたとみられる．4頭の雄は体長10.25-11.35 mの範囲にあり，年齢は20-42歳で，歯が萌出していたので，いずれも性成熟に達していたと思われる．

諸磯の群れは1987年7月の座礁で，4頭座礁したが1頭は自力で逃走したため，調査できなかった．残りの3頭は座礁後に死亡するか漁業者に殺されるかしたので調査の機会ができた．その内訳は雌10.8 m（31歳，泌乳中），雌8.2 m（5歳，未成熟），雄8.5 m（4歳，睾丸組織は「未成熟」）であった．ここに年齢として示した数字はセメント質の層数であり，真の年齢とは多少異なる（前述）．その程度の年齢誤差は高齢個体をあつかう場合には問題とはならないが，若い個体の場合にはそのことを念頭に置く必要がある．泌乳中の雌は2頭の未成熟個体の一方あるいは双方の母親であった可能性がある．逃亡した個体と残された3頭との関係はなにもわかっていない．ただし，その逃亡個体が泌乳雌の乳飲み子であった可能性はないものと思われる．それは幼児が母親から離れて逃走するとは考えにくいからである．

これらの記録から，ツチクジラの群れについてはつぎのことがいえる．①成熟雌は複数の幼児（自分の子どもかもしれない）と行動をともにすることがある．②複数の性成熟雌と複数の成熟雄が群れをつくり，幼児をともなわないこともある．この場合に，同じ群れのなかの成熟雄どうしがたがいに排除し合わないことは興味深い．シャチやコビレゴンドウにもそのような例をみているし，イッカクでは成熟して巨大な牙を発達させた雄が，数頭で群れをつくっていることもある．一方，マッコウクジラでは成熟雄がたがいを排除することが知られている．ツチクジラの群れのなかのメンバーの血縁関係を遺伝解析によって知ることができれば，本種の社会行動の解明に貢献するところが大きい．

13.5.3 漁獲物の性比

Kasuya et al.（1997）は，千葉県和田浦の外房捕鯨株式会社の事業場において5年間の漁獲物170頭の性比を解析した．この場合，科学者自身で雌雄を確認したことが重要である．その結果，雌の割合は32.4%で，著しく雌が少ないことが明らかになった．5漁期のどの年をみてもこの傾向は変わらなかった．資料数は少ないが，この傾向は1988年のオホーツク海操業でも同様であった（この性比も科学者が確認している）．これより前に，Omura et al.（1955）は捕鯨会社の記録をもとに，戦後の1948-1952年漁期の漁獲データを解析して同様の性比を発表している（表13.10）．ところが，松浦（1942）は東海漁業が戦前・戦中の1935-1939年と1942年に同じく千葉県沿岸で捕獲したツチクジラ244頭の記録について，雌は45.9%であったと報告している．これも捕鯨会社の記録である．なぜ，このデータはほかのデータに比べて雌がやや多いのかは明らかではない．戦時徴用による捕鯨船の不足の下で食料増産を図るため，政府は1944年1月15日から小型捕鯨船を大型捕鯨会社に配属させ，1年間に限りマッコウクジラや大型ひげ鯨類の捕獲を許したが（前

表 13.10　捕鯨操業や漂着の記録にみるツチクジラの性比（雌%），カッコ内は標本数.

海　域	Kasuya et al. (1997)	松浦 (1942)	Omura et al. (1955)[1)]	Reeves and Mitchell (1993)	Auriolles. -G. (1992)
日本海			44.8(67)		
外房沖	32.4(170)[4)]	45.9(244)	32.6(393)		
三陸沖			25.2(322)		
釧路沖			25.0(40)		
網走沖	31.6(19)		43.1(102)		
千島近海				22.6(115)	
アリューシャン				9.5(21)	
カナダ沿岸				8.0(25)	
米国沿岸				16.7(18)[2)]	
メキシコ沿岸					42.9(7)[3)]

1) 三陸沖と釧路沖の記録には若干のマッコウクジラ混入の恐れあり．2) ソ連船団による捕獲1頭を含む．3) 漂着した1群の記録．4) 三浦半島に漂着の1群4頭中死亡した3頭（雌2，雄1）を含む．

田・寺岡 1958），松浦（1942）が用いた統計はそれ以前の時期であり，この行政措置が影響しているとは考えられない．別の説明が得られるまでは判断を保留するが，他鯨種の混入や記録の誤りの可能性もある．いずれにしても，日本沿岸のツチクジラ漁場では雄が多く捕獲されることは事実らしい．その原因はつぎの3つの可能性が考えられた．①回遊のちがい（個体群としては性比に偏りがなくとも，すみわけがあれば特定地域や特定季節でみると性比が偏る），②捕獲しやすさのちがい（漁場内での行動のちがい），③個体群のなかで雌が少ない．

Omura et al.（1955）は，性比の偏りは回遊のちがいによるものであろうと推測した．もしもこの考えが正しいならば，ツチクジラの分布域のどこかに雌が卓越する海域があっても不思議ではない．そこで，捕獲されたり漂着したりした記録から，本種の分布域内の各地における性比を集計してみたところ，ツチクジラの分布地のどこの捕獲記録をみても，雌の比率が少ないことがわかった（表 13.10）．雌が卓越する漁場はどこにもないのである．このことは，雄が卓越している原因が地理的な雌雄のすみわけとか，回遊のちがいにあるではないことを示している．

つぎに捕鯨業者の立場からみて，雌が捕獲しにくい理由があるかどうかを考えてみよう．千葉県沖のツチクジラ操業を捕鯨船に乗って観察すると，捕鯨船はツチクジラの群れを見つけると全速で接近し，400-500 m 離れたところから

しだいにエンジンの回転を落とす．つぎに，ある距離でエンジンを停止するとか微速にして，行き足（惰性による船の動き）をたよりに静かに射程距離の 50 m 以内に近づくのである（Kasuya and Ohsumi 1984）．この過程で行き足が足らない場合には，射程距離内に入れない．そこで仕方なしにエンジンを始動するとか，回転数を上げるならば，ツチクジラの群れは音の変化に驚いて，すぐさま潜水してしまうことが多かった．つぎに浮上するまで数十分も待つか，別の群れを求めて探し回らなければならない．運よく射程内に近づいて発砲の機会ができれば，鯨のどこでもよいから，まず命中させることが大切である．1番銛は鯨体に綱をつけるのが役割で，2番銛以降で爆発弾頭を使ってとどめを刺すのが常法であった．和田浦に水揚げされた鯨体では，1番銛の弾頭には火薬が装塡されていないのが常態であった．

このような操業では，特定の鯨を選別して捕獲する時間的な余裕はかなり限定される．海面に浮上しているツチクジラの群れは個体がきわめて密集しているので（口絵写真; Kasuya 1971），そのなかから母子の組み合わせを見極めることもむずかしい．また平均的には雌のほうが 30 cm ほど大きいので，かりに，このわずかな体長差で砲手が選択を働かせるとすれば，その効果は雌を多く捕獲する方向に働くはずであり，観察された性比のアンバランスを説明できない．日本のツチクジラ漁業においては捕獲頭数だけが規制されていて，制限体長とか子連

れの母鯨の捕獲禁止という大型捕鯨に適用された規制は，少なくとも捕鯨の現場でみる限り実施されていなかった（Kasuya et al. 1997）．かりにそのような規制があったとしても，実際に洋上で適用することには捕鯨操業の技術面からみても，また規制の強制力の面からみても困難があったはずである．したがって，漁獲物中に雄が多いのは，漁業者側からみてそれが好ましいとか，捕りやすいとかの理由によるとは考えがたい．

漁場内において雌雄で捕獲される確率が異なる原因をほかに探すとすれば，それは鯨の側に原因があるかもしれない．夏の捕鯨漁期にはツチクジラは大陸斜面の比較的狭い帯状の海域に出現する．もしも，そのなかでも沖合の部分に雌が多く，岸近くに雄が多いのであれば，日帰り操業をしている千葉県の漁船には雄を捕獲する機会が多いかもしれない．そこでソ連の捕鯨母船がアリューシャン列島沿いで操業した記録（Reeves and Mitchell 1993）から性比を抜き出してみると，ツチクジラ28頭のなかで雌は6頭（21.5％）で，操業範囲の広い母船操業でも雌が少ない．沿岸と沖合における局地的なすみわけでは説明ができない（表13.10）．

残された1つの可能性は雌雄の警戒心のちがいである．雌の警戒心が強くて，同じ群れのなかでも捕鯨船から発砲しにくい場所に位置する傾向があるならば，雌は雄に比べて捕獲されにくいことになる．この可能性を検証するデータはまだ得られていない．

つぎに性比の偏りを説明する有力な情報として年齢組成を検討しよう．Kasuya et al.（1997）は和田浦で解体されたツチクジラの年齢組成を調べた（表13.11）．その年齢は2歳から84歳までの範囲にあり，もっとも頻度が高いのは雌で6-9歳，雄で8-9歳で，この年齢範囲には性比に偏りが認められない．これよりも若い個体が少ないのは，経済的な目的で捕鯨業者が小さい個体を避けるためと思われる．19歳以下でも性比はほぼ1：1であるが，それ以後は年齢の増加にともなって雌の比率が低下し，55歳以上ではゼロとなる．雄の最高齢は84歳で，

表13.11 和田浦で解体されたツチクジラの年齢と性比の関係．1975，1985-1988年漁期．（Kasuya et al. 1997）

年齢範囲[1]	雄	雌	合　計	雌％
2-9	13	16	29	55.2
10-19	17	16	33	48.5
20-29	13	7	20	35.0
30-39	8	1	9	11.1
40-54	12	7	19	36.8
55-84	22	0	22	0
合計	115	55	170	32.4

1) 1988年資料は年齢情報がないが，合計には算入されている．

雌の最高齢54歳との差は30歳である．すでに述べたように，ツチクジラでは最初の排卵が10-15歳で起こり，多くの雌はこのときに妊娠する．雄の性成熟は判別しにくいが，一応の目安として6-11歳とされている（Kasuya et al. 1997）．すなわち，性成熟前の性比は1：1に近いが，性成熟以後は雌がしだいに少なくなるのである．おそらく性成熟後の自然死亡率が雄に比べて雌のほうが高いことが，性比のアンバランスの主要な原因になっていると判断される．雌の最高寿命が雄より30年も短いということも，自然死亡率のちがいの結果と考えられる．

これまでのツチクジラの性比に関する議論はつぎのように要約される．①雄の卓越は本種の既知の分布域のすべてに共通している（すみわけが原因ではない），②雌雄で最高寿命に30歳の差があることは鯨の捕鯨船に対する反応のちがいでは説明しきれない，③性比の偏りの主因は成熟雌の死亡率が高く，雌が短命であることである．

13.5.4 雄が長寿であることの意義

ツチクジラのこれからの研究課題の1つは，雄が雌よりも長寿であることは彼らの社会でどのような意義があるのか，そのような社会はどのようなプロセスで進化してきたのかを考察することであろう．そのためには彼らの行動に関する研究を進め，社会構造を理解する必要がある．この問題に関して現時点で得られている情報を整理しておく．

多くの哺乳類では雄のほうが雌よりも体が大

きく，死亡率が高く，短命である．そのような傾向の著しい種ほど一夫多妻的な傾向が強いとされている．そこでは，雌は寿命を長くして生涯の繁殖数を増やす方向での淘汰が働いてきたのである．一方，雄にとっては交尾の機会を増やして多くの子孫を残すという繁殖の目的を達成するためには，寿命を延ばすよりも，体のサイズを大きくして同性との競争に勝つことが有利であったとする見方がある（Ralls *et al.* 1980）．雄の大型化と攻撃性の増大が進行したあげく，雄はストレスの増大や，体力消耗から回復するための栄養要求の増加により栄養充足のためにも努力が必要となったことなどにより，死亡率が高くなり短命に終わるという考えである．哺乳類のなかには，雌が雄よりも大きい種があるが，それは繁殖相手や繁殖の場所をめぐる同性間の闘争に対する適応ではなく，出産や育児に際して大きな雌が有利であったために発達したらしい．半年におよぶ飢餓期に出産するナガスクジラなどのひげ鯨類もその好例である．雌の大型化は多くの場合，ストレス増大とは結びつかないし，短命の原因にもならないとみられている．

マッコウクジラは性的二型が著しい種であるし，歯鯨類のなかでは社会構造の研究が進んでいる種でもある．彼らの社会では，交尾期には雌をめぐる雄どうしの闘争が激しく，その時期に繁殖場にいる雄には闘争でできたと思われる新しい傷が観察されている（Kato 1984）．マッコウクジラは漁業で雄が選択的に捕獲され，著しい乱獲を経験してきたため，捕鯨以前の自然な状態での性比はわからなくなっている．しかし，その最高寿命をみる限り性差は著しくないという見方が多い（Ohsumi 1971; Best 1979）．日本の科学者たちが捕鯨の現場で自分の手で記録した，つまり信用できる捕獲データをみると，北太平洋のマッコウクジラの最高寿命は雌雄とも72-75歳にあり，性差は明らかではなく，成熟個体の自然死亡率にもほとんど性差がないと推定されている．その背景には，マッコウクジラの雄は交尾期が終わると雌の群れから離れて高緯度海域に摂餌回遊をする生態が関係してい

るとする見方がある（Kasuya and Miyashita 1988）．成熟雄は繁殖期が終わると高緯度海域に回遊して，成熟雌と子どもからなる繁殖群との競合を避けつつ，そこの豊富な資源を利用できるので，繁殖後の体力回復やつぎの繁殖に備えての栄養蓄積が容易にできるらしい．その結果，マッコウクジラの雄には栄養的なストレスが少ないのかもしれない．また，捕鯨以前にマッコウクジラの雄が毎年繁殖に参加していたという証拠はなく，繁殖活動が毎年ではない可能性も残されている（Kasuya 1995）．

ツチクジラの生活史を要約するとつぎのようになる．雌は雄よりもわずかに遅熟の傾向があり，体も雄よりもわずかに大きい．出産間隔は3-4年で，繁殖能力が年齢とともに低下する傾向は認められない．雌は終生繁殖可能であり，雄も同様らしい（ただし，終生繁殖に参加しているという証拠はない）．性比は性成熟前にはほぼ1:1であるが，性成熟後には年齢とともに雌の比率が低下し，雌の最高寿命は雄のそれよりも30年ほど短い．このため，個体群のなかには成熟雌に比べて成熟雄の数が多い．しかも，年間排卵率は0.47（前述）であるから，成熟雄の数に比べて発情雌が極端に少なくなる．このような社会では雄の間で繁殖の機会をめぐる競争が激しくなるのではないかと推測されるが，それを示す証拠は得られていない．

いま，生殖腺の組織像から成熟と判定された130頭（年齢不明を含む）のツチクジラでは，雌：雄の比が1:3.3であった（Kasuya *et al.* 1997）．しかし，雄の性成熟判定にはあいまいな要素があるので，この数字は社会構造を正しく反映していないかもしれない．そこで安全をみて，睾丸の重量増加が停止する30歳以上あるいは40歳以上を雄の性成熟とみなすという現実にはありそうもない極端な仮定をしても，性成熟個体の性比はそれぞれ1:1.7あるいは1:1.2となり，依然として雄が卓越している．このことは，ツチクジラの雌が高齢の雄を選ぶ傾向があるために雄が長寿になったという仮説では説明しきれないことを思わせるものである．

コビレゴンドウでは，寿命のパターンも社会

構造も上にあげた2種のいずれとも一致しないところがある（第12章）．すなわち，コビレゴンドウにおいては，

① 複数の成熟雄が群れに常住し（ツチクジラに似ており，マッコウクジラと異なる），
② 性的二型の発達がよく（ツチクジラと異なり，マッコウクジラに似る），
③ 雄の寿命は雌のそれよりも20年も短く（ツチクジラとは逆で，マッコウクジラとも異なる），
④ 雄の間で闘争があるという証拠は得られていない（ツチクジラに似ており，マッコウクジラとは異なる），
⑤ 雌には長い老齢期がある（ツチクジラとは異なり，マッコウクジラに似る）．

コビレゴンドウでは母系社会の形成にともない，育児などで雌どうしの協力体制が発達しているらしい．そして高齢雌の存在が群れメンバーの生存や繁殖の成功に貢献するような社会の仕組みができるのにともなって，繁殖を終えた高齢雌の寿命が延長する方向に淘汰が働いたのであろうとされている（Kasuya and Marsh 1984; Marsh and Kasuya 1986）．また，コビレゴンドウの社会には雄どうしの闘争を緩和するなんらかの仕組みができているのではないかとも考えられている（第12, 15章）．これは，発情状態にない雌も，妊娠できない老齢の雌もしばしば交尾をしているという，一部の霊長類で知られているような奇妙な行動がコビレゴンドウにもあることからの推測である．

マッコウクジラとコビレゴンドウ，それにおそらくシャチやオキゴンドウなどは，雌は寿命が尽きるよりもずっと前に出産をやめるが，そのような特徴は彼らが母系社会に生活して，雌が年齢とともに産児から育児にしだいに努力を移すことと関係して発達したという解釈がある（前述）．霊長類の社会の解釈を鯨類に導入したものである．高齢雌は長期間にわたって自分の子どもと生活をともにすれば，子どもの安全や教育に有利であり，孫の世話をするならば自分の娘の育児に貢献するし，ひいては自分の繁殖成功度を向上させることにもなる．さらに，高齢雌が長年の経験を通じて蓄積した知識は，群れのメンバー全員の生活にも役立つはずである．母系社会でこのような形質が雌に芽生えるならば，それは子孫に伝わり，群れのなかに広まり，しだいに発達する可能性がある．これらの種では，雄は短命であるとか（シャチ，コビレゴンドウ），群れのなかの雌と交尾しないとか（シャチ），育児群と一緒に生活しない（マッコウクジラ）などの理由で，雄が自分の子どもを認識する仕組みもないらしく，雄が育児に参加することもないと考えられている．

Kasuya and Brownell（1989）は上のような点に着目して，ツチクジラの社会構造について父系社会の形成と雄による育児補助の仮説を提出した．その考えはつぎのようなものである．ツチクジラの母親は深海で餌をとるが，新生児は乳を飲んでいるので深潜水の必要はないし，そのような潜水能力もないので水面にとどまらざるをえない．そこで，母親が深海で餌をとっている間，仲間のだれかが新生児のそばにいて保護してくれれば母親の負担が軽減されるので，雌は短い間隔で生涯にわたって繁殖を続けることが可能になる．また，子どもは深海での摂餌を学習する必要があるが，そのときに見習う相手（教育係）があるほうが有利にちがいない．もしも血縁の雄がそのような役割を担うならば，雄の寿命が延長される方向に淘汰が働くだろうという考えである．その前提条件として，雄が自分のそばにいる子どもが自分と血縁関係が高くなるような群れの仕組みとか，あるいは雄が自分の子を認識するような社会の仕組みができていることが必要となる．その例としてKasuya and Brownell（1989）は父系社会をあげている．このような社会では，高齢雄は文化の担い手としても機能するはずである（第15章）．

父系社会とは父・息子のような血縁雄が群れの核となり，そこにほかの群れで生まれた雌が移籍してくる社会である．哺乳類ではチンパンジーやヒトにその例があるが，鯨類ではいまのところ知られていない．たとえ父系社会でなくても，長年にわたって番（つがい）が維持されて複数の子どもが父母と一緒に生活する社会と

か（鯨類では知られていない），兄弟が共同して雌（単数あるいは複数）を確保する社会とか（似た例がハンドウイルカで知られている；Connor et al. 2000），バンクーバー沿岸のシャチのように性成熟に達した娘や息子が長年にわたって母親と一緒に生活する社会（Baird 2000）などでも，雄による育児協力が発達する可能性がある．

ツチクジラの社会構造や繁殖生態がどのようなものか，それがいかなる原型からどのようにして導かれるのか，それはこれから解明されるべき問題である．なお，哺乳類の寿命や死亡率の性差に影響する要因は1つではない．かりに生活様式から寿命の性差を説明することが可能だとしても，逆に死亡率のちがいから生活様式を推定することには大きな危険がともなう．これはツチクジラにもあてはまることである．

13.6 生息数

ツチクジラの生息数が推定されているのは日本周辺に限られている（表13.12）．対象海域は①日本の太平洋沿岸，②日本海東部，③オホーツク海南部，の3海域である．

Miyashita（1986）は，日本近海のツチクジラについて初めて資源量を推定した．これは印刷公表された研究としても唯一のものである．そのデータはKasuya（1986）が分布と行動の解析に用いたのと同じ，1984年の第25利丸の調査航海の成果である．この航海で観察されたツチクジラの群れの総数42群のなかから，正規の探索努力中に発見された29群（1次発見）を抜き出して用いた．ある群れの確認中に付随して発見された群れ（2次発見）は除外してある．伊豆大島周辺から三陸沖合までの海域を緯度・経度1度の升目に区切り，それぞれの升目ごとに生息数を推定してから，それを合計して3,547頭と算出した．この計算は，調査船の航跡から左右に離れるにしたがって見落としが増えることに対する補正はしているが（横距離方向の補正），調査船の航路上の発見率を1，つまり航路上の鯨は100%が発見されたと仮定して計算している．ツチクジラは多くの場合に数頭の群れで生活しているし，1頭でいても海面に浮上したときには頻繁に噴気をあげるので，航路上に浮上している限り見落とす可能性は少ないと思われる．しかし，調査船は11-12ノット（時速20-22 km）で走り，観察員は進行方向に向かって180度の範囲を注目し（後半分はみない），半径5-6海里（約10 km）の範囲を観察するにすぎない．

ところが，ツチクジラはときには1時間を超える潜水をすることもあるので（Kasuya 1986），鯨が水面下にいる間に調査船が上を通過してしまう可能性がある．これを補正するために，Miyashita（1986）はKasuya（1986）が集めた潜水間隔と海面滞在時間の記録に，調査船の速度（12ノット）を加味してシミュレーションを行い，潜水中ゆえに鯨群が見落とされる確率を推定した．その結果，上の推定値に19%上乗せして4,220頭とするのが適当とした．なお，このシミュレーションでは前方5.4海里以内に1度でも浮上すれば，必ず発見されると仮定しているが，実際には浮上しても視認されないことがある（つまり19%の補正では十分ではなく，生息数はもっと多い）という主張もある．この計算結果は1985年のIWC科学委員会においてレビューされ，妥当との評価を得た後，若干の改良を経てMiyashita（1986）として刊行された．

2番目の推定は，1989年のIWC科学委員会に日本から提出されたプログレスレポート（Anon. 1990）に書かれた値で，科学委員会の報告（IWC 1990）に引用されているが，当時の速報値で暫定的なものである．

3番目は1990年のIWC科学委員会に提出された文書（Miyashita 1990）にある値で，小型鯨類分科会や科学委員会はこれをレビューし，コメントとともにその数値を報告書（IWC 1991）に引用している．ただし，原論文はまだ刊行されていない．用いたデータは1983-1989年の航海から得られたもので，計算方法は第1番目の研究と同じである．太平洋沿岸については伊豆大島周辺から釧路沖までの海域で，7-9

表 13.12 日本近海のツチクジラの生息数推定値．②以外は調査船通過時に潜水していて見落とされた個体を補正した値である（②については詳細不明）．カッコ内は変動係数ないしは 95% 信頼限界（いずれも原著者による推定値）．

	調査年次	太平洋側	日本海東部	オホーツク海南部	出　典
①	1984	4,220 (0.295)[1)]			Miyashita 1986
②		2,500		1,000	Anon. 1990
③	1983-1989	3,948 (0.276)[1)]	1,468 (0.389)	663 (0.270)	Miyashita 1990, IWC 1991
④	1991-1992	5,029 (1,801-14,085)			Miyashita and Kato 1993, IWC 1994

1) 付記されている変動係数から正規分布を仮定して 95% 信頼限界を計算すると，上下に 50% ないしそれ以上の幅となる．

月の各月について月別に算出したところ，7月：1,935 頭（$n=13$, CV$=0.349$），8月：3,947 頭（$n=52$, CV$=0.276$），9月：1,078 頭（$n=26$, CV$=0.393$）となった．ここで n は計算に使用した群れ数を，CV は変動係数を示している．変動係数が大きいことからもわかるように，各月の推定値はどれもたがいに有意なちがいではない．しかし，回遊のピークが 8 月にあるらしいことと，8 月は遭遇した群れの数も最大であるので（それゆえ変動係数が小さく，信頼性が高い），Miyashita (1990) は 8 月の値を太平洋側に来遊するツチクジラの個体数として採用した．ほんとうに 8 月が来遊のピークにあたるとすれば，8 月になってもまだ調査海域にきていない個体があるかもしれないし，すでに立ち去った個体があるかもしれない．その場合には，ここで求めた推定値は過小推定の可能性があるという指摘が科学委員会でなされた．逆に，月ごとの推定値のちがいはたんなるばらつきであり，回遊を反映していないとすれば，8 月の極大月を採用することは過大推定の可能性を含むことになる．ツチクジラの回遊の様相がよくわからない現状では，どの解釈をとるべきかを判断するのはむずかしい．日本海とオホーツク海についてはデータが少ないため，5-10 月のデータがまとめて処理されている．日本海についてはほぼ東半分を対象としており，その西側（大陸側）にいるツチクジラは上の計算には算入されていない．また，オホーツク海については北緯 45 度以南の網走沖の部分のみが対象となっている．

第 4 番目の推定は，1991, 1992 年の 8-9 月に水産庁の調査船俊洋丸でわが国の太平洋沿岸を調査した結果にもとづいている．4,649 海里を航走して 41 群の発見を記録した．これをもとに計算した結果が IWC 科学委員会に提出され（Miyashita and Kato 1993），科学委員会は検討した結果とともにその数値を報告書に引用しているが（IWC 1994），原著は現在にいたるも刊行されていない．原著と科学委員会報告とでは 95% 信頼限界の値にちがいがあり，後者のほうが広い範囲となっている．おそらく，科学委員会における議論の過程で変動係数を計算しなおしたものと思われる．表 13.12 には科学委員会報告の数値を引用した．

これら日本の太平洋沖合のツチクジラの生息数の推定値は，15 年以上前の古い値である．また，それらの推定値は幅広い信頼限界をともなっており，各推定値の間の数字のちがいは統計的に有意なものではない．日本の太平洋沿岸のツチクジラの生息頭数は 2,000 頭から 1 万頭の間にあることはかなり確実であるが，そのなかのどこにあるかの判断はむずかしい．資源管理においてはこのような数値の精度に留意して，安全な管理を心がける必要がある．

13.7 捕獲の歴史

13.7.1 操業形態

わが国のツチクジラ漁業は，江戸時代から明治時代までは千葉県下でのみ行われてきた．この漁業が他県に広がったのは第 2 次世界大戦後のことである（Ohsumi 1983）．いまも安房地方にはツチクジラ肉のタレ（薄くそいだ肉の塩干品）の需要がある．千葉県のツチクジラ漁業

に関する刊行史料としてはつぎのようなものがある．岸上（1914）の『安房郡水産沿革史』は当時発見されていた捕鯨に関する1次資料を採録している．竹中（1887）の『房南捕鯨史』は元禄16年（1703）から明治19年（1886）までの本漁業の組織，漁法，漁場，漁業統計などを古い記録や実地調査にもとづいて記述したほか，古記録をも収録しているので資料としての価値が大きい．これらの史料にさらに新たな資料を加えて，千葉県下のツチクジラ捕鯨の歴史を記述しているのが小牧（1969, 1994, 1996）の一連の著作である．また，吉原（1976）は千葉県下の捕鯨の歴史を広範にあつかっている．吉原（1982）はこれらの鯨関係の資料をまとめて収録したもので，利用者には便利な存在である．最近のものでは金成（1983），Ohsumi（1975, 1983），粕谷（1995）などがある．

房総方面では，江戸時代からいまにいたるまで，ほとんど途切れることなくツチクジラ漁業が操業されるなか，漁場は東京湾口から館山を経てしだいに外洋に面した場所に移ってきた．この間に，捕鯨技術は手漕ぎと帆を併用しつつ船から手投げ銛を投げる手法から，汽船に捕鯨砲を搭載して綱のついた銛を発射する方法へと変化した．ここでは，これらの変遷についてまず概観し，続いて県外の操業についても先人の研究を紹介する．

千葉県加知山（勝山）と岩井袋では古くから捕鯨が行われ，これがわが国におけるツチクジラ漁の始まりとされている．竹中（1887）によれば，安房の領主里見忠義から伊勢神宮の御師にあてて捕鯨産物寄進を申し出た慶長17年（1612）の手紙が残されており，吉原（1976）によれば，三浦浄心の『慶長見聞集』には，永禄年間（1592-1596年）に尾張の間瀬助兵衛が三浦にきて突き捕り捕鯨を始め，それが周辺に広まったという記録があるということである．これらは1600年前後にはツチクジラ漁業が行われていたことを示す記録である．現地に残された古い記録は，元禄16年（1703）の津波ですべて失われたとされている．

以下の記述はおもに竹中（1887）によるものである．醍醐氏が加知山を根拠地として突き捕り捕鯨の元締めをしたことを示す現存の記録は宝永元年（1704）にさかのぼる．その後，明治2年までは銛と船は漁師持ちで，捕鯨綱と1日5合の飯米は元締めが提供して，6-8月の漁期中はツチクジラ漁に専念させた．しかし，その間にもカジキ突きを並行操業することは許されたということである．漁具はカジキやマグロを捕る突きん棒漁業のものと同様のものであることから，小牧（1969）は，本漁業の起源は突きん棒漁業にあるのではないかとみている．それはこれらの事情を理解してのことであるらしい．漁獲物は元締めの評価した価格で買い上げられ，前渡しされた飯米の代金はそこから差し引かれたというから，元締めにはうまみのある経営であったにちがいない．この操業は明治2年を最後にほとんど終わったようである．明治12-13年（1879-1880）の2年間で合計8頭を捕獲したという記録や（岸上1919の明治14年記事），買入価格を大幅に上げた結果，明治17, 19年には数頭の捕獲があったという記述があるが（竹中1887），このような対応によっては安房捕鯨の衰退を止めることはできなかったらしい．

明治20年（1887）当時の捕鯨組織は，加知山の2組が33隻を所有し，岩井袋組が24隻をもち，合計57隻で操業した（竹中1887）．ツチクジラは初夏から盛夏にかけて伊豆の大島から浦賀水道に向けて入り込み，秋には安房の東岸から九十九里を経て東方に去るとある．漁場の南限は布良沖までであり，それよりも外海に出て操業することはなかった．漁場の北限は久里浜の対岸の竹岡までであった．また，城ヶ島から南に引いた線よりも西では操業がなかった模様である．

この付近の海底地形をみると，伊豆大島東側から相模湾奥部にかけて北北西方向に水深1,000 m以上の海底谷が伸びており，その分枝が東京湾口の浦賀水道に入り込み，勝山沖に達している．久里浜-竹岡間の最大水深は200 mほどである．当時のツチクジラ漁場はこの浦賀水道の海底谷の末端に位置していた．現在のツチクジラの分布は水深1,000-3,000 mの海域に

限られているが、おそらく当時は生息数が多かったため、主分布域を外れて浦賀水道に入り込む個体がいまよりも多く、それだけをねらっても漁業が成立したものと思われる。明治年間に伊豆大島近海で洋式捕鯨を試みた際に、内海に比べてツチクジラが多いのに驚いたと記録されているように、当時の捕鯨はツチクジラの分布の周辺部で行われていたのである。吉原（1976）によれば、1903年に醍醐新兵衛から出された捕鯨免許申請に書かれた漁場範囲は、先に述べた漁場範囲よりもやや広く、西の境界は大磯から南に引いた線、東の限界は野島崎から南に引いた線、南の限界は大島の南端の北緯34度40分と規定している。このようなときには余裕をみて広く申請するのが常であるから、必ずしもそこで操業していたとみることはできない。

捕獲対象となった鯨種を岸上（1914）の第182号文書（鯨猟に関する質疑応答、明治14年、大蔵省あて）でみると（以下では現在の呼称に改め、原呼称をカッコ内に付記）、ツチクジラ（古久志羅、ツチンボウ鯨）、ゴンドウクジラ（狐渡鯨）、コマッコウ属（浮鯨）、オキゴンドウ（大難鯨）、アカボウクジラ（梶鯨）の6種である。また、そこには「和名古久志羅漁民此魚ヲツチンボウ鯨と唱ヒ…」とある点は注目される。第183号文書（鯨漁沿革、明治14年、宛て先不明）には、これら6種のほかに「小鯨」があげられている。セミクジラやナガスクジラのような大型種は近年捕獲がないという文章をともなっているところからみて、この「小鯨」とあるのはコククジラを指すと思われる。これらの鯨肉は労賃として現物支給されたり、地元民に販売されたりした。地元ではこれを調理したり、タレと称する塩干品をつくったりして消費した。この習慣はいまでも残っており、ツチクジラの解体場には近隣の住民が肉を求めて集まり、自転車に肉を載せて安房地方の農村地帯を行商する人もいる（フリーマン1989；山口1999）。脂皮層からは鯨油を煮採りして、機械油、灯火、あるいは水田の害虫駆除用として全国市場に流通し、明治時代になると外国にも輸出され、採油粕・内臓・骨は地元で肥料となった（竹中1887）。漁具や操業の詳細は竹中（1887）や吉原（1976）にある。

表13.13　千葉県勝山の醍醐組によるツチクジラ捕鯨の経年変化. 15頭以上捕獲を好漁年とし、5頭以下の捕獲を不漁年とした.（竹中1887より作成）

期間	1815-1841	1842-1869	合計
好漁年数	7	2	9
不漁年数	8	11	19

1815-1869年の55年間の醍醐組による捕獲頭数は竹中（1887）にあり、それはOhsumi（1983）や粕谷（1995）にも引用され、解析されている。1870年以降も若干の捕獲があったことは上に述べたとおりであるが、それらは不完全なので除外すると、この55年間のツチクジラの総捕獲頭数は504頭で、年平均は9.2頭であった。漁獲は年変動が大きく、ゼロから最大の25頭の間で変動している。年変動が大きいのは分布域の周辺で行う漁業の特徴であろう。また、時代とともに漸減傾向がうかがわれるという見方がある（粕谷1995）。すなわち、この55年間に15頭以上捕獲された好漁年が9回あり、5頭以下の不漁年が19回あった。これらを前半の27年間（1815-1841）と後半の28年間（1842-1869）で比べてみたのが表13.13である。

表13.13でみると、房総のツチクジラ漁獲は時代が下がるにつれて好漁年が減少して不漁年が増加している。これは漁況の悪化を示しているもので、背景には漁場に来遊する鯨の減少があったと思われる。当時の経営者は、その原因として漁民の努力不足と海面に「夜流し網」が増加したことをあげている（岸上1914；前記第183号文書）。後者は網漁業が鯨の来遊を妨害したとする解釈である。1980年代に日本沿岸にマッコウクジラの来遊が減少した理由として、捕鯨業者がイカ流し網や大目流し網の盛行を非難していたのと似ている。沿岸漁場への鯨の来遊が減少した背景にはほかの漁業の影響がないとはいえないが、その前に捕鯨活動自体の影響を考えるべきであろう。

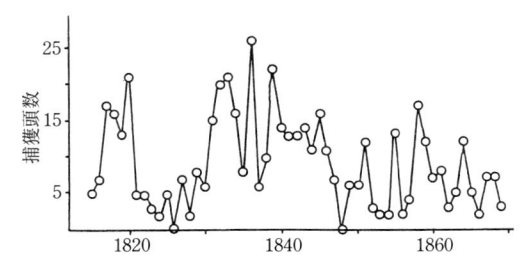

図 13.14 千葉県勝山の醍醐組によるツチクジラの捕獲頭数の推移，1815-1869 年．(Ohsumi 1983)

浦賀水道に来遊するツチクジラが江戸時代末期に減少した背景として，2 つのケースが考えられる．1 つは東京湾口に来遊するローカルな個体密度の低下である．これはツチクジラ個体群の減少と無関係ではないが，個体群の主要部分はさほど減少をしていなくても，分布の周辺においては密度低下が早期に起こる可能性がある．捕鯨業の影響で資源量が減少し，それにともなって分布域が縮小することがある．その場合には，分布の周辺では密度低下が顕著に現れる．第 2 に，ツチクジラは最高寿命が 80 年を超す長寿の鯨である．そのような動物の季節的な移動経路は，個体によって特色があるとみるのが自然である．ザトウクジラでは，子どもは母親にともなわれて最初に訪れた摂餌場所を自分の餌場として長く利用すると信じられている．ツチクジラでも移動コースは母親や群れの仲間から学習して大筋が定まるのであろうが，自らの経験によっても影響されるにちがいない．ある年を無事に過ごした個体は，翌年に摂餌場所を変更する必要を感じないはずである．水産資源の管理では個体群の概念を重視し，個体の個性を無視する傾向があるが，魚ならともかく鯨類ではこのようなあつかいは正しくない．おそらく，長年の漁業によって，夏に浦賀水道に入り込む行動パターンをもつ個体がしだいに減少したために，上にみたような操業上の変化が現れた可能性がある．

資源量の減少に勝山の捕鯨も無関係ではないとしても，その漁獲量はあまりにも少ない感じがする．欧米の捕鯨船によるツチクジラ捕獲の可能性も検討する価値があるのではないだろうか．彼らはマッコウクジラを主体に操業し，季節や漁場に応じてコククジラ，ザトウクジラ，ときにはゴンドウクジラ類までも捕獲したことが知られている．欧米の捕鯨船が日本沿岸でツチクジラを捕ったという記録はみていないが，その可能性は否定できない．江戸時代に松浦清（静山）が書いた『甲子夜話』(松浦 1977-1982) には，彼らの捕鯨の姿をうかがわせる記述がいくつかある．その 1 つに文政 5 年 (1822) 4-5 月に浦賀に補給のために入港したイギリス船が停泊中に鯨を発見し，ボートを下ろして捕獲しようとして制止されたという話がある (14 巻 22 話，25 巻 1 話)．ここは当時のツチクジラの漁場にあたるので，彼らが捕ろうとしたのはツチクジラであった可能性が高い．また，銚子沖には異国船が毎年やってきて，海岸から 12 km ほどのところに帆を畳んで碇を下ろし，一夏の操業をして 8 月には帰っていったという記事がある (続編 16 巻 5 話)．銚子沖の岸近くの漁場で期待されるのはコビレゴンドウとツチクジラである．これらの捕鯨船はツチクジラを捕獲していた可能性がある．ツチクジラはマッコウクジラの雌とほとんど大きさにちがいがないので，ツチクジラでも操業の能率は劣らないはずである．上記のほかにも『甲子夜話』には水戸沖 200 km での捕鯨操業船団の話 (60 巻 14 話) や，小名浜沖の捕鯨操業の話 (続編 16 巻 13 話) があるが，これら 2 つはマッコウクジラを捕獲していたのかもしれない．

ツチクジラの行動は学習によって短時間で変化するらしい．アメリカ式捕鯨を含めて当時の捕鯨は手漕ぎのボートで追尾したので，ツチクジラへの威嚇効果は弱かったと思われる．ところが，1980-1990 年ごろの捕鯨ではエンジンを搭載していたため，千葉県沖のツチクジラは捕鯨船に対して警戒心がきわめて強く，マッコウクジラよりもはるかに捕獲がむずかしかった．一方，1990 年代の日本海ではツチクジラの警戒心が弱いばかりか，船に好奇心を示して近寄ってくるといわれていた (前述)．これは捕鯨操業の歴史のちがいの反映であろう．戦後の一時期には日本海でもツチクジラが捕獲され，1948-1952 年には富山湾と渡島半島沖で年間 4-

26頭の捕獲があったが（Omura et al. 1955），その後は少なくとも1965-1969年と1982-1998年についてみる限り，本種は捕獲されていない（表13.14）．日本海では45年におよぶ捕鯨の空白で，船に対する警戒心が失われたものと思われる．日本政府は1999年漁期から年8頭のツチクジラを日本海で捕獲することを捕鯨業者に許可し，渡島半島沖で操業が始まった．これから彼らの行動がどう変わるか注目される．

千葉県下の醍醐組の定常的な捕鯨操業はこのような経緯を経て，1869年漁期を最後として終わった（竹中1887）．その原因は安房地方における鯨肉の需要の低下とか，醍醐組の捕鯨意欲の低下にあるとは考えがたい．なぜならば，醍醐家では1802年から1863年にかけて4回にわたり，北海道・カラフト方面に捕鯨事業の基礎調査に出かけているし，明治年間には伊豆近海で洋式技術を使って捕鯨を試みてもいる（竹中1887）．その道具は欧米捕鯨船の道具を手本に国内で製作したものである．その1つは，Scammon（1874）が図示するところのPierce's Harpoon-Bomb-Lance-Gunに似たものである．その銛は従来の捕鯨用の手投げ銛と同形であるが，銛の先端近くに発射筒を装着したところに特徴がある．銛先が鯨に刺さると，同時に引き金が押されて発射筒からボム・ランス（Bomb-Lance）と呼ぶ弾頭が発射され，鯨体内で爆発して鯨を損傷する仕掛けである．鯨体は銛綱で船と結ばれる．有効距離は25ヤード（22.5 m）であったという（Scammon 1874）．

関沢明清は明治20年（1887）から醍醐氏と協力して伊豆大島の沖で試験操業を行い，ツチクジラに対してボム・ランス銃の使用を試み，母子2頭の捕獲に成功した（関沢1887a, 1887b）．これは日本では銃殺捕鯨とも呼ばれるもので（鳥巣1999），口径33 mmほどの手持ちの銃からゴム製の安定翼のついた破裂矢（Bomb-Lance）を発射して，鯨を殺すものである．鯨体を確保するためには別に手投げ銛を必要とした．さらに，関沢は明治24年（1891）に捕鯨中砲をツチクジラ漁に用いることを試験した（関沢1892a）．このときは捕獲がなかったが，翌25年には漁船（無動力船）7隻と漁夫54名を連れて，7月7日から8月25日まで前年と同様の装備で伊豆大島に出漁し，ツチクジラ7頭を捕獲した（関沢1892b）．中砲というのはScammon（1874）が示すGreener's Harpoon Gunである．これは砲架に設置した口径30 mm前後の砲から綱のついた銛（Greener's Gun Harpoon）を発射するもので，原理的には現在の捕鯨砲に異なるところがない．ただし，銛先には爆薬は仕掛けていない．

当時の日本の捕鯨業界は，さまざまな洋式漁具の導入を試みていた．1898年の第2回水産博覧会には網捕式捕鯨具の改良と並んで，捕鯨用小銃と名づけられたボム・ランスや捕鯨用二連中砲が出品されている（金田・丹羽1899）．後者は関沢の図示する中砲の砲身を横に2つ並べたもので，引き金が2つあるところからみて，2発を別個に発射するものである．釜山において関沢氏からこれをみせられた太地の前田兼蔵氏は，明治36年（1903）に3砲身を縦に配列して，3本の銛を同時に発射する捕鯨砲を開発し，翌年には5連装の砲を開発して前田式連発牛頭（ごんどう）銃として特許を得た（浜中1979）．この前田式捕鯨砲は，複数の銛がそれぞれの先綱で1本の元綱に連結されているものである（有井1942）．太地では，この5連銃は1967年ごろまでゴンドウクジラ漁に使われていた．

関沢による捕獲成功を受け，明治21年（1888）に館山に日本水産会社が設立され，旧来の漁具とボム・ランスを併用して伊豆大島の岡田沖で操業し，低レベルの捕獲を続けたが，1891年に解散した（小牧1969）．その操業では，比較的好成績をあげたといわれる3漁期目（1890年）でも捕獲は5頭にすぎなかった．また，その捕獲の裏では12頭もの鯨を傷つけただけで，捕獲にいたらなかったということである（醍醐1890）．資源浪費が激しかった当時の操業形態が注目される．

明治30年代（19世紀末-20世紀初頭）の日本の捕鯨業界は古式捕鯨の不振から脱却するために，帆船から手漕ぎのボートを下ろして捕鯨

をする，いわゆるアメリカ式捕鯨の技術導入を各地で試みたが，これらはいずれも不成功に終わった．当時，欧米ではアメリカ式捕鯨が終わり，ノルウェー式捕鯨に転換しつつあったのをみれば自然な結果であり，房州のツチクジラ漁も例外ではなかった．ノルウェー式捕鯨の導入によって，日本の捕鯨は再出発が可能となった．そのために，明治29年（1896）以来多くの企画がなされたが，1899年に設立された日本遠洋漁業株式会社によってノルウェー式捕鯨がほぼ軌道に乗せられたとされている（明石1910）．千葉県下のツチクジラ漁業においては，前述の捕鯨中砲を動力船に搭載すれば，それはノルウェー式捕鯨の形になるし，鯨を速やかに殺すために銛先に爆薬を装着することは容易な技術改良である．千葉県下のツチクジラ漁にノルウェー式捕鯨が導入されたのは1907年で，東海漁業株式会社が天富（あまとみ）丸（130総トン）を使って操業したものである（小牧1969; Ohsumi 1983）．そこではノルウェーから6丁輸入したという口径37 mmのグリナー砲が使われた（金成1983）．この砲は第2次世界大戦後まで使われたということであり，金成（1983）の95頁には戦後の捕鯨に使われたグリナー砲搭載の捕鯨船の写真がある．

東海漁業株式会社は房総遠洋漁業株式会社（1899年設立）が1906年に増資・改名したものであったが，明治42年（1909）に捕鯨12社が合同して東洋捕鯨株式会社を設立する動きに際しては，その捕鯨部門を売却して捕鯨から撤退した（明石1910）．これらの12社は合同の前に長いものでは10年（房総遠洋漁業），短いものでは1年強の期間にわたり捕鯨をしており，そのいくつかは館山や銚子方面で操業していたので，ツチクジラも捕獲されたはずである．当時の捕獲統計は，会社別の総捕獲頭数としては残されているが（明石1910），鯨種別あるいは地域別の捕獲統計がないため，ツチクジラの捕獲は明らかにできない．

上に述べた1909年の捕鯨会社合同の背景には，乱立した捕鯨会社の整理に向けた政府の意図があったらしい．明治政府は明治34年（1901）に漁業法を公布し，それにもとづいて明治42年（1909）10月21日に鯨漁取締規則（農商務省令第41号）を施行し，初めて捕鯨業を大臣許可漁業とした．取締規則9条では大臣は従事隻数や捕獲鯨種を制限できると定めているが，当初は隻数を30隻以内と定めたのみで（農商務省告示418号），鯨種に関する規制はなかった．昭和9年（1934）の改正条文は未見であるが，昭和11年（1936）の改正条文では第1条にミンククジラ以外のひげ鯨類とマッコウクジラを対象とする漁業を規制すると定めており，ツチクジラは除外されている（大村ら1942; 日本捕鯨業水産組合1943）．

ミンククジラやツチクジラを捕獲する漁業者は，第2次世界大戦の開始時には約20隻を数えた．食糧需給の逼迫によりこの漁業の始業がさかんになり，1942年には53隻を数えたという．これを受けて，政府は昭和22年（1947）12月5日に汽船捕鯨業取締規則を施行し，それまで規制されていた，ミンククジラ以外のひげ鯨類とマッコウクジラを捕獲する捕鯨を大型捕鯨業とし，それまで規制がなかったマッコウクジラ以外の歯鯨類とミンククジラを捕獲する漁業を新たに小型捕鯨業と定めて大臣の規制下においた（第I部第5章）．以来，この漁業をする船は小型捕鯨船あるいはミンク船と呼ばれて今日にいたっている．これより前，千葉県ではツチクジラ漁業者が急増し，競争の激化を招いたため，大正9年（1920）に県は漁業取締規則で，これを知事許可漁業とし，隻数を26隻に制限した．さらに12隻（1927年），15隻（1945年）へと規制を強化してきた．なお，実際に操業した船の数は，規制隻数よりも少ないことがあり，1943年には7隻（Ohsumi 1975），1947年には8隻（小牧1996）であった．1941年には東海漁業1社の操業になった（小牧1996）．現在，千葉県和田浦を根拠地としてツチクジラ漁業を営んでいる外房捕鯨株式会社は，1948年に創業した千葉漁業株式会社の後身である（小牧1996）．外房捕鯨と競合しつつ千葉県乙浜を基地として操業していた東海漁業は，1969年に操業を停止した（金成1983）．

表 13.14 日本の小型捕鯨業によるツチクジラの公式捕獲統計.

年	千葉	三陸	釧路	網走	日本海	全国合計
1932	31	—	—	—	—	—
1933	31	—	—	—	—	—
1934	34	—	—	—	—	—
1935	35	—	—	—	—	—
1936	33	—	—	—	—	—
1937	50	—	—	—	—	—
1938	34	—	—	—	—	—
1939	50	—	—	—	—	—
1940	25	—	—	—	—	—
1941	23	—	—	—	—	—
1942	36	—	—	—	—	—
欠落						
1947	60					
1948	43	0	2	24	4	76
1949	48	0	0	30	14	95
1950	122	18	1	19	26	197
1951	108	102	11	18	13	242
1952	72	202	26	11	10	322
1953	83	—	—	—	—	270
1954	76	—	—	—	—	230
1955	52	—	—	—	—	258
1956	53	—	—	—	—	297
1957	73	—	—	—	—	186
1958	82	—	—	—	—	229
1959	73	—	—	—	—	186
1960	79	—	—	—	—	147
1961	72	—	—	—	—	133
1962	64	—	—	—	—	145
1963	81	—	—	—	—	160
1964	68	—	—	—	—	189
1965	68	60	19	25	0	172
1966	85	54	17	15	0	171
1967	58	27	14	8	0	107
1968	80	27	9	1	0	117
1969	91	32	4	7	0	138
1970	54	—	—	—	—	113
1971	68	—	—	—	—	118
1972	79	—	—	—	—	86
1973	30	—	—	—	—	32
1974	32	—	—	—	—	32
1975	39	—	—	—	—	46
1976	11	—	—	—	—	13
1977	28	—	—	—	—	44
1978	33	—	—	—	—	36
1979	28	—	—	—	—	28
1980	31	—	—	—	—	31
1981	36	—	—	—	—	39
1982	57	0	0	3	0	60
1983	33	0	0	4	0	37
1984	35	0	0	3	0	38
1985	36	0	0	4	0	40
1986	35	0	0	5	0	40
1987	35	0	0	5	0	40
1988	22	13	0	22	0	57
1989	27	22	0	5	0	54

(つづく)

表 13.14 （つづき）

年	千葉	三陸	釧路	網走	日本海	全国合計
1990	27	25	0	2	0	54
1991	27	25	0	2	0	54
1992	27	25	0	2	0	54
1993	27	25	0	2	0	54
1994	27	25	0	2	0	54
1995	27	25	0	2	0	54
1996	27	25	0	2	0	54
1997	27	26	0	1	0	54
1998	26	26	0	2	0	54
1999	26	26	0	2	8	62
2000	26	26	0	2	8	62
2001	26	26	0	2	8	62
2002	26	26	0	2	8	62
2003	26	26	0	2	8	62
2004	26	26	0	2	8	62
2005	26	26	0	4	10	66
2006	26	25	0	4	10	65
2007	26	27	0	4	10	67
2008	26	25	0	3	10	65

注：1932-1947 は Matuura（1942, in Balcomb and Goebel 1977），1948-1952 の海区別値は Omura et al.（1955），1965-1969 の海区別値は Nishiwaki and Oguro（1971），1948-1982 の全国値は Ohsumi（1983）および Kasuya and Ohsumi（1984）による．なお，海区区分は研究者により厳密には一致しない場合があり，海区値の合計が全国値に一致しない場合もある．

上では千葉県下のツチクジラ漁の変遷を述べたが，そこには漁場が東京湾口から外洋に移っていった様子がうかがえる（金成 1983；粕谷 1995）．すなわち，江戸時代から東京湾口の勝山を基地としていた醍醐組の操業は，江戸時代末期から不漁年が多くなり，ついに 1869 年に操業を終えた．この後，関沢による新式捕鯨の成功を受け，1888 年に館山に日本水産会社が設立され，伊豆大島の岡田沖まで漁場を広げつつ 1891 年まで操業した（小牧 1969）．1899 年には同じく館山に房総遠洋漁業株式会社（後の東海漁業株式会社）が創立され，1907 年にノルウェー式捕鯨の天富（あまとみ）丸を導入し，明治 42 年（1909）まで操業した．さらに，1913 年の乙浜（白浜町）への基地移設（東海漁業）で外房沿岸での操業が始まり，千倉町にも数個の基地が創設され（小牧 1969），いま千葉県下では唯一和田浦の基地がツチクジラ捕鯨を続けている．

銚子では江戸時代から紀州の捕鯨業者が捕鯨を行っていたが，その詳細はわからない．明治 10 年代からは地元業者が銚子に基地を設けて操業し，山口県の東洋漁業株式会社が進出して操業したこともあったが，いずれも明治末年には操業をやめた（金成 1983）．この海域ではツチクジラのほかにマッコウクジラやゴンドウクジラの捕獲も可能であるが，捕獲の総数もそこに占めるツチクジラの比重もわかっていない．

13.7.2 漁獲量と統計の解釈

千葉県勝山の醍醐組による江戸時代のツチクジラ漁獲の変化についてはすでに述べた．その後の漁業の動向を公式統計をもとに眺めてみよう．全国統計については，Ohsumi（1975, 1983）が 1948-1981 年の捕獲頭数を報告している．また，これを若干修正したものが Kasuya and Ohsumi（1984）に使われている．なお，地域別の捕獲統計については，Ohsumi（1983）がグラフに示している．地理的な傾向を知るのに便利なので，それを図 13.15 に採録した．このほかに Omura et al.（1955）が 1948-1952 年について，また Nishiwaki and Oguro（1971）が 1965-1969 年について，鯨漁月報から集計して海区別の捕獲統計を示している．鯨漁月報と

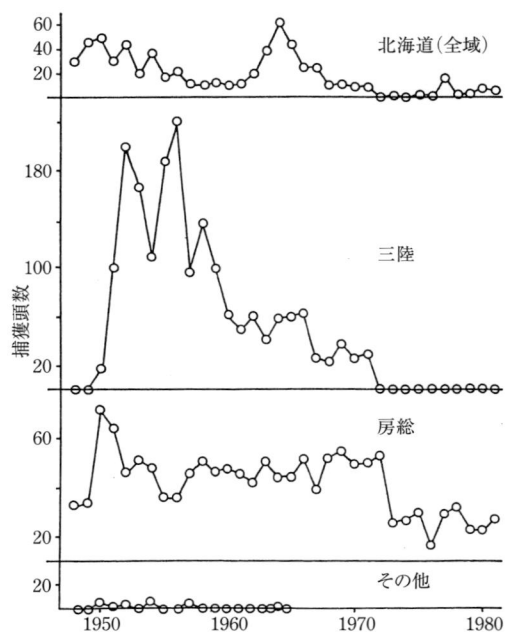

図13.15 公式統計にみる戦後のツチクジラの海域別捕獲頭数．捕獲位置については図13.4参照．(Ohsumi 1983)

は捕鯨業者が月ごとに操業結果を水産庁に報告したものである．これら以外に1932-1942年と1947年の千葉県下の漁獲統計がBalcomb and Goebel (1977) によって報告されている．粕谷 (1995) はこれらの統計を合わせて，1932年から1993年までの海域別統計をまとめている．

表13.14は粕谷 (1995) の統計に最近の数値を追加したもので，現在得られている限りではもっとも完全な公式記録である．これらの統計に欠けているのはつぎの期間である．1870-1931年は散発的な記録しか残っていない．1932-1942年は千葉県以外の捕獲頭数が不明である．ただし，多くはなかったとみられる．1943-1946年は統計がまったく欠けている．1953-1964年および1970-1981年は千葉県の捕獲頭数と全国総捕獲頭数はあるが，それ以上の地域別の細分はOhsumi (1983) のグラフ (本書の図13.15) をみるしかない．これ以後は現在にいたるまで捕獲統計が整備されている．2000年漁期までの統計は日本政府から国際捕鯨委員会 (IWC) に報告され，その多くは印刷されているが，2001年分からは水産庁のホームページから入手できる（水産庁はIWCに報告することを中止した）．最近では小型捕鯨協会のホームページに1965年以降の事業報告が掲載されており，捕獲頭数や営業成績を入手することができるが，そこにある統計は会社別であって海域別ではない．

これらの公式統計にしたがって，戦後のツチクジラ漁の動向を眺めてみよう．1948年に全国で76頭にすぎなかったツチクジラの捕獲頭数は，1951年には急増して200頭を超え，1952年には322頭と史上最高を記録した．その後，捕獲は漸減し，1957年には200頭を割った．以後1958年に1年だけ229頭を記録した後，捕獲は減少を続け，1972年には100頭を割り，86頭まで低下した．この後も減少は止まらず，1972-1981年の10年間の年間捕獲は13-86頭で，平均は39頭であった．この期間の捕獲の動向には地理的なちがいが著しい．すなわち，全国捕獲を押し上げたのはおもに三陸の操業であり，1951-1959年に年間60-220頭の捕獲を記録した．北海道沿岸でも1950年代の前半と1960年代のなかごろに40頭を超える捕獲があったが，100頭を超える大きな捕獲は報告されていない．

全国規模でみたツチクジラの捕獲頭数が著しい減少傾向をみせた時期があった．これがIWCでも注目され，1982年から1985年にかけてIWCの科学委員会では資源状態の検討作業が行われた．日本の科学者も捕獲統計の解析の論文をいくつか提出してきた (Ohsumi 1975, 1983; Kasuya and Ohsumi 1984)．私もこの資源解析に途中から参加したが，いまからみればその基礎となった統計数値は疑問だらけのものであり（後述），解析自体は科学的にはまったく無価値なものであった．

日本のツチクジラの資源状態に関する諸外国の懸念に対して，1982年のIWCの会議で日本政府は翌年漁期から自主規制として40頭の捕獲枠を設定すると表明した．この40頭の自主規制枠の根拠は，1972年から10年間の平均捕獲頭数にもとづいたものと聞いている．試みにこの10年間の平均値を求めると，38.7頭とな

表 13.15 日本政府が設定したツチクジラ捕獲枠の変遷．海域間の捕獲枠は漁況に合わせて調整された年がある．

漁　期	合　計	和田浦	鮎　川	網　走	函館（日本海）	備　考
1983-87	40	35	0	5	0	日本の自主規制開始
1988	57	22	13	22	0	臨時措置として増枠[1]
1989	54	27	22	5	0	減船にともなう減枠
1990-98	54	26	26	2	0	
1999-04	62	26	26	2	8	日本海は特別捕獲枠[2]
2005-10	66	26	26	4	10	特別捕獲枠の呼称がなくなる

1) ミンククジラ捕獲停止にともないツチクジラ枠が全業者に配分された．また，臨時的措置とされた増枠は恒常化した．
2) 特別捕獲枠（小型捕鯨業界）とも特例措置（釧路市総務部地域史料室 2006）とも呼ばれた．

る．その後，水産庁の研究者は1984年の夏に太平洋沿岸でツチクジラの目視調査航海を行い，得られたデータをもとにして資源解析を行い，その結果を1985年以降の科学委員会に提出した（Kasuya 1986; Miyashita 1986）．当時の捕獲水準は，はからずも生息数の1%前後であったため，短期的には資源に問題を生じないと判断され，議論が沈静した．その後，日本政府は捕獲枠を小刻みに幾度か増加させてきた．1999年からは特別捕獲枠として日本海で8頭のツチクジラの捕獲を許したのも同じ流れである．国際的な非難がないことを見極めたためであろうか，捕鯨班のホームページでは2005年からは特別捕獲枠とするあつかいをやめて，日本海枠を10頭に増やし，66頭全部をただ捕獲枠とのみ表示している（表13.15）．

2007年現在，日本の小型捕鯨業界は名目上8経営体の9隻が認可を得ているが，合理化のために4隻が休業し，5隻の船が一部共同経営として操業している（2008年からは合併により7経営体となったが，5隻操業には変化がない）．5隻へのツチクジラ枠の配分は第75幸栄丸，第28大勝丸，第7勝丸，第31純友丸の4隻がそれぞれ14頭ずつ，太地漁協の正和丸が10頭である．日本を除いてはツチクジラを商業的に捕獲している国はない．

戦後の公式統計に記録されているツチクジラの大量捕獲に関しては，このような大きな捕獲がなぜ起こったのか，このような捕獲がはたして可能だったのかという疑問があった（粕谷 1995, 1999）．ツチクジラの肉に対して安定した需要のある千葉県においても，密かにマッコウクジラを捕獲したことが知られている（小牧 1994）．また，そこではマッコウクジラ数頭をツチクジラ1頭として報告することが行われ，これを業者の間ではツチクジラ換算と呼んでいたということを，私は1980年代に和田町の捕鯨経営者から聞いている（粕谷 1995）．Balcomb and Goebel（1977）は千葉県和田浦の小型捕鯨業者庄司博次氏の言として，千葉県沿岸でのツチクジラの捕獲は長い間25-30頭で続いており，公式統計がそれ以上の捕獲を記録しているのは，別の種が含まれるせいだと書いている．別の種というのはマッコウクジラ以外にはありえない．Nishiwaki and Oguro（1971）が公式統計から集計した1966-1969年の千葉県下のツチクジラの年間捕獲は58-91頭の範囲にあり，5年間の合計は328頭（年平均66頭）であるのに対して，Balcomb and Goebel（1977）が公表している庄司氏から得た真実とされる統計では年間捕獲は21-39頭で，5年間の合計は140頭（年平均28頭）である．これは公式報告値の43%にすぎない．これより先に Omura et al.（1955）は1948-1952年の公式統計を報告している．それによれば，千葉県下の年間捕獲は1948-1949年の40頭台から1950年122頭，1951年108頭，1952年72頭と2-3倍に急増した．一方，三陸でも1949年まではゼロだったツチクジラの捕獲が，1950年からの3年間に18頭，102頭，202頭と急増している．これらはいずれも不自然に思われる．

庄司（1996）は，千葉県下では1946年より1951年まではツチクジラが空前の豊漁が続いたが，1952年ごろから不漁となったこと，そ

表 13.16 外房捕鯨株式会社（1948 年創業の千葉漁業株式会社の後身）による実際の捕獲鯨種組成．5 年ずつの合計を示す．若干の千葉県外の捕獲を含む．端数があるのは他社との共同捕獲を 0.5 頭と数えているためである．（庄司 1996 より作成）

漁期	マッコウ	ツチ	アカボウ	ゴンドウ	シャチ	ミンク	ニタリ	ザトウ	セミ
1954	0	29	1	0	0	0	0	0	0
1955-1959	6	125	12	40	3	2	8	0	0
1960-1964	108	125	41	55	10	2	12.5	0	1
1965-1969	272	163	7	5	17	84	7	1	0
1970-1974	302	133	4	0	0	234	3	0	0
1975-1979	0	101	1	0	0	199	1	0	0
1980-1984	0	193	1	195	1	578	0	0	0
1985-1989	0	113	0	62	15	573	0	0	0
1990-1991	0	31	1	16	0	0	0	0	0

れと時を同じくするかのように，1950-1951 年ごろに鮎川と山田でもツチクジラ漁が始まったことを述べている．おそらく，千葉県漁場が経験した 1951 年以前の空前の好漁というのは，年 40 頭台の捕獲を指すものと思われる．三陸でのツチクジラ漁の開始が 1950 年であるということは，Omura et al. (1955) が残した統計からも支持される（表 13.14，図 3.15）．また，それが千葉-茨城沖で操業した和田浦の捕鯨業者の漁獲成績にも悪い影響を与えたであろうことは理解できる．しかし，三陸で 1952 年に 200 頭前後の捕獲が始まり，それが数年間続いたとは信じがたいことである．そこには密漁されたマッコウクジラの混入があると私は考えている．おそらく，三陸や千葉県下でツチクジラ捕獲の報告頭数が急増をみせた 1950 年ごろに，そこでは小型捕鯨船によるマッコウクジラの密漁も始まったのではないだろうか．このような密漁が終息した年については，外房捕鯨の統計や捕鯨砲手の言（後述）からみて 1970 年代なかごろと判断される．

庄司 (1996) は，外房捕鯨株式会社の 1954-1991 年の 38 年間の漁場や捕獲鯨種などの操業の実態を記録している．外房捕鯨の社長自身が書いたという点でもきわめて貴重である．この捕獲組成を 5 年ごとにまとめて簡略化して採録しておく（表 13.16）．その元表でみると，外房捕鯨によるマッコウクジラの密漁は 1959 年に始まり，1974 年で終わっている．この 16 年間の捕獲頭数はマッコウクジラ 688 頭，ツチクジラ 441 頭で，年平均はそれぞれ 43.0 頭と 27.6 頭であった．このツチクジラの年平均捕獲頭数は，全統計期間（1954-1991）の平均捕獲（26.7 頭）と差がなく，ツチクジラの真の捕獲数はこの 38 年間にわたってほぼ安定していたことがわかる．

このようにして密漁されたマッコウクジラの一部がツチクジラとして報告されている可能性は否定できないが，実態はそれほど単純ではないらしい．すなわち，水産庁資料（水産庁 1973, 1977）に会社別の捕獲頭数が記録されている 1968-1976 年についてみると，この 9 漁期の外房捕鯨によるツチクジラ捕獲は水産庁統計では合計 268 頭で，庄司 (1996) に記録された真実とされる捕獲頭数 244 頭に比べていくぶん大きい．しかし，漁期ごとにみると，公表値のほうが大きい年が 7 年で，小さい年が 2 年ある．生産量との整合を図るためなら，マッコウクジラの分だけ頭数をかさあげするはずである．なぜ，実数よりも少なく公表したのか明らかではない．また，1983 年漁期からは漁場ごとに捕獲枠が設定された．このときの捕獲実数（庄司 1996）をみると，1983 年と 1984 年はそれぞれ 39 頭と 60 頭で，明らかに地域枠より大きい捕獲が行われている．なお，1985 年からはこのような矛盾は確認できない．1985 年漁期からは，私自身ないしはほかの科学者が，漁期中絶えず現場にいて漁獲物調査に従事したため，捕獲頭数のごまかしができなかったものと思われる．

上では千葉県の1つの小型捕鯨業者の操業を例にして、当時の捕鯨業の実態をみてきた。これは経営者自身が捕獲統計を公表していたからできたことである。私はこの会社がとりわけ問題の多い操業をしていたとは考えていない。むしろ、大型捕鯨業も小型捕鯨業も、日本沿岸ではどの捕鯨会社の操業も実態は似たようなものだったというのが、1961年以来捕鯨業を眺めてきた私の印象である。

つぎに、マッコウクジラの好漁場であった三陸や釧路沖の操業について考えてみよう。1952年には全国で322頭のツチクジラの捕獲が報告されたなかで、千葉県が72頭、三陸が202頭、釧路沖が26頭を占めていた。ツチクジラを消費する習慣のない三陸で、しかもマッコウクジラに比べて警戒心が強くて捕りにくいツチクジラをこれだけ多く捕獲するには大きな努力が要る。1980年代に、当時現役だった鮎川の小型捕鯨船第7幸栄丸の砲手から、1970年代まで年間50-100頭のマッコウクジラを密漁したという体験を私は聞いている（粕谷・宮崎1997）。さらに、日本近海捕鯨株式会社（後の日本捕鯨）の鮎川事業所長を長く務めた近藤（2001）は、1966-1968年の3年間に合計1,106頭のマッコウクジラを、鮎川の複数の小型捕鯨船から購入したと書いている。鮎川には大型捕鯨会社がほかにも2社あり、いずれも自社系列の小型捕鯨船から密漁のマッコウクジラを購入していたので、鮎川の小型捕鯨船によるマッコウクジラの密漁総数は上の数字の2倍に近いだろうというのが同氏の推定である。また、小型捕鯨船は自分が捕ったマッコウクジラを大型捕鯨の会社に販売するだけでなく、自分の解体場で解体することもあったと近藤（2001）は書いている。私は1960年代に宮城県鮎川の小型捕鯨業者の骨置き場に、捕獲が許されていないマッコウクジラの骨が、ほかの小型鯨類の骨に混ざって積んであったのを日常的に目にしている。これら小型捕鯨業者がツチクジラを捕獲していたのも事実であるが、密かにマッコウクジラを捕獲したり、それをツチクジラと偽って報告する例があったことも確かである。マッコウクジラの来遊が少ない網走や日本海は別として、太平洋沿岸ではツチクジラの捕獲統計のなかに大量のマッコウクジラが混入している時期があったと推測される。

なぜ、小型捕鯨業者は1970年代にマッコウクジラの密漁から手を引いたのか。漁業監督の変化によるとは考えられない。1960年代から1988年3月の商業捕鯨終了まで、水産庁の監督官による沿岸捕鯨の監視体制はほとんど無に等しいというのが私の実感である。1970年代になって、にわかに監視が強化されたとは思われない。なお、1972年漁期からは沿岸大型捕鯨に国際監視員が派遣されたが（多藤1985）、その対象は大型捕鯨であり、監視機能はきわめて限定されたものであった（粕谷1999; Kasuya 1999）。

そこで、日本の捕鯨業界の生産の動向を水産庁出版物（水産庁1984, 1987）でたどってみる。マッコウクジラの主産物はマッコウ油である。マッコウクジラの肉は評価が低く、鯨肉といえば普通はひげ鯨類の肉を指していた。日本の漁業でマッコウクジラの捕獲頭数が最高を記録したのは、南氷洋母船式では1963/64年漁期で4,706頭、北洋母船式では少し遅れて1966-1969年で年間3,000頭、沿岸の大型捕鯨はさらに遅れて1968年の3,747頭であった。ただし、沿岸捕鯨では著しい統計操作があったので、公式統計を過信するのは危険である（終章）。日本の捕鯨業全体では1964年にマッコウクジラの捕獲頭数が8,800頭と最高を記録し、マッコウ油の生産も46,000トンのピークを記録した。マッコウ油の輸出はその前年の1963年に最高に達し、53,000トンを記録した。当時は生産の過半が輸出され、マッコウクジラ漁業は輸出産業として成立していたのである。

つぎに、統計が手元にある1962-1966年と1974-1978年の5年合計で比較してみよう。5年間の幅をもたせたのは、輸出の年変動を消すためである。この間にマッコウ油生産量は、1962-1966年の190,000トンから1974-1978年の89,000トンへと13年間で半減し、輸出は152,000トンから33,000トンへと22%に低下

した．生産に占める輸出の割合は80%から37%に低下し，1979年以降は輸出が完全にストップした．この13年間に輸出単価はトンあたり59,000円から133,000円へと約2倍に上昇しているが，需要が減ったために小型捕鯨業者がこれに参入する余地は減った可能性がある．また，捕獲の減少は資源の減少を反映しているから（終章），彼らにとってマッコウクジラが捕りにくくなったのかもしれない．しかし，小型捕鯨船によるマッコウクジラ密漁の終息を説明するのに，これだけでは不十分のように思われる．

そこでひげ鯨肉の需給をみることにする．ひげ鯨肉の国内生産は1965年の213,000トンから1979年の19,000トンへとコンスタントに減少した．一方，鯨肉の輸入は1972年ごろまで年間1万トン台にとどまっていたが，1973年から増加が始まり，1977年には36,000トンを記録し，1980年まで2万トン台を維持した．国内鯨肉生産が低下するなかで，鯨肉需要は高く維持されたことを示している．このように鯨肉需給が逼迫するなかで，小型捕鯨船のおもなターゲットであるミンククジラの捕獲は1968年の234頭からしだいに増加し，1970年代末には400頭前後に達した．10年間に倍増したのである．おそらく，母船式や大型捕鯨業が捕獲していた大型ひげ鯨類の捕獲枠が縮小したため，鯨肉の供給が低下し，これに応じて小型捕鯨業界はミンククジラ操業に比重を移したのである．これが大きな要因となってマッコウクジラの密漁が終わったとみるのが正しいと思う．ちなみに，日本の各種捕鯨業による捕獲頭数を1971年と1976年で比べると，ナガスクジラが2,215頭から116頭に，イワシクジラが7,114頭から1,977頭へと低下する傍ら，ミンククジラは291頭から3,377頭に増加している（南氷洋捕鯨を含む）．

小型捕鯨業者の違法操業の背景には，彼らの経営の苦しさがあったことを忘れてはならない．当時は沿岸の大型捕鯨業や南極海や北洋の母船式捕鯨が効率的に操業し，製品をどしどし持ち帰っていた．小型捕鯨業者は30-50トンの小さい船で操業するので，少し時化れば操業できない．好天をねらって1-2頭の小さい鯨を持ち帰っても収益が上がらなかったのだと思う．彼らの苦しい経営の事情は，小型捕鯨業者に近い者の記録である小牧（1994）や庄司（1988）にうかがえる．1988年3月で日本は商業捕鯨を停止した．小型捕鯨業は国際捕鯨取締条約の不備をついて，ツチクジラやコビレゴンドウの捕獲で存続を図る事態となった．1987年秋から日本は南極海で調査捕鯨を始めたが，それが持ち帰る鯨肉も最近まではあまり多くはなかった（序章）．それからの十数年が彼ら小型捕鯨業者にとってはもっともうれしい時期だった．最近ではそれが大幅に変化しつつある．それは調査捕鯨の拡大にともなって鯨肉がだぶつき，調査捕鯨産物の価格は最高だった1999年ごろの73%にまで低下し，ツチクジラの製品の価格も同じ期間に6割弱に低落してしまったのである（Endo and Yamao 2007）．ツチクジラ1頭あたりの産品の価格が最高時の30%に低下したことはすでに述べた（第7章）．いまの小型捕鯨業者はこの窮状から脱するためであろうか，北太平洋の調査捕鯨に組み込まれて捕獲を手伝う状況になっている．

13.7.3　統計操作と資源管理

1984年の秋に私は鮎川にいた．コビレゴンドウ漁の監視と漁獲物の生物学的調査のためである．捕獲頭数を正しく把握することと，捕獲された鯨の組成を知ることは資源管理の基礎である．鮎川では3カ所の捕鯨事業所で夕方から深夜にかけてコビレゴンドウの解体が行われていた．ここで，捕獲頭数の隠匿を発見したことはコビレゴンドウの項で述べた（第12章）．また，漁業者は，ときには捕獲しないのに捕獲したように嘘の報告をする例があることもすでに述べた（第9章）．

このような捕獲統計の操作はなぜ行われたのだろうか．税金対策もあるかもしれないが，その根本には無主物（あるいは共有物）の管理の問題にいきつくように思う．自分がやらなくても，ほかの者がルールを無視して甘い汁を吸う

のではないかという相互不信がある．さらに，「海上ではみつからなければ問題ない」から，「みんながやっているのだから自分もやる」へと進み，最後にはたがいにかばいあいながら不正を続ける．そうなると，規制があればそれを無視して，禁止鯨種を捕獲したり，制限頭数を超えて捕獲したりすることが日常的に行われるようになる．また，資源保護のために規制が強化される気配があれば，漁業の拡大傾向を偽るために捕獲を少なく報告することもあるし，消化できなかった捕獲枠を消化できたように嘘の報告をして，漁況の悪化を隠すことも行われる（第9章）．これらはいずれも私がこれまでに見聞きしてきた出来事である．これが日本の捕鯨業の姿であった．

ツチクジラの漁獲統計は，総体的にみれば過大に報告されているというのが私の理解であるが，これによってツチクジラの資源管理はどのような影響を受けるのだろうか．かつて，国際捕鯨委員会では目視調査から推定した現在資源量と漁獲統計を使って過去の資源量を逆算し，いまの資源レベル，すなわち［現在資源量/捕鯨以前の資源量］がどこにあるかを判断して，漁獲枠算出の基礎資料にすることが行われていた．商業捕鯨が停止したいまではこのような作業はほとんど行われていないし，この方法はツチクジラには適用されたこともないのであるが，かりに，漁獲統計の過大報告に気づかずにこの作業をツチクジラで行うとすると，昔の資源量を過大に推定する結果となる．つまり漁獲の影響を過大に推定する結果になる（現在の資源レベルは低く算出される）．その結果は，捕獲枠が小さく出されるので，資源にとっては安全サイドに偏ることになる．

逆に，マッコウクジラのように漁獲統計が実際よりも少なく報告されている場合には，資源評価は逆の影響を受ける．すなわち昔の資源量を実際よりも低く推定することになるので，現在の資源レベルを実際よりも高く，すなわち楽観的な方向に誤って評価することになり，過大な捕獲枠が与えられる恐れがある．資源はさほど悪化していないはずだとか，最近の保護策でマッコウクジラの資源は回復に向かっているはずだというIWC科学委員会の計算に反して，操業の様子をみると鯨はますます捕りにくくなっているという事態が1980年代の日本沿岸で発生した（終章）．このような事態に対しては，部分的にではあるが，小型捕鯨業者も責任をまぬかれない．日本沿岸の大型捕鯨業者は，最大時には3,000頭台のマッコウクジラの捕獲枠を得て操業してきたが，実際には捕獲枠の2-3倍を捕獲した期間が長かったと信じられている（近藤2001）．マッコウクジラの場合には，捕獲統計の誤りに加えて，系統群の考え方に誤りがあり（Kasuya and Miyashita 1988），資源減少にともなって体が大きくなったことも影響して（Kasuya 1991），資源計算に楽観的な偏りを生ずる結果になった（粕谷・宮崎1997; Kasuya 2008）．大型捕鯨船によるマッコウクジラや各種ひげ鯨類の密漁（漁獲頭数の過少申告）については，これまでにも漁業者や研究者が指摘しているところであり，これについては，終章でもふれている．

第13章　引用文献

明石喜一 1910．本邦の諾威式捕鯨誌．東洋捕鯨株式会社，大阪．280＋40 pp.

朝日新聞社（編）2010．大哺乳類展――海のなかまたち．朝日新聞社，東京．183 pp.（監修：山田格・田島木綿子）．

有井重治 1942．巨頭（五島）鯨漁業．水産研究誌 37（6）：100-103．

石川創 1994．日本沿岸のストランディングレコード（1901-1993）．日本鯨類研究所，東京．94 pp.

石名坂豪・宇仁義和 2000．海の哺乳類．pp.162-227．In：斜里町立知床博物館（編）．知床の哺乳類 I．北海道新聞社，札幌．230 pp.

王丕烈（Wang, P.）1999．中国鯨類．海洋企業有限公司，香港．325 pp.＋15図版．

大村秀雄・松浦義雄・宮崎一老 1942．鯨――その科学と捕鯨の実際．水産社，東京．319 pp.

粕谷俊雄 1995．ツチクジラ．pp.521-529．In：小達繁（編）．日本の希少な野生生物に関する基礎資料（II）．日本水産資源保護協会，東京．751 pp.

粕谷俊雄 1999．日本沿岸のマッコウクジラ漁業でなされた統計操作について．IBI Rep.（国際海洋生物研究所，鴨川市）No. 9：75-92．

粕谷俊雄 2005．捕鯨問題を考える．エコソフィア 16：56-62．

粕谷俊雄・宮崎信之 1997．クジラ目．pp.139-185．In：川道武雄（編）．レッドデータ日本の哺乳類．文一総合出

版，東京．279 pp.
粕谷俊雄・山田格 1995．日本鯨類目録．日本鯨類研究所，東京．90 pp.
金田帰逸・丹羽平太郎 1899．第二回水産博覧会審査報告，第1巻第2冊．農商務省水産局，東京．219 pp.
金成秀雄 1983．房総の捕鯨．崙書房，流山市．154 pp.
岸上鎌吉 1914．安房郡水産沿革史．安房郡水産組合．294 + 11 pp. + 付図 1.
釧路市総務部地域史料室 2006．釧路捕鯨史．釧路市役所，釧路市．379 pp.
黒江二郎 1960．つち鯨の歯について．弘前医学 12（3）：460-477.
小牧恭子 1969．房州の捕鯨．鯨研通信 215：83-86．［小牧恭子 1958．史論（東京女子大学歴史学研究室）6：413-416 より転載］．
小牧恭子 1994．小型捕鯨業．pp. 280-291．*In*：和田町史編纂室（編）．和田町史，下巻．和田町．1256 pp.
小牧恭子（編）1996．鰤の主と和田の漁業．庄司博次，和田町．308 pp.
近藤勲 2001．日本沿岸捕鯨の興亡．山洋社，東京．449 pp.
庄司操 1988．夏の鯨を待つ人々に．pp. 66-75．*In*：高橋順一（編）．女たちの捕鯨物語――捕鯨とともに生きた 11 人の女性．日本捕鯨協会，東京．131 pp.
庄司博次 1996．沿岸小型捕鯨．pp. 100-127．小牧恭子（編）．鰤の主と和田の漁業．庄司博次，和田町．308 pp.
水産庁 1973．捕鯨関係資料．水産庁生産部海洋第1課．247 pp.
水産庁 1977．捕鯨関係資料．水産庁海洋漁業部遠洋漁業課．359 pp.
水産庁 1984．捕鯨概要．水産庁海洋漁業部遠洋課．62 pp.
水産庁 1987．捕鯨概要．水産庁海洋漁業部遠洋課．62 pp.
スレプツォーフ，M. M. 1955．極東海域における鯨の生態と捕鯨業．（財）鯨類研究所，東京．51 pp. + 付図 1.
関沢明清 1887a．捕鯨器械試験の実況．大日本水産会報告 87：11-22.
関沢明清 1887b．捕鯨器械試験の実況（前号の続）．大日本水産会報告 88：4-16.
関沢明清 1892a．捕鯨銃の実験．大日本水産会報告 117：4-25.
関沢明清 1892b．大島及び房州海の捕鯨．大日本水産会報告 123：606-607.
醍醐新兵衛 1890．大島捕鯨の実況．大日本水産会報告 102：506-509.
竹中邦香 1887．房南捕鯨史（上・下）．未刊．
多藤省徳 1985．捕鯨の歴史と資料．水産社，東京．202 pp.
鳥巣京一 1999．西海捕鯨の史的研究．九州大学出版会，福岡．414 pp. + i-xxviii.
西脇昌治 1965．鯨類・鰭脚類．東京大学出版会，東京．439 pp.
日本捕鯨業水産組合 1943（序）．捕鯨便覧，第4編．日本捕鯨業水産組合．156 pp.
服部徹 1887-1888．日本捕鯨彙考．大日本水産会，東京．前編（1887）109 pp.; 後編（1888）210 pp.
浜中栄吉（編）1979．太地町史．太地町役場，太地．952 pp.
フリーマン，M. M. R.（編）1989．鯨の文化人類学――日本の小型沿岸捕鯨．海鳴社，東京．216 pp.
前田敬治郎・寺岡義郎 1958．捕鯨（追補改訂版3版）．いさな書房，東京．346 pp.
松浦静山．甲子夜話．使用テキストは，中村幸彦・中野三敏（校訂）．東洋文庫正篇（1977-1978）；続編（1979-1980）；三篇（1982）．平凡社，東京．
松浦義雄 1942．房州産ツチクジラに就いて．動物学雑誌 54（12）：466-473.
山口栄彦 1999．鯨のタレ――伝統食文化と房総の漁師たち．多摩川新聞社，川崎．358 pp.
山瀬春政 1760．鯨誌．大阪書林，大阪．8 + 27 丁．
吉原友吉 1976．房南捕鯨．東京水産大学論集 11：15-114.
吉原友吉 1982．房南捕鯨 附鯨の墓（房総地方の捕鯨史料）．郷土資料図書館相沢文庫，千葉市．227 pp.

Anon. 1990. Progress Report-Japan. *Rep. int. Whal. Commn.* 40：198-205.
Asper, E. D., Andrews, B. F., Antrim, J. E. and Young, W. G. 1992. Establishing and maintaining successful breeding program for whales and dolphins in a zoological environment. *IBI Rep.*（国際海洋生物研究所，鴨川市）3：71-81.
Aurioles-Gamboa, D. 1992. Notes on a mass stranding of Baird's beaked whales in the Gulf of California, Mexico. *Calif. Fish. and Game* 78（3）：116-123.
Baird, R. 2000. The killer whale：foraging specializations and group hunting. pp. 127-153. *In*：J. Mann, R. C. Connor, P. L. Tyack and H. Whitehead (eds). *Cetacean Societies：Field Studies of Dolphins and Whales*. The University of Chicago Press, Chicago. 433 pp.
Balcomb, K. C. III. 1989. Baird's beaked whale *Berardius bairdii* Stejneger, 1883：Arnoux's beaked whale *Berardius arnuxii* Duvernoy, 1851. pp. 261-288. *In*：S. H. Ridgway and R. Harrison (eds). *Handbook of Marine Mammals*. Academic Press, London. 442 pp.
Balcomb, K. C. and Goebel, C. A. 1977. Some information on a *Berardius bairdii* fishery in Japan. *Rep. int. Whal. Commn.* 27：485-486.
Berta, A., Sumich, J. L. and Kovacs, K. M. (eds) 2006. *Marine Mammals：Evolutionary Biology*, 2nd ed. Academic Press, London. 547 pp. + 16 pls.
Best, P. B. 1979. Social organization of sperm whales, *Physeter macrocephalus*. pp. 227-289. *In*：H. E. Winn and B. L. Olla (eds). *Behavior of Marine Mammals*, Plenum Press, New York and London. 438 pp.
Best, P. B., Canham, A. S. and Macleod, N. 1984. Patterns of reproduction in sperm whales, *Physeter macrocephalus*. *Rep. int. Whaling Commn.*（Special Issue 6, Reproduction in Whales, Dolphins and Porpoises）：51-79.
Betesheva, E. I. 1960. Pitanie kashalota (*Physeter catodon*, L.) i berardiusa (*Berardius bairdii* Stejneger) v raione Kuril'skoi gryady [Feeding of sperm whale (*Physeter catodon*, L.) and Baird's beaked whale (*Berardius bairdii* Stejneger) in the region of the Kuril range]. *Tr. Vses Gidrobiol.* Ov-va, vol. 10.（未見）．
Betesheva, E. I. 1961. Pitanie promyslovikh kitov prikuril'skogo raiona (Feeding of game whales in the Kril region). *Tr. In-ta Morf. Zhiv. AN SSSR* No. 34.（未見）．
Bryden, M. M. 1986. Age and growth. pp. 212-224. *In*：M. M. Bryden and R. Harrison (eds). *Research on Dol-*

phins. Clarendon Press, Oxford. 478 pp.
Connor, R. C., Wells, R. S., Mann, J. and Read, A. J. 2000. The bottlenose dolphin : social relationship in a fission-fusion society. pp. 91-126. *In* : J. Mann, R. C. Connor, P. L. Tyack and H. Whitehead (eds). *Cetacean Societies : Field Studies of Dolphins and Whales*. The University of Chicago Press, Chicago. 433 pp.
Dalebout, M. L., Baker, C. S., Mead, J. G., Cockroft, V. G. and Yamada, T. K. 2004. A comprehensive and validated molecular taxonomy of beaked whales, family Ziphiidae. *J. Heredity* 95 (6) : 459-473.
Dalebout, M. L., Ross, G. J. B., Baker, C. S., Anderson, R. C., Best, P. B., Cockroft, V. G., Hinsz, H. L., Peddemors, V. and Pitman, R. L. 2003. Appearance, distribution, and genetic distinctiveness of Longman's beaked whales, *Indopacetus pacificus*. *Marine Mammal Sci.* 19 (3) : 421-461.
Endo, A. and Yamao, M. 2007. Policies governing the distribution of by-products from scientific and small-scale coastal whaling in Japan. *Marine Policy* 31 : 169-181.
Fedoseev, G. A. 1985. Records of whales in ice conditions of the Okhotsk Sea. Paper IWC/SC/37/O4, presented to the IWC Scientific Committee in 1985. 8 pp. (Available from IWC Secretariat).
Heptner, V. G., Chapskii, K. K. and Sokolov, V. E. 1976. *Mammals of the Soviet Union*, Vol. II, Part 3. Science Publishers, Moscow. 995 pp.
IWC (International Whaling Commission) 1990. Report of the Scientific Committee. *Rep. int. Whal. Commn.* 40 : 39-79.
IWC 1991. Report of the Sub-Committee on Small Cetaceans. *Rep. int. Whal. Commn.* 41 : 172-190.
IWC 1994. Report of the Sub-Committee on Small Cetaceans. *Rep. int. Whal. Commn.* 44 : 108-119.
Kasuya, T. 1971. Consideration of distribution and migration of toothed whales off the Pacific coast of Japan based upon aerial sighting records. *Sci. Rep. Whales Res. Inst.* (Tokyo) 23 : 37-60.
Kasuya, T. 1972. Some informations on the growth of the Ganges dolphin with a comment on the Indus dolphin. *Sci. Rep. Whales Res. Inst.* (Tokyo) 24 : 87-108.
Kasuya, T. 1977. Age determination and growth of the Baird's beaked whale with a comment on the fetal growth rate. *Sci. Rep. Whales Res. Inst.* (Tokyo) 29 : 1-20.
Kasuya, T. 1986. Distribution and behavior of Baird's beaked whales off the Pacific coast of Japan. *Sci. Rep. Whales Res. Inst.* (Tokyo) 37 : 61-83.
Kasuya, T. 1991. Density dependent growth in North Pacific sperm whales. *Marine Mammal Sci.* 7 (3) : 230-257.
Kasuya, T. 1995. Overview of cetacean life histories : an essay in their evolution. pp. 481-497. *In* : A. S. Blix, L. Walloe and O. Ultang (eds). *Whales, Seals, Fish and Man*. Elsevier, Amsterdam. 720 pp.
Kasuya, T. 1999. Examination of the reliability of catch statistics in the Japanese coastal sperm whale fishery. *J. Cetacean Res. Manage.* 1 (1) : 109-122.
Kasuya, T. 2008. Cetacean biology and conservation : a Japanese scientist's perspective spanning 46 years. *Marine Mammal Sci.* 24 (4) : 749-773.
Kasuya, T. 2009. Giant beaked whales. pp. 498-500. *In* : W. F. Perrin, B. Würsig and J. G. M. Thewissen (eds). *Encyclopedia of Marine Mammals*. 2nd ed. Elsvier, Amsterdam. 1316 pp.
Kasuya, T. and Brownell, R. L. Jr. 1979. Age determination, reproduction, and growth of Franciscana dolphin *Pontoporia blainvillei*. *Sci. Rep. Whales Res. Inst.* (Tokyo) 31 : 45-65.
Kasuya, T. and Brownell, R. L. Jr. 1989. Male parental investment in Baird's beaked whales, an interpretation of the age data. pp. 5623-5624. *In* : *Abstracts of the Fifth International Theriological Congress*. Rome. 1047+16 pp.
Kasuya, T., Brownell, R. L. Jr. and Balcomb, K. C. III 1997. Life history of Baird's beaked whales off the Pacific coast of Japan. *Rep. int. Whal. Commn.* 47 : 969-979.
Kasuya, T. and Marsh, H. 1984. Life history and reproductive biology of the short-finned pilot whale, *Globicephala macrorhynchus*, off the Pacific coast of Japan. *Rep. int. Whal. Commn.* (Special Issue 6, Reproduction in Whales, Dolphins and Porpoises) : 259-310.
Kasuya, T. and Miyashita, T. 1988. Distribution of sperm whale stocks in the North Pacific. *Sci. Rep. Whales Res. Inst.* (Tokyo) 39 : 31-75.
Kasuya, T. and Miyashita, T. 1997. Distribution of Baird's beaked whales off Japan. *Rep. int. Whal. Commn.* 47 : 963-968.
Kasuya, T., Miyashita, T. and Kasamatsu, F. 1988. Segregation of two forms of short-finned pilot whales off the Pacific coast of Japan. *Sci. Rep. Whales Res. Inst.* (Tokyo) 39 : 77-90.
Kasuya, T. and Ohsumi, S. 1984. Further analysis of the Baird's beaked whale stock in the western North Pacific. *Rep. int. Whal. Commn.* 34 : 587-595.
Kasuya, T., Tobayama, T., Saiga, T. and Kataoka, T. 1986. Perinatal growth of delphinids : information from aquarium reared bottlenose dolphins and finless porpoises. *Sci. Rep. Whales Res. Inst.* (Tokyo) 37 : 85-97.
Kato, H. 1984. Observation of tooth scars on the head of male sperm whale, as an indication of intra-sexual fightings. *Sci. Rep. Whales Res. Inst.* (Tokyo) 35 : 39-46.
Kirino, T. 1956. On the number of teeth and its variability on *Berardius bairdi*, a genus of the beaked whale. *Okajimas Folia Anat. Jap.* (Tokyo) 28 : 429-434.
Kishiro, T. 2007. Geographical variation in the external body proportions of the Baird's beaked whales (*Berardius bairdii*) off Japan. *J. Cetacean Res. Manage.* 9 (2) : 89-93.
McCann, C. 1975. Body scarring on cetacean-odontocetes. *Sci. Rep. Whales Res. Inst.* (Tokyo) 26 : 145-155.
Minamikawa, S., Iwasaki, T. and Kishiro, T. 2007. Diving behavior of a Baird's beaked whale, *Berardius bairdii*, in the slope water region of the western North Pacific : first dive records using a data logger. *Fish. Oceanography* 16 (6) : 573-577.
Miyashita, T. 1986. Abundance of Baird's beaked whales off

the Pacific coast of Japan. *Rep. int. Whal. Commn.* 36：383-386.

Miyashita, T. 1990. Population estimate of Baird's beaked whales off Japan. Paper IWC/SC/42/SM28, presented to the IWC Scientific Committee in 1990. (Available from IWC Secretariat). ［この内容は IWC（1991）に引用されている］.

Miyashita, T. and Kato, H. 1993. Population estimate of Baird's beaked whales off the pacific coasts of Japan using sighting data collected by R/V *Shunyo Maru*, 1991 and 1992. Paper IWC/SC/45/SM6, presented to the IWC Scientific Committee in 1993. (Available from IWC Secretariat).

Nishimura, S. 1970. Recent records of Baird's beaked whale in the Japan Sea. *Publ. Seto Mar. Biol. Lab.* 18（1）：61-68.

Nishiwaki, M. 1967. Distribution and migration of marine mammals in the North Pacific area. *Bull. Ocean Res. Inst., Univ. Tokyo* 1：1-64.

Nishiwaki, M. and Oguro, N. 1971. Baird's beaked whales caught on the coasts of Japan in recent 10 years. *Sci. Rep. Whales Res. Inst.*（Tokyo）23：111-122.

Ohizumi, H., Isoda, T., Kishiro, T. and Kato, H. 2003. Feeding habits of Baird's beaked whale, *Berardius bairdii*, in the western North Pacific and Sea of Okhotsk off Japan. *Fisheries Science* 69：11-20.

Ohsumi, S. 1971. Some investigations on the school structure of sperm whale. *Sci. Rep. Whales Res. Inst.*（Tokyo）23：1-25.

Ohsumi, S. 1975. Review of Japanese small-type whaling. *J. Fish. Res. Bd. Canada* 32（7）：1111-1121.

Ohsumi, S. 1983. Population assessment of Baird's beaked whales in the waters adjacent to Japan. *Rep. int. Whal. Commn.* 33：633-641.

Ohsumi, S., Kasuya, T. and Nishiwaki, M. 1963. The accumulation rate of dentinal growth layers in the maxillary tooth of the sperm whale. *Sci. Rep. Whales Res. Inst.*（Tokyo）17：15-35.

Ohsumi, S. and Satake, Y. 1977. Provisional report on investigation of sperm whales off the coast of Japan under a special permit. *Rep. int. Wha. Commn.* 27：324-332.

Omura, H., Fujino, K. and Kimura, S. 1955. Beaked whale *Berardius bairdi* of Japan, with notes on *Ziphius cavirostris*. *Sci. Rep. Whales Res. Inst.*（Tokyo）10：89-132.

Perrin, W. F. and Donovan, G. P. 1984. Report of the Workshop. *Rep. int. Whal. Commn.* (Special Issue 6, Reproduction in Whales, Dolphins and Porpoises)：1-24.

Perrin, W. F. and Myrick, A. C. Jr. 1980. Report of the workshop. *Rep. int. Whal. Commn.* (Special Issue 3, Age Determination of Toothed Whales and Sirenians)：1-63.

Perrin, W. F. and Reilly, S. B. 1984. Reproductive parameters of dolphins and small whales of the family Delphinidae. *Rep. int. Whal. Commn.* (Special Issue 6, Reproduction in Whales, Dolphins and Porpoises)：97-133.

Pike, G. C. 1953. Two records of *Berardius bairdii* from the coast of British Columbia. *J. Mammalogy* 34：102-107.（未見）.

Pitman, R. L., Palacios, D. M., Brennan, P. L., Balcomb, K. C. and Miyashita, T. 1999. Sightings and possible identity of a bottlenose whale in the tropical Indo-Pacific：*Indopacetus pacificus*? *Marine Mammal. Sci.* 15（2）：531-549.

Ralls, K. 1976. Mammals in which females are larger than males. *Quart. Rev. Biol.* 51：254-276.

Ralls, K., Brownell, R. L. Jr. and Ballou, J. 1980. Differential mortality by sex and age in mammals, with specific reference to the sperm whale. *Rep. int. Whal. Commn.* (Special Issue 2, Sperm Whales)：233-243.

Reeves, R. R. and Mitchell, E. 1993. Status of beaked whale, *Berardius bairdii*. *Canadian Field Naturalist* 107：509-523.

Rice, D. W. 1963. Progress report on biological studies of the larger cetacean in the waters of California. *Norsk Hvalfangst-Tidende* 52：181-187.（未見）.

Rice, D. W. 1998. *Marine Mammals of the World : Systematics and Distribution.* Special Publication Number 4. The Society for Marine Mammalogy. 231 pp.

Scammon, C. M. 1874. *The Marine Mammals of the North-western coast of North America, Described and Illustrated, Together with an Account of the American Whale-Fishery.* J. H. Carmany, San Francisco and G. P. Putnam's Sons, New York. 319+v pp.

Subramanian, A., Tanabe, S. and Tatsukawa, R. 1988. Estimating some biological parameters of Baird's beaked whales using PCBs and DDE as tracers. *Marine Pollution Bull.* 19（6）：284-287.

Tomilin, A. G. 1967. *Mammals of the USSR and Adjacent Countries, Cetacea.* Israel Program for Scientific Translations, Jerusalem. 717 pp.［原著はロシア語にて 1957 年初版］.

Walker, W. A., Mead, J. G. and Brownell, R. L. Jr. 2002. Diet of Baird's beaked whales, *Berardius bairdii*, in the southern Sea of Okhotsk and off the Pacific coasts of Honsyu, Japan. *Marine Mammal Sci.* 18（4）：902-919.

Watkins, W. A., Daher, M. A., Fristrup, K. M., Howard, T. J. and Sciara, G. N. 1993. Sperm whales tagged with transponders and tracked under water by sonar. *Marine Mammal Sci.* 9：55-67.

第14章　カマイルカ

14.1　特徴

カマイルカ Lagenorhynchus obliquidens Gill, 1865 は北太平洋の固有種である．マイルカ科のなかでは小型種に属し，成体でも体長は2.5m弱にすぎない．背鰭の後縁は灰色ないし白色をなし，あたかも鎌の刃を思わせるところからこの名が由来した．雄では成長にともない背鰭が著しく湾曲するという特徴がある．

海洋の表層水温が最高を記録するのは，大気のそれよりも1カ月ほど遅れて，北半球では8-9月ごろである．このころの中部北太平洋（東経170度–西経150度）では，カマイルカは北緯40-47度の範囲に帯状に分布することが目視調査船によって知られている（Iwasaki and Kasuya 1997）．これが本種の分布の北限で，その前後の季節にはこれよりも南に分布域が移動する．この生息帯の北には寒冷種イシイルカの分布域が接しており，南側にはスジイルカのような暖海性のイルカ類の生息圏が接している．セミイルカの温度嗜好もカマイルカとまったく同様であり，外洋では，両種は同じ緯度帯に出現する．しかし，セミイルカは外洋性が強いため，カマイルカに比べて沿岸域に現れることは少ない．カマイルカのこのような分布状況は，出現位置における水温分布からも理解される（表10.1）．

14.2　分布と個体群

日本周辺のカマイルカの分布は九州沿岸の東シナ海から，時計回りに日本海・北海道沿岸を経て，紀州付近にまでおよんでおり，そこでは普通にみられる種である．しかし，日本近海の海流構造の季節変動を反映して，出現海域は季節的に南北に変動する．

日本海のわが国沿岸のカマイルカは，おそらく壱岐周辺から東シナ海にかけての海域で越冬するものと思われる．冬の時期には，山口県の沖合には多数のイシイルカが来遊していることからみて（第9章），カマイルカの冬の主要生息域の北限が山口県にまで広がっているとは考えがたい．また，兵庫県城崎では2-3月にもイシイルカにともなって少数のカマイルカが捕獲された記録があるが，これも例外的なものであるらしい．おそらく，対馬海峡から東シナ海方面で越冬したカマイルカは，春になると対馬暖流に乗って北上を始めて，主群は5月中旬ごろに城崎に達するらしい．城崎に水揚げされたイルカの統計をみると（野口1946），このころにイシイルカからカマイルカに突きん棒による漁獲物組成が交替していたことがみてとれる．津軽海峡に来遊するカマイルカが日本海起源のものか太平洋由来のものかは明らかではないが，ここには4-7月にカマイルカが出現し，その来遊の盛期は6月であるとされている（河村ら1983）．

太平洋沿岸では，カマイルカは紀州以北から南千島まで分布する（Hayano et al. 2004）．この緯度帯のなかでも，銚子以北の海域は冬にはイシイルカが卓越し，カマイルカはほとんどみられないことから（第9章），太平洋沿岸のカマイルカはイシイルカの南側に位置しつつ，季節的に南北に移動するものと推定される．なお，

カマイルカは，夏にはオホーツク海南部にも出現する．

Hayano et al. (2004) は中・西部北太平洋のカマイルカの分布と遺伝的構成（ミトコンドリア DNA と核 DNA）の解析を行った．彼らは，三陸・北海道の東方沖合には，東経150度付近にカマイルカの分布の空白域があることを認めたうえで，わが国沿岸域（壱岐周辺，日本海，津軽海峡，北海道と本州の太平洋岸）の標本と東経160度–西経160度の沖合海域の標本の間に遺伝学的なちがいを見出し，両標本群が異なる個体群に属すると結論している．しかしながら，日本沿岸における本種の個体群構造の詳細に関しては，まだ解明すべき疑問が残されているように思われる．たとえば日本海の個体と三陸方面の個体がはたして同一個体群に属するのか否か，あるいは遺伝的には両者が同一個体群に属するとみられる場合においても，はたして日本海沿岸と太平洋沿岸の個体は自由に混合しているのかなどの疑問については今後の研究課題である．

このような日本沿岸のカマイルカの個体群構造の解明に向けて遺伝的な解析を行うためには，これまで以上に地理的・季節的に広い範囲をカバーする標本が必要になる．さらに，Hayano et al. (2004) も述べているところであるが，日本近海の本種は沖合個体群から分離してからの歴史が比較的浅くて，遺伝的変異の蓄積が少ないかもしれないと推定される．そのような場合には，遺伝的な手法による個体群識別には限界が予想される．したがって，むしろ自然標識や人工標識に基礎を置いた個体の移動，あるいは混合に関する研究が役立つ可能性も少なくないと考えられる．

14.3 成長と背鰭の形態

ここで紹介する研究の概要は1995年に米国のカリフォルニア州オーランドで開かれた海産哺乳類学会の第11回会合でポスターで発表したまま（Kasuya 1995），いままで印刷して公表する機会がなく遺憾に思っていたものである．

本種について外部形態と性成熟の関係が明らかになれば，それは野生個体の観察に際して性成熟に達した雄を識別することを可能とするので，彼らの社会行動を研究するときに役立つと思われる．

14.3.1 材料と方法

(1) 材料

ブリ一本釣り漁業がイルカにより操業妨害を受けるとして，壱岐勝本町の漁民が中心となってイルカの駆除をしたことがある（第3章）．Kasuya (1995) が用いた材料は，その駆除作業のなかで捕獲されたものの一部であり，1979年と1981年の2-3月に4回の追い込みで捕獲されたカマイルカ441頭のなかの177頭である（表14.1）．これらの群れの発見位置は壱岐と対馬の中間海域であり，時期的にも海域的にも日本のカマイルカの分布範囲のなかのごく限定された部分を代表している．漁業者が死体処理を進める間に，最大頭数を調査することを目的に手あたり次第に調査して，必要な標本とデータを得た．無作為抽出との隔たりの程度は不明であるが，特定の成長段階ないし，性状態を選別調査することは行っていない．この調査はボランティア学生の組織する調査班の協力で行われたもので，その点は壱岐におけるハンドウイルカの調査と同じである（第11章）．1982年には水産庁の研究班が発足して競合が予測されたことと，調査費が途絶したことによりわれわれは調査の活動を停止した．この調査活動の概要は粕谷・宮崎 (1981) および Kasuya (1985) に報告されている．

なお，カマイルカの研究（本章）とハンドウイルカの研究（第12章）で使われている標本は，1982年に発足した水産庁調査班の作業の一部である竹村 (1986) の解析において，竹村氏自身の収集になる標本に合わせて使用されている．すなわち，解析手法は同じとは限らないが，標本サイズは竹村 (1986) のほうが大きい．

つぎに述べるのは，Kasuya (1995) がカマイルカの成長と2次性徴の発現に関する研究において採用した手法である．

表 14.1 カマイルカの成長と 2 次性徴の発現解析のために使用した試料（頭数）．

性別	背鰭計測	性成熟判定	年齢査定	体長測定	合計
雄	10	97	73	117	117
雌	11	43	15	60	60
合計	21	140	88	177	177

（2） 雄の性成熟判定

左右いずれかの睾丸の中央部から採取した一辺 1 cm 前後の組織から顕微鏡標本を作製し，検鏡して精子形成が行われている精細管，すなわち精母細胞から精子にいたるまでのいずれかの段階が観察される精細管の比率を求め，性成熟をつぎの 4 段階に区分した．それらは，未成熟（精子形成中の精細管：0%），成熟前期（0%を超え 50% 未満），成熟後期（50% 以上，100% 未満），成熟（100%）である．この基準は本書のコビレゴンドウ（第 12 章），ハンドウイルカ（第 11 章），ツチクジラ（第 13 章）などに用いられているものと同じである．なお，睾丸重量は左右いずれかの片側重量である．

（3） 雌の性成熟判定

鯨類一般の例にしたがい，排卵経験の有無をもって成熟と未成熟に分類した．排卵経験は卵巣中の黄・白体の存否によったが，卵巣が検査できない場合には妊娠あるいは泌乳をもって性成熟と判断した．

（4） 年齢査定

下顎歯の薄切脱灰切片をヘマトキシリンで染色し，象牙質およびセメント質中の成長層を独立に 3 回数え，それぞれの中央値をその組織の成長層数として採用した．つぎに，歯根管が閉鎖し，象牙質成長層の蓄積が停止したと判断される個体についてはセメント質成長層数をその個体の年齢として採用し，その他の個体については象牙質中の成長層数を採用した．成長層は濃染層と淡染層の 1 組が 1 年を代表すると仮定した．具体的な計数手順はハンドウイルカ（第 11 章）やコビレゴンドウ（第 12 章）と同じである．

（5） 背鰭の計測

つぎの 3 点を測定した．A：背鰭の基底から背鰭先端までの高さ（背鰭基底に垂直に測定），B：背鰭基底から背鰭の最高部までの高さ，C：背鰭湾入の深さ（背鰭先端から背鰭後縁までの最大の深さ，背鰭基底に平行に測定）．またAとBの差を算出して，背鰭先端の垂れ下がり程度の指標とした．

14.3.2 体長組成

Kasuya（1995）の解析において，性成熟個体と非成熟個体（未成熟，成熟前期，成熟後期）が共存する体長範囲は，雄では 180-234 cm，雌では 195-209 cm にあった（図 14.1）．本種では体長と性成熟の相関がきわめて弱いのが特徴であり，その傾向は雄に著しい．これは性成熟とほとんど同時に成長を停止するためであるらしい．体長の最頻値は雄では 195-199 cm，雌では 220-224 cm にあった．しかし，雄の最頻体長は未成熟個体の体長範囲にあり，これはほかのイルカの例からみて，本個体群の体長組成としては不自然である．多くの性成熟雄がこの標本から欠落している可能性がある．それは彼らの群れ行動との関連で将来解釈されるべきものと考える．竹村（1986）は図 14.1 の体長資料に 1983，1984 両年の資料を加えた体長組成を示しているが，そこには体長組成や年齢組成に群れ特異性が認められる．これは，特定の年齢ないしは成長段階の個体が集まって群れを形成する傾向があることを示すものである．竹村（1986）のデータによると，雄の体長のピークは 200-209 cm にあり，雌のピークは 190-199 cm にあった．また，最大個体は，雄では体長グループ 235-239 cm に出現し，雌では 225-229 cm に出現した．これらのことは雄が雌よりも約 10 cm 大きいことを示している．

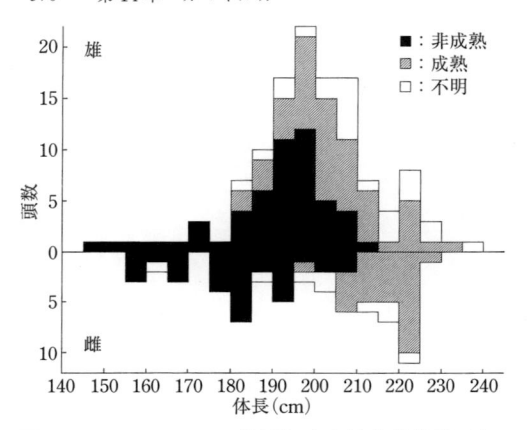

図 14.1 カマイルカの体長組成を性成熟状態ごとに示す．非成熟には未成熟，成熟前期，成熟後期の個体を含む．

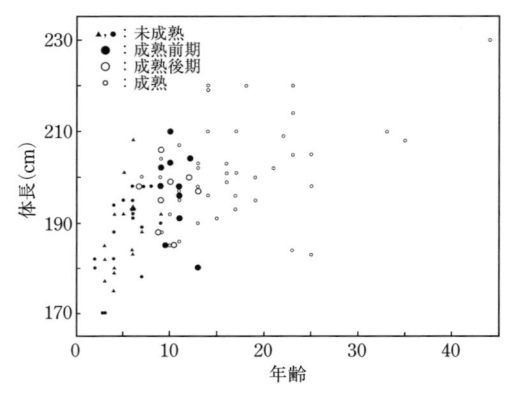

図 14.2 カマイルカにおける年齢と体長の関係．三角：雌，丸印：雄．年齢の得られた雌はすべて未成熟であった．

Iwasaki and Kasuya (1997) は，東経170度から西経145度の北太平洋沖合海域で流し網操業にともなって混獲されたカマイルカの体長組成を示している．それによれば，最大体長は雌雄とも230-239 cm の体長範囲にあった．この標本は日本沿岸の個体とは異なる個体群に由来するものと思われるが，その体長には著しいちがいがないことがわかる．

北太平洋の沖合イカ流し網による混獲標本のなかの新生児の平均体長は 91.8 cm (Ferrero and Walker 1996) あるいは 93.7 cm (Iwasaki and Kasuya 1997) と算出されている．両推定値には有意なちがいはない．日本沿岸の個体群については繁殖期と出生体長は推定ができていないが，成長の類似性からみて平均92-93 cmで出生するとみなしてさしつかえないと考える．

北太平洋の沖合個体群においては，5月から9月には 90-140 cm の胎児ないし新生児の標本が得られ，そのなかで胎児の出現は7月までに限られていたことから，その出産期は5月に始まり8月まで続くものと推定されている (Iwasaki and Kasuya 1977)．

14.3.3 年齢と体長の関係

年齢が査定された雌はすべて未成熟で，その年齢は9歳以下であった．雄はすべての性成熟段階を含み，最高齢の個体は44歳であった．沖合海域の例でも本種の最高年齢は雄が32-36歳，雌が27-40歳であった (Ferrero and Walker 1996; Iwasaki and Kasuya 1997)．これらの最高年齢が限られた数の試料にもとづくものであることを考慮すれば，本種の寿命はおおよそ45歳までであり，そこには大きな性差は見出されないものと判断される．

どの年齢範囲でも体長の個体差がきわめて大きいことが本種の特徴である．10歳以上でも体長 175 cm から 230 cm までの幅がみられた (図 14.2)．この特徴は竹村 (1986) でも同様であり，彼は10歳以上ではほとんど成長が認められず，平均体長の雌雄差はわずかであるとしている．竹村 (1986) は壱岐周辺の本種の平均成長式として，つぎの式を得た．

雄　$L = 200.98(1 - \exp(-0.228(t + 5.679)))$
雌　$L = 196.97(1 - \exp(-0.292(t + 4.362)))$

ただし，L は体長 (cm)，t は年齢である．これらの式は雄の成長は 201 cm に，雌の成長は 197 cm に漸近することを示している．これらの式には新生児のデータが入っていないので，これを延長して出生体長を推定するのは危険である．

沖合個体群については Ferrero and Walker (1996) と Iwasaki and Kasuya (1997) の両者が成長式を求めている．その式には大きなちがいがないが，標本の年齢組成に偏りが少ないと思われるので，Iwasaki and Kasuya (1997) が求めた式を参考までに下に示す．

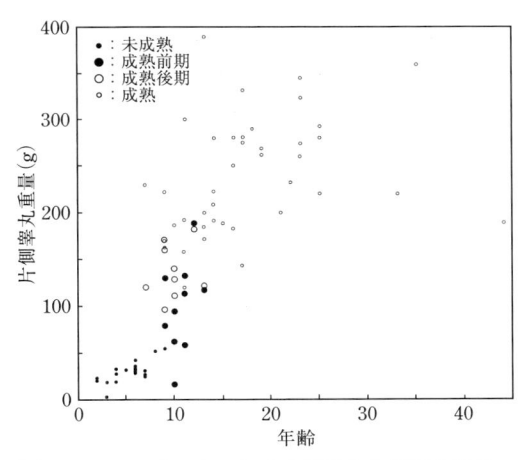

図 14.3 カマイルカにおける年齢と片側睾丸重量の関係.

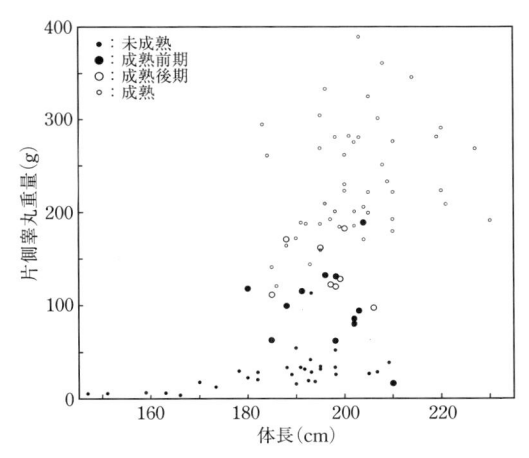

図 14.4 カマイルカにおける体長と片側睾丸重量の関係.

雄　$L=93.7\exp(0.6796(1-\exp(-0.9451t)))$
雌　$L=93.7\exp(0.6709(1-\exp(-1.2045t)))$

これらの式の 93.7 は平均出生体長である．雄の漸近体長は 184.9 cm, 雌のそれは 183.3 cm であり，体長組成からみて，この成長曲線の信頼性は疑問とせざるをえない．おそらく混獲で得られた標本が若い未成熟個体を主体としているため，得られた成長曲線は若い時期の成長を良好に表示しているとしても，成体のそれを代表していないものと推定される．

14.3.4 性成熟

竹村 (1986) は雌が性成熟に達する体長を 170-220 cm, 平均 183.0 cm とし，雌の性成熟年齢を 6-9 歳，平均 8.2 歳と算出している．雄については，体長 170-220 cm, 平均 184.5 cm で性成熟するとし，性成熟年齢は 7-9 歳，平均 8.3 歳であるとしている．これらの雄の性成熟の基準の詳細は示されていない．また，沖合個体群の雄の性成熟について Ferrero and Walker (1996) と Iwasaki and Kasuya (1997) は，それぞれ 10-11 歳，および 9-12 歳という年齢範囲を推定している．これは睾丸の組織像を用いた判定ではなく睾丸重量の増加傾向からの推定であることと，標本が若齢個体に偏っている可能性があり，それが真ならば平均性成熟年は過大推定となることに留意する必要がある．彼らは雌の性成熟は解析していない．

壱岐標本について睾丸重量，年齢，成熟状態の関係は図 14.3 に示した．これらのパラメータ相互の相関は良好である．本研究では雄の性成熟段階を 4 段階に区分したが，「未成熟」個体は 9 歳以下に，「成熟前期」の個体は 7-13 歳に，「成熟後期」の個体は 9-13 歳，「成熟」個体は 7 歳以上に出現した．性成熟の進行は個体によっては 7 歳で始まり，その後，成熟過程が急速に進むものと理解される．本種の雄がどの段階で生理的に繁殖機能を獲得するかは明らかではない．しかし，それが「成熟後期」の段階であれ，「成熟」の段階であれ，このころの生殖腺の成長がきわめて急速なので，そのときの年齢範囲は 7-13 歳で，平均 10 歳前後と判断されることには相違ない．そこには竹村 (1986) の結果とも大きなちがいがない．

睾丸重量に関しては，例外的な 1 頭を除けば，「未成熟」の個体はおおよそ睾丸重量 70 g 以下に，「成熟前期」は 60-185 g に，「成熟後期」は 100-190 g に出現した．「成熟」は睾丸重量 125 g 以上に出現し，190 g 以上ではすべての個体が「成熟」の段階に分類された．7-13 歳の睾丸重量の増加はきわめて急速である．

雄の体長と性成熟の関係をみると (図 14.4)，「未成熟」は体長 209 cm 以下に，「成熟前期」は 180-210 cm に，「成熟後期」は 185-207 cm に，「成熟」は 183 cm 以上に出現した．性成熟と体長との関係はあまり明瞭ではないが，雄

図14.5 カマイルカの背鰭の形状. 上: 雄, 体長224 cm, 睾丸重量261 g, 睾丸の組織像は「成熟」, 中: 雄, 体長209 cm, 睾丸重量38 g, 睾丸の組織像は「未成熟」, 下: 雌, 体長213 cm, 性成熟.

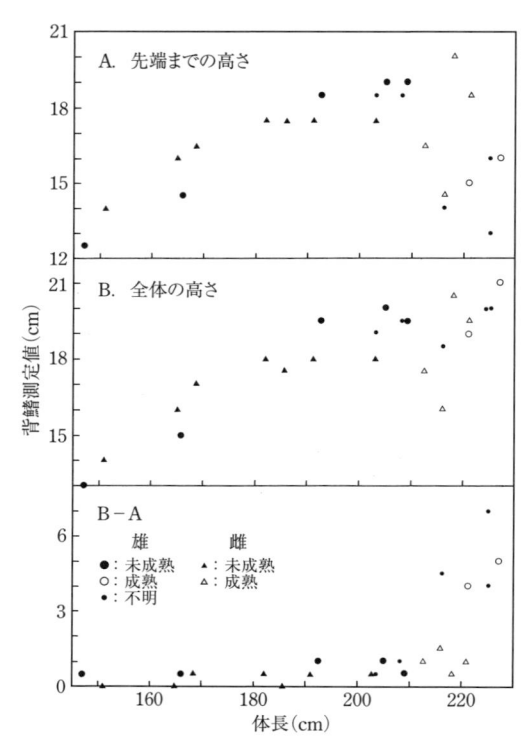

図14.6 カマイルカの背鰭の形状と体長ならびに性状態との関係. A: 背鰭基底から背鰭先端までの高さ, B: 背鰭基底から背鰭の最高部までの高さ, B−A: 背鰭先端の垂れ下がりの大きさ.

が性成熟に達するときの体長は183-210 cmの範囲にあり, 個体差が大きいことがわかる.

睾丸重量190 g以上の個体についてみると, これらの個体は全部が「成熟」に分類された個体であるが, その睾丸重量は年齢 (図14.3) とも体長 (図14.4) とも相関を示さない. 上下の幅200 gにおよぶ個体変異がなにを意味するのか, 繁殖機能にどのようなちがいがあるのか, これらの問題は将来に残されている.

14.3.5 背鰭の形態

雄のカマイルカの背鰭の形状は, 成長にともなって著しく変化する (図14.5). すなわち, 睾丸組織が「未成熟」と判定された個体は, 背鰭の前縁がやや膨大する傾向をみせるものの, その程度はわずかである. また, 背鰭先端はわずかに斜め上方に向いている. 雌では, 性成熟に達した後も背鰭の特徴は未成熟雄に似ている. これに対して, 睾丸組織が「成熟」と判定された雄においては, 背鰭の前縁は丸く湾曲し, 背鰭先端は斜め下を向いている. その結果, 背鰭全体の高さよりも, 背鰭先端の高さが小さくなる. このような背鰭の形状のちがいと成長段階との関係を, 計測値によって検証してみる.

図14.6の中段は背鰭全体の高さ, すなわち背鰭基底から背鰭の最高部までの高さの成長にともなう変化をみたものである. この図には成熟前期あるいは成熟後期に判定された個体は含まれていない. 背鰭全体の高さは体長190 cm前後までほぼ直線的に増加した後, やや低い速度で増加を続ける. 雌では雄に比べてわずかに低い傾向が認められるが, この限られた資料でみる限り雌雄のちがいは大きくはない. 図14.5の写真に示したカマイルカの成長にともなう背鰭の形状の変化を表示するには, この計測は適していないと考えるべきである.

つぎに背鰭の先端までの高さの変化をみる (図14.6の上段). 未成熟段階では, この値は体長とともに増加をみせるが, 性成熟に達した後, 体長215-220 cmにおいて値が縮小に向か

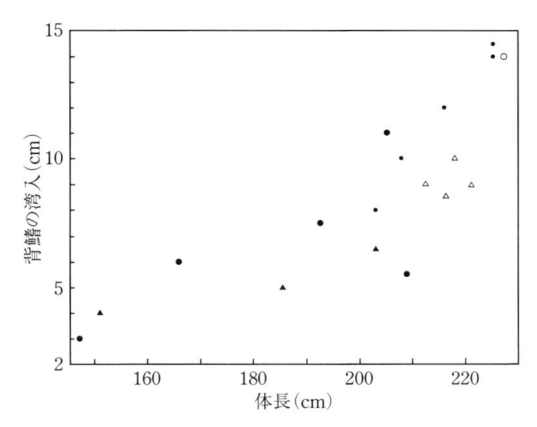

図 14.7 カマイルカの背鰭の後縁の湾入の程度と体長ならびに性状態の関係．記号は図 14.6 に同じ．

うことがわかる．これは背鰭の先端が垂れ下がるような変化をみせるためである．雌でもこの変化を示す個体があるが，その傾向は雄のほうがはるかに著しい．つぎに，その背鰭の垂れ下がりの程度をみるために，背鰭全体の高さから背鰭先端までの高さを差し引いた値をみる（図14.6 の下段）．背鰭の垂れ下がりの程度を示すこの指標は，未成熟雄とすべての雌においては 2 cm 以下の小さい値を示しているが，性成熟に達した雄では 4-7 cm の大きい値を示すことがわかる．

背鰭後縁の湾入度は，体長 215 cm ごろから急増する傾向が雌雄とも認められる．しかし，雌ではその値は雄よりも明らかに小さい（図14.7）．

14.3.6 考察

成長にともなって背鰭の形状が著しく変化する例は，鯨類ではまれではない．シャチ，コビレゴンドウ，ハシナガイルカ，イシイルカなどで知られており，一部の種では性別や性成熟を判断する指標として使われている．上の解析により，カマイルカもそのような例に属することが示された．壱岐周辺で捕獲されたカマイルカにおいては，背鰭の前縁が丸く湾曲し，背鰭先端が背鰭全高よりも 3 cm 以上垂れ下がっている特長的な背鰭は，体長 215 cm 以上の雄にのみ出現し，210 cm 以下の雄やいかなる雌にも認められなかった．

残念ながら，背鰭の計測値が得られているこれら個体については，その年齢情報が得られていない．また，性成熟途中にある「成熟前期」ないし「成熟後期」の雄の背鰭の形態については，直接の情報が得られていない．しかし，これら 2 つの成長段階の雄は体長 180-210 cm に出現していることに注目するならば（前述），体長 215 cm 以上の雄はすべて組織学的に「成熟」に達した睾丸をもつ個体であり，湾曲して先端が垂れ下がった特徴的な背鰭を有する個体はすべて性成熟に達した雄であると推定することができる．したがって，それ以前の成長段階の混入の可能性は排除されるという意味で，この背鰭の特徴にもとづいて成熟雄を安全に識別することができる．

Waerebeek（1993）は南太平洋産の L. obscurus において，雄が丸い背鰭をもつことを見出している．また，Walker et al.（1986）は東部北太平洋のカマイルカにおいて同様の背鰭の形態を観察し，それが肉体的成熟に達したことを示している可能性を指摘している．カマイルカにおいて性成熟と肉体的成熟の時期がどれほど隔たっているものか，あるいはこのような背鰭の特徴が密接に関係しているのは，性成熟と肉体的成熟のいずれであるかという疑問を解明することは今後の課題ではあるが，上に述べた背鰭の特徴をもつカマイルカの雄を性成熟に達していると判断することには問題はないと考える．

第 2 次世界大戦前後とそれ以前の歴史を別にすれば，日本近海では，カマイルカはこれまでほとんど漁獲されておらず，ブリ一本釣り漁業のイルカ被害対策の 1 つとして 1980 年代に壱岐周辺で 4,600 頭あまりが追い込み漁法により捕獲されたことがあっただけである．ところが，日本政府は 2007 年に本種に対して年間 360 頭の捕獲枠を設定した（表 6.3，表 6.4）．参考までにその漁業種別・地域配分を示すとつぎのとおりである．岩手県（突きん棒）154 頭，静岡県（追い込み）36 頭，和歌山県 170 頭（内訳は突きん棒 36 頭，追込み 134 頭）．このような

政策の背後にある漁業経済上の必要性や資源学的な妥当性に関する情報は明らかではないが，本種の漁獲はこれから継続される可能性があるので，保全生物学的な調査研究が必要となっている．このような産業的な背景のほかに，カマイルカの行動や社会構造の解明は生物学的にも興味ある課題である．性成熟雄を外形的に識別することを可能とする上に述べた形質は，そのような研究に貢献するものと思われる．

第14章 引用文献

粕谷俊雄・宮崎信之 1981. 壱岐周辺のイルカとイルカ被害——3箇年の調査の中間報告. 鯨研通信 340：25-36.

河村章人・中野秀樹・田中博之・佐藤理夫・藤瀬良弘・西田清徳 1983. 青函連絡船による津軽海峡のイルカ類目視観察（結果）. 鯨研通信 351＋352：29-52.

竹村暘 1986. イルカ類の生物学的特性値——A. カマイルカ，ハンドウイルカ. pp. 161-177. In：田村保・大隅清治・荒井修亮（編）. 漁業公害（有害生物駆除）対策調査委託事業調査報告書（昭和56-60年度）. 同調査委員会. 285 pp.

野口栄三郎 1946. 海豚と其の利用. pp. 5-36. In：野口栄三郎・中村了. 海豚の利用と鯖漁業. 霞ヶ関書房，東京. 76 pp.

Ferrero, R. C. and Walker, W. A. 1996. Age, growth, and reproductive patterns of the Pacific white-sided dolphin (*Lagenorhynchus obliquidens*) taken in high seas drift nets in the central North Pacific Ocean. *Canadian J. Zool.* 74（9）：1673-1687.

Hayano, A., Yoshioka, M., Tanaka, M. and Amano, M. 2004. Population differentiation in the Pacific white-sided dolphin *Lagenorhynchus obliquidens* inferred from mitochondrial DNA and microsatellite analyses. *Zoological Science*（Japan）21：989-999.

Iwasaki, T. and Kasuya, T. 1997. Life history and catch bias of Pacific white-sided (*Lagenorhynchus obliquidens*) and northern right whale dolphins (*Lissodelphis borealis*) incidentally taken by the Japanese high seas squid driftnet fishery. *Rep. int. Whal. Commn.* 47：683-692.

Kasuya, T. 1985. Fishery-dolphin conflict in the Iki Island area of Japan. pp. 253-272. In：J. R. Beddington, R. J. H. Beverton and D. M. Lavigne (eds). *Marine Mammals and Fisheries*. George Allen and Unwin, London. 354 pp.

Kasuya, T. 1995. Dorsal fin of *Lagenorhynchus obliquidens*：an indication of male sexual maturity. Abstract of the 11th Biennial Conf. Biol. Mar. Mamm., 14-18 Dec. 1995, Orland, USA.

Waerebeek, K. V. 1993. External features of the dusky dolphin *Lagenorhynchus obscurus* (Gray, 1828) from Peruvian waters. *Estud. Oceanol.* 12：37-53.

Walker, W. A., Leatherwood, S., Goodrich, K. R., Perrin, W. F. and Stroud, R. K. 1986. Geographic variation and biology of the Pacific white-sided dolphin, *Lagenorhynchus obliquidens*, in the north-eastern Pacific. pp. 441-465. In：M. M. Bryden and R. Harrison (eds). *Research on Dolphins*. Clarendon Press, Oxford. 478 pp.

終章　鯨類の保全と生物学

　本章は私の研究活動の総まとめであり，残された研究課題，鯨類の保全のあり方，研究者に求められる心構えなどに関して，自身の経験を通して得た考えをまとめたものである．前の各章との間に記述の重なる部分があるのはそのためである．これは2007年11月にケープタウンで開かれた海産哺乳類学会の総会で行ったK. S. ノリス賞受賞講演「鯨類の生物学と保全——日本人科学者の46年間の経験を通してみる」(Kasuya 2008) の翻訳に，多少の説明的な加筆をしたものであり，その内容はつぎのように要約される．

　私自身を含めて，20世紀初頭以来の日本の鯨類研究は，研究試料や研究の場を漁業に依存したため，漁業や漁業行政の支配を受けやすいという問題をともなっていた．私は1960年夏に大学の卒業研究で鯨類の研究を始めてから，西部北太平洋をおもな仕事の場としてきた．そこではスジイルカやマッコウクジラの資源が乱獲によって壊滅する悲劇を目にしたが，一方では彼らの非常に興味ある生物学的側面を垣間見ることもできた．それらは，①隣り合う2つの同種個体群の間にほぼ半年の繁殖期のずれを発生させている環境要因はなにか，②一部歯鯨類の社会に多数存在する老齢雌の社会的役割はなにか，③コビレゴンドウにおける社交的性交渉 (social sex) の機能はなにか，④雄が長寿を獲得したツチクジラ社会の仕組みはいかなるものか，などである．このような疑問に答えを得るためには，これまでの漁業依存の研究とは異なる新しい手法が求められている．

　これからの鯨類の保全生物学においてはつぎの諸点をも考慮すべきである．すなわち，①保全対象としては遺伝的な特徴で識別される個体群に限ることなく，それよりも小さい単位，すなわち彼らが日常的に共同して生活している社会集団を保全対象として考えること，②鯨類の文化とその多様性を保存することにも配慮すること，③それゆえに彼らの社会集団のなかでの個体の役割を理解する必要があること，などである．いま鯨類を含む水生哺乳類が置かれている状況を考えると，水生哺乳類学のいかなる分野で活動する科学者であれ，いつかはその保全にかかわる事態に接することがあると予測せざるをえない．だれもがそのような事態に備えつつ研究を進めることが望まれる．

15.1　私が育った社会

　自然保護はそこで働く科学者とそれを取り巻く社会や行政の価値判断にもとづいて行われる．また，その価値判断は個人の経験や過去の記憶によっても影響される．同じ事態に直面しても，それに対する考え方や反応が人それぞれで異なるのはこのような事情によるのである．人の生い立ちや，生活している社会を知ることは，その人の自然保護に関する考えを理解するうえで大切である．それであるから，まず私が生まれ育った社会はどのようなものであったかを簡単に紹介する．

　私は東京から40kmほど北にある川越市のはずれの入間川の流れに近い農家で1937年に生まれた．日本はこの年に中国に対する本格的な侵略を始めた．この戦争はシナ事変という隠

蔽的な言葉で呼ばれたが，まさしく戦争であり，その延長として1941年には絶望的な対米宣戦布告に行きつくことになる（大杉2007, 2008）．このような過程のなかで，20世紀初めにはこの国にもあったといわれる，自由な雰囲気が急速に失われていったらしい．小学校（当時は国民学校と呼ばれた）1年生のときにはすでに敗戦の色が濃く，本土決戦に備えたのか，近くの寺と小学校には兵隊が配置され，連日のように空襲で授業が中断された．学校では「天皇のために戦場で死ぬ」ことを教え，爆弾を抱えて敵陣に飛び込む自爆攻撃の訓練を7歳の児童に行った．家人のなかでは，ただ1人祖母だけが「むごい」といってこれを嘆いた．ほかの者は周囲の耳が恐ろしくてなにもいえなかったのである．

　この恐ろしい社会は情報コントロール，政府のプロパガンダ，それと特高警察（当時の秘密警察）の活動で維持されたのである．新聞は権力の走狗となり，ラジオ放送は政府管理のNHKのみであり，海外放送を聴くことは禁じられていた．最高権力者とされた天皇とその政府は軍部に操られ，政党は解体されていた．このような恐ろしいファシズムと戦争への流れは，もしも早い段階で民衆が反対の声をあげていたならば，その進行を止めることができたのではないかとはいまでも考えることである．

　1945年の敗戦は，当時8歳の少年にとっては生涯忘れられない悲しい出来事であった．敗戦と同時に数々の新しいスローガンが現れた．そこには「復興」「民主主義」「平和日本」などの言葉があったが，いまから思えばそこには「自然保護」はなかった．これは当時としてはやむをえなかったことではあるが，1950年代から1960年代にかけて日本は環境を犠牲にして経済復興を達成した．当時は中学生だったが，武蔵野の雑木林が切り開かれて住宅や工場が建ち，野鳥が減っていくのをみて胸を痛めたものである．農薬の被害で村の小川の流れからはホタルや魚が消え，生き残っている魚も工場排水の汚染で臭くて食べられなくなった．日本海にわずかに残っていたニホンアシカ（*Zalophus californianus japonicus*）が絶滅したのも1970年代であるらしい．確証はないが，当時さかんだったサケ・マス流し網漁による混獲が絶滅を速めたのではないかと私は考えている（第6章）．ただし，ニホンアシカの絶滅を依然として疑問視する意見があるのは事実である（伊藤・島崎1995; 伊藤1997）．瀬戸内海の汚染もこの時代に進行した（Kasuya and Kureha 1979）．それが最近確認されたスナメリの大幅な減少の原因の1つになったとみられている（第8章; Kasuya *et al*. 2002）．

　いまの日本は経済的には成功した．それは国内総生産が世界の上位5カ国に入ることからも理解される．しかしながら，国境なき記者団によれば，日本の報道の自由度は世界168カ国中51番目にランクされている（Reporters without Borders 2007）．いまの北朝鮮（168カ国中最下位）に似た状況からスタートし，六十余年を経て，日本の民主化は相当に進んだことは確かである．しかし，戦後の教育で教えられた民主社会に達するには，前途はまだ長いというのが私の印象である．日本の民主化はなぜ経済ほどには進まなかったのか．少なくとも1つの要因として，戦前の行政組織が戦後の改革をくぐり抜けて，ほとんど無傷でいままで残されてきたことが関係していると考える．この組織はその時々の強者に奉仕して自己の保身を図ってきた組織である．戦前は天皇（その後ろには軍部がいた）に仕え，戦後は国民よりも産業に奉仕したのである．日本語という言語障壁は国境を越えて情報が流入するのを妨げ，行政や産業による世論操作を容易にしてきた．

　日本の「平和」の達成度は評価しにくいところである．敗戦後の日本の軍隊（いまでは自衛隊と呼ばれている）は，1950年に創設された警察予備隊以来，六十余年の歴史において敵兵を1人も殺していないことは事実である．しかし，残念なことに，沖縄のジュゴン保護にみるように，政府は自然保護よりも軍事を優先しているようにみえる（Marsh *et al*. 2002）．憲法第9条2項の「陸海空軍その他の戦力は，これを保持しない．国の交戦権は，これを認めな

い」という規定にもかかわらず25万人に近い軍隊を保有しているのも問題である．私は軍備の要不要を論じているのではない．もしも軍隊をもつ必要があると信じるならば，憲法改正をなすべきであるというのが私の主張である．政府は強引な法解釈で思いを遂げ，国民は実害なしとして法無視を放置する．私はその背景にある国民性を問題にしているのである．法を自分たちのものとみず，上から与えられたもの，くぐり抜ける対象とみる江戸時代からのならいかもしれない．これは科学目的に鯨を捕獲することを認めた国際捕鯨取締条約第8条を曲解して，毎年1,000頭を超える大型鯨を無期限に捕り続けると公言している日本の調査捕鯨計画の進め方と同根である．平然として法を無視する日本の社会は，外からはなにをやりだすかわからない不気味な社会とみえるにちがいない．

15.2 産業と保全の狭間に立つ科学者

捕鯨業に協力的な科学者を育成することは，少なくとも短期的には，捕鯨産業の利益に合致する．日本の水産庁は自身で水産研究所を運営し，そこに鯨類研究者を置き，大学の研究者にも研究資金を提供してきた．捕鯨産業と行政はそのほかの方法でも鯨類研究者をコントロールしてきた．これについて私の経験を述べる．

私は1961年に東京大学農学部水産学科を卒業し，当時の財団法人日本捕鯨協会鯨類研究所（鯨類研究所）に就職し，大村秀雄所長の下で5年間働いた．そこは日本最大の鯨類研究組織で，捕鯨会社からの資金で8名の科学者が研究活動に従事していた．この研究所は，その後1987年に，日本共同捕鯨株式会社の一部と合体して財団法人日本鯨類研究所となり，日本の調査捕鯨計画を遂行する組織となった（Kasuya 2002a, 2007）．当時の日本には，このほかに2つの鯨類研究組織があった．1つは東京大学医学部の小川鼎三教授（当時）の解剖学研究グループである．ほかは長崎大学水産学部の水江一弘教授（当時）のグループで，ここでは小型鯨類の生物学と後には鯨類の音声の研究も行った．これら両グループも研究の場と研究試料の入手を鯨類漁業に依存していた．

鯨類研究所での5年間に先任の研究者から私が得た教育や訓練は，その後の私の研究活動の基礎となったし，そこで目にした捕鯨活動は捕鯨産業に対する私の見方を決定づけるものとなった．大村博士は1937年に鯨類研究に入り，大型鯨類の分類学と生活史の研究をしていた．これは近代分類学を日本近海の鯨類に導入するという，永沢（1915）や松浦（1935a, 1935b）などの研究の流れを受けて，さらに発展させようとするものであった．西脇昌治博士は6年間の海軍勤務の後，1947年に鯨類研究に加わった．その経緯は氏の没後に出版された南氷洋捕鯨航海の日記にも記されている（西脇1990）．彼のおもな関心は小型鯨類の分類学に向けられた．それは骨学を用いるもので，永沢（1916a, 1916b），小川（1932），黒田（1940），Okada and Hanaoka（1940）などの研究の流れをくむものであった．そのほかに彼は鯨類の年齢査定や，伊豆半島沿岸のスジイルカの漁業に関しても先駆的な研究を行い，鯨類の保全活動でも世界的に知られている．大隅清治博士は大型鯨類の年齢査定と個体群変動をおもな研究対象としていた．

大村博士が1937/38年南氷洋捕鯨に監督官として乗船した際に残した日記が，没後に出版された（大村・粕谷2000）．そのなかで彼は鯨類の保全に関して懸念を述べているが，私が鯨類研究所に勤務していた当時は，そのような意見を耳にすることはまれであった．この研究所は当時の主要な捕鯨会社5社からの拠出金で運営されていたので，氏の行動には制約が多かったものと想像される．つぎに述べる出来事は鯨類研究所が置かれた状況をよく説明するものである．

鯨類研究所は日本沿岸の大型捕鯨業で捕獲される鯨類を調査することを長く望んでいたが，ようやくのことで水産庁の委託費を受けて，1959年からその研究を始めることができた．この研究は1965年まで続けられた．このとき

に沿岸の捕鯨会社がもっとも恐れたのは，鯨の体長や捕獲頭数のごまかしが露見することであったらしい．そこで，鯨類研究所の科学者を捕鯨事業場に受け入れるに際して，さまざまな条件をつけたことが知られている．その全貌を私は把握していないが，少なくともつぎの3項目を含んでいたことは当時の状況から明らかである．それは，①その鯨がどこの事業所で解体されたのかがわかるかたちでは記録をとらない，②鯨の体長は社員が測定して科学者はそれをコピーする（科学者は体長測定をしない），③1人の科学者が複数の捕鯨事業所を担当する（1事業所に張りつくことはしない），というものであった．

捕鯨会社は解体した鯨の体長や性別などを記録した操業報告を定期的に水産庁に提出していた．われわれ科学者はそれがまったく信用できないことは承知していたが，その確証を得ることはむずかしかった．当時，「いま鯨類研究所が作成中の『北太平洋鯨類資源調査報告書』の数字を仔細に点検すれば，公式統計との間に矛盾が見出されると思われるが，さしつかえないか」と西脇氏が質問したのに対して，大村所長が「さしつかえなし」と回答したのを私は明瞭に記憶している．私が最近になって捕鯨会社が捕獲を過小申告していたことを示すことができたのも，これらの鯨類研究所の報告書に記された調査頭数や雌雄比の検討によるものであった（後述）．これまでに私は，元捕鯨業者の協力も得て正しい捕鯨統計を再構築する試みも行ってきたが，依然として操業の全体像を知るには遠いものがある．捕鯨を取り巻く日本の社会には，このような真実の暴露を嫌う風潮がいまも残っているのである．

その後，鯨資源の減少にともない捕獲頭数が減少したため，捕鯨会社は鯨類研究所を維持することがむずかしくなり，研究所の人員を大幅に縮小することを始めた．一部の人員と研究業務は水産庁に移管する方向が決まった．西脇博士と根本敬久博士は東京大学海洋研究所に移り，翌1966年には私も西脇教授（当時）の招きでそこに助手として就職し，小型鯨類の研究に主力を置くことになった．大型鯨類の研究の場は水産庁関係が押さえていて，大学の研究者が自由に近づくことはむずかしかったが，イルカ漁業にはまだ水産行政の手が伸びておらず，イルカ漁業者は漁獲物をわれわれに自由に研究させてくれたのである．このような恵まれた状況はその後30年近く続いた．東京大学海洋研究所では骨の形態で歯鯨類の系統を推定する仕事をした後（Kasuya 1973），彼らの生活史や社会構造の発達や多様性をさぐることを目的に，日本近海のイルカ類（第8-14章）や世界の大河にすむカワイルカ類の研究に従事した（Kasuya 1972; Kasuya and Nishiwaki 1975; Kasuya and Brownell 1979）．収斂の影響で骨の形態から進化をさぐることはむずかしいと感じたのである．いまではDNAがその目的に使われている．

私は1983年4月に大隅清治部長（当時）の招きで水産庁遠洋水産研究所に移り，そこで14年間働いた後，1997年春に三重大学生物資源学部に移った．それから1年ほど経過したころから日本のイルカ漁業者の姿勢に著しい変化が現れた．太地と伊豆のイルカ追い込み漁業者や，東北地方のイルカ突きん棒漁業者は，大学の研究者が漁獲物の調査を希望したり，研究用の死体を購入しようとすると，販売を拒否したり，水産庁か遠洋水産研究所の鯨担当者から調査の同意を得ることを要求したりするようになったのである．そのような同意はなかなか出されなかっただけでなく，水産庁の研究者からは共同研究者に加えることを要求されるのが普通だった．このため大学の教員や大学院生のなかには研究の継続を断念した者もいた．漁業者は，この方針は自らの判断による決定であると説明していたが，私には疑わしく思われた．この状況は私の帝京科学大学在任中（2001-2006年）も変わらなかった．漁業者は海洋資源という人類の共有財を私的な収益に利用しているという事実を記憶すべきである．それだからこそ研究の場は多くの研究者に公開されるべきだと私は信じている．

国際捕鯨委員会（IWC）の下部組織である

科学委員会は，鯨類の資源管理において重要な役割を担ってきた．科学委員会のメンバーは条約加盟国政府から指名された科学者（政府科学者），科学委員会の指名による招待科学者，それとNGOの代表やオブザーバーで構成されている．科学委員会はこれらの科学者が提出した論文にもとづいて議論をして，鯨資源の管理についてIWCに助言をする仕組みになっている．日本の政府科学者がIWCに提出する論文は，事前に水産庁の捕鯨部局の校閲を得て，最終的には日本のIWCコミッショナーの承認を得ることを求められていた．この過程では捕鯨産業への利害の視点が重視され，内容や表現に妥協を求められることも少なくなかった．

15.3 私がみた鯨たちの悲劇

鯨資源の管理に失敗するという悲劇は数え切れない．北太平洋では，遅れて開発が始まったミンククジラとニタリクジラを除けば，そのほかの大型鯨はいずれも乱獲されて，1976年までに保護鯨種に入れられた（表7.2）．種としては存続していても，そのなかの特定の個体群は，科学者がそれとは気づかないうちに乱獲により絶滅してしまったものもあるらしいとされている（Clapham *et al.* 2008）．私は日本沿岸のスジイルカとマッコウクジラの資源が乱獲で壊滅していく悲劇を目のあたりにしたので，それをつぎに紹介する．

15.3.1 日本沿岸のスジイルカ

私がスジイルカを初めてみたのは1960年秋のことである．西脇・大隅両氏の手伝いで伊豆半島の川奈漁協で漁獲物の調査に参加した．伊豆半島沿岸のイルカ追い込み漁業は17世紀初頭から記録されている．追い込み漁の経営体の数は19世紀末から減少してきたが，第2次世界大戦のころには一時的な増加をみせた後，再び減少を続けて現在にいたっている（第3章）．1962年から1983年までの22年間は川奈と富戸の2組だけが操業していたなかで，1967年漁期（静岡県教育委員会1987）から1983年漁

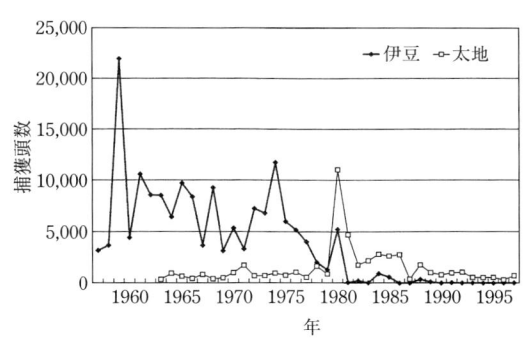

図15.1 日本の主要なスジイルカ漁業地である伊豆半島沿岸各地と和歌山県太地におけるスジイルカ水揚げ量の経年変化．これ以前には大量の捕獲が行われたことは疑いないが，残っている統計はきわめて不完全である（第3章）．伊豆半島沿岸では1962-1983年漁期には2漁協が4隻の探索船を使って操業していた．太地では突きん棒から追い込みへの転換や，突きん棒の復活など漁法や操業努力量の変動が激しかった．（Kasuya 2008）

期までは，これら2漁協が共同操業をしていた．操業の季節は9月から12月までであった．この共同操業で使われた漁船の隻数は4隻で変更はなかったが，それらの船速は時代とともに著しく改善され，それにともなって探索範囲が拡大した（静岡県教育委員会1987）．漁獲物はおもに神奈川，静岡，山梨の3県に送られ，食用として消費されていた．現在，伊豆半島では富戸漁協だけがわずかな捕獲枠を得て追い込み漁業を続けている（Kishiro and Kasuya 1993）．

伊豆半島のイルカ追い込み漁業の古い統計は失われ，19世紀末から20世紀初頭までの統計も断片的なものが残っているだけである．完全な捕獲統計があるのは1957年以後に限られている（Kasuya 1999b; 図15.1）．捕獲されたイルカの種類は，少なくとも20世紀に入ってからはスジイルカが主体であるとみられているが，科学者によりそれが確認されているのは，第2次世界大戦後しばらくしてからの操業である．第2次世界大戦中とその後しばらくのころの捕獲は，きわめて多かったらしい．たとえば，1942年から1951年までの10漁期中の4漁期においては，11,000-21,000頭の年間捕獲が記録されている．しかも，この数字は全部の追い込み組織をカバーしているわけではないし，漁

獲物のかなりの部分が闇市場に流れた可能性もあるので，過小数値であることはまちがいない．

東京大学海洋研究所で働いていたころ（1966-1983年），伊豆半島のイルカ漁の季節になると，私は毎日漁業者に電話をかけて捕獲と水揚げ予定を尋ねていた．漁獲物を調査する機会を得るためである．そのような毎年の作業を通じて，私にはこの漁業が年々困難になってきているように思われた．また，スジイルカの捕獲頭数も漸減しているように感じられた．漁業者も同じ意見であった．そこで，FAOの主催で1975年12月にベルゲンで開催された海産哺乳類の資源研究に関する助言者会議に論文を提出して，このスジイルカの資源はいまの漁獲量を支えることができず，資源は減少しつつあるらしいという解析結果を報告した．この研究は数年遅れで印刷公表されたが（Kasuya and Miyazaki 1982），それまでに試みた再解析でも，この結論には変更がなかった（Kasuya 1976）．その解析の手法自体は幼稚なもので，信頼性の乏しいものであった．しかし，当時のこのスジイルカ資源には，雌に早熟化と出産間隔の短縮が起こっていたことや，漁船による探索範囲も沖合に拡大していたことが，その後の研究により明らかにされてきた（Kasuya 1985）．これらの変化は，沿岸のスジイルカ資源が低下したときに予測される現象であることは無視できない．

和歌山県太地のスジイルカ漁業は，伊豆半島から南西に300kmほど離れたところで行われている．これも長い歴史をもっており，昔からイルカの群れが港の近くに現れると部落で共同して追い込む習慣があったし（第3章），突きん棒漁法による捕獲も行われて（第2章），漁獲物は地元の消費にあてられてきた．これに関する古い水揚げ統計は残されていない．その後，太地でイルカ突きん棒漁を操業していた数名の業者が協力して，伊豆半島から導入した追い込み方法を使って，沖合からコビレゴンドウの群れを追い込むことに成功した．これは1969年のことであった．これに続いて1973年にはスジイルカの追い込みを開始して，いまにいたっている（第3章）．このころの静岡県方面のイルカ消費地では，太地からはスジイルカを購入し，三陸方面からは突きん棒漁業で捕れるイシイルカを購入していた．伊豆半島沿岸のスジイルカ漁は，東海方面におけるイルカ肉の需要を満たせない状況にあったのである．

これより少し遅れて1970年代のなかごろに，私は水産庁の捕鯨班長を訪ねたことがある．イルカ問題について自分の意見を伝えるためであった．私はスジイルカ漁業がどれほど伊豆の漁業者にとって重要であるかを説明し，その資源が減少傾向にあるので，操業を規制して資源の温存を図る必要があることを説明したつもりである．私の話を聞いてくれた捕鯨班長は「もしもスジイルカの資源がだめになれば，伊豆の漁師はなにか別のものを捕るでしょう．だからスジイルカ資源の動向を心配することはありませんよ」といった．少なくともイルカ漁業に関しては，資源を管理するという発想が当時の行政にはなかったらしい．

IWCの科学委員会は日本のスジイルカ漁業に関して，1975年以来繰り返し懸念を表明してきたが（第6章），1992年になると，その小型鯨類分科会は日本の漁業が捕獲しているスジイルカ資源について「いまの漁獲量は1960年代の約10%にすぎないことからみて，沿岸域の当該資源は悪化している」と結論した．この報告を受けた科学委員会は，一部の日本政府科学者の反対をしりぞけて，「日本は暫定的に本種の漁獲を停止すべきである」という画期的な合意に達した（IWC 1993）．

伊豆半島と太地の捕獲頭数の低下の時期を比べると，伊豆では捕獲の減少が早く現れ，1980年代初めにはすでに1,000頭以下になっていた．これに対して，太地の漁獲量低下は1980年代末から1990年代初期にかけて起こっている（図15.1）．これは，両漁業地は共通のスジイルカ個体群を捕獲していた可能性を否定するものではないが，これら両漁場の一方にしか来遊しない個体群もあった可能性を示唆するものである．そのことを示唆する情報がこれまでにいくつか提出されている（第10章）．

スジイルカの生息数については Miyashita (1993) の推定がある．太地と伊豆の漁場を含む太平洋沿岸の海域には 19,600 頭（CV＝0.696）である．これは 1960 年代の 2-3 年間の捕獲に等しいというわずかなものになっている．なお，これが単一の個体群よりなるという確証はない（前述）．このほか沖合海域の北部には 497,000 頭（CV＝0.179），沖合南部海域には 52,600 頭（CV＝0.952）のスジイルカがいると推定されているが（図 10.1，表 3.13），これら個体は，沿岸の漁場にはほとんど来遊しないものと考えられている（Kasuya 1999b）．なお，この推定に用いられたデータは 1982-1991 年の 9 年間に蓄積された目視調査データであるから，上の推定値はその期間の平均的な生息数を示すものと理解される．もしも，この期間に沿岸のスジイルカ個体群が減少を続けていた場合には，上の推定値は計算がなされた時点での資源量としては過大であるとみるべきである．

水産庁は 1992 年に初めてスジイルカ漁業に 1,000 頭の捕獲枠を設定した．この捕獲限度枠は追い込み漁業（伊豆と太地）と突きん棒漁業（銚子と太地周辺）の業者とに分割された．この数字はそれ以前の 5 年間（1987-1991 年）の平均漁獲量である 1,053 頭にほぼ等しいもので，捕獲を削減して資源の回復を図るという視点からは過大なものであった．漁業者の納得できる数字ということに拘束されたために，このような数字になったものと思われる．その後，1993 年には捕獲枠が 725 頭に引き下げられ，2006 年漁期まで維持された後，2007 年漁期からはわずかな削減が行われている（表 6.2，表 6.3）．

日本沿岸のスジイルカ資源の管理に関してはいくつかの問題が残されている．1 つは基礎となった資源量推定値の信頼幅が広いため，中央値を基礎にして管理を行うのは危険が大きいことである．第 2 は沿岸の漁場に来遊する個体がはたして単一の個体群よりなるのかという疑問である．第 3 は現在の捕獲枠は沿岸域の生息数の中央推定値の 3.7% であるが，この漁獲では資源回復を期待するには大きすぎるのではないかという懸念である．PBR という簡便法で算出される安全とみなされる許容捕獲枠は，資源量の中央推定値の 1% 程度である（第 1 章）．

IWC の科学委員会は 1975 年以来 1992 年の操業一時停止の勧告にいたるまで，日本沿岸のスジイルカ資源の動向とか，資源が当時の漁獲を維持できるのかという疑問に対して明確な判断を下せなかった．その背景には，いくつの個体群が関係しているのかわからないとか，資源解析の方法が不完全であるとか，捕獲の低下傾向が統計的に当時はまだ有意ではない，などの事情があった．私はこのような研究上の欠点やデータの不完全さを否定するものではないが，漁業関連のデータというものはつねにノイズが多いし，ほしい情報がいつでも入手できるとは限らないものである．そのような状況のもとで十分なデータが得られて資源減少が確信されたときには，資源は壊滅寸前にあって，事態は手遅れになっているのが普通である．資源状態が悪化していることを保全科学者が証明するのを待っていては，規制が手遅れになる．これからの管理においては，資源状態が悪くないことを産業側が証明しない限り，捕獲を許さないと割り切ることが求められている．

そのような視点に立っていまのイルカ漁業を眺めた場合に，はたしてスジイルカ以外には懸念すべき問題はないのだろうか．和歌山県の太地は，暖海性のイルカ類の漁業地としては日本を代表するものである．かつて太地漁協の職員の協力を得て，そこの漁獲統計を集計しなおす機会があったので，それを表 3.17 に収録した．その統計には従来の統計と一致しない部分もあるが，これまでに作成された統計のなかではもっとも信頼できるものだと私は考えている．参考までにこれをグラフにしたのが図 15.2 である．前にも述べたところであるが，減少傾向はスジイルカだけでなく，コビレゴンドウにも現れているとみるべきではないだろうか（第 12 章）．それまで縮小を続けてきた日本の商業捕鯨は，1987-1988 年についに停止された．調査捕鯨はそれと入れ替わりに始められたが（第 7 章），初めのうちは捕獲頭数も少なかったので，

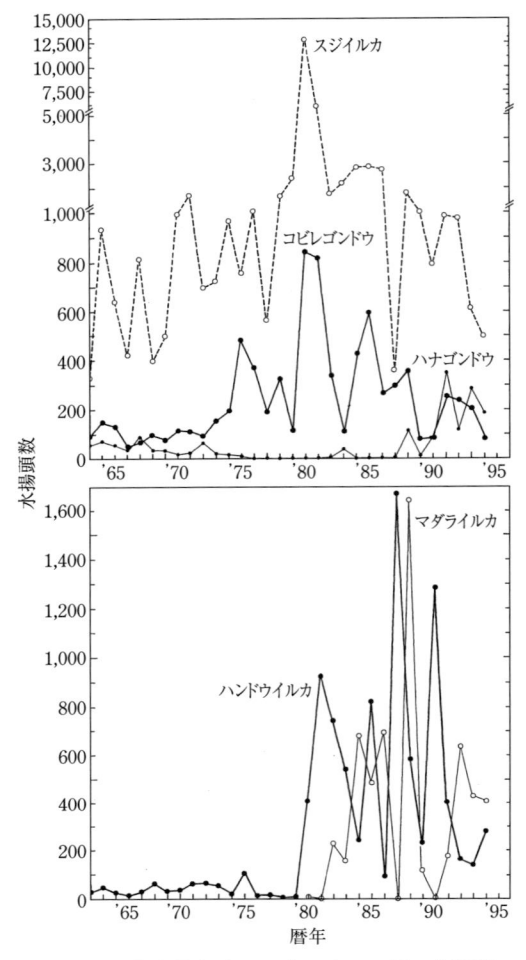

図15.2 和歌山県太地におけるイルカ類の水揚頭数の経年変化．太地漁協の協力を得て再構築した漁獲統計（表3.17）による．ここでは古い統計との整合性を保つために，小型捕鯨船による水揚げも算入されている．これ以降の動向は表3.19を参照されたい．

イルカの価格は1980年代には上昇を示している（表3.20）．それにもかかわらず，太地におけるコビレゴンドウ（この場合はマゴンドウと呼ばれる南方系の個体群）の漁獲は，すでに漸減の傾向をみせているのである．今後の動向が憂慮される．

2001年から日本政府はIWCの科学委員会の小型鯨類分科会に協力することを拒否し，自国の漁業が捕獲している小型鯨類の資源情報を報告することを停止している．科学委員会が日本の小型鯨類の資源状態に関してコメントしても，政府はそれを拒否し，無視している．このように外部の批判を拒否しつつ行う資源管理は独善に陥りやすい．調査捕鯨で捕獲される大型鯨6種のほかに，いま，日本の漁業は9種類の小型鯨類を捕獲しているが，その資源は日本政府のこのような姿勢によっても危険にさらされているとみるべきである．

15.3.2 西部北太平洋のマッコウクジラ

私がマッコウクジラを初めてみたのは1961年の夏であった．鯨類研究所の研究者が数名で鮎川に出かけたときのことである．それは隣の一八成（くくなり）浜に埋めておいたマッコウクジラの全身骨格を掘り出してクリーニングするためであった．この骨格は計測の後，西ドイツのシュトットガルトの博物館に送られた（Omura et al. 1962）．そのころの鮎川では大洋漁業（株），日本近海捕鯨（株），極洋捕鯨（株）の3社の事業場が活動していて，ほとんど昼夜兼行でマッコウクジラを解体していた．真夏の太陽の下で，岸壁に係留されて解体を待つ鯨の死体は腐り始めた状態にあったが，主たる製品が食用肉ではなくてマッコウ鯨油であったためか，鮮度はあまり問題にされることなく，つぎからつぎへと鯨の死体が曳航されてきた．私はこのときに雌のマッコウクジラの背鰭の先端部に表皮の肥厚した部分があることに気づいて，後で論文にまとめることができた（Kasuya and Ohsumi 1966）．この特徴は，洋上での生態観察の際に雌鯨を判別するのに使われることがある．

そのつぎにマッコウクジラをみたのは，1962年5月に大洋漁業の捕鯨母船錦城丸に生物調査員として乗船して，アリューシャン列島・ベーリング海・アラスカ湾方面の北洋捕鯨の漁場に向かうときのことであった（粕谷1963）．東京湾を出てまもなく，勝浦の沖にさしかかるころにマッコウクジラの群れに出会った．当時はこのあたりにも雌鯨の群れがたくさん来遊しており，日本の沿岸捕鯨だけでも年間1,800–2,100頭のマッコウクジラの捕獲枠が漁業者に与えられていた（Kasuya 1999a）．なお，錦城丸は旧

名第1日新丸で，1946年秋の戦後初の南氷洋出漁に際して，当時船台にあった戦時標準船を突貫工事で捕鯨母船に仕立てたものである（徳山 1992）．

私は1983年春に水産庁遠洋水産研究所の鯨類資源研究室に移り，17年ぶりに大型鯨類の資源管理に関与することとなった．そこで目にしたものは，日本沿岸のマッコウクジラ漁業の驚くべき変容であった．1960年代には夏に操業していたこの漁業は，1980年代には冬に操業していたし，漁場も三陸沖ではなく小笠原から屋久島にかけての南方海域に移っていた．そこで翌1984年の夏には2隻の捕鯨船を庸船して，2カ月の目視調査航海を行うことにした．海域は銚子から北海道にかけての沿岸と沖合，北部北太平洋の東経海域である．目的の1つはツチクジラの分布を調べてIWC科学委員会の小型鯨類分科会での議論に対応することであり（Kasuya 1986），ほかの目的はかつての三陸沖の夏のマッコウクジラ漁場がいまどうなっているのか，その状態を自分の目で確かめることだった．私はその1隻に乗って銚子–道東の沿岸から，沖合はおおよそ400 kmまでの海域を調査した．このかつての好漁場の調査に約1カ月を費やしたが，マッコウクジラの発見はゼロだった．その沖合部分を調査した別の船はマッコウクジラをみたが，その数はきわめて少ないものだった．1960年代にあった三陸沖の夏のマッコウクジラ漁場が消滅したことが明らかであった．ソ連は極端な違法操業を北太平洋で行って，マッコウクジラ資源の壊滅に貢献したことが知られているが（Ivashchenko et al. 2007），日本の沿岸捕鯨も，この資源壊滅に関与していたことは疑いがない．

私はこの航海の後で，標識銛を撃ち込まれて移動がわかったマッコウクジラの回遊や，雌雄の地理的なすみわけや，歴史的な漁場の推移などを検討してみた．当時のIWCはマッコウクジラの資源管理において，西部北太平洋に1個のマッコウクジラ個体群が分布するという仮説を採用していたが，私の解析結果はその仮説を支持するものではなかった．より確からしい仮説は，西部北太平洋の南北に2つの個体群があるとみることであった．黒潮前線の南と北に別の個体群があって，季節にしたがって南北に移動しているとすると，データが解釈しやすかったのである．2つの個体群の境界域にあたる三陸・北海道沿岸では，夏と冬で個体群が交代することになる（Kasuya and Miyashita 1988）．日本の沿岸捕鯨は，戦後しばらくは三陸の捕鯨基地を使って，その沖合で夏を過ごしている南側個体群に由来する雌と子どもの群れ（繁殖群という）を捕獲してきたが，1970年代なかごろにはこの個体群が著しく減少したため，漁業者はあえて荒天の多い冬に漁期を移して，千島方面から越冬のために来遊してきた北側個体群に由来する繁殖群を捕獲し始めたのである．ところが1980年代初めになると，この資源も枯渇してきたので，日本の捕鯨業者はわずかな捕獲枠を消化するために，やむなく南方海域で越冬している南側個体群を再び利用し始めたものらしい．この最後の段階は，日本の沿岸捕鯨にとっては最悪の操業形態であった．なぜならば，はるかに南の小笠原・屋久島方面で捕獲した鯨体を千葉県和田浦か和歌山県太地の基地に揚げて，そこで大まかな解体をした後，トラックに積んで三陸の鮎川と大沢の捕鯨基地まで陸送し，そこで最終的な処理をすることを余儀なくされたのである．

日本の科学者がIWCの科学委員会に提出するプログレス・レポートには，目視調査船の航走距離とマッコウクジラの発見頭数が記載されている．それを簡単に解析して鯨の発見率の経年変化をみたところ，1987年春を最後に商業捕鯨が停止した後の8年間に，東北日本の太平洋沖に夏に来遊するマッコウクジラの密度は2倍に増加していた（粕谷・宮崎 1997）．このように急速な密度増加は，繁殖だけでは説明しにくい．おそらく乱獲の被害が少なかった沖合海域から沿岸への流入があったものと思われる．このことは，上に述べた個体群仮説は手なおしをする必要があることをも示唆するものである．

1980年代にIWCの科学委員会は北太平洋のマッコウクジラ資源の診断に大きな努力を費や

したが，確からしい結論を得ることはできなかった（IWC 1981, 1988）．捕鯨操業の様子から推定される資源の状況はきわめて悪いのに，数学モデルを使った解析はそれよりも楽観的な結論を出していたのである．この矛盾の背景には，少なくともつぎの3つの要因があったと私は考えている．

（1） 個体群仮説がまちがっていた

科学委員会はマッコウクジラの資源解析において，北太平洋には東西に1つずつの個体群があり，西部北太平洋にある個体群は1つであると仮定していた．しかし，そこには南北に1つずつの個体群があり，それらが順次乱獲されていったと考えるほうが合理的であることを上に述べた．このような場合には漁業による資源減少の兆候が現れにくくなる．それに，かりに科学委員会の仮説が正しいとしても，東西の個体群の境界は，両個体群の重複域の中間線に設定すべきなのに（Kasuya and Miyashita 1988），実際には西側個体群の最大範囲である東の分布限界に設定していた．これによって資源量を過大に評価し，日本の捕鯨業は過大な捕獲枠を得ることになっていた．

（2） 成長曲線の仮説がまちがっていた

科学委員会が行ったマッコウクジラの資源診断では，雄の体長を年齢に換算して漁獲物の年齢組成を推定し，その年齢組成の経年変化から漁業が資源に与えた影響を推定するという方法を採用した．そのときに使う年齢–体長関係は，漁業が始まってから変化しなかったとみなして，1つの成長式を使っていた．ところが，北太平洋の雄のマッコウクジラでは，同じ年齢でも後から生まれた個体ほど体長が大きいことが後からわかった（Kasuya 1991）．いわば息子のほうが父親よりも体が大きいという最近の日本人でも普通にみられる現象が，マッコウクジラにも起こっていたのである．これは，資源減少にともなって，1頭あたりの餌の供給が増えたために栄養が改善された結果であると解釈されている．成長変化が起こる前の単一の成長式を通して使うと，漁獲物のなかの高齢個体の数を実際よりも過大に評価することになる．その結果，資源解析は捕鯨による影響を過小評価していたのである（楽観的に誤った）．

なぜこのような手抜きをしたのであろうか．漁獲物の体長組成を年齢組成に換算するよりも，捕獲されたマッコウクジラから歯をとって年齢査定をして，それをもとに年齢組成をつくるのがよいに決まっている．じつは，私が着任する前から遠洋水産研究所の科学者たちはそれを目指していた．しかし，予算と人員の制約のためであろうか，年齢査定用の歯の採取を捕鯨業者に依頼したのである．当時，東京大学海洋研究所に勤めていた私も年齢を読む手伝いに加わったが，歯の形や年輪の特徴からみて，同じ個体に由来するとしかみえない標本がたくさん現れた．しかもそれらに別の個体番号がつけられていたのである．依頼を受けた捕鯨業者は1頭のマッコウクジラから何本もの歯をとって，それらに別の番号をつけて科学者に送りつけていたのにちがいない．このことはIWCの科学委員会でも国内の会議でも問題になったが，日本の捕鯨業者はそのような操作を否定しなかった．

（3） 捕鯨統計がまちがっていた

科学委員会の資源診断では捕鯨4カ国（日，米，加，ソ連）の公式統計を使っていた．しかし，少なくともそのうちの2カ国（日，ソ）の統計は過小報告されていることを日米の科学者も公式に認めている（Brownell et al. 1999）．

1960年代には，鯨類研究所の科学者は日本の沿岸捕鯨は公表数値の2-3倍の頭数のマッコウクジラを捕獲しているとみていた．これは捕鯨の現場をみてきた者の印象であるが，当時はその証拠を集めることがむずかしかったし，その疑問を表に出すことも許されなかった．水産庁の監督官はそれができる立場にあったが，水産庁は捕鯨操業の全体を監督するに足りる予算をもたなかったし，監督官には不正をあばく意欲もなかった．ときおり現場にやってくる監督官は地元の旅館で捕鯨会社の職員と麻雀をしたり，接待で遠くの温泉場に行きっきりになった

りして，われわれ科学者の前から姿を消すのが普通だった．当時，沿岸捕鯨の事業所の責任者であった近藤（2001）も，このことを認めている．米国から派遣された国際監視員のなかには，沿岸捕鯨による頭数や性別のごまかしに気づいて，その疑問点を報告書に書いた者もいる．しかし，彼らは事業場から離れたホテルに滞在させられて，捕鯨会社の車で送迎されるので，監視は不完全であった（Kasuya 1999a）．なお，母船式捕鯨では3名の監督官が乗船していたので，少なくとも私が見聞きできた1960年代前半には，これほどのでたらめはなかったように思う．

私は1980年代に日本の捕鯨行政当局者と国内科学者との会合の席で，沿岸捕鯨による統計のごまかしを取り込んで捕獲統計に幅をもたせて資源解析を行うよう提案したことがある．そのときは，ごまかしの確証がないし，統計数値も定かではないという理由で支持は得られなかった．この後で，鯨類研究所の科学者たちが年々残してくれていた前述の『北太平洋鯨類資源調査報告書』を精査したところ，公式統計から求めた雌雄比よりも科学者が記録した性比のほうが雌が多いこと，科学者が調査した頭数は，捕鯨会社が同じ時期の同じ地域から水産庁に報告した総捕獲数よりも多いことがしばしばあること，などが確かめられた．さらに，元捕鯨会社職員の個人的な記録から，正しい統計を部分的ではあるが集めることができた（Kasuya 1999a; 粕谷 1999; Kasuya and Brownell 1999, 2001; Kondo and Kasuya 2002）．これらの結論の概要をつぎに紹介する．

戦前の沿岸捕鯨では，マッコウクジラの捕獲は比較的少なく，年間数百頭のレベルであった．制限体長以下の小さい鯨は水揚げしても記録に残さないことがあったが，過小報告の程度は著しいものではなかったらしい（Kasuya 1999aに引用された大村秀雄氏私信）．しかしながら，1950年代になると捕獲頭数も増加し（図15.3），それにともなって過小報告の程度もはなはだしくなった．これは日本政府によりマッコウクジラの捕獲枠が初めて設定された1959年よりも

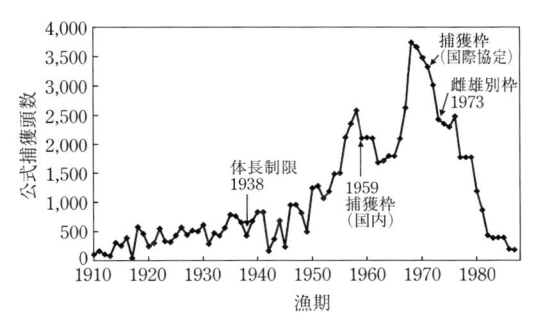

図 **15.3** 日本の沿岸捕鯨によるマッコウクジラの公式捕獲頭数．真実の捕獲頭数はこれよりも著しく多い時期があった（本文参照）．体長制限は1938年に，日本政府による自主捕獲枠は1959年に，北太平洋捕鯨国による捕獲枠は1971年に，IWCによる捕獲枠は1973年に，それぞれ初めて設定された．(Kasuya 2008)

前のことである．なぜ，捕獲枠が設けられていないのに捕獲頭数を少なく申告する必要があったのか．脱税が目的でなかったとは断定できない．しかし，おそらくは捕獲が急増したことに対する外部からの批判をかわして，できれば政府による捕獲枠の導入を遅らせることをねらったものと私は推量している．そこでは，体長不足の個体（そこには雌が多い）を報告しないという単純な操作から，頭数も生産量も任意に捏造することまで，さまざまなレベルの操作があったものと思われる．同様の目的の過小報告は，1980年代の三陸のイシイルカ漁業でも行われた（第2章）．

ある捕鯨会社の1953-1958年の沿岸マッコウクジラ操業について，真の捕獲頭数と公式報告値との比を各年ごとに求めると，それは1.3-1.5倍の間を変動していた．同じ会社について，1958-1964年の5漁期について同様の比を求めると，真の捕獲は報告値の1.6-3.0倍の間にあった（1963年は不明）．これとは別のある捕鯨会社では，1965-1975年の各沿岸漁期の真の捕獲は年間報告値の1.8-3.3倍の間を変動しており，第3の会社の沿岸操業では，1959-1961年に少なくとも年々の報告数の1.1-1.3倍の捕獲をしていた．これらは沿岸のマッコウクジラ操業であるが，このような過小報告は，ナガスクジラ，ニタリクジラ，イワシクジラを対象とす

る沿岸捕鯨の操業でも知られている（Kondo and Kasuya 2002）.

近年，ロシアの科学者はソ連が北太平洋で捕獲したマッコウクジラのほんとうの統計を発表した（Brownell et al. 2000; Ivashchenko et al. 2007）．この場合は，1973年以前の6漁期（1966年，1967年，1970-1973年）においては，マッコウクジラの合計捕獲は66,950頭で，報告値の1.8倍であった．統計のごまかしの程度は雌雄でも異なっていた．ほぼ同じ漁期（1966年，1967年，1970-1971年）で比べると，公式統計よりも雄は1.3倍，雌は9.6倍も多く捕獲されていた．なお，これら研究者は，IWCによる国際監視員制度が導入されて，日ソの母船に相手国の監視員が乗船することになった1973年漁期以降は，このようなごまかしがなくなったと理解している．しかし，その後もミンククジラの体長と捕獲頭数のごまかしが南氷洋母船式捕鯨で行われていたことを，2009年のIWC科学委員会でロシアの科学者が報告している（IWC 2010a）．国内事情としては，ノルマ達成への圧力があったということである．日本政府は日本の捕鯨業関係者を国際監視員としてソ連の捕鯨船に派遣していたが，それは実質的な効果をもたなかったのである．

これまでに西部北太平洋のマッコウクジラは2回にわたって乱獲された．最初の乱獲は19世紀中のことで，いわゆるアメリカ式捕鯨といわれる帆船捕鯨によってなされた．この漁業は帆船を親船として，鯨をみつけると数隻の手漕ぎのボートを下ろし，手投げ銛を投げて捕獲して，帆船上で脂皮から油を煮とる漁業であった．航海はときに3-4年の長期におよぶものもあった．この漁業は18世紀後半に北大西洋で発達し，近辺の資源を順次に捕り尽くしつつ，1819年には北太平洋に進出し（Francis 1990），1820年ごろには日本近海で操業を始めた（序章; Starbuck 1878）．それ以後19世紀末までに，日本周辺のマッコウクジラは，この帆船捕鯨によって相当のダメージを受けたといわれるが，詳細は不明である．2回目の乱獲はノルウェー式捕鯨による捕獲である．ノルウェー式捕鯨は汽船に搭載した砲から綱のついた銛を発射する捕鯨法であり，それまで捕獲が困難だったナガスクジラやシロナガスクジラの捕獲が可能となった．この漁法は，北太平洋にはロシア人ディディモフによって1889年に導入された（Tonnessen and Johnsen 1982）．大戦前にはマッコウ鯨油の需要が小さかったので，マッコウクジラの捕獲は多くはなかったのであるが，戦後になって漁獲が急増した．どちらの捕鯨操業も信頼できる捕獲統計を残さなかった．捕鯨操業のデータを使って，マッコウクジラの個体群変動の仕組みを学びとるという機会を，われわれは2度にわたって失ったように思われる．このことは，鯨の生物学にとってきわめて不幸なことである．

15.4 残された謎

15.4.1 なにが繁殖期を決めるのか

日本近海に分布する鯨種には，同種内の1対の個体群が南北あるいは東西にすみわけていて，それらが半年近く隔たった繁殖期をもつ例がいくつか知られている（表15.1）．

ミンククジラの個体群の1つは，おもに西部北太平洋とオホーツク海に分布する．ほかの1個体群は，東シナ海・黄海・日本海をおもな生息場として，オホーツク海の南部や日本の太平洋沿岸にも一部分が来遊している（IWC 2010b）．これら2個体群は，大ざっぱにいえば太平洋と日本海にすみわけているのであるが，そのすみわけと混合の様子はまだ十分には解明されておらず，両個体群の繁殖場がどこにあるのかも明らかではない．また，それぞれが複数の個体群を含む可能性も指摘されている．ただし，彼らの繁殖期はいずれも1つのピークをもっており，それらのピークは約半年隔たっていることがわかっている．

日本の太平洋沿岸に生息するコビレゴンドウには，形態的に明確に区別される2つの型が知られている（Kasuya et al. 1988）．1つは北方に生息する体の大きい型で，漁業者はこれをタ

表 15.1 日本近海の鯨類における個体群による交尾期のちがい.

種	個体群	交尾期 ピーク	交尾期 ピーク間隔	出典など
ミンククジラ	黄海-日本海	7-9月	5-6カ月	Best and Kato 1992
	太平洋-オホーツク	2-3月		
スナメリ	有明海・橘湾	11-12月	5-6カ月	第8章; Shirakihara et al. 1993
	大村湾・瀬戸内海・太平洋	4-5月		
コビレゴンドウ	タッパナガ（北）	10-11月	5-6カ月	第12章; Kasuya and Tai 1993
	マゴンドウ（南）	4-6月		
スジイルカ	太平洋岸	6月	5-6カ月	Kasuya 1999b
		11-12月		

ッパナガと呼んできた．その分布域は銚子から道東沖までで，鮎川を基地とする小型捕鯨業で捕獲されている．ほかの1つは体が小さい型で，タッパナガの南に分布する．これはマゴンドウと呼ばれ，西部北太平洋では銚子付近から台湾東方にまで分布し，伊豆半島沿岸各地・和歌山県太地・沖縄県名護などで捕獲されてきた．これらの分類学的な位置関係はまだ議論が残されているところである．また，三陸沖のタッパナガが1つの個体群を構成しているのは，ほぼ疑いないとしても，それ以南の台湾近海にまで広く分布するマゴンドウ型がいくつの個体群を含むのかは明らかになっていない（第12章）．

日本の太平洋岸のコビレゴンドウのこれら2つの型の繁殖のピークも約半年隔たっている．南に分布する体の小さい型（マゴンドウ）の出産期は夏にあり，もう一方に比べて繁殖期のすその広がりが大きい．北の型（タッパナガ）は冬に出産するが，これは子が餌をとり始める夏の時期が，主食となるイカ類が豊富な時期に一致するという利点があり，その体が大きいのは冬の低水温への適応であると解釈されている（Kasuya and Tai 1993; Kasuya 1995）．

日本のスナメリは，日本海側では富山湾以南，太平洋側では牡鹿半島・仙台湾以南の沿岸部に生息している．ミトコンドリアDNA，頭骨の形態，すみわけの状況などから，そこには少なくとも5個の個体群があるとされている（Yoshida 2002）．東シナ海に面する西九州には大村湾と有明海・橘湾にそれぞれ1つずつの個体群があり，その東側では瀬戸内海，伊勢湾・三河湾，南房総から仙台湾にいたる海域にそれぞれ1個ずつ，合わせて3個の個体群が知られている．研究が進めば，さらに多くの個体群が認識されるかもしれない．たとえば，東京湾のスナメリは別個体群である可能性があるし，南房総から仙台湾にいたる沿岸域のスナメリは2つの個体群に分けられるかもしれない．ところで，西九州の個体群と瀬戸内海以東の数個の個体群は，九州を境に東西で隔てられていて，その緯度範囲は重なっている．それにもかかわらず，有明海・橘湾の個体群だけは，ほかの個体群とは半年ずれた繁殖期をもっている（第8章）．

哺乳類の交尾期と妊娠期間は，生まれてくる子どもの生き残り率を最大にするように配置・調節されているとされているが（Kiltie 1984），雌の栄養や生理状態の季節変動も繁殖成功率に影響しているにちがいない．上にあげた3種の鯨類において，どのような環境要素が雌の繁殖成功度と子どもの生残に影響しているのかを知ることができれば，鯨類の繁殖期を定めるものがなにかを知る糸口が得られるかもしれない．

日本の太平洋側に生息するスジイルカの繁殖期に関しても問題が残されている（Kasuya 1999b）．伊豆半島沿岸で捕獲されたスジイルカの胎児の体長組成には，2つの山があることが知られている．これをもとに，1つの個体群が2つの繁殖期をもっていると解釈されてきたが，繁殖期を異にする2つの個体群がこの漁場で捕獲されている可能性も検討する必要があるように思われる（第10章）．

15.4.2　繁殖能力を失った高齢雌の役割

シャチの群れを長い年月をかけて観察したところ，雌の繁殖能力には個体差が著しいことがわかった．また，漁業で捕獲されたコビレゴンドウについては，妊娠や泌乳などの性状態の組成が年齢にともなって変化することもわかってきた．これらの情報の解析から，一部の歯鯨類の雌では比較的早い段階で出産を止めて，その後も長い間生きることが知られてきた（Marsh and Kasuya 1986）．そのような種にはコビレゴンドウ，ヒレナガゴンドウ，シャチ，オキゴンドウ，マッコウクジラなどがある．ただし，ヒレナガゴンドウについては若干の疑問が残るところである（第12章）．

表12.13と表12.14は，日本近海のコビレゴンドウの2つの個体群について年齢と性状態との関係を示したものである．マゴンドウの試料は追い込み漁業の漁獲物（1974-1984年）から入手したもので，1年のうちの9カ月をカバーしている．一方，タッパナガの試料はノルウェー式捕鯨の漁獲物（1983-1985年）から入手したものであり，交尾期の初めにあたる10-11月に捕獲されている．この試料に泌乳中でかつ妊娠している個体が多いのは，交尾期の初めに標本を採取したことが関係しているらしい．そのような場合には，妊娠雌の多くは泌乳の末期に発情した妊娠初期の雌であり，まもなく泌乳を停止すると推定されている（Kasuya and Tai 1993）．

2つの個体群とも生活史の特徴は非常に似ており，雌の最高寿命（61-62歳）にも，妊娠雌の最高年齢（35-36歳）にもちがいがない．妊娠雌の比率は年齢の増加につれて急速に低下し，37歳以上ではゼロとなるが，泌乳中の雌はその後も43歳（タッパナガ）まで，あるいは52歳（マゴンドウ）まで出現した．35歳以上の雌は妊娠能力を失った老齢雌である可能性が高く，そのような高齢雌が全成熟雌のなかで占める比率は，タッパナガで18%，マゴンドウで29%であった．タッパナガ標本では35歳以上の個体の比率がやや低いのは，戦中・戦後の乱獲とその後の回復を反映しているという解釈がある．卵巣を組織学的に検査することによって，繁殖能力を失った雌を判別した結果によれば，成熟した雌のマゴンドウのうちの少なくとも25%はこのような老齢雌であった（Marsh and Kasuya 1984）．

Marsh and Kasuya（1984）は，コビレゴンドウがこのような老齢雌を群れのなかに保持している理由，あるいはそのような形質が淘汰を経て進化した理由を，彼らが母系社会を形成しているらしいという事実と関係づけて解釈している．老齢の雌は自身では繁殖することができないが，娘が餌をとるために潜水している間に海面近くで孫の面倒をみたり，また自身のもつ知識や経験を群れのメンバーの生活に役立てたり，あるいは自分の経験を子孫に伝えることによって自分の娘たちの繁殖に間接的に貢献しているという解釈である．このような解釈は，老齢雌はコビレゴンドウの群れのなかで「文化」の保持者として機能しているという考えにもつながる．ここでいう「文化」とは，学習によってメンバーの間で伝達され，コミュニティーのなかに世代をまたいで保持される情報や行動様式のことである．鯨類のコミュニティーにおける文化の重要性が最近では認識される傾向にある（Whitehead 2002）．将来，研究が進めば，鯨類にとって文化が重要であるとの認識が一般的なものとなり，老齢個体がコミュニティーでどのような貢献をしているかに関心が寄せられるだろうと予想している．

15.4.3　鯨類の社交的性行為

日本沿岸ではコビレゴンドウの2つの個体群（タッパナガとマゴンドウ）が漁獲されており，漁獲物の解析によってさまざまな生物学的情報が得られてきた．つぎに述べる生活史の特徴は，銚子以南に分布するマゴンドウに関するものであるが，タッパナガでもほとんど差がない（第12章; Kasuya and Marsh 1984; Marsh and Kasuya 1984; Kasuya and Matsui 1984; Kasuya and Tai 1993）．

彼らは通常15-40頭の群れで生活している．

群れには成熟した雄と雌，未成熟の雄と雌が含まれている．雌は7-11歳（平均9歳）で性成熟し，遅くとも36歳までには妊娠をやめて，最高62歳まで生きる．雄でも早熟な個体は5歳で精子形成を始めることもあるが，それは繁殖期に限られている．雄が完全に成熟するのは15-30歳（平均17年）で，そのころまでには周年にわたって精子形成をするようになる．雄の最高寿命は45歳である．雌は雄よりも平均で8年若くて性的に成熟し，17年も長寿であるから，群れのなかにいる成熟雌の数（8-30頭）は成熟雄の数（1-5頭）よりも多い．本種の社会は母系集団が基本となっており，日本の追い込み漁業で捕獲された群れは，複数の母系を含む場合があることが知られている．また，雄は沿岸性のシャチのように，終生母親と一緒に暮らすらしいとされているが，マッコウクジラのように，性成熟のころに群れを離れる個体もあるのではないのかなどの疑問については，十分には解明されていない．ほかの鯨類と同様に，本種の排卵も自発排卵であり，着床遅延を示す証拠は得られていない（Stewart and Stewart 2002）．

コビレゴンドウの群れのなかにいる老齢雌の行動の一端を知るために，Kasuya *et al.* (1993) は彼女らの子宮のなかの精子の有無を検査した．子宮のなかに精子があれば，その雌は捕獲の前，数日以内に交尾をしたこと，しかもその交尾は射精をともなうものであったことがわかる．ヒトや家畜においては，射精の後，数分から数時間のうちにラッパ管に精子が到着し，最大85時間後まで精子が残っているとされている（Kasuya *et al.* 1993）．この研究に用いた試料はタッパナガ53頭，マゴンドウ34頭であった．その結果，2つの型のいずれでも，まったく妊娠する可能性のない雌が頻繁に交尾をしていることが明らかになった．その結果はつぎのように要約される（詳細は表12.18を参照されたい）．

① 予想されたことではあるが，妊娠の兆候はないが排卵をしてまもない雌（黄体がある）には，普通に精子が出現した．13頭中10頭に精子が出現．

② 意外なことに，妊娠初期の雌の子宮にはしばしば大量の精子が検出された．その精子濃度は，スライドあたり1-2個から50個までの個体差があった．検査の対象となった妊娠雌の胎児体長は，最大で13.3 cmであった．この大きさの胎児の齢は少なく見積もっても39日，おそらく2カ月に近いものと推定された．これよりも後の段階の妊娠雌からは，試料の採取が技術的に困難であった．12頭中11頭に精子が出現．

③ 泌乳中の雌にも子宮に精子をもつ個体が出現した．そのなかには，測定可能な大きさの濾胞が卵巣に認められない雌も含まれていた（直径1 mm以上の濾胞を測定可能とした．なお，排卵時の濾胞の直径は，おそらく15 mm以上と推定されている）．精子濃度はいずれの雌でも非常に低く，スライドあたり平均1個以下であった．精子の有無は雌の年齢とも濾胞の大きさとも相関が認められなかった．31頭中8頭に精子が出現．

④ 休止雌にも子宮のなかに精子を有する個体が出現した（休止雌とは妊娠も泌乳もしていない成熟雌）．精子濃度は非常に低いか（スライドあたり1個未満），非常に多い（スライドあたり50個以上）かのいずれかであった．精子濃度は濾胞の大きさとも年齢とも相関が認められなかった．28頭中10頭に精子出現．

⑤ Marsh and Kasuya (1984) が卵巣所見から妊娠能力を失った老齢雌と判定した8頭のマゴンドウ型の雌（いずれも休止雌）のうち，3頭は子宮に精子を有していた（スライドあたり0.25-1.5個）．そのうちの1頭は42歳で，計測可能な大きさの濾胞をもたなかった．タッパナガ型ではそのような卵巣検査はされていないが，41-46歳の雌は最高排卵年齢を超えているので，排卵活動を終えたと解釈される．そのようなタッパナガ型の高齢雌7頭（いずれも休止雌）のうち，2頭は子宮に精子をもって

おり（いずれもスライドあたり 50 個以上），そのうちの 1 頭は卵巣中に測定可能な濾胞をもっていなかった（本個体は 44 歳の雌で，平均精子濃度はスライドあたり 2,990 個）．

⑥ 3 頭の未成熟雌からは精子が検出されなかった．

子宮内に精子が出現する頻度は季節とは無関係であったが，追い込み後の経過日数とは相関があり，追い込み 4 日以後は出現率が急減した．これは交尾相手がいなくなったのか（メンバーは毎日殺されて水揚げされた），捕獲のストレスにより社会的な行動が阻害されたか，死んだ精子が生理的に子宮から排泄されたかによるものと思われる（Kasuya et al. 1993）．

雌がいつでも交尾を受け入れるならば，雌の取り合いをめぐる雄どうしの争いが少なくなり，群れの安定に貢献するという解釈がある（Kasuya et al. 1993）．コビレゴンドウの群れには複数の成熟雄が含まれているのが普通であり，そのほかに春機発動期の若い雄も含まれている．平均的なコビレゴンドウの群れは約 16 頭の成熟雌（老齢雌を含む）を含むが（Kasuya and Marsh 1984），1 年間に妊娠するのはそのうちの約 1 割の雌で，彼女らは妊娠までに平均 2 回の排卵を経験する（Kasuya et al. 1993）．したがって，その群れに期待される発情回数は，1 年間に 3 回程度にすぎない．哺乳類では，この排卵の前後の合わせて 2–3 日しか交尾を受け入れないのが普通である．ところが，コビレゴンドウにみるような排卵と無関係な交尾が頻繁に行われると，雄からみた交尾の機会は数十倍にも増加すると計算されている（Magnusson and Kasuya 1997）．低緯度の繁殖海域に現れる雄のマッコウクジラでは，繁殖期になると体表に生傷をもつ個体がみられる．これは雌をめぐる雄どうしの闘争がある証拠とされている．ところが，コビレゴンドウの雄の体にはこのような傷痕がないことから，雌をめぐる雄どうしの戦いはないか，あまり激しくないものとみられている（Kasuya et al. 1993）．

直接には繁殖に結びつかない，このような交尾については，つぎのようなさまざまな仮説が提出されている．①雌がいつでも交尾を受け入れるならば，生まれてくる子どもの父親がだれなのかわかりにくくなる．その結果，雄による子殺しが回避され，雌の繁殖にとって有利になるのではないかということも考えられる（父性秘匿仮説）．しかしながら，もしも子どもの父親がカモフラージュされなければ，雄による子殺しが起こるような群れの仕組みがコビレゴンドウにあるのかどうか，この点は依然として解明されていない．②雌の寛容な性行動にひきつけられて雄が群れのなかにとどまっているならば，若い雌（老齢雌にとっては自分の娘かもしれない）がほんとうに発情して排卵するときに，雄が手もとにいるので，その繁殖に有利であると考えることもできる（雌の囮仮説）．③老齢ゆえに繁殖能力を失っている雌や，あるいは生理的に排卵する状態にない雌も，自分の血縁にあたる若い雄を相手にして性的な訓練をほどこしているのかもしれない（性教育仮説）．霊長類のなかには，正常な交尾には学習が必要な例が知られている．鯨類でもそのようなことがあるかもしれない．雌が血縁関係にある若い雄に性的な訓練をほどこすことによって，彼らの繁殖成功度を向上させるならば，間接的にはその雌の子孫繁栄につながるはずである（Kasuya et al. 1993）．④コビレゴンドウのような高度に社会的な鯨類においては，交尾は群れのメンバーの社会的連携を強め，群れのなかの緊張をほぐすなどにも機能するかもしれない．その場合，交尾は彼らの社会を維持するうえで重要な機能を果たしていることになる．私は，繁殖以外のさまざまな機能が期待されるこのような交尾を社交的性行為（ソーシャルセックス social sex）と名づけた（Kasuya 2008）．

多様な霊長類の社会に関する知識が，鯨の行動を研究する科学者の参考になるのではないだろうか．ボノボ（ピグミーチンパンジー）(*Pan paniscus*) やヒトの社会で知られている性行動や，その社会的機能には，コビレゴンドウのそれと共通するところがあるかもしれない．ボノボが群れのなかのだれとでも自由に交尾を

することは，子どもの父親をわからなくして，雄による子殺しを回避し，また群れのメンバーをリラックスさせる効果もあると考えられている（Waal 2005）．ボノボの社会では，餌を分配する作業は緊張をともなう社会行為であるが，その作業の前にはさかんに交尾が行われるという観察も（黒田 1982），それを裏づけている．ヒトについてみれば，性行為はほとんどが繁殖を目的としていないことは明らかであるし，それが夫婦間で行われようと，それ以外であろうとも，性交は当事者間の精神的ないしは経済的結びつきを維持ないし強化する機能があることも周知の事実である．また，特定の人類社会ではそれぞれの経済構造と結びついて，配偶者を共有することにより，同性間の連携が強化される例も知られている（Houston 1995; Schultz and Lavenda 1990）．

上に述べたいくつかの仮説を評価するには，現在のわれわれには重大な情報の欠落がある．それは，雌の子宮内に発見された精子がどの雄に由来するのかわかっていないという問題である．彼らは一時的に群れを訪れてきた成熟雄なのか，それとも雌の群れに常住している成熟雄なのか，そうだとすれば雌との血縁関係があるのか，あるいは彼女らと交尾をする雄のなかには，まだ十分に成熟していない若い雄も含まれているのか．このような疑問について近い将来に回答を期待することは困難かもしれないが，もしも，このような情報が得られれば，コビレゴンドウの社会構造を明らかにし，ひいては歯鯨類の社会の多様性を理解するうえできわめて大きく貢献すると信じている．

15.4.4　ツチクジラの雄が長寿なわけ

ツチクジラは北部北太平洋の縁辺部に分布する．正常な分布をはずれた個体が東シナ海にも出現したことがあるが（王 1999），西部北太平洋における夏の通常の分布は北緯 35 度 30 分以北の大陸斜面に限られており（Kasuya 1986; Kasuya and Miyashita 1997），これまでのところ，その沖合には本種の濃密域は発見されていない（Kasuya 2002b）．彼らの冬の分布はよくわかっていないが，Subramanian et al. (1988) は冬にも比較的沿岸域にとどまっているものと考えている．これは脂皮中の PCB/DDE 比をイシイルカなどと比べた研究からの推論であり，越冬海域の確認はまだなされていない（第 13 章）．

ツチクジラは体長 9.5-11 m に達する歯鯨類の 1 種で，体型の雌雄差がきわめて少ないことで知られている（Kasuya et al. 1997）．本種の雌は雄よりも大きいという，一般の哺乳類とは逆の現象で生物学者の関心を呼んではいるが（Ralls 1976），成長を停止したときの雌雄の平均体長の差はわずかに 35 cm ほどにすぎず，捕鯨船が大型個体を好んで捕獲するとしても，それが漁獲物の性比に大きく影響するほどのちがいではない．

日本の研究者は本種の漁獲物のなかに雄が多いことを見出して，その原因を雌雄による回遊のちがい，すなわちすみわけにあると考えたことがある（Omura et al. 1955）．もしも，この仮説が真であるならば，どこか別のところに雌が多い場所がみつかるはずである．このような期待から，北太平洋の各地から性比に関する情報を集めてみたが，期待に反して雌が卓越する海域は見出されなかった（表 13.10）．したがって，成熟したツチクジラの雌は，年齢が増すにつれて雄のいないどこか未知の海域にすみわけるとでも仮定しない限り，漁獲物のなかに雄が多いことを説明することはできない．

Kasuya（1977）は，歯のセメント質のなかに形成されている年輪を用いてツチクジラの年齢査定ができることを示した．Kasuya et al. (1997) はこの方法を用いて年齢査定を行い，漁獲物の年齢組成や生活史を解析した．用いた標本は雄 84 頭，雌 47 頭で，1975 年と 1985-1987 年の 4 漁期に千葉県和田浦で小型捕鯨船が水揚げした個体である．得られた年齢範囲は 3 歳から 84 歳までであった．3 歳以下の個体がないのは，大きな個体を捕りたがる捕鯨船の選択性によるものである．彼らが性成熟に達する年齢の範囲は，雄では 6-10 歳，雌では 10-15 歳であった．15 歳以下では，性比はほぼ 1：1 に

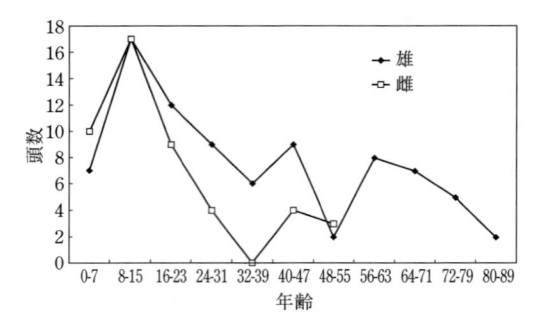

図15.4 千葉県沖の太平洋で小型捕鯨業によって捕獲され，和田浦で解体されたツチクジラの年齢組成．1975年と1985-1987年の4漁期の7-8月の標本．(Kasuya 2008)

近かったが（雄24頭：雌27頭），それ以後は年齢の増加とともに雌の比率が低下し（16-54歳では雄38頭：雌20頭），55歳以上では全部雄であった（雄22頭：雌0頭）．雄の最高齢は84歳で，雌の最高齢は54歳であった（図15.4）．すなわち，雄は雌よりも4-5年若くて性成熟し，30年ほど長生きするのである．見かけの妊娠率を27頭の性成熟雌から計算すると，29.6%となった．妊娠率が年齢の増加にともなって低下する傾向は認められず，高齢雌で排卵率が低下する傾向も検出できなかった．これらの特徴は，日本沿岸のコビレゴンドウで知られている傾向とは正反対であった（Kasuya *et al.* 1997）．

睾丸の組織像をみると，ツチクジラの雄は6-10歳，片側睾丸重量1.4-2.0 kgで繁殖能力を獲得するとみられるが，睾丸はその後も30歳ごろまで成長を続け，睾丸重量は4-8 kgにまで増加する．彼らははたして何歳で子どもをつくるのか，このことはまだ明らかではないが，かりにもっとも極端な年齢を採用し，30歳で初めて繁殖すると仮定しても，成熟個体の性比は雌よりも雄が多いのである（29歳以上の雄42頭に対して，全成熟雌は25頭）．このような例は，哺乳類ではまれな現象であるらしい（Ralls *et al.* 1980）．

日本近海のツチクジラに雄が多いことの説明としては，雄が長寿であるという以外には考えにくい．雄が雌よりも長生きするらしい鯨類としては，キタトックリクジラ（*Hyperoodon ampullatus*）の例（Benjaminsen and Christensen 1979）と，アカボウクジラの例（Heyning 1989）が知られている．これらはツチクジラとともにアカボウクジラ科に属する種である．アカボウクジラ科で生活史が多少とも研究されている種は，このほかにはない．ことによるとアカボウクジラ科には，ほかの鯨類にはみられないような特異な生活史を発達させた種がほかにもあるかもしれない．

ツチクジラに関しては雄の長寿がどのような仕組みで発達したのか，そのような形質の進化をもたらした社会構造はどのようなものかという疑問には答えが出されていない．ツチクジラの群れは数頭から25頭の個体を含み，ときには1時間を超える長い潜水をして，密集した群れのままで浮上する（Kasuya 1986）．彼らは通常800-1,200 mの深度で索餌するといわれている（Walker *et al.* 2002; Minamikawa *et al.* 2007）．そのような索餌の場合には仲間どうしで協力することが有利であろうし，経験を積んだ老齢個体が群れにいることは，ほかのメンバーにとっても好都合なことにちがいない．ツチクジラの社会に関しては，高齢の雄が離乳した子どもの面倒をみるような社会の仕組みができているのではないだろうかとか，彼らの社会は父系社会なのではないだろうかというような想像がなされている（たとえばKasuya *et al.* 1997）．

このような仮説の是非を検討するには，いまわれわれがツチクジラについてもっている情報はあまりにも少ない（第13章）．ツチクジラの社会構造に関して，さらに情報が蓄積されれば，きわめて多様な歯鯨類の社会構造の一端を理解するのに役立つし，日本の沿岸捕鯨で捕獲が続いている本種の資源管理にも貢献すると思われる．

15.5 鯨類の保全についての私見

15.5.1 鯨類についてなにをまもるのか

なぜ鯨類を保存するのか．これについては，さまざまな考えがあろうが，私は鯨類を環境要素として重視したいと考えている．なにを目標として鯨類の保全を進めるかという設問に対しては，「いま生存している多様な鯨類の種が将来も生存を続ける可能性を維持ないし改善すること」を目標とすることを私は提案する．そのために鯨類だけを念頭に置いて行動しても，この目標が達成されるわけではない．さまざまな種と種がたがいに関係しながら生きていく，その仕組みを保存することが必要であるし，種内の構造（たとえば亜種，個体群，コミュニティー，家族など）を保存することも必要となる．以下では後者，すなわち種内構造に関する問題にしぼって話題にする．

15.5.2 どのような要素を保存するのか

遺伝的多様性を保存する必要があることは一般に認識されている．遺伝的多様性は種が将来の環境変動に適応するための能力を維持するうえで重要であるし，現在の多様な環境を利用して生きていくためにも重要である．しかしながら，保存の単位として遺伝的に識別できる個体群に限ることには，私は賛成できない．私はもう1つ考慮すべき要素を提案したい．それは文化的な多様性の保全と文化を維持ないし改善する能力をも保全することである．

15.5.3 鯨類になぜ文化が大切か

動物の行動には，その個体がもって生まれた特性によって律せられる部分と，それまでの生活で得た経験や知識によって支配される部分とがある．経験の重要度は生活環境にも影響されるが，高等な動物ほどその重要度が高いのがつねである．食用となる植物が生えている場所を季節に応じて巡回するサルの群れと，海のなかで魚群を求めて移動するイルカの群れとを比べれば，鯨類のほうが霊長類よりも不安定で予測がむずかしい環境に生活しているように思われる．鯨類は優れた学習能力と記憶力をもっているし，寿命も長いので，経験を蓄積することが可能である（Würsig 2002）．また，鯨類の多くは群れで生活しているので，それらの種では多くの個体が経験を共有する機会があるし，ある個体の知識や行動様式がほかの個体に伝達される機会も用意されている．このようにして知識や行動様式が鯨類のコミュニティーに学習によって保持されるならば，それが彼らの文化である．ここで，私はコミュニティーという言葉を「共通の文化をもつ個体の集まり」とややあいまいな形で使っている．そのようなコミュニティーの単位が遺伝学的にほかと識別できるとは限らない．それは，繁殖の様式や，情報を個体間で伝達する仕組みや，文化や遺伝的特性が変化する速度のちがいなどにかかわっている．

一般的に遺伝子に突然変異が起こる確率はきわめて低く，それによって生活様式が変化する速度は緩やかである．それに比べれば文化ははるかに速い速度で変化するものである．文化はそのコミュニティーの過去の世代の経験の蓄積であり，1世代のうちに新しい要素を獲得することも可能である．それゆえ，文化はコミュニティーにとって変化しつつある環境や，新たに遭遇した環境に速やかに適応するための有力な道具となる．種内に多様な文化を保持していることは，その種が環境変化をくぐって生き抜く確率を高めるものである．

文化的多様性は，生物多様性の1つの要素としても評価されるべきものでもある．

15.5.4 どのような鯨類が文化をもつか

鯨類に文化があることを示す例は多くはない．シャチ，ザトウクジラ，マッコウクジラなどの音声（Whitehead 2002, 2003），ザトウクジラなどのひげ鯨類において，出生場所から夏の索餌海域への回遊が母親からの学習によって伝えられていること，あるいはミナミハンドウイルカのある群れで，摂餌に際して海綿を使用するらしいこと（Holden 2005; Krutzen 2006），などの例があげられるにすぎない．鯨類の多くは

外洋に生活しているので，われわれには遭遇する機会は限られているし，科学者の目にふれるのは呼吸のために水面に浮上する短時間に限られているので，かりに彼らが文化をもっていたとしても，それを確認することは容易ではない．いまのところ鯨類に文化があるという証拠が多くないのは，このような研究上の技術的なむずかしさが影響していると思われる．

なかでも，ひげ鯨類の行動や文化を研究することはきわめてむずかしい．それは彼らの交信能力が，われわれの視覚で認識できる距離の限界をはるかに超えて，ときには数百 km にもおよぶことに関係している．2頭のひげ鯨の仲間が長距離を隔てて音声で連絡をとっている場合に，その両方の個体を観察者の視界内に置くことはむずかしい．さらに，ひげ鯨類の個体間の連携のあり方は，歯鯨類のそれとは基本的に異なるかもしれない．歯鯨類では摂餌における共同行動が頻繁に観察されているし，ザトウジラでも似た観察例が報告されている．しかし，もしもひげ鯨類がたがいに協力するとしたら，それは餌をとる行動においてよりも，むしろ餌のあり場所を探す作業においてこそ協力の意義があるのではないかと私は予測している．

文化を保持する能力という側面でみた場合，歯鯨類もけっして均一というわけではない．群れの大きさも社会構造も，歯鯨類の種の間で多様である．Pirlot and Kamiya (1975) によれば，群集性のスジイルカの場合には新生児の脳重は400 g で，成長にともない増加して，成体では1,200 g になる．すなわち，生後の脳の成長量は 200% で，ヒトの値の 250% にかなり近い．これに対して，ラプラタカワイルカ（*Pontoporia blainvillei*）の脳重は 150 g から 250 g に成長するだけで，生後の成長量は 60% にすぎない．ラプラタカワイルカは，スナメリやイシイルカに似て，育児期間が短くて社会構造も未発達な種とみられている．このような脳の成長パターンのちがいは，彼らの学習能力のちがいか，あるいは複雑な社会構造やそれを維持するための認識能力を反映している可能性がある．霊長類学の分野では，それを "social brain" と名づ

けている（Dumbar and Shultz 2007）．鯨類が文化をもつという証拠を集める作業は，これからの課題である．

このような状況のなかでは，少なくとも当面は，鯨類に文化があるという証拠が得られていないことを根拠にして，彼らが文化をもたないと解釈するのは正しくない．むしろ，行動学的特徴から文化の存在が予測される場合とか，社会構造や生活史の特徴が文化を保持するのに適しているような場合には，その種は文化をもつとみなしてあつかうことが保全のためには望ましい．コビレゴンドウなど本章で言及したいくつかの歯鯨類がそれに該当する．そのような社会では，個体の役割は性別や年齢，個性などで異なるので，これらの鯨種の社会構造の理解を進めるためには，個体識別を用いた行動の研究が大いに期待される．これまで私は漁業で捕獲された死体を用いる研究手法を多用してきたが，これから期待される研究手法は，それとはまったく別のものである

上に述べたいくつかの高度に社会的な鯨種を，彼らの文化的特性を破壊することなく漁業対象として利用することは困難なことである．コビレゴンドウの群れをひとまとめにして湾内に追い込んで捕殺するという追い込み漁業は，彼らの文化の多様性を1つずつ消滅させ，種の存続の能力を損なう恐れがある．日本で行われているこのような漁業は，彼らが群れに生きるという機能を無視し，群れのメンバーの個性を無視して初めて可能となるたぐいのものである（第12章）．

15.5.5 われわれの責任

自然保護をどう進めるか，鯨と人間の関係をどうするかは，市民がみずからの意思で決定すべき問題である．そのためには，市民が正しい情報を得て，自由に判断する機会を与えられなければならない．しかし，日本の社会の仕組みは行政組織の利益と産業の利益が一致するような形につくられている例が多く，水産行政と捕鯨業の関係も例外ではない．その結果，行政が捕鯨サイドのプロパガンダを支援しつつ，世論

を捕鯨業界寄りに誘導することが行われている．市民は，鯨とのつきあい方をみずからの判断で自由に選択するために必要な情報を入手しにくい状況にある．日本の調査捕鯨計画の立案の初期段階でその作業に参画した者として私もその責任は免れえないが（第7章），政府の支援のもとに南極海で16年間続けられた日本の鯨類捕獲調査について，国際捕鯨委員会の科学委員会はその評価会議において，本計画は所期の目的をほとんど達成できなかったと結論している（IWC 2008）．しかし，このことは国内ではほとんど報道されず，マスコミは業界や水産庁の我田引水の発表をそのまま流している．このような状況のなかで，水産庁はさらに規模を拡大した捕獲調査計画を実施に移し，それを無期限に継続すると公言している．このような活動が真に科学研究を目的としているのか，そこには社会的・経済的な意図が潜んでいるのではないかと，いま疑われている．そして，関係する科学者は困難な対応を迫られることになる．

　科学者の発見したことは社会の共有物であり，科学者は業績によって評価され，信頼を得ると私は教育されてきた．いまではこのような科学者の意識は変わりつつあるかにみえるし，自然科学とそれに基礎を置く科学技術との境界も，少なくとも日本ではあいまいにされつつある．科学的な発見は，それがもたらす金銭の額によって評価されることが大学においてさえ行われ，ときにはそれが売買され，あるいは特定の者に利用させるために秘密にしておくことさえ行われる．強力な組織にとっては科学者も，その研究成果も，そして科学研究の場をも独占することが可能になってきている．このような社会に生活するわれわれ科学者が，もしも自分たちの雇用者あるいは支援者の走狗であることに安んずるならば，そこには社会に対する科学者としての責任を全うできない恐れがある．これからの科学者は自らを律しつつ，社会に対して発言することが求められるのではないだろうか．

　保全生物学は金銭的な利益を目的とする学問ではないが，金銭的な拘束と無関係ではない．上に危惧したような事態が，われわれが働く海産哺乳類研究の場に起こることを私は恐れている．もしも，それが起こるならば，われわれの研究は信頼を失う恐れがある．われわれ海産哺乳類の研究者は，海産哺乳類の未来に対して責任を負っていることを記憶しなければならない．海産哺乳類の研究をしている科学者のなかには，自分の研究分野は保全とはかかわりがないと考えている者があるかもしれない．また保全とは無関係にみえる事業主に雇われている科学者があるかもしれない．このような人たちも，海産哺乳類の未来に対する責任をいつまでも免れることはできないと思う．いつか自分の研究が海産哺乳類の保全に役立つとか，あるいは自分の活動が保全に影響していることがわかる事態がくるかもしれない．そのときに備えて，科学者はつねに心しておくことが望まれる．

終章　引用文献

伊藤徹魯 1997．ニホンアシカ．pp. 118-119．In：川道武男（編）．レッドデータ日本の哺乳類．文一総合出版，東京．279 pp.

伊藤徹魯・島崎健二 1995．ニホンアシカ．pp. 491-500．In：小達繁（編）．日本の希少な野生水生生物に関する基礎資料［II］．水産資源保護協会，東京．751 pp.

王丕烈（Wang, P.）1999．中国鯨類．海洋企業有限公司，香港．325 pp.＋図版 I-XVI．

大杉一雄 2007．日中戦争への道──満蒙華北問題と衝突への分岐点．講談社，東京．452 pp.

大杉一雄 2008．日米開戦への道──避戦への九つの選択肢．講談社，東京．上巻 425 pp．下巻 406 pp.

大村秀雄・粕谷俊雄 2000．南氷洋捕鯨航海記──1937/38 年揺籃期捕鯨の記録．鳥海書房，東京．204 pp.

小川鼎三 1932．本邦産海豚の分類に就いて．斉藤報恩会時報．69＋70：1-57．

粕谷俊雄 1963．1962年度（第11次）北洋産鯨類の生物学的調査報告．鯨類研究所，東京．62 pp.

粕谷俊雄 1999．日本沿岸のマッコウクジラ漁業でなされた統計操作について．IBI Rep．（国際海洋生物研究所，鴨川市）9：75-92．

粕谷俊雄・宮崎信之 1997．マッコウクジラ．pp. 163-167．In：川道武男（編）．レッドデータ日本の哺乳類．文一総合出版，東京．279 pp.

黒田末寿 1982．ピグミーチンパンジー．筑摩書房，東京．234 pp.

黒田長礼 1940．駿河湾の鯨目に就いて．植物及動物（東京）8：825-834．

近藤勲 2001．日本沿岸捕鯨の興亡．山洋社，東京．449 pp.

静岡県教育委員会（編）1987．伊豆における漁撈習俗調査 II．静岡県文化財保存協会，静岡市．193 pp.

徳山宣也 1992．大洋漁業捕鯨事業の歴史．私家版．825 pp.

永沢六郎 1915. 日本近海産鯨類 14 種の学名. 動物学雑誌（東京動物学会）27：404-410.

永沢六郎 1916a. 日本近海産鯨類の学名（再び）. 動物学雑誌（東京動物学会）28：445-47.

永沢六郎 1916b. 日本産海豚類 11 種の学名. 動物学雑誌（東京動物学会）28：35-39.

西脇昌治 1990. 南極行の記──1947/48 捕鯨船団での日々. 北泉社, 東京. 133 pp.（粕谷俊雄編, 没後出版）.

松浦義雄 1935a. 日本近海における長須鯨の分布及び習性に就いて. 動物学雑誌（日本動物学会）47：355-371.

松浦義雄 1935b. 日本近海における白長須鯨の分布及び習性に就いて. 動物学雑誌（日本動物学会）47：742-759.

Benjaminsen, T. and Christensen, I. 1979. The natural history of the bottlenose whale, *Hyperoodon ampullatus* Foster. pp. 143-164. *In*: H. E. Winn and B. L. Olla (eds). *Behavior of Marine Animal, Vol. 3, Cetaceans*. Plenum Press, New York and London. 438pp.

Best, P. B. and Kato, H. 1992. Possible evidence from foetal length distributions of the mixing of different components of the Yellow Sea-East China Sea-Sea of Japan-Okhotsk Sea minke whale population(s). *Rep. int. Whal. Commn*. 42：166.

Brownell, R. L. Jr., Kasuya, T., Kato, H. and Ohsumi, H. 1999. Report of the ad hoc intersessional sperm whale group meeting. *J. Cetacean Res. Manege*. 1 (Suppl.)：147.

Brownell, R. L. Jr., Yablokov, A. V. and Zemsky, V. A. 2000. USSR pelagic catches of North Pacific sperm whale, 1949-1979：conservation implications. pp. 123-131. *In*: A. V. Yablokov and V. A. Zemsky (eds). *Soviet Whaling Data (1949-1979)*. Center for Russian Environmental Policy, Marine Mammal Council, Moscow. 408 pp.

Clapham, P. J., Aguilar, A. and Hatch, L. T. 2008. Determining spatial and temporal scales for the management of cetaceans：lessons from whaling. *Marine Mammal Sci*. 24 (1)：183-201.

Dumbar, R. I. M. and Shultz, S. 2007. Evolution in social brain. *Science* 317：1344-1347.

Francis, D. 1990. *A History of World Whaling*. Viking, Middlesex. 288 pp.

Heyning, J. E. 1989. Cuvier's beaked whale, *Ziphius cavirostris* G. Cuvier, 1823. pp.289-308. *In*: S. H. Ridgway and R. Harrison (eds). *Handbook of Marine Mammals, Vol. 4, River Dolphins and the Larger Toothed Whales*. Academic Press, London, San Diego. 442 pp.

Holden, C. 2005. Cetacean culture? *Science* 308：1545.

Houston, J. 1995. *Confessions of an Igloo Dweller*. McClelland and Stewart, Toronto.（小林正佳［訳］1999. 北極で暮らした日々. どうぶつ社, 東京. 380 pp. による）.

Ivashchenko, Y. V., Clapham, P. J. and Brownell, R. L. Jr. (eds). 2007. Scientific reports of Soviet whaling expeditions in the North Pacific, 1955-1978. NOAA Technical Memorandum NMFS-AFSC-175. 36 pp.＋Appendix. [Translation：Y. V. Ivashchenko]. 28 pp.

IWC (International Whaling Commission) 1981. Report of the Sub-Committee on Sperm Whales. *Rep. int. Whal. Commn*. 31：78-102.

IWC 1988. Report of the Sub-Committee on Sperm Whales. *Rep. int. Whal. Commn*. 38：67-75.

IWC 1993. Report of the Sub-Committee on Small Cetaceans. *Rep. int. Whal. Commn*. 43：130-145.

IWC 2008. Report of the Scientific Committee. *J. Cetacean Res. Manage*. 10 (Suppl.)：1-74.

IWC 2010a. Report of the Sub-Committee on In-Depth Assessments. *J. Cetacean Res. Manage*. 12 (Suppl. 2)：180-197.

IWC 2010b. Report of the Working Group on the In-Depth Assessment of Western North Pacific Common Minke Whales, with a focus on J-stock. *J. Cetacean Res. Manage*. 12 (Suppl. 2)：198-217.

Kasuya, T. 1972. Some information on the growth of the Ganges dolphin with a comment on the Indus dolphin. *Sci. Rep. Whales Res. Inst*. (Tokyo) 24：87-108.

Kasuya, T. 1973. Systematic consideration of recent toothed whales based on the morphology of tympano-periotic bone. *Sci. Rep. Whales Res. Inst*. (Tokyo) 25：1-103＋Pls. 1-28

Kasuya, T. 1976. Reconsideration of life history parameters of the spotted and striped dolphins based on cemental layers. *Sci. Rep. Whales Res. Inst*. (Tokyo) 28：73-106.

Kasuya, T. 1977. Age determination and growth of the Baird's beaked whale with a comment on the fetal growth rate. *Sci. Rep. Whales Res. Inst*. (Tokyo) 29：1-20.

Kasuya, T. 1985. Effect of exploitation on reproductive parameters of the spotted and striped dolphins off the Pacific coast of Japan. *Sci. Rep. Whales Res. Inst*. (Tokyo) 36：107-138.

Kasuya, T. 1986. Distribution and behavior of Baird's beaked whales off the Pacific coast of Japan. *Sci. Rep. Whales Res. Inst*. (Tokyo) 37：61-83.

Kasuya, T. 1991. Density dependent growth in North Pacific sperm whales. *Marine Mammal Sci*. 7 (3)：230-257.

Kasuya, T. 1995. Overview of cetacean life histories：an essay in their evolution. pp. 481-497. *In*: A. S. Blix, L. Walloe and O. Ultang (eds). *Whales, Seals, Fish and Man*. Elsevier, Amsterdam. 720 pp.

Kasuya, T. 1999a. Examination of reliability of catch statistics in the Japanese coastal sperm whale fishery. *J. Cetacean Res. Manage*. 1：109-122.

Kasuya, T. 1999b. Review of the biology and exploitation of striped dolphins in Japan. *J. Cetacean Res. Manage*. 1：81-100.

Kasuya, T. 2002a. Japanese whaling. pp. 655-662. *In*: W. F. Perrin, B. Würsig and J. G. M. Thewissen (eds). *Encyclopedia of Marine Mammals*. Academic Press, San Diego. 1414 pp.

Kasuya, T. 2002b. Giant beaked whales. pp. 519-522. *In*: W. F. Perrin, B. Würsig and J. G. M. Thewissen (eds). *Encyclopedia of Marine Mammals*. Academic Press, San Diego. 1414 pp.

Kasuya, T. 2007. Japanese whaling and other cetacean fisheries. *Environ. Sci. Pollut. Res*. 14：39-48.

Kasuya, T. 2008. Cetacean biology and conservation : a Japanese scientist's perspective spanning 46 years, The Kenneth S. Norris Lifetime Achievement Award lecture presented on 29 November 2007, Cape Town, South Africa. *Marine Mammal Sci.* 24 (4) : 749-773.

Kasuya, T. and Brownell, R. L. Jr. 1979. Age determination, reproduction and growth of Franciscana dolphin, *Pontoporia blainvillei*. *Sci. Rep. Whales Res. Inst.* (Tokyo) 31 : 45-67.

Kasuya, T. and Brownell, R. L. Jr. 1999. Additional Information on the Reliability of Japanese Coastal Whaling Statistics. Paper IWC/SC/51/07, presented to the IWC Scientific Committee in 1999. 15 pp. (Available from the IWC Secretariat).

Kasuya, T. and Brownell, R. L. Jr. 2001. Illegal Japanese Coastal Whaling and Other Manipulation of Catch Records. Paper IWC/SC/53/RMP24, presented to the IWC Scientific Committee in 2001. 4 pp. (Available from the IWC Secretariat).

Kasuya, T., Brownell, R. L. Jr. and Balcomb, K. C. III. 1997. Life history of Baird's beaked whales off the Pacific coast of Japan. *Rep. int. Whal. Commn.* 47 : 969-979.

Kasuya, T. and Kureha, K. 1979. The population of finless porpoise in the Inland Sea of Japan. *Sci. Rep. Whales Res. Inst.* (Tokyo) 31 : 1-44.

Kasuya, T. and Marsh, H. 1984. Life history and reproductive biology of the short-finned pilot whale, *Globicephala macrorhynchus*, off the Pacific coast of Japan. *Rep. int. Whal. Commn.* (Special Issue 6, Reproduction in Whales, Dolphins and Porpoises) : 259-360.

Kasuya, T., Marsh, H. and Amino, A. 1993. Non-reproductive mating in short-finned pilot whales. *Rep. int. Whal. Commn.* (Special Issue 14, Biology of Northern Hemisphere Pilot Whales) : 425-437.

Kasuya, T. and Matsui, S. 1984. Age determination and growth of the short-finned pilot whale off the Pacific coast of Japan. *Sci. Rep. Whales Res. Inst.* (Tokyo) 35 : 57-91.

Kasuya, T. and Miyashita, T. 1988. Distribution of sperm whale stocks in the North Pacific. *Sci. Rep. Whales Res. Inst.* (Tokyo) 39 : 31-75.

Kasuya, T. and Miyashita, T. 1997. Distribution of Baird's beaked whales off Japan. *Rep. int. Whal. Commn.* 47 : 963-968.

Kasuya, T., Miyashita, T. and Kasamatsu, F. 1988. Segregation of two forms of short-finned pilot whales off the Pacific coast of Japan. *Sci. Rep. Whales Res. Inst.* (Tokyo) 39 : 77-90.

Kasuya, T. and Miyazaki, N. 1982. The stock of *Stenell coeruleoalba* off the Pacific coast of Japan. pp. 21-37. *In* : J. G. Clarke, J. Goodmann and G. A. Soave (eds). *Mammals of the Sea*. Vol. 4, Small Cetaceans, Seals, Sirenians and Otters. FAO and UNEP, Rome. 531 pp.

Kasuya, T. and Nishiwaki, M. 1975. Recent status of the population of Indus dolphin. *Sci. Rep. Whales Res. Inst.* (Tokyo) 27 : 81-94.

Kasuya, T. and Ohsumi, S. 1966. A secondary sexual character of the sperm whale. *Sci. Rep. Whales Res. Inst.* (Tokyo) 20 : 89-94 + Plate I.

Kasuya, T. and Tai, S. 1993. Life history of short-finned pilot whale stocks off Japan and description of the fishery. *Rep. int. Whal. Commn.* (Special Issue 14, Biology of Northern Hemisphere Pilot Whales) : 439-473.

Kasuya, T., Yamamoto, Y. and Iwatsuki, T. 2002. Abundance decline in the finless porpoise population in the Inland Sea of Japan. *Raffles Bull. Zool.* (Supplement) 10 : 57-65.

Kiltie, R. A. 1984. Seasonality, gestation time, and large mammal extinctions. pp. 299-314. *In* : P. S. Martin and R. G. Klein (eds). *Quarternary Extinctions*. University of Arizona Press, Tucson. 892pp.

Kishiro, T. and Kasuya, T. 1993. Review of Japanese dolphin drive fisheries and their status. *Rep. int. Whal. Commn.* 43 : 439-452.

Kondo, I. and Kasuya, T. 2002. True Catch Statistics for a Japanese Coastal Whaling Company in 1965-1978. Paper IWC/SC/54/O13, presented to the IWC Scientific Committee in 2002. 23 pp. (Available from the IWC Secretariat).

Krutzen, M. 2006. Dolphins join the culture club. *Australasian Sci.* 27 : 26-28.

Magnusson, K. G. and Kasuya, T. 1997. Mating strategies in whale populations : searching strategy vs. harem strategy. *Ecological Modeling* 102 : 225-242.

Marsh, H. and Kasuya, T. 1984. Change in ovaries of the short-finned pilot whales, *Globicephala macrorhynchus*, with age and reproductive activity. *Rep. int. Whal. Commn.* (Special Issue 6, Reproduction in Whales, Dolphins and Porpoises) : 311-335.

Marsh, H. and Kasuya, T. 1986. Evidence of reproductive senescence in female cetaceans. *Rep. int. Whal. Commn.* (Special Issue 8, Behavior of Whales in Relation to Management) : 57-74.

Marsh, H., Penrose, H., Eros, C. and Hugues, J. 2002. *Dugong : Status Reports and Action Plans for Countries and Territories*. UNEP/DEWA/RS. 02-1. UNEP, Cambridge. 162 pp.

Minamikawa, S., Iwasaki, T. and Kishiro, T. 2007. Diving behavior of a Baird's beaked whale, *Berardius bairdii*, in the slope water region of the western North Pacific : first dive records using a data logger. *Fish. Oceanography* 16 (6) : 573-577.

Miyashita, T. 1993. Abundance of dolphin stocks in the western North Pacific taken by Japanese dolphin fishery. *Rep. int. Whal. Commn.* 43 : 417-437.

Okada, Y. and Hanaoka, T. 1940. A study of Japanese Delphinidae (IV). *Sci. Rep. Tokyo Bunrika Daigaku*, Section B77 : 285-306.

Omura, H., Fujino, K. and Kimura, S. 1955. Beaked whale *Berardius bairdii* off Japan, with notes on *Ziphius cavirostris*. *Sci. Rep. Whales Res. Inst.* (Tokyo) 10 : 89-132.

Omura, H., Nishiwaki, M., Ichihara, T. and Kasuya, T. 1962. Osteological note of a sperm whale. *Sci. Rep. Whales Res. Inst.* (Tokyo) 16 : 35-45 + Pls. 1-8.

Pirlot, P. and Kamiya, T. 1975. Comparison of ontogenetic

brain growth in marine and coastal dolphin. *Growth* 39：507-524.

Ralls, K. 1976. Mammals in which females are larger than males. *Quaternary Review of Biology* 51：245-276.

Ralls, K., Brownell, R. L. Jr. and Ballou, J. 1980. Differential mortality by sex and age in mammals, with specific reference to the sperm whale. *Rep. int. Whal. Commn.* (Special Issue 2, Sperm Whales)：233-243.

Reporters without Borders. 2007. Annual worldwide press freedom index 2006. http://www.rsf.org/article.php3?id_article=19388

Schultz, E. A. and Lavenda, R. H. 1990. *Cultural Anthropology*. West Publishing. St. Paul. (秋野晃司・滝口直子・吉田正紀 [訳] 2003. 文化人類学 II. 古今書院, 東京. 222 pp. による).

Shirakihara, M., Takemura, A. and Shirakihara, K. 1993. Age, growth, and reproduction of the finless porpoise, *Neophocaena phocaenoides*, in the coastal waters of western Kyushu, Japan. *Marine Mammal Sci.* 9 (4)：392-406.

Starbuck, A. 1878. *History of the American Whale Fishery*. Vol. 1. 407 pp. (Based on reprint published in 1964 by Argosy-Antiquarian Ltd., New York).

Stewart, R. E. A. and Stewart, B. E. 2002. Female reproductive system. pp. 422-428. *In*：W. F. Perrin, B. Würsig and J. G. M. Thewissen (eds). *Encyclopedia of Marine Mammals*. Academic Press, San Diego. 1414pp.

Subramanian, A., Tanabe, S. and Tatsukawa, R. 1988. Estimating some biological parameters of Baird's beaked whales using PCBs and DDE as tracers. *Marine Pollution Bull.* 19：284-287.

Tonnessen, J. N. and Johnsen, A. O. 1982. *The History of Modern Whaling*. University of California Press, Berkeley and Los Angeles. 798pp.

Waal, F. De. 2005. *Our Inner Ape*. Granta Pub., London. (藤井留美 [訳] 2005. あなたのなかのサル. 早川書房, 東京. 340 pp. による).

Walker, W. A., Mead, J. G. and Brownell, R. L. Jr. 2002. Diet of Baird's beaked whales, *Berardius bairdii*, in the southern Sea of Okhotsk and off the Pacific coast of Honshu, Japan. *Marine Mammal Sci.* 18 (4)：902-919.

Whitehead, H. 2002. Culture in whales and dolphins. pp. 304-305. *In*：W. F. Perrin, B. Würsig and J. G. M. Thewissen (eds). *Encyclopedia of Marine Mammals*. Academic Press, San Diego. 1414 pp.

Whitehead, H. 2003. Sperm Whales. The University of Chicago Press, Chicago. 431 pp.

Würsig, B. 2002. Intelligence and cognition. pp. 628-637. *In*：W. F. Perrin, B. Würsig and J. G. M. Thewissen (eds). *Encyclopedia of Marine Mammals*. Academic Press, San Diego. 1414 pp.

Yoshida, H. 2002. Population structure of finless porpoise (*Neophocaena phocaenoides*) in coastal waters of Japan. *Raffles Bull. Zool.* (Supplement) 10：35-42.

あとがき

　私が初めて鯨を知ったのは1947年の初夏で小学校4年生のときだった．川越市の在の小学校で児童に干乾びた塩蔵鯨肉が一切れずつ配給された．その日の帰り道，色づいた麦畑のなかの小道を歩きながら，ポケットのなかの鯨肉をちぎって食べてみた．いまから思えば1946/47年漁期，戦後初の南氷洋捕鯨の産物だったかもしれない．そのころ各戸に配給されたてんぷら油は，冬には一升瓶のなかで白く固まった．これを囲炉裏の火にかざして溶かすのが子どもの役割だった．これも鯨油だったと思う．その後，妹の学校給食に鯨の竜田揚げが出たと聞いた．だれもが必死に生きた当時の貧しい生活が鯨肉の味に重なって思い出される．東京の大衆食堂で食べる鯨肉は硬くて筋が多かったが，九州で捕鯨会社の接待で出された刺身のおいしさに驚いた．これは大学4年の夏（1960年）に東京大学農学部水産学科の見学旅行に参加したときのことだった．貧乏学生だった私は，鴻巣章二教授（当時）から，旅費のたしに3,000円を拝借してそれに参加し，集合地の広島では，前夜は野球場の隅で野宿をして宿代を節約した．当時，鯨肉は魚肉ソーセージに，ひげ鯨油はマーガリンに，マッコウ油は中性洗剤にそれぞれ加工され大量の需要があった．

　1980年代末になると，黒っぽい見慣れない鯨肉が都内でも目についた．資源枯渇で捕鯨が縮小され，ひげ鯨肉の供給が細り，コビレゴンドウなどのイルカ類の肉が高値で取引され，正体を隠して出回ったのである．イルカ漁業者のこの幸せも長くは続かなかった．近ごろでは調査捕鯨の拡大で鯨肉の供給が増えたことも背景にあるが，その1,000頭ほどの鯨肉もだぶついていると報道されている．鯨肉で生き延びた世代が死滅しつつあり，日本の鯨肉需要はおとろえつつあるらしい．このような状況のなかで，野生生物の保全においては，消費者教育による需要コントロールの有効性が認識されつつある．

　私の鯨類研究は，1960年夏にマッコウクジラの年齢査定を卒業研究に取り上げたときに始まった．当時の（財）日本捕鯨協会鯨類研究所の西脇昌治氏に指導をいただいた．その秋には，西脇氏と大隅清治氏の手伝いで伊豆半島の漁村にスジイルカ漁の調査に同行し，川奈の米屋旅館に泊り，スジイルカの心臓の刺身を初めて食べた．これが縁で翌春に就職したその研究所は，大村秀雄所長（当時）ほか7名の先任研究者がいて活気があった．それは捕鯨会社の提供する資金で鯨の資源研究をする組織で，沿岸の捕鯨事業所や捕鯨母船上で，漁獲物を調査することがおもな仕事だった．最初の調査で訪れた鮎川の捕鯨事業所では，どの捕鯨会社も捕獲頭数をごまかしているのを知って驚いた．これは捕鯨業に対する私の不信を決定的なものにした．まもなく，しだいに強化される捕鯨縮小のなかで，鯨類研究所も縮小を迫られた．そこで私は，1966年に西脇教授（当時）の助手として東京大学海洋研究所に移った．そこでの17年間は日本近海のイルカ類，世界の大河にすむカワイルカ類，ジュゴンやマナティーなどの研究をした恵まれた時期であった．この後1983年からの14年間は，水産庁遠洋水産研究所でマッコウクジラやイルカ類の生活史の研究を続けるかたわら，鯨類資源の管理に関する仕事にもかかわっ

た．行政や国際捕鯨委員会に対して日本の小型鯨類の危機的な状況を説明し，漁業の規制強化を求めることもした．この後，三重大学生物資源学部（1997年-）と帝京科学大学アニマルサイエンス学科（2001年-）でスナメリとジュゴンの生態研究や学生の教育に携わり，2006年3月に教授を退任した．

私は洋上でイルカを観察して行動や分布をさぐる仕事もしたが，おもな研究手法は漁獲物を調査し必要な標本を集めて解析することであった．R. Gambell 博士の言葉を借りれば，ナイフとノートブックの研究である．漁業に便乗した安直な手法であり，多数の鯨類が漁業で殺されていた時代だからできたことである．いまから思えば，鯨類研究所の5年間はこの手法の基礎を学んだ期間であり，海洋研究所はその展開の場であり，水産研究所で手がけた資源管理の仕事はその成果の応用であった．私が用いた研究手法は，いまの若い研究者には，おもな手法とはなりえない．研究材料として目の前に横たわるイルカの死体が生きた昨日までの生活も，殺されなければあったであろう明日からの生活も，どちらも知りえないという致命的な欠点がこの手法にはある．いまの研究は鯨を殺さずに調べて，継続的な情報を得ることが重視されている．それに昔は大学の研究者も漁獲物を自由に研究できたが，いまでは水産庁の支持を得た研究者しか調査の機会が得られなくなっている．

科学者の務めとはなにか．それは研究をするだけでは終わらない．科学的知識を普及させ，社会の知的レベルを向上させ，研究成果を人々の生活に反映させることも求められている．将来に問題が予測される場合には，それについて社会に警告を発することも科学者の務めである．私はこれまで保全上の意見を日本語で発表することもしたが，日本語は国際的には通用しないので，研究成果はもっぱら英文の学術誌に発表してきた．一般向けの印刷物は水泡のように消えるし，ページ数の制約もある．学術誌は一般の人にはなじみにくく，言葉の障壁もある．いま，それが大学生であれ，一般人であれ，鯨類の生物学を基礎から学び，あるいはそれにもとづいて鯨類の保全を考えようとしても，必要な情報を入手するには困難がともなう．本書はこのような反省から，日本近海の代表的な小型鯨類であり，漁業ともかかわりの深い数種に関して，その生物学や保全上の問題について，これまでにわかったことや，残された課題などを出典を添えて紹介することに努めている．

本書のもう1つの目的は，日本人と小型鯨類とのかかわりを記録することである．国際捕鯨委員会の下部組織である科学委員会は，1975年以来日本のイシイルカとスジイルカの大量漁獲に対して繰り返し懸念を表明してきた．日本政府はこのような問題の存在を国民に知らせる努力もせず，効果的な対策を講じることもなく放置してきた．ようやく国内関係者の合意ができて全国的に種別の捕獲枠が設定されたのは1993年であり，そのときにはすでに伊豆半島のスジイルカ漁業は乱獲により壊滅していた．その資源はいまも回復の兆しをみせていない．三陸・北海道のイシイルカ漁業は1940年代と1980年代に爆発的な漁獲増加を経験したが，その資源動向は明らかではない．捕鯨業の陰に隠れ，経済的には軽視されてきたイルカ漁業であるが，そこには，漁業資源の管理からみても自然保護の観点からも重大な失敗があった．その主因は行政の怠慢にあるが，警告を発する力が弱かったという点で科学者も責任を免れない．いま，この経験を記録しておくことは，将来に失敗を繰り返さないために重要であると考えた．

私がこれまでに収集し，研究に用いた年齢と繁殖に関する鯨類の生物試料の多くは水産庁遠洋水産研究所に保管されている．また，調査現場で記録した野帳，研究室で個体ごとの生物情報を記録した台帳，写真などの紙に記された記録は国立科学博物館動物研究部に寄託してある．

国立科学博物館には東京大学海洋研究所から移管された多数の鯨類の骨格標本も保存されている．これは日本周辺の鯨類動物相の解明のために西脇昌治教授（当時）が中心となって収集し，氏の退職後に私が移管の手続きをとったものである．それらの標本番号の頭には TK の文字がある．これは東京大学海洋研究所の略号として私の赴任前に定められていたものであり，私のイニシャルではない．これらの骨格標本，試料，研究記録などは，利用を希望する鯨類研究者に広く提供されることを願っている．

　私はこれまでの研究生活において多くの人々のお世話になった．（財）鯨類研究所の8名の科学者と3名の事務職員の方には5年間お世話になった．なかでも大村秀雄所長，西脇昌治博士，大隅清治博士の3氏のご指導は，その後の私の鯨類研究者としての活動の基礎を形成している．東京大学海洋研究所では洋上調査，水揚げ地での死体調査，試料の調製などにおいて研究船淡青丸と白鳳丸，資源生物部門の職員や学生諸君にお世話になった．部門主任の西脇昌治教授（当時）には鯨類研究所時代から続いてご指導いただき，若い私のわがままも許していただいた．遠洋水産研究所では鯨類研究室の科学者や職員各位のお世話になった．ここで鯨類研究所以来の先達である大隅清治氏の下で働けたのは幸いであった．鯨類資源の研究や管理に関して，自由な活動を最大限に認めていただくことができた．

　捕鯨業関係の調査では多くの捕鯨会社や沿岸事業所にご協力いただいた．それらは，大洋漁業（北洋捕鯨母船錦城丸，鮎川事業所），極洋捕鯨（北洋捕鯨母船極洋丸，南氷洋捕鯨母船第3極洋丸，鮎川事業所），日本近海捕鯨（後の日本捕鯨）（鮎川事業所，太地事業所），日東捕鯨（和田浦事業所，太地事業所），三好捕鯨（捕鯨船第2銀星丸，網走事業所），下道水産（捕鯨船第1安丸，網走事業所），鳥羽捕鯨（捕鯨船第7幸栄丸，鮎川事業所），外房捕鯨（和田浦事業所）である．イルカ漁業の調査では山田湾漁協，大槌漁協，安良里漁協，富戸漁協，川奈漁協，太地漁協，勝本漁協，太地町役場，静岡県水試，岩手県水試のみなさま，および調査ボランティアのみなさまのお世話になった．竹内賢士氏，細田徹氏，倉沢七生氏，舟橋直子氏には捕鯨関係の資料の入手にご協力いただいた．

　本書の企画が始まったのは1988年で，東京大学出版会編集部の光明義文氏の提案であった．氏とは東京水産大学学部学生のときからのつきあいであり，その学位研究は本書にも引用されている．その後，二十数年にわたって，折をみては進捗をたずねながら，原稿の完成を待ってくださった．出版が遅れた間に学問レベルが向上し，本書の内容も充実したというのが私の秘かないいわけではあるが，本書の原稿を完成できたのはひとえに氏のおかげである．編集作業のご苦労にも大きいものがあった．校正刷を忍耐強く精読する作業をみて，本書は著者と編集者の共同作品であることを実感した．

　私は乗船調査や水揚げ地調査のために留守が多く，2人の娘の世話を含めて家庭のことは妻和子に任せきりであった．私が鯨類研究者として比較的自由な言動を維持できたのも家族の支持によるものと感謝している．

2011年9月18日
粕谷俊雄

参考資料1

イルカ漁業に関して水産庁各部局から出された通達

　イルカ漁業に関して水産庁から都道府県にあてて出された通達を日付順に掲載する．これらは，農林水産省令第92号（平成13年4月20日）『指定漁業の許可及び取締り等に関する省令の一部を改正する省令』を解説した都道府県知事宛て水産庁長官通達13水管第1004（平成13年7月1日）『指定漁業の許可及び取締り等に関する省令の一部を改正する省令の施行に伴う鯨類（いるか等小型鯨類を含む）の捕獲・混獲等の取扱いについて』によって失効しているが，歴史的資料として収録したものである．なお，段落・空白行・仮名づかいは原文に準じたが，句読点は「，」と「．」に変更し，文字サイズ・行長は紙面に合わせて変更した．また，3-1022には同日付で，内容の異なる2つの通達がある．

[平成2年（1990）6月28日通達]

2－1039
平成2年6月28日

水産主務部長殿

水産庁振興部沿岸課長
水産庁海洋漁業部遠洋課長

定置網漁業により混獲された鯨の取扱いについて

　定置網漁業により混獲された鯨（ひげ鯨亜目の全種及び歯鯨亜目のまっこう鯨科の鯨をいう．以下同じ．）については，今後，下記のとおり指導するとともに，記の3の報告があった場合には，遅滞なく，水産庁振興部沿岸課あて報告願いたい．
　なお，このことについては，関係当局とも打ち合わせ済みであるので，念のため申し添える．

記

1．今後とも生きている鯨については，必ず海へ戻すよう漁業者に対する指導を更に徹底すること．

2．死んでいる鯨については，密漁防止等の観点から原則として埋め立て等により処理するよう関係者を指導するものとすること．例外的に食用に供する場合においても，衛生担当部局と十分協議するとともに，現在商業捕鯨が禁止されている状況にあることに鑑み，長年の食習慣として比較的理解を得られやすい地場消費に努めるよう関係者を指導すること．

3．2．の処理を行った場合には，遅滞なく，別添の様式により鯨を混獲した漁業者の属する漁業協同組合を通じて水産担当部局に報告するよう指導すること．

（別添）

平成○年○月○日

○○漁業協同組合
組合長理事○○

下記の者が混獲した鯨は，次のとおり処理しましたので報告します．

記

1．定置漁業権者の名称及び住所
2．定置漁業権の免許番号
3．混獲の日時及び場所
4．混獲された鯨の体長
5．処理の具体的な内容

[平成2年（1990）9月20日通達]

2－1050
平成2年9月20日

水産主務部長殿

水産庁振興部沿岸課長

混獲された小型鯨類（いるか）の取扱いについて

　定置網漁業，地びき網漁業等により混獲されたいっかく，すなめり及びしゃち（以下「制限いるか」という．）については，今後，下記のとおり指導するとともに，記の3の報告があった場合には，遅滞なく，水産庁振興部沿岸課あて報告願いたい．

記

1．生きている制限いるかについては，これを傷つけることとならないよう配慮された方法により必ず海へ戻すよう漁業者を指導するものとすること．

2．死んでいる制限いるかについては，埋立てにより処理するよう漁業者を指導するものとすること．

3．2．の処理を行った場合には，遅滞なく，別添の様式により制限いるかを混獲した漁業者の属する漁業協同組合を通じて水産担当部局に報告するよう指導すること．

（別添）

平成○年○月○日

○○漁業協同組合
組合長理事○○

下記の者が混獲した小型鯨類（いるか）は，次のとおり処理しましたので報告します．

記

1．混獲した漁業者の名称及び住所
2．混獲に係る漁具の種類

3．混獲の日時及び場所
4．混獲された小型鯨類の種類及び体長
5．処理の具体的な内容
6．その他参考となる事項

[平成2年（1990）11月30日通達]

2－1066
平成2年11月30日

水産主務部長殿

水産庁振興部沿岸課長

小型鯨類（いるか）の取扱いについて

　いるかを捕獲する漁業については，地域における伝統的食習慣を踏まえ，更に資源量との調整を図りながら，漁業法等に基づく政省令，漁業調整規則及び海区漁業調整委員会指示により，漁獲量，操業期間，操業隻数等について厳しい制限の下に行われているところであるが，鯨類をめぐる国際世論等も踏まえ，混獲又は座礁等（以下，「混獲等」という．）したいるか（歯鯨亜目のうち，まっこう鯨科及びすなめり，しゃち，いっかくを除いた鯨をいう．以下同じ）については今後，下記により取り扱うよう関係者を指導するとともに，記の3の報告があった場合は，遅滞なく当課あて別添様式1により報告願いたい．
　なお，定置網漁業により混獲された鯨（ひげ鯨亜目及び歯鯨亜目のうちまっこう鯨科の鯨をいう．）の取扱いについては，本年6月28日に，混獲された制限いるか（歯鯨亜目の鯨のうち，すなめり，しゃち及びいっかくをいう．）の取扱いについては，本年9月20日に，それぞれ通達［ママ］しているので，併せ御指導願いたい．

記

1．混獲等発見時に生きているいるかについては，必ず海へ戻すよう最善の努力を行うこと．

2．混獲等発見時に死んでいるいるかについては，原則として埋設，焼却等適切な処理を行うこと．
　　なお，伝統的にいるかを食する習慣のある地域においては，例外的に地元で消費して差し支えないが，この場合においても地元での消費に限ることとし，販売は行わないこと．

3．2の処理を行った場合には，遅滞なく，別添2の様式によりいるかの混獲等を発見した漁業者の属する漁業協同組合を通じて水産担当部局に報告すること．

（別添様式1）

年　月　日

水産庁振興部沿岸課長

○○県○○部長

　別添のとおり県下○○漁業協同組合組合長○○から報告があったので，下記の方法により確認しましたので，報告します．

　　1．確認年月日
　　2．確認者氏名

（別添様式2）
　　　　年　月　日

〇〇漁業協同組合
組合長〇〇

　下記の者が混獲等した小型鯨類（いるか）は，次のとおり処理しましたので報告します．

　　1．混獲等を発見した漁業者の名称及び住所
　　2．混獲に係る漁具の種類
　　3．混獲等の日時及び場所
　　4．混獲等された小型鯨類の種類及び体長
　　5．処理の具体的な内容
　　6．その他参考となる事項

[平成3年（1991）3月28日通達，その1]

3-1022
平成3年3月28日

　　水産部長殿

水産庁振興部長

小型鯨類（イルカ）の取扱について

　イルカ（歯鯨亜目のうちマッコウクジラを除いたものをいう．以下同じ．）の取扱いについては，地域における伝統的食習慣を踏まえ，更に資源量との調整を図りながら，これらを捕獲する漁業について，漁業法等に基づく政省令，漁業調整規則及び海区漁業調整委員会指示等により，漁獲量，操業期間，操業隻数等の厳しい制限が課されるとともに，混獲等についても，累次の通達によりその適切な取扱いにつき関係漁業者に対する指導方をお願いしているところである．については，鯨類をめぐる国際世論等も踏まえ，今後，小型捕鯨業による捕獲を除き下記により取り扱うよう関係者を指導されたい．
　おって，平成2年9月20日付け2-1050及び平成2年11月30日付け2-1066は廃止する．

記

1　捕獲又は駆除（以下「捕獲等」という．）について
　（1）　別記1に掲げるイルカについては，その資源量が少ないこと等を踏まえ，捕獲等を行わないこと．なお，学術研究等に用いるための捕獲については当部沿岸課と事前に協議の上行うこと．
　（2）　別記2に掲げるイルカの捕獲等については，別途指示する捕獲頭数の枠内において，漁業法等に基づく政省令，漁業調整規則等を遵守して行うこと．また，別記3に掲げるイルカについては，沿岸課と事前に打ち合わせの上慎重を期すること．
　（3）　別記1に掲げるイルカについて，捕獲等の対象に含まれていることを発見した場合には，直ちに沿岸課に連絡するとともに，生きているものについては，速やかに海に戻し，死んでいるものについては，埋没，焼却等適切な処理を行うこと．

2　混獲又は座礁（以下「混獲等」という．）について
　（1）　混獲等発見時に生きているイルカについては，海に戻すよう最善の努力を行うこと．

(2) 混獲等発見時に死んでいるイルカについては，原則として埋没，焼却等適切な処理を行うこと．
  なお，伝統的にイルカを食する習慣のある地域においては，別記2及び3のイルカに限り，当該混獲等発見時に死んでいるものについて，例外的に地元で消費して差し支えないが，この場合においても地元での消費に限ることとし，販売は行わないこと．
(3) 座礁及び別記1に掲げるイルカの混獲を発見した場合は，その時点で沿岸課に連絡すること．また，(2)の処理を行った場合は，速やかに別添1の様式により漁業協同組合を通じて県の水産担当部局に報告することとし，県は別添2の様式により沿岸課に報告すること．

3　1および2以外の場合であっても，イルカの死体を発見した場合及び湾内への迷い込みを発見した場合等には，2の(1)及び(2)に準じて対応するとともに，速やかに沿岸課に連絡すること．

(別記1)
　アカボウ，シャチ，タッパナガ，サラワクイルカ，ネズミイルカ，スナメリ，イッカク，その他別記2及び3に掲げる以外の歯鯨

(別記2)
　ツチ，オキゴンドウ，マゴンドウ，バンドウ，ハナゴンドウ，マダライルカ（アラリイルカ），スジイルカ，イシイルカ（リクゼンイルカを含む．）

(別記3)
　カズハゴンドウ，マイルカ，セミイルカ，カマイルカ，シワハイルカ

(別添様式1)

　　　年　月　日
　　　　　　　　　　　　　　　　　　　　　　　　　　　　　　　　○○漁業協同組合
　　　　　　　　　　　　　　　　　　　　　　　　　　　　　　　　組合長○○

　下記の者が混獲等したイルカは，次のとおり処理しましたので報告します．

　1．混獲等の日時及び場所
　2．混獲等を発見した漁業者の氏名及び住所
　3．混獲等に係る漁具の種類
　4．混獲等されたイルカの種類及び体長
　5．処理の具体的内容
　6．その他参考となる事項

(別添様式2)

　　　　　　　　　　　　　　　　　　　　　　　　　　　　　　　　　　　　年　月　日

水産庁振興部沿岸課長
　　　　　　　　　　　　　　　　　　　　　　　　　　　　　　　　○○県○○部長

　　　　　　　　　　　　　　　　　イルカの処理について

　このことについて，県下○○漁業協同組合組合長○○から，別添のとおり報告があり，下記の方法で確認しましたので報告します．

1. 確認年月日
2. 確認者氏名
3. 確認方法
4. その他参考事項

[平成3年（1991）3月28日通達，その2]

3-1022
平成3年3月28日

水産主務部長殿

水産庁振興部沿岸課長
水産庁海洋漁業部遠洋課長

定置網漁業により混獲された鯨の取扱について

　定置網漁業により混獲された鯨の取扱いについて（平成2年6月28日付け2-1039　水産庁振興部沿岸課長・水産庁海洋漁業部遠洋課長通達）を別紙新旧対照表のとおり改正するので，御了知の上適切な指導に努められたい．

新旧対照表

新	旧
定置網漁業により混獲された鯨（ひげ鯨亜目の全種及び歯鯨亜目のまっこう鯨をいう．以下同じ．）については，今後，下記のとおり指導するとともに，記の3の報告があった場合には，遅滞なく，水産庁振興部沿岸課あて報告願いたい．	定置網漁業により混獲された鯨（ひげ鯨亜目の全種及び歯鯨亜目のまっこう鯨科の鯨をいう．以下同じ．）については，今後，下記のとおり指導するとともに，記の3の報告があった場合には，遅滞なく，水産庁振興部沿岸課あて報告願いたい．

[平成13年（2001）7月1日通達]

13水管第1004号
平成13年7月1日

各都道府県知事　殿

水産庁長官

指定漁業の許可及び取締り等に関する省令の一部を改正する省令の施行に伴う
鯨類（いるか等小型鯨類を含む）の捕獲・混獲等の取扱いについて

　指定漁業の許可及び取締り等に関する省令の一部を改正する省令（平成13年農林水産省令第92号．以下「省令」という．）が，平成13年4月20日に制定され，本年7月1日（一部の規定は平成14年4月1日）から施行されることとなっている．ついては，本年7月1日以降（下記第3については，平成14年4月1日以降），鯨類（いるか等小型鯨類を含む）の捕獲・混獲等の取扱いについては，下記事項に留意の上，貴管下関係漁業者，流通加工業者等の指導につき遺憾のないようお願いする．
　なお，水産資源保護法（昭和26年法律第313号）に基づく鯨類（しろながす鯨，ほっきょく鯨，すなめ

り）の取扱いについては，同法の規定，同法に基づく取扱いによるので留意されたい．

また，「定置網漁業により混獲された鯨の取り扱いについて」（平成2年6月28日付け2-1039水産庁振興部沿岸課長・水産庁海洋漁業部遠洋課長通知［ママ］）及び「混獲・座礁ミンククジラのDNAサンプル試料の採取について」（平成10年9月29日付け　10-2638水産庁資源管理部遠洋課長通知）は，平成13年6月30日をもって，また，「小型鯨類（イルカ）の取り扱い［ママ］について」（平成3年3月28日3-1022水産庁振興部長通知）は，平成14年3月31日をもって廃止する．

記
［以下本文省略：著者］

［平成16年（2004）12月16日通達］

平成16年12月16日
水産庁遠洋課捕鯨班

「指定漁業の許可及び取締り等に関する省令の一部を改正する省令の施行に伴う
鯨類（いるか等小型鯨類を含む）［ママ］捕獲・混獲等の取扱いについて」改正版
（平成16年10月12日現在）

　指定漁業の許可及び取締り等に関する省令の一部を改正する省令（平成16年農林水産省令第77号）が，平成16年10月12日に制定され，同日から施行されることとなった．これを受けて，「指定漁業の許可及び取締り等に関する省令の一部を改正する省令の施行に伴う鯨類（いるか等小型鯨類を含む）の捕獲・混獲等の取扱いについて」（平成13年7月1日付け13水管第1004号水産庁長官通知）の一部も同日付で改正されることとなった．

　同改定については同日付け水産庁長官通知「指定遠洋漁業の許可及び取締り等に関する省令の一部を改正する省令の施行に伴う鯨類（いるか等小型鯨類を含む）の捕獲・混獲等の取扱いについて」で通知済みであるが参考として水産庁長官通知の改正版を別添する．

［以下は，平成16年10月12日現在の改正版であり，上で「別添する」とあるものである．これは平成13年7月1日付け長官通知に，座礁・漂着等の鯨類の取扱いに関する部分を追加し，それに伴う中・小見出し等の番号の変更がなされたものであるが，第1より第4までの大見出しには変更がない：筆者］

第1　省令の制定の趣旨

　　国際捕鯨取締条約により商業目的の捕獲が禁止されている鯨類（以下「ひげ鯨等」という．）については，これまで，当該条約を担保するための国内法上の措置として，①許可の発給をしないこと（大型捕鯨業及び母船式捕鯨業），②許可に付した制限条件によるひげ鯨等の捕獲の禁止（小型捕鯨業）による実態上の規制のほか，③特定の漁具（もり），漁法（追込網）によるひげ鯨等の捕獲の禁止により対応してきたところである．

　　最近の国際捕鯨委員会（IWC）では，ひげ鯨等の違法捕獲の存在根拠として我が国における捕獲禁止ひげ鯨等の流通が取り上げられ，混獲されたひげ鯨等の一部の流通が，これを助長しているとの指摘もなされている．また，IWCにおける鯨類資源管理のための一つの情報としてひげ鯨等の混獲データが利用されることとなり，我が国のひげ鯨等の混獲の適正な管理が求められている．

　　このような状況の中で，平成13年3月の鯨類管理適正化検討会（座長：鹿児島大学教授松田惠明）の検討結果を受けて，混獲されるひげ鯨等について合理的かつ透明性の高い利用の観点なども踏まえた一定の規制を行い，併せてひげ鯨等の密漁，密輸の誘発を防止する対策を講じることによりひげ鯨等の管理の適正化を図ることとされたものである．

　　その後，浅瀬等に座礁し又は漂着する鯨類が増加傾向にあることから，その処理体制や利用についての取扱いを確立するため，平成16年9月の座礁鯨類処理問題検討委員会（座長：近畿大学教授小野征一

郎）の検討結果を受けて浅瀬等に座礁し，又は漂着したひげ鯨等（以下「座礁ひげ鯨等」という）についても合理的かつ透明性の高い利用の観点なども踏まえた規制に変更する観点から，一定の条件の下にこれらのひげ鯨等についても捕獲を認めることとしたものである．［この5行は，当改正版において，長官通達「13水管第1004号」の「第1省令の制定の趣旨」に，新たに追加された部分である：筆者］

第2　ひげ鯨等の捕獲等の制限
　1　ひげ鯨等の捕獲の禁止
（1）捕獲の禁止（第81条第1項関係）
　①　ひげ鯨等（ひげ鯨全種（しろながす鯨，ほっきょく鯨，ながす鯨，いわし鯨，にたり鯨，ざとう鯨，こく鯨，せみ鯨，こせみ鯨，みんく鯨），及び歯鯨のうちまっこう鯨，とっくり鯨及びみなみとっくり鯨をいう．以下同じ.）については，
　　ア　大型捕鯨業者，小型捕鯨業者及び母船式捕鯨業者が当該漁業の許可の内容に従って捕獲する場合
　　イ　農林水産大臣が別に定めて告示する漁業（②参照）の操業中に混獲した場合
　　ウ　座礁し，又は漂着したひげ鯨等であって農林水産大臣が別に定めて告示するもの（④参照）を捕獲する場合
　　を除き，その捕獲をしてはならないこととされた．
　　なお，「ひげ鯨等の捕獲」とは，
　　ア　ひげ鯨等をとる行為（ひげ鯨等をとる目的で，もりをうつ（なげる），網をまく，網を入れる，追い込むなどの行為）
　　イ　自然の状態にあるひげ鯨等を占有すること（ひげ鯨等の船内保持，船体への縛り付け，曳航，拾得など）
　　をいうものと解釈される．すなわち，ひげ鯨等を自己の実力支配内に入れようとする一切の行為であるとされている．
　②　農林水産大臣が別に定めて告示する漁業として，大型定置漁業（漁業法に規定する定置漁業権に基づく定置漁業）及び小型定置漁業（同法に規定する第2種共同漁業又は都道府県知事の許可漁業のうち網漁具を定置して営む漁業）が定められた（平成13年4月20日農林水産省告示第563号）．小型定置漁業における「網漁具を定置する」とは，定置漁業権に基づく定置漁業と同様に，一漁期の間，一定の場所に土俵，碇もしくは支柱等で網漁具を敷設して移動せしめないことと解釈されており，いわゆる小型定置網漁業，ます網漁業，落し網漁業，大謀網漁業，底建網漁業などの漁業が該当することとなる．第2種共同漁業であっても固定式刺網漁業，敷網漁業などは「網漁具を定置する」漁業ではない．
　　なお，網の中に魚介類を追い込んで漁獲するものは「網漁具を定置して営む漁業」の範ちゅうに入らない．また，第2種共同漁業では，網漁具に「えりやな類」を含むこととされているが，告示で定める網漁具には「えりやな類」は含まれない．
　③　定置網漁業（「大型定置漁業及び小型定置漁業」をいう．以下同じ．）の操業中のひげ鯨等の混獲については，
　　ア　定置網漁業ではひげ鯨等を意図して捕獲することはないこと
　　イ　漁具，漁獲物の損害が大きいこと
　　ウ　埋却，焼却等の処理は，大変な労力，費用を伴うこと
　　などから，資源の有効利用を図ることとし，後述する報告の義務，DNA分析の義務を付した上で，例外的に捕獲禁止の適用が除外されたものである．これは，意図せずに混獲した鯨の処理の困難性，我が国における鯨類の利用に対する歴史的な背景などを踏まえ，資源の有効利用の考え方をとることとしたものであり，定置網漁業により混獲されたひげ鯨等を積極的に利用すべきとするものではなく，混獲の状況や当該ひげ鯨等の状態などから解放することが適切であると考えられるような場合における従来の解放の努力に影響を与えるものではない．特に資源的に希少とされる別記1に掲げるひげ鯨等については，これらの趣旨を十分に理解の上，適切な運用が行われる必要がある．
　④　農林水産大臣が別に定めて告示する座礁し，又は漂着したひげ鯨等として，
　　ア　浅瀬等に座礁し，又は漂着したひげ鯨等であって既に死亡しているもの

イ　浅瀬等に座礁し，又は漂着したひげ鯨等であって人に危害を加えるおそれがあるもの
　　ウ　浅瀬等に座礁し，又は漂着したひげ鯨等であって外傷等により回復の見込みがない状態に陥っているもの
　　エ　浅瀬等に座礁し，又は漂着したひげ鯨等であってその座礁し，又は漂着した時から起算して48時間以上経過してもなお当該浅瀬等から移動していないもの
　　（以下「農林水産大臣が公示するひげ鯨等」という．）が定められた（平成16年10月12日農林水産省告示第1834号）．
　　「座礁し，又は漂着した」とは，生死にかかわらず，ひげ鯨等が浅瀬等に乗り上げ又は打ち上げられるなど自力遊泳できない状態のものをいう．
　　「浅瀬等」とは，浅瀬その他ひげ鯨等が乗り上げ又は打ち上げられる可能性のあるすべての個所をいう．
　　「当該浅瀬等からの移動」とは，ひげ鯨等が座礁し，又は漂着した浅瀬等から離脱し，自らの力で移動する行為をいう．したがって，座礁し，又は漂着したひげ鯨等が浅瀬等で波の力等により移動することはこれにあたらない．また，48時間の起算点は第一発見者がひげ鯨等が座礁し，又は漂着していることを発見したときとし，一旦座礁し，又は漂着したひげ鯨等が当該浅瀬等から自力で移動したのち，再び座礁し，又は漂着したときは，48時間の起算点は再び座礁し，又は漂着したときとする．
　　なお，一回座礁し，又は漂着したひげ鯨等であっても移動した結果浅瀬等から離れ，漂流するに至ったひげ鯨等は，農林水産大臣が告示するひげ鯨等にあたらない．
　⑤　農林水産大臣が公示するひげ鯨等の捕獲については，
　　ア　意図的な捕獲ではないこと
　　イ　埋却，焼却等の処理は，大変な労力，費用を伴うこと
　　などから，資源の有効利用を図ることとし，定置網漁業により混獲されたひげ鯨等の場合と同様の義務を付した上で，例外的に捕獲の禁止を除外したものである．したがって，定置網漁業により混獲されたひげ鯨等の場合と同様に，座礁や漂着の状況や当該ひげ鯨等の状態などから救出することが適切であると考えられるような場合における従来の救出の努力に影響を与えるものではない．特に資源的に希少とされる別記1に掲げるひげ鯨等については，これらの趣旨を十分に理解の上，適切な運用が行われる必要がある．
　⑥　本規定に違反してひげ鯨等を捕獲した者は，2年以下の懲役若しくは50万円以下の罰金に処し，又はこれを併科することとされた．（第106条第1項第1号）
（2）捕獲の報告（第81条第2項関係）
　①　定置網漁業によりひげ鯨等を混獲した者及び農林水産大臣が公示するひげ鯨等を捕獲した者（以下「ひげ鯨等を捕獲した者」という．）は，遅滞なく，捕獲の日時及び場所，鯨の種類，漁業の種類及び免許番号または許可番号（定置網漁業によりひげ鯨等を混獲した場合に限る．），処理を開始した日時及び場所，体長等を，農林水産大臣に報告しなければならないこととされた．
　　なお，ひげ鯨等を利用しない場合（生きているものを海に戻す場合，埋却又は焼却等により処分する場合）においても，報告しなければならない．
　②　報告は，当該定置網漁業の免許又は許可を受けた者（団体又は法人の場合にあってはその代表者）又は農林水産大臣が公示するひげ鯨等を捕獲した者が，別記2により遅滞なく（発見の日から3日以内）報告しなければならない（都道府県を経由）．
　　なお，第90条第2項の規定によるDNA分析の依頼を行った分析機関を経由して農林水産大臣に報告することとしても差し支えない．この場合には，DNA分析試料の分析機関への発送後，かつ，販売等が行われる前までに当該分析機関へファクシミリにより提出するとともに，別記2の報告書を都道府県に提出するものとする．
　③　なお，本項中「捕獲（混獲を含む．…）」としている趣旨は，混獲は捕獲に含まれうる概念であるが，本項の「捕獲」が第1項ただし書き前段の混獲と後段の捕獲の双方を指すことにつき疑義が生じないよう，解釈規定として括弧書きを加えたものである．このことは第91条でも同じである．
（3）販売等の禁止（第81条第3項関係）
　①　第81条第1項（ひげ鯨等の捕獲の禁止）の規定に違反してひげ鯨等を捕獲したものは，当該ひげ

鯨等を販売し，又は販売の目的をもって所持，加工してはならないこととされた．また，違反して捕獲されたひげ鯨等と知りつつ譲り受けた者についても，違反して捕獲した者と同様に販売し，又は販売の目的を持って所持，加工してはならないこととされた．
② 定置網漁業により混獲されたひげ鯨等及び農林水産大臣が公示するひげ鯨等であって所定の手続きを経たもの以外のものは，販売等が禁止されているので，ひげ鯨等を取り扱う流通業者，加工業者等に対して販売しようとするひげ鯨等が定置網漁業で混獲されたもの又は座礁し，若しくは漂着したものであることを明確にする必要がある．このためには，JAS法に基づく適正な表示（名称，原産地等）と併せて（2）の②の捕獲報告書の提示なども効果的な手段である．
③ 本規定に違反してひげ鯨等を販売等した者は，6月以下の懲役若しくは30万円以下の罰金に処することとされた．（第107条第1項）

2　捕鯨業者以外のものが捕獲したひげ鯨等の処理の制限
（1）　処理の場所（第90条第1項関係）
① 定置網漁業に混獲されたひげ鯨等及び農林水産大臣が公示するひげ鯨等は，鯨体処理場，卸売市場その他の水産動植物に有害な物が遺棄され，又は漏せつするおそれのない場所以外の場所においては，処理してはならないこととされた．
② 「水産動植物に有害な物が遺棄され，又は漏せつするおそれがない場所」とは，希釈されない血液，油，内臓などが放っておかれたり，漏れ出したりしないような区画があるか又はその処理設備・施設等が設置されている場所をいう．鯨体処理場及び卸売市場が例示されているが，すべての卸売市場が該当するわけではない．また，いわゆる荷捌所でも有害な物が遺棄されたり，漏せつのおそれがなければその場所で処理を行っても差し支えない．
　　なお，埋却・焼却等の処分を行う場合にあっても，埋却・焼却等の処分に伴って解体や細割を行うときは，有害な物が遺棄され，又は漏せつするおそれのない場所で行わなければならない．
（2）　DNAの分析（第90条第2項関係）
① ひげ鯨等を捕獲した者は，当該ひげ鯨等を利用しない場合（生きているものを海に戻す場合，すべてを埋却又は焼却する場合）を除き，当該ひげ鯨等の個体を特定することができるようDNA分析を行わなければならないこととされた．
　　当該ひげ鯨等を，販売せずに食用等に利用する場合であっても，DNA分析は行わなければならない．
　　なお，当該ひげ鯨等を利用しない場合（生きているものを海に戻す場合，すべてを埋却又は焼却する場合）においても，鯨類資源の科学的知見を蓄積する等のため，可能な限りDNA分析を行うものとする．
② DNA分析による個体識別は，技術的な習熟度が判定結果に影響を与える可能性も考えられ，標準標本による分析技術の統一，精度向上と信頼性の確保のため，専門の分析機関で行うことが適当である．したがって，特定の分析機関を指定するものではないが，現在のところ，これを満たす分析機関は財団法人日本鯨類研究所であると考えられ，当面は，ひげ鯨等を捕獲した者は，当該研究所に分析を依頼することが適当である．
（3）　処理状況の報告（第90条第3項関係）
① ひげ鯨等を捕獲した者は，個体識別のためのDNA分析を行ったときは，当該ひげ鯨等の処理状況を「漁獲成績報告書等の様式を定める件」（昭和38年2月1日農林省告示第99号）で定める様式（別記3）により，報告しなければならないこととされた．
② この報告は，ひげ鯨等を捕獲した者が，DNA分析を依頼した分析機関から分析結果の通知があった後，当該分析結果を記載した上，報告することとなる．
③ 発見時にすでに死亡しているひげ鯨等については，食品衛生上適当でない場合も考えられるので，食用利用に当たっては慎重を期されたい．また，農林水産大臣が公示するひげ鯨等を食用利用する場合には，食品衛生法の体系上食品としての安全性を十分確保しうることが前提となるので，留意されたい．
④ 捕獲されたひげ鯨等を食用として販売する場合においては，密猟防止等の観点から，所属する漁業

協同組合を通じて公設の市場等に出荷して販売することが適当である．
(4) 販売等の禁止（第90条第4項関係）
① ひげ鯨等を捕獲した者は，DNA分析を行っていない当該ひげ鯨［ママ］を販売し，又は販売の目的をもって所持し，若しくは加工してはならないこととされた．併せて，当該ひげ鯨等のDNA分析を行っていないと知りつつ譲り受けた者についても，違反して捕獲した者と同様に販売し，又は販売の目的をもって所持，加工してはならないこととされた．
② DNA分析は，分析機関に依頼して行うものであるから，当該分析機関に依頼（分析試料を送付）した時点でDNA分析を行ったこととして処理して差し支えない．この場合，分析機関への分析依頼（分析試料の送付）の事実を証するに足る書類を備えて置く必要がある．
③ DNA分析を行っていないひげ鯨等については，流通業者，加工業者等その事実を知りつつ譲り受けた者に対しても販売等の禁止が適用される．このため，DNA分析を行ったひげ鯨等の販売に当たっては，買受人たる流通業者，加工業者等に対して，販売しようとするひげ鯨等が定置網漁業で混獲されたもの又は座礁し若しくは漂着したものであり，かつ，DNA分析を行っていることを明確にする必要がある．このためには，JAS法に基づく適正な表示（名称，原産地等）と併せてDNA分析依頼の事実が明らかとなる書類の提示などにより行うことが適当である．
④ 本規定に違反してひげ鯨等を販売等した者は，6月以下の懲役又は30万円以下の罰金に処することとされた．（第107条第1号）

3 漂流等したひげ鯨等の取扱いについて
(1) 漂流しているひげ鯨等若しくは湾内等に迷い込んでいるひげ鯨等（以下「漂流等しているひげ鯨等」という．）を発見した場合又は定置網漁業以外の漁業でひげ鯨等を混獲した場合には，捕獲が禁止されていることから，生きているものは速やかに海に戻すほか，埋却又は焼却する等適切に取り扱わなければならない．この場合は，別記4により，発見又は捕獲した日から10日以内に関係都道府県知事を経由して当該ひげ鯨等の処理についての事実を農林水産大臣に報告するよう関係者への指導を徹底願いたい．
(2) 漂流等しているひげ鯨等又は定置網漁業以外の漁業で混獲されたひげ鯨等について(1)の処理を行った個体の一部を試験研究等の学術目的（社会教育目的のための展示用標本を含む．）に利用（所持）しようとする場合には，死亡している個体に限り，(1)による報告と同時に学術目的として利用（所持）しようとする者による別記5の届け出をする場合にのみ所持することができることとして取り扱うものとする．
　なお，(1)の処理を行わないものについて，試験研究等の学術目的に利用しようとするときは，漁業法施行規則（昭和25年農林省令第16号）第1条による農林水産大臣の許可を得た場合のみ利用（所持）することができるので念のため申し添える．

第3 小型鯨類の捕獲等の制限
1 小型鯨類を対象とする漁業（いるか漁業）の原則禁止
(1) 漁業の禁止（第82条第1項関係）
① 小型鯨類（歯鯨のうちまっこう鯨，とっくり鯨およびみなみとっくり鯨を除いたものをいう．以下同じ．）を対象とする漁業（以下「いるか漁業」という．）は，農林水産大臣が別に定める種類の小型鯨類について都道府県漁業調整規則に基づく都道府県知事の許可を受けて営むいるか漁業を除き営んではならないこととされた．なお，小型鯨類を捕獲の対象とする小型捕鯨業及び母船式捕鯨業については，指定漁業であることから本規定は適用されない．
② 都道府県知事が許可を行ういるか漁業の対象となる小型鯨類は，いしいるか（りくぜん型いしいるかを含む．），すじいるか，はんどういるか（ばんどういるか），まだらいるか（あらりいるか），はなごんどう，こびれごんどう（まごんどう），おきごんどうの7種類と定められた（平成13年農林水産省告示第564号）．これらの種以外の種については，いるか漁業においては捕獲できないので，許可にあたっては適切な対応に留意されたい．［現在ではカマイルカを含む8種が捕獲対象とされている（第1章）：筆者］

③　本規定に違反しているか漁業を営んだ者は，2年以下の懲役若しくは50万円以下の罰金に処し，又はこれを併科することとされた．（第106条第1項第1号）
（2）　停泊命令及び手続き（第82条第2項，第3項，第4項）
①　第82条第1項の規定に違反しているか漁業を営んだ場合には，農林水産大臣は，当該船舶の停泊処分を行うことができるとされた．
②　停泊処分を行う場合にあっては，公開の聴聞を行うこととされた．

2　都道府県知事が行ういるか漁業の許可について
（1）　いるか漁業にかかる鯨種別捕獲枠
　　　いるか漁業を許可する都道府県においては，別途定める「小型鯨類資源管理方針」に基づき，毎年，設定する都道府県別鯨種別捕獲枠を越えない範囲内での捕獲が行われるよう，許可に当たっては制限又は条件を付加し，随時捕獲頭数を把握する体制を確保する措置，捕獲枠に達する場合の操業の停止の措置などの適切な措置をとることが必要である．
（2）　毎年の漁期終了後，いるか漁業の許可又は操業の隻数，捕獲の実績等の状況についてとりまとめの上，水産庁資源管理部長まで報告されるよう願いたい．

3　小型鯨類の捕獲（4に掲げる混獲又は座礁等の場合を除く．）について
（1）　小型鯨類を捕獲の対象とする漁業については，原則的に禁止された．このため，都道府県知事の許可を受けいるか漁業によらないで小型鯨類を捕獲（4に掲げる混獲の場合を除く．）しようとするときは，漁業法施行規則第1条に基づき，試験研究等その他特別の事由による小型鯨類の捕獲についての農林水産大臣の許可（第82条の規定の適用除外）を受ける必要がある．
（2）　小型鯨類が捕食する魚類を漁獲の対象とする沿岸漁業等において，当該小型鯨類の捕食により当該漁業の漁獲量に与える影響が顕著な場合などに対処するため，当該小型鯨類を捕獲しようとする場合（いわゆる「駆除」）においても，（1）と同様に，試験研究等その他特別の事由による小型鯨類の捕獲についての漁業法施行規則第1条に基づき，農林水産大臣の許可を受ける必要がある．

4　混獲，座礁，漂着又は漂流した小型鯨類の取扱いについて
（1）　混獲又は座礁等した小型鯨類を発見した場合は，原則として，生きているものは海に戻すよう指導願いたい．
（2）　混獲，座礁，漂着又は漂流した小型鯨類のうち死んでいるものについては，原則として埋却又は焼却等の処理を行うことが適当であるが，伝統的にいるかを食する習慣のある地域において食用に供する場合は，関係都道府県水産担当部局に連絡の上，食品衛生法の体系上食品としての安全性を十分確保しうることが前提となるので，食品の衛生に特に留意した上で，食用に供することとしても差し支えない．
（3）　混獲又は座礁等した小型鯨類を発見し（1）及び（2）の処理を行った場合は，別記4により，速やかに当該小型鯨類の処理について水産庁資源管理部長に報告するよう関係者を指導願いたい．
（4）　混獲又は座礁等した小型鯨類について，これらの個体（個体の一部を含む．）を試験研究等の学術目的（社会教育目的のための標本（別記6に掲げる種については死んでいるものに限る．）を含む．）に利用しようとする場合には，（1）及び（2）に関［ママ］わらず，（3）による報告と同時に学術目的として利用しようとする者による別記5の届出をした場合に限ることとするので，関係者への指導を願いたい．
　　なお，届出に基づく個体を譲渡（販売を除く．）しようとする場合には，事前にその旨を水産庁資源管理部長まで連絡するよう併せて関係者を指導願いたい．

第4　その他
1　鯨類の埋却・焼却等について
（1）　漂流等した鯨類の埋却又は焼却等の処分に当たっては，海岸法，海洋汚染防止法，廃棄物の処理及び清掃に関する法律等関係法令の定めるところにより適切に埋却又は焼却等の処理が行われるよう関

係者への指導方願いたい．
　　　なお，埋却処理の場合は，事後に腐臭の発生や油分のしみ出しなどの問題が生じることのないよう，特に埋却場所等には留意するよう関係者への指導方願いたい．
（2）　捕獲した鯨類の処理に伴う廃棄物は，海洋汚染防止法により海洋投棄が制限されているので，必ず，処理業者に委託する等適切に行われるよう関係者への指導方願いたい．

２　座礁等した鯨類への対処法について
（1）　座礁等した鯨類の処理を行う際には，「座礁・混獲した鯨類への対処法」（セーブ・ザ・マリンマンマール事業（水産庁補助事業）検討委員会編）を参考とされたい．
（2）　マスストランディングの場合にあっては，水族館，関係研究所などに効果的な対応方法などの協力を求めるなど適切な処理が行われるよう指導願いたい．
（3）　座礁等した鯨類は，その原因が不明であり，病原菌に感染していることも考えられるので，保健衛生上の観点からその取扱いに注意を払うよう指導願いたい．

３　鯨類の捕獲・混獲・座礁等の実態調査について
　　　鯨類の捕獲，混獲，座礁等については，年間（1月から12月末までの間）の実態を調査・とりまとめの上，別記7により翌年2月末日までに水産庁資源管理部長まで報告願いたい．

別記1　（第2の1の（1）の③関係）
　　　せみ鯨，こく鯨，東シナ海系ながす鯨，ざとう鯨，東シナ海系にたり鯨
別記2　（定置網漁業によるひげ鯨等混獲の報告：第2の1の（2）の②関係）
　　　[「ひげ鯨等の混獲報告書」の様式を省略：筆者]
別記3　（捕獲したひげ鯨等の処理状況報告書：第2の2の（3）の①関係）
　　　[「捕獲したひげ鯨等の処理状況報告書」の様式を省略：筆者]
別記4　（座礁等及び定置網漁業以外の漁業での混獲の場合の報告：第2の3の（1）及び第3の4の（2）
　　　関係：ひげ鯨等，小型鯨類共通）
　　　[「鯨類の座礁等に関する報告」と「鯨類の混獲に関する報告について」の様式を省略：筆者]
別記5　（混獲又は座礁等した鯨類の学術目的所持の届出書：第2の3の（2）及び第3の4の（4）関係：
　　　ひげ鯨等，小型鯨類共通）
　　　[「混獲又は座礁等した鯨類の学術目的所持の届出書」の様式を省略：筆者]
別記6　（第3の4の（4）関係）
　　　しゃち，しろいるか，あかぼうくじら，こぶはくじら，いちょうはくじら，はっぶすおおぎはくじら，おおぎはくじら，ねずみいるか，はせいるか
別記7　（第4の3関係）
　　　[「鯨種別の捕獲及び混獲等の実態（平成　　年1～12月）」の様式を省略：著者]

[関連資料1]
　　　　　　指定漁業の許可及び取締り等に関する省令第九十条の八第一項（現第八十一条第一項）
　　　　　　　　ただし書きの規定に基づき農林水産大臣が別に定めて告示する漁業を定める件
　　　　　　　　　　　　　　（平成13年農林水産省告示第563号）

　　指定漁業の許可及び取締り等に関する省令（昭和三十八年農林省令第五号）第九十条の八（現在第八十一条）第一項ただし書の規定に基づき，農林水産大臣が別に定めて告示する漁業を次のように定め，平成十三年七月一日から施行する．
　　平成十三年四月二十日
　　　　　　　　　　　　　　　　　　　　　　　　　　　　　　　　　　　　　　農林水産大臣　谷津義男

一　大型定置漁業（漁業法（昭和二十四年法律第二百六十七号．以下「法」という．）第六条第三項に規定する定置漁業をいう．）
二　小型定置漁業（法第六条第五項第二号の第二種共同漁業又は第六十五条第一項に基づく都道府県規則の規定による都道府県知事の許可を受けて営む漁業であって，内水面以外の水面において網漁具を定置して営むものをいう．）

［関連資料2］
指定漁業の許可及び取締り等に関する省令第八十一条第一項ただし書の規定に基づき，
農林水産大臣が別に定めて告示するひげ鯨等を定める件
（平成16年農林水産省告示第1834号）

　指定漁業の許可及び取締り等に関する省令（昭和三十八年農林省令第五号）第八十一条第一項ただし書の規定に基づき，農林水産大臣が別に定めて告示するひげ鯨等を次のように定める．
平成十六年十月十二日

農林水産大臣　島村宜伸

一　浅瀬等に座礁し，又は漂着したひげ鯨等であって既に死亡しているもの
二　浅瀬等に座礁し，又は漂着したひげ鯨等であって人に危害を加えるおそれがあるもの
三　浅瀬等に座礁し，又は漂着したひげ鯨等であって外傷等により回復の見込みがない状態に陥っているもの
四　浅瀬等に座礁し，又は漂着したひげ鯨等であってその座礁し，又は漂着した時から起算して四十八時間以上経過してもなお当該浅瀬等から移動していないもの

参考資料 2

捕鯨の歴史に関する書籍

　本書の第 I 部では鯨類を対象とする漁業についてひととおりの記述をしたが，イルカ漁業に比重を置いたため，いわゆる捕鯨業についてはきわめて不完全なあつかいとなっている．捕鯨の歴史に関心のある読者のために参考となる読みものを紹介する．

　日本では古くから捕鯨が行われ，多くの鯨書が出版されてきた．それらはつぎの 4 期に大別される．第 1 期に属するものは江戸時代にさかんになった本草学の流れをくむもので，当時の博物学あるいは産業技術を記録した書籍である．第 2 期のものは明治時代に，斜陽化した旧来の捕鯨に代えて，欧米の新しい捕鯨技術を導入し，水産振興を図ることを意図した書籍である．第 3 期の書籍は 1940 年代から 1950 年代に多く現れたもので，富国強兵・産業育成・戦後復興などを目指した書籍が主体である．第 4 期の書籍は 1980 年代以降に出たものである．このころには捕鯨による鯨資源の減少が明らかになり，捕鯨存続への疑問が提出されて，政府は商業捕鯨の一時停止を受け入れる一方で，商業捕鯨再開に向けて広報活動を活発化させた時期でもある．多くは捕鯨擁護を目的としているなかで，少ないながら捕鯨存続に批判的な書籍も出されている．また，これらの時代区分とは関係なく，各地の捕鯨史に関する著作が出版されてきた．

　つぎに示すリストは，日本の捕鯨業を理解するのに便利であること，古いものでも復刻版があって入手しやすいこと，内容が一般的であることなどを基準にしている．特定の地方あるいは時代の捕鯨史に限定した著作にも力作があるが，そのような理由で採録していないものもある．発行年は原則として初版年を示した．

1. 山瀬春政　1760．**鯨志**．摂陽書林．27 丁．日本最初の鯨書．14 種を図示し解説を付す．1944 年に朝日新聞社の日本古典科学全書の第 11 巻に復刻されている．また，この全書自体も復刻されている．
2. 大槻清準　1808（稿本）．**鯨史稿**．鯨種説明，鯨体解剖学の概要，国内と世界の捕鯨地，捕鯨組織，捕鯨方法，加工・用途を解説する．捕鯨事業地の国内情報は好資料だが，世界の捕鯨情勢については無価値．1983 年恒和出版江戸科学古典全書 2 をはじめ，数回の刊行がなされている．著者は仙台の博物学者．
3. 小山田與清　1832．**勇魚取絵詞，附鯨肉調味方**．畳屋蔵版．（本編上巻：20 丁，本編下巻：20 + 3 丁，付録の鯨肉調味方：30 丁）．九州生月島の捕鯨の状況を図示した大型本．付録では鯨肉の調理法を紹介している．当時の捕鯨の情景を知るのに便利．1944 年に朝日新聞社の日本古典科学全書の第 11 巻に復刻されている．
4. 服部徹（編）　1887-1888．**日本捕鯨彙考**．大日本水産会　東京．110 頁（前編），210 頁（後編）．鯨種（13 種），解剖学，捕鯨事業など当時の知識の集大成．1880-1883 年の全国の鯨種別捕獲頭数を示す．在来捕鯨業の非能率と衰退を指摘し，より効率的な欧米の帆船捕鯨業に言及しているが，それに代わりつつあったノルウェー式捕鯨に関する情報はここにはみえない．2002 年に鳥海書房が復刻した．
5. 松原新之助（大日本水産会）　1896．**捕鯨誌**．嵩山房　東京．298 + 10 頁．欧米の捕鯨業を紹介して，わが国にその事業を起こすために書かれた．その底本には Scammon の名著（Scammon 1874, *The Marine Mammals of the North-western Coast of North America*. 319 + i-v pp.）がある．当時すでに旧式となっていた帆船捕鯨を紹介したので，日本の産業界にはほとんど貢献がなかった．わが国の在来捕鯨業の紹介と最近年（1882-1891）の県別・鯨種別の捕獲統計は役に立つ．Scammon（1874）も 1968 年の Dover 版を含めて 2 回復刻が出ている．
6. 明石喜一（東洋捕鯨株式会社）　1910．**本邦の諾威式捕鯨誌**．東洋捕鯨株式会社　大阪．280 + 40 頁．19 世紀末のわが国におけるノルウェー式捕鯨草創から，捕鯨会社の乱立を経て東洋捕鯨への統合までをおもに記述．さらに捕鯨事業の概要，鯨の利用方法，欧米の帆船捕鯨の盛衰，ノルウェー式捕鯨の隆盛を紹介する．1989 年に**明治期日本捕鯨誌**と改題されてマツノ書店より復刻された．
7. 馬場駒雄　1942．**捕鯨**．天然社　東京．326 頁．日本のノルウェー式捕鯨を主体に記述．捕鯨規制に向けた諸国の努力を紹介する．（1）非捕鯨国が捕鯨規制や鯨の保護を訴えるのは不当，（2）鯨族減少の

なかでわが国捕鯨業が独占事業として生き残れれば合理的な資源管理ができるという記述（325頁）は，国際社会における当時の日本の姿勢を示すものである．

8. 大村秀雄・松浦義雄・宮崎一老　1942．**鯨――その科学と捕鯨の実際**．水産社　東京．319頁．鯨の生物学，当時の捕鯨業の展開とその技術，鯨の利用を述べる．内外の捕鯨の歴史についてもひととおりふれている．戦前の国際捕鯨規制への日本の姿勢と，日本が実施した捕鯨規制の記述は便利．

9. 前田敬治郎・寺岡義郎　1952．**捕鯨，附日本の遠洋漁業**．水産週報社　東京．450頁．前2著に戦後の捕鯨事業を加えたような内容．小笠原母船式捕鯨の操業と再開南氷洋捕鯨の記述がある．1958年に増補版が出ている．

10. 橋浦泰雄　1969．**熊野太地浦捕鯨史**．平凡社　東京．662頁．和歌山県太地の捕鯨史を主体に記述しているが，太地の捕鯨を無視しては日本の捕鯨史は語れないし，ほかの地の捕鯨に関連する資料も多く採録されている．

11. Tonnessen, J. N. and Johnsen, A. O. 1982. ***The History of Modern Whaling***. University of California Press, Berkeley. 798 pp. 近代捕鯨，すなわちノルウェー式捕鯨の歴史である．この捕鯨技術の開発から，世界中への展開を経て，1975年に始まった新管理方式の適用により捕獲枠が急減するころまでをあつかい，おもにノルウェー人の視点から書かれている．国際捕鯨規制の歴史と各国の主張を知るには便利．本書はノルウェー語で書かれた4冊からなる大著の抄訳である．

12. 原剛　1983．**ザ・クジラ**．文真堂　東京．335頁．捕鯨管理の歴史，鯨資源管理の問題点，世界から孤立した日本の捕鯨など．一般の国民の目につきにくい捕鯨業の暗部の記述は貴重．捕鯨批判の立場から書かれている．

13. 多藤省徳　1985．**捕鯨の歴史と資料**．水産社　東京．202頁．ノルウェー式捕鯨の会社の設立・統合，海外捕鯨事業，捕鯨規制，捕獲頭数統計等を記載．

14. 板橋守邦　1987．**南氷洋捕鯨史**．中央公論社　東京．233頁．ノルウェー式捕鯨の発明と日本の参入から商業捕鯨停止までをカバー．南氷洋捕鯨の歴史，捕鯨規制の動き，三人委員会報告についても記述がある．

15. Francis, D. 1990. ***A History of World Whaling***. Viking, Penguin Books, Markham. 287 pp. 12世紀のバスク捕鯨から大西洋の北極圏捕鯨，南海捕鯨，北太平洋捕鯨からベーリング海・北極圏捕鯨，そして近代捕鯨の始まりから展開を経て商業捕鯨の停止までを要領よく解説している．日本の古式捕鯨についてはふれていない．内容は同じで，タイトルを ***The Great Chase*** と変えて，ペンギン文庫からペーパーバックが出ている．

16. 森田勝昭　1994．**鯨と捕鯨の文化史**．名古屋大学出版会　名古屋．421＋24 pp. 人間と鯨の関係を世界史的に眺めようとした書籍．世界各地における鯨と人間の出会い，捕鯨の発生，捕鯨業が社会におよぼした影響，捕鯨文化の交流などについて豊富な文献引用により通観している．

17. 北原武　1996．**クジラに学ぶ――水産資源をめぐる国際情勢**．成山堂　東京．233 pp. 鯨の生物学，捕鯨の歴史，鯨利用の歴史，鯨の資源管理の歴史，水産資源の管理（日本の視点，欧米の視点）など．鯨問題を論ずる書籍の多くは鯨に埋没している感があるが，鯨問題を外部の立場で眺める姿勢がおもしろい．水産資源の管理問題を含めて広い視野で書かれている．

18. 鳥巣京一　1999．**西海捕鯨の史的研究**．九州大学出版会　福岡．414＋38 pp. 江戸初期から明治期にかけての福岡・長崎県方面の捕鯨事業の姿を多くの古文書を引用して描き出している．特定地方の，一時期の捕鯨に偏ってはいるが，北九州は日本の捕鯨を代表する1つの重要地域なのでリストした．多くの文献を利用している点で貴重である．

19. 小松正之　2001．**くじら紛争の真実**．地球社　東京．326頁．日本の捕鯨業者と水産庁職員の立場から書かれた捕鯨論．国際捕鯨委員会の歴史，商業捕鯨の停止，日本の調査捕鯨などが記述されている．証明を待つ仮説と証明された事実との区別があいまいな点（例：280-291頁）には，読者は注意する必要がある．掲載されている統計や歴史的事実は役に立つ．

20. 近藤勲　2001．**日本沿岸捕鯨の興亡**．三洋社　東京．449頁．日本の沿岸捕鯨の歴史について，16世紀の開始から1988年3月の大型鯨の商業捕獲停止までを記述．戦後の沿岸捕鯨ではときに公表値の2-3倍の捕獲をしたことを記している．臭いものに蓋をしがちないまの日本の風潮に抗して，元捕鯨従事者がこのような記録を残したことを多としたい．

21. 山下渉登　2004. **捕鯨**. 法政大学出版局　東京. I：287+5 頁，II：295+5 頁. 世界の捕鯨の歴史を 11 世紀にさかのぼるというバスク捕鯨から，日本が孤立したいまの捕鯨議論までを著者自身の視点であつかっている. 従来の捕鯨観から脱却した良著.
22. 渡辺洋之　2006. **捕鯨問題の歴史社会学——近現代日本におけるクジラと人間**. 東信堂　東京. 222 頁. しばしば観念的で一方的な主張の展開に終わりがちな捕鯨と日本人の関係論を，努めてデータにもとづいて科学的に解析しつつ論じた好著.
23. 小島孝夫（編）2009. **クジラと日本人の物語——沿岸捕鯨再考**. 東京書店　東京. 255 頁. 民俗学，捕鯨史，ホエールウォッチングの分野の著者らによる分担執筆. 日本各地の捕鯨やイルカ漁業の歴史，捕鯨と民俗，鯨利用の歴史から，エコ・ツーリズムを含む鯨との新しいつきあい方までをあつかっている. 近代捕鯨業（小型捕鯨業，大型捕鯨業，母船式捕鯨業）についても若干の記述がある.
24. 石井敦（編）2011. 解体新書「捕鯨論争」. 新評論　東京. 322 頁. 編者ら 5 名による分担執筆. 捕鯨問題の歴史的展開と IWC の現状，調査捕鯨の科学性，日本のマスメディアの捕鯨問題の報道姿勢，日本の捕鯨外交と隠れた目的，グリーンピースの実相などにつき，引用文献を提示しつつ批判的に紹介している. 日本政府・行政・業界の捕鯨対応を批判的な視点から理解するための好資料.

参考資料 3

日本近海から記録された鯨類のリスト

標準和名	学名	科	分布域，異名，日本の漁業との関係
ひげ鯨亜目	Mysticeti		
ホッキョククジラ	Balaena mysticetus Linnaeus, 1758	セミクジラ科	北極海とその周辺，オホーツク海にも．日本には迷入例．
セミクジラ	Eubalaena japonica (Lacepede, 1818)	同	北太平洋の温帯に分布．南半球と北大西洋には，それぞれ同属の別種がいる．
コククジラ	Eschrichtius robustus (Lilljeborg, 1861)	コククジラ科	大陸棚沿いに南北に回遊する．アメリカ側個体群は回復達成．アジア側は危機的状況．北大西洋では17世紀に絶滅．
ミンククジラ	Balaenoptera acutorostrata Lacepede, 1804	ナガスクジラ科	コイワシクジラとも．南極海産は別種クロミンククジラ．ともに調査捕鯨の対象種．
イワシクジラ	Balaenoptera borealis Lesson, 1828	同	南北両半球の温・冷帯域．アジア側では三陸-カムチャッカ沖で捕獲された．和名の変遷については第1章．調査捕鯨の対象種．
カツオクジラ	Balaenoptera edeni Anderson, 1879	同	南西日本からインド洋を経て南アフリカの沿岸に産する小型のニタリクジラ類．$B. brydei$ との異同については検討を待つ（第1章）．
ニタリクジラ	Balaenoptera brydei Olsen, 1913	同	世界中の熱帯沖合域．日本では小笠原近海で多獲された．前種と同種として，ともにニタリクジラ $B. edeni$ とすることもある（第1章）．調査捕鯨の対象種．
ツノシマクジラ	Balaenoptera omurai Wada, Oishi and Yamada, 2003	同	南西日本から西部熱帯太平洋を経て，オーストラリア北部までの沿岸域．
シロナガスクジラ	Balaenoptera musculus (Linnaeus, 1758)	同	凡世界的に分布するが，北太平洋の縁海にはまれ．かつては「ながす」あるいは「にたりながす」とも呼ばれた（第1章）．
ナガスクジラ	Balaenoptera physalus (Linnaeus, 1758)	同	縁海を含め，世界的に分布．かつては「のそ」あるいは「しろながす」とも呼ばれた（第1章）．
ザトウクジラ	Megaptera novaeangliae (Borowski, 1781)	同	日本近海では小笠原と慶良間諸島に繁殖場がある．

標準和名	学名	科	分布域，異名，日本の漁業との関係
歯鯨亜目	**Odontoceti**		
マッコウクジラ	*Physeter macrocephalus* Linnaeus, 1758	マッコウクジラ科	北極海を除く全世界の海．調査捕鯨の対象種．
コマッコウ	*Kogia breviceps* (Blainville, 1838)	コマッコウ科	世界中の暖海の外洋域．体長3.8 m まで．
オガワコマッコウ	*Kogia sima* (Owen, 1866)	同	世界中の暖海の外洋域．体長2.7 m まで．
シロイルカ	*Delphinapterus leucas* (Pallas, 1776)	イッカク科	北極海とその周辺，オホーツク海にも．日本には迷入例．
イッカク	*Monodon monoceros* Linnaeus, 1758	同	北極海．日本には江戸時代に出現の記録．
ネズミイルカ	*Phocoena phocoena* (Linnaeus, 1758)	ネズミイルカ科	北太平洋と北大西洋の大陸棚域．日本では東北地方以北．
スナメリ	*Neophocaena phocaenoides* (G. Cuvier, 1829)	同	ペルシャ湾から仙台湾・富山湾までの 50 m 以浅の内水・沿岸域．瀬戸内海では激減し，動向が危惧される（240頁参照）．
イシイルカ	*Phocoenoides dalli* (True, 1885)	同	北太平洋固有種．銚子・山口県以北の外洋域，2つの体色型と数個の個体群．イルカ漁業の対象種．
セミイルカ	*Lissodelphis borealis* Peale, 1848	マイルカ科	北太平洋の外洋域，夏は北緯40-46度に多い．イシイルカとスジイルカにはさまれる水温帯．
カマイルカ	*Lagenorhynchus obliquidens* Gill, 1865	同	北太平洋固有種．外洋ではセミイルカと同じ水温帯にいるが，沿岸域にも普通に出現する．イルカ漁業の対象種．
ハナゴンドウ	*Grampus griseus* (G. Civier, 1812)	同	世界中の温・熱帯．夏には北緯40度付近まで北上する．小型捕鯨業とイルカ漁業の対象種．
オキゴンドウ	*Pseudorca crassidens* (Owen, 1846)	同	世界中の温・熱帯．分布も上に同じ．イルカ漁業の対象種．
シャチ	*Orcinus orca* (Linnaeus, 1758)	同	世界中の熱帯から寒帯まで広域分布．各地に地域個体群が知られているが，日本近海では未詳．
ハンドウイルカ	*Tursiops truncatus* (Montagu, 1821)	同	バンドウイルカともいう．世界中の温帯．夏には北海道以南に分布．イルカ漁業の対象種．
ミナミハンドウイルカ	*Tursiops aduncus* (Ehrenberg, 1833)	同	インド洋と南北太平洋の熱帯・亜熱帯の沿岸域．わが国では関東・能登半島以南に出現．
マイルカ	*Delphinus delphis* Linnaeus, 1758	同	短吻型．世界中の温帯域．四国-北海道方面の太平洋．
ハセイルカ	*Delphinus capensis* Gray, 1828	同	長吻型．アフリカ南岸からインド洋を経て日本まで．日本では西日本・北九州・日本海．

標準和名	学名	科	分布域，異名，日本の漁業との関係
シワハイルカ	*Steno bredanensis* (G. Cuvier *in* Lesson, 1828)	同	世界中の熱帯・亜熱帯．
スジイルカ	*Stenella coeruleoalba* (Meyen, 1833)	同	世界中の熱帯・亜熱帯．夏には北緯40度付近まで北上．日本のイルカ漁業で大量に漁獲された．いまでも低レベルの捕獲が続く．
マダライルカ	*Stenella attenuata* (Gray, 1846)	同	別名アラリイルカ．スジイルカと同様の分布．イルカ漁業の対象種．
ハシナガイルカ	*Stenella longirostris* (Gray, 1828)	同	スジイルカより暖海を好む．外洋種．
サラワクイルカ	*Lagenodelphis hosei* Fraser, 1956	同	熱帯性．太平洋，インド洋，大西洋．
カズハゴンドウ	*Peponocephala electra* (Gray, 1846)	同	熱帯性．太平洋，インド洋，大西洋．
ユメゴンドウ	*Feresa attenuata* Gray, 1874	同	熱帯性．太平洋，インド洋，大西洋．
ヒレナガゴンドウ	*Globicephala melas* (Traill, 1809)	同	寒冷性．南半球と北大西洋．北太平洋では12世紀ごろに絶滅．
コビレゴンドウ	*Globicephala macrorhynchus* Gray, 1846	同	世界の熱帯・温帯域．日本にタッパナガとマゴンドウの2地方型．小型捕鯨業とイルカ漁業の対象種．
ツチクジラ	*Berardius bairdii* Stejneger, 1883	アカボウクジラ科	北太平洋固有種．日本海と相模湾以北．大陸斜面域に好んで生活．小型捕鯨業の対象種．
タイヘイヨウアカボウモドキ	*Indopacetus pacificus* (Longman, 1926)	同	インド洋と南北太平洋の熱帯域．
ハッブスオウギハクジラ	*Mesoplodon carlhubbsi* Moore, 1963	同	北太平洋の亜寒帯域．東北・北海道の太平洋岸．
コブハクジラ	*Mesoplodon densirostris* (Blainville, 1817)	同	世界中の熱帯域．
イチョウハクジラ	*Mesoplodon ginkgodens* Nishiwaki and Kamiya, 1958	同	インド洋と南北太平洋の熱帯域．
オウギハクジラ	*Mesoplodon stejnegeri* True, 1885	同	北部北太平洋とその沿海．温帯と寒帯域．
アカボウクジラ	*Ziphius cavirostris* G. Cuvier, 1823	同	世界中の熱帯から温帯域まで．

参考文献

アンソニー・マーティン　1991．クジラ・イルカ大図鑑．平凡社，東京．204pp.

笠松不二男・宮下富夫・吉岡基　2009．新版鯨とイルカのフィールドガイド．東京大学出版会，東京．148pp.

粕谷俊雄・山田格　1995．日本鯨類目録（鯨研叢書No. 7）．日本鯨類研究所，東京．90pp.

Ohdachi, S. D., Ishibashi, Y., Iwasa, M. A. and Saitoh, T. (eds). 2009. *The Wild Mammals of Japan*. Shoukadoh, Kyoto. 544pp.

事項索引

BHC→化学汚染
Brownell, R. L. 409, 427
BWU（Blue Whale Unit）→シロナガスクジラ換算
DDT→化学汚染
DNA・アイソザイム
　　──イシイルカ 249-250, 267-271
　　──カマイルカ 568
　　──鯨類商品 146, 157, 426
　　──コビレゴンドウ 421-422, 425-426, 486-489
　　──スジイルカ 320, 324
　　──スナメリ 192, 194-197
　　──ツチクジラ 513
　　──ハンドウイルカ 364-365
　　──ヒレナガゴンドウ 425-426, 487-488
EIA（Environmental Investigation Agency） 62
FAO（Food and Agricultural Organization） 67, 580
GHQ（General Headquarters）→連合軍総司令部
Hugget and Widdas のルール 229, 452
IWC（International Whaling Commission）→国際捕鯨委員会
Mead, J. G. 543
PBR（Potential Biological Removal） 22, 305, 501-502, 505
PCB→化学汚染
social sex 477, 590

ア　行

アイスランド 9
アイヌ・アイヌ文化 45-47
赤潮 11, 209-210, 215, 218-219
アジア航測株式会社 209
網代（あじろ）漁業 104
天富丸（あまとみまる） 555, 557
天野大輔 327
あみがさびれ 403
アメリカ自然史博物館 408
鮎川町立鯨博物館 223
安良里（あらり）漁業協同組合 108-111, 369
アンタークティック号 142
アンドリュース 408
イカ食 4, 20, 419, 457, 493, 527-529
壱岐東部漁業協同組合 93
異議申し立て 7-9, 151, 163-164, 173-174
池田郁夫 9, 175
イシイルカ漁・流通 48-78, 302-307
石田村漁業協同組合 93
遺跡・貝塚
　　──青が台貝塚（横浜市） 45
　　──朝日貝塚（氷見市） 46
　　──井戸川貝塚（伊東市） 46, 105
　　──入江貝塚（虻田町） 45-46
　　──オンコロマナイ貝塚（稚内市） 46
　　──香深井遺跡（礼文島） 46-47, 401
　　──里浜宮下貝塚（宮城県鳴瀬町） 46, 223
　　──称名寺貝塚（横浜市） 45
　　──神明社貝塚（愛知県） 45
　　──鉈切神社洞穴（館山市） 45-46
　　──東釧路貝塚（釧路市） 45-46
　　──弁天島貝塚（根室市） 47
　　──亦稚（またわっか）貝塚（利尻島） 46
　　──真脇遺跡（能都町） 46, 86-87
　　──吉井貝塚（横須賀市） 45
磯根嵩 119, 166-167, 411
一本釣り漁 34, 36, 316, 394, 568, 573
伊奈（いな）漁業協同組合 89-90
イヌイット 47, 475
茨城県立博物館 196
イルカ
　　──資源管理 20-23
　　──生存の脅威 9-12
　　──生物学的特徴 18-21
　　──定義 18-19
イルカ石弓漁 58, 69, 81-83, 124, 129, 131, 142, 158, 161, 354, 395, 496, 499, 501
イルカ追い込み漁 23-24, 27, 28-29, 33-35, 38-39, 41-44, 48, 54, 57, 66-67, 69, 76-78, 85-131, 139-140, 144-145, 150-151, 158-159, 161, 224, 318, 321, 325-326, 329-330, 340-342, 345-353, 357, 364, 366, 369-397, 409, 495-496, 499-501, 573, 578, 582, 594
　　──IWC の関心 8, 150-151, 580
　　──壱岐 93-100
　　──壱岐のイルカ駆除に協力 94-100
　　──伊豆 54, 61, 104-118, 149, 150
　　──伊根 89
　　──追い込み適地 85
　　──大浦の銭勘定 103
　　──機会待ちの地域共同事業 87-93, 100-108, 496
　　──北九州 100-102
　　──許可漁業となる（伊豆・太地・名護） 118, 120-124, 149-150, 158
　　──漁獲漸減と鯨種変化（伊豆） 115-118
　　──許可制以前に消滅した追い込み組 87-89, 93, 101-102, 104, 107, 131
　　──現行規制 145-148, 160-162
　　──小砂川 23-24
　　──五島 100-101
　　──三陸 102-104
　　──商業捕鯨停止の余波 127-128
　　──スジイルカ漁に特化（伊豆） 112-118
　　──戦後混乱期に闇流通か 106, 115
　　──戦後の操業合理化（伊豆・太地） 106, 109, 120, 326
　　──先史時代 86
　　──戦中・戦後の操業 54, 106, 112-117

事項索引

――太地　118-128, 149, 150
――探索船→イルカ探索船
――対馬　89-93
――捕れない種はない　100-101, 108, 119, 144
――名護　128-131
――鼠ヶ関　23-24
――能登半島沿岸　86-89
――捕獲枠の設定　118, 121-122, 158-162, 581
――三浦西　131
――山口県　101-102
海豚革→水産皮革
イルカ漁業　9-10
いるか漁業免許（第二種漁業，静岡県戸田）　105, 149
イルカ駆除　38-39, 41-42, 93-100, 152-154
イルカ組合　93
イルカ建切（立て切り）網漁→イルカ追い込み漁
イルカ探索船　87-88, 106, 108-109, 120, 341, 349, 355-356, 580
イルカ突きん棒組（太地）　120
イルカ突きん棒漁　23-24, 28-29, 35, 38-39, 41-44, 45, 83, 120-121, 124-126, 129, 144-145, 150-154, 158-159, 161, 224, 252, 254, 260-263, 266, 273, 275-277, 281, 283, 285-286, 288-292, 296, 302-305, 354-355, 357, 495, 499, 551, 567, 573, 578-582
――IWC の関心　72-74, 150, 153-154
――イシイルカ資源に変化の予兆　59-61, 69-72
――イシイルカの流通　60-65
――イシイルカ捕獲統計のごまかし　72-74
――イシイルカ漁に集約　57-77
――各地で操業されてきた　48, 49, 52, 54, 57
――許可漁業となる　63, 74, 79-80, 82, 121, 149-154
――漁業として確立（動力船と散弾銃使用）49-50
――漁法　45-49, 55-57
――現行規制　145-148, 161-162
――散弾銃使用停止　56, 144
――縄文時代にさかのぼる　45
――戦時の興隆　9, 50-54, 302
――操業パターン　52-57, 61, 63
――電撃併用　57, 263
――敗戦直後の操業と闇流通　9, 54-56, 302
――捕獲枠設定　74-77, 79-81, 82, 146, 157-162, 305, 581
――捕鯨業縮小の余波　9, 61-65, 80-81, 303
イルカの用途と流通　9, 29-35, 50-55, 59-65, 83, 87-88, 91, 98, 103-107, 115, 120, 127-128, 223-224, 397, 426, 496, 552, 579-580
イルカ被害対策　93-100, 152, 158, 366, 394, 396, 568, 573
イルカ巻き　36
いるか猟取締規則　144
岩佐秀二郎　49
咽頭溝　511
魚見（うおみ）　24, 87, 100, 108
浮津（うきつ）捕鯨会社　26
埋め立て　215, 220-222, 225
ウルム氷期　192, 197, 241, 269
エコーロケーション→音響探測
餌生物→食性
エスキモー→イヌイット
海老沢志朗　151
沿岸課，水産庁　37, 68, 72, 74, 153-157, 224, 303, 500-501
沿岸型　363-365
遠洋課，水産庁　155, 162, 303
遠洋水産研究所，水産庁　37, 40, 153, 159, 166, 168, 174, 175, 206, 252, 255, 316, 369, 406, 412, 480, 501-502, 515, 578, 583, 584
遠洋捕鯨株式会社　50, 168
追込網漁・追い込み網漁　144, 149
遂廻船（おいまわしぶね）　87
大網（おおあみ）　106-107
大型化，動物体の　2, 4, 20, 418, 453-454
大型捕鯨業　28, 43, 61-63, 133, 135, 140-143, 145, 163, 168-172
――違反操業　172-173, 560-561, 578
――国際協定と操業規制　169-172
――商業捕鯨停止　174
――隻数削減　164, 165, 169
――創業と膨張　168-170
大隅清治　106, 109, 114, 313, 577-579
大槌（おおつち）イチレイ　62
大引網　90
大村秀雄　174, 409, 577, 585
小川島捕鯨会社　26
小川鼎三　109, 408-410, 577
沖合型　363-365

奥田喜代志　166
尾崎漁業協同組合　90
オットセイ保護の諸条約　56, 144
オットセイ猟　56, 144
尾肉（尾の身）　414-415
尾羽雪・オバケ　61
オホーツク文化　45-48, 401
親潮・親潮前線　316, 415, 427, 520
織物工業　34
オリンピック方式　75, 173
音響探測　4, 193

カ　行

海区漁業調整委員会承認　63, 74-75, 80, 82, 128, 131, 153, 355
海産哺乳類保護法（米）　152
飼い付け漁　94
改定管理方式　21-22
海底谷　514, 551
海底地形　188, 213
外房（がいぼう）捕鯨株式会社　98-99, 165-167, 498, 527, 544, 555, 560
科学委員会，国際捕鯨委員会（IWC）の　17, 72, 74, 150, 339, 498, 500, 522, 550, 558-559, 579-584, 586
化学汚染　11, 209, 215, 219-220, 225, 265-266, 271, 303, 321-322, 324, 428, 525-526, 541, 591
カズラ　90
勝丸　79, 137, 166
勝丸（初代）　80, 120, 496
勝本町漁業協同組合　93, 95-98
鎌海豚網　112
カマキ商店　62
鴨居瀬漁業協同組合　90
鴨川シーワールド　367, 372
唐崎漁業協同組合　90
カリフォルニア海流　427
川尻捕鯨組　26
川奈漁業協同組合　106, 108-109, 326, 342, 579
河村章人　210
環境破壊　10-12, 17
感染症　223
キール・小突起分布の特徴，スナメリ背部の　185, 190, 192, 196, 240
機械油，イルカ油から　55
菊大（きくだい）水産　62
気候変動　12, 192, 197
疑似嗅覚　475
木白俊哉　124
寄生虫　266-267

事項索引　*625*

汽船捕鯨業　140-141
汽船捕鯨業取締規則　133, 142-143, 164-165, 169, 171, 555
機船若は端艇捕鯨業　133, 164
北太平洋海流　415, 425
北太平洋のオットセイの保存に関する暫定条約　144
北太平洋の公海漁業に関する国際条約（北太平洋漁業条約）　152, 251, 263, 273, 297, 305-307
キテ　45
木村宣紀　223
吸引摂餌　457, 511
嗅覚→疑似嗅覚
京食　62
共同漁業権　119, 128, 140, 149
共同船舶株式会社　44, 175
共同哺乳・共同保育　459-461, 493
共立水産工業株式会社　50
漁業権　139-140, 495
漁業調整　140
漁業調整委員会　140
漁業被害・競合，イルカによる　12, 93-100, 215, 217-218
漁業法　139-141, 143, 149, 555
極洋，株式会社　174
極洋捕鯨株式会社　582
禁止鯨　7, 141, 143-144, 165, 169-172
錦城丸　582
近代捕鯨→ノルウェー式捕鯨
金洋丸　53
駆除→イルカ被害対策
鯨革→水産皮革
鯨敷網→捕鯨
鯨ひげ　2, 5, 25-26
鯨ベーコン　61-62
熊野　187
呉羽和男　210
黒潮・黒潮前線　197, 257, 319, 325, 396, 415-416, 419, 425, 427, 520, 583
黒潮続流　318, 415
黒潮反流　317, 325, 415, 419, 427
クロスボウ漁→石弓漁
黒田長礼　248
グリナー砲　133, 555
系統群→個体群
鯨油　5, 34-35
鯨漁月報　557
鯨漁取締規則　141, 144, 169-170, 555
鯨類追込網漁業（和歌山県）　122, 151

鯨類研究所，（財）　174
鯨類研究所，（財）日本　44, 63, 65, 168, 174-176, 217, 577
鯨類研究所，（財）日本捕鯨協会　106, 174, 409, 577, 582
月周期成長層，歯の　432
工船式捕鯨船→みわ丸
更年期，雌の　467-471, 489-492
郷ノ浦町漁業協同組合　93
交尾と雌の性状態
　——コビレゴンドウ　471-475, 588-591
　——シャチ　463, 475
　——ハンドウイルカ　370, 475
　——ボノボ　475
交尾の役割，繁殖以外の　475-477, 487, 590-591
小型化，動物体の　20
小型鯨類　1, 8
小型捕鯨業　28, 38-39, 41-44, 51-52, 54, 63, 69, 71, 76-79, 92, 124-127, 133-138, 140, 142-145, 150-151, 159, 163-168, 224, 252, 266, 281, 397, 409-410, 494-501, 505, 514-515, 519-524, 563
　——IWCに特別枠要求　137, 168
　——大型捕鯨船に転換　164-165
　——起源　133, 142, 555-557
　——現行規制　145-148, 167
　——収益の変化と背景　166-168
　——商業捕鯨停止　163-168
　——隻数削減　164-165
　——全国で許可漁業　142, 164
　——戦時特例で大型鯨捕獲　164, 544
　——戦中・戦後の急拡大と規制　133-135, 164-165
　——大規模捕鯨の陰で　135
　——千葉県の早期規制　133, 164
　——調査捕鯨参加　168
　——ツチクジラの捕り方　545
　——捕獲枠の設定　157-162, 164-168
　——密漁　137-138, 165, 498, 559-561
小型捕鯨協会，日本　412, 498, 558
小型捕鯨業取締規則　143, 164
小型捕鯨砲　142, 164
国際資源班，水産庁　37, 162
コクサイ水産　62
国際的な諸協定（捕鯨関係）　7, 144, 169, 170
国際捕鯨委員会（IWC）　7, 17, 150-151, 170, 252, 356-357, 578-579, 586
国際捕鯨監視員　561, 586
国際捕鯨取締条約，現行の　7, 143-144, 169-170, 173, 514
国立科学博物館　211, 297, 408-409, 411, 512
国連決議，大規模公海流し網操業の停止に関する　10, 36, 153, 251, 307
個体群の分離
　——イシイルカ　250-272
　——カマイルカ　567-568
　——コビレゴンドウ　412-427
　——スジイルカ　317-327, 580, 587
　——スナメリ　193-197
　——ツチクジラ　514-515, 518
　——ハンドウイルカ　392-394
　——マッコウクジラ　583-584
個体識別　4
五島捕鯨株式会社　26
コバヤシ商事　62
コミュニティー　348-349, 368, 374-375
子守役　493
小山喜代美　49
5連銃　133
コロ　52
混獲，漁業による海産哺乳類の　10, 17, 32, 35-36, 38-39, 41-44, 66, 77-78, 145-146, 151-157, 215-217, 225, 251, 576
混獲鯨類への法的対応　145-146, 152, 154-157
牛頭銃→前田式連発牛頭銃
ゴンドウ船　133, 164
ごんどう建切網漁業　119, 120-121, 149

サ　行

最大持続生産率　21, 500
最大持続生産量　21, 500, 503
刺し網（底刺し網，流し刺し網，浮刺し網）　10, 35-36, 38-39, 41-44, 66, 70-71, 76-78, 94, 152-153, 157, 217, 251, 260-261, 266, 270, 272-273, 275-279, 283, 285, 290-291, 295-297, 305-306, 552, 570, 576
座礁鯨類の背景・原因　12, 85
座礁鯨類への法的対応　146-147, 154-157
佐須奈（さすな）漁業協同組合　90
里見忠義　551
散弾銃（猟銃）　49, 52, 55-56

626　事項索引

三百網　48
サンリクコクサイ水産　62
3連銃　119, 133
資源量→生息頭数推定値
自主捕獲枠　74, 82, 137, 150, 158, 166, 173, 499, 558, 559, 581
自然死亡率
　——コビレゴンドウ　481-482
　——スジイルカ　348-349
　——スナメリ　215
　——ツチクジラ　546
　——ハンドウイルカ　373-374
　——マダライルカ　348-349
持続生産量　21
指定遠洋漁業取締規則　143-144, 164, 169
指定漁業　140
指定漁業の許可及び取締りに関する省令　143, 145, 153, 156
地引網　36, 105, 155, 354
島一雄　9, 151, 174
島型　20
島津製作所　406
清水勝彦　80, 120
下道水産　527
下道吉一　166-167
社会構造・群れ構造
　——イシイルカ　299-302
　——コビレゴンドウ　477-494
　——スジイルカ　337-338, 348-353
　——スナメリ　237-241
　——ツチクジラ　541-549, 591-592
　——ハンドウイルカ　373-375
　——マッコウクジラ　337-338
シャチ食い　36
ジャパン・グラウンド　5
砂利採取　215, 220-222
重金属→化学汚染
種間関係
　——大きさ：生物学的特性値　19-20
　——出生体長：生後1年間の成長量　231
　——出生体長：性成熟体長　279, 437, 466
　——出生体長：胎児の成長速度　230, 455, 537
　——出生体長：胎児の成長速度：生後成長速度　232, 377
　——出生体長：妊娠期間　230, 281, 343
　——胎児の成長パターン　229,

343, 371, 452-453
　——体重：心臓重量：摂餌量　294
出生体長→胎児の成長
授乳→哺乳
ジュネーブ条約　7, 144, 170, 171
春機発動期　3, 331
　——カマイルカ　571
　——コビレゴンドウ　439-444, 451, 470, 481, 483, 485
　——シャチ　486
　——スジイルカ　333-335
　——スナメリ　233, 235-236
　——ツチクジラ　534-535, 542
　——ハンドウイルカ　374-375, 380, 382
　——マッコウクジラ　457, 486
俊洋丸　550
商業捕鯨停止　44, 151, 163-164
庄司博次　559
小豆島（しょうずしま）栄作　49
縄文海進　12, 197, 401, 426
縄文時代　45-46, 86, 105
食性（食物，摂餌量，摂餌方法）
　——イシイルカ　293-299
　——コビレゴンドウ　419, 493
　——スジイルカ　353-354
　——スナメリ　217-218, 234
　——ツチクジラ　519, 526-531
　——ハンドウイルカ　394-395
除蝗　224
ジョン万次郎　139
白木原国雄　203, 204, 210
白木原美紀　210, 224, 368
餌料→食性
シルシカ　130
シロナガスクジラ換算（BWU）　6, 173, 499, 558, 559, 581
水産航空株式会社　523-524, 543
水産資源保護法　147-148, 157, 216, 225
水産政策審議会　140
水産庁統計，イルカ漁獲の　37, 68-69
水産皮革　9, 50-51, 53-55, 112
スキャモン　408
スジイルカ漁→イルカ追い込み漁，イルカ突きん棒漁
ストレッチマーク　386, 438
スナメリ網代漁業　148, 223, 224
スナメリクジラ回遊海面　148, 224
西海区水産研究所　395
制限体長　141-144, 165, 170-172

勢進丸　137, 166
勢水丸　210-211
性成熟と睾丸組織
　——イシイルカ　286-290
　——カマイルカ　571-572
　——コビレゴンドウ　440-447
　——スジイルカ　332-337
　——スナメリ　235-236
　——ツチクジラ　535-536, 592
　——ハンドウイルカ　378-381, 383-386
性成熟と年齢・体長（雄）
　——イシイルカ　288
　——カマイルカ　571-572
　——コビレゴンドウ　441-450
　——スジイルカ　337-338
　——スナメリ　235-236
　——ツチクジラ　534-536
　——ハンドウイルカ　379, 381-383
性成熟と年齢・体長（雌）
　——イシイルカ　284-286
　——カマイルカ　571-572
　——コビレゴンドウ　437-440
　——スジイルカ　338-342, 580
　——スナメリ　234-235
　——ツチクジラ　534-535
　——ハンドウイルカ　386-387
生息数の動向・資源管理
　——イシイルカ　302-307
　——コビレゴンドウ　494-505
　——スジイルカ　354-357, 579-582
　——スナメリ　203-223
　——ツチクジラ　549-557
　——ハンドウイルカ　392-398
　——マッコウクジラ　582-586
生息頭数推定値
　——イシイルカ（表9.9）　304, 306
　——オキゴンドウ（表3.13）　111
　——コビレゴンドウ
　　うちタッパナガ（表3.13）　111,（表12.22）　497, 504-505
　　うちマゴンドウ（表3.13）　111,（表12.22）　497
　——スジイルカ（表3.13）　111
　——スナメリ（表8.5）　205
　——ツチクジラ（表13.12）　550
　——ハナゴンドウ（表3.13）　111
　——ハンドウイルカ（表3.13）

111,（表11.15）396
——マダライルカ（表3.13）111
生息の自然環境
　——イシイルカ　255-256, 315
　——カマイルカ　567
　——コビレゴンドウ　314, 404-405, 415-420
　——スジイルカ　314-317
　——スナメリ　187-189, 197-201, 314
　——ツチクジラ　513-521
　——ハンドウイルカ　314, 367-370
成長曲線
　——イシイルカ　292-293
　——カマイルカ　570-571
　——コビレゴンドウ　448-452
　——スジイルカ　330-332
　——スナメリ　231-233
　——ツチクジラ　538-540
　——ハンドウイルカ　376-378
　——マッコウクジラ　584
性的二型・2次性徴　3, 4, 20
　——イシイルカ　293-294
　——カマイルカ　572-573
　——コビレゴンドウ　411-412, 414, 448-450
　——スジイルカ　319, 339-340
　——ツチクジラ　539-540
　——ハンドウイルカ　378
　——マッコウクジラ　547-548
性淘汰　4, 20
性比
　——イシイルカ　290-291
　——コビレゴンドウ　481
　——スジイルカ　347
　——ツチクジラ　544-546, 591-592
　——ハンドウイルカ　373
　——マダライルカ　347-348
星洋漁業株式会社　166-167
正和丸　167, 496, 559
世界大戦　7
世界野生生物基金日本委員会　210
関沢明清　133, 554
隻数制限，捕鯨船の　133, 141, 164-165, 169
石油の発見　5
摂餌量→食性
絶滅の恐れのある野生動植物の種の保存に関する法律　148, 225
瀬戸内海環境保全特別措置法　209
瀬戸内海環境保全臨時措置法　209,

222
船舶事故　11, 215, 222, 225
騒音，水中の　12, 215, 223, 428
属人統計　67, 73, 134
底刺し網→刺し網
袖網　108
ソフト鯨　62

タ　行

第1日新丸　583
第1安丸　166-167, 281, 298
第2銀星丸　252
第2大勝丸　166
第5万栄丸　298
第7勝丸　167
第7幸栄丸　412
第12宝洋丸　263, 297-300
第21純友丸　167
第28大勝丸　167
第31純友丸　166-167, 559
第75幸栄丸　166-167
ダイオキシン→化学汚染
耐寒能力　218, 417-419
大規模公海流し網操業の停止決議（1989年）　10, 36, 153, 251, 307
醍醐組　551-554, 557
大勝丸　167
太地角右衛門頼治　27
太地漁業協同組合　121-125, 158, 166-167, 500, 581
胎児の成長・出生体長
　——イシイルカ　278-279
　——カマイルカ　569-570
　——コビレゴンドウ　436-437, 452-453
　——スジイルカ　324, 329-330, 342-343
　——スナメリ　228-230
　——ツチクジラ　536-538
　——ハンドウイルカ　370-371
体重
　——イシイルカ　293
　——コビレゴンドウ　414-420
　——スナメリ　234
　——ツチクジラ　512
体色変異
　——イシイルカ　247-249, 251-261
　——コビレゴンドウ　403-404, 407, 412-413, 423-424
　——スナメリ　190
　——ツチクジラ　504-505
　——ハンドウイルカ属　363
大臣許可　133, 139-140, 145, 151,

164, 495
体長組成
　——イシイルカ　261-262, 276-278
　——カマイルカ　569-570
　——コビレゴンドウ　448-451
　——スジイルカ　319-320, 330
　——スナメリ　232
　——ツチクジラ　514-515, 538-539
　——ハンドウイルカ　366, 375-376
体長の測定方法　171, 329, 448
大日本水産会　50
太平洋漁業株式会社　51, 53
太平洋戦争と鯨類漁業　50-55, 164
大洋漁業株式会社　172, 174, 582
大陸斜面　514
台湾海洋大学　316
台湾大学　406
竹内賢士　23, 27, 50
太政官布告　139
忠海（ただのうみ）漁業協同組合　224
建て網→刺し網
建切網・立て切り網漁　23, 24, 107-108, 112, 131
田中家文書　131
ダルマザメ　512-513
タレ（塩干肉）　33-34, 52, 62, 116, 520, 550, 552
探索船→イルカ探索船
淡青丸　57, 325, 411
地磁気　85
知事許可　51, 63, 74, 80, 120-121, 130, 133, 139, 145, 149-151, 153, 164, 354, 356, 496, 555
父親を探す　486-487
千葉漁業株式会社　555
チョキ・チョキリ　45, 49
津軽暖流　265, 415, 427
突きん棒→イルカ突きん棒漁
対馬暖流　315, 393, 567
ツチクジラ換算　559
ツチクジラ漁　133-137, 151, 550-563
津呂捕鯨株式会社　6, 25-26
帝京科学大学　207, 578
定置網（漁）　10, 35-36, 41-44, 66, 71, 76-78, 95, 145, 152, 154-157, 216, 223
テリトリー　481
デルマール　62
天神丸　51

事項索引

伝染病　215
殿中（でんちゅう）銛　48, 49
てんと船・天渡舟・天当舟・てんとう・テント　119, 133, 142, 164, 496
天然記念物　148, 224
東海漁業株式会社　133, 544, 555, 557
投棄網　216
東京海洋大学　168
東京大学医学部　408, 577
東京大学海洋研究所　57, 174, 210, 256, 263, 325, 406, 409, 411, 578, 580, 584
統計（小型鯨類漁業等の操業規模関係）
　——1619-1984年伊豆追い込み経営体（表3.11）　105
　——1728-1913年岩手県イルカ追い込み操業地（表3.9）　103
　——1884年鯨油とイルカ油別産出量（表1.8）　35
　——1888-1900年ごろの鯨類漁業所在地（表1.1）　23
　——1891-1957年イルカ漁県別比重の変化（表1.4）　28-29
　——1941年猟銃併用突きん棒操業船数（表2.2）　52
　——1941-1951年小型捕鯨隻数と捕獲頭数の県別比重（表4.1）　134
　——1960-1992年名護の捕獲頭数と従業隻数（表3.22）　129
　——1965-1985年長崎県島嶼別イルカ漁比較（表3.3）　90
　——1972-1991年太地漁協イルカ類単価（表3.20）　127
　——1972-2008年漁業種別・道県別鯨類捕獲比重の変化（表1.10）　41-43
　——1972-2009年道県別突きん棒経営体数（表2.3, 2.4）　58
　——1972-2009年県別追い込み経営体数（表3.23）　130
　——1982-2008年小型捕鯨隻数・捕獲枠・実績・損益（表4.3）　137
　——1983-2010年ツチクジラ捕獲枠（表13.15）　559
　——1988年対2004年イルカ類の捕獲・混獲（表2.10）　76-77
　——1990-1991年県別・漁業種別捕獲枠（表6.1）　158-159
　——1993年イルカ類捕獲枠算定の根拠（表6.2）　160
　——1993-2009年イルカ類捕獲枠（千葉県以南）（表6.3）　161
　——1993-2009年イルカ類捕獲枠（三陸 - 北海道）（表6.4）　162
　——2007年小型捕鯨業の操業（捕獲枠・漁期等）（表7.1）　167
統計（小型鯨類等の捕獲実績）
　——1698-1919年捕鯨業の漁獲組成の経年変化（表1.3）　25
　——1857-1889年岩手県追い込み組と捕獲頭数（表3.10）　104
　——1887-1889年追い込み漁別捕獲頭数（表1.7）　34
　——1887-1889年能登追い込み村別種別捕獲頭数（表3.2）　88
　——1893-1897年網取り捕鯨の県別・種別捕獲頭数（表1.2）　24
　——1910-2008年捕鯨業による種別捕獲頭数（表1.5）　30-31
　——1932-2008年ツチクジラの公式捕獲統計（表13.14）　556-557
　——1934-1981年伊豆追い込み組別捕獲頭数（表3.14）　112-113
　——1938-1939年某社のイルカ種別捕獲頭数（表2.1）　51
　——1941-1987年小型捕鯨業鯨種別捕獲頭数（表4.2）　136
　——1944-1966年長崎県追い込み漁島嶼別鯨種別捕獲頭数（表3.7）　101
　——1954-1991年小型捕鯨1社の鯨種別捕獲実績（表13.16）　560
　——1957-1975年東北地方突きん棒捕獲統計の比較（表2.6）　68
　——1958-2004年静岡県追い込み漁鯨種別捕獲頭数（表3.16）　117
　——1960-1992年名護イルカ種別捕獲数・隻数（表3.22）　129
　——1963-1968年川奈・富戸追い込み操業（表3.15）　115
　——1963-1981年太地の月別・種別水揚げ頭数（表3.21）　128
　——1963-1994年太地漁協の種別水揚げ頭数（表3.17）　125
　——1965-1985年長崎県種別捕獲頭数（表3.4）　91
　——1972-1974年長崎県以外北九州と山口県のイルカ追い込み（表3.8）　102
　——1972-1992年道県別イシイルカ捕獲頭数（表2.7）　70-71
　——1972-1992年和歌山県種別公式捕獲頭数（表3.18）　126
　——1972-1995年壱岐勝本の種別駆除頭数（表3.6）　97
　——1972-2004年銚子の種別水揚げ頭数，突きん棒ほか（表2.11）　78
　——1972-2008年全国種別イルカ捕獲頭数（表1.9）　38-39
　——1972-2008年長崎県追い込み漁の種別捕獲頭数（表3.5）　92
　——1982-2008年小型捕鯨隻数・捕獲枠・実績・損益（表4.3）　137
　——1985-1991年イシイルカ捕獲統計の対比（表2.9）　74
　——1989-1992年大槌市場イシイルカ型別組成（表2.5）　64
　——1991-2008年全国大型鯨類種別混獲頭数（表1.6）　32
　——1993-2008年突きん棒漁イシイルカ県別捕獲（表2.8）　73
　——1993-2008年和歌山県突きん棒漁捕獲枠・実績（表2.12）　81
　——1993-2008年名護石弓漁捕獲枠・実績（表2.13）　82
　——1993-2008年太地追い込み漁捕獲枠・実績（表3.19）　127
統計調査部，農林省　66
統計不正操作　40, 62-63, 73, 125, 172-173, 303, 307, 498-499, 552, 562, 578, 584-586
頭骨の形態
　——イシイルカ　247, 261
　——コビレゴンドウ　402, 409, 413-414, 422-423
　——スジイルカ　319, 324
　——スナメリ　191, 192, 194-196
　——ハンドウイルカ　363-365
統制局（物資の）　50
動物飼料　397
冬眠　417
唐弓（とうゆみ）→綿打ち弓
東洋漁業株式会社　557
東洋捕鯨株式会社　50, 555
動力漁船の普及　49-50, 109, 119, 133, 223, 342, 496

鳥羽水族館　206, 210, 216, 227, 230
鳥羽捕鯨有限会社　167, 412, 498
鳥羽養治郎　166, 412
留網　48, 88
豊玉（とよたま）村東漁業協同組合　90
トリカブト　45
トロール漁　36, 66, 217, 218

　　　ナ　行

内的自然増加率　21, 22
長崎大学水産学部　100, 577
流し網→刺し網
名護漁業協同組合　83
南海捕鯨→捕鯨
肉体的成熟
　　——イシイルカ　292
　　——カマイルカ　570-571, 573
　　——コビレゴンドウ　451
　　——スジイルカ　330-331
　　——スナメリ　232-233
　　——ツチクジラ　539-540
　　——ハンドウイルカ　376-378
2次性徴→性的二型
西脇昌治　106, 313, 348, 409, 577, 578, 579
日周期成長層，歯の　429
日中戦争　50
日東捕鯨株式会社　61-62, 174
日本遠洋漁業株式会社　6, 25, 50, 139, 168, 555
日本共同捕鯨株式会社　173, 577
日本近海捕鯨株式会社　496, 561, 582
日本近海捕鯨有限会社　167
日本水産会社　554, 557
日本水産株式会社　174
日本水産皮革製造業水産組合　50
日本精機製作所　224
日本捕鯨株式会社　61-62, 142, 174, 498, 561
ニューニッポ　62
人間環境会議　151
妊娠期間
　　——イシイルカ　280-281
　　——イロワケイルカ　453
　　——コビレゴンドウ　452-454, 456
　　——シャチ　453
　　——スジイルカ　342-343
　　——スナメリ　229-230
　　——ツチクジラ　536-538
　　——ハンドウイルカ　370, 453
　　——マッコウクジラ　280, 343, 454
妊娠の確認
　　——イシイルカ　283-284
　　——コビレゴンドウ　452-453, 455, 458, 464-465, 474
　　——スジイルカ　344
　　——ハンドウイルカ　370, 388-390, 473
妊娠率・繁殖周期・加齢変化（雌）
　　——イシイルカ　283-284
　　——コビレゴンドウ　462-471
　　——スジイルカ　344-347, 580
　　——スナメリ　236-237
　　——ツチクジラ　540-541, 592
　　——ハンドウイルカ　387-390
認知能力　4
根据網（ねこさいあみ）　107
根本敬久　578
年齢査定
　　——イシイルカ　272-276
　　——カマイルカ　569
　　——コビレゴンドウ　429-436
　　——スジイルカ　327-329
　　——スナメリ　232
　　——ツチクジラ　531-534
　　——ハンドウイルカ　370
　　——マッコウクジラ　584
年齢組成・寿命・死亡率
　　——イシイルカ　290-291
　　——コビレゴンドウ　481-482
　　——スジイルカ　347-349
　　——スナメリ　215, 232-233
　　——ツチクジラ　546-547, 591-592
　　——ハンドウイルカ　373-375
脳皮（のうかわ）　54
ノルウェー式捕鯨→捕鯨

　　　ハ　行

歯
　　——異歯性　1, 2
　　——一換歯性　1
　　——一生歯性　3, 329, 429, 457
　　——歯数　1
　　——歯胚　2, 429
　　——同歯性　3
　　——二生歯性　1, 457
　　——不換歯性　3
敗戦と捕鯨政策　144, 170
排卵と濾胞サイズ
　　——イシイルカ　280
　　——コビレゴンドウ　439, 473
　　——ハンドウイルカ　473
排卵率と黄白体の残存
　　——コビレゴンドウ　469-471
　　——スジイルカ　339, 346
　　——ツチクジラ　540-541
　　——ハンドウイルカ　390-392
延縄漁　35-36, 66
延縄漁の餌　51
白鳳丸　256, 406
羽刺（はざし）　90
発音器　36, 216
パックウッド・マグナッソン修正法　163
発情周期・排卵周期　372, 462
ハナレ　45
歯の形態と成長パターン
　　——イシイルカ　272
　　——インドカワイルカ　533
　　——コビレゴンドウ　429, 434-435
　　——スジイルカ　313, 327-328
　　——スナメリ　186
　　——ツチクジラ　531-533, 541-543
　　——ハンドウイルカ　364, 366-367
　　——マッコウクジラ・イッカク・シロイルカ　533
　　——ラプラタカワイルカ　533
早打網　48, 88
早船　88
早銛　48, 49
針入れ　47
繁殖海域（イシイルカ）　262-265, 299-303
繁殖期（交尾期・出産期）
　　——イシイルカ　279-283, 289
　　——カマイルカ　570
　　——コビレゴンドウ　418, 447-448, 454-455, 586-587
　　——スジイルカ　322-323, 342-344, 587
　　——スナメリ　226-228, 587
　　——ツチクジラ　535, 540
　　——ハンドウイルカ　371-373, 393
　　——ミンククジラ　586-587
反赤道分布　401
皮革→水産皮革
引き縄漁　126
ピトゥ　128
泌乳→哺乳
日の出漁業協同組合　90
兵庫県水産試験場　53
標識銛　583
漂着，鯨類の　39-40, 217

事項索引

ピンガー→発音器
富栄養化　209, 218, 225
福岡中央市場　83
複合個体群→メタポピュレーション
藤瀬良弘　263
藤田巌　174
富戸漁業協同組合　109, 314, 326, 342, 579
船との衝突　11, 223
ブリ一本釣り　94-95
ブリ飼い付け漁　94
古田正美　210
文化，鯨類の　21-22, 494, 504, 588, 593-594
文化財保護法　148
分布・回遊・季節移動・個体群内のすみわけ
　──イシイルカ　250-258, 262-266, 276-278, 285, 290-291, 300-302
　──カマイルカ　567-568
　──コビレゴンドウ　404-406
　──スジイルカ　314-319
　──スナメリ　187-189, 193-194, 197-201, 218
　──ツチクジラ　513-526
　──ハンドウイルカ　367-370
分類と学名
　──イシイルカ　247-250
　──コビレゴンドウ　401-402, 406-427
　──スジイルカ　313-314
　──スナメリ　187, 189-192, 240-241
　──ツチクジラ　511-513
　──ハンドウイルカ　363-365
閉経期→更年期
平和条約　144
ペリー修正法　163
ベルグマンの法則　190
ベンゲラ海流　404
棒筋（ボウスジ）　33
房総遠洋漁業株式会社　555, 557
宝洋水産株式会社　262
ホエールウォッチング　11
捕獲制限・捕獲枠設定　72-75, 79-82, 117, 127, 149, 158-162, 499-502
捕獲枠（捕獲上限頭数）
　──イルカ漁業（表6.3）161, （表6.4）162
　──小型捕鯨業（表4.2）136, （表4.3）137
　──コビレゴンドウ（イルカ漁業・小型捕鯨業）（表12.23）501
　──調査捕鯨（北太平洋・南極海）（表1.5）30-31
北洋捕鯨株式会社　174
北洋母船式捕鯨　165, 582
捕鯨
　──網取り捕鯨（網代式捕鯨）6, 23-32, 48-49, 94, 118, 139, 496
　──アメリカ式捕鯨（南海捕鯨）5, 24, 29, 133, 139, 553-555, 586
　──いまの諸捕鯨　8
　──沿岸捕鯨→小型捕鯨業，大型捕鯨業
　──大敷網捕鯨　29
　──近代捕鯨　6
　──鯨敷網→台網捕鯨
　──原住民生存捕鯨　8, 168
　──古式捕鯨　5, 7, 23-29, 102, 496
　──銃殺捕鯨　29, 139, 555
　──台網捕鯨　23, 28, 34, 139, 154
　──台湾の捕鯨　514
　──中国の捕鯨　513-514
　──調査捕鯨　8-9, 63, 151, 168, 174-176, 562, 577
　──突き取り捕鯨　5-6, 23-24, 27-28, 34, 48-49, 118, 496, 551-554
　──ノルウェー式捕鯨　6-8, 24-26, 28-32, 139-145, 163-176, 306, 551-554
　──帆船捕鯨　5, 141-142
　──母船式捕鯨→母船式捕鯨業
捕鯨協会，（財）日本　174, 412, 577
母系社会　21, 22, 375, 487-489
捕鯨船隻数制限　141, 164-165, 169, 555
捕鯨中砲　133, 554
捕鯨班，水産庁　36, 69, 72, 74, 131, 153, 357, 412, 501, 559, 580
捕鯨問題検討会　174
ホサカ商店　62
保全・管理
　──イシイルカ　47-78, 149-162, 251, 302-307
　──カマイルカ　149-162, 573-574
　──コビレゴンドウ　85-162, 494-505
　──スジイルカ　85-131, 149-162, 354-357, 579-582
　──スナメリ　147-148, 215-225
　──ツチクジラ　133-148, 549-563
　──ハンドウイルカ　85-162, 149-162, 395-398
　──マッコウクジラ　139-148, 163-176, 582-586
母船式漁業取締規則　142, 169-170
母船式捕鯨業　16-17, 43, 50, 140, 142-143, 145, 163, 169, 172-176, 561-562
　──小笠原近海出漁　26, 30, 172
　──鯨肉の持ち帰り解禁　32, 50
　──国際協定と操業規制　163, 168-173
　──商業捕鯨停止決定（IWC）174
　──調査捕鯨出漁　175
　──南極海出漁　6-7, 30, 50, 169, 172-173
　──日本の異議申し立てと撤回　163-164, 174
　──北洋出漁と操業海域　6, 30-31, 50, 172-173
　──捕鯨業者統合　173-174
　──乱獲進行と資源減少　6-7, 172-173
北極収束帯　427
哺乳・離乳
　──イシイルカ　283-284, 300-302
　──コビレゴンドウ　456-462, 467
　──スジイルカ　345-347
　──スナメリ　230-231
　──ツチクジラ　540-541
　──ハンドウイルカ　351, 387-390
　──ヒレナガゴンドウ　458
　──マッコウクジラ　460

マ 行

前田兼蔵　119, 133, 554
前田式連発牛頭銃　133, 554
巻き網　36, 41, 44, 66-67, 78, 95, 119, 152, 216, 496
間瀬助兵衛　551
松井進　80, 119
丸幸商事　62
丸山勉　174
三浦浄心　551
三重大学生物資源学部　210, 211, 578

水江一弘　100, 223, 251, 577
美津島（みつしま）西海漁業協同組合　90
密漁　17-18, 63, 137, 163, 172-173, 498-499, 522, 559-562
宮崎信之　109, 124, 349, 411
宮下富夫　252, 497
宮島水族館　234
三好捕鯨有限会社　166-167
みわ丸　31, 136
ミンク船　133-138, 164-168
メタポピュレーション　250, 368
メロン　313, 403, 411
免許漁業　51, 54, 140, 356
本橋俊行　120
藻場　220-222
森本稔　74

　　ヤ　行

山見→魚見
山本順子　314
闇市場　55
有害水産生物駆除　98, 101
有機塩素化合物→化学汚染
有機スズ→化学汚染
茹で物　120
夜ゴンド　119
寄せ網　88
寄せ物漁　119
寄り魚漁業　140
寄り物　128

　　ラ　行

ラッコ・オットセイの管理
　——4カ国オットセイ保護条約（1911年）　56, 144
　——いるか猟取締規則（1959年）　144
　——北太平洋のおっとせいの保存に関する暫定条約（1957年）　56, 144
　——太政官布告16号（1884年）　144
　——らっこおっとせい猟取締法（1912年）　144
　——臘虎膃肭猟免許規則（1895年）　144
リクチュウ水産　62

離頭銛　45, 46-49, 56, 86
離乳→哺乳
猟銃→散弾銃
連合軍総司令部　56, 142, 144, 169-170
老齢雌・加齢と繁殖周期
　——オキゴンドウ　489-494, 588
　——コビレゴンドウ　463-471, 489-494, 588
　——シャチ　489-494
　——スジイルカ　346
　——ツチクジラ　491, 540-541
　——ハンドウイルカ　388, 491
　——ヒレナガゴンドウ　489-494, 588
　——マダライルカ　491
　——マッコウクジラ　489-494, 588
ロンドン協定　144

　　ワ　行

ワシントン条約　148, 225
綿打ち弓　30, 33, 88

鯨種・分類名索引

本索引では標準的な和名とそれに由来する分類群名のみ片仮名書きとし，その他の異名などは平仮名ないしは漢字表記とした．ただし，本文中ではそれとわかる場合には後者も片仮名書きとした場合がある．

Black fish　397, 403
Naisa-goto　407
Shibo-golo　408
Shiho-goto　408

ア 行

アカボウクジラ　79, 126, 136, 146, 155, 552, 560, 592
アカボウクジラ科　3, 11, 20, 47, 141, 156, 325, 511-512, 542, 592
あそびくじら　511, 516
アマゾンカワイルカ　3, 19, 190
アマゾンコビトイルカ　3, 185
アラリイルカ→マダライルカ
イシイルカ（イシイルカ型，リクゼンイルカ型）　1, 4, 18, 20, 37-40, 42, 46-55, 56-77, 107, 146, 150-154, 156, 159-162, 185, 247, 314-315, 370, 462, 500, 501, 525, 541, 567, 573, 580, 594
イシイルカ型→イシイルカ
イチョウハクジラ　146
イッカク　3, 19, 155, 157, 159, 190, 533, 544
イッカク科　18, 185
いるか（海豚，鯆）　28-29, 103, 109, 122-123, 133-135, 141-142, 150-151, 158, 163, 185
イロワケイルカ　453
イワシクジラ　6, 7, 26, 30-32, 135, 141, 143, 167, 171-173, 175, 440, 471, 585
いわしくじら（いはしくじら，鰛鯨，鰯鯨）　25-26, 109, 119
インダスカワイルカ　19, 533
インドカワイルカ　3, 19, 533
うきくじら（浮鯨）　552
おおいるか（大鯆）　110, 111, 114, 495
おおうおくい（おほうおくい，大魚喰）　407
オオギハクジラ　146, 458
おおなんくじら（大難鯨）　552
おおなんごとう（おほなんごとう，おほなん）　403, 407-408
オガワコマッコウ　19, 155
おきごとう（おきごと）　403, 407
オキゴンドウ　20, 33, 36, 39, 46-47, 69, 76, 82-83, 86-87, 91-93, 96-102, 110-111, 117-118, 120-121, 123-127, 129, 137-138, 146, 155, 159-161, 315, 357, 370, 395, 403, 407, 471, 491, 500-501, 552, 588
おしょううお　187

カ 行

かじくじら（梶鯨）　552
カズハゴンドウ　83, 126, 129, 156
カスリイルカ　365
カツオクジラ　27
かつをくじら　26
カマイルカ　38-39, 42, 46-47, 51, 54-56, 64-65, 69, 71, 75-78, 81, 86-87, 91-92, 96-104, 108, 111, 117-118, 124-127, 146, 156, 160-162, 251, 255, 263-264, 293-295, 300, 306, 314, 315, 325, 350, 357, 370, 394-395, 403, 478, 567-574
かまいるか（鎌海豚）　34, 86-87, 103, 109-110
カマイルカ属　294
かみよいるか（かみよ，かめよ）　103, 247-248
からす　512-513
カワイルカ類（上科）　3, 11-12, 19, 185
カワゴンドウ　3, 11-12
ガンジスカワイルカ　19, 533
きたいるか　247-248
キタトックリクジラ　512, 592
鯨目（クジラ目，鯨類）　1
くろ　80
くろつち　512-513
クロミンククジラ→ミンククジラを参照
コククジラ　2, 6-7, 10, 11, 25, 27, 31, 32, 47-48, 77, 141-144, 146-148, 154, 157, 165, 170-171, 197, 201, 218, 408, 476, 513, 552
こくしら（古久志羅）　552
こくじら（克，小鯨）　25, 26, 552
コセミクジラ　2, 7
ごとう（ごんどう，牛頭，五島）　118-119, 403, 406-407
ごとういるか（後藤海豚）　103, 495
ことくじら（狐渡鯨）　552
ごとくじら（ごとう，こと鯨，巨頭鯨）　86, 403, 406
コビレゴンドウ（マゴンドウとタッパナガを含む）　1, 4, 20-21, 31, 37-38, 41, 69, 76-80, 82-83, 86, 91-92, 96-98, 103, 110-121, 123-129, 134, 137-138, 146, 150, 155-161, 165-167, 185, 215, 230, 232, 263, 287, 296, 300, 314-316, 323, 325, 329, 332, 335, 343, 352, 357, 384, 388, 396, 401-510, 525, 547, 573, 581, 586, 588-590, 594
コブハクジラ　146
コマッコウ　19, 155
コマッコウ属・科　19, 126, 155, 552
ごんぞう（ごんぞう海豚）　110, 114
ゴンドウクジラ属　3, 47, 401, 408, 420
ゴンドウクジラ類　20, 46-47, 51-52, 54, 78, 122-123, 133-134, 136, 138, 142, 152, 158, 552, 560
ごんどくじら　403

サ 行

ざとう（座頭，座頭鯨）　25
ザトウクジラ　2, 4-6, 10, 20, 25, 27, 30-32, 42-43, 47-48, 141, 143, 146, 148, 154, 167, 171, 197, 201, 218, 236, 262, 291, 323, 513, 560, 593-594
サラワクイルカ　126, 155, 350
しおごとう（しほ，しほごと，しほごとう，しほごんど）　136, 403,

鯨種・分類名索引　　*633*

407-409, 412
しすみ海豚　86-87
シャチ　3-4, 18-19, 20-21, 31, 39, 46, 76, 79-80, 83, 109-110, 121-123, 125-126, 134, 136, 146, 150, 155, 157-159, 160, 192, 230, 315, 343, 352-353, 403, 451, 453-454, 462, 465, 471 475, 480-481, 486-487, 491-492, 498, 538, 541, 544, 548-549, 560, 573, 588, 593
ジュゴン　147, 225, 576
しらたご　86-87, 101
シロイルカ　3,19, 54, 146, 190, 219-220, 390, 518, 533, 538
しろながす（しろながそ，白長曽，白長須）　24-25
シロナガスクジラ　1, 2, 6, 20, 25, 26, 30-32, 141-143, 147-148, 171, 225, 294
シロナガスクジラの旧称　24-25
シワハイルカ　80, 113, 117, 124-126, 129, 156, 367
すさめ（すざめ）　186
スジイルカ　1, 4, 18, 20, 37-40, 51, 57, 60-61, 64, 69, 71, 76-81, 91, 110-118, 120-121, 123-128, 146, 150-151, 156, 158-161, 197, 220, 223, 263, 286, 298, 300, 302, 306, 313-361, 375, 385, 387, 395, 432, 495, 501, 538, 567, 577, 579-582, 587
スジイルカ属　3, 314, 365, 395
すずめいるか　247-248
スナメリ　1, 3, 11, 12, 18, 20, 37-40, 46, 51, 76-78, 91-92, 147-148, 155-157, 159, 185-245, 247, 255, 285, 314-315, 323, 343, 576, 587, 594
すなめりいるか（すなめりくじら）　187
スナメリ属　185, 249
スナメリの異名　186
ぜごんどう（ぜごん，せこんどう）　18, 187
セミイルカ　38-39, 42, 51, 55, 64-65, 71, 76, 156, 251, 263-264, 300, 306, 314-315, 567
セミクジラ　2, 4-7, 10, 11, 25, 27, 31-32, 47, 141-142, 144, 146, 154, 165, 170-171, 552, 560
セミクジラ類　2, 7, 141, 143-144, 148, 165, 169-171, 475-476

タ 行

だいなんごんど（だいなんごと）　403, 407
タイヘイヨウアカボウモドキ　516
タスマニアクチバシクジラ　36
タッパナガ→コビレゴンドウ
たっぱなが　403, 408-409
ツチクジラ　1, 3-4, 20, 31, 34, 39, 41, 43, 44, 77, 79, 102, 109, 126, 134-138, 141-142, 151-152, 155-156, 159-161, 163, 165-167, 174, 432, 491, 493, 500, 511-566, 591-592
ツチクジラ属　511-512
つちんぼう　511
つちんぼうくじら　552
ツノシマクジラ　26, 32
つばめいるか　109-110
でごん（でごんどう）　187
でんぐい　187
トックリクジラ属　145
とるーいるか　248

ナ 行

ないさごとう（ないさ，ないごと）　136, 403, 407-409
ながす（長簀・長州・長須鯨）　24-26
ナガスクジラ　6-7, 20, 24-26, 29-32, 43, 135, 141, 143, 146, 159, 167-168, 171-173, 327, 341, 466, 471, 514, 552, 585
ナガスクジラ科（類）　2, 6, 20, 29, 438
ナガスクジラの旧称　24-26
ながそ（長曽）　25
なぎさごんど　407
なみのうお　187
なめ（なめそ，なめり）　187
なめのうお（なめうお，なめくじら）　187
南方型イワシクジラ　26
にうどふ・にゅうどう鯢・入道海豚　33-34, 86-88, 100-101, 103, 109, 110, 111, 403, 495
にたり　24
ニタリクジラ　2, 25-26, 31-32, 63, 119, 141, 143, 146, 159, 163-164, 167, 171-173, 175, 560, 579, 585
ニタリクジラとイワシクジラの混乱　26-27, 141
ニタリクジラの旧称　24-26
にたりながす　25

ニホンアシカ　576
ネズミイルカ　3, 20-21, 36, 38, 39, 46-47, 71, 76, 103, 146, 155-156, 185-186, 216, 241, 247, 284, 294, 314-315, 538, 541
ねずみいるか（ねずみ，鼠海豚，鼠鯆）　34, 86-87, 91-92, 97, 100-101, 103-104, 109, 111, 495
ネズミイルカ科　3, 18-20, 185-186, 247, 250, 471, 493, 541
ネズミイルカ属　248-250
のーそ　187
のそ（能曽，能曾）　24-26

ハ 行

はいいろながす　25
はうかす　80, 125, 367
パキセタス属　1
歯鯨類（ハクジラ類，歯鯨亜目）　3-4, 18-22, 266
ハシナガイルカ　185, 314, 350, 420, 573
はすなが（ハス長）　110-111, 114, 356, 369, 397
はせ（はせいるか）　86-87, 100-101, 355
ハセイルカ　86-87, 100-101, 146
ハッブスオオギハクジラ　146
ハナゴンドウ　3, 18, 20, 38, 76-78, 79-83, 86, 91-93, 96-98, 100-101, 110-111, 113, 120-121, 123-129, 137-138, 146, 156, 159-161, 167, 190, 314-315, 325, 354-355, 357, 394, 396, 501
はんくろ　248
ハンドウイルカ（ミナミハンドウイルカを含む）　4, 11, 20, 37-38, 46-47, 51, 64, 69, 76, 78-82, 86-87, 91-93, 96-102, 106, 110-118, 120, 123-129, 131, 146, 150, 156, 159-161, 218, 223, 231, 263, 293-295, 300, 302, 314-315, 322, 325, 329, 332, 339, 351, 353, 356-357, 363-400, 432, 453, 461-463, 473, 475, 478, 501, 538, 549, 593
バンドウイルカ→ハンドウイルカ
ハンドウイルカ属　38, 315, 353, 363-370
はんどふ　86-87, 101
ひげ鯨類（ヒゲクジラ類，鬚鯨亜目）　2-3, 18, 159, 169, 230, 266
ぴとう　128
ヒレナガゴンドウ　4, 21, 328, 351, 401-402, 404, 409, 417, 420, 422-

426, 454, 458, 460, 480, 485, 487-488, 492, 538, 541, 588
ぼうず（ほうづ海豚，ばうずいるか，ぼうずうお，坊主いるか，ぼんさん） 86-87, 100, 110, 187, 403
ホッキョククジラ 2, 5, 7, 144, 147, 165, 170-171, 225, 518

マ 行

マイルカ 18, 37, 39, 46-47, 51, 55-56, 64, 71, 76, 78, 86-87, 101, 113, 115, 126, 129, 156, 263, 300, 306, 313-314, 325, 329, 350
まいるか（まゐるか，まゆるか，真海豚，真鯒） 33-34, 40, 86-88, 100, 103-104, 109-111, 113, 114, 313-314, 355, 495
マイルカ科 3, 18-20, 185, 231, 314, 471, 541, 567
マイルカ上科 19, 185
マイルカ属 3, 39, 355, 395
まごんどう 403, 408-409
マゴンドウ→コビレゴンドウ

マダライルカ（アラリイルカ） 4, 37-38, 69, 76-78, 80-81, 91-92, 100, 111, 113, 115, 117-118, 120-129, 146, 156, 159-161, 231, 313-315, 327, 331, 341, 345, 347-350, 356-357, 375, 385, 432, 491, 501, 538
マッコウクジラ 3-5, 7, 18, 20-21, 30-32, 43, 47, 54, 63, 109, 119, 133, 137-138, 141-143, 145, 159, 163-165, 167, 169, 171-173, 175, 190, 192, 215, 230, 237, 280, 292, 302, 325, 338, 343, 351-353, 385, 432, 440, 449, 454, 457, 460, 471, 480, 485, 486, 491-493, 511, 522, 529, 531-532, 537-539, 544, 547-548, 552-553, 557, 559-563, 582-586, 593
マッコウクジラ科 18-19, 155
まつばいるか（松葉海豚） 110
ミナミツチクジラ 511, 513
ミナミハンドウイルカ→ハンドウイルカ

ミンククジラ（クロミンククジラを含む） 7, 26, 27, 30, 32, 41-44, 45, 47, 63, 66, 69, 77, 79, 81, 133-137, 141-142, 148, 156-157, 163-169, 173, 175-176, 323, 325, 331, 343, 513, 514, 522, 541, 560, 562, 579, 586
昔鯨類（ムカシクジラ類，昔鯨亜目） 1
昔の鯨種名とその解釈 24-27, 33, 34, 40, 86-88, 100-103, 109-114

ヤ・ラ・ワ行

ユメゴンドウ 115, 403
ヨウスコウカワイルカ 1, 3, 12, 19
ラプラタカワイルカ（科） 3, 19, 525, 594
リクゼンイルカ→イシイルカ
リクゼンイルカ型→イシイルカ
りくぜんいるか 248
をがわいるか 248
ををなんごと 407

地名索引

ア 行

愛知県（あいちけん）　42-43, 216
会津（あいづ，福島県）　34, 104
阿翁浦（あおうら，長崎県）　101
青森県（あおもりけん）　28, 41-43, 58, 61, 66-67, 68, 70-71, 73-75, 153, 158, 162, 197, 254, 256, 303, 370, 393
赤崎（あかさき，岩手県）　23, 34, 102-104
明石海峡（あかしかいきょう）　200
赤浜（あかはま，岩手県大槌）　49, 50
赤間関（あかまがせき，山口県下関の古名）　35
安芸（あき）　187
秋田県（あきたけん）　23, 28, 34, 43, 60-61, 104, 251
安芸津（あきつ，広島県）　221
安芸灘（あきなだ）　200
足保（あしぼ，静岡県）　105, 107
網代（あじろ，静岡県）　105, 107, 110
浅海（あそう，長崎県）　92
浅茅湾（あそうわん，長崎県）　89-90
アゾレス諸島　423, 424
アダック島　247
阿田和村（あたわむら，和歌山県）　407
厚岸（あっけし，北海道）　134, 495
アッツ島　248
渥美半島（あつみはんとう，愛知県）　194, 205, 207
アデレイド（オーストラリア）　372, 389
アニワ湾（樺太）　47
網走（あばしり，北海道）　52-53, 134-135, 137, 166-168, 252, 256, 281, 298, 303, 315, 512, 527-530, 556-557, 559
アフリカ，西部　365
アマゾン河　185
奄美大島（あまみおおしま，鹿児島県）　189, 316, 367

鮎川（あゆかわ，宮城県）　61, 82, 134, 137, 165-166, 168, 223, 408-409, 411-412, 422, 472, 498, 527, 559-562, 582-583, 587
アラスカ半島（米）　45
アラスカ湾　5, 264, 271, 424, 582
安良里（あらり，静岡県）　33, 54, 85, 105-116, 149, 326, 355-356, 366, 375, 378, 393, 409, 412, 436
有明海（ありあけかい）　188, 193, 195-199, 204-205, 216-217, 225, 227-229, 231, 235, 237, 239, 587
有川（ありかわ，長崎県）　23, 27, 35, 87, 92, 100
アリューシャン列島　45, 57, 247-249, 251, 254, 264-267, 270-271, 275-283, 285-291, 293, 296-297, 299, 301, 316, 401, 513, 545-546, 582
安房（あわ，千葉県）　48, 194, 208, 217, 237
淡島（あわしま，静岡県）　107-108
阿波島（あわしま，広島県）　148, 222, 224
家島諸島（いえしましょとう，兵庫県）　209
壱岐（いき，長崎県）　23, 69, 90, 93-99, 101, 152, 154, 189, 316, 366, 369, 371-396, 568, 573
生月（いきつき，長崎県）　23, 25, 35, 92, 101
生野島（いくのしま，広島県）　222
石川県（いしかわけん）　23, 26-28, 33-35, 41-43, 217, 370
石田（いしだ，長崎県）　93
石巻（いしのまき，宮城県）　104
石部（いしぶ，静岡県）　105, 107
伊豆・伊豆半島（いず，静岡県）　34, 48, 53, 60-61, 66, 104-118, 124, 150, 158, 197, 313-314, 318-327, 329-332, 337, 340-345, 347-353, 355-357, 366, 369, 393, 395, 397, 412, 452, 463, 495, 577, 578-581, 587
伊豆大島（いずおおしま，東京都）　23, 109, 325, 551-552, 557

伊勢（いせ，三重県）　27, 35, 186
伊勢山田（いせやまだ，三重県）　496
伊勢湾（いせわん）　193-196, 205-207, 216-217, 225-227, 229, 234-235, 237, 587
五浦（いつうら，茨城県）　208
伊東（いとう，静岡県）　33, 105
伊奈（いな，長崎県）　89-91
稲取（いなとり，静岡県）　23, 33, 105-107, 109-110, 119, 325, 355-356, 495-496
伊根（いね，京都府）　23, 34, 89
茨城県（いばらきけん）　27-28, 41, 52, 55, 57-58, 61, 66, 67, 69-71, 227, 303, 356
伊布利（いぶり，高知県）　23
今治（いまばり，愛媛県）　222
伊予灘（いよなだ）　200, 206, 220, 222
入間（いるま，静岡県）　105, 107
祝島（いわいしま，山口県）　36, 212, 224
岩井袋（いわいふくろ，千葉県）　551
磐城（いわき）　48
岩手県（いわてけん）　23, 27-28, 34, 38, 40-43, 49, 52-53, 55, 57-58, 61, 64, 66-75, 133, 151-154, 158-159, 162, 197, 258, 303, 355, 416, 495, 573
イングランド（英国）　363
インダス河　187, 198
インド　189, 191
インドシナ半島　189
インドネシア　364
インド洋　26, 185, 189-192, 363, 404, 420, 424, 427
植松（うえまつ，長崎県）　23
魚目（うおのめ，長崎県）　35, 86-87, 92, 100-101
浮津（うきつ，高知県）　23
宇久島（うくじま，長崎県）　98, 100
宇久須（うぐす，静岡県）　105
宇出津（うしつ，石川県）　23, 33,

地名索引

87-89, 134
後畑（うしろばた，山口県）23
打上（うちあげ，佐賀県）134
内浦（うちうら，石川県）88
内浦（うちうら，静岡県）33, 105, 108
宇野（うの，岡山県）211
浦賀（うらが，神奈川県）35, 553
浦賀水道（うらがすいどう）208, 551-553
浦河（うらかわ，北海道）134, 495
浦桑（うらくわ，長崎県）92
蔚山（うるさん，韓国）189
江差（えさし，北海道）134
越中（えっちゅう，富山県）88
江戸（えど）187
エトロフ島（南千島）52
江梨（えなし，静岡県）105
江の島（えのしま，神奈川県）105
愛媛県（えひめけん）28, 58, 70-71, 153, 158, 221-222, 303
襟裳岬（えりもみさき，北海道）248, 258, 265-266, 298, 369
遠州灘（えんしゅうなだ）194
オークニー諸島 85
黄島（おうしま，長崎県）23
奥州（おうしゅう）187
オーストラリア 291, 323, 363-364, 372, 389, 404
青海島（おうみしま，山口県）102
鴨緑江（おうりょくこう）187
大分県（おおいたけん）29, 42-43, 49, 58, 70-71, 153, 159, 303
大浦（おおうら，岩手県）102-104, 495
大阪府（おおさかふ）29, 30, 35
大阪湾（おおさかわん）193, 205, 210, 218, 227
大崎島（おおさきしま，広島県）211
大沢（おおさわ，岩手県山田町）134, 583
大津郡（おおつぐん，山口県）35
大槌（おおつち，岩手県）49, 52, 60, 62-65, 102
大原（おおはら，千葉県）208
大日比（おおひび，山口県）23
大船渡（おおふなと，岩手県）51, 102
大三島（おおみしま，愛媛県）211, 222
大村（おおむら，長崎県）29
大村湾（おおむらわん）193, 195-197, 199, 204-205, 216-217, 225,

228-229, 235, 237, 587
大山浦（おおやまうら，長崎県）89
小笠原（おがさわら，東京都）26, 139, 153, 172, 367, 583
岡山県（おかやまけん）29, 187, 218, 221
小川島（おがわしま，佐賀県）23, 35
小木（おぎ，石川県）23, 33, 87-88, 134
沖縄県（おきなわけん）6, 23, 29, 41-44, 58, 124, 150-151, 153, 159, 161, 193, 196, 217, 354, 369, 409, 422, 424, 501, 576
牡鹿半島（おしかはんとう，宮城県）189
渡島半島（おしまはんとう，北海道）48, 135, 256, 282, 514, 522, 526, 553-554
小樽（おたる，北海道）251, 255-256
乙浜（おとはま，千葉県）555
女川（おながわ，宮城県）134, 189, 193
小名浜（おなはま，福島県）55, 553
小野田（おのだ，山口県）102
小浜（おばま，福島県原町）208
オホーツク海 5, 52-53, 55, 61, 64-65, 72, 134-135, 137, 185, 252-254, 256, 258-262, 264, 266-271, 277, 281-283, 290, 298-300, 303-304, 512-513, 515, 517-519, 522-525, 527-529, 544-545, 549-550, 568
御前崎（おまえざき，静岡県）227
重須（おもす，静岡県）105, 107
オレゴン 271, 426-427
大漁浦（おろしかうら，長崎県）89
尾鷲（おわせ，三重県）194
恩納村（おんなそん，沖縄県）58

カ 行

海南島（かいなんとう）364
加賀（かが）34
香川県（かがわけん）29, 218, 221
鹿児島県（かごしまけん）28, 35, 43, 194, 217
葛西（かさい，東京都）207
風無（かざなし，石川県）23
鹿島灘（かしまなだ）194, 225
加知山（かちやま，千葉県勝山）35, 551

勝浦（かつうら，千葉県）582
勝浦（かつうら，和歌山県）80
勝本（かつもと，長崎県）27, 41, 92-100, 152, 366, 394, 491, 568
勝山（かつやま，千葉県）6, 49, 496, 551, 557
門川（かどがわ，宮崎県）134
神奈川県（かながわけん）23, 28, 34-35, 52, 153, 217, 579
カナダ 6
カナリー諸島 480, 482, 485
釜石（かまいし，岩手県）34, 51, 62, 102-104, 134, 354
釜石湾（かまいしわん，岩手県）102
蒲刈（かまがり，広島県）187, 211
上県（かみあがた，長崎県）90
カムチャッカ半島 264-265, 268, 270-271, 306, 513
亀島（かめしま，京都府与謝郡伊根）23, 34, 89
鴨川市（かもがわし，千葉県）367
通浦（かよいうら，山口県）23, 25, 29
唐島（からしま，広島県）224
唐津（からつ，佐賀県）101
カラフト・樺太 47, 49, 253, 304
カリフォルニア 261, 266, 271, 295, 368, 423-427, 513, 544
カリマンタン島 189
川尻（かわじり，山口県）23, 25
川奈（かわな，旧静岡県小室村川奈）33, 69, 85, 88, 105-109, 112-113, 115-116, 149, 313, 321, 324-326, 342, 353, 355-356, 412, 436, 579
川之江（かわのえ，愛媛県）209
川辺郡（かわべぐん，鹿児島県）35
観音寺（かんおんじ，愛媛県）102
韓国（かんこく）189, 216, 223, 255, 306, 406, 514
関門海峡（かんもんかいきょう）193, 200, 227, 233, 236
紀伊・紀州・紀伊半島（きい）6, 25, 27, 48, 118, 136, 138, 187, 189, 197, 315, 318, 325, 396, 496, 567
紀伊水道（きいすいどう）193-194, 201, 205-206, 210, 227
木更津（きさらづ，千葉県）207
木負（きしょう，静岡県）105, 107
北魚目（きたうおのめ，長崎県）92
北九州（きたきゅうしゅう）6,

地名索引　*637*

23-25, 27, 45, 75, 101-102, 118, 135, 187, 189, 369, 396, 496
北松浦半島（きたまつうらはんとう，長崎県）199
北見（きたみ，北海道）48
城崎（きのさき，兵庫県）54, 567
喜望峰（きぼうほう）187, 404, 427
九州（きゅうしゅう）35, 67, 134, 189-190, 216, 226, 229, 232, 234-236, 315, 318, 367
京都府（きょうとふ）23, 29, 35, 41-43
吉里吉里（きりきり，岩手県）49, 52
霧多布（きりたっぷ，北海道）72, 303
黄波戸（きわど，山口県）23, 25
金華山（きんかざん，宮城県）23, 24, 298
金門島（きんもんとう，台湾海峡）191
九十九島（くじゅうくしま，長崎県佐世保湾）199
九十九里（くじゅうくり，千葉県）194
釧路（くしろ，北海道）61, 134-135, 167-168, 315, 495, 527, 556-557
久連（くづら，静岡県）105
窪津（くぼつ，高知県）23
熊野（くまの，和歌山県）187
熊本県（くまもとけん）42-43
久料（くりょう，静岡県）105, 107
グリーンランド　316
呉（くれ，広島県）211
芸予諸島（げいよしょとう）200
気仙沼（けせんぬま，宮城県）51-52, 62
古宇（こう，静岡県）105, 107
黄海（こうかい）188-192, 196, 198, 316, 364, 366, 369, 406, 514
紅海（こうかい）363
甲州（こうしゅう）33
高知県（こうちけん）23-26, 28-29, 41-43, 52, 134, 194, 496
郷ノ浦（ごうのうら，長崎県）93
香焼島（こうやぎじま，長崎県）134
子浦（こうら，静岡県）105, 107, 114
小久野島（こくのしま，広島県）224
古座（こざ，和歌山県）23, 24, 27,

355
小砂川（こさがわ，秋田県由利郡）23-24
黒海（こっかい）363
五島（ごとう，長崎県）27, 90, 93, 100-101, 130, 316, 355, 395, 514
小湊（こみなと，千葉県）208
小室（こむろ，旧静岡県小室村）105

サ 行

サウス・ジョージア島　6
佐伯（さえき，大分県）131
佐賀県（さがけん）23-24, 26, 29, 35, 42-43, 133, 193
酒田（さかた，山形県）34, 88
相模・相模湾（さがみ）33, 35, 45-46, 115-116, 194, 324-325, 342, 349, 354, 513, 520, 551
岬戸（さきと，長崎県）23
佐須奈（さすな，長崎県）90
佐須原（さすはら，長崎県）92
佐世保湾（させぼわん，長崎県）199
佐渡・佐渡島（さど，新潟県）35, 189, 193
佐柳島（さなぎしま，香川県）211
サラソタ（フロリダ）376
山陰（さんいん）53, 67, 193
サンパウロ　404
三陸（さんりく）6, 26, 34, 49, 51-52, 56-57, 59-64, 67, 69, 72, 75, 102-104, 133-136, 138, 150, 167, 248-249, 251-252, 254, 256-261, 265, 268-269, 277, 282, 284-289, 298, 300, 306, 317, 320, 324-325, 330, 354, 366, 409, 419, 426, 463, 495, 519-526, 556-558, 560-561, 568, 580, 583
塩飽諸島（しあくしょとう，香川県）222
シアトル　251, 424
椎名（しいな，高知県）134, 496
シェットランド島　85
塩釜（しおがま，宮城県）34, 408-409
潮岬（しおのみさき，和歌山県）194
塩屋崎（しおやざき，福島県）194, 208, 526-527
重寺（しげでら，静岡県）105, 107-108
四国（しこく）25, 189, 315, 317, 396, 496

獅子浜（ししはま，静岡県）107-108
静岡県（しずおかけん）23, 27-28, 33-34, 40-44, 51-52, 54, 58, 60-62, 66-68, 133, 149-151, 153, 159, 161, 189, 217, 355-357, 573, 579
七里が曽根（しちりがそね）94-95, 393
篠島（しのじま，愛知県）45
シベリア　45
島根県（しまねけん）29, 42-43, 189, 283
島原半島（しまばらはんとう，長崎県）193
志摩半島（しまはんとう，三重県）6, 118, 194, 205, 207, 496
清水（しみず，高知県）134
清水（しみず，静岡県）226
下河津（しもかわづ，静岡県）105
下田原（しもたはら，和歌山県）81
下関（しものせき，山口県）62, 98
シャークベイ（西オーストラリア）351
ジャパン・グラウンド（日本漁場）5
シャム湾　185
斜里（しゃり，北海道）61
ジャワ島　189
舟志湾（しゅうしわん，長崎県）89
小豆島（しょうどしま，香川県）200, 209, 211, 221, 224
常磐地方（じょうばんちほう）60, 63, 252, 318, 325, 368
白石島（しらいしじま，岡山県）221
白浜（しらはま，千葉県）134
知床半島（しれとこはんとう，北海道）53, 527
新魚目（しんうおのめ，長崎県）92
新宮（しんぐう，和歌山県）80
信州（しんしゅう）33
周防（すおう，山口県）187
周防灘（すおうなだ）200, 205-206, 211-212, 214-215, 222
珠洲（すず，石川県）35
スピッツベルゲン島　5
スマトラ島　189
スリランカ　189
駿河湾（するがわん，静岡県）23, 115-116, 194, 225, 516
瀬戸崎（せとざき，山口県）23,

638　地名索引

25, 29
瀬戸内海（せとないかい）　102,
　188-190, 193-196, 199-201, 205-
　206, 209-229, 231-232, 234-240,
　587
仙崎（せんざき，山口県）　6, 25,
　102, 139
仙台湾（せんだいわん，宮城県）
　185, 189, 193-197, 207-208, 217,
　225-227, 247, 587
セントローレンス河　219-220
相州（そうしゅう）　33
宗谷海峡（そうやかいきょう）
　251, 254, 256, 281, 315, 515
外房（そとぼう，千葉県）　194, 225

タ　行

タイ　191
太地（たいじ，和歌山県）　23, 27,
　35, 44, 52, 57-58, 66, 69, 79-81, 85,
　93, 116, 118-128, 133-134, 137-
　138, 149-150, 157-158, 166-168,
　187, 194, 196, 286, 315, 318-322,
　324-325, 340, 351, 354-355, 357,
　366-367, 369, 371, 378, 393, 395-
　397, 407, 409-410, 412, 422, 436,
　452, 463, 472, 480, 486, 496-497,
　499, 554, 578-583, 587
大西洋，北（きたたいせいよう）
　163, 171, 223, 317, 363-365, 424-
　426
大西洋，南（みなみたいせいよう）
　171, 313, 363, 424-426
大東岬（たいとうみさき，千葉県）
　208
太平洋，西部北（せいぶきたたいへ
　いよう）　25, 185, 189, 247, 251-
　252, 254, 259-262, 267-271, 283,
　298, 314-327, 354, 363, 367-370,
　404, 424-426, 515-517, 568, 579-
　586
太平洋，東部北（とうぶきたたいへ
　いよう）　247, 251, 259, 261-262,
　267, 270, 283, 298, 350, 363, 404,
　406 423-427, 513, 526, 545
太平洋，熱帯（ねったいたいへいよ
　う）　171, 363, 415, 422-427
太平洋，北部北（ほくぶきたたいへ
　いよう）　6, 142-143, 152-153,
　174-175
太平洋，南（みなみたいへいよう）
　171, 363, 404, 424-427, 573
太平洋沿岸，日本（にほんたいへい
　ようえんがん）　170, 189, 227-

229, 232, 256-258, 261, 304, 314,
　317, 354, 366, 369-398, 422-427,
　513-517, 519-531, 545, 549-563,
　567-568
台湾（たいわん）　6, 169, 189, 191-
　192, 306, 307, 316-317, 325, 364-
　365, 367, 369, 424
台湾海峡（たいわんかいきょう）
　189-192, 196, 364
高倉（たかくら，石川県）　33, 87-
　88
鷹島（たかしま，長崎県）　101
高浜町（たかはまちょう，福井県）
　102
竹田津（たけだづ，大分県）　212
竹原（たけはら，広島県）　222
田子（たご，静岡県）　23, 33, 54,
　105-108, 113-115
但馬（たじま）　255
タスマニア　425
忠海（ただのうみ，広島県）　222,
　224
橘湾（たちばなわん）　188, 193,
　195-199, 204-205, 216-217, 223,
　225, 227-229, 231, 239, 587
立保（たちほ，静岡県）　105, 107
辰の島（たつのしま，長崎県壱岐）
　98, 100, 393
館浦（たてうら，長崎県）　92
館山市（たてやまし，千葉県）
　367, 401, 555, 557
田辺（たなべ，和歌山県）　81
田の浜（たのはま，岩手県）　103
玉造（たまつくり，大阪府）　34, 88
田老（たろう，岩手県）　71
タンベラン島　189
筑前（ちくぜん）　187
千倉（ちくら，千葉県）　134, 557
千島列島（ちしまれっとう）　6, 45,
　49, 169, 248, 252-254, 299-300,
　304, 316, 513, 526, 567
地中海（ちちゅうかい）　223, 363,
　365, 404
千葉県（ちばけん）　28, 34-35, 41-
　43, 49, 51-52, 55, 58, 66-67, 69, 78,
　133-135, 137, 153, 158-159, 161,
　164, 207-209, 217, 227, 247, 316,
　354-355, 357, 390, 409, 495, 520-
　522, 526-527, 531, 550-561
中国（ちゅうごく）　189, 234, 266,
　363-365
銚子（ちょうし，千葉県）　52, 55,
　57, 78-79, 194, 254, 258, 318, 325,
　355, 424, 495, 555, 581

朝鮮・朝鮮半島（ちょうせん）　6,
　45, 169, 188-189, 196, 251
チリ　6
通詞島（つうじしま，長崎県）
　367-368
津軽海峡（つがるかいきょう）
　251, 258, 265-266, 269, 281, 393,
　515, 567-568
対馬（つしま，長崎県）　24, 89-93,
　101, 189, 393, 395-396, 568
対馬海峡（つしまかいきょう）
　216, 354, 368, 370, 393, 567
津呂（つろ，高知県）　6, 23, 25
テキサス　372, 394
天塩（てしお，北海道）　48
手島（てしま，香川県）　211, 222
豊島（てしま，香川県）　209
デービス海峡　5
土肥（とい，静岡県）　105-107, 110
東京都（とうきょうと）　23, 28,
　33-35, 62, 133, 153, 217, 496
東京湾（とうきょうわん）　193-
　197, 205, 207-208, 217, 223, 225-
　227, 551, 553
東南アジア（とうなんあじあ）
　190, 363
東北地方（とうほくちほう）　44,
　45, 55, 65, 75, 219, 415-416
徳山（とくやま，山口県）　212
土佐・土佐湾（とさ）　6, 25, 27,
　118, 318, 516
土佐清水（とさしみず，高知県）
　496
利島（としま，東京都）　390
鳥取県（とっとりけん）　29, 52
土庄（とのしょう，香川県）　211,
　224
飛島（とびしま，長崎県松浦市）
　101-102
富江（とみえ，長崎県）　100-101
友が島水道（ともがしますいどう，
　紀淡海峡）　209
富山県（とやまけん）　28, 34, 42-
　43
富山湾（とやまわん）　87, 135, 185,
　189, 193, 247, 514, 522, 553
豊崎（とよさき，長崎県）　92
豊玉（とよたま，長崎県）　90, 92

ナ　行

直江津（なおえつ，新潟県）　35
中居（なかい，石川県）　87
長崎県（ながさきけん）　23-24,
　26-27, 29, 31, 33, 35, 41-43, 58,

66-68, 90-92, 153, 159, 223, 233, 396
長崎市（ながさきし，長崎県）224
長崎半島（ながさきはんとう，長崎県）198-199
長島（ながしま，鹿児島県）368
中島町（なかじまちょう，愛媛県）211
長門（ながと）6, 27, 187, 496
中の瀬（なかのせ，東京湾内）207
長浜（ながはま，静岡県）105
名護（なご，沖縄県）23, 57-58, 81-83, 128-131, 150, 158, 354, 395, 406, 496, 587
名古屋（なごや，愛知県）62
名護屋（なごや，佐賀県）134
情島（なさけじま，山口県）211
七尾湾（ななおわん，石川県）87
鳴門海峡（なるとかいきょう）193, 200-201, 206, 209-211, 222
ナワリン岬　306, 513, 517
南極海（なんきょくかい）6, 26, 63, 143, 170-171, 174-176
南郷（なんごう，宮崎県）134
南西諸島（なんせいしょとう）193, 317
南氷洋（なんぴょうよう）→南極海
新潟（にいがた，新潟県）34, 88
新潟県（にいがたけん）28, 41-43, 189
西浦（にしうら，静岡県）33, 105
仁田湾（にたわん，長崎県）89
日本海（にほんかい）5, 25, 55, 61, 63-64, 75, 90, 134-135, 137-138, 152, 166-167, 185, 189, 251, 254-262, 265-269, 271, 277, 281-283, 285, 288-290, 294, 299-300, 303-306, 315-316, 354, 370, 406, 494-495, 513-515, 524, 545, 556-559, 567-568
ニュージーランド　323, 404, 425
ニューファウンドランド　5, 85
沼津（ぬまづ，静岡県）60, 227
鼠ヶ関（ねずがせき，山形県）23-24
根室海峡（ねむろかいきょう）258, 512, 518, 527
根室・根室半島（ねむろ，北海道）46-47, 258
能登島（のとじま，石川県）368
能登・能登地方・能登半島（のと，石川県）33-35, 48, 86-88, 135, 355
延岡（のべおか，宮崎県）134

ハ　行

博多湾（はかたわん，福岡県）193
パキスタン　189, 191, 234
箱崎浦（はこざきうら，岩手県）49
函館（はこだて，北海道）137, 166-167, 559
柱島（はしらじま，山口県）211
バスク地方　5
馬祖島（ばそとう，台湾海峡）191, 192
ハドソン湾　5
バハマ諸島　365
バフィン湾　5
羽幌（はぼろ，北海道）48
浜田（はまだ，山口県）255
速吸瀬戸（はやすいせと）200, 206, 210
パラワン島　189
播磨灘（はりまなだ）200, 206, 218, 222
ハワイ諸島　5, 236, 423-424, 426-427
バンカ島　189
バンクーバー島　264, 404, 424
バングラデシュ　189
燧灘（ひうちなだ）200, 222
東シナ海（ひがししなかい）90, 110, 188-190, 198, 316-317, 354, 369, 404-406, 513, 567
東松浦郡（ひがしまつうらぐん，佐賀県）35
東牟婁郡（ひがしむろぐん，和歌山県）35
肥後（ひご）35
備讃瀬戸（びさんせと）221
日末（ひずえ，石川県）23
肥前（ひぜん）35, 48, 87
備前（びぜん）187
常陸（ひたち）187
備中（びっちゅう）187
日出（ひで，京都府与謝郡伊根）34, 89
響灘（ひびきなだ）195-196, 205
姫（ひめ，石川県）189, 193
兵庫県（ひょうごけん）29, 52-53, 255
平沢（ひらさわ，静岡県）105
平田（ひらた，京都府与謝郡伊根）23, 34, 89
平塚（ひらつか，神奈川県）105, 354
平戸（ひらど，長崎県）23

ビリトゥン島　189
広浦（ひろうら，宮城県）208
広島（ひろしま，香川県）211
広島（ひろしま，広島県）187
広島県（ひろしまけん）221
広島湾（ひろしまわん）222
フィリピン　6, 143
フェロー諸島　4, 85, 316, 458
福井県（ふくいけん）29, 41, 43
福江（ふくえ，長崎県）92
福岡（ふくおか，福岡県）83
福岡県（ふくおかけん）31, 42-43
福島県（ふくしまけん）28, 41, 55, 58, 66, 69-70, 225, 254, 355
福山（ふくやま，広島県）187
鳳至（ふげし，石川県）35, 88
福建省（ふっけんしょう，中国）191-192
富津（ふっつ，千葉県）194, 207, 225
富戸（ふと，静岡県）69, 105-107, 109, 112-113, 115-116, 149, 324-326, 354-356, 372, 436, 495, 579
舟越（ふなこし，岩手県船越）34, 102-104
船越湾（ふなこしわん，岩手県）102
ブラジル　6, 364
ブラマプトラ河　187
フランス沿岸　404
フロリダ半島　364, 372, 374-376, 389, 394
噴火湾（ふんかわん，北海道）45, 47
豊後水道（ぶんごすいどう）131
ベーリング海　5, 31, 172, 185, 248, 251, 258-262, 264-267, 270-271, 275, 282, 285, 295-297, 299, 306, 513, 515, 517, 582
ベーリング海峡　517
平久里川（へくりがわ，館山市）401
戸田（へだ，静岡県）33, 54, 105-107, 114
別府湾（べっぷわん，大分県）200, 205
ペルー　6
ペルシャ湾　188, 191
ペンシルバニア油田　5
弁天島（べんてんじま，根室市）47
澎湖諸島（ほうこしょとう，台湾）189, 364
房総半島・房州（ぼうそうはんとう，

640　地名索引

千葉県）　27, 45, 49, 118, 135, 167, 194, 205, 208, 325, 367, 393, 587
豊予海峡（ほうよかいきょう）　200
北洋→北部北太平洋参照
浦項（ほこう，韓国）　255
細浦（ほそうら，岩手県）　55, 134
渤海（ぼっかい）　188-192, 198, 364, 366, 369
北海道（ほっかいどう）　26, 28, 41-43, 45, 48, 52-53, 55, 57-58, 61, 63-75, 134-135, 153-154, 158, 162, 248, 254, 256-259, 265, 268, 282-283, 294, 297, 299, 303-304, 306, 316-318, 369, 415, 419, 424, 520, 558, 567-568
北極海（ほっきょくかい）　5, 170, 172
香港（ほんこん）　190-191, 217-218, 364

マ　行

舞鶴湾（まいづるわん）　89
前原（まえばる，福岡県）　134
松島（まつしま，広島県）　224
松原（まつばら，静岡県伊東市）　105
真鶴（まなづる，神奈川県）　23, 105
真鍋島（まなべしま，香川県）　222
間宮海峡（まみやかいきょう）　515
丸亀（まるがめ，愛媛県）　222
マレーシア・マレー半島　189, 191
真脇（まわき，石川県）　23, 33, 86-89
三井楽（みいらく，長崎県）　92, 101
三浦西（みうらにし，愛媛県）　131
三浦半島（みうらはんとう，神奈川県）　118
三浦湾（みうらわん，長崎県）　89
三重県（みえけん）　28, 41-43, 49, 51-52, 58, 67, 133, 216
美川（みかわ，石川県）　23
三河湾（みかわわん，愛知県）　5, 27, 48, 118, 193-196, 205-207, 217, 223, 225-227, 237, 587
御蔵島（みくらじま，東京都）　367, 390
見島（みじま，山口県）　29
三隅湾（みすみわん，山口県）　23
三津（みつ，高知県）　23, 496
美津島（みつしま，長崎県）　90, 92
三津浜（みつはま，愛媛県）　211
水戸（みと，茨城県）　553
湊（みなと，佐賀県）　26
湊（みなと，千葉県）　205, 208
南アフリカ（連邦共和国）　4, 26, 363-365, 389, 404
南シナ海　185, 189-192
南半球　171
峯町（みねちょう，長崎県）　92
三原（みはら，広島県）　221
宮城県（みやぎけん）　23, 27-28, 42-43, 49, 52, 57-58, 64, 66-71, 73-75, 133, 153-154, 158, 162, 208, 223, 227, 298, 355, 416, 495
三宅島（みやけじま，東京都）　342
宮古（みやこ，岩手県）　51-52, 55
宮崎県（みやざきけん）　28, 42-43, 194, 496
宮戸島（みやとじま，宮城県）　223
ミャンマー　189
三輪崎（みわさき，和歌山県）　23, 24, 35, 80, 355
室戸岬（むろとみさき，高知県）　52
メキシコ湾　365, 424
妻良（めら，静岡県）　105, 107, 114
モーリタニア　364
最上地方（もがみちほう，山形県）　34, 104
本部半島（もとぶはんとう，沖縄県）　196
盛口（もりぐち，愛媛県）　224
諸磯（もろいそ，神奈川県）　544
師崎（もろさき，愛知県）　27, 48
モンテレー　295
紋別（もんべつ，北海道）　134

ヤ　行

八重山諸島（やえやましょとう）　369
屋久島（やくしま，鹿児島県）　397, 583
八代・八代海（やつしろ，熊本県）　35, 198
柳井・柳井港（やない，山口県）　200, 211-212, 215
八幡浦（やはたうら，長崎県）　93
山形県（やまがたけん）　23-24, 34, 60, 62, 255
山口県（やまぐちけん）　23-26, 29, 35, 41-43, 62, 101-102, 193, 216, 221, 251, 255, 283, 567
山田・山田湾（やまだ，岩手県）　62, 69, 85, 102-103, 354, 560
山梨県（やまなしけん）　579
湯川（ゆかわ，静岡県伊東市）　105
由利郡（ゆりぐん，秋田県）　24
揚子江（ようすこう）　187, 189-192, 198
ヨーロッパ沿岸　366
横須賀（よこすか，神奈川県）　207
横浜（よこはま，神奈川県）　35
与謝郡（よさぐん，京都府）　34-35
吉見（よしみ，下関市）　193
呼子（よぶこ，佐賀県）　134, 496

ラ・ワ行

ラプラタ河　313
ラングーン（ミャンマー）　26
陸前（りくぜん）　48
陸中（りくちゅう）　48
利尻島（りしりとう，北海道）　46
琉球列島（りゅうきゅうれっとう）　316-317
遼東半島（りょうとうはんとう）　366
礼文島（れぶんとう，北海道）　46, 47, 401
和歌山県（わかやまけん）　23-24, 27-28, 33, 35, 40-44, 49, 52, 58, 61, 66, 69, 79-81, 126-128, 133-134, 149, 151, 153, 158-159, 161, 187, 355-357, 409-412, 573
和田浦（わだうら，千葉県）　137, 166, 495, 519, 527-530, 534, 538, 542-544, 555, 557, 559-560, 583, 591

粕谷俊雄（かすや・としお）

略歴
1937 年　埼玉県に生まれる．
1961 年　東京大学農学部水産学科卒業．
　　　　財団法人日本捕鯨協会鯨類研究所研究員．
1963 年　同所員．
1966 年　東京大学海洋研究所助手．
1972 年　農学博士（東京大学）．
1983 年　遠洋水産研究所底魚海獣資源部鯨類資源研究室長．
1984 年　同海洋・南大洋部鯨類資源研究室長．
1988 年　同外洋資源部小型鯨類研究室長．
1991 年　同外洋資源部長．
1997 年　三重大学生物資源学部教授．
2001 年　帝京科学大学理工学部アニマルサイエンス学科客員教授．
2002 年　同教授．
2006 年　同退任．

受賞
1994 年　Distinguished Achievement Award, The Society for Conservation Biology.
2007 年　Kenneth S. Norris Lifetime Achievement Award, The Society for Marine Mammalogy.

主著
『海の哺乳類——その過去・現在・未来』共編，1990 年，サイエンティスト社．
『日本鯨類目録』共著，1995 年，日本鯨類研究所．
『カワイルカの話——その過去・現在・未来』1997 年，鳥海書房．
『哺乳類の生物学［全5巻］』共編，1998 年，東京大学出版会．
『南氷洋捕鯨航海記——1937/38 年揺籃期捕鯨の記録』編，2000 年，鳥海書房．
"Biology and Conservation of Freshwater Cetaceans in Asia" 共編，2000 年，IUCN.

イルカ——小型鯨類の保全生物学

2011 年 11 月 25 日　初　版

［検印廃止］

著　者　粕谷俊雄

発行所　財団法人　東京大学出版会

代表者　渡辺　浩

113-8654 東京都文京区本郷 7-3-1 東大構内
電話 03-3811-8814　Fax 03-3812-6958
振替 00160-6-59964

印刷所　株式会社三秀舎
製本所　牧製本印刷株式会社

© 2011 Toshio Kasuya
ISBN 978-4-13-066160-7　Printed in Japan

Ⓡ〈日本複写権センター委託出版物〉

本書の全部または一部を無断で複写複製（コピー）することは，著作権法上での例外を除き，禁じられています．本書からの複写を希望される場合は，日本複写権センター（03-3401-2382）にご連絡ください．

E. J. シュライパー／細川宏・神谷敏郎訳
鯨［原書第2版］　　　　　　　　　　　　　　　　　　　　　菊判・440頁／8800円

神谷敏郎
川に生きるイルカたち　　　　　　　　　　　　　　　　　　四六判・224頁／2600円

大隅清治監修／笠松不二男・宮下富夫・吉岡基著／本山賢司イラスト
新版 鯨とイルカのフィールドガイド　　　　　　　　　　　Ａ5判・160頁／2500円

大泰司紀之・三浦慎悟監修／加藤秀弘編
日本の哺乳類学③水生哺乳類　　　　　　　　　　　　　　　Ａ5判・312頁／4400円

ここに表示された価格は本体価格です．ご購入の
際には消費税が加算されますのでご了承下さい．